**Nr. 35** S. 9613—9896 **1956** 29. August

# Chemisches Zentralblatt

Vollständiges Repertorium für alle Zweige der reinen und angewandten Chemie

1830 gegründet. 1897—1945 von der Deutschen Chemischen Gesellschaft fortgeführt.
Im Auftrage der Deutschen Akademie der Wissenschaften zu Berlin, der Chemischen Gesellschaft in der Deutschen Demokratischen Republik, der Akademie der Wissenschaften zu Göttingen und der Gesellschaft Deutscher Chemiker

herausgegeben von Prof. Dr. **Maximilian Pflücke**

**127. Jahrgang**

**1 9 5 6**

Chefredakteure: Dr. Eugen Klever und Prof. Dr. Maximilian Pflücke

Akademie-Verlag GmbH., Berlin — Verlag Chemie, GmbH., Weinheim/Bergstr.

## Inhalt

# Namenregister

Chemisches Zentralblatt

1956 Nr. 35 29. August

## Geschichte. Unterricht.

**E. Bamann** und **G. Kallinich,** *Professor Dr. med. et phil. Franz Fischler, München, zum 80. Geburtstag.* Würdigung der Verdienste des Jubilars anläßlich seines 80. Geburtstages am 15/3. 1956 um Medizin, Pharmazie u. Lebensmittelchemie. (Dtsch. Apotheker-Ztg. **96.** 225–26. 15/3. 1956. München, Univ., Inst. für Pharmazie u. Lebensmittelchem.) M. NEGWER. 1

**Arthur Lüttringhaus,** *Richard Herz (1867—1936).* Nachruf auf den seit 1932 im Ruhestand lebenden stellvertretenden Direktor der I. G. FARBENINDUSTRIE AKT.-GES. R. HERZ (geb. 21/7. 1867 in Weilburg/Lahn, gest. 12/11. 1936 in Frankfurt/M.), dessen Arbeiten auf dem Gebiete der Farbstoffe von großer Bedeutung waren. Verzeichnis der Veröffentlichungen u. Patentschriften. — Bild. (Chem. Ber. **89.** I–IX. 1956. Heidelberg.) E. KLEVER. 1

**K. Mendelssohn,** *Fritz London.* Nachruf auf F. LONDON (geb. 7/3. 1900 in Breslau, gest. 30/3. 1954 in Durham), einem der Begründer der modernen Physik. Neben der theoret. Quantenphysik befaßte sich LONDON u. a. grundlegend mit den Problemen der Supraleitung u. denen des fl. Heliums. (Naturwissenschaften **42.** 617–19. Dez. 1955. Oxford, Clarendon Labor.) E. KLEVER. 1

**Heinrich Neresheimer,** *Arthur Lüttringhaus (1873—1945).* Nachruf auf den Abteilungsleiter im Werk Ludwigshafen der I. G. FARBENINDUSTRIE AKT.-GES. A. LÜTTRINGHAUS (geb. 8/8. 1873 in Mühlheim/Rh., gest. 28/10. 1945 in Heidelberg), der durch seine Arbeiten auf dem Gebiete der Farbstoffchemie, bes. der Indanthrenfarbstoffe, bekanntgeworden ist. Verzeichnis der Arbeiten u. Patentschriften. (Chem. Ber. **89.** XI–XVII. 1956. Starnberg/Obb.) E. KLEVER. 1

**G. Grube,** *Wolfgang Seith.* Nachruf auf den Direktor des Inst. für physikal. Chemie der Univ. Münster W. SEITH (geb. 22/2. 1900 in Karlsruhe, gest. 24/8. 1955) in Würdigung seiner Arbeiten bes. auf dem Gebiete der Platzwechselvorgänge in festen krist. Phasen. (Z. Elektrochem., Ber. Bunsenges. physik. Chem. **60.** 193–95. 1956.) E. KLEVER. 1

**B. Z. Brauner,** *Brauners Studien.* Anläßlich des 100. Geburtstages am 8/5. 1955 wird ein Überblick über die Studien von Prof. B. BRAUNER gegeben. (Českoslov. Farmac. **4.** 276–80. Juli 1955.) E. VEVERA. 1

**W. R. Bett,** *François Magendie, 1783—1855, der Vater der experimentellen Pharmakologie.* Anläßlich des 100. Todestages von F. MAGENDIE (7/10. 1955) werden seine bahnbrechenden Arbeiten über die Wirkungsweise einiger Alkaloide im Tiervers. u. die sich daraus ergebenden therapeut. Möglichkeiten gewürdigt. (Chemist and Druggist **164.** 414. 8/10. 1955.) W. SPITALER. 1

**L. Infeld,** *Die Geschichte der Entwicklung der Relativitätstheorie.* (Успехи Физических Наук [Fortschr. physik. Wiss.] **57.** 193–203. Okt. 1955. — C. **1956.** 7977.) E. KLEVER. 2

**John Howe Scott,** *Qualitative Brauchbarkeit der Phlogistontheorie.* Vf. zeigt, daß die Phlogistontheorie im Stande ist, vernünftige qualitative Aussagen zu machen. Es wird der Vers. gemacht, zahlreiche erst in neuerer Zeit bekanntgewordene chem. Rkk. auf der Basis der Phlogistontheorie zu formulieren. (J. chem. Educat. **29.** 360–63. Juli 1952. St. Paul, Minn., Macalester Coll.) H. W. LEVI. 2

**J. Amiel,** *Die symbolischen Darstellungen der Struktur der Materie im Entwicklungsgang der chemischen Theorien.* Kurze Geschichte der chem. Vorstellungen u. Symbole: Bis LAVOISIER, Hypothesen von DALTON u. AVOGADRO, Valenz-, Stereo- u. Strukturformeln, ster. Hinderung, Valenzelektronentheorie, Wellenmechanik u. theoret. Chemie. (Rev. gén. Sci. pures appl. **61.** 278–99. Sept./Okt. 1954. Paris, Fac. des Sci.) K. BLUMRICH. 2

**Lajos Sághelyi,** *Aus der Vergangenheit der ungarischen Glasindustrie.* (Vgl. C. **1956.** 7978.) Geschichte der ungar. Glasindustrie im 18.–20. Jahrhundert. (Építöangag [Baumaterial] **7.** 350–57. Sept. 1955.) J. PLANK. 2

**Radoslav Fundárek,** *Taxa Pharmaceutica Posoniensis, ein ausgezeichnetes Werk unserer pharmazeutischen Literatur.* Neben dem Studiengang des Begründers JAN JUSTUS TORKOS werden die geschichtliche Bedeutung u. Entw. der „Taxa Pharmaceutica Posoniensis" für das 18. Jahrhundert aufgezeigt. (Československ. Farmac. **4.** 313—18. Juli 1955. Bratislava, Farm. fak, Ústav dejin farm.) E. VEVERA. 2

**T. A. H. Peacocke,** *Experimente in der Kernchemie.* Kurze Beschreibung einiger Verss. aus der Kernchemie, die mit einfachen Mitteln in höheren Schulen durchgeführt werden können. (School Sci. Rev. **35.** 354—65. Juni 1954. Leatherhead, St. John's School.) H. C. WOLF. 6

**J. W. Davis,** *Modelle zur Illustration des Avogadroschen Gesetzes und der Zusammensetzung von Luft und Wasser.* Molekülmodelle aus Wachskugeln, die in Drahtrahmen aufgehängt werden. (School Sci. Rev. **35.** 433—34. Juni 1954. Sittingbourne, Borden Grammar School.) H. C. WOLF. 6

# A. Allgemeine, physikalische und anorganische Chemie.

**A. R. J. P. Ubbelohde,** *Einige neuere Fortschritte der physikalischen Chemie.* Überblick über die Fortschritte der physikal. Chemie während der letzten 20 Jahre zur Erforschung kurzzeitiger Vorgänge, der Phasenübergänge u. des Kristallwachstums. (Roy. Inst. Chem., Lectures, Monogr. Rep. **1954.** Nr. 3. 1—20.) H.-U. WOELK. 10

---

**Andreas von Antropoff,** Experimentelle Einführung in die Chemie. 4. neubearb. Aufl. Baden-Baden: Verl. f. angewandte Wissenschaften. 1955. (94 S. m. Abb.) 8°. DM 9,80.

**B. Bavink,** Introducción a la Química general. 3ª edición. 2ª reimpresión. Barcelona: Labor. 1954. (181S.) 35.00 ptas.

**Heinz Werner Preuss,** Integraltafeln zur Quantenchemie. Bd. 1. Berlin, Göttingen, Heidelberg: Springer-Verl. 1956. (162 S.) 4°. DM 39,—.

**George Mimms Rawlins and Alden H. Struble,** Chemistry in action. 3rd ed. Boston: Heath. 1956. (599 S. m. Abb., Diagr. u. Mapp.) 8°. $ 4.40.

**I. N. Sneddon,** Special functions of mathematical physics and chemistry. London: Oliver & B. 1956. (168 S. m. Abb.) 8°. 10 s. 6 d.

**Alfred Tétrel et Pierre Marchand,** Solutions de problémes et de questions de physique et de chimie de mathematiques spéciales des examens écrits et oraux des grandes écoles. Nouvelle édition. Paris: Croville. 1955. 2 vol. (k. S. m. Abb.) 8°. fr. 850.—.

**N. K. Worobjew, W. A. Golzschmidt u. Ch. Karapetjanz,** Praktikum der physikalischen Chemie. Berlin: Verl. Technik. 1955. (347 S. m. Abb. u. 5 gef. Taf.) 8°. DM 12,80.

—, Encyclopédie française. T. II. La Physique. Paris: Larousse. (508 S. m. Abb. u. 240 Fig.) fr. 7500.—.

—, 14. Internationaler Kongreß für reine und angewandte Chemie. Zürich, 21.—27. VII. 1955. Hauptvorträge und Sektionshauptvorträge. Basel, Stuttgart: Birkhäuser. 1955. (287 S. m. Abb.) 8°. Fr. 32.—.

## $A_1$. Kernphysik und Kernchemie.

**D. S. R. Murty,** *Nord–Süd-Asymmetrie der Höhenstrahlen.* (Vgl. C. **1953.** 9373.) Die Nord–Süd-Asymmetrie der Höhenstrahlung wird in Hyderabad (7,7° nördlicher Breite) in 540 m Höhe mit einem Dreifachkoinzidenz-Zählrohrteleskop unter verschied. Zenitwinkeln untersucht. Bei den meisten Winkeln wird ein südlicher Intensitätsüberschuß u. bei 45 u. 55° Vorzeichenwechsel der Asymmetrie beobachtet. (Proc. Indian Acad. Sci., Sect. A **40.** 96—101. Aug. 1954. Hyderabad, Osmania Univ., Phys. Labors.) D. GEISSLER. 85

**M. Koshiba** und **Marcel Schein,** *Zeitliche Schwankung des Flusses primärer schwerer Kerne in der Höhenstrahlung.* (Sitzungsbericht.) (Physic. Rev. [2] **100.** 1247—48. 15/11. 1955. Univ. of Chicago.) GERHARD SCHMIDT. 85

**C. Dahanayake, P. E. Francois, Y. Fujimoto, P. Iredale, C. J. Waddington** und **M. Yasin,** *Die Erzeugung schwerer Mesonen und Hyperonen bei Kernzertrümmerungen.* Vorl. Bericht über eine systemat. Unters. von Teilchen mit $\beta$ zwischen 0,2 u. 0,55, die bei energiereichen Kernzertrümmerungen ausgesandt werden. Ein Emulsionsstapel wurde 3 Std. auf 80000 ft geflogen, ein anderes in 80000 ft 8 Std. über Sardinien. Aus Messungen der Korndichte gegen die Reichweite wurde ein Massenspektr. erhalten, das neben Protonen, Pionen, Deuteronen, Tritonen u. $\alpha$-Teilchen 8 K-Teilchen u. 1 Hyperon aufwies. Von den 8 K zerfielen 7 in Ruhe zu einem Sekundärteilchen mit minimaler Ionisation. Das Hyperon stammte aus einem Stern, der auch ein K emittierte. (Suppl. del Nuovo Cimento Nr. 2 (zu [9] **12**). 250—52. 1954. Bristol, Univ., H. H. Wills Phys. Labor.) M. WIEDEMANN. 85

**D. M. Chase,** *Die Bewegungsgleichungen von geladenen Probeteilchen in der allgemeinen Relativistik.* Aus den Feldgleichungen der allg. Relativitätstheorie werden die

LORENTZ-Gleichungen der Bewegung ohne Strahlungsdämpfung abgeleitet. (Physic. Rev. [2] **95.** 243—46. 1/7. 1954. Princeton, N. J., Princeton Univ.; Washington, D. C., Naval Res. Labor.) H. LIEPACK. 90

**Claude Marty,** *Über Mischungen von Mesonenfeldern.* (C. R. hebd. Séances Acad. Sci. **230.** 1508—10. 24/4. 1950.) G. KIRSCHSTEIN. 90

**Behram Kurşunoğlu,** *Transformation relativistischer Wellengleichungen.* Die unitäre Transformation, welche die DIRAC-Gleichung in zwei ungekoppelte Gleichungen transformiert, wird auf gequantelte Felder u. relativist. Zweikörpergleichungen ausgedehnt. Aufbau von unitären Transformationsoperatoren für die ps—ps-Mesonentheorie u. für die BETHE-SALPETER-Gleichung werden diskutiert. (Physic. Rev. [2] **101.** 1419—24. 15/2. 1956.) GERHARD SCHMIDT. 90

**D. Carlson-Lee, G. Stoppini** und **L. Tau,** *Wirkungsquerschnitte für geladene Photopionen aus Deuterium nahe der Schwelle.* Die differentiellen Wirkungsquerschnitte für die Rkk. $\gamma + D \rightarrow (n, n) + \pi^+$ u. $\gamma + D \rightarrow (p, p) + \pi^-$ werden für 180, 188 u. 196 MeV $\gamma$-Energie bei 45, 75, 105 u. 150° im Laboratoriumssyst. gemessen, indem die Mesonen auf dünnen Filmhäutchen in großen Emulsionsblöcken nachgewiesen werden. Die Best. des Ladungsvorzeichens geschieht durch Unterscheidung des $\pi$–$\mu$-Zerfalls von $\sigma$-Sternen. (Nuovo Cimento [10] **2.** 162—64. 1/7. 1955. Roma, Univ., Ist. di Fis., Ist. Naz. di Fis. Nucl.) D. GEISSLER. 90

**W. J. Swiatecki,** *Störungsbehandlung des Mehrkörperproblems.* Vf. formuliert im einzelnen das Mehrkörperproblem eines großen gleichförmigen Syst. wechselwirkender Teilchen, wie z. B. den Fall eines schweren Kerns ohne Oberflächeneffekte, wobei von einer geschwindigkeitsabhängigen Potentialkonstante im Raum ausgegangen wird. (Physic. Rev. [2] **101.** 1321—25. 15/2. 1956. Uppsala, Inst. for Mechan. and Mathemat. Phys., Gustaf Werner Inst. for Nucl. Chem.) GERHARD SCHMIDT. 90

**B. W. Medwedew,** *Zur Struktur der Streumatrix in der Quantentheorie des Feldes mit nichtlokaler Wechselwirkung.* Auf die Quantentheorie der Felder mit nichtlokaler Wechselwrkg. wird die Meth. des direkten **Aufbaus** der Streumatrix angewandt. (Доклады Академии Наук СССР [Ber. Akad. Wiss. UdSSR] **103.** 37—40. 1/7. 1955. Mathemat. Steklow-Inst. der Akad. der Wiss. der UdSSR.) M. WIEDEMANN. 90

**Roger G. Newton,** *Strahlungskorrekturen an der Elektronenstreuung.* (Vgl. C. **1956.** 2354.) Berichtigung der Infrarotdivergenz in einem Term des elast. Streuquerschnitts. (Physic. Rev. [2] **98.** 1514—15. 1/6. 1955. Princeton, N. J., Inst. for Advanc. Stud.) GERHARD SCHMIDT. 90

**Max Chrétien,** *Strahlungskorrekturen an der Elektronenstreuung.* (Vgl. vorst. Ref.) Vereinfachung u. gleichzeitige Berichtigung der NEWTONschen Berechnungen (l. c.). (Physic. Rev. [2] **98.** 1515—16. 1/6. 1955. New York, Columbia Univ.) GERHARD SCHMIDT. 90

**V. Spiegel jr., B. Waldman** und **W. C. Miller,** *Absolute Querschnitte für die Coulomb-Streuung von 1,00, 1,75 und 2,50 MeV-Elektronen.* (Sitzungsbericht.) (Physic. Rev. [2] **100.** 1244. 15/11. 1955. Univ. of Notre Dame.) GERHARD SCHMDIT. 90

**B. Waldman, V. Spiegel jr.** und **W. C. Miller,** *Mehrfachstreuung schneller Elektronen.* (Vgl. vorst. Ref.) (Sitzungsbericht.) (Physic. Rev. [2] **100.** 1244—45. 15/11. 1955.) GERHARD SCHMIDT. 90

**Georges Marguin** und **Monique Maitrot,** *Vergleich der Durchlässigkeit dünner Metallfolien für Elektronen und Positronen unter Verwendung von Kernemulsionen.* Mit Elektronen (aus RaE) u. Positronen (aus $^{22}$Na) werden in einem magnet. Spektrographen Kernplatten, die teilweise mit Folien aus Pt u. Al abgedeckt worden sind, exponiert. Der Durchlässigkeitskoeff. wird aus dem Verhältnis der Bahnspurzahl im abgedeckten u. unabgedeckten Teil der Kernplatte bestimmt. Bei einer Pt-Folie von 18,8 mg/cm² liegt die Grenzabsorption für Positronen bei 107, für Elektronen bei 120 keV, wobei stets der Durchlässigkeitskoeff. für Positronen deutlich größer ist. Im Falle einer Al-Folie von 14,7 mg/cm² lassen sich weder bzgl. der Grenzabsorption noch bzgl. der Durchlässigkeitskoeffizienten sichere Unterschiede erkennen. (C. R. hebd. Séances Acad. Sci. **241.** 192—95. 11/7. 1955.) H.-J. EICHHOFF. 90

**W. B. Cheston,** *Compton-Streuung.* Vf. zeigt, daß die Terme in der nichtrelativist. Wechselwrkg. zwischen geladenen Teilchen u. Photonenfeld, die zu einer Ultrarotkatastrophe bei der doppelten COMPTON-Streuung u. in der Strahlungskorrektur zur einfachen COMPTON-Streuung führen, durch eine kanon. Transformation beseitigt werden können. (Physic. Rev. [2] **95.** 247—48. 1/7. 1954. Minneapolis, Minn., Univ. of Minnesota, Dep. of Phys.) H. LIEPACK. 90

**P. S. Jastram, R. C. Sapp** und **J. G. Daunt,** *Winkelkorrelation von γ-Strahlungen aus gerichteten Kernen.* Vff. bestimmen die Winkelkorrelation zwischen den Kaskaden-γ-Strahlen, die dem Zerfall von bei niedrigen Tempp. gerichteten $^{60}$Co-Kernen folgen. Der Vgl. mit der Richtungsanisotropie der einzelnen γ-Strahlen bietet eine Prüfung der Theorie von Cox u. Tolhoek. (Physic. Rev. [2] **101.** 1381—88. 15/2. 1956. Columbus, O., Ohio State Univ.) Gerhard Schmidt. 90

**G. E. Pugh, R. Gomez, D. H. Frisch** und **G. S. Janes,** *Nucleare γ-Streumeßverfahren.* (Sitzungsbericht.) (Physic. Rev. [2] **100.** 1245. 15/11. 1955. MIT.)
Gerhard Schmidt. 90

**R. Gomez, G. E. Pugh, D. H. Frisch** und **G. S. Janes,** *γ-Streuung an komplexen Kernen.* (Vgl. vorst. Ref.) (Sitzungsbericht.) (Physic. Rev. [2] **100.** 1245. 15/11 1955.)
Gerhard Schmidt. 90

**G. S. Janes, R. Gomez, G. E. Pugh** und **D. H. Frisch,** *γ-Streuung an Wasserstoff.* (Vgl. vorst. Reff.) (Sitzungsbericht.) (Physic. Rev. [2] **100.** 1245. 15/11. 1955.)
Gerhard Schmidt. 90

**M. Cini** und **S. Fubini,** *Eine theoretische Untersuchung von Kernreaktionen mit Neutronen.* Vff. entwickeln eine Theorie der Wechselwrkg. von Neutronen mit komplexen Kernen, um einen über die Resonanzen gemittelten Querschnitt zu erhalten, der mit den Ergebnissen des von Feshbach u. Mitarbeitern (C. **1955.** 9015) vorgeschlagenen phänomenolog. Modells verglichen wird. Das Problem wird auf die Best. des komplexen Brechungsindex einer undefinierten Kernmaterie reduziert. (Nuovo Cimento [10] **2.** 75—89. 1/7. 1955. Torino, Univ., Ist. di Fis., Ist. Naz. di Fis. Nucl.)
Gerhard Schmidt. 90

**S. D. Drell** und **Kerson Huang,** *Proton-Bremsstrahlung.* Die klass. Behandlung der Dipolstrahlung, die von einem im Coulomb-Feld gestreuten Protonenbündel emittiert wird, wird quantenmechan. durch eine Entw. nach Potenzen von $E_\gamma/E_p$ in 1. Näherung ergänzt. Für 150 keV-γ-Strahlen, die senkrecht zu einem auf *Sn* fallenden 2 MeV-Protonenbündel emittiert werden, ergibt sich Übereinstimmung mit dem Experiment. (Physic. Rev. [2] **99.** 686—91. 1/8. 1955. Cambridge, Mass., MIT, Dep. of Phys. and Labor. for Nucl. Sci.) D. Geissler. 90

**R. M. Sternheimer,** *Polarisation von elastisch an Kernen gestreuten Protonen.* Vf. berechnet die Polarisation der an *Be, C, Al* u. *Fe* elast. gestreuten 130 MeV-Protonen nach dem opt. Modell des Kerns, wobei ein Spin–Bahn-Kopplungsterm eingeschlossen ist. Die Ergebnisse stimmen mit den experimentellen Werten von Dickson u. Mitarbeitern (C. **1956.** 6566) überein. Die Berechnungen werden ebenfalls für Protonenenergien für 50 u 90 MeV durchgeführt, um die schnelle Abnahme der Polarisation bei Abnahme der Energie unterhalb 130 MeV zu erklären. Bei Verwendung eines zentralen Potentials, dessen reeller Teil mit zunehmender Protonenenergie zwischen 50 u. 130 MeV abnimmt, wird befriedigende Übereinstimmung für die Abhängigkeit der Polarisation von der Energie für Be u. C erhalten. (Physic. Rev. [2] **100.** 886—90. 1/11. 1955. Upton, N. Y., BNL.) Gerhard Schmidt. 90

**Mary Jean Scott** und **Ralph E. Segel,** *Polarisation bei elastischer P–α-Streuung.* (Sitzungsbericht.) (Physic. Rev. [2] **100.** 1244. 15/11. 1955. Brookhaven Nat. Labor.)
Gerhard Schmidt. 90

**Warren Heckrotte,** *Analyse der elastischen Kleinwinkelstreuung energiereicher Protonen an Kohlenstoff.* Die übliche Behandlung der energiereichen elast. Streuung von Protonen an Kernen wird in der Weise erweitert, daß sie relativist. Coulomb-Korrekturen u. ein komplexes Spin–Bahn-Potential des Kerns einschließt. Mit diesen Ergänzungen läßt sich eine gute Anpassung der experimentellen Ergebnisse an die Polarisation energiereicher Protonen erreichen, die elast. an C unter kleinen Streuwinkeln gestreut worden sind. Außerdem ist es möglich, das Vorzeichen des Spin–Bahn-Potentials aus den energiereichen Daten allein abzuleiten. (Physic. Rev. [2] **101.** 1406—09. 15/2. 1956. Berkeley, Calif., Univ. of California, Radiat. Labor.) Gerhard Schmidt. 90

**N. P. Baumann, F. W. Prosser jr.** und **R. W. Krone,** *Elastische Streuung von Protonen an $^{23}$Na.* (Sitzungsbericht.) (Physic. Rev. [2] **100.** 1244. 15/11. 1955. Univ. of Kansas.) Gerhard Schmidt. 90

**A. H. de Borde** und **H. S. W. Massey,** *Die Stöße von Nucleonen mit Deuteronen.* Vff. untersuchen die Abhängigkeit des differentiellen Streuquerschnitts von Reichweite, Form u. Austauschcharakter der als zentral angenommenen Kernkräfte unter Berücksichtigung von Phasen höherer Ordnung. (Proc. physic. Soc., Sect. A **68.** 769—80. 1/9. 1955. London, Univ. Coll., Dep. of Phys.) D. Geissler. 90

**Dale M. Holm** und **H. V. Argo,** *Elastische T–T-Streuung von 1,6—2,0 MeV.* (Sitzungsbericht.) (Physic. Rev. [2] **100.** 1244. 15/11. 1955. Los Alamos Scient. Labor.)
Gerhard Schmidt. 90

**Mitsuo Miwa** und **Katsumi Kuriyama**, *Energie–Reichweite-Beziehung für Tritonen in der Kernemulsion bis zu 10 MeV.* Durch Exposition von Li-beladenen ILFORD $E_1$-Platten mit der Bremsstrahlung eines Betatrons wird aus der Rk. $^7Li(\gamma,t)He$ die Energie–Reichweite-Beziehung für Tritonen aus ca. 700 $\alpha$-Tritonpaaren ermittelt u. mit den Ergebnissen anderer Autoren verglichen. (J. physic. Soc. Japan **10.** 320—21. April 1955. Tokyo, Univ. of Educat., Phys. Dep. [Orig.: engl.]) H.-J. EICHHOFF. 90

**G. Igo, H. E. Wegner** und **R. M. Eisberg**, *Elastische Streuung von 40 MeV-$\alpha$-Teilchen an leichten Kernen.* (Sitzungsbericht.) (Physic. Rev. [2] **100.** 1244. 15/11. 1955. Brookhaven Nat. Labor.) GERHARD SCHMIDT. 90

**J. P. Davidson**, *Der Kernphotoeffekt und das Kernmodell mit komplexer Potentialmulde.* Vf. berechnet mit einem komplexen Muldenpotential den totalen Wirkungsquerschnitt für Kernphotoeffekt an A = 125 bei verschied. Arten der Energieabhängigkeit des Absorptionskoeffizienten. (Nature [London] **176.** 649—50. 1/10. 1955. Rio de Janeiro, Centro Brasil. de Pesqu. Fis.) D. GEISSLER. 95

**Paul Goldhammer**, *Kopplung von Nucleonenbahnen.* Mathemat. Ableitungen zur Behandlung der Kopplung von Nucleonenbahnen über die Vermittlung der Oberflächenwellen durch das intermediäre Kopplungsverf., wobei nur Zustände mit 0,1 u. 2 Quanten der Oberflächenoscillation betrachtet werden. (Physic. Rev. [2] **101.** 1375—80. 15/2. 1956. St. Louis, Mo., Washington Univ., Wayman Crow Labor.) GERHARD SCHMIDT. 95

**Paul Goldhammer** und **Eugene Feenberg**, *Verfeinerung der Brillouin–Wigner-Störungsmethode.* Einführung neuer Variationsparameter in die Wellenfunktion. (Physic. Rev. [2] **101.** 1233—34. 15/2. 1956. St. Louis, Mo., Washington Univ., Wayman Crow Labor.) GERHARD SCHMIDT. 95

**Mark Bolsterli** und **Eugene Feenberg**, *Störungsverfahren für gebundene Zustände von Kernen.* (Vgl. vorst. Ref.) Vff. geben ein einfaches u. genaues Verf. zur Best. der Energie zweiter Ordnung u. anderer Größen zweiter Ordnung in geschlossener Form u. stellen explizite Formeln für die Anwendung auf die Grundzustände des Deuterons, Tritons u. $\alpha$-Teilchens auf. Für die Fälle, in denen ein Vgl. mit exakten Berechnungen möglich ist, sind die numer. Ergebnisse gut. (Physic. Rev. [2] **101.** 1349—57. 15/2. 1956.) GERHARD SCHMIDT. 95

**Gentaro Araki**, *Quantenelektrodynamische Korrekturen vierter Ordnung für Triplettfeinstruktur von Helium.* Vf. berechnet die quantenelektrodynam. Korrekturen 4. Ordnung für die Intervalle der Triplettfeinstruktur von He unter Berücksichtigung der Einelektron-LAMB-Verschiebung für Selbst-Spin-Bahnkopplung u. der Wrkg. des anomalen magnet. Moments auf die gegenseitige Spin-Bahn- u. Spin–Spin-Kopplung zwischen 2 Elektronen. (Physic. Rev. [2] **101.** 1410—11. 15/2. 1956. Yosida, Kyoto, Univ., Fac. of Engng.) GERHARD SCHMIDT. 95

**L. S. Goodman** und **S. Wexler**, *Kernspin und magnetisches Moment des 50 Tage-$^{114m}In$.* (Sitzungsbericht.) (Physic. Rev. [2] **100.** 1245. 15/11. 1955. Argonne Nat. Labor.) GERHARD SCHMIDT. 95

**J. M. Daniels**, *Einige Versuche und theoretische Betrachtungen über die elektrische Hyperfeinstrukturmethode der Kernausrichtung.* Vf. berichtet über 2 erfolglose Verss. zum Nachw. einer elektr. Quadrupolaufspaltung in einem Festkörper durch therm. Methoden. Im ersten Vers. wird p-Dijodbenzol mit $KCr(SO_4)_2 \cdot 12 \cdot H_2O$ gemischt u. bis zu 0,01° K durch adiabat. Entmagnetisierung gekühlt, wobei die spezif. Wärme des J-Kerns ermittelt werden sollte. Bei einem zweiten Vers. wird ein Einkristall von Co-p-Toluolsulphonat, der $^{131}J$ als p-Jodbenzolsulphonat enthält, durch adiabat. Entmagnetisierung gekühlt, um eine Ausrichtung der $^{131}J$-Kerne u. hierdurch eine Anisotropieverteilung der ausgesandten $\gamma$-Strahlen zu erzeugen. Diese Prozesse werden durch eine Theorie der Relaxationszeit für den Wärmeübergang von einer Mannigfaltigkeit von Kernen mit einer Quadrupolaufspaltung zu einer von paramagnet. Ionen in dem gleichen Kristall verfolgt. Eine numer. Schätzung der Relaxationszeit von Co/Zn–p-Brombenzolsulphonat für Co-Konzz. von 100 u. 1% wird durchgeführt. Die Ergebnisse der beiden Verss. werden bzgl. der Theorie diskutiert. (Canad. J. Physics **32.** 662—73. Okt. 1954. Vancouver, B. C., Univ. of Brit. Columbia, Dep. of Phys.) GERHARD SCHMIDT. 95

**W. W. True**, *Schalen- und Kollektivtheorie für die Pb-Isotope.* Die E 2-Übergangsgröße in $^{207}Pb$ liefert für den Oberflächenspannungsparameter C den Wert von 1100 MeV. Für die E 2-Übergangsrate in $^{206}Pb$ ist C = 520 MeV. Das Quadrupolmoment von $^{209}Bi$ ist mit C ≈ 1000 MeV in Einklang. Die gute Übereinstimmung zwischen den vorausgesagten u. den experimentell bestimmten Energieniveaus von $^{204}Pb$ zeigt, daß kurzreichweitige Zweikörperkräfte die Wechselwrkg. zwischen den äußeren Nucleonen ziemlich gut beschreiben. Ebenso rühren die Aufspaltung der Niveaus für die beiden ersten

MeV hauptsächlich von diesen äußeren Nucleonen her u. scheinen nicht durch die kollektive Bewegung des Rumpfkerns beeinflußt zu sein. (Physic. Rev. [2] **101.** 1342—49. 15/2. 1956. Bloomington, Ind., Indiana Univ., Dep. of Phys.) Gerhard Schmidt. 95

**S. E. Darden,** *Bestimmung der Stärkefunktion von Energieniveaus des Kerns.* Der Durchlässigkeitskoeff. T von Ni, Zn, Se, Sr, Ag, Ce, Bi u. Radioblei für 80—230 keV-Neutronen, die mittels der Rk. $^7$Li(p,n) erzeugt u. durch Propan-Rückstoßzähler nachgewiesen werden, wird beobachtet. Abweichungen von der exponentiellen Abnahme von T mit der Foliendicke werden durch Vgl. der Durchlässigkeit von dünnen Folien für Neutronenströme, die durch dicke Folien gefiltert sind, mit der Durchlässigkeit von dünnen Folien für ungefilterte Neutronen gemesen. Aus diesen Abweichungen wird das Verhältnis von mittlerer red. Neutronenbreite zum Niveauabstand des Compoundkerns als Funktion von A u. $E_n$ bestimmt. (Physic. Rev. [2] **99.** 748—51. 1/8. 1955. Madison, Wis., Univ. of Wisconsin.) D. Geissler. 95

**T. T. Scolman, K. S. Quisenberry** und **A. O. Nier,** *Vorläufige Massendublettmessungen mit dem 16 inch-Massenspektrometer von Minnesota.* (Sitzungsbericht.) (Physic. Rev. 2] **100.** 1245. 15/11. 1955. Univ. of Minnesota.) Gerhard Schmidt. 95

**K. S. Quisenberry, T. T. Scolman** und **A. O. Nier,** *Die Atommassen von $^1H$, $^2D$, $^{12}C$ und $^{32}S$.* (Vgl. vorst. Ref.) (Sitzungsbericht.) (Physic. Rev. [2] **100.** 1245. 15/11. 1955.) Gerhard Schmidt. 95

**J. E. Drummond,** *Massen leichter Kerne. Eine Methode zur Korrektur einer Massentafel für neue Daten.* (Vgl. C. **1956.** 3199.) Vf. leitet nach der Meth. der kleinsten Quadrate eine Formel für die durch neue Beobachtungsdaten verursachte Korrektur an Massenwerten ab. (Physic. Rev. [2] **99.** 709—10. 1/8. 1955. Wellington, New Zealand, Dep. of Scient. and Industr. Res.) D. Geissler. 95

**Sybren R. de Groot** und **Hendrik A. Tolhoek,** *Die Theorie der β-Aktivität, die für den Hamilton-Operator der Wechselwirkung eine Linearkombination der relativistischen Invarianten benutzt.* (Vgl. C. **1951.** I. 683.) (C. R. hebd. Séances Acad. Sci. **230.** 1510—12. 24/4. 1950.) G. Kirschstein. 103

**G. M. Griffiths** und **J. B. Warren,** *Die γ-Strahlung aus der Reaktion $D(p,\gamma)^3He$.* Protonen aus einem Van de Graaff fallen auf ein Target aus Schwerem Eis. Die nach der Rk. D(p,γ)$^3$He entstehenden γ-Strahlen werden durch einen Scintillationszähler mit aktiviertem NaJ nachgewiesen. Vff. messen den Q-Wert der Rk. unter Berücksichtigung des Doppler-Effekts zu 5,50 ± 0,03 MeV u. eine Winkelverteilung $a + b \cdot \sin^2\Theta$ mit $a \ll b$ bei $0,6 \leqq E_p \leqq 1,75$ MeV u. $-150 < \Theta < +150^0$ im Laborsystem. Der relative Wirkungsquerschnitt für die Rk. wird für $0,25 \leqq E_p \leqq 1,8$ MeV graph. angegeben u. der absol. bei $E_p = 1,0$ MeV zu $4 \cdot 10^{-30}$ cm$^2$ ± 50% näherungsweise gemessen. (Proc. physic. Soc., Sect. A **68.** 781—92. 1/9. 1955. Univ. of British Columbia, Phys. Dep.) D. Geissler. 103

**C. D. Moak** und **W. R. Wisseman,** *Energieniveaus von $^8Be$.* Zur Unters. der Niveaus von $^8$Be bis zu einer Anregungsenergie von 14 MeV wird die Rk. $^6$Li($^3$He,p)$^8$Be benutzt. Die doppelt geladenen $^3$He-Ionen werden in einem 625 kV-Kaskadenbeschleuniger auf eine Beschußenergie von 1,25 MeV gebracht. Die Protonen werden mit einem NaJ-Scintillationszähler beobachtet. Der Grundzustand, der 2,9 MeV-Zustand u. versuchsweise ein 12,3 MeV-Zustand sind die einzigen beobachteten Niveaus. Niveaus bei 4,05, 4,9, 5,3 oder 7,5 MeV werden nicht nachgewiesen. (Physic. Rev. [2] **101.** 1326—28. 15/2. 1956. Oak Ridge, Tenn., ORNL.) Gerhard Schmidt. 103

**Th. Stribel,** *Zum Zerfall des $^{25}Al$.* Durch Protonenbestrahlung eines dicken Mg-Targets am Kanal-Beschleunigungsrohr erzeugt Vf. die Aktivität von $^{25}$Al u. nimmt das γ-Spektr. von $^{25}$Al mit einem Scintillations-γ-Spektrographen auf. Neben der sehr starken 0,51 MeV-Linie der Vernichtungsstrahlung sind keine weiteren γ-Linien erkennbar. Weniger als ca. 0,5% der Positronenzerfälle scheinen über das 0,98 MeV-Niveau des $^{25}$Mg zu gehen. (Z. Naturforsch. **11 a.** 166—67. Febr. 1956. Hechingen, Abt. des Max-Planck-Inst. für Phys. d. Stratosphäre, Hochspannungslabor.) E. Hahn. 103

**A. V. Pohm, R. C. Waddell** und **E. N. Jensen,** *Effekte niedriger Ordnung in β-Spektren.* Mit einem Zwischenbild- u. einem Dünnlinsenspektrometer untersuchen Vff. die β-Spektren von $^{32}P$, $^{42}K$ u. $^{76}As$. Das $^{32}$P-β-Spektr. wird auf eine Abweichung vom Fierz-Typ untersucht, innerhalb des experimentellen Fehlers wird keine Abweichung gefunden. Der Wert des Parameters r, der die Größe der Fierz-Abweichung beschreibt, ergibt sich zu 0,00 ± 0,03. Die ersten verbotenen Übergänge mit $\Delta J = 0$, + von $^{42}$K u. $^{76}$As werden auf Abweichungen von einem linearen Kurie-Diagramm untersucht. Innerhalb des experimentellen Fehlers werden keine Abweichungen gefunden. Eine Abweichung des $^{42}$K-Kurie-Diagramms unterhalb 500 keV wird einer zusätzlichen β-Gruppe zugeordnet. (Physic. Rev. [2] **101.** 1315—21. 15/2. 1956. Ames, Io., Iowa State Coll., Inst. for Atom. Res. and Dep. of Phys.) GERHARD SCHMIDT. 103

**Francesca Demichelis** und **Renato Malvano**, *Über das Zerfallsschema von* $^{214}Po$. (Vgl. C. **1955.** 7832.) In l. c. ist überall statt „j" „γ" zu setzen (Erratum). (Atti Accad. naz. Lincei, Rend., Cl. Sci. fisiche, mat. natur. [8] **16.** 724—25. Juni 1954.) J. ROESMER. 103

**J. S. Levin** und **D. J. Hughes**, *Strahlungsbreiten von Energieniveaus des Kerns.* (Vgl. C. **1956.** 326.) Vff. untersuchen die stark angeregten Energieniveaus, die durch Einfang langsamer Neutronen erzeugt worden sind, mittels der Resonanzen in den Neutronenquerschnitten als Funktionen der Energie. Die Strahlungsbreiten der Niveaus in schweren Kernen werden mit Hilfe der Kurven für den totalen Querschnitt gemessen, die mit dem Schnellunterbrecher erhalten worden sind. Die Verlauf-, Flächen- u. Interferenzmethoden zur Analyse der Neutronendurchlässigkeitsdaten werden beschrieben. Messungen werden an *Ag*, *Hf*, *Au*, *Hg*, *Th* u. *U* durchgeführt. Die beobachteten Strahlungsbreiten zeigen, daß die Strahlungsbreiten der Niveaus im gleichen Nuclid nahezu konstant sind. Die Strahlungsbreiten nehmen langsam mit dem At.-Gew. ab, wobei Diskontinuitäten bei Kernschalen ausgenommen sind. Die Änderung der Strahlungsbreite mit der Anregungsenergie u. dem Niveauabstand ist mit theoret. Berechnungen für El-Übergänge in Einklang; die absol. theoret. Breiten sind jedoch um eine Größenordnung zu hoch. (Physic. Rev. [2] **101.** 1328—41. 15/2. 1956. Upton, N. Y., BNL.)
GERHARD SCHMIDT. 103

**W. I. Osstroumow**, *Spaltung von Urankernen mit schnellen Protonen.* Kernemulsionen wurden mit Uransalzen getränkt u. mit 450 MeV-Protonen beschossen. Bestimmt wurde die Zahl der Kernspaltungen in Abhängigkeit von der Kerngeschwindigkeit, weiterhin die Zahl der Wechselwirkungen der Protonen mit den U-Kernen in Abhängigkeit von der Kernanregung. (Доклады Академии Наук СССР [Ber. Akad. Wiss. UdSSR] **103.** 409—11. 21/7. 1955. Chlopin-Strahleninst. der Akad. der Wiss. der UdSSR.)
M. WIEDEMANN. 103

**O. W. Loshkin**, **N. A. Perfilow** und **W. P. Schamow**, *Zur Frage der Winkelverteilung von Uranspaltprodukten bei großen Anregungsenergien.* Kernemulsionen wurden mit Uransalz getränkt u. mit 660 MeV-Protonen beschossen. Aus den Winkeln zwischen den Spaltprodd. wurde die Anregungsenergie ermittelt. Die Winkelverteilung ließ sich für die Anregungsenergien 60, 150 u. 320 MeV durch $I(\varphi) = a + b \sin^4\varphi$ ausdrücken mit $\varphi$ = Winkel in der Projektion zwischen der Flugrichtung der Spaltprodd. u. des einfallenden Protons. Mit steigender Anregungsenergie nahm die Anisotropie $N_{\varphi > 60°}/N_{\varphi < 30°}$ von $1,13 \pm 0,1$ auf $1,35 \pm 0,16$ zu. (Доклады Академии Наук СССР [Ber. Akad. Wiss. UdSSR] **103.** 407. 21/7. 1955.) M. WIEDEMANN. 103

**Patrick Kelly**, **Tyson Rigg** und **Joseph Weiss**, *Isotopische Zusammensetzung des Wasserstoffs, der bei der Einwirkung von ionisierender Strahlung auf wässerige, mit Schwerem Wasser angereicherte Lösungen entsteht.* Es wurden wss. Lsgg. von Stoffen mit Röntgen- bzw. γ-Strahlen bestrahlt, die in der Lage waren, den dabei gebildeten atomaren H aufzufangen. Die Lsgg. waren mit ca. 1 Mol-% $D_2O$ angereichert. Es wurde die Menge des unmittelbar gebildeten leichten u. Schweren mol. Wasserstoffs bestimmt u. daraus der Trennfaktor $s = (H/D)_{Gas}/(H/D)_{Lsg.}$ zu ca. 2 bestimmt. (Chem. and Ind. **1954.** 1291. 16/10. Newcastle-upon-Tyne, Univ. of Durham, King's Coll.) H. C. WOLF. 104

**G. L. Squires**, *Eine nucleare Methode zur Bestimmung von Spuren leichten Wassers in Schwerem Wasser.* Es wird eine Meth. mit Versuchsanordnung zur Best. von Spuren $H_2O$ in $D_2O$ beschrieben, die auf dem Unterschied der Gesamtquerschnitte für langsame Neutronen bei $H_2O$ u. $D_2O$ beruht. Vf. vergleicht die Anzahl der langsamen Neutronen, die unabgelenkt die zu untersuchende $D_2O$-Probe durchdringen, mit der Anzahl bei Verwendung einer Standardprobe. Daraus läßt sich eine Verunreinigung des $D_2O$ durch $H_2O$ mit einer Genauigkeit von 0,006% nach einer Zähldauer von 3 Std. bestimmen. (Proc. physic. Soc., Sect. A **67.** 520—24. 1/6. 1954. Harwell, Berks., AERE.)
G. TÖLG. 106

**Harold A. Schwarz**, *Der Temperaturkoeffizient der strahlungsindizierten Oxydation von Eisen(II)-sulfat.* Wss. $FeSO_4$-Lsgg. (0,001 mol.) wurden bei Tempp. zwischen 0 u. 75° mit $^{60}Co$ bestrahlt. Die Best. der gebildeten $Fe^{3+}$-Ionen erfolgte spektrophotometrisch. Der Temperaturkoeff. ergab sich in Ggw. von *Cl'*-Ionen (zur Verhinderung der Oxydation von $Fe^{2+}$ durch Spuren organ. Verunreinigungen) zu $0,04 \pm 0,03$% pro Grad. Ohne Cl'-Ionen nimmt die Geschwindigkeit der $Fe^{2+}$-Oxydation mit zunehmender Bestrahlungsdauer, bes. bei höheren Tempp., ab. Die nach längerer Bestrahlung gefundenen Oxydationsgeschwindigkeiten entsprechen bzgl. ihrer Temperaturabhängigkeit den Werten, die in Ggw. von Cl' gemessen wurden. (J. Amer. chem. Soc. **76.** 1587—88. 20/3. 1954. Long Island, N. Y., Brookhaven Nat. Labor., Dep. of Chem.) H. SPÄHN. 108

**L. Rotherham,** *Den Chemie-Ingenieur interessierende metallurgische Entwicklungen.* (Vortrag.) Aufarbeitung von U-Erzen über Nitrat u. $UF_4$ zu U-Metall u. dessen Anreicherung mit $^{235}U$ durch Diffusion von $UF_6$. Mechan. u. chem. Gesichtspunkte bei der Herst. der Hüllen für U-Stäbe in therm. bzw. schnellen Reaktoren. — Bzgl. der Festigkeit u. Kriecheigg., auch bei erhöhter Temp., ferner der Schweißverff., der Korrosionseigg. u. der Eignung in Reaktoranlagen werden folgende Metalle u. ihre techn. benutzten Legierungen besprochen: *Ti, Zr, Ta, Mo.* Benutzung des rostfreien Stahles 18/13 mit 1% Nb u. eines Schweißverf. zur Wahrung der austenit. Struktur, bes. für Rohrleitungen, die nach dem Bau unzugänglich werden. (Chem. and Ind. **1954.** 1164—70. 18/9. Risley, Warrington, Lancs., Dep. of Atomic Energy, Ind. Group Headquart.) G. Lochmann. 110

**E. H. Belcher,** *Scintillationszähler mit flüssigen luminescierenden Medien zur absoluten Eichung und radioaktiven Prüfung.* Vf. beschreibt einen Scintillationszähler zur Standardisierung radioakt. Isotope durch $4\pi-\beta$-Zählung u. zur radioakt. Prüfung kleiner biol. Proben durch $\gamma$-Zählung. Das Gerät verwendet einen fl. Luminophor (0,5% Lsg. von $\alpha.\alpha'$-Dinaphthyl in Xylol oder p-Terphenyl in Xylol) in Verbindung mit einem ungekühlten Endfenster-Photomultiplierrohr. Der Wirkungsgrad des Instrumentes wird an Proben von $^{131}J$, $^{32}P$, $^{198}Au$, $^{59}Fe$, $^{60}Co$, $^{82}Br$ u. $^{42}K$ bestimmt. (J. sci. Instruments **30.** 286—89. Aug. 1953. London, Royal Cancer Hosp., Phys. Dep.) Gerhard Schmidt. 112

**Frank E. E. Germann, Frank T. Brown, Richard Wissell** und **Thomas D. Waugh,** *Energieübergang in bestrahlten Mischlösungen von Phosphoren.* Scintillationszähler mit Mischlsgg. von Diphenyloxazol + $\alpha$-Naphthylphenyloxazol (I) oder p-Terphenyl (II) in Toluol zeigen größere Ausbeute als Lsgg. nur einer dieser Substanzen (vgl. Hayes u. Mitarbeiter, C. **1953.** 1919). Es wurden Lsgg. von **I**, **II** u. **I** + **II** durch UV im Auflicht angeregt u. die Luminescenzspektren photographiert. Die Registrierkurven wurden durch Auszählen integriert u. diese Werte als relatives Maß für die Ausbeute genommen. Die Mischung **I** + **II** zeigt je nach Konzentrationsverhältnis größere, gleiche oder kleinere Ausbeute als die Summe von **I** u. **II** allein in entsprechender Konzentration. Der Charakter der Spektren von **I** u. **II** bleibt in Mischung erhalten. Die Intensität von **I** kann stark zunehmen, ohne die von **II** wesentlich zu löschen, im Gegensatz zu Arbeiten mit Stoßanregung, was vielleicht von den Anregungsbedingungen abhängt. (Science [Washington] **120.** 540—42. 1/10. 1954. Boulder, Univ. of Colorado.) F. Dörr. 112

**Taketora Yamagata** und **Megumu Yoshimine,** *Monte Carlo-Berechnung an Čerenkov-Zählern.* (Sitzungsbericht.) (Physic. Rev. [2] **100.** 1246. 15/11. 1955. Univ. of Illinois.) Gerhard Schmidt. 112

**I. Filosofo,** *Čerenkov-Zähler als Spektrometer für energiereiche Photonen.* (Sitzungsbericht.) (Physic. Rev. [2] **100.** 1246. 15/11. 1955. Univ. of Illinois.) Gerhard Schmidt. 112

**T. C. Wherry** und **F. W. Karasek,** *Ausführung des nichtmagnetischen Radiofrequenz-Massenspektrometer-Rohres.* Das von Bennett (C. **1955.** 740) angegebene Prinzip des Radiofrequenz-Massenspektrometers wird in einer App. mit 5 Hochfrequenzstufen ausgeführt, die durch — in Flugzeiten des Resonanzions ausgedrückt — 5 bzw. 9,4 u. 7 Hochfrequenzperioden voneinander getrennt sind. Eine Bremsspannung am Ende der Bahn läßt nur die Teilchen maximaler Energie den Kollektor erreichen. Das Instrument ergibt eine lineare Massenskala u. zeigt bemerkenswerte zeitliche Stabilität u. Temperaturunempfindlichkeit. Ausgeführte Analysen liegen innerhalb $\pm 0{,}4$ Mol-% der bekannten Werte. (J. appl. Physics **26.** 682—85. Juni 1955. Bartlesville, Okla., Phillips Petroleum Comp., Res. and Developm. Dep.) R. Conrad. 112

**B. Ledley** und **L. Riddiford,** *Bestimmung des Bündelquerschnitts in einem Protonensynchrotron mit einem Scintillationskristall.* Mit einem Tl-aktivierten KJ-Scintillationskristall, der in die Vakuumkammer des Protonensynchrotrons eingeführt wird, werden horizontale u. vertikale Ausdehnung des Bündels gemessen. (Proc. physic. Soc., Sect. A **68.** 836—39. 1/9. 1955. Birmingham, Univ., Dep. of Phys.) D. Geissler. 112

**Kazuo Huke** und **Giiti Iwata,** *Die Wirkung von Feldstößen im stark fokussierenden Synchrotron.* Die Teilchenbahnen im Synchrotron mit alternierendem Gradienten werden unter Berücksichtigung der Übergangsfelder zwischen den Magnetfeldsektoren berechnet. Für die mittlere quadrat. u. die maximale Amplitude der Bahnoscillationen werden obere Grenzen angegeben. (J. physic. Soc. Japan **9.** 297—98. März/April 1954. Tokyo, Univ., Dep. of Phys. [Orig.: engl.]) F. Lenz. 112

**H. F. Kaiser,** *Mikrotroninjektor für Elektronensynchrotrons.* (Sitzungsbericht.) (Physic. Rev. [2] **100.** 1246. 15/11. 1955. Naval Res. Labor.) Gerhard Schmidt. 112

**K. M. Terwilliger, L. W. Jones, F. T. Cole, D. W. Kerst** und **R. O. Haxby,** *Kleinmodell FFAG-Betatron.* 1. Mitt. *Allgemeine Beschreibung.* (Sitzungsbericht.) (Physic. Rev. [2] **100.** 1246. 15/11. 1955. Univ. of Michigan; Univ. of Iowa; Univ. of Illinois; Purdue Univ. and Midwestern Univ. Res. Associat.) GERHARD SCHMIDT. 112

**F. T. Cole** und **D. W. Kerst,** *Kleinmodell FFAG-Betatron.* 2. Mitt. *Anordnungsberechnungen.* (1. vgl. vorst. Ref.) (Sitzungsbericht.) (Physic. Rev. [2] **100.** 1246. 15/11. 1955.) GERHARD SCHMIDT. 112

**L. W. Jones** und **K. M. Terwilliger,** *Kleinmodell FFAG-Betatron.* 3. Mitt. *Vorläufige experimentelle Ergebnisse.* (2. vgl. vorst. Ref.) (Sitzungsbericht.) (Physic. Rev. [2] **100.** 1247. 15/11. 1955.) GERHARD SCHMIDT. 112

**Keith R. Symon,** *Allgemeine Theorie von Bahnen in FFAG-Beschleunigern.* (Vgl. vorst. Reff.) (Sitzungsbericht.) (Physic. Rev. [2] **100.** 1247. 15/11. 1955. Univ. of Wisconsin and Midwestern Univ. Res. Associat.) GERHARD SCHMIDT. 112

**Tihiro Ohkawa,** *FFAG-Elektronencyclotron.* (Vgl. vorst. Reff.) (Sitzungsbericht.) (Physic. Rev. [2] **100.** 1247. 15/11. 1955. Univ. of Illinois.) GERHARD SCHMIDT. 112

**Arlette Hee, Michel Jarovoy** und **Joseph Kleiber,** *Untersuchung aktiver Niederschläge, die von verschiedenen radioaktiven Stoffen stammen, mit der photographischen Methode.* Nachw. der $\alpha$-Strahlen der Tochtersubstanzen von U u. Th, darunter auch von UI. (C. R. hebd. Séances Acad. Sci. **230.** 1520—22. 24/4. 1950.) G. KIRSCHSTEIN. 112

**J. Govaerts,** *Die im „Institut de Physique Nucléaire" der Universität Lüttich angewandten Arbeitsverfahren.* 2. Mitt. *Bestimmung des Radiokohlenstoffs* $^{14}C$. (1. vgl. C. **1956.** 8173.) Beschreibung der Probenvorbereitung u. der Meßverff. für $^{14}C$-Bestimmungen. (Bull. Soc. roy. Sci. Liège **23.** 297—307. Sept./Okt. 1954. Liège, Univ., Inst. de Phys. Nucl.) H.-J. EICHHOFF. 112

**G. Shepherd** und **R. West,** *Ein pneumatischer Heber für BEPO-Bestrahlungsbehälter.* Mechan. Anordnung zur Überführung von Isotopenbehältern. (J. sci. Instruments **30.** 291—92. Aug. 1953. Harwell, Berks., AERE, Isotope Div.) GERHARD SCHMIDT. 112

---

**Karl Bechert u. Christian Gerthsen,** Atomphysik. Bd. 1. Allgemeine Grundlagen. T. 1. 1955. 2. Allgemeine Grundlagen. T. 2. 1955. 4. Theorie des Atombaus. T. 2. 1954. Von **K. Bechert.** 3. umgearb. Aufl. Berlin: de Gruyter. 1954—1955. 1: (124 S. m. 35 Abb.) 8°. DM 2,40. 2: (112 S. m. 48 Abb.) 8°. DM 2,40. 4: (170 S. m. 14 Abb.) 8°. DM 4,80 = Sammlung Göschen. Bd. 1009. 1033. 1165/1165a.

**L. Vigneron,** L'Emulsion photographique et la détection des particules nucléaires et cosmiques. Vente: Libr. du Palais de la Découverte. fr. 85.—.

## $A_2$. Optisches Verhalten der Materie.

**W. Galbraith** und **J. V. Jelley,** *Lichtimpulse vom Nachthimmel und die Čerenkov-Strahlung.* 1. Mitt. Es wird das Auftreten von Licht in Höhenstrahlenschauern untersucht. Die Polarisation u. die Richtungseigg. werden untersucht u. ein Experiment durchgeführt, um die Farbe des Lichtes zu bestimmen. Die Ergebnisse stimmen teilweise mit denen bei dem Licht überein, das der ČERENKOV-Strahlung angehört. (J. atmospheric terrestr. Physics **6.** 250—62. Mai 1955. Harwell, Berks., AERE.) H. PREUSS. 113

**Andrew McKellar,** *Die $\lambda$ 10500 Absorption in den Spektren von späten M-Typ-Sternen.* Infrarotspektrogramme der Sterne R Leonis (Typ M8e) u. R. Cassiopeiae (M7e), die mit einer Dispersion von 150 Å/mm erhalten wurden, zeigen, daß die Absorption bei $\lambda = 10500$ tatsächlich eine Folge von Bändern ist. Es wurden sechs Bänder vermessen bei $\lambda = 10459$, 10484, 10510, 10530, 10547 u. 10566. Die einzelnen Bänder verringern sich zu größeren Wellenlängen hin u. scheinen mit keinem bisher im Labor. erzeugten Band übereinzustimmen. Da späte M-Typ-Spektren durch starke Banden von TiO charakterisiert sind, wird man vermuten, daß die $\lambda = 10460$ Folge wahrscheinlich durch ein zweiatomiges Oxyd entsteht. Im Labor. erzeugte Spektren von LaO, TiO, CaO u. FeO konnten nicht mit denen der Sterne identifiziert werden. (J. Roy. astronom. Soc. Canada **49.** 73—75. März/April 1955. Victoria, B. C., Dominion Astrophys. Observ.) H. PREUSS. 113

**Hsin-Pei Shu (Hsin P. Soh)** und **Chien-Hus Tsai,** *Eine kritische Analyse der sogenannten Absorbertheorie der Strahlung.* Beweis, daß die „Absorber" der Theorie von WHEELER u. FEYMANN (vgl. Rev. mod. Physics **17.** [1945.] 157) keine physikal. Realität besitzen. (Acta physica sinica **10.** 35—41. 1954. Nanking u. Tsingtao. [Orig.: chines.; Auszug: engl.]) L. SCHULER. 114

**Jacques Romand, Germaine Balloffet** und **Boris Vodar,** *Einfache Anordnung zur Erzeugung des kontinuierlichen Lyman-Spektrums im fernen Ultraviolett.* Die Anordnung besteht aus einer Capillare (2 mm; Pyrex, $Al_2O_3$) mit zwei Fe-Elektroden u. einer Beobachtungsöffnung senkrecht zur Entladungsbahn. Zwischen den Elektroden der Capillare, die sich in einer evakuierten üblichen Funkenkammer befindet, wird (ohne Füllgas) eine Kondensatorentladung nach LYMAN (0,25—0,74 $\mu$F, 25000 V) in Form einer Art Gleitentladung erzeugt. Das Spektr. der kondensierten Entladung, das vom Material der Capillare u. von der Stromdichte abhängt, ist im Gebiet 2000—1000 Å kontinuierlich u. ist überlagert von Linien der Bestandteile der Capillare. (C. R. hebd. Séances Acad. Sci. **240.** 412—15. 24/1. 1955.) J. RUDOLPH. 118

**C. J. Ballhausen,** *Über einige Intensitätsprobleme in den Absorptionsbanden von komplexen Ionen.* Die Intensitäten in den Absorptionsbanden von komplexen Ionen der ersten Übergangsgruppen werden unter Betrachtung ihrer Symmetrieeigg. abgeschätzt. Vorwiegend finden die Schwingungen der Liganden u. die Auswahlregeln für elektr. Dipolübergänge Beachtung. Die Theorie von VAN VLECK, BROER, GORTER u. HOOGSCHAGEN (J. Physica **11.** [1945.] 231) wird zur Berechnung benutzt u. die für $Ti^{3+}$, $V^{3+}$, $Co^{2+}$ u. $Ni^{2+}$ erhaltenen Werte angegeben. (Acta chem. scand. **9.** 821—24. 1955. Copenhagen, Techn. Univ., Chem. Dep. A.) E. HAHN. 118

**R. Rath,** *Erklärung der Lichtfortpflanzung in Hauptschwingungsrichtungen mit Hilfe des Fermatschen Prinzips.* In anisotropen Medien wird ein linear polarisierter Lichtstrahl in zwei senkrecht zueinander schwingende Komponenten zerlegt. Vf. beweist durch geometr. Betrachtungen (Ausdrücken der Brechzahlen durch ihre Beträge in den Hauptschwingungsebenen u. zweimalige Differentiation zur Minimumbldg.), daß das Licht dem FERMATschen Prinzip gehorcht, d. h. es schwingt in den Hauptschwingungsrichtungen des anisotropen Stoffes, wobei die Summe der beiden Wellennormalengeschwindigkeiten ein Maximum ist. (Neues Jb. Mineralog., Mh. **1955.** 190—92. Aug. Hannover.) G. MEINHARDT. 119

**W. A. Fabrikow,** *Besonderheiten des Faraday-Effektes in Paraffin–Ferrit-Gemischen.* An Scheiben, meist 80 mm Durchmesser u. 45 mm Dicke, bestehend aus einer Mischung von Ferritpulver u. Paraffin, ca. 70% Paraffin, 14% Rutil u. 16% Ni–Zn-Ferrit, wurde bei Frequenzen von 2200—3000 MHz in Magnetfeldern bis zu 1500 Oe eine anomale Drehung der Polarisationsebene beobachtet, im entgegengesetzten Sinn als bei Scheiben aus Ferrit allein. Die Exzentrizität der Polarisationsellipse hing von der Frequenz, dem Mischungsverhältnis u. der Feldstärke ab. Vf. deutet seine Ergebnisse auf der Grundlage der Theorie des Tensors der magnet. Susceptibilität von Ferromagnetika. (Доклады Академии Наук СССР [Ber. Akad. Wiss. UdSSR] **103.** 807—09. 11/8. 1955. Moskauer Molotow-Energie-Inst.) M. WIEDEMANN. 119

**Osias Bain** und **Paul A. Giguère,** *Wasserstoffperoxyd und seine Analogen.* 6. Mitt. *Infrarotspektren von $H_2O_2$, $D_2O_2$ und $HDO_2$.* (5. vgl. GIGUÈRE, C. **1956.** 6895.) Das Absorptionsspektr. des $H_2O_2$ wurde mit einem Prismeninstrument im Bereich von 1,5—25 $\mu$ untersucht. Ein Paar gut aufgelöster steiler Banden, die von den Torsionsschwingungen der OH-Gruppen herrühren, liegen bei 460 u. 575 $cm^{-1}$. Die starke Bande bei 3,8 $\mu$ scheint doppelt zu sein u. hat hauptsächlich Rotationsstruktur. Ihre Zuweisung zu der Kombination $v_2 + v_6$ deutet eine positive Anharmonizität an. 4 neue wichtige Banden wurden im fl. $H_2O_2$ beobachtet. Das Infrarotspektr. von $D_2O_2$ wurde erstmalig im festen u. im gasförmigen Zustand aufgenommen. Die Banden des $D_2O_2$ in der Dampfphase sind von denen des $H_2O_2$ ganz verschieden. Die asymm. O—D-Streckfrequenz von 2661 $cm^{-1}$ ist genügend aufgelöst, um eine Berechnung der Rotationskonstanten des $D_2O_2$-Mol. durchzuführen. Ferner wurden Mischungen von $H_2O_2$ mit $D_2O_2$, die ca. 40% $HDO_2$ enthielten, untersucht. Die O—O-Streckungsvibration bei 11 $\mu$ war zu schwach, um genau im Spektr. der gasförmigen Peroxyde festgelegt werden zu können. Die strukturellen Parameter des $H_2O_2$-Mol. lauten: $v_{O-O} = 1{,}49 \pm 0{,}01$ Å; $v_{O-H} = 0{,}97 \pm 0{,}01$ Å; $\alpha_{OOH} = (100 \pm 2)^0$. Die O—H- u. O—D-Streckungsbanden der 3 isotopen Peroxyde wurden in $CCl_4$ untersucht. (Canad. J. Chem. **33.** 527—45. März 1955. Quebec, Laval Univ., Dep. of Chem.) J. MATTNER. 120

**A. Simon** und **E. Steger,** *Ramanspektroskopische Untersuchungen an kondensierten Phosphaten und Phosphorsäuren.* 1. Mitt. *Über Trimetaphosphate und Trimetaphosphorsäure.* Vff. nehmen das RAMAN-Spektr. wss. Lsg. von Natriumtrimetaphosphat (I) auf u. geben in Verbindung mit den Ultrarotbanden eine vollständige Zuordnung der beobachteten Banden. Anwendung der Auswahlregeln spricht für Ebenheit des Sechsringes im Anion entsprechend einer Symmetrie $D_{3h}$. Zum Vgl. werden wss. Lsgg. von Natriumtrimetaphosphinat (II) u. Kaliumtrimetaphosphat RAMAN-spektroskop. untersucht. Für II wird aus den Frequenzwerten auf Schwächung der Ringbindungen gegenüber I geschlossen, Verss. zur Darst. wasserfreier Trimetaphosphorsäure blieben erfolglos. Das RAMAN-Spektr. der dabei erhaltenen hochpolymeren Metaphosphorsäure zeigt Ähnlichkeit mit dem des glasigen Natriummetaphosphats. OH-Frequenzen werden nicht gefunden. – Die Ebenheit (des Ringes in I u. die z. T. hohen PO-Frequenzen werden auf polaren Bindungsanteil zurückgeführt. (Z. anorgan. allg. Chem. **277.** 209–33. Dez. 1954. Dresden, TH, Inst. für anorgan. Chem.) H. J. BECHER. 120

**L. M. Swerdlow** und **I. N. Saitzewa,** *Schwingungsspektren und Struktur von Diboran.* Aus der Berechnung der n. Schwingungen u. der Konstanten der potentiellen Energie werden symmetrisierte Matrizen der kinemat. Koeffizienten des *Diborans* (I) abgeleitet (Tabelle); dasselbe geschieht für die Kraftkoeffizienten. In einer weiteren Tabelle wird eine Deutung der Schwingungsspektren des I u. seiner isotopensubstituierten Formen $^{11}B_2H_6$, $^{10}B_2H_6$, $^{10}B_2D_6$, $^{10}B_2D_2H_4$ u. $^{10}B_2H_2D_4$ gegeben. Dabei wird gute Übereinstimmung zwischen berechneten u. beobachteten Frequenzen erzielt. Das nicht ebene äthylenähnliche Modell des I mit 2 gleichwertigen H-Brücken wird als richtig erwiesen. Die Festigkeit der B–B-Bindung ist bei I um ~40% geschwächt. (Журнал Физической Химии [J. physik. Chem.] **29.** 1240–47. Juli 1955. Ssaratow, Tschernyschewski-Univ.) R. K. MÜLLER. 120

**William V. Smith, H. A. Lackner** und **A. B. Volkov,** *Druckverbreiterung von linearen Molekülen.* 2. Mitt. *Theorie.* (1. vgl. C. **1955.** 980.) Die l. c. für COS u. von TRAMBARULO u. Mitarbeitern (vgl. C. **1955.** 2599) für BrCN beobachteten großen Stoßdurchmesser für Druckverbreiterung lassen sich durch Dipol–Dipol-Wechselwrkg. auf Grund der Theorie von ANDERSON (vgl. Physic. Rev. [2] **76.** [1949.] 647) erklären. Nicht dagegen läßt sich die Temperaturabhängigkeit der Druckverbreiterung hierdurch erklären. Für BrCN ist es möglich, die genaue Temperaturabhängigkeit zu erhalten, wenn man die Quadrupol–Dipol-Wechselwrkg. mit in Betracht zieht u. ein Quadrupolmoment von $Q/e = 5{,}7 \cdot 10^{-16}$ cm² annimmt. Bei COS besagt die Zweideutigkeit der Ergebnisse, daß eine effektive Konkurrenz zwischen den beiden Wechselwirkungen besteht u. daß sehr wahrscheinlich, wenigstens bei niedrigen J-Übergängen, der vorherrschende Effekt das Ergebnis von Quadrupol–Dipol-Wechselwrkg. ist, während für hohe J-Übergänge die bestimmende Wechselwrkg. die Dipol–Dipol-Wechselwrkg. ist. (J. chem. Physics **23.** 389–96. Febr. 1955. Newark, Del., Univ., Dep. of Phys.) C. GOTTFRIED. 121

**E. J. Bowen,** *Fluorescenz.* Zusammenfassende Behandlung der Frage der Fluorescenzfähigkeit organ. Stoffe, bes. in bezug auf die fluorescenzlöschenden Vorgänge durch chem. Rkk. oder durch innere Konversionen angeregter Moleküle. (J. Oil Colour Chemists' Assoc. **37.** 264–67. Mai 1954. Oxford, Univ.) J. RUDOLPH. 125

**W. W. Piper** und **F. E. Williams,** *Theorie der Elektroluminescenz.* Übersicht über die Theorie der Anregung von Luminescenz durch Anlegen eines elektr. Potentials an krist. Dielektrika oder Halbleiter. Es werden drei theoret. mögliche Mechanismen besprochen. (Physic. Rev. [2] **98.** 1809–13. 15/6. 1955. Schenectady, N. Y., General Electric Res. Labor.) MAX SCHMIDT. 125

**Vittorio Garino-Canina,** *Luminescenz kurzer und langer Dauer in Quarzglas.* (Vgl. C. **1955.** 3228.) Reduzierend geschmolzenes Quarzglas zeigt die gleichen Fluorescenzbanden bei 2800 u. 3960 Å wie oxydierend geschmolzenes $SiO_2$. Darüber hinaus besitzt aber das erstgenannte $SiO_2$ eine langsam über mehrere Wochen abklingende schwache photograph. nachweisbare Phosphorescenzbande um 4360 Å, die bei höheren Tempp. (>50°) therm. ausgeleuchtet wird u. dann visuell feststellbar ist. Als Ursache werden reduzierbare Verunreinigungen, die als Haftstellen wirken, vermutet. (C. R. hebd. Séances Acad. Sci. **239.** 875–77. 11/10. 1954.) J. RUDOLPH. 125

**Noubar Arpiarian,** *Über die mit Gold aktivierten Zinksulfide. Der Einfluß von Eisen.* Die Luminescenz von *ZnS · Au* (Glühen mit $AuCl_3$ u. 3% NaCl als Schmelzmittel bei 1150°) besitzt ein Optimum bei einer Au-Konz. von $2{,}7 \cdot 10^{-4}$ g Au/g ZnS. Zusätze von Fe verschied. Konzz. x (in % der Au-Konz.) ergeben zunächst mit wachsendem x eine Erhöhung der Fluorescenz- u. Phosphorescenzintensität bis etwa zum dreifachen Wert bei x ≈ 5%, dann eine Abnahme; bei x ≈ 25% beginnt dann eine luminescenzmindernde Killerwirkung. Der Mechanismus der Sensibilisierung durch geringe Fe-Mengen ist noch unbekannt. (C. R. hebd. Séances Acad. Sci. **240.** 1202–05. 14/3. 1955.)
J. RUDOLPH. 125

**Noubar Arpiarian,** *Einwirkung von Nickel und Kobalt auf ZnS(Au)-Phosphore. Verschiebung des Fermi-Niveaus durch Änderung der Konzentration.* Zur Unters. der Einw. von *Ni* u. *Co* auf die Luminescenz von durch *Au* aktiviertem *ZnS* stellt Vf. unter den gleichen Bedingungen (vgl. vorst. Ref.) eine Reihe von Sulfiden dar, die alle $2{,}17 \cdot 10^{-4}$ g Au/g ZnS enthalten u. einen Ni- bzw. Co-Atomgeh. x, bezogen auf Au, von 1; 2; 3; 4; 5; 6; 7,5; 10; 12,5; 15; 20; 30; 75 u. 100% besitzen. Die graph. Darstellungen (Intensitätsverhältnis $I/I_0$ in Abhängigkeit von x) zeigen, daß für Ni bei Werten von x unter 15% eine Verstärkung der Fluorescenz stattfindet, während bei x > 15% Vergiftung eintritt. Die Isochronen sinken im Laufe der Zeit ab. Das Co bewirkt ebenfalls eine Intensitätsverstärkung u. ein Ansteigen der Isochronen bei kleinem x. Ab 7,5% überwiegt der Extinktionseffekt, u. die Isochronen fallen bei größeren x-Werten ab. Des weiteren wird eine Hypothese über die Änderung des FERMI-Niveaus mit x gegeben u. die Abhängigkeit desselben von der Temp. diskutiert. (C. R. hebd. Séances Acad. Sci. **240.** 1333–35. 21/3. 1955.) H. SURAWSKI. 125

**Yoshihide Kotera,** *Aktivierungen durch Anionen bei oxysauren Phosphoren.* Nach Vf. vermögen Anionen als Aktivatoren in Verbb. mit Oxysäureanionen zu wirken, wenn sie eine kleinere Elektroaffinität als das Grundgitteranion haben. Folgende Verbb. zeigten bei Aktivatoranionenkonzz. von 1–10 Mol-% UV-erregbare Luminscenz: $CaSO_4$ u. $BaSO_4$ mit $PO_4^{3-}$, $AsO_4^{3-}$, $Sb_2O_7^{4-}$, $GeO_4^{4-}$, $SiO_4^{4-}$, $CO_3^{2-}$, $BO_3^{3-}$, $AlO_2^{3-}$, $S^{2-}$; $CaSO_4$ ferner mit $WO_4^{2-}$ u. $MoO_4^{2-}$. Ferner luminescierten mit wenigen Ausnahmen $CaSiO_3$, $Ca_2SiO_4$, $BaSi_2O_5$, $Ba_2Si_3O_8$, $MgSiO_3$ u. $Zn_2SiO_4$ bei Zusätzen von $V_2O_7^{4-}$, $PO_4^{3-}$, $AsO_4^{3-}$, $Sb_2O_7^{4-}$, $GeO_4^{4-}$ u. $BO_3^{3-}$. Bei einigen Luminophoren, z. B. den mit $V_2O_7^{4-}$-, $WO_4^{2-}$- u. $MoO_4^{2-}$-Ionen aktivierten Systemen, ist die Emission für die Aktivatorionen spezifisch. (J. chem. Physics **23.** 219–20. Jan. 1955. Tokyo Hatagaya, Gov. Chem. Ind. Res. Inst.) J. RUDOLPH. 125

**Joseph Janin** und **Roger Bernard,** *Über die optischen Eigenschaften von Calciummetaantimonat.* Ein in einer früheren Veröffentlichung (vgl. C. **1954.** 7120) beschriebenes luminescierendes Präp. hat nach neueren Röntgenunterss. die Struktur von $CaSb_2O_6$. Durch Erhitzen von $CaCO_3$ u. $Sb_2O_3$ mit $KClO_3$ auf mehr als 900° wird bei Aktivierung mit *Mn* der Luminescenzstoff mit einer Emissionsbande um 5200 Å (Anregungsbanden 2300 u. 2800 Å) in Reinheit erhalten. Nichtaktiviertes $CaSb_2O_6$ leuchtet bei kurzwelliger Erregung schwach orange (Bande um 6300 Å). Zusatz von *Pb* ergibt eine blaue Phosphorescenz (breite Bande mit Maximum um 4400 Å) bei etwa gleichem Erregungsspektr. wie bei Mn. Die Eigenabsorption des $CaSb_2O_6$, die bis 2400 Å stark von 2600–3250 schwächer ist, wird durch Mn nicht verändert, durch Pb indessen stark erhöht. Bzgl. des Leuchtprozesses ist eine Übertragung der vom Grundgitter absorbierten Energie zum Aktivator anzunehmen. (C. R. hebd. Séances Acad. Sci. **240.** 614–15. 7/2. 1955.) J. RUDOLPH. 125

## A₃. Elektrizität. Magnetismus. Elektrochemie.

**G. Schmitz** und **K. Schick,** *Näherungsweise Integration der Elenhaas-Hellerschen Differentialgleichung.* Die Energiebilanz eines wandstabilisierten Lichtbogens kann in Form einer Differentialgleichung dargestellt werden (ELENHAAS-HELLERsche Differentialgleichung), deren Lösung durch Rückführung auf eine Gleichung vom Typ der BESSELschen Differentialgleichung durch Substitution u. durch Approximation der Funktionen der abhängigen Variablen durch einen Streckenzug möglich ist. (Z. Naturforsch. **10a.** 495. Juni 1955. Aachen, TH, Phys. Inst.) B. MÜLLER. 131

**D. Whittaker** und **H. Edels,** *Bestimmung von Bogentemperaturen mit Hilfe von Stoßwellen.* Auf Grund der angegebenen Helligkeitszunahme u. Bewegung des Bogenkanals wird angenommen, daß bei den SUITSschen Messungen der Bogentemp. mit Hilfe einer den Bogenkanal passierenden Welle (Physics **6.** [1935.] 315) keine Schallwelle, sondern eine verminderte Stoßwelle zur Anwendung kam, was eine entsprechend veränderte Berechnung bedingt. Unter Verwendung einer Stoßwelle unverminderter Stärke u. einer SCHLIEREN-Meth. wurden Bogentempp. mit einer Genauigkeit von ±150° K bestimmt. (1) Beim *Kohlebogen* von 40 A in *Luft* von 1 at u. einer Bogenstrecke von 8 mm betrug die mittlere Temp. 6800° K. (2) Bei Verwendung von *W*-Elektroden in $N_2$ von 2 at., 10 A Stromstärke u. einer Bogenstrecke von 6 mm wurde eine mittlere Temp. von 6650° K gefunden. Zur Vermeidung der Abschwächung der Stoßwelle innerhalb des Bogenkanals werden Messungen an einer pulsierenden Bogenentladung vorgeschlagen. (Nature [London] **177.** 484–85. 10/3. 1956. Liverpool, Univ., Electr. Engng. Dep.) B. MÜLLER. 131

**D. R. Bates,** *Ladungsübertragung und Ion–Atom-Austauschstöße.* Bei dem Zusammenstoß zwischen einem Ion $X^+$ u. einem Mol. YZ sind die beiden Vorgänge $X^+ + YZ \rightarrow X + YZ^+$ bzw. $\rightarrow XY^+ + Z$ möglich (entsprechend bei negativen Ionen). Bei ersterem findet eine Ladungsübertragung statt, bei letzterem nicht, so daß die Charakteristiken beider Prozesse wesentlich voneinander verschieden sind. (Vgl. auch BATES u. MOISEIWITSCH, C. **1955.** 5722.) (Proc. physic. Soc., Sect. A **68.** 344–45. April 1955. Belfast, Queen's Univ., Dep. of Appl. Math.) O. FUCHS. 131

**M. I. Korssunski, L. I. Piwowar, A. M. Markuss** und **Ch. L. Lewiant,** *Bestimmung von Wirkungsquerschnitten für den Elektronenverlust durch Stickstoff–Atomionen im Energieintervall 485—1180 keV.* Mittels eines elektrostat. Generators mit Beschleunigungsrohr wurde ein Strom $^{14}N^+$ von 8–10 $\mu$A erzeugt, dieser fiel durch einen Korrektormonochromator in die Stoßkammer, ein Rohr von 20 cm Länge u. 6 mm Durchmesser, in das techn. Stickstoff eingeführt wurde. Die dabei durch Elektronenverlust entstandenen höher geladenen Ionen wurden magnet. analysiert. Der Anteil der höher geladenen Ionen nahm mit steigender Energie stark zu, es wurden sogar $^{14}N^{6+}$ beobachtet. Die effektive Ladungszahl stieg von 1,376 bei 485 keV auf 1,73 bei 985 keV. Der Wirkungsquerschnitt für den Übergang $N^+ \rightarrow N^{2+}$ änderte sich nur wenig mit der Energie, er lag zwischen 2,7 u. $4 \cdot 10^{-16}$; der für $N^+ \rightarrow N^{5+}$ stieg zwischen 485 u. 1180 keV von 0 bis auf $4 \cdot 10^{-19}$ cm². (Доклады Академии Наук СССР [Ber. Akad. Wiss. UdSSR] **103.** 399 bis 402. 21/7. 1955. Charkow, Physikal.-techn. Forschungsinst. der Akad. der Wiss. der UdSSR.) M. WIEDEMANN. 131

**Ch. L. Lewiant, M. I. Korssunski, L. I. Piwowar** und **I. M. Podgorny,** *Bestimmung von Wirkungsquerschnitten für den Elektronenverlust durch Li- und Na-Ionen im Energieintervall 80—250 keV.* Mittels einer Anordnung aus Ionenquelle, $Li_2O \cdot Al_2O_3 \cdot 2SiO_2$ oder $Na_2O \cdot Al_2O_3 \cdot 2SiO_2$, Beschleunigungsrohr, Gaskammer, gefüllt mit Luft, u. magnet. Analysator wurden die Wirkungsquerschnitte für den Elektronenverlust bei $Li^+$ u. $Na^+$-Ionen bestimmt. Die Stromstärken betrugen 10—80 μA. Nachgewiesen wurden beim Li 2- u. 3fach geladene Ionen, beim Na bis zu 5fach geladene. Die Wirkungsquerschnitte nahmen im Energiebereich 80—250 keV zu, sie waren beim Na größer als beim Li, ihre Größenordnung lag bei $10^{-18}$ cm². (Доклады Академии Наук СССР [Ber. Akad. Wiss. UdSSR] **103.** 403—05. 21/7. 1955. Physikal.-techn. Inst. der Akad. der Wiss. der UdSSR.) M. WIEDEMANN. 131

**T. M. Sanders jr., A. L. Schawlow, G. C. Dousmanis** und **C. H. Townes,** *Prüfung von Methoden zum Nachweis von OH.* Vff. prüfen durch Best. des Mikrowellenspektr. von OH-Radikalen, welche durch Entladungen in Wasserdampf bei 0,2 mm Hg Druck erzeugt worden sind, die Bestimmungsmethoden mittels der Absorption im UV-Bereich, mittels der Temperaturerhöhung an einem mit KCl bedeckten Thermometer u. mit der Menge des durch Rekombination gebildeten $H_2O_2$ nach. Nur die erste Meth. erwies sich als Nachw. geeignet, während die übrigen Verff. die Ggw. anderer Radikale oder Atome anzuzeigen scheinen. Vff. erhielten OH-Konzz. von 3—30%, doch ist die quantitative Best. noch etwas unbefriedigend. Die Lebensdauer der OH-Radikale wurde mit der Mikrowellenmeth. zu $^1/_3$ Sek. bestimmt. (J. chem. Physics **22.** 245—46. Febr. 1954. New York, N. Y., Columbia Univ., Phys. Dep.) G. HARTMANN. 131

**J. E. Verschaffelt,** *Die elektrische Polarisation in der Thermomechanik.* Theoret. Erörterungen mit ausführlicher krit. Diskussion der Arbeiten von PRIGOZINE über das gleiche Problem. (Bull. Cl. Sci., Acad. roy. Belgique [5] **39.** 816—37. 1953.) G. KIRSCHSTEIN. 132

**Daniel Kastler,** *Über die Elektronenaustauscheffekte bei der Berechnung der Dipolmomente. Ionisierbarkeiten und Dipolmomente der Halogenwasserstoffe.* Unter der Annahme, daß das Halogenwasserstoffmol. durch eine antisymm. Wellenfunktion von 8 Elektronen (wovon ein Elektron dem H-Atom zugehört) beschrieben werden kann u. daß eine reine p-Bindung vorliegt, werden aus den Dipolmomenten von *HF*, *HCl*, *HBr* u. *HJ* plausible Werte für die Ionisierungsarbeiten berechnet. (C. R. hebd. Séances Acad. Sci. **232.** 2323—26. 18/6. 1951.) O. FUCHS. 132

**H. Rawson,** *Verringerung des Verlustfaktors verschiedener Keramiken durch thermische Behandlung.* 60 Std. Erhitzung auf 1000° verringert den dielektr. Verlustwinkel. (Nature [London] **173.** 447. 6/3. 1954. Rugby, British Thomson-Houston Co. Ltd., Res. Labor.) W. SCHÜTZ. 132

**C. T. O'Konski,** *Einfluß der Grenzflächenleitfähigkeit auf dielektrische Eigenschaften.* Modell: Teilchen vom Radius r in Dielektrikum, mit auf der Oberfläche beweglichen Ionen. Bei niedriger Leitfähigkeit erscheint die DK. erhöht. Bei sehr hoher ist die Oberflächenleitfähigkeit vernachlässigbar, die DK. niedrig. Im Zwischengebiet entstehen dielektr. Verluste mit einer Relaxationszeit t, die proportional ist zu dem Quotienten aus Teilchenradius u. Leitfähigkeit. Bei Teilchen verschied. Größe bestehen viele Relaxationszeiten, ebenso bei nichtkugeligen Teilchen. Anwendung ist möglich auf die dielektr. Eigg. von Lsgg. geladener Makromoll. u. deren KERR-Effekt u. auf wss. Lsgg. von Proteinen. (J. chem. Physics **23.** 1559. Aug. 1955. Berkeley, Calif., Univ., Dep. of Chem. and chem. Engng.) K. L. WOLF. 132

**Terrell L. Hill,** *Einfluß eines Elektrolyten auf die effektiven Dielektrizitätskonstanten in Enzymen, Proteinen und anderen Molekülen.* Vf. wendet die von KIRKWOOD (J. chem. Physics **2.** [1934.] 351) gegebene Theorie an u. berechnet die effektiven DKK., die für die elektrostat. Wechselwirkungsenergie zwischen zwei Punktladungen im Innern eines Mol. wirksam sind, wenn dieses Mol. sich in einer Elektrolytlsg. niederer Konz. befindet. Tabelle numer. Werte dieser effektiven DK. (J. physic. Chem. **60.** 253—55. Febr. 1956.) W. MAIER. 132

**Jean Savornin** und **France Savornin,** *Veränderungen der thermoelektrischen Eigenschaften dünner Metallschichten.* Thermoelemente mit Lötstellen zwischen *Ag* u. sehr dünnen aufgedampften *Al*-Schichten (15 m$\mu$) zeigen nach einer nahezu linearen Zunahme der Thermospannung E mit der Temp. T der heißen Stelle (entsprechend einer Thermokraft von ca. 2,6 $\mu$V/$^0$) von einem bestimmten T an (ca. 150$^0$) einen plötzlichen Anstieg von U bei einer Zunahme der Thermokraft auf mehrere $10^{-2}$ V/$^0$; gleichzeitig steigt der Schichtwiderstand. Nach Abkühlung geht E wieder auf den linearen Bereich zurück. Wiederholtes Erwärmen u. Abkühlen verschiebt aber den plötzlichen Anstieg von E irreversibel nach immer höheren Tempp., bis schließlich ein Endzustand fast linearer E-Zunahme mit T erreicht wird, der für dicke Schichten ($>$300 m$\mu$) charakterist. ist. (C. R. hebd. Séances Acad. Sci. **240.** 850—52. 21/2. 1955.)
J. RUDOLPH. 133

**André Aron,** *Elektromotorische Kraft und Thermokraft des Thermoelementes Aluminium–Silber.* Thermoelemente mit Lötstellen zwischen aufgedampften, relativ dicken *Ag*- u. *Al*-Schichten haben im Mittel eine Thermokraft $\Theta$ von 5,5 $\mu$V/$^0$. Mitunter zeigt sich bei diesen Elementen nach erstmaligem Erwärmen auf über 300$^0$ eine Abweichung der Thermospannung E vom linearen Verlauf mit T entsprechend einer Beziehung $E = kT^2 + \text{const}$. Als Ursache für diese Änderungen werden Verunreinigungen am Al–Ag-Kontakt angesehen. Verss. mit Kontakten nach Einw. von Br sowie mit Zwischenschichten von $Cu_2O$ u. a. bestätigten diese Vermutung. (C. R. hebd. Séances Acad. Sci. **240.** 852—54. 21/2. 1955.) J. RUDOLPH. 133

**R. Suhrmann,** *Experimenteller Beitrag zur Theorie des äußeren lichtelektrischen Effektes kompakter Alkalimetalle.* Für kompaktes *K* steigt die Empfindlichkeit des lichtelektr. Effektes von der Grenze $\lambda_{gr} = 540$ m$\mu$ bis zu einem Maximum bei $\lambda_m = 400$ m$\mu$ an u. nimmt dann wieder ab. Der Verlauf zwischen $\lambda_{gr}$ u. $\lambda_m$ läßt sich durch die FOWLERsche Theorie des Oberflächeneffektes (Austrittsarbeit $\Phi = 2,22$ eV, Mengenkonstante $M = 2,75 \cdot 10^{-12}$ Elektronen pro Lichtquant/Grad$^2$) gut wiedergeben. Der Abfall der Empfindlichkeit nach Überschreiten des Maximums läßt sich durch die starke Abnahme des opt. Absorptionskoeff. bei kurzen Wellen erklären. Die Strahlung dringt tiefer als die Austrittstiefe der Photoelektronen ($3 \cdot 10^{-7}$ cm) in das Metall ein. Die Berechnung der Photoelektronenausbeute unter Berücksichtigung der geringen Austrittstiefe läßt das Maximum verschwinden u. führt nach dem steilen Anstieg zwischen $\lambda_{gr}$ u. 400 m$\mu$ zu einem weiteren, jedoch flacheren Anstieg mit abnehmender Wellenlänge. (Z. Naturforsch. **9a.** 968—73. Nov. 1954. Braunschweig, TH, Inst. für physikal. Chem. u. Elektrochem.) J. RUDOLPH. 134

**Georges Blet,** *Der lichtelektrische Effekt von Selenphotozellen bei tiefen Temperaturen.* Die Empfindlichkeit einer Selenzelle für $\lambda = 0,7$ $\mu$ nimmt im Bereich 300—88$^0$ K schneller als linear mit der Temp. ab. Die spektrale Empfindlichkeit wird bei tiefen Tempp. für lange Wellenlängen viel stärker als für kurze vermindert, so daß sich das Empfindlichkeitsmaximum (von ca. 0,63 $\mu$ bei 295$^0$ K) nach kurzen Wellen (ca. 0,59 $\mu$ bei 88$^0$ K) verschiebt. (C. R. hebd. Séances Acad. Sci. **240.** 962—64. 28/2. 1955.)
J. RUDOLPH. 134

**D. C. Reynolds** und **S. J. Czyzak,** *Mechanismus der lichtelektrischen und Photoleitfähigkeitseffekte in aktivierten CdS-Kristallen.* Die von REYNOLDS, LEIES, ANTES u. MARBURGER (vgl. C. **1955.** 11338) mitgeteilten Ergebnisse über die in aktivierten CdS-Kristallen auftretenden Photoeffekte lassen sich auf Grund der Annahme, daß sich zwischen dem Leitungsband u. dem vollen Band ein weiteres befindet, erklären; vgl. hierzu BROSER, KALLMANN u. WARMINSKY, C. **1950.** I. 2320. (Physic. Rev. [2] **96.** 1705. 15/12. 1954. Ohio, Wright-Patterson Air Force Base, U. S. Air Forte, Air Res. Developm. Command, Aeronautical Res. Labor. Wright Air Developm. Center; Detroit, Mich., Univ., Phys. Dep.) O. FUCHS. 134

**Seiichi Yoshimatsu, Chikashi Kanzaki, Sumiaki Ibuki** und **Naomichi Murai,** *Einfluß von Infrarotstrahlen auf die Photoleitfähigkeit des polykristallinen CdS.* Von polykristallinem CdS (hergestellt aus dem Nitrat durch Fällen mit $Na_2S$, 10std. Sintern bei 450$^0$, spezif. Widerstand im Dunkeln $10^8$ $\Omega \cdot$cm) wurde der Einfl. der Lichtwellenlänge $\lambda$ (4000—9000 Å) auf die Photoleitfähigkeit $\sigma$ bei 18 u. 110$^0$ gemessen. $\sigma$ geht bei 18$^0$ durch 2 Maxima bei 5200 u. 6100 Å, bei 110$^0$ dagegen liegt nur 1 Maximum vor; die Schärfe der ($\lambda$, $\sigma$)-Kurven nimmt in der Reihenfolge: polykristallin bei 18$^0$, polykristallin bei 110$^0$, monokristallin bei 18$^0$ beträchtlich zu. Bei gleichzeitiger Einw. von Infrarotlicht ($\lambda' = 0,7-2,0$ $\mu$) nimmt $\sigma$ stark ab, wobei der Effekt ($= \Delta\sigma$) für polykristallines CdS bei $\lambda' = 0,97$ u. 1,45 u. für monokristallines CdS bei 0,95 u. 1,45 am größten ist (je 18$^0$); die Lage des Maximums von $\Delta\sigma$ bei $\lambda' = 1,45$ ist unabhängig von der Temp. (Verss. bis 150$^0$), dagegen nimmt die Höhe dieses Maximums oberhalb 110$^0$ stark ab;

das bei $\lambda' = 0{,}97$ liegende Maximum ist wesentlich stärker temperaturabhängig. Die Verss. sind geeignet zur Lsg. des Problems der Leerstellenbeweglichkeit in Halbleitern. (J. physic. Soc. Japan **10.** 493. Juni 1955. Amagasaki, Hyogo, Mitsubishi Elec. Mfg. Co. Ltd., Engng. Labor. [Auszug: engl.]) O. FUCHS. 134

**L. Jung,** *Zur Photoleitung von Silberbromidkristallen.* Zur Prüfung einer Theorie von SEITZ (vgl. Imperfections in Nearly Perfect Crystals 1950. 28 u. 69), nach der die Erzeugung von Photoelektronen in AgBr über Excitonen als Zwischenstufe vonstatten gehen soll, wurde die Abhängigkeit des zeitlichen Anstiegs des Photostroms von der Konz. an $Br^-$-Ionenlücken gemessen. Die Ergebnisse widerlegen die SEITZsche Anschauung. Nach Ansicht des Vf. werden die Elektronen direkt durch Belichtung frei u. von gegebenenfalls vorhandenen $Br^-$-Lücken eingefangen. (Naturwissenschaften **42.** 122. März 1955. Berlin, Deutsche Akad. der Wiss., Inst. für Kristallphys.) H. W. LEVI. 134

**L. E. Lyons,** *Photoleitfähigkeit in Tetracentypkristallen: Theorie der spektralen Abhängigkeit.* Die Beobachtung, daß die Kurve der spektralen Empfindlichkeit der Photoleitung in Anthracen- u. Tetracen-Einkristallen auch in dicken Schichten prakt. dem Absorptionsspektr. gleicht, wird unter der Annahme theoret. gedeutet, daß die Photoleitung ein Oberflächeneffekt ist u. daß nur die in der Oberflächenschicht erzeugten oder zur Oberfläche wandernden Excitonen zum Strom beitragen. Die Diskussion der Wahrscheinlichkeit, daß im Innern erzeugte Excitonen die Oberfläche erreichen, führt zu der den Beobachtungen entsprechenden linearen Beziehung zwischen dem Photostrom u. der opt. Dichte. (J. chem. Physics **23.** 220. Jan. 1955. Sydney, Univ., Dep. of Phys. Chem.) J. RUDOLPH. 134

**P. W. Nemzew,** *Über eine Formel für Ionisationspotentiale von Atomionen.* Es wird eine einfache Gleichung vorgeschlagen, die es gestattet, aus schon bekannten Ionisationspotentialen bisher noch fehlende Ionisationspotentiale von Atomen zu berechnen. Bei einer beschränkten Anzahl von Ionisationspotentialen von Elementen mit der Ordnungszahl der Elektronen 19—28 u. 37—45, bes. für die äußeren Elektronen, versagt jedoch die Gleichung. Es wird nur ein einziges Zahlenbeispiel gegeben, u. zwar die Berechnung des Ionisationspotentials für das dritte Elektron von *Bor.* (Журнал Физической Химии [J. physik. Chem.] **29.** 1031—32. Juni 1955. Workuta, Filiale der WUGI.) E. KORDES. 135

**Joseph G. Barredo,** *Demonstration einer Gleichung der Leitfähigkeit im festen Zustand.* Vf. diskutiert eine Gleichung für die Zeitabhängigkeit des elektr. Stroms in einem Halbleiter $I = qF\, dN/dt = KN^\alpha t^{-1/2} + V/R$ (N = Zahl der Ladungsträger pro Volumeneinheit, $\alpha$ = Ordnung der Rk. der Ladungsträger, F = FARADAY-Konstante, q = Ladung der Träger). Anfangs soll ein supraleitungsähnliches Phänomen auftreten, das er „chronosuperconductivity" nennt, u. das an *Ge*, *Si* u. *Se* bei Tempp. zwischen der des fl. $N_2$ u. 300° beobachtet werden konnte. (Naturwissenschaften **43.** 51—52. Febr. 1956. Chicago, Ill., Univ., Jones Labor.) H. W. LEVI. 135

**H. Kronmüller, J. Jaumann** und **K. Seiler,** *Die Wirkung von Fremdelementen und Wärmebehandlung auf die elektrischen Eigenschaften von hochgereinigtem Tellur.* HALL-Effekt u. Leitfähigkeit von hochgereinigtem Te werden gemessen u. ergeben eine Störstellenkonz. von $4 \cdot 10^{14}$ cm$^{-3}$. Der Einfl. von Temperung u. Abschreckung auf HALL-Effekt u. Leitfähigkeit von hochreinem Te wurden untersucht. Der Widerstand wird im Störleitungsgebiet durch Abschrecken erniedrigt. Ein Zusatz von *As* oder *Sb* erhöht die Ladungsträgerkonz. stark. Auf Grund des HALL-Effektes liegt Defektleitung vor, was mit der Stelle von As u. Sb einerseits u. Te andererseits im Period. Syst. übereinstimmt. *J* u. *Br* erhöhen die Ladungsträgerkonz. in viel geringerem Maße als As u. Sb. Im Gegensatz zu ihrer Stellung im Period. Syst. bewirken auch sie Defektleitung. (Z. Naturforsch. **11a.** 243—50. März 1956. Stuttgart, TH, Inst. für Theoret. u. Angew. Physik.) H. W. LEVI. 135

**Oskar Hauser,** *Zum Hall-Koeffizienten von polykristallinem Graphit.* Vorl. Mitt. Es werden Messungen des HALL-Koeff. an polykristallinem C, der aus unter Luftabschluß bei verschied. Tempp. geglühten Kohlerohstoffen, wie *Koks, Ruß* usw., hergestellt wurde, durchgeführt. Die Abhängigkeit des HALL-Koeff. von der Behandlungstemp. ergibt ein ausgeprägtes positives Maximum bei 2000°. Der absol. Wert des HALL-Koeff. der einzelnen Proben hängt jedoch von der Menge der Verunreinigungen, den Herstellungsbedingungen usw. ab. Zur Erklärung dieses Verh. werden elektronenbindende Gitterstörungen, die bei 2000° erzeugt werden u. beim Abkühlen auf Zimmertemp. einfrieren, bzw. Veränderungen der Kristallstruktur im Zusammenhang mit einer rhomboedr. Abart des Graphits angeführt. (Z. physik. Chem. **205.** 241—43. März 1956.) W. KRÖNERT. 136

**W. L. Bontsch-Brujewitsch,** *Physikalische Ideen der Methode der elementaren Anregungen (Vielelektronenaufgabe in der Theorie der festen Körper).* Nach einem Überblick über die Schwierigkeiten der Einelektronentheorie der Metalle wird die Hypothese der elementaren Anregungen dargelegt u. auf die Schwingungen in Kristallgittern u. die Spinwellen in Ferromagnetica eingegangen. Daraufhin werden die elementaren Anregungen im Zusammenhang mit der Elektronentheorie des festen Körpers behandelt. (Успехи Физических Наук [Fortschr. physik. Wiss.] **56.** 55—76. Mai 1955.) M. Wiedemann. 136

**D. L. Dexter,** *Spezifischer Widerstand von verdünnten Legierungen.* Die Änderung $\varrho_0$ des spezif. elektr. Widerstandes einer Legierung von A (z. B. Zn) in B (z. B. Cu) bei Zusatz von 1 Atom-% A wird häufig dargestellt durch die Beziehung $\varrho_0 = a(\Delta Z)^2 + b$, wo $\Delta Z$ = Valenzunterschied zwischen A u. B, a u. b = Konstanten, die nur von der Natur von A u. B, nicht aber von $\Delta Z$ abhängen. Es wird gezeigt, daß diese Beziehung theoret. nicht zu rechtfertigen ist u. daß sie experimentelle Daten nur zufällig wiederzugeben vermag. Vgl. auch Dexter, C. **1953.** 6420 sowie nachst. Ref. (Physic. Rev. [2] **98.** 543. 15/4. 1955. Rochester, N. Y., Univ., Inst. of Optics.) O. Fuchs. 136

**Edward I. Salkovitz** und **A. I. Schindler,** *Spezifischer Widerstand von verdünnten Magnesiumlegierungen.* (Vgl. vorst. Ref.) Zur Prüfung der l.c. genannten Beziehung wurden Widerstandsmessungen an den Legierungen von *Li, Ag, Cd, Al, In, Tl, Sn* u. *Pb* in *Mg* ausgeführt. Der spezif. Widerstand steigt linear mit der Konz. c der Zusatzkomponente an (ausgenommen Sn oberhalb c = 0,8 Atom-% Sn wegen Annäherung an die Löslichkeitsgrenze). $\varrho_0$ (vgl. l. c., in Einheiten von $10^{-6}\Omega\cdot$cm/Atom-%) beträgt (Reihenfolge wie vorher): 0,75, 0,75, 0,68, 2,0, 2,0, 3,2, 5,2 u. 5,2. Die Verss. zeigen, daß die l. c genannte Beziehung auf Mg-Legierungen nicht anwendbar ist. (Physic. Rev. [2] **98.** 543—44. 15/4. 1955. Washington, D. C., Naval Res. Labor.) O. Fuchs. 136

**Guy K. White,** *Der elektrische Widerstand von verdünnten Kupferlegierungen bei sehr tiefen Temperaturen.* (Vgl. C. **1955.** 4528.) Zwei Cu-Proben, von denen die eine 0,007 Gew.-% Sn u. die andere 0,056 Gew.-% Fe enthielt, wurden unterhalb 15 bzw. 7° K auf ihren Widerstand untersucht; danach steigt $\varrho$ nach Durchlaufen eines Minimums oberhalb 10° K langsam wieder an, jedoch nur bis ca. 1° K. Bei tieferen Tempp. — an einer Probe wurden noch Messungen unterhalb 0,02° K vorgenommen — bleibt $\varrho$ konstant. (Canad. J Physics **33.** 119—24. März/April 1955. Ottawa, Nat. Res. Council, Div. of Phys.) G. Kirschstein. 136

**Elio Passaglia** und **William F. Love,** *Elektrischer Widerstand von Kupfer–Gold-Legierungen bei tiefen Temperaturen.* Von Cu–Au-Legierungen mit einem Au-Geh. von 25, 37,5, 50, 62,5 u. 75 Atom-% wurde der elektr. Widerstand R zwischen 300 u. 2° K gemessen. Reinheitsgrad 99,999% von Cu, 99,99% von Au. Die drahtförmigen Proben wurden teils von 688° K langsam abgekühlt (I), teils von 823° K mit W. abgeschreckt (II). Das Verhältnis $r = R_T/R_{273}$ ist für **II** durchweg größer als für **I**; der Unterschied ist bei der 1. u. 3. Probe sehr groß, bei der letzten Probe sehr klein. Bei fallender Temp. nähert sich r unterhalb 10° einem Grenzwert. Der Rest-r-Wert bei der Temp. des fl. He beträgt für die 5 Proben: 0,272, 0,782, 0,193, 0,742 u. 0,789 für **I** bzw. 0,838, 0,859, 0,828, 0,846 u. 0,792 für **II**. Die niedrigen r-Werte der 1. u. 3. Probe von I sind möglicherweise durch unvollständige Stöchiometrie bedingt. Für die Debye-Temp. $\Theta$ der Legierungen bei 75° K gilt die Beziehung $1/\Theta^3_{Cu,Au} = x/\Theta^3_{Cu} + (1-x)/\Theta^3_{Au}$ (x = Atombruch von Cu); $\Theta$ ist stark von der Temp. abhängig u. ist für **I** u. **II** prakt. gleich groß. Messungen bei fallender u. steigender Temp. zeigen bei ca. 225° K eine Anomalie durch Hysterese der Größenordnung 1%. (Physic. Rev. [2] **98.** 1006—10. 15/5. 1955. Philadelphia, Pa., Univ., Randal Morgan Labor. of Phys.) O. Fuchs. 136

**T. Broom** und **C. S. Barrett,** *Die Wirkung der Verformung auf den elektrischen Widerstand einiger Kobalt–Nickel-Legierungen.* Widerstandsmessungen an geglühten u. verformten Drähten einiger Co–Ni-Legierungen bestätigten, daß „*stacking faults*" (Unregelmäßigkeiten im Kristallgitter) einen großen Anteil an der Zunahme des Widerstandes, die man nach Kaltbearbeitung der Drähte beobachtet, ausmachen können. Obwohl im allg. aus dem Verh. bei der Transformation auf die relative D. der „*stacking faults*" geschlossen wurde, konnte der direkte röntgenograph. Nachw. für das Vorhandensein der „*stacking faults*" in den verformten Legierungen, die die größte Widerstandszunahme zeigten, gebracht werden. (Acta metallurg. [New York] **1.** 305—09. Mai 1953.) H. Schöberl. 136

**C. J. Grebenkemper,** *Hochfrequenzwiderstand von Zinn und Indium im normalen und supraleitenden Zustand.* Es wird der Oberflächenwiderstand von Sn u. In in der Gegend von 24000 MHz gemessen. Während die Ergebnisse für den normalleitenden Zustand mit früheren im wesentlichen übereinstimmen (Grebenkemper u. Hagen, C. **1953.** 5457) scheint der Hochfrequenzwiderstand im supraleitenden Zustand eher mit einer 3/2-Potenz zuzunehmen als mit einer quadratischen. Ein aufgedampfter In-Film verhielt sich im Normalzustand gemäß der REUTER-SONDHEIMERschen Theorie des anomalen Skineffektes. (Physic. Rev. [2] **96.** 1197—98. 1/12. 1954. Washington, D. C., Naval Res. Labor.) D. HAHN. 136

**A. Arrott, B. R. Coles** und **J. E. Goldman,** *Magnetische Susceptibilität von α-Mangan bei tiefen Temperaturen.* (Vgl. C. **1955.** 4764.) An zwei Proben aus α-Mangan wird die Susceptibilität zwischen Raumtemp. u. 4,2° K gemessen. Die Susceptibilität der beiden Proben zeigt nach tiefen Tempp. hin einen deutlichen Werteanstieg, der mit früheren Beobachtungen übereinstimmt. Der Anstieg ist aber in beiden Fällen stark verschieden, gleichzeitig sind auch die Verunreinigungsgehh. (bes. an Wasserstoff) entsprechend stark verschieden. Da die Susceptibilitätsunterschiede bei verschied. Tempp. außerdem durch eine Vakuumglühung bei 500° weitgehend verschwinden, wird angenommen, daß die beobachtete Susceptibilitätszunahme bei tiefen Tempp. ferromagnet. Verunreinigungen, bes. Mn-Hydriden, zuzuschreiben ist. (Physic. Rev. [2] **98.** 1864—65. 15/6. 1955. Pittsburgh, Pa., Carnegie Inst. of Technol., Labor. for Magnetic Res.) H. FAHLENBRACH. 137

**L. F. Bates** und **D. H. Martin,** *Eine Untersuchung der Elementarbereichstruktur von Alnico.* Mit der BITTERschen Streifenmeth. zur Sichtbarmachung von Elementarbereichen wird eine Alnico-Dauermagnet-Legierung der Zus. 10% Al, 18% Ni, 12% Co, 6% Cu u. 54% Fe untersucht. Durch Abschrecken von 125° in W. wird zunächst eine sehr kleine Koerzitivkraft von wenigen Oe erhalten, die aber mit wachsender Anlaßzeit bei 600° bis auf Werte von 300 Oe ansteigt. Vff. erhalten Elementarbereichstrukturen an vier Proben mit den Koerzitivkraftwerten 2, 10, 40 u. 100 Oe. Die Proben mit den kleinen $H_c$-Werten zeigen schmale Elementarbereiche mit geradlinigen BLOCH-Wänden. Mit steigender Koerzitivkraft werden die Elementarbereichstrukturen unübersichtlicher, was vielleicht auf einen Übergang zu Einelementarbereichstrukturen u. Drehprozessen schließen läßt. (Proc. physic. Soc., Sect. B **68.** 537—40. 1/8. 1955. Nottingham, Univ.) H. FAHLENBRACH. 137

**L. F. Bates** und **N. P. R. Sherry,** *Die bei den Magnetisierungsprozessen von Ferriten auftretenden Wärmeänderungen.* An vier Mischferriten aus $NiO \cdot Fe_2O_3$ u. $ZnO \cdot Fe_2O_3$ wird die bei der Magnetisierung auftretende Wärmeänderung Schritt für Schritt mit wachsender magnet. Feldstärke gemessen. Untersucht werden 1. 15% NiO, 35% ZnO, 50% $Fe_2O_3$, 2. 25% NiO, 25% ZnO, 50% $Fe_2O_3$, 3. 39% NiO, 11% ZnO, 50% $Fe_2O_3$ u. 4. 48% NiO, 2% ZnO, 50% $Fe_2O_3$ (% = Molprozente). Abgesehen von kleinen Anomalitäten bei der Magnetisierung mit kleinen Feldstärken, die mit wachsenden NiO-Gehh. zunehmen, ist die gemessene Änderung der Wärme proportional der magnetisierenden Feldstärke u. kann mit einfachen thermodynam. Beziehungen einer Änderung der inneren Magnetisierung mit der Feldstärke zugeschrieben werden. Die Anomalität bei kleinen Feldstärken, die auch bei ferromagnet. Metallen auftritt, kann nicht erklärt werden. Allg. besteht zwischen den calorimetr. Ergebnissen bei den Metallen u. den Ferriten kein prinzipieller Unterschied. Drehprozesse der Magnetisierung in den Elementarbereichen geben nur einen sehr kleinen Beitrag zu den Wärmeänderungen. (Proc. physic. Soc., Sect. B **68.** 304—09. 1/5. 1955. Nottingham, Univ.) H. FAHLENBRACH. 137

**René Benoit,** *Paramagnetische Untersuchungen an Ferriten der Seltenen Erden.* Aus Messungen der mol. Susceptibilität $\chi_m$ der Ferrite der Seltenen Erden geht für *La-Ferrit* ein hyperbol. Verlauf der Temperaturabhängigkeit von $1/\chi_m$ hervor. Die Ferrite des *Gd, Dy* u. *Er* gehorchen zwischen 400 u. 900° dem CURIE-WEISSschen Gesetz. In Übereinstimmung mit der Theorie von NÉEL ergibt sich das Bild einer Überlagerung des ursprünglichen Paramagnetismus der Ionen der Seltenen Erden mit einem leichten zusätzlichen Paramagnetismus, der den Fe-Ionen zugeschrieben wird. (C. R. hebd. Séances Acad. Sci. **240.** 2389—90. 20/6. 1955.) K. REICHEL. 137

**Martin J. Klein,** *Overhauser-Kernpolarisationseffekt und Einstellung des Entropieminimums.* Vf. stellt die Gleichungen für die Kinetik des OVERHAUSER-Effektes (OVERHAUSER, C. **1954.** 3866) auf. Es wird gezeigt, daß der Vorgang thermodynam. aus einer Absorption von Mikrowellenenergie u. deren Umwandlung in Wärme besteht. Im stationären Zustand erfüllt der Vorgang das Prinzip der Einstellung des Entropieminimums. (Physic. Rev. [2] **98.** 1736—39. 15/6. 1955. Cleveland, O., Case Inst. of Technol., Dep. of Phys.) O. FUCHS. 137

**N. Ss. Garifjanow,** *Paramagnetische Resonanz in unterkühlten Lösungen.* (Vgl. C. **1956.** 4630) Bei 9560 MHz u. 90° K wurde die paramagnet. Resonanzabsorption unterkühlter Lsgg. von $VO^{2+}$, $Mn^{2+}$, $Cu^{2+}$, $Cr^{3+}$, $Fe^{3+}$, $Ni^{2+}$ u. $Co^{2+}$ in *Alkohol, Glycerin* u. *Aceton* untersucht. Bei den beiden letzten Salzen wurde keine beobachtet. Es wird die Gleichung $H^* = H_0 - Am - A^2[I(I+1) - m^2]/2H_0 - A^2m(2M-1)/2H_0$ zugrunde gelegt mit $H^*$ = Resonanzwert des statist. Magnetfelds H, A = Hyperfeinstrukturkonstante,

m u. M = magnet. Quantenzahlen von Kern u. Elektronenwolke des Ions, $H_0 = h\nu/g\beta$. Die Werte für A u. g wurden berechnet. Bei $VO^{2+}$ ($^{51}V$, I = 7/2) entsprechen 8 Linien A = 76 Oe, g = 1,960, die übrigen 5, die breiter u. schwächer sind, A = 200 u. g = 1,92. Bei $Mn^{2+}$ ergeben 6 Linien ($^{55}Mn$, I = 5/2) A = 97, g = 2,000. Bei $Cu^{2+}$ tritt in konz. Lsgg. nur ein g-Faktor auf, der von der Konz. abhängt, in verd. existieren 4 Linien mit (I = 3/2 bei $^{63}$ u. $^{65}Cu$) A = 130 u. g = 2,369. Bei $Cr^{3+}$ ergab sich A = 260, g = 1,980, bei $Fe^{3+}$ g $\approx$ 2. Daneben wurde ein ferromagnet. Hydrolyseprod. mit g = 4,33 festgestellt. (Доклады Академии Наук СССР [Ber. Akad. Wiss. UdSSR] **103.** 41—43. 1/7. 1955. Physikal.-techn. Inst., Zweigstelle Kasan der Akad. der Wiss. der UdSSR.)
M. WIEDEMANN. 137

**G. R. Hennig** und **J. D. McClelland,** *Magnetische Susceptibilität und freie Energie von Graphitbromid.* Der Diamagnetismus von Graphit nimmt bei Zugabe von Br ab; Graphit u. Br reagieren durch teilweise Ionisation miteinander, wobei sich Elektronen aus dem Graphitgitter entfernen. Mit Hilfe einer FARADAY-Meth. wird die Susceptibilität der Graphit–Br-Restverb. gemessen u. gezeigt, daß der Übergang von Elektronen aus den Graphitbanden zum Br die beobachtete Druckabhängigkeit des Graphit–Br-Gleichgewichts erklären kann. (J. chem. Physics **23.** 1431—35. Aug. 1955. Lemont, Ill., Argonne Nat. Labor.; Downey, Calif., North American Aviation.)
D. HAHN. 137

**Andrew Patterson jr.,** *Die Leitfähigkeit für hohe Feldstärken einiger symmetrischer starker Elektrolyte.* Es ist bekannt, daß sich aus der allg. Formel für die elektr. Leitfähigkeit von Elektrolyten nach ONSAGER Aussagen machen lassen über die Dissoziation. In ähnlicher Weise bestimmt Vf. Dissoziationskonstanten mit Hilfe des WIEN-Effektes unter Zugrundelegung der ONSAGER-WILSON-Formel. Er benutzt Meßwerte von GLEDHILL u. PATTERSON (C. **1955.** 7617) in einem Konzentrationsbereich um $10^{-4}$ Mol/Liter u. Feldstärken bis zu 200 kV/cm. (Proc. nat. Acad. Sci. USA **39.** 146—52. März 1953. New Haven, Conn., Yale Univ., Sterling Chem. Labor.) H. FALKENHAGEN. 138

**W. M. Madgin** und **D. A. Swales,** *Direkt auf die Löslichkeiten bezogene spezifische Leitfähigkeitsmessungen mit besonderer Berücksichtigung von Calciumsulfat- (Anhydrit-) Lösungen.* Vff. berichten über die Ergebnisse von Messungen der spezif. Leitfähigkeit von wss. gesätt. $CaSO_4$-Lsgg. im Temperaturbereich von 20—50°, die unter Berücksichtigung der Temperaturabhängigkeit für die verschied. konz. Lsgg. auf 20° umgerechnet werden. Eine aufgestellte Gleichung gestattet es, diese auf 20° bezogenen Werte in Beziehung zur Konz. zu setzen u. so die Löslichkeit von $CaSO_4$ unmittelbar auf Grund von Messungen der spezif. Leitfähigkeit an gesätt. Anhydrit-Lsgg. zu erhalten. Die Gleichung gibt im Bereich von 20—35° die Ergebnisse zufriedenstellend wieder. (J. chem. Soc. [London] **1956.** 196—200. Jan. Newcastle-upon-Tyne, King's Coll.)
W. NIEMITZ. 138

**John Peacock, F. C. Schmidt, R. E. Davis** und **W. B. Schaap,** *Physikalisch-chemische Untersuchungen an Lösungen in wasserfreiem Äthylendiamin.* 2. Mitt. *Leitfähigkeiten und Viscositäten in Quecksilber(II)-bromid-, -jodid- und -cyanid-Lösungen.* (1. vgl. C. **1955.** 11341.) Vff. ermitteln die Löslichkeit von $HgBr_2$, $HgJ_2$ u. $Hg(CN)_2$ in wasserfreiem *Äthylendiamin* (**I**) bei 25° zu ca. 0,61, 4,18 u. 3,25 molar. Weiter werden die Leitfähigkeiten (L) dieser Lsgg. bei 25° über den verfügbaren Konzentrationsbereich gemessen. Die Kurven: Äquivalent-L gegen Konz. zeigen für $HgJ_2$ u. $Hg(CN)_2$ Minima u. Maxima, während sie für $HgBr_2$ nur ein Minimum aufweisen, da hier konzentriertere Lsgg. instabil sind. Die Maxima in den L-Kurven sind entweder auf Bldg. von Triple-Ionen oder auch auf die von Komplex-Ionen wie $HgX_4^{2-}$ bei mäßigen Konzz. zurückzuführen, denen ein schneller Abfall der L bei höheren Konzz. infolge des starken Anwachsens der Viscosität folgt. Die ausnehmend hohe L der J-Verb. ist typ. für das Verh. des J in **I** u. anderen aminhaltigen Lösungsmitteln. Dieses Verh. wird möglicherweise auf die Solvatation des Jodids durch die Ausdehnung der äußeren Valenzschale des J zurückzuführen sein. (J. Amer. chem. Soc. **77.** 5829—32. 20/11. 1955. Bloomington, Ind., Indiana Univ., Dep. of Chem.) W. NIEMITZ. 138

**Charles A. Kraus,** *Die Ionenpaartheorie: Ihre Entwicklung und einige Anwendungen.* Nach einer kurzen Einleitung werden folgende im Zusammenhang mit der Ionenpaarvorstellung stehende Theorien u. Ergebnisse diskutiert: BJERRUMs Theorie, Ionenpaarbldg. bei DK. gerade unterhalb der krit., Lsgg. in Bzl., Ionenpaare in Lösungsmitteln höherer DK., Elektrolyte weniger elektropositiver Metalle, lokalisierte Ionenpaare bzw. Micellar-Elektrolyte, Abhängigkeit von K von der Temp., deren Einfl. auf das Ionenpaargleichgewicht für Lsgg. in Lösungsmitteln niedriger u. hoher DK. in seiner Beziehung zur BJERRUM-Theorie untersucht wird, sowie die Umkehr des Assoziationsprozesses in hochkonz. Lsgg., die an Lsgg. von Br in geschmolzenem Trimethylammoniumbromid bei 25° illustriert wird. Aus der Diskussion ergibt sich, daß die BJERRUM-Gleichung zwar nicht exakt ist, da der Parameter a nicht die wahre Entfernung zwischen den Ladungszentren der Ionen in den Ionenpaaren angibt, sondern abhängig ist von der DK., der Temp. u. der Natur des Lösungsmittels, jedoch eine ausreichende genaue Näherung darstellt, um die Eigg. der Lsgg. typ. Elektrolyte in einer großen Mannigfaltigkeit von Lösungsmitteln unter den verschiedensten Bedingungen zu deuten. Für höher konz. Lsgg. gibt es z. Z. noch keine annähernd ebenbürtige Theorie. (J. physic. Chem. **60.** 129–41. Febr. 1956. Providence, R. I., Metcalf Res. Labor.) W. NIEMITZ. 139

**C. A. Coulson,** *Die Stabilität von $H_2^+$ und $OH^+$ in wässerigen Lösungen.* Diskussionsbemerkung zu der von WEISS (C. **1950.** II. 2528) aufgeworfenen u. bereits von anderen Autoren diskutierten Frage nach der Existenz von $H_2^+$- u. $OH^+$-Ionen in wss. Lsgg. u. ihrer Rolle bei der Koordination der Wassermoleküle. Vf. kommt zu dem Schluß, daß die Nichtexistenz von $OH^+$ in Koordinierung mit Wassermoll. zwar nicht absol. sicher ist, daß aber die Stabilität eines solchen $OH^+$-Ions sicher geringer ist als die eines hydratisierten $H_2^+$-Ions. (J. chem. Soc. [London] **1956.** 778–80. März. Oxford, Mathemat. Inst.) R. STEIN. 139

**M. Mandel,** *Eine Verallgemeinerung der Vorstellung von der Säurestärke und der Acidität.* Anknüpfend an die Vorstellungen von GURNEY („Ionic Processes in Solution", McGraw-Hill, 1953) über die Energie des Protonenübertrittes entwickelt Vf. eine Theorie, die es nicht nur ermöglicht, die allg. Funktion X der Säurestärke abzuleiten, sondern auch ihren Wert für eine Säure in einem gegebenen Lösungsm. zu berechnen, wenn der Wert der gleichen Säure in einem anderen Lösungsm. bekannt ist. Die Acidität wird danach nicht durch den klass. $p_H$ definiert, sondern durch die Gleichung $pA = pk_\sigma/2 - p_H$, wobei $k_\sigma$ die Autoprotolysenkonstante des Lösungsm. darstellt. Danach stellt jede Lsg. in irgendeinem Lösungsm. eine saure Lsg. dar, wenn $pA > 0$ (neutrale Lsg. $pA = 0$), wobei die Aciditätsskala durch die Bedingung $pA \ll pk_\sigma/2 - p_H = pk_\sigma/2$ begrenzt wird, bzw. mit anderen Worten dadurch, daß die Zahl der protonisierten Lösungsmittelmoll. nicht größer sein kann als die Zahl der Lösungsmittelmoll. überhaupt. (Nature [London] **176.** 792–93. 22/10. 1955. Bruxelles, Univ. Libre, Dep. of Analyt. Chem.) W. NIEMITZ. 139

**Rathindra N. Roychoudhury** und **Charles F. Bonilla,** *Messung der Acidität wässeriger Lösungen bei hohen Temperaturen und Drucken.* Das Potential einer platinierten *$Pt/H_2$*-Elektrode, bezogen auf eine *Ag/AgCl*-Elektrode, wird in zwei verd. *HCl*-Lsgg. (0,001 u. 0,01689n bei Zimmertemp.) zwischen Zimmertemp. u. 250° bei einem Gesamtdruck bis zu 600 psig gemessen. Die im einzelnen beschriebene App. enthält in einer Stahlbombe eine Zelle aus Quarzglas, die unter dem Druck des Elektrolyten u. des zugesetzten $H_2$ steht. Die Ag/AgCl-Elektrode besteht aus einem feinen Pt-Netz, das mit Ag u. AgCl überzogen ist u. befindet sich auf dem Boden der Zelle. Die $H_2$-Elektrode taucht zur Hälfte in die Lösung. Die Untersuchungsergebnisse zeigen, daß die Ein-Zellenanordnung $H_2$/AgCl auf Grund einer leichten Polarisation der AgCl-Elektrode durch $H_2$ für die $p_H$-Messung bei hohen Tempp. u. Drucken nicht ideal geeignet ist. Jedoch ist die Meth. bei direkter Eichung dazu geeignet, den $p_H$-Wert bis mindestens 250° mit einer Abweichung von $< 0,2$ Einheiten zu bestimmen. Die Ergebnisse stehen in annehmbarer Übereinstimmung mit den theoret. Berechnungen nach der DEBYE-HÜCKELschen Theorie. (J. electrochem. Soc. **103.** 241–46. April 1956. New York., N. Y., Columbia Univ., Engng. Center, Chem. Engng. Labor.) W. KRÖNERT. 139

**A. Lundén, G. Horlitz** und **P. Signer,** *Der Isotopieeffekt bei elektrolytischer Wanderung der Blei-Ionen in geschmolzenem Bleichlorid.* (Vgl. C. **1956.** 6300) Vff. untersuchen in einer näher beschriebenen App. den Masseneffekt für Pb-Ionen in $PbCl_2$ durch Anreicherung sowohl der schweren als auch der leichten Pb-Isotope. Die elektrolysierten Ketten sind: 1. *Kathodenkohle + $Cl_2$/LiCl + KCl/$PbCl_2$/$ZnCl_2$/Anodenkohle + $Cl_2$* u. 2. Kathodenkohle + $Cl_2$/LiCl/$PbCl_2$/Anodenkohle + $Cl_2$. Die massenspektrometr. Messungen werden in einem einfachfokussierenden Gerät mit einer Elektronenstoßionenquelle, 5000 V Beschleunigungsspannung, 60° magnet. Sektorfeld mit 20 cm Krümmungsradius u. Hochohmwiderstand nebst Schwingkondensatorverstärker zum Ionennachw. durchgeführt. Gemessen werden die $Pb^+$- u. $PbS^+$-Ionen. Die erhaltenen Häufigkeitsverhältnisse werden nach einer früher angegebenen Meth. (KLEMM, LINDHOLM u. LUNDÉN (C. **1956.** 6299) korrigiert u. zur Berechnung der relativen Differenz der Wanderungsgeschwindigkeiten $\Delta w/w$ von $^{206}Pb$ u. $^{208}Pb$ u. des Masseneffektes $\mu = \Delta w/w \cdot m/\Delta m$ verwendet. Im Falle der schweren Isotope ergibt sich $\Delta w/w = 0,0232\%$ u. $\mu = -0,024$. Bei der Anreicherung der leichten Isotope wird $\Delta w/w = 0,0227\%$ u. $\mu = -0,0235$ bestimmt. In Hinblick auf diese Daten wird der Zusammenhang zwischen Masseneffekt u. Selbstüberführungszahl diskutiert. (Z. Naturforsch. **11 a.** 280–83. April 1956. Göteborg, Chalmers TH, Phys. Inst.; Bonn, Univ., Phys. Inst.; Bern, Univ., Phys. Inst.) W. KRÖNERT. 139

**J. C. P. Mignolet,** *Untersuchungen über Kontaktpotentiale. 1. Mitt. Bestimmung des Oberflächenpotentials von einigen Filmen auf Wolfram und Quecksilber nach der Kondensatormethode und nach einer neuen Form der thermionischen Methode.* In Fortführung früher mitgeteilter Unterss. über Kontaktpotentiale (vgl. C. **1953.** 5783 u. 8786) entwickelte Vf. eine neue Form der thermion. Meth. zur Best. des Oberflächenpotentials $\varphi$ von Gasfilmen auf Metallen. Die zu untersuchende Oberfläche dient dabei als Kollektor einer Diode; gemessen wird die Änderung des Widerstandes der Diode bei Änderung des Oberflächenzustandes. Die so erhaltenen $\varphi$-Werte stimmen mit den nach der Kondensatormeth. gewonnenen sehr gut überein. Folgende $\varphi$-Werte (in V) wurden für eine Meßtemp. von 83° K nach der beschriebenen Meth. bzw. nach der Kondensatormeth. (eingeklammerte Werte) erhalten: *H*-Film auf *W* −0,499 (−0,482); gemischter H- u. $H_2$-Film auf W −0,424 (−0,414); *O* auf W (−1,90, bei 293° K gemessen); *N* auf W (−0,50, bei 293° K gemessen); *Xe* auf W +1,106 (+1,14) u. Xe auf *Hg* +0,232 (+0,234). Bei Zusatz von $O_2$ zu einem H- oder N-Film auf W fällt $\varphi$ bis zu −1,8 bzw. −1,83 ab. Die Austrittsarbeit eines bei 293—428° stabilisierten W-Nd. wurde zu 4,50 V bestimmt; er stimmt mit dem für polykristallines W erhaltenen überein. (Recueil Trav. chim. Pays-Bas **74.** 685—700. Juni 1955. Liège, Univ., Inst. W. Spring.) O. FUCHS. 140

**J. C. P. Mignolet,** *Untersuchungen über Kontaktpotentiale. 2. Mitt. Die konkurrierende Adsorption von Wasserstoffatomen und -molekülen an Wolfram.* (1. vgl. vorst. Ref.). Ausführliche Mitt. zu der C. **1953.** 5783 referierten Arbeit des Verfassers. Zu ergänzen ist: Die Messung des Oberflächenpotentials der Filme von *H* bzw. von $H_2$ auf *W* zeigt, daß der negative Effekt auf die Adsorption von H-Atomen u. der positive auf die Adsorption von $H_2$-Moll. zurückzuführen sind; bei Annäherung an den Sättigungszustand findet eine Konkurrenzadsorption von H u. $H_2$ statt. Aus der Diskussion der Verss. folgt, daß bei der Konkurrenzadsorption eine spezielle Adsorptionsart vorliegt, bestehend aus einer Verdrängung von H durch $H_2$; die differentielle Adsorptionswärme wird dadurch doppelt so groß; der gesätt. Mischfilm ist normalerweise nichtstöchiometr. aufgebaut. Die Höhe der Wärme der mol. Adsorption (bis zu 8 kcal/Mol) ist im wesentlichen durch Kräfte, die mit Ladungsübergängen verknüpft sind, bestimmt, während die Dispersionskräfte einen geringeren Beitrag liefern. Die daraus gezogenen Folgerungen für den katalyt. H-Austausch bei tiefer Temp. stehen im Einklang mit den von RIDEAL [1939] entwickelten Vorstellungen. Die wechselseitige H–$H_2$-Adsorption spielt auch bei der Auflsg. von Metallen eine Rolle. (Recueil Trav. chim. Pays-Bas **74.** 701−28. Juni 1955.) O. FUCHS. 140

**F. P. Dwyer** und **E. C. Gyarfas,** *Die Oxydations–Reduktions-Potentiale von Systemen, die zwei- und dreiwertige Komplexe von Eisen, Ruthenium und Osmium mit 2.2′.2″-Tripyridyl bilden.* Das Potential der zur Messung verwendeten gesätt. Kalomel-Halbzelle wurde gegen eine Chinhydronelektrode geeicht bei $p_H$ 4. Es wurde in derselben Umgebung bei 25° zu 0,2423 V gefunden. Man fand für folgende Komplexe: $Fe(trpy)_2^{2+}/Fe(trpy)_2^{3+}$ = − 1,076 ± 0,002 V für 0,1 f (Säurekonz.), − 1,060 V für 0,2 f, − 1,054 für 0,5 f, − 0,927 für 2,0 f; $Ru(trpy)_2^{2+}/Ru(trpy)_2^{3+}$ = − 1,281 V für 0,1 f, − 1,263 V für 0,2 f, − 1,219 V für 0,5 f, − 1,202 V für 1,0 f, − 1,175 V für 2,0 f; $Os(trpy)_2^{2+}/Os\cdot(trpy)_2^{3+}$ = − 0,9512 ± 0,0002 V für 0,1 f, − 0,9414 V für 0,2 f, − 0,9250 V für 0,5 f, − 0,9017 V für 1,0 f, − 0,8838 V für 2,0 f. Aus diesen Werten wurden für das Os-Syst. das Normalpotential zu $E_0$ = 0,9866 ± 0,0005 V berechnet. (J. Amer. chem. Soc. **76.** 6320—21. 20/12. 1954.) A. F. BOGENSCHÜTZ. 140

**Claude Chalin,** *Über die Untersuchung periodischer Schwingungen, die im Verlauf der anodischen Auflösung des Silbers erhalten werden.* Es wurde das Auftreten von period. Schwingungen des Stromes u. der Spannung bei der Auflsg. von Ag in *KCN* untersucht. Die Anode besteht aus Pt, das in eine wss. KCN-Lsg. der Konz. von 17 g/Liter eintaucht. Die elektr. Bedingungen werden kontrolliert u. mittels Wechselstrom nach einer Substitutionsmeth. der Modul (r) der Impedanz des Elektrolysators bestimmt. Die Änderungen des Stromes, des scheinbaren Widerstandes der Zelle u. von r werden in Abhängigkeit von der Spannung u. graph. dargestellt u. Teilabschnitte der erhaltenen Kurven mit der Schwingungsamplitude verglichen. (C. R. hebd. Séances Acad. Sci. **233.** 362−64. 30/7. 1951.) H. SURAWSKI. 140

**D. N. Gritzan, D. Ss. Schun** und **B. M. Bulgakow,** *Periodische Erscheinungen bei der Elektrofällung von Cadmium in Gegenwart von Alkoholen.* In einer früheren Arbeit (C. **1954.** 5461.) war mitgeteilt worden, daß bei der elektrolyt. Fällung von Cd aus $CdSO_4$-Lsg. mit Zusätzen (Dextrin, Coffein) unter bestimmten Bedingungen der Elektrolyse spontane period. Erscheinungen auftreten. In vorliegender Arbeit wird über analoge period. Erscheinungen bei der Elektrolyse von $CdSO_4$-Lsg. unter Zusatz von *Isoamyl-* oder *Hexylalkohol* berichtet. Diese period. Erscheinungen hängen von der Konz. des Elektrolyten u. von der Stromdichte ab. Sie bestehen in einer period. Änderung der

Kathodenspannung, der Stromstärke u. des Charakters des elektrolyt. Niederschlages. Vermittels einer oscillograph. Meth. wird der Einfl. verschied. Faktoren (der Konz. der Zusätze u. des Elektrolyten selbst, des $p_H$-Wertes, der Stromdichte) auf die Entstehung u. den Charakter der period. Erscheinungen an der Kathode untersucht. Vff. versuchen auch eine Deutung der spontanen period. Erscheinungen auf Grund von Adsorptions- u. Desorptionserscheinungen der oberflächenaktiven Stoffe an der Kathode zu geben. (Журнал Физической Химии [J. physik. Chem.] **29.** 953–58. Juni 1955. Charkow, Univ.) E. KORDES. 141

**E. Bonnier,** *Theorie der elektrolytischen Aluminiumgewinnung.* 2. Mitt. (1. vgl. C. **1952.** 969). Vf. berichtet von neuen seit 1950 veröffentlichten Arbeiten über die elektrolyt. Al-Gewinnung u. behandelt im Rahmen eines zusammenfassenden Überblicks folgende Teilgebiete (A theoret. Grundlagen): 1. Unters. des Dissoziationszustandes der $Al_2O_3$ (I)-$Na_3AlF_6$ (II)-Bäder; 2. Best. der physikal. Badkonstanten, wie Viscosität, D., Oberflächenspannung u. elektr. Leitvermögen; 3. Phasendiagramme der Systeme $Na_2O$·I–II, $2Na_2O$·I–II u. $3Na_2O$·I–II; 4. Unters. der Zersetzungsspannung der Bestandteile der II–I-Bäder u. 5. Unters. der Verdrängungsreaktionen. (B experimentelle Grundlagen): 1. Bldg. von metall. *Na* u. 2. von Al-Nebel; 3. Änderungen der Elektrolytzuss.; 4. Zus. der Anodengase; 5. FARADAY-Ausbeute bei n. Elektrolyse; 6. Anomale Elektrolyse. — 85 Literaturstellen. (Bull. Soc. chim. France, Mém. [5] **21.** D 1–D 10. Jan. 1954. Grenoble, Fac. des Sci., École Nationale Supérieure d'Électrochimie et d'Électrométallurgie.) H. SURAWSKI. 141

**A. A. Bulach** und **O. A. Chan,** *Zur Frage des Verlaufs der anodischen Auflösung von Kupfer–Nickel-Legierungen.* Es wird festgestellt, daß die anod. Auflsg. von Cu–Ni-Legierungen mit einer gleichmäßigeren Glühstruktur mit einem größeren Stromaufwand, aber einem geringeren Schlamm-Auftreten verläuft als die von solchen Legierungen, die ein weniger gleichmäßiges Gefüge, z. B. Gußgefüge, haben. Untersucht wird die Verteilung von Cu in den Prodd. der Elektrolyse bei anod. Auflsg. von gegossenen u. geglühten Cu–Ni-Legierungen. Die Gründe für die Ursache der Schlamm-Anreicherung an Cu wird erörtert. Es wird vermutet, daß der Vorgang der anod. Auflsg. gegossener Cu–Ni-Legierungen ähnlich verläuft wie die Auflsg. der Anoden mit mehrphasiger Struktur. (Известия Академии Наук Казахской ССР, Серия Химическая [Nachr. Akad. Wiss. KasachSSR, Ser. Chem.] **1953.** Nr. 7. 96–104.) H. HOCHSTEIN. 142

**G. F. Reynolds** und **H. I. Shalgosky,** *Die Wirkung von rissigen Zellen auf die Gestalt von Kurven, die mit dem Kathodenstrahlpolarographen erhalten werden.* Vff. entdeckten, daß bei Aufnahme mit dem Kathodenstrahlpolarograph unter Verwendung von Zellen, die geringe Rißbldg. zeigen, eine lineare Kurve auf dem Bildschirm erscheint, wie wenn nur ein fester Widerstand eingeschaltet wäre. Dieser Effekt wird erklärt dadurch, daß bei den Schaltbedingungen der Kathodenstrahlpolarographie durch die Risse unter Umgehung der Tropfelektrode eine Ableitung über die Thermostatenflüssigkeit erfolgt. (Chem. and Ind. **1954.** 787. 3/7. London, Min. of Supply, Chem. Inspectorate.) H. BERG. 142

**N. N. Woronin, I. B. Barmaschenko** und **D. Ss. Nadeshdin,** *Wasserstoffüberspannung an porigen Eisenelektroden mit Zusätzen einiger legierender Metalle.* Die Verwendung poriger Elektroden, die durch Pressen u. Sintern von Fe-Pulver oder von Mischungen aus Fe-Pulver mit Zugaben anderer Metalle hergestellt wurden, gestattet es, die $H_2$-Überspannung bei der Elektrolyse von 1n NaOH-Lsg. bei 30° u. einer Kathodenstromdichte von 1000–3000 A/m² bei 0,3–0,4 V im Verhältnis zur Überspannung an glatten Fe-Elektroden zu erniedrigen. Zugaben, die selbst geringere $H_2$-Überspannungen haben als Fe (Ni, Co, W, Mo) erniedrigen, solche mit höherer Überspannung als Fe (Cu) erhöhen die Überspannung im Verhältnis 75 zu der von porigen Fe-Elektroden ohne Zugaben. Die $H_2$-Überspannung erniedrigt sich mit der Erhöhung der Konzentration der Zugaben. Besonderes Interesse wird der Aufpressung dünner Schichten vom Co, Mo u. Wo geschenkt, die bei 750°–1000° 1 Std. bis 12 Std. aufgesintert werden u. dann genügend Festigkeit erhalten. Es werden bei hohen Stromdichten bis 0,5 V Erniedrigung der $H_2$-Überspannung erreicht. (Украинский Химический Журнал [Ukrain. chem. J.) **20.** 182–93. 1954. Kiew, Polytechn. Inst., Lehrstuhl für die Technologie der elektrochem. Ind.) A. KUNZE. 143

## A₄. Thermodynamik. Thermochemie.

**William W. Wood,** *Bemerkung über die Zustandsgleichung für harte Kugeln in Abhängigkeit vom freien Volumen.* Die Notiz hat den Zweck, zu zeigen, daß die von KIRKWOOD (C. **1950.** II. 2045) in seiner Analyse der Grundlagen der Theorie des freien Vol. aufgestellten Gleichung für harte Kugeln exakt gelöst werden kann. (J. chem. Physics. **20.** 1334. Aug. 1952. Los Alamos, N. Mex., Los Alamos Sci. Labor.) F. CRAMÉR. 146

**Louis H. Lund,** *Bemerkung zu der Zustandsgleichung für harte Kugeln in Abhängigkeit vom freien Volumen.* Wie Vf. zeigt, kann die von WOOD (vgl. vorst. Ref.) aufgestellte Zustandsgleichung, die bei Annahme eines flächenzentrierten, kub. Gitters abgeleitet wurde, verallgemeinert werden auf alle Mol.-Packungen, bei denen ein freies Vol $v_f$ definiert u. abgeschätzt werden kann. Es gilt dann $\varphi(r) = 1/v_f$ (r im Innern von $v_f$) bzw. $\varphi(r) = 0$ (r außerhalb $v_f$). (J. chem. Physics **20.** 1977–78. Dez. 1952. Rolla, Mo., Missouri School of Mines and Metallurgy.) G. KRESZE. 146

**I. R. Kritschewski** und **N. Je. Chasanowa,** *Kritische Erscheinungen.* Vff. unterwerfen die Erscheinungen beim Übergang heterogen ⇄ homogen im krit. Punkt einer theoret. Überprüfung. Als sehr nützlich erweisen sich hierbei Größen, die auch beim Phasenübergang im krit. Punkt sich sprunghaft ändern. Hierzu gehört vor allem die spezif. Wärme. Die bisherigen experimentellen Ergebnisse über die Größe der sprunghaften Änderung der spezif. Wärme im krit. Punkt bei der Umwandlung homogen → heterogen bestätigen die bisherige klass. Auffassung, daß der krit. Punkt tatsächlich einen Zustandspunkt darstellt u. widersprechen der Theorie von MAYER (J. chem. Physics **9.** [1941.] 852). Aus letzterer Theorie folgt, daß die Gleichgewichtskurve im T–v-Diagramm bei höheren Tempp. keinen krit. maximalen Punkt hat, sondern sich über einen gewissen v-Bereich horizontal erstrecken soll. Zusammenfassend kommen Vff. zu einer Bestätigung der alten klass. Theorie der krit. Erscheinungen. (Журнал Физической Химии [J. physik. Chem.] **29.** 1087–1104. Juni 1955.) E. KORDES. 148

**O. P. Kharbanda,** *Betrachtungen über die Abschätzung der kritischen Dichte.* Das Verhältnis der D. der Fl. beim absol. Nullpunkt zur krit. D. $D_0/D_c$ ist nach Ansicht des Vf. nicht eine universelle Konstante, wie LEWIS (J. appl. Chem. **3.** [1953.] 154) darlegt. Tatsächlich variiert in der Gleichung $(D_0/D_c)^{1,4}/[(D_0/D_c)-1] = k$ der Betrag $D_0/D_c$ um ca. 30% vom *He* zum *Bzl.*, obwohl die Konstante k nur um 1% schwankt. Vf. führt diese scheinbare Diskrepanz darauf zurück, daß $D_0/D_c$ keine Einzelwert-Funktion von k ist, sondern daß für jeden k-Wert zwei Werte für $D_0/D_c$ existieren. (Chem. and Ind. **1954.** 854. 10/7. Stockport, Simon-Carves Ltd., Res. Dep.) V. BURBACH. 148

**Roger L. Jarry** und **Henry C. Miller,** *Die Dichte von flüssigem Fluor zwischen 67 und 103° K.* Die zwischen 65,78 u. 102,75° K gemessene D. des fl. $F_2$ gehorcht der Gleichung $D = 1{,}907 - 2{,}201 \cdot 10^3\,T - 2{,}948 \cdot 10^{-5}\,T^2 g/cm^3$. Die Ungenauigkeit des D-Wertes beträgt ± 0,1%, diejenige der Temperaturmessung ± 0,05°. (J. Amer. chem. Soc. **78.** 1552–53. 20/4. 1956. Wyndmoor, Pa., Pennsylvania Salt Manufact. Co., Res. and Developm. Dep., Whitemarsh Labor.) E. FORCHE. 148

**Erich Vogel, Herbert Schinke** und **Franz Sauerwald,** *Dichtemessungen.* 17. Mitt. *Über die Volumenänderungen beim Schmelzen und den Schmelzprozeß bei Alkalihalogeniden.* (16. vgl. DEGENKOLBE u. SAUERWALD, C. **1956.** 4345.) Es wurde die Volumenänderung beim Schmelzen an *NaCl, NaBr, NaJ, KCl, KBr, KJ, RbCl, RbBr* u. *CsCl* gemessen. In einem zylindr. Rohr wurde die Länge einer Säule fl. Schmelze unmittelbar vor Erstarrung ($l_1$) u. nach der von unten eingeleiteten Erstarrung unmittelbar nach der Erstarrung ($l_2$) gemessen. Die Werte für die prozentuale Volumenänderung $\Delta V\% = (l_1-l_2) \cdot 100/l_2$ liegen zwischen 10 u. 25%. Sie sinken mit steigendem Atomgewicht der Kationen u. Anionen. Innerhalb einer Gruppe mit gemeinsamem Anion (mit geringen Ausnahmen) u. gemeinsamem Kation steigen die $\Delta V$ %-Werte mit steigenden Werten für die Schmelzentropie, den F. (C°), die Gitterenergie, die Oberflächenspannung am F. u. sinkenden Werten für die Gitterkonstante, die Radien für Kationen u. Anionen u. die Molvolumina. Die $\Delta V$ %-Werte hängen also sowohl mit dem Ordnungszustand in den beteiligten Phasen als auch mit der Kräftewrkg. in ihnen zusammen. Die Abhängigkeit von anderen Eigg. wie Radienquotienten u. Polarisierbarkeiten wird diskutiert. (Z. anorg. allg. Chem. **284.** 131–41. März 1956. Halle, Martin-Luther-Univ., Inst. für Physik. Chem.) H. PLUSKAL. 148

**John E. Kilpatrick,** *Negative Clusterkonzentrationen.* Ausgehend von den Gleichungen von WOOLLEY (C. **1954.** 1417) weist Vf. darauf hin, daß alle Gase mit einem positiven 2. Virialkoeff. negative Partialdrucke bin. Cluster u. eine negative Zahl bin. Cluster haben müssen. Am Beispiel der Berechnung der Entropie $S_{real}-S_{ideal}$ wird gezeigt, daß das Clustermodell mit negativen Konzz. auf mathemat. u. thermodynam. gleichen Wegen, wie sie sich aus den Beziehungen von WOOLLEY ergeben, zu richtigen Ergebnissen führen kann. (J. chem. Physics. **21.** 1366–67. Aug. 1953. Houston, Tex., Rice Inst., Dep. of Chem.) H.-U. WOELK. 149

**Harvey Winston,** *Negative Clusterkonzentrationen und Assoziationskonstanten.* Vf. nimmt Bezug auf eine Arbeit von KILPATRICK (vgl. vorst. Ref.) in welcher auf das mögliche Auftreten von negativen Partialdrucken gewisser Cluster in Verb. mit der Assoziationskonstantenmeth. von WOOLLEY (vgl. C. **1954.** 1417) zur Darst. von Gaseigg. hingewiesen wird. Er überbrückt diese Anomalie, indem er zeigt, daß man die nötigen Gleichungen aus der Großverteilungsfunktion in einer Weise herleiten kann, welche dem $m_j$, der Anzahl von j-Teilchen enthaltenden Cluster keine physikal. Bedeutung zuschreibt. Vf. zeigt, daß diese Zahlen, ob positiv oder negativ, eine physikal. Bedeutung besitzen. (J. chem. Physics. **21.** 2245–46. Dez. 1953. Culver City, Calif., Hughes Aircraft Co., Res. and Developm. Labor.) C. GOTTFRIED. 149

**E. Ambler** und **R. P. Hudson,** *Magnetische Abkühlung.* Vff. behandeln das ideale paramagnet. Salz u. die Ursachen des Abweichens vom idealen Verhalten. Die experimentellen Methoden bes. zur Erreichung von Tempp. < 1° K werden beschrieben. (Rep. Progr. Physics **18.** 251–303. 1955. Washington, D. C., Nat. Bur. of Standards, Cryogenic Phys. Labor.) H. LIEPACK. 149

**J. M. Blatt** und **S. T. Butler,** *Superfluidität eines Bosonengases.* Die Diskussion der von ANDRONIKASCHWILI (vgl. C. **1949.** I. 1336; **1952.** 6974) ausgeführten Verss. ergibt, daß der superfluide Zustand des fl. He mehr einen metastabilen als einen Gleichgewichtszustand darstellt. Die Konz. an n. fl. He berechnet sich für das ideale BOSE-EINSTEIN-Gas zu $(I = T/T_\lambda)^{3/2} I_0$; vgl. dazu auch FRIEDMAN u. BUTLER (C. **1954.** 4551.) (Physic. Rev. [2] **96.** 1149–50. 15/11. 1954. Sydney, Univ., School of Phys., Falkiner Nuclear Res. and Basser Computing Labor.) O. FUCHS. 149

**William P. Senett, Fred Gollob** und **T. I. Taylor,** *Binäre Diffusion ähnlicher oder isotoper Moleküle in Drei-Komponenten-Systemen.* Vff. führen das Problem der Mischung von Gasgemischen ($CO$ u. $CO_2$), deren Isotopenzusammensetzung in den zwei Behältern verschied. ist, zurück auf zwei voneinander unabhängige Drei-Komponenten-Systeme u. gelangen so zu relativ einfachen Gleichungen. Die Berechnungen werden experimentell durch Unters. der Diffusionsmischung von $N_2$ u. *Ar* einmal in *He* u. einmal in *Kr* als „Lösungsgas" nachgeprüft. Berechnung u. experimentelle Befunde stimmen gut überein. (J. chem. Physics. **23.** 1679–83. Sept. 1955. New York, N. Y., Columbia Univ., Dep. of Chem.) MAX SCHMIDT. 149

**R. Radusch,** *Über die Verdampfungsgeschwindigkeit von Wassertropfen.* Im Zusammenhang mit Problemen der Feuerlöschtechnik diskutiert Vf. die Beziehung zwischen Verdampfungsgeschwindigkeit u. Tropfengröße sowie Wärmeübergangszahl ($\alpha$) u. den Einfl. der Tropfen-Endfallgeschwindigkeit auf $\alpha$. Mit hinreichender Genauigkeit wird der Wärmeübergang an einem in heißer Luft verdampfenden W.-Tropfen durch $Nu = 2{,}83 + 0{,}6 \cdot Pr^{1/3} \cdot Re^{1/2}$ erfaßt, ($NU = \alpha d/\lambda$ = NUSSELTsche Kenngröße; $Pr = \nu/a$ = PRANDTLsche Kenngröße; $Re = vd/\nu$ = REYNOLDsche Kenngröße; d = Tropfendurchmesser; $\lambda$ = Wärmeleitzahl der Luft; $\nu$ = kinemat. Zähigkeit; a = Temperaturleitzahl; v = Relativgeschwindigkeit zwischen Tropfen u. Luft) wenn $\lambda$, $\nu$ u. a auf mittlere Temp. u. den mittleren Dampfgehalt zwischen ungestörtem Luftkern u. Wassertropfen bzw. Dampfgrenzschicht bezogen werden. Für d = 0,35 mm wird im Hinblick auf Löschwirkung u. Löschtechnik ein relativ optimaler Wert für den Wärmeübergang erreicht. (Chemie-Ing.-Techn. **28.** 275–77. April 1956. Karlsruhe, TH., Forschungsstelle für Feuerlöschtechn.) W. KRÖNERT 150

**Walter L. Crider,** *Der Gebrauch von Diffusionskoeffizienten bei der Messung des Dampfdruckes.* Aus der Messung der Verdampfungsgeschwindigkeit von $H_2O$-Dampf von der Oberfläche von reinem W. in reinem $N_2$, $H_2$ u. $CO_2$ wurden die gegenseitigen Diffusionskoeffizienten bei 34, 56 u. 76° bestimmt. Mit den Daten für das Syst. $N_2$–$H_2O$ u. den experimentell ermittelten Verdampfungsgeschwindigkeiten von $H_2O$-Dampf aus *Rohrzucker-* u. *NaCl*-Lsgg. in $N_2$ wurde der Dampfdruck der Lsgg. berechnet. Hierzu wurde die Theorie der Diffusion u. eine transponierte Form der bei der vorliegenden experimentellen Anordnung gültigen allg. Diffusionsgleichung $D = WhP_s/APd_s \ln [P/(P-P_s)]$; (D = Diffusionskoeff., W = Verdampfungsgeschwindigkeit, h = Höhe des Verdampfungsgefäßes, $P_s$ = Sättigungsdampfdruck, A = Querschnitt des Verdampfungsröhrchens, P = Gesamtdruck, $d_s$ = Sättigungsdampfdichte) verwendet. Die Lsgg. enthielten 1 – 60% Rohrzucker bzw. 1–25% NaCl. Die Dampfdrucke wurden für alle Konzz. bei 56 u. 76° berechnet. Die mittlere Abweichung lag innerhalb von ± 1 bis ± 3% (J. Amer. chem. Soc. **78.** 924–25. 5/3. 1956. Frederick, Md., Camp. Detrick.) W. KRÖNERT. 150

**G. Petit,** *Über das Kriterium „Idealität" thermischer Diagramme.* Im Anschluß an eine Arbeit von DOUCET (C. **1956.** 1226), die sich mit dem Problem befaßt, mit Hilfe der Kryoskopie ein Kriterium für eine ideale Lsg. zu erhalten, werden bes. die Systeme $KNO_3$, $AgNO_3$, $TiO_2$ u. *Kryolith* untersucht. (J. Physique Radium **15.** 301–02. April 1954. Sorbonne, Labor. de Phys.-Enseignement.) H. FALKENHAGEN. 150

**Y. Doucet** und **G. Petit,** *Über die Grenzen der Anwendung des Raoult'schen Gesetzes auf idealverdünnte Lösungen.* Vff. stellen einige Konstanten für das von HAASE u. DOUCET gegebene Gesetz der Schmelzpunkterniedrigung für die Salze *Kryolith, NaCl* u. *Lithiumborat* zusammen. Das Grenzgesetz von RAOULT wird diskutiert. (J. Physique Radium **15**. 302–03. April 1954. Sorbonne, Labor. de Phys.-Enseignement.) H. FALKENHAGEN. 150

**I. Estermann** und **J. R. Weertman**, *Spezifische Wärme von Germanium zwischen 20° K und 200° K.* (Vgl. C. **1953**. 15.) Vff. bestimmten in einem Präzisionscalorimeter, welches ausführlich beschrieben wird, die spezif. Wärme von Ge im Temperaturbereich 20–200° K. Um eine gegebenenfalls vorhandene Abhängigkeit von Verunreinigungen festzustellen, wurden 3 verschied. Ge-Proben – ganz rein, mittlere Verunreinigung ($10^{18}$ Verunreinigungszentren/$cm^3$) u. mit Zusatz von 0,006 At.-% Al ($2 \cdot 10^{20}$ Verunreinigungszentren/$cm^3$) – verwendet. Eine geringe Abhängigkeit der spezif. Wärme von der Konz. der Verunreinigungszentren konnte beobachtet werden, jedoch wurde die von CRISTESCU u. SIMON (Z. physik. Chem. B **25**. [1934.] 273) angegebene Unstetigkeit bei 70–90° K nicht bestätigt. (J. chem. Physics **20**. 972–76. Juni 1952. Pittsburgh, Pa., Carnegie Inst. of Technol., Dep. of Phys.) I. KARUTZ. 151

**K. Clusius, J. Goldmann** und **A. Perlick**, *Berichtigung zu K. Clusius, J. Goldmann und A. Perlick: Die Molwärmen der Alkalihalogenide LiF, NaCl, KCl, KBr, KJ, RbBr und RbJ von 10° bis 273° absolut.* (Vgl. C. **1950**. II. 973.) Die Korrekturgröße ($C_p-C_v$) wurde in der angegebenen Arbeit bei der Atomwärme des NaCl 10mal zu groß angesetzt. Auf die gezogene Schlußfolgerung bleibt die Berichtigung ohne Einfluß. (Z. Naturforsch. **9a**. 1054. Dez. 1954.) D. HAHN. 151

**John Rayne**, *Spezifische Wärmen von Metallen unterhalb ein Grad absolut.* Vf. bestimmte vermittels der Meth. der adiabat. Entmagnetisierung die Wärmekapazitäten der Metalle Cu, Ag, Pt, Pd, W, Mo u. Na im Gebiet unterhalb 1° K. Außer Na weisen alle untersuchten Metalle eine lineare Abhängigkeit der elektron. spezif. Wärme von der Temp.: $C = \gamma T$ auf, wobei die $\gamma$-Werte in Übereinstimmung mit den im Gebiet des fl. He gefundenen stehen mit der Ausnahme des W, für das sich ergibt $\gamma = (3,5 \pm 0,2) \cdot 10^{-4}$ cal/Mol · $Grad^2$ [früherer Literaturwert $(1,8 \pm 0,7) \cdot 10^{-4}$ cal/Mol · $Grad^2$]. In der spezif. Wärmekurve des Na tritt eine anomale Spitze auf, wofür Vf. eine mögliche Erklärung gibt. Vf. führte zusätzlich eine Messung der Wärmekapazität von $(K_2CuSO_4)_2$ durch. (Physic. Rev. [2] **95**. 1428–34. 15/9. 1954. Chicago, Ill., Univ. of Chicago, Dep. of Phys.) E. WASSERROTH. 151

**E. N. Rodigina** und **K. S. Gomelski**, *Wärmeinhalt der α-Modifikation von Aluminiumoxyd (Korund) bei hohen Temperaturen.* Es wird die Konstruktion eines Cu-Blockcalorimeters beschrieben, das speziell zur exakten Best. von spezif. Wärmen bei hohen Tempp. entwickelt wurde. Die Messungen der spezif. Wärme von *α-$Al_2O_3$ (Korund)* mit mindestens 99,9% $Al_2O_3$ erfolgte im Bereich von 1100–1400°. Gefunden wurden folgende spezif. Wärmen: 1100 (Grad) [297,89] (cal/g), 1160 [317,96], 1200 [330,42], 1260 [348,58], 1300 [360,90], 1360 [380,86], 1400 [395,99]. Der Fehler der Messungen beträgt nach Angaben der Vff. weniger als ±0,5%. Die Ergebnisse stimmen sehr gut mit den Messungen von SHOMATE u. NAYLOR (J. Amer. chem. Soc. **67**. [1945.] 72) überein u. liegen nur wenig höher als die Messungen von GRONOW u. SCHWIETE (Z. anorg. allg. Chem. **216**. [1933.] 186). (Журнал Физической Химии [J. physik. Chem.] **29**. 1105–12. Juni 1955. Swerdlowsk, Filiale des Mendelejew-Inst. für Metrologie.) E. KORDES. 151

**D. F. Smith, Duane Brown, A. S. Dworkin, D. J. Sasmor** und **E. R. Van Artsdalen**, *Wärmekapazität und Entropie von Molybdäntrioxyd und Molybdändisulfid bei niedrigen Temperaturen.* Zur weiteren Klärung der $T^2$-Abhängigkeit der Wärmekapazität von Substanzen mit Schichtgittern im Temperaturbereich von 15–60° K haben Vff. $C_p$ von $MoS_2$ u. $MoO_3$ zwischen 18 u. 80° K bestimmt. Während die für $MoS_2$ erhaltenen Werte in guter Übereinstimmung mit den von anderen Autoren angegebenen Zahlen stehen, ergeben sich für $MoO_3$ systemat. Abweichungen von den von SELTZ, DUNKERLEY u. DE WITT [1943] ermittelten $C_p$-Werten. Für beide untersuchte Verbb. ergibt sich zwischen 19,7 u. 65° K in doppeltlogarithm. Darst. ein prakt. linearer Verlauf von $C_p$ gegen T. Die Neigung dieser Geraden beträgt 2,0 für $MoS_2$ u. 2,1 für $MoO_3$. Oberhalb 60° K fallen die Neigungswerte stark ab u. betragen bei Zimmertemp. noch ~0,5. Die $T^2$-Abhängigkeit von $C_p$ besteht also auch für $MoS_2$ u. $MoO_3$ zwischen 20 u. 60° K. Vff. vermuten, daß sich unterhalb 20° K eine Abhängigkeit mit $T^3$ ergibt. Die Entropie des $MoS_2$ bei 56,2° K berechnen Vff. zu 1,10, die von $MoO_3$ bei 70° K zu 2,50. Für die Rk. Mo + 3/2 $O_2$ → $MoO_3$ ergeben sich die Werte $\Delta F^0_{f298,16} = -161,92$ kcal/Mol u. $\Delta S^0_{f298,16} = -61,75$ Entropieeinheiten (J. Amer. chem. Soc. **78**. 1533–36. 20/4. 1956. Oak Ridge, Tenn., Oak Ridge National Labor., Chem. Div.) H.-U. WOELK. 151

**Thomas B. Douglas** und **William M. Logan**, *Wärmeinhalt von Molybdändisilicid von 0° bis 900°.* Vff. bestimmten den Wärmeinhalt relativ zu 0° einer Probe von $MoSi_2$

in Abständen von 100° bis hinauf zu 900°. Für die in der Probe vorhandenen Verunreinigungen (ca. 2%) wurden Korrekturen angebracht. Die Differenzen der Wärmeinhalte bei t ($H_t$) u. bei 0° ($H_0$) gehorchten der Gleichung: $H_t - H_0 = 0{,}48560\,t + 3{,}586\,(10^{-5})\,t^2 - 41{,}78\,\lg_{10}\,\{(t + 273{,}16)/273{,}16\}$ (absol. Joule/Gramm) mit einer mittleren Abweichung von 0,24 absol. Joule/Gramm. Vff. berechneten aus dieser Gleichung Werte des relativen Wärmeinhalts, der Wärmekapazität u. der relativen Entropie, die tabellar. wiedergegeben sind. (J. Res. nat. Bur. Standards **53**. 91—93. Aug. 1954. Washington.) E. WASSERROTH. 151

**Kenneth A. Kobe** und **Earl J. Couch jr.**, *Enthalpiekonzentrationsdiagramm für das System Eisensulfat–Wasser.* Vff. bestimmten die Wärmekapazitäten von $FeSO_4$-Lsg. im Konzentrationsbereich von 0—35% u. bei Tempp. zwischen 0 u. 100°. Es ergaben sich Geraden der Form $C_p = a + b \cdot t$, wobei a u. b von der Konz. u. Temp. abhängig waren. Die Übereinstimmung mit Werten anderer Autoren ist zufriedenstellend. Die Enthalpien wurden berechnet u. sind tabellar. wiedergegeben. Mit Hilfe von Literaturwerten wurde ein Phasendiagramm für das Syst. $FeSO_4$/W. entworfen u. aus den Meßergebnissen das Enthalpie–Konz.-Diagramm konstruiert. (Ind. Engng. Chem. **46**. 377—81. Febr. 1954. Austin, Tex., Univ. of Tex.) E. WASSERROTH. 151

**Paul A. Giguère, I. D. Liu, J. S. Dugdale** und **J. A. Morrison**, *Wasserstoffperoxyd: Die Wärmekapazität bei niedriger Temperatur des festen Stoffes und die Entropie nach dem dritten Hauptsatz.* (Vgl. C. **1956**. 6895.) Vff. bestimmten die Wärmekapazität von kristallinem $H_2O_2$ zwischen 12° K u. dem F. mittels eines Tieftemperaturcalorimeters. Für die Schmelzwärme wurde ein Wert von (2987 ± 3) cal/Mol gemessen. Die beiden $H_2O_2$-Proben waren auf 99,97 Mol-% rein. Der Tripelpunkt wurde zu 272,74° K bestimmt. Die aus den therm. Messungen berechnete Entropie des $H_2O_2$ als ein ideales Gas bei 1 at u. 25° betrug (55,76 ± 0,12) cal/Mol · Grad. (Canad. J. Chem. **32**. 117—28. Febr. 1954.) E. WASSERROTH. 154

**A. F. Kapusstinski**, *Über das Verhältnis zwischen der Bildungswärme chemischer Verbindungen und der Stellung der Elemente im System D. I. Mendelejews.* In der Erwiderung auf die Kritik von SCHISCHOKIN (vgl. C. **1955**. 10202) an den vom Vf. aufgestellten logarithm. Beziehungen zwischen der Bildungswärme u. den übrigen thermochem. Kennzahlen in Abhängigkeit von der Stellung im Period. Syst. (vgl. C. **1950**. I. 16) wird die Richtigkeit der aufgestellten Regel nochmals nachgewiesen. Daneben wird festgestellt, daß der Vers. von SCHISCHOKIN, eine Beziehung zwischen dem Ionisationspotential u. der Bildungswärme nachzuweisen, als mißlungen zu bezeichnen ist. (Журнал Общей Химии [J. allg. Chem.] **25** (87). 2347—50. Nov. 1955. Inst. für allg. u. anorgan. Chem. der Akad. der Wiss. der UdSSR.) O. LEBTAG. 156

**L. N. Chitrin** und **Ss. A. Goldenberg**, *Konzentrationsgrenzen der Zündung von strömenden Gasgemischen.* Es wird eine Näherungsgleichung für die Konzentrationsgrenzen der Zündung abgeleitet u. auf ein ruhendes Medium u. ein rasch sich bewegendes Medium angewandt. Die Anwendbarkeit der Gleichungen wird an *Pentan* u. techn. *Propan* gezeigt. Die entwickelte Wärmetheorie der Konzentrationsgrenzen der Zündung von ruhenden u. sich bewegenden Gasgemischen ermöglicht den Nachw. der Grenzen der Flammenausbreitung ohne Zuhilfenahme der Annahme vom Sprengcharakter der Geschwindigkeitsänderung der chem. Umwandlungen u. ermöglicht die Berechnung der krit. Zündungsparameter auf Grund der wichtigsten Kennzahlen des Gasgemisches. (Vgl. hierzu C. **1956**. 6304.) (Доклады Академии Наук СССР [Ber. Akad. Wiss. UdSSR] **103**. 469—72. 21/7. 1955. Energet. Krshishanowski-Inst. der Akad. der Wiss. der UdSSR.) O. LEBTAG. 157

**R. A. Tschenzow**, *Wärmeleitfähigkeit von Phosphorbronze bei Heliumtemperaturen.* Zur Messung der Wärmeleitfähigkeit (WL) von Phosphorbronze wurde eine veränderte Meth. der Best. des Verhältnisses von WL zur Elektroleitfähigkeit (EL) nach KOHLRAUSCH unter Verwendung eines Bades mit fl. He gewählt. Als Probe wurde ein Draht aus Phosphorbronze (Durchmesser 40 $\mu$) verwendet, wie er zur Herst. von Widerstandsthermometern verwendet wird. Der elektr. Widerstand des Drahtes wurde bei verschied. Meßströmen untersucht. Durch Aussonderung der JOULEschen Wärme erfuhr das Probestück eine mittlere Überhitzung gegenüber dem Bad: $\overline{\Delta T} = (1/L) \int_0^L (T - T_0)\, dL \cdots$ (L Länge des Drahtes), deren Betrag gemäß Zunahme des Widerstandes $\Delta R$ u. des Temperaturkoeff. $\alpha = (1/R)\,(\partial R/\partial T)_i$ bestimmt wurde. Es wird gezeigt, daß bei geringer Überhitzung, wenn WL u. EL des Metalls annähernd konstant sind, der Betrag der Überhitzung mit der Leistung $W = i^2 R$ durch die Beziehung $\overline{\Delta T} = (L/12s) \cdot (W/k)\,(1 - [(9\gamma - \alpha)/5]\,\overline{\Delta T} + \cdots) \approx L^1/12s \cdot W/k$ verknüpft ist. (s Querschnitt des

Drahtes; k WL der Phosphorbronze; $\gamma = (1/k)\ (\partial k/\partial T)$; deren Temperaturkoeff.) Die durchgeführte Meßmeth. eignet sich bes. für $H_2$- u. He-Tempp. bei prakt. völligem Fehlen von Wärmeverlust durch Strahlung u. falls es möglich ist, einen durch Gas bedingten Wärmeaustausch herabzumindern. Bei der Messung von k der Phosphorbronze wurde die Abhängigkeit der EL vom Betrag des Meßstroms korr., was mit einer teilweisen Zerstörung der Supraleitfähigkeit verbunden war. Man benützte dafür folgende Näherungsgleichung: $[R(i) - R(i_0)]\,T = \text{const} \approx R(i_0)\, b \lg(^i/_{i_0})$. (Журнал Экспериментальной и Теоретической Физики [J. exp. theoret. Physik] **27.** 126—28. Juli 1954. Inst. für physikal. Probleme der Akad. der Wiss. der UdSSR.)
A. v. KOTZEBUE. 158

**Arwind Mohan Srivastava,** *Ultraschalluntersuchungen an Gelen.* Über die an *Fe-Silicatgelen* erhaltenen Ergebnisse vgl. die C. **1951.** II. 2155, 2702; **1952.** 647 referierten Arbeiten des Verfassers. (C. R. hebd. Séances Acad. Sci. **231.** 1223—25. 27/11. 1950.)
O. FUCHS. 159

## A₅. Kolloidchemie. Grenzschichtforschung.

**Heinrich Thiele** und **Lothar Langmaack,** *Ordnungsvorgänge bei Symplexen allein durch Ändern des $p_H$-Wertes.* Es wird gezeigt, daß es möglich ist, durch Änderung des $p_H$-Wertes ein Symplex-Sol in ein geordnetes, wasserreiches, opt. anisotropes Gel umzuwandeln. Der Vorgang ist reversibel. (Naturwissenschaften **43.** 56—57. Febr. 1956. Kiel, Univ., Lehrfach für Kolloidchem.) H. W. LEVI. 161

**H. L. Frisch,** *Turbulenzkoagulation von Kolloiden.* Vf. entwickelt an Hand der hauptsächlichsten, die Turbulenz charakterisierenden Parameter eine theoret. Abhandlung über die schnelle u. langsame Turbulenzkoagulation einer koll. Suspension in einem homogenen u. isotrop. turbulenten Medium. Die Koagulationszeit wird bei langsamer Turbulenzkoagulation durch eine Beziehung wiedergegeben, die der von SMOLUCHOWSKI (Z. physik. Chem. **93.** [1917.] 129) abgeleiteten Formel als Resultat der BROWNschen Molekularbewegung ähnelt, in der jedoch Vf. statt des mol. Diffusionskoeff. eine Wirbeldiffusionskonstante einführt. Für schnelle Turbulenzkoagulation bleibt diese Ähnlichkeit nicht gewahrt, vielmehr wird die Koagulationszeit stark abhängig von der Form des Koeff. der LAGRANGE-Beziehung. Kurze Betrachtung über den Einfl. von Grenzflächeneffekten u. Abstoßungskräften infolge der elektrostat. Ladung der Teilchen. (J. physic. Chem. **60.** 463—66. April 1956. Los Angeles, Calif., Univ. of Southern California, Dep. of Chem.) D. ERTEL. 163

**Y. Doucet,** *Untersuchung von Lösungen von Kupferacetat in Gegenwart von Rhodoviol (Polyvinylalkohol).* In Fortsetzung der früheren Unterss. von DOUCET u. GUIGNARD (vgl. C. **1955.** 770) untersuchte der Vf. zunächst die Änderung der Leitfähigkeit von Kupferacetatlsgg. bei Zusatz von *Polyvinylalkohol* (I). Gefunden wurde, daß die Leitfähigkeit geringer wird, wahrscheinlich infolge Zunahme der Viscosität; außerdem hängt der Widerstand von der Art der Auflösung von I sowie von der Zeit ab. Die Ausflockung des Kolloids durch Fixierung der Ionen auf den Micellen läßt sich nicht aufhalten; sie würde zu einer Verminderung des Aktivitätskoeff. führen. Untersucht wurde noch die Wrkg. der Entwässerung, der Einfl. der Zeit u. der Bewegung der Lsg. auf die Änderung des Viscositätskoeffizienten. (J. Physique Radium **16.** 31 S. März 1955.)
C. GOTTFRIED. 163

**Paul Kozakevitch, Georges Urbain** und **Max Sage,** *Oberflächenaktivität und thermodynamische Aktivität des Schwefels in flüssigen Eisen–Kohlenstoff-Schwefellegierungen.* (Vgl. C. **1954.** 2771.) Es wird die Oberflächenspannung des Syst. Fe–C–S (C-Gehh.: 1,25; 2,2; 4,0%) mit steigendem Schwefelgeh. (0,08—0,72%) bei 1450° bestimmt. Der S ist im untersuchten Syst. sehr oberflächenaktiv. (C. R. hebd. Séances Acad. Sci. **237.** 1690—92. 21/12. 1953.) H. LAMP. 166

**A. Je. Lutzki,** *Molekularkonstanten und Oberflächenspannung von Flüssigkeiten.* Vf. unternimmt den Vers., Beziehungen zwischen den Eigg. der hochmol. Körper u. ihrer Mikrobausteine aufzustellen. Für die Oberflächenspannung findet Vf. empir. bei n. Fll. derartige Beziehungen. Innerhalb homologer u. isologer Reihen bestehen einfache empir. Zusammenhänge zwischen der Oberflächenspannung u. dem Mol-Vol. sowie der Polarisierbarkeit (Molekularrefraktion). Die erhaltenen Beziehungen werden zur Diskussion der Besonderheiten der Oberflächenspannung von inter- u. intramol. assoziierten Verbb. diskutiert. (Журнал Физической Химии [J. physik. Chem.] **29.** 983—95. Juni 1955. Charkow, Polytechn. Lenin-Inst.) E. KORDES. 166

**Je. Ss. Rosskin,** *Über eine indirekte Bestimmungsmethode der Oberflächenspannung von nichtpolaren Flüssigkeiten.* Die Funktion: $f(T) = D/(D - d)\cdot p$ (1), in der D die Dichte der Fl. im Gleichgewicht mit dem gesätt. Dampf der D. d beim Sättigungsdruck p bedeutet, hat bei einer bestimmten Temp. T′ ein Minimum. MARKOW hat gezeigt (C. **1955.** 8792), daß man nach der Gleichung: $P = M/(D - d)_{T'}$ (2), (mit M = Mol-Gew.) den Parachor P berechnen kann. Der Index T′ bedeutet, daß sich die eingeklammerte Dichtedifferenz auf obige Temp. T′ bezieht. Vf. erhält nunmehr aus obigen Beziehungen für die Oberflächenspannung $\gamma$ die Gleichung: $\gamma = [(D - d)/(D - d)_{T'}]^4$ (3). Für die Fll. *Bzl, $CCl_4$, Ae.* u. *n-Octan,* deren Oberflächenspannungen bei verschied. Tempp. gemessen sind (Literaturwerte), wird die Gültigkeit der Gleichung (3) erwiesen. (Журнал Физической Химии [J. physik. Chem.] **29.** 1007—09. Juni 1955. Leningrad, Kirow-Textil-Inst.) E. KORDES. 166

**R. A. Stairs** und **M. J. Sienko,** *Oberflächenspannung von Ammoniak und Alkalihalogenidlösungen in Ammoniak.* Die Oberflächenspannung von fl. $NH_3$ zwischen $-75$ u. $-40^0$ u. von Lsgg. in $NH_3$ von *NaCl, NaBr, KBr* u. *KJ* bei $-40^0$ werden nach der Blasendruckmeth. bestimmt u. durch einige Messungen nach der Meth. der capillaren Steighöhe kontrolliert. Die Oberflächenspannung von $NH_3$ im angegebenen Temperaturintervall läßt sich durch $\gamma = 23{,}41 - 0{,}3371\ t - 0{,}000943\ t^2\ erg \cdot cm^{-2}$ mit einer Standardabweichung von 0,15 $dyn \cdot cm^{-1}$ darstellen. Zur Kontrolle wird mit den Meßdaten der Parachor berechnet u. der für Fll. mit H-Bindungen charakterist. Abfall bei tiefen Tempp. gefunden. Für die Salzlsgg. gilt $\Delta\gamma = Ac + Bc^2\ erg \cdot cm^{-2}$, worin c die Konz. in Mol/Liter angibt. Folgende Konstanten werden bestimmt: NaCl (A = 2,79; B = $-5{,}96$); NaBr (2,76; $-2{,}67$); KBr (2,44; $-1{,}79$); KJ (1,52; $+0{,}16$). A nimmt gesetzmäßig mit steigender Polarisierbarkeit der Ionen ab, entsprechend dem Verh. der Ionen in wss. Lösungen. Es wird angenommen, daß die B-Koeffizienten mit der BJERRUMschen Ionenassoziation, die bei kleinen Ionen in Medien mit niedriger DK. auftritt, zusammenhängen. (J. Amer. chem. Soc. **78.** 920—23. 5/3. 1956. Ithaca, N. Y., Cornell Univ., Baker Labor. of Chem.) W. KRÖNERT. 166

**N. K. Boardman, A. R. Palmer** und **E. Heymann,** *Die Konstitution ionenhaltiger Flüssigkeiten.* 3. Mitt. *Die Oberflächenspannungen geschmolzener Salze und ihrer Mischungen.* (2. vgl. HARRAP u. HEYMANN C. **1956.** 4918.) Vff. berichten über Messungen der Oberflächenspannungen (OS) einiger geschmolzener Salze u. ihrer bin. Mischungen (*KCl–KBr,* KBr–*NaBr, AgCl–AgBr, AgJ*–AgBr, *$CdCl_2$–$CdBr_2$,* $CdCl_2$–*NaCl, $NaNO_3$–$KNO_3$,* AgCl–*$PbCl_2$,* $PbCl_2$–KCl, $CdCl_2$–KCl, $PbCl_2$–$CdCl_2$, AgCl–KCl u. AgBr—KBr), innerhalb bestimmter Temperaturbereiche, die nach der Meth. des „maximalen Blasendruckes" durchgeführt wurden. Die von GUGGENHEIM abgeleitete theoret. Gleichung für die OS idealer bin. Mischungen wird auf die geschmolzenen Salzmischungen angewandt, u. es werden die Abweichungen von der idealen OS äquimol. Mischungen berechnet. Die Systeme KCl–KBr, KBr–NaBr, AgCl–AgBr, AgJ–AgBr, $NaNO_3$–$KNO_3$, $CdCl_2$–$CdBr_2$ u. $CdCl_2$–NaCl zeigen geringe negative Abweichungen vom idealen Verh., die in ihren Beziehungen zu den Ionenradiendifferenzen der sich ersetzenden Ionen diskutiert werden. Starke negative Abweichungen vom idealen Verh. werden in Systemen gefunden, in denen leicht Komplexionen entstehen können ($PbCl_2$–KCl, $CdCl_2$–KCl). Die Systeme AgCl–$PbCl_2$, AgCl–KCl u. AgBr–KBr zeigen ebenfalls starke negative Abweichungen, deren Ursache möglicherweise auf Koordination zwischen den Ag- u. Cl-Ionen zurückgeführt werden kann. Das einzige Syst. mit positiven Abweichungen vom idealen Verh. ist das Syst. $PbCl_2$–$CdCl_2$. (Trans. Faraday Soc. **51.** 277—86. Febr. 1955. Melbourne, Univ., Chem. Dep.) W. NIEMITZ. 166

**W. Heywang,** *Zur Stabilität senkrechter Schmelzzonen.* Vf. führt eine mathemat. Behandlung der Stabilitätsverhältnisse stationärer senkrechter Schmelzzonen, wie sie bes. beim tiegelfreien Zonenziehen auftreten, durch. Solange keine elektromagnet. Kräfte wirken, ist die Form der Schmelzzonenoberfläche aus dem Gleichgewicht zwischen der Oberflächenspannung u. dem von den Randbedingungen abhängigen hydrostat. Innendruck bestimmt. Beim senkrechten Zonenziehen tritt wie beim Tiegelziehen im Falle stark unterschiedlicher Stabradien ein Bereich horizontaler Flüssigkeitsoberfläche auf. Der Innendruck ist somit festgelegt, so daß sich die maximale Schmelzzonenlänge $\lambda_{max}$ als Funktion der Stabradien angeben läßt. Für den komplizierteren Fall gleicher Stabdurchmesser werden analyt. u. graph. Näherungen entwickelt. Es zeigt sich, daß der Grenzwert $\lambda_{max}$ für sehr dicke Stäbe bei unterschiedlichen Stabradien nicht wesentlich über $\lambda_{max}$ für gleiche Stabradien liegt. Bei der Extrapolation der für unterschiedliche Stabdicken erhaltenen Daten auf gleiche Radien erhält man einen Wert, der nur unwesentlich über dem direkt ermittelten Wert liegt. Demnach ist eine Interpolation für schwach unterschiedliche Stabradien ohne weiteres möglich. (Z. Naturforsch. **11a.** 238—43. März 1956. Karlsruhe, Siemens & Halske AG., Werkstoff-Hauptlabor.) W. KRÖNERT. 166

**R. Janssen,** *Prüfung der Theorie von Overbeck und Wijga durch Messungen von Strömungspotentialen an Membranen und Membranmodellen.* Messungen von Strömungspotentialen von wss. *KCl*- u. *$AgNO_3$*-Lsgg. u. Lsgg. von *KJ* in $CH_3OH$ an Membranen u. Membranmodellen, die aus 2 hintereinandergeschalteten Capillaren von verschied. Weite bestehen, zeigen, daß anomale Kurven (Strömungspotentialkonz.) nur in Systemen mit hoher Oberflächenleitfähigkeit auftreten, was mit der Theorie von OVERBECK u. WIJGA (Recueil Trav. chim. Pays-Bas. **65.** [1946.] 556) übereinstimmt. (Meded. Kon. vlaamse Acad. Wetensch., Letteren schone Kunsten België, Kl. Wetensch. **15.** Nr. 10. 3—16. 1953. Gent, Rijksuniv., Labor. voor Phys. Scheikunde.) W. WESLY. 167

**Vincent J. Frilette,** *Darstellung und Charakterisierung bipolarer Ionenaustausch-Membranen.* Vf. hat synthet. bipolare Ionenaustauschmembranen hergestellt, deren eine Seiten kationen- u. deren andere anionenselektiv sind; ihre Oberflächenaktivität leitet sich von stark bas. Ionenaustauschgruppen einerseits, von stark sauren andererseits ab, so daß das Verh. der Membran relativ unabhängig von der $H^+$-Ionenaktivität ihrer Umgebung ist. Im Gegensatz zu einfachen Membranen müssen bipolare Membranen unter dynam. Bedingungen charakterisiert werden, da sie schon bei sehr geringen Stromdichten Polarisationserscheinungen aufweisen. Letztere treten bes. dann stark hervor, wenn die Membran so orientiert ist, daß ihre kationenselektive Oberfläche der Kathode der Zelle zugewendet ist. Bei dieser Anordnung erhält Vf. einen hohen Widerstand, die Membran wird in hohem Maße protonenselektiv u. ein großer Teil des Stromtransportes erfolgt augenscheinlich durch $H^+$-Ionen, die aus der Dissoziation des W. stammen, nicht aber durch Kationen bzw. Anionen des NaCl-Elektrolyten. Vf. gibt eine qualitative Erklärung dieser Protonenselektivität vom Standpunkt der Bldg. von Polarisationsschichten u. ihrer gleichzeitigen Depolarisation durch elektr. u. Diffusionsvorgänge. (J. physic. Chem. **60.** 435—39. April 1956. Birmingham, N. J., Permutit Company.) D. ERTEL. 167

**Te-Tchao Ouang,** *Über die negative Photophorese.* Beschreibung qualitativer Beobachtungen an zerstäubtem Parfüm. (C. R. hebd. Séances Acad. Sci. **230.** 1518—20. 24/4. 1950.) G. KIRSCHSTEIN. 169

**Stig Claesson** und **Gunnar Jacobsson,** *Eine neue Methode zur Bestimmung kleiner osmotischer Drucke.* 1. Mitt. *Prinzip und Apparatur.* Die Höhendifferenz zwischen den beiden Flüssigkeitsmenisken wird auf interferometr. Wege gemessen; dadurch ist eine Genauigkeit von $1-2\ \mu$ möglich, so daß auch sehr kleine osmot. Drucke gemessen werden können. Die osmot. Zelle ist dem FUOSS-MEAD-Modell nachgebildet. Für eine bestimmte Polystyrolfraktion (vgl. C. **1953.** 9507) wurde so in Methyläthylketon als Lösungsm. der Wert 540000 erhalten. (Acta chem. scand. **8.** 1835—42. 1954. Uppsala, Univ., Inst. Phys. Chem.) O. FUCHS. 170

**José Lima-de-Faria,** *Die Verwendung von Kaliumpermanganat zum Nachweis der bei der Diffusion auftretenden elektrischen Ladungen in visueller Weise.* Ein vertikal gestelltes U-Rohr wird mit einer verd. Lsg. von *$KMnO_4$* (I) ($3 \cdot 10^{-4}$molar) teilweise gefüllt u. danach sehr langsam eine konz. *HCl*-Lsg. zugegeben. Bei der Diffusion der HCl in I werden zwei Zonen beobachtet: Eine dunkelviolette u. eine nachfolgende farblose Zone. Vf. nimmt an, daß diese unterschiedlichen Farbeffekte auf der Bldg. elektr. Ladungen während des Diffusionsvorganges beruhen. Da die $H^+$-Ionen beweglicher sind als die $Cl^-$-Ionen, bildet sich eine Diffusionsfront mit zwei entgegengesetzten Ladungen, wobei die am weitesten vorgerückte Front positiv (Überschuß an $H^+$-Ionen) u. die andere negativ (Überschuß an $Cl^-$-Ionen) ist. Die positiven $H^+$-Ionen ziehen die $MnO_4^-$-Ionen an (Zunahme der Violettfärbung), während in dem nachfolgenden Bereich die langsamen $Cl^-$-Ionen um sich herum eine $K^+$-Ionenwolke haben (Entfärbung). Wird nun z. B. die HCl durch *NaOH* ersetzt, so tritt das Gegenteil ein: eine gefärbte Zone folgt einer entfärbten. Salze zeigen, wenn ihre Ionen verschied. Beweglichkeiten besitzen, die gleichen Effekte. Des weiteren hat Vf. die Diffusion auch in einem horizontalen Rohr, das zur Verlangsamung des Diffusionsprozesses einen inneren Durchmesser von 2 mm besitzt, untersucht. In diesem Fall verschwinden die kleinen Fronten in dem Maße, wie die $H^+$- u. die $OH^-$-Ionen an den Wandungen des Rohres adsorbiert werden. (C. R. hebd. Séances Acad. Sci. **235.** 1641—43. 22/12. 1952.) H. SURAWSKI. 171

**V. Vitagliano** und **P. A. Lyons,** *Diffusionskoeffizienten für wässerige Lösungen von Natriumchlorid und Bariumchlorid.* Unter Anwendung der Interferometertechnik nach GOUY haben Vff. die Diffusionskoeffizienten für wss. Lsgg. von NaCl u. $BaCl_2$ bei 25° bestimmt. Die Konzz. der Lsgg. lagen zwischen 0,027 u. 5,00 bzw. 0,018 u. 1,50 g Mol/Liter. Die erhaltenen Werte stimmen bei niedrigen $\sqrt{c}$-Werten gut mit den aus Leitfähigkeitsdaten ermittelten überein. Für die NaCl-Lsgg. ergibt sich auch eine gute Übereinstimmung mit den nach der Theorie von ONSAGER-FUOSS berechneten Werten.

Für $BaCl_2$ ergibt sich ein Maximum in der $D/\sqrt{c}$-Kurve bei $\bar{c} \cong 1{,}4$ molar. Die D-Werte für NaCl werden mit den Selbstdiffusionskoeffizienten des $Na^+$ u. der $Cl^-$-Ions verglichen u. die Faktoren diskutiert, die diese Größen beeinflussen. (J. Amer. chem. Soc. **78.** 1549—52. 20/4. 1956. Yale Univ., Dep. of Chem.) H.-U. WOELK. 171

**E. W. Comings, C. E. Pruiss** und **C. de Bord,** *Kontinuierliches Absetzen und Verdicken.* Vff. befassen sich mit dem Problem der kontinuierlichen Klärung einer Suspension durch Absetzvorgänge. In Zylindern aus Borsilicatglas (3 u. 8 in. Durchmesser) bzw. Cu-Blech (14 in.) wurden Verss. mit Suspensionen von Haufwerken von *Aluminiumoxyd, Glas,* $CaCO_3$ u. 2 *Tonen* in *W.* ausgeführt. Bei diesen Vorgängen konnten 4 Zonen im Absetzbehälter beobachtet werden, von oben nach unten: Klärungszone, Absetzzone, obere Kompressionszone u. Kompressionszone mit Rechenwirkung. Die Apparatur-Kapazität bei festgelegtem Klarheitsgrad des Überlaufes ist eine Funktion der Absetzgeschwindigkeiten in den einzelnen Zonen. Es konnten Gleichungen für die mathemat. Beschreibung dieser Vorgänge entwickelt werden. (Ind. Engng. Chem. **46.** 1164—72. Juni 1954. West Lafayette, Ind., Univ.; Urbana, Ill., Univ.) GERHARD GÜNTHER. 174

**F. S. Eadie** und **R. E. Payne,** *Bestimmung der Teilchengröße von Pulvern.* Zur Best. der Teilchengröße von Metall-, Keramik-, S-, Kaolin-, Austauscherharz- u. anderen Pulvern in der Größenordnung von 1—250 $\mu$ wird der Mikromerograph verwendet. Der App. bestimmt automat. die Verteilung der Teilchen in einer Sedimentationskolonne, durch die ein Strom von trocknem $N_2$ mit einem Druck bis 400 lbs./sq.in. (28 kg/cm²) geleitet wird. (Iron Age **174.** Nr. 10. 99—102. 2/9. 1954. Bridgeport, Pa., Sharples Corp.) F. VIER. 175

**Ja. M. Biksson,** *Dynamik der Sorption zweier Komponenten aus einem Gemisch.* Durch mathemat.-theoret. Überlegungen wird gezeigt, daß es für die Differentialgleichungen der Sorptionsdynamik von 2 Komponenten aus einem Gemisch eine asymptot. Lösung gibt, die einer Parallelübertragung entspricht. Die Konzentrationsverteilung der sorbierten Stoffe nach Einstellung der parallelen Überführung wird annähernd berechnet, ferner die Länge der wirksamen Sorbensschicht. (Журнал Физической Химии [J. physik. Chem.] **28.** 1017—24. Juni 1954. Moskau, Inst. für physik. Chem. der Akad. der Wiss. der UdSSR.) O. LEBTAG. 176

**M. M. Dubinin** und **Je. D. Sawerina,** *Natur der Oberfläche und Sorptionseigenschaften von Aktivkohlen.* 1. Mitt. *Untersuchung der Sorptionsisothermen von Benzol- und Wasserdämpfen.* (Vgl. C. **1955.** 8323.) Durch therm. Behandlung einer oxydierten granulierten Aktivkohle im Vakuum bei $\sim 1000^0$ wird eine Kohle erhalten, die prakt. die gleiche Porenstruktur aufweist, jedoch keine sauren Oxyde an der Oberfläche enthält. Durch Aufnahme der Sorptions- u. Desorptionskurven wird gezeigt, daß die Oberflächenoxyde auf das Sorptionsvermögen gegenüber Benzoldämpfen in einem weiten Bereich der Gleichgewichtsdrucke ohne merklichen Einfl. sind, während bei $H_2O$-Dämpfen die Sorptions- u. Desorptionszweige der Isothermen durch die Oxyde nach dem Gebiet der geringeren Drucke verschoben werden. (Известия Академии Наук СССР, Отделение Химических Наук [Nachr. Akad. Wiss. UdSSR, Abt. chem. Wiss.] **1955.** 594—602. Juli/Aug. Inst. für physikal. Chem. der Akad. der Wiss. der UdSSR.) O. LEBTAG. 176

**István Halász, Géza Schay** und **Endréné Szőnyi,** *Folgerungen aus der Analogie von Dampfadsorption und Kondensation.* Auf Grund der Erfahrung, daß das POLÁNYIsche Adsorptionspotential von der Temp. unabhängig ist u. in Betrachtnahme der Analogie zwischen Desorption u. Verdampfen wurden 3 Beziehungen abgeleitet, mit deren Hilfe die jedem Gleichgewichtsdruck zugehörige Differential-Desorptions (Adsorptions-) Wärme aus dem für das Adsorptivum-Dampf charakterist. Daten (krit. Daten, Tension, Verdampfungswärme) berechenbar ist. Ist die Adsorptionsisotherme bekannt, kann die Differential-Adsorptionswärme als Funktion der Überdeckung des Adsorbenten berechnet werden. Zur Kontrolle wurden Adsorptionsisothermen von *Furan*-Dampf an *Silicagel* aufgenommen u. die von HONIG u. REYERSON (C. **1952.** 5213) angegebenen Isothermen mit den 3 Gleichungen berechnet. Selbst bei den außerordentlich kleinen Drucken sind die Beziehungen gut anwendbar u. weichen ausnahmsweise bloß um 10% ab. (Magyar tudományos Akad. Wiss., kém. Tudományok Osztályának Közleményei [Ung. Akad. Wiss., Ber. Abt. chem. Wiss.] **6.** 315—26. 1955.) J. PLANK. 176

**A. Cimino, E. Cipollini** und **E. Molinari,** *Wasserstoffchemisorption an definiert halbleitendem Zinkoxyd.* Vff. untersuchen die Chemisorption von $H_2$ an ZnO-Präpp., die verschied. vorbehandelt wurden u. definierte Mengen $Ga_2O_3$ bzw. $Li_2O$ enthielten. Die in 900 Min. bei 0° u. 760 mm Hg pro cm² Oberfläche adsorbierte $H_2$-Menge wird als Funktion der Temp. dargestellt. Die Kurven zeigen zwei Maxima, die zwei verschied.

Typen aktivierter Adsorption entsprechen. Ein Ga-Zusatz beeinflußt die Adsorption negativ u. bringt das erste Maximum ganz zum Verschwinden. Li behindert offenbar nur den ersten Adsorptionstyp, fördert dagegen den zweiten. In allen Fällen zeigt sich eine schnelle Anfangsadsorption, die sich dann bald verlangsamt. (Naturwissenschaften **43.** 58—59. Febr. 1956. Roma, Univ., Ist. di Chim. Gen. ed Inorg.; C. N. R. Centro per la Chim.) H. W. Levi. 176

**Paolo M. Strocchi,** *Einige Betrachtungen über den Entionisierungsprozeß mittels synthetischer Austauscher. — Anwendung zur Reinigung und Darstellung kolloider Lösungen.* Die Anwendung des einschichtigen Ionenaustauschers, d. h. eines Austauschers, der aus einer Mischung von $H^+$- u. $OH^-$-Formen von Austauscherharzen besteht, zur Entsalzung wäss. Lsgg. läßt sich vorteilhaft benützen, wenn die Mischung der Harze durch physikal. Meth. möglich ist. Zur Entsalzung kolloid. Lsgg. wurde ein Einschichtenaustauscher stark saurer u. starkbas. Austauschharze verwendet. Eine Eialbuminlsg. zeigte nach Behandlung mit dem Austauscher eine Leitfähigkeit von $9{,}28 \cdot 10^{-6}\ \Omega^{-1}\mathrm{cm}^{-1}$ u. der Aschengeh. der Trockensubstanz war 0,0003%. Analoge Werte für eine Gelatinelsg. sind $6{,}20 \cdot 10^{-6}\ \Omega^{-1}\ \mathrm{cm}^{-1}$ u. 0,002%. Auch koll. $SiO_2$-Lsgg. lassen sich auf diese Weise erhalten u. der $Na_2O$-Geh. einer Na-Silicatlsg. wurde von 1,24% auf 0,034%, durch Verwendung von der $H^+$-Form von IR-120 u. nachfolgenden Einschichtenaustausch schwachsaurer u. -bas. Austauscher herabgesetzt, während der $SiO_2$-Geh. prakt. konstant blieb. (Ann. Chimica **44.** 348—55. Mai/Juni 1954.) H. Nöth. 177

**E. Reiner, K. F. Schulz** und **R. Težak,** *Der Einfluß der Verdünnung auf das Kationaustauschgleichgewicht.* Es werden Gleichgewichtsunterss. an *Amberlite IR-120* mit den Systemen $K^+$–$H^+$, $Ca^{2+}$–$H^+$, $Ba^{2+}$–$H^+$, $Ce^{3+}$–$H^+$, $La^{3+}$–$H^+$ sowie $Mg^{2+}$–$Ca^{2+}$ durchgeführt. Bei Anwendung gleicher Mengen des austauschenden Ions ($H^+$ bzw. $Ca^{2+}$), jedoch in verschied. Verdünnungen, wird bes. beim Austausch verschiedenwertiger Ionen das mehrwertige Ion bei größerer Verdünnung stärker vom Harz aufgenommen. Beim Austausch gleichwertiger Ionen ($K^+$–$H^+$ u. $Mg^{2+}$–$Ca^{2+}$) tritt dieser Effekt prakt. nicht auf. Anschließend werden diese Ergebnisse mit den Theorien u. Resultaten anderer Autoren verglichen. (Arhiv Kem. **27.** 93—96. 1955. Zagreb, Acad. of Sci. and Arts, Inst. for Med. Res., Univ. of Zagreb, Fac. of Sci., Labor. of Phys. Chem.)
Günter Lange. 177

**Rempei Goto, Nishio Hirai** und **Tetsuya Hanai,** *Plastizität von Bentonit-Ton.* Mit W. plastifizierter Ton zeigt eigenartige Gleitbänder beim Zusammendrücken durch zwei parallele Platten, deren Richtung mit der größten Scherspannung (45° Neigung zur Richtung der Druckkraft) zusammenfällt. Der Grenzwert der Scherkräfte (Kohäsionskraft) entspricht dem Wert der Druckfestigkeit, wenn W. als Plastifikator verwendet wurde. Wird dagegen NaCl-Lsg. oder Alkohol verwendet, so werden die vorher angegebenen Gleichungen entsprechend modifiziert. (Bull. Inst. chem. Res., Kyoto Univ. [Kagaku Kenkyusko Hokoku] **28.** Nr. 3. 67. März 1952. [Orig.: engl.])
L. Kühnert. 178

## A$_6$. Strukturforschung.

**E. Hörl** und **F. Stangler,** *Feldelektronenmikroskopische Schirmbilder bei Anwesenheit organischer Dämpfe im Versuchsrohr.* Im Feldelektronenmikroskop waren Dämpfe von *Ae.*, *Butylacetat* u. *Apiezonfett* vorhanden. Es wurden dieselben Erscheinungen gefunden, die z. B. von Müller (C. **1952.** 2970) beschrieben wurden. Die Übernahme der Gesamtemission durch ein Emissionszentrum ist unabhängig vom Kathodenmaterial. Kleeblätter oder ähnliche Viererpunkte ballen sich plötzlich zu einem Lichtfleck von ca. 0,5 cm Durchmesser zusammen, der rasch auf 2—3 cm anwächst. Dies kann nur durch eine lokale Feldstärkenerhöhung erklärt werden. Durch den starken Feldstromanstieg wird die Spitze zerstört, die dann ein schmelzperlenartiges Gebilde mit 3—5 $\mu$ Durchmesser darstellt. Der Lichtfleck ändert mit der Zeit ruckartig seine Struktur. Die Geschwindigkeit des Strukturwechsels nimmt mit steigender Feldstärke zu. (Anz. österr. Akad. Wiss., math.-naturwiss. Kl. **1954.** 207—09.) H. Nöth. 181

**Maynard J. Columbe,** *Eine Hochtemperaturobjektkammer für Elektronenbeugungsuntersuchungen.* Eine Objektheizungskammer bis 1000° für Elektronenbeugungsinstrumente, sowohl Durchstrahlung wie Reflexion, wird beschrieben. Die Kammer ist auf einer Objektverstellung montiert. Objektproben können gewechselt werden, ohne die Kammer herauszunehmen. (J. appl. Physics **24.** 112. Jan. 1953. Schenectady, N. Y., General Electric Co., Gen. Engng. Labor.) W. Scheffels. 181

**N. R. Mukherjee** und **Oliver Row,** *Der Einfluß einiger Faktoren auf die Qualität von Beugungsringen elektronenmikroskopischer Beugungsaufnahmen.* Durch Best. der krit. Dicke für die optimale Qualität der Elektronenbeugungsringe einer Substanz wurde der Einfl. verschied. Bedingungen untersucht. Die Substanzen wurden auf Evanol aufgedampft, das dann wieder weggelöst wurde. Die krit. Dicke änderte sich nicht bei Verwendung anderer Unterlagen zur Aufdampfung, Änderung der Orientierung der Aufdampfquelle zur Probe, bei Erhitzung des Objektes auf maximale oder minimale Temp., Alterung oder Elektronenbombardement. Der Einfl. der Beschleunigungsspannung u. der Zusammenhang der D. der Substanz mit der krit. Dicke des Films wurden untersucht. (J. appl. Physics **24.** 112. Jan. 1953. Seattle, Wash., Univ. of Washington, Engng. Experim. Station.) W. SCHEFFELS. 181

**Norman M. Walter,** *Eine Beugungsuntersuchung an Mikrokristallen mittels einer Linsenanordnung nach Le Poole.* Es wird beschrieben, wie ein RCA-Elektronenmikroskop EMB mit einer unabhängig regelbaren Zwischenlinse u. verstellbarer Blende zur Feinbereichsbeugung benutzt wird. Ergebnisse von Unterss. werden mitgeteilt. (J. appl. Physics **24.** 112. Jan. 1953. Schenectady, N. Y., General Electric Res. Labor.) W. SCHEFFELS. 181

**S. G. Ellis,** *Die Einwirkung einiger Faktoren auf die erreichbare Genauigkeit in Elektronenbeugungsversuchen.* Die Benutzung des RCA-Elektronenmikroskops EMU als Elektronenbeugungskamera wird bzgl. der Genauigkeit diskutiert. In den meisten Fällen wird ein Fehler von weniger als 1% erreicht, bei bes. scharfen Ringen weniger als 0,1%. (J. appl. Physics **24.** 112. Jan. 1953. Princeton, N. J., RCA Labor. Division.) W. SCHEFFELS. 181

**A. M. Cravath,** *Kontrast und Korn von elektronenmikroskopischen Negativen.* Schwärzung u. Körnigkeit von elektronenmkr. Negativen wurden gemessen über einen prakt. Bereich von Belichtungs- u. Entwicklungszeit für verschied. Entwickler. Diapositivplatten zeigen die geringste Körnigkeit. Der Kontrast wächst mit ansteigender Schwärzung. (J. appl. Physics **24.** 112. Jan. 1953. Emeryville, Calif., Shell Developm. Comp.) W. SCHEFFELS. 181

**J. H. Reisner** und **E. G. Dornfeld,** *Evakuierung von Platten und Filmen zur Benutzung im Elektronenmikroskop.* Verschied. im Elektronenmikroskop allg. benutzte Platten u. Filme wurden daraufhin untersucht, wie schnell sie sich auf Vakuum pumpen lassen. Vorpumpen, Temperaturerhöhung u. Trocknung werden diskutiert u. physikal. Veränderungen angegeben, die in dem photograph. Material entstehen können. Verss. mit einer Rollfilmkamera im RCA-Elektronenmikroskop EMT werden beschrieben. (J. appl. Physics **24.** 112. Jan. 1953. Camden, N. J., Radio Corp. of America, RCA Victor Div.) W. SCHEFFELS. 181

**Fritz Ebert,** *Rotationsdiagramme, ein neues Anwendungsgebiet des Zählrohrgoniometers.* Im Gegensatz zu den bisher durch langsame Drehung erhaltenen Rotationsdiagrammen kann man bei 10fach schneller gedrehten Diagrammen u. entsprechend verkürzter Registrierlänge bei Variation des Glanzwinkels $\Delta\vartheta$ um je 1 Bogenmin. an der gleichen Netzebene mehrere Maxima mit wenigen Bogenmin. Unterschied beobachten. Diese lassen auf verschied. Gitterkonstantenwerte in verschied. Richtungen des Kristallgitters schließen. Bei Variation der Flächennormale um je 12 Bogenmin. treten Verschiebungen in der Lage der verschied. Maxima ein, die sich schrittweise verfolgen lassen. Verschied. Wellenlängen (Cu, Co u. Cr) dringen verschieden tief ein u. erfassen, je kürzer die Wellenlänge ist, um so mehr von den unter der Oberfläche liegenden Kristalliten. Die geometr. Bedingungen, unter denen die Rotationsdiagramme erhalten wurden, werden erörtert, u. daraus wird gefolgert, daß die Zugrundelegung ungestörter Gitter zur Deutung der beobachteten Erscheinungen nur in besonderen Fällen angebracht ist. (Z. Metallkunde **46.** 508—12. Juli 1955. Hamburg.) H. HOCHSTEIN. 181

**Jiro Kakinoki** und **Yukitomo Komura,** *Intensität der Röntgenstrahlbeugung an einem eindimensional fehlgeordneten Kristall.* 2. Mitt. *Allgemeine Ableitung im Falle der Reichweite s > 2.* (1. vgl. C. **1955.** 10933.) Die für den Bereich s = 1 gültige allg. Intensitätsgleichung für Beugung von Röntgenstrahlen an einem eindimensional fehlgeordneten Kristall gilt für jeden s-Wert, wenn man die Elemente der Matrix leicht modifiziert. Die Beziehung zwischen den Fällen der Reichweite s u. (s — 1) werden diskutiert u. ein einfaches Beispiel für den Fall r = 2 u. s = 2 angegeben. (J. physic. Soc. Japan **9.** 169—76. März/April 1954. Osaka, Kita-ku, Osaka City Univ., Inst. of Polytechnics. [Orig.: engl.]) W. KRÖNERT. 181

**Jiro Kakinoki** und **Yukitomo Komura,** *Intensität der Röntgenstrahlbeugung an einem eindimensional fehlgeordneten Kristall.* 3. Mitt. *Die dichtestgepackte Struktur.* (2. vgl. vorst. Ref.) Anwendung der allg. Intensitätsgleichung für die Beugung von Röntgenstrahlen an einem eindimensional fehlgeordneten Kristall auf den Fall der dichtestgepackten Strukturen. (J. physic. Soc. Japan **9.** 177—83. März/April 1954. [Orig.: engl.]) W. KRÖNERT. 181

**A. M. Talati,** *Giblings Korrektur.* Nach GIBLING beträgt die Interferenzkorrektur für $C\langle^{C}_{N}$ 2,4, da sie für $C\langle^{C}_{C}$ 2,2 u. für $C\langle^{C}_{O}$ 2,6 beträgt. Vf. berechnet aus den Parachorwerten für aliphat. KW-stoffe, Amine u. Alkohole eine einheitliche Interferenzkorrektur von 2,2 unter Annahme eines Parachorwertes von 13,2 für Wasserstoff. (Current Sci. **23.** 153—54. Mai 1954. Vallabh-Vidyanagar, V. P. Mahavidyalaya, Chem. Dep.) M. SCHENK. 182

**Elemér Schulek** und **Endre Kőrös,** *Über die chemische Wertigkeit und Bindungszahl (Oxydationszahl).* Um die valenzchem. Begriffe, bes. bei Oxydations- u. Reduktionsvorgängen, leichter verständlich zu machen, beantragen Vff. die Einführung eines neuen Begriffes, Bindungszahl (Oxydationszahl) genannt. Die Bindungszahl entspricht der Zahl der Elektronen, welche bei chem. Umsetzungen ein Atom oder Radikal abgibt oder aufnimmt. Dementsprechend ist das Vorzeichen + oder —. Die Bindungszahl 0 bezeichnet jenen Fall, wenn sich zwei gleiche Atome vereinigen. Die Bindungszahl eines Atoms kann verschied. Werte annehmen, je nach dem Atom, an welches es gebunden ist. An zahlreichen anorgan. u. organ. Verbb. wird der Begriff erörtert. Berechnet man aus Verbrennungswärmen die der Bindungszahleinheit zufallende Wärmemenge, kann die als additive Eig. betrachtete Verbrennungswärme mit guter Annäherung berechnet werden. (Magyar Kémiai Folyóirat [Ung. Z. Chem.] **61.** 321—37. Nov. 1955. Budapest, Univ., Inst. für anorgan. u. analyt. Chem.) J. PLANK. 182

**M. I. Kabatschnik** und **T. A. Masstrjukowa,** *Über die Atomrefraktion von Phosphor und Schwefel in Dithiophosphaten.* Vff. finden für $(CH_3O)_2PSSH$, Kp. 62—68° (4,5 Torr); $n_D^{20}$ 1,5343; $D._D^{20}$ 1,288; $MR_D$ 38,16; $AR_{S_2}$ 18,58. — $(C_2H_5O)_2PSSH$, 81,5—82,5 (5); 1,5070; 1,1654; 47,56; 18,74. — $(C_3H_7O)_2PSSH$, 85—86 (3); 1,4987; 1,1040; 56,96; 18,91. — $(iso\text{-}C_3H_7O)_2PSSH$, 71—72 (3); 1,4918; 1,0911; 56,96; 18,91. — $(iso\text{-}C_4H_9O)_2 \cdot PSSH$, 93 (4); 1,4889; 1,0558; 66,23; 18,94. — $(CH_3O)_2PS(SCH_3)$, 101—101,5 (16,5); 1,5292; 1,2415; 42,79; 18,59. — $(C_2H_5O)_2PS(SC_2H_5)$, 115—115,5 (10); 1,5013; 1,1168; 56,56; 18,50. — $(C_3H_7O)_2PS(SC_3H_7)$, 115—116 (3); 1,4955; 1,0561; 70,85; 18,94. — $(iso\text{-}C_3H_7O)_2PS(S\text{-}iso\text{-}C_3H_7)$, 91—92 (3); 1,4843; 1,0351; 70,90; 18,99. — $(iso\text{-}C_4H_9O)_2 \cdot PS(S\text{-}iso\text{-}C_4H_9)$, 148—149 (4); 1,4859; 1,0159; 84,33; 18,57. — $(C_2H_5O)_2PS(SCOCH_3)$, 98 (2); 1,5154, 1,1898; 57,89; 19,82. — $(iso\text{-}C_3H_7O)_2PS(SCOCH_3)$, 100—101 (3); 1,4979; 1,1177; 67,21; 19,90. — $(iso\text{-}C_4H_9O)_2PS(SCOCH_3)$, 125—126 (3); 1,4929; 1,0793; 76,56; 19,71. — $(C_2H_5O)_2PS(SCOOCH_3)$, 105—106 (3,5); 1,5063; 1,2171; 59,66; 19,95. — $(C_2H_5O)_2PS(SCOOC_2H_5)$, 115 (4); 1,5001; 1,1891; 63,90; 19,57. — $(C_2H_5O)_2PS(SCOOC_3H_7)$ 125 (5,5); 1,4981; 1,1620; 68,70; 19,75. — $(C_2H_5O)_2PS(SCOO\text{-}iso\text{-}C_4H_9)$, 162—163 (6); 1,4889; 1,1281; 73,25; 19,68. — $(C_2H_5O)_2PS(SCOO\text{-}iso\text{-}C_5H_{11})$, 137—138 (4); 1,4925; 1,1179; 78,04; 19,85. — $(iso\text{-}C_3H_7O)_2PS(SCOOC_2H_5)$, 109—109,5 (3); 1,4894; 1,1301; 73,18; 19,61. — $(iso\text{-}C_3H_7O)_2PS(SCOO\text{-}iso\text{-}C_5H_{11})$, 137—138° (3); 1,4841; 1,0773; 87,24; 19,82; u. hieraus als Mittel für $AR_{S_2}$ für $(RO)_2PSSH$ 18,82 ± 0,07; für $(RO)_2PS(SR)$ 18,72 ± 0,07; für $(RO)_2PSSCOX$ 19,77 ± 0,03. Beschreibung der Synth. der Dialkyl- u. Trialkyldithiophosphate vgl. C. **1953.** 8575; die der übrigen Verbb. in dieser Arbeit. (Известия Академии Наук СССР, Отделение Химических Наук [Nachr. Akad. Wiss. UdSSR, Abt. chem. Wiss.] **1954.** 436—41. Mai/Juni. Zelinsky-Inst. für organ. Chem. der Akad. der Wiss. der UdSSR.) R. AMBERGER. 182

**I. Prigogine,** *Zwischenmolekulare Kräfte und Übervolumen von Lösungen.* Vf. untersucht die Beziehung zwischen den intermol. Kräften u. dem Übervol., d. h. der beim Mischen von Fll. auftretenden Volumenänderung, einmal vom Standpunkt der regulären Lsgg., dann auf Basis der übereinstimmenden Lsgg. u. schließlich auf Basis des Zellenmodells des fl. Zustandes. Dieses Problem wird in ähnlicher Weise wie die Unters. der Zustandsgleichung einer Lsg., verglichen mit der der reinen Substanzen, behandelt. Unter Verwendung des Zellenmodells des fl. Zustandes von LENNARD-JONES u. DEVONSHIRE (vgl. PRIGOGINE u. BELLEMANS, C. **1953.** 8815) wird für das Syst. A + B, in dem die Moll. A u. B gleichen Radius u. Kugelsymmetrie haben, eine mathemat. Formel abgeleitet. Diese verknüpft die Volumenänderung mit der Größe des zwischenmol. Feldes in der Lösung. Für den Fall, daß die Moll. nicht mehr die gleichen Dimensionen aufweisen, muß das Zellenmodell verallgemeinert werden. Die einfachste Meth. besteht darin, die beiden charakterist. Abstände $a_A$ u. $a_B$, die den Radius der Käfige bestimmen, in denen sich die Moll. A u. B befinden, sowie einen Parameter, der die Differenz der Wechselwirkungen von AA u. BB mißt, u. die Größe $\varrho$, die den Unterschied zwischen den Durchmessern A u. B charakterisiert, einzuführen. Vf. stellt für nichtpolare Verbb. folgende Regeln auf, die in großen Zügen die bei der theoret. Behandlung des Problems erhaltenen Schlußfolgerungen beschreiben: 1. Moll. mit demselben zwischenmol. Feld, aber verschied. Dimensionen bedingen eine Expansion; 2. Lsgg., in denen das größte

Mol. das stärkste Feld besitzt, zeigen eine Kontraktion u. 3. Lsgg., in denen das größte Mol. das schwächste Feld aufweist, ergeben ebenfalls eine Kontraktion. — Diese Regeln haben nur für Moll. mit ähnlichen Dimensionen ($\varrho < 0,1$) Gültigkeit. Für den Fall, daß der Unterschied in den Abmessungen der Moll. so groß ist, daß eines der Moll. mehrere Plätze des Quasikristallgitters (z. B. im Syst. Bzl. + Diphenyl) einnehmen kann, werden andere Regeln gültig. (Bull. Soc. chim. belges **62.** 125—36. Jan./Febr. 1953. Bruxelles, Univ., Fac. des Sci.) H. SURAWSKI. 186

**Maurice L. Huggins,** *Die „Struktonzahl"-Regel.* Ein „Strukton" wird definiert als ein Atom, ein Ion, ein Mol. oder eine Atomgruppe gegebener Art mit vorgeschriebener Umgebung. Bei der Anwendung der Theorie auf andere als Na-Silicatgläser ist die Regel etwas anders als bisher zu formulieren: S = C + F + 2, worin C jetzt die Zahl von Kontaktarten zwischen verschied. Struktonzentren bedeutet. S bedeutet weiterhin die minimale Anzahl von Struktontypen u. F die Zahl der Freiheitsgrade der Zusammensetzung. Wenn alle Struktonladungen gleich Null sind, lautet die Regel: S = C + F + 1. Die Anwendbarkeit der Regel wird untersucht. (J. Amer. chem. Soc. **77.** 3928. 20/7. 1955. Rochester, N. Y., Eastman Kodak Comp., Res. Labor.) W. KRÖNERT. 186

**G. H. Kinchin** und **R. S. Pease,** *Die Verschiebung von Atomen in Festkörpern durch Strahlung.* Überblick über theoret. u. experimentelle Ergebnisse. — Literaturhinweise. (Rep. Progr. Physics **18.** 1—48. 1955. Harwell, Berks., AERE.) H. LIEPACK. 190

**Selma B. Brody,** *Alterung von zerstoßenen Silicium- und Germaniumpulvern.* (Sitzungsbericht.) (Vgl. C. **1956.** 1517.) (Physic. Rev. [2] **95.** 298. 1/7. 1954. Univ. of Connecticut.) E. KLEVER. 190

**A. Neuhaus,** *Methoden und Ergebnisse der modernen Einkristallzüchtung.* 2. Mitt. *Spezielle Züchtungsverfahren.* (1. vgl. C. **1956.** 8006.) Ausführliche Übersicht über die gewöhnliche Lösungszüchtung, die Hydrothermalzüchtung, die Züchtungsverff. aus Schmelzen, nach dem VERNEUIL- oder dem Flammenschmelzverf., die Züchtung aus gasförmiger Mutterphase, durch Rekristallisation im festen Zustand u. die elektrolyt. Kristallisation. — Zahlreiche Literatur- u. Patentzitate. (Chemie-Ing.-Techn. **28.** 350—65. Mai 1956. Bonn, Univ., Mineralog.-Petrograph. Inst.) R. STEIN. 190

**S. Amelinckx,** *Spiralzeichnungen auf Salolkristallen.* Vf. beobachtet beim langsamen Wachstum von Salolkristallen durch Verdunsten von Lsgg. in Bzl. oder $CCl_4$ Spiralbildung. Die speziellen Eigg. der Spiralen werden in ihrer Abhängigkeit von den Wachstumsbedingungen diskutiert. (Naturwissenschaften **39.** 547. Dez. 1952. Gent, Univ., Geolog. Inst.) H. W. LEVI. 190

**A. W. Schlykow** und **Ss. W. Gorbatschew,** *Einfluß der Abkühlungsgeschwindigkeit auf die Grenzübersättigung.* In einer früheren Arbeit hat GORBATSCHEW (Dissertation, Moskau 1941) gezeigt, daß die Störung des Zustandes eines metastabilen Syst. (hier speziell übersätt. wss. Lsgg. mit einem maximalen Salzgeh.) von der Größe derjenigen positiven oder negativen Energie abhängt, die von den sich fortlaufend bildenden Kristallisationszentren abgeführt werden muß, damit sie stabil werden u. die Fähigkeit zum Weiterwachsen erlangen. In der vorliegenden Arbeit wird die Kristallisation übersätt. $KNO_3$-Lsgg. untersucht, u. zwar speziell der Einfl. der Abkühlungsgeschwindigkeit auf die mittlere Temp. der Salzkristallisation aus ihren übersätt. wss. Lösungen. Die Kristallisation wurde in einem engen Temperaturbereich (1—2°) vorgenommen. Es stellte sich heraus, daß die Änderung der Abkühlungsgeschwindigkeit nicht durch diejenige Temp. bestimmt wird, bis zu welcher die Ampullen mit der Lsg. erwärmt wurden, sondern durch den Unterschied zwischen der mittleren Temp. der Salzkristallisation aus der Lsg. u. der Temp. des äußeren Abkühlungsgefäßes. Die mittlere Kristallisationstemp. von $KNO_3$ aus einer wss. Lsg. mit 8,78 Mol/kg u. mithin auch die Größe der maximalen Übersättigung hängen von der Abkühlungsgeschwindigkeit der Lsg. ab. (Журнал Физической Химии [J. physik. Chem.] **29.** 1027—30. Juni 1955. Moskau, Shdanow-Inst. für Metallurgie, Mendelejew-Inst. für chem. Technol.) E. KORDES. 190

**Bernhard Ilschner,** *Kirkendall-Effekt bei Ausscheidungsvorgängen in übersättigten Mischkristallen.* Vf. diskutiert die Bedeutung des Abtransportes der verdrängten Atomsorte aus dem Gebiet der Ausscheidung. Infolge der auf Grund des KIRKENDALL-Effektes im allg. verschied. Diffusionskoeffizienten der Partner eines Mehrstoffsyst. ist ein Ausgleich des Materietransportes durch Diffusion allein nicht möglich. Dieser Umstand führt zur Bldg. von Spannungsfeldern an der Begrenzung der Ausscheidung mit weitreichenden Folgen für die Eigg. des Kristalls. (Naturwissenschaften **42.** 123. März 1955. Düsseldorf, MPI für Eisenforsch.) H. W. LEVI. 190

**F. Bollenrath, A. Troost** und **E. Roeder,** *Ergebnisse aus Untersuchungen des Mischkristallzerfalls, dargestellt durch das Gaußsche Fehlerintegral.* Mathemat. Unters. über die Anwendung des GAUSSschen Fehlerintegrals auf Phänomene des Mischkristallzerfalls, wobei Aufschlüsse über Teilchenabstände u. -radien erhalten werden. (Naturwissenschaften **43.** 55—56. Febr. 1956. Aachen, Rhein.-Westfäl. TH, Inst. für Werkstoffkunde.) H. W. LEVI. 190

**F. Laves,** *Über den Einfluß von Ordnung und Unordnung auf mechanische Zwillingsbildung.* Es wird ein einfacher u. ein komplexer Gleitzwillingsmechanismus definiert. Je nach dem Ordnungszustand des Gitters führt entweder der einfache oder der komplexe Mechanismus zur Zwillingsbildung. Daraus ergibt sich der Einfl. des Ordnungszustandes auf die Wahrscheinlichkeit der mechan. Zwillingsbildung. (Naturwissenschaften **39.** 546. Dez. 1952. Chicago, Ill., Univ., Dep. of Geology.) H. W. LEVI. 190

**J. R. Banister, S. Legvold** und **F. H. Spedding,** *Die Struktur von Gd, Dy und Er bei tiefen Temperaturen.* Um bestimmte magnet. Anomalien zu erklären, werden die Kristallstrukturen von Gd, Dy u. Er innerhalb eines größeren Temperaturbereiches untersucht. Die Gitterkonstanten von Gd (Dy, Er) werden im Bereich von 106—349° (48—302°, 42,5—302° K) aus Pulveraufnahmen bestimmt. Die Metalle besitzen hexagonale dichtestgepackte Struktur in Übereinstimmung mit Unterss. von KLEMM u. BOMMER (Z. anorg. allg. Chem. **231.** [1937.] 138). Gd zeigt keine größere Strukturänderung am CURIE-Punkt (16° C), jedoch weist die $c_0$-Achse unterhalb des CURIE-Punktes im Gegensatz zur $a_0$-Achse einen negativen Ausdehnungskoeff. auf (bis 175° K). Der makroskop. Ausdehnungskoeff. wird zu $-2 \cdot 10^{-6}$ unterhalb, bzw. $10 \cdot 10^{-6}$ pro °K oberhalb des CURIE-Punktes geschätzt. Für Dy beträgt der makroskop. Ausdehnungskoeff. $9 \cdot 10^{-6}$ oberhalb bzw. $0{,}5 \cdot 10^{-6}$ unterhalb 190° K u. für Er $10 \cdot 10^{-6}$ oberhalb u. ca. 0 unterhalb 100° K. Ein Zusammenhang zwischen dem anomalen Verh. der $c_0$-Achse u. den magnet. Eigg. der Metalle scheint zu bestehen. (Physic. Rev. [2] **94.** 1140—42. 1/6. 1954. Ames, Io., Iowa State Coll., Inst. for Atom. Res.) W. KRÖNERT. 195

**S. van Houten, Aafje Vos** und **G. A. Wiegers,** *Die Kristallstruktur von $P_4S_3$.* Vff. bestimmten die Kristallstruktur von $P_4S_3$ mittels Röntgenbeugung. $P_4S_3$ krist. in der rhomb. Raumgruppe P n m a, die beobachtete D. 2,03 (berechnete D. 2,06) ergibt Z = 8 Moll. in einer Zelle mit den Gitterkonstanten a = 10,63, b = 9,69, c = 13,72 Å (±0,03 Å). Messung der Intensitäten von 954 voneinander unabhängigen (hkl)-Reflexen mittels integrierender WEISSENBERG-Kamera u. Durchführung einer dreidimensionalen PATTERSON-Synth. ermöglichte die Best. sämtlicher Atomparameter. In Übereinstimmung mit Elektronenbeugungsunterss. an $P_4S_3$-Dampf, aus denen HASSEL u. PETTERSEN (vgl. Tidskr. Kjemi, Bergves. Metallurgi **1.** [1941.] 57) die Struktur eines verzerrten Tetraeders mit $P_1$, $P_2$, $P_3$ in der Grundfläche u. S-Brücken zwischen diesen u. dem in der Spitze liegenden $P_4$ ermittelt hatten, fanden Vff. für $P_1$, $P_2$, $P_3$ die Anordnung eines fast gleichseitigen Dreiecks mit den P—P-Abständen 2,21, 2,26, 2,26 Å u. den Winkeln 61, 58, 61° sowie für die S-Brücken Winkel $P_4$—S—$P_{1,2,3}$ = 102°. Die mittleren P—S-Abstände (2,10 Å) gleichen den für $P_4S_{10}$ u. $P_4S_7$ (vgl. VOS, C. **1956.** 7724; Acta Christallogr. [Copenhagen] **8.** [1955.] 217) gefundenen. (Recueil Trav. chim. Pays-Bas **74.** 1167—70. Aug./Sept. 1955. Groningen, State Univ., Labor. for Inorg. and Phys. Chem.) G. RUBAN. 195

**Riitsu Takagi,** *Elektronenmikroskopische und Elektronenbeugungsuntersuchungen von Chromoxyden.* Größe, Gestalt u. Kristallzustand von Chromoxyden, die nach verschied. Methoden hergestellt wurden, werden untersucht. Bei der Calcinierung von $CrO_3$ zwischen 600 u. 1300° entstehen körnige u. unregelmäßige $Cr_2O_3$-Teilchen zunehmender Größe. Werden dagegen Gemische von $CrO_3$ mit A. bzw. $Na_2Cr_2O_7 \cdot 2\,H_2O$ mit S bei 1100° calciniert, so resultieren plättchenförmige Kristallite mit hexagonalem Habitus. Die Oberfläche dieser Partikel ist parallel zu (0 0 1). Höhere Tempp. als 1600° bewirken nur eine Vergrößerung der Kristallite ohne Änderung der Gestalt. (J. physic. Soc. Japan **6.** 350—51. Sept./Okt. 1951. Tokyo, Suginamiku, Sumiyoshicho, Government Mech. Labor. [Orig.: engl.]) W. KRÖNERT. 195

**S. C. Abrahams** und **B. A. Calhoun,** *Eine magneto-röntgenographische Untersuchung von Magnetit bei 78° K.* Da gewisse Diskrepanzen über die Symmetrie des Magnetits, $Fe_3O_4$, unterhalb der Umwandlungstemp. von 119° K bestehen, stellten Vff. Diagramme von einem Einkristall von Magnetit beim Abkühlen bis auf 78° K her, wobei z. T. während des Abkühlens ein orientiertes magnet. Feld an den Kristall gelegt wurde. Hierbei wurde festgestellt, daß nach Abkühlung im magnet. Feld bei 78° K bis zu 6 verschied. Gebietsorientierungen in dem Kristall vorhanden waren. Diese Beobachtung läßt sich nur erklären, wenn man, wie Vff. früher (vgl. C. **1955.** 1690) gezeigt hatten, für die Symmetrie der Tieftemperaturmodifikation des Magnetits rhomb. Symmetrie annimmt. Nicht möglich dagegen ist das Auftreten von 6 Gebietsorientierungen bei der von ROOKSBY u. WILLIS (vgl. C. **1956.** 5212) für die Tieftemperaturmodifikation vorgeschlagenen rhomboedr. Symmetrie. (Acta crystallogr. [Copenhagen] **8.** 257—60. 10/5. 1955. Cambridge, Mass., Inst. of Technol., Labor. for Insulation Res.) C. GOTTFRIED. 195

**Günter Bergerhoff** und **O. Schmitz-Dumont,** *Die Kristallstruktur des Kaliumhexachlorocadmats(II).* Um Isomorphiebeziehungen der Halogensalze vom Typ $A_4BX_6$ (A = $NH_4$, Na, K, Rb, Cs; B = Zn, Cd, Hg, Pb, Mn, Fe; X = F, Cl, Br) untereinander aufzufinden, untersuchten Vff. röntgenograph. (Zählrohrpulveraufnahmen) die Alkalichloro.cadmiate(II) $K_4CdCl_6$ (I), $(NH_4)_4CdCl_6$ (II) u. $Rb_4CdCl_6$, die der ditrigonal-skalenoedr. Klasse $D_{3d}$ angehören. I krist. rhomboedr. mit a = 8,57 Å, $\alpha$ = 90°, bzw. nach Unterss. von BELLANCA (vgl. Periodico Mineralog. **20.** [1951.] 257) isotyp $K_4MnCl_6$ mit a = 8,46 kX, $\alpha$ = 89°, Raumgruppe $R\bar{3}c-D_{3d}^6$. **II** krist. in der Raumgruppe $R\bar{3}m-D_{3d}^5$ mit a = 8,79 kX, $\alpha$ = 88° 54'. In der Struktur des **I** wurde ein neuer Gittertyp für Halogenosalze aufgefunden. Es sind darin $CdCl_6$-Oktaeder durch K-Atome kettenartig verknüpft. Die in den Ketten befindlichen K-Atome sind in annähernd prismat. Anordnung von 6 Cl-Atomen umgeben. Die übrigen K-Atome (3/4 der Gesamtzahl) liegen zwischen den Ketten in Hohlräumen, die ohne höhere Symmetrie von 8 Cl-Atomen umgrenzt werden. (Z. anorg. allg. Chem. **284.** 10–19. März 1956. Bonn, Univ., Chem. Inst., Anorg. Abt.)
G. RUBAN. 195

**E. Weiss** und **E. O. Fischer,** *Zur Kristallstruktur von Di-Cyclopentadienylchrom(II).* Nach röntgenograph. Unterss. weist $Cr(C_5H_5)_2$ (I) die für alle bisher bekannten Dicyclopentadienylverbb. zweiwertiger Übergangsmetalle charakterist. Molekelgestalt eines pentagonalen Antiprismas (vgl. auch C. **1955.** 10211) auf. **I** krist. in der monoklinen Raumgruppe $C_{2h}^5-P\,2_1/c$ mit den Elementarkörperdimensionen $a_0$ = 5,93, $b_0$ = 7,89, $c_0$ = 10,74 Å, $\beta$ = 121,2°. In einer tabellar. Zusammenstellung bringen Vff. die Molekelvoll. u. monoklinen Gitterkonstanten von **I**, $Ni(C_5H_5)_2$, $Co(C_5H_5)_2$, $Fe(C_5H_5)_2$, $V(C_5H_5)_2$ u. $Mg(C_5H_5)_2$ sowie das Molekelvol. des rhomb. $Mn(C_5H_5)_2$. Aus dem regelmäßigen Gang der Elementarzellendimensionen lassen sich die Metall—C-Abstände in den Verbb. mit 3d-Metallen abschätzen. (Z. anorg. allg. Chem. **284.** 69–72. März 1956. München, TH, Anorg.-chem. Labor.)
G. RUBAN. 195

**G. Becherer,** *Über Untersuchungen zur Klärung des Haftens von Kohleschichten an Porzellan.* 1. Mitt. *Die Feinstruktur und Teilchengröße von Kohleschichten.* Zur Aufklärung des unterschiedlichen Haftens von dicken u. dünnen Kohleschichten, die bei der therm. Zers. von KW-stoffen (*Heptan*) im Vakuum durch Abscheidung bei 950° auf Porzellan entstehen, in Abhängigkeit von der Vorbehandlung der Porzellane, werden röntgenograph. Unterss. durchgeführt. Diese erstrecken sich auf Kohleschichten techn. Widerstände u. solche laboratoriumsmäßiger Herstellung. Die Struktur der Kohleschichten wird beschrieben u. als Glanzkohlenstoff in Beziehung zu den anderen kristallinen Kohlenstoffen gebracht. Die Best. der Teilchengröße ergibt bei einer Entstehungstemp. von 950° sowohl für *Hochglanzkohlenstoff* (**I**) als auch für *Grauglanzkohlenstoff* (**II**) u. *Ruß* einen Durchmesser der Kristallite von 30 Å u. eine Höhe von 20 Å. Die Schichten von **II** lösen sich bedeutend schwerer als diejenigen von **I** sowohl von den glatten als auch rauhen Trägerflächen ab. (Z. physik. Chem. **205.** 208–16. März 1956. Halle.)
W. KRÖNERT. 196

**G. Becherer,** *Über Untersuchungen zur Klärung des Haftens von Kohleschichten an Porzellan.* 2. Mitt. *Die Textur der Kohleschichten.* (1. vgl. vorst. Ref.) Eine Beurteilung des Einkristallcharakters der Schichten von **I** u. **II** ist in beschränktem Maße durch das Auftreten der Absorptionslinie der Basisebene in der 1. Ordnung bei den Aufnahmen im divergenten Röntgenstrahl möglich. Als Interferenzresteffekt wird als Folge der sehr kleinen Kristallitgröße eine schwache (0 0 1)-Reflexion beobachtet. Das unterschiedliche Verh. der drei Kohlenstoffmodifikationen bei gleicher Partikelgröße hängt mit der Einordnung der Kristallite in die Schichten zusammen. Die Texturaufnahmen zeigen, daß der langsam abgeschiedene **I** sich innerhalb eines kleineren Schwankungsbereiches besser als der sich rascher bildende **II** mit den Basisebenen parallel zur Schichtoberfläche einordnet, wobei die Kristallite willkürlich verdreht zueinander vorliegen (Abweichung ±30° für **I** u. ±50° für **II**). Das schwerere Ablösen der **II**-Schichten hat seine Ursache in der größeren Schwankungsbreite der Kristallitorientierung in den Schichten. Ebenso erklärt sich aus der Textur der Schichten deren verschied. Reflexionsintensität. (Z. physik. Chem. **205.** 217–34. März 1956.)
W. KRÖNERT. 196

**G. Becherer,** *Über Untersuchungen zur Klärung des Haftens von Kohleschichten an Porzellan.* 3. Mitt. *Die Porzellankörper und ihre Oberfläche.* (2. vgl. vorst. Ref.) Zur Unters. des Aufbaues der als Trägerkörper der Glanzkohleschichten techn. verwendeten Porzellane werden DEBYE-SCHERRER-Aufnahmen des Porzellanpulvers angefertigt. *Quarz* liegt grobkörnig ($> 10^{-3}$ cm) u. *Mullit* ($3\,Al_2O_3 \cdot 2\,SiO_2$) feinkristallin ($< 10^{-4}$ cm) neben der glasigen Grundmasse im Verhältnis 1 : 2 : 1 vor. Auf die Umwandlung des Quarzes beim Porzellanbrand wird eingegangen. Auf die Beschaffenheit der Porzellanoberfläche wird aus Ätzverss. geschlossen. Bei der Flußsäurebehandlung tritt eine verstärkte Zerklüftung der Oberfläche gegenüber derjenigen nach dem Sanden allein auf, so daß sich die wirksame Oberfläche vergrößert. Diese Anschauung wird durch die bei Gleitverss. bestimmten Reibungszahlen überprüft. Das beste Haften zeigen die gesandeten u. gebeizten Porzellanoberflächen. Die Grenzflächenaktivität von nur gesandeten Porzellankörpern ist viel geringer, aber besser als von unbehandelten Porzellanen. (Z. physik. Chem. **205.** 235—40. März 1956.) W. KRÖNERT. 196

**G. Becherer,** *Über Untersuchungen zur Klärung des Haftens von Kohleschichten an Porzellan.* 4. Mitt. *Das Haften der Kohleschicht am Porzellan.* (3. vgl. vorst. Ref.) Die ermittelten Eigg. der Kohleschichten sowie der Porzellanoberfläche werden zur Klärung des unterschiedlichen Haftens herangezogen. Die besten Haftstellen für die zu tragende Kohleschicht bietet bei unbehandelten Porzellanen der Quarzanteil in der Porzellanoberfläche. Bei glasierten Porzellanen sind die Restvalenzen an den Begrenzungen der Glanzkohlenstoffkristallite in verschied. Anzahl pro Flächeneinheit wirksam u. erklären das bessere Haften von II gegenüber I. Die verschied. Textur dieser Kohleschichten bestimmt hierbei die Haftfestigkeit. An den aufgerauhten Porzellanen verliert daher der Quarzbestandteil an Bedeutung für das Haften. Unter gleichen Bedingungen abgeschiedene Kohleschichten haften an zerklüfteten Oberflächen besser. Die unterteiltere Porzellanoberfläche bietet mehr Haftstellen, wie auch die Kohleschicht durch Anpassung an die zerklüftete Fläche u. den dadurch bedingten verwinkelteren Aufbau ein besseres Haften bewirkt. (Z. physik. Chem. **205.** 253—60. April 1956.) W. KRÖNERT. 196

**J. T. McCartney** und **R. B. Anderson,** *Elektronenmikroskopische Abdruckstudien der Porosität von gesinterten Eisenkatalysatoren.* Mit Hilfe von *Formvar-* u. *SiO*-Abdrucken, teilweise chrombedampft, wurde ein $Fe_3O_4$–MgO–$K_2O$-Katalysator (D 3006) im Elektronenmikroskop untersucht. Erst nach Red. in $H_2$ zwischen 450 u. 550° zeigt sich eine Feinstruktur von Poren, je nach Präparationsmeth. mit 400—600 Å Durchmesser, der mit dem aus dem Porenvol. geschätzten Wert übereinstimmt. Möglichkeiten für Artefakte werden erörtert. (J. appl. Physics **22.** 1441—43. Dez. 1951. Pittsburgh, Pa., Bur. of Mines, Coal Constitut. and Miscell. Analys. Sect.; Bruceton, Pa., Bur. of Mines, Res. and Developm. Branch, Off. of Synthet. Liqu. Fuels.) W. SCHEFFELS. 196

**F. E. Hauser, C. D. Starr, L. Tietz** und **J. E. Dorn,** *Der Verformungsvorgang in vielkristallinen Magnesium-Aggregaten.* Vielkristallines Mg gleitet bei Raumtemp. ausschließlich durch den Vorgang (0 0 0 1)-[1 0 $\bar{1}$ 0]-Zwillingsbldg., der ausschließlich längs der (1 0 $\bar{1}$ 2)-Flächen auftritt. Eine Korngrenzenverschiebung wird bei Raumtemp. beobachtet. Nichtkristallograph. orientierte kleinwinklige Korngrenzen werden während der Verformung von vielkristallinen Mg-Aggregaten erzeugt. Bruchbldg. tritt sowohl auf verschied. kristallograph. Flächen von hohem Index als auch durch einen intergranularen Vorgang auf. (Trans. Amer. Soc. Metals **47.** 102—34. 1955.) H. HOCHSTEIN. 197

**D. N. Williams,** *Metallographischer Beweis für mechanische Zwillingsbildung in einer α–β-Titanlegierung.* Durch das Bruchgebiet von unter Zug gebrochenen Proben aus α–β-Titanlegierung wurden longitudinale metallograph. Schnitte gelegt u. dabei mechan. Zwillingsbldg. entdeckt. Die Zwillingsstruktur ist auf die hexagonal dichte α-Phase beschränkt, setzt sich aber, vermutlich durch Gleitprozesse, durch die kub.-flächenzentrierte β-Phase hindurch kontinuierlich in benachbarte α-Phase fort. (Nature [London] **177.** 436. 3/3. 1956. Columbus, O., Battelle Mem. Inst., Nonferrous Phys. Metallurgy Div.) H. C. WOLF. 197

**John V. Florio, R. E. Rundle** und **A. I. Snow,** *Verbindungen von Thorium mit Übergangsmetallen.* 1. Mitt. *Das System Th–Mn.* Ebenso wie U bildet Th keine Verbb. mit Cr, einige mit Mg, mehrere mit Ni, weniger mit Cu. Die Th–Mn-Verbb. sind nicht ähnlich denen mit Fe, Co, Ni, die untereinander ähnlich sind. — $ThMn_2$ ist vom $MgZn_2$-(C 14-)Typ; $Th_6Mn_{23}$ hat eine eigene flächenzentriert kub., $ThMn_2$ eine raumzentriert tetragonale Struktur, die den entsprechenden Fe-, Co-, Ni-Verbb. ähnlich ist. (Acta crystallogr. [Copenhagen] **5.** 449—57. Juli 1952. Ames. Io., Iowa State Coll., Inst. of Atomic Res., Dep. of Chem.) K. SCHUBERT. 197

**Hermann Möller** und **Friedhelm Brasse,** *Spannungs- und Verzerrungszustand an der Grenzfläche zweier Kristalle.* Die aus röntgenograph. Dehnungsmessungen an vielkristallinem *Eisen* gewonnenen Erkenntnisse über das elast. Verh. eines Kristallhaufwerks bei äußerer Beanspruchung wurden erweitert. Für eine ebene Grenzfläche wurden alle Spannungs- u. Verzerrungskomponenten bei beliebiger äußerer Beanspruchung berechnet. Auf dem Wege der krit. Kaltverformung u. Rekristallisation wurden Eiseneinkristalle von mehreren cm² Größe gewonnen u. mit ebener Grenzfläche zu Zweikristallen derart zusammengesetzt, daß die elast. Anisotropie voll zur Geltung kam. Bei Prüfungen zeigte sich, daß sowohl für das Innere der Kristalle als auch für ihre Grenzfläche eine gute Übereinstimmung zwischen berechneten u. gemessenen Größen erzielt wird. Die Unters. führte

zu der Schlußfolgerung, daß mit abnehmender Korngröße das Verh. des Kristallhaufwerks sich dem einer gleichmäßigen Verzerrung nähern muß. (Arch. Eisenhüttenwes. **26.** 231–42. April 1955. Düsseldorf, Max-Planck-Inst. für Eisenforschung.)
H. HOCHSTEIN 197

**A. Lodding,** *Selbstdiffusion in geschmolzenem Indiummetall.* Der Selbstdiffusionskoeff. von fl. In wurde im Temperaturbereich von 170–750° mittels einer Capillarmeth. gemessen, bei der akt. $^{114}$In aus der Capillare u. umgebendes inakt. In ineinander diffundieren. Die App. u. die Durchführung der Verss. werden beschrieben. Es ergibt sich für den Diffusionskoeff. D die Gleichung $D = (28,9 \pm 2,5)10^{-5}$ exp. $(-2430 \pm 50/RT)$ (D = cm$^2$/sec, R = cal/Mol·Grad, T = Grad K). Ältere Messungen von CARERI u. Mitarbeitern (vgl. C. **1955.** 35) ergaben höhere Werte, deren Zuverlässigkeit jedoch vom Vf. bezweifelt wird. (Z. Naturforsch. **11a.** 200–03. März 1956. Göteborg, Chalmers TH, Physikal. Inst.)
H. W. LEVI. 197

**J. J. Trillat** und **S. Oketani,** *Über die Orientierungsbeziehungen zwischen Zementit und α-Eisen.* Einkristallfilme von α-Fe wurden durch Verdampfen auf die Spaltebene von NaCl bei 600–700° gebildet. Der Film wurde bei 700° geglüht, bei 500° in einer Atmosphäre von $CO + H_2$ zementiert u. dann mit Elektronenstrahlen untersucht: (0 0 1) α-Fe parallel (1 1 1) $Fe_3C$; (1 1 0) α-Fe parallel $(1\,\bar{2}\,1)$ $Fe_3C$. Verlängerte Rk. führte zu vermehrter Desorientierung des Zementits. (Acta crystallogr. [Copenhagen] **5.** 469–71. Juli 1952. Bellevue, Seine et Oise, Centre Nat. de la Rech. Scient., Labor. des Rayons X.)
K. SCHUBERT. 197

**N. J. Petch,** *Die Orientierungsbeziehungen zwischen Zementit und α-Eisen.* Unter Bezugnahme auf ähnliche Unterss. von TRILLAT u. OKETANI (vgl. vorst. Ref.) diskutiert der Vf. zunächst die bei der Temperung von Martensit auftretenden strukturellen Orientierungsbeziehungen zwischen Zementit u. ε-Carbid. Es werden dann die folgenden Orientierungen zwischen Zementit u. α-Fe angegeben: (0 0 1) $Fe_3C \parallel (2\,1\,1)\,\alpha$; [1 0 0] $Fe_3C \parallel [0\,\bar{1}\,1]\,\alpha$ u. (0 0 1) $Fe_3C \parallel (2\,\bar{1}\,5)\,\alpha$; [1 0 0] $Fe_3C \parallel [\bar{3}\,\bar{1}\,1]\,\alpha$. Bei der Fällung von $Fe_3C$ aus Ferrit ist noch die Orientierung (0 0 1) $Fe_3C$ auf {1 1 2} α oder {1 2 5} α zu vermuten. (Acta crystallogr. [Copenhagen] **6.** 96. 10/1. 1953. Leeds, Univ.)
C. GOTTFRIED. 197

**K. H. Jack,** *Das System Eisen–Stickstoff: Die Kristallstrukturen von ε-Eisennitrid.* Die bekannten Strukturen von $Fe_3N$ u. $Fe_2N$ werden bestätigt. Bei Zuss. etwas unter $Fe_3N$ werden neue Überstrukturreflexe gefunden. In der Struktur erstreben die N-Atome eine maximale Trennung. In ζ-$Fe_2N$ wird das Eisenteilgitter verzerrt. Ein Mechanismus für die Umwandlung $\varepsilon \rightarrow \zeta$ wird vorgeschlagen. Die Umwandlung kann nicht durch Atomgrößeneinflüsse erklärt werden. (Acta crystallogr. [London] **5.** 404–11. Juli 1952. Cambridge, Cavendish Labor., Crystallograph. Labor.) K. SCHUBERT. 197

**Irmtraud Pfeiffer,** *Über das Verhalten und die Diffusion von Schwefel in Nickel.* Auf Grund mkr. Unterss. wurde festgestellt, daß die analyt. bestimmten C-Gehh. von 0,003% in desoxydiertem Ni dessen häufig beobachtete, auf Korngrenzenschädigung beruhende Sprödigkeit nicht verursachen, da selbst Zusätze von 0,006% zu schwefelfreiem, zähem Reinnickel keine Versprödung hervorrufen. Die Versprödung als Folge von S-Verunreinigungen tritt erst bei höheren S-Gehh., z. B. bei 0,05% auf. Mit Hilfe der Mikroautoradiographie kann die homogene Verteilung von S (0,006%) im Ni-Gefüge sichtbar gemacht werden. Man beobachtet keine bevorzugte Ansammlung von S auf Korngrenzen. Bei 1200° geglühte Ni-Proben zeigen unterschiedliche S-Konz. in den einzelnen Körnern. Diese Erscheinung wird zunächst auf eine bevorzugte S-Diffusion in bes. verspannte Körner zurückgeführt. Der Diffusionskoeff. von S in Ni wurde bei 1000, 1100 u. 1200° bestimmt. Die hohe Aktivierungsenergie von ca. 90000 cal/Mol läßt auf reine Gitterdiffusion in diesem Temperaturbereich schließen. Zur Best. des Diffusionskoeff. wurde mit radioakt. Ni indiziert. Glühungen in einer $H_2$-Atmosphäre führten zu einer Diffusion von S zur Phasengrenze Ni/H. Die räumliche u. zeitliche Abnahme der S-Konz. wurde durch Aktivitätsmessungen mit einem β-Glockenzählrohr ermittelt. Erwähnt wird eine bei 700° zwischen Gefügezustand u. Kinetik des Diffusionsprozesses gefundene Abhängigkeit. (Z. Metallkunde **46.** 516–20. Juli 1955. Hanau, Vakuumschmelze Akt.-Ges.)
H. HOCHSTEIN. 197

**J. F. Nicholas,** *Punktfehlstellen und Energieabgabe von deformiertem Nickel.* Es wird vorausgesetzt, daß eine plast. deformierte Ni-Probe aus einer Zusammenballung kugelförmiger Körner besteht, von denen jedes eine einheitliche Verteilung von Punktfehlstellen enthält. Für dieses Modell wurde eine Berechnung über die Geschwindigkeit der Energieentw. durchgeführt, wenn die Probe mit gleichbleibender Geschwindigkeit erhitzt wurde. Das erhaltene Ergebnis wird mit experimentellen Werten von CLAREBROUGH, HARGREAVES u. WEST [1953] verglichen u. zeigt, daß das Modell einen Teil der Energieentw. bei tiefen Tempp. ausreichend erklärt. Die Aktivierungsenergie für die Wanderung der Fehlstellen wird zu 1,0 eV (23 kcal/Mol) berechnet. Es wird vermutet, daß die Fehlstellen möglicherweise Leerstellen sind, dabei sind aber die Möglichkeiten der Zwischengitterplätze oder paarweisen Leerstellen nicht ausgeschlossen. Über Hypothesen, bei denen die gespeicherte Energie pro Leerstelle ca. 1,6 eV beträgt u. die Korngröße der Größe der Teilchen entspricht, wird bei GAY u. KELLY (vgl. C. **1955.** 3570) berichtet. (Philos. Mag. [7] **46.** 87–97. Jan. 1955. Melbourne, Univ., C.S.I.R.O., Div. of Tribophysics.) S. HÜTTIG. 197

**Y. L. Yousef** und **R. Kamel,** *Elastische Relaxation und Korngrenzendiffusion in Cadmium.* An polykristallinem Cd u. Cd-Einkristallen untersuchten Vff. die Relaxation der inneren Reibung u. des YOUNGschen Moduls in Beziehung zu der Interkorndiffusion. In den in Drahtform vorliegenden Proben wurden transversale Schwingungen von der Größenordnung von $10^{-4}$ bei niedrigen Schallfrequenzen elektrostat. angeregt. Die innere Reibung $Q^{-1}$ wurde nach der Resonanzkurvenmeth. gemessen. Der YOUNGsche Modul wurde bei verschied. Tempp. durch Messung der inneren Reibung bestimmt; als Maß des YOUNGschen Moduls wurde das Quadrat der Schwingungsfrequenz genommen. In Übereinstimmung mit den Messungen von KÊ (vgl. C. **1949.** II. **1051** u. früher) an Al wurde für polykristallines Cd auf der Kurve innere Reibung/Temp. ein deutliches Absorptionsband infolge Relaxation durch Interkorndiffusion beobachtet. Eine Relaxation in der Kurve YOUNGscher Modul/Temp. war an einer Einbiegung in der Kurve bei der gleichen Temp. zu erkennen, bei der das obige Absorptionsband auftrat. Bei Einkristallen konnte eine Relaxation nicht beobachtet werden. Für den anelast. Effekt in den polykristallinen Proben ist daher Diffusion der Korngrenzen anzunehmen. Die mit dieser Korngrenzendiffusion in Verbindung stehende Aktivierungsenergie wurde zu 32 kcal/Mol bestimmt. (J. appl. Physics **25.** 1064. Aug. 1954. Giza, Univ. of Cairo, Phys. Dep.) C. GOTTFRIED. 200

**J. A. Mitchell, I. C. Schoonover, George Dickson** und **H. C. Vacher,** *Einige Faktoren, die einen Einfluß auf die Formbeständigkeit der Silber–Zinn–(Kupfer–Zink)-Amalgame haben.* Die röntgenograph. Unters. von drei handelsüblichen Amalgamen mit den Legierungspartnern Ag u. Sn, sowie in geringen Mengen Cu u. Zn, zeigt, daß die im Verlauf der Erhärtung auftretenden Volumenänderungen im Zusammenhang mit der Anwesenheit von freiem Hg stehen. Zum Nachw. von ungebundenem Hg werden Tieftemperaturdiagramme (–125°) hergestellt. Die anfängliche Volumenkontraktion tritt auf, wenn die Legierung ein kleineres Mol-Vol. besitzt, als sich aus der Summe der Atomvoll. der Komponenten errechnet. Nach der Erstarrung des Amalgams diffundiert ungebundenes Hg aus Einschlüssen in die Legierung u. bewirkt eine Expansion. Bei der anschließenden Rk. des Hg mit vorliegenden Legierungsphasen tritt erneut eine Kontraktion auf. Beim Zusatz von Hg zu bereits erhärteten Amalgamen treten Volumenänderungen auf, die in Übereinstimmung mit der Theorie stehen. Die unterschiedlichen Effekte bei der Alterung bei 21 u. 37° werden gedeutet. (J. Res. nat. Bur. Standards **52.** 185–93. April 1954. Washington, D. C.) W. KRÖNERT. 200

**A. J. E. Foreman** und **W. M. Lomer,** *Versetzungsenergien und Wahl der Gleitebene in flächenzentriert kubischen Metallen.* Die Energie einer Versetzung ändert sich bekanntlich mit dem Quadrat des BURGERS-Vektors; hieraus folgt, daß die Gleitrichtung in der dichtestgepackten Richtung in dem Kristall verläuft. Nach ESHELBY (vgl. Philos. Mag. [7] **40.** [1949.] 903) hat diese Energie E pro Längeneinheit einer geraden Versetzungslinie die Form $E = Kb^2/4\pi \cdot \ln R/r_0$, wo K eine Funktion der elast. Konstanten, der Kanten-Schraubenzus. u. der Versetzungsgleitebene, R den Radius des Versetzungsspannungsfeldes u. $r_0$ einen effektiven Radius des zentralen Kerns der Versetzung bedeuten. Für elast. Isotropie wird der Energiefaktor K unabhängig von der Gleitebenenorientierung u. ist gegeben durch den Ausdruck $K = G[\cos^2\vartheta + \sin^2\vartheta/(1-\nu)]$, wo $\vartheta$ den Winkel bedeutet, den der BURGERS-Vektor mit der Versetzungslinie macht, G der Schermodul u. $\nu$ das POISSONsche Verhältnis ist. Vff. berechneten aus den elast. Konstanten von *Al-*, *Au-* u. *Cu-*Einkristallen die Werte von K für die Versetzungsgleitebenen (1 0 0), (1 1 0) u. (1 1 1). Hierbei ergab sich, daß die Änderung von K mit $\vartheta$ für jede Gleitebene angenähert der isotropen Form $K = K\,(\text{Schraube}) \cos^2\vartheta + K\,(\text{Kante}) \sin^2\vartheta$ folgt. Mit Ausnahme einer reinen Schraubenversetzung nimmt die Streuung der Werte für verschied. Gleitebenen mit zunehmender Anisotropie zu, die für Al 1,2, für Au 2,9 u. für Cu 3,2 beträgt. Das Verhältnis K(Schraube)/K(Kante) ist von der Größenordnung $1 - \bar{\nu}$, wo $\bar{\nu}$ der mittlere polykristalline Wert des POISSONschen Verhältnisses ist. Für keines der 3 Metalle entsprach die beobachtete (1 1 1)-Gleitebene den niedrigsten K-Werten. Weitere Überlegungen ergaben, daß bei Berücksichtigung des Energiegewinnes infolge Dissoziation in ein Paar Teilversetzungen, die mit Packungsfehlern in der (1 1 1)-Ebene in Zusammenhang stehen, die Energie einer Kantenversetzung in einer (1 1 1)-

Ebene größer ist als die für eine (1 1 0)-Ebene. Die Schraubenversetzung dagegen ist in der dichtestgepackten (1 1 1)-Ebene durch einen Faktor von ca. 8% für Cu u. einige % für Al energet. bevorzugt. Die mittlere Energie eines Versetzungsringes in einer (1 1 0)-Ebene ist angenähert gleich der für einen Ring in einer (1 1 1)-Ebene. Weiter ist bei der Wahl der Gleitebene die Gitterbeweglichkeit der Versetzungen zu berücksichtigen. (Philos. Mag. [7] **46.** 73–76. Jan. 1955. Harwell, Atomic Energy Res. Establ.)
C. GOTTFRIED. 200

**John S. Rinehart** und **John Pearson,** *Die Aufzeichnung der Geschwindigkeit von schwingenden Spannungswellenteilchen.* Es ist schwierig, zuverlässige Werte über die durch Impulsbelastungen ausgelösten, starken schwingenden Wellen zu erhalten, wenn die Belastungen nur wenige Mikrosek. andauern u. mehrere 100000 kg/cm² betragen. Eine quantitative Best. ist jedoch durch Messung der Teilchengeschwindigkeit innerhalb der Welle oder der Geschwindigkeit, mit der die Welle sich fortpflanzt, möglich. Das im einzelnen beschriebene Verf. beruht auf der Messung der Tiefe des Dauereindruckes, der auf einer Oberfläche entsteht, wenn eine vorher auf der Oberfläche befestigte Kugel fortfliegt. Der Eindruck ist eine unmittelbare Folge des Aufpralls einer schwingenden Welle auf eine Oberfläche. (J. appl. Physics **24.** 462–69. April 1953. China Lake, Calif., U. S. Naval Ordnance Test Stat., Michelson Labor.)
W. WESLY. 200

## $A_7$. Gleichgewichte. Kinetik.

**S. R. Mohanty,** *Energetik und Stabilität intermolekularer Komplexe in Lösung.* Vf. entwickelt eine Meth., mit welcher die Komplexbldg. sowie die Stabilität des gebildeten Komplexes mit Hilfe physikal. Eigg. ermittelt werden kann. Die Meth. wird durchgeführt für Bestimmungen der Energieänderung bei EMK.-Messungen. (J. chem. Physics **24.** 170. Jan. 1956. Indiana, Banaras Hindu Univ., Phys.-Chem. Labor.)
H. GEDSCHOLD. 223

**Arthur E. Martell** und **G. Schwarzenbach,** *Adenosinphosphate und Triphosphat als Komplexbildner für Calcium und Magnesium.* Es werden die Stabilitätskonstanten von *Ca-* u. *Mg-Komplexen* mit *Adenosinmono-, -di-* u. *-trisphosphat* sowie $Na_5P_3O_{10}\cdot 6\,H_2O$ mittels potentiometr. Titrationen bei 20° unter Verwendung nachst. Meßkette bestimmt: Glaselektrode/Titrations-Fl. + 0,1 mol. KCl-Lsg.//gesätt. KCl-Lsg.//0,1 mol. KCl-Lsg./ Kalomelelektrode. Die möglichen Strukturen dieser Komplexe werden diskutiert. Adenosin allein bildet mit den Erdalkalikationen keine Komplexe. (Helv. chim. Acta **39.** 653–61. 2/5. 1956. Zürich, Univ., Chem. Inst. u. ETH, Labor. für anorg. Chemie.)
H. HOFMANN. 223

**Daryle H. Busch** und **John C. Bailar jr.,** *Die Stereochemie komplexer anorganischer Verbindungen.* 17. Mitt. *Die Stereochemie sechszähniger Äthylendiamintetraessigsäurekomplexe.* (16. vgl. C. **1956.** 6321.) Der beste Nachw. für die 5- oder 6-Zähligkeit von Co(III)-Komplexen mit *Äthylendiamintetraessigsäure* (**I**) ergibt sich durch Aufnahme der Ultrarotspektren in Nujol-Suspension. 5-zählige Komplexe zeigen 2 Carbonylbanden: die stärkere bei 1635 bzw. 1628 $cm^{-1}$ für $Na[Co(C_{10}H_{13}N_2O_8)NO_2]\cdot H_2O$ bzw. $Ba[Co\cdot(C_{10}H_{13}N_2O_8)Br]_2\cdot 9\,H_2O$ (**II**) entspricht 3 koordinierten, die schwächere bei 1740 bzw. 1723 $cm^{-1}$ einer freien Carboxylgruppe. 6-zählige Komplexe besitzen dagegen nur eine Bande bei 1638 $cm^{-1}$ für $Ba[Co(C_{10}H_{12}N_2O_8)]_2\cdot 4\,H_2O$ (**III**), aus **II** durch Verreiben mit $Ag_2O$ darstellbar. Für **I** liegt die Bande der COOH-Gruppen bei 1697 $cm^{-1}$, offensichtlich sind diese Gruppen durch Wasserstoffbrückenbindung assoziiert. — Die Trennung der Stereoisomeren in opt. Antipoden gelang durch Fraktionierung über das Strychninsalz bzw. durch bevorzugte Adsorption an opt. akt. Quarz. $[(C_{21}H_{22}N_2O_2)H]\cdot[Co(C_{10}H_{12}\cdot N_2O_8)]$ (**IV**), aus Strychninsulfat-5-hydrat u. **III** dargestellt, wurde durch fraktionierte Kristallisation aus W./A. = 1 : 10 in 3 Fraktionen zerlegt, von denen die erste opt.-akt. war (beobachtete Rotation: $\alpha$: $-0{,}023\pm 0{,}004°$ bei $1{,}7\cdot 10^{-4}$ Mol/100 ml, daraus berechnet spezif. Rotation $[\alpha] = -100°$, Molekularrotation $[M] = -68400°$). Aus der Lsg. der opt.-akt. Form von **IV** wurde mit KJ das Strychninhydrojodid ausgefällt; das Filtrat, eine Lsg. von $K[Co(C_{10}H_{12}N_2O_8)]$, zeigte bei einer Konz. von $1{,}7-10^{-4}$ M die opt. Werte $\alpha = -0{,}022\pm 0{,}003$ u. $[\alpha] = -168°$. — Bei 15 Min. langem Schütteln einer $Na[Co(C_{10}\cdot H_{12}N_2O_8)]$-Lsg. mit gepulvertem Rechtsquarz resultierten bei Molaritäten von 11,3, 5,65 u. $2{,}26\cdot 10^{-4}$ die Werte $\alpha = -0{,}063\pm 0{,}007$; $-0{,}031\pm 0{,}005$ u. $-0{,}012\pm 0{,}003$; daraus $[\alpha] = -75$; $-74$; $-72$ u. $[M] = -27800$, $-27400$ u. $-26600°$. **II** ergab in Konzz. von $6{,}8\cdot 10^{-5}$mol., mit Rechtsquarz geschüttelt, $\alpha = -0{,}018\pm 0{,}006°$. Beim Überführen dieser Lsg. von **II** in **III** mit $AgNO_3$ blieb die opt. Aktivität erhalten: $\alpha = -0{,}026\pm 0{,}004°$ ($6{,}8\cdot 10^{-5}$mol.), eine Racemisierung wurde nicht beobachtet. (J. Amer. chem. Soc. **75.** 4574–75. 20/9. 1953. Urbana, Ill., Univ. of Illinois, Noyes Labor. of Chem.)
U. WANNAGAT. 223

**Basudeb Das Sarma** und **John C. Bailar jr.**, *Die Stereochemie komplexer anorganischer Verbindungen. 18. Mitt. Eine neue Methode zur Darstellung anorganischer Komplexe in ihren optisch aktiven Formen.* (17. vgl. vorst. Ref.) Ersetzt man in Verbb. des Typs *cis-[Co(Lig)Cl₂]Cl* (I) (Lig = 2 zweizählige bzw. 1 vierzähliges Amin) das Cl durch Umsetzung mit *Ag-d-Antomonyltartrat*, so bildet sich dabei in induzierter asymm. Synth. L-[Co(Lig)(d-$SbOC_4H_4O_6)_2$](d-$SbOC_4H_4O_6$). Durch nachfolgenden Austausch des d-SbO·$C_4H_4O_6^-$ (**II**) gelangt man zu Verbb. des Typs L-[Co(Lig)$X_2$]X mit X = OH, Cl oder ½ $CO_3$. Die Reinheit des opt. Isomeren hängt von der Stabilität des Komplexes u. von der Arbeitsweise ab. Mit Verbb. des Typs [Co(Lig)($NH_3$)Cl]$^{2+}$ gelingt die asymm. Synth. nicht, da $NH_3$ nicht durch **II** ersetzbar ist; ebenso blieben die Verss. erfolglos, das Cl in **I** durch Umsetzung mit Ag-d-Bromcamphersulfonat bew. Ag-d-Camphersulfonat zu ersetzen.

V e r s u c h e : Als (Lig) kamen *Äthylendiamin* (= en), *Triäthylendiamin* (= trien) u. *Propylendiamin* (= pn, unbefriedigende Ergebnisse, da die *l*- wie die d-Form im Komplex vorhanden sein kann) zur Anwendung. cis-[Co(trien)$Cl_2$]Cl; die purpurfarbene Lsg. in Methanol verfärbt sich allmählich nach Grauviolett, es stellt sich ein Gleichgewicht 40% trans 60% cis ein. Beim Verdampfen des Lösungsm. bildet sich — im Gegensatz zum cis-[Co(en)$_2Cl_2$]Cl, das dabei in die grüne trans-Form übergeht — die cis-Form zurück; es gelang nicht, die allg. stabilere trans-Form zu isolieren. *[Co(trien)·(d-$SbOC_4H_4O_6)_2$](d-$SbOC_4H_4O_6$)·2 $CH_3OH$* (**III**), rosarotes Pulver, $[\alpha]_D^{25}$ in 0,1% wss. Lsg. +120 bis +125°. Beim Erhitzen der wss. Lsg. sinkt die spezif. Rotation auf 0 bis +5°, während die Acidität ansteigt. *L-[Co(trien)$CO_3]_2CO_3$* (**IV**)·$CH_3OH$, aus **III** mit $Ba(OH)_2$ (→ *L-[Co(trien)(OH)$_2$]OH*, $[\alpha]_D^{25}$ −100°) u. Einleiten von $CO_2$, tiefrot, hygroskop., sehr leicht lösl. in $CH_3OH$ u. W., unlösl. in Aceton, $[\alpha]_D^{25}$ in 0,1% wss. Lsg. −85 bis −90°; **IV**·2$CH_3OH$, aus *L-[Co(trien)$Cl_2$]Cl* (**V**), mit $Ag_2CO_3$, tiefrotes Pulver, sehr leicht lösl. in W. u. $CH_3OH$, $[\alpha]_D^{25}$ in 0,1% wss. Lsg. −135°. **V**, aus **IV** oder aus **III** mit Aceton + HCl, violett, $[\alpha]_D^{25}$ für 0,05% wss. Lsg. −85 bis −100°. — Die spezif. Rotationen $[\alpha]_D^{25}$ in 0,05—0,1% wss. Lsg. einer Reihe auf analogem Wege dargestellten Verbb. betragen für [Co(en)$_2$(d-$SbOC_4H_4O_6)_2$](d-$SbOC_4H_4O_6$) +111°, beim Erhitzen auf 100° = +57°; für l-[Co(en)$_2$(OH)$_2$]OH −21°, für L-[Co(en)$_2Cl_2$]Cl −60° (für D-[Co(en)$_2Cl_2$]Cl·$H_2O$ −0,035°, für L-[Co(en)$_2Cl_2$]Cl nach der d-Bromcamphersulfonatmeth. +0,11 bis +0,13° (die Angaben der Vff. sind nicht immer widerspruchsfrei), für [Co(en)$_2$($NH_3$)(d-$SbOC_4H_4O_6$)]·(d-$SbOC_4H_4O_6$) +98,5 bis +103°; für [Co(en)$_2$($NH_3$)OH]OH −5 bis 0°; für [Co(pn)$_2$·(d-$SbOC_4H_4O_6)_2$](d-$SbOC_4H_4O_6$) +131°, beim Erhitzen auf 100° = +53°; für [Co(pn)$_2$·(OH)$_2$]OH −10°. (J. Amer. chem. Soc. **77**. 5480—82. 5/11. 1955. Urbana, Ill., Univ. of Illinois, Noyes Labor. of Chem.) U. WANNAGAT. 223

**R. F. Trimble jr.**, *Die cis–trans-Isomerisation von [Co(en)$_2Cl_2$]Cl in 2-Methoxyäthanol.* Es wurde gefunden, daß die Geschwindigkeitskonstante der Umwandlung des cis- in das trans-Isomere bei 50° unabhängig ist von der Anfangskonz. der Komplexe, der Chloridkonz. u. der Ionenstärke der Lösungen. Den Ergebnissen nach scheint ein SN 1-Mechanismus wahrscheinlich. Die Geschwindigkeitskonstante wurde für 4 Tempp. von 30—50° bestimmt u. daraus die Aktivierungsenergie zu 21,3±2,7 kcal u. der Häufigkeitsfaktor zu (2,8±0,5)·$10^{15}$ $min^{-1}$ berechnet. Die möglichen Gründe für die größere Stabilität der trans-Form werden diskutiert u. die auf die Isomerisierung folgende langsamere Rk. zwischen der trans-Form u. dem Lösungsm. untersucht. (J. Amer. chem. Soc. **76**. 6321—22. 20/12. 1954. Rochester, N. Y., Univ., Dep. of Chem.) A. F. BOGENSCHÜTZ. 223

**H. I. Posner** und **W. K. Birjukowa**, *Löslichkeit eines Salzes in Gegenwart von zwei anderen Salzen mit gemeinsamem Ion.* 1. Mitt. Am Syst. *NaCl–KCl–$MgCl_2$–$H_2O$* bestätigen Vff. experimentell die Gültigkeit der empir. Gleichung für die Abhängigkeit der Löslichkeit eines Salzes in W. von der Konz. der 2 übrigen Salze: $N_{X,g} = K(1 + a + b)^n$; $N_{X,g}$ ist der mol. Anteil des gemeinsamen Ions X in der gesätt. Lsg., K eine Konstante, n ein veränderlicher Wert. Es bestätigt sich, daß n nicht von der Summe a + b abhängig ist, sondern nur vom Quotienten b/a. Der Wert von n im 4-Komponentensyst. liegt zwischen den Zahlenwerten der Exponenten für die 3-komponentigen Systeme. Aus n = $\varkappa$ (b/a) läßt sich graph. die Löslichkeit eines Salzes bei verschied. Verhältnis der Konzz. der 2 übrigen Salze mit gleichem Ion berechnen. (Журнал Физической Химии [J. physik. Chem.] **28**. 1036—42. Juni 1954. Chem. Inst. der Akad. der Wiss. der Usbek-SSR u. Mittelasiat. Univ.) O. LEBTAG. 224

**Ei Koizumi**, *Untersuchung der Löslichkeit von schwerlöslichen Salzen. 8. Mitt. Löslichkeit von Bleisulfat in verschiedenen Mischlösungsmitteln mit gleicher Dielektrizitätskonstante.* Mischungen aus W. einerseits u. Dioxan, Aceton, Glycerin, Methanol u. A. andererseits wurden so eingestellt, daß sie die gleiche DK. hatten. In diesen Mischungen wurde die Löslichkeit L (in $10^{-6}$ Mol/Liter) von *$PbSO_4$* bei 20, 25 u. 30° gemessen. Aus

diesen Verss., bei denen verschied. Löslichkeit trotz gleicher DK. festgestellt wurde, ist zu sehen, daß L nicht allein von der DK. des Lösungsm. bestimmt wird. Vielmehr hängt L auch von dem Dipolmoment der organ. Substanz u. von deren Struktur ab. (Bull. chem. Soc. Japan **23.** 124–25. Okt. 1950. Taga, Ibaraki Univ., Chem. Inst.)
O. FUCHS. 224

**Ju. L. Leltschuk, L. W. Ssurnina** und **W. I. Barchatowa,** *Löslichkeit von Silberbromat in wässerigen Kaliumbromat- und Natriumnitratlösungen. Über den Einfluß von Elektrolyten mit einsinnigen Ionen auf die Löslichkeit und das Löslichkeitsprodukt des Niederschlages.* Die Unters. der Löslichkeit des $AgBrO_3$ (I)-Nd. im Syst. I–$KBrO_3$ (II)–$H_2O$ bei den II-Konzz. 0,001–0,3 mol. u. im Syst. I–II–$NaNO_3$ (III)–$H_2O$ bei 0,001 bis 0,1 Mol II u. 0,001–1 Mol III bei 25° ergab, daß in I–II–III–$H_2O$ die Löslichkeit des I-Nd. mit steigender II-Konz. zunimmt. In Ggw. von 0,3 Mol II nimmt sie im Vgl. zur Löslichkeit in W. um das 11,8fache ab. In I–II–$H_2O$ nimmt die Löslichkeit des I-Nd. mit steigender III-Konz. zu. Als Elektrolyt ohne gemeinsames Ion mit dem Nd. ist III von viel geringerem Einfl. auf die Löslichkeit als II. Die Änderung der I-Löslichkeit in I–II–III–$H_2O$ wird durch 2 gleichzeitig in entgegengesetzter Richtung wirksame Faktoren verursacht: Verminderung der Löslichkeit durch II u. Erhöhung der Löslichkeit durch III. In beiden Systemen verändert sich das Löslichkeitsprod. von I in sehr weiten Grenzen. Im Syst. I–II–III–$H_2O$ wird es am stärksten in der 0,1 mol. II-Lsg. erhöht (um das 4,06fache), am schwächsten in der 0,001 mol. II-Lsg. (um das 2,88fache). (Журнал Общей Химии [J. allg. Chem.] **25** (87). 1685–93. Sept. 1955. Tomsk, Polytechn. Kirow-Inst.)
O. LEBTAG. 224

**A. Skrabal,** *Von den Simultanreaktionen und der reaktionslosen Pause.* Im Anschluß an eine krit. Unters. von F. HALLA (C. **1956.** 949) wird gezeigt, daß es in der chem. Simultankinetik „reaktionslose Pausen" geben kann, was man unter solchen zu verstehen hat u. wie sie zustande kommen. (Mh. Chem. **84.** 461–70. 1953. Graz.)
M. SCHENK. 225

**A. F. H. Ward** und **N. R. Bharucha,** *Die Beziehung zwischen der Austrittsarbeit eines Metalls und seiner Aktivierungsenergie zur Oxydation.* Theoret. Betrachtungen. Ergebnisse u. Theorien anderer Autoren zum Problem der Hochtemperaturoxydation von Metallen in Luft werden im Hinblick auf den Zusammenhang zwischen der Austrittsarbeit $\Phi$ der Metalle u. der Aktivierungsenergie E für die Oberflächen-Rk. diskutiert. Auf Grund der neuesten Literaturwerte für $\Phi$ u. E (in Diagrammen wiedergegeben) für die Metalle *Al, Ti, V, Cr, Mn, Fe, Co, Ni, Cu, Zn, Zr, Nb, Mo, Ta, W, Pt* u. *Pb* wird gezeigt, daß die Werte für $\Phi$–E mit steigender Ordnungszahl N der Metalle geringfügig abnehmen. Es gilt die Beziehung $\Phi - E = 3{,}16$ eV–0,00725 N (Diagramm). (Recueil Trav. chim. Pays-Bas **72.** 735–38. Aug. 1953. Manchester, Univ., Fac. of Technol.)
H. HOFMANN. 225

**M. M. Pawljutschenko** und **G. A. Laserko,** *Einfluß der Temperatur auf die Kinetik der Bildung von Ammoniakaten von schwefelsauren und salzsauren Salzen.* Untersucht werden folgende Salze innerhalb der angegebenen Temperaturbereiche (in C°): $CdSO_4$ 0 bis 100, $NiSO_4$ 0–80, $MnSO_4$ –14 bis +90, $CdCl_2$ –13 bis +110, $MnCl_2$ 0–50, $ZnCl_2$ 0 bis 60. Bei $MnSO_4$, $CdCl_2$ u. anderen Salzen wurde bei höheren Tempp. eine starke Abnahme der Geschwindigkeit der isothermen Ammoniakbldg. festgestellt. Diese Beobachtung wird mit der Bldg. von Mischkristallen zwischen intermediären Ammoniakaten u. dem Endprod. erklärt. Das Auftreten zuerst eines Minimums u. bei weiterer Reaktionsdauer eines Maximums der Geschwindigkeit der isothermen Ammoniakbldg. bei $MnSO_4$ u. bei $CdCl_2$ bei 40–50° erklären Vff. auf Grund theoret. Überlegungen mit der anfänglichen Bldg. von Mischkristallen u. deren Zerfall im weiteren Verlauf der Reaktion. Unterss. der Adsorption von $NH_3$ an der Oberfläche einiger Salze lassen vermuten, daß die topochem. Bldg. von Ammoniakaten vermittels des an der Oberfläche adsorbierten $NH_3$ zustande kommt. (Журнал Физической Химии [J. physik. Chem.] **29.** 1064–72. Juni 1955. Minsk, Weißruss. Univ.)
E. KORDES. 225

**Satya Prakash Srivastava** und **Satyeshwar Ghosh,** *Untersuchung der Kinetik der Reaktion zwischen Kaliumpersulfat und Kaliumformiat.* Vff. untersuchen die Kinetik der Rk. zwischen Kaliumformiat u. $K_2S_2O_8$ in bidest. W. bei 35°. Die Rk. verläuft nach 1. Ordnung bzgl. der $K_2S_2O_8$-Konz. u. ist weitgehend unabhängig von der Formiatkonzentration. $K^+$ übt einen hemmenden Einfl. auf die Rk. aus. Der Temperaturkoeff. der Rk. beträgt 3,16 pro 10° Temperatursteigerung, die Aktivierungsenergie 21,9 kcal. $Ag^+$ u. $Cu^{2+}$ wirken stark katalytisch. Hierbei beobachtet man außerdem noch eine autokatalyt. Steigerung der Reaktionsgeschwindigkeit. Mit steigender Ionenstärke nimmt letztere ab. Die hemmende Wrkg. von Kationen steigt in der Reihenfolge $Li^+$, $Na^+$, $K^+$. Halogen zeigt eine spezif. hemmende Wrkg., die von $F^-$ über $Cl^-$ u. $Br^-$ bis $J^-$ zunimmt. Nichtelektrolyte, wie *Harnstoff,* wirken hemmend. Zur Erklärung der Befunde wird der

Reaktionsmechanismus $S_2O_8^{2-} + H_2O \rightarrow SO_4^{2-} + HSO_4^- + OH^+$, $OH^+ + HCOO^- \rightarrow H_2O + CO_2$ vorgeschlagen, wobei die 1. Rk. geschwindigkeitsbestimmend sein soll. Die hemmende Wrkg. des Halogenions u. des Harnstoffs erklärt sich dann durch Rk. mit $OH^+$. (Z. physik. Chem. **202.** 198—207. Okt. 1953. Allahabad, Indien, Univ., Chem. Labor.) G. HARTMANN. 225

**Satya Prakash Srivastava** und **Satyeshwar Ghosh,** *Untersuchung der Kinetik der Reaktion zwischen „Kaliumpersulfat und Oxalsäure“.* Ohne Katalysatoren verläuft die Rk. zwischen $K_2S_2O_8$ u. Oxalsäure mit meßbarer Geschwindigkeit u. reproduzierbar erst bei 45°. Die beobachtete autokatalyt. Steigerung der Geschwindigkeit ist auf die bei der Rk. frei werdenden $H^+$-Ionen zurückzuführen, wie Verss. unter Zusatz vom $H_2SO_4$ beweisen. Bei Temperatursteigerung um 10° steigt die Reaktionsgeschwindigkeit um das 4fache. $Ag^+$, $Cu^{2+}$ u. $HgCl_2$ wirken stark katalytisch. Bei Steigerung der Ionenstärke wurde ein negativer nicht linearer Salzeffekt beobachtet. $Cl^-$ übt noch einen spezif. hemmenden Einfl. aus. (Z. physik. Chem. **202.** 191—97. Okt. 1953. Allahabad, Indien, Univ., Chem. Labor.) G. HARTMANN. 225

**H. Aebi, W. Buser** und **Chr. Lüthi,** *Über Isotopieeffekte bei der Oxydation von Formiat mit Permanganat.* Es werden Unterss. über den zeitlichen Reaktionsablauf der Oxydation von $HCO_2^-$ u. $DCO_2^-$ durch $MnO_4^-$ in alkal. Lsgg. bei 1 u. 20° beschrieben u. diskutiert. Dazu wurde das von STAMM (Angew. Chem. **47.** [1934.] 791 u. **48.** [1935.] 150) entwickelte Verf. zu einer Semimikrometh. modifiziert, die die Best. von 5—100 $\mu$Molen Formiat erlaubt. Ein Vgl. der Oxydationsgeschwindigkeiten zeigt einen beträchtlichen Isotopieeffekt, der ein Verhältnis der Geschwindigkeitskonstanten $K_H/K_D$ von 6—10 bedingt. In Mischungen von $HCO_2^-$ mit $DCO_2^-$ besteht eine annähernd lineare Beziehung zwischen $DCO_2^-$-Geh. u. der relativen Menge des oxydierten Formiats. Diese Beziehung kann zur ungefähren Schätzung des $DCO_2^-$-Geh. dienen. (Helv. chim. Acta **39.** 944—50. 2/5. 1956. Bern, Univ., Med.-chem. Inst. u. Inst. für anorg., analyt. u. physikal. Chem.) H. HOFMANN. 225

**Bibhu Dass Banerji, Arun K. Dey** und **Satyeshwar Ghosh,** *Untersuchungen über die Reaktion zwischen Quecksilber(II)-chlorid und löslichen Oxalaten in Gegenwart von Induktionsmitteln.* 1. Mitt. *Reduktion durch Oxalsäure in Gegenwart von Kaliumpermanganat.* Vff. untersuchen die Kinetik der durch $KMnO_4$ induzierten Rk. von $HgCl_2$ mit Oxalsäure zwischen 30 u. 40° bei verschied. Konzz. des Induktionsmittels unter Ausschluß von Licht. Die Dauer der Induktionsperiode hängt von der Temp. u. der $KMnO_4$-Konz. ab. Die Reaktionsgeschwindigkeit scheint erst autokatalyt. zu steigen u. dann nach 1. Ordnung abzufallen. Sie steigt mit zunehmender $KMnO_4$-Menge. Das bei der Rk. gebildete *HCl* übt einen hemmenden Einfl. aus, weshalb die Rk. nicht zu Ende verläuft u. die Reaktionsgeschwindigkeit mit abnehmender Anfangskonz. an $HgCl_2$ zunimmt. Auch wenn $HgCl_2$ erst nach der Red. des $KMnO_4$ durch die Oxalsäure zugesetzt wird, erfolgt eine rasche Reaktion. Die Aktivierungsenergie steigt mit fallender $KMnO_4$-Konz. u. liegt zwischen 22,5 u. 47,7 kcal. Diese Befunde legen nahe, daß der eigentliche Katalysator der Rk. das gebildete Formiation ist. (Z. physik. Chem. **202.** 261—68. Okt. 1953. Allahabad, Indien, Univ., Dep. of Chem.) G. HARTMANN. 225

**Bibhu Dass Banerji, Arun K. Dey** und **Satyeshwar Ghosh,** *Untersuchungen über die Reaktion zwischen Quecksilber(II)-chlorid und löslichen Oxalaten in Gegenwart von Induktionsmitteln.* 2. Mitt. *Reduktion von Alkalioxalaten in Gegenwart von $KMnO_4$.* (1. vgl. vorst. Ref.) Vff. untersuchen die Kinetik der durch $KMnO_4$ induzierten Rk. von $HgCl_2$ mit Na- bzw. K-Oxalat zwischen 30 u. 40° bei verschied. $KMnO_4$-Konzz. u. unter Ausschluß von Licht. Zum Unterschied zu der Rk. von $HgCl_2$ mit Oxalsäure ist der Umsatz größer, da keine Säure (Hemmstoff) bei der Rk. gebildet wird. Dementsprechend erreichen auch die Geschwindigkeitskonstanten der Rk. nach einer gewissen Induktionsperiode einen annähernd konstanten Wert, um erst am Schluß etwas abzunehmen. Diese Abnahme ist bei höherer Temp. geringer als bei niedriger. Im übrigen zeigt die Rk. weitgehend Ähnlichkeit mit der Rk. von $HgCl_2$ mit Oxalsäure. (Z. physik. Chem. **202.** 269—74. Okt. 1953. Allahabad, Indien, Univ., Dep. of Chem.) G. HARTMANN. 225

**J. Hudis** und **R. W. Dodson,** *Austauschgeschwindigkeit von Eisen(II)-Eisen(III) in $D_2O$.* Unter Verwendung von $^{55}Fe$ wird die Geschwindigkeit des Elektronenaustausches zwischen Fe(II) u. Fe(III) in $D_2O$–$DClO_4$–$NaClO_4$-Gemischen als Funktion der $DClO_4$-Konz. bei konstanter Ionenstärke untersucht. Das für gewöhnliches W. gefundene Geschwindigkeitsgesetz $R = k(Fe^{2+})(Fe^{3+}) \cdot [k_1 + k_2K_1/(H^+)]$, in dem R die Austauschgeschwindigkeit, $k_1$ u. $k_2$ die Geschwindigkeitskonstanten der beiden Reaktionsfolgen unter Beteiligung von nicht hydrolysiertem $Fe^{3+}$ bzw. hydrolysiertem $FeOH^{2+}$ u. $K_1 = (FeOH^{2+}) \cdot (H^+)/(Fe^{3+})$ die Hydrolysenkonstante bedeuten, gilt entsprechend auch in $D_2O$. $K_1$ besitzt in W. u. $D_2O$ den gleichen Wert ($1,2 \cdot 10^{-3}$ bei 21°). Die von Vff.

durchgeführten Experimente u. Berechnungen beziehen sich alle auf 7,1°. $k_1$ u. $k_2$ sind mit 0,7 bzw. 765 $Mol^{-1} \cdot Liter \cdot sec^{-1}$ ca. $^1/_2$ so groß wie in Wasser. Diese Abnahme der Geschwindigkeitskonstanten kann nicht mit der ca. 20% größeren Viscosität von $D_2O$ erklärt werden. Wahrscheinlich enthält der aktivierte Komplex Wasserstoff (bzw. D), u. der geschwindigkeitsbestimmende Schritt ist durch den Übergang eines H- (bzw. D-) Atoms oder -Ions etwa nach $(H_2O)_5Fe(II)-\underset{}{\overset{H}{\overset{|}{O}}}—H\ldots\underset{\underset{H}{|}}{O}-Fe(III)(H_2O)_5$ gegeben. (J. Amer. chem. Soc. **78**. 911–13. 5/3. 1956. Upton, Long Island, N. Y., Brookhaven Nat. Labor., Chem. Dep.) W. KRÖNERT. 225

**Arthur W. Adamson**, *Elektronenübertragungsprozesse und die Oxydations-Reduktions-Reaktionen von Hexacyanoferrat(III)-Ion in wässeriger Lösung.* Schnell verlaufende Redox-Rkk. mit $[Fe(CN)_6]^{3-}$ (I) beruhen auf einer einfachen Elektronenübertragung. Vf. weist auf einen Zusammenhang zwischen den magnet. Momenten der reduzierten u. oxydierten Form sowie deren Differenzen u. der Reaktionsgeschwindigkeit hin. Der Reaktionsmechanismus einer langsam verlaufenden Rk. wird an Hand der Oxydation von $CN^-$ mit I untersucht. Die Reaktionsgeschwindigkeit wird teils titrimetr., teils durch absorptionsspektrometr. Unterss. (350 u. 420 m$\mu$) bestimmt. Auf Grund der Ergebnisse wird folgender Reaktionsverlauf angenommen. $I + 2\,CN^- \rightleftharpoons [Fe(CN)_6]^{4-}$ (III) $+ (CN)_2^-$; $(CN)_2^- + x\,H_2O \rightarrow P + CN^-$; $I + P \rightarrow II + Q$ (P, Q = Zwischenstoffe). (J. physic. Chem. **56**. 858–62. Okt. 1952. Los Angeles, Calif., Univ. of Southern California, Chem. Labor.) R. LACMANN. 225

**W. W. Smeltzer**, *Oxydation von Aluminium im Temperaturbereich 400–600° C.* Es wird die Kinetik der Oberflächenoxydation von metallograph. poliertem hochreinen Al im Temperaturbereich 400–600° unter Verwendung einer Vakuum-Mikrowaage untersucht. Bei allen Tempp. wird anfangs eine rasche Oxydation beobachtet, der sich ein Filmwachstum mit annähernd konstanter Geschwindigkeit anschließt. Nach einer bestimmten, von der jeweiligen Temp. abhängigen Zeit sinkt dann die Oxydationsgeschwindigkeit auf einen äußerst geringen Wert. Die Unters. der Reaktionsgeschwindigkeit führt zu einem diffusionsbestimmten parabol. Gesetz $x^2 = Kt + C$, in dem x die Filmdicke, t die Zeit, K die Geschwindigkeitskonstante u. C eine weitere Konstante (Anfangsfilmdicke) bedeuten. Unter der Annahme, daß K der ARRHENIUSschen Gleichung gehorcht, werden die Aktivierungsenergien 37,9 u. 41,0 kcal für den Bereich dünner Filme bei vakuumgetemperten Proben (500 bzw. 600°) erhalten. Wenn den Ergebnissen für anod. u. Gasoxydation gleiche Bedeutung zugeschrieben wird, läßt sich ein Wert von 37,2 kcal/Mol (1,6 eV) für die Potentialenergieschwelle hinsichtlich der Ionendiffusion an der Grenzfläche Metall/Oxyd ableiten. Die Zunahme der Aktivierungsenergie bei größeren Filmdicken u. der Stillstand der Oxydation lassen die beschränkte Anwendbarkeit der vorliegenden Theorie erkennen. Bes. wird den gleichzeitig mit dem Filmwachstum stattfindenden Änderungen der Kristallstruktur des Oxydfilms keine Rechnung getragen. (J. electrochem. Soc. **103**. 209–14. April 1956. Kingston, Ontario, Aluminum Labor. Ltd.) W. KRÖNERT. 225

**C. A. McDowell**, *Der photochemische Primärprozeß in Brom.* Die Absorption von Strahlung mit $\lambda < 5107$ Å durch $Br_2$ führt zur Dissoziation in ein n. ($^2P_{3/2}$) u. ein angeregtes ($^2P_{1/2}$) Br-Atom; jedoch kann Dissoziation von $Br_2$ auch stattfinden durch Absorption von Strahlung mit $\lambda > 5107$ Å, wie aus der Konstanz der Quantenausbeuten der Rk. $H_2 + Br_2$ zwischen 5107 u. 5460 Å (JOST, Z. physik. Chem. **134**. [1928.] 92; Abt. B **3**. [1929.] 95) u. der Rk. $C_2H_4 + Br_2$ zwischen 4800 u. 6800 Å (SCHMITZ, SCHUMACHER u. JÄGER (Z. physik. Chem., Abt. B **51**. [1942.] 281); KISTIAKOWSKY u. STERNBERG, C. **1955**. 1461) hervorgeht. Es wird angenommen, daß langwellige Strahlung hauptsächlich von solchen $Br_2$-Moll. unter Dissoziation absorbiert werden kann, die infolge therm. Anregung eine gewisse Schwingungsenergie besitzen. Vf. zeigt, daß die theoret. Berechnungen der Änderung der Lichtabsorption von schwingungsangeregten $Br_2$-Moll. mit der Temp. (308,1 bis 422,1° K) zu Ergebnissen führen, die mit den experimentellen Daten von KISTIAKOWSKY u. STERNBERG (l. c.) gut übereinstimmen. (Nature [London] **175**. 860–61. 14/5. 1955. Liverpool, Univ., Dep. of Inorgan. and Phys. Chem.) M. SCHENK. 226

**Maria C. Markham** und **Keith J. Laidler**, *Eine kinetische Untersuchung der Photooxydationen an der Oberfläche von Zinkoxyd in wässerigen Suspensionen.* Die Bldg. von $H_2O_2$ in Suspensionen von ZnO in *W.* (I) u. verd. wss. Lsgg. von *Acetanilid* (II), *Phenol* (III), *Katechin, Salicylsäure, Resorcin, Phloroglucin, Toluol, Bzl., Chlorbenzol, Anilin, Chinon* u. *Hydrochinon* bei Bestrahlung mit UV-Licht (3300–4000 Å) bei 14–45° wird untersucht. Die Quantenausbeute bei **I** beträgt 0,25, bei **II** 0,4 u. bei **III** 0,5. Das Verhältnis der

$O_2$-Abnahme zur $H_2O_2$-Zunahme ist 1:1; 2:1; 1:1. Die Aktivierungsenergie beträgt 3 bis 4 kcal/Mol. Die Zusätze der organ. Verbb. begünstigen die $H_2O_2$-Bildung. Der mutmaßliche Reaktionsmechanismus wird beschrieben. Die Photopolymerisation von Vinylderivv. unter Ausschluß von $O_2$ wird untersucht. (J. physic. Chem. **57.** 363—69. März 1953. Washington, D. C., Catholic Univ. of America, Dep. of Chem.) R. LACMANN. 226

**E. Treiber, Å. S: son Stenius, W. Lang** und **W. Berndt**, *Die UV-Absorption von Titandioxyd. Ein Beitrag zur Frage der Photosensibilisierung durch Titandioxyd.* Vff. untersuchen den Zusammenhang zwischen opt. Eigg. von $TiO_2$ u. der beobachteten Beschleunigung der Lichtschädigung bei $TiO_2$-Pigmente enthaltenden Fasern. Absorptions- u. Reflexionsmessungen an synthet. Rutil, natürlichem Anatas sowie an verschied. $TiO_2$-Pigmenten zeigen ein Reflexionsminimum um 3500 Å. Ein eindeutiger Zusammenhang zwischen der in bezug auf die Lichtschädigung verschied. Aktivität der Pigmente u. dem Reflexionsvermögen besteht offenbar nicht. (Acta chem. scand. **8.** 1865—69. 1954. Graz, Univ., Inst. für theoret. u. physikal. Chem.; Stockholm, Schwed. Holzforschungsanst.) J. RUDOLPH. 226

**B. W. Jerofejew**, *Über Kinetik und Mechanismus von Reaktionen, die unter Mitwirkung fester Körper verlaufen.* Krit. Stellungnahme zu der C. **1956.** 4075 referierten Arbeit von PAWLJUTSCHENKO. (Журнал Физической Химии [J. physik. Chem.] **29.** 1136—37. Juni 1955. Minsk, Weißruss. Akad. der Wiss., Chem. Inst.) E. KORDES. 227

**K. N. Belonogow** und **B. I. Popow**, *Zur Frage der Bestimmung der Konstanten der Reaktionsgeschwindigkeit und des effektiven Diffusionskoeffizienten in einem porösen Katalysator aus kinetischen Daten.* Am Beispiel der CO-Konversion werden Gleichungen für die Kinetik der heterogen-katalyt. Prozesse abgeleitet, um die Rolle der Diffusions-, Adsorptions- u. chem. Erscheinungen für die gesamte Reaktionsgeschwindigkeit aufzuklären. Der theoret. Betrachtung liegt die Annahme einer monomol. umkehrbaren Rk. zugrunde, die innerhalb eines porösen Katalysators verläuft, wobei dieser als hohler zylindr. Stab vorgestellt wird, durch dessen inneren Kanal das Reaktionsgemisch strömt. Für die Ermittlung der Reaktionsgeschwindigkeitskonstanten an der Oberfläche sind kinet. Versuchsdaten an 3 „Katalysatorröhrchen" mit verschied. Wandstärken erforderlich, für die Best. der effektiven Diffusionskoeffizienten im Katalysatorinneren aus kinet. Daten die Kenntnis der Diffusionskoeffizienten für eine der Komponenten oder wenigstens ihres Verhältnisses. (Журнал Физической Химии [J. physik. Chem.] **29.** 1187—92. Juli 1955. Iwanowo, Chem.-technol. Inst.) R. K. MÜLLER. 227

**Juro Horiuti**, *Wasserstoffzwischenverbindungen an Katalysatoren und Elektroden. 1. Mitt. Grundlagen.* Vf. entwickelt eine allg. Theorie für die bei der katalyt. Hydrierung u. an $H_2$-Elektroden auftretenden Effekte, wobei die Erscheinung der aktivierten Adsorption des $H_2$ an metall. Katalysatoren als Grundlage der Berechnungen dient. Die Formen der H-Zwischenverbb. an verschied. Katalysatoren werden diskutiert. Weiterhin werden Modellvorstellungen für die Versuchsbedingungen entwickelt. Hierbei werden physikal. ident. Plätze an der Katalysatoroberfläche angenommen, die von den verschied. Formen der Zwischenverbb. besetzt werden können. In diesem Zusammenhange werden die Häufigkeiten der Zwischenverbb. berechnet u. die Raumladungsgleichungen aus der Lsg. der eindimensionalen POISSONschen Gleichung u. aus der Adsorptionsisotherme abgeleitet. Hierfür werden die Wrkg. von Konzentrationsänderungen sowie die Änderungen der Arbeitsfunktion des Katalysators, des chem. Potentials der $H^+$, des $H_2$ u. des Elektrodenpotentials berücksichtigt u. die Ergebnisse tabelliert. Weiterhin werden die Wirkungen von nicht dissoziierenden Basen u. Säuren auf die Zwischenverbb. diskutiert. Als wesentliche Größe wird überall die Funktion $\omega$ ($\delta_i$) angegeben, die als die Arbeit definiert ist, die zur Besetzung eines Katalysatorplatzes durch die Species $\delta_i$ erforderlich ist. Für Gas-Rkk. wird abgeschätzt, daß beim Übergang von Ni- zu Pt-Katalysatoren $\omega$ ($H_2^+$) erniedrigt wird. Dieser Effekt kann durch die Ggw. eines nucleophilen Reaktionspartners verstärkt werden. An Elektroden ist dagegen $\omega$ (H) am niedrigsten, wodurch die Stabilität des adsorbierten atomaren H erklärt werden kann. Für die Hg–$H_2$-Elektrode wird $\omega$ ($H_2^+$) als niedrigster Wert berechnet, so daß eine überwiegende Adsorption von $H_2^+$ erwartet werden muß. Für die Pb-Elektrode konnte auf dieser Grundlage der Abfall des elektrolyt. Trennungsfaktors des D von 7 auf 3 erklärt werden. Schließlich wurde gezeigt, daß bei hohen Werten von $\omega$ (H) das chem. Potential von $H_2^+$ (ads.) sehr stark ansteigt, worauf die Hydrierung nucleophiler Partner an Hg- u. Pb-Elektroden zurückzuführen ist. (J. Res. Inst. Catalysis, Hokkaido Univ. **3.** 52—104. März 1954. Sep. Sapporo, Japan, Hokkaido Univ., Res. Inst. for Catalysis. [Orig.: engl.]) G. KLAFFKE. 227

**Bahattin Baysal**, *Die katalytische Zersetzung von Wasserstoffperoxyd durch Eisen(II)-Ionen.* Es wurde die Zeitabhängigkeit der Rk. zwischen $Fe^{2+}$-Ionen u. $H_2O_2$ untersucht. Das Verhältnis $Fe^{2+}$:$H_2O_2$ betrug 1,5:1, 1:1 u. 1:1,5 bei einer $H_2O_2$-Molarität von 1,5 bis

$1 \cdot 10^{-5}$ sowie bei $p_H$-Werten zwischen 0 u. 5. Die Messungen wurden bei 0, 15 u. 25° ausgeführt. Der Reaktionsverlauf wurde durch $Fe^{2+}$-Best. mit *α.α'-Dipyridyl* oder *Thiocyanat* verfolgt. Die Empfindlichkeit der Meth. (Beschreibung des benutzten Photocolorimeters) entsprach $0{,}5 \cdot 10^{-7}$ $Fe^{2+}$ oder $Fe^{3+}$. Die Best. beider ergab den gleichen Wert für die Geschwindigkeitskonstante der Rk.; bei $p_H$ bis ca. 3 handelt es sich um eine Rk. 2. Ordnung. 1 Mol $H_2O_2$ oxydiert ein halbes Mol $Fe^{2+}$ zu $Fe^{3+}$. Bei $p_H$ 3 wird mehr $H_2O_2$ verbraucht, u. der Reaktionsverlauf wird nicht durch die bei niederem $p_H$ der Lsg. gültige Gleichung wiedergegeben. Die bei $p_H$ 3 zers. größere Menge an $H_2O_2$ kann nicht der reinen $Fe^{3+}$-Katalyse zugeschrieben werden, weil sie die berechnete Menge um einen Faktor von $10^6$ übersteigt. Der für die Zersetzungs-Rk. vorgeschlagene Mechanismus stimmt mit den experimentellen Ergebnissen nicht quantitativ überein, bes. was die Abhängigkeit der Rk. vom $p_H$ der Lsg. betrifft. Qualitativ ändert sich die Rk. nicht mit der Temp. im untersuchten Bereich. Die Aktivierungsenergie wurde in n. Säure zu $8{,}99 \cdot 10^3$, in 0,01 n Säure zu $8{,}54 \cdot 10^3$ cal/Mol u. der Häufigkeitsfaktor zu $7{,}06 \cdot 10^8$ bzw. $6{,}61 \cdot 10^6$ gefunden. (Commun. Fac. Sci. Univ. Ankara **3.** 17—86. 1950. Ankara, Univ., Fac. Sci., Inst. Phys. Chem.) H. FREYTAG. 227

**F. M. Perelman** und **A. Ja. Sworykin,** *Aktivierungsenergie der katalytischen Zerfallsreaktion von Natriumhypochlorit.* Es wurden zwei verschied. Proben von Natriumhypochlorit untersucht (I: akt. Chlor 4%, NaOH 1%; II: akt. Chlor 4%, NaOH 2%). Vff. bestimmten die Geschwindigkeit des katalyt. Zerfalls der Proben bei 25 u. 84° u. berechneten die Aktivierungsenergie dieser Rk. ohne u. mit Katalysator (Co-Hydroxyd, Ni-Hydroxyd u. Mischungen derselben). Die katalyt. Wirksamkeit von Co-Hydroxyd ist bedeutend größer als die von Ni-Hydroxyd; die der gemischten Katalysatoren verhält sich etwa additiv. Durch die Katalysasoren wird die Aktivierungsenergie des Zerfalls von NaClO erheblich herabgesetzt, u. zwar durch Co-Hydroxyd stärker als durch Ni-Hydroxyd. (Журнал Физической Химии [J. physik. Chem.] **29.** 980—82. Juni 1955. Moskau, Akad. der Wiss. der UdSSR, Inst. für anorg. u. allg. Chem.) E. KORDES. 227

## $A_8$. Präparative anorganische Chemie. Komplexchemie. Metallorganische Verbindungen.

**Kelso B. Morris, David F. Johnson** und **Joseph B. Morris,** *Die Eigenschaften von Hydroxylamin.* 1. Mitt. *Die Reduktion von Hydroxylammoniumsalzen durch Arsenit.* Die Zers. von $NH_2OH \cdot HCl$ in der KJELDAHL-App. in Ggw. von überschüssiger 15- u. 30%ig. NaOH erfolgt nach $3\,NH_2OH \rightarrow NH_3 + 3\,H_2O + N_2$, bei Verwendung von $NH_2OH \cdot {}^1/_2\,H_2SO_4$ treten Abweichungen von 12% von obiger Gleichung auf, die nicht erklärt werden können. In Ggw. von $NaAsO_2$ tritt Red. nach $2\,OH^- + AsO_2^- + NH_2OH \longleftrightarrow AsO_4^{3-} + NH_3 + H_2O$ ein mit der Gleichgewichtskonstante $K = 10^{37{,}6}$. (J. Amer. chem. Soc. **72.** 2776—77. Juni 1950. Washington, D. C., Howard Univ., Dep. of Chem.)
H. LEHWALD. 243

**G. Hetherington, D. R. Hub** und **P. L. Robinson,** *Rückschlüsse aus Leitfähigkeit, Dichte und Viscosität auf die Reaktion von Nitrylfluorid mit Schwefelsäure. Die Leitfähigkeit von Lösungen von Nitrylfluorid in Selensäure und Phosphorsäure.* (Vgl. C. **1956.** 5767.) Die Dämpfe von *Nitrylfluorid* ($NO_2F$, Kp. $-73°$) werden von konz. $H_2SO_4$ sofort unter starker Wärmeentw. absorbiert. Die Rk. ist irreversibel. Es lösen sich mehr als 2 Mol $NO_2F$ in 1 Mol $H_2SO_4$. Bis zu einer Konz. von 68 Mol-% ist nur sehr wenig $NO_2F$ dissoziiert. Bei einer Konz. von ca. 70 Mol-% scheiden sich aus der gelben Lsg. farblose Kristalle ab, die auf Grund der Analyse *Nitroniumhydrogensulfat* $NO_2HSO_4$ sein könnten. Aus kyroskop., Leitfähigkeits-, Dichte-, Viscositäts- u. RAMAN-spektroskop. Unterss. wird angenommen, daß die Rk. in 6 Stufen verläuft. — Auch Selensäure absorbiert mehr als 2 Mol $NO_2F$; auch hier scheidet sich bei einer Konz. von 70 Mol-% ein fester Körper ab, vermutlich *Nitroniumhydrogenselenat.* Die Leitfähigkeitskurve der Lsgg. ist ähnlich derjenigen von $NO_2F$-Lsgg. in $H_2SO_4$. — $H_3PO_4$ absorbiert 1,7 Mol $NO_2F$/Mol. Jedoch hat die Leitfähigkeitskurve ein ganz andersartiges Aussehen. Bei einer Konz. von ca. 60 Mol-% scheidet sich eine farblose feste Substanz aus. Dieses Syst. wurde nicht eingehend untersucht. (J. chem. Soc. [London] **1955.** 4041—46. Dez. Newcastle-upon-Tyne, King's Coll.)
E. FORCHE. 246

**H. J. Emeléus** und **A. A. Woolf,** *Die Reaktion von Bromtrifluorid mit Oxyden und einigen Salzen von Sauerstoffsäuren.* Vff. untersuchten das Verh. von 28 Oxyden gegenüber $BrF_3$. Aus vielen wird der $O_2$ quantitativ in Freiheit gesetzt. Dabei gehen CuO in $CuF_2$, $B_2O_3$ in $BF_3$, $Tl_2O_3$ in $TlF_3$, $SiO_2$ in $SiF_4$, $GeO_2$ in $GeF_4$, $TiO_2$ in $TiF_4$, $As_2O_3$ in $AsF_5$, $Sb_2O_3$ in $SbBrF_8$, $SeO_2$ in $SeF_6$, $UO_3$ in $UF_6$ u. $J_2O_5$ in $JF_5$ über. Bei BeO, MgO, ZnO, CdO, HgO, CaO, $Al_2O_3$, $CeO_2$, $SnO_2$, PbO, $PbO_2$, $ZrO_2$, $ThO_2$, $MnO_2$ u. $Fe_2O_3$ ist der Angriff unvollständig, u. es entsteht ein Gemisch aus Fluorid u. Oxyd. Aus $V_2O_5$ bildet sich

$VOF_3$, aus BiOCl $BiF_3$. — K- u. Na-Metaphosphat werden nach einem Ionenmechanismus quantitativ in die Hexafluorophosphate $KPF_6$ bzw. $NaPF_6$ umgewandelt, wobei zunächst $PF_5$ entsteht, welches in $BrF_3$-Lsg. als $BrF_2^+PF_6^-$ reagiert. Aus Na-Orthophosphat bildet sich ein Gemisch von $NaPF_6$ u. $NaBrF_4$ im Molverhältnis 1:2; aus Bi-Orthophosphat entsteht $BiF_3$. — Ag-Orthoarsenat ($Ag_3AsO_4$) gibt Ag-Hexafluoroarsenat ($AgAsF_6$) u. 2 Mol $AgBrF_4$. — K-Persulfat u. -Pyrosulfat setzen sich mit $BrF_3$ zu K-Fluorsulfonat ($KSO_3F$) um. Hingegen entstehen aus K-Pyrosulfit, -Thiosulfat u. -Sulfat äquimol. Gemische aus $KSO_3F$ u. $KBrF_4$; ebenso liefert $Ag_2SO_4$ ein Gemisch aus $AgSO_3F$ u. $AgBrF_4$. Na-Sulfit u. Na-Dithionit gehen in $NaBrF_4$ über. — Aus Jodaten u. Bromaten setzt $BrF_3$ den $O_2$ quantitativ, aus Chloraten u. Carbonaten jedoch nur unvollständig in Freiheit. Aus K-, Hg- u. Tl-Jodat bilden sich dabei $KBrF_4$ bzw. $HgF_2$ bzw. $TlF_3$; aus Mn-Jodat entsteht ein Gemisch von $MnF_2$, $MnF_3$ u. $BrF_5$ im Verhältnis 37:63:5, aus Pb-Jodat ein Gemisch von $PbF_2$ u. 30—40% $PbF_4$, aus Co-Jodat ein Gemisch von 64% $CoF_3$ u. 36% $CoF_2$. — Die Umsetzung von $J_2O_5$ mit $BrF_3$ gemäß $6\,J_2O_5 + 20\,BrF_3 \rightarrow 12\,JF_5 + 15\,O_2 + 10\,Br_2$ kann zur Berechnung der Bildungswärme von $JF_5$ herangezogen werden. (J. chem. Soc. [London] **1950**. 164—68. Jan. Cambridge, Univ., Chem. Labor.)
E. FORCHE. 246

**Irving Sheft, Arthur F. Martin** und **Joseph J. Katz,** *Hochtemperaturfluorierungsreaktionen von anorganischen Substanzen mit Bromtrifluorid-Additionsverbindungen.* Mit $KBrF_4$ (aus KF u. $BrF_3$) u. $BrF_2SbF_6$ (aus $SbF_5$ u. $BrF_3$) lassen sich auch die mit $BrF_3$ nicht reagierenden anorgan. Oxyde, wie $Nd_2O_3$, $CeO_2$, $ThO_2$, $ZrO_2$, $MnO_2$, $Al_2O_3$, NiO, MgO, $Fe_2O_3$, CaO u. Feldspat bei 500° in die Fluoride u. $O_2$ umsetzen. Die Rkk. werden in einer Ni-App. durchgeführt. Die Rk. ist unvollständig bei MgO u. bei Verbb., die gasförmige Oxyde oder Oxyfluoride bilden, wie $Na_2CO_3$ u. $BaSO_4$. — Bei vollständiger Austreibung des $O_2$ kann das Verf. zur analyt. Best. von O in vielen anorgan. u. wahrscheinlich auch organ. Verbb. (z. B. Pentaerythrit u. Benzoesäure) herangezogen werden. — Der Dissoziationsdruck von $KBrF_4$ gehorcht zwischen 158 u. 356° der Gleichung $\log p(mm) = 3{,}38 - 890/T$; der F. liegt bei ca. 330°. Der Dissoziationsdruck von $BrF_2SbF_6$ wird zwischen 225 u. 350° durch die Gleichung $\log p(mm) = 7{,}66 - 3030/T$ wiedergegeben; der F. beträgt ca. 130°. (J. Amer. chem. Soc. **78**. 1557—59. 20/4. 1956. Lemont, Ill., Argonne Nat. Labor., Chem. Div.) E. FORCHE. 246

**M. Schmeisser** und **Erich Pammer,** *Über das Bromylfluorid $BrO_2F$.* 5. Mitt. *Zur Kenntnis anorganischer Säurefluoride.* (4. vgl. C. **1956**. 1527.) Beim Durchleiten von elementarem $F_2$ durch eine Suspension von $BrO_2$ in Perfluorpentan oder fl. $Cl_2$ bei —50° u. Abdest. des Lösungsm. bei —40° im Hochvakuum erhält man nach der Rk. $BrO_2 + {}^1/_2\,F_2 \rightarrow BrO_2F$ *Bromylfluorid* (das Fluorid der Bromsäure) als feste, bei —35° zu einer gelben Fl. schmelzende, im Hochvakuum bei ca. —20° unter geringer Zers. destillierbare Substanz. $BrO_2F$ greift im fl. Zustand Glas ziemlich stark an. Mit W. zers. es sich explosionsartig, mit organ. Stoffen reagiert es unter Feuererscheinung. (Angew. Chem. **67**. 156. 7/3. 1955. München, Univ., Inst. für Anorgan. Chem.) E. FORCHE. 246

**M. Schmeisser** und **Konrad Lang,** *Über Jodylfluorid ($JO_2F$) und Perjodylfluorid ($JO_3F$).* 6. Mitt. *Zur Kenntnis anorganischer Säurefluoride.* (5. vgl. vorst. Ref.) Das von AYNSLEY, NICHOLS u. ROBINSON (vgl. C. **1953**. 3849) beschriebene $JO_2F$ stellten Vff. in größeren Mengen durch Umsetzung von $J_2O_5$ mit elementarem $F_2$ in wasserfreier HF in Pt nach der Rk. $J_2O_5 + F_2 \rightarrow 2\,JO_2F + {}^1/_2\,O_2$ her. Auf gleiche Weise erhält man aus $HJO_4$ $JO_3F$ gemäß $HJO_4 + F_2 \rightarrow JO_3F + HF + {}^1/_2\,O_2$. Dieses ist hydrolysebeständiger als $JO_2F$ u. kann in Glasgefäßen ohne Zers. aufbewahrt werden. Bei 90 bis 100° zers. es sich unter Abgabe von $O_2$. — Bei der Einw. von $AsF_5$ auf eine Lsg. von $JO_2F$ in wasserfreier HF entsteht eine krist. Komplexverb. der Formel $JO_2[AsF_6]$. (Angew. Chem. **67**. 156. 7/3. 1955.) E. FORCHE. 246

**F. B. Dudley, G. H. Cady** und **D. F. Eggers jr.,** *Pentafluorschwefelhypofluorit und Thionyltetrafluorid.* Die Umsetzung von Thionylfluorid im $N_2$-Strom mit elementarem $F_2$ in Ggw. von $AgF_2$ als Katalysator liefert *Thionyltetrafluorid* (I) $SOF_4$ (13,2% des Prod.) u. *Pentafluorschwefelhypofluorit* (II) $SF_5$-$OF$ (48,4% des Gesamtprod.). Auf gleiche Weise erhält man aus $SO_2$ *Sulfurylfluorid* $SO_2F_2$ u. geringe Mengen **II**. — Eigg. von **I**: $Kp._{760}$ —49,0°, F. —99,6°, Dampfdruckgleichung $\log_{10} P(mm) = 7{,}2349 - 8{,}5958 \cdot 10^2/T - 2{,}6275 \cdot 10^4/T^2$, latente Verdampfungswärme 5090 cal/Mol, TROUTONsche Konstante 22,7, $D._T = -4{,}1121 \cdot 10^{-3}T + 2{,}6963$, Volumenausdehnungskoeff. —0,00224 pro Grad. Das Ultrarotspektr. von $SOF_4$ zeigt starke Banden bei 1383, 928, 821, 752, 637 u. 567 $cm^{-1}$. I setzt sich mit wss. KJ-Lsg. anscheinend nach den Rkk. $SOF_4 + H_2O = SO_2F_2 + 2\,HF$ u. $SOF_4 + 2\,H_2O = SO_3F^- + 3\,HF + H^+$ um. Mit KOH reagiert es gemäß $SOF_4 + 4\,OH^- = SO_3F^- + 2\,H_2O + 3\,F^-$. — Eigg. von **II**: $Kp._{760}$ —35,1°, F. —86,0°, Dampfdruckgleichung $\log_{10} P(mm) = 6{,}03633 - 4{,}2035 \cdot 10^2/T - 7{,}836 \cdot 10^4/T^2$, Verdampfungswärme 5210 cal/Mol, TROUTONsche Konstante 21,9, $D._T = -3{,}722 \cdot 10^{-3}T + 2{,}788$, Volumenausdehnungskoeff. 0,001872 pro Grad. Das Ultrarotspektr. von **II** enthält starke Banden bei 935, 888, 614 u. 585 $cm^{-1}$. **II** ist ein kräftiges Oxydationsmittel. Mit KJ-Lsg. reagiert es gemäß $SF_5-OF + 2 J^- + H_2O = SO_2F_2 + 2 HF + J_2 + 2 F^-$, mit KOH gemäß $SF_5-OF + 6 OH^- = \frac{1}{2} O_2 + 5 F^- + 3 H_2O + SO_3F^-$. (J. Amer. chem. Soc. **78.** 1553–57. 20/4. 1956. Washington, D. C., Univ. of Washington, Dep. of Chem., u. Univ. of New England.) E. FORCHE. 253

**Margot Goehring** und **Günter Voigt**, *Über Amide der Fluorsulfinsäure.* In Ggw. von überschüssigem $NH_3$ reagieren 2 Mol $SOF_2$ mit 7 Mol $NH_3$. Das prim. Reaktionsprod. ist sehr hydrolyseempfindlich. Im Reaktionsgemisch wurde $NH_4F$, Imidodisulfinamid u. bei höherer Temp. auch $S_4N_4$ nachgewiesen. Bei der Rk. von $NH_3$ mit überschüssigem $SOF_2$ bei $-50^0$ bildet sich ein farbloses Primärprod., das sich bei $-44^0$ zersetzt. In dem uneinheitlichen Zersetzungsprod. wurde $S_4N_4$ nachgewiesen. Durch Rk. von $NH_3$ mit überschüssigem $SOF_2$ in Ae. oder $CCl_2F_2$ bei $-78^0$ bildet sich $NH_4F$ u. *Fluorsulfinsäureamid* (**I**). **I** wurde teils als sehr flüchtige Verb., teils als gelbes Polymerisat erhalten. Der Reaktionsverlauf wird diskutiert. Durch Rk. von $SOF_2$ in Ae. mit Piperidin oder Diäthylamin bei tiefer Temp. wurden Fluorsulfinsäurepiperidid bzw. -diäthylamid als sehr hydrolyseempfindliche Fll., die sich in organ. Lösungsmitteln lösen, erhalten. Prim. Amine reagieren mit $SOF_2$ unter Bldg. flüchtiger, hygroskop. Primärprodd. — wahrscheinlich Fluorsulfinsäureamide —, die leicht HF abspalten u. in Thionylalkylimine übergehen.

V e r s u c h e : *Fluorsulfinsäurepiperidid*, $OS(F)NC_5H_{10}$, $Kp._{14}$ 91,5–92°, aus $SOF_2$ in Ae. durch Zutropfen von Piperidin in Ae. bei $-78^0$ unter Rühren in 6 Std.; sehr hydrolyseempfindlich. — *Fluorsulfinsäurediäthylamid*, $OS(F)N(C_2H_5)_2$, $Kp._2$ 63–65°, analog vorst. Verbindung. — *Thionylbutylimin*, $OSN(C_4H_9)$, $Kp._{760}$ 116°, analog vorst. Verb. aus $SOF_2$ u. n-Butylamin u. Dest. bei 35–36°/20 Torr. (Chem. Ber. **89.** 1050–54. 1956. Heidelberg, Univ., Chem. Inst., I. Anorg. Abt.) H. BERTSCH. 253

**Elemér Schulek, Endre Körös** und **László Maros**, *Beiträge zur Hydrolyse des Schwefels und zur Chemie der Polysulfide.* Beim Einwirken von kochendem W. auf S entsteht $H_2S$ u. $H_2SO_2$, aus letzterer unterhalb $p_H$ 7, $SO_2$ u. S, oberhalb $p_H$ 7, $H_2S_2O_3$. Mit abnehmendem $p_H$ zerfällt $H_2S_2O_3$ in $SO_2$ + S. Bei der Polysulfidbldg. unterbleibt die Zers. von $H_2S_2O_3$ u. das Sulfid löst S als Polysulfid, doch ist in wss. Lsg. höchstens $S_5^{II}$ stabil. Beim Kochen wird Polysulfid zu $H_2S$ u. $H_2S_2O_3$ hydrolysiert. (Magyar tudományos Akad., kém. Tudományok Osztályának Közleményei [Ung. Akad. Wiss., Ber. Abt. chem. Wiss.] **7.** 91–100. 1955. Budapest, Univ., Inst. für anorgan. u. analyt. Chem.) J. PLANK. 253

**Anton B. Burg** und **James L. Boone**, *Dimethylaminomethylborin.* Die Darst. von *Dimethylaminomethylborin* (**I**) aus *1.2-Dimethyldiboran* (**II**) u. *Dimethylamin* (**III**) wird beschrieben u. einige seiner Eigg. werden untersucht. **I** liegt als Dampf fast ausschließlich monomer vor, bildet jedoch in der fl. Phase bald zu einem erheblichen Anteil die dimere, in reiner Form weiße u. bei Raumtemp. instabile feste Verbindung. **I** disproportioniert bei Raumtemp. u. 20 mm Druck nach der Gleichung $2\,(CH_3)_2NBHCH_3 \rightleftharpoons (CH_3)_2NB(CH_3)_2$ (**IV**) + $(CH_3)_2NBH_2$ (**V**) zu ca. 40%, so daß die umgekehrte Rk. zur Synth. dienen kann.

V e r s u c h e : *1.2-Dimethyldiboran* (**II**), $(CH_3BH_2)_2$, Darst. nach SCHLESINGER, FLODIN u. BURG (J. Amer. chem. Soc. **61.** [1939.] 1078) unter Verwendung von Tetrahydrofuran an Stelle von Dimethyläther, Dest. bei $-78^0$ im Vakuum u. Reinigung durch fraktionierte Hochvakuumkondensation, wobei die Verb. bei $-125^0$ in der Kühlfalle kondensiert. — *Dimethylaminomethylborin* (**I**), $(CH_3)_2NBHCH_3$, F. $-136{,}4$ bis $-136{,}2^0$, Kp. 42–44° (berechnet), a) aus **II** u. **III** bei $-78^0$, schrittweiser Dimerisierung der Reaktionsprodd. bei Raumtemp. u. 250 mm Anfangsdruck u. Dissoziation des Dimeren bei Raumtemperatur. b) Durch 3std. Einw. von **IV** auf **V** bei 100° wird ein Gemisch von monomerem u. dimerem **I** erhalten; 35% Ausbeute. Die monomere Verb. gehorcht im Temperaturbereich $-59{,}5$ bis $-22{,}8^0$ der Dampfdruckgleichung $\log P(mm) = -(1947/T) + 1{,}75 \log T - 0{,}009815\,T + 7{,}771$. (J. Amer. chem. Soc. **78.** 1521–22. 20/5. 1956. Los Angeles, Calif., Univ. of Southern California, Dep. of Chem.) H. HOFMANN. 258

**K. Torssell**, *Versuche zur Darstellung optisch-aktiver bororganischer Verbindungen.* 2. Mitt. *Über Ester der Diarylborsäuren.* (1. vgl. C. **1956.** 5220.) *Diarylborsäureester* mit 2 verschied. Arylgruppen erhält man durch Rk. einer GRIGNARD-Verb. mit einem Monoarylborsäureester im Mol-Verhältnis 1 : 1 bei $-60$ bis $-65^0$. *Diarylborsäurepropylester* sind feuchtigkeitsempfindliche Fll., die an der Luft allmählich bräunlich werden u. in organ. Lösungsmitteln lösl., dagegen in W. unlösl. sind. Die analyt. Best. des B wird angegeben.

Versuche (alle Rkk. unter $N_2$): Borsäure-n-propylester: *[o-Tolyl]-[p-tolyl]*-, $C_{17}H_{21}OB$, Kp.$_{10}$ 173–175°, aus p-Tolylborsäuredibutylester (vgl. 1. Mitt., l. c.) u. o-Tolyl-MgBr (10% Überschuß) bei –60 bis –65° in Ae.; mit $H_2SO_4$ hydrolysiert u. nach dem Vertreiben des Ae. als Öl anfallende *Diarylborsäure* mit n-$C_3H_7OH$ verestert; D.$^{25}_4$ 0,9648; $n_D^{25}$ 1,5420; Mol.-Refr. 82,27; 53% (Ausbeute). – *[o-Tolyl]-[phenyl]*-, $C_{16}H_{19}OB$, Kp.$_9$ 156–159°, wie vorst. aus Phenylborsäuredibutylester; D.$^{25}_4$ 0,9749; $n_D^{25}$ 1,5440; Mol.-Refr. 77,10; 41%. – *[o-Tolyl]-[m-tolyl]*-, $C_{17}H_{21}OB$, Kp.$_{11}$ 173–175°, aus o-Tolylborsäuredibutylester u. m-Tolyl-MgBr; D.$^{25}_4$ 0,9646; $n_D^{25}$ 1,5407; Mol.-Refr. 82,12; 53%. – *[o-Tolyl]-[p-chlorphenyl]*-, $C_{16}H_{18}OClB$, Kp.$_{10}$ 176–177°, aus p-Chlorphenyl-MgBr; $n_D^{25}$ 1,5522; 70%. (Acta chem. scand. **9.** 239–41. 1955. Stockholm, Univ., Inst. für organ. Chem. u. Biochem.) K. SCHNURRBUSCH. 258

**K. Torssell,** *Versuche zur Darstellung optisch-aktiver bororganischer Verbindungen. 3. Mitt. Über Ester der Arylalkylborsäuren.* (2. vgl. vorst. Ref.) Führt man die vorst. beschriebene Rk. mit einem Alkyl-MgBr durch, so erhält man in guter Ausbeute *Arylalkylborsäureester.* Diese sind stabil im Gegensatz zu den *Dialkylarylborinen,* die bei Einw. von 2 Mol Alkyl-MgBr auf 1 Mol Arylborsäureester zu erwarten gewesen wären, aber in *Trialkyl-* u. *Triarylborin* disproportionieren.

Versuche (alle Rkk. unter $N_2$): 1 Mol Phenylborsäuredi-n-propylester (I) + 2 Mol n-$C_3H_7$MgBr: Bei der Umsetzung mit W. gekühlt, $^1/_2$ Std. nacherhitzt u. hydrolysiert; 88% (Ausbeute) an *Tri-n-propylborin,* Kp.$_{10}$ 51–53°; erstarrt an der Luft zu blätterförmigen Kristallen von *n-Propylborsäure,* F. 107°. Destillationsrückstand lange Prismen von *Triphenylborin.* – 1 Mol Phenylborsäuredi-n-butylester (II) + 2 Mol $C_2H_5$·MgBr: Umsetzung wie vorst. führte zu *Triäthylborin* u. nachst. Verbindung. – *[Phenyl]-[äthyl]-borsäure-n-butylester,* $C_{12}H_{19}OB$, Kp.$_9$ 110–111°, aus 1 Mol II u. 1 Mol $C_2H_5$MgBr (2% Überschuß) bei –60 bis –65° in Ae. u. Veresterung der nach der Hydrolyse anfallenden freien Säure mit n-$C_4H_9OH$; D.$^{25}_4$ 0,8940; $n_D^{25}$ 1,4864; 58%. – *[Phenyl]-[methyl]-borsäure-n-propylester,* $C_{10}H_{15}OB$, Kp.$_9$ 87–89°, wie vorst. aus I u. $CH_3$MgBr; D.$^{25}_4$ 0,8985; $n_D^{25}$ 1,4880; setzte sich mit $CH_3$MgBr zu *Triphenylborin* u. *Trimethylborin,* aber nicht zu Phenyldimethylborin um. – *[Phenyl]-[methyl]-borsäure,* durch Hydrolyse aus vorst. Ester; Fl., mit Wasserdampf flüchtig, in W. etwas löslich. (Acta chem. scand. **9.** 242–45. 1955.) K. SCHNURRBUSCH. 258

**Anton B. Burg** und **Francis M. Graber,** *Der Austausch von Methyl- gegen Methylthiogruppen beim Bor.* Die Disproportionierung von $CH_3SB(CH_3)_2$ (I) u. die Darst. von $(CH_3S)_2BCH_3$ (II) wird unter verschied. Bedingungen untersucht. I disproportioniert in mäßigem Umfange unter Bldg. geringer Mengen II neben $B(CH_3)_3$ (III). Zur präparativen Darst. wird folgender Reaktionsweg vorgeschlagen: $(CH_3S)_3B$ + 2 III $\rightleftharpoons$ 3 I; I + $(CH_3S)_3B$ $\rightleftharpoons$ 2 II. Die Reaktionen erfordern Wärmezufuhr u. einen B–H-Katalysator, der von Diboran (IV) gestellt wird. Der Umfang der Disproportionierung von I u. II übersteigt selten 20%. Einzelheiten vgl. Original.

Versuche: *Bis-[methylthio]-methylborin* (II), $(CH_3S)_2BCH_3$, F. –59°, Kp. 155° (berechnet), a) durch 72std. Erhitzen von je 36 cm³ $(CH_3S)_3B$ u. I mit 0,6 cm³ **IV** bei 93°, Isolierung des gebildeten **II** durch fraktionierte Hochvakuumkondensation bei –50° u. erneutes Erhitzen der nicht verbrauchten Reaktionspartner; 19 cm³ (27%) (Ausbeute). b) Durch 4maliges je 10std. Erhitzen einer Mischung äquivalenter Mengen I u. $(CH_3S)_3B$ auf 112°; 50%. Die Temperaturabhängigkeit des Dampfdruckes von **II** gehorcht im Bereich von 26,92–146,7° der Gleichung $\log P(mm) = -(2553/T) + 1{,}75 \log T - 0{,}004911\,T + 6{,}3425$. (J. Amer. chem. Soc. **78.** 1523–24. 20/4. 1956. Los Angeles, Calif., Univ. of Southern California, Dep. of Chem.) H. HOFMANN. 258

**Robert W. Parry** und **Thomas C. Bissot,** *Die Darstellung und Eigenschaften von Phosphortrifluoridboran und Phosphortrifluoridboran-$D_3$.* Diboran ($B_2H_6$) setzt sich mit $PF_3$ im Bombenrohr (8 at) bei Zimmertemp. langsam zu $F_3P\cdot BH_3$ (I) um. Bei längerem Stehen unter Druck bilden sich auch höhersd. Prodd. u. $H_2$. I erhält man auch aus $OC\cdot BH_3$ u. $PF_3$. I ist ein farbloses Gas, das sich an der Luft sofort entzündet. Die Gleichgewichtskonstante der Dissoziation 2 $F_3P\cdot BH_3$(g) $\rightleftharpoons$ 2 $PF_3$(g) + $B_2H_6$(g) hat bei 25° den Wert 1,0±0,3. Die Zers. verläuft bei Zimmertemp. mit nahezu derselben Geschwindigkeit wie diejenige von $OC\cdot BH_3$. Mit der stöchiometr. Menge Trimethylamin setzt sich I quantitativ zu $(CH_3)_3NBH_3$ u. freiem $PF_3$ um. Ein Aminüberschuß reagiert mit dem frei werdenden $PF_3$ zu nichtidentifizierten festen u. gasförmigen Produkten. Bei Tempp. zwischen –128 u. –80° lagert I 5 Moll. $NH_3$ an unter Bldg. einer festen weißen Substanz, die sich bei Zimmertemp. unter Gelbfärbung u. $H_2$-Entw. zu zersetzen beginnt u. bei ca. 55° 1,62 Moll. $NH_3$ angibt. – Unter den für die Darst. von I angewandten Bedingungen lagert sich $NF_3$ nicht an $B_2H_6$ an, aber das Gemisch kann bei Tempp., bei denen das Syst. kondensierte Phasen enthält, heftig explodieren.

Versuche: *Phosphortrifluoridboran* (I), $F_3P \cdot BH_3$, F. $-116,1^0$, Kp. $-61,8^0$, TROUTONsche Konstante 22, Verdampfungswärme 4760 cal/Mol, Dampfdruckgleichung $\log_{10} P = -1038,9/T + 7,8061$; aus $B_2H_6$ u. überschüssigem $PF_3$ im Pyrexbombenrohr bei Zimmertemp. in 4 Tagen; 78,3% (Ausbeute). — *$F_3P \cdot BD_3$*, F. $-115,1^0$, Kp. $-59,8^0$, TROUTONsche Konstante 22, Verdampfungswärme 4630 cal/Mol, Dampfdruckgleichung $\log_{10} P = -1010,8/T + 7,6171$. (J. Amer. chem. Soc. **78.** 1524—27. 20/4. 1956. Ann Arbor, Mich., Univ. of Michigan, Dep. of Chem.) E. FORCHE. 258

**Th. Nemetschek,** *Über ein feinkristallines Silicium.* Beim Erhitzen von SiO in $N_2$-Atmosphäre bei 1600—1700° hinterbleibt ein grünlichgrauer Rückstand, aus dem nach Fortlösen des durch Disproportionierung entstandenen $SiO_2$ mit HF feinkrist. Si in runden Plättchen mit einem Durchmesser von 300—2000 Å u. einer Dicke von $<100$ Å isoliert werden kann. Das so erhaltene durch Röntgen- u. Elektronenbeugungsaufnahmen identifizierbare Si ist nur wenig reaktionsfähig; es löst sich nicht in HF. (Z. Naturforsch. **11b.** 148—50. März 1956. Düsseldorf, Inst. für Übermikroskopie.) U. WANNAGAT. 261

**S. B. Holmsteen,** *Neuere Alkaliphosphate.* Übersicht auf Grund der Literatur. Tetranatriumpyrophosphat, Vorzüge gegenüber $Na_3PO_4$ in Waschmitteln. Herst. u. Eigg. dieser Verb. u. von Na-Metaphosphat, Na-Tri- u. Tetrapolyphosphat, Eigg. von K-Pyrophosphat, K-Tripolyphosphat u. K-Metaphosphat; Formeln, Struktur, $P_2O_5$-Geh., Mol.-Gew., Löslichkeit, D., $p_H$ u. Ca-Bindungsvermögen. Hydrolyseprodd. einiger dieser Verbindungen. Vgl. des Verh. von Na-Tripolyphosphat-, -Tetraphosphat u. -Hexametaphosphat gegen Feuchtigkeit; Empfindlichkeit nimmt zu in vorst. Reihenfolge. Verwendung, bes. von $Na_4P_2O_7$ („Tetron"), Na-Metaphosphat („Calgon") u. Na-Polyphosphaten ( Verbesserung „kalkfester" Seifen). (Ingeniøren **60.** 561—64. 11/8. 1951.) G. v. DECHEND. 264

**J. D. McGilvery** und **A. E. Scott,** *Der Einfluß von Wasser auf die Bildung von Natriumtriphosphat durch Calcinieren.* Die Bldg. von Natriumtriphosphat (I), $Na_5P_3O_{10}$, aus verschied. Phosphatgemischen der Bruttozus. $5\,Na_2O \cdot 3\,P_2O_5 \cdot x\,H_2O$ durch Calcinieren bei Tempp. unterhalb des F. von **I** wurde unter besonderer Berücksichtigung des Einfl. von W. auf Reaktionsgeschwindigkeit u. Umsatz untersucht. Bei der Calcinierung entstehen hauptsächlich Pyro- u. Triphosphat neben höheren, linearen Polyphosphaten, deren relative Mengen abhängig sind von der Temp. u. $p_{H_2O}$ während der Calcinierung. In Ggw. von Wasserdampf wird die Bldg. von Pyrophosphaten u. höheren Polyphosphaten verringert u. die Geschwindigkeit der Bldg. von **I** unter gewissen Bedingungen erhöht. Diese Wrkg. des W. erklären Vff. durch 1. Erleichterung der Diffusion von $Na^+$-Ionen im Reaktionsgemisch, 2. Hydrolyse von —P—O—P-Bindungen u. 3. Förderung der Kristallisation von **I**. Während zur raschen Bldg. von **I** aus Ortho- u. Pyrophosphatgemischen Calcinierungstempp. von 300° u. mehr erforderlich sind, erzielt man ausgehend von Gläsern der Zus. $5\,Na_2O \cdot 3\,P_2O_5$ bereits bei 250° gute Ausbeuten in Ggw. von Wasserdampf. — Als Primär-Rk. nehmen Vff. die Bldg. von Pyrophosphat an, das über Polymerisation nach $2\,HP_2O_7^{3-} \rightarrow P_4O_{13}^{6-} + H_2O$ u. Hydrolyse nach $P_4O_{13}^{6-} + HOH \rightarrow HP_3O_{10}^{4-} + HPO_4^{2-}$ zu **I** umgesetzt wird. (Canad. J. Chem. **32.** 1100—11. Dez. 1954. Toronto, Ont., Ontario Res. Foundat., Dep. of Chem.) M. SCHENK. 264

**O. A. Reutow** und **O. A. Ptitzyna,** *Diazoniumdoppelsalze von Aryldichlorstibinen des Typs $ArSbCl_2 \cdot Ar'N_2Cl$.* Doppelsalze vom Typ $ArSbCl_2 \cdot Ar'N_2Cl$ treten wahrscheinlich als Zwischenprodd. der Arylierungs-Rkk. $ArSbCl_2 + Ar'N_2Cl \cdot MeCl_n \rightleftharpoons ArAr'SbCl_3 + N_2 + MeCl_n$ auf. Ihre Darst. erfolgt durch Zugabe einer Lsg. von $Ar'N_2Cl \cdot FeCl_3$ in möglichst wenig Aceton zu einer an HCl gesätt. alkoh. Lsg. von Arylstibinoxyd. So werden folgende Salze dargestellt: Ar = o-$CH_3OC_6H_4$, Ar' = $C_6H_5$, F. 77—78°; 89% (Ausbeute); $C_6H_5$, o-$C_2H_5OC_6H_4$, 82°; 50%; $C_6H_5$, o-$CH_3OC_6H_4$, 99—100°; 50%; $C_6H_5$, $C_6H_5$, 71—72°; 68%; p-$H_2NO_2SC_6H_4$, p-$C_2H_5OC_6H_4$, 114°; 14%; p-$O_2NC_6H_4$, p-$CH_3COC_6H_4$, 98—99°; 63%; p-$O_2NC_6H_4$, $C_6H_5$, 74—75°; 48%; p-$O_2NC_6H_4$, p-$CH_3C_6H_4$, 95°; 67%; p-$O_2NC_6H_4$, p-$CH_3OC_6H_4$, 111—112°; 25%; bei 10 anderen Salzen werden Gemische mit $ArSbCl_2 \cdot (Ar'N_2Cl)_2$ erhalten. $C_6H_5SbCl_2 \cdot$p-$O_2NC_6H_4N_2Cl$ wird nur bei Verwendung von A. statt Aceton erhalten, zers. sich aber sofort, auch bei raschem Absaugen. In einer Tabelle wird angegeben, aus welchen Komponenten Doppelsalze dieser Art dargestellt werden können; ihre Stabilität hängt von der Natur von Ar u. Ar' ab. Substituenten 1. Art in Ar setzen die Stabilität der Doppelsalze herab, Substituenten 2. Art in Ar erhöhen, in Ar' vermindern die Stabilität. Bei Ar' mit Substituenten 2. Art erfolgt Zers. zu $ArAr'SbCl_3 + N_2$. Eine solche Zers. ist nicht als Radikal-Rk. zu erklären, sondern als heterocycl. Rk., wobei eine Umsetzung zwischen dem Anion von $ArSbCl_2$ u. dem Kation von $Ar'N_2Cl$ stattfindet; diese beruht auf dem Vorhandensein eines freien Elektronenpaares am Sb-Atom u. einer partiellen positiven Ladung an dem an N gebundenen C-Atom des Benzolrings infolge Ablenkung der Elektronen durch Substituenten 2. Art. Bei Einführung eines Substituenten 2. Art in den Benzolring von $ArSbCl_2$ in o- oder p-Stellung wird das freie

Elektronenpaar des Sb-Atoms nach dem Benzolring abgelenkt, wodurch die Umsetzung von Sb mit dem C-Atom der C—N-Bindung zurückgedrängt u. die Stabilität des Doppelsalzes erhöht wird. Damit läßt sich auch die Stabilität der Doppelsalze erklären, die aus p-$O_2NC_6H_4SbCl_2$ u. $Ar'N_2Cl$ mit einem Substituenten 2. Art (z. B. $CH_3CO$) erhalten sind. (Доклады Академии Наук СССР [Ber. Akad. Wiss. UdSSR] **102.** 291—94. 11/5. 1955. Moskau, Lomonossow-Univ.) R. K. Müller. 266

**A. Ju. Prokoptschik,** *Über den spontanen Zerfall von Calciumhypochlorit in wässeriger Lösung.* Der spontane Zerfall von $Ca(ClO)_2$ in wss. Lsg. wird im Temperaturbereich von 40—70° experimentell bestimmt. Vf. ermittelt die Reaktionsordnung, die Größe der Geschwindigkeitskonstante, den Temperaturkoeff. derselben u. die Aktivierungsenergie. Bei Abwesenheit von festem $Ca(OH)_2$ verläuft der Zerfall wie eine Rk. 2. Ordnung. Der Gesamtprozeß spielt sich aber in drei parallelen bimol. Rkk. ab: $ClO^- + ClO^- = 2\,Cl^- + O_2$; $Cl^- + ClO^- = ClO_2^- + Cl^-$; $ClO_2^- + ClO^- = ClO_3^- + Cl^-$. Bei konstanter Temp. ist das Mengenverhältnis $ClO_3^- : O_2$ konstant. Mit steigender Temp. wird dieses Mengenverhältnis kleiner, d. h. die $O_2$-Bldg. nimmt verstärkt zu. Bei Ggw. von festem $Ca(OH)_2$ verläuft die Rk. komplizierter, die Gesamtordnung der Rk. sinkt von 2 auf 1,5—1,7 ab. Diese Tatsache erklärt sich durch das Auftreten einer vierten Rk. niedriger Ordnung, u. zwar der katalyt. $O_2$-Bldg. durch Zerfall des $Ca(ClO)_2$ an der Oberfläche der festen Phase. (Журнал Физической Химии [J. physik. Chem.] **29.** 1020—26. Juni 1955. Wilna, Litauische Akad. der Wiss., Inst. für Chem. u. chem. Technol.) E. Kordes. 283

**L. N. Usspenskaja, N. P. Gluschkowa** und **A. G. Bergman,** *Gegenseitige Löslichkeit von Salzen im System aus den Chloriden und Nitraten des Bariums und Calciums von der Temperatur der vollständigen Erstarrung bis +60°.* (Vgl. C. **1956.** 8286.) Nach dem visuell-polytherm. Verf. wurden die Systeme *$BaCl_2$* (I)–*$Ba(NO_3)_2$* (II)–$H_2O$, *$CaCl_2$* (III)–II–$H_2O$ u. I–*$Ca(NO_3)_2$* (IV)–$H_2O$ von der Temp. der vollständigen Gefrierung bis +60° untersucht. Die Löslichkeitsisothermen für 20, 40 u. 60° zeigen, daß im Syst. III–II–$H_2O$ die Löslichkeit von II in Ggw. von III infolge der starken Hydratation von III stark abnimmt. Dieses Syst. ist die instabile Diagonale des reziproken Syst. Ca, Ba ‖ Cl, $NO_3$–$H_2O$. Die im Syst. I–IV–$H_2O$ zu beobachtende starke Abnahme der II-Löslichkeit erklärt sich aus der Aussalzwrkg. des stark hydratisierten III. Im Syst. I–II–$H_2O$ entsprechen die Isothermen von 20, 40 u. 60° dem Dihydrat von I, die 80°-Isotherme dem Monohydrat, die 100°- u. 120°-Isothermen dem wasserfreien I. Aus dem graph. Vgl. der Löslichkeitsdiagramme von I–II–$H_2O$ u. I–IV–$H_2O$ ergibt sich eine völlige Übereinstimmung der Isothermen beider Diagramme im Gebiet von II. Im Syst. aus den Chloriden u. Nitraten von Ca u. Ba verläuft die Austausch-Rk. in der Lsg. u. in der Schmelze verschieden. (Журнал Общей Химии [J. allg. Chem.] **25** (87). 1658—73. Sept. 1955. Rostow/Don, Univ.) O. Lebtag. 285

**R. K. Summerbell** und **James R. Stephens,** *Die polymere Natur einer als einfach ringförmig angesehenen Quecksilberverbindung.* Die von Sand (Ber. dtsch. chem. Ges. **34.** [1901.] 1385) beschriebene Verb. (I) muß dem ermittelten Mol.-Gew. (~5·10³) nach polymer sein. Die Behandlung mit $J_2$ führt zu *trans-2.5-Bis-(jodomethyl)-p-dioxan* (II), F. 158°. I besitzt daher tatsächlich die Struktur (III) (*Poly-trans-2.5-p-dioxandimethylenquecksilber,* [$C_6H_{10}O_2Hg]_n$). Gegen I spricht auch die allg. beobachtete Linearität der C—Hg—C-Bindung. (J. Amer. chem. Soc. **77.** 6080. 20/11. 1955.) U. Wannagat. 290

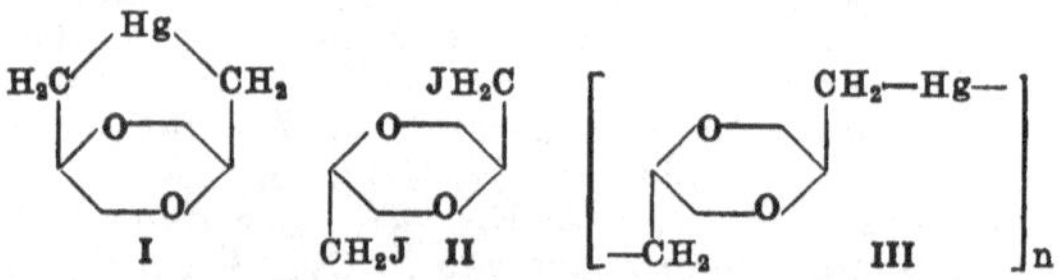

I II III

**Dietrich Eckardt** und **Ludwig Holleck,** *Zur Komplexchemie der 2- und 3wertigen Seltenen Erden. Polarographische Untersuchungen an Europiumkomplexen.* Vff. bestimmten die $p_H$-Abhängigkeit der Halbstufenpotentiale der Eu(III)-Komplexe mit *Äthylendiamintetraessigsäure* bzw. *o-Cyclohexandiamintetraessigsäure* u. geben für die einzelnen $p_H$-Bereiche als wahrscheinliche Elektrodenvorgänge nachst. Rkk. an (X = 1 Mol Komplexbildneranion): a) saures Gebiet bis ca. $p_H$ 4: $[Eu(III)X]^- + 2\,H^+ + e^- = [H_2Eu(II)\cdot X]$; b) Zwischengebiet $p_H$ 4—5: $[Eu(III)X]^- + H^+ + e^- = [HEu(II)X]^-$; c) $p_H$ 5—10, $E_{1/2}$ $p_H$-unabhängig: $[Eu(III)X]^- + e^- = [Eu(II)X]^{2-}$; d) $p_H > 10$: $[Eu(III)X\,OH]^{2-} + H^+ + e^- = [Eu(II)X]^{2-} + H_2O$. Die Komplexbildungskonstanten für die Eu(II)- u. Eu(III)-Komplexe wurden berechnet u. die Stabilitätsgebiete der einzelnen Komplextypen in Abhängigkeit vom $p_H$ festgelegt. (Z. Elektrochem., Ber. Bunsenges. physik. Chem. **59.** 202—06. 1955. Bamberg, Hochschule, Chem. Inst.; Freiburg/Br., Univ., Inst. für Physikal. Chem.) E. Moisar. 309

**George Butler** und **J. L. Copp,** *Die thermische Zersetzung von Bleidioxyd an Luft.* Vff. berichten über eine erneute chem. u. röntgenograph. Unters. der therm. Zers. von

$PbO_2$ an der Luft. Unterstützt durch die differentielle therm. Analyse konnte gezeigt werden, daß bei der Zers. zunächst zwei Oxyde (von Vff. als $\alpha$-$PbO_x$ [I] u. $\beta$-$PbO_x$ [II] bezeichnet) entstehen. Die mittlere Zus. von I liegt mit $PbO_{1,568}$ nahe bei $Pb_7O_{11}$, die von II mit $PbO_{1,41-1,50}$ nahe bei $Pb_2O_3$. Die Kristallstrukturen beider Oxyde sind sehr ähnlich: I besitzt eine tetragonal raumzentrierte Elementarzelle mit a = 5,41$_6$, c = 5,49$_9$ Å, während II ein kub. raumzentriertes Gitter mit a = 5,491 Å bildet. – Nach den Ergebnissen der Vff. zers. sich $PbO_2$ unterhalb 293° nur in sehr geringem Maße, oberhalb dieser Temp. jedoch wesentlich rascher u. unter Bldg. von I, das seinerseits bei 351 ± 8° zu II abgebaut wird. II zers. sich schließlich bei 374° unter Bldg. von $Pb_3O_4$. Die Ergebnisse der Unterss. werden ausführlich diskutiert u. mit denen anderer Autoren verglichen. (J. chem. Soc. [London] **1956**. 725–35. März. Dundee, Univ. of St. Andrews, Univ. Coll.) R. Stein. 328

**Je. I. Krylow** und **A. A. Scharnin**, *Synthese und Eigenschaften von Niobbronzen.* Aus $NbO_2$ u. Carbonaten der Alkalimetalle bzw. Erdalkalioxyden wurden erstmalig nachst. Bronzen hergestellt: $Li_2NbO_3$, $K_2Nb_2O_5$, $Na_4Nb_3O_8$, $CaNbO_3$, $SrNbO_3$, $BaNbO_3$ (es handelt sich nur um Näherungsformeln). Es wurden die D., die mol. magnet. Momente der gewonnenen Bronzen bestimmt, ferner der spezif. elektr. Widerstand von $CaNbO_3$. Es wird gezeigt, daß die Formel $\mu_{eff} = \sqrt{n(n+2)}$ (n = Zahl der nicht gepaarten Elektronen) von Stoner für die Berechnung der magnet. Momente der Ionen von höheren Übergangselementen nicht brauchbar ist. (Журнал Общей Химии [J. allg. Chem.] **25** (87). 1680–85. Sept. 1955. Uraler Polytechn. Inst.) O. Lebtag. 331

**S. A. Mateiko** und **G. A. Buchalowa**, *Ternäres reziprokes System aus den Molybdaten und Fluoriden des Natriums und Kaliums.* Nach der visuell-polythermen Unters. entsteht im bin. Syst. $Na_2F_2$–$Na_2MoO_4$ die unter Zers. schmelzende Verb. 3 $Na_2MoO_4$ · $Na_2F_2$. Das Eutektikum liegt bei 611° u. 11% $Na_2F_2$, der Übergangspunkt bei 666° u. 21,5% $Na_2F_2$. Im Syst. $K_2F_2$–$K_2MoO_4$ (I) kommt die Verb. $K_2F_2 \cdot K_2MoO_4$, F. 174°, vor. Eutektika: 722° u. 45% I; 745° u. 72% I. Im Syst. Na, K || F, $MoO_4$ gibt es 8 Kristallisationsfelder u. 5 nonvariante Punkte: Eutektika bei 593°, 648 u. 672°; Übergangspunkte bei 614 u. 672°. (Журнал Общей Химии [J. allg. Chem.] **25** (87). 1673–80. Sept. 1955. Rostow/Don, Bauinst.) O. Lebtag. 336

**R. Miquel**, *Potentiometrische und konduktometrische Untersuchung der Fällung von Magnesium und Silber mit Kaliumcyanoferrat(II) im wässerigen-alkoholischen Medium.* Das zu bestimmende Mg-Salz wird durch Abdampfen mit konz. $H_2SO_4$ in das Sulfat übergeführt u. der Rückstand mit W. oder besser mit wss.-alkoh. Lsg. aufgenommen. Ein aliquoter Teil davon wird zu 5 ml einer $K_4[Fe(CN)_6] \cdot 3\,H_2O$-Lsg. (I) (3–4 g/Liter), die 1% *p*-$C_6H_4(OH)_2$ (II) enthält, zu 30 ml W. u. zu 100 ml A. zugegeben u. der Überschuß an $[Fe(CN)_6]^{4-}$ durch konduktometr. Titration mit einer $Mg^{2+}$-Lsg. bekannten Geh. bestimmt. Zur potentiometr. Unters. werden 5 ml einer 0,01 mol. $K_3[Fe(CN)_6]$-Lsg. zu I, wobei aber II fehlt, zugegeben u. unter Verwendung einer Pt- u. einer Kalomelelektrode das jeweilige Potential der anteilsweise zugesetzten $Mg^{2+}$-Lsg. gemessen. In analoger Weise erfolgt die Titration des $Ag^+$ mit einer Ag-Indicatorelektrode. Es zeigt sich, daß beim $Mg^{2+}$ der Äquivalenzpunkt in Abhängigkeit von der Meßdauer schwankt (Verschiebung nach links), was auf eine Zers. hindeutet. Beim Ag (ohne II) beobachtet Vf. vier Äquivalenzpunkte, die möglicherweise folgende Verbb. anzeigen: $K_3Ag[Fe(CN)_6]$; $K_2Ag_2[Fe(CN)_6]$; $KAg_3[Fe(CN)_6]$ (III) u. $Ag_4[Fe(CN)_6]$ (IV), wobei aber nur der dritte Punkt hinreichend genau (2%) der Zus. III entspricht. Das Altern der Lsg. übt prakt. auf den zweiten u. dritten Äquivalenzpunkt keinen Einfl. aus. Der vierte schwankt erheblich (Verschiebung nach rechts), u. der erste ist für eine Deutung zu unsicher. Für $Ag^+$ mit II verschwinden die Äquivalenzpunkte 1 u. 2, 3 verbessert sich; der vierte dagegen ändert sich in Abhängigkeit von der Meßdauer in solcher Weise, daß ihm IV nicht mehr zugeschrieben werden kann, aber wohl eine Verb., in der das Verhältnis $Ag/[Fe(CN)_6]$ 4,5 beträgt. Zur Erklärung der Ergebnisse nimmt Vf. ein Ferrocyanid an, das mit $Mg^{2+}$ nicht fällt, aber mit $Ag^+$ Ndd. gibt, in denen das Verhältnis $Ag/[Fe(CN)_6]$ in einem Fall 3 u. im anderen $>4$ ist. Die Rk. $[Fe(CN)_6]^{4-} + H_2O \rightarrow [Fe(CN)_5(H_2O)]^{3-} + (CN)^-$ muß hier wegen der Ggw. von A. ausgenommen werden. Dagegen ist die Rk. $2\,[Fe(CN)_6]^{4-} + H_2O + 0{,}5\,O_2 \rightarrow 2\,[Fe(CN)_6]^{3-} + 2\,OH^-$ möglich, da auf Grund von UV-Absorptionsdaten nachgewiesen wurde, daß in wss.-alkoh. Lsg. $[Fe(CN)_6]^{3-}$-Ionen vorhanden sind. Vf. schließt daher auf die Existenz einer Verb. $2\,Ag_4[Fe(CN)_6] \cdot AgNO_3$, obwohl das Vorhandensein von $NO_3^-$ nicht bewiesen wurde. (Bull. Soc. chim. France, Mém. [5] **1954**. 479–84. April. Toulouse, Fac. des Sci.) H. Surawski. 354

**Viktor Weinmayr**, *Die Kondensation von Dicyclopentadienyleisen mit aromatischen Diazoniumsalzen.* Vf. erhält bei der Einw. aromat. Diazoniumsalze in verd. $H_2SO_4$ auf

*Dicyclopentadienyleisen* (I) in der oxydierten Form $[Fe(C_5H_5)_2]^+$ arylsubstituierte Derivv. von I. Es werden nebeneinander mono- u. polyarylsubstituierte Verbb. gebildet. Die polysubstituierten I-Derivv. sind in verd. $H_2SO_4$ unlösl. u. haben auch nach mehrmaligem Umkristallisieren ein Schmelzintervall von einigen Grad, was auf das Vorliegen von Isomerengemischen hinweist. Die Monoarylverbb. liegen in der lösl., kation. Form vor. Die Frage, ob die polysubstituierten Verbb. die Arylgruppen an einem Ring oder an beiden Cyclopentadienylringen tragen, konnte auf Grund von Dipolmomentmessungen nicht entschieden werden. Das gefundene hohe Dipolmoment für *Di-[p-chlorphenyl]-dicyclopentadienyleisen* kann sowohl resultieren durch das Vorliegen der beiden Substituenten an einem Ring wie an benachbarten Seiten beider Ringe.

Versuche: *Di-[p-chlorphenyl]-dicyclopentadienyleisen*, $C_{22}H_{16}Cl_2Fe$, F. 192° (PAe.), durch Zugabe von 100 g I zu 96%ig. $H_2SO_4$ (dabei Erwärmung auf 50° u. Entw. von $SO_2$ unter Bldg. der blauen Lsg. des Kations $[Fe(C_5H_5)_2]^+$), Stehenlassen über Nacht u. Eingießen in Eis/W., Zugabe einer Diazoniumsalzlsg. von p-Chloranilin in 20%ig. $H_2SO_4$; 65 g (Ausbeute an Rohprod.), löst sich in konz. $H_2SO_4$ mit brauner Farbe, daneben *Cyclopentadienyl-p-chlorphenylcyclopentadienyleisen*, $C_{16}H_{13}ClFe$, F. 122° (90%ig. Essigsäure), löst sich in konz. $H_2SO_4$ mit grüner Farbe u. gelber Fluorescenz. — Analog erfolgt die Darst. der nachst. Verbb.: *Diphenyldicyclopentadienyleisen*, $C_{22}H_{18}Fe$, F. 140 bis 144° (Eisessig); 20%, löst sich in konz. $H_2SO_4$ mit brauner Farbe; daneben *Cyclopentadienylphenylcyclopentadienyleisen*, $C_{16}H_{14}Fe$, Kp.$_{33}$ 230—240°, F. 110—111° (80%ig. Essigsäure), 17%, grün in konz. $H_2SO_4$, ferner aus p-Dibrombenzol u. Cyclopentadienylnatrium in fl. $NH_3$. — *Tri-[p-diphenyl]-dicyclopentadienyleisen*, $C_{46}H_{34}Fe$, F. 135—140° (Butanol); 50%, braun in konz. $H_2SO_4$. — *Cyclopentadienyl-p-nitrophenylcyclopentadienyleisen*, $C_{16}H_{13}O_2NFe$, F. 163° (Gasolin); 10%, gelb in konz. $H_2SO_4$; daneben *Di-[p-nitrophenyl]-dicyclopentadienyleisen*, $C_{22}H_{10}O_2N_2Fe$, F. >300° (Eisessig; 60%, braun in konz. $H_2SO_4$. — *Di-[o-carboxyphenyl]-dicyclopentadienyleisen*, $C_{24}H_{18}O_4Fe$, F. 195° (Eisessig); 15%, grün mit Farbwechsel nach rot in konz. $H_2SO_4$; daneben *Gemisch von Tri- u. Tetra-[o-carboxyphenyl]-dicyclopentadienyleisen*, F. 134—140° (aus verd. $NH_4OH$ mit HCl); 35%, braun in konz. $H_2SO_4$. — *8-Carboxy-1-naphthylcyclopentadienylcyclopentadienyleisen*, $C_{21}H_{10}O_2Fe$, F. 220° (Eisessig); 6%, grün mit Farbwechsel nach rot in konz. $H_2SO_4$; daneben *Tri-[8-carboxy-1-naphthyl]-dicyclopentadienyleisen*, $C_{43}H_{28}O_6Fe$, F. >300° (Zers.; aus verd. $NH_4OH$ mit Essigsäure); 30%, braun mit Farbwechsel nach oliv in konz. $H_2SO_4$. — *Cyclopentadienyl-p-oxyphenylcyclopentadienyleisen*, $C_{16}H_{14}OFe$, F. 165° (Gasolin); 60%, gelb mit grüner Fluorescenz in konz. $H_2SO_4$. — *Bis-[tetraphenylcyclopentadienyl]-eisen*, $C_{58}H_{42}Fe$, F. 322°, durch Zugabe von 18,5 g 1.2.3.4-Tetraphenylcyclopentadien (F. 178°) zu $NaNH_2$ in fl. $NH_3$ u. nach 1 Std. Zugabe von $FeCl_2$, tiefrote Kristalle aus Chlorbenzol; 8,8 g. (J. Amer. chem. Soc. **77**. 3012—14. 5/6. 1955. Wilmington, Del., Du Pont de Nemours & Co., Jackson Labor.) G. WINKLER. 354

**Ting Li Chu** und **Joseph V. Friel**, *Die reduzierende Wirkung von Natriumnaphthalid in Tetrahydrofuranlösung.* 1. Mitt. Die *Reduktion von Kobalt(II)-chlorid.* An Hand von konduktometr. Titrationen (Skizze der App.) wird die Red. von wasserfreiem $CoCl_2$ durch Na-Naphthalid in Tetrahydrofuran untersucht. Die Ergebnisse werden durch magnet. u. Lichtabsorptionsmessungen ergänzt u. diskutiert. Vermutlich verläuft die Red. unter Austausch von 2 Elektronen u. quantitativer Bldg. von metall. Co nach folgender Gleichung: $CoCl_2 + 2\ NaC_{10}H_8 = 2\ NaCl + 2\ C_{10}H_8 + Co$. (J. Amer. chem. Soc. **77**. 5838—40. 20/11. 1955. Pittsburgh, Pa., Duquesne Univ., Dep. of Chem.)
H. HOFMANN. 355

## A₉. Mineralogische und geologische Chemie.

**F. Begemann, J. Geiss, F. G. Houtermans** und **W. Buser**, *Isotopenzusammensetzung und Radioaktivität von rezentem Vesuvblei.* Vff. untersuchen die von RaD u. seinen Folgeprodd. herrührende Radioaktivität des Pb aus drei Cotunnitproben vom Vesuv sowie deren Isotopenzusammensetzung. Dieses Cotunnitblei wird als bisher unbekannter „intermediärer" Pb-Typ aufgefaßt, der zu ~0,7% aus radiogenem Zerfalls-Pb u. im übrigen aus rezentem Pb besteht. Das radiogene Pb entstammt einem „Urankonzentrat", dessen Maximalalter nach der RaD-Meth. zu $17 \cdot 10^6$ Jahren bestimmt wurde. Die Isotopenzus. des Cotunnit-Pb zeigt eine ähnliche Anomalie, wie sie schon bei Proben einiger anderer Pb-Erzlagerstätten beobachtet wurde, die von den Vff. als „J-Typen" zusammengefaßt werden, für deren Entstehungsmechanismus ein Modell angegeben wird. (Nuovo Cimento 9] **11**. 663—73. 1/6. 1954. Bern, Univ., Physikal. Inst. u. Anorgan.-chem. Inst.)
MAX SCHMIDT. 378

**L. H. Ahrens**, *Die konvergierenden Bleialter der ältesten Monazite und Uraninite Rhodesien, Manitoba, Madagaskar und Transvaal).* Von 3 Proben rhodes Monazite wird das Alter nach der Bleimeth., u. zwar nach den Isotopenverhältnissen 206/238, 207/235, 208/232 u. 207/206 bestimmt. Die Ergebnisse werden in einem Diagramm eingetragen u. ergeben eine Anordnung, die durch verschied. Bleiunterschuß entsteht u. zur Präzisionsbest. des Alters, des sogenannten konvergenten Alters, benutzt werden kann. Für die Monazite ergibt sich ein Alter von $2{,}680 \cdot 10^6$ Jahren. Für Monazit von Antsirabe, Madagaskar, u. Uraninit vom Huron Claim, Südost-Manitoba, beträgt es ebenfalls $2{,}680 \cdot 10^6$ Jahre. Uraninit von Klerksdorp, Transvaal, dürfte ein ähnliches Alter haben. Das Zustandekommen eines solchen wohlgeordneten Altersdiagramms weist darauf hin, daß eher physikal. als chem. Gründe für den Pb-Unterschuß verantwortlich sind. (Geochim. cosmochim. Acta [London] **7.** 294–300. Juni 1955. Oxford, Univ., Dep. of Geol. and Mineralogy.) J.-E. HILLER. 378

**H. D. B. Wilson,** *Die geochemische Kontrolle von Chrom-, Vanadin- und Titanerzlagerstätten.* (Trans. Canad. Inst. Mining Metallurgy Mining Soc. Nova Scotia **56.** 9–12. 1953. — C. **1954.** 6683.) W. WESLY. 378

**B. C. King,** *Metasomatose bei der Petrogenese.* Vf. gibt eine Zusammenstellung über die Ergebnisse der neueren Arbeiten über Metasomatose. Im einzelnen werden behandelt Metasomatose bei der Metamorphose, Migmatite, Granitisation Mg-Fe-Metasomatose, Metasomatose bei der Entstehung intermediärer u. bas. Gesteine, Mobilisation, Granitbildung. (Sci. Progr. **42.** 664–76. Okt. 1954. Glasgow, Univ.) J.-E. HILLER. 378

**E. B. Bailey** und **W. J. McCallien,** *Äußere Metasomatose in Verbindung mit Serpentinen.* In Ayrshire wurde der Kontakt zwischen dem Ballantrae-Serpentin u. den benachbarten Spiliten untersucht. Entgegen früherer Annahme wird gefunden, daß der Serpentin älter ist. Hieraus wird die Folgerung gezogen, daß der Mutterperidotit des Serpentins noch frischen *Olivin* enthielt, als der Spilit in Kontakt mit ihm kam; denn die Serpentinisierung des Olivins erscheint als die einzige Quelle für die Mg-Lsgg., die für die Veränderungen des Spilites verantwortlich sind. (Nature [London] **174.** 836. 30/10. 1954. Edinburgh u. Gold Coast Univ. Coll.) J.-E. HILLER. 378

**Takao Yamaguchi,** *Mineralfacies der metamorphen Serie von Rensen.* Es werden die Mineralfacies der metamorphen Serie von Rensen (Yonchon in Korea) untersucht. Die Serie kann in verschied. Zonen mit verschied. Graden der Metamorphose eingeteilt werden. Es ergibt sich dabei, daß die Koexistenz verschied. Minerale auch die Koexistenz verschied. Facies derselben Temp. aber verschied. Drucke anzeigt. Die einzelnen Zonen der regionalen Metamorphose sind infolge der verschied. Druckverteilung wechselweise der metamorphen Differentiation unterworfen. In den einzelnen Zonen ist es möglich, die Farben die *Biotits* als Anzeichen für die Temp. der Metamorphose zu benutzen. (J. geol. Soc. Japan **60.** 153–59. April 1954. [Orig.: japan.]) J.-E. HILLER. 378

**Robert M. Garrels,** *Verwitterung der Uranlagerstätten.* Die Urankupfererze waren prim. Pechblende u. Sulfide des Cu u. Fe. Sie verwitterten zu einer Reihe von Uranmineralien, in denen das U in der 6-wertigen Form auftritt, u. zu oxyd. Cu- u. Fe-Mineralien. Die V–U-Erze enthalten prim. das U ebenfalls in der 4-wertigen Form (Pechblende) u. das V in der 3-wertigen Form. Bei der Verwitterung geht zunächst unter Erhaltung der Sulfide u. der Pechblende das V ganz oder teilweise in $V_2O_4$ über. Anschließend geht das U in $U^{VI}$ u. das V in $V_2O_5$ über, wobei der Pyrit zu $Fe_2O_3$ oxydiert wird. (Mining Congr. J. **41.** Nr. 5. 58–60. Mai 1955.) F. ENSSLIN. 378

**G. Vibert Douglas,** *Entstehung der Roan Antelope Kupferlagerstätte von Nord Rhodesien.* Vf. gibt die Gründe an, welche für eine hypogene u. epigenet. Entstehung der Lagerstätte sprechen. (Econ. Geol. **50.** 82–83. Jan./Febr. 1955. Halifax, Canada, Dalhousie Univ.) F. ENSSLIN. 378

**A. E. Carte,** *Die thermische Leitfähigkeit und Mineralzusammensetzung einiger Gesteine von Transvaal.* (Vgl. C. **1955.** 7167.) Tabellar. Zusammenstellung des Mineralbestands von 42 Gesteinen u. ihrer therm. Leitfähigkeit. Letzte läßt keinen linearen Zusammenhang mit dem Mineralbestand erkennen, da sie von der Verwitterung u. bes. von der Porosität der Gesteine abhängt. (Amer. J. Sci. **253.** 482–90. Aug. 1955. Pretoria, Nat. Phys. Labor.) F. ENSSLIN. 378

**Dušan Němec,** *Piezoelektrische Texturen in der Natur.* Die Piezoelektrizität, eine an Einzelkristallen bekannte Tatsache, kann auch an Gesteinen nachgewiesen werden, so weit piezoelektr. Einzelkristalle vorwiegend oder ganz einseitig in dem Gestein orientiert sind. Bei den Mineralien der untersuchten Gesteine handelt es sich um Turmaline u. Quarze. (Geologie **4.** 280–81. Mai 1955. Brünn, Mineralog. Inst. der Masaryk-Univ.) F. ENSSLIN. 378

**E. P. Wheeler,** *Adamellitintrusion, nördlich von Davis Inlet, Labrador.* Ein Adamellitbatholit, welcher in komplexe Gneis- u. Anorthositgesteine eingedrungen ist, wird beschrieben. Angabe von Analysen. (Bull. geol. Soc. America **66.** 1031—59. Aug. 1955. Ithaka, N. J., Cornell Univ., Geol. Labor.) F. ENSSLIN. 380

**S. Matthes** und **H. Krämer,** *Die Amphibolite und Hornblendegneise im mittleren kristallinen Vor-Spessart und ihre petrogenetische Stellung.* Es werden die zahlreichen Einzelvork. von Amphibolit u. die mit ihnen verknüpften Hornblendegneispartien im Raume Aschaffenburg-Damm—Glattbach—Unter-Afferbach—Wenighösbach—Feldkahl untersucht. Bei den Gesteinen handelt es sich stets um einige Dezimeter bis höchstens wenige Meter mächtige Zwischenschaltungen, die linsenförmig deformiert oder lagig ausgewalzt bzw. schiefrig texturiert sind. Ihre petrograph. Mannigfaltigkeit in bezug auf Mineralbestand, Struktur- u. Texturelemente, wird beschrieben. (Neues Jb. Mineralog., Abh. **88.** 225—72. Juni 1955. Frankfurt/M., Univ., Mineralog. Inst.) J.-E. HILLER. 380

**S. W. Morel,** *Biotit in dem Basementkomplex von Süd-Nyasaland.* In den Gneisen u. Granuliten kommen Schwärme von Biotit-Körpern vor, welche durch Metamorphose aus ultrabas. Intrusionen entstanden sind. In einem Vork. wurde der Biotit unter dem Einfl. hydrothermaler Agentien in Vermiculit umgewandelt. (Geol. Mag. **92.** 241—54. Mai/Juni 1955. Zomba, Nyasaland, Geol. Surv. Dep.) F. ENSSLIN. 380

**Trygve Strand,** *Biotit-Søvit auf Stjernøy, West-Finnmark.* Ein Calcit–Biotit-Vork. erweist sich als überdurchschnittlich reich an Apatit (1—10%) u. wird daher als Søvit angesprochen; als Einschlüsse u. Adern kommen Albit–Biotit-Pegmatite u. Hornblenden vor, seltener Nephelinsyenit u. ultrabas. olivinhaltige Gesteine. (Norges geol. Unders. **1951.** Nr. 183. 10—21. 1952.) R. K. MÜLLER. 380

**John C. Osmond,** *Dolomite im Silur und Devon von Ostzentral Nevada.* Beschreibung von 2 Dolomitstöcken in Nevada. (Bull. Amer. Assoc. Petroleum Geologists **38.** 1911 bis 1956. Sept. 1954. Salt Lake, Ut.) F. ENSSLIN. 380

**A. P. Wymond** und **R. B. Wilson,** *Ein Vorkommen von Krokydolith nahe Robertstown, Südaustralien.* Der Krokydolith von Robertstown bildet schmale Gänge u. Massen in z. T. turmalinisierten Metadoleriten. Er ist durch letzte metasomat. Vorgänge aus Fe- u. Na-reichen Lsgg. entstanden u. hat den hohen Mg-Geh. dem Dolomit entnommen. Doppelbrechung: Schwach bis mäßig, maximal ca. 0,014, verdeckt durch eine hohe Absorption. X = lichthimmelblau, Y = gelb bis grünlichgelb, Z = violett. Brechungsindex der massiven (1) u. der faserigen (2) Ausbldg.: (1) $\alpha = 1{,}6652 \pm 0{,}0005$; $\gamma = 1{,}6775 \pm 0{,}0005$; (2) $\alpha = 1{,}6682 \pm 0{,}0005$, $\gamma = 1{,}6820 \pm 0{,}0005$. Chem. Analyse in %: $SiO_2$ 54,87, $Al_2O_3$ 1,78, $TiO_2$ 0,68, $Fe_2O_3$ 16,41, FeO 5,38, MgO 11,34, CaO 0,45, $Na_2O$ 6,77, $K_2O$ 0,25, $H_2O^+$ 1,62, $H_2O^-$ 0,51, MnO Spuren. Summe 100,06. Formel: $(O, OH)_2 \cdot Na_3(Mg, Fe^{2+})_3Fe_2^{3+}(Si, Al)_8O_{22}$. (Trans. Roy. Soc. South Australia **74.** 44—48. Aug. 1951. Adelaide, Univ., Geol. Dep.) K. LÖFFLER. 380

**P. Bourguignon** und **F. Delecour,** *Die Identifizierung der Löße in Gaume.* (Ann. Soc. géol. Belgique, Bull. **78.** B317—B334. Febr./April 1955. Lüttich, Univ., Labor. de Minéral.) F. ENSSLIN. 380

**Toshio Sudo,** *Tonmineralien mit langen Raumgittern.* In japan. Tonen, welche Kaolinit, Chlorit, Sepiolith u. Montmorillonit enthalten, wurden Raumgitter mit 29,6 u. 26,6 Å gemessen. Diese können aus 2 Komponenten der Serie *Montmorillonit* (15,4 Å), *Magnesiachlorit* (14,5 Å), *Sepiolith* (12,7 Å) u. einem neuen Gitter mit 14,0 Å zusammengesetzt sein. Das letztere Gitter entspricht einer regelmäßigen Verwachsung von *Gibbsit* mit *Pyrophyllit*-Schichten. (J. geol. Soc. Japan **61.** 200—07. Mai 1955. [Orig.: japan.; Auszug: engl.]) F. ENSSLIN. 380

**Ivan Th. Rosenqvist,** *Kaolin von Hurdal,* Das untersuchte Vork. eines hellen Tones stammt aus der Zers. von Syenit. Die differentialtherm. u. mechan. Unters. zeigt, daß der Ton in der Hauptsache aus Kaolinit besteht. (Norges geol. Unders. **1951.** Nr. 183. 5—9. 1952.) R. K. MÜLLER. 380

**Arie Poldervaart,** *Zirkone in Gesteinen.* 1. Mitt. *Sedimentgesteine.* Die Zirkone sind in den Sedimenten durch den Transport mehr oder weniger zerbrochen u. abgerundet. In Sandsteinen sind die Körner rund; voll ausgebildete Kristalle u. scharfkantige Bruchstücke sind selten. In Schiefern ist die Mehrzahl der Zirkone mit Kristallkanten erhalten. Gut erhaltene Kristalle sind aber in allen Sedimenten selten. Die Korngröße ist kleiner als 2 mm u. nimmt von den Areniten nach den Lutiten ab. (Amer. J. Sci. **253.** 433—61. Aug. 1955. New York, N. Y., Columbia Univ.) F. ENSSLIN. 380

**Alfred Pollak,** *Neuere Untersuchungen auf der Antimonerzlagerstätte Schlaining.* Beschreibung der geolog. Situation der Lagerstätte. Das Sb kommt als Antimonglanz vor, daneben ist durchlaufend Arsenkies vorhanden. Das Fördererz enthält seit Jahren 3,7—5,1% Sb neben 0,58—0,86% As. (Berg- u. hüttenmänn. Mh. montan. Hochschule Leoben **100.** 137—45. April 1955. Schlaining-Wien.) F. ENSSLIN. 380

**Heinrich Quiring,** *Eisenerzlager vom Lahn–Dill-Typus in Nordspanien.* Am Rio Ribera wird ein Roteisenerzlager (Analyse: 43—53,4% Fe, 0,09—0,27% Mn, 0,15 bis 0,74% P, 0,004—0,012% S. CaO- u. $SiO_2$-Geh. schwankt erheblich) aufgeschlossen, das chem. u. geolog. sehr dem Grenzlager des Lahn–Dill-Bezirks ähnelt, aber nicht wie dieses gleichaltrigen Eruptivgesteinen benachbart ist. (Neues Jb. Geol. Paläontol., Mh. **1955.** 49—52. Febr. Berlin.) W. BAUR. 380

**M. Legraye** und **A. Goffinet,** *Geologische und metallgenetische Untersuchung der Wolframlagerstätte von Montredon-Labessonnié (Tarn, Frankreich).* Am Rande eines Granulit–Gneis-Doms, welcher von Glimmerschiefern umgeben ist, treten eine Reihe von Quarzgängen auf, welche W in Form von *Wolframit* u. *Scheelit* enthalten. Die Vererzung ist auf pneumatolyt.-hypoabys. bis katathermale Vorgänge zurückzuführen. (Ann. Soc. géol. Belgique, Bull. **78.** B203—B246. Febr./April 1955.) F. ENSSLIN. 380

**Gerhard Ludwig,** *Neue Ergebnisse der Schwermineralkornanalyse im Oberkarbon und Rotliegenden des südlichen und östlichen Harzvorlandes.* (Vgl. C. **1955.** 1229.) Aus einer großen Anzahl von Schwermineral- u. Kornanalysen werden Schlüsse auf den geolog. Aufbau des Gebietes gezogen. (Beih. Z. Geologie **4.** Nr. 14. 1—76. 1955.) F. ENSSLIN. 385

**Leland Horberg** und **Richard A. Robie,** *Postglaziale vulkanische Aschen in den Rocky Mountain, Piedmont, Montana und Alberta.* Die vulkan. Aschen kommen als Schichten im postglazialen Alluvium u. Colluvium vor u. werden Galataaschen benannt. Sie bestehen vorwiegend aus *Glas* neben *Quarz, Andesin-Labrador, Hornblende, Biotit, Magnetit, Enstatit* u. anderen gelegentlichen Mineralien. (Bull. geol. Soc. America **66.** 949—55. Aug. 1955. Chicago, Ill., Univ. of Chicago.) F. ENSSLIN. 386

**P. L. Besrukow,** *Über die Verbreitung und Ansammlungsgeschwindigkeit von siliciumhaltigen Ablagerungen im Ochotskischen Meer.* Der Geh. an autigenem $SiO_2$ beträgt in der oberen Schicht der Sedimente: 31,94 (% von der Trockensubstanz) im Tonschlamm, 14,26 im feinaleurit. Schlamm, 10,46 im grobaleurit. Schlamm, 4,12 im Sand. Die Si-haltigen Sedimente kommen nur in den oberen Horizonten der Bodenablagerungen vor. Die Mächtigkeit dieses Horizontes nimmt von der Küste zur Mitte des Ochotskischen Meeres ab u. erreicht hier 0,1—0,2 m. Der %-Geh. an $SiO_2$ dagegen erreicht sein Maximum in großer Küstenferne. (Доклады Академии Наук СССР [Ber. Akad. Wiss. UdSSR] **103.** 473—76. 21/7. 1955.) O. LEBTAG. 393

**Karl Hans Wedepohl,** *Schwermetallgehalte der Kalkgerüste einiger mariner Organismen.* Der Mn-, Pb-, Sn-, Cu- u. Zn-Geh. der Kalkgerüste mariner Organismen wurde untersucht. Er schwankt zwischen ca. 76 u. 0,7 g/t u. nimmt im allg. in der obigen Reihenfolge ab. Verglichen mit den Gehh. der Globigerinenschlämme der Meeresböden ist derselbe sehr niedrig. Diese enthalten 2000—1 g/t. Es findet auf dem Meeresboden wahrscheinlich eine chem. Aufbereitung durch teilweise Auflsg. des $CaCO_3$ u. $MgCO_3$ statt. (Nachr. Akad. Wiss. Göttingen, math.-physik. Kl., IIa math.-physik.-chem. Abt. **1955.** 79—86.) F. ENSSLIN. 393

**Jun Kobayashi,** *Chemische Untersuchung des Wassers von Flüssen in der Präfektur Akita.* Beim W. von 26 Flüssen der Präfektur Akita ist das Vorherrschen von $SO_4^{2+}$ u. $Cl^-$ neben viel $SiO_2$ u. der Mangel an $CO_3^{2-}$ u. CaO kennzeichnend. Während der Wachstumszeit des Reises erhalten 30000 acres durch Irrigation jährlich 2000 t K, 400 t N, 20000 t $CaCO_3$ u. 30000 t $SiO_2$. Die Konz. ist am geringsten im April u. Mai, am höchsten im August. Die Flüsse Tama u. Takamatsu sind stark (mineral-) sauer. (J. nat. agric. Exp. Stat. [Tokyo] **4.** 115—34. März 1950. [Orig.: japan.; Auszug: engl.] L. SCHULER. 393

**Guido Hradil,** *Zur Messung des Emanationsgehaltes der Bodenluft über geologischen Strukturlinien.* Der Emanationsgeh. der Bodenluft ist über Spalten u. tekton. Störungslinien gemessen deutlich höher als an den in der Nähe gelegenen Kontrollpunkten über störungsfreien Gesteinen. (Berg- u. hüttenmänn. Mh. montan. Hochschule Leoben **100.** 145—47. April 1955. Innsbruck.) F. ENSSLIN. 396

## B. Allgemeine und theoretische organische Chemie.

**Gentaro Araki** und **Tomokazu Murai,** *Theorie der Absorptionsspektren von Carotinoiden nach dem Tomonaga-Gasmodell der π-Elektronen.* Vff. nehmen Bezug auf Unterss. von KUHN (vgl. J. chem. Physics **17.** [1949.] 1198), welcher auf quantenmechan. Grundlage eine Erklärung der Beziehung zwischen Absorptionsspektren u. Molekularstruktur von organ. Farbstoffen versucht hatte. Seine theoret. Ergebnisse standen mit den experimentellen Ergebnissen jedoch nicht in guter Übereinstimmung, da er nach Ansicht der Vff. die Wechselwrkg. zwischen den Elektronen vernachlässigt hatte. Vff. berechneten die erste Anregungsenergie für Carotinoidmoll., wobei die Wechselwirkungen vollständig berücksichtigt wurden, u. zwar auf der Grundlage des TOMONAGA-Gasmodells (vgl. Progr. theoret. Physics [Kyoto] **5.** [1950.] 544) der $\pi$-Elektronen. In diesem Fall war die Übereinstimmung zwischen beobachteten u. berechneten Absorptionsmaxima einer Reihe von Carotinoiden gut. Namentlich aufgeführt in Tabellen sind die folgenden Verbb.: *Dibenzylbutadien, Dibenzylhexatrien, Isodesmethylaxerophthen, Isoaxerophthen, Axerophthen, Desmethylaxerophthen, Isoanhydrovitamin A, Anhydrovitamin A, Dihydro-β-carotin, Antheraxanthin, γ-Carotin, Rubixanthin, Lycopin, Rhodoxanthin, Rhodoviolascin, Dehydrolycopin* u. *Decapreno-β-carotin.* (J. chem. Physics **20.** 1661—62. Okt. 1952. Erratum: **21.** 381. Febr. 1953; **22.** 573. März 1954.) C. GOTTFRIED. B 114

**Paul Wagner** und **A. B. F. Duncan,** *Das Vakuumultraviolettabsorptionsspektrum von Difluormethan.* Das UV-Absorptionsspektr. von $CH_2F_2$ wurde im Bereich von 535 bis 2400 Å bei Drucken zwischen 0,001 u. 140 mm untersucht. Es zeigt 4 Elektronenübergänge mit Maxima bei 1335, 1237, 1135 u. 987 Å. Die Übergänge bei 1237 u. 1135 Å weisen eine aufgelöste Schwingungs-Struktur auf, diejenigen bei 1335 u. 987 Å nicht. Unterhalb 934 Å beginnt eine Gebiet kontinuierlicher Absorption, das sich wenigstens bis 535 Å erstreckt. Die Zuordnung der einzelnen Frequenzen u. die Art der Elektronenübergänge werden diskutiert. (J. Amer. chem. Soc. **77.** 2609—10. 5/5. 1955. Rochester, N. Y., Univ. of Rochester, Dep. of Chem.) E. FORCHE. B 118

**Leo J. Saidel, A. Robert Goldfarb** und **Sheldon Waldman,** *Die Absorptionsspektren von Aminosäuren im Bereich von 200 bis 230 mμ.* Vff. bringen die UV-Spektren im Bereich von 200—230 mμ für die gewöhnlich vorkommenden Aminosäuren in neutraler wss. Lsg., sowie Spektren einiger Aminosäuren auch in anderen $p_H$-Bereichen. Das Spektr. der sauren Lsg. von *DL-Leucin,* welches vielleicht typ. für die meisten der niedrig absorbierenden Aminosäuren ist, zeigt ein COOH-Maximum bei ca. 205 mμ. Die Spektren von *DL-Methionin* in saurer u. neutraler Lsg. zeigen ein Sulfidmaximum bei ca. 200 mμ. Die Spektren von *L-Tyrosin, DL-Tryptophan, DL-Phenylalanin* u. *L-Histidin* zeigen Maxima in dem genannten Bereich, deren Lage in gewissem Umfang vom $p_H$ abhängt. Untersucht wurden außer den genannten folgende Verbb.: *DL-Alanin, Glycin, Oxy-L-prolin, L-Prolin, DL-Isoleucin, L-Lysin·HCl, DL-Valin, DL-Threonin, DL-Serin, L-Glutaminsäure, DL-Asparaginsäure, L-Glutamin, L-Asparagin, L-Cystin, L-Cystein·HCl, L-Cysteinsäure, L-Arginin·HCl.* (J. biol. Chemistry **197.** 285—91. Juli 1952. Chicago, Ill., Med. School, Dep. of Biochem.) K. NEHRING. B 118

**Walter Theilacker** und **Wilhelm Berger,** *Untersuchungen zur Farbstofftheorie: Sétoblau VE, ein sterisch behindertes Trimethylkristallviolett.* Im *Sétoblau VE* (**I**), einem „Kristallviolett" mit 3 Methylgruppen in o-Stellung zum zentralen Kohlenstoffatom, ist die Planarität des Farbstoffmol. durch die Methylgruppen erheblich gestört. Der Vgl. der in Eisessig aufgenommenen Absorptionssepktren (bei 20 u. 100°) der Farbbase des Sétoblaus (**IV**), des Malachitgrün- u. Kristallviolettcarbinols ergibt 1. eine Verschiebung der langwelligen Absorptionsbande des **I** ($\lambda_{max}$ = 606 mμ) gegenüber der des Kristallvioletts (**II**; $\lambda_{max}$ = 584 mμ) in Richtung zu der analogen Absorptionsbande des Malachitgrüns (**III**; $\lambda_{max}$ = 625 mμ), die durch eine weitgehende, aber nicht vollständige Ausschaltung einer auxochromen Gruppe u. durch Abnahme der Anregungsenergie mit zunehmender Verschraubung gedeutet wird; 2. eine Abnahme der Extinktion im Absorptionsmaximum bei **I** mit log ε = 3,75 — **II** log ε = 4,98 u. **III** log ε = 4,75 — infolge der Verschraubung in der Molekülform. Vff. diskutieren hierzu Modelle von Triphenylmethanfarbstoffen einiger Autoren mit verschied. Substituenten u. verschied. aus der koplanaren Lage herausgedrehten Benzolringen. Die Darst. eines definierten Salzes von **I** gelingt nicht, jedoch die Reinigung des Zinkchloriddoppelsalzes, das in Butanol gelöst, mit W. das dunkelblaue **IV** gibt, das offenbar aus räumlichen Gründen nicht in die farblose Carbinolbase übergeht.

Versuche: *Kristallviolettcarbinol,* F. 208—209° (Bzl.), aus wss. **I**-Chlorid mit verd. NaOH. — *Malachitgrüncarbinol,* F. 109—110°. — *Sétoblau VE* (**I**): Darst. nach FIERZ u. KOECHLIN [1918], Reinigung über das Zinkchloriddoppelsalz in $H_2O$ + Alkali, Aufnahme in Ae. + verd. HCl. — *Farbbase* **IV**, $C_{28}H_{37}ON_3$, aus dem Zinkchloriddoppelsalz in n-Butanol mit $H_2O$, aus A. dunkelblaue amorphe Substanz, nicht kristallin an Aluminiumoxyd, einheitliche Wanderung bei Papierchromatographie. — **I** entsteht auch durch Oxydation der Leukobase (4.4'.4''-Trisdimethylamino-2.2'.2''-trimethyltriphenylmethan) in $H_2O$ + konz. HCl mit Bleidioxydpaste bei 0°. (Chem. Ber. **89.** 965—70. 1956. Hannover, Inst. für organ. Chem., TH.) H. SMALLA. B 118

**Walter Theilacker, Wilhelm Berger** und **Peter Popper,** *Untersuchungen zur Farbstofftheorie.* 2. Mitt. *Triarylmethanfarbstoffe der Biphenylreihe.* (1. vgl. C. **1951.** II. 1575; vgl. auch vorst. Ref.) p-Nitrobiphenyl kondensiert nach FRIEDEL-CRAFTS mit Acetylchlorid zu *4-Nitro-4'-acetylbiphenyl* (**I**) u. mit Benzoylchlorid zu *4-Nitro-4'-benzoyl-*

*biphenyl* (II). Die Oxydation von I führt zu *4'-Nitrobiphenylcarbonsäure-(4)* (III), die auch durch Nitrierung von Biphenylcarbonsäure-(4) leicht zugänglich ist. *4'-Nitrobiphenylcarbonsäure-(4)-chlorid* (IV) setzt sich mit Bzl. nach FRIEDEL-CRAFTS unter Bldg. von II, mit Biphenyl zu *4-Phenyl-4'-[p-nitrophenyl]-benzophenon* (V), mit 4-Nitrobiphenyl zu braunen oder dunkelvioletten amorphen Substanzen um. Die Nitrierung von V führt zu *4.4'-Bis-[p-nitrophenyl]-benzophenon* (VI), von Bis-biphenylylketon neben verschied. Nitrierungprodd. zu vermutlich *4.4'-Bis-[p-nitrophenyl]-2.2'-dinitrobenzophenon* (VII). Katalyt. Hydrierung von VI nach ADAMS gibt *4.4'-Bis-[p-aminophenyl]-benzophenon* (VIII), mit weniger akt. Pt *4-[p-Nitrophenyl]-4'-[p-aminophenyl]-benzophenon* (IX), das auch durch Red. mit Eisen u. HCl erhältlich ist. Zum Beweis der 4-Stellung der Nitrogruppen in VI wird VIII diazotiert u. nach SANDMEYER in *4.4'-Bis-[p-chlorphenyl]-benzophenon* übergeführt, das ident. ist mit dem von MUSANTE u. PARRINI erhaltenem Prod. (C. **1950.** I. 1595). Die Methylierung von VIII mit Dimethylsulfat führt zu *4.4'-Bis-[p-dimethylaminophenyl]-benzophenon* (X), das mit 4'-Dimethylaminobiphenylyl-4-MgJ (XI) das *phenylhomologe Kristallviolettcarbinol* (XII) ergibt. Das *phenylhomologe Malachitgrüncarbinol* (XIII) wird aus 4-Dimethylamino-4'-benzoylbiphenyl (XIV), das aus II durch Red. u. Methylierung mit Dimethylsulfat entsteht, mit XI synthetisiert. Die durch Auflösen von XII u. XIII in Eisessig oder Acetanhydrid–Eisessig in der Hitze gebildeten blauen bzw. grünen Farbsalze gehen durch Hydrolyse bzw. Acetolyse in die wenig gefärbten Acetate von XII u. XIII über. Die bei verschied. Temp. aufgenommenen Absorptionsspektren in Acetanhydrid–Eisessig von Kristallviolettcarbinol, Malachitgrüncarbinol, XII u. XIII zeigen, daß die Lsgg. von XII u. XIII einsäurige Farbsalze vom Typ der Triarylfarbstoffe darstellen, die im Gleichgewicht mit den Carbinolbasen stehen. Es tritt eine Verschiebung der langwelligen Absorptionsmaxima bei XII ($\lambda_{max}$ = 643 m$\mu$) u. XIII ($\lambda_{max}$ = >700 m$\mu$) im Vgl. zu Kristallviolett ($\lambda_{max}$ = 584 m$\mu$) u. Malachitgrün ($\lambda_{max}$ = 625 m$\mu$) um 60—70 m$\mu$ u. eine Zunahme der Extinktion bei XII u. XIII mit steigender Temp. auf. Aus dem Verh. des *Diphenyl-[4'-dimethylaminobiphenylyl-(4)]-carbinols*, das sich in Eisessig farblos, in der Hitze blaugrün unter Bldg. eines Immoniumsalzes (XV) färbt u. dessen langwellige Absorptionsbande bei 457 m$\mu$ (log $\varepsilon_{max}$ = 4,42) — XV, $\lambda_{max}$ ~850 m$\mu$ — liegt, wird sehr wahrscheinlich, daß die im Rot gemessenen Banden der phenylhomologen Farbstoffe den kurzwelligen Banden des Kristallvioletts bzw. Malachitgrüns entsprechen. Die Verlängerung des chinoiden Syst. um einen Chinonring bewirkt demnach eine Verschiebung nach längeren Wellen um ~400 m$\mu$, die Verlängerung eines benzoiden Syst. um einen Benzolring bedingt eine bathochrome Verschiebung um ~20 m$\mu$. Für das phenylhomologe Malachitgrün bzw. Kristallviolett werden die langwelligen Absorptionsmaxima bei 1000 m$\mu$ angenommen. Die bathochrome Verschiebung der kürzerwelligen Banden (Malachitgrün 424 m$\mu$ → XIII 700 m$\mu$, Kristallviolett 367 m$\mu$ → XII 643 m$\mu$) beträgt ~300 m$\mu$. Die Ursache der Farbe bei den Triarylmethanstoffen wird von Vff. in der Mesomerie zwischen den chinoiden Ammoniumstrukturen gesehen, für das reaktive Verh. die Carbeniumstruktur oftmals als ausschlaggebend betrachtet.

Versuche: Nitrierung des Bis-biphenylylketons bei 5—7° gibt vermutlich *4.4'-Bis-[p-nitrophenyl]-2.2'-dinitrobenzophenon* (VII), $C_{25}H_{14}O_9N_4$, F. 223—224°, aus Dioxan–$H_2O$ schwach gelbgefärbte Nadeln; 30% (Ausbeute). — *4'-Nitrobiphenylcarbonsäure-(4)-chlorid* (IV), F. 192—193° (Bzl.–Ligroin); aus III u. $PCl_5$, 8 Std. Schütteln, 8 Std. sd. Wasserbad. — *4-Nitro-4'-benzoylbiphenyl* (II), F. 156—157°, aus IV, Bzl. u. $AlCl_3$, 4 Std. Rühren, oder aus p-Nitrobiphenyl mit Benzoylchlorid u. $AlCl_3$ in Nitrobenzol, 6 Std. bei 100°, 3 Std. bei 150°, 5 Std. bei 170°; aus Aceton schwachgelbe Nadeln; 40%. — *4-Amino-4'-benzoylbiphenyl*, F. 143—144° durch Red. von II mit $SnCl_2$ in konz. HCl, 100°; gelbe Blättchen; 73%. — *4-Dimethylamino-4'-benzoylbiphenyl* (XIV), $C_{21}H_{19}ON$, F. 182—183°; aus vorst. Verb. mit Methyljodid unter Druck über *Trimethyl-[4'-benzoylbiphenylyl-(4)]-ammoniumjodid* u. therm. Zers.; 41%; oder mit Dimethylsulfat + NaOH in α-Methylnaphthalin im Kupferkolben unter Rühren bei 160°; 16%; aus Essigester orangegelbe Blättchen. Aus der Mutterlauge: *4-Methylamino-4'-benzoylbiphenyl*, $C_{20}H_{17}$·ON, F. 175°; 45%. — *4-Phenyl-4'-[p-nitrophenyl]-benzophenon* (V), $C_{25}H_{17}O_3N$, F. 258 bis 259°, aus IV, Biphenyl u. $AlCl_3$ in Nitrobenzol, je 1 Std. bei 120, 130, 140°; grauschimmernde Blättchen aus Eisessig; 69%. *2.4-Dinitrophenylhydrazon*, $C_{31}H_{21}O_6N_5$, F. 288—290°, rote Nadeln aus Acetessigester. — *4.4'-Bis-[p-nitrophenyl]-benzophenon* (VI), $C_{25}H_{16}O_5N_2$, F. 243°, aus V, $KNO_3$, konz. $H_2SO_4$ u. Eisessig bei —5°; 55%; hellgelbe Nadeln aus n-Butanol. — *4-[p-Nitrophenyl]-4'-[p-aminophenyl]-benzophenon* (IX), $C_{25}H_{18}$·$O_3N_2$, F. 308—310°, durch Hydrierung von VI mit benutztem Platinkatalysator in Anisol bei 70°, goldgelbe Kristalle aus Chlorbenzol; 65%. — *4.4'-Bis-[p-aminophenyl]-benzophenon* (VIII), $C_{25}H_{20}ON_2$, F. 252—254°, durch katalyt. Hydrierung von VI in Anisol mit Platinoxyd nach ADAMS, oder durch Red. in Cyclohexanol bei 140—150° mit Eisenspänen u. konz. HCl, gelbe Kristalle aus Chlorbenzol; 80 bzw. 58%. — *4.4'-Bis-[p-chlorphenyl]-benzophenon*, F. 280—281° (Bzl.), aus **VIII** in Dioxan mit halbkonz. HCl, 0,5% ig. $NaNO_2$-Lsg. unter Rühren bei —5°, Zusatz von Harnstoff + CuCl in konz. HCl u. Erhitzen auf dem Wasserbad. — *4.4'-Bis-[p-dimethylaminophenyl]-benzophenon* (**X**), $C_{29}H_{28}ON_2$, F. 295—300° nach Sintern bei 285° (nicht ganz rein), aus **VIII** in Anisol mit NaOH in $H_2O$ bei 150—160° mit Dimethylsulfat, orangegelbe Kristalle aus Chlorbenzol; 52%. — *4-Jod-4'-aminobiphenyl*, F. 167° (A.), aus 4-Jod-4'-nitrobiphenyl in Cyclohexanol mit Eisenspänen u. konz. HCl; 83%. — *4-Jod-4'-dimethylaminobiphenyl*, F. 224° (Essigester), aus vorst. Verb. in α-Methylnaphthalin mit 50% ig. NaOH u. Dimethylsulfat, 2 Std. Sieden; 74%. — *Phenyl-bis-[4'-dimethylaminobiphenylyl-(4)]-carbinol*, *„phenylhomologes Malachitgrüncarbinol"* (**XIII**), F. 218°, aus der GRIGNARD-Lsg. vorst. Verb. (**XI**) in Tetrahydrofuran unter $N_2$ mit **XIV** in Tetrahydrofuran, 24 Std. beim Sieden, Wiederholung der Grignardierung mit dem aus $NH_4Cl$-Lsg. erhaltenen gelben Pulver, Kristalle aus Bzl.-Cyclohexan; 11%. — *Tris-[4'-dimethylaminobiphenylyl-(4)]-carbinol*, *„phenylhomologes Kristallviolettcarbinol"* (**XII**), $C_{43}H_{43}ON_3$, F. 160—180° (Zers.), aus der GRIGNARD-Verb. **XI** mit **X** in Tetrahydrofuran, 12 Std. aus Bzl.-Cyclohexan grüngelbe Kristalle (nicht ganz rein), lösl. in $H_2SO_4$ u. $HClO_4$ mit tiefroter Farbe, in Eisessig schwach rötlichbraun, in der Hitze tiefblau; schwarzbrauner Lösungsrückstand, gibt nach Umkristallisation aus Chlorbenzol graugrüne Kristalle, F. ~350° [*p.p'-Bis-dimethylaminoquaterphenyl* (?)]. — *Diphenyl-[4'-dimethylaminobiphenylyl-(4)]-carbinol*, $C_{27}H_{25}ON$, F. 178—179°, nach MORTON u. WOOD (J. Amer. chem. Soc. **61.** 2902 [1939.]). (Chem. Ber. **89.** 970—83. 3/4. 1956.) H. SMALLA. B 118

**Walter Theilacker** und **Hubertus Müller von Blumencron**, *Diphenyl-[4'-aminobiphenylyl-(4)]-carbinol.* (Vgl. vorst. Ref.) *4-Aminotriphenylcarbinol* (**I**) läßt sich in schwefelsaurer Lsg. glatt diazotieren u. kuppelt über das als Naphthalindisulfonat-(1.5) abgeschiedene Diazoniumsalz mit Nitrobenzol zu *Diphenyl-[4'-nitrobiphenylyl-(4)]-carbinol* (**II**). Durch Red. von **II** mit Pd u. $H_2$ entsteht *Diphenyl-[4'-aminobiphenylyl-(4)]-carbinol* (**III**). **III** löst sich in konz. $H_2SO_4$ orangerot, in reinem Eisessig in der Kälte farblos u. beim Erhitzen reversibel grün. Vff. nehmen hierbei die Bldg. eines phenylhomologen Fuchsonimmoniumsalzes an, das bei gewöhnlicher Temp. unbeständig ist u. unter Hydrolyse bzw. Acetolyse wieder in **III** übergeht.

Versuche: *p-Nitrobenzophenon*, F. 138°, aus rohem p-Nitrobenzoylchlorid. Gibt in A. zwei *2.4-Dinitrophenylhydrazone*, $C_{19}H_{13}O_6N_5$, die durch fraktionierte Kristallisation aus A. + Chlf. getrennt werden: Schwerlösl. orangerote Kristalle, F. 248°, leichter lösl. orangegelbe Kristalle, F. 211°. — *p-Aminobenzophenon*, F. 124° (A.), aus vorst. Verb. in Dioxan mit $H_2$ u. ADAMS-$PtO_2$ bei 2—3 at; 70% (Ausbeute). — *Diphenyl-[4'-nitrobiphenylyl-(4)]-carbinol* (**II**), $C_{25}H_{19}O_3N$, F. 172°, aus schwefelsaurem 4-Aminotriphenylcarbinol bzw. Fuchsonimmoniumsulfat (Zers. 129°) in $H_2O$ + konz. $H_2SO_4$ mit einer wss. Lsg. von $NaNO_2$, 5 Std., u. Zusatz von naphthalin-1.5-disulfonsaurem Na, 3std. Kühlung, 12std. Rühren (→ schwachgelbe Kristalle, die in Nitrobenzol aufgeschwemmt u. mit Na-Acetat + Eisessig versetzt werden; 48std. Rühren u. 1 Std. Erhitzen auf 80°); goldgelbe glänzende Blättchen aus A.; 7—15%. — *Diphenyl-[4'-aminobiphenylyl-(4)]-carbinol* (**III**), $C_{25}H_{21}ON$, F. 150°, aus **II** in Dioxan mit Pd + $H_2$ bei 50—60°, hellgelbe Kristalle aus A.; 75%; *Acetylderiv.*, $C_{27}H_{23}O_2N$, F. 236 bis 237° (A.). (Chem. Ber. **89.** 984—86. 3/4. 1956.) H. SMALLA. B 118

**Friedrich Klages** und **Hans-Joachim Manderla**, *Über einen Monobiphenylyl-bis-phenylmethanfarbstoff.* Zur Darst. des *Phenyl-[4-dimethylaminophenyl]-[4'-dimethylaminobiphenylyl-(4)]-carbinols* (**I**) wird *4-Dimethylaminobiphenyl* (**II**) nach FRIEDEL-CRAFTS mit Benzoylchlorid zum *Phenyl-[4'-dimethylaminobiphenylyl-(4)]-keton* (**III**) kondensiert u. p-Dimethylaminophenyllithium angelagert. In 2n HCl löst sich **I** zu einem dem gelben sauren Salz des Malachitgrün analogen roten *Farbsalz* (**IV**), das als *Zinkchloriddoppelsalz* (**V**) kristallisiert. Das dem Malachitgrün analoge einsäurige *Farbsalz* (**VI**) läßt sich nicht durch Zusatz von NaOH zu **V** gewinnen, es liegt in geringem Maße im Gleichgewicht mit **I** in einer 40% ig. alkoh. Lsg. im $p_H$-Bereich 3—5 vor, ist aber nicht in Substanz zu isolieren. Es werden Absorptionsspektren im sichtbaren Bereich von **I** in konz. HCl u. in 40% ig. A. bei verschied. $p_H$-Werten aufgenommen. Die beim $p_H$-Wert —1 bzw. 5,4 erhaltenen Extinktionskurven werden den reinen Spektren von **VI** bzw. **IV** (bis ca. 4500 Å) zugeordnet, die übrigen (bei $p_H$ 2,3; 3,5; 4,2) entsprechen Gemischen von **I**, **VI** u. **IV**, deren prozentualer Anteil diskutiert wird. Vff. vergleichen drei phenylenhomologe Farbstoffe, das Malachitgrün, das Farbsalz (**VI**) u. das von THEILACKER (vorst. Ref.) beschriebene phenylenhomologe Malachitgrün, u. diskutieren die folgenden beiden Gesetzmäßigkeiten: 1. Das Zurückgehen des Existenzbereiches n. (einsäuriger) Farbkationen mit zunehmender Zahl von Ringen im farbliefernden Syst. zugunsten der jeweiligen Carbinolbase infolge der Erhöhung des Energieniveaus der Farbkationen. 2. Die Verschiebung der langwelligsten Absorptionsbande nach längeren Wellenlängen bei der Einschiebung nur eines Benzolkerns in das Malachitgrünmol. ($\lambda_{max}$ = 6100 Å) zu dem asymm. Farbstoff **VI** ($\lambda_{max}$ = 6250 Å) um 150 Å u. die wesentlich stärkere Verschiebung bei Einführung eines zweiten Benzolrestes zu dem symm. Farbstoff von THEILACKER ($\lambda_{max}$ jenseits 7000 Å) im Sinne der Theorie von KUHN als gehemmte Schwingung der $\pi$-Elektronen im Doppelbindungssyst. u. als ungehinderte Schwingung im idealen Farbsystem. Außerdem wird durch ster. Behinderung der koplanaren Einstellung der Benzolkerne hypsochrome Wrkg. für möglich gehalten.

Versuche: *4-Dimethylaminobiphenyl* (**II**), F. 123° (A.), aus 4-Aminobiphenylhydrochlorid in $H_2O$ mit Dimethylsulfat u. 2n $Na_2CO_3$bei bleibender schwach alkal. Rk., **II**-*Hydrochlorid* existiert in 2 Modifikationen: F. 80° (Aceton), u. F. 168,5° (Bzl.). — *Phenyl-[4'-dimethylaminobiphenylyl-(4)]-keton* (**III**), $C_{21}H_{19}ON$, F. 184,5°, aus **II** u. Benzoylchlorid in $CS_2$ 15 Std. am Rückfluß, goldgelbe Blättchen aus A. oder Methyläthylketon; 80—90% (Ausbeute); **III**-*Hydrochlorid*, $C_{21}H_{19}ON \cdot HCl$. — *Benzophenoncarbonsäure-(4)*, F. 193° (verd. Essigsäure), aus **III** mit $CrO_3$ in Eisessig. — *Phenyl-[4-dimethylaminophenyl]-[4'-dimethylaminobiphenylyl-(4)]-carbinol* (**I**), $C_{29}H_{30}ON_2$, F. 115°, aus **III** mit einer Lsg., die aus Li u. p-Bromdimethylanilin in Ae. hergestellt war, im Stickstoffstrom; blaßgelbes Kristallpulver aus verd. A. oder Aceton. — *Zinkchlorid-doppelsalz des Farbsalzes* (**V**) $C_{29}H_{30}N_2Cl_2 \cdot ZnCl_2 \cdot 2\,H_2O$, F. 255—265° nach Sintern ab 225°. (Chem. Ber. **89.** 987—95. 3/4. 1956. München, Univ., Inst. für organ. Chem.)
H. SMALLA. B 118

**D. P. Craig,** *Die Elektronenspektren der einfachen aromatischen Kohlenwasserstoffe.* Vf. bringt einen Überblick über die Elektronenspektren der einfachen KW-stoffe *Bzl.*, *Naphthalin* (**I**), *Anthracen* (**II**) u. *Phenanthren* (**III**) unter besonderer Berücksichtigung der Kristall- u. Interkombinationsspektren. Folgende Kapitel werden behandelt: Charaktertafeln für $D_{6h}$ (Bzl.), $D_{2h}$ (**I** u. **II**) u. $C_{2v}$ (**III**); Berechnungen der Energieniveaus; Bandensysteme des Bzl. im nahen UV (2600 u. 2800 Å); des **I** (3200, 2750 u. 2200 Å); des **II** (3800, 2600 u. 2300 Å); des **III** (3400 Å); Singulett–Triplett- u. Triplett–Triplett-Bandensysteme sowie ein Vgl. von Theorie u. Experiment. — 79 Literaturangaben. (Rev. pure appl. Chem. **3.** 207—40. Dez. 1953. Sidney, Univ.) K. FRENKLER. B 118

**Alexander Schönberg, Ahmed Mustafa** und **Wafia Asker,** *Einige Adsorptionsfarben und deren Bedeutung für thermochrome und tautomere Effekte.* 3. Mitt. *Versuche mit Anthronderivaten, Nitrotoluolen, Spiropyranen und Xanthhydrolen.* (2. vgl. C. **1955.** 4307.) *10-Nitroanthron, 10-Anilinoanthron, 10-[Naphthyl-(2)-amino]-anthron, 10.10'-Dianthronyl* u. *10.10'-Dianthranol* werden aus farblosen bzw. schwachgelb gefärbten benzol. Lsgg. mit orangeroter Farbe von aktiviertem $Al_2O_3$ adsorbiert. Es wird angenommen, daß die entsprechenden Enole für die Farbe verantwortlich sind. — Während die o- u. p.-Nitrotoluol, p-Chlornitro- u. m-Dinitrobenzol, m-Nitrobenzaldehyd, $\omega$-Nitrostyrol, p-Nitrozimtsäureester, $\alpha$-Nitronaphthalin u. Nitromethan keine Adsorptionsfarbe zeigen, werden *2.4-Dinitro-* u. *2.4.6-Trinitrotoluol* von aktiviertem $Al_2O_3$ mit braunvioletter Farbe adsorbiert; auch *5-Nitroacenaphthen* zeigt eine braungrüne Adsorptionsfarbe. Zur Erklärung wird die Ausbldg. eines chinoiden Syst., z. B. **I** oder **II**, angenommen. Die braune Adsorptionsfarbe von *10-Oxy-10-phenylmercaptophenanthron* wird auf die Zers.

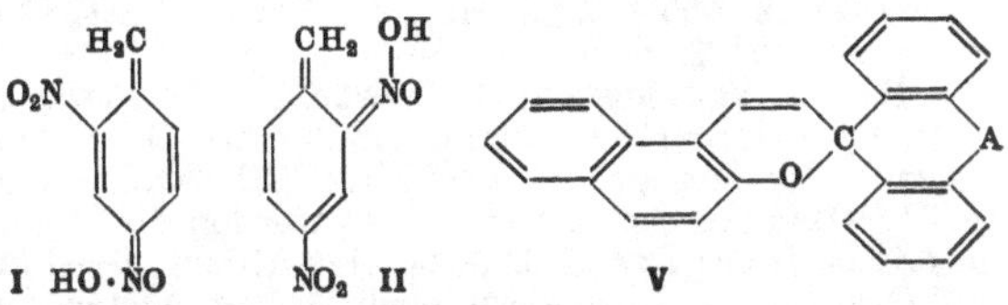

I II V

zu Phenanthrenchinon-(9.10) zurückgeführt. *1.5-Dioxyanthrachinon* zeigt nur dann eine charakterist. dunkelrote Adsorptionsfarbe, wenn frisch aktiviertes $Al_2O_3$ verwendet wird; ***Dibenzospiropyran*** liefert eine violette Adsorptionsfarbe (vgl. KNOTT, J. chem. Soc. [London] **1951.** 3038). Die Adsorptionsfarbe von 9-arylierten Xanthhydrolen u. Benzoxanthhydrolen wird auf die Ausbldg. von Jonen zurückgeführt. Im Gegensatz zu *Xantho-β-naphthospiropyran* (**V**, A=O), das Thermochromie u. blaue Adsorptionsfarbe zeigt, besitzt das analoge β-Naphthothiaspiropyran (**V**, A=S) nur eine schwache Thermochromie u. hellgrüne Adsorptionsfarbe. Ähnliche Unterschiede wurden auch beim Dixanthylen u. Diflavylen beobachtet. (J. Amer. chem. Soc. **74.** 5640—43. 20/11. 1952. Giza, Cairo, Ägypten.) H. GOLD. B 119

**Mansel Davies, J. C. Evans** und **R. Lumley Jones,** *Molekularwechselwirkung und Infrarotabsorptionsspektren.* 4. Mitt. *Methylacetamid.* (3. vgl. C. **1954.** 275.) Es wurden die Infrarotabsorptionsspektren von *N-Methylacetamid* im Dampfzustand zwischen

480 u. 4000 $cm^{-1}$, im fl. Zustand u. in $CCl_4$, Chlf., Acetonitril u. $CS_2$ zwischen 400 u. 7000 $cm^{-1}$ gemessen. Unter Zuhilfenahme der RAMAN-Daten wurde eine ziemlich vollständige Zuordnung der Molekülschwingungen durchgeführt. Es wurde der Einfl. der Assoziation auf diese Frequenzen untersucht sowie der Charakter der $\nu$ (N—H)-Assoziationsbandenmerkmale im Grundschwingungsgebiet u. in den Obertongebieten diskutiert. (Trans. Faraday Soc. **51.** 761—74. Juni 1955. Aberystwyth, Univ. Coll., Edward Davies Chem. Labor.) C. GOTTFRIED. B 120

**Wiktor Kemula** und **Andrzej Tramer,** *Das Schwingungsspektrum von Carbonylcyanid.* Das RAMAN-Spektr. von $CO(CN)_2$ wurde in äther. Lsg. mit der Hg-Linie 4358 Å aufgenommen. Von 12 theoret. möglichen Frequenzen wurden nur 7 gefunden. Die relative Intensität der 5 stärksten wurde bestimmt. Die charakterist. Schwingungen der C=O- (1720 $cm^{-1}$) u. C≡N- (2238 $cm^{-1}$) Bindungen sind nur geringfügig verschoben. Die Frequenz 702—720 $cm^{-1}$ wird auf eine stark gedämpfte Valenzschwingung der C-Kette zurückgeführt. (Roczniki Chem. [Ann. Soc. chim. Polonorum] **27.** 522—23. 1953. Warszawa, Uniw., Zakł. Chem. Nieorgan.) F. URBAN. B 120

**Wiktor Kemula** und **Kazimierz Lech Wierzchowski,** *Elektronenabsorptionsspektrum von Carbonylcyanid.* (Vgl. vorst. Ref.) Das Absorptionsspektr. des gasförmigen $CO(CN)_2$ wurde bei 1—90 Torr Dampfdruck aufgenommen. Die Absorption im Bereich 2570 bis 3970 Å beruht auf dem Elektronenübergang (EÜ) in der CO-Gruppe u. besteht aus 12 Gruppen mit ca. je 10 Banden. Die Bandenbreite ist unabhängig vom Druck, was auf Prädissoziation deutet, die bei 3500 Å beginnt. Der 2. Absorptionsbereich von 2300 Å in Richtung der kürzeren Wellen gehört zum EÜ in der CN-Gruppe. Bei Drucken unter 10 Torr gehen 3—4 schwache Banden zwischen 2180—2250 Å in das Kontinuum über. (Roczniki Chem. [Ann. Soc. chim. Polonorum] **27.** 524—26. 1953. Warszawa, Uniw., Zakł. Chem. Nieorgan.) F. URBAN. B 120

**Wiktor Kemula** und **Kazimierz Lech Wierzchowski,** *Photochemische Umwandlung des Carbonylcyanids.* (Vgl. vorst. Reff.) $CO(CN)_2$ hat 2 Absorptionsbereiche im UV; beide Wellenbereiche sind photochem. aktiv. Bestrahlung im geschlossenen Quarzgefäß mit $\lambda < 3500$ Å, entsprechend 80 kcal/Mol, führt zur Dissoziation der C—C-Bindungen zu CO u. CN-Radikalen ohne Druckanstieg, da sofort Polymerisation zu $(CN)_x$ eintritt. (Roczniki Chem. [Ann. Soc. chim. Polonorum] **27.** 527—28. 1953. Warszawa, Uniw., Zakł. Chem. Nieorgan.) F. URBAN. B 120

**Paolo Mirone** und **Maria Vampiri,** *Das Ultrarotspektrum einiger Substanzen mit Iminogruppen zwischen 2,7 und 5 µ.* In Fortsetzung einer früheren Arbeit (vgl. C. **1954.** 3194) über das Ultrarotspektr des Pyrrols (I) werden zwischen 2,7 u. 5 µ die Spektren von *Tetramethylpyrrol, Indol, Carbazol* u. *Diphenylamin* (II) rein u. in Lsgg. verschied. Konzz. aufgenommen. Wie I zeigen auch alle anderen untersuchten Stoffe mit Ausnahme des II eine Verdopplung der NH-Schwingung bei 3500 $cm^{-1}$, deren Intensitäten mit der Verdünnung sich ändern. Die Größe der Aufspaltung ist von Substanz zu Substanz verschieden. Die zweite Linie mit der erniedrigten Frequenz wird auf die assoziierten Moll. zurückgeführt, die Frequenzerniedrigung dieser Linie wird als Maß für die Stärke der zwischenmol. Kräfte benutzt. (Atti Accad. naz. Lincei, Rend., Cl. Sci. fisiche, mat. natur. [8] **12.** 405—11. April 1952. Bologna, Ist. Chim. „G. Ciamician"; Centro Studi Chim. Fis. del C. N. R.) J. GOUBEAU. B 120

**Putcha Venkateswarlu, Howard D. Edwards** und **Walter Gordy,** *Methylalkohol.* 1. Mitt. *Mikrowellenspektrum.* Im 6 mm-Gebiet wurden die Spektren von *Methanol*, u. zwar der Isotopen $^{12}CH_3{}^{16}OH$, $^{13}CH_3{}^{16}OH$, $^{12}CH_3{}^{16}OD$, $^{13}CH_3{}^{16}OD$, $^{12}CD_3{}^{16}OH$ u. $^{12}CD_3{}^{16}OD$ untersucht. Beobachtet wurden die Rotationslinien $J = 0 \rightarrow 1$, $K = 0 \rightarrow 0$ u. mit Hilfe der STARK-Effekte identifiziert. Die Linien wurden nicht nur für die Moll. im Grundzustand, sondern auch in den ersten zwei angeregten Torsionszuständen erhalten. Für alle Moll. sind die beobachteten Frequenzen der Rotationsübergänge sowohl für den Grundzustand u. die beiden angeregten Zustände tabellar. zusammengestellt. Alle Linien, mit Ausnahme der von $^{12}CD_3{}^{16}OD$, wurden als Dublett beobachtet, wobei die Dublettabstände für die verschied. Moll. verschieden waren. Ausführlich wird noch das Spektr. von $^{12}CD_3OH$ besprochen. Tabellar. sind die Frequenzen der Spektrallinien im Gebiet zwischen 45502—35700 MHz mit Ausnahme der von $J = 0 \rightarrow 1$ verursachten Linien sowie die Frequenzen der Dubletts in dem gleichen Spektr. im Gebiet zwischen 28512 u. 17918 MHz zusammengestellt. (J. chem. Physics **23.** 1195—99. Juli 1955. Durham, N. C., Duke Univ., Dep. of Phys.) C. GOTTFRIED. B 121

**Putcha Venkateswarlu** und **Walter Gordy,** *Methylalkohol.* 2. Mitt. *Molekularstruktur.* (1. vgl. vorst. Ref.). Aus den l. c. erhaltenen Rotationslinien $J = 0 \rightarrow 1$ wurden die Trägheitsmomente der sechs isotopen Methylalkoholmoll. bestimmt u. mit ihrer Hilfe eine vollkommene Strukturbestimmung des Methylalkohols durchgeführt. Die erhaltenen Trägheitsmomente sind tabellar. zusammengefaßt. Für die Atomabstände werden die folgenden Werte angegeben: O—H = 0,956 ± 0,015 Å; C—O = 1,427 ± 0,007 Å; C—H = 1,096 ± 0,010 Å; ∢ HCH = 109°2′ ± 45′ u. ∢ COH = 108°52′ ± 2°. Überraschend ist der große Winkel COH, der ca. 4,5° größer ist als der $H_2O$-Winkel. Man könnte hierbei auf einen Doppelbindungscharakter in der CO-Bindung schließen. Die $CH_3$-Gruppe hat dieselbe Struktur wie die in Methan u. anderen organ. Molekülen. (J. chem. Physics **23**. 1200—02. Juli 1955.) C. Gottfried. B 121

**John A. Howe** und **J. H. Goldstein,** *Mikrowellenspektrum von Propiolaldehyd.* Es wurde in dem Bereich zwischen 18000 u. 37000 MHz das Mikrowellenspektr. des *Propiolaldehyds* untersucht. Unter Annahme einer ebenen Struktur u. typ. Werte für die Strukturparameter wurden angenäherte Rotationskonstanten berechnet u. ein Dipolmoment > 2 D parallel der a-Achse vermutet. Mit Hilfe dieser Annahme gelang es, die Frequenzen des Grundzustandes festzulegen. Die beobachteten u. berechneten Frequenzen, die gut übereinstimmen, sind tabellar. wiedergegeben. Ebenso werden die genauen Rotationskonstanten b, c u. δ numer. aufgeführt. Beobachtet wurden ein Paar starker Satelliten auf der Hochfrequenzseite der ursprünglich vorhergesagten Übergänge. Da sowohl ihre Lage wie ihr Stark-Effekt denen der Grundzustandslinien sehr ähnlich waren, wurden sie analogen Übergängen in den ersten angeregten Zuständen der zwei niedrigsten Schwingungsarten zugeordnet. Bei noch höheren Frequenzen trat noch ein anderes Paar von Satelliten auf. Ihr Aussehen, Intensität u. ihre Lage lassen vermuten, daß sie von den zweiten angeregten Zuständen der 2 niedrigsten Schwingungsarten herrühren. Aus den Stark-Effekt-Verschiebungen ergeben sich die folgenden Dipolmomente $\mu_a$ = 2,39 ± 0,04 D; $\mu_b$ = 0,60 ± 0,10 D u. $\mu$ = 2,46 ± 0,04 D. (J. chem. Physics **23**. 1223—25. Juli 1955. Emory Univ., Ga., Chem. Dep.) C. Gottfried. B 121

**Hiroaki Baba, Kazuo Chitoku** und **Keijiro Nitta,** *Photoelektrische Phänomene an Kupferphthalocyanin.* Vff. messen Photoleitfähigkeit, Photospannung u. Änderung des Oberflächenpotentials von *Kupferphthalocyanin* bei der Bestrahlung im UV, Infrarot u. im sichtbaren Bereich. Die gemessenen Photoströme gehorchen dem Ohmschen Gesetz u. sind der Quadratwurzel aus der Lichtintensität proportional. Der Photoeffekt des Oberflächenpotentials entspricht dem von Ge oder Kristallviolett. Ähnliche Phänomene wurden auch an metallfreiem Phthalocyanin erhalten. (Nature [London] **177**. 672. 7/4. 1956. Sapporo, Hokkaido Univ., Res. Inst. of Appl. Electr.) H. Müller. B 134

**Charles M. Huggins, George C. Pimentel** und **James N. Shoolery,** *Protonenmagnetische Resonanzuntersuchungen von Chloroform in Lösung: Nachweis von Wasserstoffbindungen.* Es wurde die kernmagnet. Resonanz von Lsgg. verschied. Konz. von *Chloroform* (I) in *Aceton* u. *Triäthylamin* untersucht. Für jede Lsg. wurde nur eine Absorption beobachtet, die dem Proton des I zugeordnet werden konnte; diese Absorption wurde bei einem geringeren magnet. Feld gefunden als die der $CH_3$-Protonen des Lösungsm., der Abstand nahm langsam mit steigender Konz. an I zu. Bei Zimmertemp. beträgt die maximale Änderung dieses Abstandes — extrapoliert auf die Konz. Null von I — in der ersten Lsg. 20,4 Hz, in der zweiten Lsg. 34,0 Hz. Die Ggw. eines einzelnen Resonanzmaximums sowie die Konzentrationsabhängigkeit stehen im Einklang mit dem erwarteten Verh. eines Syst., in dem die Protonen in 2 Molekülarten auftreten, die sich in einem sehr rasch eingestelltem Gleichgewicht befinden. Das Verh. der protonenmagnet. Resonanz des I in beiden Lösungsmitteln liefert also eine Stütze für die Annahme, daß eine starke Wechselwrkg., ähnlich einer H-Bindung, zwischen dem Proton des I u. einem Lösungsmittelmol. vorhanden ist. Quantitativ untersucht wurde die Konzentrationsabhängigkeit unter der Annahme eines einfachen 1:1-Komplexes zwischen I u. dem Lösungsmittel. Die Gleichgewichtskonstante für I-Acetonlsgg. bei —23° ist angenähert 4, für I-Triäthylaminlsgg. bei —22,4° ca. 12. Bei 28° betragen die Konstanten für die erste Lsg. 1,8 ± 0,6, für die zweite Lsg. 3,0 ± 1,0. Die Bildungswärme der H-Bindungskomplexe in beiden Lsgg. betragen —2500 bzw. —4000 cal. (J. chem. Physics **23**. 1244—47. Juli 1955. Berkeley, Calif., Univ., Dep. of Chem. and Chem. Engng., u. Palo Alto, Calif., Varian Ass., Inc.) C. Gottfried. B 137

**Scott Blois,** *Beobachtung des Semichinons von Benzochinon.* Vf. gelang es, mit Hilfe eines paramagnet. X-Bandresonanzspektrometers die *Semichinone* von *o-* (I) u. *p-Benzochinon* (II) festzustellen. Die Konzz. an freien Radikalen waren jedoch so gering, daß eine Messung der paramagnet. Susceptibilität mittels magnetostat. Methoden nicht möglich war. Vf. gibt ein Reaktionsschema für die alkal. Oxydation–Red. des **II**, das sinngemäß auch für **I** gilt. Stark alkal. Lsg. ($p_H$ 10—11) erhöht die Stabilität des freien Radikals von **II**, die Dimerisation dieses Mol. ist jedoch anscheinend stark begünstigt u. die resultierende Konz. sehr gering: An einer 0,075 mol. Lsg. von Hydrochinon wurde die Bldg. einer anfänglichen Konz. des freien Radikals von der Größenordnung von $10^{-5}$mol. festgestellt. Daß die Rk. stetig nach der vollständig oxydierten Form fortschreitet, wurde aus dem Verh. des Resonanzsignals beobachtet, das schwächer wurde, wenn der in der geschlossenen Röhre gelöste $O_2$ verbraucht war. Die gleiche Resonanz u. den gleichen Gesamtprozeß beobachtete der Vf. bei Verwendung von festem Chinhydron, das in W. aufgelöst u. auf $p_H$ 10 gebracht wurde. Die Bldg. des freien Radikals schritt vorwärts unter Bldg. eines schwärzlichen Nd. (polymeres Prod. der Rk. des freien Radikals). Ein Vers., das freie o-Semichinonradikal durch Oxydation einer alkal., wss. Lsg. von Brenzcatechin zu entdecken, lieferte wohl ein schwarzes Pigment, es wurde jedoch in dem Spektrometer keine Resonanz beobachtet. Durch Red. von I in alkoh. Lsg. mit Natriumhydrogensulfit im $p_H$- Bereich 10—11 konnte jedoch das freie Radikal leicht nachgewiesen werden. Für beide Semichinone waren die Linienbreiten geringer als 10 Gauß. Die spektroskop. Aufspaltungsfaktoren waren für beide angenähert gleich 2. (J. chem. Physics **23.** 1351. Juli 1955. Stanford, Calif., Univ., W. W. Hansen Labor. of Phys. and Dep. of Phys.) C. GOTTFRIED. B 137

**Yoshinobu Kakiuchi, Hachiro Komatsu** und **Susumu Kyoya,** *Protonenleitung durch feste Alkohole infolge Molekularrotation.* Die anomale DK. u. elektr. Leitfähigkeit fester n-Alkohole zwischen der Umwandlungstemp. u. dem F. war von verschied. Seiten auf Protonenleitung zurückgeführt, doch fehlte bis jetzt jede experimentelle Bestätigung dieser Annahme, die gleichzeitig mit der Rotation der Moll. um ihre langen Achsen in Zusammenhang gebracht wurde. Den ersten Beweis für die obige Annahme erbrachten Vff. auf spektroskop. Wege. Durch *Cetylalkohol* (I) in einem zylindr. Kondensator wurde bei 45∼48° ein Strom von einigen 40 $\mu$A geleitet, das entwickelte Gas wurde in einer Entladungsröhre spektroskop. untersucht, nachgewiesen wurde die Ggw. von $H_2$. Oberhalb u. unterhalb des Beständigkeitsgebiets für die hexagonale Form von I, in dem die Leitfähigkeit kleiner ist, war auch die Intensität der H-Spektren vernachlässigbar. Infolge der elektrolyt. Leitung des Alkohols wird also $H_2$ in Freiheit gesetzt. Die Menge entwickelten $H_2$ folgte dem FARADAYschen Gesetz. — Hierauf wurde die elektr. Leitfähigkeit von reinem I sowie von Gemischen von I mit langkettigen n. *Paraffinen, Alkoholen* u. *Säuren* mit verschied. C-Atomzahl untersucht. Die Leitfähigkeit des reinen I zeigt ein scharfes Maximum beim Erstarrungspunkt. Zusatz der langkettigen n. Verbb. mit C-Zahlen, welche höher waren als die von I, setzen die Leitfähigkeit sehr stark herab. Bei den Verbb., deren C-Zahl gleich oder kleiner war als die des I, war der Einfl. verschieden, der Einfl. von Alkoholen war relativ gering, der der Paraffine etwas stärker u. der der Säuren stark. Diese Ergebnisse sind eine weitere Stütze für die Annahme, daß die Leitung durch Protonenüberführung von einem Mol. zum anderen stattfindet, wobei stets ein Extraproton auf das nächste Mol. übertragen wird. Wird die Rotation des Mol. auf irgendeine Weise unterdrückt, dann wird die Kette des Protonenüberführungsprozesses unterbrochen. Verbb. mit längeren Ketten als I werden die Drehung zum größten Teil unterbrechen, solche mit gleichen oder kleineren Ketten zum mindesten stören. Im allg. sind die experimentellen Ergebnisse eine Stütze für die Annahme, daß die Leitfähigkeit in I durch Protonenübertragung bei gleichzeitiger Rotation des Mol. um seine lange Achse zustande kommt. (J. physic. Soc. Japan **6.** 321—28. Sept./Okt. 1951. Tokyo, Univ., Inst. of Sci. and Technol. [Orig.: engl.]) C. GOTTFRIED. B 138

**Marvin D. Rausch, Frank. D. Popp, William E. McEwen** und **Jacob Kleinberg,** *Anodische Reduktionen.* 2. Mitt. *Umwandlung von 2-Methoxyphenylmesitylketon in 2.2'-Dimesitoylbiphenyl durch einwertiges Magnesium.* (1. vgl. C. **1955.** 546.) Vff. erhalten bei der anod. Oxydation von Mg in NaJ/Pyridin-Lsg. in Ggw. von 2-Methoxyphenylmesitylketon (I) als Reduktionsprod. von (I) *2.2'-Dimesitoylbiphenyl* (**II**, F. 226—228°) (vgl. FUSON u. KERR, J. Org. Chemistry **19.** [1954.] 373). Das Metall geht unter diesen Bedingungen mit einem $V_i$-Wert (= mittlere Anfangsoxydationszahl) von 1,88—1,92 in Lsg., in Abwesenheit von I mit einem $V_i$-Wert von 2. Ein $V_i$-Wert $<2$ wird von Vff. als Beweis dafür angesehen, daß Mg im vorliegenden Falle sowohl zwei- als auch einwertig in Lsg. geht, wobei $Mg^+$ die Red. von I zu II bewirkt. Im Gegensatz zu der Red. von Benzophenon (l. c.) besteht jedoch keine Übereinstimmung zwischen der Menge an gebildetem $Mg^+$ u. der Menge an Reaktionsprod. **II** (36—40% Ausbeute, bezogen auf $Mg^+$), da in einer Neben-Rk. noch Polymerprodd. gebildet werden. Es ist nach Vff. wahrscheinlich, daß das polymere Material ein Reduktionsprod. von **II** darstellt, da bei der „anod. Red." von **II** scheinbar die gleiche Verb. erhalten wird. Im Kathodenraum wird nach Hydrolyse *4.4'-Dipyridyl* isoliert (daneben Polymerprodd.), das nach Vff. durch Luftoxydation aus dem prim. Reduktionsprod. Tetrahydro-4.4'-dipyridyl entstanden sein dürfte. (J. org. Chemistry **21.** 212—14. 17/2. 1956. Lawrence, Kans., Univ., Dep. of Chem.) G. WINKLER. B 141

**Jaroslav Koutecký,** *Theorie der polarographischen Grenzströme des Formaldehyds in ungepufferten Lösungen.* Mit Hilfe der exakten Theorie der polarograph. Ströme war es, unter Anwendung der Geschwindigkeitskonstanten der Dehydratation in gepufferten Lsgg., möglich, eine Gleichung für die absol. Werte der Grenzströme des *Formaldehyds* (I) in ungepufferten Lsgg. zu berechnen. Aus dieser Gleichung folgt, daß bei kleinen Konzz. von I u. geringen Tropfzeiten der Grenzstrom denselben Charakter besitzt, wie ein kinet. Strom, welcher durch eine vorgelagerte monomol. chem. Rk in der Lsg. bedingt ist. Die Dehydratationsgeschwindigkeit wird unter diesen Umständen durch $H_2O$ katalysiert. Bei großer Tropfzeit u. höheren Konzz. von I nimmt der Strom mit steigender Reservoirhöhe ab, der momentane Strom ist dem Wert $t^{7/6}$ proportional. $OH^-$-Ionen üben einen Einfl. auf die Reaktionsgeschwindigkeit aus. Unter diesen Bedingungen gilt $i/i_d = 0{,}966 \sqrt{D_F/D_{OH}}\, K_h\, k_{OH}\, t_1\, [CH_2O]^*$ worin $D_F$, $D_{OH}$ Diffusionskoeffizienten des I bzw. der $OH^-$-Ionen, $K_h$ die Hydratationsgleichgewichtskonstante, $k_{HO}$ die Geschwindigkeitskonstante der Rk. des I mit $OH^-$-Ionen, welche in gepufferten Lsgg. gefunden wurde, $t_1$ die Tropfzeit u. $[CH_2O]^*$ die analyt. Konz. des I bedeuten. — (Vgl. BRDIČKA, Chem. Listy **48.** [1954.] 1458; Collect. czechoslov. chem. Commun. **20.** [1955.] 387 u. Z. Elektrochem., Ber. Bunsenges. physik. Chem. **59.** [1955.] 787.) (Chem. Listy **49.** 1621—30. Nov. 1955. Praha, Československ. akademie věd, Fysikálně-chemický ústav. [Orig.: tschech.]; Collect. czechoslov. chem. Commun. **21.** 652—61. Juni 1956. [Orig. engl.]) P. ZUMAN/Prag. B 142

**P. Zuman, R. Zumanová** und **B. Souček,** *Polarographische Irreversibilität des Systems Diäthyldithiocarbamat-Bis-[diäthylthiocarbamyl]-disulfid.* (*Polarographie einiger Schwefelverbindungen,* 1. Mitt.) In dem untersuchten Syst. differiert das Halbstufenpotential der anod. Stufe von dem der kathod. um 30—100 V, je nach der Konz. der Depolarisatoren, von A. u. je nach dem $p_H$. Auch in diesem Falle, ähnlich wie bei anderen Systemen Mercaptan-Disulfid, entspricht die anod. Stufe der Bldg. einer unlösl. oder komplexen Verb. des Hg (I), daher darf das Syst. nicht als polarograph. reversibel bezeichnet werden. (Chem. Listy **47.** 1522—23. Okt. 1953. Praha, Českoslov. Akad. věd, Polarograf. ústav. [Orig. tschech.]) L. MATOUŠEK/Prag. B 142

**P. Zuman,** *Polarographisches Verhalten von Derivaten der Barbitursäure.* 3. Mitt. *Derivate der Thiobarbitursäure.* (*Polarographie einiger Schwefelverbindungen.* 2. Mitt.) (2. vgl. Chem. Listy **47.** [1953.] 345 bzw. 1. vgl. vorst. Ref.) Thiobarbiturate zeigen bei der Polarographie eine anod. Stufe, die der Bldg. der Hg-Salze entspricht. Die Stufe ist in Pufferlsgg. durch verschied. Adsorptionserscheinungen kompliziert. Der Charakter der einzelnen Stufen wurde identifiziert u. die Konzentrationsabhängigkeit der Stufe verfolgt. In 0,1 mol. NaOH ist die Stufe mindestens bis zur Konz. $7 \cdot 10^{-4}$ der Konz. proportional, diese Bedingungen eignen sich am besten zur Best. in pharmazeut. Präparaten. Die verschied. Grenzkonzz. sowie das verschied. Verh. der Derivv. konnte zur Unterscheidung 5-substituierter Derivv. benutzt werden. (Chem. Listy **48.** 1006—19. Juli 1954 [Orig.: tschech.]; Collect. czechoslov. chem. Commun. **20.** 646—61. 1955 [Orig.: deutsch].) L. MATOUŠEK/Prag. B 142

**P. Zuman,** *Polarographisches Verhalten von Derivaten der Barbitursäure.* 4. Mitt. *Dämpfung der Maxima mit Hilfe der Derivate der Thiobarbitursäure.* (*Polarographie einiger Schwefelverbindungen.* 3. Mitt.) (3. bzw. 2. vgl. vorst. Ref.) Zur Ergänzung der Unterss. der Adsorptionseigg. der 5-substituierten Derivv. der *Thiobarbitursäure* (I) wurde der Einfl. von I-Derivv. auf die Maxima von $O_2$ u. Ascorbinsäure bestimmt. Es wurden Zusammenhänge zwischen der Dämpfungskraft u. Adsorbierbarkeit an Quecksilber u. eine beinahe lineare Abhängigkeit zwischen der Dämpfungskraft u. dem Mol.-Gew. der untersuchten Stoffe festgestellt. (Chem. Listy **48.** 1020—24. Juli 1954. [Orig.: tschech.]; Collect. czechoslov. chem. Commun. **20.** 883—93. 1955. [Orig.: deutsch].) L. MATOUEŠK/Prag. B 142

**P. Zuman, R. Zumanová** und **J. Teisinger,** *Polarographie einiger Schwefelverbindungen.* 4. Mitt. *Anodische Stufen des Dimercaptopropanols.* (3. vgl. vorst. Ref.; 5. vgl. C. **1956.** 3522.) Das *2.3-Dimercaptopropanol* (I) zeigt eine anod. polarograph. Stufe, die der Bldg. einer Verb. mit Quecksilber zugeschrieben wird. Das Verhältnis I:Hg ist wahrscheinlich 1:1. Die Welle ist von einer Adsorptionsvorwelle begleitet. Die Summe beider Stufen ist bis zu $4 \cdot 10^{-4}$ Mol der Konz. direkt proportional. Bei höheren Konzz. ist das Adsorptionsverh. komplizierter. Im alkal. Medium liegt die Stufe positiver, Vff. schreiben dies der Bldg. von Komplexen mit zweiwertigem Quecksilber zu. (Chem. Listy **48.** 1499—1505. Okt. 1954. [Orig.: tschech.]; Collect. czechoslov. chem. Commun. **20.** 139—46. Jan. 1955. [Orig.: deutsch].) L. MATOUŠEK/Prag. B 142

**Michael Fedoroňko** und **Petr Zuman,** *Polarographie einiger Schwefelverbindungen.* 7. Mitt. *Anodische Depolarisation in Lösungen von 2-Mercaptobenzthiazol und 2-Mercaptobenzimidazol.* (*Polarographie der Harnstoff- und Thioharnstoffderivate.* 6. Mitt.) (6. bzw.

5. vgl. MANOUŠEK u. ZUMAN, C. **1956.** 3523.) Der Charakter der einzelnen polarograph. Stufen von *2-Mercaptobenzthiazol* (I) u. *2-Mercaptobenzimidazol* (II) in wss. Schwefelsäure u. in Pufferlsgg. wurde diskutiert u. die Rolle der Adsorption verschied. Prodd. gezeigt. Das polarograph. Verh. von I ähnelt dem des Thiouracils (l. c.), das von **II** dagegen dem der Thiobarbitursäure. Die Stufen der beiden Stoffe in 0,5 mol. Schwefelsäure können für analyt. Zwecke auch in nichtwss. Lsgg. verwertet werden. (Chem. Listy **49.** 1484—93. Okt. 1955 [Orig.: tschech.]; Collect. czechoslov. chem. Commun. **21.** 678—88. Juni 1956. [Orig.: deutsch].) L. MATOUŠEK/Prag. B 142

**Z. Šeha,** *Thermodynamische Funktionen des Dimethyläthers.* Mit Hilfe von Literaturangaben über Struktur, Schwingungsspektren u. über die Höhe der Potentialschwelle für innere Rotation wurden verschied. thermodynam. Funktionen für *Dimethyläther* (I) bestimmt, die im Temperaturintervall von 298—1000° K mit anderen Angaben in guter Übereinstimmung sind. Die Wärmekapazität kann im Temperaturbereich von 300 bis 1000° K durch die Gleichung $c_p = 3{,}693 + 44{,}89 \cdot 10^{-3} \cdot T - 14{,}57 \cdot 10^{-6} \cdot T^2$ interpoliert werden. (Chem. Listy **49.** 1569—70. Okt. 1955. Pardubice-Rybitví, Výzk. ústav org. synthes. [Orig.: tschech.]) L. MATOUŠEK/Prag. B 146

**J. Pick, V. Fried, E. Hála** und **O. Vilím,** *Dampfdruck des Monomethyl- und Monoäthyläthers von Äthylenglykol.* Mit Hilfe dynam. Meth. (FRIED, PICK, HÁLA u. VILÍM, Chem. Listy **48.** [1954.] 774) wurden die Dampfdrucke obengenannter Verbb. im Druckbereich von 50—760 mm bestimmt. Der Dampfdruck kann durch die Gleichungen $\log p = 7{,}7085 - 1711{,}2/(t + 230)$ bzw. $\log p = 7{,}8191 - 1801{,}1/(t + 230)$ interpoliert werden. (Chem. Listy **49.** 1720—21. Nov. 1955 [Orig.: tschech.]; Collect. czechoslov. chem. Commun. **21.** 260—61. 1956 [Orig.: deutsch]. Praha, Vysoká škola chem.-technol.) L. MATOUŠEK/Prag. B 150

**Peter Gray, M. W. T. Pratt** und **M. J. Larkin,** *Die latente Verdampfungswärme und Thermochemie von Äthylnitrat.* Vff. bestimmen den Dampfdruck von *Äthylnitrat* (I) bei 0—68°; die gefundenen Werte sowie die von GOODEVE [1934] werden durch die ANTOINE-Gleichung $\log p$ (mm) $= 7{,}145 - 1329/(t^0 + 224{,}0)$ wiedergegeben. Daraus ergeben sich die latente Verdampfungswärme zu 8,7 kcal/Mol bei 25°, 8,1 kcal/Mol am Kp. (87,7°/760 mm); die TROUTON-Konstante zu 22 cal $Grad^{-1} Mol^{-1}$; die Standardbildungsenthalpie bei 25° für fl. I zu —45,7 kcal/Mol, für gasförmiges I zu —37,0 kcal/Mol. (J. chem. Soc. [London] **1956.** 210—12. Jan. Cambridge, Univ., Dep. of Chem. Engng.) G. WINKLER. B 155

**E. Angelescu, I. V. Nicolescu** und **A. Ţigoiu,** *Thermochemische Untersuchungen über die Retention von Saccharose durch Calciumoxyd.* Bei einer Ausgangstemp. von 2°, 7,5° u. 15° wird die Wärmeentw. bei der Umsetzung von CaO mit dest. W. u. wss. Lsgg. von *Saccharose* (I), Monocalciumsaccharat, I + NaCl u. I + $CaCl_2$ bestimmt (Tabellen u. Kurven). Qualitativ läßt sich feststellen, daß alle Faktoren, die die Bindung von I an CaO bei der Behandlung wss. **I**-Lsgg. mit CaO fördern, auch eine Verminderung der Wärmetönung bewirken. Dies wird als Bestätigung des angenommenen Verlaufs der Rk. in 2 Stufen bewertet: 1. Hydratation von CaO zu $Ca(OH)_2$; 2. Verb. mit I unter Bldg. von Tricalciumsaccharat. (Bul. ştiinţific, Ser. Mat., Fizică, Chim. **2.** 189—98. Febr. 1950.) R. K. MÜLLER. B 156

**Yoshinobu Kakiuchi,** *Eine statistische Theorie der Molekularrotation in festen n-Kohlenwasserstoffen und Alkoholen.* Unter Zugrundelegung der experimentell bewiesenen Tatsache, daß gewisse n. langkettige KW-stoffe u. Alkohole in ihrer Hochtemperaturform um ihre langen Achsen rotieren, entwickelt Vf. eine einfache statist. Theorie der Rotationsumwandlung, ähnlich der BETHEschen Theorie der Umwandlung geordnet-regellos in Legierungen. Eine von KAKIUCHI, SAKURAI u. SUGUKI (vgl. J. physic. Soc. Japan **5.** [1950.] 369) bei *Hexadecylalkohol* beobachtete scharfe Anomalie der spezif. Wärme am Umwandlungspunkt läßt sich als das Ergebnis der zusammenwirkenden Umwandlung vom geordneten in den ungeordneten Zustand in der Molekülorientierung erklären. Experimentell wurde für den obigen Alkohol am CURIE-Punkt ein Wert von 1400 kcal/Mol·Grad beobachtet, gegenüber einem mit Hilfe der aufgestellten Theorie berechneten Wert von 460 kcal/Mol·Grad. Diese Diskrepanz läßt sich dadurch erklären, daß bei den theoret. Unterss. der Einfl. der Gitterausdehnung u. der Gitterschwingungen nicht berücksichtigt worden ist. Der beobachtete hohe Wert der Umwandlungswärme wird inneren Freiheitsgraden des Mol. zugeschrieben. (J. physic. Soc. Japan **6.** 313—20. Sept./Okt. 1951. Tokyo, Univ., Inst. of Sci. and Technol. [Orig.: engl.]) C. GOTTFRIED. B 182

**Joachim Goerdeler,** *Neuere Erkenntnisse auf dem Gebiet einiger Carbocyclen. Nicht benzolartig — und doch aromatisch.* Überblick über die moderne Theorie des aromat. Zustandes, bes. bei fünfgliedrigen Heterocyclen u. homocycl. fünf- u. siebengliedrigen Ringsystemen. (Naturwiss. Rdsch. **6.** 413—16. Okt. 1953. Bonn, Univ., Chem. Inst.) G. KÜHNHANSS. B 182

**Stefania Janiszewska-Drabarek,** *Tautomerie substituierter 2.4-Pyronone.* Während bei der Methylierung von 6-substituierten 2.4-Pyrononen mit alkoh. HCl oder Dimethylsulfat nur die 4-Methyläther (α-Pyronform) entstehen, können bei geeigneten Substituenten in 6-Stellung auch die 2-Methyläther (γ-Pyronform) erhalten werden. Die isomeren Methyläther bilden mit $H_2[PtCl_6]$ Komplexsalze gleicher Zus. aber mit verschied. Schmelzpunkten. Die 2-Methylätherkomplexe sind beständiger als die 4-Methylätherkomplexe. Die Komplexsalze können also nicht zur Unterscheidung der isomeren α- u. γ-Pyrone herangezogen werden.

Versuche: Die Komplexsalze wurden durch Zusammengeben der mit HCl-Gas gesätt. Eisessiglsg. der Methyläther u. der Eisessiglsg. von $H_2[PtCl_6]$ ausgefällt: Mit *4-Methoxycumarin*: $(C_{10}H_8O_3)_2 + H_2PtCl_6 + H_2O$ (I), F. 144–146° (Zers.), hellgelbe Kristalle. — Mit *2-Methoxychromon*: $(C_{10}H_8O_3)_2 + H_2PtCl_6 + H_2O$ (II), F. 125–127° (Zers.), gelbe Nadeln. Misch-F. I, II 120–121° (Zers.). — Mit *4-Methoxy-6-methyl-α-pyron*: $(C_7H_8O_3)_2 + H_2PtCl_6$ (III), F. 125–126° (Zers.), orangegelbe Kristalle, hygroskop., Zers. an Luft. — Mit *2-Methoxy-6-methyl-γ-pyron*: $(C_7H_8O_3)_2 + H_2PtCl_6$ (IV), F. 143–144° (Zers.), tiefgelbe Kristalle. Misch-F. III, IV 90–100° (Zers.). — Mit *4-Methoxy-6-phenyl-d-pyron*: $(C_{12}H_{10}O_3)_2 + H_2PtCl_6 + H_2O$ (V), F. 172–174° (Zers.), gelborange Kristalle. — Ein 2-Methoxy-6-phenyl-γ-pyron konnte nicht erhalten werden. (Roczniki Chem. [Ann. Soc. chim. Polonorum] **27.** 456–67. 1953. Warszawa, Uniw., Zakt. Chem. Organ.) F. Urban. B 182

**L. M. Katajewa** und **S. Ss. Smutkina,** *Untersuchung des Polymorphismus der Monochloressigsäure.* Für die Darst. der β- u. γ-Modifikation der Monochloressigsäure (I) werden Verff. ausgearbeitet: β-I: Erhitzen von I auf 100°, langsame Abkühlung der Schmelze auf den F. von β-I (56,6°) im Bad, 20–30 Min. bei dieser Temp., Abkühlen an der Luft auf 53–52°, dann vorsichtig rühren; γ-I: Erhitzen auf 100°, 2 Std. bei 100° halten, langsam im Glycerinbad abkühlen auf 45°, dann rascher im Wasserbad von 13–15°. Bei mechan. Einw. (Drehen des Rührers) geht die β- in die α-Modifikation (F. 52,3°) über. In der Oberflächenspannung unterscheiden sich α- u. β-I sowie ihre aceton. Lsg. nicht. Die Kurve der Temperaturabhängigkeit der Oberflächenspannung zeigt keinen Knick beim F. von β-I. Gegenüber Aceton ist I nicht oberflächenakt., die Oberflächenspannungsisotherme der aceton. Lsg. ist konvex. (Журнал Физической Химии [J. physik. Chem.] **29.** 428–34. März 1955. Kasan, Uljanow-Lenin-Univ.) R. K. Müller. B 190

**A. H. Booth** und **H. E. Buckley,** *Wachstumsgeschwindigkeiten von Einkristallen von Äthylendiamintartrat.* Vff. untersuchten die Wachstumsgeschwindigkeit (W) von Einkristallen von Äthylendiamintartrat, u. zwar die der Flächen $(\bar{1}\,\bar{1}\,0)$ u. $(\bar{1}\,1\,0)$ am negativen Ende der polaren y-Achse u. der Flächen (1 1 0) u. $(1\,\bar{1}\,0)$ am positiven Ende der polaren Achse. Bei den beiden Flächen $(\bar{1}\,\bar{1}\,0)$ u. $(1\,\bar{1}\,0)$ war bei konstanter Übersättigung W nahezu normal. Es trat jedoch gelegentlich ein plötzlicher Sprung nach höheren W-Werten zu auf, der jedoch jeweils nach kurzer Zeit verschwand. Diese errat. Perioden schnelleren Wachstums hinterließen auf den Flächen keinerlei sichtbare Spuren. Bei steigender Temp. wurde W merklich größer; eine Änderung der Kristallgröße war ohne Einfl. auf W. — Das Wachstum der Flächen (1 1 0) u. $(\bar{1}\,1\,0)$ war ganz verschieden von dem der beiden anderen Flächen an dem negativen Ende der polaren Achse, es erfolgte hier diskontinuierlich, außer wenn die Übersättigung sehr groß war. Außerdem traten lange Pausen ein, während derer kein Wachstum stattfand; zwischen den Pausen lagen Perioden erhöhter Wachstumsaktivität. Die erhaltenen Ergebnisse werden unter Bezugnahme auf die bestehenden Kristallwachstumstheorien diskutiert. (Canad. J. Chem. **33.** 1155–61. Juni 1955. Manchester, Univ., Crystallography Dep.) C. Gottfried. B 190

**A. H. Booth** und **H. E. Buckley,** *Der Einfluß von Borsäure auf das Wachstum von Kristallen von Äthylendiamintartrat.* (Vgl. vorst. Ref.) Vff. untersuchten den Einfl. geringer Mengen Borsäure (I) auf den Habitus u. die Wachstumseigg. von Einkristallen von Äthylendiamintartrat. Es wurde gefunden, daß schon bei sehr kleinen Mengen I die Entwicklung der Flächen $(\bar{1}\,\bar{1}\,0)$ u. $(1\,\bar{1}\,0)$ unterdrückt wird; statt dessen treten die Flächen $(\bar{1}\,\bar{1}\,1)$ u. $(1\,\bar{1}\,\bar{1})$ auf, die sich bei reinen Lsgg. nicht bilden. An dem positiven Ende der polaren y-Achse, also an den Flächen (1 1 0) u. $(\bar{1}\,1\,0)$, wurde ein derartiger Effekt nicht beobachtet. Je nach den Wachstumsgeschwindigkeiten u. den Konzz. an I treten nur die Flächen $(\bar{1}\,\bar{1}\,1)$ u. $(1\,\bar{1}\,\bar{1})$ auf oder neben diesen Flächen auch die Flächen $(\bar{1}\,\bar{1}\,0)$ u. $(1\,\bar{1}\,0)$. Für Konzz. von I $<$0,2 g pro Liter war ein Einfl. auf die Wachstumsgeschwindigkeit nicht festzustellen. Zwischen den Konzz. 0,2–0,6 g pro Liter nahm die Geschwindigkeit progressiv ab u. bei einer Konz. von ca. 1,0 g hörte das Wachstum vollkommen auf (bei einer Übersättigung von 1%). Bei einer Übersättigung von 2% begann der Kristall wieder zu wachsen, stellte aber das Wachstum nach einer gewissen Zeit wieder vollkommen ein. Bei großen Konzz. I, u. zwar $>$10 g/Liter bilden sich auf den Kristallflächen äußerst kleine Kristalle. (Canad. J. Chem. **33.** 1162–65. Juni 1955.) C. GOTTFRIED. B 190

**Claude J. Arceneaux,** *Mikroskopische Schmelzuntersuchung von 2.4.5-Trichlorphenoxyessigsäure und verwandten Verbindungen.* Mikroskop. wurden Kristallisation u. FF. der folgenden Verbb. untersucht: *2.4.5-Trichlorphenoxyessigsäure* (**I**), *2.4.5-Trichlorphenol* (**II**), *K-Salz* u. *Na-Salz* von **I** (**III** u. **IV**), *5-Methoxy-2.4-dichlorphenoxyessigsäure* (**V**), *2.3.6-Trichlorphenoxyessigsäure* (**VI**) u. *2.5-Dichlorphenoxyessigsäure* (**VII**). Durch Sublimation oder aus organ. Lösungsmitteln erhält man **I** in Rhomben u. Prismen, deren F. 157° ist. Aus der Schmelze krist. nach schneller Abkühlung mit Trockeneis die Verb. in Sphärolithen, die sich beim Erhitzen von 60° an in die n. Form umwandeln. Bei Zimmertemp. tritt nur sehr langsame Umwandlung ein, die monotrop zu sein scheint. Die Ggw. von 2 kristallinen Formen konnte auch röntgenograph. nachgewiesen werden. **II** krist. aus Lsg. in monoklinen Nadeln mit F. 66°. Bei sehr langsamem Abkühlen einer Schmelze erhält man eine instabile Form, die sich sehr schnell in die stabile Form umwandelt. Mischschmelzen mit **I** zeigt Eutektikumbldg. zwischen den beiden stabilen Formen; eutekt. Temp. ist 58°. Von **III** war ein genauer F. nicht festzustellen; das Salz zers. sich oberhalb 300°. **III** kann in handelsüblicher **I** wegen seiner Unlöslichkeit in geschmolzenem **I** leicht nachgewiesen werden. **IV** existiert in wenigstens 2 kristallinen Formen; es schmilzt mit geringer Zers. bei 268°. Aus der Schmelze entstehen die Sphärolithe der Form II, die sich beim Erhitzen auf 200° schnell in die faserigen Nadeln der stabilen Form umwandeln. Ebenfalls in wenigstens 2 Formen tritt **V** auf. Die stabile Form erhält man durch Sublimation bei 160°; der F. ist 164°. Ebenfalls die stabile Form erhält man bei langsamer Abkühlung einer Schmelze, während bei schneller Abkühlung die instabile Form ensteht; die Umwandlungstemp. liegt bei 130°. **VI** mit F. 145° tritt nur in einer Form auf. Aus der Schmelze erhält man faserige Kristalle. Mit der stabilen Form von **I** bildet sich ein Eutektikum, das bei 115° schmilzt. **VII** tritt wieder in 2 Formen auf. Die Verb. hat F. 142°; sie krist. aus der Schmelze mit F. 134°. In Ggw. von Lösungsmitteldämpfen tritt Umwandlung in die bei 142° schmelzende Form ein. Diese Form bildet mit **I** ein Eutektikum, das bei 125° schmilzt. (Analytic. Chem. **27.** 979–83. Juni 1955. Detroit, Mich., Ethyl Corp.) C. GOTTFRIED. B 190

**O. W. Adams** und **Walter C. McCrone,** *Triphenylessigsäure.* Triphenylessigsäure krist. aus Nitrobenzol oder Benzylalkohol in hexagonalen Prismen mit dem Achsenverhältnis $a:c = 1:0{,}9285$ u. Spaltbarkeit senkrecht zur c-Achse. Die Verb. sublimiert oberhalb 210° u. beginnt bei ca. 235° sich zu zersetzen; der F. liegt zwischen 266–269° (starke Zers.). Die Elementarzelle hat $a = 14{,}27$ Å; $c = 13{,}25$ Å; $Z = 6$ mit D. 1,248. Die Daten des Pulverdiagramms sind tabellar. wiedergegeben. Die Brechungsindices für Licht der Wellenlänge 5893 Å u. bei 25° sind $\varepsilon = 1{,}6156 \pm 0{,}002$; $\omega = 1{,}6794 \pm 0{,}002$. Vorzeichen der Doppelbrechung ist negativ. (Analytic. Chem. **27.** 1033–34. Juni 1955. Chicago, Ill., Inst. of Technol., Armour Res. Found.) C. GOTTFRIED. B 190

**T. C. Tranter,** *Kristallstruktur von Glycyl-L-alaninhydrochlorid.* In Fortsetzung seiner früheren Unterss. (vgl. Nature [London] **173.** [1954.] 221), bei denen die Raumgruppen von *Glycyl-L-alaninhydrochlorid* (**I**) u. *-hydrobromid* (**II**) bestimmt u. die Struktur von **II** teilweise festgelegt worden war, berichtet Vf. über die vollständige Strukturbest. von **I** mittels mehrerer zweidimensionaler FOURIER-Projektionen. Parameterwerte werden nicht angegeben. Durch H-Bindungen verknüpft bilden die Glycyl-L-alaninmoll. kontinuierliche Spiralen, die seitlich durch N–H···O- u. N–H···Cl-Bindungen zusammengehalten werden. Das $Cl^-$-Ion ist angenähert tetraedr. durch 3 End-$NH_3^+$-Gruppen u. ein N-Atom der Amidgruppe eines benachbarten Mol. in Abständen zwischen 3,23 u. 3,36 Å umgeben. Die Dimensionen der Amidgruppe entsprechen den von COREY u. PAULING (vgl. C. **1953.** 7567) angegebenen Werten; die Gruppe besitzt trans-Konfiguration, sie ist nicht eben (das O-Atom der Carbonylgruppe liegt 0,5 Å außerhalb der Ebene). (Nature [London] **177.** 37–38. 7/1. 1956. Pontypool, Brit. Nylon Spinners Ltd., Res. Dep.) C. GOTTFRIED. B 195

**D. W. Smits** und **E. H. Wiebenga,** *Die Kristallstruktur von Glycyl-L-tyrosinhydrochlorid.* Kristalle von *Glycyl-L-tyrosinhydrochlorid* (**I**) u. dem isomorphen *Hydrobromid* (**II**) (mit 1 Mol $H_2O$) wurden aus wss. Lsg. in Form kleiner Nadeln mit {1 0 0}, {1 1 0} u. {1 $\bar{1}$ 0} erhalten. Dreh-, Schwenk- u. WEISSENBERG-Aufnahmen ergaben monokline Symmetrie mit den Elementarkörperdimensionen für **I**: $a = 14{,}05 \pm 0{,}01$ Å;

$b = 9{,}35_3 \pm 0{,}00_5$ Å; $c = 5{,}10_7 \pm 0{,}00_3$ Å; $\beta = 91^0 20' \pm 4'$ u. für **II**: $a = 14{,}25 \pm 0{,}01$ Å; $b = 9{,}55_4 \pm 0{,}00_5$ Å; $c = 5{,}08_8 \pm 0{,}00_3$ Å; $\beta = 91^0 4' \pm 4'$. Raumgruppe in beiden Fällen $P\,2_1$; $Z = 2$. Mit Hilfe der Intensitäten von **II** wurde nur die genaue Struktur von **I** festgelegt. Mittels mehrerer FOURIER-Synthesen u. Elektronendichteprojektionen wurden die folgenden Parameter festgelegt (Bezifferung s. die untenst. Figur): $C_{(1)}$: (x =) 0,912; (y =) 0,517; (z =) 0,378; $C_{(2)}$: 0,921; 0,610; 0,178; $C_{(3)}$: 0,008; 0,609; 0,028; $C_{(4)}$: 0,082; 0,516; 0,107; $C_{(5)}$: 0,070; 0,424; 0,312; $C_{(6)}$: 0,985; 0,424; 0,460; $C_{(7)}$: 0,173; 0,515; 0,946; $C_{(8)}$: 0,262; 0,560; 0,107; $C_{(9)}$: 0,255; 0,718; 0,168; $C_{(10)}$: 0,430; 0,565; 0,043; $C_{(11)}$: 0,510; 0,508; 0,874; $O_{(1)}$: 0,829; 0,516; 0,517; $O_{(2)}$: 0,278; 0,811; 0,016; $O_{(3)}$: 0,220; 0,748; 0,386; $O_{(4)}$: 0,452; 0,633;

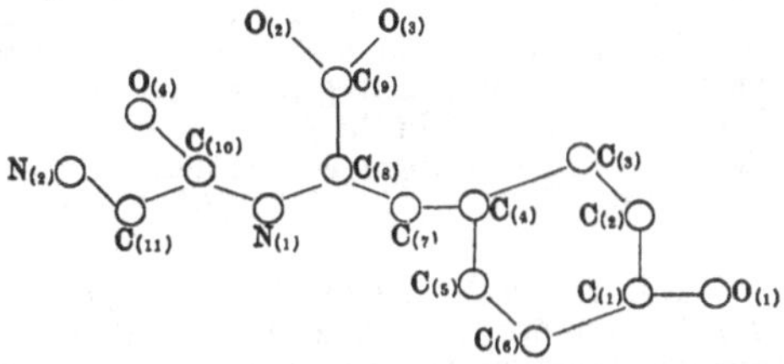


0,224; $O_{(5)}(H_2O)$: 0,472; 0,833; 0,644; $N_{(1)}$: 0,344; 0,529; 0,941; $N_{(2)}$: 0,605; 0,568; 0,955; Cl: 0,320; 0,250; 0,540. — Im Gitter ist die Kette $N_{(2)}$–$C_{(11)}$–$C_{(10)}$–$N_{(1)}$–$C_{(8)}$–$C_{(7)}$ angenähert eben. Die Carboxylgruppe mit dem Atom $C_{(8)}$ liegt fast senkrecht zu der Richtung der obigen Kette. Die Carboxylgruppe u. die Carbonylgruppe der Amidkonfiguration sind in cis-Stellung. Die Ebene des Benzolringes weicht von der der Kette ab u. genügt der Gleichung $0{,}792x + y + 0{,}479z = 0{,}631$. Die 6 C–C-Abstände im Ring liegen zwischen 1,35 u. 1,46 Å. Die COO-Gruppe ist flach u. liegt in der Ebene $x - 0{,}007y + 0{,}156z = 0{,}275$. Die Abstände $C_{(9)}$—$O_{(3)}$ u. $C_{(9)}$—$O_{(2)}$ mit 1,26 u. 1,21 Å sowie die Valenzwinkel stimmen mit denen überein, die für Carboxylgruppen in anderen Verbb. beobachtet worden sind, ebenso die Abstände u. Valenzwinkel in der Peptidkonfiguration $C_{(8)}$, $N_{(1)}$, $C_{(10)}$, $O_{(4)}$, $C_{(11)}$. Ganz allg. liegen die Moll. parallel der x-Achse. Sie sind in Schichten parallel (0 1 0) angeordnet, die abwechselnd aus Moll. A oder B bestehen. In jeder Lage sind die Moll. durch die $Cl^-$-Ionen verbunden sowie über H-Bindungen durch die W.-Moleküle. Verschied. Lagen sind durch OH···O- u. NH···O-H-Bindungen sowie durch $Cl^-$-Ionen verknüpft. Anderseits sind die Benzolringe in Schichten parallel (1 0 0) angeordnet; diese Schichten trennen die Gebiete, die die Dipolgruppen enthalten. Die Benzolringe der Moll. A liegen angenähert senkrecht zu denen der Moll. B. (Acta crystallogr. [Copenhagen] **6**. 531—39. 10/6. 1953. Groningen, Rijks Univ., Labor. voor Anorganische en Physische Chem.) C. GOTTFRIED. B 195

**H. P. Stadler,** *Die Kristallstruktur von Flavanthron.* Zur Röntgenunterss. geeignete Kristalle von *Flavanthron* wurden durch Sublimation erhalten. Die monokline Zelle hat die Abmessungen $a = 27{,}92$ Å; $b = 3{,}80$ Å; $c = 8{,}10$ Å; $\beta = 95^0$. Raumgruppe ist $P\,2_1/a$; $Z = 2$. Unter der Annahme eines ebenen Mol. wurde die Struktur durch FOURIER-Projektionen festgelegt. Es wurden die folgenden Parameter bestimmt (wegen der Bezifferung s. die nebenst. Figur): $O_{(1)}$: (x =) 0,179; (y =) 0,273; (z =) −0,171; $C_{(2)}$: 0,086; 0,004; −0,277; $C_{(3)}$: 0,149; 0,275; −0,072; $C_{(4)}$: 0,204; 0,541; 0,153; $C_{(5)}$: 0,042; −0,128; −0,333; $C_{(6)}$: 0,099; 0,138; −0,116; $C_{(7)}$: 0,158; 0,411; 0,107; $C_{(8)}$: 0,215; 0,668; 0,309; $C_{(9)}$: 0,005; −0,134; −0,220; $C_{(10)}$: 0,066; 0,137; −0,007; $C_{(11)}$: 0,121; 0,401; 0,213; $C_{(12)}$: 0,180; 0,674; 0,433; $C_{(13)}$: 0,019; 0,003; −0,058; $C_{(14)}$: 0,073; 0,266; 0,164; $C_{(15)}$: 0,135; 0,535; 0,371; N: 0,040; 0,263; 0,268. Die Ebene des Mol. ist gegen die

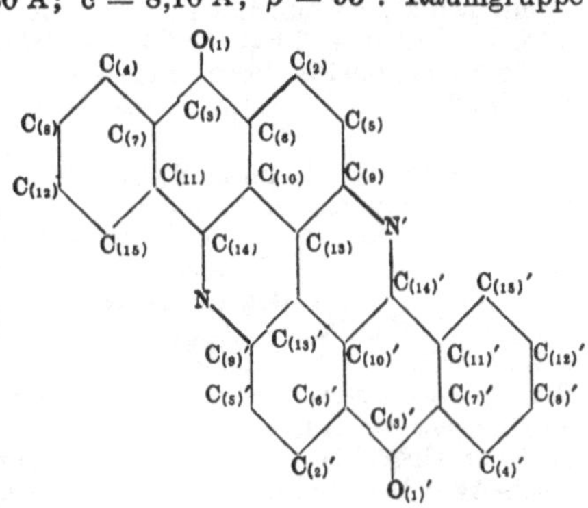


(0 1 0)-Ebene ca. 25° geneigt, u. zwar mit einer Richtung maximaler Neigung, welche senkrecht zu der Linie verläuft, die die Atome $C_{(2)}$ u. $C_{(2)}'$ verbindet. Ganz allg. läßt sich die Lage der Mol.-Ebene im Gitter durch die folgende Gleichung wiedergeben: $0{,}272x + 0{,}907y + 0{,}298z^* = 0$, wo x, y u. z* entlang den orthogonalen Achsen [a], [b] u. [c*] gemessen sind. Die intramol. Abstände sind in eine Figur eingezeichnet; der interplanare Abstand beträgt 3,44 Å. (Acta crystallogr. [Copenhagen] **6**. 540—42. 10/6. 1953. Newcastle-upon-Tyne, King's College, Univ. of Durham, Dep. of Phys. Chem. and Coke Res.) C. GOTTFRIED. B 195

**F. H. Stross** und **S. T. Abrams,** *Das Phasenverhalten des Systems Na-Stearat–Cetan.* Vff. untersuchten die Phasendiagramme von wasserfreiem *Na-Stearat* (**I**)–*Cetan* (**II**) sowie das Syst. **I**–*n-Heptan* (**III**), in denen, wenn auch in verschied. Größe, Inseln vorkommen,

wie sie bei wss. Systemen beobachtet werden. Vff. versuchen, frühere, sich widersprechende Diagramme aufzuklären, in dem sie 2 Verff. (polarisationsmkr. u. visuell in Ampullen) anwenden. I wurde bei 150—180° sorgfältig getrocknet u. durch therm. Analyse auf Reinheit geprüft. Eine Mischung wird über ihren $t_f$-Punkt hinaus erhitzt u. langsam auf n. Temp. abgekühlt. Im Polarisator wird bei Temperaturerhöhung (0,5—1° pro Min.) der Übergang vom anisotropen zum isotropen Punkt beobachtet. Dies wird wiederholt, wobei die Temp. unter mechan. Rühren konstant gehalten wird. Der Übergang vom isotropen zum anisotropen Punkt gibt wegen der Unterkühlung keine reproduzierbaren Werte. Inseln konnten nicht beobachtet werden. Vff. vermuten, daß die erhaltenen Werte (Tabelle) wegen geringer Wasserspuren differieren (Beispiel mit Wasserzusatz). (J. Amer. chem. Soc. **72.** 3309—10. Juli 1950. Emeryville, Calif., Shell Development Co.)
J. MILLER. B 221

**I. L. Krupatkin,** *Über ternäre Systeme mit geschlossenen Entmischungsisothermen.* Bei Unters. des Gleichgewichts der fl. Phasen im Zweistoffsyst. *Phenol* (I)-$H_3PO_4$ (II) wird ein stabiles Entmischungsgebiet mit unterer krit. Lösungstemp. festgestellt; der untere krit. Punkt liegt bei 100° mit 68% I u. 32% II. Im tern. Syst. II–*W.*–I liegen geschlossene Entmischungsisothermen zwischen 68 u. 100° vor. Solche können entstehen: 1. wenn beide bin. Systeme obere u. untere krit. Punkte aufweisen; 2. wenn der obere krit. Punkt des einen bin. Syst. unter dem unteren krit. Punkt des anderen liegt; 3. wenn eine chem. Verb. in einem bin. Syst. vorliegt, wie dies hier im Syst. II–W. der Fall ist. (Журнал Общей Химии [J. allg. Chem.] **22** (**84**). 184—90. Febr. 1952. Lehrstuhl für Chem. des Tscherkass. Pädagog. Inst.)
R. K. MÜLLER. B 221

**Murray Hauptschein, Andrew J. Saggiomo und Charles S. Stokes,** *Perfluoralkylaluminiumkomplexe.* Beim Zugeben von *Perfluorpropyljodid* ($C_3F_7J$) zu einer verd. $LiAlH_4$-Lsg. in Ae. bei —78° tritt starke $H_2$-Entw. ein, die aufhört, sobald 1 Mol $C_3F_7J$ pro Mol $LiAlH_4$ zugesetzt ist. Die anschließende Zers. mit W. bei 0° liefert *Heptafluorpropan* (Kp. —16°) in 85 %ig. Ausbeute. Die beiden Rkk. sind als $C_3F_7J + LiAlH_4 \rightarrow LiAl(C_3F_7)\cdot H_2J + H_2$ u. $LiAl(C_3F_7)H_2J + 3\,H_2O \rightarrow C_3F_7H + LiJ + Al(OH)_3 + 2\,H_2$ zu formulieren. Bei dem Vers., den Perfluorpropyl–Al-Komplex durch Abdampfen des Ae. zu isolieren, tritt heftige Zers. zu Al, LiJ, $H_2$ u. vermutlich $C_3F_7H$ ein. Weitere Zugabe von $C_3F_7J$ zu $LiAlH_4$ über das Mol-Verhältnis 1:1 hinaus bewirkt Entw. von $C_3F_7H$, aber nicht von $H_2$. Diese Rk. besteht in $LiAl(C_3F_7)H_2J + C_3F_7J \rightarrow LiAl(C_3F_7)HJ_2 + C_3F_7H$. Ein drittes Mol $C_3F_7J$ reagiert langsamer gemäß $LiAl(C_3F_7)HJ_2 + C_3F_7J \rightarrow LiAl(C_3F_7)_2J_2 + HJ$. Dieses letzte Prod. setzt auf Zugabe von W. keinen $H_2$ mehr in Freiheit. Die drei Al-Komplexe können als $LiAl(C_3F_7)_2H_2 + LiAlH_2J_2$, $LiAl(C_3F_7)_2H_2 + LiAlJ_4$ u. $LiAl(C_3F_7)_4 + LiAlJ_4$ aufgefaßt werden. — Die analoge Umsetzung von *Trifluormethyljodid* ($CF_3J$) mit $LiAlH_4$ verläuft nach den Gleichungen $CF_3J + LiAlH_4 \rightarrow LiAl(CF_3)H_2J + H_2$ u. $2\,LiAl(CF_3)H_2J + 3\,H_2O \rightarrow CH_4 + CHF_3 + H_2 + Al(OH)_3 + AlF_3 + 2\,LiJ$. Hier ist die Red. der sonst außerordentlich stabilen $CF_3$-Gruppe überraschend. (J. Amer. chem. Soc. **78.** 680—82. 5/2. 1956. Philadelphia, Pa., Temple Univ., Res. Inst.)
E. FORCHE. B 223

**G. H. Crawford und J. H. Simons,** *Halogensilberkomplexe der Perfluorcarbonsäuren.* Bei der Umsetzung der Ag-Salze von Perfluorcarbonsäuren mit $J_2$ oder $Br_2$ in Fluorkohlenstoffen als Lösungsm. bei Zimmertemp. bilden sich gemäß $2\,C_nF_{2n+1}-COOAg + X_2 \rightarrow (C_nF_{2n+1}-COO)_2AgX + AgX$ feste Komplexe, die in dem Fluorkohlenstoff lösl. sind u. so von dem Ag-Halogenid getrennt werden können. Die Jodkomplexe *($CF_3-COO)_2\cdot AgJ$, $(C_2F_5-COO)_2AgJ$, $(C_3F_7-COO)_2AgJ$, $(C_4F_9-COO)_2AgJ$* u. *$(C_5H_{11}-COO)_2AgJ$* sind krist. erhältlich, erleiden aber in Abwesenheit des Fluorkohlenstofflösungsm. Zersetzung. Die AgBr-Komplexe zers. sich sogar in der Lsg. sehr schnell. Mit W. u. mit reduzierenden Substanzen, wie KJ, reagieren die Komplexe sofort. — Demnach ist die Annahme eines Carboxyhalogenids als erstes Zwischenprod. bei der Umsetzung von Perfluorcarbonsäure–Ag-Salzen mit Halogenen zu Fluorkohlenstoffhalogeniden nicht haltbar. (J. Amer. chem. Soc. **77.** 2605—08. 5/5. 1955. Gainesville, Fla., Univ. of Florida, Fluorine Res. Center.)
E. FORCHE. B 223

**G. Oláh und S. Kuhn,** *Über die Isolierung der kationoiden Zwischenkomplexe der elektrophilen aromatischen Substitutionsreaktionen und ihre Anwendung als Substitutionsagenten.* Vff. untersuchen die Rkk. der Alkyl- bzw. Alicyclyl-, Nitronium- (I) u. Sulfoniumborofluoride (II) mit Aromaten. Durch Einw. von $BF_3$ auf Alkyl- bzw. Alicyclylfluoride konnte *Methyl-, Äthyl-* u. *Cyclohexylborofluorid* dargestellt werden, die Aromaten direkt kernalkylieren. I entsteht durch Einw. von $BF_3$ auf Nitrylfluorid bzw. durch Umsetzung von $N_2O_5$ mit HF u. $BF_3$ u. ist ebenso wie Nitrosylborofluorid zur Nitrierung von Bzl., Toluol (III), Fluor- (IV), Chlor- (V), Nitro-, 1-Fluor-2.5-dichlor- u. 2.4-Dinitrofluorbenzol verwendbar. Durch Einw. von $SO_3$ auf HF u. $BF_3$ wird schließlich II dargestellt, mit dem Bzl., III, IV u. V direkt sulfoniert werden konnten. (Naturwissenschaften 43. 59–60. Febr. 1956. Budapest, Chem. Zentralforschungsinst. der Ungar. Akad. der Wissenschaften.) K. FRENKLER. B 223

**Prasad Kumar Bhattacharyya**, *Über den Verteilungskoeffizienten von Oxalsäure zwischen Äther und Wasser.* Frühere Werte des Verteilungskoeff. (P) von Oxalsäure (I) zwischen W. u. Ae. von CHANDLER [1908] zeigen bei niedrigen Konzz. unter Verwendung der Dissoziationskonstanten von I (DARKEN, J. Amer. chem. Soc. 63. [1941.] 1007) keine Konstanz, was auf das Hervortreten der zweiten Dissoziationsstufe zurückzuführen sein dürfte. Bei höheren Konzz. sind nach Messungen des Vf. bei 25° u. 34–35°, unter Verwendung der DARKENschen Konstante, die P-Werte konstant (10,49–10,45 bzw. 8,91–9,18). (J. Indian chem. Soc. 32. 387–88. Juni 1955. Calcutta, Chem. Labor., Presidency Coll.) H. SACKMANN. B 224

**Paul N. Rylander** und **Seymour Meyerson**, *Umlagerung von 3-Chlor-3-äthylpentan während der säurekatalysierten Alkylierung.* Bei der Alkylierung von Bzl. mit 2-Chlor-2-methylpentan bei Ggw. von $FeCl_3$ unter milden Bedingungen (5°, dann langsame Erwärmung) entstanden *2-Methyl-2-phenylpentan* (Kp.$_{20}$ 89,5°, $n_D^{20}$ 1,4930; 98% rein) sowie 1–2% *3-Methyl-3-phenylpentan* u. unerwarteterweise 1–2% *2-Phenylhexan.* Unter gleichen Bedingungen wurden jedoch aus Bzl. mit 3-Chlor-3-äthylpentan (I) 90 bis 95% des Umlagerungsprod. *3-Methyl-3-phenylhexan* (Kp.$_{20}$ 110°, $n_D^{20}$ 1,4950) sowie ein isomeres Phenylheptan (vermutlich *2.3-Dimethyl-2-phenylpentan*) gebildet. Die Struktur von I wurde massenspektrograph. bestätigt, die Umlagerung kann also nicht etwa bereits bei der Darst. des I aus 3-Äthylpentanol-(3) erfolgt sein. (J. Amer. chem. Soc. 77. 6683 bis 6684. 20/12. 1955. San Francisco, Calif., Univ. of California, Med. Centre, School of Pharm.) B. GNAUCK. B 225

**Gordon N. Walker**, *Eine neue Umlagerung von o-Nitrophenylessigsäuren. o-Nitrophenylessigsäure* (I) u. ihre im Kern substituierten Derivv. geben beim Kochen mit Essigsäureanhydrid (II) unter Decarboxylierung u. Umlagerung *Acetylanthranil* (III) bzw. seine Derivate. Die Rk. ist beschränkt auf Verbb., die eine freie Carboxylgruppe enthalten, denn der *Äthylester* von I, *o-Nitrophenylacetonitril, o-Nitrotoluol* u. deren Derivv. sind indifferent gegen II. *p-Nitrophenylessigsäuren* bilden in n. Rk. mit II die entsprechenden Anhydride. Bei der Hydrolyse, Aminolyse oder katalyt. Hydrierung erfolgt unter Ringöffnung Bldg. von *N-Acetylanthranilsäure* (IV), *2-Methylchinazolon-(4)* oder *2-N-Acetylaminobenzylalkohol.* — Vf. nimmt an, daß bei der Umlagerung ein Austausch von Sauerstoff der Nitrogruppe zur in o-Stellung befindlichen Methylengruppe stattfindet, wobei unter Decarboxylierung der intermediär gebildeten Anthroxansäure Anthranil entsteht, das von II acetyliert wird. — Die Infrarotspektren aller untersuchten Verbb. wurden aufgenommen.

V e r s u c h e: *Acetylanthranil* (III), $C_9H_7O_2N$, F. 80–81°, Kp.$_{3,5}$ 119–127°, aus a) 43,8 g I u. 300 ml II, nach erfolgter $CO_2$-Entw. 2$^1/_2$ Std. Kochen am Rückfluß; 16,1 g (Ausbeute) oder b) aus Anthranilsäure; aus Ae. gelbe Kristalle. — *2-Acetylaminobenzoesäure* (IV), F. 182–184° (Äthylacetat) durch Hydrolyse von III. — *6.7-Dimethoxy-2-methyl-4-oxo-3.1.4-benzoxazin* (V), $C_{11}H_{11}O_4N$, F. 185–186,5°, aus 2-Nitro-4.5-dimethoxyphenylessigsäure u. 200 ml II, 2 Std. am Rückfluß, orange Kristalle aus Äthylacetat; 14,4 g. — *2-Acetylamino-4.5-dimethoxybenzoesäure,* $C_{11}H_{13}O_5N$, F. 223,5–224,5° (Zers.; Methanol/Äthylacetat) durch Hydrolyse vorst. Verb., 1$^1/_2$ Std. im Dampfbad. — *2-Methyl-6.7-dimethoxychinazolon-(4),* $C_{11}H_{12}O_3N_2$, F. 297–300° (Zers.), aus V u. konz. $NH_3$, $^1/_2$ Std. im Dampfbad; schwachgelbliche Kristalle aus Äthylacetat. — *2-Acetylaminobenzylalkohol* (V), $C_9H_{11}O_2N$, F. 114–115° (Methanol), durch Hydrierung von 2,8 g III in Äthylacetat mit Pd-Aktivkohle, 1 Std. bei 80°; 2,8 g; *O.N-Diacetylderiv.*, F. 91–93° (Ae.). — *4-Nitrophenylessigsäureanhydrid,* $C_{16}H_{12}O_7N_2$, F. 141–143°, aus 5 g 4-Nitrophenylessigsäure u. 50 ml II, 2 Std. am Rückfluß; hellgelbe Kristalle aus Äthylacetat; 3,5 g. (J. Amer. chem. Soc. 77. 6698–99. 20/12. 1955. Bethesda, Md., Nat. Inst. of Health, Publ. Health Service, Nat. Heart Inst., Labor. of Chem. of Nat. Prod.)
G. PÖTZSCHER. B 225

**Wilhelm Pritzkow** und **Karl Adolf Müller**, *Über die Autoxydation von n-Heptan und die isomeren n-Heptanhydroperoxyde.* Vff. bestätigen durch Unterss. an *n-Heptan* (I, Kp. 98,2–98,5°; $n_D^{20}$ 1,3878), *n-Decan* (II, Kp. 173–176°; $n_D^{20}$ 1,4219) u. *n-Dodecan* (III) die von BENTON u. WIRTH (Nature [London] 171. [1953.] 269 u. WIBAUT u. STRANG, C. 1954. 8082) gemachte Beobachtung, daß bei der Oxydation von n-Paraffinen der Angriff des Sauerstoffs nicht bevorzugt in 1- oder 2-Stellung, sondern statist. erfolgt (vgl. C. 1955. 11362). Das sowohl aus I durch Autoxydation auf 90% angereicherte, wie aus den Chlorierungsprodd. von I nach WALLING u. BÜCKLER (C. 1954. 7161) gewonnene *Hydroperoxyd* (IV) erwies sich als ein Gemisch von *2-* (V), *3-* (VI) u. *4-n-Heptan-*

*hydroperoxyd* (**VII**) [1-Verb. nicht in nennenswerter Menge vorhanden]. Die synthetisierten, reinen Hydroperoxyde geben bei der katalyt. Zers. (Wirksamkeit: Co = Mn > Cu ≫ Ni > Fe = Zn als Laurinate) neben dem entsprechenden n-Heptanol: **V** → *2*- (**VIII**), **VI** → *3*- (**IX**), **VII** → *4-n-Heptanon* (**X**), identifiziert als Semicarbazone. Das *1-n-Heptanhydroperoxyd* liefert neben *Önanthol* (*n-Heptaldehyd*) große Mengen *Önanthsäure*. Bei der Oxydation der Heptanone mit Benzopersäure entsteht aus **VIII** *Essigsäureamylester* (**XI**), aus **IX** *Propionsäurebutylester* (**XII**) u. *Valeriansäureäthylester* (**XIII**), aus **X** *Buttersäurepropylester* (**XIV**), die als Hydroxamsäuren identifiziert werden. Gleicher Abbau von **IV** ergibt ein Gemisch dieser Ester. — Die katalyt. Oxydation von **I** liefert das gleiche Ergebnis, nur daß unter den Bedingungen der Rk. die entstehenden Heptanole zu Heptanonen u. diese weiter zu Säuren oxydiert werden, wobei diese teils in niedere Säuren gespalten, teils mit den Heptanolen verestert werden. So entstehen aus reinem **VIII** Essig- (**XV**), aus **IX** Propion- (**XVI**) u. Valerian- (**XVII**), aus **X** Buttersäure (**XVIII**), aus den Ketonfraktionen von **IV**, **V**, **VI** u. **VII** diese Säuren nebeneinander. — Das Verh. von **I** bei der Oxydation läßt sich auf alle n-Paraffine verallgemeinern, die Oxydation von **II** u. **III** verläuft analog unter Bldg. von **XV**, **XVI**, **XVIII**, **XVII**, Capronsäure u. höheren Säuren.

Versuche: *n-Dodecan* (**III**), Kp. 216—220°, aus Laurinsäure → Äthylester, Red. mit $LiAlH_4$ → Dodecylalkohol (95% Ausbeute) + $PJ_3$ → Dodecyljodid (80%) + Zn u. HCl (70%); $n_D^{20}$ 1,4219. — *n-Heptanon-(3)* (**IX**), aus **XVII** u. **XVI** in der Gasphase bei 400° über $ThO_2$; *Semicarbazon*, F. 103—104°. — *n-Heptanon-(4)* (**X**), analog aus **XVIII**; *Semicarbazon*, F. 133—135°. — *Semicarbazon* von **VIII**: F. 123—125°, *Semicarbazon* von *Önanthol*: F. 109—111°. — Darst. der Hydroperoxyde: Red. der Heptanone → Heptanol + $SOCl_2$ → Heptylchlorid → $C_7H_{15}MgCl$ + $O_2$ (in Äther unter Kühlung mit Trockeneis/Methanol): *1-Hydroperoxy-n-heptan*, $Kp._{0,5-1}$ 51—53°; $n_D^{20}$ 1,4261; Verbrennungswärme V = 1124,1 ± 1,2 (kcal·mol$^{-1}$). — *2-Hydroperoxy-n-heptan* (**V**), $Kp._{0,5-1}$ 35—41°; $n_D^{20}$ 1,4241; V = 1120,3 ± 0,5. — *3-Hydroperoxy-n-heptan* (**VI**), $Kp._{0,5-1}$ 38—42°; $n_D^{20}$ 1,4243; V = 1120,2 ± 1,0. — *4-Hydroperoxy-n-heptan* (**VII**), $Kp._{0,5-1}$ 36—40°; $n_D^{20}$ 1,4245; V = 1123,3 ± 0,5. (Liebigs Ann. Chem. **597**. 167—81. 1955. Rostock, Inst. für Katalyseforsch.) G. PÖTZSCHER. B 225

**A. I. Lebedewa, T. A. Mischnina** und **R. P. Rysskina**, *Über die Verfahren zur Bestimmung der Konstitution tertiärer Acetylenalkohole und γ-Acetylenglykole.* 2. Mitt. *Bestimmung der Konstitution von Acetylenalkoholen, γ-Glykolen und Diacetylenglykolen mittels Ozonierung und auf spektrographischem Wege.* (1. vgl. Журнал Общей Химии [J. allg. Chem.] **23** (**85**). 572. **1953**.) Die Geschwindigkeit der Ozonisierung von *Tetraäthylbutindiol-(1.4)* (**I**) ist bis zur Aufnahme von 1 Mol $O_3$ konstant u. fällt dann rasch ab. *3.8-Dimethyldecadiin-(4.6)-diol-(3.8)* (**II**) nimmt ca. 1 Mol $O_3$ mit konstanter, ein weiteres Mol mit allmählich sinkender Geschwindigkeit auf. *Tetra-p-tolylbutindiol-(1.4)* (**III**) u. *Methyl-p-tolylacetylenylcarbinol* (**IV**) nehmen $O_3$ mit allmählich kleiner werdender Geschwindigkeit auf; 60% der Ausgangsverbb. werden wiedererhalten, wenn die Ozonbehandlung bei Aufnahme von 1 Mol abgebrochen wird; beides spricht dafür, daß nicht nur die 3fache Bindung, sondern auch die p-Tolylgruppe reagiert. Für die Verbb. vom Typus (R)(R¹)·C(OH)C≡CC(OH)(R)(R¹) u. (R)(R¹)C(OH)C≡C—C≡CC(OH)(R)(R¹) (R u. R¹ Alkyle, z. B. **I** u. **II**) ist demnach die Konstanz der Geschwindigkeit bis zur Aufnahme von 1 Mol $O_3$ kennzeichnend; wenn noch die bei der Rk. entstehenden Oxydationsprodd. bestimmt werden, so liegen genügend Anhaltspunkte vor, um die Konst. festzulegen. Ein Mangel der Meth. ist darin zu sehen, daß bei Diacetylenglykolen die Ausbeute an dem charakterist. Oxydationprod., der Oxysäure — z. B. im Falle von **II** Methyläthylglykolsäure — infolge der steigenden Ausbeute an Oxalsäure sinkt. Diacetylenglykole des angegebenen Typus haben im UV 2 Maxima, bei ~2410 u. ~2560 Å, die für konjugierte 3fache Bindungen charakterist. sind. Diese Maxima bleiben erhalten, wenn R u. R¹ Aryle sind, nur sind dann noch weitere, den Arylen entsprechende Maxima vorhanden. Die UV-Spektren sind ein gutes Erkennungsmittel für die Diacetylenglykole. Weiter werden die bei der Ozonisierung gebildeten Oxydationsprodd. mit den Ausbeuten angegeben für **I**—**IV**, ferner *Tetramethylbutindiol-(1.4)* (**V**), *1.4-Dimethyl-1.4-diäthylbutindiol-(1.4)*, *Diäthylacetylenylcarbinol* u. *4.9-Dimethyldodecadiin-(5.7)-diol-(4.9)*.

Versuche: Die Ozonisierung wird in Chlf. bei —20° durchgeführt; Ausnahme **V**, das wegen seiner Unlöslichkeit in Chlf. in Essigester gelöst wird. — *4.9-Dimethyldodecadiin-(5.7)-diol-(4.9)*, F. 74—75° (PAe.); durch ein Gemisch von 20 g Methyl-n-propylacetylenylcarbinol, 60 g $NH_4Cl$, 20 g $Cu_2Cl_2$ u. 250 ml W. wird unter Rühren 2 Std. $O_2$ durchgeleitet; erhalten werden 18,6 g festes Prod., das aus Bzl. + PAe., dann PAe. krist. wird; Nädelchen; Absorptionsmaximum (Max.) bei 2400 u. 2600 Å. — *2.9-Dimethyl-3.8-diisopropyldecadiin-(4.6)-diol-(3.8)*, F. 118—119°; aus Diisopropylacetylenylcarbinol;

aus verd. A. Schuppen. — *3.8-Diäthyldecadiin-(4.6)-diol-(3.8)*, Max. bei 2410 u. 2560 Å. — *2.7-Di-[p-tolyl]-octadiin-(3.5)-diol-(2.7)*, Max. bei 2440, 2580, 2620 u. 2720 Å. — *2.5-Di-[p-tolyl]-hexin-(3)-diol-(2.5)*, Max. bei 2620 u. 2720 Å. — Bei nachst. Verbb. sind die Maxima nach Literaturangaben wiedergegeben. *2.7-Dimethyloctadiin-(3.5)-diol-(2.7)*, Max. bei 2290, 2410 u. 2560 Å. — *2.7-Diphenyloctadiin-(3.5)-diol-(2.7)*, Max. bei 2445 u. 2580 Å. — *1.1.6.6-Tetraphenylhexadiin-(2.4)-diol-(1.6)*, Max. bei 2485 u. 2610 Å. (Журнал Общей Химии [J. allg. Chem.] **23** (**85**). 764—71. Mai 1953. Leningrad, Univ., Faworski-Labor.) R. KNOBLOCH. B 225

**Glen A. Russell,** *Die Wirkung des Sauerstoffs auf die Zersetzung von α.α'-Azodiisobutyronitril und Benzoylperoxyd in aromatischen Lösungsmitteln.* Die von Radikalbildnern (J) initiierte Oxydation von aromat. KW-stoffen (RH) mit $O_2$ verläuft nach dem Schema: J → 2eR'· ($k_i$); R· + $O_2$ → $RO_2$· (sehr schnell); $RO_2$· + RH → $RO_2H$ + R· ($k_3$); 2 $RO_2$· → nichtradikal. Prodd. ($k_6$), worin R· bzw. $RO_2$· Alkyl- bzw. Peroxyradikale, e die Wirksamkeit (0< e< 1) von J ist, Radikale R'· zu bilden, die die Ketten-Rk. einleiten. Mit Hilfe der Geschwindigkeit dieser Rk.: $-d[O_2]/dt = k_3k_6^{-0,5}[RH](2ek_i\cdot[J])^{0,5}$ läßt sich unter der Voraussetzung, daß [RH] u. e konstant bleiben, die Zersetzungsgeschwindigkeit $k_i$ der J graph. ermitteln. Diese Meth., Zersetzungsgeschwindigkeiten von J zu ermitteln, ist beschränkt auf RH, die verhältnismäßig stabile Hydroperoxyde bei Tempp. bilden, bei denen die J Halbwertszeiten von nur wenigen Std. aufweisen. Bei Unterss. der Oxydation von *Cumol* (**I**), *Äthylbenzol* (**II**) u. *Toluol* (**III**) bei Ggw. von *α.α'-Azodiisobutyronitril* (**IV**) u. 80° u. von **I** bei Ggw. von *Benzoylperoxyd* (**V**) u. 100° zeigt sich, daß $O_2$ die Zersetzungsgeschwindigkeit von **IV** in **I** ($k_i$ = 0,60 Std.$^{-1}$) u. in **II** ($k_i$ = 0,63 Std.$^{-1}$) nicht beeinflußt, von **V** in **I** ($k_i$ = 0,90 Std.$^{-1}$) dagegen verzögert. Die Zers. von **IV** in **III** ($k_i$ = 0,73 Std.$^{-1}$) ist nicht völlig geklärt. — Aus den Ergebnissen wird die relative Wirksamkeit von **IV** u. **V** berechnet u. mit der von *α.α'*-Azocyancyclohexan (vgl. MELVILLE u. RICHARDS, C. **1955.** 1713) verglichen. (J. Amer. chem. Soc. **78.** 1044 bis 1046. 5/3. 1956. Schenectady, N. Y., Gen. Electr. Res. Labor.) G. PÖTZSCHER. B 225

**Glen A. Russell,** *Dirigierende Einflüsse bei aliphatischen Substitutionen.* 7. Mitt. *Die Geschwindigkeit der Oxydation aliphatisch-aromatischer Kohlenwasserstoffe. Polare Effekte bei Radikalreaktionen.* (6. vgl. C. **1956.** 6073.) Die Geschwindigkeit der Oxydation (mit $O_2$ von 1 at bei 90° in Ggw. von 0,02 Mol tert.-Butylperbenzoat) folgender aromat. KW-stoffe (RH) wurde gemessen [in () Geschwindigkeitskonstanten **k** 100 **Std.**$^{-1}$]: *α-Methylstyrol* (7,90); *Styrol* (7,07); *Phenylcyclohexan* (**I**; 0,25, Kp.$_{53}$ 142°; $n_D^{20}$ 1,5262); *-cyclopentan* (**II**; 1,16); *Tetralin* (**III**; 3,04); *Indan* (**IV**; 1,69); *Cumol* (**V**; 1,00); *p-tert.-Butyl-* (**VI**; 1,20); *p-Brom-* (**VII**; 0,78); *p-Nitro-* (**VIII**; 0,53); *p-Cyancumol* (**XXV**) (0,50); *p-Cymol* (0,44); *p-Diisopropyl-* (**IX**; 2,74); *Allyl-* (**X**; 0,80); *Äthylbenzol* (**XI**; 0,18); *Fluoren* (**XII**; 0,39; F. 115—116°); *Mesitylen* (**XIII**; 0,086); *Di-* (**XIV**; 0,35); *Triphenylmethan* (**XV**; 0,20; F. 92,5°); *m-* (0,035); *p-Xylol* (**XVI**; 0,052); *Toluol* (**XVII**; 0,015); *p-Chlor-* (0,013); *p-tert.-Butyl-* (0,028); *p-Nitro-* (0,0063; F. 52—53°); *p-Methoxytoluol* (**XVIII**; 0,0096); *Phenylaceto-* (0,018); *p-Tolunitril* (**XIX**; 0,0076); *Benzylchlorid* (0,046); *-benzoat* (0,058); *Dibenzyläther* (**XX**; 7,07); *Phenylessig-* (**XXI**; 0,063); *p-Cuminsäuremethylester* (**XXIII**; 0,56); *Phenyldimethylsilan* (**XXII**; <0,0015). Die Geschwindigkeiten hängen ab von der Geschwindigkeit der Rk. der gebildeten Peroxyradikale ($RO_2$·) mit den RH (Kettenwachstum, $k_3$) u. der Geschwindigkeit der Kettenabbruch-Rkk. ($k_6$; vgl. vorst. Ref.). Durch Unters. der Oxydationsgeschwindigkeit (Bedingungen wie oben) in bin. Mischungen von **V** u. RH mit akt. H-Atom (**IX, VI, VII, VIII, I, II, XV, XXII**), von **V** u. RH mit akt. Methyl- oder Methylengruppe (**X, XIV, XII, XI, XIII, XVII, XVIII**), von **IV** u. RH mit akt. Methylengruppe (**XX, III, XIV, XII, X, XI, XXI**) u. von **XVII** u. RH mit akt. Methylgruppe (**XIII, XVI, XIX, XVIII**) lassen sich $k_3$ u. $k_6$ abschätzen. Die Ergebnisse zeigen, daß prim. u. sek. $RO_2$· den Kettenabbruch mehr begünstigen als tert., während Art u. Stellung von Substituenten in den RH von geringem Einfl. auf $k_6$ sind. Die $k_3$ dagegen sind desto größer (kleiner), je stabiler das gebildete $RO_2$· u. je stärker elektronenabgebend (-anziehend) der Substituent ist; sie folgen der HAMMETTschen Beziehung mit $\varrho = -0,43$ bei Cumol- u. $\varrho \sim -0,6$ bei Toluolderivaten. Die gleiche Abhängigkeit der $k_3$ von der Polarität zeigt sich auch bei Substituenten am α-H-Atom von **XVII**, jedoch wird ihre Abschätzung erschwert durch die gleichsinnig wirkende Resonanzstabilisierung der gebildeten Benzylradikale. Die relativen Reaktivitäten der RH gegenüber den $RO_2$· (bezogen auf **V** = 1) sind tabelliert.

V e r s u c h e: *p-Diisopropylbenzol* (**IX**), Kp.$_{56}$ 121—121,5°, aus Propylen, 600 g **V** u. 200 g konz. $H_2SO_4$ 4 Std. bei 0—25°; $n_D^{20}$ 1,4898; 89 g (Ausbeute). — *p-Bromcumol* (**VII**), Kp.$_{53}$ 123,5°, aus 720 g **V** u. 960 g $Br_2$ im Dunkeln, 8 Std. bei 0°, 14 Std. am Rückfluß; $n_D^{20}$ 1,5363; 291 g. — *p-Nitrocumol* (**VIII**), Kp.$_8$ 127,5—128,5°, durch Nitrieren von **V**; $n_D^{20}$ 1,5369. — *p-tert.-Butylcumol* (**VI**), Kp.$_{44}$ 125,5°, aus 300 g **V** u. 100 g tert.-Butylalkohol mit konz. $H_2SO_4$ bei $-5^0$ 30 Min.; $n_D^{20}$ 1,4918; 342 g. — *p-Cuminsäuremethylester* (**XXIII**), Kp.$_{11}$ 117—119°, aus p-Cuminsäure u. $SOCl_2$ (→ *Chlorid*, **XXIV**) u. Rk. des Prod. mit Methanol in Pyridin; $n_D^{20}$ 1,5108. — *p-Cyancumol* (**XXV**), Kp.$_8$ 105,5°, aus **XXIV** u. $NH_3$ (→ *Amid*) u. Dehydrierung mit $SOCl_2$; $n_D^{20}$ 1,5194. — *Phenylcyclopentan* (**II**), Kp.$_{24}$ 110—110,5°, durch Alkylierung von Bzl. mit Cyclopenten bei Ggw. von $H_2SO_4$; $n_D^{20}$ 1,5286. — *Indan* (**IV**), Kp.$_{31,5-32}$ 81°, durch CLEMMENSEN-Red. von 200 g Indanon-(1) mit 380 g ZnHg, 1800 ml 37%ig. HCl in Methylalkohol, 3 Std. am Rückfluß, Waschen mit konz. $H_2SO_4$; $n_D^{20}$ 1,5382; ca. 75 g. — *Phenyldimethylsilan* (**XXII**), Kp.$_{20}$ 57°, durch Red. von 128 g Phenyldimethylchlorsilan (Kp.$_{21}$ 85,5°) mit 10 g $LiAlH_4$ in Ae., 3 Std. am Rückfluß; $n_D^{20}$ 1,4988; $D.^{20}_4$ 0,876; 111 g. (J. Amer. chem. Soc. **78.** 1047—54. 5/3. 1956. Schenectady, N. Y., Gen. Electr. Res. Labor.) G. PÖTZSCHER. B 225

**Stanley J. Cristol, Boris Franzus und Alexander Shadan,** *Alkalische und neutrale Hydrolyse des Octyl-(2)-nitrates.* Vff. haben die alkal. Hydrolyse von *Octyl-(2)-nitrat* (**I**) in wss. A. u. die neutrale Hydrolyse in wss. Aceton bei 62,3° gemessen. Die Konfigurationsgleichheit im Bau von opt.-akt. **I** u. Octanol-(2) (**II**) wurde durch hydrierende Spaltung des **I** bewiesen. Die alkal. Hydrolyse des akt. **I** in A. führt zu einer Mischung von **II**, Octanon-(2) u. Octyl-(2)-äthyläther. Aus der Analyse folgt, daß 33% des Nitrates durch Spaltung der C–O-Bindung (Erhaltung der Konfiguration) u. 67% durch Spaltung der O–N-Bindung reagieren. Bei der alkal. Hydrolyse in wss. Dioxan entstehen 71% **II** ohne Änderung der Konfiguration u. 29% durch Konfigurationswechsel. Bei der neutralen Hydrolyse in wss. Aceton tritt bzgl. des entstehenden Alkohols ein 85%ig. Konfigurationswechsel ein. Die Nitrate stehen daher in ihrer Spaltungsart zwischen den Sulfonaten u. Carbonsäureestern. (J. Amer. chem. Soc. **77.** 2512—15. 5/5. 1955. Boulder, Colo., Univ., Dep. of Chem.) G. GEISELER. B 225

**W. Gerrard** und **W. J. Green,** *Der Mechanismus der Bildung von Dialkylalkylphosphonaten.* Die Rk. von Trisoctyl-(2)-phosphit [I, aus (+)-Octanol-(2)] mit Äthyljodid gibt (—)-2-Jodoctan. Vff. schließen, daß sich die Entalkylierung über einen ionogenen Zwischenstoff $[C_2H_5P(OR)_3]^+ J^-$ vollzieht. Die Rk. zwischen I u. Acetylhalogeniden verläuft entsprechend nach: $[CH_3CO \cdot P(OR)_3]^+ + Cl^-(Br^-)$ → (—)-2-Chlor- bzw. (—)-2-Bromoctan. (+)-2-Jodoctan wird leicht, (+)-2-Brom- u. (+)-2-Chloroctan schwieriger durch Erhitzen mit Triäthylphosphit (**II**) racemisiert. (+)-1-Chlor- u. (+)-1-Brom-1-phenyläthan werden beim Erhitzen mit **II** langsam racemisiert. Die bei der Einw. von Alkyl- u. Acetylhalogeniden auf Tris-1-phenyläthylphosphit erhaltenen 1-Halogen-1-phenyläthane sind bereits zum großen Teil racemisiert; als Nebenprod. entsteht dabei Styrol. Weiter wird gezeigt, daß Äthyldichlorphosphinit mit Äthyljodid nicht analog reagiert. — *(—)-2-Jodoctan* (**III**), Kp.$_{22}$ 97°, $\alpha_D^{20}$ $-34,4^0$ (l = 1 dm); u. *(+)-Di-2-octyläthylphosphonat*, Kp.$_2$ 148°, $\alpha_D^{17.5}$ 14,16°, $n_D^{18}$ 1,4402. — *Trisoctyl-(2)-phosphit* (**I**), Kp.$_2$ 162°, $n_D^{18}$ 1,4470, $\alpha_D^{19}$ —1,5. (J. chem. Soc. [London] **1951.** 2550—53. Okt. London, Northern Polytechn.) H. W. ZIMMER. B 225

**Ernest F. Pratt** und **Porter W. Erickson,** *Reaktionsgeschwindigkeiten durch Destillation.* 6. Mitt. *Die Verätherung von Benzylalkohol und verwandten Alkoholen.* (5. vgl. C. **1955.** 9766.) Unter Abänderung der früher für die Verätherung von Triphenylcarbinol u. Benzhydrol beschriebenen Destillationsmeth. wurden verschied. Benzylalkohole mit guten Ausbeuten in die entsprechenden Äther übergeführt. Ein Ansteigen des elektronenabstoßenden Charakters des p-Substituenten eines Benzylalkohols bewirkt ein merkliches Ansteigen der Geschwindigkeit, mit der n-Butylalkohol (**II**) veräthert wird; die Verätherungsgeschwindigkeit mit Anisylalkohol sinkt jedoch, wahrscheinlich weil der Katalysator [p-Toluolsulfonsäure (**I**)] in zunehmendem Maße desaktiviert wird. Die Verätherung von **II** durch Benzylalkohol (**III**) kann vollständig zugunsten der Benzylierung des Lösungsm. Bzl. durch Umwandlung des **II** in seinen Koordinationskomplex mit **I** unterdrückt werden, wobei Diphenylmethan auftritt. Die Verätherung von **II** mit den Benzylalkoholen erfolgte in guten Ausbeuten, wenn das Mol-Verhältnis von Benzylalkohol : **II** = 1 : 3 betrug. Lösungsm. war Bzl., jedoch wurde auch ein Cyclohexan–Nitrobenzol-Gemisch verwendet. Nebenprodd., die durch Eigenverätherung eines Alkohols entstanden, wurden ebenfalls beobachtet (Bis-p-chlorbenzyläther). Statt **II** wurde auch sek.-Butylalkohol verwendet. Die erhaltenen Geschwindigkeitskonstanten waren wegen der erwähnten Neben-Rkk. nicht befriedigend. Ferner wurde nochmals die Verätherung von Triphenylcarbinol u. Benzhydrol durch **II** kinet. verfolgt; die Messungen ergaben bei verschied. Verhältnissen der Reaktionsteilnehmer untereinander u. bei verschied. Katalysatorkonzz. einen genau der 1. Ordnung gehorchenden Reaktionsverlauf.

V e r s u c h e: *Verb. $C_{12}H_{26}O$ (Di-n-hexyläther?)*, Kp.$_{5,0}$ 80—83°, durch Selbstverätherung von Hexylalkohol unter katalyt. Wrkg. von **I**, $n_D^{25}$ 1,4190, 75% (Ausbeute). — *Dianisyläther*, aus Anisylalkohol u. **I**; 80%. — *Anisyl-n-butyläther*, aus vorst. Verb. u. **II** n Ggw. von **I**. — *Benzyl-n-butyläther* u. *Diphenylmethan*, aus **II** u. **III** in Bzl. in Ggw. von **I**, die Mengen der erhaltenen Stoffe wechseln mit den Mengenverhältnissen der eingesetzten Stoffe. — *p-Dimethylaminobenzyl-n-butyläther*, $C_{13}H_{21}ON$, $Kp._{0,4}$ 131°, $n_D^{25}$ 1,5230. — *p-Methoxybenzyl-n-butyläther*, $C_{12}H_{18}O_2$, $Kp._{0,1}$ 93—96°, $n_D^{20}$ 1,4978. — *p-Methylbenzyl-n-butyläther*, $C_{12}H_{18}O$, $Kp._{0,15}$ 55°, $n_D^{25}$ 1,4871. — *p-Chlorbenzyl-n-butyläther*, $C_{11}H_{15}OCl$, $Kp._{9,5}$ 121—123°, $n_D^{25}$ 1,5010. — *p-Methoxybenzyl-sek.-butyläther*, $C_{12}H_{18}O_2$, $Kp._{0,1}$ 67—99°, $n_D^{25}$ 1,4933. — *p-Methoxybenzyl-tert.-butyläther*, $C_{12}H_{18}O_2$, $Kp._{0,1}$ 61—65°, $n_D^{25}$ 1,4943. — *p-Methyl-p'-methoxydibenzyläther*, $C_{16}H_{18}O_2$, $Kp._{0,4}$ 152—158°, $n_D^{25}$ 1,5572. — *p-Methoxydibenzyläther*, $C_{15}H_{16}O_2$, $Kp._{0,1}$ 100—106°, $n_D^{25}$ 1,5619. — *p-Chlor-p'-methoxydibenzyläther*, $C_{15}H_{15}O_2Cl$, $Kp._{0,9}$ 122—126°, $n_D^{25}$ 1,5689. — *p-Nitro-p'-methoxydibenzyläther*, $C_{15}H_{15}O_4N$, $Kp._{0,2}$ 179—185°, $n_D^{25}$ 1,5830. — *p-Dimethylamino-p'-methoxydibenzyläther*, $C_{17}H_{21}O_2N$, $Kp._{0,001}$ 135—136°, $n_D^{25}$ 1,5842. (J. Amer. chem. Soc. **78**. 76—78. 5/1. 1956. College Park, Md., Dep. of Chem.) J. MATTNER. B 225

**Je. N. Gurjanowa** und **W. N. Wassiljewa**, *Kinetik und Reaktionsmechanismus des Austausches von RS-Gruppen zwischen Disulfiden und Thiolen.* (Vgl. C. **1954**. 11400.) Der mit Hilfe von $^{35}S$ untersuchte Austausch von RS-Gruppen zwischen *Ditolyldisulfid* u. *Thiokresol* in Xylol u. zwischen *Dibenzyldisulfid* u. *Benzylmercaptan* in Dekalin erfolgt bei 76—142° bzw. 180—227° mit einer Aktivierungsenergie von 13 bzw. 31 kcal/Mol. Die Austauschgeschwindigkeit ist der Quadratwurzel der Disulfidkonz. proportional, aber von der Thiolkonz. unabhängig. Durch UV-Bestrahlung wird der Austausch beschleunigt. Es wird angenommen, daß der Austauschmechanismus auf der Bldg. von RS-Radikalen aus den Disulfiden beruht. (Журнал Физической Химии [J. physik. Chem.] **29**. 576—83. März 1955. Moskau, Phys.-chem. Karpow-Inst.) R. K. MÜLLER. B 225

**Theodor Wieland, Rudolf Lambert** und **Hans Ulrich Lang** (unter Mitarbeit von **Günther Schramm**), *Über die beschleunigende Wirkung der Kohlensäure auf die Spaltung von S-α-Aminoacyl-Verbindungen.* Vff. verfolgen spektrophotometr. die alkal. Hydrolyse der —CO–S-Bindung von *S-α-Aminoacylmercaptanen* (M) u. *-thiophenolen* (T), $R-CH(NH_2)-CO-S-R'$, an Hand der Bande 235 mμ, die bei der Rk. verschwindet. Gruppen mit —I-Effekt im Mercaptanrest (Erhöhung der Acidität) beschleunigen die Spaltung; so werden die T rascher als die M u. *S-Alanyl-N-acetyl-* u. *S-Valyl-N-glycylcysteamin* rascher als *S-Alanyläthylmercaptan* hydrolisiert. Bicarbonat (**I**) erhöht die Spaltungsgeschwindigkeit. Diese Wrkg. wird erklärt als eine Rk. von **I** mit dem Aminoacylrest zu einem Carbaminat, das unter 5-Ringschluß in ein anhydridartiges, als „akt." Form der Aminosäuren angesprochenes Gebilde übergeführt wird. Sie ist auch für die Aminolyse der M u. T, die Übertragung des Aminoacylrestes auf zweite Aminogruppen bei der Peptidsynth. verantwortlich. *Succinylthiophenol* (**II**) als Modellsubstanz erwies sich viel reaktionsfähiger als *S-Acetylthiophenol*, dem die Möglichkeit zur Cyclisierung fehlt.

V e r s u c h e: *β-Chloräthylmethylaminhydrochlorid*, F. 110° (Aceton), aus 75 g N-Methylcolamin u. $SOCl_2$ in Chlf.; hygroskop.; 60 g (Ausbeute). — *N.N'-Dimethylcystamdihydrochlorid* (**III**), $C_6H_{16}N_2S_2 \cdot 2\,HCl$, F. 209° (absol. A.), aus 13 g vorst. Verb. u. 25 g $Na_2S_2O_3$ in W. 1 Std. am Rückfluß u. anschließende Oxydation mit $J_2$; 21 g. Red. zum *Mercaptan* mit NaHg in 60%ig. Ausbeute; äußerst hygroskopisch. — *N.N-Dicarbobenzoxyglycyl-N.N'-dimethylcystamin*, $C_{26}H_{34}O_6N_4S_2$, nach der Anhydridmeth. aus 10,5 g Carbobenzoxyglycin u. 5 ml Chlorameisensäureäthylester in Tetrahydrofuran u. Triäthylamin u. Rk. des gemischten Anhydrids mit **III**; aus Methanol/Ae. Kristalle. — *N-Glycyl-N-methylcysteaminhydrochlorid*, $C_5H_{12}ON_2S \cdot HCl$, F. 111°, aus vorst. Verb. durch reduktive Spaltung mit Na in fl. $NH_3$; hygroskop. Blättchen. — *S-Valyl-N-glycyl-N-methylcysteamindihydrochlorid*, aus vorst. Verb. mit Valylthiophenolhydrochlorid in Methanol, 3 Tage unter $N_2$; äußerst hygroskop., keine völlige Reinigung möglich. — *Succinylthiophenol* (**II**), $C_{10}H_{10}O_3S$, F. 70°, aus 1,02 g Thiophenol u. 1 g Bernsteinsäureanhydrid in absol. Tetrahydrofuran u. Triäthylamin, 2 Tage bei Zimmertemp.; 75%. (Liebigs Ann. Chem. **597**. 181—95. 1955. Frankfurt/M., Univ., Inst. für Organ. Chem.) G. PÖTZSCHER. B 225

**Eugen Bamann, Luis Fernandez Sanchez** und **Heinz Trapmann**, *Lösung der N–P-Bindung in Phosphoamiden durch seltene Erdmetalle.* Die gegen Alkalien sehr resistente energiereiche N–P-Bindung von Phosphoamiden, wie *Kreatin-*, *Arginin-* u. *Guanidinphosphorsäure* (**I—III**) wird schon bei schwach alkal. Rk. ($p_H$ 8—11) u. niedriger Temp. unter dem katalyt. Einfl. verschied. Metallionen gespalten, wobei die Katalyse über die Metallsalze der Phosphoamide als Zwischenverbb. verläuft, in denen die N–P-Bindung $OH^-$ gegenüber instabil geworden ist. Ce(III)-Ionen zeigen die stärkste Wrkg., Ce(IV) spalten **III** annähernd gleich schnell. La(III)-Ionen sind gut wirksam, Fe(III)-Salze nur wenig, Al, Mg, Mn u. Zn gegenüber **III** u. *Phosphorsäurediamid* prakt. inakt. ($p_H$ 8,6, 37° oder 70°). Die Entphosphorylierung der energiereicheren **I** erfolgt durch Ce(III) 13 mal, durch La 29mal rascher als bei der energieärmeren **II** (0,001 mol. Lsg., $p_H$ 8,6, 37°). Die **III**-Dephosphorylierung durch La zeigt ein Wirkungsoptimum bei $p_H$ 9; bei Ce(III) nimmt der Umsatz von $p_H$ 8—11 kontinuierlich zu. Die Ergebnisse lassen die Möglichkeit eines weitgehenden Einfl. der Seltenen Erden auf den Stoffwechsel unter bestimmten Bedingungen erkennen. (Chem. Ber. **88.** 1846—50. 10/12. 1955. München, Univ., Inst. für Pharmazie u. Lebensmittelchem.) K. MAIER. B 227

# C. Präparative organische Chemie. Naturstoffe.

**Roger Adams** und **V. Voorhees**, *Apparatur zur katalytischen Reduktion.* Die App. zur katalyt. Red. mit $H_2$ in Ggw. von $PtO_2$ sowie die Benutzung u. Eichung werden beschrieben. (Org. Syntheses, collect. Vol. **1.** [**1**—**9.** 2. Aufl.] 61—67, ausg. Okt. 1951.) I. AHRLÉ. 460

**Jean Colonge** und **Maurice Reymermier**, *Oxydation mit Selenigsäureanhydrid.* 2. Mitt. *Alkohole verschiedener Konstitution.* (1. vgl. C. **1956.** 5524.) Vff. untersuchten die acetylierende Oxydation der Acetate verschied. ungesätt. Alkohole durch $SeO_2$. Es entstanden immer *Glykoldiacetate*; im einzelnen bildeten sich (nach anschließender Verseifung) aus $(CH_3)_2C=CHR$ ($R = C_nH_{2n}OH$) $HOCH_2C(CH_3)=CHR$, aus $CH_2=C(CH_3)CH_2R$ Gemische von $CH_2=C(CH_3)CHOHR$ u. $CH_2=C(CH_2\cdot OH)CH_2R$, aus Cyclohexen-(2)-ol ein Gemisch aus *cis-* u. *trans-Cyclohexen-(2)-diol-(1.4)*, aus α-Terpineol *p-Menthen-(5)-diol-(2.8)* u. aus Isopulegol *p-Menthen-(8)-diol-(4.5)*.

Versuche: *2-Methylhexen-(2)-on-(4)*, $C_7H_{12}O$, Kp.$_{754}$ 145—147°, durch Behandeln von äther. $C_2H_5MgBr$ mit $CdCl_2$ bei 0°, 2std. Rühren bei 20°, Ersatz des Ae. durch Bzl., Zugabe von Dimethylacrylylchlorid (**I**) bei 0° innerhalb 5 Min. u. 1std. Kochen; $D.^{25}_{4}$ 0,865, $n_D^{25}$ 1,4452; 81% (Ausbeute). *Semicarbazon*, $C_8H_{15}ON_3$, F. 162° (verd. $CH_3\cdot OH$). — *2-Methylhexen-(2)-ol-(4)*, $C_7H_{14}O$, Kp.$_{22}$ 63—65°, aus vorst. Verb. u. Al-Isopropylat in Isopropanol (8std. Erhitzen); $D.^{25}_{4}$ 0,837, $n_D^{25}$ 1,4380; 83%. *Acetat* (**II**), $C_9H_{16}O_2$, Kp.$_{13}$ 55—58°, nur mit $CH_3COCl$ in Pyridin bei 5°, dann 20°; $D.^{24}_{4}$ 0,872, $n_D^{24}$ 1,4238; 82%. — *2-Methylocten-(2)-on-(4)*, $C_9H_{16}O$, Kp.$_{15}$ 80°, aus $C_4H_9MgBr$, $CdCl_2$ u. **I** wie oben; $D.^{19}_{4}$ 0,857, $n_D^{19}$ 1,4525; 85%. *Semicarbazon*, $C_{10}H_{19}ON_3$, F. 104° (verd. $CH_3OH$). — *2-Methylocten-(2)-ol-(4)*, $C_9H_{18}O$, Kp.$_{13}$ 85—87°, aus vorst. Verb.; $D.^{20}_{4}$ 0,833, $n_D^{20}$ 1,4438; 88%. *Acetat* (**III**), $C_{11}H_{20}O_2$, Kp.$_{13}$ 89°, $D.^{22}_{4}$ 0,878, $n_D^{22}$ 1,4339; 83%. — *2-Methylhepten-(2)-ol-(6)*, aus natürlichem Methylheptenon. *Acetat* (**IV**), $C_{10}H_{18}O_2$, Kp.$_{15}$ 83—84°, aus dem Alkohol mit Acetanhydrid (Ac.) u. $CH_3COONa$; $D.^{25,5}_{4}$ 0,884, $n_D^{25,5}$ 1,4310; 92%. — *Citronellylacetat* (**V**), $C_{12}H_{22}O_2$, Kp.$_{13}$ 117°, schwach rechtsdrehend. — *2-Methylhexen-(2)-diol-(1.4)-diacetat*, $C_{11}H_{18}O_4$, Kp.$_{12}$ 125—130°, aus 63 g **II** u. $SeO_2$ in $CH_3COOH$-Ac. (2:1) bei 50°, dann 8 Std. bei 90—95°; $D.^{20}_{4}$ 1,036, $n_D^{20}$ 1,4541; 30%; daneben 12 g **II** zurück. *Freies Glykol*, $C_7H_{14}O_2$, Kp.$_{12}$ 135—138°, $D.^{20}_{4}$ 0,998, $n_D^{20}$ 1,4752. Hydrierung (RANEY-Ni) gab *2-Methylhexandiol-(1.4)*, $C_7H_{16}O_2$, Kp.$_{12}$ 135—138°, $D.^{20}_{4}$ 0,939, $n_D^{20}$ 1,450; *Bis-p-nitrobenzoat*, $C_{21}H_{22}O_8N_2$, F. 106° (verd. A.). — *2-Methylocten-(2)-diol-(1.4)-diacetat*, $C_{13}H_{22}O_4$, Kp.$_{13}$ 140—145°, aus 50 g **III** wie oben (7 Std. bei 90—95°); $D.^{22}_{4}$ 1,006, $n_D^{22}$ 1,4501; 30%; daneben 15 g **III** zurück. *Freies Glykol*, $C_9H_{18}O_2$, Kp.$_{13}$ 148 bis 150°, lösl. in Ae., $D.^{23}_{4}$ 0,958, $n_D^{23}$ 1,4750. Hydrierung (RANEY-Ni) gab *2-Methyloctandiol-(1.4)*, $C_9H_{20}O_2$, Kp.$_{13}$ 148—150°, $D.^{21}_{4}$ 0,923, $n_D^{21}$ 1,4550. — *2-Methylhepten-(2)-diol-(1.6)-diacetat*, $C_{12}H_{20}O_4$, Kp.$_{15}$ 144—148°, aus 260 g **IV** u. $SeO_2$ in sd. Ac. (8 Std.); $D.^{25}_{4}$ 1,000, $n_D^{25}$ 1,4470; 45%; daneben 60 g **IV** zurück. *Freies Glykol*, $C_8H_{16}O_2$, Kp.$_{16}$ 143—146°, $D.^{26}_{4}$ 0,975, $n_D^{26}$ 1,4736; *Bis-phenylurethan*, $C_{22}H_{26}O_4N_2$, F. 101° (verd. $CH_3\cdot OH$). — *2-Methylheptandiol-(1.6)*, $C_8H_{18}O_2$, Kp.$_{15}$ 141—145°, $D.^{25}_{4}$ 0,954, $n_D^{25}$ 1,4540. *Bis-phenylurethan*, $C_{22}H_{28}O_4N_2$, F. 104° (verd. A.). — *2.6-Dimethylocten-(2)-diol-(1.8)-diacetat*, $C_{14}H_{24}O_4$, Kp.$_{15}$ 171—173°, aus 234 g **V** u. $SeO_2$ in sd. Ac. (3 Std.); $D.^{25}_{4}$ 0,991, $n_D^{25}$ 1,4527; 50%; daneben 67 g **V** zurück. *Freies Glykol*, $C_{10}H_{20}O_2$, Kp.$_{15}$ 170—171°, $D.^{25}_{4}$ 0,963, $n_D^{25}$ 1,4758; *Bis-phenylurethan*, $C_{24}H_{30}O_4N_2$, F. 110° (90%ig. A.). — *2.6-Dimethyloctandiol-(1.8)*, $C_{10}H_{22}O_2$, Kp.$_{15}$ 170—171°, $D.^{20}_{4}$ 0,921, $n_D^{20}$ 1,4594. *Bis-phenylurethan*, $C_{24}H_{32}O_4N_2$, F. 76° (PAe.-Toluol). — *2-Methylpenten-(1)-ol-(4)*, $C_6H_{12}O$, Kp.$_{750}$ 129—133°, aus 240 g 2-Methylpentandiol-(2.4) durch Dest. in Ggw. von 0,4% $CuSO_4$; 118 g. *Acetat* (**VI**), $C_8H_{14}O_2$, Kp.$_{745}$ 145—147°, $D.^{22}_{4}$ 0,865, $n_D^{22}$ 1,4184; 85%. — *2-Methylhexen-(1)-ol-(4)*, $C_7H_{14}O$, Kp.$_{30}$ 63°, aus Methallyl–MgCl u. Propionaldehyd in Ae. (2 Std.); Fl. mit scharfem Geruch, $D.^{22}_{4}$ 0,836, $n_D^{22}$ 1,4384; 83%. *Acetat* (**VII**), $C_9H_{16}O_2$, Kp. 165°, Kp.$_{30}$ 73°, $D.^{22}_{4}$ 0,878, $n_D^{22}$ 1,4218. — *2-Methylpenten-(1)-diol-(3.4)-diacetat*, $C_{10}H_{16}O_4$, Kp.$_{11}$ 96—100°, aus 213 g **VI** u. $SeO_2$ in sd. Ac.; $D.^{19}_{4}$ 1,025, $n_D^{19}$ 1,4381; 54 g; daneben 69 g **VI** zurück u. 46 g nachst. Diacetats. *Freies Glykol*, $C_6H_{12}O_2$, Kp.$_{11}$ 94—98°, $D.^{21}_{4}$ 0,998, $n_D^{21}$ 1,4628. — *2-Methylpentandiol-(3.4)*, $C_6H_{14}O_2$, Kp.$_{11}$ 95°, $D.^{20}_{4}$ 0,954, $n_D^{20}$ 1,4420, wahrscheinlich Gemisch zweier Diastereoisomeren. — *2-Methylenpentandiol-(1.4)-diacetat*, $C_{10}H_{16}O_4$, Kp.$_{11}$ 110—112°, $D.^{19}_{4}$ 1,040, $n_D^{19}$ 1,4440. *Freies Glykol*, $C_6H_{12}O_2$,

Kp.$_{11}$ 118—120°, D.$^{20}_4$ 1,015, $n_D^{20}$ 1,4729. — *2-Methylpentandiol-(1.4)*, $C_6H_{14}O_2$, Kp.$_{11}$ 118—120°, D.$^{21}_4$ 0,957, $n_D^{21}$ 1,4481. *Bis-p-nitrobenzoat*, $C_{20}H_{20}O_8N_2$, F. 83° (Ae.-PAe.). — *2.4-Dimethyltetrahydrofuran*, $C_6H_{12}O$, Kp.$_{750}$ 99°, aus vorst. Glykol durch Dest. über $H_3PO_4$; D.$^{20}_4$ 0,842, $n_D^{20}$ 1,4105. — *2-Methylhexen-(1)-diol-(3.4)-diacetat*, $C_{11}H_{18}O_4$, Kp.$_{10}$ 108—110°, aus 185 g **VII** u. $SeO_2$ in sd. Ac. (5 Std.); D.$^{21}_4$ 1,010, $n_D^{21}$ 1,4419; 35 g; daneben 60 g **VII** zurück u. 30 g nachst. Diacetats. *Freies Glykol*, $C_7H_{14}O_2$, Kp.$_{10}$ 108 bis 110°, D.$^{22}_4$ 0,977, $n_D^{22}$ 1,4653. — *2-Methylhexandiol-(3.4)*, $C_7H_{16}O_2$, F. 149° (PAe.). — *2-Methylenhexandiol-(1.4)-diacetat*, $C_{11}H_{18}O_4$, Kp.$_{10}$ 118—120°, D.$^{21}_4$ 1,021, $n_D^{21}$ 1,4461. *Freies Glykol*, $C_7H_{14}O_2$, Kp.$_{10}$ 120—122°, D.$^{22}_4$ 0,984, $n_D^{22}$ 1,4708. — *2-Methylhexandiol-(1.4)*, $C_7H_{16}O_2$, Kp.$_{10}$ 120—122°, D.$^{20}_4$ 0,943, $n_D^{22}$ 1,4505. *Bis-p-nitrobenzoat*, $C_{21}H_{22}$·$O_8N_2$, F. 103° (verd. A.). — *Cyclohexen-(2)-yl-(1)-acetat* (**VIII**), Kp.$_{16}$ 67—70°, nach GUILLEMONAT [1939.]; D.$^{25}_4$ 1,002, $n_D^{25}$ 1,4597; 26%. — *α-Terpenylacetat* (**IX**), $C_{12}H_{20}O_2$, Kp.$_{12}$ 104—106°, aus α-Terpineol ($[\alpha]_D^{20}$ +96,4°) u. Ac. in Ggw. von $H_3PO_4$ (4std. Rühren bei 36°, dann 12std. Stehen bei 20°); D.$^{20}_4$ 0,967, $n_D^{20}$ 1,4660, $\alpha_D^{20}$ +69,3°; 89%. — *Isopulegylacetat* (**X**), $C_{12}H_{20}O_2$, Kp.$_{10}$ 96—98°, aus Isopulegol (Kp.$_{10}$ 87—88°, D.$^{20}_4$ 0,915, $n_D^{20}$ 1,4719, $[\alpha]_D^{20}$ —4°); D.$^{20}_4$ 0,939, $n_D^{20}$ 1,4571, $[\alpha]_D^{20}$ —3,37; 88%. — *Cyclohexen-(2)-diol-(1.4)-diacetat*, $C_{10}H_{14}O_4$, Kp.$_{16}$ 130—135°, aus 92 g **VIII** u. $SeO_2$ in sd. Ac. (8 Std.); D.$^{19}_4$ 1,1225, $n_D^{19}$ 1,4689; 34%; daneben 28 g **VIII** zurück. *Freies Glykol*, $C_6H_{10}O_2$, Kp.$_{12}$ 144—145°, Gemisch aus 60% der *trans-* u. 40% der *cis-Verb.*; D.$^{23,5}_4$ 1,124, $n_D^{23,5}$ 1,5120. — *Cyclohexandiol-(1.4)*, $C_6H_{12}O_2$, F. 139° (*trans-*) bzw. F. 102° (*cis-Verb.*), Trennung durch fraktionierte Kristallisation aus Aceton; das Gemisch (F. 103,5°) enthielt 60 bis 65% trans-Verbindung. — *p-Menthen-(1)-diol-(6.8)-diacetat*, $C_{14}H_{22}O_4$, Kp.$_{12}$ 147 bis 149°, aus 97,5 g **IX** u. $SeO_2$ in sd. Ac. (3 Std.); D.$^{22,5}_4$ 1,036, $n_D^{22,5}$ 1,4690, $[\alpha]_D^{20}$ —18,13°; 37%; daneben 29 g **IX** zurück. *Freies Glykol* (*Pinolhydrat*), $C_{10}H_{18}O_2$, F. 132° (verd. A.), $[\alpha]_D^{20}$ —3,56°. — *Pinol*, $C_{10}H_{16}O$, Kp.$_{10}$ 148—152°, durch Erhitzen des Hydrats mit 10%ig. Oxalsäurelsg.; D.$^{22}_4$ 0,953, $n_D^{22}$ 1,4715. — *p-Menthandiol-(2.8)*, $C_{10}H_{20}O_2$, F. 121° (W.), durch Hydrierung von Pinolhydrat (RANEY-Ni); $[\alpha]_D^{20}$ +3,58°. — *p-Menthen-(8,9)-diol-(3.4)-diacetat*, $C_{14}H_{22}O_4$, Kp.$_{11}$ 142—144°, aus 196 g **X** u. $SeO_2$ in sd. Ac. (4 Std.); D.$^{25,5}_4$ 1,031, $n_D^{25,5}$ 1,4650, $[\alpha]_D^{20}$ —15°; 35%; daneben 52 g **X** zurück. *Freies Glykol*, $C_{10}H_{18}O_2$, F. 98° (PAe.-Bzl.), $[\alpha]_D^{21}$ —29,18°. — *cis-p-Menthandiol-(3.4)*, $C_{10}H_{20}O_2$, F. 77° (PAe.), $[\alpha]_D^{20}$ —38,49°. — *l-Isomenthon*, $C_{10}H_{18}O$, Kp.$_{30}$ 107°, aus vorst. Verb. u. sd. 10%ig. $H_2SO_4$ (1/2 Std.); D.$^{25,5}_4$ 0,905, $n_D^{25,5}$ 1,4544, $[\alpha]_D^{22}$ —7,20; 65%. (Bull. Soc. chim. France [5] **1956**. 188—94. Jan. Lyon, École de Chim. Ind. u. Fac. des Sci.)

J. ROTHE. 460

**Jean Colonge** und **Maurice Reymermier**, *Oxydation mit Selenigsäureanhydrid.* 3. Mitt. *Aromatische Kohlenwasserstoffe mit äthylenischer Seitenkette. Phenoläther mit äthylenischer Seitenkette und aliphatische äthylenische Säuren.* (2. vgl. vorst. Ref.) Vff. beschreiben die acetylierende $SeO_2$-Oxydation folgender Stoffe: Propenylbenzol (**I**), p-Propenyltoluol (**II**), Anethol (**III**), Estragol (**IV**), Crotonsäure (**V**), β.β-Dimethylacrylsäure (**VI**) u. Undecylensäureäthylester (**VII**). Im allg. erfolgte Oxydation in Allylstellung, bei **IV** nach vorheriger Allylumlagerung, ebenso teilweise bei **VII**. Aus **III** entstand *1-[p-Methoxyphenyl]-propandiol-(1.2)-diacetat.*

Versuche: *Cinnamylacetat*, $C_{11}H_{12}O_2$, Kp.$_{12}$ 140—141°, aus 90 g **I** u. $SeO_2$ in sd. Acetanhydrid (5 Std.); D.$^{23}_4$ 1,059, $n_D^{23}$ 1,5385; 27% (Ausbeute); daneben 25 g **I** zurück. *Zimtalkohol*, $C_9H_{10}O$, F. 32°; *Phenylurethan*, $C_{16}H_{15}O_2N$, F. 92° (verd. $CH_3OH$). — *p-Methylcinnamylacetat*, $C_{12}H_{14}O_2$, Kp.$_{15}$ 150—152°, aus **II** wie oben (4 Std.); D.$^{23}_4$ 1,048, $n_D^{23}$ 1,5313; 29%. *p-Methylzimtalkohol*, $C_{10}H_{12}O$, F. 51° (PAe.). — *1-[p-Methoxyphenyl]-propandiol-(1.2)-diacetat*, $C_{14}H_{18}O_5$, Kp.$_{12}$ 179—183°, aus **III** wie oben (8 Std.); D.$^{20}_4$ 1,124, $n_D^{20}$ 1,4980; 20%. *1-[p-Methoxyphenyl]-propandiol-(1.2)*, $C_{10}H_{14}O_3$, F. 111° (Bzl.). — *p-Methoxycinnamylacetat*, $C_{12}H_{14}O_3$, Kp.$_{11}$ 166—168°, aus 170 g **IV** wie oben (5 Std.); D.$^{25}_4$ 1,099, $n_D^{25}$ 1,5528; 30%; daneben 50 g **IV** zurück. *p-Methoxyzimtalkohol*, $C_{10}H_{12}O_2$, F. 77° (Bzl.). — *4-Acetoxybuten-(2)-säure*, $C_6H_8O_4$, F. 98° (Ae.-PAe.), aus 30 g trans-**V** u. $SeO_2$ in sd. $CH_3COOH$ (5 Std.); 30%; daneben 9,5 g **V** zurück. *trans-4-Oxybuten-(2)-säure*, $C_4H_6O_3$, F. 109° (Essigester), aus dem Acetat u. sd. wss. KOH (2 Std.); 61%. — *3-Methylbuten-(2)-olid-(1.4)*, $C_5H_6O_2$, Kp.$_{12}$ 110—112°, bewegliche Fl., aus 100 g **VI** u. $SeO_2$ in sd. $CH_3COOH$ (4 Std.); D.$^{24}_4$ 1,119, $n_D^{24}$ 1,4722; 18,3%; daneben 30 g **VI** zurück u. 21,5% *4-Acetoxy-3-methylbuten-(2)-säure*, $C_7H_{10}O_4$, F. 52° (PAe.), Kp.$_{12}$ 156—160°. — *3-Methylbuten-(2)-ol-(4)-säure*, $C_5H_8O_3$, F. 108° (Bzl.), aus vorst. Verb. u. sd. wss. NaOH (2 Std.); 58%. — *9-Acetoxyundecen-(10)-säureäthylester*, $C_{15}H_{26}O_4$, Kp.$_{11}$ 171—173°, aus 63 g **VII** u. $SeO_2$ in sd. $CH_3COOH$–Acetanhydrid (1 : 2; 8 Std.); D.$^{25}_4$ 0,972, $n_D^{25}$ 1,4465; 18,7%; daneben 12 g **VII** zurück u. 12,5% nachst. Acetats. — *9-Oxyundecen-(10)-säure*, $C_{11}H_{20}O_3$, F. ca. 4°. — *9-Oxyundecansäure*, $C_{11}H_{22}O_3$, F. 38° (Chlf.-PAe.), durch katalyt. Hydrierung vorst. Verb. — *11-Acetoxyundecen-(9)-säureäthylester*, $C_{15}H_{26}O_4$, Kp.$_{11}$ 179—181°, D.$^{25}_4$ 0,979, $n_D^{25}$ 1,4510. — *11-Oxyundecen-(9)-säure*, $C_{11}H_{20}O_3$, F. 20—29°. — *11-Oxy-*

*undecansäure*, $C_{11}H_{22}O_3$, F. 66,5° (Bzl.). — Oxydationsverss. der Undecylensäure selbst gaben nur undestillierbare u. unverseifbare Harze. (Bull. Soc. chim. France [5] **1956.** 195—98. Jan.) J. ROTHE. 460

**Theodore D. Perrine,** *N-Entmethylierung mit Kaliumferricyanid.* $K_3Fe(CN)_6$ wirkt entmethylierend auf Methylamino- oder Dimethylaminogruppen, die an sek. oder tert. C-Atome gebunden sind. Eine Ausnahme bildet 1.1-Diphenyl-3-dimethylamino-butanol-(1), wahrscheinlich auf Grund seiner schlechten Löslichkeit im Reaktionsmedium. Die Entmethylierung gelang nicht mit N-Methylmorpholin, Kodein, Nicotin u. Dimethylanilin.

Versuche: *Nortropin*, F. 161—162°, aus rohem Tropin in W. mit $K_3Fe(CN)_6$ in wss. NaOH bei 5°; über das *Formylderiv.*, $C_8H_{13}O_2N$, F. 135—141°, 87% (Ausbeute). *Hydrochlorid*, F. > 280°. *Chloroaurat*, F. 218° (W.). — *3-Dimethylaminocyclohexanol* (**I**), $Kp._{0,05}$ 66°, aus 3-Aminocyclohexanol mit sd. 90%ig. HCOOH u. 37%ig. $CH_2O$; $n_D^{25,2}$ 1,4843. *Hydrochlorid*, $C_8H_{17}ON \cdot HCl$, F. 161—164°. *Pikrat*, F. 180—181° (Äthylacetat). — *1.2.6-Trimethylpiperidin* (**II**), $Kp._{0,05}$ 25—30°, aus 2.6-Dimethylpiperidin analog **I**. *Pikrat*, F. 228°. — *2.2.4-Trimethyl-4-dimethylaminopentan* (**III**; *Dimethyl-tert.-octylamin*), $Kp._{110}$ 107°, aus tert.-Octylamin analog **I**. *Hydrochlorid*, $C_{10}H_{23}N \cdot HCl$, F. 182° (Sintern bei 170°; Äthylacetat). — *N-Methyldicyclohexylaminhydrochloriddihydrat* (**IV**), $C_{13}H_{25}N \cdot HCl \cdot 2H_2O$, F. 195—197° (W.), aus Dicyclohexylamin analog **I**. — *2-Dimethylamino-1.2.3.4-tetrahydronaphthalin* (**V**), Kp. $_{10}$126°, aus β-Aminotetralin analog **I**; $n_D^{22}$ 1,5382. *Hydrochlorid*, $C_{12}H_{17}N \cdot HCl$, F. 216,5°. *Chloroplatinat*, $C_{24}H_{34}N_2 \cdot H_2PtCl_6$, F. 200—210° (abhängig von der Erhitzungsgeschwindigkeit), aus 50%ig. A. orangefarbene Prismen. — *3-Monomethylaminocyclohexanol* (**VI**), $C_7H_{15}ON$, $Kp._{0,05}$ 68°, aus **I** in W. mit $K_3Fe(CN)_6$ in wss. KOH (³/₄ Std. < 5°, dann über Nacht bei Zimmertemp.); $n_D^{25}$ 1,4861; 93%. — *Methylaminocyclohexan*, aus Dimethylaminocyclohexan mit $K_3Fe(CN)_6$ u. wss. NaOH. *Pikrat*, F. 169—170°. *N-Benzoylderiv.*, F. 84—85° (Ae.) — *2.6-Dimethylpiperidin*, analog **VI** aus **II**. *Pikrat*, F. 161—163° (A.). *N-Benzoylderiv.*, F. 108—109°. — *2.2.4-Trimethyl-4-methylaminopentan* (*Methyl-tert.-octylamin*), a) aus 14,5 g **III** analog **VI** (4 Std. stehen); 12,6 g; b) aus dem *Azomethin* aus tert.-Octylamin u. $CH_2O$ durch Hydrierung. *N-p-Nitrobenzoylderiv.*, $C_{16}H_{24}O_3N_2$, F. 83—84°. *N-Nitrosoderiv.*, $C_9H_{20}ON_2$, F. 60°, aus PAe. Blättchen. *Hydrochlorid*, $C_9H_{21}N \cdot HCl$, F. 196—202° (A.-Ae.) — *2.2.4-Trimethyl-4-methylamino-N-p-aminobenzoylpentan*, $C_{16}H_{26}ON_2$, F. 54,5—57,0° (40%ig. A.), aus vorst. Nitrobenzoylderiv. mit $H_2$ in A. über Pd-Kohle. *Hydrochlorid*, F. 155 bis 156°. *Sulfat*, $C_{32}H_{52}O_2N_4 \cdot H_2SO_4 \cdot H_2O$, F. 139°, Wiedererstarren bei 180—185°, dann F. 208—212°. — *Dicyclohexylamin*, aus **IV** analog **VI**; 87%. *N-Nitrosoderiv.*, F. 106°. *Hydrochlorid*, sublimiert bei 300°. — *2-Methylamino-1.2.3.4-tetrahydronaphthalin*, *Hydrochlorid*, $C_{11}H_{15}N \cdot HCl$, F. 185—186° (nach Sublimation bei 100°/1 μ), aus 17,5 g **V** analog **VI**; 6,1 g (roh). *N-Nitrosoderiv.*, $C_{11}H_{14}ON_2$ (unrein), F. 49° (Ae.). *Chloroplatinat*, $C_{22}H_{30}N_2 \cdot H_2PtCl_6$, F. > 200°, aus 50%ig. A., hellgelbe Prismen. (J. org. Chemistry **16.** 1303—07. Aug. 1951. Bethesda, Md., Nat. Inst. of Health.) B. KASPAR. 460

**D. N. Kurssanow** und **S. N. Parness,** *Über den Wasserstoffaustausch bei Aldehyden.* (Vgl. C. **1955.** 9065.) In Ggw. von N.N'-Dimethyl-α-pyridonimin als einer in Dioxan gut lösl. starken Base tauschen beim Erhitzen in Dioxanlsg. auf 100° mit $D_2O$ von den untersuchten Aldehyden *Önanthol* 2 H-Atome, *Cyclamenaldehyd* 1 H-Atom aus; *Benzaldehyd, Jasminaldehyd* u. *Trimethylacetaldehyd*, die keine an das α-C-Atom gebundenen H-Atome enthalten, treten prakt. nicht in H-Austausch mit $D_2O$, auch *Zimtaldehyd* nicht, dagegen wird bei *Citral* mehr als ein H-Atom ausgetauscht, wobei die am γ-C-Atom befindlichen H-Atome in Rk. treten. (Доклады Академии Наук СССР [Ber. Akad. Wiss. UdSSR] **103.** 847—49. 11/8. 1955. Inst. für metallorgan. Verbb. der Akad. der Wiss. der UdSSR.) R. K. MÜLLER. 480

**Eugene Sawicki, F. E. Ray** und **Vera Glocklin,** *¹⁵N-4-Acetylaminofluoren.* Vff. beschreiben die Darst. von *¹⁵N-4-Acetaminofluoren* (**I**) über folgende Stufen: *Diphensäure*, F. 229—232°, aus reinem Phenanthren in Essigsäure u. 30%ig. $H_2O_2$ (1—2 Std. bei 90—95°), Zugabe von Acetanhydrid (exotherme Rk.) u. weitere 3—5 Std. bei 90 bis 95°; 55% (Ausbeute). — *¹⁵N-4-Carbamylfluoren*, F. 218—220° (A.) aus vorst. Verb. mit $H_2SO_4$ über *4-Fluorenoncarbonsäure* (F. 223—224°; vgl. GRAEBE u. AUBIN [1888]), Red. mit $N_2H_4$/NaOH in Äthylenglykol zu *4-Fluorencarbonsäure* (F. 190—191° [Toluol]; 65%), Umsetzung mit $SOCl_2$ zum *Säurechlorid* (**II**) (F. 75—76° [Hexan]; 95%), Zugabe einer Lsg. von **II** in Dimethylformamid zu einer gekühlten Lsg. von $^{15}NH_4NO_3$ (64 Atom-% $^{15}NH_4$) u. Triäthylamin in Dimethylformamid, 15 Min. Schütteln im Eis–NaCl-Bad, Erwärmen auf Raumtemp. (30 Min.) u. Fällen mit 5%ig. NaOH-Lsg.; Nadeln; 86%. Zur Darst. von inakt. **I** wurde **II** in Aceton mit kaltem konz. $NH_4OH$ (D. 0,9) in das *Amid* (90—95%) übergeführt (vgl. BACHMANN u. BROCKWAY, C. **1949.** I. 27). — *¹⁵N*

*Fluorenyl-(4)-carbaminsäuremethylester*, $C_{15}H_{13}O_2{}^{15}N$, F. 124—125° (Hexan), durch Zugabe vorst. Verb. in heißem Methanol zu $NaOCH_3$ in Methanol, Eintropfen von $Br_2$ in das erkaltete Gemisch, 20 Min. Kochen, Einengen u. Gießen in W.; Nadeln; 91%. — *$^{15}$N-4-Aminofluoren*, F. 115—116° (Hexan), durch Zugabe von wss. KOH zu einer sd. Lsg. vorst. Verb. in 95%ig. A., 30 Min. Kochen, Zugabe von W. u. Kühlen; Nadeln 96%. — *$^{15}$N-4-Acetaminofluoren*, (I), F. 200—201° (Heptan/Bzl.), aus vorst. Verb. u. Acetanhydrid in Bzl.; roh 90—95%, rein 85—90%. (J. org. Chemistry **21.** 243. 17/2. 1956. Gainesville, Fla., Univ. of Florida, Cancer Res. Labor.; New Haven, Conn., Yale Univ., Physiology Dep.). H. ASCHERL. 480

**J. E. Copenhaver** und **A. M. Whaley**, *n-Butylchlorid*. Durch Erhitzen von n-Butanol u. HCl in Ggw. von $ZnCl_2$ u. Dest.: Kp. 75,5—77,5°; 76—78% (Ausbeute). (Org. Syntheses, collect. Vol. **1.** [**1.**—**9.** 2. Aufl.] 142—44, ausg. Okt. 1951.) I. AHRLÉ. 510

**James F. Norris** und **Alanson W. Olmsted**, *tert.-Butylchlorid*. Durch Schütteln von tert.-Butanol mit HCl: Kp. 49,5—52°; 78—88% (Ausbeute). (Org. Syntheses, collect. Vol. **1.** [**1.**—**9.** 2. Aufl.] 144—45, ausg. Okt. 1951.) I. AHRLÉ. 510

**Oliver Kamm** und **C. S. Marvel**, *Alkyl- und Alkylenbromide*. 1. HBr-Methode: *Allylbromid*, Kp. 69—72°, aus Allylalkohol u. HBr; 92—96% (Ausbeute). — *Isoamylbromid*, Kp. 116—120°, aus Isoamylalkohol u. HBr durch 6std. Kochen; 88—90%. — *n-Butylbromid*, Kp. 101—104°, durch 5std. Kochen von n-Butanol; 95%. — *n-Dodecylbromid*, $Kp._{45}$ 175—180°, aus Laurylalkohol; 91%. — *Äthylbromid*, Kp. 38,5—39,5°, aus A.; 90—95%. — *n-Octylbromid*, Kp. 196—200°, $Kp._{22}$ 91—93°, aus n-Octylalkohol; 91%. — *Trimethylenbromid*, Kp. 162—165°, aus Trimethylenglykol; 88—95. — 2. $PBr_3$-Methode: *Äthylbromid*, Kp. 37—40°, aus A. u. $PBr_3$; 82—90%. — *Isopropylbromid*, Kp. 59—62°, aus Isopropanol; 69—73%. — *n-Propylbromid*, Kp. 70—73°, aus n-Propanol; 82—90%. — *n-Butylbromid*, Kp. 97—99,5°, aus n-Butanol; 90—93%. — *sek.-Butylbromid*, Kp. 86—87°; 84—85%. — *tert.-Butylbromid*, Kp. 69—71°; 39—24%. (Org. Syntheses, collect. Vol. **1.** [**1.**—**9.** 2. Aufl.] 25—41, ausg. Okt. 1951.) I. AHRLÉ. 510

**F. K. Thayer, C. S. Marvel** und **G. S. Hiers**, *2-Bromäthanol*. Aus Äthylenoxyd u. HBr, Neutralisieren mit Soda u. Aufnehmen in Ae.: $Kp._{22}$ 55—59°; 87—92% (Ausbeute). (Org. Syntheses, collect. Vol. **1.** [**1.**—**9.** 2. Aufl.] 117—19, ausg. Okt. 1951.) I. AHRLÉ. 560

**Oliver Kamm** und **C. S. Marvel**, *Allylalkohol*. Durch Dest. von Glycerin u. HCOOH bei 195—260°, Neutralisieren u. Dest.: Kp. 98—103°; 45—47% (Ausbeute). (Org. Syntheses, collect. Vol. **1.** [**1.**—**9.** 2. Aufl.] 42—45, ausg. Okt. 1951.) I. AHRLÉ. 560

**A. N. Pudowik** und **B. Je. Iwanow**, *Hypochlorierung und Oxydation von Piperylen*. Beim Behandeln von Piperylen (I) mit Chlorkalk-Lsg. entstehen insgesamt 13% (auf I bezogen) Chlorhydrine, u. zwar *3-Chlorpenten-(1)-ol-(4)* (**II**), *1-Chlorpenten-(3)-ol-(2)* (**III**) u. *1-Chlorpenten-(2)-ol-(4)* (**IV**). Bei Einw. von wss. Alkalilsg. bei 160° bilden **II** u. **III** *Monoxyde* des **I**, **IV** dagegen nicht. Beim Bromieren geben **II** u. **IV** *Dibromide*. Bei der Ozonisierung oder Oxydation mit $KMnO_4$ liefert **II** *Formaldehyd* u. *Ameisensäure*, **III** *Acetaldehyd*. Bei der Oxydation von **IV** mit $KMnO_4$ bildet sich *Chloressigsäure*. Die 0,1 mol. wss. Lsg. wird bei 50° in 8 Std. verseift, bei **II** zu 41%, **IV** zu 47%, **III** nur zu 7%. Durch diese Rkk. ist die angegebene Konst. der Prodd. nachgewiesen. Mit Peressigsäure wird **I** in 3%ig. äther. Lsg. in die 2 *Monoxyde* (etwa 1:1, insgesamt 60%) übergeführt, die auch aus **II** u. **III**, wie vorst. angegeben, entstehen. — *3-Chlorpenten-(1)-ol-(4)* (**II**), $Kp._{13}$ 50—51°; D. $^{20}{}_4$ 1,0564; $n_D{}^{20}$ 1,4570. *Acetat*, $Kp._{13}$ 66—67°; D.$^{20}{}_4$ 1,0604; $n_D{}^{20}$ 1,4365. — *3-Chlor-1.2-dibrompentanol*-(4), $Kp._{15}$ 136—138°; $n_D{}^{20}$ 1,5470. — *1-Chlorpenten-(3)-ol-(2)* (**III**), $Kp._{15}$ 66—67°; D.$^{20}{}_4$ 1,0720; $n_D{}^{20}$ 1,4665. —*1-Chlorpenten-(2)-ol-(4)* (**IV**), $Kp._{13}$ 82—82,5°; D.$^{20}{}_4$ 1,0835; $n_D{}^{20}$ 1,4760. *Acetat*, $Kp._{11}$ 89—89,5; D.$^{20}{}_4$ 1,0790; $n_D{}^{20}$ 1,4555. — *1-Chlor-2.3-dibrompentanol-(4)*, F. 69—70°; $Kp._{15}$ 146—149°. — *3.4-Oxidopenten-(1)*, Kp. 82—83°; D.$^{20}{}_4$ 0,8464; $n_D{}^{20}$ 1,4135. — *1.2-Oxidopenten-(3)*, Kp. 103—104°; D.$^{20}{}_4$ 0,8750; $n_D{}^{20}$ 1,4345. (Доклады Академии Наук СССР [Ber. Akad. Wiss. UdSSR] **103.** 443—44. 21/7. 1955. Kasan, Uljanow-Lenin-Univ.) R. K. MÜLLER. 560

**Horst Baganz** und **Karl Eugen Krüger**, *Über 1.2-Dialkoxyäthene*. 5. Mitt. *Reaktionen mit 1.2-Dichlor-1.2-di-n-butoxy-äthan im Hinblick auf die Darstellung des 1.2-Di-n-butoxyäthins*. (4. vgl. C. **1955.** 2172) Beim Vers. der katalyt. Alkoholabspaltung aus Glyoxaltetra-n-butylacetal (I) entstand als Hauptprod. an Stelle des erwarteten 1.2-Dibutoxyäthins (**II**) *Butoxyessigsäurebutylester*. Vff. nehmen an, daß intermediär Butoxyketendibutylacetal entsteht, das 1 Mol Butylen abspaltet. Behandeln von Glyoxaltetraäthylacetal bzw. **I** mit $PCl_5$ führte zu *1.2-Dichlor-1.2-diäthoxyäthan* bzw. *1.2-Dichlor-1.2-di-n-butoxyäthan*; daraus entstanden durch HCl-Abspaltung die entsprechenden 1-Chlor-1.2-dialkoxyäthene. *1.2-Dichlor-1.2-di-n-butoxyäthen*, erhalten durch Chlorierung u. erneute HCl-Abspaltung, konnte nicht in **II** übergeführt werden.

Versuche: *Butoxyessigsäure-n-butylester*, Kp.$_{17,5}$ 113—115°, durch Leiten von 306 g I über $CeO_2$ bei 300—320°; $n_D^{25}$ 1,4190; 79 g (Ausbeute); daneben *Butyraldehyd* (*2.4-Dinitrophenylhydrazon*, F. 122°) u. *Butylalkohol*; 63 g I zurück. — *1.2-Dichlor-1.2-di-n-butoxyäthan*, $C_{10}H_{20}O_2Cl_2$, Kp.$_{12}$ 130—132°, $n_D^{25}$ 1,4470, D.$^{25}_4$ 1,0398. — *1.2-Dichlor-1.2-diäthoxyäthan*, 90%. — *1-Chlor-1.2-diäthoxyäthen*, $C_6H_{11}O_2Cl$, Kp.$_{10-11}$ 54 bis 59°, aus vorst. Verb. u. KOH, suspendiert in Paraffinöl (30 Min. < 50°, dann 3 Std. bei n. Temp.); $n_D^{25}$ 1,4340, D.$^{25}_4$ 1,0003; 80%. — *1-Chlor-1.2-di-n-butoxyäthen*, $C_{10}H_{19}O_2Cl$, Kp.$_{12}$ 112—114°, ähnlich vorst. Verb. in sd. PAe.; $n_D^{25}$ 1,4422, D.$^{25}_4$ 0,9663; 63%. — *1.2-Dichlor-1.2-di-n-butoxyäthen*, $C_{10}H_{18}O_2Cl_2$, Kp.$_{17}$ 127°, durch Chlorierung vorst. Verb. (1 Std. bei 0 bis — 15°) u. Rk. mit KOH in PAe. wie oben; $n_D^{25,2}$ 1,4540, D.$^{25}_4$ 1,0615; 70,5%. — Rk. vorst. Dichlorverb. mit Na in Ae. (Kühlung, dann 1 Std. bei 40—50°) → *n-Butylalkohol* (*Xanthogenat*, F. 219,5°) u. *Acetylen* als Na-Verbindungen. (Chem. Ber. **87.** 1622—25. 1954. Berlin-Charlottenburg, TU, Organ.-chem. Inst.) J. ROTHE. 570

**Horst Baganz** und **Wolfgang Triebsch,** *Über 1.2-Bis-[äthylmercapto]-äthin.* 1.2-Bis-[äthylmercapto]-äthen (I) addiert 1 Mol $Cl_2$; das gebildete *1.2-Bis-[äthylmercapto]-1.2-dichloräthan* (II) spaltet 1 Mol HCl unter Bldg. von *1.2-Bis-[äthylmercapto]-chloräthen* (III) ab. Durch Behandeln von III mit warmer alkoh. KOH wurde *1.2-Bis-[äthylmercapto]-äthin* (IV) erhalten. Durch analoge Behandlung von rohem II wurde ebenfalls IV dargestellt. Das durch Anlagerung von $Cl_2$ an IV erhältliche *1.2-Bis-[äthylmercapto]-1.2-dichloräthen* läßt sich im Gegensatz zu IV in geringer Ausbeute zu *Bis-[äthylsulfonyl]-1.2-dichloräthen* oxydieren. Die Addition von 2 Mol $Cl_2$ an IV ergab *1.2-Bis-[äthylmercapto]-tetrachloräthan* (V). Bei der Rk. von V mit Anilin wurde unter Abspaltung von Mercaptan *Oxalsäure-bis-[N.N'-diphenylamidin]* u. durch intramol. Ringschluß *Isatindianil* gebildet.

Versuche: *1.2-Bis-[äthylmercapto]-chloräthen* (III), $C_6H_{11}ClS_2$, Kp.$_{11}$ 119,5°, aus I in $CCl_4$ durch Einleiten von $Cl_2$ unter Rühren u. Kühlung in Ggw. von $CaCl_2$ u. Vakuumdest.; D.$^{25}_4$ 1,1350, $n_D^{25}$ 1,5618; 48% (Ausbeute). — *1.2-Bis-[äthylmercapto]-äthin* (IV), $C_6H_{10}S_2$, Kp.$_{12}$ 97°, Kp.$_{760}$ 211—212° (Zers., korr.), a) durch Zutropfen von III zu einer sd. Lsg. von KOH in 96%ig. A. unter Rühren u. 20 Min. kochen; 60%; b) aus I in $CCl_4$ durch Einleiten von $Cl_2$ unter Rühren u. Kühlung in Ggw. von $CaCl_2$, Absaugen der flüchtigen Anteile bei Raumtemp. u. Zutropfen des Rohprod. zu sd. alkoh. KOH; D.$^{25}_4$ 1,0510, $n_D^{25}$ 1,5610; 60%. — *1.2-Bis-[äthylmercapto]-1.2-dichloräthen*, $C_6H_{10}\cdot Cl_2S_2$, Kp.$_{12,5}$ 132—134°, aus IV in $CCl_4$ durch langsames Einleiten von $Cl_2$ unter Rühren u. Kühlung; D.$^{25}_4$ 1,2585, $n_D^{25}$ 1,5742; 60%. — *1.2-Bis-[äthylsulfonyl]-dichloräthen*, $C_6H_{10}O_4Cl_2S_2$, F. 105° (Nadeln aus W.), aus vorst. Verb. in Eisessig durch Erhitzen mit Perhydrol auf dem sd. Wasserbad u. mehrtägiges Stehen; 10%. — *1.2-Bis-[äthylmercapto]-tetrachloräthan* (V), $C_6H_{10}Cl_4S_2$, F. 56° (PAe.), a) aus IV in $CCl_4$ durch Einleiten von $Cl_2$ bei — 5° unter Rühren; 95%; b) aus I in $CCl_4$ durch Einleiten von $Cl_2$ bei — 8 bis — 40° in Ggw. von $CaCl_2$ unter Rühren; 75%. — *Oxalsäure-bis-[N.N'-diphenylamidin]*, F. 154—154,5° (gelbe Nadeln aus Bzl.-PAe.), aus Anilin in Bzl. durch Zutropfen von V in Bzl. unter Rühren u. 6std. Rühren; 60%. *Pikrat*, F. 182° (A.). *Dihydrochlorid*, F. 242° (A.-Ae.). — *Isatindianil*, F. 211°, neben vorst. Verb.; 25%. (Chem. Ber. **89.** 895—98. 1956. Berlin-Charlottenburg, TU, Organ.-chem. Inst.) H. BERTSCH. 600

**Homer Adkins** und **B. B. Nissen,** *Acetal.* Durch Zufügen von Acetaldehyd zu einem gut gekühlten Gemisch aus 95%ig. A. u. $CaCl_2$; nach Stehen Dest. der oberen Schicht: Kp. 101—103,5°; 61—64% (Ausbeute). (Org. Syntheses, collect. Vol. **1.** [**1.—9.** 2. Aufl.] 1—2, ausg. Okt. 1951.) I. AHRLÉ. 670

**Homer Adkins** und **W. H. Hartung,** *Acrolein.* Durch Erhitzen von Glycerin auf 200—230°, Neutralisieren u. Dest. über Hydrochinon: Kp.$_{760}$ 52,5°; 33—48% (Ausbeute). (Org. Syntheses, collect. Vol. **1.** [**1.—9.** 2. Aufl.] 15—18, ausg. Okt. 1951.) I. AHRLÉ. 670

**Piero Pino,** *Der Methylmalondialdehyd.* Bei der Rk. von Anilin mit α-Methyl-β-bromacrolein entsteht *Methylmalondialdehyddianilhydrobromid* (I), welches sich durch Kochen mit W. zum *Methylmalondialdehydmonoanil* hydrolysieren läßt. Dieses dismutiert bei der Behandlung mit Säure, wobei I u. *Methylmalondialdehyd* (II) entstehen. II wird auch durch Erwärmen von α-Methyl-β-bromacrolein mit verd. wss. Alkali erhalten, er bildet in neutralem Medium mit p-Nitrophenylhydrazin ein *p-Nitrophenylhydrazon*, in saurem Medium dagegen *1-p-Nitrophenyl-4-methylpyrazol.* Mit diazotiertem p-Nitranilin liefert I *Methylglyoxal-α-p-nitrophenylhydrazon*, welches bei der Rk. mit p-Nitrophenylhydrazin in Essigsäure in *Brenztraubenaldehyd-p-nitrophenylosazon* übergeht.

Versuche: *Methylmalondialdehydmonoanil*, $C_{10}H_{11}ON$, F. 198—200° (Xylol), durch 6—8std. Kochen von I in Wasser; 80% (Ausbeute). *Hydrobromid*, $C_{10}H_{12}ONBr$,

F. 142–143° (Dioxan). Wird durch 1/4std. Kochen mit 30%ig. NaOH nicht verändert, gibt mit $FeCl_3$ in Dioxan u. A. Violettfärbung, mit Anilin u. HBr in A. *Methylmalondialdehyddianilhydrobromid* (I), $C_{16}H_{17}N_2Br$, F. 225°. — *Na-Salz des Methylmalondialdehyds*, $C_4H_5O_2Na$, aus dem Monoanil u. n. wss. alkoh. HBr, 15–30 Min. unter Rückfluß (85 bis 90%), oder durch Erwärmen von α-Methyl-β-bromacrolein mit 0,3n NaOH (90%); Schuppen. Gibt mit $FeCl_3$ in verd. Lsg. eine rote Färbung, in konz. Lsg. Fällung des roten *Fe-Salzes*. *Cu-Salz*, $C_8H_{10}O_4Cu$, aus dem Na-Salz u. schwach essigsaurer Cu-Acetatlösung; dunkelgrün. — *β-Oxy-α-methylacrolein-2.4-dinitrobenzoylderiv.*, $C_{11}H_8O_7N_2$, F. 127–129° (Bzl.), aus vorst. Na-Salz u. 2.4-Dinitrobenzoylchlorid in Bzl. in der Wärme. Gibt ein in Eisessig wenig lösl. *p-Nitrophenylhydrazon*. — *Methylmalondialdehyd* (II), $C_4H_6O_2$, F. 89–90°, aus dem Na-Salz u. HCl in Ae. (10 Min.); aus Bzl. Nadeln; verhält sich in wss. Lsg. wie eine einbas. Säure, entfärbt $Br_2$ in $CCl_4$ unter Erwärmung u. Niederschlagsbildung, wird durch kurzes Kochen mit verd. Säuren zers., gibt mit $FeCl_3$ eine rote Färbung, reduziert ammoniakal. $AgNO_3$ u. liefert mit Anilinacetat das *Monoanil*, F. 198°. *Methylmalondialdehyd-bis-p-nitrophenylhydrazon*, $C_{16}H_{16}O_4N_6$, F. 178° (A.), gelbe Kristalle. — *1-p-Nitrophenyl-4-methylpyrazol*, $C_{10}H_9O_2N_3$, aus II u. p-Nitrophenylhydrazin durch kurzes Erwärmen in Eisessig; gelbe alkohollösl. Flocken. — *Methylglyoxal-α-p-nitrophenylhydrazon*, $C_9H_9O_3N_3$, F. 236°, aus dem Na-Salz von II u. p-Nitrodiazoniumchlorid in wss. Na-Acetatlsg.; gelbe Kristalle aus Eisessig. — *Brenztraubenaldehyd-p-nitrophenylosazon*, $C_{15}H_{14}O_4N_6$, F. 290°, aus vorst. Verb. u. p-Nitrophenylhydrazin in Eisessig. (Gazz. chim. ital. **80**. 768–78. Nov./Dez. 1950. Milano, Politecn., Ist. di Chim. ind. u. C. N. R., Centro di studi di Chim. ind.)

WALTER SIMON. 680

**C. A. MacKenzie** und **J. H. Stocker**, *Darstellung von Ketalen. Ein Reaktionsmechanismus.* Vff. gelang es, durch eine 1-Stufen-Rk. Ketale beim Erhitzen von Ketonen [untersucht: *Aceton* (I), *Acetophenon*, *Cyclohexanon* (VII) u. *Diäthylketon*] mit Alkoholen [*Butanol-(1)* (VI), *Octanol-(1)* u. *Pentanol-(1)* (IV)], Triäthylorthoformiat (II) u. p-Toluolsulfonsäure (III) darzustellen, wobei die leicht sd. Prodd. (A. u. Äthylformiat) abdest. wurden. Verss. mit Benzylalkohol ergaben nur Dibenzyläther. An Stelle von II konnte auch Triäthylorthoacetat mit Erfolg verwendet werden. Sek. Alkohole konnten weder nach der obigen noch mittels bekannter Methoden mit Ketonen zu Ketalen umgesetzt werden: bei Einw. von I u. II auf Butanol-(2) entstand nur *Diäthylketal*, bei Ersatz von II durch Trisek.-butylorthoformiat erfolgte keine Reaktion. Untersucht wurde die Ausbeute an Ketal der Rk. von I, II u. IV in Abhängigkeit von den Bedingungen bei der Zugabe von III. Beste Ausbeuten (86%) wurden durch Zugabe von I u. III zum Gemisch aus II u. IV bei n. Temp. erzielt. Die bei den Rkk. auftretenden Färbungen (rot, purpur, grün, gelb) werden beschrieben. Untersucht wurde ferner das Ausmaß einer Gleichgewichtsbldg. an den einander entsprechenden Systemen *Tri-n-butylformiat* + I + VI + III u. *n-Butylformiat* + *Acetondi-n-butylketal* (V) + VI + III unter verschied. Bedingungen; Ergebnis: Das Gleichgewicht liegt jeweils stark zugunsten des Ketals, sofern überhaupt ein Gleichgewicht vorliegt. Vff. nehmen als Wrkg. des Katalysators nicht die Aktivierung des Orthoesters, sondern die der Carbonylkomponente an: Anlagerung von $H^+$ an die C=O-Gruppe u. folgende Rk. mit dem Alkohol (z. B. A.) unter Bldg. des Halbketals (u. Abspaltung von $H^+$), das mit $HC^+(OC_2H_5)_2$ (aus II u. $H^+$) im Gleichgewicht mit $HC(OH)(OC_2H_5)_2$ (→ $HCOOC_2H_5$ + A.) u. $R_2C^+OC_2H_5$ steht; das letzte Carboniumion ergibt dann mit A. das Ketal (u. $H^+$). Vff. meinen also, daß die Alkoxygruppen des Ketals direkt vom Alkohol u. nicht über das Orthoformiat übertragen werden. Die Rk. konnte auch zur direkten Darst. von Vinyläthern (*1-[1-Butoxy]-cyclohexen-(1)*), die sonst über die Ketale zugänglich sind, benutzt werden.

V e r s u c h e: *Acetondi-n-butylketal* (V), $Kp._{2,3}$ 64,0°, $n_D^{20}$ 1,4128; 81% (Ausbeute). — *Acetondi-n-octylketal*, $Kp._{0,05}$ 116,0°, $n_D^{20}$ 1,4360, $D.^{20}_4$ 0,8423; 73%. — *Acetondi-n-pentylketal*, $Kp._{1,2}$ 74,5°, $n_D^{20}$ 1,4207; $D.^{20}_4$ 0,8377; 79%; entstand auch durch Kochen von IV u. V (76%), nicht aber bei Ersatz des IV durch Na-Amylat. — *Acetophenondi-n-butylketal*, $Kp._{0,3}$ 85,0°, $n_D^{30}$ 1,4723, $D.^{30}_4$ 0,9238; 52%; daneben wenig *symm.-Triphenylbenzol* u. *Dypnon*. — *Cyclohexanondi-n-butylketal*, $Kp._{1,9}$ 89,5°, $n_D^{25}$ 1,4423; 89%. — *Diäthylketondi-n-butylketal*, $Kp._{1,5}$ 72,4°, $n_D^{25}$ 1,4212, $D.^{25}_4$ 0,8411; 84%. — *2.2-Diäthoxy-1.3-dioxolan*, $Kp._{50}$ 61,3°, durch Erhitzen von Diäthylketondiäthylketal mit Äthylenglykol; $n_D^{20}$ 1,4190; 94%. — *1-[1-Butoxy]-cyclohexen-(1)*, $Kp._{10}$ 81–83°, aus VII, II, VI u. III durch Erhitzen auf 82° (75 Min.), dann auf 50–70° unter vermindertem Druck; $n_D^{20}$ 1,4574; 46%. (J. org. Chemistry **20**. 1695–1701. Dez. 1955. New Orleans, La., Tulane Univ., Richardson Chem. Labor.)

B. GNAUCK. 710

**E. G. E. Hawkins**, *Autoxydation α.β-ungesättigter Ketone. Mesityloxyd* (I) u. *Isophoron* (II) werden unter verschied. Bedingungen der Autoxydation unterworfen. Wird durch eine Lsg. von 137 g I in Essigsäure in Ggw. von Co-Naphthenat 9 3/4 Std. bei ca.

100° trockener $O_2$ durchgeleitet, erhält man neben unverändertem I (36,5 g) hauptsächlich dessen *Epoxyd* (III; Kp. 150—160°; 8,5 g; *2.4-Dinitrophenylhydrazon*, $C_{12}H_{14}O_5N_4$, F. 126—128°). Daneben entstehen $CO_2$, *HCHO, Essigsäure* (2,7 g; *p-Bromphenacylester*, F. 84—86°), *Acetaldehyd* (*Dimedonderiv.*, F. 139—140°), *Aceton* (*2.4-Dinitrophenylhydrazon*, F. 124—126°), *3.4-Dioxy-4-methylpentanon-(2)* (IV; *2.4-Dinitrophenylhydrazon*, $C_{12}H_{16}O_6N_4$, F. 160—162°). *Ester* von IV mit *HCOOH* u. *α-Methyl-β-acetylacrylsäure* [F. 100—103° (Bzl.)] u. eine mit Perjodsäure spaltbare Verb., möglicherweise *3-Oxy-4-methylpenten-(4)-on-(2)* [$C_6H_{10}O_2$; entsprechendes *Bis-2.4-dinitrophenylhydrazon*, $C_{18}H_{16}O_8N_8$, F. 206° (Zers.)]. — Durch 2std. Erhitzen von III mit wss. A. entsteht ebenfalls IV; läßt man 7,5 g III durch aktiviertes $Al_2O_3$ laufen, entsteht *4-Methylpentandion-(2.3)* [Kp. 100—120°; *2.4-Dinitrophenylhydrazon*, $C_{12}H_{14}O_5N_4$, F. 115—117° (PAe.-wss. A.); *Dioxim*, F. 153—155°]. — Die Autoxydation von II (24 Std. zusätzlich in Ggw. von MgO) verläuft langsamer als die von I. Dabei entstehen neben unverändertem II $CO_2$, *Aceton, Acetaldehyd, 2-Oxy-3.5.5-trimethylcyclohexen-(2)-on-(1)* (Kp. 90—110°; entsprechendes *Bis-phenylhydrazon*, $C_{21}H_{26}N_4$, F. 199—200°; entsprechendes *Bis-2.4-dinitrophenylhydrazon*, $C_{21}H_{22}O_8N_8$, F. 276—278°), hochviscose Ester u. ein Salzrückstand, aus dem man nach Ansäuern, Ausäthern u. fraktionierter Vakkumdest. neben *Ameisen-* u. *Essigsäure* *α.α-Dimethylbernsteinsäure* [$C_6H_{10}O_4$, F. 140—141° (Bzl.)], *5.5-Dimethyl-3-oxocyclohexen-(1)-carbonsäure* [V; $C_9H_{12}O_3$, F. 153—155° (Bzl.); *Semicarbazon*, $C_{10}H_{15}O_3N_3$, F. 224—225° (A.); *2.4-Dinitrophenylhydrazon*, $C_{15}H_{16}O_6N_4$, F. 211 bis 212°] u. *β.β-Dimethylglutarsäureanhydrid* [$C_7H_{10}O_3$, F. 123—125° (Bzl.-PAe.); *β.β-Dimethylglutarsäure* (VI), $C_7H_{12}O_4$, F. 100—101,5°] erhält. — Wird V in Methylenchlorid mit ozonhaltigem $O_2$ behandelt, erhält man nach Zers. des Ozonids durch mehrstd. Kochen mit Essigsäure u. 30%ig. $H_2O_2$ ebenfalls VI [F. 95—97° (Bzl.-PAe.)]. (J. chem. Soc. [London] **1955.** 3288—90. Sept. Great Burgh, Epsom, Surrey, Distillers Co. Ltd., Dep. of Res. and Developm.) O. HENNING. 710

**Alfred Dornow** und **Friedrich Ische,** *Über die Umlagerung von 1-Methoxypenten-(1)-in-(3)-ol-(5) in saurem Medium. Synthesen mit Acetylenverbindungen.* 4. Mitt. (3. vgl. C. **1956.** 9693) 1-Methoxypenten-(1)-in-(3)-ol-(5) (I) lagert sich in Ggw. saurer Katalysatoren zu einer Verb. um, die durch Addition von Methanol *1-Methoxypentanon-(3)-al-(5)-dimethylacetal* (II) ergibt. Vff. nehmen an, daß die OH-Gruppe nach Polarisation der Dreifachbindung in die 3-Stellung wandert; an die entstehende polarisierte Doppelbindung lagert sich $CH_3OH$ an, unter Acetalisierung des Enoläthers u. Isomerisierung bildet sich II. II ergab durch Rk. mit 2.4-Dinitrophenylhydrazin *1-[2.4-Dinitrophenyl]-3-* oder *-5-[β-methoxyäthyl]-pyrazol.*

Versuche: *1-Methoxypentanon-(3)-al-(5)-dimethylacetal* (II), $C_8H_{16}O_4$, $Kp._{12}$ 101—102°, aus I in $CH_3OH$ durch Zugabe von $HgSO_4$ u. $H_2SO_4$ u. 1std. Erwärmen auf dem Wasserbad; 61% (Ausbeute). — *1-[2.4-Dinitrophenyl]-3-* oder *-5-[β-methoxyäthyl]-pyrazol*, $C_{12}H_{12}O_5N_4$, F. 94,5° (hellgelbe Nadeln aus A.), aus II in W. u. schwefelsaurer 2.4-Dinitrophenylhydrazinlösung. (Chem. Ber. **89.** 880—83. 1956.) H. BERTSCH. 740

**G. H. Coleman** und **A. M. Alvarado,** *Acetamid.* Durch Dest. eines Gemisches aus Eisessig u. $(NH_4)_2CO_3$: Kp. 210—261°, F. 81° (Bzl./Essigester); 87—90% (Ausbeute). (Org. Syntheses, collect. Vol. **1.** [**1.—9.** 2. Aufl.] 3—4, ausg. Okt. 1951.) I. AHRLÉ. 810

**W. A. Jacobs** und **M. Heidelberger,** *Chloracetamid.* Aus Chloressigsäureäthylester u. $NH_3$: F. 118—119°; 78—84% (Ausbeute). (Org. Syntheses, collect. Vol. **1.** [**1.—9.** 2. Aufl.] 153—54, ausg. Okt. 1951.) I. AHRLÉ. 810

**A. W. Dox,** *Acetamidinhydrochlorid.* Durch Einleiten von HCl in eine durch Eis/NaCl gekühlte Lsg. von Acetonitril in absol. A.; nach Stehen Verreiben der Kristalle mit absol. A., 3std. Rühren mit alkoh. $NH_3$-Lsg. u. Einengen des Filtrates: F. 164—166°; 80—91% (Ausbeute). — Analog *Benzamidinhydrochlorid*, F. 70—73°; 80—95%. (Org. Syntheses, collect Vol. **1.** [**1.—9.** 2. Aufl.] 5—7, ausg. Okt. 1951.) I. AHRLÉ. 810

**C. Moureu** und **R. Chaux,** *β-Chlorpropionsäure.* Aus Acrolein u. trockenem HCl bei ca. —10°, 2tägiges Stehen, Oxydation des *β-Chlorpropionaldehyds* mit $HNO_3$ bei 30° u. Dest.: $Kp._{20}$ 105—107°; F. 35—40°; 60—65% (Ausbeute); ferner aus Trimethylenchlorhydrin u. $HNO_3$, Stehen über Nacht u. Dest.; 78—79%. (Org. Syntheses, collect. Vol. **1.** [**1.—9.** 2. Aufl.] 166—69, ausg. Okt. 1951.) I. AHRLÉ. 810

**E. C. Kendall** und **B. McKenzie,** *β-Brompropionsäure.* Durch 2std. Kochen von Äthylencyanhydrin u. HBr, Abdest. des HBr u. Lösen des Rückstandes in $CCl_4$: F. 62,5 bis 63,5°; 82—83% (Ausbeute). (Org. Syntheses, collect. Vol. **1.** [**1.—9.** 2. Aufl.] 131 bis 132, ausg. Okt. 1951.) I. AHRLÉ. 810

**Charles F. H. Allen,** *γ-Chlorbutyronitril.* Durch 1std. Kochen von 1-Brom-3-chlorpropan mit KCN in A., Verdünnen mit W. u. Aufnehmen des Öles in $CHCl_3$: $Kp._{26}$ 93—96°; 60—70% (Ausbeute). (Org. Syntheses, collect. Vol. **1.** [**1.—9.** 2. Aufl.] 156—57, ausg. Okt. 1951.) I. AHRLÉ. 810

**B. Helferich** und **W. Schaefer,** *n-Butyrylchlorid.* Aus n-Buttersäure u. $SOCl_2$: Kp. 100—101; 85% (Ausbeute). (Org. Syntheses, collect. Vol. **1.** [**1.—9.** 2. Aufl.] 147—48, ausg. Okt. 1951.) I. AHRLÉ. 810

**G. Ross Robertson,** *n-Buttersäure-n-butylester.* Durch Oxydation von n-Butanol mit $Na_2Cr_2O_7$ bei 20°, Verdünnen mit W. u. Dest. des Öles: Kp. 162—166°; 41—47% (Ausbeute). (Org. Syntheses, collect. Vol. **1.** [**1.—9.** 2. Aufl.] 138—40, ausg. Okt. 1951.) I. AHRLÉ. 810

**J. V. Supniewski** und **P. L. Salzberg,** *Allylcyanid,* Durch Erhitzen von Allylbromid u. CuCN u. Dest.: Kp. 116—121°; 80—84% (Ausbeute). (Org. Syntheses, collect. Vol. **1.** [**1.—9.** 2. Aufl.] 46—47, ausg. Okt. 1951.) I. AHRLÉ. 810

**H. T. Clarke** und **E. R. Taylor,** *α-Brom-n-capronsäure.* Durch 5—6 std. Erhitzen von n-Capronsäure mit $Br_2$ in Ggw. von $PCl_3$: $Kp._{15}$ 132—140°; 83—89% (Ausbeute). (Org. Syntheses, collect. Vol. **1.** [**1.—9.** 2. Aufl.] 115—16, ausg. Okt. 1951.) I. AHRLÉ. 810

**B. A. Ellis,** *Adipinsäure.* Aus Cyclohexanol u. 50% ig. $HNO_3$ in Ggw. von $(NH_4)_3VO_4$: F. 151—152° (konz. $HNO_3$); 58—60% (Ausbeute). Daneben durch Veresterung der Mutterlaugen *Bernsteinsäureäthylester,* ($Kp._{20}$ 121—126°), *Glutarsäureäthylester* ($Kp._{20}$ 133—38°) u. *Adipinsäureäthylester,* $Kp._{20}$ 142—147°. (Org. Syntheses, collect. Vol. **1.** [**1.—9.** 2. Aufl.] 18—20, ausg. Okt. 1951.) I. AHRLÉ. 820

**Alfred Dornow** und **Friedrich Ische,** *Über die Darstellung einiger Derivate des γ-Formylacetessigesters. Synthesen mit Acetylenverbindungen.* 3. Mitt. (2. vgl. C. **1956. 9694.**) Die GRIGNARD-Verb. des 1-Methoxybuten-(1)-ins-(3) (**I**) reagiert mit Kohlensäurediäthylester (**II**) unter Bldg. von *1-Methoxybuten-(1)-in-(3)-carbonsäure-(4)-äthylester,* der beim Vers., ihn in Ggw. von sauren Katalysatoren zu hydratisieren, verharzte. In Ggw. von alkoholfreiem Na-Äthylat wurde aus **I** u. **II** *1-Methoxy-3-äthoxybutadien-(1.3)-carbonsäure-(4)-äthylester* (**III**) erhalten, der als Bis-enoläther des γ-Formylacetessigesters aufgefaßt werden kann. Durch vorsichtiges Verseifen von **III** mit $H_2SO_4$ konnte kein Ringschluß erzielt werden. Durch Addition von $CH_3OH$ an **III** in Ggw. von Na-Methylat wurde unter Ersatz der Äthoxygruppen durch Methoxygruppen *1.1.3-Trimethoxybuten-(3)-carbonsäure-(4)-methylester* (**IV**) gebildet. Analog wurde durch Addition von A. in Ggw. von Na-Äthylat *1.1.3-Triäthoxybuten-(3)-carbonsäure-(4)-äthylester* (**V**) erhalten, der auch durch Rk. von 1-Äthoxybuten-(1)-in-(3) mit A. u. **II** in Ggw. von Na-Äthylat dargestellt werden konnte. **III, IV** u. **V** wurden mit Benzyl- u. Cyclohexylamin in Ggw. von $NH_4Cl$ umgesetzt u. ergaben Verbb., denen 4-Aminopyridon-(2)-struktur zugeschrieben wird.

Versuche: *1-Methoxybuten-(1)-in-(3)-carbonsäure-(4)-äthylester,* $C_8H_{10}O_3$, $Kp._{12}$ 131°, durch Zugabe von Äthyl-MgBr in Tetrahydrofuran zu **I** in Tetrahydrofuran unter Rühren, Zutropfen von **II** u. 2std. Erwärmen auf dem Wasserbad; 17% (Ausbeute). — *1-Methoxy-3-äthoxybutadien-(1.3)-carbonsäure-(4)-äthylester* (**III**), $C_{10}H_{16}O_4$, $Kp._{760}$ 264°, aus frisch dargestelltem, alkoholfreiem Na-Äthylat u. **II** durch Zutropfen von **I** bei 70° u. 3std. Erwärmen auf 70—80°; 66%. — *1.1.3-Trimethoxybuten-(3)-carbonsäure-(4)-methylester* (**IV**), $C_9H_{16}O_5$, $Kp._{760}$ 244°, $Kp._{12}$ 124—125°, aus methanol. Na-Methylat-Lsg. u. **III** durch 3std. Kochen; 71,5%. — *1.1.3-Triäthoxybuten-(3)-carbonsäure-(4)-äthylester* (**V**), $C_{13}H_{24}O_5$, $Kp._{12}$ 147°, a) aus **III** u. alkoh. Na-Äthylat-Lsg. analog **IV**; 58%; b) aus alkoh. Na-Äthylatlsg. u. **II** durch Zufügen von 1-Äthoxybuten-(1)-in-(3) bei 70° u. 2std. Erwärmen auf 70—80°; 70,5%. — *4-Benzylamino-1-benzylpyridon-(2),* $C_{19}H_{18}ON_2$, F. 172° (A.), a) aus **III** u. Benzylamin durch 1std. Kochen mit wenig $NH_4Cl$; 66%; b) analog aus **IV** bzw. **V**. — *4-Cyclohexylamino-1-cyclohexylpyridon-(2),* $C_{17}H_{26}ON_2$, F. 235° (A.), analog vorst. Verb. mit Cyclohexylamin. (Chem. Ber. **89.** 876—79. 1956.) H. BERTSCH. 870

**Roger Adams, H. M. Chiles** und **C. F. Rassweiler,** *Acetondicarbonsäure.* Aus Citronensäure u. rauchender $H_2SO_4$ bei —5 bis +10°, danach Rühren bei Raumtemp., Erwärmen auf 30° u. Zufügen von Eis; 85—90% Ausbeute. (Org. Syntheses, collect. Vol. **1.** [**1.—9.** 2. Aufl.] 10—12, ausg. Okt. 1951.) I. AHRLÉ. 870

**Tenney L. Daves** und **Stanley C. Lane,** *n-Butylcarbamat.* Durch portionsweise Zugabe von Harnstoff zu n-Butanol, 30std. Kochen, Einengen, Aufnehmen des Rückstandes in Ligroin u. Dest.: $Kp._{14}$ 108—109°; F. 53—54°; 75—76% Ausbeute. (Org. Syntheses, collect. Vol. **1.** [**1.—9.** 2. Aufl.] 140—42, ausg. Okt. 1951.) I. AHRLÉ. 880

**M. Proštenik** und **N. Stanaćev,** *Untersuchungen in der Reihe der Sphingolipide.* 1. Mitt. *Synthese des racemischen 2-Amino-1.3-dioxyoctadecans.* Vff. beschreiben eine Synth. des *rac. 2-Amino-1.3-dioxyoctadecans* (*Dihydrosphingosins*), die von Margarinsäure ausgeht. Ferner wird über einige Neben-Rkk. sowie eine analoge Synth. des *rac. 2-Amino-1.3-dioxypentadecans* berichtet.

Versuche: *2-Bromheptadecansäure,* F. 52,5° (PAe.), aus 115 g Margarinsäure (F. 60—61°), $Br_2$ u. rotem P; 131 g (Ausbeute). — *1.3-Dibromoctadecanon-(2)* (**I**), $C_{18}H_{34}$·$OBr_2$, F. 52—52,5°, Prismen (A.), durch Zufügen der äther. Lsg. des *Chlorids* vorst. Verb.

(dargestellt mit $SOCl_2$) zu einer äther. $CH_2N_2$-Lsg., 2std. Stehen bei n. Temp., Entfernen des Ae., Lösen des rohen gelben *Diazoketons* in Eisessig u. allmähliches Zugeben von 66%ig. HBr, dann von W.; 75,6%. — *1.3-Diacetoxyoctadecanon-(2)*, $C_{22}H_{40}O_5$, F. 56,5°, Nadeln (PAe.), aus 3,34 g **I** u. $CH_3COOAg$ in sd. Eisessig (3 Std.); 1,4 g roh. — *1.3-Dibenzoxyoctadecanon-(2)* (**II**), $C_{32}H_{44}O_5$, F. 72—73°, Prismen (96%ig. A.), aus **I**, $C_6H_5COOAg$ u. $C_6H_5COOH$ (3 Std. bei 120°); 38,8%. — *2-Amino-1.3-dioxyoctadecan*, gelbes teeriges Prod., a) aus **II** u. $H_2$/RANEY-Ni in methanol. $NH_3$ (12 Std. bei 60° u. 1500 lbs./sq.in.), dann 3std. Kochen mit wss. n-NaOH (83%); b) aus **II**-*Oxim* (Öl) u. $LiAlH_4$ in sd. Ae. (2 Std.). *Oxalat*, $C_{38}H_{80}O_8N_2$, F. 196° (Zers.; A.–W.). *Triacetylderiv.*, $C_{24}H_{45}O_5N$, F. 98 bis 99°, Nadeln (PAe.). *Tribenzoylderiv.*, $C_{39}H_{51}O_5N$, F. 146—147°, Nadeln (Aceton). *N-Benzoylderiv.*, $C_{25}H_{43}O_3N$, F. 114° (Aceton), aus vorst. Deriv. u. n-KOH in $CH_3OH$ (45 Min. bei 40°). — *2-Amino-1.3-dioxypentadecan*, gelbes teeriges Prod., aus 34,2 g 1.3-Diacetoxypentadecanon-(2) u. $H_2$/RANEY-Ni in methanol. $NH_3$ (6 Std. wie oben); 21,5 g. *Oxalat*, $C_{32}H_{68}O_8N_2$, F. 198° (Zers.; A.–W.). *Triacetylderiv.*, $C_{21}H_{39}O_5N$, F. 92—93°, Prismen (Ae.). *N-Acetylderiv.*, $C_{17}H_{35}O_3N$, F. 125—126°, Nadeln ($CH_3OH$), aus vorst. Derivat. (J. org. Chemistry **18.** 59—63. Jan. 1953. Zagreb, Univ., Med. Fac., Chem. Inst.)

J. ROTHE. 920

**Alfred Dornow** und **Friedrich Ische**, *Herstellung von Mannich-Basen aus Oxoacetylenverbindungen. Synthesen mit Acetylenverbindungen.* 2. Mitt. (1. vgl. C. **1956.** 4425.) Rurch Rk. von Acetylenverbb., die in α- oder β-Stellung zur Dreifachbindung eine Carbonylgruppe enthalten, mit $CH_2O$ u. sek. Aminen wurde eine Reihe tert. MANNICH-Basen dargestellt. Propargylaldehyddiäthylacetal (**I**) ergab auf diese Weise *1-Dimethylamino-*(**II**) u. *1-Diäthylaminobutin-(2)-al-(4)-diäthylacetal.* **II** ließ sich mit $CH_3J$ in *[1.1-Diäthoxybutin-(2)-yl]-trimethylammoniumjodid* überführen. Durch Rk. des als Enoläther des Butin-(3)-als-(1) aufzufassenden 1-Methoxybuten-(1)-in-(3) (**III**) mit $CH_2O$ u. sek. Aminen wurden *5-Dimethylamino-* (**IV**), *5-Diäthylamino-* (**V**), *5-Piperidino-* (**VI**) u. *5-Morpholino-1-methoxypenten-(1)-in-(3)* erhalten. Das aus **IV** dargestellte *[1-Methoxypenten-(1)-in-(3)-yl]-trimethylammoniumjodid* zeigt parasympathicomimet. Wirkung. Aus Hexin-(1)-on-(5), $CH_2O$ u. Dimethylamin konnten nur geringe Mengen einer zersetzlichen Verb., die nicht weiter identifiziert wurde, erhalten werden. Bei der Rk. von **III** mit $CH_2O$ u. prim. Aminen, $NH_3$ bzw. Ammoniumsalzen wurde keine MANNICH-Base gebildet. Ein Reaktionsmechanismus wird vorgeschlagen. Die Dreifachbindung der erhaltenen MANNICH-Basen konnte durch $LiAlH_4$ zur Doppelbindung hydriert werden; aus **IV** bzw. **V** wurden *5-Dimethylamino-* bzw. *5-Diäthylamino-1-methoxypentadien-(1.3)* erhalten. Aus **IV** wurde durch Addition von W. u. $CH_3OH$ in Ggw. saurer Katalysatoren das schwer isolierbare *5-Dimethylaminopentanon-(3)-al-(1)-dimethylacetal* gebildet. In Ggw. von Na-Methylat addieren **IV** u. **V** 1 Mol Methanol, wobei wahrscheinlich *5-Dialkylaminopentin-(3)-al-(1)-dimethylacetal* entsteht. Die Rk. führt nur zu einem Gleichgewicht. Ein Bildungsmechanismus über Allen-Zwischenstufen wird diskutiert u. durch Infrarotspektr. wahrscheinlich gemacht.

Versuche: *1-Dimethylaminobutin-(2)-al-(4)-diäthylacetal* (**II**), $C_{10}H_{19}O_2N$, Kp.$_{12}$ 96°, aus **I**, Paraformaldehyd (**VII**) u. Dimethylamin durch 6std. Kochen in A. unter Rühren; 54% (Ausbeute). — *1-Diäthylaminobutin-(2)-al-(4)-diäthylacetal*, $C_{12}H_{23}O_2N$, Kp.$_{12}$ 112—113°, aus **I**, **VII** u. Diäthylamin durch 6std. Erhitzen in Dioxan auf 100°; 37%. — *[1.1-Diäthoxybutin-(2)-yl]-trimethylammoniumjodid*, $C_{11}H_{22}O_2NJ$, F. 138,5° (A.), aus **II** in PAe. oder A. durch Versetzen mit überschüssigem $CH_3J$ unter Kühlen. — *5-Dimethylamino-1-methoxypenten-(1)-in-(3)* (**IV**), $C_8H_{13}ON$, Kp.$_{12}$ 92—93°, aus **III**, **VII** u. Dimethylamin in A., $CH_3OH$, Propanol oder Dioxan analog **II**; 66%. — *5-Diäthylamino-1-methoxypenten-(1)-in-(3)* (**V**), $C_{10}H_{17}ON$, Kp.$_{12}$ 112°, aus **III**, **VII** u. Diäthylamin in A. analog **II**; 51%. — *5-Piperidino-1-methoxypenten-(1)-in-(3)* (**VI**), $C_{11}H_{17}ON$, Kp.$_3$ 110°, aus **III**, **VII** u. Piperidin in Dioxan durch 6std. Erhitzen auf 100°; 31%. — *5-Morpholino-1-methoxypenten-(1)-in-(3)*, $C_{10}H_{15}O_2N$, Kp.$_2$ 124°, aus **III**, **VII** u. Morpholin analog **VI**; 23%. — *[1-Methoxypenten-(1)-in-(3)-yl]-trimethylammoniumjodid*, $C_9H_{16}ONJ$, F. 147° ($CH_3OH$), aus **IV** u. $CH_3J$ wie oben. — *Verb. $C_9H_{15}ON$*, Kp.$_{12}$ 103—104°, aus 12 g Hexin-(1)-on-(5), **VII** u. Dimethylamin in A. analog **II**; zersetzlich; 1 g. — *1.3.5-Tricyclohexylhexahydro-1.3.5-triazin*, $C_{21}H_{39}N_3$, F. 73° (Aceton), Kp.$_6$ 97°, beim Erhitzen von **III**, **VII** u. Cyclohexylamin in Dioxan. — *5-Dimethylamino-1-methoxypentadien-(1.3)*, $C_8H_{15}ON$, Kp.$_{13}$ 79—80°, durch Zugabe von $LiAlH_4$ in Ae. zu **IV** unter Rühren u. 5std. Kochen; 72%. — *5-Diäthylamino-1-methoxypentadien-(1.3)*, $C_{10}H_{19}ON$, Kp.$_{12}$ 100—101°, aus **V** analog vorst. Verb.; 76%. — *5-Dimethylaminopentanon-(3)-al-(1)-dimethylacetal*, $C_9H_{19}O_3N$, Kp.$_{1-1,5}$ 71—73°, aus 28 g **IV** in $CH_3OH$ durch Neutralisieren mit $H_2SO_4$, Zugabe von $HgSO_4$ u. W. unter $N_2$ u. 4std. Erwärmen auf dem Wasserbad nach Abklingen der exothermen Rk.; zersetzlich; 2 g. — *5-Dimethylaminopentin-(3)-al-(1)-dimethylacetal*, $C_9H_{17}O_2N$, Kp.$_{12}$ 101—102°, durch Zugabe von **IV** zu methanol.

Na-Methylat u. 3std. Erhitzen auf 100°; 58%. — *5-Diäthylaminopentin-(3)-al-(1)-dimethylacetal*, $C_{11}H_{21}O_2N$, Kp.$_{12}$ 106°, analog vorst. Verb. aus **V**; 60%. (Chem. Ber. **89.** 870—76. 1956. Hannover, TH, Inst. für organ. Chem.) H. BERTSCH. 930

**E. C. Kendall** und **B. F. McKenzie**, *dl-Alanin.* Durch 4 std. Schütteln von Acetaldehyd, $NH_4Cl$ u. NaCN bei Raumtemp., Ansäuern u. Einengen der Lsg., Kochen mit PbO, dann $Ag_2O$, Einleiten von $H_2S$, Einengen u. Zufügen von A.; 52—60% (Ausbeute). 2. Durch Stehenlassen von α-Brompropionsäure mit konz. wss. $NH_3$, Einengen u. Zufügen von Methanol; F. 295° (Zers.); 65—70%. (Org. Syntheses, collect. Vol. **1.** [**1.**—**9.** 2. Aufl.] 21—25, ausg. Okt. 1951.) I. AHRLÉ. 950

**C. S. Marvel** und **V. Du Vigneaud**, *α-Amino-n-capronsäure* (*Norleucin*). Durch Stehen von α-Bromcapronsäure mit konz. wss. $NH_3$ bei 50—55°; 62—67% (Ausbeute). (Org. Syntheses, collect. Vol. **1.** [**1.**—**9.** 2. Aufl.] 48, ausg. Okt. 1951.) I. AHRLÉ. 950

**W. A. Ponomarenko, B. A. Ssokolow, Ch. M. Minatschew** und **A. D. Petrow**, *Anlagerung von Methyldichlorsilan und Äthyldichlorsilan an Allylhalogenide.* Methyldichlorsilan (I) lagert sich an Allylchlorid (II) in Ggw. von Pt/Kohle bei 160° unter Bldg. von *Methyl-γ-chlorpropyldichlorsilan* (III) an: $CH_3SiHCl_2 + CH_2{=}CHCH_2Cl \rightarrow CH_3\cdot(CH_2ClCH_2CH_2)SiCl_2$. Nebenprodd. sind *Methyltrichlorsilan* u. *Methylpropyldichlorsilan*, die aus **III** nach $CH_3(CH_2ClCH_2CH_2)SiCl_2 + CH_3SiHCl_2 \rightarrow CH_3(CH_3CH_2CH_2)SiCl_2 + CH_3SiCl_3$ entstehen. Analog verlaufen die Rkk. von **I** mit 3-Chlor-2-methylpropen-(1) (Methallylchlorid; **IV**) u. von Äthyldichlorsilan (**V**) mit **II** u. **IV**. Bei der Rk. von **I** oder **V** mit Allylbromid werden hauptsächlich *Methyl-* u. *Äthyltrichlorsilan* erhalten.

V e r s u c h e : *Methyl-γ-chlorpropyldichlorsilan* (**III**), $C_4H_9Cl_3Si$, Kp.$_{754}$ 184,5°, aus 115 g **I** u. 76 g **II** + 0,5 g Pt/Kohle (1% Pt) bei 6std. Erhitzen im Autoklaven auf 160° 10 at $N_2$-Druck; $D.^{20}_4$ 1,2045; $n_D^{20}$ 1,4580; 60 g (Ausbeute) neben 25 ml $CH_3SiCl_3$ (Kp.$_{750}$ 65°) u. 13,5 g *Methylpropyldichlorsilan*, $C_4H_{10}Cl_2Si$, Kp.$_{750}$ 124,4°; $D.^{20}_4$ 1,0383; $n_D^{20}$ 1,4250. — *Äthyl-γ-chlorpropyldichlorsilan*, $C_5H_{11}Cl_3Si$, Kp.$_{749}$ 206°; aus **II** (76 g) u. **V** (130 g); $D.^{20}_4$ 1,1809; $n_D^{20}$ 1,4661; 60 g, neben 36 ml $C_2H_5SiCl_3$ (Kp.$_{745}$ 98°) u. 26 g *Äthylpropyldichlorsilan*, $C_5H_{12}Cl_2Si$, Kp.$_{745}$ 150°; $D.^{20}_4$ 1,0343; $n_D^{20}$ 1,4370. — *Methyl-[γ-chlor-β-methylpropyl]-dichlorsilan*, $C_5H_{11}Cl_3Si$, Kp.$_{745}$ 195,5°; aus **I** (115 g) u. **IV** (90 g); $D.^{20}_4$ 1,1703; $n_D^{20}$ 1,4629; 120 g neben 15 ml $CH_3SiCl_3$ — *Äthyl-[γ-chlor-β-methylpropyl]-dichlorsilan*, $C_6H_{13}Cl_3Si$, Kp.$_{746}$ 213°; aus **IV** (90 g) u. **V** (130 g); $D.^{20}_4$ 1,1525; $n_D^{20}$ 1,4676; 106 g neben 20 ml $C_2H_5SiCl_3$ u. 18 g *Äthylisobutyldichlorsilan*, $C_6H_{14}Cl_2Si$, Kp.$_{743}$ 165°; $D.^{20}_4$ 1,0179; $n_D^{20}$ 1,4400. — *Methyldiäthyl-γ-chlorpropylsilan*, Kp.$_3$ 58—59,5°; aus **III** u. $C_2H_5MgBr$ in Ae. bei 4std. Erwärmen; $D.^{20}_4$ 0,9011; $n_D^{20}$ 1,4498; 30%. Zers. sich beim Destillieren bei Atmosphärendruck, wobei gasförmige Prodd. u. *Methyldiäthylchlorsilan*, Kp.$_{746}$ 118,6°; $D.^{20}_4$ 0,8853; $n_D^{20}$ 1,4206, entstehen. (Доклады Академии Наук СССР [Ber. Akad. Wiss. UdSSR] **106.** 76—79. 1/1. 1956. Zelinsky-Inst. für Organ. Chem.) R. KNOBLOCH. 980

**C. S. Palmer**, *Arsono- und Arsenoessigsäure. Arsonoessigsäure*, aus Chloressigsäure u. $As_2O_3$ in NaOH-Lsg., Ansäuern, Gießen in $BaCl_2$-Lsg. u. Zugabe des Nd. in heiße $Na_2SO_4$-Lsg.; 80—88% (Ausbeute). — *Arsenoessigsäure*, aus vorst. Verb. u. $NaH_2PO_2\cdot H_2O$ in 15%ig. $H_2SO_4$: F. >260°, Zers. >200°, gelbe Nadeln; 74%. (Org. Syntheses, collect. Vol. **1.** [**1.**—**9.** 2. Aufl.] 73—75, ausg. Okt. 1951.) I. AHRLÉ. 980

**C. S. Marvel** und **S. M. McElvain**, *o-Chlortoluol und p-Chlortoluol. o-Chlortoluol*, Kp. 155—158°, aus diazotiertem o-Toluidin u. CuCl; 74—79% (Ausbeute). — *p-Chlortoluol*, Kp. 158—162°, F. 4—7°; wie vorst., 70—79%. (Org. Syntheses, collect. Vol. **1.** [**1.**—**9.** 2. Aufl.] 170—72, ausg. Okt. 1951.) I. AHRLÉ. 1010

**L. A. Bigelow**, *o-Bromtoluol.* Nach SANDMEYER durch Diazotieren von o-Toluidin: Kp. 178—181°; 43—47% (Ausbeute). (Org. Syntheses, collect. Vol. **1.** [**1.**—**9.** 2. Aufl.] 135—36, Okt. 1951.) I. AHRLÉ. 1010

**L. A. Bigelow, J. R. Johnson** und **L. T. Sandborn**, *m-Bromtoluol.* Durch Diazotieren von 3-Brom-4-aminotoluol, Zufügen von Li, unter Kühlen, dann schwach Erwärmen u. Wasserdampfdest.: Kp.$_{760}$ 183°; 36—39% (Ausbeute). (Org. Syntheses, collect. Vol. **1.** [**1.**—**9.** 2. Aufl.] 133—34, ausg. Okt. 1951.) I. AHRLÉ. 1010

**L. A. Bigelow**, *p-Bromtoluol.* Nach SANDMEYER aus diazotiertem *p-Toluidin*: Kp. 183—185°, F. 25—26°; 70—73% (Ausbeute). (Org. Syntheses, collect. Vol. **1.** [**1.**—**9.** 2. Aufl.] 136—37, ausg. Okt. 1951.) I. AHRLÉ. 1010

**W. W. Hartman** und **M. R. Brethen**, *m-Chlornitrobenzol.* Aus diazotiertem m-Nitranilin u. CuCl nach SANDMEYER u. Wasserdampfdest.: Kp.$_{12}$ 116—117°; Kp.$_{18}$ 124—125°; F. 44—45°; 68—71% (Ausbeute). (Org. Syntheses, collect. Vol. **1.** [**1.**—**9.** 2. Aufl.] 162—65, ausg. Okt. 1951.) I. AHRLÉ. 1010

**John R. Johnson** und **C. G. Gauerke**, *m-Bromnitrobenzol.* Durch Bromieren von Nitrobenzol in Ggw. von Fe bei 135—145°: Kp.$_9$ 117—118°, F. 51,5—52°; 60—75% (Ausbeute). (Org. Syntheses, collect. Vol. **1.** [**1.**—**9.** 2. Aufl.] 123—24, ausg. Okt. 1951.) I. AHRLÉ. 1010

**F. D. Gunstone** und **S. Horwood Tucker**, *1-Chlor-2.6-dinitrobenzol.* Durch Zugabe von 2.6-Dinitroanilin in heißem Eisessig zu konz. $H_2SO_4$ u. $NaNO_2$ bei Raumtemp. (Temp. <40°), ½std. Rühren bei 40°, Zugabe der Lsg. zu einer kalten Lsg. von $Cu_2Cl_2$ u. konz. HCl u. 20 Min. langes Erhitzen bei 80°: F. 86—88°, aus 90% ig. Essigsäure oder Bzl. + PAe. gelbe Kristalle; 71—74% Ausbeute. (Org. Syntheses **32.** 23—24. 1952.) E. Herr. 1010

**Roger Adams** und **C. S. Marvel**, *p-Bromphenol.* Aus Phenol u. $Br_2$ in $CS_2$: $Kp._{25-30}$ 145—150°, F. 63°; 80—84% (Ausbeute). (Org. Syntheses, collect. Vol. **1.** [**1.**—**9.** 2. Aufl.] 128—31, ausg. Okt. 1951.) I. Ahrlé. 1060

**F. C. Whitmore** und **E. R. Hanson**, *o-Chlormercuriphenol.* Durch Lösen von Hg-Acetat in heißem Phenol, Gießen in heißes W. u. Zugabe von NaCl zum heißen Filtrat: F. 152°; 44% (Ausbeute). (Org. Syntheses, collect. Vol. **1.** [**1.**—**9.** 2. Aufl.] 161—62, ausg. Okt. 1951.) I. Ahrlé. 1060

**G. S. Hiers** und **F. D. Hager**, *Anisol.* Aus Na-Phenolat u. Dimethylsulfat: $Kp._{748}$ 153—154°; 72—75% (Ausbeute). — Analog *Methyl-β-naphthyläther*, F. 71°; 65—73%. (Org. Syntheses, collect. Vol. **1.** [**1.**—**9.** 2. Aufl.] 58—60, ausg. Okt. 1951.) I. Ahrlé. 1060

**H. D. Dakin**, *Brenzcatechin.* Aus Salicylaldehyd u. $H_2O_2$: $Kp._{10}$ 119—121°, $Kp._8$ 113—115°, F. 104—105°; 69—73% (Ausbeute), oder durch Erhitzen von Guajacol mit HBr, $Kp._{12}$ 124—125°; 85—87%. (Org. Syntheses, collect. Vol. **1.** [**1.**—**9.** 2. Aufl.] 149—53, ausg. Okt. 1951.) I. Ahrlé. 1060

**F. Wessely** und **W. Metlesics**, *Untersuchungen über Chinole.* 4. Mitt. *Über die Acetylierung nach Thiele und das Verhalten gegen Borfluorid.* (3. vgl. C. **1955.** 7420.) Die Einw. von Essigsäureanhydrid u. $H_2SO_4$ (Thiele-Acetylierung; Rk. **A**) bzw. von $BF_3$ in Ae. (Rk. **B**) auf *2-Methyl-* (**I**), *2.4-Dimethyl-* (**II**), *2.4.6-Trimethyl-* (**III**), *2-Methoxy-4-formyl-* (**IV**) u. *2.3-Dimethyl-o-chinolacetat* (**V**), ferner auf *1-Acetoxy-2-oxobicyclo-[0.3.4]-nonadien-(3.5)* (**VI**), *1-Acetoxy-2-oxobicyclo-[0.4.4]-decadien-(3.5)* (**VII**), *4-Carbäthoxymethyl-p-chinol* (**VIII**) u. *6-Acetoxy-3-oxobicyclo-[0.3.4]-nonadien-(1.4)* (**IX**) wird beschrieben. Je nach der Besetzung der o-Stellung zur Acetoxygruppe durch H oder Alkylgruppen bilden sich *Resorcin-* oder *Hydrochinon*-Derivate. Nach den aufgestellten Reaktionsmechanismen beruht dies auf der leichteren Abspaltbarkeit von H als Kation. Das nach Angriff eines Acetylkations bei **A** entstandene Zwischenprod. aromatisiert sich bei freier o-Stellung durch Wanderung des Acetoxyrestes u. Abspaltung eines Protons oder durch Anlagerung eines Acetations u. Abspaltung von Essigsäure, bei besetzter o-Stellung durch doppelte Wanderung des Acetoxyrestes u. Abspaltung eines Protons, Rk. **B** verläuft entsprechend. Vornehmlich Rk. **A** liefert präparativ brauchbare Ausbeuten.

Versuche: *2.4-Dimethyl-o-chinolacetat* (**II**), durch Zutropfen von $(CH_3COO)_4Pb$ in Chlf. zu dem Phenol in Chlf. u. Dest. bei 70—150°/0,05 Torr; krist. aus Ae.–PAe.; 50% (Ausbeute). — Rk. **A**: Erhitzen von 0,005 Mol Chinolacetat in 1,7 ml Acetanhydrid u. 0,05 ml $H_2SO_4$ auf 40—50° (3—6 Std.); Zers. mit Eis. Rk. **B**: Erhitzen von 0,002 Mol Chinolacetat mit 0,35 ml $BF_3$-Ätherat in 10 ml Äther (25—30 Std.), dann Schütteln mit 2n HCl. — *2-Methylresorcindiacetat*, $C_{11}H_{12}O_4$, F. 42—44°, aus **I** nach **A**; feine Nadeln aus Methanol–W.; 85%, daneben wenig *Toluhydrochinon*, F. 122—124°. — *2-Methylresorcinmonoacetat*, $C_9H_{10}O_3$, F. 69—71° (Methanol–W.), aus **I** nach **B**; 70%. — *2.4-Dimethylresorcin*, F. 110—111°, aus **II** nach **A** u. Verseifen; 20%; daneben *4.6-Dimethylresorcin* (Spur). — *2.4.6-Trimethylresorcindiacetat*, aus **III** nach **A**; 60%; daneben unbekanntes *Triacetat* $C_{24}H_{28}O_6$, F. 160—162° (Bzl.–PAe.), wird verseift zum *Phenol* $C_{18}H_{22}O_3$, F. 210—211° (Eisessig–W.). — *Mesitol*, aus **III** nach **B**; daneben *Verb.* $C_{18}H_{22}O_2$, F. 152—153° (Bzl.); 10%. *Acetylderiv.*, $C_{22}H_{26}O_4$, F. 132—134°, aus Bzl. Nadeln. — *2.5-Dioxy-4-methoxybenzaldehyd*, F. 205—206° (Methanol), aus **IV** nach **A**; 50%; daneben *2.4-Dioxy-3-methoxybenzaldehyd*, F. 78—82° (Bzl.), u. *2.4-Dioxy-5-methoxybenzaldehyd*, F. 148—150° (Methanol–W.). — *2.3-Dimethylhydrochinondiacetat*, F. 103—105° (Methanol–W.), aus **V** nach **A**; 85%. — *2.3-Dimethylhydrochinon*, F. 220—225° (PAe.), aus **V** nach **B**; 50%. — *4.7-Dioxyhydrindendiacetat*, $C_{13}H_{14}O_4$, F. 144—145° (Methanol), aus **VI** nach **A**; 85%. — *4.7-Dioxyhydrindenmonoacetat*, $C_{11}H_{12}O_3$, F. 96—97° (Ae.–PAe.), aus **VI** nach **B**; 40%. — *Tetrahydronaphthohydrochinondiacetat*, F. 185—186° (Bzl.), aus **VII** nach **A**; 80%. — *Tetrahydronaphthohydrochinonmonoacetat*, $C_{12}H_{14}O_3$, F. 131—133° (Bzl.–PAe.), aus **VII** nach **B**; 60%. — *2.4-Dioxyphenylessigsäurelacton* (*6-Oxy-2-oxocumaran*), $C_8H_6O_3$, F. 175—178° (Ae.), a) aus 2.4-Dimethoxyphenylessigsäure durch 3std. Erhitzen mit HBr in Eisessig; b) aus **VIII** nach **A**; 65%. — *4.6-Dimethoxyhydrindon-(1)*, $C_{11}H_{12}O_3$, F. 103 bis 105° (Bzl.–PAe.), aus 3.5-Dimethoxyhydrozimtsäure durch 2std. Erhitzen mit $P_2O_5$ in Bzl. auf dem Wasserbad u. Zers. mit Eis; 20%. — *4.6-Dimethoxyhydrinden*, F. 32 bis 33,5°, durch Red. von 0,5 g vorst. Verb. mit amalgamiertem Zink in HCl; feine Nadeln (Wasserdampfdest.); 0,3 g. — *4.6-Dioxyhydrinden*, $C_9H_{10}O_2$, F. 116—118°

(Bzl.), a) aus 0,2 g vorst Verb. durch 3std. Erhitzen mit HBr in Eisessig; 0,12 g; b) aus **IX** nach **A** u. Verseifen; 60%. — *4-Acetoxy-6-oxyhydrinden*, $C_{11}H_{12}O_3$, F. 101—103° (Ae.–PAe.), aus **IX** nach **B**; 35%. (Mh. Chem. **85**. 637—53. 15/6. 1954. Wien, Univ., II. Chem. Labor.) H. E. TOUSSAINT. 1060

**Roger Adams** und **C. S. Marvel**, *Benzolsulfochlorid*. Aus benzolsulfonsaurem Na u. $PCl_5$ bzw. $POCl_3$: Kp.$_{45}$ 145—150°; 74—87% (Ausbeute), oder aus Bzl. u. Chlorsulfonsäure: Kp.$_{10}$ 113—115°, F. 13—14°; 75—77%. (Org. Syntheses, collect. Vol. **1**. [**1.—9**. 2. Aufl.] 84—87, ausg. Okt. 1951.) I. AHRLÉ. 1090

**A. T. Roos, Henry Gilman** und **N. J. Beaber**, *p-Toluolsulfonsäure-n-butylester*. Durch Zutropfen von 5n NaOH zu einem Gemisch aus p-Toluolsulfochlorid u. n-Butanol bei 15° u. Aufnehmen des Öls in Bzl. oder PAe.: Kp.$_{10}$ 170—171°; 50—54% (Ausbeute). — Analog: *p-Toluolsulfonsäuremethylester*, Kp.$_{10}$ 161°, F. 27—28°; 90%. (Org. Syntheses, collect. Vol. **1**. [**1**.—**9**. 2. Aufl.] 145—47, ausg. Okt. 1951.) I. AHRLÉ. 1090

**S. Smiles** und **C. M. Bere**, *p-Acetamidobenzolsulfinsäure*. Durch 2 std. Schütteln von p-Acetamidobenzolsulfochlorid mit wss. $Na_2SO_3$-Lsg., Zufügen kleiner Mengen 50%ig. NaOH-Lsg. u. Ansäuern des Filtrates mit 60%ig. $H_2SO_4$: F. 155°; 43—47% (Ausbeute). (Org. Syntheses, collect. Vol. **1**. [**1**.—**9**. 2. Aufl.] 7—8, ausg. Okt. 1951.) I. AHRLÉ. 1090

**S. Smiles** und **Jessie Stewart**, *p-Acetamidobenzolsulfonsäurechlorid*. Durch Zufügen von Acetanilid zu $HOSO_2Cl$ bei 12—15°, 2std. Erhitzen auf 60° u. Gießen auf Eis: F. 149° (Bzl.); 77—81% (Ausbeute). (Org. Syntheses, collect. Vol. **1**. [**1.—9**. 2. Aufl.] 8—10, ausg. Okt. 1951.) I. AHRLÉ. 1090

**H. T. Clarke** und **E. E. Dreger**, *Saures Ammonium-o-sulfobenzoat*. Aus o-Sulfobenzoesäureimid u. konz. HCl; 91—95% (Ausbeute). (Org. Syntheses, collect. Vol. **1**. [**1.—9**. 2. Aufl.] 14, ausg. Okt. 1951.) I. AHRLÉ. 1090

**Giovanni Jacini** und **Franco Lauria**, *Darstellung und Eigenschaften symmetrischer organischer Disulfide und ihrer Monooxyde*. (Vorl. Mitt.) Bei der Rk. von Phenylsulfenylchlorid mit n-Butylmercaptan, Thioglykolsäure u. Thioglykolsäureäthylester entstehen *Phenyl-n-butyldisulfid* (**I**), *Phenyldisulfidoessigsäure* (**II**) bzw. *Phenyldisulfidoessigsäureäthylester*. Die alkal. Spaltung dieser Disulfide verläuft nach dem Schema $2\,R-S_2-R' + 2\,H_2O \rightarrow 2\,R-SOH + 2\,R'SH \rightarrow R-S_2-R + R'-S_2-R' + H_2O$, so daß dabei stets die *symm. Disulfide* entstehen. **I** u. **II** werden durch Oxydation mit Perbenzoesäure in die entsprechenden *Monooxyde* übergeführt.

Versuche: *Phenyl-n-butyldisulfid* (**I**), $C_{10}H_{14}S_2$, Kp.$_3$ 82—83°, aus n-Butylmercaptan u. Phenylsulfenylchlorid in absol. Ae., einige Min. bei Zimmertemp.; 60% (Ausbeute). Liefert bei 1std. Erhitzen mit wss.-methanol. KOH *Diphenyldisulfid*, F. 60° (PAe.), u. *Thiophenol*, Kp.$_3$ 85—90°. *Monoxyd* ($C_6H_5SSOC_4H_9$), $C_{10}H_{14}OS_2$, Kp.$_{0,05}$ 110 bis 115°, aus **I** u. Perbenzoesäure in Chlf., 3 Std. bei 40°, dann 12 Std. bei Zimmertemperatur. — *Phenyldisulfidoessigsäureäthylester*, $C_{10}H_{12}O_2S_2$, Kp.$_{0,02}$ 90°, aus Thioglykolsäureäthylester analog **I**; 40%. Liefert bei 1std. Erhitzen mit 2%ig. NaOH *Diphenyldisulfid* u. *Dithiodiglykolsäure*, F. 109°. — *Phenyldisulfidoessigsäure* (**II**), $C_8H_8O_2S_2$, F. 41°, aus Thioglykolsäure analog **I**; 70%. Liefert bei ½std. Erhitzen auf 60° mit 2%ig. Sodalsg. *Diphenyldisulfid* u. *Dithiodiglykolsäure*. *Monooxyd* ($C_6H_5SSOCH_2COOH$), $C_8H_8O_3S_2$, Kp.$_{0,04}$ 95—100°, aus **II** u. Perbenzoesäure in Chlf., 3 Std. bei 40°, dann 12 Std. bei Zimmertemperatur. (Gazz. chim. ital. **80**. 762—67. Nov./Dez. 1950. Milano, Univ., Ist. di Chim. ind.) WALTER SIMON. 1090

**M. V. Shirsat** und **R. C. Shah**, *Eine neue Methode zur Umwandlung aromatischer Carbonsäuren in die entsprechenden Aldehyde*. 1. Mitt. Die Meth. von GHADIALI u. SHAH (J. Indian chem. Soc. **26**. [1949.] 117) zur Umwandlung aromat. Carbonsäuren in die entsprechenden *Aldehyde* wurde für den Fall der Benzoesäure (**I**) systemat. untersucht. Die Überführung von **I** über ihr Anilid (**II**) in *N.N'-Diphenyl-N-carbäthoxybenzamidin* (**III**) gelang a) durch Kondensation von Benzanilidimidchlorid (**IX**) mit dem Na-Salz von Phenylurethan (**VIII**) oder b) durch Kondensation von **II** mit Anilin (**IV**) zu *N.N'-Diphenylbenzamidin* (**V**; F. 141°) u. folgende Rk. mit Chlorameisensäureäthylester (**X**). Beim Vers. zur Darst. des Pikrats von **III** wurde das Pikrat von **IV** (F. 189—190°) erhalten. An Stelle des erwarteten N-[Phenyliminobenzyl]-N.N'-diphenylharnstoffs wurden bei der Rk. von **III** mit **IV V** u. *symm.-Diphenylharnstoff* [F. 238—239° (A.)] erhalten. Die Red. von **III** mit Al-Amalgam in feuchtem Ae. oder besser in feuchtem Äthylacetat ergab leicht das instabile *N.N'-Diphenyl-N-carbäthoxydihydrobenzamidin* (**VI**); Redd. mit $SnCl_2$ in absol. Ae. oder mit Na in absol. $CH_3OH$ waren erfolglos. Die Hydrolyse von **VI** erfolgt leicht beim Erhitzen mit W. oder besser mit verd. HCl unter Bldg. von *Benzaldehyd* (**VII**). **VI** ergab beim Vers. der Benzoylierung **VII** u. **II** (F. 160°), bei der Acetylierung **VII** u. **VIII** [F. 52° (PAe.)]. Nach obiger Meth. a) wurden aus o-Chlor-, m- u. p-Brombenzoesäure, o-, m- u. p-Toluylsäure in guten Ausbeuten die entsprechenden Aldehyde erhalten, daher scheint sie allg. auf aromat. Carbonsäuren anwendbar zu sein.

Versuche: *N.N'-Diphenyl-N-carbäthoxybenzamidin* (**III**), F. 86–87° (Bzl.-PAe.), $Kp._3$ 220°, a) durch Kochen des Na-Salzes von **VIII** mit **IX** in absol. Ae. (12 Std.); b) durch Zugabe von **V** in absol. Bzl. zu **X** in absol. Bzl. unter Kühlung u. 1 Nacht bei 0°. – *N.N'-Diphenyl-N-carbäthoxydihydrobenzamidin* (**VI**), F. 103° (PAe.-Bzl.), durch Zugabe von **III** in feuchtem Ae. (oder feuchtem Äthylacetat) zu frischem Al-Amalgam (20 bzw. 15 Min.). – *N.N'-Diphenyl-o-chlorbenzamidin*, $C_{19}H_{15}N_2Cl$, F. 130° (A.), durch Zugabe von $POCl_3$ zu o-Chlorbenzanilid (F. 115°) u. **IV**, 5std. Erhitzen auf 140–150°, Gießen in W., Verreiben des Festkörpers mit konz. $NH_4OH$ u. ½std. Erhitzen; *Hydrochlorid*, F. 297–298°; *Pikrat*, $C_{25}H_{18}O_7N_5Cl$, glänzende gelbe Nadeln, F. 201–202°. – *N.N'-Diphenyl-N-carbäthoxy-o-chlorbenzamidin* (**XI**), $C_{22}H_{19}O_2N_2Cl$, F. 169–170° (verd. A.), durch Zugabe von **X** zu vorst. Verb. in absol. Bzl. ($NaHCO_3$ enthaltend) unter Kühlung (1 Nacht bei 0°). – *N.N'-Diphenyl-N-carbäthoxydihydro-o-chlorbenzamidin*, $C_{22}H_{21}O_2N_2Cl$, F. 108–109° (PAe.), analog **VI**; ergab bei der Hydrolyse mit konz. HCl *o-Chlorbenzaldehyd*, Kp. 210–212°; *2.4-Dinitrophenylhydrazon*, $C_{13}H_9O_4N_4Cl$, F. 211–212°. – *N.N'-Diphenyl-m-brombenzamidin*, $C_{19}H_{15}N_2Br$, F. 132° (A.), aus m-Brombenzanilid (F. 148°), **IV** u. $POCl_3$; *Hydrochlorid*, F. 262°; *Pikrat*, $C_{25}H_{18}O_7N_5Br$, gelbe Nadeln, F. 192°. – *N.N'-Diphenyl-N-carbäthoxy-m-brombenzamidin*, $C_{22}H_{19}O_2N_2Br$, F. 88–90° (Bzl.-PAe.), aus vorst. Verb.; ergab mit Al-Amalgam *N.N'-Diphenyl-N-carbäthoxydihydro-m-brombenzamidin*, $C_{22}H_{21}O_2N_2Br$, F. 108° (Bzl.-PAe.), das mit konz. HCl *m-Brombenzaldehyd*, Kp. 230–233° [*2.4-Dinitrophenylhydrazon*, F. 251–252° (Äthylacetat)] lieferte. – *N.N'-Diphenyl-p-brombenzamidin*, $C_{19}H_{15}N_2Br$, F. 175° (Bzl.-PAe.), aus p-Brombenzanilid (F. 198–199°), **IV** u. $POCl_3$; *Hydrochlorid*, F. 292° (Zers.; Eisessig); *Pikrat*, $C_{25}H_{18}O_7N_5Br$, gelbe Nadeln, F. 194° (verd. A.); ergab mit **X** *N.N'-Diphenyl-N-carbäthoxy-p-brombenzamidin*, $C_{22}H_{19}O_2N_2Br$, F. 107° (Bzl.-PAe.); lieferte bei der Red. keine feste Dihydroverb. u. durch folgende Hydrolyse *p-Brombenzaldehyd*, F. 56–57°; *2.4-Dinitrophenylhydrazon*, rote Nadeln, F. 256–257° (Äthylacetat). – *N.N'-Diphenyl-o-toluamidin*, $C_{20}H_{18}N_2$, F. 126–127° (A.), aus o-Toluanilid (F. 130°); *Hydrochlorid*, F. 290–292° (A.); *Pikrat*, $C_{26}H_{21}O_7N_5$, gelbe Prismen, F. 198° (Methylalkohol). – *N.N'-Diphenyl-N-carbäthoxy-o-toluamidin*, $C_{23}H_{22}O_2N_2$, F. 145° (verd. Methylalkohol), aus vorst. Verb. analog **XI**; ergab durch Red. u. Hydrolyse *o-Toluylaldehyd*, Kp. 200°; *2.4-Dinitrophenylhydrazon*, orangerote Nadeln, F. 193–194°. – *N.N'-Diphenyl-m-toluamidin*, $C_{20}H_{18}N_2$, F. 117° (verd. A.), aus m-Toluanilid (F. 133°); *Hydrochlorid*, F. 265° (A.); *Pikrat*, $C_{26}H_{21}O_7N_5$, gelbe Nadeln, F. 190° (Methylalkohol). – *N.N'-Diphenyl-N-carbäthoxy-m-toluamidin*, $C_{23}H_{22}O_2N_2$, F. 86° (A.), aus vorst. Verb. analog **XI**; ergab durch Red. u. Hydrolyse *m-Toluylaldehyd*, Kp. 201°; *2.4-Dinitrophenylhydrazon*, $C_{14}H_{12}O_4N_4$, orangefarbene Nadeln, F. 207°. *N.N'-Diphenyl-p-toluamidin*, $C_{20}H_{18}N_2$, F. 170° (A.), aus p-Toluanilid (F. 147°); *Hydrochlorid*, F. 272° (Essigsäure); *Pikrat*, $C_{26}H_{21}O_7N_5$, gelbe Nadeln, F. 210° (verd. A.). – *N.N'-Diphenyl-N-carbäthoxy-p-toluamidin*, $C_{23}H_{22}O_2N_2$, F. 115–116° (A.), aus vorst. Verb. analog **XI**. – *N.N'-Diphenyl-N-carbäthoxydihydro-p-toluamidin*, $C_{23}H_{24}O_2N_2$, F. 114–115° (PAe.-Bzl.), aus vorst. Verb. durch Red. mit Na-Amalgam; ergab durch Hydrolyse mit konz. HCl *p-Toluylaldehyd*, Kp. 204–208°; *2.4-Dinitrophenylhydrazon*, rote Nadeln, F. 230° (Äthylacetat). (J. Indian chem. Soc. **27**. 13–20. Jan. 1950. Bombay, Royal Inst. of Sci., Organ. Chem. Labors.) B. Gnauck. 1120

**Roger Adams** und **C. R. Noller**, *p-Bromacetophenon*. Durch Zufügen von Acetanhydrid zu Brombenzol in $CS_2$ in Ggw. von $AlCl_3$; nach Entfernen des $CS_2$ Gießen auf Eis/HCl u. Ausziehen mit Bzl. oder Ae.: $Kp._7$ 117°, $Kp._{15}$ 129–130°, $Kp._{736}$ 255,5°; F. 49 bis 50,5°; 69–79% (Ausbeute). – Analog: *p-Chloracetophenon*, $Kp._{24}$ 124–126°, F. 20 bis 21°; 74–78%. (Org. Syntheses, collect. Vol. **1**. [**1.–9.** 2. Aufl.] 109–11, ausg. Okt. 1951.) I. Ahrlé. 1160

**W. D. Langley**, *p.ω-Dibromacetophenon*. Durch Bromieren von p-Bromacetophenon unter 20°: F. 108–109°; 69–72% (Ausbeute). (Org. Syntheses, collect. Vol. **1**. [**1.–9.** 2. Aufl.] 127–28, ausg. Okt. 1951.) I. Ahrlé. 1160

**H. T. Clarke** und **E. J. Rahrs**, *Benzoesäureanhydrid*. Durch Dest. von Benzoesäure u. Acetanhydrid in Ggw. sirupöser Phosphorsäure: $Kp._{19}$ 210–220°, F. 43°; 72–74% (Ausbeute). (Org. Syntheses, collect. Vol. **1**. [**1.–9.** 2. Aufl.] 91–94, ausg. Okt. 1951.) I. Ahrlé. 1210

**O. Kamm** und **W. F. Kamm**, *Benzylbenzoat*. Aus Benzaldehyd u. Na-Benzylalkoholat, Zufügen von W. u. Dest.: $Kp._{15}$ 184–185°; 90–93% (Ausbeute). (Org. Syntheses, collect. Vol. **1**. [**1.–9.** 2. Aufl.] 104–07, ausg. Okt. 1951.) I. Ahrlé. 1210

**H. T. Clarke** und **E. R. Taylor**, *o-Chlorbenzoylchlorid*. Durch Chlorieren von *o*-Chlorbenzaldehyd bei 140–160°: $Kp._{10}$ 93–95°, $Kp._{60}$ 137–139°; 70–72% (Ausbeute). (Org. Syntheses, collect. Vol. **1**. [**1.–9.** 2. Aufl.] 155–56, ausg. Okt. 1951.) I. Ahrlé. 1210

**Paul J. Culhane,** *2-Brom-3-nitrobenzoesäure.* Durch portionsweises Zufügen von Anhydro-2-hydroxymercuri-3-nitrobenzoesäure zu einer heißen alkal. Lsg., dann Zufügen von konz. HCl u. Eisessig, Zufügen einer $Br_2$/NaBr-Lsg. in W., Alkalisieren u. Ansäuern: F. 185–187°; 53–61% (Ausbeute). – Analog: *2-Jod-3-nitrobenzoesäure,* F. 204–205°; 61%. (Org. Syntheses, collect. Vol. **1.** [**1.**–**9.** 2. Aufl.] 125–27, ausg. Okt. 1951.) I. Ahrlé. 1210

**Frank C. Whitmore** und **Gladys E. Woodward,** *p-Chlormercuribenzoesäure.* Durch Oxydation von p-Tolylquecksilberchlorid mit $KMnO_4$: F. 273°; 61–74% (Ausbeute). (Org. Syntheses, collect. Vol. **1.** [**1.**–**9.** 2. Aufl.] 159–61, ausg. Okt. 1951.) I. Ahrlé. 1210

**Frank C. Whitmore, P. J. Culhane** und **H. T. Neher,** *Anhydro-2-hydroxymercuri-3-nitrobenzoesäure.* Durch Zufügen von Hg-Acetat in Eisessig/W. zu 3-Nitrophthalsäure in NaOH-Lsg. u. 70std. Erhitzen bei 165–175°; 82–90% (Ausbeute). (Org. Syntheses, collect. Vol. **1.** [**1.**–**9.** 2. Aufl.] 56–58, ausg. Okt. 1951.) I. Ahrlé. 1210

**Roger Adams** und **A. F. Thal,** *Benzylcyanid.* Durch 4 std. Kochen von Benzylchlorid u. NaCN in A./W., Entfernen des A. u. Dest.: $Kp._{38}$ 135–140°, $Kp._{10}$ 115–120°; 80–90% (Ausbeute). (Org. Syntheses, collect. Vol. **1.** [**1.**–**9.** 2. Aufl.] 107–09, ausg. Okt. 1951.) I. Ahrlé. 1210

**Norman Rabjohn** und **Arthur Mendel,** *β-Diäthylaminoäthylester der Trimethoxybenzoesäuren.* Vff. stellten die *β-Diäthylaminoäthylesterhydrochloride* der 6 isomeren *Trimethoxybenzoesäuren* aus den Säuren u. β-Diäthylaminoäthylchlorid dar. Der Vers., die nur in geringen Ausbeuten erhältliche 2.3.5-Trimethoxybenzoesäure durch Nitrierung von 2.3-Dimethoxybenzoesäure (→ *5-* u. *6-Nitroderiv.*), Red. der 5-Nitroverb., Diazotierung u. Hydrolyse darzustellen, war erfolglos, die Fries-Umlagerung von Oxyhydrochinontriacetat zu *2.3.5-Trioxyacetophenon,* Methylierung u. Einw. von NaOBr lieferte nur *2.4.5-Trimethoxybenzol* u. aus 5-Bromvanillin über 1-Brom-2.5-dioxy-3-methoxybenzol u. 2.3.5-Trimethoxyphenyl-MgBr entstand die Säure ebenfalls nur in geringer Ausbeute. Versuche: *2.3.5-Trimethoxyacetophenon,* F. 99–100°, aus 1.2.4-Triacetoxybenzol mit $AlCl_3$ nach Mauthner (vgl. J. prakt. Chem. **136.** [1933.] 213) über *2.3.5-Trioxyacetophenon* [30% (Ausbeute)] u. Methylierung mit Dimethylsulfat. – *2.4.5-Trimethoxybrombenzol,* $C_9H_{11}O_3Br$, F. 51–53°, durch Eintropfen von NaOBr-Lsg. in eine Lsg. aus 8 g vorst. Verb. in Methanol unter Eiskühlung u. 2std. Rühren; 2 g. – *2.3.5-Trimethoxybenzoesäure,* F. 99–101°, aus 5-Bromvanillin (vgl. Torrey u. Clarke, J. Amer. chem. Soc. **31.** [1909.] 583) über *2.5-Dioxy-3-methoxybrombenzol* (vgl. Dakin, Amer. chem. J. **42.** [1909.] 477; 40 g), Methylierung mit Dimethylsulfat, Umsetzung einer äther. Lsg. des Prod. mit Mg u. Gießen auf Trockeneis; 0,78 g. – *2.3.4-Trimethoxybenzoesäure-β-diäthylaminoäthylesterhydrochlorid,* $C_{16}H_{26}O_5NCl$, F. 150–153° (absol. A./absol. Ae.), durch 27std. Kochen einer Mischung aus 0,024 Mol 2.3.4-Trimethoxybenzoesäure, 0,024 Mol β-Diäthylaminoäthylchloridhydrochlorid, 0,05 Mol $KHCO_3$ u. 150 ml Isopropanol unter Rühren, Abdest. des Lösungsm. im Vakuum, Zugabe von 10%ig. NaOH-Lsg., Ausäthern u. Sättigen der getrockneten äther. Lsg. mit HCl; 44%. – Analog nachst. Isomeren: *2.3.5-*, F. 124–128°; hygroskop. –*2.3.6-*, F. 110–114°; hygroskopisch. – *2.4.5-*, F. 164–167°. – *2.4.6-*, F. 171–174°. – *3.4.5-*, F. 152–155°. (J. org. Chemistry **21.** 218–19. 17/2. 1956. Columbia, Mo., Univ. of Missouri, Dep. of Chem.) H. Ascherl. 1250

**F. K. Thayer,** *Acetylmandelsäure u. Acetylmandelsäurechlorid. Acetylmandelsäure,* F. 79 bis 80° (Bzl., $CHCl_3$), aus Mandelsäure u. Acetylchlorid; 97–99% (Ausbeute). – *Acetylmandelsäurechlorid,* $Kp._{10}$ 125–130°, $Kp._{33}$ 150–155°, aus der Säure u. $SOCl_2$; 79–82%. (Org. Syntheses, collect. Vol. **1.** [**1.**–**9.** 2. Aufl.] 12–13, ausg. Okt. 1951.) I. Ahrlé. 1250

**W. A. Schroeder** und **Philip E. Wilcox,** *Eine Synthese für N.N-Diphenylcarbaminsäureanhydrid. N.N-Diphenylcarbaminsäureanhydrid* (I) entsteht aus K-N.N-Diphenylcarbamat u. N.N-Diphenylcarbamylchlorid. Die von Herzog u. Budy [1911] dargestellte Verb. ist nicht **I**, sondern wahrscheinlich ein Komplex aus I u. Diphenylamin. – *K-N.N-Diphenylcarbamat,* durch Zufügen von 8,3 g K zu 100 g Diphenylamin bei 90°, 5std. Erwärmen im Vakuum auf 120°, Verdünnen mit Ae. u. Einleiten von $CO_2$; 55 g (Ausbeute). – **I,** $C_{26}H_{20}O_3N_2$, F. 128,5–130°, durch 5std. Erwärmen von 50 g vorst. Verb. + 40 g N.N-Diphenylcarbamylchlorid auf 90° u. Zers. des durch Auskochen mit $CH_3OH$ erhaltenen *gelben Komplexes* (F. 121,5–122,5°; 5,5 g; vgl. l. c.) mit absol. A.-HCl; Prismen; gibt bei der Aminolyse *N.N-Diphenylharnstoff,* bei der Hydrolyse in sd. n-NaOH (48 Std.) 2 Mol *Diphenylamin.* (J. Amer. chem. Soc. **72.** 3814–15. Aug. 1950. Pasadena, Calif., Inst. of Technol., Gates and Crellin Labor. of Chem.) H. Lehwald. 1280

**G. Malcolm Dyson,** *p-Chlorphenylisothiocyanat.* Aus Thiophosgen u. p-Chloranilin u. Wasserdampfdest.: F. 44–45°; 72–81% (Ausbeute). (Org. Syntheses, collect. Vol. **1.** [**1.**–**9.** 2. Aufl.] 165–66, ausg. Okt. 1951.) I. Ahrlé. 1290

**Carl N. Webb**, *Benzanilid.* Aus Anilin u. Benzoesäure durch Dest. bei 180—225°, Zufügen von Anilin zum Rückstand u. Dest., Gießen des Rückstandes in n-HCl u. Behandeln mit n-NaOH: F. 160—161°; 80—84% (Ausbeute). (Org. Syntheses, collect. Vol. **1.** [**1.**—**9.** 2.Aufl.] 82—84, ausg. Okt. 1951.) I. AHRLÉ. 1310

**F. G. Willson** und **T. S. Wheeler**, *Benzylanilin* (*N-Phenylbenzylamin*). Durch Zufügen von Benzylchlorid zu einer Anilin–$NaHCO_3$-Lsg. bei 90—95° innerhalb 1—2 Std.: $Kp._{12}$ 178—180°; F. 36° (Ligroin); 85—87% (Ausbeute). (Org. Syntheses, collect. Vol. **1.** [**1.**—**9.** 2. Aufl.] 102—04, ausg. Okt. 1951.) I. AHRLÉ. 1310

**Lucius A. Bigelow** und **Harry Eatough**, *Benzalanilin.* Aus Benzaldehyd u. Anilin: F. 52°; 84—87% (Ausbeute). (Org. Syntheses, collect. Vol. **1.** [**1.**—**9.** 2. Aufl.] 80—81, ausg. Okt. 1951.) I. AHRLÉ. 1310

**J. R. Johnson** und **L. T. Sandborn**, *3-Brom-4-aminotoluol.* Durch Bromieren von p-Acetyltoluidin bei 50—55°, Gießen in $NaHCO_3$-Lsg., Kochen mit A., Zufügen von konz. HCl u. 3std. Kochen, Zufügen von NaOH-Lsg. u. Dest. des Öls: $Kp._{30}$ 120—122°, $Kp._3$ 92—94°; F. 16—18°; 60—67% (Ausbeute). (Org. Syntheses, collect. Vol. **1.** [**1.**—**9.** 2. Aufl.] 111—13, ausg. Okt. 1951.) I. AHRLÉ. 1310

**Reedus Ray Estes** und **E. Kenneth Brakenbill**, *Derivate der p-Aminosalicylsäure. N-[2-Oxyäthyl]-p-aminosalicylsäure*, $C_9H_{11}O_4N$, F. 126°, aus dem Methylester mit sd. 10%ig. NaOH; 25% (Ausbeute). *Methylester*, $C_{10}H_{13}NO_4$, F. 90° (Bzl.-PAe.), aus p-Aminosalicylsäuremethylester u. äther. Äthylenoxyd in Ggw. von $BF_3$ unter Kühlung (2 Std. rühren, dann 1 Std. kochen) u. fraktionierte Sublimation bei 0,02—0,05 mm; 37%. (J. Amer. chem. Soc. **74.** 2941—42. 5/6. 1952. Lexington, Ky., Univ., Dep. of Chem.) F. LEUSCHNER. 1350

**William O. Foye** und **Robert L. Hull**, *Aminosäurederivate von Aminosalicylsäuren.* Verss., aus 3-, 4- u. 5-Nitrosalicylsäure über die Säurechloride durch Umsetzung mit Aminosäuren die entsprechenden Dipeptide darzustellen, verliefen ergebnislos bzw. unbefriedigend. Die vorhergehende Blockierung der Oxygruppe durch eine Acetylgruppe war wirkungslos, da bei den anschließenden Rkk. stets Verseifung eintrat. Die *Dipeptide* konnten jedoch nach Blockierung der Oxygruppe durch die Benzylgruppe u. Rk. mit den Aminosäureesterhydrochloriden bei 40—50° in optimaler Ausbeute erhalten werden. Mit 2-Benzyloxy-3-nitrobenzoesäure entstanden, vermutlich infolge ster. Behinderung, nur geringe Mengen an Dipeptid; sie zers. sich auch bereits bei 100°. Aus den gebildeten *Nitrodipeptiden* wurden durch Hydrieren über Pd-Kohle unter gleichzeitiger Abspaltung der Benzylgruppe die *Aminodipeptide* erhalten, die aber sehr luftempfindlich sind; bei der Hydrierung über $PtO_2$ bleib dagegen die Benzyloxygruppe erhalten, u. es entstanden stabile *Aminodipeptide.*

V e r s u c h e: *4-Nitrosalicylsäure*, F. 233—235°, aus 2.4-Dinitrophenylessigsäure durch Ringschluß mit $HNO_2$ zu *3-Carbomethoxy-6-nitrobenzisoxazol* (vgl. BORSCHE [1909]), 4std. Hydrolyse mit sd. 5n HCl zu *4-Nitrosalicylonitril* (F. 160—161°) u. dann 20 Min. mit sd. 70%ig. $H_2SO_4$; cremefarbene Nadeln; 28—30% (Ausbeute). — *5-Nitrosalicoyl-dl-alanin*, $C_{10}H_{10}O_6N_2$, F. 184—186° (wss. A.), durch 30 Min. lange Einw. von $SOCl_2$ auf Na-5-Nitrosalicylat in Bzl., Behandeln des Eindampfrückstandes mit dl-Alanin in wss. NaOH, ½std. Erwärmen, Ansäuern u. Einengen des Filtrats; 13%. — *5-Nitrosalicylsäureäthylester*, F. 95—96°, nach HIRSCH [1900], 85%. — *4-Nitrosalicylsäureäthylester*, F. 87—88°, nach BORSCHE [1912]; 74%. — *3-Nitrosalicylsäureäthylester*, F. 43,5—44,5°, nach ZACHARIAS [1891]; 89%. — *2-Benzyloxy-4-nitrobenzoesäure*, F. 171,5—173°, nach CLINTON u. Mitarbeitern (C. **1952.** 2157); 88%. — *2-Benzyloxy-5-nitrobenzoesäure*, $C_{14}H_{11}O_5N$, F. 169—170°, analog vorst. Verb.; 50%. — *2-Benzyloxy-3-nitrobenzoesäure*, $C_{14}H_{11}O_5N$, F. 128—129° (Isopropanol), analog in 19 Std.; 35%. — *Glykokolläthylesterhydrochlorid*, F. 142—143°, aus Glycin + äthanol. HCl; 91%. Analog *dl-Alaninäthylesterhydrochlorid* (F. 70—74°; 83%) u. *dl-Leucinäthylesterhydrochlorid* (F. 110—112°; 85%). — Die *Dipeptide* wurden aus den entsprechenden Benzyloxynitrobenzoesäuren in Pyridin u. Bzl. durch Zutropfen von $SOCl_2$, 20 Min. langes Kochen, Behandeln mit dem entsprechenden Aminosäureesterhydrochlorid bei 40—50°, 6std. Rühren u. Verdünnen der benzol. Schicht mit Skellysolve B erhalten: *5-Nitro-2-benzyloxybenzoylglykokolläthylester*, $C_{18}H_{18}O_6N_2$, F. 147—148° (A.); 39%. — *5-Nitro-2-benzyloxybenzoyl-dl-leucinäthylester*, $C_{22}H_{26}O_6N_2$, F. 126—127,5°; 24%. — *4-Nitro-2-benzyloxybenzoylglykokolläthylester*, $C_{18}H_{18}O_6N_2$, F. 133—134° (A.); 27%. — *4-Nitro-2-benzyloxybenzoyl-dl-alaninäthylester*, $C_{19}H_{20}O_6N_2$, F. 72—74° (A.); 18%. — *4-Nitro-2-benzyloxybenzoyl-dl-leucinäthylester*, $C_{22}H_{26}O_6N_2$, F. 75—77° (A.); 22%. — *3-Nitro-2-benzyloxybenzoylglykokolläthylester*, $C_{18}H_{18}O_6N_2$, F. 63—64° (A.); 3%. — *2-Benzyloxy-5-nitrobenzoylglycin*, $C_{16}H_{14}O_6N_2$, F. 190—191° (A.), aus dem Äthylester mit n-NaOH (Erwärmen bis zur Lsg.); 83%. — Die *Aminodipeptide* entstanden aus vorst. Nitroderivv. durch ¼std. Hydrieren in absol. A. über $PtO_2$ bei 40 lbs./sq.in.,

Sättigen des Filtrats mit HCl u. Fällen mit Ae.: *5-Amino-2-benzyloxybenzoylglykokolläthylesterhydrochlorid*, $C_{18}H_{21}O_4N_2Cl$, F. 206° (A.–Ae.); 71%. – *5-Amino-2-benzyloxybenzoyl-dl-leucinäthylesterhydrochlorid*, $C_{22}H_{29}O_4N_2Cl$, F. 163–165° (Zers.; A.–Ae.); 50%. — *4-Amino-2-benzyloxybenzoylglykokolläthylesterhydrochlorid*, $C_{18}H_{21}O_4N_2Cl$, F. 162–164° (A.–Ae.); 60%. – *4-Amino-2-benzyloxybenzoyl-dl-alaninäthylester*, $C_{19}H_{22}O_4N_2$, F. 124 bis 125°; 65%. – *4-Amino-2-benzyloxybenzoyl-dl-leucinäthylester*, $C_{22}H_{28}O_4N_2$, F. 119 bis 120°; 97%. – *3-Amino-2-benzyloxybenzoylglykokolläthylesterhydrochlorid*, $C_{18}H_{21}O_4 \cdot N_2Cl$, F. 102–103°; 29%. (J. Amer. pharmac. Assoc., sci. Edit. **42.** 50–53. Jan. 1953. Madison, Wis., Univ., School of Pharm.) H. LEHWALD. 1350

**G. Ross Robertson,** *p-Aminophenylessigsäure.* Durch Red. von p-Nitrophenylessigsäure mit $(NH_4)_2S$ u. Zufügen von Eisessig: F. 199–200° (W.); 83–84% (Ausbeute). (Org. Syntheses, collect. Vol. **1.** [**1.**–**9.** 2. Aufl.] 52–53, ausg. Okt. 1951.) I. AHRLÉ. 1350

**Sergio Berlingozzi, Giorgio Serchi** und **Giorgio Adembri,** *Untersuchung über optischaktive Aminosäuren.* 12. Mitt. *Zerlegung der dl-α-Aminophenylessigsäure durch Papierchromatographie.* (11. vgl. C. **1956.** 4124.) Es wird gezeigt, daß dl-α-Aminophenylessigsäure durch Papierchromatographie in zweierlei Weise in seine opt.-akt. Komponenten zerlegt werden kann: entweder mit Phenol (**I**) als feststehender u. einer Lsg. von 5% d-Campher-10-sulfonsäure in an **I** gesätt. W. als beweglicher Phase oder umgekehrt. Bei letzterem Verf. ergibt sich für die l-Komponente $R_F = 0{,}378$, für die d-Komponente $R_F = 0{,}223$, also $\Delta R_F = 0{,}155$. (Sperimentale, Sez. chim. biol. **2.** 89–94. 1/12. 1951. Firenze, Univ., Ist di Chim. organ.) R. K. MÜLLER. 1350

**L. F. Audrieth, Ralph Gher jr.** und **William Channing Smith,** *Stickstoffverbindungen von Phosphor- und Phosphonsäuren.* 1. Mitt. *Hydrazide der Phenylphosphor- und der Diphenylphosphorsäure.* Durch Hydrazinolyse des *Chlorphosphorsäurediphenylesters* (**I**) entsteht der *Hydrazidophosphorsäurediphenylester* (**II**) $H_3N_2 \cdot P(O)(OC_6H_5)_2$, der mit Aldehyden oder Ketonen die entsprechenden *Diphenoxyphosphorylhydrazone*, mit Chlorameisensäureäthylester (**IV**) das $N^2$-Carbäthoxyderiv. (**V**) u. mit **I** das *Bis-[diphenoxyphosphoryl]-hydrazin* (**VI**) liefert. Analog wird der aus *Dichlorphosphorsäurephenylester* (**VII**) u. Hydrazin (**VIII**) erhaltene *Dihydrazidophosphorsäurephenylester* (**III**) $(H_3N_2)_2P(O) \cdot OC_6H_5$ mit Benzaldehyd in das Dibenzylidenderivat übergeführt.

V e r s u c h e: *Hydrazidophosphorsäurediphenylester* (**II**), $C_{12}H_{13}O_3N_2P$, F. 116°, durch Eintropfen von 0,103 Mol **I** zur Lsg. von 0,203 Mol 85%ig. **VIII**-Hydrat in 48 cm³ 95%ig. A. u. Zufügen von W., bis das abgeschiedene Öl gelöst ist, aus verd. A. feines Pulver, 88,3% (Ausbeute). *Hydrolyse*: **II** löst sich in n-NaOH langsam, schneller beim Erwärmen, unter Bldg. von Phenol, wobei die P–N-Bindung nicht angegriffen wird. **II** in W. (gesätt. Lsg.) zeigt $p_H$ 6,3, durch Hydrolyse nach 19 Std. noch $p_H$ 4,3. **II** in konz. HCl bildet in wenigen Min. **VIII** (als Dihydrochlorid), daher Best. von **II** in starker HCl durch Jodattitration. – D i p h e n o x y p h o s p h o r y l h y d r a z o n e aus **II** mit nachst. Carbonylverbb. in absol. Alkohol. – *Benzaldehyd-*, $C_{19}H_{17}O_3N_2P$, F. 114°. – *p-Oxybenzaldehyd-*, $C_{19}H_{17}O_4N_2P$, F. 162°. – *p-Methoxybenzaldehyd-*, $C_{20}H_{19}O_4N_2P$, F. 150°. – *o-Oxybenzaldehyd-*, $C_{19}H_{17}O_4N_2P$, F. 151°. – *Aceton-*, $C_{15}H_{17}O_3N_2P$, F. 142°. – *Cyclohexanon-*, $C_{18}H_{21}O_3N_2P$, F. 101°. – *p-Chloracetophenon-*, $C_{20}H_{18}O_3N_2ClP$, F. 127°. – *Acetylaceton-bis-*, $C_{29}H_{30}O_6N_4P_2$, F. 151°. – *$N^2$-Carbäthoxyhydrazidophosphorsäurediphenylester* (**V**), $C_{15}H_{17}O_5N_2P$, F. 121–122° ($CCl_4$), aus 0,02 Mol **II** u. 0,01 Mol **IV** durch 2std. Kochen in 60 cm³ Chlf. u. Filtrieren (von einer Substitution vom F. 187–189°, wahrscheinlich das **II**-Hydrochlorid), 92,3%. – *Bis-[diphenoxyphosphoryl]-hydrazin* (**VI**), $C_{24}H_{22}O_6N_2P_2$, F. 142° (Chlf.), aus **I** u. **II** in Chlf. durch ½std. Kochen (neben etwas **VIII**-Dihydrochlorid) oder durch Erhitzen von **II** über den F., bis die **VIII**-Abspaltung aufhört. – *Dihydrazidophosphorsäurephenylester* (**III**), $C_6H_{11}O_2N_4P$, F. 103° (A.), durch langsames Zugeben von 0,188 Mol **VII** zur Suspension von 30 cm³ 95%ig. **VIII** in 350 cm³ Ae. (spontanes Kochen), Dekantieren vom festen Reaktionsprod. u. Extrahieren mit heißem A. (1. Kristallisation vorwiegend **VIII**-Hydrochlorid, 2. Fraktion das **III**). – *Di-$N^2$-benzylidenderiv.*, $C_{20}H_{19}O_2N_4P$, F. 174 (verd. A.), aus **III** u. Benzaldehyd in 95%ig. Alkohol. (J. org. Chemistry **20.** 1288–91. Sept. 1955. Urbana, Ill., Univ. of Illinois, W. A. Noyes-Labor. of Chem.) F. J. MEYER. 1380

**C. S. Palmer** und **E. B. Kester,** *p-Arsonophenyloxyessigsäure.* Durch 4 std. Kochen einer Lsg. von p-Oxyphenylarsonsäure u. Chloressigsäure in NaOH-Lsg. u. Ansäuern; 40–43% (Ausbeute). (Org. Syntheses, collect. Vol. **1.** [**1.**—**9.** 2. Aufl.] 75–76, ausg. Okt. 1951.) I. AHRLÉ. 1380

**W. Lee Lewis** und **H. C. Cheetham,** *Arsanilsäure.* Durch $4^1/_2$ std. Rühren von Anilin u. $H_3AsO_4$ bei 155–160°; 10,9–14,5% (Ausbeute). (Org. Syntheses, collect. Vol. **1.** [**1.**—**9.** 2. Aufl.] 70–73, ausg. Okt. 1951.) I. AHRLÉ. 1380

**F. G. Baddar, Lanson S. El-Assal** und **Naguib A. Doss,** *Phenylpropiolsäuren.* 4. Mitt. *Die Selbstkondensation von o- und p-Tolyl- und o-Chlorphenylpropiolsäure.*

(3. vgl. C. **1954**. 3217.) p- (**VI**) u. o-Tolylpropiolsäure (**VII**) erleiden in Ggw. von sd. Acetanhydrid Selbstkondensation zu *7-Methyl-1-[p-tolyl]-* (**I**) bzw. *5-Methyl-1-[o-tolyl]-naphthalin-2.3-dicarbonsäureanhydrid*, die mit den Prodd. der lichtkatalysierten Cyclisierung von Bis-[4-methylbenzyliden]- bzw. Bis-[2-methylbenzyliden]-bernsteinsäureanhydrid ident. sind. Bei der anschließenden Behandlung mit $AlCl_3$ entstehen *3'.7-* (**II**) u. *1'.5-Dimethyl-3.4-benzofluorenon-1-carbonsäure*. Erstere gibt bei der Decarboxylierung mit Cu-Bronze in Chinolin *3'.7-Dimethyl-3.4-benzofluorenon* u. beim Schmelzen mit KOH *7-Methyl-1-[2-carboxy-p-tolyl]-naphthalin-3-carbonsäure* (**III**) neben wenig *7-Methyl-1-[p-tolyl]-naphthalin-2.3-dicarbonsäure*. Durch 90%ig. $H_2SO_4$ wird **III** zu *6.9-Dimethyl-meso-benzanthron-2-carbonsäure* cyclisiert; als Nebenprod. entsteht in Spuren **II**. Beim Schmelzen von **I** oder **II** mit $AlCl_3$–NaCl entsteht ein Gemisch isomerer *meso-Benzanthroncarbonsäuren*, aus dem keine einheitliche Verb. isoliert werden kann. *5-Chlor-1-[o-chlorphenyl]-naphthalin-2.3-dicarbonsäureanhydrid* (**V**), das entweder durch Erhitzen von o-Chlorphenylpropiolsäure (**IV**) mit Acetanhydrid oder durch Kochen von **IV** mit dessen Säurechlorid gebildet wird, kann nicht mit $AlCl_3$ in ein Fluorenonderiv. verwandelt werden. **V** ist in $Na_2CO_3$ unlösl., löst sich in sd. NaOH; die entsprechende Dicarbonsäure wird durch Acetanhydrid leicht wieder in **V** zurückverwandelt. Die $NaHCO_3$-Lsg. von **V** entfärbt kein $KMnO_4$. o-Chlorbenzaldehyd kondensiert mit Bernsteinsäurediäthylester (**VIII**) zu *Bis-[2-chlorbenzyliden]-bernsteinsäure*, dessen Anhydrid beim Erhitzen auf 300° oder bei Lichteinw. in ein Isomerengemisch übergeht, aus dem aber kein reines **V** isoliert werden kann.

Versuche: *p-Methylzimtsäure*, F. 199—200° (A.), aus p-Tolualdehyd u. Malonsäure; 60—70% (Ausbeute). — *o-Methylzimtsäure*, F. 175—176° (Bzl.), analog aus o-Tolualdehyd; 60—70%. — *α.β-Dibrom-β-[p-tolyl]-propionsäure*, F. 193—194°, aus vorvorst. Verb. u. $Br_2$ in Chlf.; 70%. — *α.β-Dibrom-β-[o-tolyl]-propionsäure*, $C_{10}H_{10}O_2Br_2$, F. 162—163° (Bzl.–PAe.), aus vorvorst. Verb. u. $Br_2$ in $CCl_4$; 70%. — *α.β-Dibrom-β-[o-chlorphenyl]-propionsäure*, $C_9H_7O_2ClBr_2$, F. 184—185° (Bzl.–PAe.), aus 5 g o-Chlorzimtsäure + $Br_2$ in sd. Eisessig; 8,5 g. — Aus den vorst. Propionsäuren entstehen nach der Meth. von REIMER (J. Amer. chem. Soc. **64**. [1942.] 2510) die folgenden Propiolsäuren: *p-Tolyl-* (**VI**), F. 149—150°, aus Bzl. Nadeln; 95%. — *o-Tolyl-* (**VII**), $C_{10}H_8O_2$, F. 94—95°, bräunliches Granulat aus Bzl.–PAe.; 95%. — *o-Chlorphenyl-* (**IV**), $C_9H_5O_2Cl$, F. 132—133° (Zers.; Bzl.); 93%. *Säurechlorid*, $C_9H_4OCl_2$, Kp.$_1$ 120—125°; gelbe Fl., wird bei 0° fest. — *7-Methyl-1-[p-tolyl]-naphthalin-2.3-dicarbonsäureanhydrid* (**I**), F. 268 bis 269°, durch 4—5std. Kochen von 5 g **VI** mit Acetanhydrid u. Verdünnen mit Ae.; gelbe Kristalle aus Bzl.–PAe.; 4 g. *Dimethylester*, $C_{22}H_{20}O_4$, F. 140—141° ($CH_3OH$). — *3'.7-Dimethyl-3.4-benzofluorenon-1-carbonsäure* (**II**), $C_{20}H_{14}O_3$, F. 292—293°, durch 6std. Erwärmen von 3 g **I** u. $AlCl_3$ in Nitrobenzol auf 50°, Hydrolysieren, Dampfdest., Behandeln des Nd. mit $NH_4OH$ u. Zers. des gebildeten orangefarbenen $NH_4$-Salzes mit Säure; rote Nadeln aus Bzl.; 2,9 g. *Methylester*, $C_{21}H_{16}O_3$, F. 224—225°, orangefarbene Nadeln aus Bzl.–PAe.; 84%. — *3'.7-Dimethyl-3.4-benzofluorenon*, $C_{19}H_{14}O$, F. 145—146°, durch 2std. Erhitzen von 0,5 g **II** u. Cu-Bronze in Chinolin auf 205—210°; orangefarbene Prismen aus $CH_3OH$; 0,3 g. — *7-Methyl-1-[2-carboxy-p-tolyl]-naphthalin-3-carbonsäure* (**III**, $C_{20}H_{16}O_4$, F. 325—326° (Essigsäure), durch ½std. Schmelzen vorst. Verb. mit KOH auf 230—240°, Auskochen des isolierten Nd. mit Acetylchlorid u. Aufnehmen des Abdampfrückstandes in Ae.; daneben als Ae. unlösl. Rückstand die *Dicarbonsäure* von **I**. — *6.9-Dimethyl-meso-benzanthron-2-carbonsäure*, $C_{20}H_{14}O_3$, F. >350°, aus 1 g **III** + konz. $H_2SO_4$ in 3 Tagen bei 20—25° u. Gießen auf Eis; gelbe Kristalle aus Nitrobenzol; 0,95 g. *Methylester*, $C_{21}H_{16}O_3$, F. 218—219°, gelbe prismat. Nadeln aus $CH_3OH$. — *6.9-Dimethyl-meso-benzanthron*, $C_{19}H_{14}O$, F. 114—115°, durch Decarboxylieren von 1 g vorst. Verb. mit Cu-Bronze wie oben; orangefarbene Nadeln aus $CH_3OH$; 0,3 g. — *Bis-[2-methylbenzyliden]-bernsteinsäure*, $C_{20}H_{18}O_4$, F. 223—224° (Eisessig), durch Zufügen von 7,7 g **VIII** u. 12 g o-Tolualdehyd in Ae. zu 6,8 g $NaOC_2H_5$ in Ae. bei —15 bis —18°, 4tägiges Stehen unter 0° u. dann bei 20—25°; 4 g. *Dimethylester*, $C_{22}H_{22}O_4$, F. 105—107°; Nadeln aus $CH_3OH$. *Anhydrid*, $C_{20}H_{16}O_3$, F. 154—155°, durch Kochen von 0,5 g vorst. Verb. mit Acetylchlorid; gelbe Kristalle aus Bzl.–PAe.; 0,4 g. — *5-Methyl-1-[o-tolyl]-naphthalin-2.3-dicarbonsäureanhydrid*, $C_{20}H_{14}O_3$, F. 162—163°, a) durch 12tägiges Stehen des vorst. Anhydrids in Bzl. mit wenig $J_2$ im Licht im Pyrexglas u. 2std. Erhitzen des Abdampfrückstandes im Vakuum bei 100°; aus Bzl.–PAe. Nadeln; b) durch 4—5std. Kochen von 5 g **VII** mit Acetanhydrid; 2,5 g. — *1'.5-Dimethyl-3.4-benzofluorenon-1-carbonsäure*, $C_{20}H_{14}O_3$, F. 236—237°, aus 0,5 g vorst. Verb. u. $AlCl_3$ in Nitrobenzol wie oben in 10 Std.; rote Nadeln aus Bzl.: 0,45 g. — *5-Chlor-1-[o-chlorphenyl]-naphthalin-2.3-dicarbonsäureanhydrid* (**V**), $C_{18}H_8O_3Cl_2$, F. 193—194°, a) aus 5 g **IV** + Acetanhydrid (6std. Kochen); Nadeln aus Bzl.–PAe.; 3 g; b) durch 30std. Kochen von 1 g **IV** u. 0,9 g ihres Säurechlorids in Bzl., Abdampfen u. Behandeln mit Ae.; 0,8 g; gibt mit

$(NH_4)_2CO_3$ bei 200—210° das *Imid*, $C_{18}H_9O_2NCl_2$, F. 218—219°, gelbe Nadeln aus Eisessig. *Dimethylester*, $C_{20}H_{14}O_4Cl_2$, F. 153—154° ($CH_3OH$). — *Bis-[2-chlorbenzyliden]-bernsteinsäure*, $C_{18}H_{12}O_4Cl_2$, F. 233—234° (Essigsäure), aus 8 g **VIII**, 12,5 g o-Chlorbenzaldehyd u. $NaOC_2H_5$ in Ae. bei —15 bis —18° wie oben, Ausäthern, Kochen der alkal. Lsg. u. Extrahieren mit sd. Bzl.; 3 g. *Anhydrid*, $C_{18}H_{10}O_3Cl_2$, F. 184—185°, gelbe Kristalle aus Bzl.-PAe.; 80%. Daneben aus dem Ae.-Extrakt durch Verseifen des Rückstandes mit 20%ig. NaOH, Ausäthern u. Ansäuern der alkal. wss. Lsg. eine *Verb. vom F. 130—131°* (Nadeln aus Bzl.: 1 g) u. aus dessen Ätherauszug *o-Chlorbenzylalkohol*, F. 71—72°, aus A. Nadeln. (J. chem. Soc. [London] **1955**. 461—65. Febr. Kairo, Univ., Fac. of Sci.) H. LEHWALD. 1410

**F. G. Baddar, H. A. Fahim** und **M. A. Galaby**, *Phenylpropiolsäuren. 5. Mitt. Selbstkondensation von m-Alkoxy- und 3.4-Dialkoxyphenylpropiolsäuren.* (4. vgl. vorst. Ref.) m-Methoxyphenylpropiolsäure (**III**) gibt bei der Behandlung mit sd. Acetanhydrid ein Gemisch aus etwa gleichen Teilen des farblosen *6-* u. gelben *8-Methoxy-1-[m-methoxyphenyl]-naphthalin-2.3-dicarbonsäureanhydrids* (**I**). Die Struktur des ersteren folgt aus der Decarboxylierung der entsprechenden Disäure zu *6-Methoxy-1-[m-methoxyphenyl]-naphthalin* (**II**), dessen *Nitroderiv.* ident. mit dem des Decarboxylierungsprod. von 3-Methoxy-5-[6-methoxynaphthyl-(1)]-benzosäure ist. Analog reagieren m-Äthoxy- u. m-Isopropoxyphenylpropiolsäure mit Acetanhydrid. Das Reaktionsprod. des ersteren wird nach Decarboxylierung u. Entalkylierung durch Methylieren in **II** verwandelt u. als dessen Nitroverb. nachgewiesen. Demgegenüber ergab die Nitrierung der Decarboxylierungsprodd. von 6-Äthoxy-1-[m-äthoxyphenyl]-naphthalin-2.3-dicarbonsäure oder 3-Äthoxy-5-[6-äthoxynaphthyl-(1)]-benzoesäure nichttrennbare Nitrogemische. **I** bildet beim Schmelzen mit $(NH_4)_2CO_3$ ein *Imid* u. entfärbt $KMnO_4$ nicht; demzufolge kann es sich nicht um ein Cyclobutadienderiv. (vgl. MANTHEY [1900]) handeln. Die Unlöslichkeit in sd. $Na_2CO_3$-Lsg. spricht auch gegen eine 2-Phenylnaphthalinstruktur. 3.4-Diäthoxyphenylpropiolsäure (**VIII**) gibt beim Erhitzen mit Acetanhydrid *6.7-Diäthoxy-1-[3'.4'-diäthoxyphenyl)-naphthalin-2.3-dicarbonsäureanhydrid.* Daneben entsteht in geringer Menge des *7.8-Diäthoxyderivat.* Die Nacharbeitung der Verss. von HAWORTH u. Mitarbeitern (J. chem. Soc. [London] **1935**. 636 u. **1936**. 745) mit 3.4-Dimethoxyphenylpropiolsäure (**VI**) ergab *6.7-Dimethoxy-1-[3'.4'-dimethoxyphenyl]-naphthalin-2.3-dicarbonsäureanhydrid*; das von ihnen mit F. 306—307° angegebene Prod. dürfte demnach ein Isomerengemisch sein. Bei den analogen Verss. mit 3.4-Methylendioxyphenylpropiolsäure konnten jedoch beide Isomere, *6.7-Methylendioxy-* u. *7.8-Methylendioxy-1-[3'.4'-methylendioxyphenyl]-naphthalin-2.3-dicarbonsäureanhydrid,* isoliert werden. Unter den gleichen Bedingungen ergibt m-Nitrophenylpropiolsäure harziges Material. Die farbigen 8-Alkoxyderivv. zeigen im UV Maxima bei 342, 360 u. 378 m$\mu$, die farblosen 6-Alkoxyderivv. nur einen Wendepunkt bei 320 m$\mu$.

V e r s u c h e: *m-Isopropoxybenzaldehyd*, $Kp._{10}$ 121°, $Kp._{28}$ 134°, durch 4std. Kochen von m-Oxybenzaldehyd mit Isopropyljodid in 7,5%ig. alkoh. $NaOC_2H_5$; 61% (Ausbeute). *2.4-Dinitrophenylhydrazon*, $C_{16}H_{16}O_5N_4$, F. 181—182°, rote Platten aus Essigsäure. — Die nachst. Z i m t s ä u r e n entstehen durch 7—8std. Erwärmen der entsprechenden Aldehyde mit Malonsäure in A. u. Pyridin, Behandeln mit A. bei 0° u. Filtrieren: *m-Methoxy-*, F. 117°; 84%. — *m-Äthoxy-*, F. 133°; 93%. — *m-Isopropoxy-*, $C_{12}H_{14}O_3$, F. 100—101°; 98%. — *3.4-Diäthoxy-*, F. 156°; 70%. — *m-Nitro-*, F. 196—197°; 90%. — *α.β-Dibrom-m-äthoxyhydrozimtsäure*, $C_{11}H_{12}O_3Br_2$, F. 171—172°, aus der entsprechenden Verb. mit $Br_2$ in sd. $CCl_4$ im Sonnenlicht; Nadeln aus Bzl.; 73%. — *α.β-Dibrom-m-isopropoxyhydrozimtsäure*, $C_{12}H_{14}O_3Br$, F. 130—131°; Kuben aus Toluol—PAe.; 77%. *Methylester*, analog der Säure. — *α.β-Dibrom-3.4-diäthoxyhydrozimtsäuremethylester*, $C_{14}H_{18}O_4Br_2$, F. 110—111° (PAe.). — Aus vorst. Dibromhydrozimtsäuren entstehen durch Eindampfen mit 25%ig. methanol. KOH u. Ansäuern folgende P r o p i o l s ä u r e n: *m-Methoxyphenyl-* (**III**), F. 109—110°( Chlf.-PAe.); 67%. — *m-Äthoxyphenyl-* (**IV**), $C_{11}H_{10}O_3$, F. 120°; 74%. — *3.4-Dimethoxyphenyl-* (**IX**), F. 150—151° (Zers.; Bzl.-Chlf.); 50%. — *m-Isopropoxyphenyl-* (**VII**), $C_{12}H_{12}O_3$, F. 92—93°, cremefarbene Nadeln aus PAe.; 31%. — *3.4-Diäthoxyphenyl-* (**VIII**), $C_{13}H_{14}O_4$, F. 131° (Zers.; Bzl.); 50%. — *m-Nitrophenyl-*, durch 12std. Stehen der α.β-Dibrom-m-nitrohydrozimtsäure in 10%ig. wss. KOH, Ansäuern, Bromieren in Chlf. zur α-Bromsäure u. 12std. Stehen mit 10%ig. wss. KOH; 79%. — *8-Methoxy-1-[m-methoxyphenyl]-naphthalin-2.3-dicarbonsäureanhydrid* (**I**), $C_{20}H_{14}O_5$, F. 230—230,5°, durch 3std. Kochen von 5 g **III** mit Acetanhydrid u. Verdünnen mit Ae.; gelbe Kristalle aus Eisessig; 1 g; entfärbt keine alkal. $KMnO_4$-Lösung. *Imid*, $C_{20}H_{15}O_4N$, F. 208,5—210°, durch Schmelzen von **I** mit $(NH_4)_2CO_3$ bei 240—250°. *Dimethylester der 2.3-Dicarbonsäure*, $C_{22}H_{20}O_6$, F. 123—125° (Bzn.), aus der Essigsäuremutterlauge bei vorst. Reaktion. — *6-Methoxy-1-[m-methoxyphenyl]-naphthalin-2.3-dicarbonsäureanhydrid*, F. 179—179,5°; 1 g. — *5-Acetamido-β-naphthol*,

F. 215—216°, durch kurzes Erwärmen von 6-Oxy-α-naphthylamin mit Na-Acetat, Eisessig u. Acetanhydrid; aus A. Nadeln. — *1-Acetamido-6-methoxynaphthalin*, F. 140° (A.), aus vorst. Verb., $(CH_3)_2SO_4$ u. NaOH in $CH_3OH$ (1std. Rühren); 70%. — *6-Methoxy-α-naphthylaminhydrochlorid*, durch 1std. Kochen vorst. Verb. mit 25%ig. methanol. NaOH u. Verdünnen mit Wasser. — *5-Brom-3-nitrobenzoesäure*, F. 162°, aus m-Nitrobenzoesäure, konz. $H_2SO_4$, $Ag_2SO_4$ u. $Br_2$ (7—8std. Rühren bei 100° u. Gießen auf Eis); aus verd. A. Nadeln; 80%. — *3-Amino-5-brombenzoesäure*, F. 220—222° (A.), durch Red. vorst. Verb. mit Sn + konz. HCl (2—3std. Kochen). — *5-Brom-3-oxybenzoesäure*, $C_7H_5O_3Br$, F. 238—239° (A.), durch Diazotieren vorst. Verb. in verd. $H_2SO_4$ u. Verkochen; Nadeln aus A.; 100%. — *5-Brom-3-methoxybenzoesäure*, $C_8H_7O_3Br$, F. 190—191°, aus vorst. Verb. u. $(CH_3)_2SO_4$; 73%. *Methylester*, Kp.$_4$ 156—157°. — *5-Methoxy-3-[6-methoxynaphthyl-(1)]-benzoesäure* (**V**), $C_{19}H_{16}O_4$, F. 166—167° (bei 162° Sintern), durch 4std. Erhitzen von 1-Jod-6-methoxynaphthalin mit vorst. Methylester u. Cu-Bronze auf 230—240°, Entfernen der ebenfalls gebildeten *Diphensäure*, Verestern mit $CH_2N_2$, Dest. u. Verseifen der Fraktion vom Kp.$_4$ 260—270° mit alkoh. KOH; Kuben aus $CH_3OH$; 10%. — *6-Methoxy-1-[m-methoxyphenyl]-naphthalin* (**II**), Kp.$_4$ 220—230°, a) durch Erhitzen von 0,5 g Benzosäure, Chinolin u. Cu-Bronze auf 200—210°; braungelb; 0,24 g. *Mononitroderiv.*, $C_{18}H_{15}O_4N$, F. 170—172°, aus A. gelbe Kristalle; b) durch Decarboxylieren von 1 g 6-Methoxy-1-[m-methoxyphenyl]-naphthalin-2.3-dicarbonsäure; 0,23 g. — *6-Äthoxy-1-[m-äthoxyphenyl]-naphthalin-2.3-dicarbonsäureanhydrid*, $C_{22}H_{18}O_5$, F. 172—173° (Bzl.), durch 3std. Kochen von 5 g **IV** mit Acetanhydrid u. Ausziehen mit sd. Bzl.; 1,3 g. *Imid*, $C_{22}H_{19}O_4N$, F. 238,5—239,5°; gelbe Kristalle aus Eisessig. — Daneben aus der Bzl.-Mutterlauge *8-Äthoxy-1-[m-äthoxyphenyl]-naphthalin-2.3-dicarbonsäureanhydrid*, F. 164—165°, gelbe Kristalle aus Eisessig; 1,3 g. Gesamtausbeute 83%. — *1-Acetamido-6-äthoxynaphthalin*, $C_{14}H_{15}O_2N$, F. 155—156°, aus 5-Acetamido-β-naphthol + $(C_2H_5)_2SO_4$; 76%. — *6-Äthoxy-α-naphthylamin*, $C_{12}H_{13}ON$, F. 104—105°, durch 1½std. Kochen vorst. Verb. in A. mit konz. $H_2SO_4$; Nadeln aus PAe.; 53%. — *6-Äthoxy-1-jodnaphthalin*, $C_{12}H_{11}OJ$, F. 74—75° (PAe.), Kp.$_4$ 182—184°, Kp.$_{10}$ 200—202°, nach COHEN u. Mitarbeitern (J. chem. Soc. [London] **1934**. 653); 30%. — *3-Brom-5-äthoxybenzoesäure*, $C_9H_9O_3Br$, F. 152° (A.), aus 3-Brom-5-oxybenzoesäure u. $(C_2H_5)_2SO_4$; 70%. *Methylester*, $C_{10}H_{11}O_3Br$, F. 59—60°, Nadeln aus $CH_3OH$; 96%. — *5-Äthoxy-3-[6-äthoxynaphthyl-(1)]-benzoesäure*, $C_{21}H_{20}O_4$, F. 180—181°, aus vorst. Verb. analog **V** u. Hydrolysieren der Fraktion vom Kp.$_4$ 230—240° mit alkoh. KOH. Aus dem in Bzl. unlösl. Material durch Rekristallisation aus Eisessig *3.3'-Diäthoxybiphenyl-5.5'-dicarbonsäure*, $C_{18}H_{18}O_6$, F. 293—294°. — *6-Äthoxy-1-[m-äthoxyphenyl]-naphthalin*, Kp.$_4$ 210—220°, aus der entsprechenden 2.3-Dicarbonsäure durch Decarboxylieren wie oben. — *6-Oxy-1-[m-oxyphenyl]-naphthalin*, durch 2std. Erhitzen vorst. Verb. mit $MgCl_2$ auf 210—220°, gibt bei der Methylierung mit $CH_2N_2$ **II**. — *8-Isopropoxy-1-[m-isopropoxyphenyl]-naphthalin-2.3-dicarbonsäureanhydrid*, $C_{24}H_{22}O_5$, F. 172—173°, durch 3std. Erhitzen von **VII** mit Acetanhydrid, Vakuumeinengen, Verdünnen mit Ae. u. fraktionierte Kristallisation des Nd. aus Essigsäure; gelbe Kristalle; 0,52 g. Daneben *6-Isopropoxy-1-[m-isopropoxyphenyl]-naphthalin-2.3-dicarbonsäureanhydrid*, F. 163—164°; 0,52 g. — *6.7-Diäthoxy-1-[3'.4'-diäthoxyphenyl]-naphthalin-2.3-dicarbonsäureanhydrid*, $C_{26}H_{26}O_7$, F. 216—217°, durch 4std. Kochen von 5 g **VIII** mit Acetanhydrid; grüngelbe Kristalle aus Essigsäure; 3,5 g. Daneben *7.8-Diäthoxy-1-[3'.4'-diäthoxyphenyl]-naphthalin-2.3-dicarbonsäureanhydrid*, F. 220,5—222,5° (Essigsäure); 0,4 g. — *6.7-Diäthoxy-1-[3.4'-diäthoxyphenyl]-naphthalin-2.3-dicarbonsäuredimethylester*, $C_{28}H_{32}O_8$, F. 130—131° (Bzn.). — *6.7-Dimethoxy-1-[3'.4'-dimethoxyphenyl]-naphthalin-2.3-dicarbonsäureanhydrid*, $C_{22}H_{18}O_7$, F. 316—317°, aus 5 g **VI** u. Acetanhydrid; grüngelbe Kristalle aus Nitrobenzol u. dann o-Dichlorbenzol; 3,5 g. (J. chem. Soc. [London] **1955**. 465—71. Febr.) H. LEHWALD. 1410

**N. L. Drake** und **P. Allen jr.**, *Benzalaceton*. Aus Aceton, Benzaldehyd u. 10%ig. NaOH u. Ansäuern: Kp.$_{16}$ 137—142°; Kp.$_8$ 123—128°, F. 40—42°; 65—78% (Ausbeute). — Analog: *Anisalaceton*, Kp.$_{18}$ 180—185°, F. 72—74°; 83%. Daneben *Dianisalaceton*, F. 128—129°. (Org. Syntheses, collect. Vol. **1**. [**1.**—**9.** 2. Aufl.] 77—78, Okt. 1951.) I. AHRLÉ. 1560

**G. A. Hill** und **G. M. Bramann**, *Benzalpinakolin* [*1-Phenyl-4.4-dimethylpenten-(1)-on-(3)*]. Durch Schütteln von Pinakolin u. Benzaldehyd in alkal.-alkoh. Lsg. u. Extrahieren mit Bzl.: Kp.$_{10}$ 143—146°, F. 43° (95%ig. A.); 88—93% (Ausbeute). (Org. Syntheses, collect. Vol. **1**. [**1.**—**9.** 2. Aufl.] 81—82, ausg. Okt. 1951.) I. AHRLÉ. 1560

**G. H. Coleman** und **H. F. Johnstone**, *2-Chlorcyclohexanol*. Aus Cyclohexen u. HOCl bei 15—20°, Wasserdampf dest., dann Dest.: Kp.$_{20}$ 88—90°, Kp.$_{45}$ 104—106°; 70—73% (Ausbeute). (Org. Syntheses, collect. Vol. **1**. [**1.**—**9.** 2. Aufl.] 158—59, ausg. Okt. 1951.) I. AHRLÉ. 1860

**Samuel Siegel** und **Clarence G. Bergstrom**, *Die Synthese von 1-Methylcyclopropyl-(1)-methanol.* Aus dem bei der Rk. von $CH_2N_2$ mit Methacrylsäuremethylester entstehenden Pyrazolin wird bei der therm. Zers. ein Gemisch aus 70% *1-Methylcyclopropan-1-carbonsäuremethylester* (I) u. 30% *Tiglinsäuremethylester* gebildet. Ersterer liefert bei der $LiAlH_4$-Red. u. a. *1-Methylcyclopropyl-(1)-methanol.* — *1-Methylcyclopropan-1-carbonsäuremethylester* (I), $C_6H_{10}O_2$, F. 124,5—126°, durch Zufügen von 20 g Methacrylsäuremethylester zu einer äther. $CH_2N_2$-Lsg. unter Kühlen, Abdunsten des Ae. u. Zers. des gebildeten Pyrazolins durch 1std. Kochen; 70% (Ausbeute). Daneben *Tiglinsäuremethylester* [Kp. 138—139,2°; $n_D^{25}$ 1,4338; 30%. *Freie Säure*, F. 63—63,4°. *p-Bromphenacylester*, F. 67—67,2°]. — *1-Methylcyclopropan-1-carbonsäure*, F. 29,5—32°. *p-Bromphenacylester*, F. 59—60° (wss. A.). — *1-Methylcyclopropyl-(1)-methanol*, $C_5H_{10}O$, Kp. 128°, aus I + $LiAlH_4$ nach NYSTROM u. BROWN (C. **1948**. I. 1098); $D.^{20}_4$ 0,8872; $n_D^{20}$ 1,4308; 56%; gibt bei der Oxydation mit $KMnO_4$ I. *3.5-Dinitrobenzoat*, $C_{12}H_{12}O_6N_2$, F. 85,2—85,3° (A.). *α-Naphthylurethan*, $C_{16}H_{17}O_2N$ (PAe.). (J. Amer. chem. Soc. **72**. 3815—17. Aug. 1950. Chicago, Ill., Inst. of Technol., Dep. of Chem.) H. LEHWALD. 1870

**Kurt Mislow** und **I. V. Steinberg**, *Die Synthese und Stereochemie der Chaulmoograsäure.* Die anod. Verknüpfung von 1 Mol (+)-Cyclopenten-(2)-yl-(1)-essigsäure [(+)-I] mit 3 Mol Brassylsäureäthylester nach KOLBE gab in 30%ig. Ausbeute *Chaulmoograsäureäthylester*, dessen Säure mit dem natürlichen Prod. ident. ist. Zum Konfigurationsbeweis wurde (—)-I mit $LiAlH_4$ zu (—)-*β-[Cyclopenten-(2)-yl]-äthanol* reduziert. Dieses über seinen p-Toluolsulfonsäureester mit $LiAlH_4$ in (—)-*3-Äthylcyclopenten* verwandelt, führte schließlich mit $O_3/H_2O_2$ zu (+)-*α-Äthylglutarsäure.* (+)-I gab mit $O_3/H_2O_2$ (—)-*3-Carboxyadipinsäure*, deren Konfiguration bekannt ist.

Versuche: *Cyclopenten-(2)-yl-(1)-essigsäure* (I), Kp.$_{16}$ 109—114°; $n_D^{20}$ 1,4688; $n_D^{25}$ 1,4673, aus Cyclopentadien u. HCl unter Bldg. von *3-Chlorcyclopenten* (62% Ausbeute). Hieraus *Cyclopenten-(2)-yl-(1)-malonsäurediäthylester* (Kp.$_{2,7}$ 109—111°, $n_D^{20}$ 1,4533, $n_D^{25}$ 1,4515; 75%), der zu I (88 %.) verseift u. decarboxyliert wird. — Durch Spaltung über das *Brucinsalz* [$C_{30}H_{36}O_6N_2$, F. 147,5—148,5°; $[\alpha]_D^{28}$ +1,54° (c = 7,1 W.)] (+)-*Cyclopenten-(2)-yl-(1)-essigsäure* (+-I), $C_7H_{10}O_2$, Kp.$_8$ 105°; $n_D^{25}$ 1,4673; $[\alpha]_D^{30}$ +109,2° (c = 5,9; Chlf.). Nach 8monatelangem Stehen bei 20° wurde die Verb. gelb u. viscos, die Drehung ging auf $[\alpha]_D^{30}$ +66,0° (c = 5,2; Chlf.) zurück. — *Chaulmoograsäure* [(+)-*13-Cyclopenten-(2)-yl-(1')-tridecansäure*], $C_{18}H_{32}O_2$, F. 67,7—68,5°; $[\alpha]_D^{26}$ +61,7° (c = 4,82; Chlf.); 38,5 g Brassylsäuremonoäthylester [Kp.$_{2,3}$ 187—191°; F. 44 bis 52°; aus Azelainsäurediäthylester, der mit $LiAlH_4$ zu *1.9-Nonandiol* (96,5%) red., über das *Dibromid* (89,7%) durch Malonestersynth. in *Brassylsäure*, F. 103—107° (80%), übergeführt u. deren *Diäthylester*, Kp.$_{1,3}$ 162—163°, $n_D^{25}$ 1,4408 (76,6%), mit $Ba(OH)_2$ zum *Halbester* verseift wird] u. 5,14 g (+)-I in Na-Methylatlsg. bei 110 V u. einer Stromdichte von 0,56 A·cm$^{-2}$ während 4½ Std. an Pt-Elektroden elektrolysieren (App. vgl. Orig.), mit Essigsäure ansäuern, $CH_3OH$ abtreiben u. den Rückstand in Ae. lösen u. dest.: *Chaulmoograsäureäthylester*, Kp.$_1$ 157—159°; $n_D^{25}$ 1,4520; $[\alpha]_D^{28}$ +40,3° (Chlf.), der mit wss.-alkoh. NaOH verseift wird. — (+)-*2-[Cyclopenten-(2')-yl-(1')]-äthanol*, $C_7H_{12}O$, Kp.$_{26}$ 97—98°; $n_D^{20}$ 1,4730; $n_D^{25}$ 1,4711; $[\alpha]_D^{26}$ +127,4° (c = 6,6; Chlf.), aus (+)-I mit $LiAlH_4$ in Ae. während 20 Min. unter Kühlen. Entsprechend aus (—)-I (—)-*2-[Cyclopenten-(2')-yl-(1')]-äthanol*, Kp.$_{24}$ 101—102°; $n_D^{25}$ 1,4713; $[\alpha]_D^{32}$ —72,3° (c = 4,7; Chlf.). — (—)-*3-Äthylcyclopenten*, $C_7H_{12}$, Kp. 96—98°, aus (—)-I u. p-Toluolsulfochlorid in Pyridin zum (—)-*2-[Cyclopenten-(2')-yl-(1')]-äthyl-p-toluolsulfonat* [$C_{14}H_{18}O_3S$, $[\alpha]_D^{28,5}$ —26,1° (roh, c = 5,1; Chlf.)] u. Red. mit $LiAlH_4$ in Ae.; $n_D^{25}$ 1,4278; $[\alpha]_D^{24}$ —69,9° (c = 7,5; Chlf.). Hieraus durch Abbau mit $O_3/H_2O_2$ (+)-*α-Äthylglutarsäure*, $[\alpha]_D^{30}$ +3,2° (c = 6,25; A.). — Der Abbau von (+)-I mit $O_3/H_2O_2$ gab (—)-*3-Carboxyadipinsäure*, F. 92—104; $[\alpha]_D^{31}$ —12,75° (c = 5,2; Aceton). (J. Amer. chem. Soc. **77**. 3807—10. 20/7. 1955. New York, N. Y., Univ., Wm. H. Nichols Chem. Labor.) K. NEZEL. 2010

**M. Gomberg** und **W. E. Bachmann**, *p-Brombiphenyl.* Durch Diazotieren von p-Bromanilin, Zufügen von Bzl., dann 5n NaOH-Lsg., Ansäuern u. Wasserdampfdest. der Benzollsg.: F. 89,5—90°; 34—35% (Ausbeute). (Org. Syntheses, collect. Vol. **1**. [1.—9. 2. Aufl.] 113—15, ausg. Okt. 1951.) I. AHRLÉ. 2210

**R. S. Shelton, M. G. Van Campen jr., D. F. Meisner, S. M. Parmerter, E. R. Andrews, R. E. Allen** und **K. K. Wyckoff**, *Synthetische Östrogene. Halogentriphenyläthylenderivate.* Durch Rk. von entsprechenden Benzyl–Mg-Halogeniden u. Diarylketonen entstehen eine Anzahl *1.1.2-Triaryläthanole* mit Alkoxy- u. Aralkoxygruppen in p-Stellung, nach Dehydratisierung die entsprechenden *Triaryläthylene*, die dann in die *Triaryläthylenhalogenide* verwandelt werden. In einigen Fällen wird das Halogen gegen OH, COOH oder Alkyl ausgetauscht. Die so erhaltenen *Tris-[p-alkoxyphenyl]-* u. *Tris-[p-aralkoxyphenyl]-äthylene* werden durch KOH entalkyliert, durch Hydrieren über Pd in Ggw. katalyt. Mengen HCl oder durch $CH_3MgJ$ debenzyliert u. die gebildeten *Oxyverbb.* z. T. acyliert. Z. B. ergab die katalyt. Hydrierung u. anschließende Dehydratisierung von 2.2-Bis-[p-benzyloxyphenyl]-1-[p-methoxyphenyl]-äthanol *1.1-Bis-[p-oxyphenyl]-2-[p-methoxyphenyl]-äthylen* (I) u. Brom-2.2-bis-[p-benzyloxyphenyl]-1-[p-methoxyphenyl]-äthylen (II), *Brom-2.2-Bis-[p-oxyphenyl]-1-[p-methoxyphenyl]-äthylen,* das auch durch $LiAlH_4$-Red. von Brom-2.2-bis-[p-propionoxyphenyl]-1-[p-methoxyphenyl]-äthylen erhalten wurde. Das entsprechende Triallyloxyderiv. konnte nicht hergestellt werden. Von einigen Verbb. werden die östrogene Wrkg. u. Dauer sowie die Dosierungen u. Verabreichungsarten angeführt (vgl. Original). Verglichen mit den früher untersuchten Chlortriphenyläthylenen besitzen die Verbb. eine größere Aktivität; bisweilen tritt bei der Entalkylierung u. anschließenden Acylierung eine Erhöhung der Aktivität ein; Verbb. mit Benzyloxygruppen sind nicht aktiv.

Versuche: *1.1.2-Tris-[p-methoxyphenyl]-äthanol* (III), $C_{23}H_{24}O_4$, F. 130–131° (A.), durch Zutropfen von p-Methoxybenzyl–MgCl in Ae. zu einer sd. Suspension von 4.4'-Dimethoxybenzophenon in Bzl.–Ae. unter Rühren, Zers. mit $NH_4Cl$, Gießen auf Eis–$NH_4OH$ u. Vakuumabdampfen der abgetrennten äther. Schicht; 80% (Ausbeute). Analog entstehen: *Bis-[p-methoxyphenyl]-benzylcarbinol,* $C_{22}H_{22}O_3$, F. 143–144° (A.); 77%. — *Bis-[p-methoxyphenyl]-p-benzyloxybenzylcarbinol,* $C_{29}H_{28}O_4$, F. 123–125° (A.); 50%. — *Bis-[p-benzyloxyphenyl]-p-methoxybenzylcarbinol* (IV), $C_{35}H_{32}O_4$, F. 120 bis 121° (A.); 80%. — *1.1.2-Tris-[p-benzyloxyphenyl]-äthanol,* $C_{41}H_{36}O_4$, F. 165–166° (Butanol); 76%. — *Tris-[p-methoxyphenyl]-äthylen* (V), $C_{23}H_{22}O_3$, F. 100–101° (A.–Aceton), durch 3std. Erhitzen von III mit 85%ig. $H_3PO_4$ u. Gießen auf Eis–Chlf.; 85%. — *Chlor-tris-[p-methoxyphenyl]-äthylen,* $C_{23}H_{21}O_3Cl$, F. 113–114° ($CH_3OH$), durch Chlorieren von V in $CCl_4$; 67%. — *Jod-tris-[p-methoxyphenyl]-äthylen,* $C_{23}H_{21}O_3J$, F. 114 bis 115° (A.), durch Zufügen einiger Tropfen $C_2H_5Br$ zu Mg-Spänen in Ae., Zutropfen vorst. Verb. in Bzl., dann $C_2H_5Br$ zur sd. Lsg., schließlich $J_2$ unter Rühren, ½std. Kochen, Gießen der eingeengten Lsg. auf Eis–HCl, Abdampfen u. Aufnehmen in sd. Chlf.–$CH_3OH$; 85%. — *1.1.2-Tris-[p-oxyphenyl]-äthan,* $C_{20}H_{18}O_3$, F. 137–139° (Toluol), durch 3std. Hydrieren von Tris-[p-benzyloxyphenyl]-äthylen über 10%ig. Pd-Kohle in absol. A. bei 45 lbs./sq.in.; 54%. — *1.1-Bis-[p-oxyphenyl]-2-[p-methoxyphenyl]-äthan,* $C_{21}H_{20}O_3$, F. 134–135° (Bzl.), analog; 63%. — *1.1-Bis-[p-methoxyphenyl]-2-[p-oxyphenyl]-äthan,* $C_{22}H_{22}O_3$, F. 117–118° (PAe.–Bzl.); 15%. — *1.1-Bis-[p-oxyphenyl]-2-[p-methoxyphenyl]-äthylen* (I), $C_{21}H_{18}O_3$, F. 192–193° (Bzl.), a) durch 1std. Hydrieren von IV in Äthylacetat über Pd-Kohle in Ggw. von konz. HCl bei 45 lbs./sq.in.; 60%; b) aus 1.1-Bis-[p-benzyloxyphenyl]-2-[p-methoxyphenyl]-äthylen + $CH_3MgJ$ in Ae., Abdampfen, 5std. Erwärmen, Zers. mit $NH_4Cl$ u. Ausäthern; 47%. — *Brom-2.2-bis-[p-propionoxyphenyl]-1-[p-methoxyphenyl]-äthylen,* $C_{27}H_{25}O_5Br$, F. 118–120° (A.–Ae.), aus I + Propionsäureanhydrid in Pyridin (3std. Erwärmen u. Gießen auf Eis) u. Bromieren des abgetrennten u. abgedampften Ätherextraktes in $CCl_4$ (12std. Rühren); 40%. — *Brom-2.2-bis-[p-oxyphenyl]-1-[p-methoxyphenyl]-äthylen,* $C_{21}H_{17}O_3Br$, F. 160 bis 161° (Zers.; Bzl.), a) aus vorst. Verb. u. $LiAlH_4$ in Ae. u. Zers. mit HCl; 77%; b) durch Hydrieren von II wie vorst. in absol. A. bei 1 at; 81%. — *Tris-[p-acetoxyphenyl]-äthylen* (VI), $C_{26}H_{22}O_6$, F. 138–140° (Bzl.–PAe.), durch 24std. Erhitzen von V + 85%ig. KOH in A. im Autoklaven bei 190–195°, Gießen in W., Ansäuern der eingeengten Lsg., Ausäthern u. Acetylieren mit Acetanhydrid in Pyridin; 29%. — *Tris-[p-oxyphenyl]-äthylen,* $C_{20}H_{16}O_3$, F. 189–191° (Xylol), durch 5std. Kochen von VI mit 10%ig. wss. KOH; 70%. — *Tris-[p-propionoxyphenyl]-äthylen,* $C_{29}H_{28}O_6$, F. 96–98° (Ae.–PAe.), aus vorst. Verb. + Propionsäureanhydrid in Pyridin; 17%. — *Bromtris-[p-acetoxyphenyl]-äthylen,* $C_{26}H_{21}O_6Br$, F. 151–153° ($CH_3OH$), aus VI + N-Bromsuccinimid in Chlf. (20std. Kochen); 17%. — *1.1.2-Tris-[p-methoxyphenyl]-äthan,* $C_{23}H_{24}O_3$, F. 86 bis 87° (absol. A.), aus V durch Hydrieren über Pd-Kohle in Äthylacetat bei 30 lbs./sq.in.; 88%. — *Tris-[p-methoxyphenyl]-acrylsäure,* $C_{24}H_{22}O_5$, F. 202–203° (Essigsäure), aus der GRIGNARD-Verb. von Brom-tris-[p-methoxyphenyl]-äthan in Ae. + Trockeneis u. Zers. mit 10%ig. $H_2SO_4$; 34%. — *1.1-Bis-[p-dimethylaminophenyl]-2-[p-methoxyphenyl]-äthylen,* $C_{25}H_{28}ON_2$, F. 106–108° (Chlf.–Ae.), aus MICHLERS Keton + p-Methoxyphenyl–MgCl in Ae. (16std. Kochen), Zers. mit $NH_4Cl$, Isolieren des *Bis-[p-dimethylaminophenyl]-p-methoxybenzylcarbinols* [F. 150–151° ($CH_3OH$)] u. Erhitzen mit Thymolsulfonsäure im Vakuum; 35%. — *p-Benzyloxybenzylalkohol,* $C_{14}H_{14}O_2$, F. 86–87° (PAe.), durch Kochen von p-Benzyloxybenzaldehyd + Al-Isopropylat in Isopropanol unter Abdampfen des gebildeten Acetons, Gießen auf Eis–HCl u. Ausziehen mit sd. PAe.; 72%. — *p-Benzyloxybenzylchlorid,* $C_{14}H_{13}OCl$, F. 79–80°, aus vorst. Verb. in Ae. durch Sättigen mit HCl bei 5°, 16std. Stehen, Zers. mit Eis u. Ausäthern; 86%. — Ferner wurden analog dargestellt: *Triphenyläthylen,* $C_{20}H_{16}$, F. 69–70° (Butanon); 72%. — *Oxytriphenyläthylen,* $C_{20}H_{16}O$, F. 135–136° ($CH_3OH$-Bzl.), nach BILTZ [1899];

13%. — *Chlortriphenyläthylen*, $C_{20}H_{15}Cl$, F. 116—117° (A.). — *1.1-Bis-[p-methoxyphenyl]-2-phenyläthylen*, $C_{22}H_{20}O_2$, F. 62—64° (A.); 97%. — *Brom-1.1-bis-[p-methoxyphenyl]-2-phenyläthylen*, $C_{22}H_{19}O_2Br$, F. 114—115° ($CH_3OH$); 81%. — *2-Chlor-1.1-bis-[p-oxyphenyl]-2-[p-methoxyphenyl]-äthylen*, $C_{21}H_{17}O_3Cl$, F. 164° (Bzl.); 91%. — *1.1.2-Tris-[p-methoxyphenyl]-buten-(1)*, $C_{25}H_{26}O_3$, F. 87—88° ($CH_3OH$), nach A. P. 2 301 260; 32%. — *Brom-tris-[p-methoxyphenyl]-äthylen*, $C_{23}H_{21}O_3Br$, F. 119—121° ($CH_3OH$); 93%. — *1.1-Bis-[p-methoxyphenyl]-2-[p-benzyloxyphenyl]-äthylen*, $C_{29}H_{26}O_3$, F. 139 bis 140° (A.-Butanon); 73%. — *2-Brom-1.1-bis-[p-methoxyphenyl]-2-[p-benzyloxyphenyl]-äthylen*, $C_{29}H_{25}O_3Br$, F. 165—166° (Butanon); 87%. — *1.1-Bis-[p-allyloxyphenyl]-2-[p-methoxyphenyl]-äthylen*, $C_{27}H_{26}O_3$, F. 101—103° (absol. A.); 73%. — *1.1-Bis-[p-benzyoxyphenyl]-2-[p-methoxyphenyl]-äthylen*, $C_{35}H_{30}O_3$, F. 83—84° (Aceton); 83%. — *Chlor-1.1-bis-[p-benzyloxyphenyl]-2-[p-methoxyphenyl]-äthylen*, $C_{35}H_{29}O_3Cl$, F. 145—146° (Aceton); 65%. — *Brom-1.1-bis-[p-benzyloxyphenyl]-2-[p-methoxyphenyl]-äthylen* (**II**), $C_{35}H_{29}O_3Br$, F. 152—153° (Aceton); 84%. — *Tris-[p-benzyloxyphenyl]-äthylen*, $C_{41}H_{34}O_3$, F. 134—135° (Aceton); 86%. — *Bromtris-[p-benzyloxyphenyl]-äthylen*, $C_{41}H_{33}O_3Br$, F. 140—141° (Aceton); 87%. (J. Amer. chem. Soc. **75.** 5491—95. 20/11. 1953. Cincinnati, O., Wm. S. Merrel Co., Dep. of Organ. Chem., Res. Labors.) H. LEHWALD. 2210

**F. Y. Wiselogle** und **H. Sonneborn**, *Benzhydrol*. Durch Red. von Benzophenon mit Zn-Staub: F. 68°; 96—97% (Ausbeute). (Org. Syntheses, collect. Vol. **1.** [**1.—9.** 2. Aufl.] 90—91, ausg. Okt. 1951.) I. AHRLÉ. 2270

**J. M. Van der Zanden** und **G. de Vries**, *Polymerisation von Methylchavicol: Mit Hydratation gekoppelte Dimerisierung*. 1. Mitt. (2. vgl. C. **1954.** 9029.) Beim Erwärmen von Methylchavicol (**I**) mit ca. 40%ig. $H_2SO_4$ entsteht ein Gemisch aus *Metanethol*, wahrscheinlich *Isoanethol*, u. ferner 2 vermutlich *stereoisomere, hydratisierte Dimere von* **I**, nämlich {3-[α-(*p-Methoxyphenyl*)-*propyl*]-*4-methoxybenzyl*}-*methylcarbinole* vom F. 93—94° (**IIa**) u. F. 76—76,5° (**IIb**). Die Strukturen wurden wie folgt bewiesen: **IIa**, von dem ein *fl. Acetat* hergestellt werden kann, wird durch $CrO_3$-Oxydation in die bisher unbekannte *3-Anisoylanissäure* (**III**) verwandelt, die ein *Oxim* bildet u. zum Vgl. durch Kondensation von 2-Methoxy-5-methylbenzoylchlorid mit Anisol nach FRIEDEL-CRAFTS zu *2-Anisoyl-p-kresol*, anschließende Methylierung mit $(CH_3)_2SO_4$ u. $CrO_3$-Oxydation hergestellt wird. Bei der Oxydation von **IIa** mit $KMnO_4$ in Aceton entsteht zunächst *4-Methoxy-3-[1'-(p-methoxyphenyl)-propyl]-benzoesäure* (**IV**), bei der weiteren $CrO_3$-Oxydation **III**. **IV** wurde aus Anissäure durch Entmethylierung, Veresterung zum *p-Oxybenzoesäureäthylester*, Alkylierung zu *p-Allyloxybenzoesäureäthylester*, FRIESsche Verschiebung zum *m-Allyl-p-oxybenzoesäureäthylester*, Methylierung der Oxygruppe, Umlagerung zu *3-[Propenyl-(1')]-4-methoxybenzoesäure* u. Kondensation mit Anisol dargestellt. — **IIb** gibt bei der $CrO_3$-Oxydation ebenfalls **IV**. Da durch Verss. Polymorphismus ausgeschlossen werden konnte, müssen **IIa** u. **IIb** Stereoisomere sein. Auf Isoanethol wurde aus der $KMnO_4$-Oxydation der Fl. vom $Kp._{0,35}$ 175° geschlossen, die ebenfalls bei der $H_2SO_4$-Behandlung von **I** anfiel, bei der neben *Anissäure* u. **IV** [*1-(p-Methoxyphenyl)-propyl*]-*methylketon* entsteht.

V e r s u c h e : *Metanethol*, durch 7std. Kochen von 30 g **I** in 75 cm³ konz. $H_2SO_4$ + 180 cm³ W., Dest. des beim Abkühlen ausgeschiedenen Öles u. Verdünnen der Fraktion vom $Kp._{0,15}$ 170—180° mit A.; 1,55 g (Ausbeute). — {*3-[α-(p-Methoxyphenyl)-propyl]-4-methoxybenzyl*}-*methylcarbinol* (**IIa**), $C_{20}H_{26}O_3$, F. 93—94° (PAe.), aus vorst. Mutterlauge durch Abdampfen u. Fällen mit PAe.; 4,2 g. Daneben **IIb**, F. 75—76,5°; 2,15 g, u. eine Fraktion vom $Kp._{0,35}$ 175° (**A**); 7,9 g. — *3-Anisoylanissäure* (**III**), F. 214—214,5° (A.), a) durch $CrO_3$-Oxydation von 1 g **IIa** in Eisessig unter Kühlen u. Verdünnen mit W.; 0,55 g; b) aus 0,5 g **IV** durch $CrO_3$-Oxydation in Eisessig (24 Std.); 100 mg. *Oxim*, $C_{16}H_{15}O_5N$, F. 224—225°. — *p-Kresolmethyläther*, Kp. 174—176°, aus p-Kresol + $(CH_3)_2SO_4$; 83%. — *3-Methyl-6-methoxybenzoesäure*, F. 68—69°, aus 12 g vorst. Verb. + Carbamylchlorid in Ggw. von $AlCl_3$ zum *Amid* u. *Hydrolyse*; 5,7 g. — *2-Anisoyl-p-kresol*, $C_{15}H_{14}O_3$, F. 108—108,5°, aus vorst. Verb. + $SOCl_2$ zum *Säurechlorid*, Aufnehmen in 1.1.2.2-Tetrachloräthan, Zutropfen von 6,5 g Anisol in Tetrachloräthan u. $AlCl_3$, Erwärmen auf 110°, Verdünnen mit W. u. Dest.; 75%. — *2-Anisoyl-p-kresolmethyläther*, $C_{16}H_{16}O_3$, F. 63—65° (verd. A.), aus 2,4 g vorst. Verb. + $(CH_3)_2SO_4$ in NaOH; 2,2 g; gibt bei der $CrO_3$-Oxydation **III**. — *4-Methoxy-3-[1'-(p-methoxyphenyl)-propyl]-benzoesäure* (**IV**), F. 153°, a) aus 1 g **IIa** + $KMnO_4$ in Aceton u. $NaHCO_3$ (4 Tage Stehen, dann Erwärmen auf 40°); 0,05 g; b) durch 4tägiges Stehen von 5,3 g 4-Methoxy-3-propenyl-(1')-benzoesäure mit Anisol in Eisessig in Ggw. von $H_2SO_4$, Gießen in W., Ausäthern u. Ansäuern; 4,25 g; c) aus 1 g **IIb** durch $CrO_3$-Oxydation; Nadeln aus verd. A.; 0,5 g; d) aus 3 g **A** durch $KMnO_4$-Oxydation in Aceton; 174 mg. — *p-Oxybenzoesäure*, F. 209 bis 210°, aus 75 g Anissäure + HCl (Kochen); 58,6 g. *Äthylester*, F. 114,5—115,5°. — *p-Allyloxybenzoesäureäthylester*, $Kp._1$ 110—112°; 95%. — *3-Allyl-4-oxybenzoesäure-*

*äthylester*, F. 78–79°, aus vorst. Verb. durch Erhitzen u. Vakuumdest.; 93%. – *3-Allyl-4-methoxybenzoesäureäthylester*, F. 36–38°, Kp.$_{14}$ 165–167°, aus 10,3 g vorst. Verb. + $CH_3J$ u. $NaOC_2H_5$ in absol. A.; 10 g. *Freie Säure*, $C_{11}H_{12}O_3$, F. 145–145,5° (verd. A.). – *4-Methoxy-3-propenyl-(1')-benzoesäure*, $C_{11}H_{12}O_3$, F. 194–195,5° (A.), durch 3std. Kochen vorst. Verb. in $Na_2CO_3$ u. Gießen in W.; gibt bei längerem Erhitzen auf 150° Polymerisate. – *[1-(p-Methoxyphenyl)-propyl]-methylketonsemicarbazon*, F. 189–190° (A.), aus der Acetonmutterlauge von **A** bei **IV** unter d) durch Dest. u. Behandeln der Fraktion vom Kp.$_{18}$ 150–155° mit Semicarbazid; 0,45 g. (Recueil Trav. chim. Pays-Bas **70**. 647–58. Aug. 1951. Groningen, State Univ., Organ. Chem. Labor.) H. LEHWALD. 2270

**J. M. van der Zanden** und **G. de Vries**, *Polymerisation von o-Methoxyallylbenzol. Dimerisation, verbunden mit Hydratation.* Ähnlich wie Methylchavicol (vgl. C. **1954**. 9029 u. vorst. Ref.) gibt *o-Methoxyallylbenzol* bei der Behandlung mit $H_2SO_4$ ein hydratisiertes Dimeres, *2-Methoxy-5-[α-(o-methoxyphenyl)-propyl]-benzylmethylcarbinol* (**I**), dessen Konst. durch oxydativen Abbau über *2.4'-Dimethoxy-3'-acetonylbenzophenon* (**II**) zu *2.4'-Dimethoxybenzophenoncarbonsäure-(3')* (**III**), Entmethylierung zu *2.4'-Dioxybenzophenoncarbonsäure-(3')* (**IV**) u. Decarboxylierung zu *2.4'-Dioxybenzophenon* sowie Synth. von **II**, **III** u. **IV** sichergestellt wurde.

Versuche: *o-Methoxyallylbenzol*, Kp.$_{14}$ 90–92°, aus Phenylallyläther durch CLAISEN-Rk. zu *o-Allylphenol* (94% [Ausbeute]) u. Methylierung mit Dimethylsulfat; $n_D^{18}$ 1,5273; 82%. – *2-Methoxy-5-[α-(o-methoxyphenyl)-propyl]-benzylmethylcarbinol* (*hydratisiertes Dimeres* vorst. Verb.; **I**), $C_{20}H_{26}O_3$, durch 6std. Kochen von 50 g vorst. Verb. mit 125 ml $H_2SO_4$ (D. 1,8) u. 300 ml W., Lösen in Bzl. u. Reinigung; bei Dest. (<0,001 mm, Badtemp. 110–120°) 30 g klare hochviscose Fl.; $n_D^{17}$ 1,5673. Dest. zwischen 170–180° u. 0,3 mm liefert unter Abgabe von W. (?) ein Gemisch von **I** u. dem nichthydratisierten Dimeren. – *3-Brommethylanissäureäthylester*, nach VAVON u. Mitarbeiter (C. **1939**. II. 4466) neben *3-Brommethylanissäure* ($C_9H_9O_3Br$, F. 209–210°); 44%. – *3-Oxymethyl-4-methoxybenzoesäureäthylesteracetat*, $C_{13}H_{16}O_5$, F. 57–58°, aus vorst Verb.; ca. 100%. – *3-Oxymethylanissäure*, $C_9H_{10}O_4$, F. 218–218,5°, durch Verseifung vorst. Verb.; ca. 100%. – *3-Oxymethylanissäureacetat*, $C_{11}H_{12}O_5$, F. 180–181° (A.), durch Kochen von 21 g vorst. Verb. mit Acetanhydrid; 9 g. *Säurechlorid*, F. 174 bis 176°, mit $SOCl_2$. – *3'-Oxymethyl-2.4'-dimethoxybenzophenon* (**V**), durch längeres Kochen von 9 g des vorst. Säurechlorids mit **VI** (aus 15 g **VII**) u. mehrtägiges Stehen; Öl; 9,4 g (unrein). *2.4-Dinitrophenylhydrazon*, $C_{22}H_{20}O_7N_4$, F. 236,5–237,5° (Methanol–Bzl.); dunkelrot. – *2.4'-Dimethoxy-3'-brommethylbenzophenon*, $C_{16}H_{15}O_3Br$, F. 156 bis 157° (Bzl.–Gasolin), durch Durchleiten von trockenem HBr durch eine gekühlte Lsg. von 7,3 g **V** in Bzl. u. Aufarbeiten beider Schichten; 6,15 g (roh). – *2.4'-Dimethoxy-3'-jodmethylbenzophenon*, aus vorst. Bromid durch Kochen mit NaJ in Aceton. – *3-[o-Methoxybenzoyl]-6-methoxyphenylessigsäure*, $C_{17}H_{16}O_5$, F. 98–102°, durch 2tägiges Kochen von 1 g vorst. Bromids oder Jodids mit 10 ml Aceton, 1 g KCN, 4 ml W. u. 20 ml A. unter $NH_3$-Entw.; Verseifung mit verd. Alkali; 0,25 g. *Säurechlorid*, durch mehrstd. Kochen mit $SOCl_2$ in Bzl. u. mehrfache Abdest. der flüchtigen Verunreinigungen mit Bzl. im Vakuum. – *2.4'-Dimethoxy-3'-acetonylbenzophenon* (**II**), $C_{18}H_{18}O_4$, F. 125,5–126,5° (A.), durch portionsweise Zugabe von vorst. Säurechlorid in Bzl. zu dem Reaktionsgemisch aus $CH_3J$, Mg u. trockenem $CdCl_2$ in absol. Ae. u. Erhitzen; F. u. Misch-F. sind ident. mit der durch $CrO_3$-Oxydation von **I** in Eisessig erhaltenen Verbindung. *Monosemicarbazon*, $C_{19}H_{21}O_4N_3$, F. 156–156,5° (A.). Nach Trocknen im Vakuum über $H_2SO_4$: F. 127°. – *2.4'-Dimethoxybenzophenoncarbonsäure-(3')* (**III**), $C_{16}H_{14}O_5$, F. 157–158° (verd. A.), durch langsame Oxydation von **V** mit $KMnO_4$ in Aceton; 24% (roh). F. u. Misch-F. sind ident. mit der im Zuge des **I**-Abbaues aus **II** durch $KMnO_4$-Oxydation erhaltenen Verbindung. Ein erster Vers. zur Darst. von **III** durch Oxydation von 3-Methyl-4-methoxybenzaldehyd (Kp.$_{20}$ 140°) mit $KMnO_4$ in alkal. Lsg. zu *3-Methyl-4-methoxybenzoesäure* (F. 194–195,5°; 50%), Überführung von 5,5 g dieser Verb. mit $SOCl_2$ in das *Säurechlorid* u. dessen 1std. Kochen mit Di-[o-methoxyphenyl]-cadmium [**VI**; aus 8,7 g o-Bromanisol (**VII**), 1,2 g Mg u. 7 g $CdBr_2$ in absol. Ae.], Stehen über Nacht u. Herausdestillieren der Fraktion vom Kp.$_1$ 180–200° gibt 4,15 g *3'-Methyl-2.4'-dimethoxybenzophenon* [$C_{16}H_{16}O_3$, F. 66,5–68° (Gasolin + einige Tropfen Bzl.); *2.4-Dinitrophenylhydrazon*, $C_{22}H_{20}O_6N_4$, F. 213–214° (Toluol–PAe.); rot]. – *4'-Oxy-2-methoxybenzophenoncarbonsäure-(3')*, $C_{15}H_{12}O_5$, F. 210–211° (A.), durch Zutropfen von o-Methoxybenzoesäurechlorid (aus 10 g Säure) u. 11,1 g Salicylsäureäthylester in $CS_2$ zu 12 g $AlCl_3$ in $CS_2$ unter Rühren, mehrstd. Kochen bis zur Beendigung der HCl-Entw., Zers. des nach Abdestillieren des $CS_2$ verbleibenden Rückstandes mit W., Ansäuern mit HCl Ausäthern, Abdestillieren der Nebenprodd. bei 14 mm u. 110–112° u. Lösen des Rückstandes in Ae., mehrfaches Extrahieren mit Alkali u. Verseifung der Alkalilsgg. durch mehrstd. Kochen mit Alkaliüberschuß; 0,5. Daneben werden durch alkal. Verseifung der nichtextrahierbaren Rückstände im Ae. 2 g eines festen Prod. (F. 145—155°) erhalten, das vermutlich ein Gemisch von *o-Methoxybenzoe-* u. *Salicylsäure* ist, die ein Verseifungsprod. von *Salicylsäureäthylester-o-methoxybenzoat* sein können. — *2.4'-Dioxybenzophenoncarbonsäure-(3')* (IV), $C_{14}H_{10}O_5$, F. 171—173° (schwach gelb aus verd. A.), durch 2std. Kochen vorst. Verb. mit Essigsäure u. 48%ig. HBr. F. u. Misch-F. sind ident. mit der im Zuge des I-Abbaues durch Kochen von III mit HBr-Lsg. erhaltenen Verbindung. — Decarboxylierung des I-Abbauprod. IV durch 1std. Erhitzen mit Chinolin auf 225° liefert *2.4'-Dioxybenzophenon*, $C_{13}H_{10}O_3$, F. 144—146°. (Recueil Trav. chim. Pays-Bas **74**. 876—88. Juli 1955. Groningen, State Univ., Labor. for Techn. Chem.) K. PRCHAL. 2270

**C. S. Marvel** und **W. M. Sperry**, *Benzophenon*. Aus Bzl. u. $CCl_4$ in Ggw. von $AlCl_3$ bei 10—15°, Zufügen von W. u. Dest.: $Kp._{15}$ 187—190°, F. 47—48°; 80—89% (Ausbeute). (Org. Syntheses, collect. Vol. **1**. [**1**.—**9**. 2. Aufl.] 95—98, ausg. Okt. 1951.) I. AHRLÉ. 2360

**Roger Adams**, **J. W. Kern** und **R. L. Shriner**, *Benzylacetophenon* (*β-Phenylpropiophenon*). Durch Red. von Benzalacetophenon: F. 72—73°; 81—95% (Ausbeute). (Org. Syntheses, collect. Vol. **1**. [**1**.—**9**. 2. Aufl.] 101—02, ausg. Okt. 1951.) I. AHRLÉ. 2360

**E. P. Kohler** und **H. M. Chadwell**, *Benzalacetophenon*. Durch 2—3 std. Rühren von Acetophenon u. Benzaldehyd in alkal.-alkoh. Lsg. zwischen 15—30°: F. 55—57°, hellgelb; 85% (Ausbeute). (Org. Syntheses, collect. Vol. **1**. [**1**.—**9**. 2. Aufl.] 78—80, ausg. Okt. 1951.) I. AHRLÉ. 2360

**H. T. Clarke** und **E. E. Dreger**, *Benzil*. Durch Oxydation von Benzoin in Ggw. von $CuSO_4$/Pyridin: F. 94—95°; 86% (Ausbeute). (Org. Syntheses, collect. Vol. **1**. [**1**.—**9**. 2. Aufl.] 87—89, ausg. Okt. 1951.) I. AHRLÉ. 2370

**Roger Adams** und **C. S. Marvel**, *Benzoin*. Aus Benzaldehyd u. NaCN u. Umkrist. aus A.: F. 129°; 90—92% (Ausbeute). (Org. Syntheses, collect. Vol. **1**. [**1**.—**9**. 2. Aufl.] 94—95, ausg. Okt. 1951.) I. AHRLÉ. 2380

**Donald A. Ballard** und **William M. Dehn**, *Benzilsäure*. Aus Benzoin u. $NaBrO_3$: F. 149—150°; 84—90% (Ausbeute). (Org. Syntheses, collect. Vol. **1**. [**1**.—**9**. 2. Aufl.] 89—90, ausg. Okt. 1951.) I. AHRLÉ. 2410

**G. B. Heisig** und **W. M. Lauer**, *Ammoniumsalz der Aurintricarbonsäure*. Durch Zufügen von Salicylsäure zu einem Gemisch aus $H_2SO_4$ u. $NaNO_2$ bei 20° unter Rühren, Zufügen von Formalin bei 0°, dann Eis, Lösen in $NH_4OH$ u. Einengen; 83—96% (Ausbeute). (Org. Syntheses, collect. Vol. **1**. [**1**.—**9**. 2. Aufl.] 54—55, ausg. Okt. 1951.) I. AHRLÉ. 2450

**H. T. Clarke** und **M. R. Brethen**, *α-Bromnaphthalin*. Durch 12—15 std. Bromieren von Naphthalin in $CCl_4$, Abdestillieren des $CCl_4$, Zufügen von NaOH u. Dest.: $Kp._{12}$ 132 bis 135°; 72—75% (Ausbeute). Daneben *Dibromnaphthalin:* F. 60°. (Org. Syntheses, collect. Vol. **1**. [**1**.—**9**. 2. Aufl.] 121—23, ausg. Okt. 1951.) I. AHRLÉ. 2700

**A. Wacek** und **H. Kessel**, *Tetralinperoxyd als Oxydationsmittel*. Vff. untersuchten die Möglichkeit, *Tetralinperoxyd* (I) als mildes Oxydationsmittel u. Tetralin las Sauerstoffüberträger, bes. bei der Oxydation von *Vanillin* zu *Vanillinsäure* (II) anzuwenden. In einem Lösungsm., das die Zerfallsgeschwindigkeit von I möglichst bremst, wird eine Ausbeute bis zu 30% erhalten. Die Zers. von I beschleunigende Katalysatoren lenken die Rk. teilweise in andere Richtung; z. B. wird in Ggw. von Ni-Acetat nur wenig II erhalten, es entstanden dagegen 5—6% *Dehydrovanillin*. Stabilisatoren sind ohne Einfluß. Die oxydative Ringsprengung von Brenzcatechin zu Muconsäure gelang mit I nicht.

Versuche: *Tetralinperoxyd* (I), F. 56°, Nadeln. — Nach 2std. Erhitzen von Vanillin, I u. Tetralin bzw. Dekalin auf 140—150° u. Lösen in Trichloräthylen wird II in der Kälte krist. erhalten. — Zugabe von wenig Ni-Acetatlsg. zu Vanillin bei 100°, dann 2 g I bei 150—160°, 2std. Erhitzen, Lösen in Trichloräthylen, mehrstd. Stehen, Aufnehmen der Kristalle in heißer $Ba(OH)_2$-Lsg. u. Fällen mit HCl liefert *Dehydrovanillin*, F. 300—305°, feine Nadeln. (Mh. Chem. **85**. 1—6. 15/2. 1954. Graz, TH, Inst. für organ. Chem. u. organ.-chem. Technol.) G. KÜHNHANSS. 2700

**Albert V. Logan, Elliot N. Marvell, Richard LaPore** und **David C. Bush**, *Die Verwendung monosubstituierter Acetessigsäureester in der Robinson-Reaktion*. Die ROBINSON-Rk. der MANNICH-Base 2-Dimethylaminomethylcyclohexanonmethojodid (I) mit Acetessigsäureäthylester zu *2-Oxooktahydronaphthalin* verläuft je nach den Bedingungen in 60—80%ig. Ausbeute. Mit alkylierten Acetessigestern entstehen die entsprechenden *3-Alkylprodd.*, die Ausbeuten betragen mit Methyl- (II) 35%, Propyl- 32%, Benzyl- 42% u. mit Allylacetessigsäureäthylester 26%. Ferner ist die Ausbeute vom verwendeten Katalysator abhängig: Bei der Verwendung von II in Ggw. von $NaOC_2H_5$ in A. beträgt sie 39—42%, in Ggw. von Na-Isopropylat in Isopropanol 41% u. von K-tert.-Butylat in tert.-Butanol 15%. Die Reaktionszeit scheint keinen Einfl. zu haben, dagegen werden bei Veränderung der stöchiometr. Verhältnisse optimale Ausbeuten erzielt, so beim mol. Verhältnis I:II:$NaOC_3H_7$ = 0,11:0,28:0,28 59%. Die Reaktionsprodd. sind keine homogenen Stoffe: Bei der Rk. mit II wird ein Gemisch aus *3-Methyl-2-oxo-2.3.4.5.6-7.8.10-oktahydro-* (III) u. *3-Methyl-2-oxo-1.2.3.4.5.6.7.8-oktahydronaphthalin* (IV) erhalten, die durch Rektifikation getrennt u. infrarotspektroskop. identifiziert wurden (III besitzt die für α.β-ungesätt. Ketone typ. Bande bei 1668 $cm^{-1}$, IV die für gesätt. Ketone typ. Bande bei 1712 $cm^{-1}$). IV gibt bei der Hydrierung den entsprechenden ungesätt. *Alkohol*, aus dem durch Dehydratisierung u. Dehydrierung über S *2-Methylnaphthalin* entsteht. III gibt das *gesätt. Keton*, nach Rk. mit $CH_3MgJ$, Dehydratisierung u. Dehydrierung *2.3-Dimethylnaphthalin.*

Versuche: *2-Oxooktahydronaphthalin*, $Kp._{0,34}$ 63,5—65°, durch Zutropfen von Acetessigsäureäthylester zu $NaOC_2H_5$ in A. (oder zu Na-Isopropylat in Isopropanol), dann anteilweise I bei 70—80° (6std. Erwärmen), Vakuumabdampfen, Verdünnen mit W. u. Ausäthern; $n_D^{20}$ 1,4983. *2.4-Dinitrophenylhydrazon*, F. 151—156°. — Analog entstanden nachst. *3-Alkylderivv.*: *3-Methyl-* (III u. IV-Gemisch, $D.^{25}_4$ 0,9981 bzw. 0,9962), $Kp._{30}$ 72,5—74,5°, aus I u. II; $n_D^{20}$ 1,5131; 40—50%. *2.4-Dinitrophenylhydrazon*, F. 173 bis 178°. — *3-Äthyl-*, $Kp._{23}$ 105—107°, aus I + Äthylacetessigsäureäthylester; $n_D^{20}$ 1,5086; 35—40%. *2.4-Dinitrophenylhydrazon*, F. 163—166°. *Semicarbazon*, F. 190 bis 191,5°. — *3-Propyl-*, $Kp._{2,3}$ 117—121°, aus I + Propylacetessigsäureäthylester, $n_D^{20}$ 1,5023; 30—35%. *2.4-Dinitrophenylhydrazon*, F. 157—160°. *Semicarbazon*, F. 183 bis 185°. — *3-Benzyl-*, $Kp._1$ 140—145°, aus I u. Benzylacetessigsäureäthylester; 35—40%. *2.4-Dinitrophenylhydrazon*, F. 160—164°. Daneben 40% *Dihydrozimtsäureäthylester*. — *3-Allyl-*, $Kp._{0,5}$ 140—145°, aus I + Allylacetessigsäureäthylester; 20%. *2.4-Dinitrophenylhydrazon*, F. 166—172°. — *3-Methyl-1.2.3.4.5.6.7.8-oktahydronaphthol-(2)*, F. 40 bis 45°, $Kp._{1,5}$ 91,5—93°, durch Rektifikation des Gemisches aus III u. IV u. Hydrieren des höhersd. IV in absol. A. über $PtO_2$ bei 30 lbs./sq.in. u. Dest.; $n_D^{27}$ 1,5060; unrein. *m-Nitrophenylurethan*, $C_{18}H_{22}O_4N_2$, F. 150—154°. — *2-Oxo-3-methyldekahydronaphthalin*, $C_{11}H_{18}O$, $Kp._{1,5}$ 83—85°, aus dem niedrigersd. III durch Hydrieren wie vorst.; $n_D^{26}$ 1,4840. *2.4-Dinitrophenylhydrazon*, $C_{17}H_{22}O_4N_4$, F. 130—138°. — *β-Methylnaphthalin, Pikrat*, F. 113—116°, aus vorvorst. Verb. + S bei 250° in 2 Std. u. Behandeln mit Pikrinsäure. — *2.3-Dimethylnaphthalin*, F. 102°, aus vorvorst. Verb. + $CH_3MgJ$ in Ae. (4std. Kochen), Zers. mit Eis + $NH_4Cl$ u. 2std. Erhitzen des Nd. mit S bei 250°. (J. Amer. chem. Soc. **76.** 4127—30. 20/8. 1954. Cornvallis, Ore., State Coll., Dep. of Chem.)

H. LEHWALD. 2700

**J. B. Conant, R. E. Lutz** und **B. B. Corson,** *1.4-Aminonaphtholhydrochlorid.* Durch Kuppeln von Benzoldiazoniumchlorid mit α-Naphthol unter 10°, Aufnehmen in 10%ig. NaOH u. Zufügen von $NaHSO_3$, dann HCl; 65—74% (Ausbeute). (Org. Syntheses, collect. Vol. **1.** [**1.**—**9.** 2. Aufl.] 49—52, ausg. Okt. 1951.) I. AHRLÉ. 2700

**Kurt H. Meyer,** *Anthron.* Durch Red. von Anthrachinon mit Sn/HCl: F. 154—155° (Bzl./PAe. 3:1); 82,5% (Ausbeute). (Org. Syntheses, collect. Vol. **1.** [**1.**—**9.** 2. Aufl.] 60—61, ausg. Okt. 1951.) I. AHRLÉ. 2800

**J. C. Bardhan** und **D. Nasipuri,** *Synthese polycyclischer Verbindungen.* 1. Mitt. *Eine neue Synthese von Alkylphenanthrenen.* Der aus γ-Äthoxycarbonylbutyrylchlorid u. Na-Acetessigester dargestellte *4.6-Dioxoheptandicarbonsäure-(1.5)-diäthylester* (I) ergab mit Na-Äthylat in A. *β-Oxopimelinsäurediäthylester.* Zweifellos bildet sich bei dieser Rk. die Na-Verb. in guter Ausbeute, denn die Umsetzung von I mit Na-Äthylat u. folgende Rk. mit Phenäthylbromid ergab *β-Oxo-α-phenäthylpimelinsäurediäthylester* (II), der durch konz. $H_2SO_4$ in *γ-[2-Carboxy-3.4-dihydronaphthyl-(1)]-buttersäure* (III) übergeführt wurde. Der Diäthylester von III gab durch Kondensation mit Na u. Hydrolyse *1.2.3.4-9.10-Hexahydro-1-oxophenanthren,* das nach CLEMMENSEN red. u. mit Se zu *Phenanthren* dehydriert wurde. Aus III-Diäthylester wurde durch Dehydrierung u. Hydrolyse *γ-[2-Carboxynaphthyl-(1)]-buttersäure,* durch folgende Rk. mit Acetanhydrid *1.2.3.4-Tetrahydro-1-oxophenanthren* dargestellt. Analog wurde aus 2-m-Tolyläthylbromid *1.2.3.4-Tetrahydro-7-methyl-1-oxophenanthren* (IV) erhalten. Durch Kondensation von 1.2.3.4.9.10-Hexahydro-7-methyl-1-oxophenanthren (V) mit $CH_3MgJ$, Dehydratisierung u. Dehydrierung gelangten Vff. zu *1.7-Dimethylphenanthren.* Analog wurde aus IV *1-Äthyl-7-methylphenanthren* (VI) dargestellt. Aus 2-o-Tolyläthylbromid wurden durch obige Rkk. die *8-Methylisomeren* von V u. VI erhalten. γ-[2-Äthoxycarbonyl-3.4-dihydro-5-methylnaphthyl-(1)]-buttersäureäthylester (VIII) gab durch Kondensation mit Na, Äthylierung u. Hydrolyse *2-Äthyl-1.2.3.4.9.10-hexahydro-8-methyl-1-oxophenanthren* u. dieses durch Rk. mit $CH_3MgJ$, Dehydratisierung u. Dehydrierung *2-Äthyl-1.8-dimethylphenanthren.* Die Angaben von KING u. KING (C. **1956.** 5571) über diesen KW-stoff u. seine Derivv. konnten bestätigt werden. Obiger Ester wurde weiter in das *8-Methylisomere* von IV, in *1.2.3.4-Tetrahydro-8-methyl-1-oxo-2-isopropylphenanthren* (XI) u. in

*1.2.3.4-Tetrahydro-2.8-dimethyl-1-oxophenanthren* übergeführt. Aus **XI** wurde durch Clemmensen-Red. u. Dehydrierung *1-Methyl-7-isopropylphenanthren* erhalten. Die anderen zwei Ketone ergaben durch Rk. mit Isopropyl-MgBr *1-Methyl-8-isopropyl-* bzw. *2.8-Dimethyl-1-isopropylphenanthren.* Die Eigg. des letzteren stehen im Widerspruch zu einer Strukturzuordnung von Short u. Wang (C. **1955.** 8630).

Versuche: *4.6-Dioxoheptandicarbonsäure-(1.5)-diäthylester* (**I**), $C_{13}H_{20}O_6$, Kp.$_3$ 152—153°, aus 89 g γ-Äthoxycarbonylbutyrylchlorid in Ae. durch Zugabe zu einer Suspension von Na-Acetessigester unter Rühren u. Kühlung, Stehen über Nacht u. ½std. Kochen; 90 g (Ausbeute). — *β-Oxopimelinsäurediäthylester,* $C_{11}H_{18}O_5$, Kp.$_4$ 140°, aus 9 g **I** durch Zugabe zu einer eiskalten Lsg. von Na-Äthylat in A. u. Stehen über Nacht; 5 g. — *β-Oxo-α-phenäthylpimelinsäurediäthylester* (**II**), $C_{19}H_{26}O_5$, Kp.$_4$ 190—193°, aus 27,2 g **I** durch Zugabe zu eiskalter Na-Äthylatlsg. unter Schütteln, Stehen über Nacht, Zugabe von Phenäthylbromid u. 20std. Erhitzen auf 90—92°; 15 g. — *γ-[2-Carboxy-3.4-dihydronaphthyl-(1)]-buttersäure* (**III**), $C_{15}H_{16}O_4$, F. 138° (Prismen aus wss. A.), aus 5 g **II** durch langsame Zugabe zu konz. $H_2SO_4$ bei —10° unter Rühren, 3std. Rühren, Zers. u. Hydrolyse mit wss.-alkoh. KOH; 3 g. *Diäthylester,* $C_{19}H_{24}O_4$, Kp.$_3$ 194—195°. — *1.2.3.4.9.10-Hexahydro-1-oxophenanthren,* $C_{14}H_{14}O$, F. 49° (PAe.), Kp.$_3$ 168°, aus vorst. Ester (3,1 g) durch 2std. Erhitzen mit Na in Bzl. auf 100°, Zers. mit HCl u. Hydrolyse mit Essigsäure-HCl durch 12std. Kochen; 1,2 g. *Semicarbazon,* F. 254—255° (Zers.; Prismen aus A.). — *Phenanthren,* $C_{14}H_{10}$, F. 100° (A.), aus 2 g vorst. Verb. durch Clemmensen-Red. u. 20std. Erhitzen des entstehenden Öls mit Se auf 300—320°. — *γ-[2-Carboxynaphthyl-(1)]-buttersäure,* $C_{15}H_{14}O_4$, F. 167° (Nadeln aus wss. A.), aus **III**-Diäthylester durch 2std. Erhitzen mit S-Pulver auf 240—250° u. Hydrolyse des entstehenden Öles (Kp.$_4$ 200 bis 205°) mit alkoh. KOH. — *1.2.3.4-Tetrahydro-1-oxophenanthren,* $C_{14}H_{12}O$, F. 95° (Platten aus PAe.), aus vorst. Verb. durch 3std. Erhitzen mit Acetanhydrid. — *5-Oxo-8-phenyloctansäure,* $C_{14}H_{18}O_3$, Kp.$_3$ 205—210°, aus 5 g **II** durch 10std. Kochen mit Essigsäure-HCl; 3 g. *Semicarbazon,* $C_{15}H_{21}O_3N_3$, F. 126° (A.). *Äthylester,* $C_{16}H_{22}O_3$, Kp.$_3$ 165°. — *2-Phenäthylcyclohexandion-(1.3),* $C_{14}H_{16}O_2$, F. 147° (Platten aus Äthylacetat-PAe.), aus vorst. Ester durch 20std. Erhitzen mit Na-Äthylat. — *β-Oxo-α-[2-m-tolyläthyl]-pimelinsäurediäthylester,* $C_{20}H_{28}O_5$, Kp.$_3$ 190—193°, aus 20 g 2-m-Tolyläthylbromid u. **I** in Ggw. von Na-Äthylat analog **II**; 19 g. — *γ-[2-Carboxy-6-methyl-3.4-dihydronaphthyl-(1)]-buttersäure,* $C_{16}H_{18}O_4$, F. 154—155° (Prismen aus wss. Essigsäure), aus 32 g vorst. Verb. durch Cyclisierung mit $H_2SO_4$; 18 g. *Diäthylester* (**IX**), $C_{20}H_{26}O_4$, Kp.$_3$ 195°. — *1.2.3.4.9.10-Hexahydro-7-methyl-1-oxophenanthren* (**V**), $C_{15}H_{16}O$, Kp.$_3$ 160—163°, aus **IX** durch Dieckmann-Ringschluß u. Hydrolyse. *Semicarbazon,* $C_{16}H_{19}ON_3$, F. 254—255° (Zers.; Platten aus A.). — *1.7-Dimethylphenanthren (Pimanthren),* $C_{16}H_{14}$, F. 86° (Platten aus A.), aus **V** in Ae. durch Zutropfen zu $CH_3MgJ$ in Ae., 4std. Kochen, 30 Min. Erhitzen des isolierten Prod. mit wasserfreier HCOOH u. 30std. Erhitzen des entstehenden Öles (Kp.$_3$ 155°) mit Se auf 300—320°. *Pikrat,* $C_{16}H_{14}\cdot C_6H_3O_7N_3$, F. 132° (Nadeln aus A.). — *γ-[2-Carboxy-6-methylnaphthyl-(1)]-buttersäure,* $C_{16}H_{16}O_4$, F. 188—190° (Prismen aus $CH_3OH$), aus **IX** durch Dehydrierung mit S. *Diäthylester,* $C_{20}H_{24}O_4$, Kp.$_3$ 198—200°. — *1.2.3.4-Tetrahydro-7-methyl-1-oxophenanthren* (**IV**), $C_{15}H_{14}O$, F. 71° (Nadeln aus PAe.), Kp.$_3$ 175—178°, aus vorst. Ester durch Cyclisierung mit Na. *Semicarbazon,* $C_{16}H_{17}ON_3$, F. 259° (Zers.; A.). — *1-Äthyl-7-methylphenanthren* (**VI**), $C_{17}H_{16}$, F. 82,5° (Platten aus A.), aus vorst. Verb. durch Rk. mit Äthyl-MgBr, Dehydratisierung u. Dehydrierung. *Pikrat,* $C_{17}H_{16}\cdot C_6H_3O_7N_3$, F. 117,5° (gelbe Nadeln). — *β-Oxo-α-[2-o-tolyläthyl]-pimelinsäurediäthylester,* $C_{20}H_{28}O_5$, Kp.$_4$ 195—198°, analog **II**. — *γ-[2-Carboxy-5-methyl-3.4-dihydronaphthyl-(1)]-buttersäure,* $C_{16}H_{18}O_4$, F. 168° (Nadeln aus wss. Essigsäure), aus vorst. Verb. durch Cyclisierung in $H_2SO_4$. *Diäthylester* (**VIII**), $C_{20}H_{26}O_4$, Kp.$_4$ 200°. — *5.6.7.8.-9.10-Hexahydro-1-methyl-8-oxophenanthren,* $C_{15}H_{16}O$, F. 94° (Platten aus PAe.), Kp.$_4$ 175 bis 180°, aus 5 g **VIII** durch Erhitzen mit Na in Bzl. u. Hydrolyse; 2,1 g. *Semicarbazon,* $C_{16}H_{19}ON_3$, F. 260—262° (Zers.; Prismen aus A.). — *1-Äthyl-8-methylphenanthren,* $C_{17}H_{16}$, F. 106—107° (Platten aus A.) aus 2,5 g vorst. Verb. durch Rk. mit überschüssigem Äthyl-MgBr in sd. Ae. in 3 Std., Dehydratisierung mit HCOOH u. Dehydrierung; 1,9 g. *Pikrat,* $C_{17}H_{16}\cdot C_6H_3O_7N_3$, F. 125° (Nadeln aus A.). — *2-Äthyl-1.2.3.4.9.10-hexahydro-8-methyl-1-oxophenanthren,* $C_{17}H_{20}O$, F. 87—88° (Nadeln aus PAe.), Kp.$_3$ 180°, aus 6 g **VIII** durch Behandlung mit Na, Äthylierung u. Hydrolyse; 2,2 g. *Semicarbazon,* $C_{18}H_{23}ON_3$, F. 217—218° (Prismen aus A.). — *2-Äthyl-1.8-dimethylphenanthren,* $C_{18}H_{18}$, F. 113° (Platten aus A.), Kp.$_3$ 180—190°, aus 2 g vorst. Verb. in Ae. durch Rk. mit $CH_3MgJ$, Dehydratisierung u. Dehydrierung des entstandenen Prod. (Kp.$_3$ 160—165°) mit Se bei 300—320° in 30 Std.; 1,4 g. *Pikrat,* F. 148—149° (orangerote Nadeln aus A.). *Trinitrobenzolderiv.,* $C_{18}H_{18}\cdot C_6H_3O_6N_3$, F. 167° (gelbe Nadeln aus A.). — *γ-[2-Carboxy 5-methylnaphthyl-(1)-buttersäure,* $C_{16}H_{16}O_4$, F. 184—185° (Prismen aus wss. A.), aus **VIII** durch Dehydrierung mit S u. Hydrolyse: *Diäthylester* (**X**), $C_{20}H_{24}O_4$, Kp.$_3$ 200—202°. —

*1.2.3.4-Tetrahydro-8-methyl-1-oxophenanthren* (**VII**), $C_{15}H_{14}O$, F. 165° (Platten aus PAe.), aus **X** durch DIECKMANN-Kondensation u. Hydrolyse. – *1-Methyl-8-isopropylphenanthren*, $C_{18}H_{18}$, F. 100° (Platten aus $CH_3OH$), aus **VII** in Bzl. durch Kochen mit Isopropyl-MgBr in Ae. in 4 Std., Dehydratisierung u. Dehydrierung. *Pikrat*, $C_{18}H_{18} \cdot C_6H_3 \cdot O_7N_3$, F. 141° (orangefarbene Nadeln aus A.). – *1.2.3.4-Tetrahydro-8-methyl-1-oxo-2-isopropylphenanthren* (**XI**), $C_{18}H_{20}O$, F. 123–125° (Nadeln aus PAe.), Kp.$_3$ 180°, aus 4 g **X** in Bzl. durch Rk. mit K-Pulver, 20std. Kochen mit Isopropyljodid u. Hydrolyse; 1,4 g. – *1-Methyl-7-isopropylphenanthren* (*Reten*), $C_{18}H_{18}$, F. 99° (Platten aus A.), aus vorst. Verb. durch CLEMMENSEN-Red. u. Dehydrierung. *Pikrat*, $C_{18}H_{18} \cdot C_6H_3O_7N_3$, F. 123–124° (orangegelbe Nadeln). – *1.2.3.4-Tetrahydro-2.8-dimethyl-1-oxophenanthren*, $C_{16}H_{16}O$, F. 108–109° (Platten aus PAe.), Kp.$_4$ 180°, aus **X** durch Kondensation in Ggw. von Na, Methylierung u. Hydrolyse. *Semicarbazon*, $C_{17}H_{19}ON_3$, F. 256–257° (Zers.; Prismen). – *2.8-Dimethyl-1-isopropylphenanthren*, $C_{19}H_{20}$, F. 79° (Flocken aus A.), aus vorst. Verb. durch Rk. mit überschüssigem Isopropyl-MgBr, Dehydratisierung u. Dehydrierung. *Pikrat*, $C_{19}H_{20} \cdot C_6H_3O_7N_3$, F. 130° (gelbe Nadeln aus A.). (J. chem. Soc. [London] **1956**. 350–54. Febr. Calcutta, Univ. Coll. of Sci. and Technol.)

H. BERTSCH. 2850

**J. C. Bardhan, D. Nasipuri** und **R. N. Adhya,** *Synthese polycyclischer Verbindungen.* 2. Mitt. *Der Ringschluß von β-Carboxy-γ-naphthyl-(1)-buttersäure.* (1. vgl. vorst. Ref.) Naphthyl-(1)-methylmalonsäurediäthylester ergab durch Rk. mit Bromessigsäureäthylester, Hydrolyse des Kondensationsprod. u. Decarboxylierung *β-Carboxy-γ-naphthyl-(1)-buttersäure* (**I**), die durch Ringschluß in $H_2SO_4$ *1.2.3.4-Tetrahydro-1-oxophenanthrencarbonsäure-(3)* (**III**) ergab. 2-Oxo-1-phenäthylbutandicarbonsäure-(1.4)-dimethylester (**IV**) wurde mit $H_2SO_4$ behandelt u. das Reaktionsprod. durch Hydrolyse in *β-[2-Carboxy-3.4-dihydronaphthyl-(1)]-propionsäure* (**V**) übergeführt. Durch Veresterung, Kondensation u. Rk. mit Bromessigsäureäthylester wurde daraus *[2-Äthoxycarbonyl-1-oxo-4.5-benzindanyl-(2)]-essigsäureäthylester* (**II**) u. durch Hydrolyse *1-Oxo-4.5-benzindanyl-(2)-essigsäure* dargestellt, die kein Semicarbazon gab. **III** ergab durch alkal. Hydrolyse *β-Carboxy-γ-[2-carboxynaphthyl-(1)]-buttersäure*, deren Triester durch DIECKMANN-Kondensation ebenfalls in **III** übergeht. Perinaphthanon-(1)-yl-(2)-essigsäure konnte weder aus 8-Formylnaphthoesäure-(1) noch auf anderem Wege erhalten werden. Einige 4.5-Benzindanon-(1)-Derivv. wurden dargestellt.

Versuche: *β-Carboxy-γ-naphthyl-(1)-buttersäure* (**I**), $C_{15}H_{14}O_4$, F. 183° (Prismen aus Essigsäure), durch Zugabe von Äthylnaphthyl-(1)-methylmalonat u. dann von Bromessigsäureäthylester zu einer alkoh. Na-Äthylatlsg. unter Kühlen, Stehen über Nacht, 7std. Kochen, Zugabe von alkoh. KOH u. 1std. Kochen, Fällen mit HCl u. Decarboxylieren in 2 Std. bei 180–190°. *Anhydrid*, $C_{15}H_{12}O_3$, F. 135–136° (Platten aus PAe.), Kp.$_4$ 220°, durch 4std. Erhitzen mit Acetanhydrid. *Monoanilid*, $C_{21}H_{19}O_3N$, F. 197° (Prismen aus A.), aus dem Anhydrid u. Anilin durch Mischen in Bzl.; gibt durch 30 Min. Erhitzen auf 207° das *Anil*, $C_{21}H_{17}O_2N$, F. 138° (Nadeln aus A.). – *1.2.3.4-Tetrahydro-1-oxophenanthrencarbonsäure-(3)* (**III**), $C_{15}H_{12}O_3$, F. 218° (A.), a) aus **I** durch 1½std. Erhitzen mit 85%ig. $H_2SO_4$ auf dem Wasserbad; b) aus dem Anhydrid von **I** in Nitrobenzol durch langsame Zugabe zu $AlCl_3$ in Nitrobenzol unter Rühren u. Eiskühlung in 2 Tagen bei Raumtemp.; c) aus β-Carboxy-γ-[2-carboxynaphthyl-(1)]-buttersäuretriäthylester durch 2std. Erhitzen mit Na-Pulver in Bzl. auf dem Wasserbad u. Hydrolyse mit HCl–Essigsäure in 12 Stunden. *Semicarbazon*, $C_{16}H_{15}O_3N_3$, F. 268° (Zers.; Essigsäure), *Äthylester*, $C_{17}H_{16}O_3$, F. 99–100° (Nadeln aus wss. A.), Kp.$_4$ 210 bis 214°, aus der Säure u. A. durch 10std. Erhitzen in Ggw. von HCl. – *β-[2-Carboxy-3.4-dihydronaphthyl-(1)]-propionsäure* (**V**), $C_{14}H_{14}O_4$, F. 171° (Prismen aus wss. Essigsäure), aus 5 g **IV** durch 3std. Rühren mit konz. $H_2SO_4$ bei –10° u. Hydrolyse mit alkoh. KOH; 3 g (Ausbeute). *Diäthylester*, $C_{18}H_{22}O_4$, Kp.$_3$ 194–195°. – *β-[2-Carboxynaphthyl-(1)]-propionsäure*, $C_{14}H_{12}O_4$, F. 203° (Nadeln aus wss. A.), aus vorst. Ester durch 2std. Erhitzen mit S auf 240–250° u. Hydrolyse der entstehenden Fl. (Kp.$_4$ 195–205°) mit 20%ig. alkoh. KOH (1 Std. kochen). *Diäthylester*, $C_{18}H_{20}O_4$, Kp.$_3$ 196–198°. – *2-Äthoxycarbonyl-1-oxo-4.5-benzindanyl-(2)-essigsäureäthylester* (**II**), $C_{20}H_{20}O_5$, F. 103° (Nadeln aus wss. A.), aus 6 g vorst. Ester durch 2std. Kochen mit Na in Bzl. u. Rk. mit Bromessigsäureäthylester, Stehen über Nacht u. 6std. Erhitzen auf dem Dampfbad; Kp.$_3$ 210 bis 215°; 5 g. – *1-Oxo-4.5-benzindanyl-(2)-essigsäure*, $C_{14}H_{11}O \cdot CO_2H$, F. 226–227° (Nadeln aus A.), aus vorst. Verb. durch 10std. Kochen mit konz. HCl u. Essigsäure (1:2). – *β-Carboxy-γ-[2-carboxynaphthyl-(1)]-buttersäure*, $C_{13}H_{11} \cdot (CO_2H)_3$, F. 214 bis 215° (Knötchen aus W.), aus **II** durch 1std. Kochen mit wss.-alkoh. KOH. *Triäthylester*, $C_{22}H_{26}O_6$, Kp.$_3$ 215–217°, aus der Säure durch 6std. Erhitzen mit A. u. konz. $H_2SO_4$ auf 115–120° im A.-Dampfstrom. – *6.7.8.9-Tetrahydro-4.5-benzindanon-(1)*, $C_{13}H_{14}O$, Kp.$_3$ 140°, aus 5 g **V** durch Red. mit Na-Amalgam u. 3std. Kochen mit Acetanhydrid;

3 g. *Semicarbazon*, $C_{14}H_{17}ON_3$, F. 235°. *Oxymethylenderiv.*, $C_{14}H_{14}O_2$, F. 149—150° (wss. Aceton), aus dem Keton u. Äthylformait durch langsame Zugabe zu Na-Pulver in Bzl. bei 0°, Stehen über Nacht u. Fällen mit Säure. — *6.7-Dihydro-4.5-benzindanon-(1)*, $C_{13}H_{12}O$, F. 86° (Prismen aus PAe.), aus **V** mit Acetanhydrid. — *4.5-Benzindanon-(1)*, $C_{13}H_{10}O$, F. 126—127° (Nadeln aus PAe.), aus β-[2-Carboxynaphthyl-(1)]-propionsäure mit Acetanhydrid; Kp.$_3$ 160—165°. — *4-Oxo-7-phenylheptansäure*, $C_{13}H_{16}O_3$, F. 83° (Nadeln aus PAe.), aus **IV** durch Hydrolyse mit konz. HCl–Essigsäure. *Semicarbazon*, $C_{14}H_{19}O_3N_3$, F. 168—169° (Prismen aus A.). — *5-Methyl-4-oxo-7-phenylheptansäure*, $C_{14}H_{18}O_3$, F. 73—74° (Nadeln aus PAe.), analog aus 1-Methyl-2-oxo-1-phenäthyl-butandicarbonsäure-(1.4)-dimethylester; gibt kein Semicarbazon. (J. chem. Soc. [London] **1956**. 355—58. Febr.) H. BERTSCH. 2850

**E. T. McBee, J. D. Idol jr.** und **C. W. Roberts**, *Das chemische Verhalten von Hexachlorcyclopentadien.* 6. Mitt. *Diels-Alder-Addukte mit Alkinen.* (5. vgl. C. **1956**. 3014.) Die *Addukte* von Hexachlorcyclopentadien (**I**) mit einigen Acetylenderivv. werden beschrieben; Hexin-(1), Heptin-(1) u. Acetylendicarbonsäure bilden *Monoaddukte*. Das aus **I** u. Phenylacetylen erhältliche *Monoaddukt* (**II**) liefert bei der Behandlung mit 2 Äquivalenten Na-Methylat *2.3.4.5-Tetrachlorbiphenyl* (**III**). **III** entsteht auch aus 5.5-Dimethoxytetrachlorcyclopentadien. Es wird angenommen, daß die Bldg. von **III** über die Zwischenstufe **IV** verläuft.

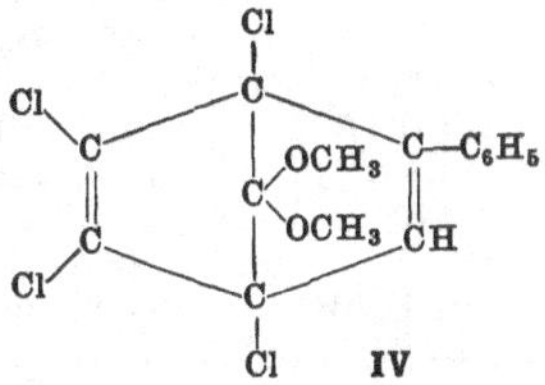

IV

Versuche: I-*Hexin-(1)-Addukt*, $C_{11}H_{10}Cl_6$, Kp.$_2$ 124—128°, $n_D^{90}$ 1,5334, durch Kochen der Komponenten (24—120 Std.); 26%. — I-*Heptin-(1)-Addukt*, $C_{12}H_{12}Cl_6$, Kp.$_5$ 160°, $n_D^{20}$ 1,5305; 18%. — I-*Acetylendicarbonsäure-Addukt*, $C_9H_2O_4Cl_6$, F. 162 bis —163°, in sd. Bzl.; 45%. — I-*Phenylacetylen-Addukt*, *1.4.5.6.7.7-Hexachlor-2-phenyl-bicyclo-[2.2.1]-heptadien-(2.5)* (**II**), $C_{13}H_6Cl_6$, Kp.$_2$ 150—152°, $n_D^{20}$ 1,5498; 21%. — *2.3.4.5-Tetrachlorbiphenyl* (**III**), $C_{12}H_6Cl_4$, F. 88—89° (Methanol), aus **II** u. Na-Methylat in sd. Methanol (24 Std.) 21 %. (J. Amer. chem. Soc. **77**. 6674—75. 20/12. 1955. West Lafayette, Ind., Purdue Univ., Wetherill Chem. Labor.) H. GOLD. 2950

**Ernst D. Bergmann** und **Raphael Ikan**, *6-Phenylazulen. 6-Phenylazulen* wurde hergestellt; im Gegensatz zur Theorie zeigte die 6-Phenylgruppe einen bathochromen Effekt auf die längste Absorptionsbande (711 mμ) des Azulenspektrums. Vff. geben hierfür eine mögliche Erklärung. Da *2-Carbäthoxymethylcyclopentylidencyanessigsäureäthylester* (**IV**) bei der Hydrierung mit $PtO_2$ das *cis-* (**V**), in Ggw. von Pd-Kohle das *trans-Cyclopentanderiv.* (**VI**) gibt, kann man auch die *cis-* (**XII**) u. *trans*-Form (**XIII**) des *Bicyclo-[5.3.0]-decanons-(4)* erhalten. Die Infrarotspektren werden zur Beweisführung herangezogen.

Versuche: *Cyclopentanon-2-carbonsäure-2-essigsäurediäthylester*, Kp.$_{17}$ 170°, nach KOETZ [1906]; 84% (Ausbeute). — *Cyclopentanon-2-essigsäure* (**I**), Kp.$_{0,3}$ 138°, F. 50°, durch 5std. Erhitzen vorst. Verb. mit dem doppelten Vol. konz. HCl auf dem Wasserbad; 55%. — *N-Cyclopentenylpyrrolidin* (**II**), $C_9H_{15}N$, Kp.$_5$ 81,5—82°, $n_D^{16}$ 1,5144, durch 4std. azeotrope Kondensation von Cyclopentanon u. Pyrrolidin in Bzl.; 85%. — *N-Cyclopentenylmorpholin* (**III**), $C_9H_{15}ON$, Kp.$_{7,5}$ 97°, $n_D^{16,5}$ 1, 5098, durch 3std. Rk. analog **II** aus Cyclopentanon u. Morpholin; 72%. — I-*Äthylester*, $C_9H_{14}O_3$, Kp.$_7$ 105—106°, a) durch Veresterung von **I** mit 3 Teilen einer gesätt. Lsg. von HCl in wasserfreiem A.; 90%; b) durch Zugabe von Bromessigsäureäthylester zu einer Lsg. von **II** in wasserfreiem Dioxan oder Bzl. innerhalb von 45 Min., 3std. Kochen, Kühlen, Zugabe von W., 45 Min. Rühren bei Zimmertemp. u. Extraktion mit Bzl.; 15%; c) aus **III** analog b); 13%. — *2-Carbäthoxymethylcyclopentylidencyanessigsäureäthylester* (**IV**), Kp.$_{0,5}$ 168°, F. 53°, durch azeotrope Kondensation vorst. Esters mit Cyanessigsäureäthylester in Ggw. von Piperidinacetat bzw. Benzylamin; 47 bzw. 92%. — *cis-Cyclopentan-1-essigsäure-2-cyanessigsäurediäthylester* (**V**), Kp.$_{0,4}$ 152°, D.$^{20}_{4}$ 1,0820, durch Hydrierung von **IV** in A. in Ggw. von $PtO_2$ bei Zimmertemp.; 95%. *trans-Verb.* (**VI**), $C_{14}H_{21}O_4N$, Kp.$_{0,2}$ 138°, D.$^{25}_{4}$ 1,082, $n_D^{25}$ 1,4596, analog **V**, jedoch in Ggw. von 10%ig. Pd-Kohle; 95%. — *cis-Cyclopentan-1.2-diessigsäure* (**VII**), $C_9H_{14}O_4$, F. 170° (Nadeln aus Nitroäthan), aus **V** nach LINSTEAD u. MEADE (J. chem. Soc. [London] **1934**. 935); 75%. *trans-Verb.* (**VIII**), $C_9H_{14}O_4$, F. 132° (Nadeln aus Nitroäthan), aus **VI** analog **VII**; 75%. — *cis-Cyclopentan-1.2-dipropionsäure* (**IX**), $C_{11}H_{18}O_4$, F. 128—129° (Nitroäthan), a) durch Gießen von **VII** in $SOCl_2$, 2std. Stehen bei Zimmertemp., 15 Min. Erhitzen auf 50°, Entfernen des überschüssigen $SOCl_2$ im Vakuum, Lösen in wasserfreiem Ae., Gießen in eine äther. Lsg. von Diazomethan bei —10° innerhalb von 30 Min., 12std. Stehen bei Zimmertemp., Entfernen des Ae. im Vakuum u. Zers. des gebildeten *cis-Diazoketons* (F. 67—68° aus Ae.;

92%) nach der $Ag_2O$-Thiosulfat-Meth.; 37,4%; b) mit Chinolin bzw. γ-Kollidin nach WILDS u. MEADER JR. (C. **1948.** E. 31) 60 bzw. 80%. *trans-Verb.* (**X**), $C_{11}H_{18}O_4$, F. 148° (Nitroäthan), a) aus **VIII** über das *trans-Diazoketon* (F. 81—82° aus Ae.; 90%) analog **IX** nach b) (Kollidin); 80%; b) durch 35std. Kochen von **XI** in A. u. wss. KCN-Lsg., Verdampfen des A. im Vakuum, Verdünnen des Rückstandes mit W., Extraktion mit Ae., 50std. Kochen des entstandenen *trans-1.2-Bis-[β-cyanäthyl]-cyclopentans* ($Kp._{1,5}$ 135°; 71%) in 50%ig. A. in Ggw. von KOH, Lösen des Eindampfrückstandes in W., Ansäuern u. Extraktion mit Ae.; 46%. — *trans-Cyclopentan-1.2-diessigsäuredimethylester*, $C_{11}H_{18}O_4$, $Kp._1$ 105°, $D.^{25}{}_4$ 1,089, $n_D^{25}$ 1,4542, aus **VIII** u. Diazomethan in Ae.; 87%. — *trans-1.2-Bis-[β-oxyäthyl]-cyclopentan*, $C_9H_{18}O_2$, $Kp._1$ 130°, $n_D^{25}$ 1,4758, durch Gießen vorst. Verb. in wasserfreiem Ae. in eine Suspension von $LiAlH_4$ in Ae. unter Rühren innerhalb 1 Std. bei Zimmertemp., 1std. Kochen u. Zers. mit Eis u. 10%ig. $H_2SO_4$; 79%. — *trans-1.2-Bis-[β-chloräthyl]-cyclopentan* (**XI**), $C_9H_{16}Cl_2$, $Kp._{0,8}$ 92—94°, $n_D^{25}$ 1,4725, aus vorst. Verb. durch langsame Zugabe von $SOCl_2$, 2std. Kochen, Aufnehmen in Bzl. u. Verdampfen des Bzl. u. des überschüssigen $SOCl_2$ im Vakuum; 81%. — *cis-Bicyclo-[5.3.0]-decanon-(4)* (**XII**), $Kp._{1,3}$ 87—88° (bläuliche Fl.), $n_D^{18}$ 1,4907, aus **IX** in W. durch Zugabe von Ce(IV)-Carbonat unter Rühren, Eindampfen auf dem Wasserbad, weiteres Erhitzen auf 140° u. Pyrolyse bei einer Badtemp. von 360—380°, sofortige Bldg. des *cis-Semicarbazons* [$C_{11}H_{19}ON_3$, F. 181° (Nadeln aus Nitromethan); 73%], dessen Hydrolyse durch 1std. Erhitzen mit Oxalsäure u. W. aus 100° unter Rühren u. Extraktion mit Ae.; 48%. *trans-Verb.* (**XIII**), $C_{10}H_{16}O$, $Kp._1$ 73°, $n_D^{18}$ 1,4880, aus **X** analog **XII** über das *trans-Semicarbazon* [$C_{11}H_{19}ON_3$, F. 168° (Nitroäthan); 73%]; 48%. — *cis-4-Phenylbicyclo-[5.3.0]-decen-(3)* (**XIV**), $C_{16}H_{20}$, $Kp._{0,4}$ 145°, $D.^{25}{}_4$ 1,012, $n_D^{19}$ 1,5662, durch 12std. Stehen einer $C_6H_5MgBr$-Lsg. u. **XII** bei Zimmertemp., 90 Min. Kochen, Zers. mit Eis u. verd. $H_2SO_4$, Extraktion mit Ae., 20 Min. Erhitzen des Ae.-Rückstandes in Ggw. von Jod auf 160°; 73%. *trans-Verb.*, $C_{16}H_{20}$, $Kp._{0,4}$ 120°, $n_D^{20}$ 1,4928, aus **XIII** analog **XIV**; 68%. — *6-Phenylazulen*, $C_{16}H_{12}$, F. 150° (tiefblaue Blättchen aus Methanol), a) durch Leiten von 1 g **XIV** über 10%ig. Pd-Kohle bei 300° in $N_2$, Kondensierung durch Kühlen mit Trockeneis, Lösen in PAe. u. Extraktion mit 85%ig. $H_3PO_4$ (unverändertes Ausgangsmaterial aus dem PAe. unterzog man achtmal dieser Behandlung), Verdünnen der $H_3PO_4$-Lsgg. u. Extraktion mit Ae.; 350 mg; b) aus der trans-Verb. analog a), jedoch scheint hierbei die Dehydrierung etwas leichter vonstatten zu gehen. (J. Amer. chem. Soc. **78.** 1482—85. 5/4. 1956. Jerusalem, Hebrew Univ., Dep. of Organ. Chem.) O. WOLF. 2950

**Shirô Akabori** und **Kozo Narita**, *Über die Abspaltung der Seitenkette des Tryptophans durch die Einwirkung von Aldehyden.* Beim Erhitzen von *Tryptophan* (**I**) in Essigsäure mit Benzaldehyd u. HCl auf 100° (5 Std.) entsteht eine braune Lsg., in der durch Papierchromatographie *Serin*, *Alanin*, *Asparaginsäure* u. *Indolyl-(3)-äthylamin* nachgewiesen werden konnten. In kleinen Mengen ließ sich *Serin* als *p-[p'-Oxyazobenzol]-hydrogensulfonat*, $C_{15}H_{17}O_7N_3S$, isolieren. Beim Erhitzen von **I** mit Zuckern (D-Glucose, D-Arabinose) entstehen die gleichen Reaktionsprodukte. (Vgl. C. **1952.** 6050.) (Collect. Pap. Fac. Sci., Osaka Univ., Ser. C Nr. **11.** 6—11. 1943—49, ausg. 1950. Proc. Japan Acad. **25.** 6—11. 1949.) K. F. MÜLLER. 3081

**Luigi Chierici** und **Adriano Cella**, *Beitrag zur Kenntnis der Polypyrrole.* Vorl. Mitt. Die Synth. u. die Hauptmerkmale von *1.4-Bis-[α'.β-dimethyl-α-pyrryl]-butandion-(1.4)* (**I**),

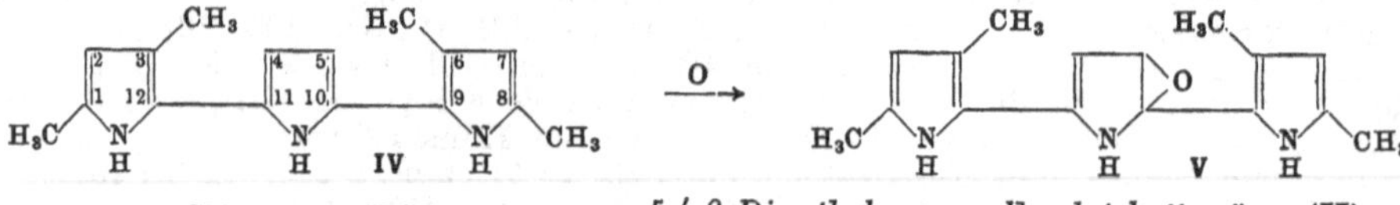

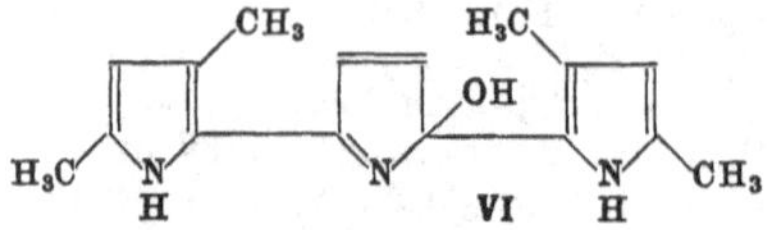

*γ-[α'.β-Dimethyl-α-pyrryl]-γ-ketobuttersäure* (**II**) u. deren *Äthylester* (**III**) werden geschildert. Es wurde versucht, das *Tripyrrylhomologe* (**IV**; *1.3.6.8-Tetramethyltripyrryl*) zu erhalten, dabei wurde ein *grünes Pyrrolderiv.* (**V**, **VI**) gewonnen. Vermutlich wird **IV** sofort zu **V** oder **VI** oxydiert. Die Analysenergebnisse stehen mit beiden Formeln im Einklang.

V e r s u c h e : *1.4-Bis-[α'.β-dimethyl-α-pyrryl]-butandion-(1.4* (**I**), $C_{16}H_{20}O_2N_2$, a) bei der Behandlung der GRIGNARD-Verb. (**VII**), aus 0,53 g-Atomen Mg u. 0,55 Mol Äthylbromid u. 0,42 Mol 2.4-Dimethylpyrrol in 200 cm³ Ae. mit 0,21 Mol Bernsteinsäureester in 50 cm³ Ae. (12 Std. unter Luftausschluß, 30 Min. Erhitzen), Zers. des entstandenen Pechs mit Eis u. einem Überschuß von $NH_4Cl$ u. Extraktion mit Ae., wobei eine kleine Menge des *Äthylesters* (**III**) abgetrennt wird; gelbes mikrokrist. Pulver (aus Anilin, Dimethylanilin oder Nitrobenzol), citronengelbe Kristalle durch Sublimation; färbt Fichtenspan rot; b) aus je 1 Mol **III** u. **VII** in Ae. bei gleicher Behandlung u. Aufarbeitung wie vorstehend. — *γ-[α'.β-Dimethyl-α-pyrryl]-γ-ketobuttersäureäthylester* (**III**), $C_{12}H_{17}O_3N$, F. 143°, bei der Aufarbeitung des beim Waschen von **I** erhaltenen Ae.-Auszuges u. des bei der Darst. von **I** nach Meth. a) abgetrennten Ae.; Nadeln (aus sd. A.). — *γ-[α'.β-Dimethyl-α-pyrryl]-γ-ketobuttersäure* (**II**), $C_{10}H_{13}O_3N$, F. 215° (Zers.), aus **III** durch Verseifung mit sd. n-KOH; Kristalle (A.). — *Grünes Pyrrolderiv.* (**V, VI**), $C_{16}H_{19}ON_3$, wird nach 3 Methoden bereitet: a) 3maliges Kochen (je 30 Min.) von 0,5 g **I** in 25 cm³ Eisessig unter Zugabe von 1,5 g $NH_4$-Acetat, Eingießen in W. u. Absetzenlassen unter Luftausschluß; b) 5std. Erhitzen von 0,2 g **I** u. 30 cm³ alkoh. $NH_3$ im Einschmelzrohr auf 160°, Aufarbeitung wie vorst. oder c) durch Behandeln der nach b) erhaltenen Lsg. mit in A. vorher ausgekochter Kohle; dunkelgrünes Pulver; 0,2 g nach Meth. a); gibt die Fichtenspan-Rk.; schm. nicht, lösl. in Essigsäure mit smaragdgrüner, in Methanol, A., Bzl., Toluol usw. mit kirschroter Färbung; eine essigsaure Lsg. bildet an der Luft ein schwarzes Pyrrol in koll. Suspension; beim Erhitzen entsteht sofort ein schwarzes Pulver. (Ann. Chimica **43.** 141—47. März 1953. Parama, Ist. Chim. Farm. Tossic.) G. PLATZER. 3081

**Herbert Singer** und **William Shive**, *Synthese von Indolderivaten. Indol-5-carbonsäure.* Durch Bromieren von o-Acetaminotoluol (**I**), saure Hydrolyse, Diazotieren u. Behandeln des *Diazoniumsalzes* mit Nitrit wird *5-Brom-2-nitrotoluol* erhalten. Es wird mit Diäthyloxalat (**II**) zu *5-Brom-2-nitrophenylbrenztraubensäure* kondensiert, die mit $Fe(OH)_2$ in $NH_4OH$ *5-Bromindol-2-carbonsäure* gibt. Diese wird mit CuCN in Chinolin in *5-Cyanindol* übergeführt, das zu *Indol-5-carbonsäure* verseift wird.

Versuche (FF. korr.): *2-Amino-5-bromtoluol*, aus **I** durch Bromieren in Eisessig bei 5° u. Verseifen des *Acetylderiv.* mit 20%ig. HCl. — *5-Brom-2-nitrotoluol*, F. 53 bis 54° (wss. A.), aus vorst. Verb. durch Diazotieren in $H_2SO_4$ u. Eintragen in eine wss. Lsg. von Cu(I)–Cu(II)-Sulfit u. $NaNO_2$ (3 Std. rühren); 64% (Ausbeute). — *5-Brom-2-nitrophenylbrenztraubensäure*, $C_9H_6O_5NBr$, F. 143—144°, aus vorst. Verb. mit **II** u. $KOC_2H_5$ in Ae. über das tiefrote *K-Salz*; aus Chlf. blaßgelbe Nadeln; tiefblutrote Farbe in n-NaOH, tiefgrüne Farbe mit $FeCl_3$; 42%. — *5-Bromindol-2-carbonsäure*, $C_9H_6O_2NBr$, Zers. bei 275—280° (A.–W.), aus vorst. Verb. mit $Fe(OH)_2$ in wss. $NH_4OH$; KOVAC-Test negativ; 69%. — *5-Cyanindol*, $C_9H_6N_2$, F. 107—108°, aus vorst. Verb. mit CuCN u. KJ in sd. Chinolin (12 Std.); aus wss. A. kleine Nadeln; kirschrote Farbe mit KOVAC-Reagens; 34%. — *Indol-5-carbonsäure*, $C_9H_7O_2N$, F. 208—209°, aus vorst. Verb. mit sd. 10%ig. wss. KOH; aus wss. A. orangefarbene Nadeln; mit KOVAC-Reagens kirschrote Farbe; 49%. (J. org. Chemistry **20.** 1458—60. Okt. 1955. Austin, Tex., Univ. of Texas, Biochem. Inst., Dep. of Chem.; Clayton Foundat. for Res.) H. CASZEBAUM. 3081

**P. L. Salzberg** und **J. V. Supniewski**, *β-Bromäthylphthalimid* (*N-[β-Bromäthyl]phthalimid*). Durch 12std. Erhitzen von Phthalimid-K u. Äthylenbromid auf 180—190°, F. 80—81°; 69—79% (Ausbeute). (Org. Syntheses, collect. Vol. **1.** [**1.**—**9.** 2. Aufl.] 119—21, ausg. Okt. 1951.) I. AHRLÉ. 3081

**Alexander Lawson**, *Die Reaktion von Cyanamid mit α-Aminoacetalen und α-Aminoaldehyden.* Während durch Rk. von Aminoacetaldehyd mit Cyanamid (**I**) bei verschied. $p_H$-Werten keine krist. Verb. erhalten wurde, reagierte Aminoacetaldehyddiäthylacetal (**III**) mit **I** in Essigsäure unter Bldg. von *Diäthoxyäthylguanidinacetat* (**IV**), das sich unter dem Einfl. von HCl zum *Hydrochlorid* des *2-Aminoimidazols* (**II**) cyclisierte. Obwohl **II** wie Guanidin eine einsäurige Base ist, reagiert das Acetylderiv. noch basisch. Analog **II** wurde auch durch Rk. von N-Methylaminoacetaldehyddiäthylacetal (**V**) mit **I** u. Ringschluß *2-Amino-1-methylimidazol* erhalten. Aus Alaninäthylester wurde durch Red. mit Na-Amalgam *α-Aminopropionaldehyd* dargestellt, der sich in Lsg. bei $p_H$ 4 mit **I** zu *2.3-Dihydro-4.5'-dimethylglxoxalino-[1'.2':1.2]-glyoxalin* kondensierte. Analoge Behandlung der Ester von Leucin, Norleucin, α-Aminooctansäure u. Phenylalanin ergab die Hydrochloride von *5-Alkyl-2-amino-1-oxoalkylimidazolen.* Diese Hydrochloride ergaben Acetylderivv., die sich ähnlich wie das Acetylderiv. von **II** verhalten. Aus den freien Basen konnten die Glyoxalinoglyoxaline durch Einw. von HCl erhalten werden; das Phenylalaninderiv. geht spontan Ringschluß ein. Die Filtrate der Hydrochloride obiger Basen enthalten bas. Verbb., wahrscheinlich Guanidinderivate.

Versuche: *N-[2.2-Diäthoxyäthyl]-guanidinacetat* (**IV**), $C_7H_{17}O_2N_3 \cdot CH_3CO_2H$, F. 139—140° (A.–Ae.), aus 4 g **III** durch 1std. Erhitzen mit **I** in W. in Ggw. von wenig Essigsäure auf dem Wasserbad; 1,8 g (Ausbeute). — *2-Aminoimidazol* (**II**), *Hydrochlorid*, $C_3H_5N_3HCl$, F. 155° (A.–Ae.), aus **IV** durch kurzes Erwärmen in konz. HCl auf dem Wasserbad; 100%. *Pikrat*, F. 231° (Nadeln aus A.). *Acetylderiv.*, F. 285° (Zers.). — *2-Acetamidoimidazolhydrochlorid*, $C_5H_7ON_3 \cdot HCl \cdot H_2O$, F. 143° (Nadeln aus A.), aus **II**-Hydrochlorid durch Erwärmen mit Acetanhydrid. — *N-[2.2-Diäthoxyäthyl]-N-methylguanidin, Acetat*, $C_8H_{19}O_2N_3 \cdot CH_3OC_2H$, F. 202° (Nadeln aus A.–Äthylacetat), aus 5,5 g

**V** analog **IV**; 5 g. *Pikrat*, $C_{14}H_{22}O_9N_6$, F. 117° (Nadeln aus W.). — *2-Amino-1-methylimidazol, Hydrochlorid*, $C_4H_7N_3 \cdot HCl \cdot H_2O$, F. 84° (Nadeln aus A.–Äthylacetat), aus vorst. Verb. analog **II**; 100%. *Pikrat*, $C_{10}H_{10}O_7N_6$, F. 212° (Prismen aus wss. A.). — *2-Acetamido-1-methylimidazol, Hydrochlorid*, $C_6H_9ON_3 \cdot HCl \cdot H_2O$, F. 141° (Nadeln aus wss. A.), aus vorst. Hydrochlorid durch Acetylierung. — *2.3-Dihydro-4.5'-dimethylglyoxalino-[1'.2':1.2]-glyoxalin, Hydrochlorid*, $C_7H_9N_3 \cdot HCl$, F. 272° (Prismen aus A.), aus 10 g DL-α-Alanin durch Veresterung mit A., Red. mit Na-Amalgam, Zugabe von **I** in 10% wss. Essigsäure, Einstellen auf $p_H$ 4—5, 30 Min. Kochen u. Fällen aus dem Extrakt mit HCl-Gas; 3,2 g. *Freie Base*, $C_7H_9N_3$, F. 125° (Prismen aus A.). *Pikrat*, $C_{13}H_{12}O_7N_6$, F. 226° (Nadeln aus A.). — *2-Amino-5-isobutyl-1-[4-methyl-2-oxopentyl]-imidazol, Hydrochlorid*, $C_{13}H_{23}ON_3 \cdot HCl$, F. 179° (Nadeln aus W.), aus 10 g L-Leucin analog vorst. Verb.; 3 g. *Freie Base*, $C_{13}H_{23}ON_3$, F. 118° (Nadeln aus Bzl.–PAe.). *Pikrat*, $C_{19}H_{26}O_8N_6$, F. 214° (Nadeln aus A.). *Acetylverb.*, $C_{15}H_{25}O_2N_3 \cdot HCl \cdot H_2O$, F. 151° (Nadeln aus A.), aus dem Hydrochlorid u. Acetanhydrid bei 100°. — *4.5'-Diisobutyl-2.3-dihydroglyoxalino-[1'.2':1.2]-glyoxalin, Hydrochlorid*, $C_{13}H_{21}N_3 \cdot HCl$, F. 113° (Prismen aus A.–Äthylacetat), aus 0,5 g vorst. Verb. durch 4std. Erwärmen mit konz. HCl auf dem sd. Wasserbad; 0,3 g. *Pikrat*, $C_{19}H_{24}O_7N_6$, F. 128° (Nadeln aus A.). — *2-Amino-5-n-butyl-1-[2-oxyohexyl]-imidazol, Hydrochlorid*, $C_{13}H_{23}ON_3 \cdot HCl$, F. 160° (Platten aus wss. A.), aus 10 g DL-Norleucin analog dem Leucinderiv.; 2,7 g. *Freie Base*, $C_{13}H_{23}ON_3$, F. 94° (Nadeln aus Bzl.–PAe.). *Pikrat*, $C_{19}H_{26}O_8N_6$, F. 190° (Nadeln aus A.). *Oxalat*, $C_{13}H_{23}ON_3 \cdot H_2C_2O_4$, F. 177° (Nadeln aus W.). *Acetylderiv.*, $C_{15}H_{25}O_2N_3 \cdot HCl \cdot H_2O$, F. 149° (Nadeln aus A.). *Oximhydrochlorid*, $C_{13}H_{24}ON_4 \cdot HCl$, F. 150° (Platten aus W.). — *4.5'-Dibutyl-2.3-dihydroglyoxalino-[1'.2':1.2]-glyoxalin, Hydrochlorid*, $C_{13}H_{21}N_3 \cdot HCl$, F. 111° (Prismen aus Äthylacetat–A.), aus vorst. Verb. wie oben. *Pikrat*, $C_{19}H_{24}O_7N_6$, F. 131° (Nadeln aus A.). — *2-Amino-5-hexyl-1-[2-oxooctyl]-imidazol, Hydrochlorid*, $C_{17}H_{31}ON_3 \cdot HCl$, F. 167° (Nadeln aus A.), aus DL-α-Aminooctansäure; 10%. *Freie Base*, $C_{17}H_{31}ON_3$, F. 98° (Nadeln aus Bzl.–PAe.). *Pikrat*, $C_{23} \cdot H_{34}O_8N_6$, F. 185° (Nadeln aus A.). — *2-Amino-5-benzyl-1-[2-oxo-3-phenylpropyl]-glyoxalin, Hydrochlorid*, $C_{19}H_{19}ON_3 \cdot HCl_3$, F. 193° (Zers.; Nadeln aus wss. A.), aus Phenylalanin; 32%. *Pikrat*, $C_{25}H_{22}O_8N_6$, F. 219° (A.). *Oximhydrochlorid*, $C_{19}H_{20}ON_4 \cdot HCl \cdot H_2O$, F. 171° (Nadeln aus W.). — *4.5'-Dibenzyl-2.3-dihydroglyoxalino-[1'.2':1.2]-glyoxalin*, $C_{19}H_{17}N_3$, F. 164° (Nadeln aus wss. A.), aus vorst. Hydrochlorid in W. durch Zugabe von Alkali u. Extraktion. *Pikrat*, $C_{25}H_{20}O_7N_6$, F. 182° (Nadeln aus A.). (J. chem. Soc. [London] **1956**. 307—10. Febr. London, Royal Free Hospital School of Med.) H. BERTSCH. 3122

**Horst Baganz** und **Joachim Pflug**, *Über 1.2-Dialkoxyäthene. 6. Mitt. Ringschlußreaktionen des 1.2-Dichlor-1.2-diäthoxyäthans.* (5. vgl. C. **1956**. 9689.) Ringschluß-Rk. von 1.2-Dichlor-1.2-diäthoxyäthan (**I**) mit Brenzcatechin führte zu *Brenzcatechin-[α.β-diäthoxyäthylen]-äther*, mit o-Phenylendiamin (**II**) in A. zu *2-Diäthoxymethylbenzimidazol* (**III**), in Ae. entstanden aus **I** u. **II** außerdem *Chinoxalin* u. *2-Oxychinoxalin*. Der Reaktionsverlauf wird diskutiert.)

Versuche: *Brenzcatechin-[α.β-diäthoxyäthylen]-äther*, $C_{12}H_{16}O_4$, F. 53,5°, Säulen (Ae.), aus **I** u. Brenzcatechin in Ggw. von $K_2CO_3$, Cu u. Glycerin (exotherme Rk., die durch Schütteln in Gang kam; nach 45 Min. auf 100° erwärmt u. 4 Std. dabei gehalten); 55% (Ausbeute). — *2-Diäthoxymethylbenzimidazol* (**III**), $C_{12}H_{16}O_2N_2$, F. 173°, Plättchen (W.), a) aus 20 g **I** u. **II** in A. $<40°$ (braun → blau; 3,6 g); b) ebenso im $O_2$-Strom (6,5 g); c) aus 19,2 g **I** u. **II** in Ae. (1/2 Std. bei 45°, dann 2 Std. Stehen; 2,4 g); lösl. in W., unlösl. in $Na_2CO_3$- oder $NH_3$-Lsg.; UV- u. Infrarotspektren. *Pikrat*, $C_{12}H_{16}O_2N_2 \cdot C_6H_3O_7N_3$ F. 160° (Dioxan–PAe.). — *Benzimidazolaldehyd-(2)*, F. 234°, aus **III** u. sd. konz. HCl (5 Min.). *Phenylhydrazon*, F. 149° (Sintern bei 113°; A.–W.). *2.4-Dinitrophenylhydrazon*, F. 310°. — *2-[Äthoxybutoxymethyl]-benzimidazol*, $C_{14}H_{20}O_2N_2$, F. 128° (PAe.), aus 20 g **I** u. **II** in n-Butanol $<55°$; 3,25 g. — *2-Oxychinoxalin*, $C_8H_6ON_2$, F. 265,5°, Blättchen (A.), neben **III** (Meth. c); unlösl. in W.; 2,5 g roh. — *Chinoxalin*, F. 28—29°, gelbbraune Spieße, neben **III** (Meth. c); lösl. in $Na_2CO_3$- oder $NH_3$-Lsg.; 5,5 g. *Sulfat*, F. 184°. *Oxalat*, F. 182°. *Tetrachlorojodit*, F. 131° ($CH_3COOH$–Tetrachlorjodsäure). (Chem. Ber. **89**. 689—95. 1956. Berlin-Charlottenburg, Techn. Univ., organ.-chem. Inst.)

J. ROTHE. 3122

**John R. E. Hoover** und **Allan R. Day**, *Darstellung einiger Imidazolderivate von 1.4-Naphthochinon.* In Anlehnung an frühere Verss. von FRIES u. BILLIG (Ber. dtsch. chem. Ges. **58**. [1925.] 1128) wird 2.3-Dichlor-1.4-naphthochinon zu *2-Amino-3-chlor-1.4-naphthochinon* aminiert, von diesem mit den entsprechenden Säurechloriden eine Anzahl *2-Acylaminoderivv.* dargestellt, die in die *2-Acylamino-3-amino-1.4-naphthochinone* verwandelt u. anschließend mit Alkali zu *2-substituierten 1H-Naphthimidazoldionen-(4.9)* cyclisiert werden. Die Acylierung erfolgte durch die Säureanhydride oder durch die Säurechloride in Ggw. von $H_2SO_4$ oder besser HCl; Benzoylchlorid u. Carbobenzoxychlorid reagierten nicht, desgleichen konnte 2-Formamido-3-chlor-1.4-naphthochinon nicht dargestellt werden. *1H-Naphthimidazoldion-(4.9)* konnte durch Rk. von Orthoameisensäuretriäthylester mit 2-Acetamido-3-amino-1.4-naphthochinon erhalten werden. Durch Aminierung von 2-Chloracetamido-3-chlor-1.4-naphthochinon zu *2-Chloracetamido-3-amino-1.4-naphthochinon* u. Rk. mit den entsprechenden Dialkylaminen werden eine Anzahl *2-Dialkylaminoacetamido-3-amino-1.4-naphthochinone* dargestellt. Der anschließende Ringschluß dieser Verbb. zu *2-Dialkylaminomethyl-1H-naphthimidazoldionen-(4.9)* ergab in Ggw. von Alkali nur schwer zu reinigende Prodd., besondere Erfolge wurden bei der Behandlung mit Zn u. Essigsäure erzielt; es entstehen hierbei zunächst die 4.9-Diole, die anschließend oxydiert werden. Später wurde der Ringschluß durch katalyt. Hydrierung vorgenommen. Die 1H-Naphthimidazoldione-(4.9) sind in W. unlösl., gelbe, hochschm. Verbb., die gegenüber sd. 2n NaOH u. 6n HCl stabil sind u. durch Benzoylchlorid unter den Bedingungen der SCHOTTEN-BAUMANN-Rk. nicht gespalten werden. Das 1H-Atom läßt sich leicht durch eine Alkylgruppe substituieren, wobei stärker bas. Verbb. entstehen, es ließ sich jedoch nicht durch eine Acylgruppe austauschen. Durch katalyt. Hydrierung über Pt-Schwarz oder durch Red. mit Zn + Essigsäure bzw. $NaHSO_3$ entstehen die entsprechenden krist. *4.9-Diole,* die sich an der Luft schnell blau färben. Die 2-Dialkylaminomethylderivv. sind wasserlösl. u. besitzen den für Imidazole typ. amphoteren Charakter. Vorläufige Unterss. zeigten, daß die Verbb. das Wachstum von E. coli-Kulturen hemmen.

V e r s u c h e : *2.3-Dichlor-1.4-naphthochinon (Phygon),* nach ULLMANN u. ETTISH (Ber. dtsch. chem. Ges. **54.** [1921.] 270). — *2-Amino-3-chlor-1.4-naphthochinon,* F. 195 bis 196°, durch $1^1/_2$std. Kochen vorst. Verb. mit konz. $NH_4OH$ in A. unter Einleiten von $NH_3$; 74% (Ausbeute). — 3-C h l o r-1.4-n a p h t h o c h i n o n e: *2-Acetamido-*, F. 219° (A.), a) aus vorst. Verb. + Acetanhydrid in $^1/_4$ Std.; 82%; b) aus vorst. Verb. u. Acetylchlorid mit konz. $H_2SO_4$ (Kochen bis zur Gelbfärbung); 79%. — *2-Propionamido-*, F. 188,5—189,2°, analog vorst. Verb. nach a) 96%, nach b) 80%. — *2-n-Butyramido-*, F. 162—162,6°, mit Butyrylchlorid u. HCl (4 Std. kochen); 85%. — *2-Isobutyramido-*, F. 192,4—193,6°, analog in Xylol; 84%. — *2-Valeramido-*, F. 154,6—155,3°; 82%. — *2-Isovaleramido-*, F. 160,9—161,8°; 56%. — *2-Capronamido-*, F. 148—148,5°; 75%. — *2-[α-Äthylbutyramido]-*, F. 202,5—203,1°; 86%. — *2-Phenylacetamido-*, F. 205 bis 205,5°; 79%. — *2-Chloracetamido-*, F. 182—182,8°; 86%. — 3-A m i n o-1.4-n a p h t h o c h i n o n e, durch Einleiten von $NH_3$ in vorst. Verbb. in Nitrobenzol bei 145—150°; aus A. rote bis rotviolette Kristalle: *2-Acetamido-* (**I**), F. 233—234°; 91%. — *2-Propionamido-*, F. 193°; 75%. — *2-Butyramido-*, F. 169,5—169,9°; 72%. — *2-Isobutyr-*, F. 209 bis 210°; 86%. — *2-Valeramido-*, F. 157,2—158°; 86%. — *2-Isovaleramido-*, F. 164—165°; 66%. — *2-Capronamido-*, F. 139,4—140,1°; 94%. — *2-[α-Äthylbutyramido]-*, F. 151,4 bis 152,2°; 91%. — *2-Phenylacetamido-*, F. 183,2—184,8° (Sintern bei 165°); 79%. — *2-Chloracetamido-*, F. 204—205,5° (A.), wie vorst. in sd. Dioxan in $^1/_2$ Std.; 69%. — *2-Diäthylaminoacetamido-*, F. 87,8—88,5° (A.), aus vorst. Verb. u. $(C_2H_5)_2NH$ in A. (4std. Kochen); 70%. — *2-Piperidinoacetamido-*, F. 149—149,5°; analog; 85%. — *2-Morpholinoacetamido-*, F. 211,6—212,2°; 91%. — *1H-Naphthimidazoldion-(4.9)*, F. 370°, durch Zutropfen von konz. $H_2SO_4$ zu einer sd. Lsg. von **I** in Orthoameisensäuretriäthylester bis zum Farbumschlag (rot → orange); gelbe Nadeln aus Nitrobenzol; 95%. — 1H-N a p h t h i m i d a z o l d i o n e-(4.9), durch Zufügen von 2n NaOH zu einer sd. Lsg. vorst. Verbb. in A. u. $^1/_2$std. Kochen; aus A. gelbe Nadeln (Meth. **A**), oder durch Kochen vorst. Verbb. mit Zn-Granulat in Eisessig bis zum Farbumschlag (rot → gelb) (Meth. **B**); oder durch Hydrieren der vorst. Verbb. in sd. Eisessig über Pd-Schwarz, Vakuumabdampfen u. 24std. Schütteln des in W. aufgenommenen Rückstandes: *2-Methyl-*, F. 368°, **A**; 63%. — *2-Äthyl-*, F. 304,4—305°, **A**; 70%. — *2-n-Propyl-*, F. 221,8 bis 222,2°, **A**; 65%. — *2-Isopropyl-*, F. 260,1—261,3°, **B**; 83%. — *2-n-Butyl-*, F. 232 bis 232,8°, **B**; 74%. — *2-Isobutyl-*, F. 250—251,4°, **A**; 57%. — *2-n-Amyl-*, F. 182,3 bis 183,5°, **A**; 68%. — *2-Pentyl-(3')-*, F. 240,7—242°, **A**; 81%. — *2-Benzyl-*, F. 279 bis 280,3°, **A**; 62%. — *2-Diäthylaminomethyl-, Hydrochlorid,* F. 264,2—265,4° (W.), nach **B** u. $^1/_4$std. Oxydation des gebildeten *4.9-Diols* in 2n NaOH mit $O_2$; 76%. *Base,* F. 190 bis 191,5°. — *2-Piperidinomethyl-, Hydrochlorid,* F. 310° (Zers.), analog vorst. Verb. 42%. *Base,* F. 240,6—241,5°. — *2-Morpholinomethyl-, Hydrochlorid,* F. 317° (Zers.); 80%. *Base,* F. 213°. (J. Amer. chem. Soc. **76.** 4148—52. 20/8. 1954. Philadelphia, Pa., Univ., Dep. of Chem.) H. LEHWALD. 3122

**A. F. McKay** und **R. O. Braun,** *Cyclisierungen von β-Chloräthyl-substituierten Ammonocarbonsäuren.* Es wird die Ähnlichkeit der Cyclisierungen von R'OC(O)NHR (**I**), R'NHC(O)NHR (**II**) u. R'NHC(:NH)$NHNO_2$ (**III**) (R' = $ClCH_2CH_2$) herausgestellt. Die Darst. neuer *N-Aryl-β-chloräthylcarbamate* u. *3-Aryloxazolidone-(2)* wird beschrieben. Die Cyclisierung der Verbb. vom Typ **I** mit KOH wird über das Carboniumion $^+CH_2CH_2$·

OC(O)NHR verlaufen. Fehlende Resonanzstabilisierung von $ClCH_2CH_2OC(-O^-)=N^+HR$ erklärt die fehlende Ionisierungstendenz der Verbb. **I** in W.; die Verbb. **I** sind in sd. W. stabil u. wandeln sich in Octanol-(1) nicht in 2-Arylimino-1.3-dioxolane um. Verbb. vom Typ **II** zeigen Resonanzstabilisierung im Sinne von $ClCH_2CH_2\overset{+}{N}H=C(-O^-)-NHR \longleftrightarrow ClCH_2CH_2NHC(-O^+)=\overset{+}{N}HR$; 1 Mol KOH bildet das Salz; aus der klaren Lsg. können mit Säuren die Verbb. **II** wieder erhalten werden. In A. entstehen mit KOH dagegen die 3-Aryloxazolidone-(2). Daß die Verbb. **II** in W. ionisiert vorliegen, geht auch daraus hervor, daß sie in sd. Pentanol-(1) nicht cyclisieren. Die Verbb. **III** existieren in den Resonanzformen $ClCH_2CH_2NHC(=\overset{+}{N}HR)N=\overset{+}{N}(-O^-)(-O^-) \longleftrightarrow ClCH_2CH_2\overset{+}{N}H=C(NHR)\cdot N=\overset{+}{N}(-O^-)(-O^-)$; da die Aktivierungsenergie zur Bldg. der ersteren geringer ist als die zur Bldg. der entsprechenden Resonanzform der Verbb. **II**, cyclisieren die Verbb. **III** sowohl in W. oder Pentanol-(2) als auch allein zu den entsprechenden *Imidazolinverbindungen.*

Versuche (FF. auf dem KOFLER-Block bestimmt u. korr.): *Chlorkohlensäure-β-chloräthylester*, $Kp._{756}$ 154,5–156,5°, $COCl_2$ bei –20° in Stahlbombe kondensieren, mit Äthylenchlorhydrin übergießen, verschlossen 24 Std. bei Raumtemp. stehenlassen; Filtrat ausäthern; $n_D^{24,4}$ 1,4438; 51% (Ausbeute). — Nachst. β-Chloräthylcarbamate werden nach OTTO [1891] in prakt. quantitativer Ausbeute gewonnen u. aus A. krist.: *N-Benzyl-*, $C_{10}H_{12}O_2NCl$, F. 48–49°. — *N-α-Naphthyl-*, $C_{13}H_{12}O_2NCl$, F. 100,8–101,5°. — *N-o-Tolyl-*, $C_{10}H_{12}O_2NCl$, F. 45–46°. — *N-m-Tolyl-*, $C_{10}H_{12}O_2NCl$, $Kp._{0,0004}$ 125–128°; $n_D^{24}$ 1,5489. — *N-p-Tolyl-*, $C_{10}H_{12}O_2NCl$, F. 62,5–63,5°. — *N-m-Anisyl-*, $C_{10}H_{12}O_3NCl$, F. 37–38°, bleibt fl., $Kp._{0,0016}$ 144–148°; $n_D^{24,4}$ 1,5533. — *N-p-Anisyl-*, $C_{10}H_{12}O_3NCl$, F. 87,3–88,3°. — *N-p-Phenetyl-*, $C_{11}H_{14}O_3NCl$, F. 93–94°. — *N-o-Bromphenyl-*, $C_9H_9\cdot O_2NClBr$, F. 53,8–54,5°. — *N-p-Bromphenyl-*, $C_9H_9O_2NClBr$, F. 89–89,3°. — *N-m-Chlorphenyl-*, $C_9H_9O_2NCl_2$, F. 47–48°. — *N-p-Chlorphenyl-*, $C_9H_9O_2NCl_2$, F. 68,6–69,3°. — Oxazolidone-(2): 1,2 Mol KOH in 70%ig. A. bei 40° portionsweise zu den Verbb. **I** geben, kurz kochen, W. zugeben u. aus A. kristallisieren. — *3-Benzyl-*, $C_{10}H_{11}O_2N$, F. 79,5 bis 80°; 96,3%. — *3-α-Naphthyl-*, $C_{13}H_{11}O_2N$, F. 129,5–130°; 86%. — *3-o-Tolyl-*, $C_{10}\cdot H_{11}O_2N$, $Kp._{0,001}$ 125–139°; $n_D^{24,3}$ 1,5495; 55%. — *3-m-Tolyl-*, $C_{10}H_{11}O_2N$, F. 94,3 bis 95°; 78,4%. — *3-p-Tolyl-*, $C_{10}H_{11}O_2N$, F. 90,5–91°; 64,8%. — *3-m-Anisyl-*, $C_{10}H_{11}O_3N$, F. 77–77,6°; 72%. — *3-p-Anisyl-*, $C_{10}H_{11}O_3N$, F. 109–110°; 93%. — *3-p-Phenetyl-*, $C_{11}H_{13}O_3N$, F. 94–95°; 92%. — *3-o-Bromphenyl-*, $C_9H_8O_2NBr$, $Kp._{0,01}$ 142–147°, $n_D^{24,5}$ 1,5841; 76%. — *3-p-Bromphenyl-*, $C_9H_8O_2NBr$, F. 139,8–140,6°; 96%. — *3-m-Chlorphenyl-*, $C_9H_8O_2NCl$, F. 53–53,5°; 76,3%. — *3-p-Chlorphenyl-*, $C_9H_8O_2NCl$, F. 120,9 bis 121,5°; 93,3%. — *Benzylisocyanat*, $Kp._{17}$ 103°. — *N-β-Chloräthyl-N'-benzylharnstoff* (**IV**), F. 105–106°. — Cyclisierung von **IV**: 2 g **VIII** in 8 $cm^3$ Propanol-(1) 2 Std. kochen, mit PAe. verd. u. mit W. extrahieren; aus dem Extrakt gefällte Pikrate geben nach fraktionierter Kristallisation aus W. 50 mg *Benzylaminpikrat*, F. 201–202°, u. 50 mg *2-Benzylamino-Δ²-oxazoliniumpikrat*, F. 185–186°; aus der PAe.-Lsg. werden 0,9 g **IV** zurückerhalten. — *N-[p-Anisyl]-β-chloräthylcarbamat* wird nach 2std. Kochen in W. oder Octanol-(1) zu 88–90% zurückgewonnen. — *N-[β-Chloräthyl]-N'-phenylharnstoff*, F. 123 123,5°, aus Phenylisocyanat u. β-Chloräthylamin in Bzl.; 84,1%. — *1-Phenylimidazolidon (2)*, F. 162–163°, aus vorst. Verb.; 86,8%. (J. org. Chemistry **16**. 1829–34. Dez. 1951. Ottawa, Ontario, Can., Defence Res. Chem. Labors.) H. LIEBIG. 3132

**William S. Johnson** und **Elliot N. Schubert,** *Ringschluß der 2-Benzoylaminocyclohexanole. Der Mechanismus der Oxazolinbildung.* Bei Einw. von $SOCl_2$ auf das N-Benzoylderiv. (**II**) von dl-trans-2-Aminocyclohexanol (**I**) entstand *dl-cis-2-Phenyl-4.5-cyclohexanooxazolin-*(**III**)*-Hydrochlorid* (**IIIa**), das durch Hydrolyse das erwartete **I**-Inversionsprod. *dl-cis-2-Aminocyclohexanol* (**IV**) ergab. **IIIa** wurde hierbei nicht als reine Substanz isoliert, da es an der Luft in *dl-cis-2-Benzoyloxycyclohexylamin* (**IX**)*-Hydrochlorid* übergeht. Die Konst. von **III** wurde durch Darst. aus **IV**-Hydrochlorid u. Äthyliminobenzoat (**VII**) erhärtet; bei dieser Rk. bleibt die Konfiguration nach PFISTER u. Mitarbeitern (C. **1950.** I. 1469) u. ELLIOTT (C. **1949.** E. 407) erhalten. Bei Einw. von $SOCl_2$ auf das N-Benzoylderiv. (**V**) von **IV** ergab es im Gegensatz zu **II** keine Ringschluß-Rk., sondern es entstand *dl-trans-2-Benzoylaminochlorcyclohexan* (**VIII**), wobei offenbar die Substitution der OH-Gruppe gegen das Cl-Atom unter Inversion erfolgt. Die Konfiguration von **VIII** wurde durch Best. der Reaktivität gegenüber Ag-Acetat in wss. Essigsäure (5 Std. kochen) nach WINSTEIN u. Mitarbeitern (J. Amer. chem. Soc. **64.** [1942.] 2787) bestätigt, da unter Inversion in guter Ausbeute **V** erhalten wurde. Das hierbei intermediär entstehende *dl-trans-2-Phenyl-4.5-cyclohexanooxazolin* (**VI**) geht offenbar unter den Reaktionsbedingungen durch Ringspaltung eher in **V** als in **IX** über. **VI** selbst ist jedoch stabil [es konnte aus **I**-Hydrochlorid (**Ia**) u. **VII** erhalten werden]. Die Erwartung, daß die Umwandlung

I → VI langsamer erfolgt als die von IV in III, wurde nicht erfüllt, anscheinend, weil die Reaktionssysteme heterogen waren u. IV-Hydrochlorid im Reaktionsmedium ($C_2H_2Cl_2$) weniger lösl. als I war. Die von FODOR u. KISS (Nature [London] **164.** [1949.] 917) beschriebene Isomerisierung von II in *dl-trans-2-Benzoyloxycyclohexylamin* gelang mit HCl in Dioxan in 39%ig. Ausbeute; diese Rk. verläuft vermutlich unter nucleophilem Angriff des O-Atoms der OH-Gruppe auf das Carbonyl-C-Atom analog dem von WELSH (C. **1950.** II. 1237) für die Ephedrinreihe vorgeschlagenen Mechanismus.

Versuche (FF. korr.): *dl-cis-2-Aminocyclohexanol* (**IV**), *Hydrochlorid*, $C_6H_{14}$·ONCl, F. 185,4–187,2° (A.), durch Zugabe von II (F. 171–172°, aus I [F. 64–66°]) zu $SOCl_2$, 2½std. Erwärmen auf 52–54°, Gießen in absol. Ae., 5std. Kochen des roten Öls nach Stehen in der Kälte mit 10%ig. HCl u. Abtrennen der ausgeschiedenen Benzoesäure; 50,5% (Ausbeute); **IV**, F. 71–72°. — *dl-cis-2-Phenyl-4.5-cyclohexanooxazolin* (**III**), $C_{13}H_{15}ON$, F. 46–48° (A.), a) durch Einw. von $SOCl_2$ auf **II** bei n. Temp., Abdest. des $SOCl_2$-Überschusses im Vakuum, Verreiben des rötlichen Öls mit absol. Ae. u. Stehen in der Kälte (1 Nacht), **IIIa**, F. 96,5–101°; 56%; b) durch 25std. Kochen von **IV**-Hydrochlorid u. **VII** in absol. $C_2H_2Cl_2$. — *dl-cis-2-Benzoyloxycyclohexylamin* (**IX**), *Hydrochlorid*, $C_{13}H_{18}O_2NCl$, F. 212–213° (Zers.), aus **IIIa** durch 3tägiges Stehen an der Luft, Lösen in Chlf. u. Zugabe von absol. Äther. — *dl-cis-2-Benzoylaminocyclohexanol* (**V**), $C_{13}H_{17}O_2N$, F. 184–185° (Bzl.), aus **IV**; ergab mit $SOCl_2$ analog **III** nach a) *dl-trans-2-Benzoylaminocyclohexylchlorid* (**VIII**), $C_{13}H_{16}ONCl$, F. 163,5–164,5° (Bzl.). — *dl-trans-2-Phenyl-4.5-cyclohexanooxazolin* (**VI**), $C_{13}H_{15}ON$, F. 66,2–67,6°, durch Einw. von **VII** auf **Ia** in $C_2H_2Cl_2$ (25std. Kochen); **VI**-Hydrochlorid ergab über Nacht an der Luft *dl-trans-2-Benzoyloxycyclohexylaminhydrochlorid*, $C_{13}H_{18}O_2NCl$, F. 264–265° (Zers.; Verfärbung ab 257°, Beginn der F.-Unters. bei 250°; A.–Ae.), auch durch Sättigen der absol. Dioxanlsg. von **II** mit HCl u. 3std. Kochen. (J. Amer. chem. Soc. **72.** 2187–90. Mai 1950. Madison, Wis., Univ., Labor. of Organ. Chem.) B. GNAUCK. 3132

**James A. Van Allan,** *Die Umlagerung von 2-Carboxymethylmercaptoimidazolin.* (Vgl. J. org. Chemistry **21.** [1956.] 24.) Bei Einw. von HCl oder Chloressigsäure (**IX**) auf 2-Carboxymethylmercaptoimidazolin (**I**) unter milden Bedingungen entstanden die entsprechenden Salze, die beide bei längerem Erhitzen *3-[β-Aminoäthyl]-thiazolidindion-(2.4)-hydrochlorid* (**II**) ergaben, das von JOHNSON u. EDENS (J. Amer. chem. Soc. **64.** [1942.] 2708) irrtümlich als **I**-Hydrochlorid angesehen worden war. Die Konst. von **II** wurde durch Darst. des *Monobenzoylderiv.* (**III**), *Trimethylammoniumsalzes* (**IV**) u. der o-Methoxybenzalverb. (**V**) erhärtet; **V** konnte auch durch Einw. von verd. HCl auf 2-[2-Methoxybenzal]-3-oxo-4.5-dihydro-1-thia-3a.6-diazapentalen (**VII**) dargestellt werden u. ergab das gleiche Benzoylderiv., das auch aus **III** u. o-Anisaldehyd (**X**) erhalten wurde. **II** zeigte schließlich einen positiven FEIGL-Test, der das Auftreten einer SH-Gruppe infolge der bei Thiazolidonen leicht auftretenden Ringspaltung anzeigt. Die Titration von **II** u. **IV** (Verbrauch von 3 Äquivalenten Alkali) ist ebenfalls im Einklang mit der vorgeschlagenen Konst., was auch für die UV-Spektren (angegeben zwischen 200 u. 400 mμ) von **V** (in W.), *3-[β-Acetamidoäthyl]-5-[2-methoxybenzal]-thiazolidindion-(2.4)* (**VI**; in Methanol) u. *5-[2-Methoxybenzal]-thiazolidindion-(2.4)* (in Dioxan) u. die Lage der Infrarot-Carbonylvalenzschwingungsbande gilt. **VI** ist sehr stabil, kann ohne Veränderung aus Acetanhydrid umkrist. u. mit methanol. HCl bzw. $SOCl_2$ gekocht werden.

Versuche: *3-[β-Aminoäthyl]-thiazolidindion-(2.4)*, *Hydrochlorid* (**II**), $C_5H_9O_2N_2$·ClS, F. 227–228° (Methanol), durch 3std. Kochen von 2-Mercaptoimidazolin (**VIII**) u. **IX** in wss. HCl. — *2-Carboxymethylmercaptoimidazolin* (**I**), *Chloracetat*, $C_7H_{11}O_4N_2ClS$, F. 134° (W.), durch 5 Min. Kochen von **VIII** mit **IX** in W.; **I**-*Hydrochlorid*, $C_5H_9O_2N_2ClS$, F. 128–129° (Isopropylalkohol). — *3-[β-Benzamidoäthyl]-thiazolidindion-(2.4)* (**III**), $C_{12}$·$H_{12}O_3N_2S$, F. 135–136° (A.), durch Zugabe von Benzoylchlorid zu **II** u. Na-Acetat in W. bei 15–20°. — *β-[2.4-Dioxothiazolidinyl-(3)]-äthyltrimethylammoniumjodid* (**IV**), $C_8$·$H_{15}O_2N_2JS$, F. 300° (Zers.; W.), durch 5std. Kochen von **II** mit $CH_3J$ in methanol. Na-Acetat. — *3-[β-Aminoäthyl]-5-[2-methoxybenzal]-thiazolidindion-(2.4)* (**V**), *Hydrochlorid*, $C_{13}H_{14}O_3N_2S$·HCl, gelber Nd., F. 285–286° (Zers.; W.), a) durch 4std. Kochen von **II** mit **X** in Essigsäure (**XI**); b) durch 2std. Kochen von **VII** in wss. HCl. — *3-[β-Benzamidoäthyl]-5-[2-methoxybenzal]-thiazolidindion-(2.4)*, $C_{20}H_{18}O_4N_2S$, F. 174–175° (Xylol), a) durch Zugabe von **V** zu Benzoylchlorid in Pyridin (1 Std. auf 100° erwärmen, dann in W. gießen); b) durch 4std. Kochen von **III** u. **X** in **XI**. — *3-[β-Acetamidoäthyl]-5-[2-methoxybenzal]-thiazolidindion-(2.4)* (**VI**), $C_{15}H_{16}O_4N_2S$, F. 178–179° (Xylol oder Methanol), a) durch 4std. Kochen von **II**, **X** u. Na-Acetat in **XI**; b) durch 2std. Kochen von **V** u. Na-Acetat in **XI**. Analog nach a): *3-[β-Propionamidoäthyl]-5-[2-methoxybenzal]-thiazolidindion-(2.4)*, $C_{16}H_{18}O_4N_2S$, F. 150°, u. *3-[β-Valeramidoäthyl]-5-[2-methoxybenzal]-thiazolidindion-(2.4)*, $C_{18}H_{22}O_4N_2S$, F. 139°. — *5-[2-Methoxybenzal]-thiazolidindion-(2.4)*, $C_{11}H_9O_3NS$, gelber Nd., F. 235° (Xylol), durch 4std. Kochen von Thiazolidindion-(2.4), **X** u. Piperidin in Methanol. (J. org. Chemistry **21.** 193–96. 17/2. 1956. Rochester, N. Y., Kodak Res. Labors.) B. Gnauck. 3142

**C. S. Marvel** und **W. A. Lazier,** *Benzoylpiperidin.* Durch Red. von Pyridin mit Na in absol. A., Zufügen von W., Dest., Ansäuern des Destillats u. Entfernen des A., Aufnehmen des Rückstandes in NaOH u. Zufügen von Benzoylchlorid: $Kp._{20}$ 180–184°, $Kp._{27}$ 191–194°, $Kp._{130}$ 240–244°, F. 44°; 77–81% (Ausbeute). (Org. Syntheses, collect. Vol. **1.** [**1.**–**9.** 2. Aufl.] 99–101, ausg. Okt. 1951.) I. Ahrlé. 3231

**Wanda Polaczkowa, Tadeusz Jaworski** und **Jerzy Woliński,** *Dienreaktionen des Tetraphenylcyclopentadienons mit Nitrilen.* 2. Mitt. *Reaktionen der aromatischen α-Ketonitrile.* (1. vgl. Roczniki Chem. [Ann. Soc. chim. Polonorum] **26.** [1952.] 407.) Die Rk. von Tetraphenylcyclopentadienon (**I**) mit aromat. α-Ketonitrilen verläuft viel schneller (50–60 Min.) als mit aromat. Nitrilen (30–60 Std.). Nach Ansicht der Vff. beruht der Unterschied im Reaktionsmechanismus darauf, daß im 1. Fall **I**, im 2. Fall das Philodien als Elektronendonator bei der Bldg. des intermediären Ionenkomplexes fungiert. Die im 1. Fall entstehenden aromat. *Pyridylketone* werden durch alkoh. KOH oder K-Amalgam zu *sek. Alkoholen* red., mit Alkalimetall entstehen dagegen in Toluol gefärbte *Metallketyle,* die durch A. zu denselben *sek. Alkoholen* u. *Ketonen* zers. werden. Die Basizität der Pyridylketone ist so gering, daß die zu ihrer Isolierung dienenden Perchlorate nur in wasserfreien Medien entstehen. Die früher (vgl. l. c.) beschriebenen Perchlorate von substituierten Pyridinen sind also die freien Basen. Dagegen sind die *Pyridylcarbinole* so stark bas., daß ihre Perchlorate gegen W. beständig sind.

Versuche: Die α-Ketonitrile wurden hergestellt durch Kondensation von Arylacetonitrilen mit p-Nitrosodimethylanilin (**II**) u. Hydrolyse des Anils bei 50° mit 21%ig. $H_2SO_4$ mit guter Reinheit u. Ausbeute. — *4'-Dimethylamino-4-methoxybenzylcyanidanil* (**III**), $C_{18}H_{17}ON_3$, F. 154,5–155,5°, aus **II** u. p-Methoxybenzylcyanid in A. (10 Min. unter Rückfluß in Ggw. von NaOH); aus A. rote Kristalle; 41,8% (Ausbeute). — *4-Dimethylamino-4-nitrobenzylcyanidanil,* F. 180–181°, analog **III** aus **II** u. p-Nitrobenzylcyanid; 62%. Hydrolyse → *p-Nitrobenzoylcyanid,* F. 114–116°. — *2-Benzoyl-3.4.5.6-tetraphenylpyridin* (**IV**), $C_{36}H_{25}ON$, F. 236–237°, aus **I** u. Benzoylcyanid (1 Std. bei 235° unter Feuchtigkeitsausschluß); Kristalle aus $CH_3COOH$. *Perchlorat,* $C_{36}H_{26}O_5NCl$, F. ~160° (Zers.). — *2-[p-Methoxybenzoyl]-3.4.5.6-tetraphenylpyridin* (**V**), $C_{37}H_{27}O_2N$, F. 214–215°, aus **I** u. *p-Methoxybenzoylcyanid* (F. 63–64°, aus **III**; 90%); aus A. Kristalle. — *Phenyl-[3.4.5.6-tetraphenylpyridyl-(2)]-carbinol* (**VI**), $C_{36}H_{27}ON$, F. 182–183°, aus **IV** in 35%ig. alkoh. KOH oder mit K-Amalgam u. A. in Toluol; Kristalle aus A. mit blauer Fluorescenz; ~100%. *Perchlorat,* $C_{36}H_{28}O_5NCl$, F. >150° (Zers.). — *p-Methoxyphenyl-[3.4.5.6-tetraphenylpyridyl-(2)]-carbinol,* $C_{37}H_{29}O_2N$ (**VII**), F. 176–177°, aus **V** analog **VI**; Kristalle aus Methanol mit blauer Fluorescenz. *Perchlorat,* $C_{37}H_{30}O_6NCl$, F. ~150° (Zers.). — Perchlorate substituierter Pentaphenylpyridine (vgl. l. c.) werden mit 70%ig. $HClO_4$ in essigsaurer Lsg. gefällt u. nicht mit W. gewaschen: *2-[p-Bromphenyl]-3.4.5.6-tetraphenylpyridin,* $C_{35}H_{25}O_4NClBr$, F. 303–306° (Zers.). — *2-[m-Bromphenyl]-3.4.5.6-tetraphenylpyridin,* $C_{35}H_{25}O_4NClBr$, F. 311–314° (Zers.). — *2-[p-Methoxyphenyl]-3.4.5.6-tetraphenylpyridin,* $C_{36}H_{28}O_5NCl$, F. 299–304° (Zers.). (Roczniki Chem. [Ann. Soc. chim. Polonorum] **27.** 468–81. 1953. Warszawa, Politechn., Zakł. Chem. Organ.) F. Urban. 3231

**Dénes Beke** und **Csaba Szántay,** *Synthese der Salsolinanaloga.* (Vorl. Mitt.) Aus Opiansäure wurde über *Veratrumaldehyd* u. *Homoveratrylamin Homoisovanillylamin* hergestellt, welches mit Formaldehyd, Propionaldehyd, n-Butyraldehyd u. Isobutyraldehyd zu *6-Oxy-7-methoxy-1.2.3.4-tetrahydroisochinolinhydrochlorid* (F. 247–249°), *1-Äthyl-* (F. 186–188°), *1-n-Propyl-* (F. 213–214°) u. *1-Isopropyl-6-oxy-7-methoxy-1.2.3.4-tetrahydroisochinolinhydrochlorid* kondensiert wurde. In ähnlicher Weise konnte *1-Isopropyl-6.7-dioxy-1.2.3.4-tetrahydroisochinolin* bereitet werden. Wenn die OH-Gruppe methyliert ist (wie bei β-[Dimethoxyphenyl]-äthylamin), erfolgt statt Ringschluß bei $p_H$ 5 Hydrolyse. (Magyar Kémiai Folyóirat [Ung. Z. Chem.] **60.** 346–47. Nov. 1954. Budapest, TU, Organ.-chem. Inst.) J. Plank. 3231

**Glenn S. Skinner** und **Richard de V. Huber,** *α-Carboxyäthyllactone und verwandte Barbitursäurederivate.* Mit Hilfe der Malonestersynth. werden einige *Alkenyläthylmalonsäurediäthylester* dargestellt u. mit Harnstoff in Ggw. von $NaOC_2H_5$ in die entsprechenden *Barbitursäurederivv.* übergeführt. *Äthylpropen-(2)-yl-* u. *Äthyl-2-methylpropen-(2)-ylmalonsäurediäthylester* geben nach Verseifung zu den *sauren Estern* u. Behandlung mit 100%ig. $H_2SO_4$ bei −25° *α-Carbäthoxy-α-äthyl-γ-n-valerolacton* (**I**) bzw. *-γ-isocaprolacton* (**II**), die in *5-Äthyl-5-[β-oxypropyl]-* bzw. *5-Äthyl-5-[β-oxyisobutyl]-barbitursäure* (**III**) übergeführt werden. Die Strukturen von **I** u. **II**, der daraus erhaltenen Barbitursäuren u. der aus **III** dargestellten *Chlorverb.* werden an Hand der Infrarotspektren diskutiert.

Versuche: Alkenyläthylmalonsäuren, Diäthylester, aus Na-Äthylmalonsäurediäthylester u. dem entsprechenden Halogenid in A.; 70—80% (Ausbeute): *cis-3-Chlorpropen-(2)-yl-*, $Kp._{4,5}$ 116—121°, mit cis-1.3-Dichlorpropen-(1) ($Kp._{765}$ 102—104,5°); $D.^{25}_{4}$ 1,091, $\eta^{25}$ 0,0762, $\gamma^{25}$ 29,6. — *trans-3-Chlorpropen-(2)-yl-*, $Kp._{4,5}$ 120—125°, mit trans-1.3-Dichlorpropen-(1) ($Kp._{765}$ 110—112,5°); $D.^{25}_{4}$ 1,089 $\eta^{25}$ 0,192, $\gamma^{25}$ 31,0. — *2-Chlorpropen-(2)-yl-*, $Kp._{2}$ 109—111°, mit 2.3-Dichlorpropen-(1) ($Kp._{762}$ 92—94°); $D.^{25}_{4}$ 1,0895, $\eta^{25}$ 0,1025, $\gamma^{25}$ 31,4. — *3-Chlor-n-buten-(2)-yl-*, $Kp._{5}$ 109 bis 110°, mit 1.3-Dichlorbuten-(2) ($Kp._{27}$ 43°); $D.^{25}_{4}$ 1,0692, $\eta^{25}$ 0,0985, $\gamma^{27,5}$ 30,48. — *Propen-(2)-yl-*, $Kp._{2}$ 93—95°, mit Allylchlorid; $D.^{25}_{4}$ 0,9845, $\eta^{25}$ 0,03916, $\gamma^{25}$ 28,8. *Monoäthylester*, $C_{10}H_{16}O_4$, mit wss.-alkoh. NaOH bei 75°; 81,3%; gibt beim Erhitzen auf 160° bzw. bei der Vakuumdest. *Äthyl-[propen-(2)-yl]-essigsäureäthylester*, $C_9H_{16}O_2$, $Kp._{20}$ 65—70°. — *2-Methylpropen-(2)-yl-*, $Kp._{6}$ 100—104°, mit Methallylchlorid; $D.^{26}_{4}$ 0,9828, $\eta^{25}$ 0,0553, $\gamma^{26}$ 28,4. *Monoäthylester*, $C_{11}H_{18}O_4$; 67%; wird bei 150—170° decarboxyliert. — *α-Carbäthoxy-α-äthyl-γ-n-valerolacton* (I), $C_{10}H_{16}O_4$, $Kp._{3}$ 113—115°, aus vorvorst. Monoäthylester mit 100%ig. $H_2SO_4$ bei —25° (4 Std.); $D.^{27}_{4}$ 1,069, $\gamma^{26}$ 31,8, $n_D^{27}$ 1,4418, $\eta^{27}$ 0,0785; 55%, daneben 23% (unter Eiskühlung, dann 72 Std. bei Zimmertemp. 47,0 bzw. 34,8%, mit 95%ig. $H_2SO_4$ je 42,5%) *freie Lactonsäure*, $C_8H_{12}O_4$, $Kp._{7}$ 85—88° (*Anilid*, $C_{14}H_{17}O_3N$, F. 83—84° [A.]). — *α-Carbäthoxy-α-äthyl-γ-isocaprolacton* (II), $C_{11}H_{18}O_4$, $Kp._{6}$ 127—133°, aus vorvorst. Monoäthylester analog I; $D.^{25}_{4}$ 1,050, $\gamma^{25}$ 32,8, $n_D^{25}$ 1,4432, $\eta^{25}$ 0,1095; 78%, daneben 15% *freie Lactonsäure*, $C_9H_{14}O_4$. — 5-Alkenyl-5-äthylbarbitursäuren, aus der entsprechenden vorst. Verb. mit Harnstoff in alkoh. $NaOC_2H_5$ (24 Std. bei 60°): *5-[cis-3-Chlorpropen-(2)-yl]-*, F. 141—142° (W.); 74%. — *5-[trans-3-Chlorpropen-(2)-yl]-*, F. 152—153°; 65%. Gibt bei der Hydrierung über $PtO_2$ *5-Äthyl-5-n-propylbarbitursäure*, F. 146—147°. — *5-[2-Chlorpropen-(2)-yl]-*, F. 188—190°; 90%. — *5-[3-Chlor-n-buten-(2)-yl]-*, F. 152°; 63%. — *5-[β-Oxypropyl]-*, F. 178—180° (A.), aus I; 81%. — *5-[β-Oxyisobutyl]-* (III), F. 194° (A.; nach Reinigung über nachst. Verb.), aus II; 75%. Gibt beim 4std. Erhitzen mit 150° *Verb.* $C_{10}H_{16}O_4N_2 \cdot H_2O$, F. 144° (Dioxan u. PAe.). — *5-[β-Chlorisobutyl]-*, F. 181°, aus **III** mit HCl (D. 1,19; ½ Std.); 55%. Gibt mit alkoh. $NaOC_2H_5$ (24 Std. bei 25°) wieder **III**. (J. Amer. chem. Soc. **73**. 3321—24. Juli 1951. Newark, Del., Univ., Chem. Dep.) E. KOBER. 3272

**Ernest Anderson** und **Lila Sands**, *l-Arabinose*. Durch 60 std. Erhitzen von Mesquitegummi mit konz. $H_2SO_4$ auf 80°, Neutralisieren, Einengen u. Aufnehmen in 95%ig. A.; nach Stehen Einengen: F. 155—157° (Eisessig); 90% (Ausbeute). (Org. Syntheses, collect. Vol. **1**. [**1**.—**9**. 2. Aufl.] 67—70, ausg. Okt. 1951.) I. AHRLÉ. 3400

**S. Rangaswami, T. Reichstein, O. Schindler** und **T. R. Seshadri**, *Glykoside und Aglykone*. 115. Mitt. *Die Glykoside der Samen von Strophanthus wightianus Wall.* (114. vgl. SCHNELL u. Mitarbeiter, C. **1955**. 1560.) 2 Chargen von 3 Proben des Samens von *Strophanthus wightianus Wall.* aus Travancore wurden fermentiert u. mit PAe., Ae., Chlf. u. Chlf./A. extrahiert (vgl. SCHINDLER u. REICHSTEIN, C. **1956**. 8907). Der Ae.- u. der Chloroformextrakt wurden papierchromatograph. untersucht u. durch Chromatographie an $Al_2O_3$ getrennt. Es wurden *Divaricosid* (I) u. *Caudosid* (II) sowie ein amorphes Konzentrat gefunden, das dem der „Substanz D" aus Strophanthus divaricatus (vgl. l. c.) ähnelte. In kleiner Menge war das sogenannte „*Kristallisat E*" (**III**) u. in Spuren das sogenannte „*Kristallit F*" (**IV**) vorhanden, welches vielleicht mit dem „Nebenprod. A" aus *Strophanthus courmontii* ident. ist.

Versuche (FF. korr.): Papierchromatographie des Ätherextraktes gab mit Chlf. als beweglicher Phase einen **I**, **II** u. „Substanz D" enthaltenden (B-Fleck) u. einen der „Substanz A" aus *S. divaricatus* entsprechenden Fleck (A-Fleck). Letzterer ließ sich beim Arbeiten mit Bzl./Chlf. (9:1) in 2 Flecke aufteilen. — Papierchromatographie des Chloroformextraktes lieferte 1 bzw. 2 **III** u. **IV** entsprechende Flecken. Bei der einen Charge erschien auch der B-Fleck u. schwach (vermutlich) der A-Fleck (Abb.). — Die Ätherextrakte wurden an $Al_2O_3$ chromatographiert u. mit Bzl./Chlf., Chlf. u. Chlf./Methanol/Essigester in wechselnden Mengenverhältnissen eluiert. Aus den 27 Fraktionen wurden **I**, **II** u. Substanz D erhalten. Bei analoger Chromatographie der Chloroformextrakte (Tabellen) wurden **II**, **III** u. sehr wenig **IV** erhalten. — *Divaricosid* (**I**), F. u. Misch-F. 218 bis 220° (Methanol/Ae.), kleine perlmutterartig glänzende Blättchen, $[\alpha]_D^{18}$ —41,0±2° (c = 1,002; Methanol); gibt Farb-Rk. mit 84%ig. $H_2SO_4$ wie **I** aus *S. divaricatus*; enthält noch etwas **II**. — *Caudosid* (**II**), F. u. Misch-F. 248—252°, langgestreckte sechseckige Blättchen aus Methanol, $[\alpha]_D^{22}$ —98,6±2° (c = 0,9329; Methanol); Farb-Rk. mit 84%ig. $H_2SO_4$ wie bei **II** aus *S. divaricatus*. *Diacetat*, F. u. Misch-F. 183—185°, aus **43** mg **II** mit Acetanhydrid u. Pyridin (3 Std. bei 75° u. 14 Std. bei 18°); dreieckige Blättchen aus Aceton/Ae.; 54 mg (roh). — *Kristallisat F* (**IV**), F. 295—305°, Misch-F. mit „Nebenprod. A" aus *S. courmontii*, F. 295—306°, Farb-Rk. mit 84%ig. $H_2SO_4$ anfangs graubraun, nach 8 Min. violettstichig braun, nach 23—150 Min. graublau, verhält sich papierchromatograph. wie „Nebenprod. A". — *Kristallisat E* (III), $C_{30}H_{44}O_{10}$ (?), F. 227 bis 250°, sechseckige Blättchen aus Methanol/Ae., $[\alpha]_D^{16}$ +21,8± 2° (c = 0,9718; Methanol). III wurde bei der RAYMOND-Rk. blau, KELLER-KILIANI-Rk. negativ, Zuckerprüfung positiv, mit 84% ig. $H_2SO_4$ nach 5 Min. hellgrauviolett, nach 60 Min. grau. — Die UV-Spektren von I u. III sind angegeben. (Helv. chim. Acta **36.** 1282—95. 15/10. 1953. Waltair, South-India, Andhra Univ., Dep. of Pharmaceut. Chem.; Basel, Univ., Organ.-Chem. Anst.; Delhi, India, Univ., Dep. of Chem.) W. WILLENBERG. 3450

**S. Pataki, Kuno Meyer** und **T. Reichstein,** *Glykoside und Aglykone.* 116. Mitt. *Die Konfiguration des Digoxigenins. (Teilsynthese des 3β.12α- und des 3β.12β-Dioxyätiansäuremethylesters).* (115. vgl. vorst. Ref.; vorl. Mitt. vgl. C. **1954.** 7197.) *3β.12α-Dioxyätiansäuremethylester* (I) wurde neben dem *3α.12α-Dioxyätiansäuremethylester* (II) durch Hydrieren von 3-Keto-12α-acetoxyätiansäuremethylester (III) erhalten. Die Trennung von I u. II erfolgte über ihre *Diacetate* (X bzw. IX). *3β.12β-Dioxyätiansäuremethylester* (IV) wurde folgendermaßen erhalten: *3α.12β*-Dioxyätiansäuremethylester (V) → *3α.12β-Diacetoxyätiansäuremethylester* (XII) → *3α-Oxy-12β-acetoxyätiansäuremethylester* → *3-Keto-12β-acetoxyätiansäuremethylester* (VI), Hydrieren von VI, Remethylierung, Acetylierung u. chromatograph. Trennung des erhaltenen Gemisches in 47% XII u. 43% *3β.12β-Diacetoxyätiansäuremethylester* (VII), Verseifung von VII u. Remethylierung zu IV. Aus IV läßt sich durch partielle Acetylierung u. Dehydrierung mit $CrO_3$ *3β-Acetoxy-12-ketoätiansäuremethylester* erhalten. Somit sind alle vier 3.12-Dioxyätiansäuremethylester u. ihre Acetate in krist. Form bekannt. — *Digoxigenin* (VIII) gibt durch Ozonisierung seines Diacetats, reduzierende Spaltung, Verseifung des Glyoxylsäureesters u. Oxydation mit $HJO_4$ *3β.12β-Diacetoxy-14β-oxyätiansäure* (XIV), die sich über den *3β.12β-Diacetoxy-$\Delta^{14}$-ätiensäuremethylester* (XV) in VII u. IV überführen läßt. VIII ist deshalb als *3β.12β.14-Trioxy-$\Delta^{20,22}$-cardenolid* zu formulieren.

Versuche (FF. korr.): *3α.12α-Dioxyätiansäuremethylester* (II), F. 144—145° (Bzl./PAe.), $[\alpha]_D^{18}$ + 80,6 ± 2° (c = 1,4018; Chlf.). — *3α.12α-Diacetoxyätiansäuremethylester* (IX), F. 152—153° (Ae./PAe.), $[\alpha]_D^{19}$ + 148,3 ± 2° (c = 1,4693; Chlf.) + 152,5 ± 2° (c = 1,4484; Methanol). — *3α-Oxy-12α-acetoxyätiansäuremethylester,* F. 141,5—142,5° (Ae./PAe.), $[\alpha]_D^{19}$ + 130,6 ± 2° (c = 1,5842; Chlf.), $[\alpha]_D^{20}$ + 154,5 ± 2° (c = 1,4949; Methanol). — *3Keto-12α-acetoxyätiansäuremethylester* (III), F. 95,5 bis 97° (Ae./PAe.), $[\alpha]_D^{20}$ + 134,9 ± 2° (c = 1,4891; Chlf.) + 142,8 ± 2° (c = 1,5538; Methanol). — *3-Keto-12α-oxyätiansäuremethylester,* F. 146—147,5° (Aceton/Ae.), $[\alpha]_D^{18}$ + 82,3 ± 2° (c = 1,2626; Chlf), + 99,7 ± 2° (c = 1,2733; Methanol). — *3β.12α-Diacetoxyätiansäuremethylester* (X), $C_{25}H_{38}O_6$, F. 142—147° (Tröpfchenbldg. ab 138°, PAe.), flache Nadeln, a) durch 2std. Hydrieren von 3,95 g III in NaOH-haltigem Methanol in Ggw. von RANEY-Ni, Extraktion des eingedampften u. angesäuerten Filtrates mit Chlf./Ae., Methylierung der rohen Dioxyätiansäure in Methanol mit äther. $CH_2N_2$-Lsg., Acetylierung mit Acetanhydrid/Pyridin u. Trennung des rohen Acetats durch fraktionierte Kristallisation aus PAe. in 800 mg X, 2,55 g IX u. 970 mg verbleibendes Gemisch; b) durch 4std Hydrieren von 250 mg III über $PtO_2$ in Eisessig, Acetylieren des Hydrierungsprod. u. chromatograph. Trennung an $Al_2O_3$ in 43 mg X, 107 mg IX u. 63 mg Gemisch. Trennung des Gemisches mit Digitonin gelang nicht. — *3β.12α-Dioxyätiansäuremethylester* (I), $C_{21}H_{34}O_4$, F. 158,5—160°, durch 45std. Verseifen von 170 mg X in Methanol mit KOH bei 35° u. Methylierung: Nadeln aus Aceton/Ae. $[\alpha]_D^{18}$ + 76,4 ± 2° (c = 1,3205; Chlf.), $[\alpha]_D^{19}$ + 87,6 ± 2° (c = 1,3001; Methanol); 104 mg (Ausbeute). — *3α-Succinyloxy-12α-oxyätiansäuredimethylester,* F. 78—80°, durch 2std. Erhitzen von 11,3 g II mit Bernsteinsäureanhydrid auf 100° u. Methylierung der rohen Säure; 10,53 g. — *3α-Acetoxy-12-ketoätiansäuremethylester,* F. 155—156° (Ae./PAe.), $[\alpha]_D^{22}$ + 153,4 ± 3° (c = 0,6126; Chlf.), $[\alpha]_D^{19}$ + 152,9 ± 2° (c = 1,3276; Methanol). — 140 mg vorst. Verb. wurden 4 Std. in Eisessig über $PtO_2$ hydriert; durch chromatograph. Trennung der Ester wurden erhalten: *3α-Acetoxy-12α-oxyätiansäuremethylester,* F. 136,5—137,5° (Ae./PAe.), $[\alpha]_D^{20}$ + 60,4 ± 3° (c = 0,8765; Chlf.), + 79,3 ± 3° (c = 0,7560; Methanol); 76 mg; u. *3α-Acetoxy-12β-oxyätiansäuremethylester,* F. 153 bis 155°; 10 mg; sowie 32 mg Gemisch. — *3α.12β-Dioxyätiansäuremethylester* (V), F. 180 bis 182° (Aceton/PAe.), $[\alpha]_D^{18}$ + 51,7 ± 2° (c = 1,4707; Methanol), $[\alpha]_D^{21}$ + 17,1 ± 2° (c = 1,3959; Chlf.), kurze Nadeln, a) durch 1std. Hydrieren von 800 mg 3α-Oxy-12-ketoätiansäuremethylester (XI; F. 164—170°) in NaOH-haltigem Methanol in Ggw. von RANEY-Ni, Remethylierung mit $CH_2N_2$ u. Umkristallisieren aus Aceton/PAe.; 584 mg, ferner 35 mg Gemisch der Epimeren; b) durch 6std. Red. von 200 mg XI in 80% ig. Dioxan mit $NaBH_4$ bei 20°, Ansäuern, Abdest. des Dioxans, 30 Min. Kochen mit D-Mannit in methanol.-schwefelsaurer Lsg. u. Chromatographie; 51 mg; ferner 67 mg II (*Hydrat,* F. 111—113°). — *3α.12β-Diacetoxyätiansäuermethylester* (XII), $C_{25}H_{38}O_6$, F. 119,5—122° (Ae./PAe.), Nadeln, $[\alpha]_D^{18}$ + 84,3 ± 2° (c = 1,8384; Chlf.), aus 4,05 g **V** mit Acetanhydrid/Pyridin in $3^1/_2$ Std. bei 100°; chromatograph. Trennung an $Al_2O_3$ lieferte 3,2 g **XII** u. 1,39 g *3α-Acetoxy-12β-oxyätiansäuremethylester*, F. u. Misch-F. 155—156° (Ae./PAe.), $[\alpha]_D^{22}$ + 54,0 ± 3° (c = 0,4253; Aceton), $[\alpha]_D^{18}$ + 40,8 ± 2° (c = 1,7619; Chlf.), $[\alpha]_D^{17}$ + 69,8° (c = 1,1172; Methanol). — **XII** ferner aus **V** mit Acetanhydrid u. p-Toluolsulfosäuremonohydrat in 26 Std. bei 20°; 90%; u. aus **V** mit $HClO_4$-haltigem Acetanhydrid/Eisessig bei 20° in 40 Min.; 93%. — *3α-Oxy-12β-acetoxyätiansäuremethylester*, $C_{23}H_{36}O_5$, F. 130,5—132° (Ae./PAe.), durch partielle Verseifung von **XII** mit methanol. HCl in 20 Std. bei 20° u. chromatograph. Abtrennung an $Al_2O_3$ von unverändertem **XII**; $[\alpha]_D^{18}$ + 65,6 ± 2° (c = 1,6305 in Chlf.); 54%. — *3-Keto-12β-acetoxyätiansäuremethylester* (**VI**), $C_{23}H_{34}O_5$, F. 143—145°, durch 5std. Oxydation vorst. Verb. mit $CrO_3$ in Eisessig bei 20° u. nachfolgende Zugabe von Methanol; Prismen aus Ae./PAe.; $[\alpha]_D^{18}$ + 67,1 ± 3° (c = 0,7739 Chlf.), 84%. — *3β.12β-Diacetoxyätiansäuremethylester* (**VII**), $C_{25}H_{38}O_6$, F. 142—143,5° (Ae./PAe.), durch 3std. Hydrierung von **VI** in NaOH-haltigem Methanol über RANEY-Ni, Methylierung (analog **X**, a), Acetylierung in Ggw. von $HClO_4$ (wie von **V**) u. Chromatographie an $Al_2O_3$; $[\alpha]_D^{17}$ + 50,7 ± 1,5° (c = 1,8335 in Chlf.); 43%. Aus den ersten Eluaten **XII**; 47%. — *3β.12β-Dioxyätiansäuremethylester* (**IV**), $C_{21}H_{34}O_4$, F. 186,5—188,5° (Aceton/Ae.), durch 45std. Verseifung von **VII** in Methanol mit KOH bei 35° u. Remethylierung mit äther. $CH_2N_2$-Lsg.; $[\alpha]_D^{18}$ + 12,7 ± 2° (c = 1,4872; Chlf.); $[\alpha]_D^{17}$ + 38,6 ± 2° (c = 1,4246 Methanol); 81%. **IV** gab in wenig 80%ig. Methanol mit 2%ig. Digitoninlsg. in 80%ig. Methanol keine Fällung, sondern erst nach Verdünnen mit W. auf 50%ig. Methanol. — *3β-Acetoxy-12β-oxyätiansäuremethylester*, $C_{23}H_{36}O_5$, F. 165—166,5° (Ae./PAe.), durch 14std. partielle Acetylierung von 780 mg **IV** mit Acetanhydrid/Pyridin bei 20° u. Chromatographie an $Al_2O_3$; $[\alpha]_D^{17}$ + 10,0 ± 2° (c = 1,2995; Chlf.); 430 mg. Die späteren Eluate wurden mit Acetanhydrid/$HClO_4$ zu 310 mg **VII** acetyliert. — *3β-Acetoxy-12-ketoätiansäuremethylester*, $C_{23}H_{34}O_5$, F. 153,5—155°, durch 4std. Oxydation vorst. Verb. mit $CrO_3$ in Eisessig; Prismen aus Ae., $[\alpha]_D^{16}$ + 117,7 ± 2° (c = 1,4860; Chlf.); 83%. — *Digoxigenin* (**VIII**), F. 206—209° (Aceton), durch 30 Min. Kochen von Cedilanid in 0,05 n wss.-methanol. $H_2SO_4$; Körner; 96% (Rohausbeute). *Diacetat*, F. 219—221° (Aceton/Ae.), aus rohem **VIII** mit Acetanhydrid/Pyridin in 2 Std. bei 70°; 85%. — *3β.12β-Diacetoxy-14.21-dioxy-14β-pregnan-20-on* (**XIII**), $C_{25}H_{38}O_7$, F. 146—158° (Ae./PAe.), durch 20 Min. Ozonisieren von 910 mg vorst. Diacetats, Behandlung der Lsg. des Verdampfungsrückstandes in Eisessig mit Zn-Staub, Eindampfen, Aufnehmen mit Chlf., Gewinnung von 960 mg neutraler amorpher Substanz aus dem Chlf.-Extrakt (u. von 13 mg Säure), 20std. Verseifung mit wss.-methanol. $KHCO_3$-Lsg. bei 20°, Verdampfung des Methanols, Ansäuern u. Ausschütteln mit Chlf./Ae. (1:4); $[\alpha]_D^{15}$ + 64,3 ± 2° (c = 1,5389; Chlf.); 848 mg. — *3β.12β-Diacetoxy-14β-oxyätiansäure* (**XIV**), F. u. Misch-F. 229—230°, aus 758 mg **XIII** durch Oxydation mit $HJO_4$ in wss. Dioxan in 15 Std. bei 20°, Einengen, Ansäuern u. Ausschütteln mit Chlf., Körner aus Aceton; 720 mg (roh). *Methylester*, $C_{25}H_{38}O_7$, F. 185—186° (Tröpfchen ab 175°), durch Methylierung von 677 mg **XIV** mit $CH_2N_2$ u. chromatograph. Reinigung an $Al_2O_3$; Plättchen aus Ae./PAe., $[\alpha]^{21}$ + 53,2 ± 1,0° (c = 1,9348; Chlf.); 440 mg. — *3β.12β-Diacetoxy-$\Delta^{14}$-ätiensäuremethylester* (**XV**), $C_{25}H_{36}O_6$, F. 141—143,5° (Ae./Pentan), $Kp._{0,015}$ 175—185° (Badtemp.), durch 15std. Umsetzung vorst. Methylesters mit $POCl_3$ in Pyridin u. in Ggw. einer Spur W. bei 60°; Nadeln; $[\alpha]_D^{21}$ + 61,9 ± 2° (c = 1,4522; Chlf.; 79%. — **VII**, durch 2std. Hydrierung von 220 mg **XV** in Eisessig über $PtO_2$; $[\alpha]_D^{16}$ + 49,5 ± 2° (c = 1,5756; Chlf.); 200 mg. — **IV**, F. 185—187°, Misch-F. 184—186°, durch 40std. Verseifen von 140 mg **VII** (aus **VIII**) mit KOH in Methanol bei 35° u. Methylierung; $[\alpha]_D^{17}$ + 36,6 ± 2° (c = 1,0918; Methanol), $[\alpha]_D^{18}$ + 10,2 ± 3° (c = 0,6818; Chlf.); 96 mg. (Helv. chim. Acta **36**. 1295—1308. 15/10. 1953. Basel, Univ., Pharmazeut. Anst. u. Organ.-chem. Anst.) W. WILLENBERG. 3450

**Ch. Tamm** und **J. P. Rosselet**, *Glykoside und Aglykone*. 117. Mitt. *Die Konstitution von Evomonosid*. (116. vgl. vorst. Ref.) *Evomonosid* (**I**) aus dem Samen von *Evonymus europaea L.* gibt bei der Spaltung mit HCl in Aceton als Hauptprod. *Digitoxigenin* (**II**) u. ist demnach (in Anbetracht der mol. Drehung offenbar α-glykosid. verknüpftes) *Digitoxigenin-L-rhamnosid*. Bei einem Vers., **I** aus **II** u. Acetobrom-L-rhamnose (**III**) nach KÖNIGS u. KNORR darzustellen, wurde nur *$\Delta^{14}$-Anhydrodigitoxigenin-α-L-rhamnosid*-⟨1.5⟩ (**IV**) erhalten u. ein Triacetat davon dargestellt. **I**-*Triacetat* (**V**) lieferte mit $POCl_3$ in Pyridin nicht das Triacetat von **IV**, sondern *β-Anhydrodigitoxigenin* (**VI**). Bei der Spaltung von **I** entstehen neben **II** wahrscheinlich noch **VI** u. α-Anhydrodigitoxigenin (vgl. MEYRAT u. REICHSTEIN, C. **1948**. E 2075).

V e r s u c h e (FF. korr.; Chromatographie an alkalifreiem $Al_2O_3$): *$\Delta^{14}$-Anhydrodigitoxigenin-L-α-rhamnosid*-⟨1.5⟩ (**IV**), $C_{29}H_{42}O_7$, F. 249—252°; 500 mg trockenes **II** wurden in Dioxan/Bzl. mit **III** u. $Ag_2CO_3$ 3 Std. bei 105—110° Badtemp. umgesetzt, 1,7 g Rohprod. wurden 10 Tage mit $KHCO_3$-Lsg. in wss. Methanol bei 18° stehengelassen, nach Abdest. des Methanols wurde je 3 mal mit Ae., Chlf., Chlf./A. (9:1) u. Chlf./A. (2:1) ausgeschüttelt; die Chlf.- u. Chlf./A.-Extrakte gaben nach Chromatographie oder nach Acetylierung keine Kristalle; der Ae.-Extrakt wurde chromatographiert, aus Fraktion 1—8 [eluiert mit Bzl. u. Bzl./Chlf. (4:1) u. (3:7)] Öl; aus Fraktion 9—14 [Bzl./Chlf. (3:7) u. Chlf.] **IV**, Nadeln aus Methanol /W., $[\alpha]_D^{22}$ — 46,9 ± 2° (c = 1,080; Methanol); 395 mg (Rohausbeute); LEGAL-Rk. u. Zuckerprobe positiv; mit Tetranitromethan (**VII**) starke Gelbfärbung. Fraktionen 15—19 (Chlf. u. Chlf./Methanol) gaben 295 g amorphe Substanz; Fraktion 19 kristallisierte auch nach Acetylierung nicht. **IV**-*Triacetat*, $C_{35}H_{48}O_{10}$, F. 121—124° → 170—173°, durch 16std. Acetylierung von 100 mg **IV** mit Acetanhydrid/Pyridin bei 32° u. Chromatographie (Bzl. u. Bzl./Chlf. 4:1); Nadeln aus Methanol/Ae./PAe.; $[\alpha]_D^{20}$ — 27,1 ± 2° (c = 1,1; Chlf.); 87 mg (roh); Rkk. wie bei **IV**. — *β-Anhydrodigitoxigenin* (**VI**), F. 201—204° (Methanol/Ae./PAe.), durch Umsetzung von 100 mg **V** in Pyridin mit $POCl_3$ in Ggw. einer Spur W. (1 Std. bei 0°, 20 Std. bei 20°), Zers. des $POCl_3$ u. Chromatographie; $[\alpha]_D^{20}$ — 14,4 ± 2° (c = 1,016; Methanol); 76 mg (roh); LEGAL-Rk. positiv, Zuckerprobe negativ, mit **VII** starke Gelbfärbung. — 301 mg **I** wurden 10 Tage bei 25° mit HCl in Aceton behandelt u. mit W. versetzt; es wurde eingeengt, 25 Min. mit Methanol gekocht, Methanol abdest., mit Chlf. ausgeschüttelt, mit W. u. $Na_2CO_3$-Lsg. gewaschen u. das Rohprod. (277 mg) an $Al_2O_3$ chromatographiert; Elution mit Bzl./Chlf. (1:1) gab *Substanz* vom F. *179—188°*, Würfelchen aus Methanol/Ae./PAe.; 8 mg; starke Gelbfärbung mit **VII**. Aus dem Eluat mit Chlf. u. 0,5% Methanol enthaltendem Chlf. *Digitoxigenin* (**II**) $C_{23}H_{34}O_4$, F. 250—254°, Prismen aus Methanol/Ae./PAe.; $[\alpha]_D^{21}$ + 15,8 ± 2° (c = 1,427; Methanol); 60 mg (roh); keine Gelbfärbung mit **VII**. (Helv. chim. Acta **36**. 1309—14. 15/10. 1953 Basel, Univ., Organ.-chem. Anst.) W. WILLENBERG. 3450

**A. Katz,** *Glykoside und Aglykone.* 118. Mitt. *Über die Glykoside von Bowiea volubilis Harvey.* 2. Mitt. (117. vgl. vorst. Ref.; 1. vgl. C. **1951**. I. 2888.) Aus 4 von 5 untersuchten Mustern von grünen Zwiebeln von *Bowiea volubilis Harvey* wurde *Bovosid A* (**I**; *Oxim*, $C_{31}H_{45}O_9N$, F. 245—260° nach Sintern bei 170°) in einer Ausbeute von 0,0012—0,01% durch Extraktion isoliert. In einem Muster wurden das auch von TSCHESCHE u. SELLHORN (Chem. Ber. **86**. [1953.] 54) erhaltene *Bovosid D* [**II**; $C_{31}H_{44}O_{10}$, F. 284—289° ($CH_3$·OH–Ae.), $[\alpha]_D^{20}$ — 69,9 ± 3° (c = 0,829; $CH_3OH$)] u. eine *Bowieasubstanz E* genannte, vom Bovogenin in der Drehung verschiedene Verb. [$C_{24}H_{32}O_9 \cdot {}^1/_2\, H_2O$ oder $C_{31}H_{44}O_{12}$, F. 282—294° ($CH_3OH$–Ae., $CH_3OH$), $[\alpha]_D^{24}$ + 18,8 ± 4° (c = 0,480; $CH_3OH$)] gefunden. **I** autoxydiert sich in Methanol u. wss. Methanol bei Luftzutritt. Von dieser Oxydation wird offenbar die aldehyd. Gruppe $C_{(19)}$ betroffen, doch scheint auch die Lactongruppe teilweise in Mitleidenschaft gezogen zu werden (UV-Maximum für das Zersetzungsprod. 300 mμ; log ε für die Lactongruppe 3,16 gegenüber 3,7 bei **I**). Krist. Zersetzungsprodd. konnten auch nach Methylierung u. Acetylierung nicht isoliert werden. Durch saure Hydrolyse von **I** entstehen *L-Thevetose* [F. 124—129° (Aceton + Ae.), $[\alpha]_D^{20}$ — 71,2° (nach 5 Min.) → — 32,7 ± 3° (nach 5 Std.; c = 0,857; W.); *β-Triacetat*, $C_{13}H_{20}O_8 \cdot 3\,H_2O$, F. 115 bis 118° [Nadeln aus Ae.–Pentan), $[\alpha]_D^{20}$ — 5,3 ± 4° (c = 0,505; Aceton)] u. ein *Monoanhydrogenin* [$C_{24}H_{30}O_4$, F. 195—200° (Nadeln aus $CH_3OH$–Ae.), Farb-Rk. mit 84%ig. $H_2SO_4$ gelb → orange] der vermutlichen Struktur **III**. Wie **I** sind auch Gofrusid u. Christyosid autoxydabel. (FF. korr.) (Helv. chim. Acta **36**. 1344—52. 15/10. 1953.)

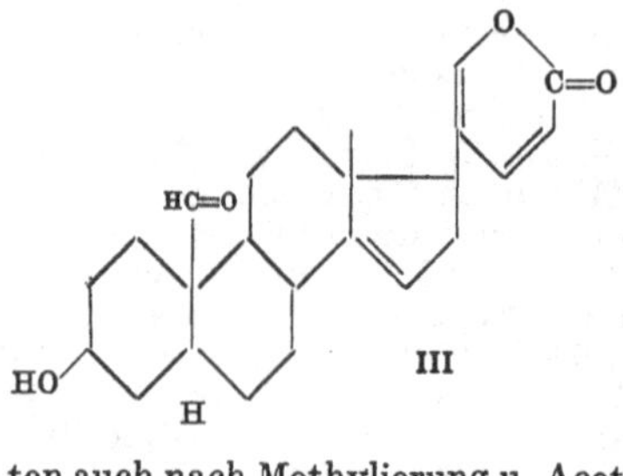

III

W. WILLENBERG. 3450

**A. Katz,** *Glykoside und Aglykone.* 119. Mitt. *Über die Glykoside von Bowiea volubilis Harvey.* 3. Mitt. (118. bzw. 2. vgl. vorst. Ref.) Durch Red. der aldehyd. Gruppe $C_{(19)}$ von Bovosid A (**I**) mit $NaBH_4$ wurde *Bovosidol A* dargestellt u. dessen Triacetat mit $KMnO_4$ oxydiert, wobei 28% neutrale u. 69% saure Anteile entstanden. Durch Methylierung der aus den letzteren erhaltenen krist. Säure wurde *3β-[Diacetyl-L-thevetoxy]-19-acetoxy-14β-oxyätioallocholansäuremethylester* erhalten, der mit $POCl_3$ in Pyridin in *3β-[Diacetyl-L-thevetoxy]-19-acetoxy-Δ¹⁴-ätioallocholensäuremethylester* (**II**) übergeführt wurde. Hydrierung von **II** gab *3β-[Diacetyl-L-thevetoxy]-19-acetoxyätioallocholansäuremethylester* (**III**), der durch Verseifung u. Nachmethylierung in *3β-L-Thevetoxy-19-oxyätioallocholansäuremethylester* (**IV**) übergeführt wurde. Durch Hydrolyse von **IV** nach KILIANI (Ber. dtsch. chem. Ges. **23**. [1930.] 2866) u. Nachmethylierung des Aglykons sowie anschließende Acetylierung entstand *3β.19-Diacetoxyätioallocholansäuremethylester* (**V**). Daß **I** ein α-L-Thevetosid ist, geht aus dem Vgl. der Molekularrotation von **III** mit der von 3β-Oxy-19-acetoxyalloätiansäuremethylester u. den anomeren Methyl-L-chinovosidtriacetaten sowie der anomeren L-Thevetosetriacetate hervor. Demnach ist die Konst. von **I** bis auf Stellung u. Konfiguration der tert. OH-Gruppe streng bewiesen; letztere dürfte in Analogie zu anderen herzakt. Glykosiden u. Aglykonen als 14β-ständig anzusehen sein.

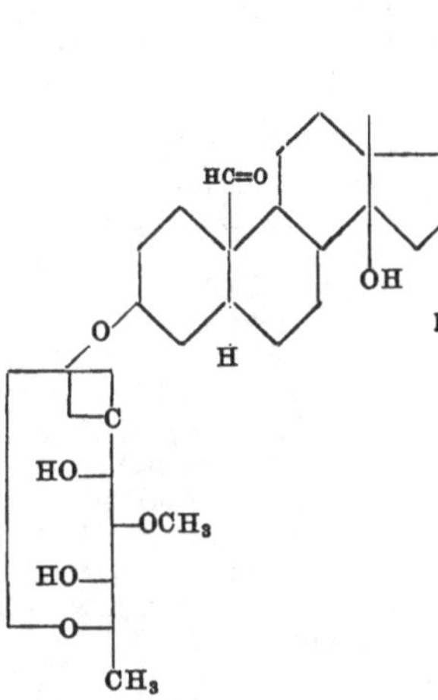

I

Versuche (FF. korr.): *Bovosidol A*, $C_{31}H_{46}O_9 \cdot 2H_2O$, nach Trocknen $C_{31}H_{46}O_9$, F. 220 bis 238° (Methanol/Ae.), durch 2std. Red. von 115 mg **I** mit $NaBH_4$ in 75%ig. Dioxan, Ansäuern u. Ausschütteln mit Chlf.; Farb-Rkk. mit 80%ig. $H_2SO_4$ farblos → sehr schwachgelb → sehr schwachorange → violett; $[\alpha]_D^{22}$ − 86,6 ± 2° (c = 1,046 in Methanol); 89 mg (Ausbeute). *Triacetat*, $C_{37}H_{52}O_{12}$, F. 150—165°, aus 200 mg Alkohol mit Acetanhydrid/Pyridin (12 Std. bei 20°, 45 Min. bei 60°); Nadeln aus Aceton/Ae.; Farb-Rk. mit 80% ig. $H_2SO_4$ orangegelb → schwachgelb → gelb mit rosa Rand → violett (nach 45 Min.); $[\alpha]_D^{22}$ − 88,6±2° (c = 0,893 in Chlf.); 205 mg. — *3β-[Diacetyl-L-thevetoxy]-19-acetoxy-14β-oxyätioallocholansäure*, F. 245—257° (Ae.), durch $4^1/_2$std. Oxydation des Acetats mit $KMnO_4$ in Aceton, Abdest. des Acetons bei 30°, Ansäuern, Ausschütteln mit Chlf./Ae. (1:2), Behandlung der Auszüge mit 2 n $Na_2CO_3$ (im Chlf./Ae. verblieben 104 mg nicht krist. neutrale Substanz), Ansäuern der $Na_2CO_3$-Lsgg. u. Ausziehen mit Chlf./Ae.; 110 mg. *Methylester*, $C_{34}H_{52}O_{12}$, 240—242°, mit $CH_2N_2$ in Methanol/Ae. bei 0° in 15 Min., Reinigung durch Chromatographie an $Al_2O_3$ (Elution mit Bzl./Chlf. 9:1); feine Nadeln aus Ae. $[\alpha]_D^{20}$ − 75,2 ± 2° (c = 0,951 in Chlf.) — *3β-[Diacetyl-L-thevetoxy]-19-acetoxy-$\Delta^{14}$-ätioallocholensäuremethylester* (**II**), F. 155 bis 157°, durch 42std. Erhitzen von 75 mg vorst. Esters mit $POCl_3$ in Pyridin auf 70°, Zugabe von W. u. Ausschütteln mit Chlf.; zu festen Drusen vereinigte Prismen aus Ae./Pae., $[\alpha]_D^{20}$ − 74,9 ± 4° (c = 0,525 in Chlf.); 21 mg + 18 mg roh. — *3β-[Diacetyl-L-thevetoxy]-19-acetoxyätioallocholansäuremethylester* (**III**), $C_{34}H_{52}O_{11}$, Doppel-F. 80—95° u. 128—130° (Ae./PAe.), durch 1std. Hydrieren von 20 mg **II** über $PtO_2$ in Eisessig; $[\alpha]_D^{22}$ − 66,3 ± 4° (c = 0,505; Chlf.); 16 mg. — *3β-L-Thevetoxy-19-oxyätioallocholansäuremethylester* (**IV**), F. 226—229°, durch 21std. Verseifen von 43 mg **III** mit KOH in Methanol bei 40°, Ansäuern, Ausziehen mit Chlf. u. 15 Min. Methylieren des Trockenrückstandes der Chlf.-Lsg. mit $CH_2N_2$ in Methanol/Ae. bei 0°; vierkantige Nadeln aus Methanol/Ae. $[\alpha]_D^{24}$ − 44,6 ± 4° (c = 0,605; Chlf.); 18 mg. — *3β.19-Dioxyätioallocholansäuremethylester*, F. 140—200° (Methanol/Ae.; Rohprod.); durch $1^1/_2$std. Erhitzen von 25 mg **IV** in Eisessig mit halbkonz. HCl auf 100°, Verdünnen, Einengen, Extrahieren mit Chlf./A. (8:2) u. Methylieren des Trockenextraktes wie vorst.; 22,5 mg. — *3β.19-Diacetoxyätioallocholansäuremethylester* (**V**), $C_{25}H_{38}O_6$, F. 125—127°, Misch-F. 126—128° (mit **V** aus Coroglaucigenin), durch Acetylierung von 22,5 mg vorst. Substanz mit Acetanhydrid in Pyridin (10 Std. bei 20°, 45 Min. bei 70°) u. Chromatographie an $Al_2O_3$ (Elution mit Bzl./PAe.); $[\alpha]_D^{24}$ + 27,3 ± 2° (c = 0,991; Chlf.); 14 mg. (Helv. chim. Acta **36**. 1417—23. 15/10. 1953.)

W. WILLENBERG. 3450

**P. Zoller** und **Ch. Tamm**, *Glykoside und Aglykone*. 120. Mitt. *Die Konstitution des Transvaalins*. (119. vgl. vorst. Ref.) Zwiebeln von *Urginea burkei Bkr.* wurden fermentiert u. mit A. extrahiert. Der mit $Pb(OH)_2$ gereinigte Extrakt wurde mit Ae., Chlf. u. Chlf./Ae. (2:1) fraktioniert ausgeschüttelt. Der Ae.-Extrakt lieferte nach Chromatographie eine kleine Menge *Scillarenin* (**I**) u. in Spuren ein noch nicht näher untersuchtes Kristallisat. Aus der Chlf.-Lsg. wurde keine krist. Substanz erhalten. Aus dem Chlf./Ae.-Extrakt wurde nach Chromatographie an $Al_2O_3$, zweckmäßiger aber durch Verteilung zwischen W. u. Chlf./A. (9:1) *Transvaalin* (**III**) erhalten. Das aus **III** erhaltene *Hexaacetat* (**IV**) erwies sich als ident. mit der niedrigschm. Modifikation des Scillaren-A-hexaacetats. Strophantobiase überführte **III** in *Glucose* u. das mit Proscillaridin A ident. „*Desglucotransvaalin*" (**V**); beide vorst. Präpp. lieferten das gleiche *Tribenzoat* (**VI**). In Anbetracht dieser Ergebnisse, der Analysen (keine Acetylgruppe), der Vergleiche der UV-Spektren sowie der Farb-Rkk. mit 84% ig. $H_2SO_4$ u. mit $SbCl_3$ in Chlf. ist auch **III** selbst als mit Scillaren A ident. anzusehen. Die Art der Verknüpfung der Rhamnose in **III** mit **I** ist noch nicht eindeutig geklärt.

V e r s u c h e (FF. korr.): *Scillarenin* (**I**) $C_{24}H_{32}O_4$, F. 232–238° (Zers.; Methanol/Ae. u. Methanol), aus dem Ae.-Extrakt; $[\alpha]_D^{16}$ – 16,5 ± 2° (c = 0,9919; Methanol), derbe Prismen. **I** gab LIEBERMANN-Rk. rosa → blau (3 Sek.) → türkis (1 Min.); mit 84% ig. $H_2SO_4$ rotorange → blau mit grünem Rand; mit $SbCl_3$ in Chlf. auf Papier rosa → violett; mit Furfurol/$H_2SO_4$/Eisessig auf Papier rot mit blauem Rand, nach Erwärmen violett. *Acetat* (**II**) F. 233–244° (Methanol), aus 15,3 mg **I** mit Acetanhydrid/Pyridin in 24 Std. bei 25°; Nadeln, $[\alpha]_D^{23}$ – 24,8 ± 4° (c = 0,482; Chlf.); 7,3 mg. – *Scillaren A* („*Transvaalin*") (**III**), $C_{36}H_{52}O_{13}$, F. u. Misch-F. 184–186° (Prismen) oder 208–211° (Blättchen), beide Modifikationen aus Methanol, durch Animpfen ineinander überführbar, aus dem Chlf.-A.-Extrakt $[\alpha]_D^{23}$ – 71,9 ± 2° (c = 1,011; Methanol); Farb-Rk. mit 84% ig. $H_2SO_4$ orangerot → violett (1 Min.) → blauviolett (20 Min.) → blau (30 Min.) → farblos (2 Std.); mit 20% ig. $SbCl_3$ in Chlf. auf Papier gaben 50 γ **III** im weißen Licht braunen, im UV-Licht gelbroten Fleck. *Hexaacetat* („*Transvaalinhexaacetat*") (**IV**), $C_{48}H_{64}O_{19}$, F. 158–162° (Methanol), aus 110 mg **III** mit Acetanhydrid/Pyridin in 48 Std. bei 20°, Nadeln, $[\alpha]_D^{16}$ – 73,1 ± 2° (c = 0,933; Methanol); 126 mg. – *Proscillaridin A* („*Desglucotransvaalin*") (**V**), $C_{30}H_{42}O_8 \cdot 2H_2O$, F. 212–214° (Methanol), durch 3tägige Behandlung von 452 mg **III** in W. mit Strophanthobiase aus *Strophanthus kombé* bei 37°, Eindampfen, Fällen des Enzyms mit A., Einengen des Filtrates u. Extraktion mit Ae. (22 mg Extrakt, lieferte aus Methanol **V**), Chlf. (333 mg Extrakt → 245 mg rohes **V**) u. Chlf./A. 2:1 (44 mg, nicht krist., nicht bitter), Prismen, $[\alpha]_D^{22}$ – 94,2 ± 1,5° (c = 1,383; Methanol); gibt mit 84% ig. $H_2SO_4$ Farb-Rk. ähnlich wie **III**; mit $SbCl_3$ in weißem Licht braun; im UV-Licht rotviolett. In der mit Chlf./A. extrahierten wss. Lsg. von der Darst. von **V** wurde *Glucose* durch F. u. Mutarotation nachgewiesen. **V**-*Acetat* („*Desglucotransvaalinacetat*), aus 54 mg **V** mit Acetanhydrid/Pyridin in 2 Tagen bei 25°; 71 mg (roh); krist. auch nach Chromatographie an $Al_2O_3$ nicht. **V**-*Tribenzoat* („*Desglucotransvaalintribenzoat*") (**VI**), $C_{51}H_{54}O_{11}$, F. 150–152° (Bzl./Ae./PAe.), durch 30std. Benzoylieren von 55 mg **V** in Pyridin bei Zimmertemp., Zugabe von Methanol, Chromatographie des mit Chlf. isolierten Rohprod. an $Al_2O_3$ u. Elution mit Bzl./PAe. u. Bzl. (Benzoesäuremethylester) u. mit Bzl./Chlf. (**VI**); Nadeln, $[\alpha]_D^{25}$ + 31,8 ± 2° (c = 1,022; Chlf.); 56 mg. – Die UV-Spektren von **I**, **III** u. **V** (prakt. miteinander ident.) u. die IR-Spektren von **II**, **IV** u. **V** sind angegeben. ( Helv. chim. Acta **36**. 1744–56. 1/12. 1953.)

W. WILLENBERG. 3450

**R. Richter, O. Schindler** und **T. Reichstein,** *Glykoside und Aglykone*. 121. Mitt. *Glykoside von Strophanthus sarmentosus A. P. DC*. 6. Mitt. *Zur Konstitution von Sarmutosid und Musarosid* (120. vgl. vorst. Ref.; 5. vgl. C. **1955**. 1560 [dort versehentlich als 4. bezeichnet]) Die aus *Strophanthus sarmentosus A. P. DC.* isolierten Glykoside *Sarmutosid* (**I**) u. *Musarosid* (**II**) wurden untersucht. **I** läßt sich unter milden Bedingungen zu *D-Sarmentose* u. *Sarmutogenin* (**IV**) spalten. Das gegen Säuren beständigere **II** wird mit HCl in Aceton in **IV** u. *D-Digitalose* zerlegt. Nach ihren opt. Drehungen sind **I** u. **II** β-Glykoside. Das Absorptionsspektr. von **IV** ist dem von **I** u. **II** fast gleich u. zeigt ein für den Butenolidring charakterist. Maximum bei 218 mμ (log ε = 4,17) u. ein auf eine CO-Gruppe deutendes bei 287,5 mμ (log ε = 1,79). Wegen der Beständigkeit von **II**-Triacetat u. **IV**-Diacetat gegenüber $CrO_3$ in Eisessig bei 20° muß es sich um eine Ketogruppe handeln, die gegenüber Hydroxylaminacetat (**III**) reaktionsträge ist. $NaBH_4$ red. **IV** zu *Sarmutogenol* (**VII**), das bei 287 mμ keine selektive Absorption mehr zeigt (Maximum 220 mμ; log ε = 4,16). **IV** wurde mit $CrO_3$ zu *Sarmutogenon* (**VIII**) dehydriert. **VIII** weist außer dem für den Butenolidring verantwortlichen Maximum bei 217 mμ (log ε = 4,21) noch zwei weitere auf (285 mμ mit log ε = 2,32 u. 370 mμ mit log ε = 1,32), von denen das letztere – die hellgelbe Farbe von **VIII** verursachende – durch eine –CO–CH–CH–CO– oder eine CO–CO-Gruppe bedingt sein könnte. Durch Vgl. mit den Absorptionsspektren von 6-Ketocholestenon (252,5 mμ, log ε = 4,01), Sarverogenon (213 mμ, log ε = 4,30; 237,5 mμ log ε =

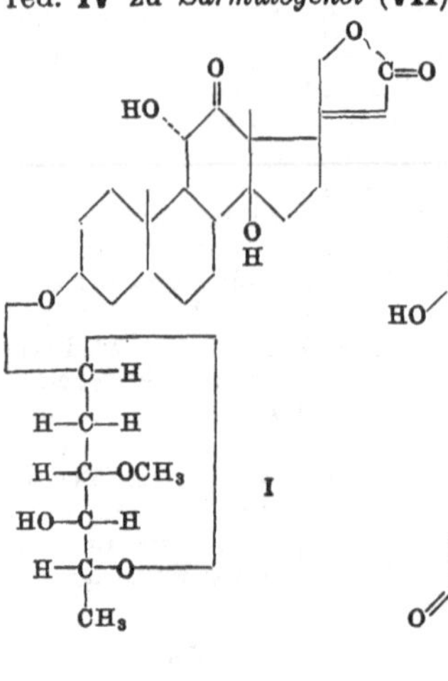
I

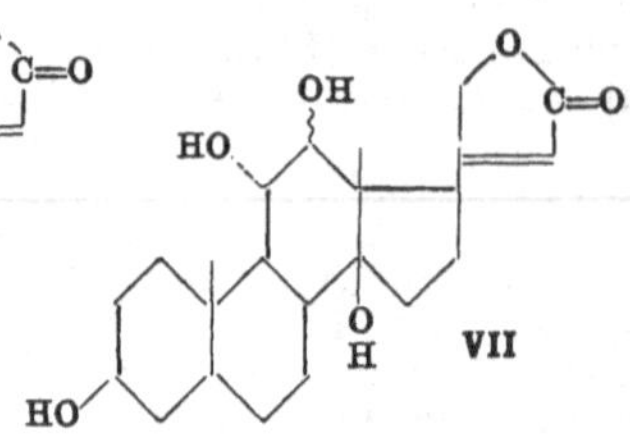
VII

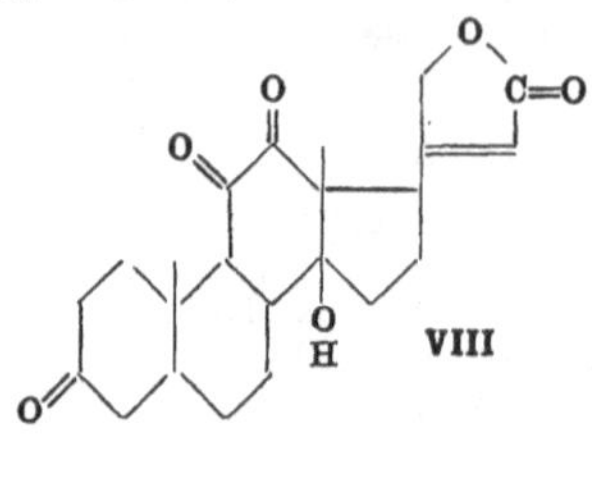
VIII

1,35), Acetoxyeuphendion (272 mμ, log ε = 3,91; 390 mμ, log ε = 1,56), Acetoxylanostendion (272,5 mμ, log ε = 3,93; 337,5 mμ, log ε = 1,74) sowie mit dem weitgehend analogen von 11.12-Diketocholansäuremethylester (**IX**; 282,5 mμ, log ε = 1,89; 355 mμ, log ε = 1,51) u. mit dem von 3-Dehydrosarmentogeninacetat (217 mμ, log ε = 4,21) wurde festgestellt, daß **VIII** eine α-Diketogruppe besitzen muß. Die Verschiedenheit der Spektren von **VIII** u. **IX** könnte auf verschied. Verknüpfung der Ringe C u. D (cis in **VIII** u. trans in **IX**) oder auf die zusätzliche 14ständige OH-Gruppe in **VIII** zurückzuführen sein. Wegen der Ähnlichkeit mit Sarverogenin (**X**) ist anzunehmen, daß **VIII** ähnlich wie **X** gebaut ist. Sollte im Gegensatz zur Annahme von TAYLOR (C. **1954**. 1501) das siebente O-Atom in **X** nicht als Oxydring oder als Ketogruppe vorliegen, so kann es sich nur um eine tert., nicht an $C_{(8)}$ befindliche OH-Gruppe handeln, da das Dibenzoat von **X** gegen $CrO_3$/Eisessig beständig ist. **X** läßt sich mit $NaBH_4$ zu *Sarverogenol* (**V**) reduzieren, das ein krist. *Acetat* (**VI**; nach der Analyse ein Triacetat) bildet. — Nach den Ergebnissen ist **IV** wahrscheinlich ein substituiertes Digitoxigenin, bei dem $C_{(11)}$ u. $C_{(12)}$ zu einer Ketolgruppe gehören. Damit steht die Tatsache im Einklang, daß **VIII** wie die 11.12-Diketocholansäure erst in Alkali enolisiert wird u. dann die $FeCl_3$-Rk. gibt. Somit kommen für **IV** 4 durch die Stellung der Ketolgruppe verschied. Konfigurationen in Frage. Eine 11β-Oxy-12-ketogruppe ist allerdings unwahrscheinlich, da sie unter den gegebenen Bedingungen nicht acetylierbar sein dürfte. Da auch im Digoxigenin die 12ständige Ketogruppe mit **III** in Methanol nicht reagiert u. **IV** wie andere digitaloide Aglykone an $C_{(14)}$ wahrscheinlich β-Konfiguration besitzt u. dort eine OH-Gruppe trägt, wird eine 11α-Oxy-12-keto-Konfiguration für die wahrscheinlichste gehalten.

Versuche (FF. korr.): *Sarmutogenin* (**IV**), $C_{23}H_{32}O_6 \cdot 2H_2O$, F. 258—262° (Zers.), durch 25 Min. Kochen von 100 mg **I** in wss.-methanol 0,05n $H_2SO_4$, Verdampfen des Methanols, Absaugen des rohen **IV**, Hydrolyse von Methylglykosiden in den Mutterlaugen (30 Min., 62°) u. Extraktion von weiterem **IV** mit Chlf.; zu Drusen vereinigte sechskantige Prismen aus Methanol/Ae.; $[\alpha]_D^{15}$ + 48,9 ± 3° (c = 0,7970; Methanol); 35 mg (Ausbeute). **IV** gab LEGAL- u. RAYMOND-Rk.; mit 84%ig. $H_2SO_4$ nach 1 Min. blaß gelblich → blaß beige (30—60 Min.) → farblos (90 Min.); mit konz. $H_2SO_4$ citronengelb (15 Min.) → orangegelb → (25 Min.) → ockergelb (1—12 Std.); Farben bei reinen Präpp. sehr schwach, bei geringen Verunreinigungen mit Sarmentogenin (**XI**) oder **X** stark grüne u. blaue Farbe; **IV** hatte prakt. den gleichen $R_F$-Wert wie **XI** (Formamid/Chlf.). **X** gibt im Gegensatz zu **IV** u. **XI** mit methanol. KOH Rotfärbung. — *D-Sarmentose*, F. 63—74° (Ae.), Kp.$_{0,02}$ 100—110°, durch Neutralisieren der Mutterlauge von rohem **IV**, Eindampfen, Aufnehmen in Aceton u. Dest.; $[\alpha]_D^{18}$ + 14,6 ± 2° (c = 1,183; W.); 18 mg. — **IV**-*Diacetat*, $C_{27}H_{36}O_8$, F. 250—254°, aus 26 mg **IV** mit Acetanhydrid/Pyridin in 2 Tagen bei 20°; sechskantige, am Ende schräg geschnittene Prismen aus Methanol/Ae., $[\alpha]_D^{22}$ + 63,0 ± 3° (c = 0,7702; Aceton); 14 mg. Die Verb. gab mit 84%ig. $H_2SO_4$ keine, mit konz. $H_2SO_4$ eine gelbe Färbung u. ließ sich mit überschüssigem $CrO_3$ in Eisessig nicht dehydrieren. 130 mg **II** wurden 15 Tage in 1% konz. HCl enthaltendem Aceton bei 18° behandelt, unter Zusatz von W. wurde eingeengt, 30 Min. in wss.-methanol. Lsg. gekocht, eingeengt u. mit Chlf. ausgeschüttelt; der mit $KHCO_3$-Lsg. behandelte Extrakt lieferte nach Chromatographie an $Al_2O_3$ (Elution mit Bzl./Chlf., Chlf. u. Chlf./Methanol) 27,5 mg **IV**. — *D-Digitalonsäurelacton*, $C_7H_{12}O_5$, F. u. Misch-F. 134—136°. Der nach Hydrolyse von **II** u. Abtrennung von **IV** aus der wss. Phase erhaltene Sirup (26 mg; $[\alpha]_D^{19}$ + 91,2 ± 1,5°; c = 1,4146; W.) wurde mit Bromwasser oxydiert u. bei 0,03 Torr u. 100—120° sublimiert; zu Drusen vereinigte kurze Prismen aus Aceton/Ae./PAe. $[\alpha]_D^{18}$ — 78,9 ± 3° (c = 0,7513; W.); 9 mg. — *Sarmutogenon* (**VIII**), $C_{23}H_{28}O_6$, F. 222—224°, nach scharfem Trocknen 203—208°, durch 6std. Dehydrierung von 50 mg **IV** mit $CrO_3$ in Eisessig bei 0—20°, Zugabe von Methanol u. Ausschütteln mit Chlf. nach weiteren 12 Std.; hellgelbe Nadeln aus Methanol/Ae.; $[\alpha]_D^{21}$ + 75,9 ± 3° (c = 0,6652; Methanol); 20 mg; aus den beim Waschen der Chlf.-Lsg. von **VIII** mit $Na_2CO_3$ erhaltenen Lsgg. wurden mit Chlf. 6 mg saure nicht krist. Oxydationsprodd. gewonnen. — *Sarmutogenol* (**VII**), $C_{23}H_{34}O_6$, F. 273—277° (vorher Umwandlungspunkte bei 220 bis 230 u. 250°), durch 20std. Red. von 70 mg **IV** mit $NaBH_4$ in wasserhaltigem Dioxan bei 20°, Verdünnen mit W., Ansäuern auf $p_H$ 2—3, Verdrängen des Dioxans mit W., Extraktion mit Chlf. u. Chlf./A., 25 Min. Kochen der methanol Lsg. des Extraktrückstandes mit einer wss. Lsg. von $H_2SO_4$ u. Mannit, Verdrängen des Methanols durch W., Ausschütteln mit Chlf./A. (2:1) u. Eindampfen; feine Nadeln aus Aceton/Ae., kleine Prismen aus Methanol/Ae., $[\alpha]_D^{18}$ + 12,5 ± 3,5° (c = 0,6220; Methanol); 31 mg. **VII** gab mit 84%ig. $H_2SO_4$ in 15 Sek. blaßgelbe Färbung → blaß beige (1 Min.) → bräunliche beige (10 Min.) → blaß blaugrün (25—45 Min.) → blaß lichtgrün (1—1½ Std.); mit konz. $H_2SO_4$ orange → (0—10 Min.) → ocker mit hellgrünem Rand (30 Min.) → olivbraun → beige. **VII**-*Acetat*, aus 39 mg rohem **VII** mit Acetanhydrid/Pyridin in 20 Std.

bei 35°, krist. auch nach Chromatographie an $Al_2O_3$ nicht; 42 mg (roh). – Bei aus Aceton/Ae. umkrist. u. scharf getrocknetem **X**, F. 130–145°/210–216°, wurden 2,85% $OCH_3$ gefunden, das als Kristallmethanol vorliegen oder von durch HJ abgespaltetem Formaldehyd herrühren dürfte. – Nach 6std. Behandlung von 16 mg **X**-Dibenzoat mit überschüssigem $CrO_3$ in Eisessig bei 20° u. Aufarbeitung wurden 14 mg Ausgangsmaterial wiedergefunden. – *Sarverogenol* (**V**), aus 200 mg **X** mit $NaBH_4$ analog **VII**; krist. nicht; 162 mg. *Benzoat*, aus 90 mg **V**, krist. auch nach Chromatographie an $Al_2O_3$ nicht; 310 mg. *Triacetat* (**VI**), $C_{29}H_{40}O_{10}$, F. 274–283° (Zers.), durch 20std. Acetylierung von 120 mg rohem **V** mit Acetanhydrid/Pyridin bei 35° u. Chromatographie an $Al_2O_3$ (Elution mit Bzl./Chlf.); Spieße aus Methanol/Ae.; $[\alpha]_D^{24}$ + 53,6 ± 2° (c = 1,10; Chlf.); 29 mg. **VI** gab positive LEGAL- u. RAYMOND-Rk. u. mit konz. $H_2SO_4$ die Färbungen rotorange (0–1 Min.) → orangerosa mit graublauem Rand (10 Min.) → rotbraun mit bläulichem Rand (20 Min.) → dunkelgrau (40 Min.) → grünblau (60 Min.) → smaragdgrün (1½ bis 3 Std.). Nach 4std. Behandlung von 40 mg **VI** mit überschüssigem $CrO_3$ in Eisessig bei 18° ließen sich 36 mg unverändertes **VI** wiedergewinnen. (Helv. chim. Acta **37.** 76–89. 1/2. 1954. Basel, Univ., Pharmazeut. Anst. u. Organ.-chem. Anst.) W. WILLENBERG. 3450

**O. Schindler** und **T. Reichstein,** *Glykoside und Aglykone.* 122. Mitt. *Die Glykoside der Samen von Strophanthus caudatus (Burm. ex L.) Kurz.* (121. vgl. vorst. Ref.) Samen von javan. *Strophanthus caudatus (Burm. ex L.) Kurz* wurden fermentiert u. daraus mit PAe. 24,6% bzw. 24,2% fettes Öl extrahiert. Anschließende Ae.-Extraktion lieferte 1,01 bzw. 0,92% Extrakt. Mit Chlf. wurden darauf 0,23 bzw. 0,31% u. mit Chlf./A. (2:1) weitere 0,82 bzw. 0,31% extrahiert. Aus dem Ae.-Extrakt wurde durch Chromatographie an $Al_2O_3$ als Hauptglykosid *Caudosid* (**I**) erhalten, ferner *Divaricosid* (**II**), das sog. „*Kristallisat G*" u. das krist. „*Nebenprod. H*". H ist kein digitaloides Lacton. Im Papierchromatogramm (stationäre Phase Formamid, bewegliche Phase Bzl./Chlf. 5:7) fielen die Flecke für **I** u. **II** zusammen; ferner ist vielleicht noch ein dritter, amorpher Stoff [„*Substanz D*", vgl. 115. Mitt. (C. **1956.** 9721 u. früher)] in diesem Fleck zugegen. Der am langsamsten wandernde Fleck hatte den $R_F$-Wert von Kristallisat G, u. die am schnellsten wandernde Substanz könnte mit der aus *S. divaricatus* u. *S. wightianus* (vgl. l.c.) isolierten „Substanz A" ident. sein. Aus den Mutterlaugen von **I** ließen sich (wahrscheinlich mit **I** verunreinigtes) **II** u. eine Spur Nebenprod. H gewinnen. Die Mutterlaugen von Nebenprod. H enthielten nicht krist. gewinnbare Substanz A. – Die Chlf.-Extrakte gaben mit RAYMOND-Reagens nur eine schwache Rk. u. ließen sich papierchromatograph. nicht scharf trennen. An $Al_2O_3$ wurden etwas Nebenprod. H u. 2,5 mg „*Kristallisat J*" erhalten, das wie Kristallisat G wahrscheinlich ein digitaloides Lacton ist. Insgesamt wurden aus den ca. 170 g Samen 0,246% **I**, 0,031% **II**, 0,012% Kristallisat H u. 10 mg Kristallisat G gewonnen. Der untersuchte Samen unterschied sich somit von dem von *S. divaricatus* u. *S. wightianus* vor allem durch den viel geringeren Geh. an **II**. – *Caudosid* (**I**), F. u. Misch-F. 248–253°, Blättchen aus Methanol, $[\alpha]_D^{23}$ – 100,5 ± 2° (c = 0,907; Methanol); das Kristallisat aus der Mutterlauge von **I**, F. 210–230°, $[\alpha]_D^{25}$ – 77,1 ± 3,5° (c = 0,6045; Methanol), war vermutlich ein Gemisch aus **I** u. **II**. **I**-*Diacetat*, F. u. Misch-F. 183–185°, aus Aceton/Ae., feine Nadeln. – *Divaricosid* (**II**), $C_{30}H_{46}O_8$, F. u. Misch-F. 218–223°, $[\alpha]_D^{20}$ – 51,3 ± 2° (c = 0,9408; Methanol); Blättchen. – „*Nebenprod. H*", F. 270–272°, Nadeln aus Aceton u. Aceton/Ae.; Zuckertest u. RAYMOND-Rk. negativ, Rk. mit 84%ig. $H_2SO_4$ hellgelb (15 Min.) → graugelb (22 Std.); mit konz. $H_2SO_4$ gelborange (0 Min.) → rotorange (15 Min.) → orangebraun (50 Min.) → rotbraun (22 Std.). – „*Kristallisat G*", F. 244–251° (Zers.), zu Drusen vereinigte Nadeln aus Methanol/Ae., $[\alpha]_D^{19}$ – 77 ± 3° (c = 0,6795; Methanol), KELLER-KILIANI-Rk. graublau, RAYMOND-Rk. grünblau, mit 84%ig. $H_2SO_4$ hellgelb (0–2 Min., später mit braunen Stellen) → graublau mit Olivstich (15–60 Min.) → grünblau (1–2 Std.); papierchromatograph. einheitlich. – „*Kristallisat J*" (Rohprod.), F. 216–225°, Nadeln aus Aceton/Ae.; KELLER-KILIANI-Rk. blau, RAYMOND-Rkk. graublau; mit 84%ig. $H_2SO_4$ gelb (0 Min.) → gelbbraun (2 Min.) → violettbraun (10 Min.) → blaugrau (30 bis 120 Min.); $R_F$-Wert wenig größer als von Kristallisat G. (FF. korr.). (Helv. chim. Acta **37.** 103–12. 1/2. 1954. Basel, Univ., Organ.-Chem. Anst.) W. WILLENBERG. 3450

**E. Primo** und **Ch. Tamm,** *Glykoside und Aglykone.* 123. Mitt. *Die Glykoside von Strophanthus mirabilis Gilg.* 2. Mitt. (122. vgl. vorst. Ref.; 1. vgl. C. **1952.** 5577.) Samen von *Strophanthus mirabilis Gilg.* aus Kenia wurde fermentiert. Extraktion mit PAe. lieferte 30% Extrakt; Ae. extrahierte darauf 1,2%, Chlf. 1,6% u. Chlf./A. (2:1) 1,48%. Die verbleibende wss. Phase war nicht mehr bitter u. gab keine Färbung mit RAYMOND-Reagens. Im Ae.-Extrakt wurden papierchromatograph. *Periplocymarin* (**I**) u. *Cymarin* (**II**) gefunden u. an $Al_2O_3$ getrennt. Im Chlf.-Extrakt wurden papierchromatograph. neben Spuren von **I** vor allem **II**, *Cymarol* (**III**) u. *Emicymarin* (**IV**) festgestellt. Chromatographie des Chlf.-Extraktes an $Al_2O_3$

lieferte **II, III, IV** u. eine krist. *Substanz A,* die einen geringeren $R_F$-Wert als **IV** hatte. Insgesamt wurden aus dem Ae.- u. Chlf.-Extrakt 0,652% **I,** 0,140% **II,** 0,249% **III,** 0,222% **IV** u. 0,0041% Substanz A rein sowie 0,345% Gemisch von **I** u. **II** u. 0,073% von **II** mit **III** erhalten. Im Chlf./A.-Extrakt wurde das Vorhandensein von mindestens 4 Substanzen papierchromatograph. festgestellt. — Demnach steht *S. mirabilis* dem *S. eminii* auch chem. sehr nahe. — *Periplocymarin* (**I**), $C_{30}H_{46}O_8$, F. u. Misch-F. 138 bis 139,5° (Methanol/Ae.), $[\alpha]_D^{20}$ + 28,3 ± 2° (c = 1,225; Methanol). *Cymarin* (**II**), $C_{30}H_{44}O_9$, F. u. Misch-F. 138—143° (Methanol/Ae.), $[\alpha]_D^{20}$ + 37,3 ± 2° (c = 0,998; Methanol). — *Cymarol* (**III**), $C_{30}H_{46}O_9$, F. u. Misch-F. 240—243° (Methanol/Ae.), $[\alpha]_D^{22}$ + 30,7 ± 2° (c = 1,089; Methanol). — *Emicymarin* (**IV**), $C_{30}H_{46}O_9$, F. u. Misch-F. 160—163° (Methanol/Ae.), $[\alpha]_D^{22}$ + 11,3 ± 2° (c = 0,992; Methanol). — *Substanz A,* F. 171—174° (Methanol/Ae.), mit 84%ig. $H_2SO_4$ keine Färbung, RAYMOND-Rk., blau. (FF. korr.) (Helv. chim. Acta **37.** 141—47. 1/2. 1954.) W. WILLENBERG. 3450

**P. Bellet** und **P. Regnier,** *Colchicosid und Colchicin.* 3. Mitt. *Einige Besonderheiten des Drehungsvermögens.* (2. vgl. Ann. pharmac. franç. **10.** [1952] 241). Die $[\alpha]_D$-Werte des *Colchicins* (**I**) u. des *4-Desmethylcolchicins* in W. u. in Chlf., sowie die des *Colchicosids* in W. variieren stark mit der Konz., während in A. keine Konzentrationsabhängigkeit beobachtet wird. Zusatz geringer Mengen A. erhöht den (negativen) $[\alpha]_D$-Wert des **I** in Chlf. Die $[\alpha]$-Werte des **I** in verschied. Lösungsmitteln stehen im umgekehrten Verhältnis zur Rotationsdispersion. — $[\alpha]_D$-Werte für **I** in 1%ig. Lsg.: Bzl. ± 0; Pyridin — 108°; Chlf. — 111°; Dioxan — 129°; Aceton — 166°; $CH_3OH$ — 217°, A. — 222°; W. — 422°; Essigsäure — 493°. (Ann. pharmac. franç. **10.** 340—44. Mai 1952. Paris, Services scientifiques Roussel-Uclaf.) H. BOIT. 3500

**Edward Leete** und **Léo Marion,** *Papilionaceen-Alkaloide.* 17. Mitt. *Synthese von Strukturisomeren des Sparteins.* (16. vgl. Canad. J. Chem. **31.** [1953.] 181.) Di-[Pyridyl-(2)]-methan (**I**), dargestellt aus α-Picolyllithium u. Pyridin, wird in Form seiner Li-Verb. mit β-Brommethylmalonester (**V**) zu α.α-Di-[pyridyl-(2)]-γ.γ-dicarbäthoxypropan (**II**) kondensiert, dieses zur Dipiperidyl-Verb. hydriert u. die letztere durch Erhitzen im Vakuum zu 2 stereoisomeren Dilactamen (**III a** u. **III b**) cyclisiert, die bei der Red. mit $LiAlH_4$ *Pseudospartein A* (**IV a**) bzw. *Pseudospartein B* (**IV b**) liefern. **IV a** u. **IV b** sind Stereoisomere der Struktur **IV**, von der theoret. 3 Formen möglich sind, je nachdem, ob die H-Atome an $C_{(6)}$ u. $C_{(13)}$ zur zentralen (7)C–$CH_2$–C(9)-Brücke beide cis-ständig, beide trans-ständig oder cis- u. trans-ständig sind; nur die letztgenannte Form ist asymm. u. müßte daher als Racemat auftreten. Verss. zur opt. Spaltung von **IV a** u. **IV b** mit d- u. *l*-β-Camphersulfonsäure sowie d-6.6'-Dinitrodiphensäure sind erfolglos, doch scheinen die beiden CO-Gruppen von **III a** nach Ausweis des Infrarotspektr. nicht äquivalent zu sein, so daß **IV a** wahrscheinlich die cis–trans-Form, **IV b** die cis–cis- oder die trans–trans-Form darstellt.

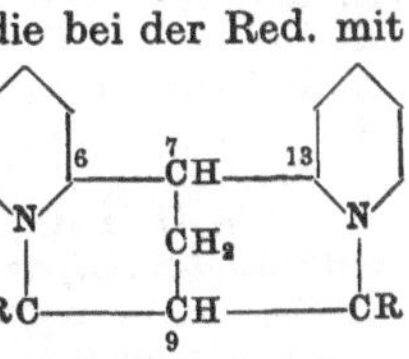


**III a, III b** R = O
**IV** R = $H_2$

V e r s u c h e (FF. korr., $p_K$-Werte in 50%ig. $CH_3OH$): **I,** $C_{11}H_{10}N_2$, $Kp._{0,5}$ 106 bis 110°, $n_D^{20}$ 1,5759, $p_K$ 4,24 u. 2,24, durch Erhitzen von α-Picolyllithium (aus α-Picolin u. Phenyllithium in Ae.) mit Pyridin in Toluol auf 110° unter $N_2$. *Dihydrobromid,* $C_{11}H_{10}N_2 \cdot 2HBr$, F. 275—276°. *Dipikrat,* $C_{11}H_{10}N_2 \cdot 2C_6H_3O_7N_3$, gelb, F. 207,5—208°. — *Di-[pyridyl-(2)]-keton,* $C_{11}H_8ON_2$, F. 54—55°, $Kp._{0,2}$ 135—140°, aus **I** durch Kochen mit $CrO_3$ in Essigsäure. *Monopikrat,* $C_{11}H_8ON_2 \cdot C_6H_3O_7N_3$, goldgelb, F. 180—181°. *Semicarbazon,* $C_{12}H_{11}ON_5$, F. 220—221°. *Oxim,* $C_{11}H_9ON_3$, F. 141—142,5°. — *N-[Pyridyl-(2')]-2-picolinoylamid,* $C_{11}H_9ON_3$, F. 117—118°, a) aus vorst. Oxim durch Erhitzen mit $PCl_5$ in Ae., b) aus 2-Picolinoylchlorid u. 2-Aminopyridin in Benzol. — *β-Brommethylmalonsäurediäthylester* (**V**), $Kp._1$ 89—91°, $n_D^{20}$ 1,4468 (roh), aus Na-Malonsäurediäthylester durch Kondensation mit Chlordimethyläther u. nachfolgende Spaltung mit HBr (vgl. SIMONSEN, J. chem. Soc. [London] **93.** [1908], 1777). — *α.α-Di-[pyridyl-(2)]-propan,* $C_{13}H_{14}N_2$, $Kp._{2,0}$ 125°, $n_D^{20}$ 1,5631, aus **I** durch Umsetzung mit Phenyllithium in Ae. u. Kondensation der gebildeten orangefarbenen Li-Verb. mit Äthylbromid in Ae.; *Dipikrat,* $C_{13}H_{14}N_2 \cdot 2C_6H_3O_7N_3$, gelb, F. 170,5—171°. — **II,** $C_{19}H_{22}O_4N_2$, orange, $Kp._{0,05}$ 180—200°, $n_D^{20}$ 1,5245, $p_K$ 3,65 u. < 3, aus **I** u. **V** wie beim vorst. Versuch. — *Dilactam A* (**III a**), $C_{15}H_{22}O_2N_2$, F. 262—263°, aus **II** durch Hydrierung mit $PtO_2$ in Eisessig unter 50 lbs./in², Erhitzen der gebildeten öligen Dipiperidylverb. auf 130°/1 Torr u. Kristallisation der durch Dest. (200°/0,001 Torr) gewonnenen Prodd. aus Bzl. + PAe. — *Dilactam B* (**III b**), $C_{15}H_{22}O_2N_2$, F. 161—162°, aus der Mutterlauge von **III a.** — **IV a,** $C_{15}H_{26}N_2$, $Kp._{0,2}$ 80°, $n_D^{20}$ 1,5308, $p_K$ 11,0 u. 4,0, aus **III a** durch Red. mit $LiAlH_4$ in sd. Dioxan; *d-β-Camphersulfonat,* $C_{15}H_{26}N_2 \cdot 2C_{10}H_{16}O_4S$, F. 246—248°, $[\alpha]_D^{25}$ + 31,0° (absol. A.). *l-β-Camphersulfonat,* F. 246—248°, $[\alpha]_D^{25}$ — 31,6° (absol. A.). *Monopikrat,* $C_{15}H_{26}N_2 \cdot C_6H_3O_7N_3$, F. 124°. *Diperchlorat,* $C_{15}H_{26}N_2 \cdot 2HClO_4$, F. 246—248°. — **IV b,** $C_{15}H_{26}N_2$, $Kp._{0,2}$ 80—90°,

$n_D^{20}$ 1,5295, $p_K$ 11,0 u. 4,5, aus **III b** analog; *d-6.6'-Dinitrodiphenat*, $C_{15}H_{26}N_2 \cdot C_{14}H_8O_8N_2$, F. 235–236°, $[\alpha]_D^{26}$ + 162° (absol. A.). *Monopikrat*, $C_{15}H_{26}N_2 \cdot C_6H_3O_7N_3$, F. 165–166°. *Diperchlorat*, $C_{15}H_{26}N_2 \cdot 2HClO_4$, F. 232–233°. – $p_K$-Werte für Spartein: 11,3 u. 4,0. (Canad. J. Chem. **30.** 563–74. Aug. 1952. Ottawa, Canada, Nat. Res. Council, Div. of Chemistry.) H. BOIT. 3500

**Jorge Comin** und **Venancio Deulofeu,** *Untersuchungen über argentinische Pflanzen.* 14. Mitt. *N-Methylisocorydin, ein quaternäres Alkaloid aus der Rinde von Fagara coco (Gill), Engl.* (13. vgl. An. Asoc. quím. argent. **42.** [1954] 132; 12. vgl. C. **1953.** 2447.) Vff. isolierten aus der Rinde von Fagara coco (Gill), Engl., einem zur Familie der Ruteceae gehörigen Baum, das quaternäre Alkaloid *N-Methylisocorydin* (I) u. charakterisierten es durch eine Reihe von Abbaureaktionen.

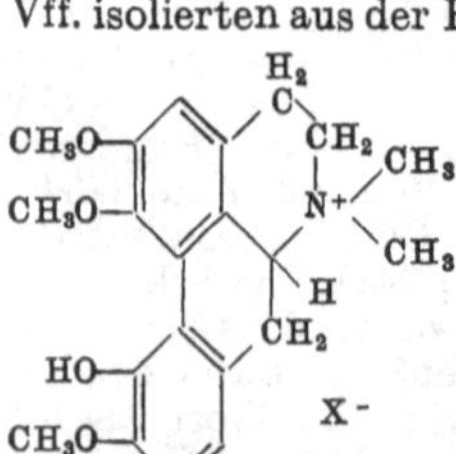

I

Versuche: *N-Methylisocorydin, Chlorid* (**I**, X = Cl), $C_{21}H_{26}O_4NCl$, F. 217–218° (Zers.; langsames Erhitzen) bzw. 235° (schnelles Erhitzen), Prismen (absol. A.), aus getrockneter Rinde von Fagara coco durch Ausziehen mit 96%ig. A. u. Fällen mit HCl; $[\alpha]_D^{30}$ + 168,6° (W., c = 0,22); $[\alpha]_D^{15}$ + 146,3° (Chlf., c = 0,17); 0,85% (Ausbeute, bezogen auf Rinde). *Bromid* (**I**, X = Br), $C_{21}H_{26}O_4NBr$, F. 218° (Zers.) bzw. 232–233°, Prismen (absol. A.), $[\alpha]_D^{17}$ + 148,0° (W., c = 0,16). *Jodid* (**I**, X = J), $C_{21}H_{26}O_4NJ$, F. 219° (Zers.) bzw. 231–231°, Prismen (W.), $[\alpha]_D^{28}$ + 139,9° (W., c = 0,18); UV-Spektrum. *Pikrat* (**I**, X = $C_6H_2O_7N_3$, $C_{21}H_{26}O_4N \cdot C_6H_2O_7N_3$, F. 202 bis 204°, prismat. Nadeln (96%ig. A.), $[\alpha]_D^{31}$ + 90,9° (Aceton, c = 0,78). Farb-Rkk. von I-Chlorid: konz. $HNO_3$ rotbraun; FRÖHDEs Reagens blau, dann grün; MANDELINs Reagens braun, dann violett; MARQUIS Reagens grün, dann grünbraun; ERDMANNs Reagens rot. – *Isocorydinmethin*, F. 124–124,5°, nach BARGER u. SARGENT (J. chem. Soc. [London] **1939.** 991); $[\alpha]_D^{28}$ – 194,6° (absol. A.). – *Dihydroisocorydinmethin*, F. 81 bis 82°, $[\alpha]_D^{26}$ – 224,5°. – *O-Methyl-N-methylisocorydinchlorid*, $C_{22}H_{28}O_4NCl$, F. 230 bis 232° bzw. 258°, Nadeln (A. oder A.–Ae.), aus 1,5 g **I**-Chlorid u. $CH_2N_2$ in $CH_3OH$–Ae.; $[\alpha]_D^{20}$ + 198,3° (W., c = 0,06); 560 mg. – Erschöpfende Methylierung von O-Methyl-N-methylisocorydinjodid nach GADAMER [1911] u. chromatograph. Trennung an $Al_2O_3$ (Bzl.–Chlf.) lieferte das *akt. Methin* (F. 75–76°, rechtwinkelige Platten aus 50%ig. A.; *Methojodid*, F. 280° [Sintern ab 165°], Prismen aus A., $[\alpha]_D^{20}$ – 210,4° [c = 0,09; A.]) u. das *inakt. Methin* (Öl; *Methojodid*, F. 280°, Nadeln aus A.), dann weiter *3.4.5.6-Tetramethoxy-1-vinylphenanthren*, das zu *3.4.5.6-Tetramethoxyphenanthrencarbonsäure-(1)*, F. 165–166°, oxydiert wurde. – *3.4.5.6-Tetramethoxyphenanthren*, $C_{18}H_{18}O_4$, F. 114 bis 115,5°, Prismen ($CH_3OH$), aus 1 g vorst. Säure u. Cu–Cr-Oxyd in sd. Chinolin (3 Std.); 586 mg. – *O-Acetyl-N-methylisocorydinchlorid*, F. 246°. *Jodid*, $C_{23}H_{28}O_5NJ$, F. 260–265°, Prismen (W.), $[\alpha]_D^{28}$ + 112,6° (W., c = 0,06). – *β-[4-Acetoxy-3.5.6-trimethoxyphenanthryl-(8)]-äthyl-N-methyl-N-acetylamin*, $C_{24}H_{27}O_6N$, F. 165°, Nadeln (25%ig. A. oder Bzl.–PAe.), aus 1 g **I**-Chlorid u. sd. Acetanhydrid (4 Std.); 220 mg. – *4.5-Dimethoxybenzoltricarbonsäure-(1.2.3)-methylimid-(1.2)*, $C_{12}H_{11}O_6N$, F. 208–209°, Nadeln (A.), sublimiert im Vakuum aus 2 g **I**-Chlorid u. sd. wss.-alkal. $KMnO_4$; 780 mg. – *4.5-Dimethoxybenzoltricarbonsäure-(1.2.3)*, F. 164° (dann Wiederfestwerden, Anhydridbldg., F. 170°), aus den Mutterlaugen vorst. Verb. u. sd. wss.-alkoh. KOH (5 Std.); 100 mg. *Trimethylester*, $C_{14}H_{16}O_8$, F. 85–86,5° (Ae.–PAe.), sublimiert bei 70° Bad/0,005 mm, a) aus der Säure u. $CH_2N_2$, b) durch alkal. Hydrolyse des Methylimids. (J. org. Chemistry **19.** 1774–79. Nov. 1954. Buenos Aires, Argentinien, Fac. de Cie. Med., Cátedra de Quím. Biol., u. E. R. Squibb and Sons, Argentina S. A., Labors. de Invest., Squibb Inst. for Med. Res.) J. ROTHE. 3500

**T. Kitagawa, W. I. Taylor, S. Uyeo** und **H. Yajima,** *Die Konstitution des Homolycorins und Lycorenins.* 29. Mitt. *über Lycoris-Alkaloide.* Vff. zeigen, daß *Homolycorin* (**I**) eine tert. Base, $C_{18}H_{21}O_4N$, mit einer N–$CH_3$-Gruppe u. einer δ-Lactongruppierung ist.

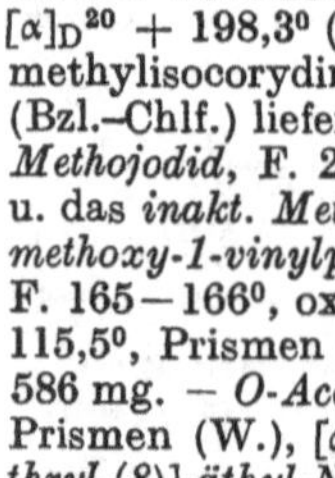

I

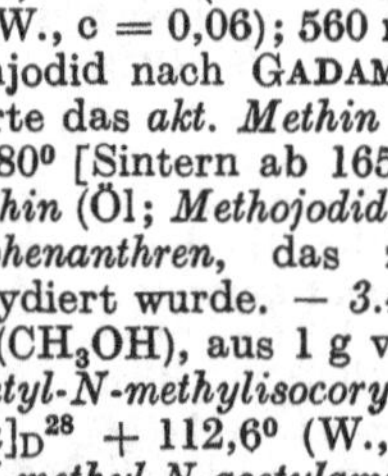

II

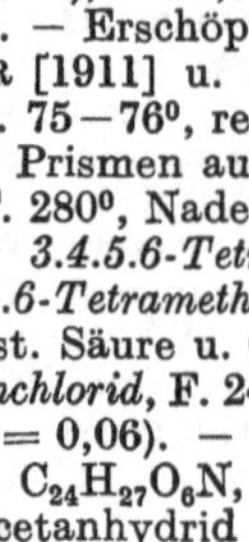

Red. von **I** mit $LiAlH_4$ u. nachfolgende Behandlung mit $H_2SO_4$ gab *Desoxylycorenin. Lycorenin* (**II**), das eine cycl. Halbacetalgruppierung besitzt, konnte durch Oxydation mit $CrO_3$ oder durch Disproportionierung mit Alkali in **I** übergeführt werden. Die UV-Spektren von **I**, **II** u. Acetyl-**II** in 95%ig. A. sind graph. dargestellt. Aus diesen u. weiteren Ergebnissen leiten Vff. nebenst. Strukturen für **I** u. **II** ab.

Versuche: *Homolycorin* (I), $C_{18}H_{21}O_4N$, F. 175° (W.), $[\alpha]_D$ +85° (c = 0,43 in A.); *Hydrochlorid*, $C_{18}H_{21}O_4N \cdot HCl$, F. 278° (Zers.), $[\alpha]_D$ +100° (c = 0,5 in W.), +15° (c = 0,33 in Chlf.). — *Tetrahydrohomolycorin* (III), $C_{18}H_{25}O_4N$, F. 154,5°, Platten (Aceton), aus 0,2 g I u. $LiAlH_4$ in sd. Ae. (7 Std.); $[\alpha]_D$ −101° (c = 0,33 in A.); UV-Spektr.; 140 mg (Ausbeute). *Diacetat*, $C_{22}H_{29}O_6N$, F. 133—134° (Ae.-PAe.). — Red. von 0,5 g II mit $LiAlH_4$ gab 0,32 g **III**. — *Desoxylycorenin* (**IV**; *Anhydrotetrahydrohomolycorin*), $C_{18}H_{23}O_3N$, F. 117—118° (Ae.), durch 2std. Erhitzen von 0,1 g **III** in 1,5%ig. $H_2SO_4$ (100°) u. chromatograph. Reinigung; $[\alpha]_D$ +95° (c = 0,65° in A.); UV-Spektr.; 40 mg. — 3std. Behandeln von 0,2 g **II** mit $CrO_3$–Eisessig bei 40°, dann 12 Std. Stehen bei n. Temp. gab 78 mg I-*Hydrochlorid*; daneben 42 mg **II** zurück. — **II** wurde zu 75% zurückgewonnen beim Vers. der Oxydation mit wss. alkal. $K_3[Fe(CN)_6]$. — 8std. Kochen von 0,3 g **II** mit alkoh. KOH gab 34 mg **III**, 100 mg I-*Hydrochlorid* u. 78 mg **II** zurück. (J. chem. Soc. [London] **1955**. 1066—68. April. Osaka, Univ., School of Pharm.; New Brunswick, Univ., Chem. Labors.) J. ROTHE. 3500

**A. Stoll, Th. Petrzilka, J. Rutschmann, A. Hofmann** und **Hs. H. Günthard,** *Über die Stereochemie der Lysergsäuren und der Dihydrolysergsäuren.* 37. Mitt. *über Mutterkornalkaloide.* (36. vgl. C. **1955**. 7915; 38. vgl. C. **1955**. 8869.) Nach der Aufklärung der ster. Zusammenhänge zwischen den verschied. isomeren *Lyserg-* u. *Dihydrolysergsäuren* versuchen Vff. die konfigurativen Relationen zwischen den Asymmetriezentren innerhalb der Mol. der einzelnen Isomeren unter Anwendung der Konformationstheorie (vgl. BARTON, C. **1954**. 276) zu deuten. Die erhaltenen Ergebnisse ergänzen u. bestätigen teilweise die von COOKSON (C. **1955**. 5783) mit Hilfe derselben Theorie gewonnenen Anschauungen über die Stereochemie der Lysergsäure bzw. ihrer Dihydroderivate. Auf Grund der neuen u. der schon früher veröffentlichten experimentellen Befunde, wie Unterschiede im Verh. der isomeren Dihydrolysergsäuren bei der katalyt. Hydrierung u. der alkal. Verseifung, in der Reaktionsfähigkeit der Carboxylgruppe u. bei der Chromatographie — soweit sie zur Ableitung der konfigurativen Zusammenhänge u. der Konformation geeignet sind — werden den 4 isomeren Dihydrolysergsäuren u. den entsprechenden Dihydro-nor-lysergsäuren Konfigurations- u. Konformationsformeln zugeordnet; diese Zuordnung erfolgt 1. nach der äquatorialen bzw. axialen Anordnung des Substituenten in 8-Stellung u. 2. nach der trans- bzw. cis-Verknüpfung der Ringe C u. D. Die *trans-* (**I**) u. *cis-* (**II**) *Dihydrolysergsäuren* haben 5.8-cis-, die *trans-* (**III**) u. *cis-* (**IV**)-*Dyhydroisolysergsäuren* 5.8-trans-Konfiguration; die Carboxylgruppe in **I** u. **IV** nimmt dabei äquatoriale, die in **II** u. **III** axiale Lage ein. Die äquatoriale Anordnung begünstigt die Epimerisierungs-Rkk., bewirkt bei der Verseifung u. bei Kondensations-Rkk. eine relativ geringe ster. Hinderung, bedingt eine relativ große Haftfestigkeit im Chromatogramm u. erschwert die Eliminierung der 8-Aminogruppe, während eine axiale Lage des Substituenten die gegenteiligen Effekte hervorruft. — In **I** u. **III** sind die Ringe C u. D trans-, in **II** u. **IV** cis-verknüpft. Zur Lösung dieser Frage wurde das Verh. der *Lyserg-* (**V**) bzw. *Isolysergsäure* (**VI**) bei der Hydrierung herangezogen. Bei schneller Hydrierung von **VI** mit Pt entsteht vorwiegend **IV**; die Tatsache, daß bei der Hydrierung von **V** nur eines der beiden zu erwartenden Dihydroderivv., nämlich **I**, entsteht, ist nach COOKSON (l. c.) dadurch bedingt, daß die Carboxylgruppe u. das 5-H-Atom sich auf derselben Seite der Mol. befinden u. so die Doppelbindung auf der einen Seite abschirmen, so daß der Angriff des $H_2$ von der anderen Seite der Mol. erfolgen muß u. damit die trans-Verb. resultiert. — Die Korrelation der Infrarotspektren verschied. Derivv. der isomeren Dihydrolyserg- bzw. Dihydro-nor-lysergsäuren mit ihrer Konformation wurde analog den bekannten Unterss. in der Steroidreihe zu deuten versucht. Da die erhaltenen Ergebnisse mit den aus dem chem. Verh. abgeleiteten Konformationen übereinstimmen, scheint es möglich zu sein, die Verknüpfungsart der Ringe C u. D sowie die Konformation der Substituenten mit der Lage u. Art der zugehörigen Infrarotbanden in Beziehung zu bringen. — Außerdem werden die $p_K$-Werte der isomeren Dihydrolyserg- bzw. Dihydro-nor-lysergsäuren u. ihrer Derivv. aufgenommen u. im Zusammenhang mit den aufgestellten Konformations- u. Konfigurationsformeln, also mit der räumlichen Entfernung zwischen der Carboxyl- u. der Aminogruppe u. den dadurch bedingten elektrostat. Wechselwirkungen zwischen den beiden Gruppen diskutiert. Da durch relative räumliche Annäherung sowohl der saure Charakter der Carboxylgruppe als auch der bas. der Aminogruppe verstärkt wird, sind die Isomeren mit axialer Carboxylgruppe im Gegensatz zu der Annahme von COOKSON (l. c.) sowohl stärkere Basen als auch stärkere Säuren als die entsprechenden Epimeren mit äquatorialer Carboxylgruppe. — Die Nor-Säuren zeigen bei der Epimerisierung, in den Infrarotspektren u. den $p_K$-Werten abweichendes Verh. von den entsprechenden Methylverbindungen. Es

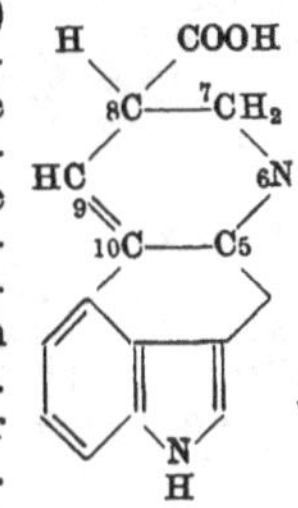

V

wird angenommen, daß bei der cis-Konfiguration in der Nor-Reihe gewinkelte Formen möglich sind oder daß unter ster. günstigen Bedingungen Wasserstoffbrücken zwischen der NH- u. der Carboxylgruppe existieren; erstere Annahme wird durch die Infrarotspektren unterstützt. — Aus den Raumformeln der Dihydroverbb. wird die Konfiguration von **V** u. **VI** abgeleitet u. außerdem den beiden Epimeren auf Grund der thermodynam. Stabilität u. der Basizität ihrer Derivv. folgende Konformationsformeln zugeordnet: **V** hat 5.8-cis-, **VI** 5.8-trans-Konfiguration, wobei die Carboxylgruppe in **V** äquatoriale Lage einnimmt. (Helv. chim. Acta **37.** 2039—57. 1/12. 1954. Basel, Sandoz, Pharmazeut.-chem. Labor. u. Zürich, ETH, Organ.-chem. Labor.) I. BUCHTA. 3500

**A. Stoll** und **E. Seebeck,** *Über Protoveratrin A und Protoveratrin B.* 6. Mitt. *über Veratrum-Alkaloide.* (5. Vgl. Helv. chim. Acta **36.** [1953.] 189.) Protoveratrin aus den Rhizonen von *Veratrum album* wurde mittels Gegenstromverteilung zwischen Bzl. u. Acetatpuffer ($p_H$ 5,5) in zwei einheitliche Alkaloide *Protoveratrin A* (**I**) u. *Protoveratrin B* (**II**) zerlegt. **II** dürfte mit dem aus *Veratrum viride* isolierten Neoprotoveratrin (vgl. KLOHS u. Mitarbeiter, C. **1953.** 4534) ident. sein. **I** ist ein Tetraester des *Protoverins;* bei der alkal. Hydrolyse wird es in 1 Mol *Protoverin,* 2 Mol *Essigsäure,* 1 Mol (—)-*α-Methylbuttersäure* u. 1 Mol (+)-*α-Methyl-α-oxybuttersäure* gespalten. **II** ist an Stelle der letzten mit (+)-*α-Methyl-α.β-dioxybuttersäure* verestert. Die geringen Unterschiede in der pharmakodynam. Wirksamkeit der beiden Alkaloide finden damit ihre Erklärung.

Versuche: *Protoveratrin A* (**I**), $C_{41}H_{63}O_{14}N$, F. 259—262° (Kupferblock) bzw. 302—304° (Zers.; KOFLER-Block), quadrat. Blättchen (A.), aus 8,0 g Protoveratrin (aus A.) nach dem Verf. von KLOHS (l. c.) aus den Fraktionen 1—16; $[\alpha]_D^{20}$ —44,1° (Pyridin, (c = 1,12) bzw. —12,1° (Chlf., c = 3,2); 2,9 g (Ausbeute); Farb-Rk. mit 84%ig. $H_2SO_4$ (nach 90 Min.) blau. — Daneben aus den Fraktionen 16—24 2,1 g *Protoveratrin B* (**II**), $C_{41}H_{63}O_{15}N$, F. 254—255° (Kupferblock) bzw. 285—290° (Zers.; KOFLER-Block), quadrat. Blättchen (Chlf.-A.), $[\alpha]_D^{20}$ — 39,8° (Pyridin, c = 1,24) bzw. —3,5° (Chlf., c = 3,1); Farb-Rk. wie oben grün, nach 24 Std. violett. — 1std. Kochen von **I** mit 2nalkoh. KOH lieferte *Essigsäure,* (—)-*α-Methylbuttersäure* (chromatograph. Trennung der *p-Phenylphenacylester,* F. 109—111°, Blättchen aus Ae.-PAe., bzw. F. 70—72°, aus Ae.-PAe.) u. (+)-*α-Methyl-α-oxybuttersäure* (aus dem Destillationsrückstand; F. 72—73°, Nadeln aus Ae.-PAe., $[\alpha]_D^{20}$ +8,5° [0,2nNaOH, c = 0,88]; *p-Phenylphenacylester,* $C_{19}H_{20}O_4$, F. 118 bis 119°, Prismen aus Ae.). — 24std. Stehen von **I** mit wss.-methanol. $K_2CO_3$ ergab *Protoverin,* F. 220—222° (Zers.), Nadeln ($CH_3OH$), $[\alpha]_D^{20}$ —15,7° (Pyridin, c = 1,1). (Helv. chim. Acta **36.** 718—23. 30/4. 1953. Basel, Sandoz, Pharmazeut.-chem. Labor.)
J. ROTHE. 3500

**Earl E. Jacobs, Albert E. Vatter** und **A. Stanley Holt,** *Kristallines Chlorophyll und Bakteriochlorophyll.* Genaue Beschreibung der Darst. von krist. *Chlorophyll* (**I**) *a* u. *b* aus Spinat u. von *Bakteriochlorophyll* (**II**) aus Rhodospirillum rubrum. Entgegengesetzt früheren Beobachtungen (vgl. C. **1955.** 4599) wurde gefunden, daß bei der Darst. von **II** die Ggw. von Spuren von W. ebenfalls notwendig ist. Im Elektronenmikroskop erscheinen die Kristalle von **I a** als dünne kristalline Blättchen, die, wahrscheinlich während des Trocknens, sich zusammenrollen. Aus der Schattenlänge von beschatteten Präpp. ergab sich eine Blättchendicke von ca. 50 Å, entsprechend ca. 2 Molekülschichten Chlorophyll-Die Kristallisation beider Chlorophylle ist von einer Verschiebung der roten Absorptionsbande nach längeren Wellenlängen zu von ca. 80 u. 90 mμ begleitet. Es wurden 2 Typen von Chlorophylloberflächenschichten beobachtet, u. zwar der Typ „komprimiertes Gas" u. der „kristalline" Typ. Die entsprechenden Absorptionsbanden lagen bei 675 bzw. 735 mμ. (Arch. Biochem. Biophysics **53.** 228—38. Nov. 1954. Urbana, Ill., Univ., Dep. of Botany.) C. GOTTFRIED. 3550

**V. Prelog,** *Untersuchungen über asymmetrische Synthesen.* 1. Mitt. *Über den sterischen Verlauf der Reaktion von α-Ketonsäureestern optisch-aktiver Alkohole mit Grignardschen Verbindungen.* Werden opt.-akt. Alkohole $R_3R_4R_5C^*OH$ mit Ketosäuren $R_1CO \cdot COOH$ verestert u. die entstandenen Ester $R_1COCOOC^*R_3R_4R_5$ mit GRIGNARD-Verbb. $R_2MgX$ umgesetzt, so entstehen *α-Oxysäureester* $R_1R_2C^*(OH)COOC^*R_3R_4R_5$ mit einem neu gebildeten asymm. Zentrum, die bei der alkal. Hydrolyse partiell opt.-akt. freie *α-Oxysäuren* $R_1R_2C^*(OH) \cdot COOH$ liefern (vgl. MCKENZIE u. Mitarbeiter, Biochem. Z. **277.** [1935.] 426 u. früher).

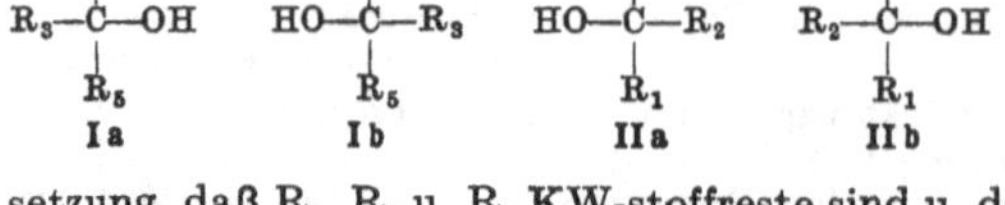

Ia Ib IIa IIb

Unter der Voraussetzung, daß $R_3$, $R_4$ u. $R_5$ KW-stoffreste sind u. daß (ster.) $R_3 < R_4 < R_5$ ist, schließt Vf., daß die Konfiguration der überwiegend entstehenden α-Oxysäure mit der Konfiguration des verwendeten Alkohols auf eindeutige Weise zusammenhängt; aus **I a** entsteht vorwiegend **II a**, aus **I b** vorwiegend **II b**. In drei Fällen, bei welchen die Versuchsergebnisse von MCKENZIE mit den entwickelten Anschauungen nicht in Einklang standen, konnte die Diskrepanz auf eine asymm. verlaufende partielle Verseifung des α-Oxysäureesters zurückgeführt werden; bei vollständiger Verseifung erhält man die Oxysäure mit dem erwarteten Drehungssinn. — Die Rk. läßt sich, mit nötigem Vorbehalt, für Konfigurationsbestimmungen verwenden; bes. kann man bei bekannter Konfiguration der im Überschuß entstandenen Oxysäure auf die Konfiguration des aktivierenden Alkohols schließen.

Versuche (mitbearbeitet von **A. Furlenmeier, D. F. Dickel** u. **W. Keller**): *α-Naphthylphenylglykolsäure* (**III**), durch Zutropfen von α-Naphthylglyoxylsäure-(—)-menthylester (MCKENZIE [1931.]) in Ae. zu äther. $C_6H_5MgBr$, $^1/_2$std. Kochen u. Verseifen des *Oxysäureesters* mit alkoh. KOH (1 Std. Kochen); die neutralen Anteile wurden abgetrennt u. nochmals 2 Std. mit sd. alkoh. KOH verseift; Gesamtausbeute 79% mit $[\alpha]_D$ +2,14° (c = 8,88; Chlf.). — Wiederholung des Vers. mit nur 10 Min. Verseifungszeit gab 23,5% mit $[\alpha]_D$ —2,3° (c = 8,68; Chlf.); weitere 2std. Verseifung der abgetrennten neutralen Anteile gab weitere 52,5% mit $[\alpha]_D$ +5,2 (c = 7,69; Chlf.). — *Phenylglyoxylsäure-(+)-bornylester*, F. 41—42°, aus (+)-Borneol, Phenylglyoxylsäurechlorid u. Pyridin; $[\alpha]_D$ +27,7° (c = 1,63; A.); 63,5%. — *Isobutylphenylglykolsäure*, aus vorst. Verb. u. Isobutyl-MgBr, dann 5std. Kochen des rohen *Oxysäureesters* mit wss.-methanol. KOH; $[\alpha]_D$ +2,54° (c = 11,83; A.); 67%. — **III**, auch aus Phenylglyoxylsäure-(+)-bornylester (MCKENZIE [1906.]) u. α-$C_{10}H_7MgBr$, dann: a) 5std. Verseifung von 2,4 g rohem *Oxysäureester* gab 1,1 g mit $[\alpha]_D$ +1,0° (c = 10,34; A.), b) 10 Min. Verseifung gab 0,225 g mit $[\alpha]_D$ ±0,0° (c = 4,50; A.), weitere 5std. Verseifung der unverseiften Anteile gab 0,615 g mit $[\alpha]_D$ +1,12° (c = 7,69; A.) (Helv. chim. Acta **36**. 308—19. 2/2. 1953. Zürich, ETH, Organ.-chem. Labor.) J. ROTHE. 3600

**V. Prelog** und **H. L. Meier**, *Untersuchungen über asymmetrische Synthesen. 2. Mitt. Über den sterischen Verlauf der Umsetzung von Phenylglyoxylsäureestern des Menthols, Neomenthols, Borneols und Isoborneols mit Methylmagnesiumjodid.* (1. vgl. vorst. Ref.) Die Phenylglyoxylsäureester (**II—V**) des (—)-Menthols, (+)-Neomenthols, (+)-Borneols u. (—)-Isoborneols wurden mit $CH_3MgJ$ umgesetzt, die gebildeten *Oxysäureester* verseift u. die opt. Drehung der entstandenen *Atrolactinsäure* (**I**) bestimmt. Wie erwartet (vgl. l. c.) wurde gefunden, daß der Drehungssinn der so erhaltenen **I** von der Konfiguration desjenigen asymmetr. C-Atoms der Alkoholkomponente abhängig ist, welches die OH-Gruppe trägt.

Versuche (FF. korr.; Drehungswerte in A., $l$ = 1): Gewinnung der *Phenylglyoxylsäureester* durch Stehenlassen der Alkohole mit Acetylmandelsäurechlorid u. Pyridin in Bzl. über Nacht, Schütteln der erhaltenen *Acetylmandelsäureester* mit wss.-methanol. $K_2CO_3$ (einige Min.) u. 8std. Kochen der gebildeten *Mandelsäureester* mit $Pb(CH_3COO)_4$ in Bzl.; Reinigung teilweise über GIRARD-Reagens T. — *(±)-Acetylmandelsäure-(—)-menthylester*, $C_{20}H_{28}O_4$, Kp.$_{0,2}$ 148°, $[\alpha]_D^{20}$ —56,3° (c = 6,64); 96% (Ausbeute). — *(±)-Mandelsäure-(—)-menthylester*, F. 84,5—85,5° (Ae.), $[\alpha]_D^{20}$ —74,3° (c = 0,99); 86%. — *Phenylglyoxylsäure-(—)-menthylester* (**II**), $C_{18}H_{24}O_3$, F. 73° ($CH_3OH$-W.), Kp.$_{0,02}$ 130 bis 131°; $[\alpha]_D^{21}$ —44,8° (c = 4,13); 85%. — *(±)-Acetylmandelsäure-(+)-neomenthylester*, $C_{20}H_{28}O_4$, Kp.$_{0,02}$ 118°, aus (+)-Neomenthol ($\alpha_D^{16}$ +17,8°, in Substanz); $[\alpha]_D^{21}$ +22,7° (c = 9,77); 97%. — *(±)-Mandelsäure-(+)-neomenthylester*, $C_{18}H_{26}O_3$, F. 107—107,5°, Nadeln, $[\alpha]_D^{20}$ +28,7° (c = 2,77); 94%. — *Phenylglyoxylsäure-(+)-neomenthylester* (**III**), $C_{18}H_{24}O_3$, Kp.$_{0,04}$ 124°, $[\alpha]_D^{22}$ +37,6° (c = 11,48); 70%. *2.4-Dinitrophenylhydrazon*, $C_{24}H_{28}O_6N_4$, F. 163° ($CH_3OH$). — *(±)-Acetylmandelsäure-(+)-bornylester*, $C_{20}H_{26}O_4$, Kp.$_{0,03}$ 129°, aus (+)-Borneol (F. 206°, $[\alpha]_D^{18}$ +36,7° [c = 9,941], erhalten durch Red. von (+)-Campher mit Na in feuchtem Ae. u. Trennung vom (—)-Isoborneol ($[\alpha]_D^{20}$ —32,7° [c = 9,74]) durch fraktionierte Veresterung mit p-Nitrobenzoylchlorid u. fraktionierte Kristallisation der p-Nitrobenzoate); $[\alpha]_D^{20}$ +24,6° (c = 8,61); 93%. — *(±)-Mandelsäure-(+)-bornylester*, $C_{18}H_{24}O_3$, F. 79° (wss. $CH_3OH$), Kp.$_{0,01}$ 108°, $[\alpha]_D^{20}$ +26,1° (c = 5,18); 85%. — *Phenylglyoxylsäure-(+)-bornylester* (**IV**), F. 41°, Kp.$_{0,05}$ 120°, $[\alpha]_D^{21}$ +25,6° (c = 4,88); 53%. — *(±)-Acetylmandelsäure-(—)-isobornylester*, $C_{20}H_{26}O_4$, Kp.$_{0,02}$ 132°, $[\alpha]_D^{20}$ —48,4° (c = 2,53); 87%. — *(±)-Mandelsäure-(—)-isobornylester*, $C_{18}H_{24}O_3$, F. 74—75° (PAe.), aus 14,1 g vorst. Verb.; $[\alpha]_D^{21}$ —16,9° (c = 4,46); 9,3 g. — *Phenylglyoxylsäure-(—)-isobornylester* (**V**), $C_{18}H_{22}O_3$, Kp.$_{0,02}$ 119—120°, $[\alpha]_D^{19}$ —55,2° (c = 13,47); 68%. *p-Nitrophenylhydrazon*, $C_{24}H_{27}O_4N_3$, F. 183°, gelbe Nadeln ($CH_3OH$). — *Atrolactinsäure* (**I**), F. 89—91°, durch Zutropfen von äther. **II**, **III**, **IV** bzw. **V** zu äther. $CH_3MgJ$, 1std. Stehen, dann $^1/_2$std. Kochen u. Verseifen der gebildeten rohen **I**-*Ester* durch 5std. Kochen mit wss.-methanol KOH; $[\alpha]_D$ —9,5° (c = 7,17), +4,6° (c = 6,77), +4,2° (c = 6,87) bzw. —3,1° (c = 10,54); 92, 94, 90 bzw. 98%. (Helv. chim. Acta **36**. 320—25. 2/2. 1953.) J. ROTHE. 3600

**W. G. Dauben, D. F. Dickel, O. Jeger** und **V. Prelog**, *Untersuchungen über asymmetrische Synthesen. 3. Mitt. Über die Anwendung der asymmetrischen Synthese zur Konfigurationsbestimmung bei Triterpenen und Steroiden.* (2. vgl. vorst. Ref.) Phenylglyoxylsäureester von α-Amyrin (**I**), Dihydrolanosterin (**II**), Euphol (**III**), Cholestan-3β-ol (**IV**), Androstan-17β-ol (**V**), Cholestan-7α-ol (**VI**) u. Cholestan-7β-ol (**VII**) wurden mit $CH_3MgJ$ umgesetzt, die erhaltenen *Ester* quantitativ verseift u. das Drehungsvermögen der dabei entstandenen *Atrolactinsäure* (**VIII**) gemessen. An Hand der Überlegungen über den ster.

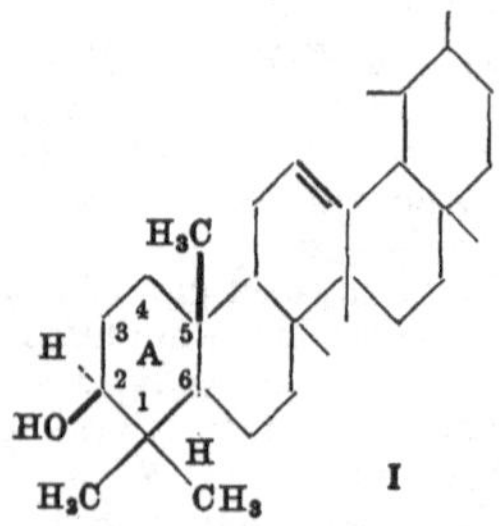

I

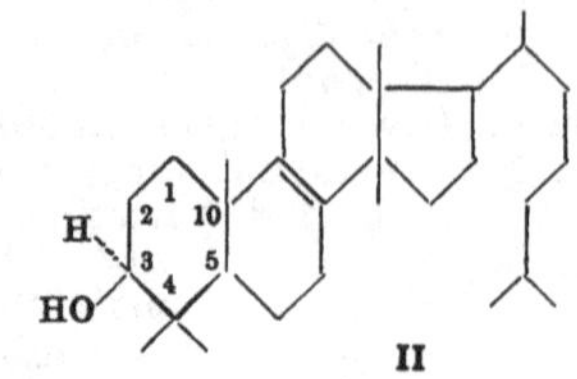

II

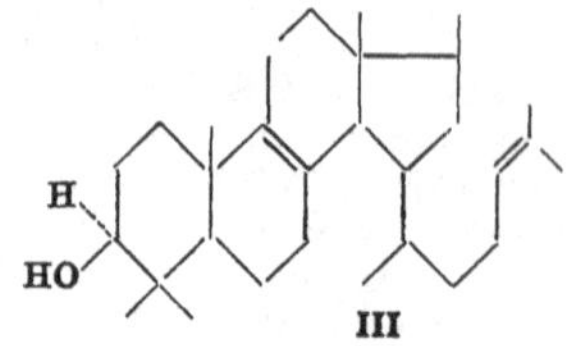

III

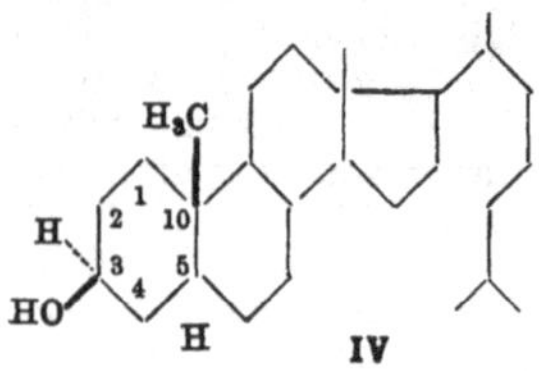

IV

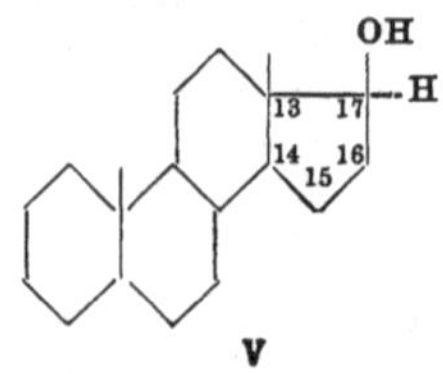

V

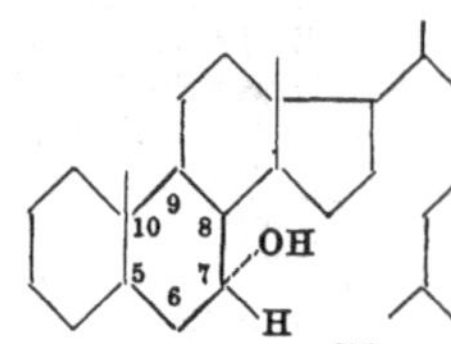

VI

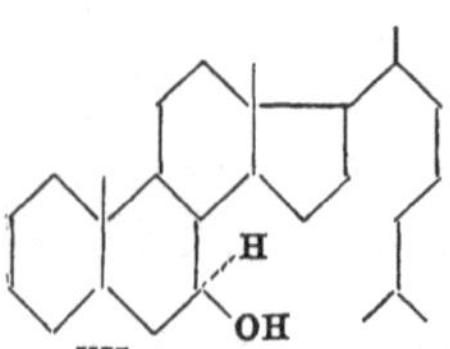

VII

Verlauf solcher asymm. Synthesen (vgl. 1. Mitt. vorvorst. Ref.) wurden für **I**–**VII** vorst. Konfigurationen abgeleitet. Daraus folgt, daß die genannten $C_{30}$-Triterpene u. -Steroide die gleiche Konfiguration u. Konstellation im Ring A besitzen wie die Abkömmlinge von **IV**, dessen absol. Konfiguration mit Hilfe der asymm. Synth. indirekt bestimmt wurde. — Vff. weisen ferner auf Fehlerquellen hin, die bei der Konfigurationsbest. mit Hilfe der asymm. Synth. vermieden werden müssen: partielle asymm. Verseifung (vgl. 1. Mitt.), Ausscheidung der Reaktionsprodd. während der Umsetzung u. die Möglichkeit, daß die GRIGNARD-Verbb. mit α-Oxysäureestern unter Bldg. von Glykolen weiterreagieren, deren Drehungsvermögen u. Konfiguration gegebenenfalls beachtet werden müssen.

V e r s u c h e (FF. korr.): Gewinnung der Phenylglyoxylsäureester durch Zugabe einer Lsg. von $C_6H_5COCOCl$ (aus der Säure u. Oxalylchlorid) in Bzl. zu einer Lsg. des Alkohols in Pyridin–Bzl. (2:3) u. Stehenlassen über Nacht; *α-Amyrinphenylglyoxylat*, $C_{38}H_{54}O_3$, F. 209–210° (Bzl.-$CH_3OH$), $[\alpha]_D$ +50,5° (c = 3,04; Bzl.); 75% (Ausbeute). — *Dihydrolanosterinphenylglyoxylat*, $C_{38}H_{56}O_3$, F. 164,5–165,5° (Essigester-$CH_3OH$), aus 3,5 g **II**; $[\alpha]_D$ +48,5° (c = 0,695; Chlf.); 2,76 g. — *Euphol* (**III**), F. 112–113° ($CH_3OH$), aus Euphadienon u. $LiAlH_4$, chromatograph. gereinigt ($Al_2O_3$); $[\alpha]_D$ +35° (c = 1,26 in Chlf.). — *Eupholphenylglyoxalat*, $C_{38}H_{54}O_3$, F. 112,5–114° ($CH_2Cl_2$–A.), $[\alpha]_D$ +36,7° (c = 0,717; Chlf.); 79,8%. — *Cholestan-3β-olphenylglyoxylat*, $C_{35}H_{52}O_3$, F. 102,5–103° (Chlf.-$CH_3OH$), aus 2,54 g **IV**; $[\alpha]_D$ +21° (c = 1,11; Chlf.); 2,70 g. — *Androstan-17β-ol* (**V**), F. 165–165,5° (PAe.), aus 1,98 g Androstan-17-on u. $LiAlH_4$ in Ae.; $[\alpha]_D$ 11,0° (c = 3,17 Chlf.); 1,71 g. — *Androstan-17β-olphenylglyoxylat*, $C_{27}H_{36}O_3$, F. 113,5–114° ($CH_3OH$), $[\alpha]_D$ +24° (c = 0,869; Chlf.); 82%. — *Cholestan-7α-ol* (**VI**), $C_{27}H_{48}O$, F. 97,5–98° (Aceton), $[\alpha]_D$ +10° (c = 1,03; Chlf.), durch Hydrierung von 1,368 g Cholestan-7-on über $PtO_2$ in Eisessig (4 Std.), dann Chromatographie an $Al_2O_3$ (PAe., PAe.-Bzl., Bzl.); 339 mg. Daneben 131 mg (roh) *Cholestan*, F. 77,5–78° (Chlf.-Aceton), $[\alpha]_D$ +27° (c = 0,78; Chlf.) als Kopffraktion u. 442 mg *Cholestan-7β-ol* (**VII**), $C_{27}H_{48}O$, F. 114,5–115° (Aceton), $[\alpha]_D$ +55° (c = 9,76; Chlf.). — *Cholestan-7α-olphenylglyoxylat*, Öl, umgefällt aus Aceton bei ca. −70°; 68%. — *Cholestan-7β-olphenylglyoxylat*, $C_{35}H_{52}O_3$, F. 152–152,5° (Chlf.-$CH_3OH$), $[\alpha]_D$ +59° (c = 0,817 in Chlf.); 74%. — *Atrolactinsäure* (**VIII**), durch Zutropfen der Phenylglyoxylate von **I**–**VII** in Ae.–Bzl. zu äther. $CH_3MgJ$, 2std. Rühren bei n. Temp., 1–3std. Kochen, Zers. mit Eis-verd. $CH_3COOH$ u. 5std. Kochen der erhaltenen rohen **VIII**-*Ester* mit 5%ig. methanol.-benzol. KOH; $[\alpha]_D$ (in A.) +3,66° (c = 11,5), +13,0° (c = 9,82), +9,1° (c = 8,58), −0,65° (c = 12,3), +6,2° (c = 5,56), −4,8° (c = 4,72) bzw. +26° (c = 10,0); Ausbeuten 71, 58,

82,5, 93, 69,4, 45,5 bzw. 86%. — *2-Methyl-3-phenylbutandiol-(2.3)*, F. 77,5—81°, a) als Nebenprod. aus 1,84 g **V**-Phenylglyoxylat mit $CH_3MgJ$ u. anschließender alkal. Verseifung, Trennung von **V** an $Al_2O_3$ (Bzl., Ae.); $[\alpha]_D$ −0,64° (c = 7,52; A.); 84 mg; b) durch Verestern der bei der gleichen Rk. entstandenen **VIII** (318 mg; $[\alpha]_D$ +6,2°) mit $CH_2N_2$ u. Rk. des *Methylesters* mit $CH_3MgJ$; $[\alpha]_D$ +4,0° (c = 10.14; A.); 112 mg roh. (Helv. chim. Acta **36.** 325—35. 2/2. 1953.) J. ROTHE. 3600

**V. Prelog** und **G. Tsatsas,** *Untersuchungen über asymmetrische Synthesen.* 4. Mitt. *Über die Konfiguration am Kohlenstoffatom 20 des Steroidgerüstes.* (3. vgl. vorst. Ref.; 5. vgl. C. **1956.** 7191.) Einw. von $CH_3MgJ$ auf 20β-Oxy-5α-pregnanphenylglyoxylat u. alkal. Verseifung des Reaktionsprod. lieferte in guter opt. Ausbeute linksdrehende *Atrolactinsäure.* Dieses Ergebnis steht im Einklang mit der angenommenen absol. Konfiguration der Steroide, der Konfigurationszuerteilung für $C_{(20)}$ (vgl. FIESER u. FIESER, C. **1948.** E. 1618) u. mit den von den Vff. entwickelten Anschauungen über den ster. Verlauf von analogen asymm. Synthesen (vgl. 1. Mitt, C. **1956.** 9732).

V e r s u c h e (FF. korr.): *3β-Oxy-5α-pregnan-20-onacetat,* F. 146—147°, aus 3β-Oxy-$\Delta^5$-pregnen-20-onacetat durch katalyt. Hydrierung u. Oxydation mit $CrO_3$; 82% (Ausbeute). — *3β-Oxy-5α-pregnan-20-on,* F. 197—199°, aus vorst. Verb. u. methanol. $K_2CO_3$; 97,5%. — *5α-Pregnan-3.20-dion-,* F. 198—201°, aus vorst. Verb. u. $CrO_3$; 91%. — *5α-Pregnan-20-on,* aus vorst. Verb., Zn u. HCl in Alkohol. — *20β-Oxy-5α-pregnan,* F. 149°, aus vorst. Verb. u. $H_2/PtO_2$ in Eisessig; $[\alpha]_D$ +34° (c = 1,005; Chlf.). *Acetat,* F. 159,5°, $[\alpha]_D$ +36° (c = 1,015; Chlf.). — *20β-Oxy-5α-pregnanphenylglyoxylat,* $C_{29}H_{40}O_3$, F. 131 bis 132°, Nadeln ($CH_3OH$), aus vorst. Alkohol u. $C_6H_5COCOCl$ in Bzl.-Pyridin (Stehen über Nacht), [α] +37,8° (c = 0,955; Chlf.); 0,69 g. — *Atrolactinsäure,* durch Zutropfen einer äther. Lsg. vorst. Verb. zu äther. $CH_3MgJ$, 3std. Stehen, dann 1std. Kochen u. 5std. Kochen des rohen *Esters* mit wss.-methanol. KOH unter $N_2$; $[\alpha]_D$ —19,8° (c = 3,885; A.); 91,5%. (Helv. chim. Acta **36.** 1178—80. 1/8. 1953.) J. ROTHE. 3600

**T. Lyssy** und **O. Jeger,** *Zur Kenntnis der Triterpene.* 185. Mitt. *Überführung von α-Amyrin in Ursan.* (184. vgl. DUTLER, JEGER u. RUZICKA, C. **1956.** 8637.) Die große Reaktionsträgheit der $C_{(12)}{=}C_{(13)}$-Doppelbindung im *α-Amyrin* kann durch stufenweise Eliminierung der Doppelbindung umgangen werden. Aus dem bei Red. des *$\Delta^{12}$-3β-Acetoxy-11-ketoursens* (**I**) mit Li in fl. $NH_3$ erhaltenem Gemisch kann *3β-Acetoxy-11-ketoursan* (**II**) in geringer Ausbeute isoliert werden. Es liefert bei äthanol.-alkal. Hydrolyse *3β-Oxy-11-ketoursan* (**III**), das bei $CrO_3$-Oxydation das gesätt. *3.11-Diketon* (**IV**) gibt. Aus **IV** lassen sich durch WOLFF-KISHNER-Red. die beiden Carbonyl-O-Atome entfernen, wobei in geringer Ausbeute *Ursan* (**V**) entsteht, das mit Heterolupan (Taraxastan) u. Lupan I [19α(H)-Taraxastan] stereoisomer ist. Bei der WOLFF-KISHNER-Red. von **II** u. anschließender Acetylierung wurden *3β-Acetoxyursan* (*Dihydro-α-amyrinacetat*; **VI**) u. ein Diolmonoacetat, wahrscheinlich *3β-Acetoxy-11ξ-oxyursan* (**VII**) erhalten.

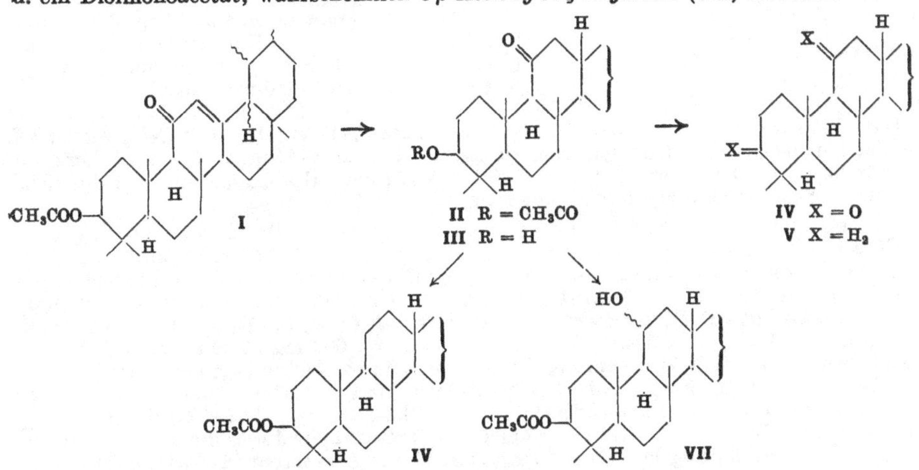


V e r s u c h e (FF. korr. u. in einer im Hochvakuum evakuierten Kapillare bestimmt; $[\alpha]_D$ in Chlf. im dm-Rohr): *3β-Acetoxy-11-ketoursan* (**II**), $C_{32}H_{52}O_3$, F. 337—338° ($CH_2Cl_2$—$CH_3OH$), durch Zugabe von 5 g **I** in Tetrahydrofuran zu $NH_3$ u. Li bei —50° u. Gießen auf Eis nach 2 Std.; $[\alpha]_D$ —5° (c = 0,94), —4° (c = 1,53); 240 mg (Ausbeute). — *3β-Oxy-11-ketoursan* (**III**), $C_{30}H_{50}O_2$, F. 228—229° ($CH_2Cl_2$—PAe.), durch 2std. Kochen von **II** mit 10%ig. äthanol. KOH; $[\alpha]_D$ $-5^0$ (c = 0,79). — *3.11-Diketoursan* (**IV**), $C_{30}H_{48}$·$O_2$, F. 237—238°, durch Zugabe der Oxydationsmischung nach Kiliani [1901] zu **III** in Bzl.–Eisessig (1:1) u. 20 Min. Rk.; aus $CH_2Cl_2$–$CH_3OH$ Blättchen; $[\alpha]_D$ $-2^0$ (c = 0,85). — *Ursan* (**V**), $C_{30}H_{52}$, F. 139—140° ($CH_2Cl_2$–$CH_3OH$), durch 16std. Erhitzen von 120 mg **IV** mit $N_2H_4 \cdot H_2O$ u. Na-Äthylat im Rohr auf 235°, Aufarbeitung, Chromatographie an $Al_2O_3$, Eluierung mit PAe. (3 mg KW-stoff-Fraktion), Oxydation der restlichen Substanz mit Kiliani-Mischung, erneute Wolff-Kishner-Red. u. Aufarbeitung wie vorst. (5 mg); $[\alpha]_D$ $+18^0$ (c = 0,59). — *3β-Acetoxyursan* (**VI**), $C_{32}H_{54}O_2$, F. 247—249°, durch Wolff-Kishner-Red. von 100 mg **II** wie vorst., Acetylierung mit Acetanhydrid–Pyridin, Chromatographie u. Eluierung mit PAe.–Bzl. (1:1); aus $CH_2Cl_2$–$CH_3OH$ Blättchen; $[\alpha]_D$ $+42^0$ (c = 0,51); 8 mg. — *3β-Acetoxy-11ξ-oxyursan* (**VII**), $C_{32}H_{54}O_3$, F. 307 bis 309° ($CH_2Cl_2$–$CH_3OH$), durch weitere Eluierung des bei vorst. Rk. erhaltenen Prod. mit Bzl. u. Bzl.–Ae. (9:1); Nadeln; $[\alpha]_D$ $+40^0$ (c = 0,57). (Helv. chim. Atca **38**. 1294 bis 1298. 1/8. 1955. Zürich, ETH, Organ.-chem. Labor.) H.-J. Nitzschke. 3600

**A. Meisels, R. Rüegg, O. Jeger** und **L. Ruzicka**, *Zur Kenntnis der Triterpene. 186. Mitt. Über die Konstitution des Ringes E und die Konfiguration des α-Amyrins*. (185. vgl. vorst. Ref.) Vff. erklären, warum die von Allan u. Mitarbeitern (C. **1956**. 5562) für *α-Amyrin* (**I**) vorgeschlagene Formel nicht zutreffen kann u. beweisen die bereits früher vorgeschlagene untenst. Konst. von **I**; wesentlich dafür ist die Ozonisation des

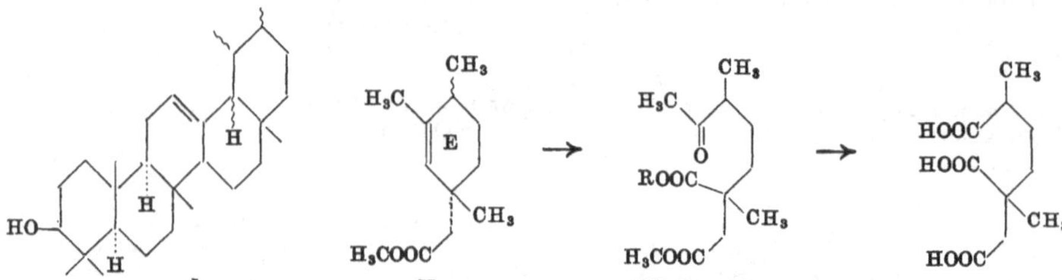

I II III R = H IV R = $CH_3$ V

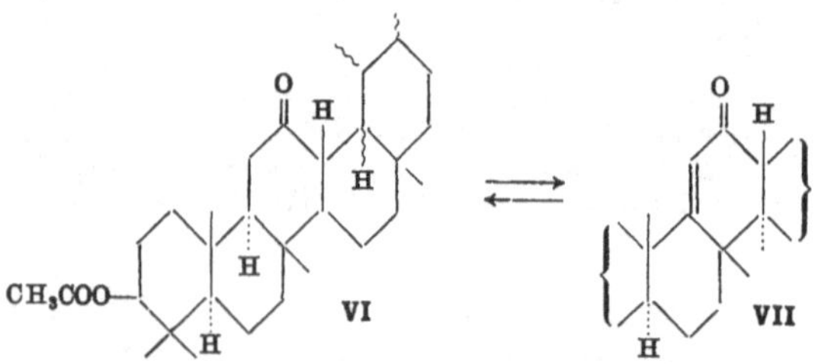

Esters **II** zum *Ketodicarbonsäure-monomethylester* **III** u. Oxydation des entsprechenden *Dimethylesters* **IV** zur *Tricarbonsäure* **V**, außerdem läßt sich die $C_{(29)}$-Methylgruppe in **I** als *Jodoform* erfassen, wenn **IV** mit Jodlauge behandelt wird. — Eine weitere Stütze für die Konfiguration von **I** an $C_{(9)}$ wird dadurch gegeben, daß das aus **I** über *3β-Acetoxy-12-ketoursan* (**VI**) zugängliche *$\Delta^{9,11}$-3β-Acetoxy-12-ketoursen* (**VII**) mit $Li_4$ in fl. $NH_3$ wieder **VI** bildet mit der gleichen Konfiguration an $C_{(9)}$ wie **I**. Das H-Atom an $C_{(9)}$ muß demnach α-ständig sein, ebenso, wie näher ausgeführt wird, die $CH_3$-Gruppe an $C_{(27)}$; die $CH_3$-Gruppe an $C_{(17)}$ wird dagegen β-ständig sein.

Versuche ($[\alpha]_D$ in Chlf. im dm-Rohr): Nach ½std. Ozonisation von 2 g **II** in $CCl_4$ bei —10°, Abdest. des Lösungsm., 1½std. Kochen mit W., 2std. Nachoxydation mit $KMnO_4$, Verestern der sauren Prodd. (1,42 g) mit $CH_2N_2$ in Ae., Lösen des Estergemisches in A. u. Trennen mit Girard-Reagens T wurden 680 mg keton. Prodd. erhalten, die nochmals mit $CH_2N_2$ verestert wurden: Verb. **IV**, $C_{13}H_{22}O_5$, Kp.$_{0,05}$ 110—115° (Badtemp.); $[\alpha]_D$ $+2^0$ (c = 1,69). — 24std. Schütteln von 660 mg **IV** mit $Br_2$ in 2nNaOH, Aufarbeitung u. $CH_2N_2$-Veresterung der 500 mg sauren Reaktionsprodd. lieferte **V**-*Trimethylester*, $C_{13}H_{22}O_6$, Kp.$_{0,03}$ 110—114° (Badtemp.); $[\alpha]_D$ $-1{,}5^0$ (c = 0,81). — Der Abbau von 220 mg **IV** mit $J_2$–KJ in 2nNaOH (unter Mitarbeit von Arigoni) liefert 100 mg *Jodoform*, F. 118—119°. — Rk. von 600 mg **VII** in Tetrahydrofuran mit Li u. fl. $NH_3$ bei —50°, Nachacetylierung des aufgearbeiteten Prod. mit Acetanhydrid–Pyridin, Chromatographie an $Al_2O_3$ u. Eluierung mit Bzl. liefert 168 mg *3β-Acetoxy-12-ketoursan* (**VI**), $C_{32}H_{52}O_3$, F. 288—288,5°; $[\alpha]_D$ $+9^0$ (c = 1,27). (Helv. chim. Acta **38**. 1298—1303. 1/8. 1955.) H.-J. Nitzschke. 3600

**Carl Djerassi** und **A. E. Lippman**, *Terpenoide*. 13. Mitt. *Struktur der Kaktus-Triterpene Machaerinsäure und Machaerininsäure*. (12. vgl. Chem. and Ind. **1954**. 1354;

11. vgl. C. **1956**. 8369.) Vff. klären die Konst. der sauren Triterpene aus Machaerocereus gummosus, der *Machaerinsäure* (**I**) u. *Machaerininsäure* (**II**). Das vierte O-Atom des **I**-*Methylesters* (**I a**) liegt als CO-Funktion vor; bei WOLFF-KISHNER-Red. entsteht *Oleanolsäure* (**VIII**), bei $LiAlH_4$-Red. das *Triol* **III**. Eine CHO-Gruppe kann in **I a** nicht vorliegen, da TOLLENS-Reagens nicht red. wird u. das Acetat gegenüber $CrO_3$ stabil ist. Mit $CrO_3$ u. Pyridin entsteht aus **I a** das *Diketon* **IV**, aus dessen Eigg. hervorgeht, daß die fragliche CO-Gruppe nicht an Ring A gebunden sein kann; auch scheiden, wie näher ausgeführt wird, $C_{(6)}$, $C_{(11)}$, $C_{(16)}$, $C_{(19)}$ u. $C_{(22)}$ aus. $NaBH_4$-Red. des **I a**-Acetats führt zu einem *Oxyacetyloleanolsäuremethylester* (**V**), der mit $POCl_3$ in Pyridin oder mit $PCl_5$ in Hexan zu *Methylanhydroacetyloleanolat* (**VI**) dehydratisiert werden kann; daß dabei das C-Skelett erhalten bleibt, folgt aus der katalyt. Hydrierung von **VI** zu *Acetyloleanolsäuremethylester*. **VI** ist nicht ident. mit Acetylanhydrosumaresinolsäuremethylester oder Acetyl-15-dehydro-oleanolsäuremethylester, so daß die Ketogruppe in **I** auch nicht $C_{(15)}$ oder $C_{(7)}$ sein kann. Verseifung von **VI** u. $CrO_3$-Oxydation des entstandenen *Methylanhydromachaerinats* (**X**) liefert *$\Delta^{12.21}$-18β-Oleadien-3-on-28-säuremethylester* (**VII**), woraus hervorgeht, daß **I** *21-Ketooleanolsäure* ist u. das erste in der Natur aufgefundene Triterpen mit einer O-Funktion an $C_{(21)}$. Im Gegensatz zu **VIII**-Methylester u. ähnlichen Verbb. kann **I a** schon mit 5%ig. methanol. KOH glatt verseift werden, wofür eine Erklärung diskutiert wird. — Der neben **I a** bei der Veresterung der sauren Triterpenfraktionen von M. gummosus in geringer Menge isolierte **II**-*Methylester* (**IX**), der 2 H-Atome mehr enthält, liefert bei der $CrO_3$-Oxydation **IV**, woraus folgt, daß **II** eine *$\Delta^{12}$-3-21-Dioxy-18β-oleanen-28-säure* sein muß, bei der die Konfiguration an $C_{(21)}$ noch nicht entschieden ist. Daß die Konfiguration an $C_{(3)}$ dieselbe ist wie bei **VIII** u. **I**, folgt aus der Verseifung von **V**, chromatograph. Trennung der epimeren *Diole* **IX** u. deren Acetylierung; eins der Diole bzw. das entsprechende Diacetat sind ident. mit **II** bzw. dem entsprechenden Diacetat, so daß **IX** *21ξ-Oxyoleanolsäuremethylester* ist.

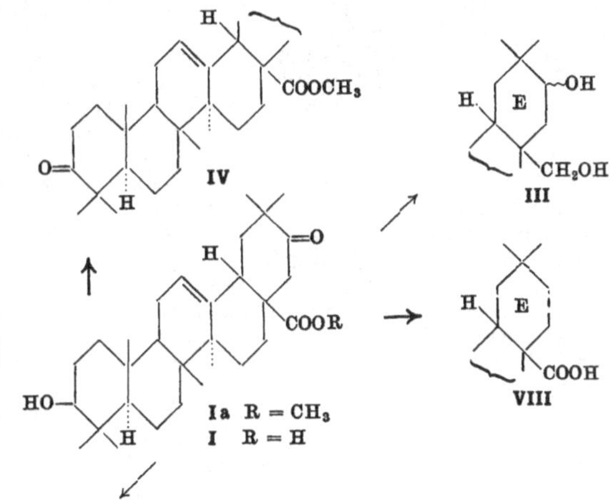


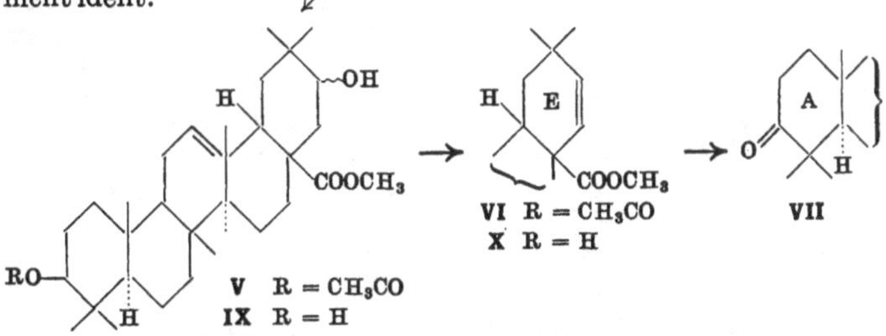


V e r s u c h e (FF. auf dem KOFLER-Block bestimmt; $[\alpha]_D$ in Chlf.): *Machaerinsäure* (**I**)-*Methylester* (**Ia**)-*Semicarbazon*, $C_{32}H_{51}O_4N_3$, Zers. bei 290°. — Nach 1std. Kochen von 100 mg **Ia** mit absol. A., Diäthylenglykol u. 85%ig. $N_4H_4 \cdot H_2O$, weiterem 1std. Kochen nach Zugabe von KOH, Erhitzen bis zum Kp. 190°, $2^1/_2$std. Kochen, Gießen in verd. HCl u. Ausäthern wurde *Oleanolsäure* (**VIII**) erhalten; 41 mg (Ausbeute). *Methylester*, $C_{31}H_{50}O_3$, F. 198—200° ($CH_3OH$); $[\alpha]_D$ +76°. — *Triol* (**III**), $C_{30}H_{50}O_3$, F. 239,9 bis 295° (Eisessig), durch $4^1/_2$std. Rk. von 400 mg **Ia** in Tetrahydrofuran mit $LiAlH_4$ in Ae.; 250 mg. *Triacetat*, $C_{36}H_{56}O_6$, F. 214—215° ($CH_3OH$) $[\alpha]_D^{20}$ +2°. — *$\Delta^{12}$-18β-Oleanen-3.21-dion-28-säuremethylester* (**IV**), $C_{31}H_{46}O_4$, F. 188—191° ($CH_3OH$, dann Aceton–Hexan), durch 9std. Oxydation von 60 mg **Ia** mit $CrO_3$ in Pyridin; $[\alpha]_D^{24}$ +43°; 34 mg; bleibt bei 17std. Stehen in 5%ig. methanol. NaOH unverändert; entsteht ebenso auch aus **IX**. — *$\Delta^{12}$-18β-Oleanen-3β.21ξ-diol-28-säuremethylester-3-monoacetat* (**V**), $C_{33}H_{52}O_5$, F. 214—216° (Aceton–Hexan, dann Methanol), $[\alpha]_D^{24}$ +69°, aus 920 mg **Ia**-Acetat u. $NaBH_4$ in Dioxan (1 Std. bei n. Temp.); nach Zugabe von viel 10%ig. HCl ausäthern; 655 mg. *Diacetat* (**IX**-*Diacetat*), $C_{35}H_{54}O_6$, F. 278—280°, aus 62 mg Monoacetat durch 25std. Rk. mit Acetanhydrid–Pyridin bei n. Temp. $[\alpha]_D^{23}$ +85°; 39 mg. — *$\Delta^{12.21}$-18β-Oleadien-3β-ol-28-säuremethylesteracetat* (**VI**), $C_{33}H_{50}O_4$, F. 170—174° (Hexan, dann Methanol), durch

11std. Rk. von 310 mg **V** mit $POCl_3$ in Pyridin, 1std. Erhitzen, Verdünnen mit W., Ausäthern u. Chromatographie an $Al_2O_3$; $[\alpha]_D^{22}$ +17°; 220 mg; entsteht auch aus **V** durch 2std. Rühren in Hexan mit $PCl_5$ bei Durchleiten von $N_2$. Daraus *$\Delta^{12.21}$-18β-Oleadien-3β-ol-28-säuremethylester* (**X**), $C_{31}H_{48}O_3$, F. 184–185°, mit 5%ig. methanol. KOH; aus $CH_3OH$ lange Nadeln; $[\alpha]_D^{24}$ –2°. – 16std. $PtO_2$-Hydrierung von 35 mg **VI** in Eisessig unter n. Bedingungen führt zu *Acetyloleanolsäuremethylester*, $C_{33}H_{52}O_4$, F. 217–218° (Aceton) $[\alpha]_D^{23}$ +68°; 27 mg. – *$\Delta^{12.21}$-Oleadien-3-on-28-säuremethylester* (**VII**), $C_{31}H_{46}O_3$, F. 120–124° ($CH_3OH$), durch 10std. Oxydation von **X** mit $CrO_3$ in Pyridin; $[\alpha]_D^{24}$ +17°; 21 mg. – *Machaerininsäure* (**II**)-*Methylester* (**IX**), $C_{31}H_{50}O_4$, F. 232–234° (Methanol, dann Aceton–Hexan, dann Ae.), $[\alpha]_D^{31}$ +76°, sublimierbar bei 210°/0,08 mm, durch erneute Chromatographie der gesamten mit Ae. eluierten Methylesterfraktion (2 g) aus der Extraktion von ca. 80 kg M. gummosus u. Eluierung mit Bzl.–Ae. (9 : 1), wobei zuerst 660 mg **Ia** erhalten werden, dann 800 mg **IX**. Das *Diacetat*, aus 50 mg **IX** erhalten, ist ident. mit obenst. Verb.; 45 mg. – Nach Verseifung von rohem **V** (aus 610 mg **Ia**-Acetat) mit 1%ig. methanol. KOH, Chromatographie des neutralen Prod. in Bzl. u. Eluierung mit Bzl.–Ae. (9 : 1) wurde ein *isomeres* **IX**, $C_{31}H_{50}O_4$ ($CH_3OH$) erhalten; $[\alpha]_D^{27}$ +64°; 240 mg; Acetylierung von 88 mg lieferte das *Diacetat*, $C_{35}H_{54}O_6$, F. 252–259°; $[\alpha]_D^{26}$ +31°; 79 mg. Die vereinigten Ae.-Eluate lieferten aus $CH_3OH$ 175 mg des anderen **IX**, ident. mit **II**-Methylester. (J. Amer. chem. Soc. **77.** 1825–28. 5/4. 1955. Detroit, Mich., Wayne Univ., Dep. of Chem.) H.-J. NITZSCHKE. 3600

**C. Djerassi, G. H. Thomas** und **O. Jeger,** *Über die Stereochemie der Sumaresinolsäure und deren Überführung in Oleanolsäure.* 14. Mitt. *über Terpenoide.* 187. Mitt. *zur Kenntnis der Triterpene.* (13. vgl. vorst. Ref.; 186. vgl. vorvorst. Ref.) Sehr lange WOLFF-KISHNER-Red. des aus der *Sumaresinolsäure* (**I**) zugänglichen *Oxyketomethylesters* (**II**) liefert *Oleanolsäure* (**III**), womit im Anschluß an frühere Unterss. auch die *3β*-Oxy-5α-Konfiguration in **I** gesichert ist, wie näher ausgeführt wird. Daß **I** *6β-Oxyoleanolsäure* ist, geht daraus hervor, daß die 6ständige OH-Gruppe nur sehr schwer acetyliert werden kann u. daß die Red. von **II** mit $LiAlH_4$ zum *Triol* **IV** führt, welches unter gleichen Bedingungen auch aus Acetylsumaresinolsäuremethylester (**V**) entsteht.

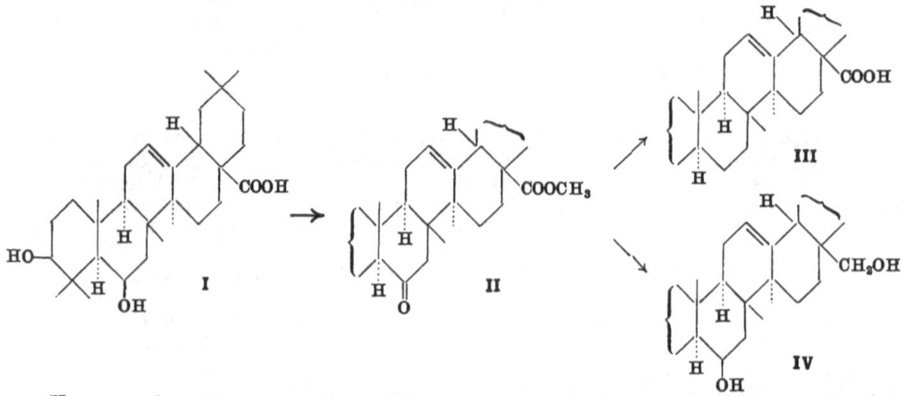


V e r s u c h e (FF. auf dem KOFLER-Block bestimmt; $[\alpha]_D$ in Chlf.): *Oxyketomethylester* **II**, F. 197–199° ($CH_3OH$), durch 18std. Stehen von 1 g **V** in Pyridin mit $CrO_3$, Aufarbeitung, Kristallisation der **II**-*Acetylverb.* (780 mg) aus Chlf.–$CH_3OH$, Chromatographie, nochmalige Kristallisation (F. 290–293°) u. Verseifung mit 5%ig. methanol. KOH; F. 197–199° ($CH_3OH$); 370 mg (Ausbeute). – Nach Zugabe von 280 mg **II** zu Na in Diäthylenglykol, dann von absol. Hydrazin bei 180°, 3tägiges Erhitzen auf 180°, Abdest. von Hydrazin bis zum Kp. 210°, 2tägige Rk. bei 210°, Aufarbeitung, Veresterung mit $CH_2N_2$, Acetylierung mit Acetanhydrid-Pyridin, Chromatographie an $Al_2O_3$ u. Eluierung mit PAe.–Bzl. (1 : 1) wurde *Acetyloleanolsäuremethylester* erhalten; F. 221 bis 223° ($CH_3OH$); $[\alpha]_D^{24}$ +70° (c = 1,054); 33%. Weitere Eluierung mit Bzl.–Ae. (1 : 1) ergab 43 mg **II**-*Acetylverb.*, $[\alpha]_D^{24}$ +49° (c = 0,59). – *$\Delta^{12}$-18β(H)-3β.6β.28-Trioxyoleanen* (**IV**), $C_{30}H_{50}O_3$, F. 266–271° (Ae.–Hexan), a) aus 150 mg **V** in Ae. mit überschüssigem $LiAlH_4$; $[\alpha]_D^{24}$ +54,3° (c = 1,08); 115 mg; b) ebenso aus 125 mg der **II**-Acetylverb.; 90 mg. (Helv. chim. Acta **38.** 1304–07. 1/8. 1955. Detroit, Mich., Wayne Univ., Dep. of Chem.; Zürich, ETH, Organ.-chem. Labor.) H.-J. NITZSCHKE. 3600

**André S. Meyer,** *Optisch-analytische Studien der Steroide.* 1. Mitt. *Lichtabsorption zwischen 230 und 500 mμ von α.β-ungesättigten und 3.6-Diketosterinen in alkalischem*

*Äthanol.* Vff. unternehmem den Vers., die Unterschiede in der Absorptionsintensität einer Reihe von $\Delta^4$-3-Ketosteroiden in alkal. (A. 94 ml 95% ig. A. u. 6,0 ml 10% ig. wss. Lsg. von Tetramethylammoniumhydroxyd oder 1,1 n KOH) bei 23 u. 60° zur Strukturaufklärung heranzuziehen. Absorptionsmaxima (mμ) von α.β-ungesätt. Ketosteroiden in alkal. A. bei 23° nach 2–3 Min. (Werte in ( ) nach 24 Std., in [] bei 60°): *$\Delta^4$-Androsten-3.17-dion*, 241, (241), [241, 377]; *$\Delta^4$-Androsten-17β-ol-3-on*, 241, (242); *3-Keto-$\Delta^4$-ätiensäure*, 242, (243), [243, 377]; *$\Delta^4$-Pregnen-21-ol-3.20-dion*, 242, (242), [243, 377]; *$\Delta^4$-Cholesten-3-on*, 242, (243); *$\Delta^{1,4}$-Androstadien-3.17-dion*, 244, (243), [243]; *$\Delta^{4,6}$-Androstadien-3.17-dion*, 284, (284); *7β-Oxy-$\Delta^4$-cholesten-3-on*, 245, (286) in neutralem, absol. A., $[\alpha]_D^{28}$ +84±3° (c = 0,95; Chlf.); *12α-Oxy-$\Delta^4$-androsten-3.17-dion*, 240, (241); *14-Oxy-$\Delta^4$-androsten-3.17-dion*, 238, (243, 377); *16α-Oxy-$\Delta^4$-androsten-3.17-dion*, 241, (242); *16α-Oxy-$\Delta^4$-pregnen-3.20-dion*, 242, (242, 375), [241, 375]; *$\Delta^5$-Cholesten-3β-ol-7-onacetat*, 235, (239, 279), [239, 279]; *$\Delta^{5,16}$-Pregnadien-3-ol-20-on*, 238, (238). – Die 11-Oxy-$\Delta^4$-3-ketosterine, mit Ausnahme des Aldosterons, zeigen eine Bande bei 380 mμ. Diese Ausnahme führt Vf. auf eine Halbacelatbldg. mit der $C_{(18)}$-Aldehydgruppe, die Bande bei 380 mμ auf die $\Delta^4$-3-Ketogruppierung zurück: *$\Delta^4$-Androsten-3.11.17-trion*, 237, (238, 377), [239, 375]; *$\Delta^4$-Pregnen-17α.21-diol-3.11.20-trion (Cortison)*, 238, (238, 377), [238, 377]; *$\Delta^4$-Androsten-11β-ol-3.17-dion*, 242, (243, 377); *$\Delta^4$-Pregnen-11β.17α.21-triol-3.20-dion*, 243, (244, 377), [245, 377]; *$\Delta^4$-Androsten-11α-ol-3.17-dion*, 242, (243, 377); *$\Delta^4$-Pregnen-11α-ol-3.20-dion*, 242, (241, 377), [243, 377]; *$\Delta^4$-Pregnen-11β.21-diol-18-oxo-3.20-dion (Aldosteron)*, 237, (237, 285), [237]. – Bei den 19-Norsteroiden (ohne anguläre Methylgruppe am $C_{(10)}$) tritt das 2. Maximum bei 367 mμ auf; nach dem Ansäuern verschiebt sich bei beiden Arten das 2. Maximum nach 310 mμ: *19-Nor-$\Delta^4$-androsten-3.17-dion*, 240, (241, 367), [242, 367]; *19-Nor-$\Delta^4$-pregnen-3.20-dion*, 241, (242), [242, 367]; *19-Oxy-$\Delta^4$-androsten-3.17-dion*, 243, (242, 367), [241, 367]; *19-Oxy-$\Delta^4$-pregnen-3.20-dion*, 243, (242, 367), [241, 367]; *19-Oxy-3-keto-$\Delta^4$-ätiensäure*, 245, (244), [242, 367]. – Absorption von 2α-Oxy-$\Delta^4$-3-ketosterinen: *$\Delta^4$-Androsten-2α.17β-diol-3-on*, 238, (233, 355); *$\Delta^4$-Pregnen-2α-ol-3.20-dionacetat*, 238, (233, 355); *$\Delta^4$-Pregnen-2α.17α.21-triol-3.20-dion*, 238, (233, 355). – *3β-Oxy-$\Delta^4$-6-ketocholestenacetat*, 237, (243, 380); *6β-Oxy-$\Delta^4$-3.17-diketoandrosten*, 236, (240, 377); *$\Delta^4$-3.20-Diketopregnen-6β.17α.21-triol*, 237, (240, 377); *6α-Oxy-$\Delta^4$-3-ketocholesten-6α-acetat*, 241, (260, 377); *6α-Oxy-$\Delta^4$-3.17-diketoandrosten*, 241, (258, 377); *$\Delta^4$-3.20-Diketopregnen-6α.17α.21-triol-6α.21-diacetat*, 237, (258, 377); *3.6-Diketocholestan*, (260, 377); *3.6-Diketocholansäure*; *3.6-Diketoallocholansäure*; *3.6.17-Triketoandrostan*, (258, 377); *3.6-Diketocholestan-4α.5α, diol*, 384, (377); *3.4.6-Triketocholestan*, 238, 357, (258, 357); *$\Delta^4$-3.6-Diketocholesten*, 260, 377, (260, 377); *$\Delta^4$-3.6.17-Triketoandrosten*, 259, 377, (259, 377); *$\Delta^4$-6-Ketocholesten*, 242, (257, 380); *$\Delta^{2,4}$-6-Ketocholestadien*, 316, (249, 313, 405), [250, 405]. (J. org. Chemistry **20.** 1240–52. Sept. 1955. Shrewsbury, Mass., Worchester Found. for Exp. Biol.)

H. ENCHELMEIER. 3700

**Hans Herloff Inhoffen, Friedrich Blomeyer** und **Klaus Brückner,** *Untersuchungen an Steroiden.* 40. Mitt. *Darstellung von 16-Oxypregnanverbindungen.* (39. vgl. Chem. Ber. **87.** [1954.] 146; 37. vgl. C. **1954.** 1497.) Das durch Bromierung von $\Delta^{5,16}$-Pregnadien-3β-ol-20-onacetat (I) in Ggw. von $CH_3COOK$ erhaltene *$\Delta^{16}$-5.6-Dibrompregnen-3β-ol-20-onacetat* läßt sich durch Hydroxylierung mit $OsO_4$ nach CRIGÉE oder mit $KMnO_4$ u. Behandlung mit Zn in *$\Delta^5$-Pregnen-3β.16α.17α-triol-27-on* (II) überführen, das nicht zu *$\Delta^4$-Pregnen-16α.17α-diol-3.20-dion* oxydiert werden kann. Dieses wird jedoch durch Hydroxylierung von 16-Dehydroprogesteron dargestellt. Beim Vers. der Wasserabspaltung aus II mit sd. Acetanhydrid wurde das *3.16-Diacetat*, mit Acetanhydrid/$H_2SO_4$ das *D-Homoderiv.* **IIIa** oder **IIIb** erhalten. Dagegen wurde aus **II** mit Alkali das erwartete *$\Delta^{5,16}$-Pregnadien-3β.16-diol-20-on* erhalten. Zur Darst. von *16-β-Oxypregnanverbb.* werden die entsprechenden 16.17α-Epoxyde mit Eisessig u. verd. oder konz. $H_2SO_4$ behandelt.

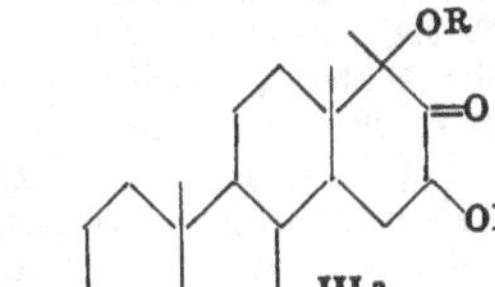

IIIa

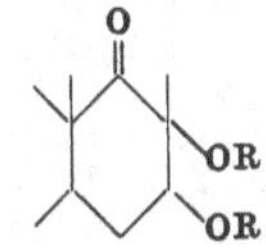

IIIb R = $CH_3CO$

Versuche (opt. Drehungen in Chlf. in 1%ig. Lsg.): *$\Delta^{16}$-5.6-Dibrompregnen-3β-ol-20-onacetat*, $C_{23}H_{32}O_3Br_2$, F. 120–121°, aus I in Ae., K-Acetat in Eisessig u. $Br_2$ bei 0°; Nadeln aus Ae.-$CH_3OH$; 67% (Ausbeute). – *$\Delta^5$-Pregnen-3β.16α.17α-triol-20-on* (II), $C_{21}H_{32}O_4$, F. 239–240°, aus vorst. Verb. in Ae. u. $OsO_4$ (4½ Tage stehen), anschließend in A. u. W. mit $Na_2SO_3$ u. Zn 3½ Std. kochen; Nadeln aus $CH_3OH$; 40 bis 45%. *3.16-Diacetat*, $C_{25}H_{36}O_6$, F. 170–171° ($CH_3OH$); $[\alpha]_D^{22}$ –98,8±1°. – *$\Delta^4$-Pregnen-16α.17α-diol-3.20-dion* (*16α.17α-Dioxyprogesteron*), $C_{21}H_{30}O_4$, F. 218–219,5°, aus 2 g 16-Dehydroprogesteron in Ae. u. $OsO_4$ (4 Tage stehen), anschließend mit wss.-alkoh. $Na_2SO_3$ 2 Std. kochen; Nadeln aus Aceton; 485 mg. – *D-Homoverb.* **IIIa** oder **IIIb**,

$C_{27}H_{38}O_7$, F. 271—273°, aus 200 mg **II** in Acetanhydrid u. konz. $H_2SO_4$ (3 Std. kochen); Nadeln aus $CH_3OH$; $[\alpha]_D^{21}$ —95±1°; 42 mg. — *Δ^{5.16}-Pregnadien-3β.16-diol-20-on*, $C_{21}H_{30}O_3$, F. 186—187° ($CH_3OH$), aus 200 mg **II** u. methanol. KOH (3 Std. kochen); 133 mg. *Diacetat*, $C_{25}H_{34}O_5$, F. 197—198° ($CH_3OH$); $[\alpha]_D^{19}$ —68,4°. — *Δ^5-16β-Jodpregnen-3β.17α.-21-triol-20-on-3.21-diacetat*, $C_{25}H_{35}O_6J$, F. 117°, aus 500 mg $\Delta^5$-16.17α-Oxidopregnen-3β.21-diol-20-on-3.21-diacetat in Eisessig u. NaJ (15 Min. kochen); 420 mg. Beim Vers. der Isomerisierung zum 16-Keton wurde eine *Verb.* $C_{23}H_{32}O_4$, F. 258—262° ($CH_3OH$), wahrscheinlich eine D-Homoverb., erhalten. — *Δ^5-Pregnen-3β.16β.17α-triol-20-on*, F. 230 bis 236° (nach Chromatographie), aus $\Delta^5$-16.17α-Oxidopregnen-3β-ol-20-on (**IV**) in Eisessig u. 2,5% ig. $H_2SO_4$ (20 Std. kochen); 12%. *16-Acetat*, $C_{23}H_{34}O_5$, F. 222—226° ($CH_3OH$). *3.16-Diacetat*, $C_{25}H_{36}O_6$, F. 232—234°, analog aus 500 mg **IV**-Acetat u. Acetylierung; $[\alpha]_D^{20}$ —38,5°; 111 mg. — *Δ^5-Pregnen-3β.16.17α.21-tetrol-20-on-3.16.21-triacetat*, F. 181 bis 182°, analog aus 430 mg $\Delta^5$-16.17α-Oxidopregnen-3β.21-diol-20-ondiacetat; $[\alpha]_D^{19}$ —29,2°; 105 mg. (Chem. Ber. **87.** 593—98. 30/4. 1954. Braunschweig, TH, Organ.-chem. Inst.) H.-J. KOCH/Berlin. 3700

**Wayne Cole** und **Percy L. Julian,** *Sterine.* 14. Mitt. *Reduktion von Epoxyketonen mit Chrom(II)-Salzen.* (12. vgl. J. Amer. chem. Soc. **73.** [1951.] 1982.) Die Red. von 16.17-Epoxy-$\Delta^4$-pregnen-21-ol-3.20-dionacetat (**II**) mit $CrCl_2$ oder $(CH_3COO)_2Cr$ führt zu *Δ^4-Pregnen-16α.21-diol-3.20-dion-21-acetat* u. *Δ^{4.16}-Pregnadien-21-ol-3.20-dionacetat* (**I**), das mit überschüssigem $CrCl_2$ als Hauptprod. entsteht. Diese Red. von Epoxyketonen, bes. mit anschließender Dehydratisierung des Ketols, wird am Beispiel der Red. von 4-Methyl-3.4-epoxypentanon-(2) zu *Mesityloxyd* näher untersucht. Sie scheint allg. Natur zu sein u. dürfte sich auch zum Schutz einer $\Delta^4$-3-Ketogruppierung im Verlauf von Partialsynthesen verwenden lassen, wie am Beispiel der Rückgewinnung von *Cholestenon* aus 4.5-Epoxycoprostan-3-on u. von *Progesteron* aus 4.5-Epoxypregnan-3.20-dion gezeigt wird. 16.17-Epoxy-$\Delta^5$-pregnen-3β-ol-20-onacetat (**IV**) wird zum *16α-Alkohol* red., der sich zu *16-Dehydropregnenolon* dehydratisieren läßt. Auf diese Weise wird auch *16α-Oxyprogesteron* aus dem entsprechenden Epoxyd dargestellt. Bei Verwendung von $CrCl_2$ tritt bei 21-Acetoxysteroiden in geringem Maße eine „Über-Red.", d. h. reduktive Entfernung der Acetoxygruppe auf; diese Erscheinung findet sich auch bei der Red. von Benzalacetophenonoxyd, bei dem nur wenig *Benzalacetophenon*, als Nebenprod. etwas *1.4-Dibenzoyl-2.3-diphenylbutan*, erhalten wird. Styroloxyd wird durch $CrCl_2$ in geringem Maße in *Styrol* übergeführt, Äthylenoxyd u. Cyclohexenoxyd reagieren nicht.

Versuche: *Mesityloxyd*, Kp. 123—132°, aus 4-Methyl-3.4-epoxypentanon-(2) ($Kp._{20}$ 60—61°) u. $CrCl_2$ in W. bei 23° unter $CO_2$ (30 Min.); 80% (Ausbeute). — *Δ^{4.16}-Pregnadien-21-ol-3.20-dionacetat* (**I**), $C_{23}H_{30}O_4$, F. 152°, aus 5,8 g 16.17-Epoxy-$\Delta^4$-pregnen-21-ol-3.20-dionacetat (**II**) in Essigsäure u. $CrCl_2$; nach Chromatographie an Silicagel u. Elution mit Ae. Nadeln aus Äthylacetat; $[\alpha]_D$ +148° (c = 1,0; Chlf.); 2,6 g. Daneben 1,2 g *Δ^4-Pregnen-16α.21-diol-3.20-dion-21-acetat*, $C_{23}H_{32}O_5$, F. 213—214°, Nadeln aus Aceton; $[\alpha]_D$ +123° (c = 0,50; Aceton). Dieses gibt bei der Hydrolyse *16α.21-Dioxyprogesteron*, $C_{21}H_{30}O_4$, F. 203—204°, Prismen aus Aceton; $[\alpha]_D^{25}$ +109° (c = 0,7; Aceton). — *Δ^{4.16} Pregnadien-3.20-dion*, $C_{21}H_{28}O_2$, F. 186—189° (Aceton), aus 4,0 g **II** u. überschüssigem $CrCl_2$ in Essigsäure u. konz. HCl; 2,2 g. — *Δ^4-Pregnen-16α-ol-3.20-dion* (*16α-Oxyprogesteron*), $C_{21}H_{30}O_3$, F. 226—227°, aus 5 g 16.17-Epoxy-$\Delta^4$-pregnen-3.20-dion (**III**) analog **I**; $[\alpha]_D$ +119° (c = 50; Aceton), +160° (c = 0,50; Chlf.); 1,3 g (neben 3,1 g vorst. Verb., zu der es sich durch Kochen mit Aceton u. 10% ig. HCl dehydratisieren läßt) bzw. 1,35 g aus 2,0 g **III** mit $(CH_3COO)_2Cr$. — *Δ^{5.16}-Pregnadien-3β-ol-20-onacetat*, F. 173—174°, aus 6,6 g 16.17-Epoxy-$\Delta^5$-pregnen-3β-ol-20-onacetat (**IV**, F. 160°) mit überschüssigem $CrCl_2$ u. anschließendes Kochen mit Aceton u. verd. HCl; 5,9 g. — *Δ^5-Pregnen-3β.16α-diol-20-on-3-acetat*, $C_{23}H_{34}O_4$, F. 172° (nach Chromatographie aus Bzl.), analog vorst. Verb. mit weniger $CrCl_2$ u. ohne Dehydratisierung; 3,5 g (aus 7,44 g **IV**). — *16.17-Epoxy-20-methyl-Δ^5-pregnen-3β.20-diol-3-acetat*, $C_{24}H_{36}O_4$, F. 169—170°, durch Umsetzung von 1,8 g **IV** mit $CH_3MgBr$; 1,4 g. Wird durch $LiAlH_4$-Red., Bromierung, $CrO_3$-Oxydation u. Debromierung in *Δ^4-Androsten-3.17-dion*, F. 169—170°, übergeführt. — *Progesteron*, F. 128—129° (A.), aus 0,5 g 4.5-Epoxypregnan-3.20-dion (F. 173—175°) analog **I**; 0,39 g (roh). — *Cholestenon*, F. 77—80° (A.), aus 0,9 g 4.5-Epoxykoprostan-3-on analog **I**; 0,77 g. — *Benzalacetophenon*, aus 2,2 g seines Epoxyds in Aceton, $CrCl_2$ u. 10% ig. HCl; 0,3 g. Daneben *1.4-Dibenzoyl-2.3-diphenylbutan*, F. 272—273°, aus Aceton–Ae. Nadeln. — Die UV-Maxima aller Verbb. werden angegeben. (J. org. Chemistry **19.** 131—38. Febr. 1954. Chicago, Ill., Glidden Co., Soya Prods. Div., Res. Labors.)

H.-J. KOCH/Berlin. 3700

**Frederick R. Hanson, Kingsley M. Mann, Eldon D. Nielson, Hugh V. Anderson, Mari P. Brunner, John N. Karnemaat, Donald R. Colingsworth** und **William J. Haines,** *Mikrobiologische Umwandlungen von Steroiden.* 8. Mitt. *Darstellung von 17α-Oxycortico-*

*steron.* (7. vgl. EPPSTEIN u. Mitarbeiter, C. **1956.** 6972.) Nach 16std. Bebrütung von REICHSTEINs Verb. S mit *Cunninghamella blakesleeana* H–334 (Mucorales) in einem Sojabohnenmehl–Dextrose-Medium (nach 24std. Vorbebrütung) werden durch Extraktion mit $CH_2Cl_2$ u. Chromatographie an Florisil (Elution mit $CH_2Cl_2$–Aceton, 2 : 1) u. Silicagel (Elution mit Cyclohexan-$CH_2Cl_2$, 1 : 2) 35,2% (Umwandlung) *17α-Oxycorticosteron* (KENDALLs *Verb. F, Hydrocortison,* REICHSTEINs *Verb. M*), $C_{21}H_{30}O_5$, F. 208 bis 210° ($CH_3OH$), $[\alpha]_D^{25}$ +160° (c = 0,324; Aceton), [*Acetat*, $C_{23}H_{32}O_6$, F. 212–215°; $[\alpha]_D^{24,5}$ +159° (c = 0,486; Dioxan)], gefunden. Daneben wurde papierchromatograph. *Cortison* identifiziert. (J. Amer. chem. Soc. **75.** 5369–70. 5/11. 1953. Kalamazoo, Mich., Upjohn Co., Res. Labors.) H.-J. KOCH/Berlin. 3750

**Gino Carrara, Franco Fava, Carlo Martinuzzi** und **Alberto Vecchi,** *Über Chloramphenicol.* 6. Mitt. *1.3-Diacetoxy-1-[p-nitrophenyl]-aceton.* (5. vgl. Gazz. chim. ital. **82.** [1952.] 325; 4. vgl. C. **1952.** 2678.) Verss., das für eine Synth. von Chloramphenicol benötigte *1.3-Diacetoxy-1-[p-nitrophenyl]-aceton* (I) aus *4-Nitrophenylessigsäure* zu erhalten, hatten keinen Erfolg, da die Einführung eines Bromatoms in α-Stellung weder bei der Säure, noch ihrem Methylester oder Chlorid nach den üblichen Methoden gelang. Auch ein Vers., Phenylessigsäure zu bromieren u. dann zu nirtieren schlug fehl. Nitrierung von Acetylmandelsäure ergab nicht p-, sondern nur o-Nitroacetylmandelsäure. p-Nitroacetylmandelsäure erhalten Vff. aber durch Cyanhydrinsynth. an p-Nitrobenzaldehyd nach HELLER [1913]; allerdings stimmen die physikal. Daten mit den von HELLER angegebenen nicht gut überein. Acetylierung führt zu der gewünschten *Acetylverb.*, deren *Säurechlorid* mit Diazomethan u. Eisessig **I** ergibt.

V e r s u c h e: *p-Nitromandelsäurenitril,* $C_8H_6O_3N_2$, F. 114–116° (Zers.), aus einer wss. KCN-Lsg. u. p-Nitrobenzaldehyd in Eisessig bei Raumtemp., Filtrieren, Verdünnen des Filtrats mit W. u. Extrahieren des Nd. mit sd. Bzl., gelbliche Kristalle; 40,3% (Ausbeute). Daneben aus der Mutterlauge eine Verb. vom F. 250–270°. — *p-Nitromandelsäure,* $C_8H_7O_5N$, F. 131–132°, aus vorst. Verb. durch 2std. Erwärmen mit 23%ig. HCl, gelbliche Kristalle aus Toluol; 71,4%. *Acetylderiv.,* $C_{10}H_9O_6N$, F. 157–159°, gelbliche Kristalle; 55,4%. — *p-Nitroacetylmandelsäurechlorid,* $C_{10}H_8O_5NCl$, aus 10 g vorst. Acetylverb. u. $SOCl_2$; brauner Sirup; 9,6 g. — *1.3-Diacetoxy-1-[p-nitrophenyl]-aceton* (I), $C_{13}H_{13}\cdot O_7N$, F. 85–88°, aus $CH_2N_2$ in Ae. u. 9,6 g vorst. Verb.; nach 15 Std. Einengen, Zufügen von Eisessig, Erwärmen, Neutralisieren, Ausäthern u. Rektifizieren; Aufnehmen der Fraktion 145–165°/3 mm in Ae. u. Kühlen auf –30°, fast farblose Kristalle; 0,3 g. (Gazz. chim. ital. **82.** 674–78. Okt. 1952. Milano, Lepetit S.p.A., Labor. Ricerche.) H. LEHWALD. 3900

**Julio Pudles** und **Edgar Lederer,** *Synthetische Versuche über die Konstitution der Corynomycolensäure.* 9. Mitt. *über die Lipide des Diphtheriebacillus.* (8. vgl. Bull. Soc. Chim. biol. **36.** [1954.], 7. vgl. POLONSKY u. LEDERER, C. **1955.** 2211.) Ausgehend von Tetradecylmalonester u. Palmitoleoylchlorid synthetisierten Vff. *rac. Corynomycolensäure [2-Tetradecyl-3-oxyoctadecen-(11)-säure]* u. *cis-Δ⁷-Palmitenon,* deren Infrarotspektren mit denen der entsprechenden aus Diphtheriebacillen isolierten Verbb. ident. u. graph. dargestellt sind. Ferner ist die Synth. eines Diastereoisomerengemisches der *Methylester* einer *Mycolsäure* $C_{32}H_{60}O_3$ *(2-[Tetradecen-(7)-yl]-3-oxyoctadecen-(11)-säure)* beschrieben.

V e r s u c h e: *Tetradecylmalonsäurediäthylester,* Kp.$_{0,05}$ 140–150°, aus Na-Malonester u. Tetradecyljodid in A. (5 Std. Kochen); $n_D^{19}$ 1,4460; 70% (Ausbeute). *Monoäthylester,* F. 40–42° (PAe.), aus 4,5 g vorst. Verb. u. der berechneten Menge alkoh. KOH (48 Std. bei n. Temp.); 3,1 g. — *Tetradecylmalonsäuremonotetrahydropyranylestermonoäthylester,* Öl, aus 2,7 g vorst. Estersäure u. Dihydropyran in Bzl. in Ggw. von p-Toluolsulfonsäure (12 Std. bei n. Temp.). — *Palmitoleylchlorid,* aus 2,5 g der Säure u. Oxalylchlorid in Bzl.–Pyridin (5 Std. bei 100°). — *2-Tetradecyl-3-ketooctadecen-(11)-säureäthylester* (I), aus beiden vorst. Verbb. u. Na in Bzl. (16 Std. bei n. Temp., dann 5 Std. Kochen nach Zusatz von $CH_3COOH$); 4,3 g roh, davon 26% Ketoester. — *2-Tetradecyl-3-oxyoctadecen-(11)-säuremethylester,* $C_{33}H_{64}O_3$, Kp.$_{0,1}$ 220–260°, aus **I** u. $NaBH_4$ in Dioxan–$CH_3OH$ (12 Std. bei n. Temp.), dann Verseifung mit 3%ig. methanol. KOH (2 Std. Kochen), chromatograph. Reinigung, Veresterung mit $CH_2N_2$ u. erneute chromatograph. Reinigung; $n_D^{21}$ 1,4678; $D.^{28}_4$ 0,885; UV-Spektrum. — *2-Tetradecyl-3-oxyoctadecansäuremethylester,* $C_{33}H_{66}O_3$, F. 60–65° (Ae.–$CH_3OH$), aus 69 mg vorst. Esters u. $H_2$ in Eisessig (ADAMS-$PtO_2$); 40 mg. — *cis-Δ⁷-Palmitenon [cis-Hentriakonten-(7)-on-(16)],* $C_{31}H_{60}O$, F. 40–42°, Flitter ($CH_3OH$–Aceton), Kp.$_{0,1}$ 200–220°, aus **I** u. sd. methanol. KOH (4 Std.); UV-Spektrum. — *Hentriakonten-(7)-ol-(16),* $C_{31}H_{62}O$, F. 54°, Flitter ($CH_3OH$), aus vorst. Keton u. $LiAlH_4$ in Ae.; 100%. — *α-Palmitoleoylpalmitölsäuremethylester,* $C_{33}H_{60}O_3$, Kp.$_{0,1}$ 230–260°, aus Palmitölsäuremethylester u. NaH in Xylol (Zugabe von absol. $CH_3OH$, dann 3 Std. bei 145°); $n_D^{26}$ 1,4700; $D.^{20}_4$ 0,8904;

70% (roh). — *Bis-[pentadecen-(8)-yl]-keton*, $C_{31}H_{58}O$, Kp.$_{0,1}$ 220—240°, F. 14—15°, aus vorst. Ester u. sd. 3%ig. methanol. KOH (2 Std.); $n_D^{21}$ 1,4690. — *2-[Tetradecen-(7)-yl]-3-oxyoctadecen-(11)-säuremethylester*, $C_{33}H_{62}O_3$, Kp.$_{0,1}$ 230—250°, aus vorvorst. Ester u. $NaBH_4$ in Dioxan–$CH_3OH$ (12 Std. bei n. Temp.), dann Verseifung mit sd. 2%ig. methanol. KOH (2 Std.), chromatograph. Reinigung u. Veresterung mit $CH_2N_2$; $n_D^{26}$ 1,4700, D.$^{20}_{4}$ 0,900. (Bull. Soc. chim. France, Mém. [5] **1954**. 919—23. Juli/Aug.)

J. Rothe. 3950

# D. Makromolekulare Chemie.

**Anton Peterlin**, *Statistisches Modell großer linearer Moleküle mit kurzen Ketten. 2. Mitt. Sedimentation und Diffusion.* (1. vgl. C. **1955**. 2442.) Es wird die Sedimentation einer Lsg. von Moll. mit endlicher Kettengliederzahl berechnet. Wenn man die Biegsamkeit des Modells u. die hydrodynam. Wechselwrkg. der Kettenglieder variiert, findet man Kurven, die anfangs geradlinig sind u. dann rasch asymptot. Verlauf annehmen, einem semipermeablen Knäuel entsprechend. Der Ordinatenabschnitt im Ursprung der asymptot. Tangenten ist im allg. positiv, er kann aber negativ werden bei einem sehr biegsamen Modell mit starker hydrodynam. Wechselwirkung. Dies stimmt gut mit den experimentellen Befunden überein u. konnte nicht durch die Knäueltheorie mit unendlicher Zahl der Kettenglieder vorausgesagt werden. (J. Chim. physique Physico-Chim. biol. **48**. 13—16. Jan./Febr. 1951. Ljubljana, Jugoslawien, Univ., Inst. de Physique.)

B. Lantzsch. 4000

**S. Krimm** und **A. V. Tobolsky**, *Röntgenstrahlenstreuung von Polystyrol in Abhängigkeit von der Temperatur.* (Sitzungsbericht.) Inhaltlich ident. mit der C. **1952**. 5745 referierten Arbeit. (Physic. Rev. [2] **83**. 204. 1/7.; Bull. Amer. physic. Soc. **26**. 13. 26/4. 1951.)

B. Lantzsch. 4010

**K. W. Pepper, D. Reichenberg** und **D. K. Hale**, *Eigenschaften von Ionenaustauschharzen in Beziehung zu ihrer Struktur.* 4. Mitt. *Quellung und Schrumpfung von sulfuriertem Polystyrol verschiedenen Vermehrungsgrades.* (3. vgl. C. **1954**. 4101.) Nach einer Zentrifugenmeth. u. mit Hilfe der „negativen Adsorption" bestimmen Vff. die Quellung von Polystyrolaustauschharzen mit Divinylbenzol- (**I**)-gehh. von 2—15%. Die nach beiden Methoden erhaltenen Werte stimmen gut überein. Pyknometr. Volumenbestimmungen der gequollenen Harze zeigten, daß zwischen dem Vol. $V_h$ des gequollenen Harzes u. der Mengen des aufgenommenen $H_2O$/g Harz eine einfache lineare Beziehung besteht, $V_h = 1{,}003\,W + 0{,}626$. Diese Gleichung gilt für $Na^+$-, $H^+$- u. gemischte Harze der beiden Ionen u. für alle untersuchten **I**-Gehalte. 0,626 sollte demnach das spezif. Vol. des wasserfreien Harzes sein. Direkte Best. desselben in n-Heptan ergab jedoch einen Wert von 0,70. Beim Quellungsvorgang findet also eine Volumenkontraktion statt. Für kleine Quellungswerte dürfte die gefundene Beziehung daher nicht mehr gültig sein, zwischen Wassergehh. von 0,6—3,5 g/g Harz ist sie jedoch gut erfüllt. Ein mit $H^+$ beladenes Harz zeigt eine größere Quellung als ein mit $Na^+$ beladenes. Die Differenz wächst mit dem Vernetzungsgrad. Aus der Menge des aufgenommenen W. u. der adsorbierten HCl bei Kontakt eines Harzes mit konz. HCl ermitteln Vff. das Verhältnis der HCl innerhalb u. außerhalb der Harzphase. Es strebt nach 0 bei der Außenkonz. 0 u. nach 1 bei extrem hohen Außenkonzentrationen. (J. chem. Soc. [London] **1952**. 3129—36. Aug. Teddington, Middlesex, Chem. Res. Labor.)

Gabriele Günther. 4010

**W. W. Korschak** und **Ss. W. Winogradowa**, *Aus dem Gebiet der hochmolekularen Verbindungen.* 63. Mitt. *Polyester des Eikosandiols.* (62. vgl. Известия Академии Наук СССР, Отделение Химических Наук [Nachr. Akad. Wiss. UdSSR, Abt. chem. Wiss.] **1953**. 951.) Aus *Eikosandiol-(1.20)* u. *Diäthyloxalat, Diisopropylmalonat, Bernsteinsäure, Glutarsäure, Adipinsäure, Pimelinsäure, Korksäure, Azelainsäure* u. *Sebacinsäure* werden die *Polyester* mit dem sich wiederholenden Glied [$-O(CH_2)_{20}OOC(CH_2)_nCO-$] ($n = 0-8$) hergestellt. F. der Polyester 88—90°, 67—69°, 86—89°, 77—80°, 85—87°, 82—84°, 86—88°, 84—87° u. 87—92°. Die FF. der Polyester mit ungerader Anzahl C-Atome im Mol. der Dicarbonsäure liegen sämtlich tiefer als diejenigen der Polyester mit gerader Anzahl C-Atome. Werden im Diagramm (Abscisse C-Anzahl; Ordinate F.) die FF. der aufeinanderfolgenden Polyester miteinander verbunden, so resultiert eine Zickzacklinie. Sämtliche FF. liegen tiefer als der F. von Polyäthylen (105°). Die Kette der Polyester ist offenbar biegsamer als die Polyäthylenkette, weil die Bindung C–O–C freie Drehung der Kette um die O-Atome ermöglicht, während in Polyäthylen die H-Atome der Drehung um die $CH_2$-Gruppe Widerstand entgegensetzen. Das abwechselnde Steigen u. Fallen des F. in der Reihe der Polyester wird auf abwechselnde cis- u. trans-Konfiguration der zugrunde liegenden Dicarbonsäuren zurückgeführt; hieraus folgt verschied. Packungsdichte im Kristall u. verschied. Größe der die Moll. im Kristall bindenden Kräfte, was seinen Ausdruck im F. (Zusammenbruch des Kristallgitters) findet. (Известия Академии Наук СССР, Отделение Химических Наук [Nachr. Akad. Wiss. UdSSR, Abt. chem. Wiss.] **1953.** 1121—25. Nov./Dez. Inst. für Organ. Chem. der Akad. der Wiss. der UdSSR.) R. KNOBLOCH. 4010

**W. W. Korschak** und **I. A. Gribowa,** *Aus dem Gebiet der hochmolekularen Verbindungen.* 63. Mitt. *Einfluß verschiedener Faktoren auf die gemeinsame Polymerisation von Diisocyanaten mit Glykolen.* (Vgl. vorst. Ref.) Bei der Copolymerisation von 4.4'-Diisocyanatodiphenylmethan (**I**) mit Tetramethylenglykol (**II**) in Nitrobenzol entstehen *Polyurethane* $-[CONHC_6H_4CH_2C_6H_4NHCOO(CH_2)_4O]_x-$. Das höchste Mol.-Gew. wird bei 145—155° erreicht; sowohl bei niedrigerer als auch höherer Temp. fällt das Mol.-Gew. ab. Unter sonst gleichen Bedingungen ist äquimol. Verhältnis der Reaktionsteilnehmer das beste, um Prodd. mit höchstem Mol.-Gew. zu erhalten; Abweichungen von diesem Verhältnis nach oben u. unten führen zu kleineren Werten, die im Diagramm auf einer zur Ordinate des höchsten Wertes symm. Kurve liegen. Die Polyurethane, die bei überschüssigem **I** entstehen, werden beim Aufarbeiten der Reaktionsmasse durch Abblasen des Nitrobenzols mit Wasserdampf weiter verändert; offenbar resultieren Prodd., die in der Kette auch die Harnstoffgruppierung enthalten. Höhere Konz. der Reaktionsteilnehmer in der Lsg. hat höheres Mol.-Gew. zur Folge. Sind bei der Polykondensation monofunktionelle Verbb., wie n-Octanol oder Piperidin zugegen, so reagieren diese ebenfalls mit den Isocyanatgruppen, wandeln diese in nicht weiter reaktionsfähige Gruppen um u. verursachen vorzeitigen Abbruch des Kettenwachstums. Abbau der Polyurethane erfolgt bei Einw. von Glykolen, Aminen u. Carbonsäuren durch Alkoholyse, Aminolyse u. Acidolyse; die Einw. von Phenylisocyanat baut das Makromol. bis zu niedrigmol., in Bzl. lösl. Prodd. ab. Verss., den Abbau mit Hexamethylendiisocyanat (**III**) durchzuführen, lieferten ein unschmelzbares, unlösl. u. wahrscheinlich 3dimensionales Prod.; die Vernetzung kommt wohl so zustande, daß die Isocyanatgruppen in **III** mit den Amidgruppen zweier Ketten reagieren, wobei Verbb. von nebenst. Typus (**IV**) resultieren. Die Möglichkeit einer solchen Reaktionsweise wird am Beispiel der Rk. von **I** mit ε-Caprolactam gezeigt, die zu der *Verb.* $[\overline{COCH_2CH_2CH_2CH_2CH_2N}CONHC_6H_4-]_2CH_2$ („*Diphenylmethan-N.N'-bis-carbaminoyl-ε-caprolactam*"; **V**) führt. Die bei der Copolymerisation von Diisocyanaten mit Glykolen gewonnenen Polyprodd. entstehen nach einem neuen Reaktionstypus, der Migrationspolymerisation genannt werden könnte, da hier, abweichend von anderen Polymerisationsvorgängen, eine H-Wanderung eintritt.

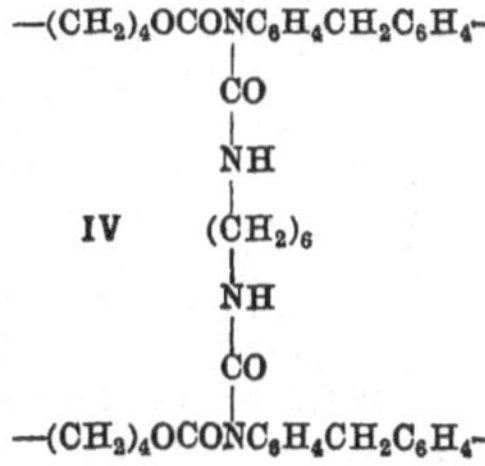

IV

V e r s u c h e : Man erhitzt 2,5 g **I** u. 0,9 g **II** in 34 g Nitrobenzol 6 Std. auf 145°, gießt in das doppelte Vol. A., dest. A. u. Nitrobenzol mit Wasserdampf ab, filtriert das *Polyurethan* ab, wäscht mit W. u. trocknet bei 70°; Pulver vom F. 190—200°, das in Kresol u. wss. Phenol lösl., in den gewöhnlichen Lösungsmitteln unlösl. ist; Mol.-Gew. (viscosimetr. in wss. Phenol) 27000. — *Bis-[methylurethan] des p.p'-Diaminodiphenylmethans*, $C_{17}H_{18}O_4N_2$, F. 178,5—179,5° (Toluol); aus 2,5 g **I** auf Zusatz von 10 ml $CH_3OH$; Pulver. — *Bis-[phenylurethan] des p.p'-Diaminodiphenylmethans*, $C_{27}H_{22}O_4N_2$, F. 168° (Toluol); aus **I** u. Phenol in sd. Toluol (3 Std.); Pulver. — *Verb.* **V**, $C_{27}H_{32}O_4N_4$, F. 174 bis 175° (Bzl.); aus **I** u. ε-Caprolactam, 3 Std. bei 145°; Pulver. (Известия Академии Наук СССР, Отделение Химических Наук [Nachr. Akad. Wiss. UdSSR, Abt. chem. Wiss.] **1954.** 550—61. Mai/Juni.) R. KNOBLOCH. 4010

**Donald B. Wetlaufer** und **Mark A. Stahmann,** *Die Wechselwirkung zwischen Methylorangeanionen und Polylysin. Polylysin* (**I**) wird in wss. Lsg. durch *Methylorange* (**II**) ausgefällt, indem es innerhalb einer kleinen Spanne der Farbstoffkonz. stark Farbstoffanionen bindet. **I** wird vollständig ausgefällt, noch bevor ein stöchiometr. Betrag von **II** gebunden ist. Zwischen dem Nd. u. der Lsg. findet bei höherer Farbstoffkonz. Ionenaustausch statt. Die Löslichkeit des *Polylysin–Methylorange*-Nd. wurde stark durch neutrale Elektrolyte erhöht. Die Bldg. von lösl. Komplexen zwischen **I** u. Farbstoff ist unwahrscheinlich. Die Fällungskurve zeigt qualitative Unterschiede in Abhängigkeit von der Kettenlänge des **I**. Die Möglichkeit der Anwendung von Fällungskurvenanalysen auf andere Polyelektrolyte wird diskutiert. (J. biol. Chemistry **203.** 117—26. Juli 1953. Madison, Wis., Univ. of Wisconsin, College of Agric., Dep. of Biochem.) K. HEYNS. 4010

**Ephraim Katchalski** und **Michael Sela,** *Synthese und spektrophotometrische Untersuchung von Poly-L-tyrosin und Poly-3.5-dijodtyrosin.* Zur Synth. von *Poly-L-tyrosin* (**I**) wurde L-Tyrosin mit Chlorameisensäurebenzylester (III) in *O.N-Dicarbobenzoxy-L-tyrosin* (IV) übergeführt, wobei die quantitative Wiedergewinnung von L-Tyrosin durch HBr-Hydrolyse keine Konfigurationsänderung ergab. **IV** liefert durch Behandlung mit $PCl_5$ *O-Carbobenzoxy-N-carboxy-L-tyrosinanhydrid*, das durch Blockpolymerisation oder in Bzl. *Poly-O-carbobenzoxy-L-tyrosin* vom mittleren Polymerisationsgrad (PG) 20—80 ergab. Die Hydrolyse zu I erfolgte mit HBr in Eisessig oder alkal., wobei die Peptidbindungen nicht angegriffen wurden. I gab positive Ninhydrin- u. Biuret-Rk., negativen Pikrinsäuretest (Abwesenheit von L-Tyrosinanhydrid), positive MILLON-Rk. (Ggw. freier phenol. OH-Gruppen) u. ließ sich mit Diazoniumsalzen verschied. aromat. Amine zu polymeren Azofarbstoffen kuppeln. Die saure Hydrolyse von I mit 10n HCl ergab partiell *rac. L-Tyrosin* ähnlich wie L-Tyrosin unter denselben Bedingungen. Durch Einw. von $J_2$/KJ konnte I in *Poly-3.5-dijodtyrosin* (II) übergeführt werden. Die Ionisation der phenol. OH-Gruppen von I u. II wurde durch Messung der UV-Absorption in Abhängigkeit vom $p_H$ u. der Ionenstärke festgestellt. Die Messungen von I (PG 30) erfolgten im alkal., für I lösl. Gebiet zwischen $p_H$ 10,5 u. 13,6. Bei $p_H$ 13,6 zeigt es charakterist. Maxima bei 2420 Å ($\varepsilon = 9800$) u. 2935 Å ($\varepsilon = 2130$). II vom PG 35 (gemessen zwischen $p_H$ 8,5 u. 11,9) zeigt bei $p_H$ 11,9 ein Maximum bei 3120 Å ($\varepsilon = 5460$), das prakt. mit dem von *L-Dijodtyrosin* ($\varepsilon = 5400$ bei 3120 Å) ident. ist. Die reversible, spektrophotometr. Titration von I u. II ergab die Ionisierbarkeit aller OH-Gruppen, wobei II die stärkere Polysäure ist.

V e r s u c h e: *N.O-Dicarbobenzoxy-L-tyrosin* (IV), $C_{25}H_{23}O_7N$, F. 117°, durch Zugabe von III u. 4n NaOH zu L-Tyrosin in 2n NaOH innerhalb 1 Std. bei 0° unter Rühren ($p_H$ 9—11), Extraktion mit Ae. bei Raumtemp., Ansäuern der wss. Phase mit 4n HCl bis Kongorot u. Extraktion des gefällten IV mit Ae.; aus $CCl_4$ lange Nadeln; $[\alpha]_D^{20}$ $-5°$ (c = 10; Eisessig); 89% (Ausbeute). Gibt durch Hydrolyse mit 33% HBr in Eisessig bei Raumtemp. (15 Min.) 98% *L-Tyrosinhydrobromid* [$C_9H_{12}O_3NBr$, $[\alpha]_D^{20}$ $-11,5°$ (c = 14; 4%ig. HCl)]. — *N.O-Dicarbobenzoxy-DL-tyrosin*, $C_{25}H_{23}O_7N$, F. 127° (Bzl.), analog aus DL-Tyrosin. — *N-Carbobenzoxy-DL-tyrosin*, $C_{17}H_{17}O_5N$, F. 124°, aus DL-Tyrosin u. III; 80%. — *O-Carbobenzoxy-N-carboxy-L-tyrosinanhydrid*, $C_{18}H_{15}O_6N$, F. 101° (Zers.; $CO_2$-Entw.; Bzl.–PAe.), durch Lösen von IV in sd. trockenem Bzl., Zugabe von $PCl_5$ bei 0°, Erwärmen der klaren Lsg. auf 60° (5 Min.), Zugabe von PAe. nach 3std. Stehen, Abdekantieren, Lösen des halbfesten Nd. in Bzl. u. Fällen mit PAe.; 88%. — *Poly-O-carbobenzoxy-L-tyrosin*, a) *PG 25*, durch 4std. Erhitzen vorst. Anhydrids bei 110°/$10^{-4}$ mm, Lösen in heißem Eisessig u. Fällen mit W. u. wenig HCl; 97,4% $CO_2$-Entw.; lösl. noch in Dichloressigsäure, Dimethylformamid, Acetophenon, Chlf., $C_6H_5OH$, $C_6H_5NO_2$ u. konz. $H_2SO_4$; b) *PG 57*, durch 24std. Rückflußkochen des Anhydrids in Bzl. u. Fällen mit PAe.; nur lösl. in sd. Eisessig; 79%. Nach a) wurden Polymerisate vom *PG 20, 28, 30, 35, 50, 75* u. *80* hergestellt. — *Poly-L-tyrosin* (I), *PG 75*, a) durch Behandlung vorst. Verb. mit 33% HBr in Eisessig bei Raumtemp. u. Fällen nach 30 Min. mit Ae., Reinigen durch Lösen in absol. A. u. Fällen mit W.; $[\alpha]_D^{20}$ $+8,7°$ (c = 7; n-NaOH); lösl. in Alkali, $NH_4OH$ u. organ. Solventien; 93%; b) I vom *PG 25*, durch 4std. Schütteln vorst. Verb. mit n-NaOH bei Raumtemp. u. Ansäuern mit 4n HCl (Kongorot); 37%. — *Poly-3.5-dijodtyrosin* (II), *PG 35*, durch Zugabe von $J_2$ in KJ zu I vom gleichen PG in $NH_4OH + CH_3OH$ bei 0° in 1½ Std. u. Fällen mit Eisessig; gelbes Polymerisat; 88%. (J. Amer. chem. Soc. **75**. 5284—89. 5/11. 1953. Rehovoth, Israel, Weizman Inst. of Sci.) F. LINGENS. 4010

**Lionel H. Layton, Earl G. Jackson und Ulrich P. Strauss,** *Polyseifen.* 3. Mitt. *Einfluß von solubilisiertem Benzol auf verminderte Viscosität einer n-Dodecylbromid-additionsverbindung von Poly-2-vinylpyridin.* (2. vgl. JACKSON u. STRAUSS, C. **1955**. 8640.) Gefunden wurde, daß die Wrkg. von solubilisiertem Bzl. auf die Viscosität $\eta$ wss. Lsgg. einer von Poly-2-vinylpyridin u. n-Dodecylbromid abgeleiteten Polyseife in der Art als auch in der Größenordnung sich von der einfachen für solubilisierte aliphat. KW-stoffe charakterist. Viscositätsdepression unterscheidet. Wird der Benzolgeh. einer gegebenen Lsg. gesteigert, steigt $\eta$ zuerst, erreicht ein Maximum u. nimmt unter ihren Anfangswert wieder ab, bis die Lsg. gesätt. ist. Die maximale Zunahme der red. Viscosität $\eta_r$ nimmt sehr stark mit steigender Konz. an Polyseife zu u. zeigt an, daß die Viscositätszunahme durch $\eta_r$ zwischen Polyseifenmoll. verursacht wird. Andererseits hängt die Abnahme von $\eta_r$ bei Benzolsättigung nicht von der Polyseifenkonz. ab u. kann deshalb einer Kontraktion der individuellen Polyseifenmoll. zugeschrieben werden. Sowohl am Viscositätsmaximum wie auch bei Benzolsättigung wurde gefunden, daß die Benzolmengen, die von der Einheitsmenge an Polyseife solubilisiert werden, von der Polyseifenkonz. unabhängig waren. Diese Resultate wurden in der Weise ausgelegt, daß die Polyseifenmoll. als unabhängige Solubilisierungseinheiten wirken, daß aber ihre Struktur durch das solubilisierte Bzl. derart verändert wird, daß ihre Wechselwrkg.

stark verändert ist. Unter der Voraussetzung, daß das Bzl. sowohl an den KW-stoff wie auch in den ion. Teilen des Polyseifenmol. solubilisiert wird, wird ein Mechanismus für die Strukturveränderungen vorgeschlagen, der das Viscositätsmaximum erklärt. (J. Polymer Sci. **9.** 295—308. Okt. 1952. New Brunswick, N. J., Rutgers Univ., School of Chem.) E. W. Haas. 4010

**P. N. Hobson, W. J. Whelan und S. Peat,** *Enzymatische Synthese und Abbau von Stärke.* 12. Mitt. *Der Mechanismus der Synthese von Amylopektin.* (11. vgl. Bailey u. Whelan, C. **1955.** 2923; 13. vgl. C. **1952.** 2681.) Eine Serie von verschied. *Dextrinen* mit Blauwerten zwischen 1,20 u. 0,137 wurde aus Kartoffelamylose hergestellt. Die durch *Q-Enzym* (I) bewirkte Umwandlung in *Amylopektin* wird aus der Differenz der Maltosemengen berechnet, die bei der Einw. von $\beta$-Amylase auf vorher mit I behandeltes bzw. unbehandeltes Dextrin gebildet werden. Dextrine mit Blauwerten unter 0,45, die einer Kettenlänge von nicht weniger als 25 Glucoseeinheiten entsprechen, werden von I nicht angegriffen. Die Annahme, daß I nicht, wie bisher angenommen wurde, imstande ist, „Pseudoamylose"-Ketten zu verknüpfen, wird dadurch bestätigt, daß die durch *R-Enzym* zerstörten Verzweigungen des Amylopektins durch I nicht wieder hergestellt werden. Der Bldg. von 1.6-Bindungen durch I scheint daher die Spaltung von 1.4-Bindungen der Amylose voranzugehen, die die Energie für die Herst. der 1.6-Bindung liefert. Für die Bldg. von Amylopektin aus *Glucose-1-phosphat* wird folgender Weg angenommen: Glucose-1-phosphat $\xleftrightarrow{\text{Phosphorylase}}$ Amylose $\xrightarrow{\text{Q-Enzym}}$ Amylopektin. (J. chem. Soc. [London] **1951.** 596—98. Febr. Bangor, Univ. College of North Wales.) H. Rossow. 4050

**Hans Heinrich Schlubach, Ilse Huchting und Hermann Müller,** *Untersuchungen über Polyfructosane.* 28. Mitt. *Über die Kohlenhydrate der Topinambur.* 3. Mitt. *Über das Synanthrin A.* (27. vgl. C. **1953.** 4376; 2. vgl. Liebigs Ann. Chem. **504.** [1933.] 19; 29. vgl. C. **1954.** 1741.) Vff. schlagen vor, alle im Topinambursaft enthaltenen Kohlenhydrate mit Ausnahme des Inulins u. von Verbb. mit einer ganz abweichenden Konst., wie des Difructosedianhydrids u. Diarabans, als *Synanthrine* zu bezeichnen u. sie beginnend mit der Verb. mit dem kleinsten $R_F$-Wert als Synanthrin A, B, C usw. zu unterscheiden. In der vorliegenden Arbeit wird aus den Preßsäften der Topinamburknollen nach Entfernung von Inulin u. Eiweißstoffen zunächst *Synanthrin A* (I) isoliert, dessen Mol.-Größe u. Konst. durch Hydrolyse seiner Methylverbb. untersucht werden. I ist danach ein Polyfructosan der Inulinreihe mit einem 6-gliedrigen Ring u. einer Seitenkette. Ein genet. Zusammenhang zwischen I u. Inulin erscheint nicht gegeben. Die enzymat. Bldg. von I wird diskutiert. Die Theorie von Bacon u. Edelman (Biochem. J. **48.** [1951.] 23) u. von Dedonder (C. R. hebd. Séances Acad. Sci. **232.** [1951.] 1134. 1442) über die Bldg. der Synanthrine aus Saccharose u. Fructose wird abgelehnt u. der gefundene geringe Aldosegeh. von I auf eine schwer abtrennbare Verunreinigung mit Glucosan (6—7%) zurückgeführt.

Versuche: Inulinentfernung durch Ausfrieren; Entfernung der Eiweißstoffe durch Ionenaustauscher. Das Synanthringemisch wird acetyliert, die Acetylverbb. werden chromatograph. an einer Säule von Silene EF getrennt. Weitere Reinigung durch fraktionierte Fällung der Benzollsg. von Zone 1 u. 2 mit PAe., Entacetylieren u. fraktionierte Fällung der wss. Lsg. mit A. bis zur Drehungskonstanz. *Synanthrin A* (I), $[\alpha]_D^{20}$ $-25^0$ (c = 1; W.); $[\alpha]_D^{20}$ nach Säurehydrolyse $-73^0$; Aldosewert 8,6%. — *Acetylverb.*, $[\alpha]_D^{20}$ $-22{,}2^0$ (c = 1; Chlf.); Mol.-Gew. nach Beckmann 1900 = 6,6 Fructoseeinheiten. *Trimethyläther*, $[\alpha]_D^{20}$ $-31{,}4^0$; $OCH_3$ = 44,9%. Hydrolyse durch 27std. Erwärmen einer 70% A.-Lsg. mit 1% Oxalsäure auf 85°, Chromatographie des Reaktionsgemisches an Silicagelsäule ergibt: Dimethyl-/Trimethyl-/Tetramethylhexosen = 1:5,3:1,07 (Mittel aus 7 Bestimmungen, umgerechnet auf Fructose). *Tetramethylhexose,* $[\alpha]_D^{20}$ $+33{,}2^0$ (W.), $+23{,}5^0$ (Chlf.); $n_D^{20}$ 1,4563; Aldosewert 9%; $OCH_3$ = 52,94%. *Trimethylhexose,* $[\alpha]_D^{20}$ $+35{,}1^0$ (W.), $+33^0$ (Chlf.); $n_D^{20}$ 1,4692; Aldosewert 5,2%; $OCH_3$ = 41,83. *Dimethylhexose*: $[\alpha]_D^{20}$ $+34{,}6^0$ (W.), +40,2 (Chlf.); $n_D^{20}$ 1,4795; Aldosewert 8%; $OCH_3$ = 28,77%; (bei allen Drehungen c = 1). (Liebigs Ann. Chem. **577.** 47—53. 1952. Hamburg, Univ., Chem. Staatsinst.) H. Rossow. 4050

**C. E. Jensen,** *Hyaluronsäure.* 5. Mitt. *Über die Molekularform von Kaliumhyaluronat.* (4. vgl. C. **1956.** 6162.) Wegen der experimentell gefundenen Proportionalität zwischen spezif. Viscosität u. dem Prod. aus Konz. u. osmot. bestimmtem Mol.-Gew. bei K-Hyaluronat (I) verschied. Herkunft liegen nach der Regel von Staudinger im I biegsame Kettenmoll. vor. Die Einsteinsche Beziehung ist in Übereinstimmung mit obiger Annahme nicht erfüllt. (Acta chem. scand. **8.** 937—40. 1954. Kopenhagen, Univ., Physikal.-chem. Inst.) H. Gibian. 4050

**B. Jirgensons,** *Denaturierung von Pflanzenproteinen.* 4. Mitt. *Beeinflussung der Reduktionsfähigkeit, Viscosität und der optischen Drehung durch Denaturierung mit Guanidinhydrochlorid.* (3. vgl. C. **1953.** 8100.) *Wicken-Legumin* u. *Kartoffel-Tuberin* (das Globulin der Kartoffel) werden mit Guanidinhydrochlorid denaturiert. Es wird festgestellt, daß dabei die Reduktionsfähigkeit (abgeschätzt durch Titration mit Jod in saurer Lsg.), die opt. Drehung u. die Viscosität zunehmen. Die spezif. Drehung von Legumin steigt von $-42$ für natives Legumin auf $-90$ für das denaturierte an. Opt. Drehung u. Reduktionsfähigkeit nehmen mit abnehmendem $p_H$ ab. In den nativen Substanzen lassen sich nur 12% des Sulfids mit Jod bestimmen, durch die Denaturierung wird die Menge der bestimmbaren SH-Gruppen auf 40–80% erhöht. (J. Polymer Sci. **6.** 477–81. April 1951. Manchester, Univ., Dep. of Chem.; Seguin, Tex., Lutheran Coll., Dep. of Sci.) K. HEYNS. 4070

**Paul H. Maurer** und **Michael Heidelberger,** *Die Desaminierung von kristallisiertem Eialbumin.* 4. Mitt. *Nebenreaktionen.* (3. vgl. C. **1952.** 7027.) Bei der Desaminierung von krist. Eieralbumin (I) mit $HNO_2$ tritt neben Entfernung freier $NH_2$-Gruppen als Nebenreaktion die Oxydation von SH-Gruppen zu –S–S-Bindungen (vgl. 1. Mitt.) u. die Einführung von —NO in die Tyrosin- u. Phenylalaninreste ein. Das Ausmaß letzterer Substitution unter den in der 1. Mitt. beschriebenen Reaktionsbedingungen wird untersucht. Rk. mit FOLIN-CIOCALTEAU-Phenolreagens (J. biol. Chemistry **73.** [1927.] 627) auf Änderungen im Reduktionsvermögen zeigt bei den desaminierten I-Fraktionen keine Änderung. Aufnahme der Absorptionsspektren von Tyrosin, desaminiertem Tyrosin, I u. desaminiertem I, Fraktion B, lassen erkennen, daß nur ca. 10% der Tyrosinreste unter den benutzten Reaktionsbedingungen Sekundär-Rkk. unterworfen sind. Auch die Identität der immunolog. Spezifität von B mit der des unbehandelten I weist darauf hin, daß die Wirkungen der Substituenten minimal sind. Weniger sicher ist, ob die Substitution irgendeine Rolle bei den immunolog. Unterschieden zwischen Fraktion A (vgl. 1. Mitt.) u. säure-denaturiertem I (C) spielt. Die Spezifität von C wird weder durch Entfernung von etwa der Hälfte der freien $NH_2$-Gruppen noch durch Substitution der aromat. Aminosäurereste durch $HNO_2$ wesentlich beeinflußt. (J. Amer. chem. Soc. **74.** 1089–90. 20/2. 1952. New York, Columbia Univ., Dep. of Biochem. and Med. College of Physicians and Surgeons.) W. KÖNIGSDORF. 4070

**H. R. Bentley, E. E. McDermott** und **J. K. Whitehead,** *Wirkung von Stickstofftrichlorid auf gewisse Proteine.* 2. Mitt. *Synthese von Methioninsulfoximin und anderen Sulfoximinen.* (1. vgl. Proc. Roy. Soc. [London], Ser. B **137.** [1950.] 402.) Der als *Methioninsulfoximin* (**I**) erkannte tox. Faktor von mit $NCl_3$ behandelten Proteinen wurde aus *Methioninsulfoxyd* (**II**) durch Rk. mit $HN_3$ in Ggw. von $H_2SO_4$ gewonnen. In gleicher Weise stellten Vff. *S-Methyl-l-cysteinsulfoximin* (**III**) u. *Dimethylsulfoximin* dar. Der mögliche Bildungsmechanismus dieser Rkk. wird eingehend besprochen. Im Gegensatz zu **I** besaß **III** bei Verss. mit Kaninchen keine tox. Eigenschaften.

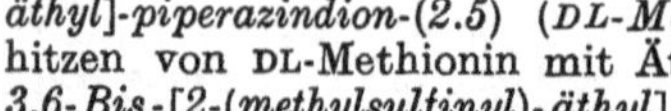

I

Versuche: *Phthalyl-DL-methionin,* $C_{13}H_{13}O_4NS$, nach BILLMAN u. HARTING (J. Amer. chem. Soc. **70.** [1948.] 1473), Nadeln, F. 126°. — *3.6-Bis-[2-(methylmercapto)-äthyl]-piperazindion-(2.5)* (*DL-Methioninanhydrid*), $C_{10}H_{18}O_2N_2S_2$, F. 228°, durch Erhitzen von DL-Methionin mit Äthylenglykol unter Rückfluß, Nadeln aus Wasser. — *3.6-Bis-[2-(methylsulfinyl)-äthyl]-piperazindion-(2.5)* (*DL-Methioninanhydridsulfoxyd*), $C_{10}H_{18}O_4N_2S_2$, F. 222–226° (Zers.), aus vorst. Verb. (2 g) u. $H_2O_2$ (30%ig.; 1,7 ml) auf dem Wasserbad, Prismen aus Alkohol. — *DL-Methioninsulfoxyd* (*DL*-**II**), aus DL-Methionin (24 g), HCl (D. 1,18, 19,2 ml) u. $H_2O_2$ (30%ig., 22,4 ml) auf dem Dampfbad, Filtrieren, Adsorbieren an Zeocarb 215, Auswaschen von HCl u. $H_2O_2$, Eluieren mit $NH_4OH$, Eindampfen, Aufnehmen mit W. u. Fällen mit Aceton, 23 g. — *DL-Methioninsulfoximin* (*DL*-I), $C_5H_{12}O_3N_2S$, F. 214–218° (Zers.), durch Zugabe von 4,7 g $NaN_3$ zu 10 g vorst. Verb., 30 ml $H_2SO_4$ (D. 1,84) u. Chlf. unter Rühren bei 45–50°, Verdünnen mit Eis u. Aufarbeiten mit Zeocarb 215 wie vorst., Nadeln aus Alkohol; 3 g. — *L*-I, F. 236–240° (Zers.), analog aus L-Methioninsulfoxyd, Nadeln aus Alkohol. — *β-Methylsulfinyl-α-aminopropionsäure* (*S-Methyl-L-cysteinsulfoxyd*), $C_4H_9O_3NS$, F. 160° (Zers.), analog **II** aus S-Methyl-L-cystein, HCl u. $H_2O_2$, Nadeln aus Alkohol. — *S-Methyl-L-cysteinsulfoximin* (**III**), $C_4H_{10}O_3N_2S$, F. 188° (Zers.), analog **I** aus vorst. Verb., Nadeln aus Alkohol. — *Dimethylsulfoximin,* F. 56°, aus Dimethylsulfoxyd, $H_2SO_4$ u. $NaN_3$, kristallin. *Pikrat,* F. 183–184°, orangegelbe Nadeln. (Proc. Roy. Soc. [London], Ser. B **138.** 265–72. 28/6. 1951. St. Albans, Res. Ass. of British Flour-Millers Cereal Res. Station.) E. v. PECHMANN. 4070

**Edward F. Mellon, Alfred H. Korn, Elsie L. Kokes** und **Sam R. Hoover,** *Die Wasserabsorption der Proteine.* 6. Mitt. *Wirkung von Guanidingruppen im Casein.* (5. vgl.

Hoover u. Mellon, C. **1951.** I. 2739.) Vff. haben die Wasserabsorptionsisothermen von *Casein* untersucht, in welches mittels S-Methylisothioharnstoff Guanidingruppen eingeführt worden waren. Die bei verschied. relativer Feuchtigkeit erhaltenen Absorptionswerte, die tabellar. zusammengefaßt sind, unterscheiden sich nicht von den bei den entsprechenden Kontrollverss. mit unbehandeltem Casein erhaltenen Werten. In der theoret. Erklärung dieses Ergebnisses verweisen die Vff. auf die in einer früheren Arbeit (C. **1951.** I. 2739) entwickelte Theorie.

Versuche: In der Art der Meßtechnik wird auf frühere Arbeiten verwiesen (C. **1949.** I. 897 u. J. Amer. chem. Soc. **70.** [1948.] 3040). Das Sulfat des S-Methylisothioharnstoffs wurde in wss. Lsg. auf das in konz. $NH_4OH$ gelöste Casein zur Einw. gebracht. Nach 5 Tagen wurde durch Dialyse $NH_3$ entfernt, bei $p_H$ 4,5 gefällt u. das Prod. durch Kjeldahl-, van Slyke-Best. u. mittels der Sakaguchi-Meth. bestimmt. (J. Amer. chem. Soc. **73.** 1870—71. April 1951. Philadelphia, Pa., U.S. Dep. of Agric., Eastern Regional Res. Labor.) K. Heyns. 4070

**R. Lontie,** *Untersuchungen der Hämocyanine von Helix pomatia.* Vf. bestätigte die Existenz von 2 *Hämocyaninen* (**I**). Isolierung von α-**I** erfolgte durch präparative Ultrazentrifugation, von β-**I** durch isoelektr. Fällung. Die sek. Lichtstreuung ist zu einem großen Ausmaß verantwortlich für den Depolarisationsgrad des unter 90° zerstreuten Lichtes. Die Abweichungen im Extinktionskoeff. bei 278 mμ unter $p_H$ 9 u. 346 mμ über $p_H$ 4 sind Folge einer Änderung der Streuung mit dem Stabilitätsbereich. — Ohne Denaturierung von **I** läßt sich der Cu-Geh. quantitativ mit einem Cyanidpuffer $p_H$ 8,4 in Ggw. von $Ca^{2+}$ entfernen. Bei Arbeiten unter $H_2$ läßt sich Cu wieder völlig in **I** einbauen. Die sigmoide Oxydationskurve erfordert die Gegenwart von $Ca^{2+}$ u. intakten Mercaptogruppen, $p_H$-Optimum 7,8—8,2. (Meded. vlaamse chem. Veren. **16.** 110—16. Mai/Juni 1954. Leuven, Univ., Labor voor Biochemie.) G. Bratfisch. 4070

**Hubert S. Loring** und **Nydia G. Luthy,** *Die Isolierung in kristallisierter Form und die Charakterisierung von zwei isomeren, sich von der Hefenucleinsäure ableitenden Cytidylsäuren.* Für die bei verschied. *Cytidylsäure* (**I**)-Präpp. erhaltenen verschied. spezif. Drehungen, die zwischen +23 u. +49° liegen, konnte nun eine Erklärung gegeben werden, da es gelang, ein neues **I**-Isomeres mit $[\alpha]_D$ +20,7° in krist. Zustand zu gewinnen. Das bereits bekannte **I**-Isomere mit $[\alpha]_D$ +49° (vgl. Levene, J. biol. Chemistry **41.** [1920.] 484; Bredereck u. Richter, Ber. dtsch. chem. Ges. **71.** [1938.] 718) konnte durch ein neues Verf. (Fraktionierung von Dibrucinuridylat u. Dibrucincytidylat mit Pyridin) dargestellt werden. Die Kristalle der beiden **I**-Isomeren unterscheiden sich im Verh. beim Schmelzen, in der Löslichkeit, im Kristallhabitus u. in den Refraktionsindices. Die Verb. mit $[\alpha]_D$ +49° konnte zu einem Prod. desaminiert werden, das ein schwer lösl. Dibrucinsalz bildet, das ähnliche Löslichkeitseigg. u. ein ähnliches opt. Verh. wie das gewöhnlich aus Ribonucleinsäurehydrolysaten isolierte Dibrucinuridylat aufweist. Das neue **I**-Isomere ($[\alpha]_D$ +20,7°) gibt bei der Desaminierung u. Brucinbehandlung ein relativ leicht lösl., nicht genau definiertes Dibrucinsalz.

Versuche: Aus einer purinfreien, sauren Lsg. von Pyrimidinnucleotiden (durch Hydrolyse von Hefenucleinsäure mit n-$H_2SO_4$) werden nach Entfernung der $SO_4''$ durch $Ba(OH)_2$ die Nucleotide mit alkohol. Brucinlsg. gefällt; die Dibrucinsalze werden 3mal bei 50° mit Pyridin extrahiert. Aus den Pyridinextrakten wird *Dibrucinuridylat,* F. 180—183°, $[\alpha]_D$ —59° (c = 1; Pyridin) gewonnen, aus dem Extraktionsrückstand (= Brucincytidylat + I) die *Cytidylsäure* ($[\alpha]_D$ +49°) durch Fraktionierung aus wss. A. u. Pyridinextraktion; $C_9H_{14}O_8N_3P$, aus wss. A., F. 232—234° (Zers.), $[\alpha]_D$ +49,4° (c = 1,0; W.), n 1,585, 1,512; $\lambda_{max}$ 278 mμ, $\lambda_{min}$ 240 mμ; $E_{max}$ 13000 (in 0,01n HCl); mäßig lösl. in Wasser. — Die purinfreie, saure Lsg. von Pyrimidinnucleotiden (s. o.) wird mit einer wss. Lsg. von Phosphowolframsäure versetzt, der entstehende Nd. durch Erwärmen auf 80° gelöst u. die Lsg. bei Raumtemp. erkalten lassen; der krist. **I**-Phosphowolframat-Nd. wird (nach 5 Monate Stehen) aus n-$H_2SO_4$ umkrist. u. mit $(NH_4)_2SO_4$ zers.; die Lsg. der freien **I** wird mit A. versetzt. *Cytidysäure* ($[\alpha]_D$ +20,7°), $C_9H_{14}O_8N_3P$, monokline Kristalle aus W., F. 238—240° (Zers.), $[\alpha]_D$ +20,7° (c = 1,0; W.), n 1,600, 1,495, schwer lösl. in Wasser. (J. Amer. chem. Soc. **73.** 4215—18. Sept. 1951. Stanford, Calif., Univ., Dep. of Chem. and School of Med.)

K. F. Müller. 4090

# E. Biologische Chemie. Physiologie. Medizin.

## $E_1$. Allgemeine Biologie und Biochemie.

**William A. Mosher,** *Ionen und Radikale bei biochemischen Vorgängen.* Vf. interpretiert die biochem. β-Oxydation, die Spaltung phosphorylierter Hexosen in Triosen u. die Wrkg. von Röntgenstrahlen auf Nucleinsäuren mit der Theorie der Bldg. von

Radikalen, mitunter solcher ionischer Natur. (J. Franklin Inst. **251**. 665–74. Juni 1951. Philadelphia, Pa., Franklin Inst., Biochem. Res. Found.) F. KRUSEN. 4100

**C. R. Barnicoat,** *Die biologische Bedeutung der Metalle.* Zusammenfassende Darst. dieser Elemente in ihrer Bedeutung als strukturelle Bestandteile, als Bestandteile von funktionellen Gruppen, als Faktoren zur Aufrechterhaltung der Aktivität des Protoplasmas u. als Bestandteil von Enzymsystemen. (J. New Zealand Inst. Chem. **15**. 41–53. April 1951.) J. SCHWAIBOLD. 4100

**G. Politzer,** *Die photodynamische Erscheinung.* Die photodynam. Wrkg. fluorescierender Farbstoffe wurde am *Acridinorange* untersucht u. mit der des *Neutralrots* verglichen. Mit Hilfe von Licht- u. Dunkelverss. an den Larven des Salamandra maculosa konnte gezeigt werden, daß unter Einw. von diffusem Tageslicht schwerere Schädigungen der Mitose durch photoakt. Stoffe hervorgerufen werden als in der Dunkelheit. (Wiener klin. Wschr. **67** ([N. F.] **10**). 397–98. 3/6. 1955. Wien, Univ., Histol.-Embryol. Inst.) D. PÄTZE. 4150

**James S. Arnold** und **Webster S. S. Jee,** *Einbettung und Schnittechnik für nichtdecalcifiziertes Knochengewebe mit Anwendung bei der Radioautographie.* Für die Präparierung von Knochenfeinschnitten zur Herst. von Radioautogrammen nach vorheriger Zufuhr von radioakt. Präpp. (z. B. Phosphaten mit $^{32}P$-Geh.) wird ein bes. bewährtes Verf. beschrieben: Fixierung in Aceton oder Formalin, Einbettung unter erhöhtem Druck in durch Ae.–A. plastifizierte Nitrocellulose, Verdampfung des Lösungsm., Herst. der Mikroschnitte von 5–8 $\mu$ Stärke. Die Aufnahmetechnik u. die Weiterbehandlung der Radioautogramme werden ebenfalls eingehend erläutert. (Stain Technol. **29**. 225–39. Sept. 1954. Salt Lake City, Univ. of Utah, Coll. of Med., Radiobiol. Labor. u. Dep. of Anatomy.) W. REUSSE. 4150

**E. R. M. Kay, R. M. S. Smellie, G. F. Humphrey** und **J. N. Davidson,** *Vergleichende Untersuchungen von Zellkernen, die nach einer „wässerigen" und einer „nichtwässerigen" Methode aus Kaninchengewebe isoliert wurden.* Vergleichende Unterss. von Zellkernen verschied. Kaninchengewebe, die wss. mittels der *Citronensäure*-Meth. u. nichtwss. durch Behandlung mit *Cyclohexan* u. $CCl_4$ isoliert worden waren, zeigten unterschiedlichen Geh. an *Desoxyribonucleinsäuren* (*DNA*), *Ribonucleinsäuren* (*RNA*) u. Eiweiß (Prüfung durch radioakt. Markierung mit $^{32}P$), woraus Vff. schließen, daß bes. die RNA der Zellkerne sich nicht einheitlich verhalten, u. daß nur die Cyclohexan–$CCl_4$-Meth. geeignet ist, Einblick in den Zellkernstoffwechsel zu gewähren. (Biochem. J. **62**. 160–68. Jan. 1956. Glasgow, Univ., Dep. of Biochem.) V. SACHS. 4150

**N. B. B. Symons,** *Die Verteilung von Ribonucleinsäure und alkalischer Phosphatase in sich entwickelnden Zähnen.* Die Verteilung von *Ribonucleinsäure* (I) u. *alkal. Phosphatase* (II) in sich entwickelnden Zähnen ist von Bedeutung im Hinblick auf die Bldg. der organ. Matrix von Dentin u. Schmelz. Unterss. an sich entwickelnden Zähnen von Ratten während der ersten 4 Lebenstage ergaben das Vorhandensein von sogenannten Kionoblasten (Kb.) in der Ameloblasten (Am.)-Schicht u. von Radialzellen (Rz.) in der Odontoblasten (Od.)-Region. Kb. enthalten etwas mehr I als die Am. u. Rz. mehr als die Od. In der Am.-Schicht fehlt während der Entstehung der Schmelzmatrix II vollständig; in der nachfolgenden Phase der weiteren Schmelzausbldg. weist die Am.-Schicht dagegen eine große Enzymaktivität auf. Die Od. dagegen haben selbst nur eine geringe enzymat. Aktivität, während diejenige der Rz. wesentlich größer ist. Aus dem I- u. II-Geh. der Rz. wird auf eine enge Beziehung dieser Zellart zu der Bldg. der Dentinmatrix geschlossen. (J. Physiology **130**. 7P–8P. 28/11. 1955. Dundee, Univ. of St. Andrews, Dental School.) G. KLESSE. 4150

**N. B. B. Symons,** *Die Verteilung von Ribonucleinsäure und alkalischer Phosphatase in sich entwickelnden Zähnen von Ratten.* Ausführlichere Wiedergabe der vorst. referierten Arbeit. (J. Anatomy **90**. 117–22. Jan. 1956. Dundee, Univ. of St. Andrews, Dental School.) G. KLESSE. 4150

**W. Bollag,** *Tierexperimentelle Untersuchungen über die Wirkung einiger Cytostatica auf das Blutbild. Triäthylenmelamin* (I), *Myleran* (II), *aromat. Stickstofflost* (III) u. *aliphat. Stickstofflost* (IV) wurden Ratten verabreicht unter Kontrolle des Blutbildes. II wirkt bes. hemmend auf das myeloische Syst.; III auf das lymphatische. I u. IV wirken auf beide Systeme gleich stark. (Schweiz. med. Wschr. **83**. 1027–29. 24/10. 1953. Zürich, Univ., Med. Klinik.) H. MATTHIES. 4150

**Nestor M. Rodriguez, Mary T. Bolton** und **Leopold R. Cerecedo,** *Wirkung von p-Dimethylaminoazobenzol auf den Nucleinsäure: Kalium-Quotienten der Rattenleber.* Beim Hepatom ist das Verhältnis von Desoxyribonucleinsäure/Kalium deutlich größer als bei n. Rattenleber. Bei mit *p-Dimethylaminoazobenzol* (I) gefütterten Ratten, die aber noch keinen Tumor entwickelt haben, ist dieser Quotient ebenfalls signifikant erhöht. Nach Verabreichung von I wird der Quotient Ribonucleinsäure/Kalium in der Leber kleiner, nicht jedoch beim Hepatom. Hohe Dosen von Riboflavin, das als Schutzfaktor für mit I gefütterte Tiere betrachtet wird, verändern die Quotienten der Leber nur gering gegenüber den Normalwerten, haben aber keinen Einfl. auf das Hepatom. (Biochim. biophysica Acta [Amsterdam] **16.** **444.** März 1955.) HANNS SCHMITZ. 4160

**A. Crema,** *Verteilung und Ausscheidung von* $^{76}$*Arsen bei der normalen und der krebskranken Maus.* Gesunde Mäuse u. Mäuse mit Mammacarcinom erhielten 2–4 $\gamma$ $^{76}As$ in Form von $As_2O_3$. As verschwand nach wenigen Min. aus dem Blut, fand sich nach 10–15 Min. in der Leber, dann in der Niere, in der Muskulatur, nach 24 Std. in der Haut, die nach 48 Std. 3mal mehr $^{76}$As enthielt als die übrigen Organe. Das Hirn enthielt stets die kleinsten Mengen. Nach 48 Std. waren bereits 85% der eingespritzten As-Menge ausgeschieden; die Akkumulation in Leber u. Niere war bei den angewandten Mengen schwach. Das Mammacarcinom der Maus zeigte keine signifikante Selektivität, ebenso wie sein Vorhandensein keine Verschiebung der As-Verteilung im Organismus bewirkte. — 27 Literaturangaben. (Arch. int. Pharmacodynam. Thérap. **103.** 57–70. 1955. Zürich, Univ., Clin. Radiothérapeut., Labor. du Bétaton et des Isotopes.)
F. KRUSEN. 4160

**Aarno Turunen,** *Hormonausscheidung des Krukenberg-Tumors.* Das metastat. Ovarialcarcinom vom KRUKENBERG-Typ kann Störungen des menstruellen Cyclus, Amenorrhoe, Metrorrhagie u. postklimakter. Hämorrhagie verursachen, wie man sie bei Granulosa- u. Thecazelltumoren findet. Uterusprobeexcisionen bei KRUKENBERG-Tumorpatienten mit derartigen Cyclusstörungen zeigten typ. Änderungen von Hyperplasia cystica glandularis im Endometrium. In Proben von KRUKENBERG-Tumoren dieser gleichen Patienten fanden Vff. Lipoide enthaltende Zellen im Stroma, entsprechend den Thecazellen. Sie scheinen dem ovariellen Stroma zu entstammen. Wenn dieses sich vergrößert, um den Bindegewebsanteil der KRUKENBERG-Tumoren zu bilden, wachsen die Thecazellen ebenfalls so an, daß die von ihnen ausgeschiedene Östrogenmenge, gerade in postklimakter. Fällen, die im Schwangerenurin gefundenen Werte noch überschreitet. Nach Entfernung der Tumoren sinkt der Östrogenspiegel wieder auf einen n. Wert ab. (Acta endocrinol. [Copenhagen] **20.** 50–56. Sept. 1955. Helsinki, Univ., 1st Woman's Clinic.) A. EBEN. 4160

**E. Bülbring, F. J. Philpot** und **F. D. Bosanquet,** *Aminoxydase, pressorische Amine und Cholinesterase bei Gehirntumoren.* In 12 Gehirntumoren wurde die *Aminoxydase* (I)- u. *Cholinesterase* (II)-Aktivität durch WARBURG-Meth. bestimmt. Die I-Aktivität war gleich wie in n. Gehirngewebe, während die II-Aktivität größer, etwa von dem im Thalamus u. Mittelhirn angetroffenen Geh. war, jedoch meist auf Pseudocholinesterase zurückzuführen ist. Ein Gliom enthielt eine Menge *Noradrenalin* (biol. Nachw.), die größer war als bisher jemals im Zentralnervensyst. angetroffen wurde. (Lancet **264.** 865–66. 2/5. 1953. Oxford, Univ. u. Radcliffe Infirmary.) F. GÜNTHER. 4160

**M. Serge May,** *Bindungen zwischen Proteinen und polycyclischen Kohlenwasserstoffen.* Übersicht über Arbeiten, die sich mit der Bindung von cancerogenen KW-stoffen an Proteine befassen. Während derartige Bindungen zunächst als Primärakt der Carcinogenese angesehen wurden, ließ sich später zeigen, daß sie auch mit nichtcancerogenen KW-stoffen eingegangen werden. Die neuesten Arbeiten scheinen jedoch darauf hinzudeuten, daß die nichtcancerogenen Verbb. schneller vom Organismus eliminiert werden als die cancerogenen. Die nach einigen Tagen von der Epidermis fixierte Menge an KW-stoffen scheint mit der Cancerogenität parallel zu gehen. (Bull. Assoc. franç. Étude Cancer **42** (**46**). 463–70. 1955. Paris, Inst. du Radium.)
E. SCHWERDTFEGER. 4160

**Perihan Cambel, Andrew W. Breidenbach** und **Francis E. Ray,** *Eine physiopathologische Untersuchung des Rattenmagens und -blutes nach Gabe von Chrysoidin Y und Alphaazurin.* Vff. untersuchten den bas. Monoazofarbstoff Chrysoidin Y (I) u. vergleichweise den Triphenylmethanfarbstoff Alphaazurin (II), die nach intraperitonealer (i.p.) oder oraler Applikation vom Magen' sezerniert werden, in einer Dosierung von 53 mg (i.p.) u. 700–800 mg oral auf ihre Fähigkeit, Neoplasmen an diesem Organ zu erzeugen u. fanden histolog. eine statist. signifikante Vermehrung von binucleären Wandzellen u. eine Hyperplasie der Magenschleimhaut. Außerdem führten die Verbb. zu einer geringen, aber signifikanten Verminderung der Erythrocyten u. des Hämoglobins sowie zu einer Lymphocytose. (Amer. J. Physiol. **178.** 493–98. Sept. 1954. Gainesville, Fla., Univ. of Florida, Cancer Res. Labor.) H. HELGE. 4160

**J. J. Oleson, A. Sloboda, W. P. Troy, S. L. Halliday, M. J. Landes, R. B. Angier, J. Semb, K. Cyr** und **J. H. Williams,** *Die carcinostatische Aktivität einiger 2-Amino-1.3.4-thiadiazole.* Verschied. *2-Amino-1.3.4-thiadiazol* (I)-Derivv. wurden bei Mäusen auf carcinostat. Wirksamkeit gegenüber den Transplantationstumoren *Melanom S-91* (**A**), *Glioblastom 8110* (**B**) u. *Lymphosarkom 6 C3HED* (**C**) geprüft. Die Stammverb. **I** erwies sich als am wirksamsten. Die niederen 2-Alkylamino- u. die 2-Acylaminoderivv. waren weniger tox. als **I**. Untersuchte Verbb.: **I**, **A** tägliche Dosis (intraperitoneal) 25 u. 3,75 mg/kg, Hemmung 94 u. 57%, **B** 120 u. 100, 71 u. 51, **C** 100 u. 50, 99 u. 94; *2-Methylamino-*, **A**, 250 u. 187, 94 u. 78, **B** 500 u. 375, 61 u. 40; *2-Äthylamino-*, **A**, 100 u. 15, 88 u. 70, **B**, 200 u. 150, 63 u. 51, **C**, 250, 94; *2-Allylamino-*, **A**, 125, 62,5, 89 u. 82, **B**, 125 u. 62,5, 62 u. 26, **C**, 100, 28. *2-Phenylamino-*, **A**, 150 u. 75, 0 u. 0, **B**, 37,5 u. 12,5, **C**, 8, 0; *2-Acetylamino-*, **A**, 100 u. 75, 81 u. 33, **B**, 200 u. 100, **C** 150 u. 75, 61 u. 52; *2-Amino-5-oxy-*, **A**, 187, 54, **B**, 500 u 250, 70 u 50; *2-Amino-5-mercapto-*, **A**, 500 u. 250, 27 u. 0, **B**, 500 u. 250, 0 u. 0, **C**, 500 u. 250, 0 u. 0; *2-Amino-5-chlor-*, **A**, 100 u. 75, **B**, 87 u. 76, 100 u. 75, 10 u. 31, **C** 250 u. 125, 87 u. 80; *2-Methylamino-5-methyl-*, **A**, 300 u. 125, 20 u. 0, **B**, 300 u. 125, 0 u. 15; u. *2-Allylamino-5-methyl-1.3.4-thiadiazol*, **A**, 250 u. 125, 30 u. 0, **B**, 250 u. 125, 0 u. 0. (J. Amer. chem. Soc. **77**. 6713–14. 20/12. 1955. Pearl River, N. Y., Amer. Cyanamid Co., Lederle Labors., Res. Div.) K. MAIER. 4160

**D. A. G. Galton,** *Myleran bei chronischer myeloider Leukämie. Ergebnisse der Behandlung.* Kasuistik. (Lancet **264**. 208–13. 31/1. 1953. London, Royal Cancer Hosp.) F. GÜNTHER. 4160

**Jane C. Wright, Vera B. Dolgopol, Myra Logan, Aargon Prigot** und **Louis T. Wright,** *Die Bedeutung des Puromycins für die Klinik neoplastischer Erkrankungen des Menschen.* Kasuist. Bericht unter Hinweis auf die bekannte wachstumshemmende Wrkg. des *Puromycins* auf Glioblastomkulturen im Hühnerembryo sowie auf den Brustkrebs des Mäusestammes C3H u. C57BL, über die regressive Wrkg. mit geringen Nebenerscheinungen bei 14 von 51 krebskranken Patienten, die mit Puromycin bzw. *Stylomycin* (*6-Dimethylamino-9-[3'-β-(p-methoxyphenyl)-l-alanylamino-3'-desoxy-d-ribosyl]-purin*) über 21 Tage u. länger (250–750 mg/Tag oral) behandelt worden waren. (A. M. A. Arch. intern. Med. **96**. 61–77. Juli 1955. Harlem, Dep. of Hosp., Cancer Res. Foundat.) V. SACHS. 4160

**A. K. Schmauss,** *Hormonbehandlung beim Carcinom.* Eine Hemmung des Hypophysenvorderlappens durch androgene Hormone, die zu einem Ausfall des auf das Wachstum vieler Mammacarcinome proliferierend wirkenden Follikelhormons führt, kann bis zu 5 Monaten erreicht werden, wenn die Dosis von *Testosteronpropionat* langsam erhöht u. der Injektionsintervall verringert wird. (Therapiewoche **5**. 424–25. Juni 1955. Berlin, Univ., Chirurg. Klink der Charité u. Forschungsinst. für exp. Endokrinologie.) A. TREBST. 4160

**Edward M. Kent, Campbell Moses, William B. Ford, Eugene R. Kutz** und **Robert S. George,** *Radioaktive Isotope bei der Behandlung der Carcinomatose seröser Körperhöhlen.* Koll. $^{198}$*Au* (Halbwertszeit 2,7 Tage, Dosis 100 mC in 20 ml isoton. Lsg.) wurde mit Hilfe einer strahlungsgeschützten Spritze in den Pleural- bzw. Peritonealraum gebracht. Insgesamt wurden 163 Patienten mit Lungen- oder Brustkrebs behandelt, einzelne davon mehrmals. In ca. 50% der Fälle war das Ergebnis günstig, d. h. eine Punktion der Effusion war fortan nicht mehr erforderlich. (A. M. A. Arch. intern. Med. **94**. 334—40. Sept. 1954. Pittsburgh, Pa., Univ., School of Med.) H. BOSER. 4160

**Henry L. Plaine,** *Die Wirkung von Sauerstoff und Wasserstoffperoxyd auf die Tätigkeit der spezifischen Gene und auf die Tumorbildung bei Drosophila melanogaster.* Behandlung von Drosophila-Embryonen mit $H_2O_2$ oder $O_2$ in steigenden Konzz. v 0–100% ohne Röntgenbestrahlung führt zu einem Ansteigen des Auftretens melanot. Tumoren u. des Aufbrechens der Augen proportional der steigenden $O_2$-Konzentration. Ähnliche Ergebnisse, die bei Röntgenbestrahlung unter verschied. $O_2$-Spannung beobachtet werden, können nur als Wrkg. der erhöhten $O_2$-Spannung durch die Röntgenstrahlen angesehen werden. (Genetics **40**. 268–80. März 1955. Baltimore, Md., Johns Hopkins Univ., Dep. of Biol.) V. SACHS. 4160

**Paul Manil,** *Wirkung von Antibioticis auf pflanzliche Tumoren.* Zusammenfassende Übersicht, in der über die Wrkg. von Folinsäure, Guaninhomologen, Colchicin u. verschied. Antibioticis auf pflanzliche Bakterien- („Crown-Gall"-) u. Virustumoren berichtet wird. (Ann. Soc. roy. Sci. méd. natur. Bruxelles **6**. 150—55. 1953. Gembloux, Inst. agron. de l'État, Chaire de Microbiol.) H. KOBLITZ. 4160

**Samuel Graff**, ed., Essays in biochemistry. New York: Wiley. 1956. (355 S. m. Abb. u. Diagr.) 8°. $ 6.50.

## E₂. Enzymologie. Gärung.

**D. G. H. Ballard** und **C. H. Bamford,** *Der „Ketteneffekt": möglicherweise ein Analogon der Enzymwirkung.* Die Polymerisation des cycl. *DL-Phenylalanin-N-carbonsäureanhydrids* in Ggw. von prim. oder sek. Aminen erfolgt nach folgender Gleichung,

u. zwar in Nitrobenzollsg. bei 15⁰ mit einer bimol. Reaktionskonstante von 0,6 $Mol^{-1}$·Liter·$min^{-1}$.

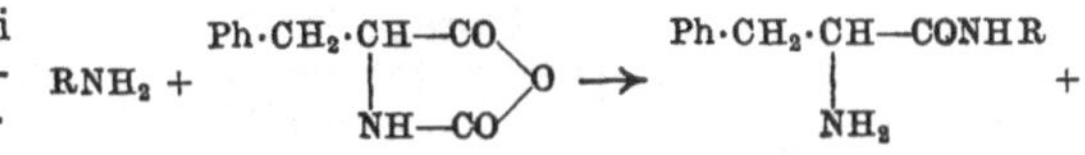

Wird aber *Polysarkosin* (I) mit einem Polymerisationsgrad von n = 20 verwendet, so ist die Reaktionsgeschwindigkeit 100mal größer. – Für Auslösung des „Ketteneffektes" muß die I-Kette eine freie $NH_2$-Gruppe aufweisen. Wenn diese acetyliert ist, erfolgt keine Rk.; setzt man dann ein freies Amin zu (z. B. Piperidin), so erfolgt eine viel langsamer verlaufende Polymerisation, ein Zeichen dafür, daß die bas. Gruppe wirksamer ist, wenn sie sich an der I-Kette befindet. – Der Vorgang kann als Wachsen eines Polymeren auf der Oberfläche eines anderen gelösten Polymeren betrachtet werden; er ist analog den heterogenen Rkk. an Zwischenschichten, möglicherweise auch analog mit Enzymreaktionen. (Nature [London] **177.** 477–78. 10/3. 1956. Maidenhead, Berks., Courtaulds Ltd., Res. Labor.) A. HESSE. 4200

**Robert B. Hurlbert** und **Peter Reichard**, *Bildung von Uridinphosphat aus Orotsäure in vitro.* Vff. untersuchten den Einbau von *¹⁴C-Orotsäure* (I) in Uridinphosphate mit Hilfe von *Enzymen* aus Ratten- u. Taubenleber, die sie durch Dialyse eines Homogenates oder Extraktes eines Leberacetonpulvers gewannen. In Ggw. von *Ribose-5-phosphat*, $Mg^{2+}$ u. *ATP* oder *Fructosediphosphat*, *DPN*, $Mg^{2+}$ u. *ATP* wurde I in *Uridin-5-phosphat* (II) u. verschied. andere radioakt. Verbb. eingebaut; diese ergaben nach Säurehydrolyse ebenfalls **II**. Vff. nehmen an, daß es sich um *Uridindi-* (**III**) u. *-triphosphat* (**IV**) handelt. In einigen Fällen fand enzymat. Abbau zu *Uridin* (**V**) u. *Uracil* statt. Da aus $^{14}C$-**II** schnell $^{14}C$-**III** u. $^{14}C$-**IV** entsteht, u. **II** den Einbau von **I** in **III** u. **IV** verringert, wird angenommen, daß als 1. Prod. nicht **V**, sondern **II** aus **I** gebildet wird. (Acta chem. scand. **8.** 1095–96. 1954. Stockholm, Karolinska Inst., Dep. of Biochem.) H. HELGE. 4210

**I. Ss. Roisman**, *Aktivität der Blutkatalase während der Hemmung durch Schlaf.* Im Kaninchenvers. wurde die Aktivität der *Blutkatalase* (I) vor u. 2 Std. nach dem medikamentösen Schlaf sowie 24 Std. nach dem Schlaf untersucht (Katalasezahl, Katalaseindex, Katalasämiezahl). Danach bewirkt die Schlafhemmung eine Hypokatalasämie (Abnahme der Katalasezahl), deren Grad von der chem. Natur des Schlafmittels, der Schlafdauer u. der Art der Schlafhemmung abhängig ist. Die untersuchten Schlaf- u. Narkosemittel bilden nach dem Grad der Hypokatalasämie folgende aufsteigende Reihe: *Chlf.* > *Ae.* > *Chloralhydrat* (**II**) > *Urethan* (**III**) > *Amytal* (**IV**) > *Pentothal* (**V**). Nach dem Schlaf nimmt die I-Aktivität weiter ab; auch hier zeigen Chlf. u. Ae. die stärkste Wirkung. Nach der Katalasämiezahl während des 2std. Schlafes ergibt sich folgende Reihe: **V** > **IV** > **II** u. **III** > Chlf. u. Äther. Nach der Katalasämiezahl 24 Std. nach dem Schlaf bilden die untersuchten Mittel folgende Reihe: **II** > **IV** u. **V** > **III** > Ae. > Chloroform. Die Aktivität von **I** hängt hauptsächlich mit der Änderung der Erythrocytenzahl zusammen. Mit Ausnahme von **V** bewirken die angewandten Mittel deren Abnahme. (Украïнський Біохемічний Журнал [Ukrain. biochem. J.] **28.** 37–46. 1956. Winniza, Med. Inst., Lehrstuhl für Biochem.) O. LEBTAG. 4210

**Sztojcsó Zlatarov** und **Z. Maria Holló**, *Die Wirkung der Röntgenbestrahlung und des Thalliums auf die Katalaseaktivität der Haarkleidung und des Epithels.* Haarbulbi menschlicher Haare, die auf Einw. von *Thallium* u. Röntgenbestrahlung ausfielen, haben ihre *Katalase* (I)-Aktivität fast vollkommen eingebüßt. – Bei weißen Mäusen, Ratten u. Meerschweinchen wurde 6–8 Tage nach der subcutanen Injizierung von *Thalliumacetat* in Epilationsdosen keine Veränderung der **I** beobachtet. Am 8.–10. Tage nach der Verabreichung von 2000 Kontaktröntgenbestrahlung zeigte die Aktivität der **I** des Epithels von Mäusen eine 51–65%ig. Abnahme. Die I-Aktivität des mit 1000 r bestrahlten Rattenepithels wies am 5. Tag eine Abnahme von 53–71% auf. (Arch. Geschwulstforsch. **7.** 126–34. 1954. Szeged, Med. Univ., Dermatolog. Klinik.) A. HESSE. 4210

**O. W. Krassowskaja**, *Die Änderung der Oxydationsfermente* (*Oxydase und Peroxydase*) *in den Leukocyten von Meerschweinchen während der Sensibilisierung und des anaphylaktischen Schockes.* Im Meerschweinchenvers. führt die einmalige Sensibilisierung durch 0,1 ml Pferdeserum subcutan oder die täglich wiederholte subcutane Zufuhr von 0,1 ml Tonsillitantigen zu einer starken Abnahme des *Oxydase*-Geh. der Leukocyten. Die Abnahme der Granulenzahl der *Peroxydase* läßt sich nicht quantitativ verfolgen. Während des akuten anaphylakt. Schockes verschwinden die Peroxydasegranula jedoch gänzlich. Gleichzeitig mit der Abschwächung der $O_2$-Atmung nimmt die phagocytäre Funktion der Leukocyten ab. (Бюллетень Экспериментальной Биологии и Медицины [Bull. exp. Biol. Med.] **38.** Nr. 12. 30–33. Dez. 1954. Moskau, Inst. für Ohren-, Nasen- u. Halskrankh. des Gesundheitsmin. der RSFSR.) O. LEBTAG. 4210

**Daniel E. Atkinson** und **Bruce A. McFadden**, *Die Biochemie von Hydrogenomonas. 1. Mitt. Die Hydrogenase von Hydrogenomonas facilis zellfreier Präparate.* (2. vgl. C. **1956.** 9762.) Gesamtzellen von *H. facilis*, einem fakultativ wasserstoffautotrophen Bakterium, red. *Nitrat* (**I**) u. *Methylenblau* (**II**) u. assimilieren 1 Mol $CO_2$/2 Mol des in der Knallgas-Rk. red. $O_2$. Rohe, zellfreie *H. facilis*-Präpp. behalten die Fähigkeit zur Red. von **II**, *Ferricyanid* (**III**) u. $O_2$ durch mol. $O_2$ bei, während das **I**-Reduktionsvermögen fehlt. Chelatbildner (Versene, α.α'-Dipyridyl) hemmen diese Redd. nicht, was auf die Nichtbeteiligung dissoziabler metall. Cofaktoren hinweist. *p-Chlormercuribenzoat*, jedoch nicht *Jodacetat*, hemmt alle 3 Reduktionen. Die Rk. von $H_2$ mit $O_2$ wird durch *Cyanid* stark gehemmt, ebenso die Red. von **II** oder **III** durch $H_2$ unter aeroben Bedingungen. Prakt. die gesamte *Hydrogenase* (**IV**) des Bakteriums ist in den geformten Zellelementen lokalisiert. Nach intensiver Ultraschallzerstörung von Partikelpräpp. finden sich ca. 40% der für die **II**-Red. erforderlichen Aktivität u. <6% der für die $H_2$–$O_2$-Rk. notwendigen im Überstand nach Zentrifugieren bei 81000 g (20 Min.). Die Aktivierungsenergie der **II**-Red. durch $H_2$ in Ggw. von **IV** beträgt 15,5 kcal/Mol. (J. biol. Chemistry **210.** 885–93. Okt. 1954. Los Angeles, Calif., Univ. of California, Dep. of Chem.)
K. MAIER. 4210

**H. Cassebaum**, *Beziehungen zwischen Redoxpotential und Dehydrasewirkung von Isatinen.* Im Gegensatz zum *Thionaphthenchinon* (**I**) läßt sich aus der potentiometr. Titrationskurve des *Isatins* (**II**) mit $TiCl_3$ kein Redoxpotential ermitteln. Daher wurde zunächst das scheinbare Oxydationspotential (AOP) nach CONANT von Dioxindol bei $p_H$ 7 zwischen –0,29 u. –0,11 V gegen die Normalwasserstoffelektrode unter Verwendung von Methylenblau, Indigodisulfonat u. a. bestimmt. Das AOP von *3-Aminooxindol* liegt im gleichen Bereich. In Erweiterung der Arbeiten von SUMPTER u. Mitarbeiter (J. org. Chemistry **16.** [1951.] 1777) u. KORSCHUNOW, Журнал Физической Химии [J. physik. Chem.] **24.** [1950.] 813) wurde das polarograph. Verh. von **I** u. **II** bei verschied. $p_H$-Werten verglichen. Während **I** sich mehr wie ein unbeständiges o-Chinon verhält, nimmt **II** eine Mittelstellung zwischen einfachen Ketonen u. o-Chinonen ein. Derivv. von **II** wurden in 50% A., Acetatpuffer, $p_H$ 4,7 gemessen u. ihre Halbstufenpotentiale auf **II** bei $p_H$ 0 gegen SCE bezogen: *6-Aminoisatin*, –0,09; *5-Aminoisatin*, +0,13; *Isatin*, +0,15; *Isatin-7-carbonsäure*, +0,16; *Isatin-5-carbonsäure*, +0,21; *Isatin-6-carbonsäure*, +0,23; *Isatin-4-carbonsäure*, +0,25; *α-(4 oder 6-Isatin)-zimtsäure*, +0,09; *5-Styrylisatin*, +0,21; *6-Styrylisatin*, +0,23; *5-Phenylisatin*, +0,24; *6-Phenylisatin*, +0,25; *5-Phenylisatinsulfosäure*, +0,17; *5.7-Dibromisatin*, +0,32; *4.5-Benzoisatin* +0,13; *7-Brom-5.6-benzoisatin* +0,13; *5.6-Benzoisatin*, +0,17; *6.7-Benzoisatin*, +0,19. Betrachtet man ihre Dehydrasewirksamkeit im Syst. Glykokoll (Donator)–**II**-Deriv. (Katalysator)–Methylenblau (Acceptor), so gilt: Potential des Katalysators < Potential des Acceptors. Weiterhin verringert sich im allg. die Entfärbungszeit von Methylenblau, je positiver das Potential des Katalysators liegt. Letztere Beziehung gilt nur innerhalb einer dynam. homologen Katalysatorenreihe, wenn die Potentiale unter Reaktionsbedingungen verglichen werden u. wenn keine Neben-Rkk. erfolgen. (Z. Elektrochem., Ber. Bunsenges. physik. Chem. **58.** 515–20. 1954. Halle, Univ., Inst. für Organ. Chem.) H. BERG. 4210

**Otto Wieland**, *Funktion und physiologische Bedeutung des Coenzyms A.* Übersicht. Konst. des *Coenzyms A* (**I**), „aktivierte Essigsäure" (*Acetyl*-**I**; **II**) als zentrales Stoffwechselprod., zur **II**-Bldg. führende Rkk., **II** als Acetyldonator, *Fettsäurecyclus*, weitere **I**-abhängige Stoffwechsel-Rkk., Acetylierung u. Pantothensäuremangel, Acetylierung u. Leberfunktion, **I** u. Nervensyst., **I** u. Diabetes, Entstehung der Ketonkörper (**III**), Brenztraubensäurestoffwechsel beim Diabetes, zur Umwandlung von Kohlenhydraten in Fett beim Diabetes, **III**-Verwertung, **I** u. Sterinsynthese. — 85 Literaturangaben. (Klin. Wschr. **32.** 385–92. 1/5. 1954. München, Univ., Chem. Labor., Biochem. Abt.)
K. MAIER. 4210

**Teppo J. Vartio**, *Der Gehalt des Blutes an Cocarboxylase bei Gesunden und bei verschiedenen Krankheiten, namentlich bei neurozirkulatorischer Asthenie.* Bei 57 Gesunden wird für die zwischen 11,0 u. 20,9 γ/100 $cm^3$ liegenden Normalwerte für *Cocarboxylase* (**I**) des Blutes keine Abhängigkeit von Alter, Geschlecht oder Konst. gefunden. An 440 Kranken konnten bei verschied. Krankheiten Abweichungen beobachtet werden, die bes. ausgeprägt bei neurozirkulator. Asthenie, bei hohem Blutdruck, bei Fettleibigkeit sowie bei Zusammentreffen der beiden letzten mit Diabetes war. (Scand. J. clin. Lab. Invest., Suppl. **5.** Nr. 10. 1–60. 1953. Helsinki, Univ., 1. Med. Klinik.) A. HESSE. 4210

**E. S. Guzman Barron, Warren P. Sights** und **Violet Wilder**, *Der Kohlenhydratstoffwechsel von Herzschnitten.* Vergleichende Unterss. des Kohlenhydratstoffwechsels von Herzen verschiedenster Tiere ergab, daß bei wirbellosen Tieren die anaerobe Glykolyse neben Milchsäure noch weitere Säuren liefert. Der Oxydationsverlauf ist bei allen Tieren gleich, bes. über den Citronensäurecyclus. Alle Herzen sind extrem empfindlich gegenüber Sauerstoffmangel. Die Respirationshemmung wird einem Mangel der Acetatoxydation zugeschrieben. Bei Herzen von Seetieren ist die Respirationsgeschwindigkeit von der Temp. abhängig. Froschherzen zeigen höchste Respiration u. Citratoxydation. (Naunyn-Schmiedebergs Arch. exp. Pathol. Pharmakol. **219.** 338—47. 1953. Univ. of Chicago, Dep. of Med.; Woods Hole, Marine Biol. Labor.) K. HEYNS. 4210

**W. A. L. Evans** und **J. Marsden,** *Carbohydrasen in Larven der Schmeißfliege.* Larven von Lucilia sericata (Speicheldrüsen oder Darmgewebe) vermögen *Maltose, Saccharose, Trehalose, α-Methylgalaktosid, Raffinose, Melezitose* u. *Stärke* zu spalten, dagegen nicht: α-Methylglucosid, Lactose, Melibiose, Cellobiose oder Cellulose. (Nature [London] **177.** 478. 10/3. 1956. Cardiff, Univ. Coll., Dep. of Zool. and Co. Anatomy.) A. HESSE. 4210

**L. I. Palladina** und **A. M. Gudina,** *Einfluß der Stoffe des Tricarbonsäurecyclus auf die Regeneration der Gewebe und auf die Dehydraseaktivität dieser Gewebe.* Das Hefewachstum wird durch folgende Konzz. (mg/Liter) intensiviert: *Na-Citrat* (I)-10; *K-Citrat* (II)-5; *$NH_4$-Citrat* -7; *Na-Succinat* (III)-15; *K-Succinat*-10; *Na-Malat*-10; *K-Malat*-10. I fördert die Heilung experimenteller Wunden von Kaninchen. **I, II** u. **III** erhöhen die *Dehydrase*-Aktivität des Granulationsgewebes. Bei der Regeneration wird die Dehydraseaktivität der Leber vermindert. Durch Zusatz von **I** u. **III** wird diese sowohl bei der n. wie bei der regenerierenden Leber erhöht. Die Zufuhr von **I** führt in vivo u. in vitro zu einer Erhöhung der Dehydraseaktivität des regenerierenden Lebergewebes. (Український Біохемічний Журнал [Ukrain. biochem. J.] **28.** 69—78. 1956. Kiew, Inst. für Biochem. der Akad. der Wiss. der UkrSSR.) O. LEBTAG. 4210

**L. A. Michailowskaja,** *Untersuchung des Mechanismus der antiketogenen Wirkung von Citronensäure.* 1. Mitt. *Anaerobe Umwandlung der Citronensäure in Leberhomogenaten von Tieren.* Im Kaninchenvers. wird gezeigt, daß bei der Blockierung der *Isocitronensäuredehydrase* in den Leberhomogenaten durch Monojodessigsäure 25—60% der *Citronensäure* (**I**) statt der bei der Aconitase-Rk. zu erwartenden 12—15% verschwinden. Neben dem Verschwinden von **I** beobachtet man die Bldg. von *Essigsäure* (**II**). Dies erklärt sich aus der Umkehrbarkeit der **I**-Spaltung in **II** u. *Oxalessigsäure* (**III**). Neben der enzymat. Kondensation von **III** u. nativer **II** zu **I** findet eine **II**-Bldg. auch aus Kohlenhydraten statt. Die **II**-Bldg. erfolgt jedoch nur in Ggw. von **I**. Einen merklichen Einfl. von Insulin auf die genannten Prozesse in den Leberhomogenaten von gesunden Tieren beobachtet man nicht. Der Mechanismus der **II**-Bldg. u. die Rolle von **I** bei diesem Prozeß sind noch ungeklärt. (Український Біохемічний Журнал [Ukrain. biochem. J.] **28.** 47—55. 1956. Kiew, Inst. für Biochem. der Akad. der Wiss. der UkrSSR.) O. LEBTAG. 4210

**Bertram Sacktor** und **Gerard M. Thomas,** *Aktivität von Bernsteinsäure–Cytochrom c-Reduktase in Geweben der amerikanischen Schabe, Periplaneta americana L.* Die Gewebe der Küchenschabe zeigen in folgender Reihenfolge absteigende Werte für die *Bernsteinsäure–Cytochrom c-Reduktase* (**I**): Muskel, Hinterdarm, Fettkörper, Vorderdarm, Mitteldarm, MALPIGHIsche Gefäße, Gehirn, Nervenstränge. Beim Männchen wird in Muskel u. Hinterdarm bedeutend mehr **I** gefunden als beim Weibchen. Das Verhältnis Cytochrom c-Oxydase/I wechselt in den verschied. Geweben von 4/1 bis auf 16/1 (Gehirn; Nerven) u. beträgt 4/1 im Muskel. (J. cellular comparat. Physiol. **45.** 241—45. April 1955. Maryland, Army Chem. Center, Med. Labor.) A. HESSE. 4210

**Ann D. Anderson, Ralph B. March** und **R. L. Metcalf,** *Hemmung des Bernsteinsäureoxydasesystems der empfindlichen und der resistenten Hausfliegen durch DDT und verwandte Verbindungen.* Bei colorimetr. Best. der Einw. von DDT, DDE u. verwandten Verbb. auf das *Bernsteinsäureoxydase*-Syst. (**I**) u. dessen Komponenten ergab sich Hemmung der **I**, der *Cytochromoxydase* u. in geringerem Maß der *Bernsteinsäuredehydrogenase.* Dabei zeigten die Präpp. aus gegen DDT usw. resistenten Fliegen u. aus gegen DDT empfindlichen Fliegen keine nennenswerten Unterschiede. Daher stellt die Hemmung der **I** u. ihrer Komponenten nicht einen prim. Faktor bei der Wrkg. dieser Insekticide dar. (Ann. entomol. Soc. America **47.** 595—602. Dez. 1954. Riverside, Calif., Univ. of California, Citrus Exp. Stat.) A. HESSE. 4210

**H. Onrust, A. C. van der Linden** und **B. C. P. Jansen,** *Triphosphopyrithiamin und p-Chlormercuribenzoat in einer Untersuchung über die prosthetische Gruppe der Brenztraubensäureoxydase von tierischem Gewebe.* Im Gegensatz zu *Diphosphooxythiamin,* das die *Brenztraubensäureoxydase* (**I**) vollständig hemmt, vermag *Triphosphopyrithiamin* die **I** nur teilweise zu hemmen. Durch Hefe kann das Enzym reaktiviert werden. Durch *p-Chlormerucribenzoat* (**II**), einen wirksamen Inhibitor für SH-Fermente, wird **I** vollständig gehemmt. Reaktivierung gelang nur durch Zugabe von *Glutathion* u. *Thiomalonsäure*; *Cystein* (III) u. *2.3-Dimercaptopropanol* hatten keine Wirkung. III bildet mit *Brenztraubensäure* (IV) ein nichtoxydierbares Kondensationsprodukt. *Diphosphothiamin* u. *Thiamin* reaktivieren nicht das durch II gehemmte Enzym. Aus den Verss. wird geschlossen, daß zur Oxydation von IV neben dem *Thiamin* zur Decarboxylierung noch eine zweite prosthet. Gruppe nötig ist, die nach den Hemmverss. SH-Gruppen enthalten muß. Aus dem Vgl. der Redoxpotentiale von *Acetaldehyd/Acetat* u. *Diphosphopyridinnucleotid* vermuten Vff., daß dieser prim. Elektronenacceptor die *α-Liposäure* ist, deren Redoxpotential in der Mitte liegt.

Versuche: *Triphosphopyrithiamin*, 0,9 g $H_3PO_4$ werden erhitzt, bis sich Kristalle bilden. Nach Kühlen gibt man bei 100° 100 mg Pyrithiamin hinzu, daraufhin noch in drei Portionen HBr, kühlt schnell, in 1,5 cm³ Eiswasser lösen. Die Lsg. wird in 30 cm³ gleicher Teile abs. A. u. Aceton gegeben, 147 mg, sehr hygroskopisch. (Enzymologia [Den Haag] **16.** 289—97. 15/3. 1954. Amsterdam, Univ., Biochem. Dep. u. Netherland Inst. of Nutrit.) H. R. SCHÜTTE. 4210

**E. Abel,** *Zur biologischen Oxydation von Oxalsäure.* Oxalsäure (I) wird unter Zwischenschaltung des Oxalatoions $(COO)_2^-$ (II) oxydiert, das seinerseits oxydativ aus I mittels eines Enzyms (E) gebildet wird: $E + (COO)_2^{2-} \rightarrow E^- + (COO)_2^-$. II red. $O_2$ zu dem reaktionsfähigen $O_2^-$, das im Gegensatz zu $O_2$ I angreifen kann: $(COO)_2^- + O_2 \rightarrow O_2^- + 2\,CO_2$. II wird im Verlauf der Rk. regeneriert, so daß mit minimalen II-Mengen große I-Mengen umgesetzt werden können: $(COO)_2^{2-} + O_2 \rightarrow (COO)_2^- + 2\,O^-$ $(+ 2\,H^+ \rightarrow 2\,OH)$ bzw. $+ O_2^{2-}$ $(+ 2\,H^+ \rightarrow H_2O_2)$; $OH + (COO)_2^{2-} \rightarrow (COO)_2^- + OH^-$. Abbruch der Rk. durch kettenfremde Umsetzungen: $(COO)_2^- + X \rightarrow X^- + 2\,CO_2$. (Naturwissenschaften **40.** 246. April 1953. London, Hamilton Terrace.) H. KOBLITZ. 4210

**K. K. Tsuboi** und **P. B. Hudson,** *Saure Phosphatase.* 2. Mitt. *Reinigung von menschlicher Phosphomonoesterase aus roten Blutkörperchen.* (1. vgl. C. **1954.** 343.) Es wird über eine 1500fache Anreicherung (basierend auf dem N-Geh.) von *Phosphomonoesterase* (I) aus hämolysierten roten Blutkörperchen berichtet. Die Abtrennung von I vom Hämoglobin wurde erreicht durch selektive Adsorption u. Eluierung des Enzyms mit Hilfe spezieller *Ca-Phosphatgele*, die mit $NH_4OH$ (End-$p_H$ 6—7) gefüllt wurden. Genaue Beschreibung der Fraktionierung. (Arch. Biochem. Biophysics **53.** 341—47. Dez. 1954. New York, N. Y., Columbia Univ., Coll. of Phys. and Surg., Francis Delafield Hosp., Inst. of Cancer Res., Dep. of Biochem. and Urology.) H. GOEBEL. 4210

**K. K. Tsuboi** und **P. B. Hudson,** *Saure Phosphatase.* 3. Mitt. *Spezifische kinetische Eigenschaften hochgereinigter menschlicher Prostataphosphomonoesterase.* (2. vgl. vorst. Ref.) Bericht über die Stabilitätscharakteristika hochgereinigter *saurer Phosphomonoesterase* (I) aus Prostata. I ist stark empfindlich gegen Oberflächeninaktivierung in verd. Lsg.; Zugabe von oberflächenakt. Stoffen einschließlich nichtionogener Netzmittel bewirkt vollständigen Schutz von I bei heftigem Schütteln von Enzymlösungen. Die Oberflächeninaktivierung verläuft nach einer Rk. erster Ordnung. Best. der Enzymsubstratkonstanten ($K_s$) u. ihre Abhängigkeit von anwesenden Ionen. Kinetik der I-Hemmung durch L-Tartrat u. Oxalat, Aktivierung u. Inaktivierung durch SH-Verbindungen. — Tabellen, Kurven. (Arch. Biochem. Biophysics **55.** 191—205. März 1955.) H. GOEBEL. 4210

**John M. Reiner, Kenneth K. Tsuboi** und **Perry B. Hudson,** *Saure Phosphatase.* 4. Mitt. *Fluoridhemmung von saurer Prostataphosphatase.* (3. vgl. vorst. Ref.) Die Hemmung der *sauren Phosphatase* aus menschlicher Prostata durch *Fluorid* (I) ist am stärksten bei mittleren $HF_2^-$-Konzz., bei hohen $HF_2^-$-Konzz. wird sie abgeschwächt; sie wird beeinflußt durch die Ionenstärke, Proteinkonz. u. spezif. Ionen. Einige mehrwertige organ. Anionen schützen das Ferment gegen die I-Hemmung; am stärksten wirksam waren dabei Citrat u. Oxalat; diese Wrkg. scheint nicht auf einer Chelatbldg. zu beruhen. Entw. einer quantitativen Theorie vorst. Erscheinung; Diskussion über die Beziehung der Ergebnisse zur Struktur der akt. Enzymzentren. (Arch. Biochem. Biophysics **56.** 165—83. Mai 1955. New York, N. Y., Francis Delafield Hosp., u. Columbus Univ., Coll. of Physic. and Surg., Inst. of Cancer Res.) H. GOEBEL. 4210

**K. K. Tsuboi** und **P. B. Hudson,** *Saure Phosphatase.* 5. Mitt. *Die Natur der Inaktivierung und Stabilisierung von gereinigter Phosphomonoesterase aus menschlichen roten Blutkörperchen.* (4. vgl. vorst. Ref.) Bericht über kinet. Unterss. der Oberflächeninaktivierung *saurer Phosphomonoesterase* (I) aus roten Blutkörperchen. I wird durch geringe Mengen synthet., nichtionogener Netzmittel gegen Oberflächeninaktivierung stabilisiert. Durch Schwermetallspuren wird I rasch inaktiviert; dies spricht für das Vorhandensein von SH-Gruppen im Enzym. Bei Schwermetallinaktivierung tritt mit

Citrat u. Cystein teilweise Reaktivierung ein. (Arch. Biochem. Biophysics **55.** 206—18. März 1955.) H. GOEBEL. 4210

**A. Goebel** und **H. Puchtler,** *Über das Verhalten der histochemisch nachweisbaren alkalischen Phosphatase und 5-Nucleotidase im Sauerstoffmangel und im Niereninfarkt.* Bei Fröschen konnte durch Herabsetzen des $O_2$-Geh. der Atemluft eine Verminderung der *alkal. Phosphatase* (**I**) in Herz, Leber u. Niere erzielt werden. Dasselbe tritt nach subletaler Vergiftung mit KCN ein. — Durch Unterbindung der Nierenschlagader wird bei Ratten die **I** sowie die *5-Nucleotidase* weitgehend vermindert. — Alle diese Vorgänge werden nur als mittelbare Wrkg. des $O_2$-Mangels angesehen; es wird auf das Auftreten von Hemmstoffen sowie mangelnde Energielieferung hingewiesen. (Virchow's Arch. pathol. Anatom. Physiol. klin. Med. **326.** 119—34. 1954. Köln-Lindenthal, Univ., Pathol. Inst.) A. HESSE. 4210

**L. Kroll** und **M. Kramer,** *Der Einfluß der Tonmineralien auf die Enzymaktivität der Bodenphosphatase.* Die im Boden vorhandenen Enzyme können als Prodd. des Stoffwechsels der Bodenorganismen zur Charakterisierung der biol. Aktivität des Bodens dienen. Da die koll. Fraktion des Bodens anorgan. Phosphat bindet, wurde zur Best. der Aktivität der Boden-*Phosphatase* (**I**) *Phenylphosphat* als Substrat gewählt u. dessen Spaltung durch Messung der organ. Komponente (Phenol, **II**, nach FOLIN) verfolgt. Vergleichende Verss. ergaben, daß die **II**-Werte nur von den Eigg. des Bodens abhängig sind, während diejenigen für Phosphorsäure durch zugesetzten Ton, bes. Montmorillonit, stark vermindert werden. Der Originalgeh. des Bodens an Kolloiden wirkt auf die Werte der **I**-Aktivität (gemessen nach dem Geh. an anorgan. Phosphat) entstellend. (Naturwissenschaften **42.** 157—58. 2. März-H. 1955. Budapest, Agrochem. Versuchsanst., Abt. für organ. Düngung.) K. MAIER. 4210

**Sôzaburo Ono** und **Keitaro Hiromi,** *Über die nicht kompetitive Hemmung von Bakterien-α-Amylase durch Ca- und andere Metallionen.* Es wurde die Hemmung der *Bakterienamylase* durch Ca- u. andere Metallionen untersucht. Vff. fanden, daß dies eine nichtkompetitive Hemmung ist. Die *Amylase*-Aktivität wurde nach 2 verschied. Methoden untersucht: 1. wurde der Anstieg der reduzierenden Gruppen gemessen, u. 2. wurde der Intensitätsabfall des blauen Jod–Amylase-Komplexes bei 610 mμ verfolgt. Bei der ersten Meth., die die Spaltung in kleinere Bruchstücke aufzeigt, ergibt sich folgende Reihe mit abnehmender Hemmungswrkg.: $Hg^{2+} > Pb^{2+} > Cd^{2+} > Zn^{2+} > Ca^{2+} > Be^{2+} > Sr^{2+} > Ba^{2+} > Mg^{2+}$, während nach der 2. Meth., bei der die Spaltung in größere Bruchstücke gemessen wird, folgende Reihe erhalten wurde: $Hg^{2+} > Au^{3+} > Ag^{+} > Sn^{2+} > Sn^{4+} > Cu^{2+} > Fe^{2+} > Fe^{3+} > Th^{4+} > Ni^{2+} > Be^{2+} > Mn^{2+} > Cr^{3+} > Ca^{2+}$. Danach stellen Vff. die Hypothese auf, daß Bakterienamylase 2 verschied. Wirkungen besitzt, nämlich einmal spaltet sie die Amylosekette in verhältnismäßig große Teile u. andererseits in kleine Fragmente. Ca-Ion inhibiert hauptsächlich die letzte Wirkung. (Proc. Japan Acad. **30.** 467—72. Juni 1954. Sakai, Naniwa Univ., Fac. of Agricult., Labor. of Biophysical Chem. [Orig.: engl.] H.-R. SCHÜTTE. 4210

**D. G. Evans, F. T. Perkins** und **Wilfrid Gaisford,** *Hyaluronidase.* Durch Best. einer Standardmenge spezif. Antihyaluronidase wird ein sicheres u. bequemeres Verf. zur Festlegung der Hoden- u. Stier-*Hyaluronidase* für therapeut. Zwecke gegeben. (Lancet **260.** 1253—55. 9/6. 1951. Manchester, Univ.) R. HEINZE. 4210

**E. Lienert** und **W. Thorsell,** *Bestimmung der Beeinflussung der Viscositätsherabsetzung des Systems Testikel- bzw. Clostridium perfringens-Hyaluronidase und Hyaluronsäure durch Pharmaka.* Die Contraceptiva u. Antiseptica *Phenylmercuriacetat* (**I**), *Chinosol* (**II**) u. *Chinin* (**III**) u. die Antiseptica *Mercurochrom* (**IV**) u. *Eosin* (**V**), ferner *Cocain–Kaliumantimonyltartrat* u. *Antimosan* (**VI**) wurden viscosimetr. bei $p_H$ 6,2—6,9 u. Ionenstärke $\mu \approx 0{,}25$ auf Hemmwrkg. gegen *Hyaluronidasen* (H) geprüft. Testes-H wurde nur durch **II, III, IV, V** u. gegebenenfalls **VI** beeinflußt, H aus Cl. perfringens nur durch **I, IV** u. **V**. Ein Zusammenhang zwischen dieser Wrkg. u. dem sonstigen pharmakol. Verh. der geprüften Substanzen ist fraglich. Auch zu den $r_H$-Werten besteht keine Beziehung. (Acta chem. scand. **8.** 574—78. 1954.) H. GIBIAN. 4210

**George H. Warren** und **Gow T. Lam,** *Einwirkung von Hyaluronidase und Lysozym auf Sarcina flava.* (Vgl. C. **1955.** 3888.) *Sarcina flava* wurde auf 0,5% NaCl- u. 1% glycerinhaltigem Nähragar gezüchtet. Durch Einw. von *Lysozym* (**I**) auf die in n/10-Acetatpuffer $p_H$ 6 suspendierten Zellen wird in Abhängigkeit von der angewandten Fermentkonz. ein *Polysaccharid* (**II**) freigesetzt, das sich nach partieller Reinigung durch Fällung mit Aceton u. A. (K-Acetat-haltig) als viscose Lsgg. bildendes Substrat der *Hyaluronidase* (**III**) erwies. Auf Grund mkr. Prüfung der gramgefärbten Zellen mit/ohne **I** u./oder **III** kann angenommen werden, daß das hyaluronsäureähnliche **II** endocellulär vorliegt, also Bestandteil des Cytoplasmas ist. (Arch. Biochem. Biophysics **50.** 368—75. Juni 1954.) H. GIBIAN. 4210

**J. Conchie, G. A. Levvy** und **C. A. Marsh,** *α-Glucuronidase und andere Glucosidasen von Patella vulgata.* Ein aus Schnecken (*Patella vulgata*) dargestelltes α- u. *β-Mannosidase*-Präp. (I u. II), gewonnen durch $(NH_4)_2SO_4$-Fraktionierung zwischen 20 u. 80% ig. Sättigung, enthielt in dieser Fraktion neben I u. II α- u. *β-Glucosidase, α-* u. *β-Galaktosidase, α-* u. *β-N-Acetylglucosaminidase* u. *β-Xylosidase.* Außerdem fanden Vff. α- u. *β-Glucuronidase* (III u. IV). Zwischen III u. IV konnte deutlich auf Grund von Hemmverss. unterschieden werden: So wurde III vor allem nicht durch Saccharo-1.4-lacton gehemmt u. war bei $p_H$ 2,75 völlig stabil. Wahrscheinlichkeit liegt außerdem für die Anwesenheit von Enzymen vor, die Carboxymethylcellulose u. Methyl-α- u. -β-galakturonid spalten können. Mannono-1.4-lacton hemmt stark I u. II, hat aber keine Wrkg. auf die anderen Glucosidasen in Schnecken. (Biochem. J. **62.** 24 P. März 1956. Bucksburn, Aberdeenshire, Ravett Res. Inst.) G. BRATFISCH. 4210

**K. P. Strickland, R. H. S. Thompson** und **G. R. Webster,** *Der Einfluß von Anticholinesterasen auf die oxydative Phosphorylierung im Gehirn und die Beziehung zu Kaliumverlust und Nervendegeneration.* Die Anticholinesterasen — *Diisopropylfluorphosphat, Eserin* u. *Nu 1250* (ein Physostigminanaloges) — zeigen einen Einfl. auf die $O_2$-Aufnahme u. die $CO_2$-Bldg. durch Schnitte von Kükenhirn, der in Beziehung zu dem durch diese Verbb. bewirkten K-Verlust steht. Der K-Verlust ist durch Hemmung der Phosphorylierung bedingt. (Biochem. J. **62.** 512—17. März 1956. London, Guy's Hosp., Med. School, Dep. of Chem. Pathol.) A. HESSE. 4210

**Gyula Fábián,** *Serum-Acetylcholinesterasegehalt und Aktivierungsenergiewerte im wilden und zahmen Kaninchen und deren $F_1$-Hybriden.* Vf. bestimmte im Serum der wilden u. zahmen Kaninchen wie auch in deren Hybriden die Menge der *Acetylcholinesterase* (I) u. stellte fest, daß die Ergebnisse früherer Unterss. über die Blutkatalase am gleichen Tiermaterial gut ergänzt werden. Reaktionsgeschwindigkeitsmessungen bei 37° zeigen keinen Unterschied, bei 27° ist die Geschwindigkeitskonstante bei den zahmen Kaninchen am kleinsten, bei den wilden, kurz vorher eingefangenen am größten. Die Aktivierungsenergie ist für I bei den zahmen Kaninchen am größten, bei den wilden am kleinsten. Bei eingefangenen wilden Kaninchen steigen die Aktivierungsenergiewerte mit der in Gefangenschaft verbrachten Zeit an. (Ann. Inst. biol. [Tihany] hung. Acad. Sci. **23.** 21—28. 1955.) J. PLANK. 4210

**R. D. O'Brien,** *Vorkommen von Cholinesterase in Tenebrio und in Tribolium.* Vf. kann im Gegensatz zu LORD u. POTTER (Nature [London] **166.** [1950.] 893) die Ggw. von *Cholinesterase* in Tenebrio molitor u. in Tribolium confusum nachweisen. (Nature [London] **172.** 162—63. 25/7. 1953. London, Ontario, Univ. of Western Ontario.) A. HESSE. 4210

**F. W. Jacobson** und **N. Millott,** *Phenolasen und Melaninbildung in der Leibeshöhlenflüssigkeit der Echinoide Diadema antillarum Philippi.* In den Amoebocyten konnte ein Enzymsyst. (I) mit *Monophenolase-* u. *Polyphenolase*-Aktivität nachgewiesen werden, mit dessen Hilfe in vitro eine *Melanin*-Bldg. erzielt werden konnte. In der Leibes-Fl., nicht aber in den Amoebocyten, findet sich ein durch Hitze zerstörbarer Faktor, welcher die Wrkg. von I hemmt. Das I-Syst. ist in den Sphäroiden, einem Gebiet von verhältnismäßig hohem Redoxpotential, oder um diese herum lokalisiert; in diesen wird namentlich unter dem Einfl. von UV-Licht schwarzes Pigment gebildet. (Proc. Roy. Soc. [London], Ser. B **141.** 231—47. 17/4. 1953. Jamaica, Univ., Coll. of West Indies, Dep. of Zool.) A. HESSE. 4210

**R. Henry** und **M. Thevenet,** *Wirkungsweise des Verdauungssafts von Helix pomatia L. auf die verschiedenen gebundenen Steroide des Harns.* Die hydrolysierende Wrkg. der im Verdauungsssaft von *Helix pomatia L.* vorkommenden *β-Glucuronidase* u. *Phenolsulfatase* auf gebundene Steroide (I) im Urin wurde untersucht. Zur Unters. der notwendigen Konz. an Verdauungssaft wurde der frisch gelassene Urin mit Eisessig auf $p_H$ 5,2 gebracht, mit verschied. Mengen des Saftes bei 39° 24 Std. incubiert u. nach Extraktion mit Trichloräthylen der I-Geh. mit entsprechend behandelten Proben ohne u. mit Hydrolyse durch HCl verglichen. Der Einfl. der Kontaktzeit u. die Wrkg. der Verdünnung wurden untersucht. Quecksilbercyanid in einer Konz. von 1/50000 verstärkt die Enzymwirkung. Die quantitative Hydrolyse durch das Enzym wurde an östrogenen Substanzen, *Pregnandiol* u. *Corticoiden* geprüft u. bei n. u. patholog. Harnen günstig befunden. Für qualitative Analysen (Chromatographie auf Aluminium, Elution mit reinem Bzl., 0,05%, 0,1%, 0,2% u. 100% ig. Methanol) ist die enzymat. Hydrolyse die Meth. der Wahl, da die I nicht verändert werden. Auch für klin. Routineunterss. wird die Meth. empfohlen. (Bull. Soc. Chim. biol. **34.** 886—96. 1952. Paris, Centre d'Études Biol. de l'Hôp. Tenon.) WOLFGANG ALBRECHT. 4210

**R. Henry, M. Thevenet** und **P. Jarrige,** *Untersuchung der hydrolysierenden Wirkung der Glucuronidase und der Phenolsulfatase des Verdauungssaftes von Helix pomatia L. auf* *die gebundenen Steroide des Harns.* (Vgl. vorst. Ref.) Der Einfl. von *Kaliumsaccharat* (I) u. *NaF* (II) auf die hydrolysierende Wrkg. von *β-Glucuronidase* (III) u. *Phenolsulfatase* (IV) aus Verdauungssaft von Helix pomatia L. auf gebundene Steroide aus dem Harn wurde untersucht. Als Substrat dienten *Pregnandiolglucuronat* u. der *Schwefelsäureester* von *Dehydroepiandrosteron.* — Bei der üblichen Incubation (Temp. 39°, $p_H$ 5,1, 18—24 Std.) wird III zu 80—100% durch 1%ig. I gehemmt, IV wird nicht durch I, aber durch II vollständig gehemmt. Im Harn scheinen nur wenige Steroide mit Schwefelsäure verestert zu sein, doch liegen hier noch wenige Unterss. vor. Die Möglichkeiten, welche die Meth. für die Unters. der Metabolite der Hormone bietet, werden angedeutet. (Bull. Soc. Chim. biol. **34.** 897—99. 1952. Paris, Labor. de Biochim. méd. de la Fac. de Méd. et Centre d'Études Biol. de l'Hôp. Tenon.) WOLFGANG ALBRECHT. 4210

**H. Blaschko** und **D. B. Hope,** *Die Oxydation von L-Aminosäuren durch Mytilus edulis.* Vff. wiesen nach, daß sich *Mytilus*-Enzym aus der Verdauungsdrüse wesentlich von denjenigen der Cephalopoden u. *Helix aspersa* unterscheidet. Es wirkt als starke Oxydase nur auf *L-Aminosäuren* (I) u. ist in der Verdauungsdrüse lokalisiert. Der I-Abbau verläuft offenbar hauptsächlich über eine oxydative Desaminierung, jedoch konnte die Möglichkeit, daß es sich um ein Enzym von Bakterien aus dem Verdauungstrakt handelt, nicht ganz ausgeschlossen werden. (Biochem. J. **62.** 335—38. Febr. 1956. Plymouth, Marine Biol. Labor., u. Oxford, Univ., Dep. Pharmacol.) H. BASFELD. 4210

**Akira Nakao** und **David M. Greenberg,** *Der für den Einbau von $H^{14}CHO$ und $^{14}C_{(3)}$-Serin in Methionin erforderliche Cofaktorbedarf.* Unter Verwendung von $H^{14}CHO$ (I) u. $^{14}C_{(3)}$-*Serin* (II) als $C_1$-Quellen wurde der Cofaktorbedarf des in vitro-Einbaus dieser Verbb. durch zellfreie Schafleberextrakte in *Methionin* (III)-$CH_3$-Gruppen untersucht, wobei die Best. der $CH_3$-Gruppen durch Spaltung mit HJ u. Abfangen des entwickelten $CH_3J$ als $(CH_3)_3N$ erfolgte. Mit I oder II als $C_1$-Quelle wurden $Mg^{2+}$, Adenosintriphosphat, Diphosphopyridinnucleotid u. Homocystein benötigt, während die Cofaktorwrkg. von *Leucovorin* (V) nur bei I erkennbar war. Ein Bedarf an *Pyridoxal* (IV) ergab sich aus der teilweisen Aufhebung der durch *Desoxypyridoxin* hervorgerufenen Hemmung der I- u. II-Aufnahme. Im dialysierten Enzymsyst. steigerte III-Zusatz beträchtlich die Ausbeute an $^{14}C$-III. V ist durch *Tetrahydrofolsäure* (VI) ersetzbar, wenn I als Substrat dient, während VI bei II als $C_1$-Quelle hemmend wirkt. (J. Amer. chem. Soc. **77.** 6715—16. 20/12. 1955. Berkeley, Calif., Univ. of California, School of Med., Dep. of Physiol. Chem.) K. MAIER. 4210

**George C. Webster,** *Synthese von Peptidbindungen in höheren Pflanzen.* 1. Mitt. *Die Synthese von Glutathion.* Intakte Hypocotylen von Bohnensämlingen können aus radioakt. Glutaminsäure (I), Cystein (II) u. Glykokoll (III) in steriler Phosphatpufferlsg. bei Ggw. von Mg u. K beträchtliche Mengen *Glutathion* (IV) aufbauen. Best. des $^{14}C$-Geh. in gebildetem IV u. Anwendung von Glyoxalase zur enzymat. Best. von IV lieferten die gleichen Ergebnisse. Beim Fehlen von I oder III oder beider Aminosäuren gleichzeitig in der Lsg. können noch nachweisbare Mengen IV gebildet werden, was auf die endogene Anwesenheit von I u. III im Hypocotyl zurückzuführen ist. Die für die Synth. benötigte Energie liefert die Atmung, was aus der Hemmung der IV-Bldg. durch HCN (V), Dinitrophenol oder bei Anaerobiose zu ersehen ist. Dagegen wird die IV-Bldg. durch Zusatz von Zwischenprodd. des KREBS-Cyclus bzw. von ATP selbst, auch in Ggw. von V, gefördert. AMP ist weniger wirksam. Die gleichen Ergebnisse erhält man bei Benutzung von Hypocotylhomogenaten. Fraktionierung der Homogenate durch Differentialzentrifugation führte zu dem Ergebnis, daß die zur IV-Synth. benötigten Enzyme in den Mitochondrien lokalisiert sind. Ein aus den Fermenten hergestelltes Acetontrockenpulver bildete bei Zusatz von ATP, Mg u. K aus I, II u. III ebenfalls IV. Zusatz von Coenzym A ist ohne Wrkg., jedoch enthält das Syst., außer denen von II, noch weitere freie Sulfhydrylgruppen. Unterss. über die Reihenfolge der einzelnen Syntheseschritte bei der Bldg. von IV führten zu dem Ergebnis, daß zuerst I an II unter Bldg. von Glutamylcystein u. an dieses III gebunden wird. (Arch. Biochem. Biophysics **47.** 241—50. Dez. 1953. Pasadena, Calif., California Inst. of Technol., Kerckhoff Labor. of Biol.) H. KOBLITZ. 4210

**A. Bohus Jensen,** *Einige Beobachtungen über die Einwirkung von Trypsin auf die Eier von Seeigeln.* Die Beobachtungen anderer Autoren über eine Verhinderung der Befruchtung von Eiern des Seeigels durch krist. *Pankreastrypsin* (I) wurden bestätigt. Ein Teil der mit I behandelten Eier kann nach Waschen mit Seewasser befruchtet werden. Nach Behandlung mit I wurden Fälle von polyspermer Befruchtung beobachtet. Die Hyalinschicht ist gegen I unter den Versuchsbedingungen resistent. I beeinflußt offenbar nicht die Lebensfähigkeit von Eiern u. Spermazellen. Die Hemmung durch I beruht wahrscheinlich auf Inaktivierung von *Gynagamon 2* u. vielleicht auch von *Androgamon 2.* (Exp. Cell Res. **4.** 60—68. Febr. 1953. Copenhagen, Carlsberg Found., u. Philadelphia, Pa., Lankenau Hosp., Res. Inst.) A. HESSE. 4210

**Ephraim Katchalski, Arieh Berger** und **Hava Neumann,** *Reversible Hemmung von Pepsin durch Polylysin.* Von HERRIOTT (J. gen. Physiol. **24.** [1941.] 325) ist aus *Pepsinogen* ein krist. *Pepsin* (I)-Inhibitor (IV) isoliert worden, der ein bas. Polypeptid vom Mol.-Gew. 5000—10000 darstellt. Auf Grund der ähnlichen physikal.-chem. u. biol. Eigg. synthet. bas. *L-Polyaminosäuren* (III) u. natürlicher bas. Peptide wurde die Wrkg. von *Polylysin* (II) auf I untersucht. II hemmte I reversibel, wobei anscheinend ein enzymat. inakt. I–II-Komplex entsteht, dessen Lsgg. in Ggw. eines großen Überschusses *Heparin* wieder pept. wirksam wurden. Die Bedeutung positiv geladener Gruppen in hochmol. synthet. I-Inhibitoren ergaben Verss. mit verschied. wasserlösl. III. Bas. *Polyornithin* u. *Poly-p-aminophenylalanin* wirkten auf I ähnlich wie II als Inhibitoren, während *Poly-DL-alanin, Polyasparaginsäure* u. *Polyglutaminsäure* keine Hemmwrkg. besaßen. Während IV die I-Aktivität bei $p_H$ 5,0—6,0 hemmte, lag die von II bei $p_H$ 1,7 u. 6,0. II war im Gegensatz zu IV gegen I-Hydrolyse resistent. (Nature [London] **173.** 998—99. 22/5. 1954. Rehovoth, Israel, Weizmann Inst. of Sci.) K. MAIER. 4210

**William S. Lynn, Ezra Staple** und **Samuel Gurin,** *Abbau von Cholesterin durch Extrakte aus Säugetiermuskeln.* Wss. Extrakte von Säugetiermuskeln können die Seitenkette von *Cholesterin* (I) abbauen. Als Hauptprod. (bis zu 5%) wurde *Isocapronsäure* festgestellt. Akt. Enzympräpp. wurden erhalten aus Nebennieren, Ovarien, Hoden von Rindern u. aus Rattenleber. Die Anwesenheit von *ATP* u. *DPN* ist zur Erreichung der Aktivität notwendig. In den meisten Fällen wurden die Enzymlsgg. 3 Std. lang bei 37° unter $O_2$ oder Luft bei $p_H$ 8,3 (0,07 mol. Trioxymethylaminomethanpuffer) bebrütet. Als Substrat diente eine mit Albumin stabilisierte Emulsion von $^{14}C_{(26)}$-I. Nach Bebrütung von Nebennierenextrakten mit $^{14}C_{(4)}$-I wurden chromatograph. mehrere radioakt. Steroide isoliert, merkwürdigerweise aber weder ein radioakt. *Progesteron* noch *Pregnenolon.* (J. Amer. chem. Soc. **76.** 4048. 5/8. 1954. Philadelphia, Pa., Univ., School of Med., Dep. of Physiol. Chem.) H. AMAN. 4210

**Susumu Shoin,** *Die stabilisierende Wirkung von Silbersalzen auf Streptolysin-S.* Durch einen Zusatz von $AgNO_3$ wird die hämolysierende Wirksamkeit des Streptolysin-S so stabilisiert, daß sie durch 4 Std. langes Kochen nicht zerstört werden kann. (Jap. J. exp. Med. **24.** 13—19. Febr. 1954. Kanazawa, Univ., Res. Inst. of Tubercul., Dep. Pharmacol. and Pharmaceut.) E. FISCHOEDER. 4210

**Roman Pakuła, Marian Tyc** und **Dawid Shugar,** *Über eine Adsorptionsmethode zur Trennung von Streptokinase und Streptodornase.* Aus Fermentationslsgg. mit 1400 bis 2000 CHRISTENSEN-E. Streptokinase (I) u. 500—800 E. Streptodornase (II) wurde versucht, durch Adsorption an A-Kohle, Kaolin, Bentonit u. „hyflo-super-cel" I u. II abzutrennen. Es gelang dies nur befriedigend mit dem letztgenannten Adsorbens. Die Aktivität der getrennten I u. II wurde bestimmt, ebenso ihr Geh. an Gesamt-N, P u. Pentosen. UV-Absorptionskurven wurden mit dem Unicam-Gerät aufgenommen. (Med. doświadczalna Mikrobiol. **7.** 323—29. 1955. Warszawa, Państw. Zakł. Hig.) F. URBAN. 4210

**D. S. Robinson,** *Untersuchungen über das durch Heparininjektion in Plasma eingebrachte lipolytische System.* Die Abtrennung von *Heparin* (I) mittels „De-Acidite F" (PERMUTIT CO. LTD.) aus nach I-Injektion gewonnenem akt. Rattenplasma zerstörte das lipolyt. Enzymsyst. nicht, setzte jedoch seine Stabilität stark herab. (Biochem. J. **62.** 18 P—19 P. Febr. 1956. Oxford, Univ., Sir. Will. Dunn School Pathol.) H. BASFELD. 4210

**Harry Gooder** und **Lois Bigger Gehring,** *Die durch Cystin bewirkte Hemmung der Lecithinase-(α-Toxin)-Produktion des Clostridium welchii (Perfringens) BP 6 K.* In einem Verdauungsnährboden (Pankreas) mit einem Zusatz von $1,5 \cdot 10^{-3}$ mol. *Cystin* bildete C. welchii ca. 40—50 mal weniger *Lecithinase* (*α-Toxin*) als ohne diesen Zusatz. (Nature [London] **174.** 1054—55. 4/12. 1954. Boston, Mass., Harvard Med. School, Dep. of Bacteriol. and Immunol.) E. FISCHOEDER. 4210

**L. Acker** und **H. Bücking,** *Zur Kenntnis der Phospholipasen B und D des Gerstenmalzes.* Die von ACKER u. ERNST (C. **1955.** 10774) in Cerealien aufgefundene *Phospholipase D* (I) wurde in Extrakten aus Gerstenmalz an gereinigtem Lecithin untersucht, wobei das Auftreten von freiem Cholin (an Permutit G selektiv adsorbiert) verfolgt wurde. Auch bei Ultrafiltration u. Ultrazentrifugieren (40000 U/Min.) bleibt die Aktivität erhalten. NaF hemmt erst merklich ab $10^{-2}$ molar. Die I-Natur des Enzyms konnte am Auftreten von Phosphatidsäuren in den Lipoidextrakten bewiesen werden, allerdings erst nach Zusatz von NaF, da sonst die Phosphatidsäure weiter abgebaut wird. — In der wss. Lsg. wurde ferner ein Cholinester als Cholinenneajodid nachgewiesen, bei dem es sich nur um *Glycerophosphorsäurecholinester* handeln kann. Neben I ist also noch eine

*Phospholipase B* (**II**) vorhanden, die durch Ultrazentrifugieren vollständig von **I** abgetrennt werden kann. Außerdem ist **I** im Gegensatz zu **II** vollständig an Permutit adsorbierbar, während **II** beim Durchlauf durch die Säule vollständig erhalten bleibt. **II** wirkt optimal bei $p_H$ 6,0—6,3 u. 25°. — Da auch der in W. lösl. Cholinester durch **I** aufgespalten wird, ist **I** wahrscheinlich eine *Phosphodiesterase* von allg. Wrkg., wofür auch die Hemmbarkeit der Abspaltung von Cholin aus Lecithin durch Diphenylphosphat spricht. (Angew. Chem. **68.** 120—21. 7/2. 1956. Frankfurt/M., Univ., Inst. für Lebensmittelchem.) A. HESSE. 4210

**C. V. Ramakrishnan** und **B. N. Banerjee,** *Untersuchungen über Pilzlipase.* Die lipolyt. Aktivität von *Aspergillus niger* kann gesteigert werden, wenn der Pilz auf einem Medium kultiviert wird, das vornehmlich Erdnußkuchen enthält. In vorliegenden Unterss. wird gezeigt, daß das Wachstum des Pilzes u. seine lipolyt. Aktivität weitere Steigerung erfahren durch nachfolgende Zusätze: 0,6% $(NH_4)_2SO_4$ oder $NH_4Cl$, 0,2% $KNO_3$, 15% Xylose, Glucose oder Galaktose oder 10% Glycerin oder Triolein. (Research **4.** 389—90. Aug. 1951. Bangalore, S. India, Indian Inst. of Sci., Dep. of Biochem.) H. P. FIEDLER. 4210

**Judith H. Balmain, S. J. Folley** und **R. F. Glascock,** *Relativer Verbrauch von Glucose- und Acetatkohlenstoff für die Lipogenese durch Brustdrüsenschnitte, untersucht mit Tritium, $^{13}C$ und $^{14}C$.* Brustdrüsenschnitte lactierender Ratten bauen ca. 8mal mehr *Glucose* (**II**)-*C* u. ca. 6mal weniger *Acetat* (**III**)-*C* in die *Fettsäuren* (**I**) ein als Schnitte lactierender Mutterschafe, wenn sie in einem Medium bebrütet werden, das $^{14}C$-**II** u. $^{13}C_{(COOH)}$–$^{3}H_{(CH_3)}$-**III** enthält. Brustdrüsengewebe von Ratten verbrauchen C von **II** oder **III** zur **I**-Synth. in ungefähr gleichen Mengen, während Euterschnitte von Mutterschafen 30mal mehr **III**-C als **II**-C dazu verwenden. *Insulin,* in vitro hinzugefügt, vermehrt den Einbau von **II**-C u. **III**-C in **I** von Rattendrüsenschnitten in ungefähr gleichen Ausmaßen. *Glycerin* vermehrt den Verbrauch von **III**-C bedeutend mehr als den von **II**-C. (Biochem. J. **56.** 234—39. Febr. 1954. Reading, Univ., Nat. Inst. for Res. in Dairying.) H. BENISCHKE. 4210

**S. R. Stitch** und **I. D. K. Halkerston,** *Enzymatische Hydrolyse von neutralen 17-Ketosteroidkonjugaten des Urins.* Durch Extraktion mit 0,1 n KCl bei $p_H$ 8,0 konnte von den Vff. aus den Eingeweiden einer Molluskenart (Patella vulg.) ein Enzym erhalten werden, das als Steroidalkohol-Sulfatase wirksam war. Bei 77std. Bebrütung von Urin bei $p_H$ 5,0 mit diesem Enzym konnten über 90% der bei der Hydrolyse der Konjugate mit Säure entstehenden freien 17-Ketosteroide erhalten werden. Bei $p_H$ 4,8—5,0 wird in 2 Std. durch das Enzym das Na-Salz von *$\Delta^5$-Androsten-3β-ol-17-onsulfat* zu 19% gespalten. Das Enzym besitzt auch, wie durch Verss. mit *Borneolglucuronid* gezeigt werden konnte, β-Glucuronidase-Aktivität. Durch $SO_4^{2-}$ u. $PO_4^{3-}$ wird die Enzymwirksamkeit gehemmt. (Nature [London] **172.** 398—99. 29/8. 1953. Barrow Gurney, Bristol, Barrow Hospital u. Bristol Mental Hospital.) H. SCHEURLEN. 4210

**Pierre Gonnard** und **Gabriel Glikman,** *Die Wirkung des Isonicotinsäurehydrazids und verwandter Verbindungen auf die katalytische und enzymatische Oxydation des Dioxyphenylalanins.* Als Beitrag zur Frage, inwieweit *Isonicotinsäurehydrazid* (INH) durch Einfl. auf Fermentsysteme bakteriostat. wirkt, untersuchten Vff. seine Wrkg. auf die fermentative u. katalyt. Oxydation des *Dioxyphenylalanins* (DOPA) durch die Cu-haltige *Tyrosinase* u. durch Cu-Ionen. Während die enzymat. Oxydation unbeeinflußt bleibt, erfährt die katalyt. insofern eine Veränderung, als der Vorgang im Verlauf von 1 Std. beschleunigt wird u. sich ein roter Farbstoff aus INH u. einem DOPA-Oxydationsprod. bildet. Ähnlich verhalten sich *Pyridin* u. *Benzoylhydrazin,* die Eig. des INH besitzen. (Bull. Soc. Chim. biol. **37.** 501—10. 1955. Paris, Univ., Fac. de Méd., Labor. de Biochim. Méd.) V. SACHS. 4210

**Kiyoshi Ashihara,** *Experimentaluntersuchung über den Reaktionsmechanismus der Rhodanese.* Die nach der Meth. von COSBY u. SUMNER untersuchte *Rhodanese* (**I**), welches Enzym offenbar an der Entgiftung von Cyanid beteiligt ist, wird aktiviert durch S oder SH-Base (noch bei 100° haltbar) sowie durch einen thermolabilen, bei 70° in 5 Min. inaktivierten Faktor (**II**) aus Blutserum. Die Wrkg. von **II** wird durch Serumprotein gehemmt. — Die Wrkg. der **I** wird durch verschied. Salze, u. a. Rhodan, gehemmt. Beide aktivierende Faktoren schützen **I** gegen die hemmende Wrkg. von Rhodan. — Wegen der Wrkg. des thermolabilen Faktors sollte **I** als S- oder SH-Ferment angesprochen werden. **II** fördert lediglich diese Wrkg. des thermostabilen Faktors **I.** (J. Kyoto prefect. med. Univ. **56.** 195—221. Aug. 1954. Kyoto, Pref. Med. Univ., Dep. of Med. [Orig.: japan.; Auszug: engl. XXI—XXII.]) A. HESSE. 4210

**Jean Roche, Odette Michel, Raymond Michel** und **Serge Lissitzky,** *Über die Dehalogenase der Schilddrüse.* Aus zerriebenen Hammel-Schilddrüsen wurde mit Phosphatlsg.

(KREBS-RINGER) eine *Dehalogenase* (I) extrahiert u. die Aktivität der zellfreien Lsg. gegen verschied. Halogenderivv. des Tyrosins u. Thyronins untersucht. Abspaltung des teilweise markierten Halogens wurde gefunden bei *L-3-Monojodtyrosin, L-3.5-Dijodtyrosin, L-3-Monobromtyrosin, L-3.5-Dibromtyrosin.* Keine Halogenabspaltung erfolgte bei *DL-3.5.3'-Trijodthyronin, DL-Thyroxin, DL-3.5.3'-Tribromthyronin, DL-3.5.3'.5'-Tetrabromthyronin* u. bei *Thyreoglobulin.* I-Inaktivierung durch $^1/_{10}$mol. Monojodessigsäure deutet auf eine akt. SH-Gruppe im Ferment hin. (C. R. Séances Soc. Biol. Filiales **147.** 232–34. Febr. 1953. Paris, Coll. des France, Biochim. gén. et comparée.) E. SPEYER. 4210

**Jean Roche, Odette Michel, Raymond Michel** und **Aubrey Gorbman,** *Dehalogenierende Aktivität der Schilddrüse und Thyreostimulin.* Die *Dehalogenase* (I)-Aktivität der Meerschweinchenschilddrüse gegenüber *L-3.5-Dijodtyrosin* steigt von 0,7 auf 7,7%, wenn den Tieren an 4 aufeinanderfolgenden Tagen je 135 I. E. Thyreostimulin verabfolgt wurden. Das stark kropferzeugende *6-n-Propyl-2-thiouracil* vergrößert die I-Aktivität nicht. Die Schilddrüse der Ratte reagiert schwächer. (C. R. Séances Soc. Biol. Filiales **147.** 234–36. Febr. 1953.) E. SPEYER. 4210

**A. W. Linnane** und **J. L. Still,** *Atmende Mitochondrien aus Bäckerhefe.* Die Mitochondrien (M.) wurden nach einer neuartigen Meth. (wird später veröffentlicht) isoliert. Vitalfärbung mit Janusgrün ergab Red. zu einer roten Verbindung. Die wichtigsten Säuren des KREBS-Cyclus wurden durch die M. z. T. beträchtlich oxydiert. Es wurde festgestellt, daß *Brenztraubensäure* vollständig im Citronensäurecyclus oxydiert wird. Da jedoch die *Essigsäure*-Oxydation nur durch α-Ketoglutarsäure (I) u. Citrat aktiviert wird, müßte das Acetat durch eine Austausch-Rk. aus *Succinyl–CoA,* das während der Oxydation von I entstanden ist, in *Acetyl–CoA* umgewandelt werden. (Arch. Biochem. Biophysics **56.** 264–65. Mai 1955. Sidney, Univ. Biochem. Dep.) G. ANDERSEN. 4270

**H. Laser,** *Der „Sauerstoffeffekt" bei ionisierender Bestrahlung.* Gewaschene Hefezellen, suspendiert in Phosphatpuffer u. Glucose, wurden mit 6,5 bis $26 \cdot 10^3$ r bestrahlt. Bestrahlungsdaten: 190 kV, kein Filter, Dosisleistung $6{,}5 \cdot 10^3$ r/min. Die Bestrahlung erfolgte in $H_2$, $N_2$- oder $O_2$-Atmosphäre bzw. 20% oder 5% $O_2$ in $N_2$. Die bestrahlten Zellen wurden dann unverzüglich entweder in frische Pufferlsg. oder auf einen Nährboden übertragen. Dann wurden bestimmt: Die Sauerstoffaufnahme, die $CO_2$-Entwicklung, die aerobe u. die anaerobe Fermentation. Bei gewaschenen, nichtwachsenden Zellen ist die Bestrahlung ohne Einfl. auf die genannten Umsetzungen, abgesehen von einer geringfügigen Behinderung der aeroben Fermentation bei BAKERS Hefezellen. Alle Zellen zeigen dagegen nach Übertragung auf ein Nährmedium den „Sauerstoff-Effekt", d. h. eine kräftigere Wachstumshemmung nach Bestrahlung bei Anwesenheit von $O_2$ als in $O_2$-freier Atmosphäre. Die Erhöhung ist ca. 3fach bei aeroben Zellen, wesentlich größer bei einigen anaeroben. Die Befunde werden unter dem Gesichtspunkt der Wirksamkeit von Respirationsgiften diskutiert. (Nature [London] **174.** 753. 16/10. 1954. Univ. of Cambridge, Holtens Inst.) W. REUSSE. 4270

**A. I. Oparin, N. Ss. Gelman** und **I. G. Shukowa,** *Zustand und Aktivität der Invertase und Maltase bei einigen Hefearten der Gattung Saccharomyces.* An verschied. Stämmen von *Saccharomyces globosus* (S. g.) u. *Saccharomyces chodati* (S. ch.) sowie an *Saccharomyces paradoxus* (S. p.) werden Zustand u. Menge der Fermente vor u. nach der Anpassung an die Vergärung von Saccharose (I) u. Maltose (II) untersucht. Es zeigt sich, daß die *Invertase* (III) in den Hefezellen im inakt. Zustand vorliegen kann u. nach Ultrabeschallung oder Toluolautolyse festgestellt wird. III ist vorwiegend in der Zellhaut angereichert, während die *Maltase* (IV) im Protoplasma im akt. Zustand vorkommt. Bei langer Anpassung von S. g. an die Vergärung von I nimmt die III-Menge zu. Bei der Anpassung von S. p. an die Vergärung von II nimmt IV zu. Bei adaptiertem S. ch. zers. die akt. IV die II, jedoch nicht die I. Bei adaptiertem S. g. bewirkt die IV eine Zers. von I. Hier beruht die Anpassung an die I-Vergärung durch IV auf einer stärkeren Durchlässigkeit der Zellhaut für das Substrat. (Биохимия [Biochemie] **20.** 571–75. Sept./Okt. 1955. Moskau, Bach-Inst. für Biochem. der Akad. der Wiss. der UdSSR.) O. LEBTAG. 4270

**Chih H. Wang, Richard C. Thomas, Vernon H. Cheldelin** und **Bert E. Christensen,** *Umwandlung von Essigsäure und Brenztraubensäure in Asparaginsäure bei der Hefe.* $CH_3{}^{14}COOH$ als Substrat wird von der Hefe gleichmäßig verteilt nur in die Carboxylgruppen von Asparaginsäure (I) eingebaut. Vff. nehmen für die Synth. dieser $C_4$-Säure daher eine $C_2$–$C_2$-Kondensation an. Bei $CH_3{}^{14}C$–OCOOH (II) als Substrat wird eine starke Aktivität des Amino-C-Atoms beobachtet, was sich nach Ansicht der Vff. durch eine $C_3$–$C_1$-Kondensation zwanglos erklären läßt. Die Isotopenverteilung zeigt, daß 62–76% der Radioaktivität von I auf diesem Wege aerob aus II entnommen werden u. 41–61% anaerob. (J. biol. Chemistry **197.** 663–67. Aug. 1952. Corvallis, Ore., Oregon State Coll., Dep. of Chem.) K. NEHRING. 4270

**E. Montoya** und **V. Bolcato,** *Isolierung von Butyraldehyd bei der Butanolgärung.* Der bei der butanol. Gärung als Zwischenstufe angenommene *Butyraldehyd* (I) konnte nunmehr gefaßt werden. Anaeroben *Cl. acetobutylicum*-Kulturen (Grundnährlsg. nach SPEAKMAN, 2 g-% Glucose, 20 $cm^3$-% Hefesaft) wurde nach Erreichen von $p_H$ ca. 4,7 bis 4,5 u. Abwesenheit von Aceton eine wss. Lsg. von *Phenylhydrazinoxalat* ($p_H$ 4,5) zugesetzt, 2std. weiter incubiert u. nach Zusatz von konz. $H_2SO_4$ (3%) destilliert. Die 1. Destillatfraktion wurde mit einer schwefelsauren 2.4-Dinitrophenylhydrazinlsg. gefällt u. der aus *Aceton-* u. *I–2.4-Dinitrophenylhydrazon* bestehende Nd. durch Chromatographie an $Al_2O_3$ getrennt. Das I-Deriv. war mit einem synthet. hergestellten ident. (Ausbeute 0—25 mg/Liter). (Naturwissenschaften **42.** 157. 2. März-H. 1955. Pavia, Univ., Ist. di Chim. Farmaceut. e Tossicol., Sezione Chim. della Ferment.) K. MAIER. 4270

**Annemarie Niklas,** *Darstellung von $^{35}$S-Methionin und $^{35}$S-Cystin hoher spezifischer Aktivität durch Biosynthese.* Vf. beschreibt die Darst. von $^{35}$S-markiertem *Methionin* (I) u. *Cystin* (II) aus trägerfreiem $^{35}$S-Sulfat durch Biosynth. mit Torula utilis. Nach Züchtung in sulfatfreier Nährlsg. wird ein prakt. gewichtsloses $^{35}SO_4$-Präp. zugesetzt, das nahezu 100% ig in I u. II eingebaut wird. Die $^{35}$S-markierte Hefe wird mit HCl hydrolysiert, u. I u. II werden durch präparative Papierchromatographie in sek. Butanol–85% ig. Ameisensäure–W. (75:15:10) zur Isolierung von I ($R_F$ 0,4) bzw. in sek. Butanol–85% ig. Ameisensäure (5:4) zur Isolierung von II ($R_F$ 0,15) gewonnen. Die Auffindung der I- u. II-Banden im Chromatogramm erfolgt durch Radioautographie. Für die II-Isolierung werden aus der Hefe vor der Hydrolyse Nucleinsäuren u. Lipoide extrahiert. Nach dieser Meth. wurden I- bzw. II-Präpp. mit ca. 100 mC/mg mit einer Ausbeute von 40 bzw. 20% der eingesetzten $^{35}$S-Aktivität dargestellt. (Hoppe-Seyler's Z. physiol. Chem. **301.** 194—200. 1955. Köln, Univ., Med. Klinik.) E. SCHWERDTFEGER. 4270

**Fritz Turba** und **Herbert Esser,** *Proteinsynthese in Hefezellen.* Die Synth. von Eiweiß wird an der Hefe *Torulopsis utilis* als besonders geeignetes Objekt untersucht. Zu einer Zellsuspension der im Wachstum befindlichen Hefe wurde $^{14}C_{(COOH)}$-Acetat als alleinige Kohlenstoffquelle gegeben, u. in kurzen zeitlichen Abständen wurden Proben entnommen. Trennung der Inhaltsstoffe der Zellen in Aminosäure- bzw. Peptid- u. Proteinfraktionen mittels Papierelektrophorese u. Messung der Aktivitätsverteilung an Radioautogrammen der Proben zu verschied. Zeiten zeigen, daß schon nach 10 Sek. *Glutaminsäure* u. saure Peptide, danach neutrale u. viel später bas. Aminosäuren u. Peptide auftreten. Der starke Aktivitätsanstieg in den Proteinanteilen beginnt etwa gleichzeitig mit dem ersten Sichtbarwerden der bas. Aminosäuren u. Peptide im Autoradiogramm. Die Betonung u. Differenziertheit nach Seite der sauren Proteinanteile fällt auch in späteren Stadien auf. In 40 verschied. sauren Peptiden, die durch Elution zahlreicher Elektropherogramme angereichert u. durch Papierchromatographie getrennt wurden, fanden sich alle bekannten Aminosäuren, in vorwiegender Menge aber Glutaminsäure. (Angew. Chem. **65.** 256—57. 21/5. 1953. Mainz, Univ.; Pharm. Inst.) C. JUTZ. 4270

**S. W. Challinor** und **N. W. R. Daniels,** *Fettbildung bei Hefe mit Inositmangel.* Bei Züchtung von Hefe, *Saccharomyces cerevisiae,* in einem *Inosit* (I)-Mangelmedium (0,6 $\gamma/cm^3$ gegenüber n. 10 $\gamma/cm^3$) traten auffallende Veränderungen der morpholog. u. physiol. Eigg. ein. Es erfolgte eine starke Fettbldg. (24,5%; Kontrolle 1,6%). Die Fettstoffe waren infolge einer starken Verminderung der Festigkeit der Zellstruktur bereits ohne Zerkleinerung der Zellen leicht extrahierbar. (Nature [London] **176.** 1267—68. 31/12. 1955. Birmingham, Univ., Dep. of Appl. Biochem.) K. MAIER. 4270

**P. R. Krishnaswamy** und **K. V. Giri,** *Die Entstehung von Flavin in mutierender Hefe vom Typ BY 2. 4-Amino-5-imidazolcarboxamidin* begünstigt als Abbauprod. des Adenins auf dieselbe Weise wie dieses selbst die Entstehung von Flavin. (Proc. Soc. biol. Chemists, India **13.** 32—33. 1955. Bangalore, Indian Inst. of Sci., Dep. of Biochem.) H. HERMANN. 4270

**J. H. Quastel** und **L. J. Zatman,** *Die Wirkung von Extrakten aus normalen Geweben und Tumoren auf die Hefegärung. Bestimmung der relativen Diphosphopyridinnucleosidaseaktivitäten.* Die optimalen Bedingungen für die Glucose (I)-Gärung bei $p_H$ 6,0 in Ggw. eines Acetontrockenpulvers von Hefeextrakt werden angegeben [0,02 mol. K-Phosphatpuffer, 0,005 mol. $MgCl_2$, 0,001 mol. Adenosintriphosphat, 0,03 mol. I, 0,005 mol. Pyruvat (II), 28°, Gasphase $N_2$/7% $CO_2$]. Die Verzögerung des Gärungsbeginns ist durch kleine II-Mengen aufhebbar. Die Hemmwrkg. eines wss. Extrakts aus Ochsenhirn–Acetontrockenpulver auf die Gärung bei $p_H$ 6,0 ist nahezu vollständig auf die *Diphosphopyridinnucleosidase* (III)-Aktivität zurückzuführen. Sie wurde quantitativ untersucht u. dient als Grundlage einer Meth. zur Best. der relativen III-Aktivitäten n. u. patholog. Gewebe. Milz u. Lunge des Meerschweinchens besaßen unter den geprüften n. Geweben die höchste III-Wirksamkeit/Trockengewicht, während Meerschweinchenniere u. Tauben-

leber niedrigere Werte aufwiesen. Die Schwankungen der III-Werte waren bei Tumorgeweben größer als bei normalen. Zur Best. der Anti-III-Aktivität verschied. Substanzen wurde ebenfalls das Hefe-Hirn-Syst. bei $p_H$ 6,0, entsprechend modifiziert, herangezogen. *α-Tocopherylphosphat*(6,7·$10^{-4}$ mol.), *Benzamid* (2·$10^{-2}$), *Pyridoxal* (2·$10^{-2}$), *Muskel-* u. *Hefeadenylsäure* (2·$10^{-3}$), *Prostigmin* (1,6·$10^{-3}$), *Azaguanin* (1·$10^{-3}$), *Atabrin* (5,8·$10^{-3}$), *Methioninsulfoximin* (3·$10^{-3}$), *Thyroxin* (3 mg), *Sulfanilamid* (2·$10^{-3}$), *Sulfapyridin* (2 mg), *Stilböstrol* (2 mg), *2-Acetylaminofluoren* ($10^{-3}$), *Dimethylaminoazobenzol* ($10^{-3}$), $CH_3OH$ (1,65), *Phenosafranin* u. a. besaßen in den angegebenen Konzz. keine Anti-III-Aktivität. Eine solche zeigte nur *Nicotin* (0,01 mol., 90—100%ig. Hemmung). Die Wrkg. von Hirnextrakt auf das Hefesyst. bei $p_H$ 7,4 resultiert aus 2 antagonist. Effekten: des stimulierenden der an Hirn-IV gebundenen *Milchsäuredehydrase* (Entfernung von II u. Reoxydation von red. IV) u. des hemmenden der Hirn-III (Zerstörung von IV, Hemmung der Lactatbldg. u. der $CO_2$-Produktion). (Biochim. biophysica Acta [Amsterdam] **10.** 256—67. Febr. 1953. Montreal, Can., General Hospital, Research Inst.)
K. MAIER. 4270

## E3. Mikrobiologie. Bakteriologie. Immunologie.

**R. E. F. Matthews** und **J. D. Smith,** *Verteilung von 8-Azaguanin in den Nucleinsäuren von Bacillus cereus.* Vff. fanden, daß bei Bacillus cereus, Stamm 569 H, das für die Ribonucleinsäuresynth. nötige Guanin bis zu 40% durch 8-Azaguanin ersetzt werden kann, wenn dieses während der Wachstumsphase zugeführt wird. (Nature [London] **177.** 271—72. 11/2. 1956. Cambridge, Moltens Inst., Agricultural Res. Council Virus Research Unit.)
H. SCHMITZ. 4310

**D. Kanazir** und **M. Errera,** *Anaerober Stoffwechsel von Adenosintriphosphat (ATP) und Desoxyribonucleinsäure nach Bestrahlung mit ultraviolettem Licht bei Escherichia coli.* Vff. bestrahlten Kulturen von E. coli B u. B/r mit ultraviolettem Licht (Mineralight-Lampe) u. züchteten diese anschließend unter anaeroben Bedingungen weiter. Während in den Kontrollkulturen der Geh. an *Adenosin-5'-triphosphorsäure* (I) bis zum Ende der Wachstumsperiode ansteigt, sinkt dieser in den bestrahlten Zellen zu dem Zeitpunkt, bei dem die durch die Bestrahlung gehemmte Synth. der *Desoxyribonucleinsäuren* (II) wieder einsetzt. Nach Beendigung der II-Synth. beginnt der I-Geh. der bestrahlten Kulturen sich wieder den Normalwerten zu nähern. (Biochim. biophysica Acta [Amsterdam] **16.** 477—81. April 1955.)
HANNS SCHMITZ. 4320

**N. J. Cartwright,** *Serrataminsäure, ein L-Serinderivat, das von Bakterien der Serratiagruppe gebildet wird.* Die Fähigkeit der Serratiagruppe, *Serrataminsäure* (I) zu bilden, aus der L-Serin (II) in einfacher Weise isoliert werden kann, kann für die Darst. dieser Aminosäure ausgenutzt werden. Der auf einem synthet. Nährboden pigmentierte Kulturrasen wird 2mal mit Aceton extrahiert. Die vereinigten Extrakte werden mit W. verd. u. mit NaOH bis zum Farbumschlag des Pigments von Weinrot in Orange alkalisiert. Nach Entfernung des Pigments mit Bzn. u. Ae. wird die wss. Phase auf $p_H$ 2 mit HCl angesäuert. Aus ihr läßt sich I mit Ae. extrahieren, in eine wss. gesätt. $NaHCO_3$-Lsg. überführen, mit HCl daraus fällen u. schließlich nach Entfärbung mit Aktivkohle auskristallisieren. Bei der nachfolgenden Säurehydrolyse (2,5 g I, 50 ml HCl, 30 Min. 100°) wird ein Öl abgeschieden, das in Ae. aufgenommen wird. Nach Zugabe von W. wird das Gemisch bei Unterdruck eingedampft. Der zerfließende krist. Rückstand wird in W. gelöst, mit einem Überschuß von $AgCO_3$ behandelt u. filtriert. Nach Fällung des gelösten Silbers als Sulfid wird die silberfreie Lsg. bei Unterdruck eingedampft u. II (0,7 g) als feste prismenförmige Kristalle gewonnen. Vf. beschreibt ausführlich zwei weitere Methoden, um durch Säure- oder alkal. Hydrolyse aus I das II von einer Säure ($C_{10}H_{20}O_3$ = Oxydecansäure), mit der II wahrscheinlich in Peptidbindung gekoppelt ist, abzutrennen. (Biochem. J. **60.** 238—42. Juni 1955. Birmingham, Univ., Dep. of Bacteriology.)
E. FISCHOEDER. 4320

**Jack J. R. Campbell, Audrey G. Linnes** und **Blythe A. Eagles,** *Wachstum von Pseudomonas aeruginosa mit Glucose, Gluconat oder 2-Ketogluconat als Kohlenstoffquelle.* Das Wachstum von *Pseudomonas aeruginosa* ist der Menge der Glucose (I) im Nährmedium über eine Konzentrationsreihe von 0,0625—0,25% direkt proportional. Aus der Beobachtung, daß 2-Ketogluconat das gleiche Wachstum hervorruft wie I oder Gluconat, wird geschlossen, daß während der Oxydation dieser Verb. keine Phosphorylierung stattfindet. Eine Phosphorylierung, die der Oxydation red. Coenzyme zuzuschreiben wäre, wurde nicht festgestellt. (Trans. Roy. Soc. Canada, Sect. V [3] **48.** 49—50. Juni 1954.)
R. STAAB. 4320

**Daniel E. Atkinson,** *Die Biochemie von Hydrogenomonas.* 2. Mitt. *Die adaptive Oxydation organischer Substrate.* (1. vgl. C. **1956.** 9752.) Frische, unter autotrophen Bedingungen gewachsene Zellen des fakultativ H-autotrophen Bakteriums *Hydrogenomonas facilis* oxydieren keine *Glucose* (I) u. verschied. im Stoffwechsel auftretende Säuren, wie Lactat (II), Glutamat (III), Malat, Succinat (IV), Fumarat (V), erst nach einer Latenzzeit u. mit steigender Geschwindigkeit. Der adaptive Charakter der Oxydation ergibt sich auch aus der Wrkg. von 2.4-Dinitrophenol (Hemmung) u. exogenem $N_2$ (Stimulierung) auf die Adaption. Adaption an eine der Zwischenstufen ist von einer solchen an die übrigen begleitet. Aerob, in Abwesenheit zugesetzten Substrats incubierte Zellen erlangen ebenfalls die Fähigkeit zu Oxydation von Stoffwechselintermediärprodd., wobei diese „endogene Adaption" meist langsamer als in Ggw. von Substrat verläuft. Mit $H_2$ als Substrat zeigen an organ. Substrate adaptierte u. nichtadaptierte Zellen rasche u. lineare $O_2$-Aufnahme. Adaption an IV-Oxydation bedingt nicht gleichzeitig die Fähigkeit zur V-Red. auf Kosten von $H_2$. Mit I als C-Quelle heterotroph gewachsene Zellen oxydieren I; linear. Säuren des Stoffwechsels werden ohne Latenzperiode, jedoch mit steigender Geschwindigkeit oxydiert. In Ggw. von II, III oder IV gewachsene Zellen verwerten keine I. (J. Bacteriol. **69.** 310—15. März 1955. Los Angeles, Calif., Univ. of California, Chem. Dep.) K. Maier. 4320

**D. A. Lowther** und **H. J. Rogers,** *Biosynthese von Hyaluronat.* Die Verwertung von *Glutamin* durch Streptokokken (A- u. C-Gruppe) zur Synth. der Glucosaminhälfte von *Hyaluronsäure* erwies sich u. a. auf Grund von Verss. mit $^{15}N$ als $NH_2$-Übertragung. (Nature [London] **175.** 435. 5/3. 1955. London, Nat. Inst. for Med. Res.) H. Gibian. 4320

**D. A. Lowther** und **H. J. Rogers,** *Die Rolle des Glutamins in der Biosynthese von Hyaluronat durch Streptokokkensuspensionen.* Gewaschene Zellsuspensionen von *Strepococcus haemolyticus T 13* synthetisierten *Hyaluronat* (I) aus Glucose u. L-Glutamin (II) in Ggw. von Phosphat u. Magnesium (vgl. vorst. Ref.). II kann ersetzt werden durch äquivalente Mengen $NH_4^+$, L-Serin, L-Arginin oder L-Asparagin; Voraussetzung hierfür ist die Verwendung frischer Zellsuspensionen oder die gleichzeitige Anwesenheit von L-Glutamat (III). Methioninsulfoxyd hemmte die I-Synth. aus $NH_4$–III, aber nicht aus II, was als Hemmung der II-Synth. interpretiert wird. $^{15}$N als $^{15}NH_4$–III wird in I eingebaut. — Zellfreie Extrakte können gebundenes Glucosamin [= (I)?] aus II synthetisieren. — I wurde nach Isolierung durch Analyse, Elektrophorese, Infrarotspektr. u. $[\alpha]_D$ $-97^0$ identifiziert. (Biochem. J. **62.** 304—14. Febr. 1956. London, National Inst. for Med. Res.) H. Gibian. 4320

**Bruno Görlich,** *Die Einwirkung von Sorbinsäure auf die Sorbitoxydation mit Acetobacter suboxydans.* Die *Sorbit*-Oxydation durch Acetobacter suboxydans kann durch Hefeinfektionen stark gehemmt werden. Es wurde deshalb die Einw. von *Sorbinsäure* (I) auf das Oxydationsvermögen von Ac. suboxydans in der Ruhe- u. belüfteten Kultur in An- u. Abwesenheit von Hefezellen quantitativ untersucht. Bei 0,01—0,03% I wird das Hefewachstum weitgehend unterdrückt bei unwesentlicher Beeinflussung der Oxydationsfähigkeit von Ac. suboxydans. Unterhalb 0,01% I nur schwache Hemmung der Hefen u. oberhalb 0,03% I Hemmung des Wachstums u. der Oxydationstätigkeit von Ac. suboxydans. (Z. Naturforsch. **11b.** 223. April 1956. Ludwigshafen/Rh., Forschungslabor. der Knoll A.-G.) F. Lingens. 4320

**H. G. Schlegel,** *Der Phosphatstoffwechsel als Indicator der $CO_2$-Verwertung.* Unterss. des Phosphatstoffwechsels autotroph gewachsener H-oxydierender Bakterien hatten ergeben (Arch. Mikrobiol. **21.** [1954.] 127), daß $CO_2$ beim Phosphatumsatz eine entscheidende Rolle spielt. Die Verwertung organ. Substrate durch autotroph gewachsene *Hydrogenomonas*-Zellen hat verdeckt $CO_2$-assimilator. Charakter. Schüttelt man frisch geerntete Zellen unter Luft, so bleibt der Spiegel des direkt bestimmbaren *Phosphats* lange erhalten, wenn noch Speicherstoffe u. $O_2$ verfügbar sind. Werden die Zellen unter gleichzeitiger Absorption des $CO_2$ (KOH) geschüttelt, so steigt das direkt bestimmbare Phosphat im Trichloressigsäureextrakt an, d. h. es überwiegen dephosphorylierende über phosphorylierende Prozesse. Bei *Hydrogenomonas* spielt demnach $CO_2$ selbst für die Verwertung der bei der Veratmung der Speicherstoffe frei werdenden Energie eine entscheidende Rolle. Analoge Verss. bei anderen autotrophen Organismen (*Chlorella pyrenoidosa, Rhodospirillum rubrum*) zeigten gleiches Verhalten. Bei Hefe verliefen dagegen die Kurven mit u. ohne KOH völlig kongruent. (Naturwissenschaften **42.** 158. 2. März-H. 1955. Gatersleben, Inst. für Kulturpflanzenforsch. der Dtsch. Akad. der Wiss. zu Berlin.) K. Maier. 4320

**Kiyoshi Konno,** *Der Stoffwechsel von Nicotinsäure bei säurefesten Bacillen. Eine neue Methode zur Differenzierung von Humantuberkelbacillen von anderen säurefesten Bacillen (Rinder-, Geflügel- und nichtpathogene, säurefeste Bacillen) durch Nicotinsäurebestimmung im Kulturfiltrat.* (Vgl. C. **1956. 9214.**) Bei 17 Stämmen von Humantuberkelbacillen wurden 10$\gamma$ *Nicotinsäure* (I)/ml Kultur-Fl. bzw. 3,3$\gamma$ I/mg Bakterientrockensubstanz festgestellt. Bei 29 anderen Stämmen säurefester Bacillen, 5 Rinder-, 4-Geflügeltuberkuloseerreger, 17 nichtpathogene u. 3 andere Stämme, waren die entsprechenden Werte 3 $\gamma$ u. 1 $\gamma$ **I**. Die einzige Ausnahme bildete der Vole Bacillus von Microtus agrestis mit 20,5 $\gamma$ u. 8,6 $\gamma$ **I**. Die unterschiedliche Bldg. von **I** kann also zur Unterscheidung von Humantuberkelbacillen von anderen säurefesten Bacillen dienen. (Sci. Rep. Res. Inst. Tôhoku Univ., Ser. C **5**. 295—306. Jan. 1954. Sendai, Tohoku Univ., Res. Inst. for Tuberculosis and Leprosy.) F. LINGENS. 4320

**Adrien Albert,** *Wirkungsmechanismus von Isoniazid.* Die Wrkg. des *Isoniazids* (**I**) gegen Tuberkelbacillen kann nicht nur auf seiner Affinität zu Schwermetallen beruhen, da andere Hydrazide eine gleich große bzw. größere Neigung zur Chelatbldg. besitzen, ohne die tuberkulostat. Aktivität von **I** zu erreichen. Die bakteriolog. Aktivitäten der *Hydrazide* der *Isonicotinsäure, Nicotinsäure, Picolinsäure, Benzoesäure* u. *Cyanessigsäure*, sowie ihre Ionisationskonstanten u. die Stabilitätskonstanten der Komplexe dieser Verbb. mit $Cu^{2+}$, $Ni^{2+}$, $Co^{2+}$, $Zn^{2+}$, $Fe^{2+}$ werden angegeben. (Nature [London] **177**. 525—26. 17/3. 1956. London, Australian National Univ., Dep. of Med. Chem.) R. RUTKOWSKI. 4330

**Adolf Janoschek,** *Die Beurteilung der Wirkung von baktericiden Stoffen.* Vf. schlägt vor, zur Charakterisierung der Wrkg. baktericider Stoffe die Zeitkurve bei konstanter Dosis, die der Formel $N_+ = N_0(1 - e^{-kt})^m$ genügt, u. die Dosiskurve bei konstanter Zeit, $N_+ = N_0 (1 - e^{-k_d \cdot D^p})^m$, auszuwerten, um daraus die Konstanten k, p u. m des biol. Massenwirkungsgesetzes $N_+ = N_0(1 - e^{-(k \cdot D)^p \cdot t})^m$ graph. zu ermitteln. Hierin ist k = 1/d, wobei d jene Dosis ist, mit der 63, 215% der Organismen in der Zeit Z = 1 erfaßt werden. (Zbl. Bakteriol., Parasitenkunde, Infektionskrankh. Hyg., I. Abt., Orig. **164**. 212—16. Nov. 1955.) O. DESCHLE. 4330

**Michael Ebert** und **Tikvah Alper,** *Der Einfluß gelöster Gase auf die Peroxydbildung und Bakteriophageninaktivierung durch Bestrahlung.* Das Verh. der bei Bestrahlung von W. gebildeten freien Radikale wurde an Hand der $H_2O_2$-Bldg. u. der Bakteriophageninaktivierung („Sofortinaktivierung") in sehr verd. Suspension untersucht. Bedingungen, die die $H_2O_2$-Bldg. begünstigen, sind diejenigen, unter denen die Sofortinaktivierung gering ist u. umgekehrt. Bestrahlung von 3fach dest. W. mit Elektronen von 1 MeV unter gleichzeitigem Durchleiten von Gasen ($H_2$,$O_2$, $N_2$ u. Mischungen) ergab mit Gemischen von $H_2$ u. $O_2$ etwa doppelt so große $H_2O_2$-Konzz. wie $O_2$ allein. Bei Bestrahlung verd. Suspensionen von Bakteriophagen *S 13* in Ggw. von $H_2$, $N_2$, Luft u. $O_2$ mit Inaktivierungsdosen von 1200, 2100, 3200 u. 10000 rad (1 rad = Energieabsorption von 100 Erg/g) waren die relativen Ausbeuten an inaktivierten Phagen 1,75, 1, 0,65 u. 0,21. Die Best. der Inaktivierungsdosen bei Röntgen- u. Elektronenbestrahlung verschied. *S 13*-Präpp. ergab maximale Wrkg. in Ggw. von $H_2$ u. geringste in Ggw. von $H_2$–$O_2$-Mischungen (maximale $H_2O_2$-Bldg.). Es wird eine einfache Theorie der Radikalbldg. angegeben, die auf der Annahme beruht, daß die ersten unter der Strahleneinw. gebildeten reaktionsfähigen Radikale H u. OH sind, u. eine Beschreibung der Rkk. der $H_2O_2$-Bldg. u. der Reduktionsmechanismen ermöglicht. (Nature [London] **173**. 987—89. 22/5. 1954. London, Hammersmith Hospital, Med. Res. Council, Exp. Radiopathol., Res. Unit.) K. MAIER. 4331

**N. W. Swinkina,** *Der Einfluß einer gemeinsamen Wirkung von Leucin und Lävomycetin auf das Wachstum von Colistäbchen.* Dosen von 0,1—0,4 mg/cm³ *Leucin* (**I**) fördern das Wachstum der Coli- u. der Typhusstäbchen. Dosen über 0,4 mg/cm³ hemmen deren Wachstum. Die Förderung des Wachstums beginnt 6 Std. nach dem Ansetzen der Kultur u. erreicht ein Maximum nach 18 Stunden. Trotz dieser fördernden Wrkg. des **I** wirken höhere *Chloromycetin* (**II**; als *Lävomycetin*)-Konzz. (ab 2 $\gamma$/cm³) in Ggw. von 0,2 oder 0,4 mg/ml **I** stärker bakteriostat. als **II** allein. Die stärkere hemmende Wrkg. macht sich erst nach 6 Std. Bebrütung bemerkbar. Die Erscheinung wird auf eine Konkurrenz zwischen **I** u. **II** zurückgeführt. Es wird angenommen, daß **I** als akt. Gruppe der Proteinkomponente der Esterasen auftritt u. die Fixierung von **II** begünstigt. (Журнал Микробиологии, Эпидемиологии и Иммунобиологии [J. Mikrobiol., Epidemiol. Immunobiol.] **1955**. Nr. 10. 36—39. Okt. Gamaleja-Inst. für Epidemiol. u. Mikrobiol. der Akad. der Med. Wiss. der UdSSR.) F. DU MANS. 4340

**Th. Dimmling,** *Invitro-Untersuchungen über die Aktivität von Trichomycin gegen Hefen und hefeähnliche Pilze. Trichomycin* (**I**) in Form von **I**-Vaginaltabletten *Sanjo* mit Gerbsäure u. $NaHCO_3$ (FUJISAWA PHARMACEUTICAL CO. LTD., Doshamachei Osaka, Japan) wurde gegenüber 57 aus dem Darmtrakt isolierten Stämmen von 18 Hefepilzarten getestet. Nach Einwirkungszeit von 6—14 Tagen ergaben sich für Candida albicans, C. tropicalis u. C. krusei Empfindlichkeitswerte zwischen 2,5 u. 10,0 $\gamma$/cm³. Die seltener vorkommenden Hefepilze waren weniger **I**-empfindlich. Im WARBURG-Vers. zeigte sich bei den 3 Species deutliche Einschränkung der $O_2$-Aufnahme, die aber nach 6 Std. nicht auf 0 abgesunken war. (Zbl. Bakteriol., Parasitenkunde Infektionskrankh.

Hyg., Abt. I, Orig. **163.** 530–38. Okt. 1955. Würzburg, Univ., Inst. für Hygiene u. Mikrobiologie.) H. DOSSMANN. 4340

**Y. Thuillier** und **R. Perault,** *Intrinsic-factor. Versuche einer mikrobiologischen Titriermethode in Extrakten aus Schweinepylorus.* Die angewandte Meth. beruht auf dem *Vitamin-$B_{12}$*-Bindungsvermögen von *E. coli* in Ggw. des intrinsic factor. Sie erlaubt, denselben in Pulvern aus dem Pylorusabschnitt vom Schwein u. in gereinigten Extrakten zu bestimmen. Die erhaltenen Ergebnisse stehen im Einklang mit den Befunden der Klinik. (Bull. Soc. Chim. biol. **36.** 1439–46. 1954. Serv. Scientif. des Labors Albert Rolland.) H. AMAN. 4360

**Leo Levine, Joseph L. Stone** und **Louise Wyman,** *Faktoren, die die Wirksamkeit von Aluminium-Adjuvantien in Diphtherie- und Tetanustoxoiden beeinflussen.* Zu fertigem $AlPO_4$ u. $Al(OH)_3$ wurde Diphtherie- oder Tetanustoxoid zugegeben („Adsorbate"), oder $AlPO_4$ u. $Al(OH_3)$ wurden in Ggw. der Toxoide hergestellt („Präcipitate"). Der Al-Geh. war, auf Flockungseinheiten der Toxoide berechnet, in den 4 Diphtherie- u. den 4 Tetanus impfstoffen gleich (0,06 mg/Lf). In 16 Versuchsreiben bei Verwendung von insgesamt 613 Mäusen u. 530 Meerschweinchen wurde die antigene Wrkg. einer einmaligen Impfung mit nach Forschungseinheiten abgestuften verschied. Impfdosen der 8 Impfstoffe geprüft, indem der Verlauf der Schwankung u. die Absterbezeiten nach Intoxikation (bei Mäusen am 11., bei Meerschweinchen am 28. Tage) registriert wurden. Auch Antitoxinbestimmungen wurden bei den Meerschweinchen vorgenommen. Die Auswertung der Ergebnisse mit Varianzanalyse zeigt eine deutliche Überlegenheit der Tetanuspräzipitate über die Tetanusadsorbate, wobei $Al(OH_3)$ wirksamer ist als $AlPO_4$. Bei den Diphtherieimpfstoffen konnten derartige signifikante Unterschiede nicht ermittelt werden. Die Antitoxintiter der Meerschweinchen standen in guter Korrelation zur Schwere des Intoxikationsablaufs. (J. Immunology **75.** 301–07. Okt. 1955. Boston, Mass., Massasuchetts Dep. Publ. Health, Inst. of Labor., Biol. Labor.) E. FISCHOEDER. 4370

**G. Pon** und **A. M. Staub,** *Chemische Untersuchung des somatischen Polyosids von Typhus.* Vff. erhielten das somat. *Polyosid* von *S. typhi* durch essigsaure Hydrolyse der Keime nach FREEMAN (Biochem. J. **36.** [1942.] 240). Mittels Papierchromatographie der schwefelsauren Hydrolysate wurde neben *Glucose, Galaktose* u. *Mannose,* die auch von FREEMAN (l. c.) nachgewiesen waren, *Rhamnose* identifiziert. (Figuren u. Tabellen vgl. Original.) (Bull. Soc. Chim. biol. **34.** 1132–44. 1952. Inst. Pasteur.) D. AMELUNG. 4370

**H. D. Matheka** und **O. Armbruster,** *Die Anwendung von Ionenaustauschern zur Viruspräparation.* 1. Mitt. *Der Einfluß der Austauschereigenschaften auf die Adsorption von Influenzavirus.* Stark bas. Anionenaustauscher zeigten bei $p_H$ 6–7 die besten Eigg. zur Fraktionierung u. Reinigung von mit Influenzavirus infizierter Allantois-Fl. von Hühnerembryonen. Der Vernetzungsgrad der Austauscher zeigte nur geringen Einfl. auf die Virusadsorption. (Z. Naturforsch. **11b.** 187–93. April 1956. Tübingen, Bundesforschungsanstalt für Viruskrankheiten der Tiere.) F. LINGENS. 4374

**H. D. Matheka** und **O. Armbruster,** *Die Anwendung von Ionenaustauschern zur Viruspräparation.* 2. Mitt. *Fraktionierung von Influenzavirus.* (1. vgl. vorst. Ref.) Das Influenzavirus PR 8 konnte durch Adsorption bei $p_H$ 6–7 an Amberlite IRA 400 u. durch Elution mit Salzlsgg. wachsender Konz. gereinigt u. in 3 elektronenopt. u. serolog. nicht unterscheidbare Fraktionen zerlegt werden. (Z. Naturforsch. **11b.** 193–99. April 1956. Tübingen, Bundesforschungsanstalt für Viruskrankheiten der Tiere.) F. LINGENS. 4374

**Eberhard Wecker** und **Werner Schäfer,** *Einbau von radioaktivem Phosphor in das Virus der klassischen Geflügelpest.* Durch Züchtung des Virus der klass. Geflügelpest in Gewebekulturen aus Hühnerembryonalzellen in Ggw. von $H_3{}^{32}PO_4$ wurde eine gute Markierung mit $^{32}P$ erzielt. Das Isotop wurde zu ca. 21% in die Ribonucleinsäure u. zu ca. 65% in die Phospholipoide des Virus eingebaut. (Z. Naturforsch. **11b.** 181–87. April 1956. Tübingen, Max-Planck-Inst. für Virusforsch.) F. LINGENS. 4374

**G. L. Ada** und **A. Gottschalk,** *Die Zuckerkomponenten des Influenzavirus.* Vff. bestimmen die Zuckerbestandteile der aus Influenzavirus mit heißer, 10%ig. NaCl-Lsg. extrahierten u. mit A. gefällten *Nucleinsäure* (I) nach der Orcin-Meth. u. auf papierchromatograph. Wege sowie die Kohlenhydrate der *Mucoprotein* (II)-Fraktion von n. Allantois-Fl. aus den potentiellen Schwarmzellen des Virus. Durch Erhitzen von **I** mit Harz (100°, 100 Std.), Eindampfen zur Trockne bei $p_H$ 6 wird *Ribose* (II) in einer Ausbeute von 0,28% erhalten. Weitere Kohlenhydrate, die in **I** bzw. **II** vorkommen, sind *Galaktose, Mannose* u. *Fucose* im Verhältnis 10 : 6,4 : 5,3 (Gesamtausbeute an vorst. Zuckern: 3,0–5,6%). Ferner werden stark wechselnde Mengen an *Aminozuckern* (III) (bes. *Glucosamin*; Ausbeute: 2,2–3,3%) ermittelt. Das Verhältnis freie Zucker : **III** beträgt 1,1 – 2,0. Die Kohlenhydratfraktion von II besitzt etwa die gleiche Zus. wie die aus I. (Biochem. J. **62.** 686 – 89. April 1956. Melbourne, Australien, Watter and Eliza-Hall Inst. of Med. Res.) P. FAHRNLAENDER. 4374

**Herbert Förster** und **Lutz Wiese,** *Gamonwirkung bei Chlamydomonas reinhardi.* Bei Chlamydomonas reinhardi werden artspezif., agglutinierende *Gamon*-Wirkungen beschrieben. (Z. Naturforsch. **10b.** 91 – 92. Febr. 1955. Tübingen, MPI. für Biol., Abt. Hartmann.) H. LAMP. 4380

**J. Margaret Eadie** und **A. E. Oxford,** *Eine merkwürdige zerstörende Wirkung von Skatol auf gewisse bewimperte Pansenprotozoen.* Vff. berichten, daß anaerobe Ciliaten des Schafpansen (Isotricha, Dasytricha, Ophryoscolex) in einer Phosphatpufferlsg. von $p_H$ 7,2 durch *Skatol* (I), *Indol* (II), *2-* u. *7-Methylindol* u. *Isatin* zers. werden. Dieser Effekt tritt nur ein nahe dem Sättigungspunkt (für II 0,1%, für I 0,025%) in der gebrauchten Pufferlösung. *Anilin* ist nicht sehr tox., *Tryptamin, Tryptophanol* u. *Indol-3-essigsäure, Indol-3-propionsäure* u. *Indol-3-buttersäure* sind wenig tox. u. haben bei $p_H$ 7 in einer Konz. von 0,1% keine zerstörende Wirkung. Die tox. Wrkg. von II oder I kann durch Zugabe von Tryptophan, Serin, Caseinhydrolysat oder Glucose zur Pufferlsg. nicht aufgehoben werden. (Nature [London] **174.** 973. 20/11. 1954. Bucksburn, Aberdeenshire, Rowett Res. Inst.) K. BÖHM. 4380

**J. F. Ryley,** *Untersuchungen über den Stoffwechsel von Protozoen.* 1. Mitt. *Stoffwechsel des parasitären Flagellates Trypanosoma lewisi.* Die Beweglichkeit u. der Stoffwechsel von *Trypanosoma lewisi* kann auch in vitro in geeignetem Milieu aerob u. anaerob aufrechterhalten werden. — Für die Atmung ist ein unversehrtes Cytochromsyst. erforderlich, denn sie ist durch die Hemmungsstoffe, wie *HCN, CO* usw., aufzuheben; die Hemmung mit *CO* ist durch Lichteinstrahlung zu regenerieren. Die substratlose Atmung von ca. $10^9$ Zellen, entsprechend 1 mg Zell-N, beträgt 40 $\mu$l $O_2$/Std. bei 37°; während *Glucose* (I), *Mannose, Fructose* u. *Glutamin* (unter Auftreten von $NH_3$) die Atmung bis auf 600 $\mu$l steigern, wirken *Glycerin, Asparaginsäure* u. *Glutaminsäure* bedeutend weniger; die anderen üblichen Metaboliten wirken nicht. *Milchsäure* (II) u. *Bernsteinsäure* (III) werden beispielsweise nur von Zellhomogenaten oxydiert. I wird oxydiert mit RQ = 0,97; 1 Mol I benötigt 3...4 Mol. $O_2$ u. liefert 1 Äquivalent organ. Säure, das zur Hälfte als Essigsäure, ferner als II u. III identifiziert wurde. — Der Vergärung von 1 Mol I entsprechen 0,74 Mol gebundene $CO_2$ u. 2,5 Äquivalent organ. Säuren; die Säuren bestehen aus 70% III, 15% II, ferner Brenztraubensäure u. Essigsäure. Die anaerobe Gärung ist für metallkomplexbildende Verbb., wie KCN (50% Hemmung), $NaN_3$ (50%), *2.2'-Dipyridyl* (72%), *8-Oxychinolin* (78%), NaF (50%), $Na(COOCH_2J)$ (50%), Na-Malonat (50%), Phloridzin (50%) u. $Na_2AsO_3$ (50%), sehr empfindlich. (Biochem. J. **49.** 577 – 85. Okt. 1951. Cambridge, Univ., Molteno Inst.) V. KLINGMÜLLER. 4380

**D. J. Manners** und **J. F. Ryley,** *Untersuchungen über den Stoffwechsel von Protozoen.* 2. Mitt. *Das Glykogen des Ciliaten Tetrahymena pyriformis* (*Glaucoma piriformis*). (1. vgl. vorst. Ref.) Vff. isolieren aus 6 – 12 Tage alten Tetrahymena pyriformis-Peptonkulturen durch Behandlung der Zellen mit 30%ig. KOH (100°, 30 Min.), Fällung mit A., u. nach Wiederauflsg. in W. mit Eisessig, ein dem *Glykogen* ähnelndes *Polysaccharid* (I). Es bildet ein weißes Pulver, ist koll. lösl. in W., wird durch Jod gelbbraun gefärbt, besitzt $[\alpha]_D^{18}$ + 195° (c = 0,3; W.), der Reduktionswert beträgt 0,22% von dem der *Maltose* (II) u. das Mol.-Gew. $9,8 \cdot 10^6$. Hydrolyse mit 0,6n HCl (2 Std.) liefert 97% *Glucose* (III). 20std. Einw. von *β-Amylase* ergibt eine 44%ig. Umwandlung in II. Aus der Perjodatoxydation wird eine Kettenlänge von 13 III-E. abgeleitet. I ist verwandt mit Glykogen aus Kaninchenleber u. -muskel. (Biochem. J. **52.** 480 – 82. Nov. 1952. Cambridge, Univ., Biochem. Labor. and Molteno Inst.) P. FAHRNLAENDER. 4380

**J. F. Ryley,** *Untersuchungen über den Stoffwechsel von Protozoen.* 3. Mitt. *Stoffwechsel des Ciliaten Tetrahymena pyriformis* (*Glaucoma piriformis*). (2. vgl. vorst. Ref.) Vf. untersucht den Stoffwechsel des Ciliaten Tetrahymena pyriformis (Substrat: Pepton + 0,4% NaCl, $p_H$ 7,3; 30°, Wachstumsdauer: 6 Tage) in RINGER-Phosphatlsg. (0,047 mol. NaCl, 0,002 KCl, 0,001 $MgSO_4$, 0,012 Phosphatpuffer, $p_H$ 7,3) oder RINGER-Bicarbonatlsg. (0,05 mol. NaCl, 0,003 KCl, 0,001 $MgSO_4$ u. 0,016 $NaHCO_3$, $p_H$ 7,3) unter aeroben (a) u. anaeroben Bedingungen (b) (5% $CO_2$, 95% $N_2$) bei 37°. Es wird festgestellt, daß der Ciliat auch bei Abwesenheit von extracellulären Nahrungsstoffen bei 22° oder 37° seine Lebensfähigkeit mehrere Std. beibehält. Der $O_2$-Verbrauch unter a beträgt 480 $\mu$l/mg N/ Std. u. der Respirationsquotient (RQ) 0,85. Derselbe ist unabhängig vom *Glykogen* (I)-Geh. der Zellen u. wird durch *Glucose* (II), *Citrat, Succinat, Formiat, Malat, Fumarat, Malonat* (Na-Salze) u. *Lactat* (Li-Salz) wenig, durch 0,01 mol. *Acetat, Propionat* u. *Butyrat* stark erhöht. Die endogene Atmung wird durch hohe Konzz. von *Na-Azid* (0,01 mol.) oder *2.4-Dinitrophenol* (0,001 – 0,0002) gehemmt, durch niedrige (0,001 – 0,0001 bzw.

0,0001 – 0,00002) gefördert, auch *Na-Arsenit* (0,01) wirkt stark hemmend, während KCN (0,00046), *Hydroxylamin* (0,002), *Na-Jodacetat* (0,0001), *Phlorrhizin* (0,01), *2.2'-Dipyridyl, 4.4'-Dipyridyl* u. *8-Oxychinolin* (je 0,0003) die Respiration nur wenig unterdrücken u. *CO, NaF* (0,02) u. *Phenylthioharnstoff* (0,0003) ohne Einfl. sind. Die Ggw. aller vorst. Substanzen erniedrigt die Bewegungsfähigkeit der Zellen. Die spektroskop. Unters. einer Suspension der Ciliaten zeigt die Ggw. von *Cytochrom b* (563 mμ), *c* (550), *e* (551 – 553) u. sehr wenig *a* (605 bzw. 580 – 590). Homogenate besitzen gegen *p-Phenylendiamin* (**IV**) keine Cytochromoxydasewirksamkeit, enthalten aber eine gegen Hitze unbeständige *Peroxydase* (Purpurogallinzahl 0,033), die in Ggw. von $H_2O_2$ (0,1 mol. Phosphatpuffer, $p_H$ 7,3) *Pyrogallol*, **IV**, *Guajacol* oder *Protocatechin* oxydiert u. Cytochrom c reduziert. Der b-Stoffwechsel u. die Bewegungsfähigkeit sind abhängig vom intracellulären I-Abbau. Bei Abwesenheit fremder Kohlenhydrate werden *Bernstein* (**V**)- (0,94 mol.), *Milch*- (**VI**)- (0,47) u. *Essigsäure* (0,32 unter Assimilierung von 5,83 g/Atom $CO_2$ gebildet. Zellfreie Homogenate enthalten Enzyme, die *Stärke* (**VII**), **I** u. *Maltose* zu **II** hydrolysieren (Ggw. von NaCl, $p_H$ 7,3; 90 Min.), ferner wird durch Phosphorylierung von **I** u. **VII** unter Bldg. von *Glucose-1-phosphat* die Ggw. von *Phosphoglucomutase* u. *Oxoisomerase* festgestellt. Zellfreie Präpp. verwandeln infolge Ggw. von *Aldolase Fructose-1.6-diphosphat* (0,008 mol.) in *Triosephosphat* (Substrat: $NaHCO_3$ [0,025 mol.], *Brenztraubensäure* [0,008], *Cozymase* [0,0001], Phosphat [0,018], NaF [0,06] 37°). Dieser Vorgang wird durch *Arsenat* gefördert, durch *Jodacetat* gehemmt. Homogenate zeigen außerdem noch **V**- u. **VI**-Dehydrogenasewirksamkeit; unter a wird jedoch nur **VI**, nicht aber **V** oxydiert. (Biochem. J. **52**. 483 – 92. Nov. 1952. Cambridge, Univ., Molteno Inst.) P. FAHRNLAENDER. 4380

**J. F. Ryley**, *Untersuchungen über den Stoffwechsel von Protozoen.* 4. Mitt. *Stoffwechsel der parasitären Flagellate Strigomonas oncopelti.* (3. vgl. vorst. Ref.) *Strigomonas oncopelti* (Str. o.), ein Flagellat aus der parasitären Familie der Trypanosiden (im Milchsaft der gewöhnlichen Wolfsmilch vorkommend u. durch Insekten verbreitet), kann unter aeroben Bedingungen bei Abwesenheit von extracellulären Substraten einige Std. atmen u. beweglich bleiben. Die Atmung wird durch Glucose, Fructose, Mannose, L-Glutamat, Glutamin, Succinat, α-Oxyglutarat, DL-Asparaginat, Asparagin u. Lactat stimuliert. Die Atmung wird durch das Cytochromsyst. vermittelt. Die *Cytochrome a, b* u. *c* wurden spektroskop. nachgewiesen. Die Atmung u., etwas weniger, die Beweglichkeit sind gegen Cyanid, Azid u. 2.4-Dinitrophenol sehr empfindlich. Unter anaeroben Bedingungen hängen Stoffwechsel u. Beweglichkeit von der Fähigkeit ab, extracelluläre KW-stoffe auszunutzen. Str. o. enthält *Hexokinase, Phosphoglucomutase, Ketoisomerase, Aldolase,* ein Triosephosphat oxydierendes Syst., *Carboxylase, Bernstein-, Milch-* u. *Äpfelsäuredehydrogenase* u. *Fumarase.* Als Abbauprodd. der Glucose (aerober oder anaerober Stoffwechsel) wurden A., Glycerin, Bernstein- u. Brenztraubensäure sowie $CO_2$ nachgewiesen. – 30 Literaturangaben. (Biochem. J. **59**. 353 – 61. März 1955. Morley Wilmslow, Cheshire, Imp. Chem. [Pharm.] Ltd., Biol. Labor.) H. PATZSCH. 4380

**J. F. Ryley**, *Untersuchungen über den Stoffwechsel von Protozoen.* 5. Mitt. *Stoffwechsel der parasitären Flagellate Trichomonas foetus.* (4. vgl. vorst. Ref.) *Trichomonas foetus* (Tr. f.), eine parasitäre begeißelte Protozoe (in den Geschlechtsorganen des Rindes vorkommend, eine der Ursachen von Abortus), kann unter aeroben u. anaeroben Bedingungen den Stoffwechsel u. die Beweglichkeit bei Mangel an extracellulären Nährstoffen für längere Zeit (bei 37°) aufrechterhalten. Dieser endogene Stoffwechsel hängt vom fermentativen Abbau des intracellulären Glykogens (**I**) ab. In Ggw. von Glucose, Fructose oder Mannose ist die $O_2$-Aufnahme unter aeroben Bedingungen verdoppelt, in Ggw. von Galaktose u. Lactose beträchtlich stimuliert, während sie in Ggw. von Maltose, Saccharose, Glutamat u. Glutamin nur wenig stimuliert wird. Die Atmung ist unabhängig von Cytochrompigmenten. Tr. f. besitzt eine kräftige *Katalase*-Aktivität. Unter aeroben oder anaeroben Bedingungen wird **I** zu Bernstein- u. Essigsäure fermentativ abgebaut. Zellfreie Präpp. enthalten Amylase, Maltase, Phosphorylase, Hexokinase, Phosphoglucomutase u. Ketoisomerase, Aldolase (**II**) u. ein Triosephosphat oxydierendes System. Die **II**-Aktivität kann bis zu mehr als 75% durch Ggw. von 0,005 mol. 2.2'-Dipyridyl gehemmt werden. – 19 Literaturangaben. (Biochem. J. **59**. 361 – 69. März 1955. Morley, Wilmslow, Cheshire, Imp. Chem. [Pharm.] Ltd., Biol. Labor.) H. PATZSCH. 4380

**D. J. Manners** und **J. F. Ryley**, *Untersuchungen über den Stoffwechsel von Protozoen.* 6. Mitt. *Die Glykogene der parasitären Flagellate Trichomonas foetus und Trichomonas gallinae.* (5. vgl. vorst. Ref.) Aus den parasitären Flagellaten *Trichomonas foetus* (Tr. f.) u. *Tr. gallinae* (Tr. g.) wurden *Glucose* (**I**) enthaltende *Polysaccharide* (**II**) isoliert (Methodik wird näher beschrieben). Die gereinigten **II** gleichen den tier. Glykogenen (**III**), sind aber mit ihnen nicht ident. ($[\alpha]_D^{18}$ 197 – 199°, gelbbraune Färbung mit verd. J-Lsg., Abbau durch Speichel-α-Amylase, Mol.-Gew. ca. $3 \cdot 10^6$). Die **III** von Tr. f. u. Tr. g. besitzen Einheitskettenlängen von 15 bzw. 9 I-Resten. β-Amylolyse (mit „sweet-potato-Amylase") gab 60 bzw. 51% als Maltose berechnete Spaltprodukte. Die Beziehungen zwischen diesen **III** u. anderen **II**, einschließlich der aus anderen Protozoen, werden diskutiert. – 26 Literaturangaben. (Biochem. J. **59.** 369–72. März 1955. Edinburgh, Univ., Chem. Dep. and Morley, Wilmslow, Cheshire, Imp. Chem. [Pharm.] Ltd., Biol. Labor.) H. PATZSCH. 4380

**Franz Moewus** und **Venancio Deulofeu**, *Ombuosid = 7.4'-Dimethylrutin, ein Antagonist des Sterilitätshormons Rutin bei der Grünalge Chlamydomonas eugametos. Ombuosid, 7.4'-Dimethylrutin* (**I**), ein zusammen mit *Rutin* (**II**) in den Blättern von *Phytolacca dioica L.* vorkommendes Glykosid, beeinflußt die Kopulation von *Chl. eugametos*-Gameten in Konzz. von $10^{-5}$ g/cm³ nicht. Nichtkopulierende *agametos*-Zellen (Naturwissenschaften **34.** [1947.] 282) erlangen in Ggw. von $10^{-5}$ bis $10^{-7}$ g/cm³ **I** die Fähigkeit zur Kopulation. Durch $10^{-8}$ g **I**/cm³ steril gemachte *eugametos*-Gameten beginnen nach Zusatz von $10^{-6}$ **I**/cm³ zu kopulieren; *eugametos*-Gameten kopulieren in Lsgg., die 10fach mehr **I** als **II** enthalten. *Ombuin, 7.4'-Dimethylquercetion* (**III**), das Aglykon, beeinflußt *eugametos*-Gameten nicht, kompensiert jedoch die Sterilität der *agametos*-Zellen, d. h. anscheinend können *agametos*-Zellen **I** enzymat. aus **III** bilden. 10 andere Methylderivv. des Quercetins waren auf *agametos*-Zellen ohne jede Wirkung. (Nature [London] **173.** 218. 30/1. 1954. Sydney, Australia, Univ., Bot. Dep.; Buenos Aires, Fac. de Ciencias Méd., Cátedra de Quím. Biol.) K. MAIER. 4380

---

**Horst Habs**, *Bakteriologisches Taschenbuch*. 37. Aufl. Leipzig: Johann Ambrosius Barth. 1956. (VI + 210 S.) DM 3,75.

Das Taschenbuch ist im besonderen für Medizinstudierende und medizinisch-technische Assistenten gedacht. Es gibt eine elementare Darstellung der wichtigsten bakteriologischen Untersuchungsverfahren sowie einen Überblick über das System der pathogenen Mikroorganismen in Form einer Differentialdiagnose. Es behandelt ferner die Untersuchungsverfahren für die einzelnen Infektionskrankheiten und bringt Vorschriften für die Nährbodenküche. Das Taschenbuch wird daher auch den auf dem Grenzgebiet arbeitenden Chemikern willkommen sein. M. PFLÜCKE.

## $E_4$. Pflanzenchemie. Pflanzenphysiologie. Pflanzenpathologie.

**René Bastin**, *Physiologie der Blütenbildung*. Literaturübersicht über Probleme, die mit der Bldg. u. Entw. der Blüten höherer Pflanzen zusammenhängen: Vernalisation, Photoperiodismus, Lang- u. Kurztagspflanzen, Blühhormone. (Bull. agric. Congo belge **44.** 1307–24. Dez. 1953. Louvain, Univ. Cathol., Labor. de Rech. Chim. du Minist. des Colonies.) H. KOBLITZ. 4404

**Luise Holzapfel** und **Werner Engel**, *Röntgenographischer Nachweis von Quarzkieselsäure in Weizenpflanzen. Organische Kieselsäureverbindungen.* 32. Mitt. (29. vgl. C. **1956.** 9474.) Weizenpflanzen wurden in *Kieselsäure* (**I**)- u. *Quarzkieselsäure* (**II**)-haltigen Nährlsgg. gezogen u. der $SiO_2$-Geh., jeweils getrennt, in den Wurzeln, Stengeln u. Blättern untersucht sowie röntgenograph. die Struktur des aufgenommenen $SiO_2$ geprüft. In den Wurzeln ist die Konz. an **II**-Teilchen am höchsten, in den Stengeln wurden noch geringe Mengen nachgewiesen, während die Blätter keine eindeutig nachweisbaren **II**-Teilchen, trotz höherem Geh. an $SiO_2$, enthielten. Vergleichsweise in Na-Silicat-Lsg. gezogene Pflanzen zeigten einen stark erhöhten **I**-Geh., jedoch ohne ausgeprägte Quarzstruktur. (Z. Naturforsch. **11b.** 226–28. April 1956. Berlin-Dahlem, Max-Planck-Inst. für Silikatforschung.) G. KLESSE. 4410

**T. F. Neales**, *Bestandteile des gesamten Magnesiumgehaltes innerhalb der Blätter von weißem Klee und deutschem Weidelgras.* Das frische Pflanzenmaterial wurde mit 80% ig. Aceton extrahiert. Im Extrakt wurden *Chlorophyll* (**I**) **a** u. **b** mittels der Absorption bei 6630 bzw. 6450 Å bestimmt. Daraus wurde der Mg-Geh. berechnet. Ferner wurde der Mg-Geh. im Rückstand (Faser) u. im ursprünglichen Material bestimmt. Der Geh. an **I** war bei Weißklee mit 0,219% sehr hoch u. das Verhältnis von **Ia/Ib** erreichte bei Weidelgras den hohen Wert von 1/3,07. Bei diesen Blättern fanden sich >50% des Mg in der Faserfraktion u. 12,8–17,7 im **I**. Der Rest wird als Residual-Mg bezeichnet, das wahrscheinlich überwiegend wasserlösl. ist. (Nature [London] **177.** 388–89. 25/2. 1956. Ashford, Kent, Wye Coll. [Univ. of London], Dep. of Biol. Sci.) J. SCHWAIBOLD. 4410

**K. Hassebrauk** und **R. Kaul**, *Vergleichende Untersuchungen über die Säuren und Zucker des Grundstoffwechsels an Weizensorten unterschiedlicher Rostanfälligkeit.* Die Ursachen der Resistenz von Getreide gegen Rostpilze soll untersucht werden. In dem Zusammenhang werden die Säuren u. Zucker in jungen, auf Nährlsg. gezogenen Pflanzen bestimmt. Bei den Zuckern (*Glucose, Fructose* u. *Maltose*, chromatograph. mit Butanol–A.–W. = **4** : **1,1** : **1,9** getrennt), waren keine Unterschiede bei den einzelnen Sorten festzustellen, die Säuren (*Äpfelsäure, Oxalsäure, Citronensäure, Isocitronensäure, Ascorbinsäure* u. anorgan. Säuren mit A. (95% ig.)–$NH_4OH$–W. 80 : 10 : 10 getrennt), liegen in der resistenten Sorte (Chinese 166) in geringeren Mengen vor, als in der anfälligen (Michigan Amber). Die Untersuchungslsgg. werden mit Ionenaustauschern (Amberlit IR 120 u. Amberlit IRA 410) von Aminosäuren u. Proteinen u. (zur Unters. auf Zucker) von organ. Säuren befreit. (Naturwissenschaften **43.** 40. 2.-Jan.-H. 1956. Braunschweig, Biol. Bundesanstalt, Inst. für physiol. Botanik.) U. BAUMANN. 4420

**Claude Guichard,** *Beitrag zum Studium der Zucker des Weins und gewisser Früchte.* Vf. bestimmt den Geh. an *Saccharose* (**I**) u. *Invertzucker* (**II**) in den verschied. Geweben des Weins vor u. nach der Lese durch zweidimensionale Papierchromatographie der Extrakte aus Butanol–$NH_4OH$–W. (10 : 1 : 9) bzw. Phenol–1% ig. $NH_4OH$ (1 : 1) u. Besprühen mit Naphthoresorcin oder Anilinoxalat, sowie durch chromatograph. Best. der durch Hydrolyse von **I** erhaltenen *Glucose* u. *Lävulose.* Die Extrakte werden bei den grünen oder holzigen Geweben durch Auskochen mit 95% ig. A. in Ggw. von $CaCO_3$, nachfolgende Behandlung mit W. u. Einengen der Auszüge im Vakuum erhalten; reife Trauben werden ausgepreßt, der Saft nacheinander mit bas. Pb-Acetat, konz. $Na_2SO_4$-Lsg. u. $CO_2$ behandelt, im Vakuum konz. u. nach Trocknen des Sirups mit $Na_2SO_4$ die Zucker mit Pyridin extrahiert. Die **I**- u. **II**-Werte für die Gewebe verschied. Weinsorten werden tabellar. gegeben u. eine starke Abhängigkeit von Sorte, Standort, Jahrgang, $p_H$ u. dem Befall mit *Botrytis cinerea* gefunden. Die Hydrolyse von **I** in der Pflanze wird durch das in allen Organen vorkommende *Invertin* verursacht u. durch Best. von **I** in den reifen Beeren u. dessen Fehlen in dem daraus bereiteten Most nach 3std. Stehen nachgewiesen. — 21 Tabellen. (Rev. gén. Bot. **61.** 16–65. Jan. 1954.) E. HANSCHKE. 4420

**J. W. Lyttleton,** *Beziehung zwischen Photosynthese und einer homogenen Proteinkomponente des Pflanzencytoplasmas.* Beim Ultrazentrifugieren von Pflanzenhomogenaten kann man u. a. eine homogene Proteinfraktion unbekannter Funktion erhalten. Das Auftreten dieser Fraktion in Monokotyledonen-Sämlingen unter verschied. Belichtungsbedingungen während des Keimens u. Wachsens wurde untersucht. Nur photosynthetisierendes Gewebe oder solches, das zur Photosynth. fähig ist, nachdem es belichtet wurde, enthält die genannte Proteinfraktion. (Nature [London] **177.** 283–84. 11/2. 1956. New Zealand, Palmerston North, Grasslands Div.) A. DILLMANN. 4420

**K. Mothes** und **H. Kala,** *Die Wurzel als Bildungsstätte für Cumarine.* Zum Nachw. der Bldg. von *Cumarinen* (**I**) in Wurzeln wurden Klone von *Atropa belladonna*-Wurzeln ein Jahr in geeigneter Nährlsg. gehalten, wobei monatlich die Wurzelspitzen abgeschnitten u. in frisches Medium übertragen wurden, so daß die Wurzelinhaltsstoffe prakt. als neugebildet angesehen werden konnten. Der aus den sich üppig entwickelnden Wurzeln (Nährlsg. WHITE II, modifiziert nach MAURIQUE u. MORENO) nach Säurespaltung der Glykoside erhaltene Chloroformextrakt enthielt, wie mittels Papierchromatographie (Butanol–$NH_3$) u. Fluorescenzphotometrie nachweisbar war, erhebliche Mengen *Scopoletin* (*6-Methoxy-7-oxycumarin*; **II**) u. *Umbelliferon* (*7-Oxycumarin*; **III**). Die 9- bis 5fache der in den Wurzeln vorhandenen **II**-Menge fand sich in der Nährlsg., während **III** nicht merklich ausgeschieden wurde. Demnach können **I** in Wurzeln aus Kohlenhydraten gebildet werden. (Naturwissenschaften **42.** 159. 2. Märzheft 1955. Gatersleben, Inst. für Kulturpflanzenforsch.; Halle, Pharmazeut. Inst.) K. MAIER. 4420

**Pierre Duquénois** und **Émile Greib,** *Über das aus Hieracium pilosella L. isolierte antibiotische Prinzip.* Aus Hieracium pilosella konnte neben Flavonen eine aus Oxycumarinen bestehende krist. Fraktion isoliert werden, die gegenüber Brucella melitensis u. B. abortus antibiot. wirksam ist. Sie konnte durch Säulenchromatographie von den Flavonen getrennt werden u. erhielt den Namen *Pilosellin* (**I**). **I** konnte durch Papierchromatographie in drei Oxycumarine zerlegt werden, von denen 7-Oxycumarin (*Umbelliferon,* **II**) mengenmäßig an erster Stelle steht. Synthet. **II** besitzt die gleiche antibiot. Aktivität wie **I**.

V e r s u c h e: *Pilosellin* (**I**), F. 228–230° (Zers.), sublimiert bei 185° in langen Nadeln; gelbe Nadeln aus Methanol; wenig lösl. in kaltem W., lösl. in heißem W., A., heißem Äthylenoxyd, Alkali (farblos, mit blauer Fluorescenz, die nach längerem Erhitzen der Lsg. durch Öffnen des Lactonrings der Cumarine verschwindet.) — *Umbelliferon* (7-Oxycumarin) (**II**), durch Papierchromatographie aus **I** isoliert; wenig lösl. in kaltem Essigester u. Chlf., lösl. in Aceton u. konz. $H_2SO_4$ (farblos, mit blauer Fluorescenz); red. nicht $AgNO_3$. (C. R. hebd. Séances Acad. Sci. **237.** 1354–55. 23/11. 1953.)
H. KOBLITZ. 4420

**L. Fowden,** *Azetidin-2-carbonsäure; ein neuer Pflanzeninhaltsstoff.* Aus Frischblättern von Convallaria majalis konnte die bisher in Pflanzen nicht nachgewiesene *Azetidin-2-carbonsäure* (**I**) isoliert u. identifiziert werden. Ausbeute aus 1,8 kg pflanzlichem Material (mit 70% ig. A. extrahiert) 250 mg **I**. (Nature [London] **176.** 347–48. 20/8. 1955. London, Univ. Coll.) H. WALTER. 4420

**M.-T. Mellier,** *Herstellung von Carotin aus Karotten und Luzerne.* Übersicht über die verschied. Extraktionsmethoden. — 41 Literaturangaben. (Oléagineux **9.** 521—24. Juli 1954.) H. HELGE. 4425

**G. Ch. Molotkowski, P. I. Lopuschanski und W. A. Golubew,** *Dynamik der Bildung und Charakter der Verteilung der Ascorbinsäure in der Walnuß im Zusammenhang mit der Erscheinung der Polarität.* Inhaltlich ident. mit der C. **1956.** 6429 referierten Arbeit. (Ботанічний Журнал (Киев) [Bot. J. (Kiew)] **12.** Nr. 4. 3—12. 1955. Tschernowitz, Univ., Lehrstuhl für Pflanzenphysiologie.) M. ULMANN. 4425

**C. A. Swanson und J. B. Whitney jr.,** *Untersuchungen über den Transport von über das Blatt appliziertem $^{32}P$ und anderen Radioisotopen in Bohnenpflanzen.* Der Einfl. der Blattstiel- bzw. Stengeltemp. auf die Verteilungsgeschwindigkeit von über das Blatt appliziertem $^{32}P$, $^{42}K$, $^{45}Ca$ u. $^{137}Cs$ wurde untersucht. Im Verlauf der Keimung u. der Entw. der Keimpflanzen mehrmals selektierte Bohnenpflanzen wurden in modifizierter HOAGLANDscher Nährlsg. mit K-Ferriäthylendiamintetraacetat als Fe-Quelle an Stelle von Ferritartrat unter viermaliger täglicher Belüftung in einem 16 Std.-Tag für 10—14 Tage kultiviert. Zur lokalen Einstellung der Temp. im Stengel oder in den Blattstielen wurden Spezialmantelgefäße konstruiert, die entweder von einem Thermostaten gespeist oder direkt mit einem Cr–Ni-Widerstandsdraht beheizt wurden. 10 $\mu$l der jeweiligen Versuchslsg. des Radioisotops wurden als ein Tropfen mittels einer Mikropipette auf die obere Epidermis der Blattspreite eines prim. Blattes jeder Pflanze ca. 1 cm von der Blattbasis entfernt nahe der Mittelrippe aufgetropft. Nach 4 Std. wurden die Pflanzen in verschied. Teile zerlegt u. die entsprechenden Aktivitäten gemessen. Bei einer Blattstieltemp. von ca. 5° wurde eine Hemmung der Transportgeschwindigkeit von 85% u. mehr gefunden. Die optimale Temp. für eine 4 Std.-Periode betrug ca. 30°; höhere Tempp. führten zu einer Abnahme der Geschwindigkeit. Die Speicherfähigkeit der temperaturbehandelten Blattstiele für die Isotopen war ebenfalls von der Temp. abhängig: optimal 40°. Lokale Erniedrigungen der Temp. im Stengel verzögerten merklich den Transport von $^{32}$P vom Blatt zu den unterhalb der gekühlten Stelle liegenden Teilen der Pflanze. Dagegen konnte unter den gleichen Bedingungen keine Abnahme der Wanderungsgeschwindigkeit von $^{32}$P zum Blatt hin festgestellt werden, wenn das Isotop über die Wurzel eingeführt wurde. Abtöten einer 5 mm-Zone des Blattstiels mittels Dampf verhinderte die Wanderung von $^{32}$P, $^{42}$K u. $^{137}$Cs in Richtung Stengel—Wurzel völlig. Bei gleichzeitiger Einführung von $^{32}P + ^{42}K$ u. von $^{32}P + ^{137}Cs$ in die Blätter waren die Wanderungsgeschwindigkeiten der Ionen im Phloem verschied. u. unabhängig voneinander. (Amer. J. Bot. **40.** 816—23. 1953. Tennessee, Univ.; Oak Ridge, Tenn., Atomic Energy Commiss., Agric. Res. Program.) H. KOBLITZ. 4450

**W. M. Kutjurin,** *Zur Frage der Erneuerung der Chlorophyllmoleküle in den Pflanzen.* In einer Nährlsg. mit $(^{15}NH_4)_2SO_4$-Geh. gezogene Triebe von Elodea canadensis (El. c.), deren *Chlorophyll*-Geh. während des Vers. konstant blieb, wurden auf die $^{15}$N-Anreicherung in Chlorophyll, Eiweißfraktion u. Nichteiweißfraktion nach 24; 45; 72; 137 Std. untersucht. Nach 137 Std. betrug sie in % zum Ausgangsgeh. 3,82 bei Chlorophyll, 12,4 bei der Eiweißfraktion u. 29,6 bei der Nichteiweißfraktion. Beim Dunkelvers. betrug die $^{15}$N-Anreicherung nach 24 Std. 0,58% beim Chlorophyll, 1,61% bei der Eiweißfraktion, 9,95% bei der Nichteiweißfraktion gegenüber 0,87 bzw. 2,60 bzw. 10,70% bei Lichtzutritt. Die Intensität der Erneuerung der Chlorophyllmoll. ist demnach geringer als bei den Eiweißmolekülen. Aus den Licht- u. Dunkelverss. geht hervor, daß El. c. fähig ist, in der Dunkelheit *Protochlorophyll* in Chlorophyll umzuwandeln. (Доклады Академии Наук СССР [Ber. Akad. Wiss. UdSSR] **106.** 355—57. 11/1. 1956. Vernadsky-Inst. für Geochem. u. analyt. Chem. der Akad. der Wiss. der UdSSR.) O. LEBTAG. 4450

**André Goris und Robert Bouriquet,** *Wirkung des Maleinhydrazids auf in vitro-Kulturen von Karottengeweben.* In Verss. über die Wrkg. von *Maleinhydrazid* (I) auf den W.- u. Kohlenhydratgeh. von isolierten Karottengeweben wurden den Nährlsgg. I-Mengen von $10^{-9}$ bis $10^{-4}$ zugesetzt. Der Wassergeh. der Gewebe nimmt mit wachsenden I-Konzz. ab u. steigt bei $10^{-4}$ wieder an, was aber auf tox. Wirkungen zurückzuführen ist. Der Saccharose (II)-Geh. ist bei $10^{-9}$ I gegenüber der Kontrolle stark erhöht, nimmt mit wachsenden I-Konzz. ab, durchläuft bei $10^{-6}$ I ein Minimum u. steigt dann wieder an; er ist umgekehrt proportional der Kulturdauer. Wie aus den Ergebnissen der sauren u. enzymat. Hydrolyse hervorgeht, wird der II-Geh. bei $10^{-6}$ I nicht zugunsten der Bldg. anderer lösl. Polysaccharide vermindert; auch wird keine Stärke gebildet. Die Hemmung der II-Bldg. bei $10^{-6}$ I kann nicht auf eine Hemmung des Wachstums zurückgeführt werden, da beide Erscheinungen nicht parallel laufen. Zusatz von $5 \cdot 10^{-8}$ $\beta$-Indolylessigsäure hat keinen Einfl. auf die Wirkungen von I. (Bull. Soc. Chim. biol. **35.** 1401—08. 1953. Labor. de Pharmacie de l'Hôpital Trousseau et Labor. de Biol. végétale du P. C. B.) H. KOBLITZ. 4450

**K. Täufel** und **R. Pohloudek-Fabini**, *Das Verhalten der Citronensäure bei der Keimung von Cerealien-, Leguminosen- und Ölsamen.* Der *Citronensäure* (I)-Geh. von Roggen u. Gerste steigt bei der Keimung nach vorübergehender Abnahme in 5 Tagen auf 180 bis 240% der Ausgangswerte, während bei Leguminosen (Sojabohnen u. Erbsen) eine geringe, bei Ölsaaten (Raps u. Lein) eine beträchtliche Abnahme auf 42 bzw. 16% der Anfangswerte eintrat. Unterss. verschied. Sojabohnensorten ergaben, daß bei Sorten mit höheren Fett- u. geringeren Eiweißgehh. I schneller abnimmt als bei fettärmeren u. eiweißreicheren. — Diskussion der Ergebnisse im Hinblick auf den Intermediärstoffwechsel, bes. den *Tricarbonsäure-* u. *Fettsäurecyclus.* (Biochem. Z. **326.** 280—87. 23/2. 1955. Potsdam-Rehbrücke, Inst. für Ernährungsforschung.) F. KRUSEN. 4455

**K. Täufel** und **R. Pohloudek-Fabini**, *Keimfähigkeit und Gehalt an Citronensäure bei gelagerten Pflanzensamen.* (Vgl. auch vorst. Ref.) Best. des *Citronensäure* (I)-Geh. in Cerealien-, Leguminosen- u. Ölsamen ergaben, daß die durch ungünstige Lagerbedingungen herabgesetzte Keimfähigkeit mit einer Abnahme der I einhergeht, die jedoch graduell sehr unterschiedlich ist. Die I-Abnahme wird auf patholog. Stoffwechselvorgänge während ungünstiger Lagerungsumstände zurückgeführt. (Biochem. Z. **326.** 317—21. 16/3. 1955. Potsdam-Rehbrücke, Inst. für Ernährungsforschung.) F. KRUSEN. 4455

**William A. Kratz** und **Jack Myers**, *Photosynthese und Respiration von drei blaugrünen Algen.* Manometr. Unterss. am WARBURG-Gerät mit *Anabaena variabilis, Anacystis nidulans* u. *Nostoc muscorum G.* Anacystis nidulans kann *Chlorella pyrenoidosa* z. T. vorteilhaft ersetzen. (Plant Physiol. **30.** 275—80. Mai 1955. Austin, Tex., Univ., Dep. of Zool.) H. WALTER. 4460

**Heinz Seltmann**, *Vergleichende Physiologie bei grünen und Albinomaissämlingen.* Vf. berichtet über Stoffwechselunterschiede bei im Licht u. Dunkeln wachsendem grünem u. Albino-Mais. Befunde über N-Bilanz (Gesamt-N, Eiweiß-N, lösl. N, $\alpha$-Amino-N, Asparagin-N, Glutamin-N, Ammonium-N) u. Fermentgeschehen. (Plant Physiol. **30.** 258—63. Mai 1955. Chicago, Ill., Univ., Dep. of Botany.) H. WALTER. 4460

**Thomas Punnett** und **Akinyele Fabiyi**, *Photochemische Sauerstofferzeugung durch isolierte, zerkleinerte Chloroplasten von Algen.* Vff. untersuchen manometr. die photochem. Sauerstoffproduktion der Chloroplasten einzelliger Algen, nachdem sie zu einem feinen Brei zermahlen waren u. nach Zusatz von Oxydationsmitteln u. vergleichen die Ergebnisse mit denen der Chloroplasten von grünen Blättern. (Nature [London] **172.** 947—48. 21/11. 1953. Univ. of Illinois, Photosynth. Proj.) G. WELTZIEN. 4460

**A. H. Brown** und **C. P. Whittingham**, *Kennzeichnung des Kohlendioxydausstoßes von Chlorella mit Hilfe des Massenspektrometers.* Massenspektrometr. Unterss. der Gassphäre über *Chlorella pyrenoidosa* u. *Scenedesmus* zur Klärung der Licht–Dunkel-Abhängigkeit von Gasdruckdifferenzen. Bei Belichtung erfolgt Ausstoß von $CO_2$, dessen Menge durch die Dauer u. Aufsog von $CO_2$ bei vorheriger Dunkelhaltung bestimmt wird. Mit o-Phenanthrolin läßt sich der Aufsog, mit Cyanid der Ausstoß von $CO_2$ hemmen. (Plant Physiol. **30.** 231—36. Mai 1955. Minneapolis, Minn., Univ. of Minnesota, Dep. of Botany.) H. WALTER. 4460

**Shigetoh Miyachi, Seikichi Izawa** und **Hiroshi Tamiya**, *Der Einfluß von Sauerstoff auf die Größe des Kohlendioxyd-Aufnahmevermögens von grünen Algen.* Unter Verwendung von $^{14}CO_2$ wurde der Einfl. von $O_2$ auf die Größe des $CO_2$-Aufnahmevermögens bei *Chlorella*-Zellen unter verschied. experimentellen Bedingungen untersucht. Die stationäre Höhe des lichtinduzierten $CO_2$-Aufnahmevermögens von *Chlorella*-Zellen wird durch $O_2$ stark reduziert. Diese Hemmung durch $O_2$ ist reversibel u. um so größer, je geringer die $CO_2$-Konz. ist. Die stationäre Höhe des lichtinduzierten Aufnahmevermögens steht in einer formelmäßigen Beziehung zum vorhandenen $O_2$-Druck. Das lichtunabhängige $CO_2$-Aufnahmevermögen von *Chlorella*-Zellen hingegen wächst bei Ggw. von $O_2$. (J. Biochemistry [Tokyo] **42.** 221—44. Mai 1955. Tokyo, Univ., Dep. of Botany. Tokugawa Inst. for Biolog. Res. [Orig.: engl.]) M. MEDENWALD. 4460

**F. Cramer** und **Barbara Proske**, *Modellreaktion zur $CO_2$-Fixierung.* Der nach CALVIN (z. B. WILSON u. CALVIN, J. Amer. chem. Soc. **77.** [1955.] 5948) u. anderen

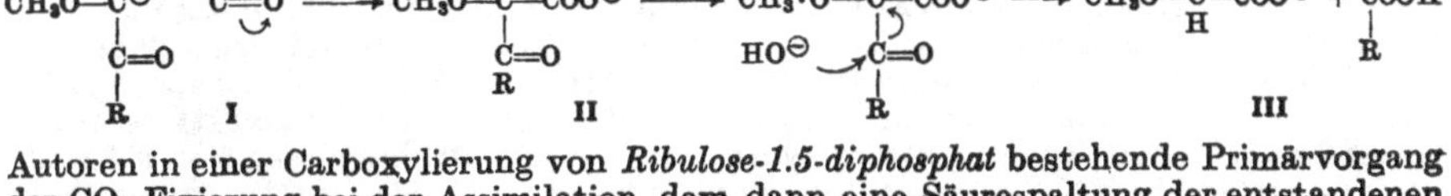

I II III

Autoren in einer Carboxylierung von *Ribulose-1.5-diphosphat* bestehende Primärvorgang der $CO_2$-Fixierung bei der Assimilation, dem dann eine Säurespaltung der entstandenen β-Ketocarbonsäure (zu 2 Mol 3-Phosphoglycerinsäure) folgt, ist bisher ohne chem. Analogie. Vff. fanden einen Modellvorgang in folgender Rk.: *Benzoinmethyläther* (I) als Na-Verb. gibt mit $CO_2$ eine Säure (II), welche als Methylester faßbar ist; II wird in wss. Lsg. rasch in Benzoesäure u. *Methylmandelsäure* (III) gespalten. (Angew. Chem. **68.** 120. 7/2. 1956. Heidelberg, Univ., Chem. Inst.) A. HESSE. 4460

**G. Bond** und **J. T. MacConnell,** *Stickstoffbindung in abgetrennten Wurzelknöllchen von Nichtleguminosen.* Abgetrennte Wurzelknöllchen von Myrica gale (M) u. Alnus (Aln.) wurden 24 Std. bei 21° in Röhrchen mit mit $^{15}N$ markierter Atmosphäre belassen. Der $^{15}N$-Geh. betrug bei M in nichtmarkierter, n. Atmosphäre (20% $O_2$, 80% $N_2$) 0,380 At.-% des Gesamt-N, in markierter 0,403—0,468. Bei Aln. wurde der Einfl. des atmosphär. $O_2$-Geh. auf die $N_2$-Bindung geprüft: Bei 21, 12, 5, 1% $O_2$ wurden die Werte 0,141, 0,083, 0,054, 0,022 gefunden. Gleichsinnig verhielten sich die Atmungsquotienten ($mm^3$ $O_2$ pro Std. u. mg Trockengewicht): Knöllchen 2,72, 1,68, 1,14, 0,35, Wurzeln 1,03—0,80—0,64—0,33.(Nature [London] **176.** 606. 24/9. 1955. Glasgow, Univ., Dep. of Botany.) D. DRESSLER. 4460

**Herta M. Bregoff** und **C. C. Delwiche,** *Die Bildung von Cholin und Betain in Blattscheiben von Beta vulgaris.* Die Radioaktivität aus infiltriertem $^{14}C_{(2)}$-Glycin (I) u. $^{14}C$-Formiat (II) wird in Blättern von Beta vulgaris als Cholin (III) u. Betain (IV) wiedergefunden. Der Einbau von $H^{14}CO_3^-$ ist viel geringer. $^{14}C_{(2)}$-Acetat wird nicht in III oder IV eingebaut, obwohl es assimiliert wird. Die spezif. Aktivität des III war 10—30mal größer als die des IV. Partieller Abbau des III u. IV ergab, daß die Markierung nur in den $CH_3$-Gruppen auftrat, wenn II eingesetzt wurde; bei Verwendung von I waren sowohl die $CH_3$-Gruppen als auch der $C_2$-Teil markiert. (J. biol. Chemistry **217.** 819—28. Dez. 1955. Berkeley, Calif., Univ. of California, Kearny Foundation of Soil Science.)
A. DILLMANN. 4460

**Richard U. Byerrum** und **Richard E. Wing,** *Die Rolle des Cholins in einigen Stoffwechselreaktionen von Nicotiana rustica.* (Vgl. auch C. **1953.** 5199.) Zur Unters. des Problems, ob *Cholin* (I) bei der Bldg. von Nicotin (II) die notwendigen Methylgruppen liefert, wurden Tabakpflanzen in Nährlösungen mit 2 mg/Liter I gezogen. Radioakt. I, in einer Methylgruppe mit $^{14}C$ markiert, wurde aus Dimethyläthanolamin u. $^{14}CH_3J$ hergestellt. Um eine bakterielle Zerstörung von I in der Lsg. zu verhindern, wurden geringe Mengen Aureomycin zugesetzt. II wurde als Dipikrat isoliert, durch azeotrope Dest. mit W. in alkal. Medium freigesetzt, entmethyliert u. die Methylgruppen als Methyltriäthylammoniumjodid isoliert. In der Methylgruppe wurden über 90% der Radioaktivität von II gefunden. Verss. zur Isolierung von Phospholipiden verliefen erfolglos, woraus geschlossen wird, daß keine wesentlichen I-Mengen an einer Synth. derartiger Stoffe beteiligt sind. (J. biol. Chemistry **205.** 637—42. Dez. 1953. East Lansing, Mich., State Coll., Kedzie Chem. Labor.) H. KOBLITZ. 4460

**Shri Ranjan** und **M. M. Laloraya,** *Aminosäurestoffwechsel in Blättern von Nicotiana nach Entfernung von der Pflanze.* Die Veränderungen im Geh. an freien Aminosäuren (I) gepflückter Blätter von Nicotiana im Dunkeln u. bei täglich 12std. Belichtung wurden mit Hilfe der horizontalen Papierchromatographie verfolgt. Die Zunahme von I, z. B. von Histidin + Lysin, Asparaginsäure (II), Alanin (III) u. Glutaminsäure (IV) sowie das Neuauftreten von Asparagin, Phenylalanin, Valin u. Methionin sind wohl auf die Hydrolyse von Proteinen zurückzuführen, während die Abnahme von I (meist im Dunkeln), z. B. von Prolin (V), von II (nach 3 Tagen) u. von III u. IV (nach 4 Tagen) durch Veratmung dieser Verbb. gedeutet werden kann. Der konstante Geh. an V bei Belichtung u. das Auftreten einer neuen Bande, die im Dunkeln nicht zustande kommt, lassen auf das Vorhandensein lichtabhängiger Systeme schließen. (Nature [London] **177.** 235—36. 4/2. 1956. Allahabad, Univ. of Allahabad, Dep. of Botany.) A. DILLMANN. 4460

**Eldon H. Newcomb** und **P. K. Stumpf,** *Fettstoffwechsel in höheren Pflanzen.* 1. Mitt. *Biogenese höherer Fettsäuren durch Schnitte von Erdnußkotyledonen in vitro.* Die Bldg. *höherer Fettsäuren* aus den Salzen der $^{14}C$-Ameisensäure (I), $^{14}C_{(1.2)}$-Essigsäure, $^{14}C_{(1)}$-Essigsäure (II), $^{14}C_{(2)}$-Essigsäure (III), $^{14}C_{(1)}$-Propionsäure, $^{14}C_{(1)}$-Buttersäure (IV), $^{14}C_{(1)}$-Valeriansäure (V), $^{14}C_{(3)}$-Valeriansäure (VI), $^{14}C_{(1)}$-Capronsäure (VII), $^{14}C_{(1)}$-Bernsteinsäure, $^{14}C_{(2)}$-Brenztraubensäure, radioakt. Glucose (VIII) u. Fructose (IX) durch Schnitte von fast reifen Erdnußkotyledonen u. von Kotyledonen im keimenden Zustand wurde untersucht. Die Verss. wurden im WARBURG-App. durchgeführt, um gleichzeitig das Auftreten von $^{14}C$ in der Atmungs-$CO_2$ zu verfolgen. Von allen Vorstufen finden sich mindestens 7% der zugegebenen Radioaktivität in der Atmungs-$^{14}CO_2$ wieder, außer bei VI (nur 0,6%). Der Beitrag von II zur $^{14}CO_2$ ist bedeutend größer als der von III, wogegen umgekehrt III mehr $^{14}C$ zur Fettsäuresynth. liefert als II: Während der ersten 3 Std. wird fast sechsmal soviel COOH-Kohlenstoff veratmet wie $CH_3$-Kohlenstoff; in den Fettsäuren erscheint doppelt soviel $CH_3$-Kohlenstoff wie COOH-Kohlenstoff. I wird kaum zur Fettsäuresynth. verwendet, jedoch zu 31,5% veratmet. Carbonsäuren mit einer geraden Anzahl von C-Atomen liefern viel mehr $^{14}CO_2$ als solche mit einer ungeraden Anzahl. Zum Einbau in höhere Fettsäuren gelangen im wesentlichen nur die Vorstufen **II**, **III**, **VIII** u. **IX**. Von **II** finden sich 22%, von **III** 34%, von **VIII** u. **IX** je 6% u. von **IV**, **V** u. **VII** 1–3% der zugegebenen Radioaktivität in höheren Fettsäuren wieder; die restlichen Vorstufen werden zu $<1\%$ der angewendeten Radioaktivität in höhere Fettsäuren eingebaut. Aus **III** entsteht unter anaeroben Bedingungen ($N_2$-Atmosphäre) kein $^{14}CO_2$; dagegen erreicht die Synth. höherer Fettsäuren 42% des aeroben Wertes bei sich entwickelnden Kotyledonen, 100% bei Kotyledonen im keimenden Zustand. $10^{-3}$ mol. 2.4-Dinitrophenol hemmt die Fettsäuresynth. aus **III** fast völlig, während die $^{14}CO_2$-Bldg. zu weniger als 50% gehemmt ist. Bei $10^{-4}$ mol. ist die Hemmung der Synth. höherer Fettsäuren gerade noch erkennbar; die $^{14}CO_2$-Bldg. wird bei dieser Konz. nicht gehemmt. (J. biol. Chemistry **200.** 233–39. Jan. 1953. Berkeley, Calif., Univ. of California, Dep. of Plant Biochem.) H. KOBLITZ. 4460

**Robert Bouriquet** und **Charles Mentzer,** *Vergleich der Wirkung von N-Methyl-N-phenylglykokoll, N-Methyl-N-acetonylanilin und N-Formylanilinessigsäure auf die Stammgewebe der in vitro kultivierten Karotte.* Um zu untersuchen, ob der Ersatz der CH-Gruppe durch eine CHO-Gruppe bzw. der Ersatz der COOH-Gruppe durch die $COCH_3$-Gruppe die Eigg. von *N-Methyl-N-phenylglykokoll* (I) verändert, wurden Fragmente von Karotten (isoliert 1937 von GAUTHERET) auf Medien gezogen, die eine der diskutierten Verbb. in verschied. Konzz. enthielten. Nach 2 Monaten wurden die Fragmente gewogen. *N-Methyl-N-acetonylanilin* zeigt antiauxine Wrkg., während I u. *N-Formylanilinessigsäure* schwache *Auxine* sind. Die auxine Wrkg. von I wird noch verstärkt, wenn man es mit *Indolylessigsäure* oder *Naphthylessigsäure* kombiniert. Bei physiol. Dosen wird seine Wrkg. verstärkt, bei höheren Dosen wirkt es toxisch. (Bull. Soc. Chim. biol. **36.** 879–84. 1954. Lyon, Fac. des Sci., Labor. de Chim. biol., u. Paris, Labor. de Biol. Végét. du P.C.B.) H. BENISCHKE. 4485

**Ernst Gäumann** und **Stephi Naef-Roth,** *Über den Einfluß von Fe(III)-Ionen auf die Giftwirkung der Toxine der Pflanzenwelke. Fusarium lycopersici Sacc.* erzeugt bei Tomatenpflanzen eine infektiöse Welke u. liefert in vitro 3 verschied. Toxine: das Dipeptid *Lycomarasmin* (**I**), die *Fusarsäure* (**II**), ein Pyridinderiv., u. das *Vasinfuscarin*, wahrscheinlich ein Albumin mit Enzymfunktion. Der Mechanismus der Schädigung ist ungenügend erforscht. Es ist nachgewiesen worden, daß **I** u. **II** die Permeabilität der ektoplasm. Schichten u. die Osmoregulation des Plasmas schädigen u. somit den Wasserhaushalt der Wirtspflanze stören. Die Hypothese, daß die Gifte durch Bldg. von Chelaten dem Wirt lebenswichtige Metallionen entziehen, ist umstritten. Um diese Unstimmigkeiten zu klären, wurden Verss. mit dem *Dinatriumsalz der Äthylendiamintetraessigsäure* (*Komplexon III*), F. 372,1°, durchgeführt, welches als Modellsubstanz geeignet erschien. Der Einfl. wachsender Mengen $FeCl_3 \cdot 6\,H_2O$ auf die Giftwrkg. des Komplexons bei jungen Tomatensprossen bei $p_H$ 4,0 wurde untersucht. Bis zu einer Menge von 15 mg $FeCl_3$ auf 1860 mg Komplexon zeigt sich eine stetige Abnahme der Toxizität. Die der Pflanze durch das Gift entzogenen Metallionen werden in diesem Konzentrationsbereich ersetzt. Bei weiterer Steigerung der $FeCl_3$-Menge treten erneut Schädigungen auf, für die der Metallionenüberschuß verantwortlich ist u. die bei einer Dosis von 200 mg einen konstanten Wert erreichen. (C. R. hebd. Séances Acad. Sci. **238.** 541–44. 1/2. 1954.) H. KOLM. 4490

**Roland Leroux,** *Untersuchungen über die anatomischen Veränderungen der Kornrade (Agrostemma githago L.) unter der Wirkung herbicider Heteroauxine.* In Feldverss. wurden die Wirkungen der *Na-Salze von 2.4-Dichlorphenoxyessigsäure, 2.4.5-Trichlorphenoxyessigsäure* u. *2-Methyl-4-chlorphenoxyessigsäure* auf die Anatomie der Wurzel, des Wurzelhalses u. des Stengels untersucht. Die benutzten Konzz. betrugen 1, 2, 4 u. 6 kg freier Säure pro Hektar, gelöst in je 1000 Liter Wasser. Die drei Heteroauxine unterscheiden sich in ihren Wirkungen kaum voneinander. Ergebnisse der anatom. Unterss.: Die Wurzel ist kaum noch lignifiziert, im Sproß ist eine starke Red. des Sklerenchyms zu beobachten. Entdifferenzierung im Bast- u. Rindenparenchym unter Bldg. von meristemat. Inseln, aus denen sich Adventivwurzeln entwickeln. Das Cambium bildet ungeordnete Bezirke von Gefäß- u. Siebelementen. Die bedeutendsten histolog. Veränderungen finden sich im Gebiet des Wurzelhalses. (C. R. Séances Soc. Biol. Filiales **147.** 1189–93. Juli 1953. Labor. de Biol. végétale, P. C. B., 1. Sect.) H. KOBLITZ. 4495

**Dorothy Bradbury** und **W. B. Ennis jr.,** *Histologische Abnormitäten von Knollen irischer Kartoffelpflanzen, die mit 2.4.5-Trichlorphenoxyessigsäurebutylester besprüht wurden.* Die Spitzen von Kartoffelpflanzen wurden in Feld- u. Gewächshausverss. während der Zeit der Knollenentstehung oder, wenn die größten Knollen einen Durchmesser von 2—3 cm erreicht hatten, mit 2.4.5-Trichlorphenoxyessigsäurebutylester in einer Ölemulsion besprüht. In einigen Knollen trat eine Hypertrophie der Epidermis- u. Rindenzellen auf. Die Parenchymzellen des Perizykels u. der das Mark umgebenden Schichten waren bisweilen stark vergrößert. Mit der Hypertrophie der Rindengewebe waren folgende Abnormitäten verbunden: Vergrößerung u. Lockerung der Komplementärzellen der Lenticellen, dünnes u. geborstenes äußeres Periderm, Verlust des Dickenwachstums u. der Verkorkung der Korkzellwände, Entw. von Rissen u. Narben, unvollständige oder überhaupt keine Wundkorkbldg. bei Verletzungen u. Entw. von Wurzelprimordien in den Augen nahe der Knollenspitze. Zwischen der Hypertrophie der Gewebe u. der Entw. von Narben u. zerstörten Bereichen, die den Knollen behandelter Pflanzen ein charakterist., schorfiges Aussehen verleihen, scheinen Wechselwirkungen zu bestehen. (Amer. J. Bot. **40.** 827—34. Dez. 1953. Washington, U. S. Army, Chem. Corps.) H. KOBLITZ. 4495

## $E_5$. Tierchemie. Tierphysiologie. Tierpathologie.

**H. Barnes,** *Korrosion und Zusammensetzung der Schalen von Entenmuscheln.* Der Geh. an $Ca^{2+}$ u. organ. Substanz in Schalen von Chthalamus stellatus (Poli) wurde mit dem verschied. Balanus-Arten verglichen. Es wird angenommen, daß die erhöhte Korrosion nicht auf dem nur unwesentlich erhöhten Geh. an organ. Substanz beruht, sondern auf strukturelle Eigg. zurückzuführen ist. (Nature [London] **177.** 290—91. 11/2. 1956. Millport, Scotland, Marine Stat.) A. DILLMANN. 4510

**Oskar Eichler, Ilse Appel** und **Reinhold Ritter,** *Über den Stoffwechsel von Zahnkeimen und Zahnsäcken von Hunden, geprüft mit* $^{45}Ca$. Jungen Hunden wurde 24 Std. bzw. $5^1/_2$ Tage vor der Tötung $^{45}Ca$ injiziert u. die Radioaktivität von Zahnanlagen u. Zahnsäcken sowie vom Blut im Ultrafiltrat, in der Asche, im Trichloressigsäureextrakt u. bei den Zahnkeimen in Ablöseverss. geprüft. Das Ca u. *Phosphat* im Zahnsack sind zum größten Teil nicht ultrafiltrierbar. Der ultrafiltrierbare Teil des Ca entspricht der gleichen Fraktion des Blutplasmas. Das Phosphat liegt wahrscheinlich als koll. Phosphat in den Zahnsäcken vor. Die spez. Aktivität des Ca ist in den veraschten Zahnsäcken von der gleichen Größenordnung wie im Ultrafiltrat, aber niedriger als im Plasma. In den Ablöseverss. (schichtweise Auflsg. der Apatitkristalle der Zahnkeime in 0,5n $H_2SO_4$) zeigt sich, daß die spezielle Aktivität bei der obersten Schmelzschicht die gleiche Größenordnung hat wie die der umgebenden Gewebe. Nach innen zu wird sie geringer. Beim Dentin ist die spezielle Aktivität der obersten Schicht vielfach höher. Aus den Verss. wird auf eine wesentlich geringere Permeabilität der Schmelzoberfläche geschlossen, bzw. es besitzt der Schmelz eine viel geringere Umbaugeschwindigkeit als das Dentin. (Hoppe-Seyler's Z. physiol. Chem. **302.** 142—50. 1955. Heidelberg, Univ., Chirurg. Klinik u. Klinik für Mund-, Zahn- u. Kieferkrankh.) G. KLESSE. 4510

**F. G. Fischer** und **Hans Bohn,** *Die Zusammensetzung des Elfenbeins.* In 100 g getrocknetem *Elfenbein* afrikan. Herkunft wurden an anorgan. Bestandteilen nachgewiesen (in g): $Ca^{2+}$ 21,20, $Mg^{2+}$ 2,48, $PO_4^{3-}$ 39,53 u. $CO_3^{2-}$ 1,85. Der Mg-Geh. ist im Elfenbein etwa dreimal größer als in menschlichem Dentin. An *Aminosäuren* wurden papierchromatograph. nachgewiesen: *Glykokoll, Alanin, Valin, Leucin, Isoleucin, Prolin, Phenylalanin, Tyrosin, Tryptophan, Serin, Threonin, Cystin, Methionin, Arginin, Histidin, Lysin, Asparaginsäure, Glutaminsäure, Oxyprolin* u. *Oxylysin.* Das Elfenbeinprotein entspricht weitgehend in seiner Zus. dem Dentinprotein von menschlichen Zähnen. In den Elfenbeinhydrolysaten wurde auch *Galaktosamin* gefunden, doch liegt seine Menge nicht über 0,1%. (Hoppe-Seyler's Z. physiol. Chem. **302.** 283—85. 1955. Würzburg, Univ., Chem. Inst.) G. KLESSE. 4520

**G. Krishnan, G. N. Ramachandran** und **M. S. Santanam,** *Vorkommen von Chitin in der Epicuticula des Palamneus swammerdami.* Obwohl einige chem. Rkk. dagegen zu sprechen scheinen, wiesen Vff. in der Epicuticula von Palamneus swammerdami durch Röntgenstrahlendiffraktion sowie durch Ermittlung von Glucosamin u. Glutaminsäure in Hydrolysaten das Vorhandensein von *Chitin* nach. (Nature [London] **176.** 557—58. 17/9. 1955. Madras, Univ., Depp. of Zool. and Physics.) F. KRUSEN. 4520

**A. Gottschalk** und **G. L. Ada,** *Die Abtrennung und quantitative Bestimmung der Zuckerkomponenten von Mucoproteinen.* Vff. hydrolysieren *Mucoproteine* (**I**) (*Rinderserumalbumin, Thyroglobulin* (**Ia**), *Ovomucoid* (**Ib**), *Mucoprotein aus der Unterzungendrüse des Rindes* (**Ic**) u. *Hefenucleinsäure* (**Id**) mit 0,25n $H_2SO_4$ (100°, 18 Std.), fällen nach Neutralisation mit n NaOH u. Einengen im Vakuum nicht hydrolysierte Proteine oder Polypeptide mit A. u. behandeln die Lsg. zur Entfernung von Aminosäuren u. niedrigmol. Peptiden bei $p_H$ 4,0 mit Ionenaustauschharz (Dowex-50). Die erhaltenen Zuckerkomponenten werden mit Hilfe der Orcinmeth. oder auf papierchromatograph. Wege identifiziert. Die Genauigkeit der Best. beträgt ±10% u. die Ausbeute an I-Zuckern 70—90%. Als solche werden *Galaktose* (**I a**: 1,2%; **I b** 1,4%; **I c** 0,7%), *Mannose* (2,7%; 4,3%; 0,2%) u. *Fucose* (0,4%; 0%; 0,7%) sowie *Glucosamin* (4,0%; 14,1%; 0,8%) u. *Galaktosamin* (0; 0; 9,2%) (Verhältnis Aminozucker:freien Zuckern: 0,85; 1,71; 4,41) gefunden. Die Analyse von **Id** (20 mg) nach vorst. Meth. (Hydrolyse mit n $H_2SO_4$ [100°; 1 Std.], Neutralisation mit $Ba(OH)_2$, Einengen der von den Ndd. befreiten Fl. im Vakuum bei 20°, Extraktion des Rückstandes mit heißem A. ergibt 40 μg *Ribose*, 18 μg *Adenin*, 22 μg *Guanin* u. eine chromatograph. Ausbeute von 95%. (Biochem. J. **62.** 681—86. April 1956. Melbourne, Austral., Walter and Eliza Hall Inst. of Med. Res.) P. FAHRNLAENDER. 4520

**J. L. Stoves,** *Die strukturelle Bedeutung von Eisen und Schwefel in natürlichen Melaninen.* Kurze Mitt. über den Fe-Geh. natürlicher Haarmelanine, der bei dunklen Haaren höher ist als bei helleren. Erstes kann außerdem mehr Fe binden als letztes, wobei die Farbe noch vertieft wird. Der bei 1% liegende S-Geh. natürlicher *Melanine* ist nach Ansicht des Vf. auf Bindung an Eiweiß über S-haltige Brücken zurückzuführen. (Res. Corresp. Suppl., zu: Research **6.** Nr. 4. 29S—30S. April 1953. London, Grange Road, Res. Labor.) H. IPPEN. 4520

**Hazel M. Doery,** *Über Purinverbindungen in Schlangengiften.* Vf. untersuchte das Gift von 8 austral. u. 2 afrikan. Schlangenarten auf seine *Purin*-Verbb. mittels Papierchromatographie u. gibt eine genaue Beschreibung der Methodik. *Adenosin, Adenosin-3-phosphat* u. eine Guaninverb. wurden verschiedentlich in den untersuchten Giften gefunden. Nach Vf. handelt es sich hierbei um Prodd. des frischen Schlangengiftes, die nicht erst durch nachträgliche Enzymeinw. entstehen. (Nature [London] **177.** 381—82. 25/2. 1956. Parkville, Victoria, Australia, Commonwealth Serum Labors.) D. BACHMANN. 4520

**V. Capraro, A. Cantone** und **A. Cresseri,** *Über die Anwesenheit einer resorbierbaren, mit „clearing"-Vermögen versehenen Substanz im normalen Magensaft.* Aus n. menschlichem Magensaft wurde ein *Mucin*-Präp. gewonnen, das „clearing"-Vermögen besitzt u. elektrophoret. in 6 Komponenten aufgespalten werden kann. Vgll. mit einem aus der Magenschleimhaut des Schweines gewonnenen Präp. lassen den Schluß zu, daß die wirksame Komponente ein *Aminopolysaccharid* ist. (Naturwissenschaften **43.** 36—37. 2. Jan.-H. 1956. Mailand, Ricerche Terapeutiche Labor. di Biolog., Inst. „C. Erba".) U. BAUMANN. 4555

**Edward C. Stafne,** *Röntgenologische Zahnbefunde bei der Systemkrankheit.* 1. Mitt. *Endokrine Störungen.* Vf. untersucht an Hand von Zahnröntgenaufnahmen die Beziehung zwischen Zahnentw. u. endokriner Störung. Aus den Aufnahmen läßt sich der Erfolg einer Behandlung der Drüsenerkrankung erkennen. (Radiology **58.** 9—22. Jan. 1952. Rochester, Minn., Mayo Clinic.) D. PÄTZE. 4558

**L. J. Baume,** *Die hormonale Steuerung des Zahndurchbruches.* Rattenverss. zeigten, daß die Hypophysektomie einen stärkeren Einfl. auf die Zahnentw. ausübt als die Thyreoidektomie, u. daß die Hypophyse die Zahnentw. nicht nur durch das Thyreotropin, sondern auch durch das Wachstumshormon beeinflußt. Das Schilddrüsenhormon stimuliert das Größenwachstum u. den Durchbruch des Zahnes, während das Wachstumshormon das Zahngrößenwachstum allein u. in stärkerem Maße beeinflußt als das Thyroxin; nach Hypophysektomie vermag es allerdings den Zahndurchbruch nicht zu beschleunigen. Die sich hieraus ergebende Komplexität des Zahndurchbruches wird diskutiert. (Schweiz. med. Wschr. **83.** 560—65. 13/6. 1953. San Francisco, Calif., Univ. of California, Georg Williams Hooper Foundation for Med. Res. and Div. of Dent. Med., Coll. of Dent.) H. P. FIEDLER. 4558

**Herbert Tuchmann-Duplessis** und **Ch. Levasseur,** *Wirkung natürlicher und synthetischer Östrogene auf die Nebennierenrinde der Ratte.* Vff. verabreichten an z. T. hypophysektomierte, kastrierte Ratten beiderlei Geschlechts subcutan 8—60 Tage lang 2 bis 100 γ *1-Methyl-bis-dehydrodoisynolsäure* (**I**) oder *Östradiolbenzoat* (**II**). Danach kam es zu einer erheblichen Gewichtszunahme der Nebenniere, die nur bei den hypophysenlosen Tieren ausblieb. Während die Gewichtszunahme der Nebenniere nach täglich 2, 8 u. 100 γ **I** 15 Tage lang 20, 80 bzw. 120% betrug, lag sie nach täglichen Gaben von 100 γ **II** nur bei 20—30%. Morphol. fand sich eine Hyperplasie u. Hyperämie der Nebennierenrinde mit Verringerung der sudanophilen Bestandteile. Aus der Tatsache des Ausbleibens der Rindenhyperplasie bei hypophysektomierten Tieren schließen Vff., daß die stimulierende Wrkg. der Östrogene auf die Nebennierenrinde nur indirekt über die Hypophyse erfolgt, so daß sie eine direkte Beziehung zwischen Gonaden u. Nebennierenrinde ablehnen. (Bull. Microscopie appl. **3.** [2] 9—11. Jan./Febr. 1953. Paris, École norm. sup., Labor. de Zoolog.) H. IPPEN. 4559

**G. S. Boyd** und **W. B. McGuire,** *Die Wirkung von Hexöstrol auf den Cholesterinstoffwechsel der Ratte. Hexöstrol* scheint nach den mitgeteilten Verss. bei der männlichen

Ratte die *Cholesterin*-Synth. zu hemmen, ohne daß offenbar eine Abhängigkeit von der Nebenniere besteht. (Biochem. J. **62.** 19P. Febr. 1956. Edinburgh, Univ., Dep. of Biochem.) H. BASFELD. 4559

**L. M. Makarewitsch-Galperin** und **Ss. N. Uschenko,** *Vergleichende Wirkung der weiblichen Geschlechtshormone — Follikulin und Octöstrol — auf den Umsatz der Phosphorverbindungen im Gehirn.* Eine kurze Zufuhr von *Follikulin* (I) u. *Octöstrol* (II) bewirkt bei kastrierten Ratten einen Rückgang des *Adenosintriphosphat* (*ATP*)-Geh. im Gehirn zur Norm. Bei 18 Tage fortgesetzter Zufuhr von I u. II ist der Rückgang des ATP-Geh. geringer. Bei n. Ratten bewirkt die kurzzeitige Zufuhr von I u. II eine geringe ATP-Abnahme im Gehirn; bei langzeitiger Zufuhr sind I u. II hierauf ohne Wirkung. Die normalisierende Wrkg. auf den ATP-Geh. des Gehirns ist bei I u. II die gleiche. Durch eine lange Zufuhr von $Br_2$ per os wird bei kastrierten Ratten der ATP-Geh. des Gehirns normalisiert. $Br_2$, I u. II zeigen demnach eine ähnliche Wrkg. auf die kastrierten Tiere. (Український Біохемічний Журнал [Ukrain. biochem. J.] **28.** 79—87. 1956. Charkow, Ukrain. Inst. für exp. Endokrinol., Pharmakotherapeut. Abt.) O. LEBTAG. 4559

**J. Warter, J. Schwartz** und **J. P. Weill,** *Der Testosteronstoffwechsel bei Cirrhose.* Im Verlauf chron. Lebererkrankungen ist die *17-Ketosteroid* (I)-Ausscheidung deutlich erniedrigt, während bei den experimentell erzeugten Mangelsymptomen keine Beziehung zwischen den verschied. Leberfunktionstesten u. der I-Ausscheidung nachweisbar ist. Ein Einfl. der Nebennierenrinde ist hierfür nicht verantwortlich zu machen, da nach Verabreichung von ACTH der I-Spiegel im Harn deutlich ansteigt. Daß bei dem Katabolismus des *Testosterons* (II) die Leber eine Rolle spielt, zeigen Verss., in denen II verabreicht wurde; bei den Cirrhotikern ist die I-Ausscheidung im Vgl. zu gastrektomierten u. an Nebenniereninsuffizienz leidenden Patienten deutlich herabgesetzt. (Schweiz. med. Wschr. **83.** 467—71. 16/5. 1953. Strasbourg, Univ., Clin. méd.) H. P. FIEDLER. 4559

**W. R. Breneman,** *Gewichtsanalytische Untersuchungen über das Hypophysen—Gonaden—Kamm-Verhältnis beim Küken.* 1. Mitt. *Einfluß von schwangerem Stutenserum und von Testosteronpropionat auf die Androgensekretion.* Die einzelne Gonade des unilateral kastrierten, 5 Tage alten Küken sezerniert, gemessen am Kammwachstum, beträchtliche *Androgen* (I)-Mengen, die jedoch unter den Mengen liegen, die von den Gonaden n. Küken sezerniert werden. Die Sekretionsaktivität der einzelnen Gonade wird durch Verabreichung von schwangerem Stutenharn nur wenig gesteigert u. wird durch gleichzeitige Injektion von *Testosteronpropionat* (II) verhindert. Auch bei n. Küken wird die I-Sekretion durch Injektion von 30 I.E. Stutenharn etwas gefördert, wird aber ganz wesentlich gehemmt, wenn gleichzeitig II verabreicht wird. Die Möglichkeit einer extragonadalen I-Sekretion wird in Erwägung gezogen. Die Wirksamkeit des II auf das Kammwachstum ist bei Kapaunen wesentlich stärker als bei n. oder unilateral kastrierten Küken. Es wird gefolgert, daß der eine Testes des unilateral kastrierten Kükens nur eine beschränkte Fähigkeit besitzt, auf Gonadotropin zu reagieren u. I zu sezernieren. Über die Gewichtsveränderungen, die im Verlauf der angegebenen Behandlung bei der Hypophyse u. den Gonaden festgestellt wurden, wird in einer weiteren Arbeit berichtet werden. (Poultry Sci. **30.** 231—39. März 1951. Bloomington, Ind., Indiana Univ., Dep. of Zool. and Waterman Inst.) H. P. FIEDLER. 4559

**R. Bondonny, P.-H. Castets, G. Demange** und **P. Ballan,** *Betrachtungen über die Bestimmung der Harnöstrogene in der Gynäkologie. Einige Ergebnisse und ihre Folgerungen.* Auf Grund von 400 Östrogen (I)-Bestimmungen gelangen Vff. zu folgenden Schlüssen: Bei Ovarien im Ruhezustand liegt die östrogene Kraft des Harns unterhalb 100 I.E. in 24 Stunden. Bei der n. Frau steigt die Ausscheidung von I im Cyclus mit 13 Ausscheidungsspitzen am 15. Tag, mit 12 Spitzen am 21. u. 6 gleichen Gipfeln am 15. u. 21. Tag. Fälle von excessiver Ausscheidung beruhen wahrscheinlich auf Überlastung des Körpers mit I. Übermäßige I-Ausscheidung bei Fettsucht wird vielleicht durch Versagen der Leber verursacht. (J. Méd. Bordeaux Sud-Ouest **128.** 697—704. Juli 1951.) R. HEINZE. 4559

**P. Tüzünkam,** *Der oxytocische Faktor und die Leber.* Die n. Leber übt auf den *oxytoc. Faktor* fast keine Wrkg. aus. Die oxytoc. Aktivität Hypophysenhinterlappenextrakt enthaltender Lsgg. bleibt nach Perfusion n. oder patholog. Leber unverändert. Die oxytoc. Wrkg. des Blutes u. Harnes von Leberkranken bleibt unverändert, während eine beträchtliche Zunahme der antidiuret. Wrkg. festgestellt werden kann. (Istanbul Contr. clin. Sci. **2.** 321—25. 1952/53. Istanbul, Univ., Inst. of Physiopathology.) K. F. MÜLLER. 4560

**Richard J. F. Murphy** und **Eugene A. Stead jr.,** *Einfluß des exogenen und endogenen antidiuretischen Hormons der Hinterhypophyse auf die Wasser- und Elektrolytausscheidung.* Die schnelle intravenöse Infusion von physiol. NaCl-Lsg. (125—146 Millimol) ruft innerhalb von 30 Min. eine Diurese hervor, welche in bezug auf die Urinmenge u. die Na- bzw. Cl-Konz. von einer Wasserdiurese nicht unterscheidbar ist. Kurze Zeit später tritt eine durch die Tätigkeit der Hinterhypophyse bedingte Antidiurese ein; die Na- u. Cl-Ausscheidung bleibt jedoch unverändert. Wird *Pitressin* (I) in kleinen Dosen intravenös gegeben, so wird bei den mit W. belasteten Probanden, deren Urinmenge auf ca. 1 ml/Min. herabgesunken ist, eine geringe Abnahme der Na-Ausscheidung festgestellt. Inulin oder Na-p-Aminohippurat rufen unter den gleichen Versuchsbedingungen keine Veränderung hervor. Nach der Salzbelastung bewirkt I eine vorübergehende Zunahme der K-Ausscheidung. Die nach intravenöser I-Verabreichung feststellbare Urinmenge wird durch die Na- u. Cl-Ausscheidung, die innerhalb der physiol. Grenzen liegt, beeinflußt. Kleine, intravenös verabreichte I-Dosen haben keinen Einfl. auf die glomeruläre Filtrationsgeschwindigkeit u. den renalen Plasmafluß. (J. clin. Invest. **30.** 1055—61. Okt. 1951. Durham, N. C., Duke Univ., School of Med., Dep. of Med.) H. P. FIEDLER. 4560

**R. W. Sevy** und **G. E. Wakerlin,** *Endokrine Faktoren bei experimenteller renaler Hypertension.* Experimentell nach WAKERLIN operierte Hunde, die einen renalen Hochdruck aufwiesen, wurden mit rohem Extrakt aus Rinderhypophysenvorderlappen behandelt. Dieser Extrakt zeigte deutliche Wrkg. gegen die renale Hypertension. *Adrenocorticotropin* (I) ist in dem Extrakt enthalten u. sicher bei der Wrkg. beteiligt, doch ist I allein nicht wirksamer als der Gesamtextrakt. Wiederholung der Therapie ist wirksamer als einmalige Behandlung. Ein Zusammenhang zwischen Kreatinin- u. p-Aminohippursäure-Clearence u. Blutdrucksenkung fehlte, ebenso bestand kein Anhalt für eine Schädigung des *Renin*-Mechanismus. Ein Zusammenhang zwischen Hypophysennebennierensyst. u. dem Renin-Mechanismus wird diskutiert. (Amer. J. Physiol. **172.** 129—40. Jan. 1953. Chicago, Ill., Univ. of Illinois, Coll. of Med., Dep. of Physiology.) WOLFGANG ALBRECHT. 4560

**V. Korenchevsky** und **Sheila K. Paris,** *Einfluß der Hypophysenvorderlappenhormone für sich und zusammen mit anderen Hormonen auf die Alterung von Ratten.* Die Verss. wurden an 80 n., ca. 17 Monate alten Ratten, die zu diesem Zeitpunkt bereits Alterungserscheinungen zeigten, u. zwar unter Verwendung von *Hypophysenvorderlappenhormonextrakt* u. *Androsteron, Progesteron, Desoxycorticosteronacetat* u. *Schilddrüsenhormon* durchgeführt. Der Hypophysenvorderlappenextrakt enthielt die gonadotropen Hormone für die Ovarien u. die somatotropen Hormone für die Präputialdrüsen, für Schilddrüse, Nebenniere, Thymus, Leber, Niere, Milz u. Herz. — Es werden verschied. synergist. oder antagonist. Beziehungen zwischen dem Hypophysenvorderlappenhormonextrakt u. den obengenannten anderen Hormonen festgestellt. Die auftretenden patholog. Veränderungen an den einzelnen Organen werden ausführlich beschrieben. Zur Klärung der Alterungs- bzw. Antialterungsfaktoren tragen die vorliegenden Unterss. vorerst nur orientierend bei. (J. Pathol. Bacteriol. **63.** 111—31. Jan. 1951. Oxford, Oxford Gerontolog. Res. Unit.) H. P. FIEDLER. 4560

**S. Walter Landau, William A. Nelson** und **Leslie N. Gay,** *Die Wirkung des adrenocorticotropen Hormons (ACTH) und Cortisons auf Histaminreaktionen und anaphylaktische Reaktionen bei Meerschweinchen. ACTH* (I), als Einzeldosis oder alle 6 Std. 4 Tage lang gegeben, vermag nicht die *Histamin*-Wrkg. auf Meerschweinchendarm aufzuheben oder den Tod durch letale Histamindosen zu verhindern. Ebenso zeigt sich kein Einfl. von I auf die anaphylakt. Rkk. bei passiv u. akt. sensibilisierten Meerschweinchen. (Bull. Johns Hopkins Hosp. **88.** 395—401. Mai 1951. Baltimore, Johns Hopkins Hosp. Allergy Clinic, Dep. of Med.) R. HEINZE. 4560

**Ivan L. Bennett jr., Morgan Berthrong** und **Arnold R. Rich,** *Eine weitere Untersuchung über die Wirkung des adrenocorticotropen Hormons (ACTH) auf die durch anaphylaktische Hyperästhesie hervorgerufenen experimentellen cardiovasculären Schäden.* Die durch Verabreichung von Pferdeserum bei Ratten verursachten Schäden — Periarteriitis nodosa u. cardiale Entzündungsschäden — können durch *ACTH* oder *Cortison* weitgehend gehemmt werden. Der Wirkungsmechanismus ist noch ungeklärt. (Bull. Johns Hopkins Hosp. **88.** 197—208. März 1951. Johns Hopkins Univ., School of Med., Dep. of Pathol.) H. P. FIEDLER. 4560

**Seymour J. Gray, John A. Benson jr., Robert W. Reifenstein** und **Howard M. Spiro,** *Chronischer Stress und Magengeschwür.* 1. Mitt. *Wirkung von Corticotropin (ACTH) und Cortison auf die Magensekretion.* Tagesdosen von 100—160 mg *ACTH* (I) verursachen bei n. Menschen Veränderung der Salzsäure-, Pepsin-, Uropepsinabsonderung bis zu den bei akt. Duodenalulcus beobachteten Werten, mit einem Maximum nach 7—14 Tagen. Mitt. von mehreren Fällen, die z. T. durch massive Magenblutungen u. Perforation tödlich verliefen. *Cortison* wirkt ebenso. Es ist zu vermuten, daß körperlicher Stress, bzw. Aufregungen, durch Hormonmechanismus übertragen, über Hypothalamus,

Hypophyse, Nebenniere, Magen, die Magen–Darm-Geschwüre hervorrufen. (J. Amer. med. Assoc. **147.** 1529–37. 15/12. 1951. Boston.) R. HEINZE. 4560

**M. Saegesser,** *Hypophysenvorderlappen und Gastropepsinogen- sowie Uropepsinausscheidung.* Vf. beobachtete nach subcutaner Injektion eines wss. Gesamtextraktes von *Hypophysenvorderlappenhormon* ARMOUR (I) bei Hunden mit HEIDENHAIN- u. vollständig isoliertem Antrum–Fundus-Magen starke Zunahme der *Gastropepsinogen* (**II**)-Ausscheidung im Magen. Die Wrkg. von **I** auf **II** tritt nicht ein, wenn das Antrum entfernt wurde, das also wichtigster Angriffspunkt zu sein scheint. Bei Tieren mit HEIDENHAIN-Beutelmagen führt Injektion von **I** zu einer starken Zunahme der *Uropepsin* (**III**)-Ausscheidung, während **III** bei Tieren mit vollständig abgeschlossenem Magen fehlt. **III** stammt demnach vorwiegend aus **II**, das in den Magen ausgeschieden u. im Dünndarm resorbiert worden war. Die **I**-Wrkg. auf die **II**-Ausscheidung im Magen geht nicht bzw. nicht ausschließlich über den N. vagus. Auch am nebennierenlosen Tier läßt sich die Zunahme der **II**-Ausscheidung nach **I** beobachten. Wahrscheinlich steuert der HVL die **II**-Ausscheidung durch direkten Angriff am Magen selbst u. über die Nebennierenrinde. Injektion eines Ae.–A.-Extraktes aus der Magenschleimhaut führt beim Tier mit HEIDENHAIN-Magen ebenfalls zu einer Zunahme der **III**-Ausscheidung. Wird die Injektion von **I** über den 5. Tag hinaus fortgesetzt, so kommt es zu deutlicher Abnahme der Magensaftmenge u. der Säure- u. **II**-Werte, während der Schleimgeh. sehr stark ansteigt. Ausgangspunkt dieser Gegenregulation scheint in erster Linie die Fundusregion des Magens zu sein. (Schweiz. med. Wschr. **84.** 1438–40. 25/12. 1954. San Francisco, Stanford Univ. Hospital.) K. BÖHM. 4560

**G. Loewi,** *Fibrinolyse bei Lupus erythematosus, die mit ACTH behandelt wurde.* Das beobachtete Auftreten der Fibrinolyse bei Lupus erythematosus wurde nach *ACTH*-Darreichung ohne Rückfall hintangehalten. Ähnliche Ergebnisse wurden außerdem in 1 Fall von Dermatomyositis u. in 8 Fällen von akutem Gelenkrheumatismus erzielt. (Lancet **261.** 687. 13/10. 1951. Taplow Canadian Red Cross Memorial Hosp.) R. HEINZE. 4560

**Colter Rule,** *Tod nach Corticotropin (ACTH)-Behandlung.* Patient mit SHEEHANSscher Krankheit starb 24 Std. nach Injektion von 25 mg *ACTH.* (J. Amer. med. Assoc. **147.** 1711. 22/12. 1951. New York, N. Y., Lenox Hill Hosp.) R. HEINZE. 4560

**H. Blaschko, G. V. R. Born, A. D'Iorio** und **N. R. Eade,** *Verteilung blutdrucksenkender Amine und von Adenosintriphosphat (ATP) in Nebennierenmarkgranula.* Bericht über Nachw. von *Adenosintriphosphat* (*ATP*; **I**) in Homogenatfraktionen des Rindernebennierenmarks im Vgl. zu ihrem Geh. an Catechinaminen (**II**). Während die „Bodenschicht" bezogen auf Trockengewicht 7,7, 7,9 u. 4,5% **I** enthielt, betrug der **I**-Geh. der **II**-ärmeren „Oberschicht" an Granula 0,9, 1,2 u. 2,0%. (Biochem. J. **62.** 18P. Febr. 1956. Oxford, Univ., Dep. of Pharmacol. and Nuffield Inst., Med. Res.) H. BASFELD. 4561

**Zvi Laron, Benjamin D. Canlas** und **John D. Crawford,** *Die Wirkung von Cortison auf die Zähne von rachitischen Ratten.* Es wird der Einfl. von *Cortison* (**I**) auf den Serumspiegel von *Ca, anorgan. Phosphat* u. *alkal. Phosphatase* (**II**) u. auf die Schneidezähne von unbehandelten u. mit Ca u. Vitamin D behandelten rachit. Ratten geprüft. Neben einer Erhöhung des Ca-Spiegels durch **I** u. einer Senkung des **II**-Spiegels tritt eine Verzögerung der Calcifizierung der Zähne ein. — Der mögliche Wirkungsmechanismus wird diskutiert. (A. M. A. Arch. Pathol. **61.** 177–80. Febr. 1956. Boston, Harvard Med. School, Dep. of Pediatrics and Pathol., u. Massachusetts General Hosp., Children's Med. and Pathol. Serv.) G. KLESSE. 4561

**I. E. Bush, J. Swale** und **J. Patterson,** *Analyse von Stereoiden im Nebennierenvenenblut und Harn in einem Fall von Virilismus.* In einem Falle von postpubertalem Virilismus fanden Vff. bei der Analyse von venösem Nebennierenblut, das während einer mit *ACTH* vorbereiteten Adrenektomie gewonnen wurde, u. im Tagesharn dieses Falles den Nachw. dafür, daß *Dehydroisoandrosteron* (**I**) nicht von der Nebenniere als solches ausgeschieden wird, sondern mehr als 90% des im Harn erscheinenden **I** aus einem noch nicht identifiziertem Nebennierenausscheidungsprod. entstehen. (Biochem. J. **62.** 16P–17P. Febr. 1956. London, Charing Cross Hosp.) H. BASFELD. 4561

**Theodor von Brand, Eleanor Johnson Tobie** und **Benjamin Mehlman,** *Das Ausbleiben des Einflusses von Cortison und ACTH auf die Glucoseneubildung während der Infektion hungernder Ratten mit Trypanosomen.* Vff. stellen fest, daß *Cortison* (**I**) u. *ACTH* keinen Einfl. auf die Entw. von Trypanosomen haben. Die durch **I** verursachte Neubldg. von *Glucose* bei hungernden Ratten wird durch Infektion mit den Parasiten abgeschwächt u. unterdrückt. (Amer. J. Hyg. **54.** 76–81. Juli 1951. Bethesda, Md.,

U.S. Publ. Health Serv., Nat. Inst. of Health, Nat. Microbiol. Inst., Lab. of Trop. Diseases.) P. FAHRNLAENDER. 4561

**Agamemnon Despopoulos** und **Edwin H. Kaufman**, *Die Wirkung von Desoxycorticosteronglucosid auf die renale tubuläre Resorption von Glucose bei Hunden.* Vff. geben mit Pentobarbital anästhetisierten u. n. Hunden nach einer 24std. Hungerperiode bei n. u. hohen Plasma-Glucose (**I**)-Konzz. (400–500 mg/100 ml) eine intravenöse Injektion von *Desoxycorticosteronglucosid* (**II**; 50 u. 150 mg) u. beobachten eine Erniedrigung des Resorptionsvermögens für **I** in den Nieren, indem die **I**-Ausscheidung mit dem Urin ansteigt. Der Grad u. die Dauer der Resorptionshemmung sind von der zugeführten **II**-Dosis abhängig. Auf den glomerulären Filtrationsanteil ist **II** bei hohen u. n. **I**-Gehh. des Plasmas jedoch ohne Einfluß. Freies *Desoxycorticosteron* (60 mg) verändert die **I**-Resorption durch die Tubuli der Nieren nicht. Die Ergebnisse zeigen, daß die **I**-Komponente des **II**-Mol. für die erniedrigte Resorption bzw. die bipolare Natur von **II** für die Hemmung des **I**-Transportes verantwortlich ist. (Amer. J. Physiol. **170.** 11–16. Juli 1952. New York City, Hosp. of Rockefeller Inst. for Med. Res.) P. FAHRNLAENDER. 4561

**Louis Chedid, Fernand Boyer** und **Micheline Saviard**, *Wirkung des Cortisons bei experimenteller Infektion der Maus mit Salmonella typhi.* Mäusen mit experimenteller Infektion von Salmonella typhi wurden $10^{-5}$ bis 1 ml *Cortison* (**I**; *Cortone*, MERCK) intraperitoneal oder subcutan gegeben u. dabei festgestellt, daß **I** die Virulenz der S. typhi nicht erhöht, die Mäuse gegen die Typhusinfektion schützt u. gegenüber Antigen 0 eine antitox. Wrkg. hat. (C. R. hebd. Séances Acad. Sci. **233.** 713–16. 24/9. 1951.) L. LEICHTER. 4561

**S. Oleesky** und **S. W. Stanbury**, *Die Wirkung peroraler Cortisongaben auf die Wasserausscheidung bei Addison'scher Krankheit und Unterfunktion der Hypophyse.* 1 Fall von Hypopituitarismus unbekannter Ätiologie zeigte auf Verabreichung von 1 Liter W. u. 50 mg *Cortison* (**I**) peroral n. Diurese. Der Einfl. von **I** auf den Wasserhaushalt wird diskutiert. (Lancet **261.** 664–66. 13/10. 1951. Univ. of Manchester, Dep. of Med.) R. HEINZE. 4561

**R. H. Freyberg, C. H. Traeger, M. Patterson, W. Squires, C. H. Adams** und **C. Stevenson**, *Probleme bei längerer Cortisonbehandlung der rheumatischen Arthritis.* Für längere *Cortison*-Behandlung empfiehlt sich zur Vermeidung ernsterer Komplikationen, eine Tagesdosis von 75 mg nicht zu überschreiten. (J. Amer. med. Assoc. **147.** 1538–43. 15/12. 1951. New York, N. Y.) R. HEINZE. 4561

**Leigh Wedlick**, *Einige Beobachtungen über die Anwendung von ACTH und Cortison bei der Behandlung des chronischen Gelenkrheumatismus.* Erörterung der vermutlichen Wirkungsweise von *ACTH* u. *Cortison* mit Schilderung von zwei Fällen. Erwähnung von Verss., die intrathecale Darreichung von Adrenalin zur Rheumatherapie zu verwenden. (Med. J. Australia **38 II.** 737–41. 1/12. 1951. Melbourne.) R. HEINZE. 4561

**S. de Seze, J. Robin, A. Ryckewaert, P. Ordonneau, D. Clément, M. Ribière, Nina Debeyre** und **J. C. Carlier**, *Indikationen, Ergebnisse und Zwischenfälle bei Cortison und ACTH in der Rheumatologie auf Grund einer Erfahrung mit 112 Fällen.* Bei akutem Rheumatismus stellt *ACTH* (**I**)-Therapie die Meth. der Wahl ohne Versager dar, bei chron. Gelenkrheumatismus sind **I** u. *Cortison* (**II**) allen anderen Mitteln überlegen, ohne einen Rückfall verhindern zu können. Gute Ergebnisse wurden auch bei akuten exsudativen Polyarthriten u. bei ankylosierender Spondylarthritis ohne Dauererfolg erhalten, weniger günstige bei subakuten Mono- u. Oligoarthritiden. Bei Gicht werden nur die chron. Fälle ohne größeren Erfolg behandelt. Ausgezeichnete Heilungen wurden mit **I** u. **II** bei Knie- u. Hüftarthrosen, Periarthritis der Schulter, bes. bei Frühfällen erhalten. (Semaine Hôpitaux Paris **27.** 2354–59. 26–30/7. 1951. Paris, Travail du Service de Rhumatologie de l'Hôp. Lariboisière.) R. HEINZE. 4561

**Elise Vesterdal**, *Akute fibrinöse Iridocyclitis: Untersuchungen über ätiologische Diagnose, klinische Befunde und Behandlung mit ACTH und Cortison.* Bericht über 120 Patienten mit akuter fibrinöser Iridocyclitis, deren Ätiologie u. klinische Befunde. Behandlungen mit *Cortison* u. *ACTH* allein, wie auch in Kombination, brachten in allen Fällen entscheidende Erfolge. (Acta ophthalmol. [Copenhagen] **29.** 509–39. 1951. Copenhagen, Eye Dep. of Univ. Hosp.) R. HEINZE. 4561

**Marg. Holzbauer** und **K. Walter**, *Die Inaktivierung der adrenalen Ascorbinsäureausschüttungsaktivität von Schleimextrakten durch Ascorbinsäure.* (Vgl. C. **1956.** 1064.) Vff. injizierten weiblichen Ratten, denen 21–27 Std. vorher die Hypophyse entfernt wurde, 0,42 mg *ACTH*; SCHERING (**I**; 1 mg = 3 I.E.) in A) 3,1 ml RINGER-Lsg. (**II**); B) in 3,1 ml **II**, die 8,4 mg *Ascorbinsäure* (**III**)/100 ml enthielt. Die Wrkg. von B auf die Konz. von **III** in der Nebenniere betrug nur 1,9% der von A. **III** in **II** gelöst u. nach

18—20 Std. gleichzeitig mit I injiziert schien dagegen die Wrkg. von I auf III in der Nebenniere nicht zu beeinflussen. Vff. beweisen, daß diese Inaktivierung durch III nicht eine einfache Rk. von III mit Polypeptiden ist, damit, daß Oxytocin, Vasopressin u. „Substanz P“ bei Bebrütung mit III keine Aktivitätsverluste erleiden. (Nature [London] **177.** 379—80. 25/2. 1956. Edinburgh, Univ., Dep. of Pharmacology.)
H. TÄNZLER. 4561

**Katharine Montagu,** *Adrenalin und Noradrenalin in Geweben von normalen, mit Insulin behandelten und adrenalektomierten Ratten.* Bei n. Ratten wurden im Mittel gefunden *Noradrenalin* (I) (*Adrenalin;* II) in m$\gamma$/g: Herz 530 (179), Hirn 458 (212), Milz 230 (74,4), Diaphragma 219 (54,1), Niere 158 (42,7), Leber 87,1 (24,6), Retroperitonealfett 62,0 (20,2), Lunge 61,8 (22,9) u. Beinmuskel 52,4 (15,0). Der II-Anteil an der Summe von I + II lag bei den Organen zwischen 19,8 u. 30,7%. 2½ Std. nach Applikation von 7 E. *Insulin*/100 g vorgenommene Unterss. ergaben in Herz u. Niere einen II-Anstieg von 64 bzw. 42% u. ebenfalls im Herzen einen I-Anstieg um 23%. Durch Adrenalektomie u. Medullaentfernung werden in der Niere I- u. II-Geh. gesenkt, während im Herzen II ab- u. I zunehmen. Da I u. II noch 3 Wochen nach Adrenalektomie in Herz u. Niere nachweisbar waren, muß eine Lagerung oder Synth. in diesen Organen angenommen werden. Mit zunehmendem Alter der Versuchstiere stieg der II-Anteil in Herz u. Niere an. (Nature [London] **176.** 555. 17/9. 1955. Nr. Wickford, Essex, Runwell Hosp.)
F. KRUSEN. 4561

**Sylvan N. Surks** und **Norton M. Luger,** *Klinische Anwendung von L-Arterenol während Cyclopropananästhesie.* Die Anwendung von *L-Arterenol* (I) zeigte bei 55 Patienten im Schockzustand gute Ergebnisse. I wurde als intravenöse Tropfinfusion (1—3 cm³/Min.) in einer Konz. von 8 $\gamma$/cm³ gegeben. Entgegen der bisherigen Anschauung stellt die Schockbekämpfung mit I während einer *Cyclopropan*-Narkose nach den Erfahrungen der Vff. keine Gegenindikation dar. (Surgery **35.** 104—08. Jan. 1954. Brooklyn, N. Y., Veterans Administration Hosp., Anesthes. Sect. and Med. Service.)
L. BERGER. 4561

**N. Emmelin** und **R. Strömblad,** *Der Gehalt von Adrenalin und Noradrenalin in den Nebennieren von mit Chloralose und Morphin/Äther anästhetisierten Katzen.* Vff. anästhesieren Katzen mit *Chloralose* (I; 80 mg/kg intravenös)- oder *Morphin* (II; 25 mg/kg intramuskulär)-Ae. u. stellen fest, daß der Geh. der Nebennieren an *l-Adrenalin* u. *l-Noradrenalin* sich bei I-Anästhesie nicht wesentlich ändert, jedoch bei II-Anästhesie beträchtlich abnimmt. (Acta physiol. scand. **24.** 261—66. 8/12. 1951. Lund, Univ., Dep. of Physiol.)
P. FAHRNLAENDER. 4561

**E. Ss. Turetzkaja,** *Jod und Brom in der Schilddrüse des Menschen.* Durch die Unters. von 33 Schilddrüsen von erwachsenen, durch Unglücksfälle ums Leben gekommenen Personen wird festgestellt, daß die frische Schilddrüse der Einheimischen (**A**) im Durchschnitt 21,30 mg%, die der Ortsfremden (**B**) 22,35 mg% *J* enthält. In der Trockensubstanz der Schilddrüse beträgt der J-Geh. 87,02 mg% bei **A** u. 88,88 mg% bei **B**. Der absol. J-Geh. der Schilddrüse ist jedoch sehr verschieden: 10,66 mg bei **A**, 6,92 mg bei **B**. Der *Br*-Geh. in der frischen bzw. Trockenschilddrüse beträgt 2,37 bzw. 10,09 mg% bei **A** 3,04 bzw. 12,29 mg% bei **B**. An absol. Br-Geh. der Schilddrüse wurde gefunden: 1,61 mg bei **A**, 0,96 mg bei **B**. (Український Біохемічний Журнал [Ukrain. biochem. J.] **28.** 114—18. 1956. Lwow, Inst. für Epidemiol., Mikrobiol. u. Hygiene, Sektor Sanitäts- u. Hygienewesen.)
O. LEBTAG. 4562

**Erich Klein,** *Die Dejodierung des 5-Jod-2-thiouracils bei Hyperthyreosen.* 10 an Hyperthyreose erkrankte Patienten erhalten 100 mg *5-Jod-2-thiouracil* (I) peroral. Die J-Ausscheidung wird im 24 Std.-Harn u. im Blut colorimetr. verfolgt. Die Ergebnisse zeigen im Vgl. zu gesunden Probanden, daß bei einer Hyperthyreose I schneller dejodiert wird, das Ausmaß des Mol.-Aufschlusses anscheinend nicht größer u. die Jodidausscheidung in 24 Std. wesentlich höher ist. Die bisher vorliegenden Befunde sprechen dafür, daß die Dejodierung von I in Peripherie u. Schilddrüse vor sich geht. Die Wrkg. von I wird unter Berücksichtigung der Notwendigkeit einer oxydativen J-Abspaltung als eine Kombination der pharmakolog. Wrkg. des J bzw. des Thiouracils betrachtet. (Klin. Wschr. **31.** 17—21. 1/1. 1953. Stuttgart-Bad Cannstatt, Krankenhaus, Innere Klin.)
H. P. FIEDLER. 4562

**U. Borghetti** und **L. Morgutti,** *Aktivität der Schilddrüse und Hyaluronidase. Die Behandlung des Hyperthyreoidismus durch intravenöse Infusionen von Kongorot.* Intravenöse Injektionen von *Kongorot* (I) in Dosen von 0,5—3,5 g in 500 cm³ physiol. NaCl-Lsg. täglich führten bei Überfunktion der Schilddrüse zur Herabsetzung des Stoffwechsels, u. zwar um so deutlicher, je höher er vorher war, wobei Puls u. Grundumsatz parallel liefen. Vff. vermuten Blockierung des Mucinasefermentes durch I, so daß sie eine Therapie diskutieren, die einen noch wirksameren Hyaluronidasehemmstoff als I anwenden, der den Polymerisationszustand der Glykoproteine des Schilddrüsenkolloids noch wirkungsvoller zu regulieren vermag. (Presse méd. **59.** 444–45. 4/4. 1951. Mailand, Inst. de Pharmacologie de l'Université.) R. HEINZE. 4562

**Roland Gädeke** und **Wolfgang Jacob,** *Schilddrüse und Tuberkuloseablauf unter besonderer Berücksichtigung der Methylthiouracil-Wirkung auf die experimentelle Meerschweinchentuberkulose.* (Vgl. auch C. **1954.** 2858.) In einer Sommer- u. einer Winterversuchsreihe wurden 26 bzw. 32 Meerschweinchen nach Verabreichung von täglich 0,01 g *Methylthiouracil* (I) je kg Körpergewicht nach 14 Tagen mit einer Tuberkelbakterienaufschwemmung, Typus humanus, infiziert. Die Überlebensdauer dieser Tiere erwies sich als wesentlich kürzer, verglichen mit nicht I-behandelten Tieren. Eine Hemmung der Schilddrüsenfunktion durch I beeinflußt also den Ablauf einer Tuberkulose ungünstig. (Klin. Wschr. **29.** 229–30. 15/3. 1951. Mannheim, Pathol. Inst. der Städt. Krankenanst.; Heidelberg-Rohrbach, Tuberkulose-Krankenhaus.) H. R. HENSEL. 4562

**T. S. Danowski, R. Schwartz, G. J. Rhodes, R. D. Yoder, A. J. Puntereri** und **F. M. Mateer,** *Der Spiegel des an Protein gebundenen Jods im Serum nach Thyroxingabe bei verschiedenen Krankheiten.* Das an Protein gebundene Jod im Serum wurde nach der Meth. von BARKER (vgl. C. **1949.** II. 340) bestimmt. Der Anstieg u. das darauf folgende Absinken des an Protein gebundenen Jods (I) im Serum nach Thyroxingabe waren von gleicher Größenordnung bei 1. Kontrollpersonen, 2. Diabeteskindern (während einer Steroidtherapie), 3. während der Schwangerschaft, 4. bei Muskeldystrophie u. 5. bei einigen Fällen von Cirrhose. Bei erwachsenen Patienten mit neoplast. Krankheiten, die Na-*l*-Thyroxin bekamen, war die Ausscheidung des I geringer als bei Gesunden. Ähnliches fanden Vff. bei einigen Patienten mit nichtneoplast. Krankheiten. Diese Ergebnisse weisen auf eine noch nicht geklärte Unregelmäßigkeit in der Resorption, der Proteinbindung, Verteilung, Dissoziation, im Abbau u. in der Ausscheidung dieser Aminosäure hin. — 34 Literaturangaben. (J. clin. Endocrinol. Metabolism **15.** 1116–30. Sept. 1955. Pittsburgh, Pa., Univ., Dep. of Res. of Med., Children's Elizabeth Steel Magee, and Veterans Hospital.) A. EBEN. 4562

**M. L. B. Clarke,** *Haarausfall nach Behandlung mit Propylthiouracil.* 32jähriger Patient mit erhöhtem Grundumsatz u. Diabetes mellitus zeigte nach *Propylthiouracil* 100 mg 3mal täglich. Haarausfall. Der nach 1 Monat wieder wachsende Bart war weiß. (J. Amer. med. Assoc. **147.** 1711. 22/12. 1951.) R. HEINZE. 4562

**Bruno W. Volk** und **Sydney S. Lazarus,** *Der Einfluß verschiedener Insulindosen auf die Geschwindigkeit der Blutzuckerabnahme im modifizierten Glucose–Insulin-Toleranztest.* Bei Verabreichung von 0,01, 0,02, 0,05, 0,10, 0,20 u. 0,30 I.E. *Insulin* (I)/kg an n. Probanden wurde festgestellt, daß die mittlere Blutzuckerabnahme der I-Dosierung von 0,05 I.E. I/kg an proportional ist. Höhere Dosen bis zu 0,30 I.E. I/kg bewirken keine Beschleunigung der Blutzuckerabnahme mehr. Vff. folgern, daß deshalb eine Dosierung von 0,1 I.E. I/kg am besten geeignet ist, um in dem modifizierten Glucose–I-Toleranztest die I-Empfindlichkeit zu bestimmen. (J. Lab. clin. Med. **41.** 684–89. Mai 1953. Brooklyn, N. Y., Jewish Sanit. and Hosp. for chron. Diseases, Div. of Labor.) H. P. FIEDLER. 4564

**W. Rössel** und **H. Osswald,** *Die Capillarisierung des Gehirns mit dem Einfluß von Insulin.* Bei Unterss. von an Insulinschocks verendeten oder während der verursachten Krämpfe getöteten Ratten u. Kaninchen werden starke Vascularisierungen vor allem der Großhirnrinde festgestellt. Eine Anzahl untersuchter krampferzeugender Verbb. wie *Sestron, Adrenalin, Cardiazol, Cocain* sowie der Einfl. von $N_2$ in einer allg. Alkalose zeigten ähnliche Vascularisierungserscheinungen des zentralen Nervensystems. (Pflügers Arch. ges. Physiol. Menschen Tiere **254.** 214–23. 1951. Köln, Univ., Inst. für Norm. u. Patholog. Physiol.) H. FINDEISEN. 4564

**Louis Zizine,** *Wirkung von Alloxandiabetes auf das Ovalbuminödem der Ratte.* 10 männliche Wistarratten erhielten nach vorheriger 24std. Fastenzeit intraperitoneal eine 2%ig. wss. Lsg. von *Alloxanmonohydrat* (200 mg/kg) u. 3 Wochen später bei nun vorhandener Glykosurie u. Hyperglykämie 1,5 cm$^3$ einer frisch bereiteten Ovalbuminlsg. injiziert, die außerdem an weitere 10 gleich schwere Wistarratten verabfolgt wurde. 2–3 Std. nach der Injektion zeigten Pfoten u. Gesicht der Kontrolltiere Anschwellungen experimenteller QUINCKE-Ödeme, die diabet. Tiere nicht. Es wird angenommen, daß in obigen Verss. die nach Alloxaninjektion erfolgten Störungen des Kohlenhydratstoffwechsels direkt für das Ausbleiben der gesamten, durch Ovalbuminverabreichung sich ergebenden ödemat. Rk. verantwortlich sind. (C. R. Séances Soc. Biol. Filiales **148.** 1592–94. Okt. 1954. Paris, Hôpital Bichat, Labor. de M. Turiaf.) ANTJE SCHMIDT. 4564

**Chr. de Duve,** *Glukagon, der hyperglykämisch-glykogenolytische Faktor des Pankreas.* (Vgl. auch C. **1953.** 550.) Hinweis auf die Aufrechterhaltung des metabol. Gleichgewichtes des Pankreas durch die Ausschüttung von entweder Insulin oder *Glukagon* (**I**) u. Herausstellen der Tatsache, daß **I**, wahrscheinlich ein Polypeptid, in der Ätiologie des Diabetes eine große Rolle spielen dürfte. Vieles spricht dafür, daß **I** das langgesuchte Hormon der α-Zellen der Pankreasinseln ist, u. daß es bei der physiol. Steuerung des Stoffwechsels, bes. des Wachstums, eine hervorragende Bedeutung hat. Aufgabe wird es sein, die Chemie u. Physiologie von **I** restlos zu klären. (Lancet **265.** 99—104. 18/7. 1953. Louvain, Belgium, Univ.) H. P. FIEDLER. 4564

**G. Liljestrand,** *Acetylcholin und Atmung.* Vf. beobachtet bei Verss. mit Katzen, die nicht mit *Atropin* (**I**) behandelt worden sind, daß geringe Dosen *Acetylcholin* (**II**; 1—10 μg intravenös) nur indirekt auf die Atmung stimulierend einwirken, indem der durch **II** hervorgerufenen Blutdrucksenkung ein $O_2$-Mangel innerhalb der Carotis u. Aorta folgt. Größere **II**-Mengen (0,2 mg) verursachen eine direkte Stimulation der Chemoreceptoren, wobei Hemmung des Atmungszentrums u. Verringerung der Atmungstiefe eintreten. Bei mit **I** (1,5 cg intravenös) behandelten Katzen verändern große Dosen **II** (4 mg), die den Blutdruck steigern, die Atmung in mehrfacher Hinsicht. Die Ergebnisse beweisen, daß **II** eine chem. Mittlerrolle innerhalb der Carotis bei den Vorgängen der Atmung spielt. Infolge Erregung des Atemzentrums wird ein kurzer Atmungsstillstand beobachtet, dem sich eine kurze Phase gesteigerter Atemfähigkeit, die der Erregung der Chemoreceptoren zuzuschreiben ist, anschließt. Zufuhr von *Eserinsalicylat* (**III**; 0,2%ig. Lsg.) bzw. *Lobelinhydrochlorid* (**IV**; 1,5 mg) zur Carotis erhöht die Rk. der Atmung auf $O_2$-Mangel oder $CO_2$-Anhäufung. Die Empfindlichkeit der Chemoreceptoren gegen **III** u. **IV** wird durch **I** vermindert oder aufgehoben. (Acta physiol. scand. **24.** 225—46. 8/12. 1951. Stockholm, Caroline Inst., Dep. of Pharmacol.) P. FAHRNLAENDER. 4569

**U. S. von Euler** und **A. Purkhold,** *Der Histamingehalt in Organen und seine Beziehung zur Nachlieferung durch die sympathischen Nerven.* Vff. stellen in verschied. Organen des Rindes u. Schafes beträchtliche Unterschiede in den Gehh. an *Histamin* (**I**) fest, u. zwar werden im Ileum des Rindes 80—100 μg/g **I** gegenüber nur 2—3 μg/g **I** in der Niere nachgewiesen. Ferner wird eine Beziehung zwischen den Gehh. an **I** u. *Noradrenalin* (**II**) in einem Organ u. dessen zugehörigem sympath. Nerv gefunden (z. B. **I**- u. **II**-Geh. der Rindermilz: 8—15 μg/g bzw. 2—4 μg/g; der zugehörigen sympath. Nerven: 80—100 μg/g bzw. 10—20 μg/g). In Organen u. Nerven des Schafes ist die Menge **I** u. **II** geringer als in den entsprechenden des Rindes. Der **I**-Geh. in denNerven des Schafes läuft mit ihrem **II**-Geh. parallel, dieser Parallelismus besteht nicht in den Organen. Bei Durchschnitt der sympath. Nerven verschied. Organe (Schaf) wird ein Absinken des **I**-Geh. der Milz beobachtet, dagegen bleibt die **I**-Menge der anderen Organe unverändert. Daraus ergibt sich, daß die Nerven den Organen nur geringe Mengen **I** zuführen. (Acta physiol. scand. **24.** 218—24. 8/12. 1951. Stockholm, Karolinska Inst., Fac. of Med., Physiol. Dep.) P. FAHRNLAENDER. 4569

**Sidney Udenfriend, Herbert Weissbach** und **Carroll T. Clark,** *Bestimmung von 2-Oxytryptamin (Serotonin) in biologischem Material.* Vff. extrahierten *5-Oxytryptamin* (**I**), *Tryptophan* (**II**) u. *5-Oxytryptophan* (**III**) aus NaCl-gesätt. Gewebeextrakten bei $p_H$ 10. **II** u. **III** wurden aus dem Butanolextrakt mit Boratpuffer entfernt u. dann **I** aus der mit Heptan versetzten Butanolphase durch Formiatpuffer ($p_H$ 4) extrahiert. Im sauren Auszug wird **I** direkt bestimmt durch UV-Absorption: maximale Absorption bei 275 mμ; Werte sind reproduzierbar bis 0,4 μmol **I** pro ml Ansatz. Colorimetrie: Best. im BECKMAN-Spektrophotometer bei 540 mμ nach Zusatz von 1-Nitroso-β-naphthollsg. in nitrithaltiger $H_2SO_4$; brauchbar bis 0,8 μmol **I** pro ml Ansatz. UV-Fluorescenzmessung: **I**-Konzz. von 1,7—7,2 γ pro ml Ansatz bei 330 mμ. Alle drei Nachweise erfordern Kontrollverss., da extraktionsbedingt nur ca. 85% vom Gewebe-**I** in den Endextrakt gelangen. (J. biol. Chemistry **215.** 337—44. Juli 1955. Bethesda, Md., US Dep. of Health, Educat. and Welfare, Publ. Health Service, Nat. Inst. of Health, Labor. of Chem. Pharmacol.) H. WALTER. 4569

**W. S. Peart,** *Die Isolierung von Hypertensin.* Vf. beschreibt das papierelektrophoret. Verh., die Reinigung u. die Zus. von *Hypertensin,* das durch die Einw. von Kaninchenrenin auf Ochsenserum gewonnen wurde. (Vgl. C. **1956.** 5605.) (Biochem. J. **62.** 520—27. März 1956. London, W. 2, St. Mary's Hosp., Med. Unit.; London, Mill Hill, National Inst. for Med. Res.) H. TÄNZLER. 4569

**Bengt Pernow,** *Verteilung der „Substanz P“ in den Eingeweiden.* Vf. isoliert aus Eingeweiden von Kaninchen u. Meerschweinchen durch Kochen mit W. bei $p_H$ 4 u. anschließende Fällung mit $(NH_4)_2SO_4$ das die Peristaltik stimulierende u. den Blutdruck senkende *Polypeptid* („*Substanz P*“; **I**). Es wird gefunden, daß die **I**-Konz. im Duodenum u. Jejunum am größten u. auch im Colon u. Rectum sehr hoch ist. Ferner wird die größte Menge I in der Muskelschicht der Darmschleimhaut ermittelt. (Acta physiol. scand. **24.** 97–102. 8/12. 1951. Stockholm, Karolinska Inst., Fac. of Med., Physiol. Dep.) P. FAHRNLAENDER. 4569

**Frank Dolyak** und **Charles A. Leone,** *Einige Standardwerte des Blutes und Serums der Baumwollratte Sigmodon hispidus texianus.* Die Hämoglobinwerte wurden zu 12,73 bis 13,60 g% bestimmt u. stimmen mit der Literatur überein. Ferner wurden erhalten: Glucose 115–216 mg%, Harnstoff-N 12,5–14,0 mg%, Nichteiweiß-N 55,3–62,8 mg%, Kreatinin 0,90–1,45 mg%, Cholesterin 134–165 mg% u. Ca 12,60–15,85 mg%. (Trans. Kansas Acad. Sci. **56.** 242–45. Juni 1953. Lawrence, Univ. of Kansas.) H. MATTHIES. 4572

**H. Malmros, B. Swahn** und **E. Truedsson,** *Hyperlipämie.* (Vgl. C. **1955.** 6062.) Bericht über 11 Fälle von idiopath. Hyperlipämie. Elektrophoret. Unters. des Serums ergab beträchtliche Erhöhung des Geh. an *Cholesterin, Phospholipiden* u. der *α-Lipoproteinfraktion.* Dem erhöhten Geh. an Neutralfetten scheint weniger Bedeutung zuzukommen, als allg. angenommen wird. (Acta med. scand., Suppl. **287.** 86–90. 1953.) R. LAFFERENZ. 4572

**George M. Guest, Bruce Mackler, Harry Graubarth** und **Peter A. Ammentorp,** *Die Anteile des Glucoseverbrauchs in Erythrocyten und Leukocyten.* Vff. bestimmen die Anteile der Glykolyse in Erythrocyten (a) u. Leukocyten (b) bei Hunden u. Versuchspersonen. Zur Durchführung der Verss. wird heparinisiertes Blut durch Zentrifugierung in 2 Fraktionen (a mit wenig u. b mit viel) getrennt, im eigenen Plasma resuspendiert u. bei 37° unter Belüftung mit 5%ig. $CO_2$ zur Konstanthaltung des $p_H$-Wertes von 7,4–7,6 80–90 Min. lang geschüttelt. Die *Glucose* (I)-Best. erfolgt nach 0–90 Minuten. Die Glykolyse wird ausgedrückt in γ verbrauchter I pro Std. u. $10^6$ Zellen u. die Anteile des I-Abbaus durch a u. b aus 3 von den erhaltenen Werten abgeleiteten Gleichungen berechnet. Um Schädigungen der Zellen herabzusetzen, werden alle Verss. in mit Silicon überzogenen Glasgefäßen ausgeführt. Als Werte für die Anteile der Glykolyse werden 0,014–0,028 γ I pro Std. u. $10^6$ a bzw. 4,7–13,2 γ für b ermittelt. Die Ergebnisse zeigen, daß der I-Abbau in b 200–900 mal schneller verläuft als in a. Die durch die Blutplättchen verursachte Glykolyse ist unbedeutend. (Amer. J. Physiol. **172.** 295–300. Febr. 1953. Cincinnati, O., Univ. of Cincinnati, Coll. of Med., Dep. of Pediatrics and Children's Hosp. Res. Found.) P. FAHRNLAENDER. 4573

**Harry Graubarth, Bruce Mackler** und **George M. Guest,** *Die Wirkungen von Acidos auf die Nutzbarmachung von Glucose in Erythrocyten und Leukocyten.* Vff. bestimmen den *Glucose* (I)-Verbrauch in Erythro (a)- u. Leukocyten (b) bei n. $p_H$-Werten (7,5) u. nach Erzeugung künstlicher Acidose (in vitro: Ansäuern mit 6 n HCl oder Erhöhung der $CO_2$-Tension während der Belüftung [$p_H$ 6,8–7,3] in vivo: Bei Hunden durch fortlaufende intravenöse Injektionen von 6n/$NH_4Cl$-Lsg. [2 Tage, $p_H$ 7,0–7,1]). Im Hundeblut beträgt die Glykolyse bei n. $p_H$ u. 37° durchschnittlich 0,018 γ I pro Std. u. $10^6$ a u. 9,9γ für b. Der Anteil des I-Abbaus ist also in letzten 500–600 mal größer als in a. In acidot. Blut wird die Glykolyse in a stärker gehemmt als in b (Durchschnittswerte bei $p_H$ 7,0: 0,006 u. 6,0 γ I pro Std. u. $10^6$ a u. b). Werden die $p_H$-Werte durch Versetzen mit $NaHCO_3$ wiederhergestellt, so normalisiert sich der I-Stoffwechsel in a u. b. Die Verss. zeigen, daß der aerobe I-Abbau in b durch Acidose weniger beeinflußt wird als der anaerobe in a. Die Hemmung der Glykolyse bei erniedrigten $p_H$-Werten steht mit dem Prozeß der Phosphorylierung u. damit Wirksamkeit der Hexokinase in Beziehung, indem Verlangsamung des I-Abbaus durch Acidose einen Anstieg des Geh. an anorgan. P nach sich zieht, während derselbe bei n. $p_H$ stationär bleibt. (Amer. J. Physiol. **172.** 301–08. Febr. 1953. Cincinnati, O., Univ. of Cincinnati, Coll. of Med., Dep. of Pediatrics, and Children's Hosp. Res. Found.) P. FAHRNLAENDER. 4573

**William N. Valentine, James H. Follette** und **John S. Lawrence,** *Der Glykogengehalt menschlicher Leukocyten bei Gesunden und verschiedenen krankhaften Zuständen.* Vff. stellen fest, daß der *Glykogen* (I)-Geh. gesunder menschlicher Leukocyten [bestimmt nach Fällung einer aus einer Leukocytensuspension abgetrennten zellfreien Fl. mit 95%ig. A. mittels Anthronreagens (0,2% Anthron in konz. $H_2SO_4$) auf spektrophotometr. Wege] durchschnittlich 48,2 mg pro $10^{10}$ Leukocyten bzw. 75,1 ml pro $10^{10}$ Myeloidzellen oder 3,61 mg in Leukocyten aus 100 ml Blut beträgt. Die I-Konz. derselben wird durch Hungern oder Anstieg des Blutzuckergeh. nach der Nahrungsaufnahme nicht beeinflußt. Auch die hohe Blutzuckerkonz. bei Diabetes mellitus sowie Applikation von 75–200 mg *Cortison* pro Tag verändern den I-Geh. der Leukocyten nicht. Dagegen ist die I-Konz. in den Myeloidzellen bei chron. myelocyt. Leukämie erniedrigt u. erhöht bei Polycythämie u. infektiösen neutrophilit. Leukocytosen. Ferner wird beobachtet, daß Lymphocyten u. Geschwulstzellen arm an I sind u. eine Parallelität zwischen I-Konz. der Leukocyten u. der Wirksamkeit der alkal. Phosphatase besteht. (J. clin. Invest. **32.** 251–57. März 1953. Los Angeles, Calif., Univ. of California, Med. Center, Dep. of Med.) P. FAHRNLAENDER. 4573

**A. Gajdos,** *Bestimmungsmethoden und Verschiedenheiten der Serumproteine bei Lebererkrankungen.* Abriß der Bestimmungsmethoden der Serumeiweißfraktionen u. der Befunde bei den verschied. Lebererkrankungen. (Semaine Hôpitaux Paris **27.** 3697–3701. 14/12. 1951. Paris, Labor. de la Fac. de Méd.) R. HEINZE. 4574

**Murray Franklin, William B. Bean, William D. Paul, J. I. Routh, Jesus de la Huerga** und **Hans Popper,** *Elektrophoretische Untersuchungen bei Leberkrankheiten.* 1. Mitt. *Vergleich von Serum- und Plasmakurven der Elektrophorese bei Leberleiden mit besonderer Beziehung zu Fibrinogen- und γ-Globulinkurven.* Vgl. der elektrophoret. Kurven von Serum- u. Plasmaproben bei 66 gesunden u. kranken Personen ergab deutliche Differenzierung der $\gamma$-Globuline im Plasma u. Serum, während abgesehen von einer geringfügigen Erhöhung der $\beta$-Globuline im Serum die Eiweißwerte im übrigen übereinstimmten. Da es nicht möglich ist, die Bestandteile der Fibrinogenzacke, in der auch die $\gamma_1$-Fraktion eingeschlossen ist, völlig voneinander zu trennen, sind Plasmaelektrophoresen nicht zu empfehlen. (J. clin. Invest. **30.** 718–28. Juli 1951. Chicago.) R. HEINZE. 4574

**Murray Franklin, William B. Bean, William D. Paul, J. I. Routh, Jesus de la Huerga** und **Hans Popper,** *Elektrophoretische Untersuchungen bei Leberkrankheiten.* 2. Mitt. *$\gamma_1$-Globulin bei chronischen Leberleiden.* (1. vgl. vorst. Ref.) Elektrophoretische Unterss., die sich auf 241 Personen, davon 56 mit verschied. Lebererkrankungen, erstreckten, zeigten deutliche Erhöhung der $\gamma_1$-Globulinfraktion bei Cirrhosis u. kleinere Erhöhungen bei anderen Lebererkrankungen. Die übrigen verschiedenartigen Erkrankungen brachten für das $\gamma_1$-Globulin keine Abweichung von der Norm. (J. clin. Invest. **30.** 729–37. Juli 1951. Chicago, Ill.) R. HEINZE. 4574

**D. Šulc** und **H. Kveder-Lozej,** *Über den Einfluß der Pektine auf das Blutgerinnungssystem.* Der Einfl. von *Pektinen* (I) verschied. Polymerisations- u. Veresterungsgrades auf das Blutgerinnungssyst. wurde durch Best. der Prothrombinzeit nach QUICK untersucht, wobei vor Zugabe des Ca 0,1 cm$^3$ 1%ig. I-Lsg. zugegeben wurde. Die hämostat. Wrkg. der I ist direkt proportional dem Veresterungsgrad u. umgekehrt proportional dem Polymerisationsgrad. Das vollständig methylierte I zeigt die beste hämostat. Wirkung. Da freie Carboxylgruppen die hämostat. Wrkg. herabsetzen, handelt es sich hierbei nicht um einen Säureeffekt. Für medizin. Zwecke sind nur I mit einem Veresterungsgrad von mindestens 80% u. einem Mol.-Gew. bis höchstens 40000 geeignet. Mit Erhöhung des Säuregrades können I zu Agglomeratbldg. u. anderen unerwünschten Nebenerscheinungen führen. — Das Präp. „Sangostop“ TURON G.m.b.H., Frankfurt a. M., das ein hochverestertes u. mittelpolymerisiertes I enthält, besitzt eine bedeutende hämostat. Wirkung. (Acta pharmac. jugosl. **3.** 106–18. 1953. Zagreb, Inst. za industr. istraživanja.) S. BECKMANN. 4574

**H. Weese,** *Therapeutische Möglichkeiten mit Blutersatzstoffen.* (Münchener med. Wschr. **95.** 456–59. 10/4. 1953. Wuppertal-Elberfeld, Farbenfabriken Bayer, Pharmakol. Inst.) FRANK GÜNTHER. 4576

**C. W. Crane** und **A. W. Turner,** *Aminosäureverteilung im Urin und Blutplasma eines Labradorhundes mit Cystinurie.* Der Geh. an *Aminosäuren* (I) im Urin u. Blutplasma eines Labradorhundes mit Cystinurie wurde durch zweidimensionale Papierchromatographie untersucht u. mit den aus n. Urin erhaltenen Befunden verglichen. Abgesehen von Threonin, das im Urin nur in Spuren vorkommt, ist die Verteilung der I im Urin des cystinuret. Hundes die gleiche wie bei der menschlichen Cystinurie, wobei der geringe Cystin-Geh. des Plasmas auf eine ähnliche Ätiologie schließen läßt. (Nature [London] **177.** 237–38. 4/2. 1956. Parkville, Victoria. Ind. Res. Organisat., Animal Health Res. Labor.; Dep. of Biochem., Univ. of Melbourne.) A. DILLMANN. 4577

**Franco Zappi** und **Maria Luisa Casorati,** *Die Ketosäuren des normalen menschlichen Liquors. Eine chromatographische Untersuchung.* Vff. untersuchen die n. menschliche Cerebrospinal-Fl. auf ihren Geh. an *Ketosäuren.* In 6 ml der entnommenen Proben wird mit 3 ml 2n HCl, 200 mg $NaPO_3$ u. 6 ml W. das Eiweiß gefällt u. nach 10 Min. abfiltriert. Zu 10 ml des Filtrats (entsprechend 4 ml Liquor) werden 2 ml 0,2% ig. 2.4-Dinitrophenylhydrazin in 2n HCl zugefügt u. 2 Std. bei 36° in einen Thermostaten gestellt. Diese Lsg. wird dann mit Äthylacetat extrahiert, der gewonnene Extrakt mit 10%ig. Soda-Lsg. ausgezogen. Aus der angesäuerten Lsg. werden die Hydrazone wieder mit Äthylacetat extrahiert. Der Extrakt wird zur Trockene verdampft u. mit 0,1 ml Phosphatpuffer vom $p_H$-Wert 7,2 u. 0,1 ml A. aufgenommen. Von dieser Lsg. wurde 1 Tropfen mit (Butanol–20% A.)/W. 1:1 horizontal u. mit W.-gesätt. Phenol vertikal chromatographiert. Das Chromatogramm weist 6 gelbe Flecke verschied. $R_F$-Werte auf. Durch Vgl. konnten 2 Ketosäuren als *Brenztraubensäure* (I) u. *α-Ketoglutarsäure* (II), 3 andere mit definierten $R_F$-Werten, aber nicht näher identifiziert werden. Ebenso konnte der 6. Fleck, der durch Schweifbldg. Verunreinigungen aufzeigte, nicht charakterisiert werden. Die quantitative Erfassung ergab für I eine Konz. von 1,7 $\gamma/cm^3$ u. für II von 0,7 $\gamma/cm^3$ des untersuchten Liquors. (Ricerca sci. **21**. 372–78. März 1951. Roma, Clinica delle malattie nervose e mentali, Centro di studio per la fisiopatologia.) H. ENDRASS. 4578

**Stephan Ludewig,** *Glutamin, Glutaminsäure und γ-Aminobuttersäure in Cerebrospinalflüssigkeiten.* Es wurde gefunden, daß die Konz. von *Glutamin* in der Cerebrospinal-Fl. von Patienten mit verschied. Neurosen durchschnittlich 7,35 ± 20 mg/100 $cm^3$ betrug. Eine Beziehung zwischen der Glutaminkonz. u. der Art der Neurose konnte nicht festgestellt werden. *Glutaminsäure* war entweder gar nicht oder nur in Spuren vorhanden. *γ-Aminobuttersäure* konnte in keinem der untersuchten Fälle gefunden werden. (A. M.A. Arch. Neurol. Psychiatry **70**. 268–70. Aug. 1953.) K. HEYNS. 4578

**A. I. Brusslawetz,** *Der Sauerstoffverbrauch des Hühnereigelbes.* Die nach dem WARBURG-Verf. durchgeführte Unters. des Stoffwechsels im Hühnereigelb ergab, daß dieses $O_2$ aufzunehmen vermag, wobei diese Aufnahme jahreszeitliche Schwankungen aufweist. Die optimale $O_2$-Aufnahme beobachtet man in Ggw. von Bicarbonat. Der Dotter der nicht befruchteten Eizellen, die sich noch im Eierstock befinden, kann ebenfalls $O_2$ aufnehmen. Der Dotter von incubierten Eiern verliert nach 12 Tagen der Embryoentw. die Fähigkeit zur $O_2$-Aufnahme. Bei patholog. Embryonen bleibt diese Fähigkeit auch nach 12 Tagen Incubation erhalten. Die $O_2$-Aufnahme durch den Dotter wird durch Cyanide teilweise oder völlig unterdrückt. Vf. nimmt an, daß die $O_2$-Aufnahme durch die Ggw. von Fermenten vom Xanthinoxydasetyp bedingt ist. (Український Біохемічний Журнал [Ukrain. biochem. J.] **28**. 106–13. 1956. Lwow, Med. Inst., Lehrstuhl für Histol. u. Embryol. u. Lehrstuhl für Biochemie.) O. LEBTAG. 4583

**H. D. Cremer,** *Ernährung und „Zivilisationskrankheiten“.* Vf. berichtet an Hand der Literatur über tatsächliche u. vermutete Zusammenhänge zwischen Ernährung u. Zivilisationskrankheiten (Arteriosklerose, Gefäßkrankheiten, Fettleibigkeit, Tumor u. Zahncaries) u. diskutiert krit. die Ergebnisse. (Angew. Chem. **68**. 30–40. 7/1. 1956. Mainz, Univ., Physiol.-chem. Inst.) F. KRUSEN. 4585

**J. B. M. Rattray** und **R. P. Cook,** *Die Lipoide (äther- und äthanolextrahierbare Stoffe) der Lebern von mit Cholesterin gefütterten Ratten.* Im gereinigten u. weiterbehandelten Ae.-A.-Extrakt von vakuumgetrockneten Rattenlebern nach *Cholesterin* (I)-Fütterung fanden sich prozentual zum Gesamtextrakt: 2% *KW-stoffe* u. höhere *Alkohole*; 2% *Cholesterylester* (II) gesätt. *Fettsäuren*; 24% II von ungesätt. Fettsäuren, wobei diese Fraktion freies I u. *Cholestanol* enthielt; 1% freie Fettsäuren als *Harnstoff*-Addukte; 19% *Glyceride* gesätt. u. 20% ungesätt. *Fettsäuren*, 20% *Phospholipoide* usw.; 11% wasserlösl. Komponenten; außerdem 0,2% schnellwirkende *Sterine* sowie geringe Mengen von *dien-* u. *dienon*-artigen Stoffen. (Biochem. J. **62**. 11P. Febr. 1956. Dundee, Univ. St. Andrews, Queens Coll., Dep. Biochem.) H. BASFELD. 4585

**Betty Beall Szymanski** und **Bernard B. Longwell,** *Plasmavitamin A und Carotinbestimmungen bei einer Gruppe normaler Kinder.* Die Unterss. wurden bei 95 Kindern im Alter von 2 Tagen bis zu 16 Jahren durchgeführt. Keines der Kinder gehörte zu einer Familie mit niedrigem Einkommen. Die Einzelfälle wurden z. T. mehrere Jahre hindurch beobachtet u. es wurden Erhebungen über die Ernährung durchgeführt. Es wurde die Höhe des *Vitamin-A* (I)- u. *Carotin* (II)-Spiegels in Beziehung zum Lebensalter festgestellt, wobei Höchstwerte bei I u. II bei etwa 1 Jahr gefunden wurden, die aber bei I möglicherweise durch I-Zulagen verursacht sind, die sämtliche Kinder erhielten. Der II-Spiegel stand in Beziehung zur Höhe der I + II-Zufuhr mit pflanzlicher Nahrung. Die Mädchen wiesen durchwegs höhere I- u. II-Werte auf als die Knaben. Bei der Pubertät der ersten trat im Verhältnis der II-Werte der Geschlechter eine Umkehrung ein. Eine jahreszeitliche Schwankung wurde nur beim II-Spiegel beobachtet. (J. Nutrit. **45**. 431–42. 10/11. 1951. Denver, Univ. School of Med., Child Res. Counc., Dep. of Biochem.) J. SCHWAIBOLD. 4587

**Akiji Fujita** und **Masataro Aoyama,** *Colorimetrische Bestimmung von Vitamin A mit Glycerindichlorhydrin.* Vergleichende Verss. ergaben, daß die von anderen Autoren angegebene Aktivierung von *Glycerindichlorhydrin* (I) durch den $SbCl_3$-Zusatz verursacht wird, u. daß die Empfindlichkeit der Rk. durch einen geeigneten Zusatz von $SbCl_3$ u. HCl bedeutend verbessert werden kann. Die Arbeitsweise ist folgende: a g (z. B. 0,01) Lebertran werden in v ml (z. B. 5) $CHCl_3$ gelöst, 1 ml davon wird in ein kleines Reagensglas mit 2ml I-Lsg. (enthaltend 20–30 mg $SbCl_3$ je ml) u. 0,1 ml Konz. HCl gebracht

u. gut gemischt. Die Messung erfolgt nach 2—10 Min. in einer 1 cm Küvette im Pulfrichphotometer mit Filter S 55. Der Vitamin-A-Geh. x wird nach der Formel x = 3,000· Ev/a (γ/100 g) = 90·Ev/a (I. E./g) berechnet. (J. Biochemistry [Tokyo] **38.** 263—69. Sept. 1951. Tokyo, Kitasato Inst., Biochem. Labor. [Orig.: engl.]) J. SCHWAIBOLD. 4587

**Akiji Fujita** und **Masataro Aoyama,** *Fluorometrische Bestimmung von Vitamin* A. (Vgl. vorst. Ref.) Auf Grund fluorometr. Verss. wird folgende Arbeitsweise angegeben: a g (z. B. 0,01) Lebertran werden im Zentrifugierglas (mit Stopfen) in 5 ml 5%ig. KOH-A. aufgelöst u. mit Wasserstoff behandelt. Nach Erhitzen auf 75° während 30 Min. wird rasch gekühlt. Nach Zusatz von 10 ml Bzl. u. 10 ml W. wird gemischt u. zentrifugiert, die Bzl.-Schicht in ein anderes Zentrifugierglas übergeführt u. mit 20 ml 60%ig. Methanol, enthaltend 5% KOH, u. dann mehrmals mit W. gewaschen. Falls der Extrakt noch trüb ist, wird das Waschen wiederholt. Diese Vorgänge erfolgen unter Wasserstoff oder $CO_2$. Die Bzl.-Schicht wird in ein Reagensglas übergeführt u. mit Bzl. auf eine geeignete Konz. (0,1—0,01γ *Vitamin A* (**I**)/ml) verdünnt. In einem Reagensglas (fluorescenzfrei) wird 1 ml der Extraktlsg. mit Bzl. auf 5 ml aufgefüllt. In einem zweiten Glas mit 5 ml Bzl. wird **I**-Standardlsg. bis zu gleicher Fluorescenz wie beim ersten Glas zugefügt (UV-Licht). Berechnungsformel: x = A m v/a (γ/g) = 3 A m v/a (I. E./g) t = Vgl. der verbrauchten Standard-**I**-Lsg., m = Verdünnung mit Bzl., v = verwendetes Volumen. (J. Biochemistry [Tokyo] **38.** 271—75. Sept. 1951. [Orig.: engl.] J. SCHWAIBOLD. 4587

**R. A. Morton** und **F. Bro-Rasmussen,** *Bemerkungen über die Bestimmung von Vitamin A in Naturprodukten und besonders Lebertran.* Vff. diskutieren die Probleme, die durch das Vorhandensein der 3 Vitamin-A-aktiven Substanzen *Vitamin A, Neovitamin* $A_1$ u. *Vitamin* $A_2$ bei der Best. nach der offiziellen Methode auftreten. Die Eigg. der Komponenten, ihre biol. Wirksamkeit u. ihre Absorptionsspektren unter besonderer Berücksichtigung ihrer Umwandlungsfaktoren sind in Tabellen zusammengestellt. (Analyst **80.** 410—18. Juni 1955. Liverpool, Dep. of Biochem., Univ., Copenhagen, Statens Vitamin Labor.) W. KNÖPKE. 4587

**F. Bro-Rasmussen, W. Hjarde** und **Olga Porotnikoff,** *Chromatographische Trennung von Vitamin-A-aktiven Komponenten in Lebertran.* (Vgl. vorst. Ref.) Vff. beschreiben eine Meth. zur chromatograph. Trennung von *Vitamin A, Neovitamin A* u. *Vitamin* $A_2$ in Fischleberölen. Die Trennung wird in einer 300—600 mm langen Säule, die mit Dicalciumphosphat gefüllt ist, vorgenommen. Als Lösungsmittel für die Ölprobe beim Passieren der Kolonne dienten Mischungen aus Leichtbenzin (Kp. unter 70°) u. Äther. Die einzelnen Fraktionen haben eine verschied. Lichtabsorption, die bei einer Extinktion von 325 mμ gemessen wird. Am stärksten wird Vitamin A absorbiert, das auch durch seine Fluorescenz (blaugrün im UV) erkannt werden kann. Neovitamin A zeigt dagegen eine gelbgrüne u. Vitamin $A_2$ eine schwächere bräunliche Fluorescenz. Diese Messungen können sowohl in der Kolonne als auch in den Lsgg. vorgenommen werden. (Analyst **80.** 418—28. Juni 1955. Copenhagen, Statens Vitamin Labor.) W. KNÖPKE. 4587

**Nathan Freedman,** *Einfluß des Vitamins D auf das Vaginalepithel in der Menopause und in der Zeit nach der Menopause.* Große Dosen von *Vitamin D* (**I**) zeigten bei 17 von 27 Patientinnen im Vaginalabstrich östrogene Rkk. mit vereinzelten Besserungen der Symptome der Menopause u. häufiger Schmerzlinderung bestehender rheumat. Beschwerden (70%). **I** gelangte auch bei Fehlen der Ovarien zur Wrkg. auf das Vaginalepithel. (Amer. J. Obstetr. Gynecol. **62.** 1273—80. Dez. 1951. Montreal, Quebec, Jewish General Hospital.) R. HEINZE. 4587

**P. L. Pellett** und **B. S. Platt,** *Beeinträchtigung des Nährwertes von Mais nach Behandlung mit Kalk.* Wachstumsversuche an Ratten zeigten eine Beeinträchtigung des Nährwertes von Mais nach Behandlung mit Kalk. Zusatz von Tryptophan oder Nicotinsäure (**I**) ist unwirksam; Aureomycin oder Vitamin-B-Komplex bringen das Wachstum auf den n. Wert. Der mit Kalk behandelte Mais enthält viel weniger **I**, *Riboflavin* (**II**) u. *Thiamin* (**III**) als unbehandelter. Zusatz von **II** oder **III** zum behandelten Mais beschleunigt das Wachstum, u. zwar **II** viel mehr als **III**. (Nature [London] **177.** 422—24. 3/3. 1956. Hampstead, Med. Res. Council Lab., Human Nutrition Res. Unit.) A. DILLMANN. 4587

**David R. Weir,** *Leukocytenproduktion bei Mäusen mit Pantothensäuremangel.* Bei Mäusen, die zur Erzielung eines *Pantothensäure* (**I**)-Mangels **I**-Antagonisten, wie *Salicyloyl-β-anilid, ω-Methylpantothensäure* u. *Pantoyltaurin* erhielten, wurde Granulocytose ohne Lymphopenie beobachtet, die von einer myeloiden Milzmetaplasie begleitet war. Es zeigte sich starke Unterschiedlichkeit zwischen einzelnen Tieren u. Stämmen in der Entw. eines **I**-Mangels. Auch *Streptomycin* ruft bei Mäusen einen **I**-Mangel hervor. (J. Nutrit. **49.** 425—33. 10/3. 1953. Cleveland, O., Western Res. Univ., Univ. Hosp., School of Med., Dep. of Med.) F. KRUSEN. 4587

**Frank T. Lossy, Grace A. Goldsmith** und **Herbert P. Sarett,** *Eine Untersuchung der Ausscheidung der Testgabe von fünf Vitamin-B-Komplexen beim Menschen.* Bei 115 Personen, davon 39 n. u. 76 mit verschied. Ernährungszuständen [1. verschied. Patienten, 2. Personen mit zugewogenen, an Vitamin-B-Komplex (**I**) armen Diäten, 3. Patienten mit Zeichen von **I**-Mangel, 4. Patienten mit *Thiamin* (**II**)-Mangelerscheinungen, 5. Patienten mit *Diabetes mellitus*] wurde die Ausscheidung der betreffenden Vitamine nach Gaben von 5 (mg) **II**, 5 *Riboflavin* (**III**), 50 *Nicotinamid* (**IV**) oder 25 *Pyridoxal* (**V**) mit 5 *Folsäure* (**VI**) per os im Harn 4 Std. nach der Gabe untersucht. Bei den Personen von Gruppe 2 u. 4 war die **II**-Ausscheidung nach der Testgabe deutlich niedriger als bei den Kontrollpersonen, bei denen der Gruppe 2 auch die **III**-Ausscheidung. Bei Patienten der Gruppe 3 war die Ausscheidung von **II** u. **III** nicht vermindert, diejenige von **IV** war bei allen Gruppen vermindert. Die **VI**-Ausscheidung war bei Gruppe 3 deutlich niedriger, bei 5 Personen von Gruppe 2 dagegen höher als bei den Kontrollpersonen. Bei der **V**-Ausscheidung zeigten sich keine Unterschiede. Bei der Gruppe 5 war die mittlere **II**- u. **III**-Ausscheidung deutlich erhöht, die **IV**-Ausscheidung verringert (anomale Ausnutzung von **II** u. **III** bei Diabetikern). Die Anwendung dieses Testes zur Best. des Ernährungszustandes von Personengruppen erscheint demnach bei **II** u. **IV** erfolgversprechend, bei **III**, **IV** u. **V** dagegen von geringerem Wert. (J. Nutrit. **45.** 213–24. 10/10. 1951. New Orleans, Univ., Depp. of Med. a. Biochem., Div. of Nutrit. a. Metabol.) J. SCHWAIBOLD. 4587

**Thomas H. Jukes,** *Folsäure.* (Vgl. C. **1956.** 9508.) Überblick über Chemismus der Folsäure (**I**), *Substanzen mit Folsäure, Aktivität,* **I**-Avitaminosen u. **I**-Antagonisten. (Int. Z. Vitaminforsch. **23.** 356–61. 1952. New York, American Cyanamid Comp., Lederle Laboratories.) G. RENTSCH. 4587

**R. A. Collins, M. Schreiber, C. A. Elvehjem** und **E. B. Hart,** *Vitamin $B_{12}$ und Folsäure bei Milchernährung.* Die Fütterung von Ratten mit einer an Fe, Cu u. Mn angereicherten Ziegenmilch führt zu Untergewicht dieser Tiere gegenüber mit Kuhmilch gefütterten. Dieser geringe Nährwert der Ziegenmilch wird durch Zusatz von täglich 0,5 $\gamma$ *Vitamin $B_{12}$* (**I**) pro Ratte aufgehoben. Die Hämoglobin-Bldg. ist in beiden Fällen gleich. Bei gleichzeitiger Zufuhr von 50 $\gamma$ *Folsäure* (**II**) genügen schon 0,1 $\gamma$ **I** zur Aufwertung der Ziegenmilch, während die gleiche Menge **II** allein nicht ausreichend ist. Vff. vermuten, daß die verhältnismäßig hohe Lactosezufuhr bei Milchkost eine höhere **I**-Zufuhr erforderlich macht. (J. of Nutrit. **49.** 485–94. 10/3. 1953. Madison, Univ. of Wisconsin, Coll. of Agric., Dep. of Biochem.) F. KRUSEN. 4587

**Damon V. Catron, Robert W. Bennison, Helen M. Maddock, Gordon C. Ashton** und **Paul G. Homeyer,** *Wirkungen gewisser Antibiotica und von Vitamin $B_{12}$ auf den Pantothensäurebedarf wachsender Mastschweine.* Vff. bestimmten den Bedarf wachsender Mastschweine an *Pantothensäure* (**I**) u. die Wrkg. von *Vitamin $B_{12}$* (**II**), eines Antibioticagemisches (**IV**) [Aureomycin (**III**), Terramycin, Streptomycin u. Procainpenicillin G zu gleichen Teilen] u. **III** allein auf den **I**-Bedarf von Mastschweinen. Unter einem Getreide–Sojapreßkuchen-Futter mit einem **I**-Geh. von 3,7 mg/lb. traten keine charakterist. **I**-Mangelsymptome auf. Auf Zusatz verschied. **I**-Mengen zum Futter verlief die Gewichtszunahme nicht schneller, wenn das Futter genügend **II** oder **IV** enthielt. Zugabe von 10 $\gamma$ **II** oder 3,5 mg **I** pro lb. Grundfutter steigerte die Gewichtszunahme. Ebenso wirkten 10 mg **III**/lb. mit oder ohne **I** oder **II**. **IV**-Zusatz steigerte den Futterverbrauch um 13%, die Gewichtszunahme um 27,5%. Wassergeh., Fettverteilung usw. der Schlachttiere waren in allen Fällen gleich. Aus den Ergebnissen schließen Vff., daß **I** u. **II** beim Fehlen von **III** einen gegenseitigen Spareffekt ausüben, während **III** den Bedarf an **I** u. **II** herabsetzt. Beifütterung von **I** ist bei sonst vollständigem Getreide-Sojapreßfutter, das genügend **II** u. **III** enthält, nicht erforderlich. Die mit **IV**-Zusatz gefütterten Schweine waren widerstandsfähiger, eines der täglich einen Zusatz von 6 mg **I** erhaltenden Schweine bekam eine schwere Dermatose, die sich auf **III**-Gaben nur langsam besserte. (J. Animal Sci. **12.** 51–61. Febr. 1953. Ames, Io, Iowa Agricult. Exp. Stat., Animal Husbandry Dep.) H. IPPEN. 4587

**Margaret M. Burns** und **John M. McKibbin,** *Die lipotrope Wirkung von Vitamin $B_{12}$ beim Hund.* Bei Unterss. über den Acetaldehydstoffwechsel mit einem synthet. Futtergemisch wurden Auftreten von Leberstörungen u. bei jungen Tieren Gewichtsabnahme u. andere Mangelerscheinungen sowie Leberverfettung bis 50% der Organtrockenmasse beobachtet. Zur Aufklärung der Ursache dieser Erscheinungen wurden vergleichende Verss. mit synthet. Futtergemischen mit verschied. Kohlenhydraten sowie Zulagen von *Cholin* (**I**) u. *Vitamin $B_{12}$* (**II**) durchgeführt. Während die Art der Kohlenhydrate von geringem Einfluß war, wurde durch Zulagen von **I** u. **II** oder auch **II** allein zu einer Nahrung mit 19% Casein u. damit 0,66% Methionin als einzigem Methylierungsmaterial eine gute Heil- u. Wachstumswrkg. erzielt. Der Bedarf des Hundes an Methylierungsstoffen ist demnach wie bei Ratte u. Huhn von dem II-Geh. der Nahrung abhängig. Es wird darauf hingewiesen, daß der erwähnte Mangelzustand in sehr milder Form auftreten kann u. unter Umständen nur durch eine Leberfunktionsprüfung u. eine mäßige Wachstumsstörung nachgewiesen werden kann. (J. Nutrit. **44.** 487–99. 10/8. 1951. Syracuse, New York State Med. Center, Dep. of Biochem.) J. SCHWAIBOLD. 4587

**Edgar A. Hawk** und **C. A. Elvehjem,** *Die Wirkungen von Vitamin $B_{12}$ und $B_{12f}$ auf Wachstum, Nierenhämorrhagie und Leberfett von mit gereinigten Nährstoffen gefütterten Ratten.* Die bei einer *Cholin* (**I**)-freien synthet. Ernährung bei Ratten auftretenden Wachstumsverminderung u. Nierenhämorrhagie werden durch Zusatz von *Vitamin $B_{12}$* (**II**) in einer Dosierung von 0,5 $\gamma$/Tag/Tier verhindert. Die Erhöhung des Leberfettgeh. bei **I**-Mangel wird durch **II** jedoch nicht verhindert, so daß zur Erzielung einer lipotropen Wrkg. gewisse suboptimale Mengen von **I** anwesend sein müssen. *Vitamin $B_{12f}$*, chem., physikal. u. mikrobiolog. dem **II** gleichwertig, hat nicht dessen Wrkg. bei Verhinderung von **I**-Mangelerscheinungen. *Methionin* vermag **I** in seiner lipotropen Aktivität ebenfalls nur teilweise zu ersetzen. (J. of Nutrit. **49.** 495–504. 10/3. 1953. Madison, Univ. of Wisconsin, Dep. of Biochem.) F. KRUSEN. 4587

**Leslie P. Dryden, Arthur M. Hartman** und **Charles A. Cary,** *Die Beziehung von Vitamin-$B_{12}$-Mangel zur Fruchtbarkeit der Weibchen und zum Geburtsgewicht der Jungen bei Ratten mit Fütterung von gereinigten Casein-Futtergemischen.* Frühere Unterss. über die Zufuhr von antiperniciös wirksamem Leberextrakt oder kristallisiertem *Vitamin $B_{12}$* (**I**) mit günstiger Wrkg. bei Ratten mit **I**-freier Nahrung mit extrahiertem Casein als einziger oder hauptsächlicher Proteinquelle (vgl. HARTMAN u. Mitarbeiter, J. Amer. dietet. Assoc. **25.** [1949.] 929 u. früher) wurden in verschied. Hinsicht erweitert fortgesetzt, wobei 8 verschied. Futtergemische zur Verwendung kamen u. die Versuchsdauer auf mehrere Trächtigkeitsperioden ausgedehnt wurde. Es wurde festgestellt, daß bei den Versuchstieren Nichtaufnahme der Resorption der Foeten nicht häufiger auftrat als bei den Vergleichstieren, dagegen war bei ersten das Gewicht der Jungen geringer u. die Größe der Würfe im Mittel kleiner. Ergänzung der **I**-Mangeldiäten mit kristallisiertem **I** erhöhte die Geburtsgewichte, aber nicht oder nur wenig die Größe der Würfe. Die Geburtsgewichte waren bei Hefe enthaltenden Diäten im Mittel höher als bei solchen ohne Hefe. Der in einigen Verss. durchgeführte Vgl. zwischen **I** u. Leberextrakt ergab das Fehlen einer Überlegenheit des letzten gegenüber **I**. (J. Nutrit. **45.** 377–91. 10/11. 1951. Washington, U. S. Dep. of Agricult., Agricult Res. Administ., Bureau of Dairy Industry.) J. SCHWAIBOLD. 4587

**W. L. Leoschke, R. J. Lalor** und **C. A. Elvehjem,** *Der Vitamin-$B_{12}$-Bedarf von Nerzen.* Bei Nerzen kommt es bei Fütterung einer synthet. Kost zu schweren Mangelerscheinungen mit Anorexie, Gewichtsverlust u. fettiger Leberentartung, die durch Zusatz von sogenanntem Extraktfaktor (in Methanolextrakten von Leber, Vollmilchpulver u. „fish solubles") aufgehoben werden. Vff. wiesen die Identität dieses Faktors mit *Vitamin $B_{12}$* (**I**) nach. Es wurde ferner gezeigt, daß der **I**-Bedarf der Nerze wesentlich von der Art des verfütterten Kohlenhydrates abhängt; er ist bei Saccharose wesentlich höher als bei Dextrin. (J. Nutrit. **49.** 541–48. 10/3. 1953. Madison, Univ. of Wisconsin, Dep. of Biochem.). F. KRUSEN. 4587

**W. J. Kaipainen** und **G. Töterman,** *Über den Vitamin-$B_{12}$-Gehalt der Faeces bei perniciöser Bandwurmanämie.* Vergleichende Unterss. über den *Vitamin-$B_{12}$*-Gehalt der Faeces von Patienten mit Bandwurmanämie u. Gesunden ergaben keine wesentlichen Unterschiede. (Acta med. scand., Suppl. **287.** 66–67. 1953.) R. LAFFERENZ. 4587

**S. William Simon,** *Vitamin-$B_{12}$-Behandlung bei Allergie und chronischen Dermatosen.* *Vitamin-$B_{12}$*-Behandlung mit 1 mg in wöchentlichen Abständen intramuskulär brachte bei 20 Patienten mit Asthma keine eindeutigen Ergebnisse. Bei 28 Patienten mit chron. Dermatosen zeigten sich Besserungen u. Heilungen nur in Fällen von chron. Kontaktdermatitis u. chron. Urticaria. (J. Allergy **22.** 183–85. März 1951. Dayton, Ohio.) R. HEINZE. 4587

**Salvatore M. Sancetta, Perry R. Ayres** und **Roy W. Scott,** *Die Verwendung von Vitamin $B_{12}$ bei der Behandlung der neurologischen Erscheinungen von Diabetes mellitus, mit Bemerkungen über die Anwendung von massiven Gaben.* Wegen der günstigen Wrkg. von *Vitamin $B_{12}$* (**I**) auf die neurolog. Störungen bei Patienten mit perniciöser Anämie u. der geringen Wrkg. anderer B-Faktoren auf ähnliche Störungen bei Patienten mit Diabetes wurden bei 12 derartigen Fällen Behandlungsverss. mit **I** durchgeführt. Eine Klassifikation der neurolog. Erscheinungen wird angegeben. Durch intramuskuläre Zufuhr von **I** als alleinige Behandlung neben Insulin u. Diät wurden 4 der Patienten vollständig gebessert, 3 fast vollständig, 3 teilweise, während bei 2 die Besserung fraglich erschien. Es wird darauf hingewiesen, daß die neurolog. Störungen z. T. irreversibel durch Arteriosklerose verursacht sein können. Die Dosierung wird als abhängig von den Bedingungen des Einzelfalles angesehen. Es werden Gaben von 15—30 y ($\gamma^2$) täglich 14 Tage lang u. später 15—30 y ein- oder zweimal wöchentlich verabreicht. Massive Gaben, die bis zu 900 y täglich gesteigert wurden, hatten keine bessere Wrkg. als die kleinen. Sie werden nur als indiziert angesehen, wenn bei letzten keine Wrkg. eintritt. (Ann. intern. Med. **35.** 1028—48. Nov. 1951. Cleveland, Univ. School of Med., City Hosp. Div. of Med.) J. SCHWAIBOLD. 4587

**G. H. Beaven** und **E. A. Johnson,** *Die Reduktion des Vitamins* $B_{12}$. Es sind je nach der Herstellungsmeth. 2 verschied. Reduktionsprodd., **I** (braun) u. **II** (graugrün), des *Vitamins* $B_{12}$ (**III**) erhältlich. (JASELSKIS u. DIEHL, C. **1955.** 3588; BOOS u. Mitarbeiter, Science **117.** [1953.] 603.) Bei Red. von **III** durch Zugabe kleiner Mengen festen Cr(II)-Acetats zu einer entlüfteten Lsg. in $H_2$-Atmosphäre entstand in Äthylendiamintetraacetatpuffer bei $p_H$ 3 ausschließlich **I**, bei $p_H$ 9,5 mit überschüssigem Reduktionsmittel **II**, wobei **I** als Zwischenprod. auftritt. Die Rk. ist durch vorsichtige Luftoxydation einer **II**-Lsg. umkehrbar. **II** stellt anscheinend eine höhere Reduktionsstufe von **III** als **I** dar. **I** u. **II** werden ebenso leicht aus *Vitamin* $B_{12}a$ (**IV**) wie aus **III** gebildet, **II** auch aus einer Lsg. von **III** in verd. KCN-Lsg. bei $p_H$ 9,5. Die leichte Rückoxydierbarkeit von **I** u. **II** zu **IV** spricht für keine wesentliche Beteiligung des organ. Mol.-Teils, sondern nur für eine Veränderung der Oxydationsstufe des Co. Auffallend sind jedoch die spektralen Unterschiede von **I** u. **II**. Das **II**-Spektr. deutet auf eine erhöhte Konjugation hin. Dem **III**-Spektr. wird vielleicht eine Konst. besser gerecht, die in den diskutierten Formeln eine weitere Doppelbindung aufweist. (Nature [London] **176.** 1264—65. 31/12. 1955. London, Mill Hill, Nat. Inst. für Med. Res.) K. MAIER. 4587

**E. Lester Smith, L. F. J. Parker** und **Dorothy E. Gant,** *Antimetabolite aus Vitamin* $B_{12}$. Folgende aus *Vitamin* $B_{12}$ (**I**) gewonnene Monoamide zeigten an *Escherichia coli* Anti-**I**-Wrkg.: *Methylamin* (**II**), *Äthylamin, Monoäthanolamin, Äthylendiamin, Dimethylamin, Diäthylamin, Piperidin, Phenyläthylamin, Cyclohexylamin, Anilin* u. *Sulfanilsäure.* **II** zeigte die stärkste Wrkg. Die *Äthylamide* der einbas. Säuren ohne Nucleotid waren ebenfalls wirksam. (Biochem. J. **62.** 14 P. Febr. 1956. Greenford, Middlesex, Glaxo Lab. Ltd.) H. BASFELD. 4587

**W. F. J. Cuthbertson, J. Gregory, P. O'Sullivan** und **H. F. Pegler,** *Die Anti-Vitamin-*$B_{12}$*-Wirkung einiger mit Cobalamin verwandter Verbindungen.* 3 Methoden zum Nachw. einer Anti-*Vitamin-*$B_{12}$-Wrkg. von mit *Cobalamin* (**I**) verwandten Verbb. werden beschrieben: 1. Qualitativer Test an *Escherichia coli* u. *Lactobacillus leichmannii* (Plattentest); 2. Quantitativer Test mit E. coli in fl. Medium; 3. in vivo-Test an Vitamin-$B_{12}$-Mangel-Ratten. Von den geprüften Stoffen ist das Methylamid der vom **I** abgeleiteten gemischten einbas. Säuren am wirksamsten, das Diäthylamid war weniger wirksam. (Biochem. J. **62.** 15 P. Febr. 1956. Greenford, Middlesex, Glaxo Lab. Ltd.) H. BASFELD. 4587

**S. D. Chen** und **C. Schuck,** *Die Ausscheidung von zwei biologisch aktiven Formen von Ascorbinsäure und von Diketogulonsäure durch den Menschen.* Die Ausscheidungsverhältnisse dieser Stoffe wurden bei 6 weiblichen Versuchspersonen mit üblicher Ernährung, mit gemüse- u. früchtearmer Diät [mit oder ohne Ergänzung durch verschied. Gaben von (red.) *Ascorbinsäure* (**I**)] u. mit einer konstanten Grundnahrung (ergänzt mit kristallisierter **I**, Kantalupe oder Grapefrucht) untersucht. Bei allen diesen Ernährungsverhältnissen wurde eine Ausscheidung von **I**, *Dehydroascorbinsäure* (**II**) u. *Diketogulonsäure* (**III**) festgestellt (Best. mit der Dinitrophenylhydrazinmeth.). Durch höhere Zufuhr von Früchten u. Gemüsen wurde die **I**-Ausscheidung erhöht, diejenige von **II** u. **III** wenig oder gar nicht. Durch Erhöhung der **I**-Zufuhr bei **I**-armer Nahrung mit **I**-Zulagen von 25 auf 75 mg täglich wurde die **I**-Ausscheidung erhöht, diejenige von **II** u. **III** dagegen nicht. Die höhere **II**- u. **III**-Zufuhr bei der Nahrung mit Kantalupe-Zulagen wirkte nicht stärker erhöhend auf die **II**- u. **III**-Ausscheidung als die Zufuhr der Nahrung mit **I**- oder Grapefrucht-Zulagen. Die **I**-Ausscheidung wurde unter diesen Bedingungen wenig beeinflußt. (J. Nutrit. **45.** 165—72. 10/10. 1951. Lafayette, Univ., Dep. of Foods and Nutrit.) J. SCHWAIBOLD. 4587

**J. A. Owen** und **Betty Iggo,** *Die Anwendung von p-Chlormercuribenzoesäure bei der Bestimmung von Ascorbinsäure mit 2.6-Dichlorphenolindophenol.* Die Spezifität der Rk. von *Ascorbinsäure* (**I**) mit *2.6-Dichlorphenolindophenol* (**II**) läßt sich durch Zugabe von *p-Chlormercuribenzoesäure* (**III**) erheblich steigern. **III** beeinflußt die Rk. zwischen **I** u. **II** nicht, schaltet jedoch die durch *Thiolverbb.* bedingten Fehler bei der Best. von **I** in biol. Material aus, wie durch Modellverss. mit *Cystein, 2.3-Dimercaptopropanol, Ergothionein, Glutathion,* $H_2S$, *Homocystein* u. *Thioharnstoff* gezeigt wird. Der durch *Thio-*

*sulfat* verursachte Fehler wird ebenfalls beseitigt, während Anwesenheit von *Sulfit* weiterhin stört. Ferner wird durch Versuchsreihen gezeigt, daß das $p_H$-Optimum der II-Rk. zwischen 3,5 u. 4,5 liegt, bei $p_H$ 2 verblaßt die Färbung auch in Abwesenheit von reduzierenden Stoffen rasch, bei $p_H$ 5 stört die Purpurfarbe der Anionform von **II**. Beleganalysen von Metaphosphorsäureextrakten von *Erythrocyten, Leber* u. *Niere* zeigen, daß durch Zugabe von 50 mg **III**/100 ml gute Werte für **I** erhalten werden, während sich bei *Plasma*-Extrakten eine **III**-Behandlung erübrigt. *Urin*-Extrakte enthalten offenbar außer *Thiolverbb.* noch andere Störsubstanzen; auch nach zusätzlicher Behandlung mit verschied. Adsorptionsmitteln wurden hier keine befriedigenden Ergebnisse erzielt. (Biochem. J. **62.** 675—80. April 1956. Edinburgh, Univ., Dept. of Clin. Chem.) H. BOSER. 4587

**Florian Prader,** *Der Brotabbau durch Speichel.* Mit Hilfe eines $p_H$-Meters wird der $p_H$-Wert des Ruhespeichels bzw. die Säurebldg. aus Stärke u. Zuckern verfolgt. Stärkehaltige Nahrungsmittel, bes. Brot, führen rascher zu einem $p_H$-Abfall unter den krit. Punkt ($p_H$ 4,8 für nichtfluorierte Zähne) als die verschied. Zuckerarten; n. Schwarzbrot führt in fast der gleichen Zeit (ca. 5 Std.) wie Weißbrot zu tiefen $p_H$-Werten. — Die Bedeutung dieser Ergebnisse für die Cariesentstehung wird diskutiert. (Schweiz. Mschr. Zahnheilkunde **66.** 210—20. März 1956.) G. KLESSE. 4594

**D. Halmágyi, A. Reinbold, B. Felkai** und **J. Iványi** (mit techn. Mitwirkung von **K. Szeitz**), *Zur Frage der intrapulmonalen Milchsäureoxydation beim Menschen.* Durch Blutentnahme aus dem rechten Vorhof u. aus der Arteria femoralis wurde der Unterschied im Milchsäure (I)-Geh. ermittelt. Die arterio-venöse $O_2$-Differenz wurde auf photoelektr. Wege bestimmt. In 14 von 19 Fällen war der arterielle **I**-Wert niedriger als der des rechten Vorhofs, in 5 Fällen war er höher. Es ist also auch beim Menschen, u. zwar auch bei körperlicher Ruhe, ein pulmonaler **I**-Schwund festzustellen. (Klin. Wschr. **29.** 219 bis 220. 15/3. 1951. Szeged, Med. Univ. Klinik.) H. R. HENSEL. 4596

**M. I. Prochorowa,** *Untersuchung der Intensität der Erneuerung von Glucose und Glykogen im Gehirn und in der Leber mit Hilfe von markiertem Kohlenstoff* (*$^{14}C$*). Im Rattenvers. wird unter Anwendung von mit $^{14}C$ markierter *Glucose* (I) der *Glykogen* (II)-Umsatz in Hirn u. Leber untersucht. In den meisten Verss. besteht Parallelität zwischen der Menge der eingeführten **I** u. der **II**-Aktivität im Gehirn. In 1 Std. werden ~ 30—50% der im Gehirn enthaltenen **I** umgesetzt. In der Leber, in der der **II**-Geh. recht niedrig ist, wird **I** in der gleichen Zeit prakt. völlig erneuert. Die **I**-Aktivität in der Leber ist 30 Min. nach der Einführung in den Körper 1,8 mal höher als im Gehirn. Nach 1 Std. sind die Aktivitäten ungefähr gleich, in 2 Std. ist die des Gehirns höher. Ein ähnliches Bild ergibt sich beim Vgl. der Aktivitäten des **II**. Die höchste **II**-Aktivität in der Leber wird 30—60 Min. nach der Einführung von **I** erreicht. Die C-Aktivität im **II** des Gehirns ist 30 Min. nach der Einführung von **I** 25 mal höher als die des Gesamt-C; 1 Std. nach der Einführung beträgt der Unterschied sogar das 40fache. Sie ist 80—100 mal höher als die des C in Lipoiden des Gehirns. In der Leber übersteigt die Schnelligkeit der C-Erneuerung in **II** die des Gesamt-C um das 4—7fache. Bei $O_2$-Insuffizienz, hervorgerufen durch Zufuhr von 12—20 mg $NaNO_2$ je 100 g Körpergewicht (Bldg. von Methämoglobin), nimmt der **II**-Geh. in der Leber sehr stark ab u. vermindert sich deutlich auch im Gehirn (bei schwerer Form verschwindet **II** völlig). An sinustomierten Hunden wird ermittelt, daß nur 5—15% der dem Gehirn aus dem Blut zugeführten **I** zur Synth. von **II** im Gehirn verbraucht werden. Der Rest wird zu $CO_2$ oxydiert. (Вестник Ленинградского Университета, Серия Биологии, Географии и Геологии [Nachr. Leningrader Univ.] **10.** Nr. 7. [Ser. Biol., Geogr. Geol.] Nr. **3.** 79—88. Juli 1955.) F. DU MANS. 4596

**Sh. S. Charakter,** *Einfluß der Tuberkuloseinfektion auf den Umsatz der Phosphorverbindungen im Gehirn.* Unter dem Einfl. einer Tuberkuloseinfektion nimmt in den großen Hemisphären des Kaninchenhirnes bereits nach 11—13 Tagen der Geh. an *säurelösl. P* von 130 (mg%) auf 99 ab, an *Kreatinphosphat* (I) von 7,3 auf 6,1, an *Adenosintriphosphorsäure* (ATP) von 23 auf 12,2, an *Gesamt-P* von 130 auf 99, an *säureunlösl. P* von 174 auf 163. Der *anorgan. P* nimmt in dieser Zeit von 15,1 auf 17,1 mg% zu. 40—45 bzw. 75—80 Tage nach der Infektion findet man folgende Mengen in mg%: 14,5 bzw. 11,2 ATP, 11 bzw. 16 anorgan. P, 10,2 bzw. 9,5 **I**, 107 bzw. 107 säurelösl. P, 281 bzw. 321 Gesamt-P, 164 bzw. 214 säureunlösl. P. Art u. Stärke der Änderungen im Geh. des Hirnes an P-Verbb. ist in verschied. Stufen der experimentellen Tuberkulose verschied. u. ist abhängig vom funktionellen Zustand des Zentralnervensystems. (Український Біохемічний Журнал [Ukrain. biochem. J.] **28.** 88—94. 1956. Lwow, Wiss. Forschungsinst. für Tuberkulose, Biochem. Labor.) O. LEBTAG. 4596

**H. Bénard, A. Gajdos** und **M. Gajdos-Török,** *Rolle der Leber bei der Bildung der Porphyrine.* Zur Prüfung der Leberfunktion bei der *Porphyrin* (I)-Bldg. wurde im Kaninchenvers. eine bestimmte Menge *Porphobilinogen* (II) einmal in die Ohrvene u. einmal in die Mesenterialvene injiziert. In beiden Versuchsreihen wurde die I-Ausscheidung in Urin u. Galle geprüft. Die Verss. zeigten, daß die Art der Injektion die Resultate nicht wesentlich beeinträchtigt. — Die Ergebnisse schließen eine Beteiligung (aber nur sehr geringe) der Leber bei der Umformung von II in *Koproporphyrin* u. *Uroporphyrin* nicht aus. (C. R. Séances Soc. Biol. Filiales **148**. 1754—57. Nov. 1954.) H. GOHR. 4596

**R. E. Davies, H. L. Kornberg** und **G. M. Wilson**, *Nichtaustauschbares Natrium im Körper.* Die Verteilung von intravenös injiziertem $^{24}$Na auf Körperflüssigkeit u. Knochen wurde untersucht. Der Prozentsatz von ausgetauschtem Na in menschlichen Knochen stieg im Verlauf von 24 Std. auf ca. 25%. Ein weiterer Anstieg war innerhalb 24 Std. nicht zu beobachten. Beim Kaninchen sind 28% des Gesamt-Na als nicht austauschbar zu betrachten. (Biochem. biophysica Acta [Amsterdam] **9**. 703—4. Dez. 1952. Sheffield, Univ., Med. Res. Council Unit for Res. in Cell Metabolism, Dep. of Biochem.) G. HECK. 4596

**Arnold Klopper** und **S. Ventura**, *Eisenstoffwechsel in der Schwangerschaft.* (Vgl. VENTURA u. KLOPPER, J. Obstetr. Gynaecol. Brit. Empire **58**. [1951.] 173, u. VENTURA, Biochem. J., im Druck 1951.) Im Verlauf der Unters. von 1804 Personen wurden 43 Fälle von Fe-Mangelanämie gefunden, die eingehend untersucht wurden. Eine kleine Gruppe davon (5) bestand aus Fällen von normocyt. Anämie, die übrigen Patienten waren Fälle von hypochrom. Anämie. Es wurde festgestellt, daß Fe-Mangelzustände in der späten Schwangerschaftszeit durch die gewöhnlichen hämatolog. Unterss. schwer feststellbar sind. Der Serum-Fe-Spiegel, die Fe-Bindungskapazität der Serumproteine, das Serum-Cu u. der Protoporphyrinspiegel zeigen dabei Werte, die von denen bei Personen mit n. Verhältnissen stark abweichen. Untersuchungsergebnisse von 9 Fällen über den Verlauf der Normalisierung bei intravenöser Behandlung mit Fe werden mitgeteilt. (Brit. med. J. **1951. II**. 1251—54. 24/11. London, Postgrad. Med. School, Dep. of Obstet. and Gynaecol.) J. SCHWAIBOLD. 4596

**Anne E. Henderson** und **J. D. B. MacDougall**, *Die Atmung von arteriellem Gewebe.* Die in Schnitten von Arterien (Ratte, Kaninchen, Schaf, Schwein, Rind) mit dem WARBURG-Manometer oder einem Mikrorespirometer erhaltenen Werte für $QO_2$ sind für erwachsene Tiere geringer als für heranwachsende Tiere; der Abfall entspricht etwa der Größenzunahme der Tiere. (Biochem. J. **62**. 517—20. März 1956. Dundee, Univ. of St. Andrews, Queen's Coll., Dep. of Biochem. and Anatomy.) A. HESSE. 4596

**F. Scholl** und **O. Weinmann**, *Eisenbelastung und Leberfunktion.* Eisenbelastungskurven nach 10 mg *Ferronascin* (HOFFMANN-LA ROCHE) in vivo injiziert u. Serumeisenbestimmung nach 2, 4, 8 Std. zeigten bei der Mehrzahl der Hepatitiskranken über 350 $\gamma$% für den 2-Stundenwert u. einen 8-Stundenwert, der mit 200 $\gamma$% gleichfalls über der Norm lag. Lebergesunde Patienten wiesen 2-Stundenwerte über 350 $\gamma$% auf u. 8-Stundenwerte unter 200 $\gamma$% bis zum Absinken auf den Ausgangswert. Lebercirrhosen u. Retentionsikterus bringen n. oder subnormale Werte, wobei bes. niedrige Werte bei malignen Tumoren zu verzeichnen sind. Diese Ergebnisse stimmen weitgehend mit den Eisensättigungsgrenzwerten von LAURELL überein. (Wiener med. Wschr. **101**. 991—95. 22/29. 12. 1951. Wien, Zentral-Lab. f. klin. Pathologie.) R. HEINZE. 4597

**A. W. Zukernik**, *Oxydationsprozesse und Adrenalinumsatz in Nebenniere und Niere und Nervenregulation dieser Prozesse.* 1. Mitt. *Oxydationsprozesse und Adrenalinumsatz in Nebenniere und Niere von Kaninchen in der Norm und bei Hemmung des Zentralnervensystems* (*Narkose*). Im Gewebebrei von Nebenniere u. Niere wurden beim $p_H$ 7,17 nach dem WARBURG-Verf. die Oxydationsprozesse u. die Oxydation von *Adrenalin* (I) in der Norm u. bei Hemmung des Zentralnervensyst. durch *Ae.* u. *Chloralhydrat* (II) untersucht. Es zeigte sich, daß die Atmung der Nebennierendrüse im Vgl. zur Atmung der Niere durch einen geringen $O_2$-Verbrauch ausgezeichnet ist. Unter dem Einfl. von Ae. u. II wird der $O_2$-Verbrauch bei der Nebennierenatmung nicht verändert. Auch in Ggw. großer Mengen von I wird im Vgl. zu den Kontrolltieren der $O_2$-Verbrauch durch das Nebennierengewebe nicht verändert. Unter dem Einfl. von Ae. u. II behält die Niere ihre Fähigkeit, sowohl das präformierte wie das zugesetzte I zu oxydieren. Während Ae. die Atmung des Nierengewebes intensiviert, ist II auf den $O_2$-Verbrauch ohne Einfluß. Bei Zusatz von I wird der $O_2$-Verbrauch beim Kontrolltier stärker erhöht als beim narkotisierten Tier. Sowohl bei den Kontroll- als auch bei den narkotisierten Tieren wird das zugesetzte I unter Bldg. von gefärbten Chinoidprodd. oxydiert. (Український Біохемічний Журнал [Ukrain. biochem. J.] **28**. 56—68. 1956. Charkow, Med. Inst., Lehrstuhl für Biochemie.) O. LEBTAG. 4597

**Francis Tayeau**, *Die Lipoide bei der Leberfunktionsprüfung.* Zur Beurteilung des Leberzustandes genügen nicht die einzelnen Proben, die jeweils eine einzelne Leberfunktion erfassen. Erst eine serienmäßige Ausführung der bewährten Leberfunktionsproben gewährt eine Gesamtschau der Leber (Lebermomentphotographie), die in Verb. mit der Betrachtung anderer Organe, wie Lunge u. Niere ihren wirklichen Nutzen für die Therapie erweist. (Semaine Hôpitaux Paris **27.** 3702–08. 14/12. 1951. Bordeaux, Faculté de Médecine.) R. HEINZE. 4597

**M. Rockstein,** *Die Rolle der terminalen Pigmentflecke des Seesterns (Asteria forbesi) bei der Lichtorientierung.* Die terminalen Pigmentflecke der Seesterne sind nicht notwendig für die Rkk. der Tiere auf Licht, da die Haut ein ähnliches lichtempfindliches Pigment enthält, das ein Absorptionsmaximum bei 320 m$\mu$ u. ein Plateau bei 460–500 m$\mu$ aufweist u. durch weißes Licht gebleicht wird. (Nature [London] **177.** 341–42. 18/2. 1956. New York, N. Y., Univ., Coll. of Med.) D. ZEMKE. 4598

---

**Théophile Cahn,** La Regulation des processus métaboliques dans l'organisme. Paris: Presses Universitaires de France. (XII + 684 S.) fr. 3000,—.

**Antoinette Pirie and Ruth van Heyningen,** Biochemistry of the eye. London: Blackwell Scientific. 1956. (332 S. m. Abb.) 8°. 35 s.

## E6. Pharmakologie. Therapie. Toxikologie. Hygiene.

**I. Je. Mosgow,** *Grundsätzliches zur Dosierung von Arzneimitteln.* Allg. über die Heilmitteldosierung in Abhängigkeit von Alter u. Geschlecht, Lebendgewicht, individueller Empfindlichkeit, Tierart, Zweck der Behandlung u. Zahl der Verabreichungen. (Ветеринария [Tierheilkunde] **32.** Nr. 5. 37–42. Mai 1955.) F. DU MANS. 4600

**Margaret G. Morehouse** und **Ronald L. Searcy,** *Der Einbau von $^{14}C$-Acetat in die Fette und das Glykogen der Leber bei mit Röntgenstrahlen behandelten Ratten.* Vff. behandeln weibliche Albinoratten nach einer 24–48std. Hungerperiode mit Röntgenstrahlen (Dosis: 1500 r), geben den Tieren oral *Na-$^{14}C_{(1)}$-Acetat* (**I,** 0,02 mg, 0,2 $\mu$C) u. isolieren nach 2 Std. aus der Leber durch Erwärmen mit KOH (5 Std.) u. Fällung mit 60%ig. A. *Glykogen* (**II**) u. aus dem angesäuerten alkoh. Filtrat der **II**-Fällung durch Extraktion mit Ae. die *Fettsäuren* (**III**). Es wird eine Erhöhung des **II**-Geh. sowie des Einbaues von $^{14}C$ in **II** u. **III** (bei **III** 10fach stärker) bei allen bestrahlten Tieren im Vgl. mit den Kontrolltieren festgestellt. Bei den **III**-Fraktionen zeigen acetonlösl. Neutralfette einen gegenüber den Phospholipoiden um das doppelte erhöhten $^{14}C$-Gehalt. Die Ergebnisse zeigen, daß Bestrahlung nicht nur die **II**-Synth. fördert, sondern auch die **III**-Bldg. aus **I** infolge Nutzbarmachung der durch die Röntgenstrahlen in den Zellen gebildeten Abbauprodd. anregt. (Science [Washington] **122.** 158–59. 22/7. 1955. Los Angeles, Calif., Univ. of South California, Dep. of Biochem. and Nutrit.) P. FAHRNLAENDER. 4601

**Marcel Guillot,** *Die künstlichen Radioelemente in der Therapie.* Einleitend behandelt Vf. die Bezugsquellen für radioakt. Isotope, Halbwertszeit u. Strahlung, Wrkg. im Organismus u. Dosierung. Ausführlich erörtert er die Verwendung von $^{32}P$, $^{131}J$, $^{24}Na$, ferner weist er auf die Verwendung von *Fe-, Au-, As-* u. *Sb-Isotopen* hin. (Boll. chim. farmac. **89.** 271–80. Juli 1950. Paris, Pharmaz. Fak.) M. WIEDEMANN. 4601

**Robert D. Lange, Stanley W. Wright, Masanobu Tomonaga, Hirotami Kurasaki, Shigeru Matsuoke** und **Haruji Matsunaga,** *Auftreten der refraktären Anämie bei den Überlebenden der Atombombenexplosion von Nagasaki, Japan.* Es werden sechs Fälle der refraktären Anämie beschrieben, die als Spätschäden bei Überlebenden der Atomexplosion von Nagasaki beobachtet wurden. (Blood **10.** 312–24. April 1955. Hiroshima, Labor. of Atomic Bomb Casualty Commiss.) D. PÄTZE. 4601

**Janet M. Vaughan** und **Margaret L. Tutt,** *Die Verwendung von Diamintetraacetat (Versene) zur Entfernung von Spaltprodukten aus dem Knochengerüst.* Bei Kaninchen konnte radioakt. *Yttrium,* das in das Knochengerüst wandert, wieder ausgeschieden werden, wenn das nichttox. Calciumdinatriumsalz des *Äthylendiamintetraacetats* kurz nach Aufnahme der Isotope injiziert wurde. Strontium wird nicht ausgeschieden. (Lancet **265.** 856–59. 24/10. 1953. Oxford, Dep. of Pharmacol. u. Dep. of Med.) F. GÜNTHER. 4601

**R. A. Huggins, R. A. Seibert** und **A. R. Bryan,** *Beziehung zwischen infundiertem Kalium und Leberkonzentration sowie Plasmaspiegel.* Beobachtungen an Hunden in *Morphin-* oder *Na-Pentobarbital-*Narkose mit unterbundenen Ureteren. *KCl* wurde mit 2 bis 3 ml/Min. intravenös als isotone Lsg. infundiert, bis AV-Block eintrat. Es wurde 1 Std gewartet u. die Verteilung des infundierten K bestimmt. Dann erhielt die Hälfte der Tiere 20 mg/kg *Dibenamin* (**I**) u. eine erneute Infusion bis zum AV-Block. Das *K* der Leber wurde in einer kleinen Gewebeprobe bestimmt. Es wurde jedoch durch die Infusion trotz hoher Plasmaspiegel nicht signifikant verändert. Die Volumverteilung wird unter **I** beschleunigt. (Amer. J. Physiol. **167.** 514–16. 1/11. 1951. Houston, Tex., Baylor Univ., Coll. of Med., Dep. of Pharmacol.) F. JUNG. 4606

**F. J. Mackereth** und **W. J. P. Smyly,** *Toxizität von Kupfer in Lösung gegenüber der Steinschmerle.* Die Steinschmerle (Nemacheilus barbatulus L.) verträgt in ihrem Aquariumwasser einen Cu-Geh. von weniger als 0,20 p.p.m. Bei Konzz. von 0,28 p.p.m. sterben die Tiere. Bei der Wasserzufuhr ist auf die Möglichkeit des Vorhandenseins von kupfernen Leitungsröhren zu achten. (Nature [London] **168.** 1130. 29/12. 1951. Ambleside, Westmorland, Freshwater Biol. Assoc., Windermere Labor.) F. LÜPNITZ. 4606

**I. D. Gadasskina, N. Ss. Dobrjakowa, I. F. Kreps, Je. I. Ljublina** und **S. K. Pawlowa,** *Einige Angaben über die Wirkung von Antimontrioxyd auf den Organismus.* Verss. an 31 Meerschweinchen ergaben, daß die Inhalation von $Sb_2O_3$ (I)-Staub (4 Monate lang täglich 3 Std.) in einer Konz. von 0,006—0,5 mg/Liter zu Gewichtsabnahme u. gesteigerter Reflexerregbarkeit führt. Bei der Sektion fanden sich in den Lungen der Versuchstiere 2—12 mg% I. An Menschen beobachtete man eine dem „Gießerfieber" entsprechende Erscheinung. Bei Verwendung von I als Farbstoff ist Vorsicht geboten. In Arbeitsräumen ist die zulässige Grenzkonz. von I der des As gleichzusetzen. (Гигиена и Санитария [Hyg. u. Sanitätswes.] **1953.** Nr. 10. 23—27. Okt. Leningrad, Wiss. Forschungsinst. für Arbeitshyg. u. Berufskrankheiten.) E. RENTZ. 4606

**M. X. Zarrow** und **B. Rosenberg,** *Neigung zu Alkohol bei Ratten, welche mit Propylthiouracil behandelt wurden.* Ratten wurden mit *Propylthiouracil* (I) behandelt. Sie nahmen weniger Nahrung auf als die Kontrollen, außerdem neigten sie dazu, statt W. den angebotenen A. (10% ig) zu nehmen. Diese I-Wrkg. war nicht von der Schilddrüsenfunktion abhängig u. konnte durch Thyroxin nicht beeinflußt werden. Bei unbehandelten Tieren konnte durch Nahrungsrestriktion ebenfalls ein gewisser Alkoholismus bewirkt werden, welcher jedoch nicht das Ausmaß des durch I ausgelösten erreichte. (Amer. J. Physiol. **172.** 141—46. Jan. 1953. Lafayette, Ind., Purdue Univ., Dep. of Biol. Sci.)
WOLFGANG ALBRECHT. 4607

**I. G. Jarrett** und **Angus Packham,** *Die Reaktion von Schafen auf subletale Dosen von Fluoracetat.* Ausgewachsenen Merino-Schafen wurden täglich 2 mg *Na-Fluoracetat* (I) wie folgt appliziert: 1. 1 mg I in 20 ml W. 2mal täglich per os; 2. 1 mg I in 5 ml W. 2mal täglich subcutan; 3. 2 mg I in 1 Liter W. täglich kontinuierlich in den Labmagen (Abomasus) durch eine Fistel eingetropft; 4. 2 mg I in 1 Liter 0,9% ig. NaCl-Lsg. täglich kontinuierlich in die Jugularvene oder in eine peritoneale Cavität eingetropft. Die Schafe wurden während der Behandlung mit Weizenspreu, Luzernespreu oder Weizenspreu mit Glutenbeigabe ernährt. Die Toxizität des I wird durch den Weg der Verabfolgung von I u. die Art des Futters erheblich beeinflußt. Mit Weizenspreu gefütterte Schafe zeigen, unabhängig vom Weg der Applikation des I, ab 7.—10. Tag der Behandlung steigende Appetitlosigkeit mit fast totaler Futterverweigerung nach 12 bis 14 Tagen; dabei treten Muskelincoordination u. Tremor auf, kulminierend in period. tetan. Krämpfen; einige Tage später tritt Tod ein. Die das Weizenspreufutter verweigernden Tiere nehmen Luzernespreu an u. erholen sich z. T. trotz fortgesetzter Verabfolgung von I. Bei Ernährung mit Luzernespreu treten in bis zu 45 Behandlungstagen bei Verabfolgung von I nach 1. u. 2. keine der vorst. Symptome auf. Bei Applikation des I nach 3. u. 4. dagegen tritt nach 10—20 Tagen der Tod ein, ohne vorher auftretende Futterverweigerung, Tremor oder tetan. Convulsionen. Bei Ernährung der Schafe mit Weizenspreu u. Glutenbeigabe zeigen sich bei Applikation des I nach 1. u. 2. ebenfalls keine Vergiftungserscheinungen in 45 Tagen der Behandlung. Bei 3 mit Weizenspreu ernährten Tieren mit Pansenfisteln wurden täglich je 20 g mit NaOH auf $p_H$ 5,5 eingestellte Essigsäure u. Propionsäure in den Pansen (Rumen) eingeführt, wobei bei der Behandlung mit I kein Einfl. auf den Verlauf der Toxikation beobachtet wurde. Die Konz. von Citrat im Blut steht in keiner engen Beziehung zu den Vergiftungserscheinungen. Es wird vermutet, daß bei der Ernährung der Schafe mit Luzernespreu oder Glutenbeigabe das Protein eine schützende Wrkg. gegen subletale Dosen von I auf das Magensyst. der Wiederkäuer ausübt. (Nature [London] **177.** 580—81. 24/3. 1956. Adelaide, Univ., Commonwealth Sci. and Ind. Res. Organizat., Div. of Biochem. and General Nutrit.)
H. LAMP. 4607

**M. J. H. Smith** und **Shirley W. Jeffrey,** *Salicylatwirkungen auf Glykogengehalt und Sauerstoffaufnahme des isolierten Rattenzwerchfells.* Isoliertes Rattenzwerchfell zeigte in vitro unter aeroben Bedingungen nach $5 \cdot 10^{-3}$mol. *Salicylat* (I) schnelles Absinken von *Glykogen* (II) bei erhöhter *Milchsäure* (II)-Bldg. sowie in den ersten 30—60 Min. ansteigende, danach wieder absinkende $O_2$-Aufnahme. Bei $1 \cdot 10^{-4}$mol. I fehlte jeder Einfl. auf II u. III. — Unter anaeroben Bedingungen sank bei $5 \cdot 10^{-3}$mol. I der II-Geh. mit steigender III-Bildung. Hieraus schließen Vff., daß die I-Wrkg. auf den II-Abbau nicht von erhöhter $O_2$-Aufnahme abhängig ist. (Biochem. J. **62.** 12P. Febr. 1956. London, Kings Coll. Hosp., Med. School, Dep. Chem. Pathol.) H. BASFELD. 4607

**A. J. Grimes** und **L. Young,** *Der Stoffwechsel des 2-Methylnaphthalins.* Zur Aufklärung der chem. Veränderungen *methyl*-substituierter polycycl. KW-stoffe im tier. Organismus wegen ihrer möglichen carcinogenen Wrkg. wurde *2-Methylnaphthalin* (I) Kaninchen u. Ratten intrastomachal sowie Meerschweinchen u. Mäusen intraperitoneal verabfolgt. Bei allen 4 Tiergruppen fand sich über den Harn Oxydation von I zur entsprechenden *Carbonsäure* wie beim *Toluol,* jedoch im wesentlichen eine Umwandlung in seine Phenolderivv. wie beim *Naphthalin* sowie außerdem in *1.2-Dihydro-7-methylnaphthalindiol-(1.2).* Damit wurde zum erstenmal ein *methyl*-substituierter KW-stoff gefunden, aus welchem im tier. Organismus ein *Dihydrodiol* entsteht. (Biochem. J. **62.** 11P. Febr. 1956. London St. Thomas's Hosp. School, Dep. of Biochem.)
H. BASFELD. 4607

**John Bundren, D. E. Howell** und **V. G. Heller,** *Resorption und Toxizität von Dieldrin-Dieldrin* (enthält 85% *1.2.3.4.9.10-Hexachlor-6.7-epoxy-1.4.4a.5.6.7.8.8a-oktahydro. 1.4.5.8-dimethanonaphthalin*), ein Insekticid, bewirkt bei Kaninchen, in Mengen von 70 mg/kg Körpergewicht eine Woche lang gegeben, chron. Vergiftung mit Speichelfluß, Zähneknirschen, Spasmen, Unlust u. Verh., als ob die Tiere blind seien. Weniger als 30 mg/kg erzeugen keine Symptome. Bei Ratten ergeben 75 mg/kg keine Symptome, 150 mg/kg wirken tödlich. Nur 2 von 11 Ratten starben, die in 125, 187 u. 250%ig. I-Emulsionen wöchentlich einmal eingetaucht wurden. Kühe, die mit I besprüht wurden, zeigten keine Symptome. In der Milch stieg der Geh. von I bis zu einem Maximum an, um dann trotz weiterer Behandlung abzufallen. Leber u. Nieren aller behandelten Tiere enthielten I. Der Durchschnittswert steht im Verhältnis zu der wöchentlich zugeführten Menge, nicht aber zur Dauer der Fütterungsversuche. (Proc. Soc. exp. Biol. Med. **79.** 236—38. Febr. 1952. Stillwater, Okla., Oklahoma Agric. Exp. Stat., Dep. of Entomol. and Agric. Chem. Res.) K. BÖHM. 4607

**M. L. Rylowa,** *Die toxische Wirkung von Vinylcarbazol.* Während das *monomere Vinylcarbazol* (I) in Verss. an weißen Mäusen, Meerschweinchen u. Kaninchen in Dosen von 0,05 g/kg bzw. 0,5 g/kg bzw. 3mal 0,5 g /kg, innerlich verabreicht, tödlich wirkte, erwies sich das *polymere Vinylcarbazol* (II) in gleichen Dosen als ungiftig. Auch in chron. Verss. führte I (0,1—0,2 g/kg täglich 30 Tage lang) zu Gewichtsabnahme, Erythrocytose u. Fettinfiltration der Leberzellen, während II nur sehr schwach wirkte. Ferner hatte I (im Kaninchenvers.) eine lokal stark hautreizende u. sensibilisierende Wrkg., II nur eine schwache Reizwirkung. II wird als ungiftig angesehen u. die beobachtete geringe schädliche Wrkg. desselben auf Beimengungen von I zurückgeführt. (Гигиена и Санитария [Hyg. u. Sanitätswes.] **1953.** Nr. 10. 27—31. Okt. Leningrad, Wiss. Forschungsinst. für Arbeitshygiene u. Berufskrankheiten.) E. RENTZ. 4607

**P. Laviron, L. Lauret** und **C. Jardin,** *Beitrag zur Untersuchung der Depotchemotherapie im Kampf gegen die Lepra in Französisch-Westafrika. Suspensionen von Diaminodiphenylsulfon in zweimonatlichen Injektionen.* Zur Erzielung des am längsten andauernden therapeut. Blutspiegels von *Diaminodiphenylsulfon* (I) hat sich nach vergleichenden Unterss. der Vff. mit Erdnußöl, Chaulmoograöl u. Chaulmoograderivv. ein Gemisch gleicher Teile von neutralem Chaulmoograöl u. von Äthylchaulmoograt mit 4% Guajacol erwiesen. Es werden 1,25 g I in 5 ml dieses Gemisches gelöst, alle 15 Tage injiziert, wodurch für die Zeit bis zur nächsten Injektion Blut-I-Spiegel von 1—4 mg/Liter erzielt wurden. (Int. J. Leprosy **21.** 427—35. Okt./Dez. 1953. Corps de Santé Colonial.)
F. KRUSEN. 4610

**S. R. M. Bushby** und **Margaret Barnett,** *Isoniazidresistenz bei muriner Lepra.* Vff. weisen auf die im Tiervers. nachgewiesene Resistenzentw. von Mycobacterium leprae murium gegenüber *Isoniazid* hin, so daß dieses trotz seiner Vorzüge ein Lepratherapeuticum von zweifelhaftem Wert zu sein scheint. (Int. J. Leprosy **21.** 467—68. Okt./Dez. 1953. Kent, England, Wellcome Res. Labor., Pharmacol. Dep., Chemotherap. Labor.) F. KRUSEN. 4610

**P. Mascherpa** und **A. Crema,** *Wirkung einiger Medikamente auf den Stoffwechsel des Lungengewebes und einiger biochemischer Bestandteile der Lunge auf die Vermehrung von Mycobact. tuberculosis.* Die tuberkulostat. Wrkg. der *PAS* beruht auf der Hemmung des $O_2$-Umsatzes des Lungengewebes. Ebenso haben die durch Pepsinspaltung der Proteide des Lungengewebes von Kälbern erhaltenen Spaltprodd. Hemmwrkg. auf *Mycobact. tuberculosis var. bovis.* (Bull. Soc. Chim. biol. **35.** 837—39. 1953. Pavie, Univ., Inst. de Pharmacodyn. et de Thérapie exp.) R. RUTKOWSKI. 4610

**H. Herbert Fox,** *Neue synthetische Strukturen, die als tuberkulostatische Medikamente von Interesse sind.* Übersichtsref. unter Berücksichtigung von aliphat. u. isocycl. Verbb., Pyridinderivv., Diazinen, Phthalylhydrazinen u. gemischten Hydrazinen. — 51 Literaturangaben. (Science [Washington] **118.** 497—505. 30/10. 1953. Nutley, N. J., Hoffmann-La Roche, Inc.) F. KRUSEN. 4610

**A. Lutz** und **M. A. Witz,** *Die Wirkung des Isonicotinoylhydrazons des Metasulfobenzaldehyds (605 G) auf die experimentelle Meerschweinchentuberkulose.* 2. Mitt. *Nach Beimpfung mit streptomycinresistenten Tuberkelbacillen.* (1. vgl. C. **1956.** 3360.) An 135 mit streptomycinresistenten Tuberkelbacillen beimpften Meerschweinchen konnte bei geeigneter oraler bzw. subcutaner Verabreichung in einer Dosierung von 5—9 mg/kg mit dem *Isonicotinoylhydrazon des Metasulfobenzaldehyds* (*Sulfoniazid*) Heilung makroskop. sichtbarer u. Rückbldg. der Nervenläsionen erzielt werden. (Ann. Inst. Pasteur **90.** 34—38. Jan. 1956. Strasbourg, Labor. departemental de Bacter.) H. DOSSMANN. 4611

**Gemma M. Lichtenstein** und **Townsend B. Friedman,** *Hämorrhagische blasige Urticaria, die mit Corticotropin behandelt wurde.* Eine nach *Depotpenicillin G* entstandene Urticaria, die weder auf Antihistaminica noch Adrenalin ansprach, wurde mit *ACTH* innerhalb einer Woche geheilt. (J. Amer. med. Assoc. **147.** 1658. 22/12. 1951. Chicago.) R. HEINZE. 4611

**Hubertus Büchs,** *Zur Frage der Sterilität und Bakterizidie einiger Lokalanästhetica.* Es wurden bakteriolog. Unterss. mit *Oxyprocain forte NNH* 2%ig, *Xylocain-Epinephrin-*Lsg. 2%ig u. *Nococain-Suprarenin* „*E*" 2%ig durchgeführt. Aus den Verss. wird erkannt, daß diesen Prodd. ausreichende baktericide Eig. zur eigenen Sterilisierung zuzusprechen ist. (Zahnärztl. Welt **9.** 479—84. 10/9. 1954. Bonn, Univ., Klinik u. Poliklinik für Mund-, Zahn- u. Kieferkrankheiten.) E. BOYE. 4627

**Mary C. Berwick,** *Die Wirkung von Betäubungsmitteln auf die Calciumfreisetzung.* Muskelfaserpräpp. von *Rana pipiens* wurden 1 Std. mit 2% Ae., 0,4% $CHCl_3$ oder 2% Cocain in angepufferter Frosch-RINGER-Lsg. behandelt, worauf der Ca-Geh. im Filtrat, im Ultrafiltrat (freies Ca in den Fasern) u. das restliche Ca in den Fasern bestimmt wurde. Der Ca-Geh. in den unbehandelten Fasern war sehr stark schwankend. Bei den behandelten Faserproben wurde mehr ausgeschiedenes Ca festgestellt als bei den Vergleichsproben u. nach Behandlung mit den fettlösl. Narkosemitteln mehr als nach solcher mit Cocain. Die Gehh. an freiem Ca waren durchweg gering. Durch Anästhesie von Muskelzellen tritt demnach die Freisetzung einer ungewöhnlich hohen Menge von freiem Ca ein. (J. cellular comparat. Physiol. **38.** 95—107. Aug. 1951. Philadelphia, Univ., Zool. Labor.) J. SCHWAIBOLD. 4627

**Walter Belart,** *Die Toxizität von Phenylbutazon.* Vf. bespricht Fälle, aus denen hervorgeht, daß *Phenylbutazon* (I) toxischer ist als *Butapyrin* (= *Irgapyrin* = I + Amidopyrin). Die Toxizität hängt von der Verabreichungart ab. (Lancet **265.** 1153—54. 28/11. 1953. Zürich.) F. GÜNTHER. 4627

**I. W. Ssawitzki,** *Änderungen des Aminosäuregehaltes des Blutes und der Verteilung zwischen Plasma und Formelementen unter dem Einfluß von medikamentösem Schlaf.* An Kaninchen wurde der *Aminosäure* (I)-Geh. des Blutes vor der Narkose oder vor dem medikamentösen Schlaf, am 2. u. 8. Tag des Schlafes oder der Narkose u. zweimal innerhalb 10 Tagen nach deren Aufhebung untersucht. Den Tieren wurden 5mal je 0,4% Blut vom Körpergewicht während des 21tägigen Vers. entnommen. Unter dem Einfl. des Blutverlustes wurde I im Blut angereichert, hauptsächlich in den Erythrocyten. Beim Barbamyl (II)-Schlaf nahm I im Blutplasma ab, in den Erythrocyten zu. Bei der Narkose durch II oder Veronal (III) wurde die I-Anreicherung im Plasma im Vgl. zur Kontrolle verstärkt, der I-Geh. der Erythrocyten vermindert. Aus dem Zahlenmaterial geht hervor, daß der durch III hervorgerufene Schlaf u. die Narkose durch II oder III die durch den Blutverlust bewirkten Störungen des I-Geh. u. der I-Verteilung verstärken. Der II-Schlaf ist dem natürlichen Schlaf am meisten ähnlich. Die verschied. Wrkg. von II u. III wird im Hinblick auf den Eiweißumsatz theoret. erörtert. (Український Біохемічний Журнал [Ukrain. biochem. J.] **28.** 30—36. 1956. Odessa, Pharm. Inst., Lehrstuhl für Biochemie.) O. LEBTAG. 4627

**E. F. von Hueber** und **K. Wohlrab,** *Zur Kritik von Hydergin bei der Hochdrucktherapie.* 40 Patienten mit einer Hypertonie verschied. Genese wurden mit *Hydergin* behandelt. Am besten sprachen die Patienten mit starker vegetativer Übererregbarkeit an, bes. mit sogenannter „klimakter. Blutdrucksteigerung". Weniger gut war der Erfolg bei Altershochdruck u. bei essentieller Hypertonie. Bei nephrogener Blutdrucksteigerung hatte das Medikament keine Wirkung. Hydergin ist in mittleren Dosen frei von Nebenwirkung. (Münchener med. Wschr. **93.** 2157—59. 26/10. 1951.) H. GOHR. 4630

**K. R. Bacher,** *Pendiomid bei schweren Blutungen.* Beim Blutungskollaps des Magen- u. Zwölffingerdarmgeschwürs läßt sich der Patient durch Transfusionen, *Pendiomid* (I) u. entsprechende Lagerung operationsfähig machen. An Hand zweier charakterist. Fälle teilt Vf. seine Behandlungstechnik u. seine Erfahrungen mit I mit. (Schweiz. med. Wschr. **84.** 911—12. 31/7. 1954. Neustadt/Weinstraße, Städt. Krankenhaus, Chirurg. Abt.) L. BERGER. 4630

**V. Erspamer,** *Wirkung des Reserpins auf den 5-Oxytryptamin (Enteramin)-Gehalt des Serums, der Milz, des Darmtraktes und des Gehirns beim Huhn.* Bei 11 Hühnern wurde *Reserpin* (I) in Dosen von 5–0,1 mg/kg intraperitoneal injiziert u. 16 Std. post injectionem entblutet. Der *5-Oxytryptamin* (II)-Geh. des mit Aceton behandelten Darmes, der Milz, des Serums u. des Gehirns wurde am atropinisierten brünstigen Rattenuterus (in $\gamma/cm^3$ Gewebe) getestet. Ergebnisse: I verursacht eine fast völlige Ausschüttung des Thrombocyten-II sowie eine Verminderung des II-Geh. im Milz- u. Darmtraktgewebe. Im Hirngewebe ließen sich keine überzeugenden I-Effekte auf II nachweisen. Insgesamt war die I-Wrkg. dosisabhängig. (Naturwissenschaften **43.** 61–62. 1. Febr.-H. 1956. Bari, Italien, Univ., Pharmakol. Inst.) H. JORDAN. 4630

**Lester Weissman** und **H. Harold Gelfand,** *Überempfindlichkeit gegen Mercaptomerin. Bericht über einen Fall.* Fall einer Patientin mit Stauungsherzfehler wird beschrieben, die bei n. Quecksilberverträglichkeit gegen *Mercaptomerin* überempfindlich war. (J. Amer. med. Assoc. **147.** 1559–61. 15/12. 1951. New York, N. Y.) R. HEINZE. 4634

**Lester M. Morrison,** *Arteriosklerose. Neue Fortschritte in der diätetischen und medikamentösen Behandlung.* Arteriosklerose ist nicht als unvermeidliche Alterserscheinung, sondern als Stoffwechselstörung zu betrachten, die auf zu cholesterin- u. fettreicher Kost, auf einer Dysfunktion der Leber mit Störung des Lipoid- u. Lipoproteidstoffwechsels u. auf einer Gleichgewichtsstörung der endokrinen Funktion der Schilddrüse u. der Geschlechtshormone beruht. Es empfiehlt sich eine Diät, die sich bereits bei Fällen von Coronararteriosklerose bewährte u. die eine Verb. von fettarmer Kost (20–25 g täglich) u. Verabreichung lipotroper Mittel, wie *Cholin* oder *Inosit*, Schilddrüsenextrakt u. Sexualhormonen, darstellt. (J. Amer. med. Assoc. **145.** 1232–36. 21/4. 1951. Los Angeles, Calif.) R. HEINZE. 4640

**A. Herz** und **E. Weidinger,** *Die β-Lactose in der Darmtherapie bei Erwachsenen.* Es werden die Therapieergebnisse mit *β-Lactose* unter Berücksichtigung der bakteriolog. Unterss. von 60 Fällen von Obstipationen, colit. Reizzuständen, Fäulnis- u. Gärungsdyspepsien besprochen. Die Autoren sehen in der β-Lactose ein brauchbares Mittel bei der Darmstörung Erwachsener. Besondere Erfolge hatten sie bei Obstipation u. Fäulnisdyspepsie. (Münchener med. Wschr. **93.** 2152–57. 26/10. 1951.) H. GOHR. 4645

**G. Gordon McHardy, Donovan C. Browne, Frank H. Marek, Robert McHardy** und **Swan Ward,** *Klinische Auswertung des Methanthelin (Banthin)-bromids bei Magen- und Darmleiden. Banthinbromid* stellt ein wirksames anticholinerg. Mittel zur Behandlung vieler Magen- u. Darmstörungen dar, die durch Hypersekretion u. Hypermotilität gek. sind, u. ist dem Atropin in spasmolyt. Wrkg. überlegen. (J. Amer. med. Assoc. **147.** 1620–26. 22/12. 1951. New Orleans, La.) R. HEINZE. 4645

**William B. Schwartz** und **Arnold S. Relman,** *Stoffwechsel- und Nierenuntersuchungen bei chronischem, durch Überdosierung von Laxantien verursachten Kaliumverlust.* Vff. bestimmen bei 2 Frauen, bei denen durch Überdosierung von *Laxantien* (I) HINKLEs *Cascara*-Tabletten mit Gehh. von 0,016 g *Cascara*, 0,016 g *Aloin*, 0,01 g *Podophyllum*, 0,008 g *Belladonnaextrakt*, 0,001 g *Strychninsulfat* u. 0,004 Ingwerölharz) Diarrhoe u. dadurch schwerer K-Verlust u. Hypokaliämie eingetreten waren, den Elektrolytgeh. des Serums, Urins u. der Faeces u. führen Clearance-Unterss. durch. Es wird festgestellt, daß die Na-, K- u. P-Konzz. der Erythrocyten n. sind u. die K-Ausscheidung durch die Nieren gering ist. Bei I-Entzug u. oraler Applikation von 20–40 m Äquivalenten KCl/Tag wird eine K-Menge zurückgehalten, die ca. 50% der anfänglichen K-Konz. des Körpers entspricht, wobei die K-Retention von einer vorübergehenden starken Na-Retention begleitet wird. Aus Elektrolytgleichgewichtsberechnungen geht hervor, daß die K-Aufnahme durch die Körperzellen annähernd dem bestimmbaren intracellulären Na-Verlust gleich u. die gesamte anfängliche intracelluläre Kationenkonz. erniedrigt ist. Die anfänglich hohe $NH_4$-Ausscheidung erniedrigt sich nach K-Zufuhr ohne wesentliche Veränderung der titrierbaren Acidität des Urins. Das Vermögen zur Konzentrierung des Harns ist vor der K-Applikation bei beiden Patientinnen erniedrigt u. wird nach Verringerung des K-Defizits wieder normal. Die Clearance-Unterss. weisen auf eine geringe Schwächung der Tätigkeit der Glomeruli u. Tubuli der Nieren hin; sie ließ sich nach K-Zufuhr wieder normalisieren. Die Befunde lassen vermuten, daß eine Störung der Nierentätigkeit für gewisse Anomalien des bei K-Mangel beobachteten Wasserhaushaltes u. Elektrolytstoffwechsels verantwortlich ist. (J. clin. Invest. **32.** 258–71. März 1953. Boston, Mass., Mem. Hosp., Evans Mem. Univ., School of Med., Dep. of Med., New Engl. Center Hosp. and Tufts Coll. Med. School, Dep. of Med.)
P. FAHRNLAENDER. 4647

**R. Wigand** und **W. Warnecke,** *Über Bandwurmkuren (Taenia saginata).* (Vgl. C. **1955.** 8912.) Vergleichende Unters. der wichtigsten Bandwurmmittel mit der Wrkg.

der duodenalen $O_2$-Einblasung. Der beste Erfolg wurde bei Kombination von $O_2$-Einblasung mit einem einfachen Abführmittel erzielt. In 75% der Fälle wurden die Patienten von den Parasiten befreit. (Dtsch. med. Wschr. **78.** 1493—94. 30/10. 1953. Hildesheim, Städt. Krankenhaus.) L. BERGER. 4649.

**Robert Juillerat,** *Beobachtungen bei den Präparaten Ondroly und „Nur ein Tropfen."* Während mit den zur Behandlung von Gingivitiden u. Parodontopathien bestimmten Präpp. *Ondroly* u. *Nur ein Tropfen* subjektiv bzw. klin. gute Erfolge bei der Abheilung beobachtet werden, zeitigt die bakteriolog. Kontrolle weniger günstige Resultate. Die bactericide Wrkg. ist nur auf die Oberfläche beschränkt, in den tieferen Regionen der Zahnfleischtaschen ist sie nur sehr schwach. Taschentiefen über 3,5 mm sprechen nicht mehr an. (Schweiz. Mschr. Zahnheilkunde **66.** 221—28. März 1956. Genève, Univ., Inst. de Méd. Dentaire, Serv. de Paradontic.) G. KLESSE. 4655

**Russell L. Cecil,** *Goldbehandlung gegen Hormonbehandlung bei rheumatischer Arthritis.* In vielen Frühfällen der rheumat. Arthritis (bis 6 Monate Krankheitsbestehen) ist die Behandlung mit *Gold* (I) der Hormontherapie vorzuziehen, da Cortison wohl wesentlich dramatischer wirkt, aber in 90% Rückfälle zeigt. Allg. empfiehlt sich I-Therapie bei allen milden Rheumaformen, bei psych. labilen Patienten, bei fortgeschrittenen Herzleiden u. schwerer Blutdrucksteigerung, bei Magengeschwüren, nach bakteriellen Infektionen u. Diabetes. II-Behandlung kommt dort zur Anwendung, wo sich eine I-Therapieresistenz über 3—4 Monate gezeigt hat, bei fortgeschrittenen schweren Arthritiden mit großen Schmerzen, die durch II schnell gebessert werden u. bei Auftreten von Golddermatitis. Die Kombinationstherapie von I u. II erfüllte die Erwartungen nicht. (Int. Rec. Med. **164.** 237—39. Mai 1951. New York City, N. Y.) R. HEINZE. 4670

**M. W. Parkes** und **Fred Wrigley,** *Die Wirkung von ACTH, Cortison und DOCA mit Ascorbinsäure auf die Formalinarthritis.* Die Behandlung der Formalinarthritis nach SELYE bei weißen Ratten mit *DOCA* bzw. *DOCA* + *Ascorbinsäure* zeigte Verschlimmerung der Symptome, während kurative Dosen von *ACTH* u. *Cortison* weder Schutzwrkg. noch Wrkg. auf die Gelenkschwellungen mit Sicherheit erkennen ließen. (Brit. med. J. **1951. I.** 670—75. 31/3. Welwyn Garden City, Res. Dep.) R. HEINZE. 4670

**Claude Betourné,** *Dithiodijodsalicylat-Hexamethylentetramin in der Rheumatherapie.* Besserungen von 2 Fällen akuten Gelenkrheumatismus, von 1 Fall chron. Gelenkrheumatismus bei 1 Versager, bei 7 Arthrosefällen mit 3 zweifelhaften Erfolgen u. 1 Versager, bei 2 Fällen Algesie nach Gürtelrose mit 1 Versager u. bei 2 Grippeerkrankungen ohne Versager. (Semaine méd. **27.** 1032—33. 10/12. 1951. Suppl. zu: Semaine Hôpitaux Paris. Paris, Hosp. Necker.) R. HEINZE. 4670

**Jerome Simson** und **Joseph J. Bunim,** *Die antirheumatischen Wirkungen der 3-Oxy-2-phenylcinchoninsäure bei Gicht, rheumatischem Fieber und rheumatischer Arthritis.* Die genannte Verb. war nur bei Gicht überzeugenderer Wrkg. als die Salicylate, denen gegenüber es bei rheumat. Fieber u. bei rheumat. Arthritis den Nachteil häufigerer u. schwerer-wiegende Nebenwirkungen zeigt. (Amer. J. med. Sci. **222.** 523—29. Nov. 1951. New York, N. Y., Univ. Coll. of Med.) R. HEINZE. 4670

**D. C. Wilson,** *Wirkung von Antihistamin bei rheumatischer Arthritis.* 11 Fälle mit rheumat. Arthritis sprachen auf *Phenergan*-Behandlung in einer Dosierung, beginnend mit 100 mg u. Steigerung auf 150—200 mg/Tag über 21 Tage, prakt. nicht oder nur wenig an. (Ann. rheumatic Diseases **12.** 38—39. März 1953. Strathpeffer, Hosp. for Rheumatic Diseases.) H. DOSSMANN. 4670

**Sherwood W. Barefoot,** *Akneartiger Ausschlag nach Gebrauch von Tetraäthylthiuramdisulfid.* Diskussion der in der Literatur mehrfach beschriebenen Hautausschläge auf die Darreichung von *Tetraäthylthiuramdisulfid* (*Antabus*). Es bedarf weiterer Klärung, wieweit diese Ausschläge durch Antihistaminsubstanzen günstig beeinflußt werden. (J. Amer. med. Assoc. **147.** 1653. 22/12. 1951. Greensboro.) R. HEINZE. 4670

**H. J. M. Barnett, M. V. Jackson** und **W. B. Spaulding,** *Thiocyanatpsychosen.* Kasuistik. 8 Fälle von *Thiocyanat* (I)-Psychosen mit 2 Todesfällen. I bedarf einer sorgfältigen Kontrolle der Serumwerte u. der tox. Erscheinungen. (J. Amer. med. Assoc. **147.** 1554—58. 15/12. 1951. Toronto, Can.) R. HEINZE. 4675

**Je. M. Michailowa,** *Einfluß der Plasmaübertragung auf die Hämoglobinregeneration bei phosphorvergifteten Tieren.* Im Kaninchenvers. wurde durch Zufuhr von gelbem *P* in Abständen von 7—10 Tagen eine Anämie erzeugt. Sobald der Hämoglobingeh. um 15—20%, die Erythrocytenzahl um 1—2 Millionen abgenommen hatten, wurden wiederholt 5—6 ml Citratplasma vom Kaninchen zugeführt. Von 6 Kontrolltieren verendeten 2 an den Folgen der Anämie, während bei Plasmazufuhr der Hämoglobingeh. rasch zunahm u. alle Tiere gesundeten. (Бюллетень Экспериментальной Биологии и

Медицины [Bull. exp. Biol. Med.] **38.** Nr. 12. 28—29. Dez. 1954. Leningrad, 1. Med. Pawlow-Inst., Lehrstuhl für pathol. Physiol.) O. LEBTAG. 4675

**G. Auckland,** *Arsenik.* (Vgl. WADE u. FRAZER, C. **1954.** 3279.) Vf. weist auf die Gefahren einer Applikation kleiner Dosen von anorgan. Arsenik (z. B. FOWLER-Lsg.) über längere Zeiträume hin u. schildert 5 Fälle mit Arsenikkeratosen an Hand- u. Fußflächen u. „Regentropfenpigmentierung". Veränderungen der Leber waren nicht immer eindeutig. 2 Todesfälle. Heilung mit *Dimercaprol* bzw. *Sulfapyridin.* (Lancet **264.** 489 bis 490. 7/3. 1953.) F. GÜNTHER. 4675

**W. Höfer,** *Über Erfahrungen mit Dithioglycerin (BAL).* Bericht über 3 Fälle von medikamentösen *As*-Intoxikationen, die erfolgreich mit *Dithioglycerin (BAL)* behandelt wurden. (Z. Haut- u. Geschlechtskrankh. **15.** 14—20. 1/7. 1953. Zwickau, Heinrich-Braun-Krankenh.) F. KRUSEN. 4575

**Gustáv A. Niepel,** *Ein Fall von Purpura thrombopenica nach Myochrisin, geheilt mit 2.3-Dimercaptopropanol.* Bei der Behandlung von Spondylarthritis ankylopoetica (BECHTEREW) an einem 55jährigen mit Au (5 mg *Myochrisin*) trat thrombopen. Purpura mit Senkung der Thrombocytenzahl (T) auf 63000 ein. Nach Verabreichung von *2.3-Dimercaptopropanol (BAL,* oder *DMP*; SPOFA; 2 cm³ 4std. über 24 Std.) stieg T auf 180000, der RUMPEL-LEED-Test wird negativ. Nach 2 Tagen (2× 2 cm³ BAL/Tag) beträgt T 220000, nach einer Woche 440000. *BAL* wird gut vertragen. (Bratislavské Lekárske Listy **31.** 614—16. 1951. Trenč. Teplice, Lieč. ústav, Rheumatolog. odd.) E. ROTTER. 4675

**R. Ss. Worobjewa,** *Zur Frage der Intoxikation mit Cadmiumoxyd.* Beschreibung eines Falles von akuter Vergiftung eines Arbeiters am Betafilter durch *CdO.* Die ersten Vergiftungssymptome (Kopfschmerzen u. Erbrechen) traten nach einer Latenzperiode von ½ bzw. 1 Std. auf. Weitere Symptome: anhaltendes Schwächegefühl u. Husten. Dauer der Vergiftung ca. 2 Monate. Die Blutanalyse ergab Lymphopenie u. entsprechende Zunahme der Neutrophilen. Im Harn wurden 0,05 mg, im Magenspülwasser 0,13 mg Cd/Liter gefunden. (Гигиена и Санитария [Hyg. u. Sanitätswes.] **1953.** Nr. 10. 46—47. Okt. Saratow, San.-Hygien. Inst.; Moskau, 1. Med. Inst., Lehrstuhl für Arbeitshygiene.) E. RENTZ. 4675

**Faustino S. Mensalvas** und **Gonzalo V. Garcia,** *Bericht über einen Fall: Bleivergiftung bei einem indischen Nellore-Bullen.* (Philippine Agriculturist **37.** 214—15. Sept. 1953. (Laguna, Univ. of the Philippines, Coll. of Agric., Central Exp. Stat.) F. KRUSEN. 4675

**Teodor Canbäck, Nils Diding, Wilhelm T. L. Ohlsson** und **Lars Werkö,** *Malysol und Phenamizol, zwei neue Substanzen zur Behandlung von Barbitursäurevergiftung. Malysol* (I; *4-Methyl-4-äthyl-2.6-dioxopiperidin*) u. *Phenamizol* (II; *2.4-Diamino-5-phenylthiazol*) zeigen deutliche antagonist. Wrkg. gegenüber Barbitursäurepräpp.; durch **II** wird die Wrkg. von **I** verstärkt. In Tierverss. u. in klin. Unterss. wird festgestellt, daß die analept. Wrkg. von **I** in kleinen Dosen (50 mg) verhältnismäßig kurz ist, daß aber auch bei höheren Dosen (500—1000 mg) keine Nebenwirkungen auftreten, bes. wenn **I** zusammen mit **II** gegeben wird. Da man mit **I** oder **I** + **II** das Stadium der Bewußtlosigkeit abkürzen kann, ergibt sich die Möglichkeit, die Behandlung von Schlafmittelvergiftungen zu vereinfachen. (Svensk farmac. Tidskr. **59.** 685—93. 20/10. 1955. Örebro, Centrallasarettet, Med. klin., Apotekens kontrollabor.; Stockholm, S:t Eriks sjukhus, Med. klin.) R. K. MÜLLER. 4675

**G. Jahr,** *Beitrag zur gewerblichen Arsenwasserstoffvergiftung.* Vf. berichtet über $AsH_3$-Vergiftungen, die beim Reinigen von Kondensatorrohren an 3—4 Personen 5—24 Std. nach der Arbeit aufgetreten sind. Beschreibung der Symptome. Die Vergiftungen waren auf den Geh. von 0,013% As in Zn-Platten, die am Boden der Kondensatoren angebracht waren, u. 0,01% As im Kühlwasserschlamm zurückzuführen. Die Bldg. von $AsH_3$ erfolgte durch den bei Fäulnis von absterbenden Eisenbakterien im Schlamm gebildeten $H_2S$. Es wird angeführt, daß selbst kleine Mengen von $AsH_3$ (0,01—0,02 mg/Liter Luft) wirksam sind u. die letale Dosis 0,5—0,75 mg/Liter beträgt. (Dtsch. Gesundheitswes. **8.** 208—10. 15/2. 1953. Leipzig, Univ., Hyg.-Inst. u. Zentralstelle für Hyg.) P. FAHRNLAENDER. 4681

**Horst Müller,** *Kann Graphit Staublungenveränderungen hervorrufen?* Vf. führt an, daß die *Graphit* (I)-Pneumokoniose durch die im rohen **I** vorhandene freie $SiO_2$, deren Geh. bis zu 46,25% betragen kann, hervorgerufen wird. Durch Verss. an Tieren wurde festgestellt, daß auch reiner **I** Pneumokoniose verursacht, da er die Reinigungs- u. Abflußfunktionen in den Lymphgefäßen der Lunge blockiert u. somit die silicogene Wrkg. geringer Mengen Quarzstaub (2 mg auf 98 mg I) steigert. (Ärztl. Wschr. **8.** 1226—29. 18/12. 1953. Freital/Sa., Bergbau-Poliklin., Röntgenabt.) P. FAHRNLAENDER. 4681

**M. H. Samitz,** *Einige dermatologische Gesichtspunkte zum Chromatproblem.* Von den Berufsgruppen, die der Einw. von Cr-Verbb. ausgesetzt sind, werden Zementarbeiter u. Arbeiter, die mit Diesellokomotiven umgehen, genannt. Beschreibung einer in vitro-Meth. zum Nachw., daß Chromate (I) durch die Haut resorbiert werden u. dabei die in der Haut befindlichen SH-Gruppen inaktivieren. Hinweis auf Unterss., aus denen hervorgeht, daß durch I ausgelöste ulceröse Hautveränderungen nicht gleichzeitig eine Hautüberempfindlichkeit erzeugen. Auch zwischen den durch I ausgelösten Lungencarcinomen u. den durch I möglichen Hautveränderungen bestehen nach Ansicht des Vf. keine direkten Beziehungen. (A. M. A. Arch. ind. Health **11.** 361—67. Mai 1955. Philadelphia, Pa., Univ. of Pennsylvania, School of Med., Section of Ind. Dermatology, Dep. of Dermatol.) H. Zeller. 4681

**Karl H. Sroka,** *Zur Gesundheitsgefährdung durch Thallium.* Nach Angaben des Autors ist *Thallium* als gewerbliches Gift toxischer als Blei. Es werden die Vergiftungsmöglichkeiten in der Industrie u. die Symptomatik der Erkrankung (Haarausfall, Hauterscheinungen, nervöse Störungen u. a.) besprochen. Besonders gefährdet sind nach Angabe des Autors Jugendliche vor u. während der Pubertät u. geschlechtsreife Arbeiter in den besten Jahren. (Münchener med. Wschr. **93.** 2151. 26/10. 1951.) H. Gohr. 4681

---

**Johannes Meyer-Rohn,** Untersuchungen zur Chemotherapie der Hauttuberkulose. Verwertbarkeit kultureller u. tierexperimenteller Ergebnisse. Stuttgart: Thieme. 1956. (81 S. m. 12 Abb.) 8° = Tuberkulose-Bücherei. DM 9,60.

—, Petit bréviaire de pharmacologie thérapeutique. Paris: Gilbert. 1956. (176 S.) 16°. fr. 500.—.

# F. Pharmazie. Desinfektion.

**Christina Günzel, G. Weidner** und **F. Weiß,** *Vorschläge für die Artikel Paraffinum subliquidum und Paraffinum perliquidum im Deutschen Arzneibuch.* Es werden Prüfungsvorschläge für dickfl. u. dünnfl. Paraffin zur Aufnahme in das Deutsche Arzneibuch gemacht u. erläutert. (Pharmaz. Zentralhalle Deutschland **94.** 467—70. Dez. 1955. Berlin, Humboldt-Univ., Pharmaz. Inst.) Ph. Fresenius. 4750

**Harry Kalsing,** *Das Glas in der Apotheke.* Überblick über die verschiedenartige Verwendung des Glases in der Apotheke für Standgefäße, Arzneiflaschen, Tablettengläser, Ampullengläser u. chem. Geräteglas u. Vergleiche der Anforderungen, die die Arzneibücher mehrerer Länder an die chem. Widerstandsfähigkeit der Gläser stellen. (Dtsch. Apotheker-Ztg. **4.** 97—99. Mai 1952. Papenberg/Ems.) M. Negwer. 4758

**D. M. E. Thomas,** *Chemie, Eigenschaften und Anwendungen von Siliconen.* 2. Mitt. *Siliconbehandelte Glaswaren in Pharmazie und Medizin.* Angaben über die verschied. Methoden der Siliconisierung von Glaswaren u. deren Verwendung in Pharmazie u. Medizin. (Chemist and Druggist **159.** Nr. 3806. 114. 31/1. 1953. London, Albright & Wilson, Ltd.) M. Negwer. 4758

**E. Soos** und **A. Kastel,** *Die Suppositorienmasse „Massupol".* Eigg. u. Verwendungsmöglichkeiten der Suppositorienmasse *Massupol* (I) (Crock & Laan, Wormerveer/Holland), die eine durchaus geeignete u. der Kakaobutter in mancher Beziehung (z. B. das Fehlen instabiler Modifikationen u. das hohe Wasseraufnahmevermögen) überlegene Suppositoriengrundlage darstellt. I besteht in der Hauptsache aus Glycerinestern der Laurinsäure, denen zur Erhöhung des Wasseraufnahmevermögens eine geringe Menge eines Monostearinsäureesters zugesetzt ist. (Österr. Apotheker-Ztg. **10.** 224—25. 7/4. 1956.) M. Negwer. 4766

**Hans Kreis,** *Ein Beitrag zur Herstellung injizierbarer Präparate in Ampullen.* Allg. Ausführungen unter besonderer Berücksichtigung folgender Anforderungen an Injektionsflüssigkeiten: Die Lsg. muß klar u. frei von Schwebstoffen u. Verunreinigungen sein; sie muß nicht nur völlig steril, sondern auch frei von abgetöteten Keimen sein; sie muß ohne Schmerzen u. unerwünschte Nebenwirkungen injizierbar sein; ihr $p_H$ muß möglichst gleich dem des Blutes sein u. sie muß unbegrenzt haltbar u. durch Temperaturschwankungen unveränderlich sein. (Apotheker-Ztg. **4.** 116—18. Juni 1952. Berlin.) M. Negwer. 4766

**E. Jean Anderson,** *Eine vereinfachte Herstellung von isotonischen Lösungen.* Zur einfachen Herst. isoton. Lsgg. von Arzneimitteln (I), die 1% des I enthalten, gibt Vf. in einer Tabelle für 98 I an, in wieviel $cm^3$ W. 0,3 g des betreffenden I gelöst werden müssen, damit nach Auffüllung mit physiol. NaCl-Lsg. auf 30 $cm^3$ eine isoton. Lsg. entsteht. Außerdem werden verschied. übliche Pufferlsgg. an Hand ihrer E.-Depression auf ihre isoton. Eigg. untersucht, die bei einer Borsäure/Borax-Pufferlsg. nicht vorhanden sind. (Chemist and Druggist **159.** Nr. 3827. 693—94. 27/6. 1953.) M. Negwer. 4766

**H. Höller,** *Über Zusammensetzung und Wirkung von Heilquellen.* Allg. Ausführungen. — 5 Literaturangaben. (Scientia pharmac. **23.** 251—56. 31/12. 1955. Bundesstaatl. Anstalt für experimentell-pharmakol. u. balneolog. Unterss.) M. NEGWER. 4778

**E. Steinegger,** *Von der Arzneipflanze zum synthetischen Arzneistoff.* Vortrag. — Allg. Angaben über Vork., Synth., Eigg. u. Wrkg. einiger Arzneimittel unter besonderer Berücksichtigung der Alkaloide. (Österr. Apotheker-Ztg. **9.** 386—90. 11/6. 402—07. 18/6. 1955. Bern.) M. REIHER. 4782

**A. M. van Prooijen,** *Pharmakohistorische Untersuchungen.* 73. Mitt. *Die Lindenblüte.* (72. vgl. C. **1955.** 10804.) Übersicht über Vork., Gewinnung, chem. Zus. u. Bedeutung der Lindenblüte in Heilkunde, Geschichte, Mythologie, Religion, Volkskunde u. Literatur. (Pharmac. Tijdschr. België **32.** 80—87. April 1955. 's-Hertogenbosch.) W. WESLY. 4782

**A. M. van Prooijen,** *Pharmakohistorische Untersuchungen.* 74. Mitt. *Heidelbeeren — Bärentraubenblätter.* (73. vgl. vorst. Ref.) Übersicht über Vork., Eigg. u. Anwendung der Heidelbeeren(blätter) u. der Bärentraubenblätter. (Pharmac. Tijdschr. België **32.** 128—34. Juni 1955.) W. WESLY. 4782

**A. M. van Prooijen,** *Pharmakohistorische Untersuchungen.* 75. Mitt. *Die Citrone.* (74. vgl. vorst. Ref.) Übersicht über Vork. u. Ernte der Citrone, ihre Bedeutung für Ernährung, Heilkunde u. Volkskunde; Zus. u. Verwendung des Citronensaftes. (Pharmac. Tijdschr. België **32.** 174—84. Aug. 1955.) W. WESLY. 4782

**A. M. van Prooijen,** *Pharmakohistorische Untersuchungen.* 76. Mitt. *Baldrian.* (75. vgl. vorst. Ref.) Übersicht über Vork., chem. Zus., Eigg. u. pharmazeut. Anwendung der Baldrianwurzel. (Pharmac. Tijdschr. België **32.** 216—27. Okt. 1955.) W. WESLY. 4782

**H. Borsutzki,** *Beitrag zur chemischen Kenntnis der Artemisia maritima L.* Die Artemisia-Arten enthalten eine Vielzahl von Inhaltsstoffen, die für die Isolierung des *Santonins* (I) besondere Reinigungsmethoden erforderlich machen (vgl. STEINEGGER u. HAHN, C. **1954.** 3521; OELSSNER, C. **1953.** 3121). Vf. konnte an *Artemisia maritima L.* durch aufeinanderfolgende Extraktion mit PAe., Ae., Chlf. u. A. mit anschließender Chromatographie der Einzelfraktionen über $Al_2O_3$-MERCK (nach BROCKMANN) eine weitgehende Trennung der Pflanzeninhaltsstoffe u. die Identifizierung einiger Derivv. von I, wie *α-Oxysantonin, Desmotroposantonin* u. *Dihydrosantonin* (?) ermöglichen. Zur Charakterisierung der Substanzen dienten die FF. der gereinigten Proben im Vgl. zu denen einfacher Umwandlungsprodd. sowie die eutekt. Meth. nach KOFLER.

Versuche: *Petrolätherextrakt.* Durch Extraktion von 1 kg Droge mit PAe. (Kp. 40°; 40 Std.). Nach dem Erkalten Abscheidung von *Santonin* (I), *β-Santonin* (F. 216—218°) u. etwas *Pseudosantonin* (F. 190°). Langsame Umlagerung der letzteren Verbb. zu I. Aus dem Filtrat nach 2maliger Chromatographie (Methanol u. PAe.): *Stearinsäure,* F. 69—70°. Aus dem PAe.-Extrakt weiterhin Chlorophyll, Polyenkohlenwasserstoffe u. Farbwachse. Über das Rohfett nach Verseifung ein *Wachsalkohol;* F. 76—77° (Acetylderiv., F. 65°); ein *Polyenalkohol,* F. 134—136° (Acetylderiv., F. 125°; Eutektika: mit Phenacetin 68°, mit Acetanilid 62°); *Palmitinsäure,* F. 62°; *Cerotinsäure,* F. 78°; *Linolensäure* (Hexabromid, F. 179°); *Linolsäure* (Tetrabromid, F. 115°) u. *Ölsäure.* — *Ätherextrakt.* — Aus der mit PAe. vorbehandelten Droge (40 Std.) a) über den chloroformlösl. Rückstand des erkalteten Extrakts durch Fällung mit PAe. chlorophyllhaltiges I. Reines Prod. durch Chromatographie des überstehenden Extrakts, F. 173° (Eutektika: mit Phenacetin 124°; mit Benzanilid 142°). Beim Nachwaschen der Säule mit HCl-Methanol (1:10) *Dihydrosantonin* (?), F. 97—98° (Eutektika: mit Azobenzol 48—49°; mit Benzil 58—59°) u. aus dem Eluat mit PAe.-Methanol *Caprinsäure,* F. 29—30°. b) Aus dem zur Trockene gebrachten Rückstand eines neuen Ansatzes nach Dekantieren mit Ae. als Sublimat (270°) *α-Oxysantonin,* F. 286—288° (Eutektika: mit Salophen 153°; mit Dicyandiamid 143°); *Acetylderiv.,* F. 164—165°. Daneben durch weitere Trennung mit Methanol u. Chromatographie *Quercetin,* F. 314—318° u. *Cerotinsäure,* F. 73—74°. — *Chloroformextrakt.* Darst. wie oben. Nach Chromatographie im Durchlauf *Palmitinsäure,* im Eluat *Santonin* u. *n-Eikosan,* F. 37°. Beim Nachwaschen der Säule mit Chlf. u. Methanol-Chlf. u. Reinigung aus Essigester u. Chlf.-Methanol-W. *Pseudosantinon* (?), F. 183—185° (Eutektika: mit Benzanilid 140°; mit Salophen 121°). In einem besonderen Ansatz aus dem Rückstand des Chlf.-Extrakts mit Ae. u. Chromatographie *Helenin,* F. 75—76° (Eutektika: mit Azobenzol 59°; mit Benzil 69°); andere Gewinnung durch Wasserdampfdest. der Droge. — *Äthanolextrakt:* Darst. wie oben. Aus dem Rückstand des Extrakts nach Reinigung mit Chlf. u. Ae. ein *Flavonderiv.,* F. 172—173° (Eutektika: mit Salophen 137°; mit Benzanilid 118—120°). Daneben *Dihydrosantonin* (?) u. *Quercetin.* — *Äthanolextrakt ohne Vorbehandlung.* Ausziehen des Extraktionsrückstands mit Chlf., Versetzen mit heißem A. u. Reinigung mit Pb-

Acetat, Versetzen des Filtrats mit Weinsäure, Trocknen u. fraktionierte Kristallisation aus Bzl. lieferte I u. eine geringe Menge *Desmotroposantonin*, F. 261° (Eutektika: mit Salophen 162°; mit Dicyandiamid 187°). Daneben *Artemisin*, F. 202° u. *Myristinsäure*, F. 51°. (Arch. Pharmaz. Ber. dtsch. pharmaz. Ges. **288/60.** 336—40. 1955. Halle-Wittenberg, Univ., Pharmaz. Inst.) K. ZOPFF. 4782

**Walter Loos,** *Zur Pharmakognosie von Gelsemium sempervirens Ait.* Unterss. über anatom. Unterschiede zwischen *Gelsemium sempervirens* u. *Jasminum*-Arten (J. nudiflorum u. J. humile). Die chem. Prüfung sollte für die Droge einen Mindestalkaloidgeh. von 0,25% ergeben. (Arzneimittel-Forsch. **3.** 437—38. Aug. 1953. Kempten/Allgäu, Firma Cefak.) R. REISS. 4782

**Glenn R. Svoboda** und **Lloyd M. Parks,** *Sabadillaalkaloide.* 4. Mitt. *Trennung von Veratridin und Cevadin durch Verteilungschromatographie.* (3. vgl. HENNIG u. Mitarbeiter, C. **1952.** 6693.) Nach Vorstudien über die Verteilungsgleichgewichte von *Veratridin* (I) u. *Cevadin* (II) zwischen verschied. Pufferlsgg. u. organ. Lösungsmitteln ließ sich eine brauchbare chromatograph. Trennung der aus *Sabadill*-Saat mit Skellysolve B gewonnenen Rohalkaloide verwirklichen.

Versuche: Extraktion der Rohalkaloide. Durch Behandlung von 10 kg Sabadillsaat mit Skellysolve B (vgl. POETSCH u. PARKS, J. Amer. pharmac. Assoc. sci. Edit. **38.** [1949.] 522) 140 g rohes Alkaloidgemisch. — Darst. von *Veratridin* (I) u. *Cevadin* (II). Isolierung von reinem I (Absorptionsmax. bei 2620 Å) u. II (F. 208—211°; A.) für die Verss. nach BLOUNT (vgl. C. **1935.** I. 3795) unter Umkrist. des Sulfats u. Perchlorats bzw. der freien Base. — Ermittlung der Verteilungskoeffizienten. Über 0,2%ig. Lsgg. künstlicher Gemische von I u. II beim Zusatz gleicher Mengen Pufferlsg. (0,5n; $p_H$ 4,00—7,50) u. Durchschütteln mit Bzl., Chlf. u. Chlf. + A. Ermittlung der Konz. von I u. II in der Lösungsmittelschicht durch Titration mit $HClO_4$ in Eisessig (Kristallviolett). Günstigste Verteilungskoeffizienten in reinem Chlf. gegen eine Pufferlsg. von $p_H$ 4,25. — Verteilungschromatographie. Über Kolonnen von 1,2 cm Durchmesser mit 15 g $SiO_2$ (MALLINCKRODT), 15 $cm^3$ Puffer u. je 100 mg der Reinalkaloide oder 300 mg der Rohalkaloide. Bei Abnahme von 5 $cm^3$-Fraktionen gute Trennung. Überprüfung durch Titration u. UV-Spektralanalyse. Gleichfalls befriedigende Ergebnisse durch Chromatographie von 15 g der Rohalkaloide an 750 g $SiO_2$ mit 750 $cm^3$ Puffer bei $p_H$ 4,0 u. Entnahme von 250 $cm^3$-Fraktionen. — Zum Schluß wird die Brauchbarkeit der Meth. zur Reinigung der im Handel erhältlichen Sabadillaalkaloide nachgewiesen. (J. Amer. pharmac. Assoc., sci. Edit. **43.** 584—88. Okt. 1954. Madison, Wisc., Univ. of Wisconsin, School of Pharm.) K. ZOPFF. 4782

**Gusztáv Fritz** und **István Bayer,** *Digitalis.* Übersicht über die Drogen, welche die heute verwendeten wirksamen Digitalisglucoside enthalten. Erläuterung ihrer Strukturbest. nach STOLL. — 21 Literaturangaben. (Gyógyszerész **9.** 183—88. 1/10. 223—27. 1/12. 1954.) H. LANGENBECK. 4782

**J. M. Rowson,** *Die Biogenese von Alkaloiden in Pflanzen mit besonderer Berücksichtigung von Datura und verwandten Gattungen der Solanaceae.* Inhaltlich ident. mit der C. **1955.** 1325 referierten Arbeit. (J. Pharmac. Belgique [N. S.] **9** (**36**). 195—221. Mai/Juni 1954. London, Museum of Pharmac. Soc. of Great Britain.) W. WESLY. 4782

**Gertrud Hoffmann,** *Billige Herstellung von destilliertem Wasser.* Beschreibung von Verff. u. Vorrichtungen zur Herst. von dest. W. durch Elektrodialyse u. durch Ionenaustausch. (Dtsch. Drogisten-Ztg. **9.** 382—84. 10/7. 1954.) T. OPPERMANN. 4786

**Joseph V. Swintosky, Lloyd Kennon** und **James Tingstad,** *Eigenschaften und Anwendungen von pulverisierten Polysaccharidsäuren.* 1. Mitt. *Darstellung und Titrationskurven.* Einige neue pulverisierte Polysaccharidsäuren wurden gewonnen aus Carboxymethylcellulose (I) u. den Pflanzenschleimen von Ulmenrinde (II) u. den Samen von Quitte (III) u. Plantago (IV), indem die Schleimstoffe nach ihrer Extraktion mit säurehaltigem Kationenaustauschharz behandelt u. dann dem Sprühtrockenverf. unterworfen wurden. Die Säuren wurden potentiometr. titriert, wobei die Kurvenform vom Kationenaustauscher abzuhängen scheint. Säureäquivalente u. $pK_s$-Werte werden angegeben, für die Polysaccharidsäuren aus **I, II, III, IV,** Gummi arabicum, Leinsamen u. Alginsäure. Pharmazeut. Anwendungen bei Hyperacidität des Magens, für Tabletten (wegen der verzögernden Wrkg. auf die Zers.) u. Brausetabletten, als Geschmacksverbesserer u. zur Verhinderung von Bakterienwachstum durch das niedere $p_H$ in Pharmazeuticis u. als Säurepuffer bei lokalen Infektionen werden angedeutet. (J. Amer. pharmac. Assoc., sci. Edit. **44.** 109—12. Febr. 1955. Madison, Univ. of Wisconsin, School of Pharmacy.) J. MILLER. 4786

**Joseph V. Swintosky, Lloyd Kennon** und **James Tingstad,** *Eigenschaften und Anwendungen von pulverisierten Polysaccharidsäuren.* 2. Mitt. *Tablettenuntersuchungen.*

(1. vgl. vorst. Ref.) Vff. berichten über Verss. zur Kontrolle des Zerfalls unter gewissen Bedingungen u. über die Bedeutung der Zerfallsverzögerer zur Erzielung einer längeren Wirksamkeit. Sulfathiazoltabletten mit Zusätzen von pulverisierten Polysaccharidsäuren aus Leinsamen, Quittensamen, Gummi arabicum u. Plantagosamen (I) zeigen einen verzögerten Zerfall in Wasser. Tabletten mit dem I-Präp. werden gummiartig u. zäh in Wasser. Als Vergleichssubstanzen dienten Stärke, Alginsäure u. Carboxymethylcellulose. (J. Amer. pharmac. Assoc., sci. Edit. **44.** 112–14. Febr. 1955.)
J. Miller. 4786

**M. Herzog,** *Stufenmaceration.* Um die Möglichkeit zu schaffen, sowohl wasser- als auch alkohollösl. Stoffe aus Drogen (I) zu extrahieren, wurde ein Macerationsverf. geschaffen, bei dem I nacheinander mit W., einer A.-Halbkonz. u. schließlich der A.-Endkonz. behandelt werden. Diese *Stufenmaceration* wird wie folgt durchgeführt: W. u. A. werden getrennt gewogen. I wird mit dem gesamten Wasseranteil versetzt u. 1–3 Tage vormaceriert bzw. vorgequollen. Darauf wird die Hälfte des A. zugegeben u. in dieser Zwischenstufe 5 Tage maceriert. Zum Schluß geht man durch Zugeben der Restmenge des A. auf die Endkonz. u. maceriert weitere 10 Tage. Es wurden nach dem Verf. Tinkturen aus *Carduus marianus* (**II**), *Valeriana* (**III**), *Cinnamomum* (**IV**), *Carum carvi* (**V**), *Nux vomica* (**VI**) u. *Secale cornutum* (**VII**) hergestellt u. mit nach gewöhnlichen Verff. hergestellten Tinkturen verglichen. Es zeigte sich, daß das Verf. bei manchen I (II–V) extraktreichere Tinkturen liefert, bei anderen I (**VI** u. **VII**) jedoch keine Vorteile bietet. (Dtsch. Apotheker-Ztg. **96.** 200–02. 8/3. 1956. Karlsruhe-Durlach, Dr. Willmar Schwabe G. m. b. H.) M. Negwer. 4790

**Lars-Einar Fryklöf** und **Erik Sandell,** *Ersatz von Dekokten und Infusen durch Mixturen.* Als Ersatz für Infusum gentianae compositum, Infusum valerianae u. Decoctum condurango werden Mixturen mit geschmackskorrigierenden Zusätzen empfohlen, die in der Konz. besser definiert, haltbarer u. leichter herzustellen sind. (Farmac. Revy **54.** 465–70. 4/8. 1955. Stockholm, Farm. inst., avd. für galen. farm.)
R. K. Müller. 4790

**V. Rábek,** *Vitamin $B_{12}$ (Chemie, Bewertung und Wirkung).* Überblick über Arbeiten, die sich mit der Geschichte, Isolierung, Chemie, Problematik u. Therapie befassen. — 425 Literaturangaben. (Českoslov. Farmac. **4.** 418–30. Okt. 468–78. Nov. 1955. Praha, Výzk. úst. pro farm. a biochem.) E. Vevera. 4808

**F. Hadwiger,** *Hefe, pharmazeutisch gesehen.* Beschreibung der Zus. u. Verwendung der *Hefe,* die vor allem durch ihren Geh. an essentiellen Aminosäuren u. Vitaminen ein wertvolles Therapeuticum darstellt. (Österr. Apotheker-Ztg. **10.** 225–28. 7/4. 1956.)
M. Negwer. 4808

**H. Vogel,** *Neue Antibiotica.* Aufzählung einiger seit etwa **1953** bekanntgewordener Antibiotica mit Angabe der wichtigsten Eiggenschaften. — 86 Literaturzitate. (Österr. Apotheker-Ztg. **9.** 390–94. 11/6. 1955.) M. Reiher. 4810

**H. Czetsch-Lindenwald,** *Phytoantibiotica.* Überblick über Vork., Chemie u. Eigg. der *Phytoantibiotica* (auch *Phytoncide* genannt), das heißt also derjenigen Antibiotica, die aus Algen, Flechten u. höheren Pflanzen gewonnen werden. — 44 Literaturangaben. (Scientia pharmac. **23.** 243–51. 31/12. 1955. Wolfsberg i. K.) M. Negwer. 4810

**J. A. Berry,** *Intrapleurale Arzneimittel.* (Vgl. C. **1954.** 4897.) Die günstigste Lösungsform für einige intrapleurale Arzneimittel wurde untersucht. 1. Streptomycin. Streptomycinsulfatlsg., enthaltend 1 g-Äquivalent freie Base auf 10 $cm^3$, wird bereits durch 1 g $Na_2HPO_4$ auf ein $p_H$ von 7,8 gepuffert, bei welchem die Lsg. am wirksamsten ist. Der gleiche Effekt wird mit Citrat nicht erreicht. — 2. Isonicotinsäurehydrazid. Eine Lsg. von 250 mg in 10 $cm^3$ W. hat ein $p_H$ von 6,4 u. kann durch Erhitzen im Autoclaven sterilisiert werden. — 3. Chloramphenicol wird intrapleural als 5%ig. wss. Lsg. verwandt. Sie kann durch 3½std. Erhitzen auf 100–103° sterilisiert werden. (Pharmac. J. **172** ([4] **118**). 186. 6/3. 1954. Peppard Chest Hospital.) G. Heck. 4810

**Th. Naegeli** und **W. Schneider,** *Verzögerung des Hämolysevorganges im konservierten Blut durch Zusatz eines Phenothiazinderivates (Atosil-Bayer).* Das Antihistaminicum *Atosil* (*Phenergan*) verringert in einer Endkonz. von 1:10000 die Hämolysegeschwindigkeit auf weniger als die Hälfte. Vor routinemäßiger Verwendung von Atosil zur Blutkonservierung wird indessen gewarnt wegen der vor allem bei massiver, schneller Transfusion möglichen Nebenerscheinungen u. der potenzierenden Wrkg. auf andere Medikamente. (Dtsch. med. Wschr. **79.** 305–11. 19/2. 1954. Tübingen, Chirurg. Univ. Klinik.) Th. Marsson. 4812

**Margaret E. Greig** und **Anna J. Gibbons,** *Ein möglicher Wirkungsmechanismus, durch Phenothiazinderivate Blutkonserven zu schützen.* Während der Lagerung von Blut bei +5° oder Zimmertemp. ist ein Abnehmen der Erythrocyten (E)-*Cholinesterase* (I) zu beobachten. Im gleichen Maße steigt I im Plasma an. Nach Unterss. der Vff. wird dieser Vorgang durch Phenothiazinderivv. wie *Phenergan* (II), *Pyrrolazote* (III) u. *Chlorpromazin* (IV) in Konzz. von $5 \cdot 10^{-5}$ bis $6 \cdot 10^{-4}$ mol. gehemmt. Beschleunigt wird dieser Vorgang durch Schlangengift, das *Lecithinase* (V) enthält, anschließend erfolgt Hämolyse. Die Hämolyse von gewaschenen E durch Schlangengift wird durch II, III u. IV gleichfalls gehemmt. Pyribenzamin, Benadryl u. Phenothiazin haben in den genannten Konzz. keine Wirkung. Hiernach erklären Vff. den Vorgang, wonach während der Lagerung des Blutes V oder ein ähnliches Enzym durch Produktion von *Lysolecithin* das Absinken von I in den E bewirkt u. somit die Veränderungen in der Permeabilität u. die Entartung der Erythrocyten. (Amer. J. Physiol. **181.** 313–18. Mai 1955. Kalamazoo, Mich., Upjohn Co.) G. BRATFISCH. 4812

**H. Sager,** *Kontrollen bei der Herstellung und Abgabe von Trockenplasma.* Darlegung der notwendigen Kontroll- u. Sicherheitsmaßnahmen bei der Herst. u. Abgabe von *Trockenplasma* zur Reduzierung der Zahl der Transfusionszwischenfälle auf ein Mindestmaß. Diese erstrecken sich von den Maßnahmen zur Erzielung eines einwandfreien Blutes über die Protokollierung der einzelnen Arbeitsgänge, Prüfungen an Plasma, Kontrollen zur Nachforschung der Ursachen von Transfusionszwischenfällen bis zu Kontrollen auf bereits abgegebenes Plasma. Die Ursachen für Transfusionszwischenfälle liegen meistens nicht an der Beschaffenheit des Plasmas, sondern an der Verwendung von nicht pyrogenfrei gereinigten Transfusionsbestecken. (Schweiz. Apotheker-Ztg. **90.** 561–68. 9/8. 1952. Blutspenderdienst des Schweizer. Roten Kreuzes, Zentrallabor.) M. NEGWER. 4812

**Anneliese Romeike,** *Beitrag zur papierchromatographischen Trennung von Alkaloiden.* Die Alkaloide Atropin, Scopolamin, Tropin, Scopolin u. Nicotin (I) werden durch Rundfilterpapierchromatographie in der Arbeitsweise nach MUNIER u. MACHEBOEUF (C. **1951.** I. 3400) getrennt. Die $R_F$-Werte sind in gleicher Reihenfolge für Papier SCHLEICHER & SCHÜLL 2043 a 0,70–0,60–0,46–0,36, für I nicht angegeben. Quantitative Auswertung der Chromatogramme erfolgt nach der Meth. VAN OS (Recueil Trav. chim. Pays-Bas **64.** [1945.] 35) colorimetr. mit Dimethylaminobenzaldehyd/$H_2SO_4$. Das Verf. dient zur Gehaltsbest. gereinigter Auszüge von Pflanzenmaterial. (Pharmazie **7.** 496–97. Aug. 1952. Gatersleben, Deutsche Akademie der Wissenschaften, Inst. für Kulturpflanzenforschung.) PH. FRESENIUS. 4880

---

**American Cyanamid Co.,** N. Y., V. St. A., *Phosphorsäure und Phosphonamide* der allg. Formel (I), in der R = H oder Alkyl u. R′ = Alkyl, Aryl, einen Dialkylaminorest mit 8–24 C-Atomen, einen Alkoxyrest mit 4–12 C-Atomen, einen N enthaltenden heterocycl. Rest mit wenigstens 4 C-Atomen, dessen N-Atom unmittelbar an das P-Atom gebunden ist oder einen Äthyleniminrest bedeuten, werden z. B. durch Rk. eines Phosphorsäurehalogenids der Formel (II), in der X für Cl oder Br steht u. R′ die oben angegebene Bedeutung besitzt, mit einem Äthylenimin der Formel (III), in der R die oben angegebene Bedeutung besitzt, bei 0–60° in Ggw. eines bas. Kondensationsmittels (tert. Amin, wie Triäthylamin, oder $Na_2CO_3$) u. bes. in Ggw. eines organ. Lösungsm. (Bzl., Ae. oder Dioxan) oder in wss. Lsg. hergestellt. — Aus N.N-Diisobutylaminophosphorsäuredichlorid u. Äthylenimin in trockenem Bzl. in Ggw. von Triäthylamin bei 10° *N.N-Diisobutyl-N′.N″-diäthylenphosphorsäuretriamid,* F. (aus Bzl.) 78–79°. — *N.N-Dioctyl-N′.N″-diäthylenphosphorsäuretriamid,* $Kp._{0,3}$ 168°. — *N.N′-Diäthylendiaminophosphorsäureoctylester,* $Kp._{0,2-0,24}$ 117–119°. — *N.N′-Diäthylendiaminophosphorsäurebutylester,* $Kp._{1,0-1,2}$ 116–118°. — *N-Pentamethylen-N′.N″-diäthylenphosphorsäuretriamid,* $Kp._{0,075}$ 90°. — *N-(3-Oxapentamethylen)-N′.N″-diäthylenphosphorsäuretriamid,* F. aus trockenem Bzl. 62,5–64,5°. — *N-Pentamethylen-N′.N″-bis-(1-methyläthylen)-phosphorsäuretriamid,* Öl, das beim Abkühlen kristallisiert. — *N-Pentamethylen-N′.N″-bis-(1.1-dimethyläthylen)-phosphorsäuretriamid,* Sirup. — *N.N′.N″-Tris-(1-methyläthylen)-phosphorsäuretriamid,* $Kp._{0,15-0,30}$ 90–92°. — *N.N′.N″-Tris-(1.1-dimethyläthylen)-phosphorsäuretriamid, N.N′-Diäthylenbenzolphosphondiamid,* $Kp._{0,2}$ 117 bis 120°, F. aus wenig Bzl. 75–76,5°, gut lösl. in W., wenig lösl. in Aceton. — *N.N′-Diäthylenäthanphosphondiamid,* $Kp._{0,8}$ 76–80°. — *N.N′-Diäthylencyclohexanphosphondiamid,* F. aus Ae. 64–66°. — *N.N′-Diäthylen-p-toluolphosphondiamid,* F. aus Ae. 56 bis 57°. — *N.N′-Diäthylen-p-chlorbenzolphosphondiamid.* — *Mittel, die das Wachstum von Tumoren hemmen.* — Vgl. auch A. PP. 2 606 901; C. **1955.** 6623, 2 663 705; C. **1955.** 7087 u. 2 606 900; C. **1955.** 11466. (**E. PP. 715 422** vom 4/7. 1952, ausg. 15/9. 1954 u. **715 861** vom 7/7. 1952, ausg. 22/9. 1954. Beide A. Prior. 25/7. 1951.) R. LINK. 4807

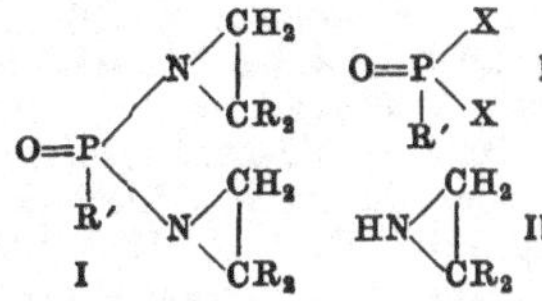

**Wolfgang Riedl,** München, *Herstellung von kernmonoacylierten Phloroglucinen* u. deren am O u./oder C alkylierten Derivv. durch Rk. von Phloroglucin (I) oder seinen alkylierten Derivv. mit Säurechloriden u. $AlCl_3$ in Ggw. von Nitrobenzol (II). Als weiteres Reaktionsmedium wird $CS_2$ benutzt, u. man gibt nur so viel II zu, wie zur Bldg. eines akt. lösl. Komplexes notwendig ist. Beispiele für die Herst. von *Phlorisobutyrophenon* (F. 138°) aus I u. Isobutyrylchlorid; *Phloracetophenon*, F. 219°; *Phlorphenacetophenon*, F. 163°; *Phlorbutyrophenon*, F. 180°; *Phlorisovalerophenon*, F. 145°; *Phlorcaprophenon*, F. 118°; *Phlorisocaprophenon*, F. 122°; *Phlorcaprylophenon*, F. 128°; *3-Methylphlorbutyrophenon*, F. 155°; *3-Methylphlorisobutyrophenon*, F. 160°; *Aspidinol* (= *3-Methylphlorbutyrophenon-4-methyläther*), F. 141°; *3-Methylphlorisobutyrophenon-4-methyläther*, F. 142°; *Filicinsäureäthanon* (= 1-Acetyl-3.3-dimethylcyclohex-1-en-2-ol-4.6-dion), F. 176°; *Filicinsäurebutanon*, F. 97°; *Methylfilicinsäureäthanon* (= *1-Acetyl-3.3.5-trimethylcyclohex-1-en-2-ol-4.6-dion*), F. 161°; *Methylfilicinsäurebutanon*, F. 90—92°; *Methylfilicinsäureisobutanon*, F. 99—100°; *Tetramethylphloracetophenon*, F. 54°; *Leptospermon* (= *1-Isovaleryl-3.3.5.5-tetramethylcyclohex-1-en-2-ol-4.6-dion*), F. 91°. — Verwendung zur *Herst. physiolog. wirksamer Mittel*. (**D. B. P. 941 372** Kl. 12q vom 2/3. 1954, ausg. 12/4. 1956. Anmeldung bekanntgemacht 13/10. 1955.) K. FABEL. 4807

**J. R. Geigy Akt.-Ges.**, Basel, Schweiz, *1.10-Bis-[β-(carbäthoxymethyldiäthylammonium)-äthoxy]-decandibromid*. Man kocht 1 (Mol) 1.10-Bis-(β-diäthylaminoäthoxy)-decan mit 2 Bromessigsäureäthylester in Aceton. F. 75°. — *Therapeuticum* u. Zwischenprod. für Therapeutica. (**Schwz. P. 307 551** vom 22/4. 1952, ausg. 1/8. 1955.) G. LANGER. 4807

**J. R. Geigy Akt.-Ges.**, Basel, Schweiz, *N-(3-Dimethylamino-2-oxypropyl)-o.o'-ditolylamin*. Man setzt 2.2'-Dimethyldiphenylamin mit Epichlorhydrin zu *N-(2.3-Epoxypropyl)-o.o'-ditolylamin* um u. kocht mit Dimethylamin. *Hydrochlorid*, F. 216—217°. — *Therapeuticum* u. Zwischenprod. für Therapeutica. (**Schwz. P. 307 552** vom 25/1. 1952, ausg. 1/8. 1955.) G. LANGER. 4807

**Badische Anilin- & Soda-Fabrik**, Deutschland, *Herstellung von Aniliden der Salicylsäure*. Man kondensiert Mono-, Di- oder Trichlor- oder -bromsalicylsäure in Toluol mit Mono-, Di-, Tri, Tetra- oder Pentachlor- oder -bromanilinen in Ggw. von $SOCl_2$ oder $POCl_3$. Oder man halogeniert ein Anilid der Salicylsäure bis zum gewünschten Halogengehalt. — *3.5-Dichlorsalicylsäure-2'.4'-dichloranilid*, F. 170°, aus 46 g $POCl_3$ durch langsame Zugabe zu der sd. Lsg. von 207 g 2-Oxy-3.5-dichlorbenzoesäure u. 162 g 2.4-Dichloranilin in 600 g Toluol bis zur beendeten HCl-Entw., Dampfdest. u. Kristallisation des Rückstandes aus A.; Ausbeute 345 g. — Ferner werden beschrieben: *5-Chlorsalicylsäure-2'.4'-dichloranilid*, F. 218—219°. — *5-Chlorsalicylsäure-2'-oxy-3'.5'-dichloranilid*, F. 258 bis 259°. — *3.5-Dibromsalicylsäure-2'.4'-dichloranilid*, F. 178—179°. — *3.5-Dibromsalicylsäure-3'.4'-dichloranilid*, F. 176—178°. — *3.5-Dichlorsalicylsäure-3'.4'-dichloranilid*, F. 162°. — *3.5-Dichlorsalicylsäure-2'-oxy-3'.5'-dichloranilid*, F. 196—197°. — Die Prodd. werden Salben u. Seifen als *Baktericide* zugesetzt. (**F. P. 1 066 216** vom 1/8. 1952, ausg. 3/6. 1954. D. Prior. 17/8. 1951.) S. MEIER. 4807

**Ciba Akt.-Ges.**, Basel, Schweiz, *Butylaminobenzoesäurepolyglykolester* dienen als *Anästhetica*. — Man setzt *p-Butylaminobenzoesäure* (I) mit einem *Polyäthylenglykolmonomethyläther* (II) in Ggw. von p-Toluolsulfonsäure in der Wärme um, oder man estert einen niederen Alkylester von I mit II um. Hergestellt werden die Verbb. $p\text{-}C_4H_9\cdot NH\cdot C_6H_4\cdot CO\cdot O\cdot CH_2\cdot CH_2\cdot (O\cdot CH_2\cdot CH_2)_n\cdot O\cdot CH_3$, worin n = ca. 7—7, 8, 6 u. 5—7 bedeutet, u. die Verbb. $p\text{-}C_4H_9\cdot NH\cdot C_6H_4\cdot CO\cdot O\cdot CH_2\cdot CH_2\cdot (O\cdot CH_2\cdot CH_2)_n\cdot OH$, worin n = ca. 8 bzw. 6—8 bedeutet. (**Schwz. PP. 311 522, 311 523, 311 524, 311 525, 311 526** u. **311 527** vom 13/12. 1952, ausg. 31/1. 1956. **Zusätze zu Schwz. P. 298 677; C. 1955. 4885.**) G. LANGER. 4807

**Dr. A. Wander Akt.-Ges.**, Bern, Schweiz, *α-(β-Diäthylaminoäthylamino)-phenylessigsäureisoamylesterdihydrochlorid* dient als *Spasmolyticum*. Man kondensiert α-Bromphenylessigsäureisoamylester mit β-Diäthylaminoäthylamin u. führt das Reaktionsprod. in das *Dihydrochlorid* über. F. 174—176°. (**Schwz. P. 311 412** vom 19/1. 1953, ausg. 31/1. 1956.) G. LANGER. 4807

**Cilag Akt.-Ges.**, Schaffhausen, Schweiz, *Salze von Diäthylaminoessigsäure-(2-chlor-6-methylanilid)* dienen als *Lokalanästhetica*. *Dihydrocitrat*, F. 85°; *Hydrotartrat*, F. 75°; *Hydrodioxymaleinat*, F. 109—111°; *Hydrofumarat*, F. 183°. (**Schwz. PP. 311 586, 311 588, 311 590** u. **311 591** vom 25/2. 1952, ausg. 15/2. 1956. **Zusätze zu Schwz. P. 306 793; C. 1956. 798.**) G. LANGER. 4807

**Schering Akt.-Ges.** (Erfinder: **Helmer Richter** und **Martin Schenck**), Berlin, *Herstellung von analeptisch wirksamen 2-Aminoindanverbindungen* der Formel I, dad. gek., daß man in die 2-Stellung 1ständig substituierter 3-Indanone der allg. Formel II (R = H, niedermol. Alkyl; R' = H, nur gegebenenfalls Alkyl, Alkoxy) nach an sich bekannten

Arbeitsweisen eine Aminogruppe $-N(R_1, R_2)$ einführt ($R_1$ u. $R_2$ = H, Alkyl, Aralkyl, beide können gemeinsam mit dem N einen heterocycl. Ring bilden, der zusätzlich noch O, S oder N als Heteroatome enthalten kann) u. das entstandene 1-substituierte 2-Aminoindanon-(3) in bekannter Weise katalyt. zum sek. Alkohol **I** unter milden Bedingungen hydriert. Man kann auch die **II** mit nitrosierenden Mitteln behandeln, das entstandene 2-Isonitrosoindanon-(3), notfalls unter vorübergehendem Schutz der Ketogruppe, zur $NH_2$-Gruppe reduzieren u. diese gewünschtenfalls alkylieren; oder man halogeniert die **II** u. setzt das Halogenderiv. mit $NH_3$, prim. oder sek. Aminen um. Nach dem anderen Verf. werden die entstandenen Aminoindanole **I** oder Isonitrosoindanole in bekannter Weise unter verschärften gleichzeitig dehydratisierend wirkenden Bedingungen mit $H_2$ in saurer Lsg. katalyt. u. bei mäßig erhöhter Temp. zu den entsprechenden 2-Aminoindanen (**III**) reduziert. Diese Hydrierung kann z. B. in Essigsäure unter Zusatz von $H_2SO_4$ oder Überchlorsäure in Ggw. von Edelmetallkatalysatoren bei n. Druck durchgeführt werden. –

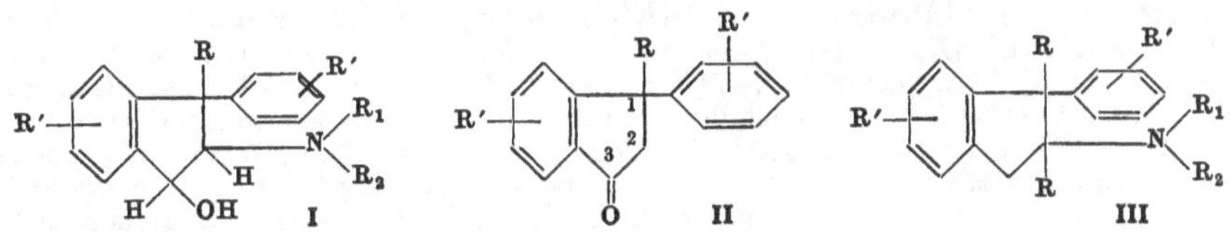

I II III

1-Phenylindanon-(3) (hergestellt nach AUWERS) gibt mit Butylnitrit in Ae.–Bzl. unter Durchleiten von HCl das Isonitrosoketon, aus Methanol, F. 211–212° (Zers.); daraus entsteht mit $H_2$ in Ggw. von Pd-Kohle u. Methanol–HCl bei n. Temp. nach 2 Std. 1-Phenyl-2-aminoindanon-(3)-hydrochlorid, F. 274–280°, daraus mit $H_2$ in Ggw. von Pd-Kohle + $PdCl_2$ → *1-Phenyl-2-aminoindanol-*(3) (**IV**), aus Dioxan, F. 189–191°. *Bitartrat*, F. 187 bis 189° (Zers.). *Neutrales Sulfat*, F. 219–221° (Zers.). *Hydrochlorid* stark hygroskopisch. Durch Behandeln mit 37%ig. wss. HCHO in 90%ig. HCOOH auf dem Dampfbad entsteht das 1-Phenyl-2-dimethylaminoindanol-(3)-hydrochlorid (**V**), F. 194–196°; mit Benzaldehyd in Ggw. von Piperidin *1-Phenyl-2-benzylaminoindanol-*(3), aus Methanol, F. 155–156°; daraus mit HCHO + HCOOH → *1-Phenyl-2-N-benzyl-N-methylaminoindanol-*(3)*-hydrochlorid*, aus Methanol–Ae., F. 224–225° (Zers.), durch Entbenzylierung mit $H_2$ in Methanol in Ggw. von Pd-Moor bei 50° → *1-Phenyl-2-methylaminoindanol-*(3), F. 165–167°. *Hydrochlorid*, F. 150–152°. **IV** + Pentamethylendibromid in wasserfreiem Toluol → *1-Phenyl-2-piperidinoindanol-*(3)*-hydrochlorid*, aus Methanol–Ae., F. 247 bis 248°. – 1-Phenyl-1-methylindanon-(3) → Isonitrosoketon, F. 196–198°, → *1-Phenyl-1-methyl-2-aminoindanol-*(3), F. 222–224°. – 1-Phenyl-5-methylindanon → 1-Phenyl-5-methyl-2-isonitrosoindanon-(3), F. 211–212° (Zers.) → *1-Phenyl-5-methyl-2-aminoindanol-*(3)*-hydrochlorid*, F. 232°. – **IV** gibt in Eisessig–84%ig. $H_2SO_4$ mit $H_2$ in Ggw. von Pd-Moor bei 60° *1-Phenyl-2-aminoindanhydrochlorid* (**VI**), F. 275–277° (Heizblock); Ausbeute 83,5%. – **V** → *1-Phenyl-2-dimethylaminoindanhydrochlorid*, F. 214–215°. – *1-Phenyl-2-isonitrosoindanon-*(3) → **VI.** (**D. B. PP. 936 507** Kl. 12o vom 12/6. 1953, ausg. 15/12. 1955. Anmeldung bekanntgemacht 23/6. 1955, u. **937 952** Kl. 12o [Zusatz-Pat.] vom 21/10. 1953, ausg. 19/1. 1956. Anmeldung bekanntgemacht 28/7. 1955.)

G. KRAUSS. 4807

**Warner-Hudnut, Inc.**, New York, übert. von: **Frederick Leonard**, Brooklyn, N. Y., V. St. A., *Thienylessigsäurederivate* der Formel **I** ($R_1$ = Cyclohexenyl, Cyclopentenyl, $R_2$ u. $R_3$ = Alkyl mit höchstens 4 C-Atomen oder Polymethylen mit höchstens 5 C-Atomen, das auch durch O, S oder eine Iminogruppe unterbrochen sein kann, $R_4$ = H, kurzkettiges Alkyl, Halogen; Alk = gerad- oder verzweigtkettiges Alkylen mit höchstens 6 C-Atomen). Die Verbb. erhält man in bekannter Weise durch Kondensation der entsprechenden Thienylessigsäure, deren Säurehalogenide oder Ester mit Verbb. der Formel ($R_2$, $R_3$) N–Alk–Halogen oder ($R_2$, $R_3$) N–Alk–OH. –

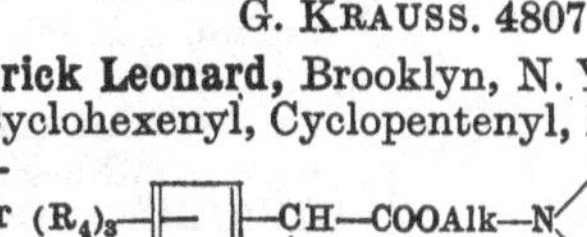

2-Thienylmalonsäureäthylester + Na-Äthylat + $\Delta^2$-Cyclopentylchlorid bei 0° → 2-Thienyl-$\Delta^2$-cyclopentenylmalonsäurediäthylester, $Kp._{5,5}$ 175–185°, daraus mit KOH in A. unter rückfließendem Erhitzen → 2-Thienyl-$\Delta^2$-cyclopentenylessigsäure, $Kp._3$ 161–166°, F. 60–65°; daraus mit $\beta$-Diäthylaminoäthylchlorid in absol. Isopropanol nach 48 Std. Erhitzen → *2-Thienyl-$\Delta^2$-cyclopentenylessigsäure-$\beta$-diäthylaminoäthylesterhydrochlorid*, F. 128–130°. – *$\beta$-Diäthylaminoäthyl-2-thienyl-$\Delta^2$-cyclohexenylacetathydrochlorid.* – *$\beta$-Diäthylaminoäthyl-3-methyl-2-thienyl-$\Delta^2$-cyclopentenylacetat.* – *$\beta$-Diäthylaminoäthyl-4-chlor-2-thienyl-$\Delta^2$-cyclohexenylacetat.* – *$\beta$-Dimethylaminoäthyl-2-thienyl-$\Delta^2$-cyclopentenylacetat.* – *$\beta$-Diisopropylaminoäthyl-2-thienyl-$\Delta^2$-cyclohexenylacetat.* – *$\gamma$-Diäthylamino-$\beta$-methylpropyl-2-thienyl-$\Delta^2$-cyclopentenylacetat.* – *$\beta$-Morpholinoäthyl-2-thienyl-$\Delta^2$-cyclo-*

*pentenylacetat.* — *β-Piperazinoäthyl-2-thienyl-$\Delta^2$-cyclopentenylacetat.* — *β-Piperidinoäthyl-2-thienyl-$\Delta^2$-cyclopentenylacetat.* — *Muskulotrop* u. *neurotrop wirksame Antispasmodica* mit geringer Toxizität (vgl. Tabelle). — Vgl. auch D. B. P. 870 272; C. **1954.** 3285. Schwed. P. 133 600; C. **1953.** 6733. (**A. P. 2 561 385** vom 1/10. 1949, ausg. 24/7. 1951.) G. KRAUSS. 4807

**Cilag (Soc. An.),** Schweiz, *Neue Amide einer Pyridindicarbonsäure.* Zu Oe. P. 174 911 (C. **1954.** 7242) ist nachzutragen die Herst. folgender *Pyridin-3.5-dicarbonsäure* (**I**)-*Derivv.*: *5-Morpholid-3-amid,* F. 169—171°, aus **I**–3-Äthylester-5-morpholid u. $NH_3$. — *5-Piperidid-3-amid,* F. 112—113°, aus **I**–3-Äthylester-5-piperidid u. alkoh. $NH_3$. — *3-Amid-5-[2'-methylpiperidid],* F. 126,5—128°, aus 60 g **I**-Monoäthylester durch ½std. Kochen mit $SOCl_2$, Mischen des *Esterchlorids* in Bzl. mit 34 g 2-Methylpiperidin u. 24 g Pyridin in Bzl., Entfernen von Pyridinhydrochlorid nach 2 Std., Eindampfen, Rk. des **I**–*3-Äthylester-5-[2'-methylpiperidids]* mit $NH_4OH$ (24 Std.), Eindampfen u. Kochen mit Essigester; 35—37 g (Ausbeute). — **I**–*5-[N'-Isopropylpiperazid]-3-amid,* aus **I**–5-[*N'-Isopropylpiperazid*] u. $NH_3$. — **I**–*5-[2'-Diäthylaminoäthylamid]-3-amid,* aus **I**–5-[2'-Diäthylaminoäthylamid]-3-äthylester. — **I**–*5-[2'.2'.2'-Tri-n-butyläthylamid]-3-amid,* aus 29 g **I**-5-[2'.2'.2'-Tri-n-butyläthylamid]-3-äthylester in absol. A. durch Sättigen mit $NH_3$; aus Aceton krist.; 21 g. — **I**–*5-[1'.2'-Diphenyläthylamid]-3-amid,* F. 204—205° (Dioxan–W.), aus 15 g **I**–5-[1'.2'-Diphenyläthylamid]-3-äthylester u. alkoh. $NH_3$; 12 g. — **I**-*3-[2'-Diäthylaminoäthylamid]-5-[1'.2'-diphenyläthylamid],* viscoses Öl, aus 12 g **I**–Mono-[1'.2'-diphenyläthylamid] durch Kochen mit $SOCl_2$ u. nachherige Rk. mit 4 g Diäthylaminoäthylamin in Bzl.; 12,5 g. *Saures Sulfat,* F. 100° (W.). — **I**–*Bis-[1'.2'-diphenyläthylamid],* F. 219—220° (Dioxan–W.), aus 22 g **I**-Diazid in Bzl. u. 40 g 1.2-Diphenyläthylamin in Essigester (20 Std.); 51 g. — Ebenso **I**–*3-Äthylamid-5-[2'-diäthylaminoäthylamid],* **I**–*3-[2'.2'.2'-Tributyläthylamid]-5-[2'-(N''-isopropylpiperazino)-äthylamid],* **I**–*3-Amid-5-[2'-piperidinoäthylamid],* **I**–*3-Amid-5-[2'-morpholinoäthylamid],* **I**–*3-Amid-5-[2'-(N''-isopropylpiperazino)-äthylamid],* **I**–*3-Diäthylamid-5-[2'-diäthylaminoäthylamid],* **I**–*3-Amid-5-di-n-propylamid,* **I**–*3-Amid-5-[N'-methylpiperazid].* (**F. P. 1 068 624** vom 12/5. 1951, ausg. 29/6. 1954. Schwz. Priorr. 12/5. u. 26/7. 1950.) S. MEIER. 4807

**Ilford Ltd.,** Ilford, Essex, und **Ward Blenkinsop, & Co. Ltd.,** London, England (Erfinder: **Alan August Goldberg** und **Raymond Stanley Theobald**), *Naphthyridine. 4-Amino-6-n-butoxy-2-methyl-1.5-naphthyridin.* Aus 4-Phenoxy-6-n-butoxy-2-methyl-1.5-naphthyridin u. $NH_3$ in geschmolzenem $NH_4$-Acetat. $C_{13}H_{17}ON_3$, F. 140—142°. Analog: *4-Amino-6-methoxy-2-methyl-1.5-naphthyridin,* $C_{10}H_{11}ON_3$, F. 170—172°; *4-Amino-6-n-butoxy-1.5-naphthyridin,* $C_{12}H_{15}ON_3$, F. 94—96°. — *4-Anilino-2-methyl-6-methoxy-1.5-naphthyridin.* Aus 4-Chlor-2-methyl-6-methoxy-1.5-naphthyridin (**I**) u. Anilin, $C_{16}H_{15}ON_3$, F. 300° (Zers.). — *2-Methyl-6-methoxy-4-(4'-diäthylamino-1'-methylbutylamino)-1.5-naphthyridin.* Aus **I** u. 1-Diäthylamino-4-aminopentan bei 170° in Ggw. von etwas Cu-Bronze. Kp.$_1$ 220—222°; *Pikrat,* F. 140°. — *4-(4'-Diäthylamino-1'-methylbutylamino)-6-n-butoxy-1.5-naphthyridin, Dipikrat,* F. 172°. — Die Verbb. sind *gegen Protozoen* wirksam. (**E. P. 745 348** vom 10/3. 1952, ausg. 22/2. 1956.) A. BRÖSAMLE. 4807

**Nepera Chemical Co., Inc.,** Yonkers, übert. von: **Aaron S. Goldberg,** New York, V. St. A., *2-Chlor-5-benzylpyrimidine* der Formel **I** (R = Alkylamino mit 1—6 C-Atomen, Oxyalkylamino, Cyclohexylamino, Piperidino, Furfurylamino, Benzylamino, β-Phenylisopropylamino) erhält man durch Kondensation von 2.4-Dichlor-5-benzylpyrimidin (**II**) mit dem dem Rest R entsprechenden Amin. — Hydrozimtsäureäthylester gibt in Ae. mit Ameisensäureäthylester in Ggw. von Na–K-Legierung α-Formylhydrozimtsäureäthylester, $C_6H_5CH_2 \cdot CH(CHO)-COOC_2H_5$; dieser liefert mit Harnstoff in mit HCl bei 20° gesätt. A. bei 50—60° α-Benzyl-β-ureidoacrylsäureäthylester, $C_6H_5CH_2 \cdot C(COOC_2H_5)=CHNHCONH_2$, aus dem durch Erhitzen mit 2n NaOH 5-Benzyluracil entsteht, das mit $POCl_3$ unter Rückfluß **II** gibt, Kp.$_1$ 160°; daraus mit 33%ig. wss. Methylamin in A. bei 40° → *2-Chlor-4-methylamino-5-benzylpyrimidin,* aus A., F. 166°; Ausbeute 97%. — **II** + Cyclohexylamin → *2-Chlor-4-cyclohexylamino-5-benzylpyrimidin,* F. 94°. — **II** + Piperidin → *2-Chlor-4-piperidino-5-benzylpyrimidin,* F. 68°. — *2-Chlor-4-furfurylamino-5-benzylpyrimidin,* F. 80°. — *2-Chlor-4-benzylamino-5-benzylpyrimidin,* F. 118°. — *2-Chlor-4-(β-phenyliso-propylamino)-5-benzylpyrimidin,* F. 120°. — *Therapeutica.* (**A. P. 2 687 415** vom 3/4. 1952, ausg. 24/8. 1954.) G. KRAUSS. 4807

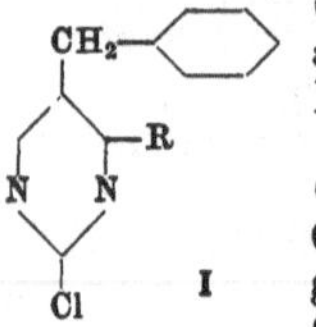

I

**Merck & Co., Inc.,** Rahway, übert. von: **John Weijlard,** Maplewood, N. J., V. St. A., *Tropinbenzhydryläther* der allg. Formel **I** erhält man durch Kondensation von Tropin mit Diphenylhalogenmethanen der Formel **II** (X = Halogen; R u. $R_1$ = H, Halogen, Alkoxy, Alkyl) in Ggw. einer niedermol. aliphat. Carbonsäure, bes. bei n. Temp. bis ca. 90°. — Aus 0,15 (Mol) Tropin u. 0,16 Diphenylbrommethan in 75 cm³ Eisessig unter

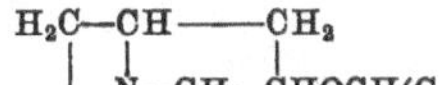

I

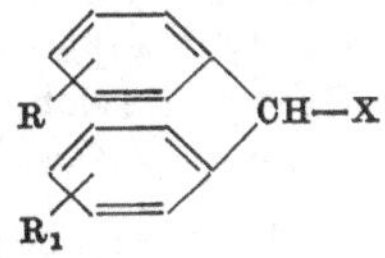

II

Kühlen bei 20° → *Tropinbenzhydrylätherhydrobromid*, $C_{21}$·$H_{26}ONBr$, aus A., F. 250—251°; Ausbeute 67,5%. — *Tropin-4.4'-dichlorbenzhydrylätherhydrobromid*, $C_{21}H_{24}ONCl_2Br$, aus A., F. 264—265,5°. — Ferner können z. B. mit Tropin umgesetzt werden: 4-Chlordiphenylbrommethan; 4.4'-Dichlordiphenylchlormethan; 4-Methyldiphenylbrommethan; 4.4'-Dimethyldiphenylbrommethan; 4-Methoxydiphenyljodmethan; 4.4'-Dimethoxydiphenylbrommethan; 4-Äthyldiphenylbrommethan; 4.4'-Diäthoxydiphenylchlormethan; 4'-Propyldiphenylbrommethan; 2-Äthoxydiphenylchlormethan; 2.2'-Dipropoxydiphenylbrommethan; 3-Methyldiphenylbrommethan; 3.3'-Dimethoxydiphenylbrommethan; 2.2'-Dichlordiphenylbrommethan; 3-Bromdiphenylbrommethan; 3.3'-Dijoddiphenylbrommethan. Vgl. A. P. 2 595 405; C. **1955.** 3688. — Die Verbb. zeigen *antihistamin-* u. *atropinähnliche* Wirkung. (**A. P. 2 706 198** vom 29/3. 1952, ausg. 12/4. 1955.) G. Krauss. 4807

**Paul François Meunier,** Frankreich, *Herstellung von Vitamin A aus β-Carotinoiden*, dad. gek., daß Verbb., die das Vitamin-A-Gerüst besitzen, wie die natürlichen u. synthet. Carotinoide, durch oxydierende Adsorption an Metalloxyden wie $TiO_2$, $MnO_2$, $Fe_2O_3$, $PbO_2$, $V_2O_4$ u. a. zu Retinen bzw. Retinenhydrat abgebaut werden. — Beispiel: 25 mg Carotin werden in PAe. gelöst u. in der Kälte mit 50 g feinverteiltem $MnO_2$ gerührt, bis die Lsg. farblos wird. Nach Dekantation wird das Adsorbat $^1/_2$ Std. in dünner Schicht an der Luft getrocknet, dann mit Ae. vom $MnO_2$ getrennt. Nach Abdampfen des Ae. hinterbleibt *Retinenhydrat* als gelbes Öl; UV-Maxima bei 335 u. 290 mμ. Rk. mit $SbCl_3$ gibt Blaufärbung (Maximum bei 610 mμ). — Die Prodd. können wie Vitamin A verwendet oder durch Red. nach Ponndorf oder mit $LiAlH_4$ in dieses verwandelt werden. (**F. P. 1 019 617** vom 14/3. 1950, ausg. 23/1. 1953.) S. Meier. 4809

**Jacques-Louis-Édouard Baetz,** Allier, Frankreich, *Oxydation von Adrenalin zu Adrenochrom* (**I**) gelingt mit 10 g in einer Lsg. aus 100 ($cm^3$) Methanol u. 1—2 HCOOH oder Essigsäure mit 50 g feingepulvertem $Ag_2O$ bei 40° in 1—2 Minuten. Man dampft das Filtrat in einem $CO_2$-Strom auf die Hälfte ein. Beim Abkühlen auf —20° krist. **I** aus; F. 130° (Zers.). (**F. P. 57 027** vom 6/8. 1946, ausg. 21/10. 1952. **Zusatz zu F. P. 1 002 155; C. 1955. 4652.**) S. Meier. 4809

**Mathieson Chemical Corp.,** New York, N. Y., übert. von: **Leon J. Heuser,** Robbinsville, N. J., V. St. A., *Kristallisierte Streptomycinsalze*, wie *Streptomycinsesquisulfat* u. *-sesquiphosphat*, erhält man durch Rk. eines Streptomycin (**I**)-„tergitats" (vgl. hierzu A. P. 2 643 249; C. **1955.** 1103), erhalten aus **I** u. $C_4H_9CH(C_2H_5)C_2H_4CH(SO_4Na)$·$C_2H_4CH(CH_3)_2$, in einem mit W. nicht mischbaren Lösungsm., das die gewünschten Salze nicht löst, mit einem Salz aus einer schwachen Base u. $H_2SO_4$ oder $H_3PO_4$ (Ammonium-, Amin-, Guanidin-, Pyridin-, Anilinsalze). (**A. P. 2 633 464** vom 23/9. 1950, ausg. 31/3. 1953.) G. Krauss. 4811

**Jemmie Harold Jenkins** und **Olive Irene Vizor** als Vertreter für **Robert Cecil Francis Vizor,** Cheltenham, *Reinigen von Zahnprothesen.* Man taucht die Prothesen in eine Lsg. von $CaCl_2$ (**I**) u. $Na_2CO_3$ (**II**) in W., die die genannten Salze z. T. suspendiert enthalten kann, u. in der der Geh. an **I** ca. $^1/_2$ von **II** beträgt. — Beispiel: $^1/_2$ (lb.) **I**, 1 **II** u. 5 $cm^3$ Pfefferminzessenz in 1 Gallone Wasser. (**E. P. 739 046** vom 18/7. 1951, ausg. 26/10. 1955.). E. Petersen. 4823

**Farbwerke Hoechst Akt.-Ges., vormals Meister Lucius & Brüning** (Erfinder: **Leonhard Middendorf** und **Heinz Schmidt**), Frankfurt/M.-Höchst, *Verflüssigung von mucinhaltigen Schleimen*, z. B. tuberkulösem Sputum, durch Zusatz von Amidosulfonsäure, gegebenenfalls in wss. Lösung. Es können *Desinfektionsmittel*, wie 6-Chlor-3-kresol zugesetzt werden. (**D. B. P. 936 289** Kl. 30i vom 26/1. 1954, ausg. 7/12. 1955. Anmeldung bekanntgemacht 16/6. 1955.) K. Heinze. 4833

**Dr. Karl Thomae G. m. b. H.** (Erfinder: **Heinrich Scheffler** und **August Kottler**), Biberach/Riß, *Stabile wässerige Lösungen von Triphenyldodecylphosphoniumpentachlorphenolat* (**I**), gek. durch die Verwendung von Salzen tert. Alkylamine bzw. Alkanolamine, die einen längeren aliphat. Rest tragen, z. B. N.N-Diäthyldodecylaminchlorhydrat, als Lösungsvermittler. Die Herst. des **I** aus Alkalipentachlorphenolat u. Triphenyldodecylphosphoniumhalogenid kann bereits in Ggw. des Lösungsvermittlers erfolgen. — *Desinfektionsmittel.* (**D. P. B. 935 145** Kl. 30i vom 26/7. 1952, ausg. 10/11. 1955. Anmeldung bekanntgemacht 24/3. 1955.) K. Heinze. 4833

---

—, Apotheker-Jahrbuch. Zugl. 41. Jg. d. Handbuchs d. Dt. Apotheker-Vereins. Bearb. v. d. Schriftl. d. Dt. Apotheker-Zeitg. 1956. Stuttgart: Wissenschaftliche Verl. Ges. 1955. (XX + 604 S.) 8°. DM 22,—.

—, Epitome of the pharmacopeia of the United States and the national formulary with comments. 10th edn. London: Pitman Medical. 1956. (322 S.) 24 s.

## G. Analyse. Laboratorium.

**C. L. Wilson,** *Analytische Chemie.* (Vgl. C. **1956.** 6769.) Vf. berichtet zusammenfassend an Hand von 802 Zitaten über die 1952 erschienenen Arbeiten auf dem Gebiete der anorgan. u. organ. qualitativen u. quantitativen Analyse sowie der physikal. Methoden. (Annu. Rep. Progr. Chem. **49.** 298—342. 1952, ausg. 1953.) H.-G. Moslé. 5000

**W. Gerard Ravich,** *Ausführung und Konstruktion von Nadelthermoelementen.* (Metal Progr. **65.** Nr. 3. 71—74. März 1954. Lemont, Ill., Argonne Nat. Labor.) H. Hochstein. 5016

**László Erdey, Ferenc Paulik** und **Jenö Paulik,** *Differential-Thermogravimetrie.* Um die Aufnahme der thermogravimetr. u. der differentialtherm. Analysenkurven einer Probe in einem Vers. auszuführen, befestigten Vff. am Arm der vereinfachten Thermowaage (vgl. Damokos, C. **1956.** 2550) einen permanenten Magnetstab, welcher in der Mitte einer stehenden Spule hängt. Infolge Gewichtsänderung wird in der Spule ein durch ein Galvanometer angezeigter Strom induziert, dessen Spaltung der Geschwindigkeit der Gewichtsänderung proportional ist. Das Galvanometer beschreibt somit die abgeleitete Kurve der thermogravimetr. Kurve. In dieser Weise kann durch Best. der Gewichtsänderung nach der Zeit u. der Temp. die thermogravimetr. Kurve aufgenommen u. aus dem Ausschlag des Galvanometers die Geschwindigkeit der Gewichtsänderung bei gegebener Temp. bestimmt werden. Es wurden Naturstoffe u. techn. Prodd. untersucht, woraus sich ergab, daß die Kurven in vielen Fällen sehr charakterist. sind. (Magyar tudományos Akad., kém. Tudományok Osztályának Közleményei [Ung. Akad. Wiss., Ber. Abt. chem. Wiss.] **7.** 55—89. 1955. Budapest, Techn. Univ., Inst. für allg. Chem.) J. Plank. 5022

**W. Kuhn, P. Baertschi** und **T. Thürkauf,** *Stofftrennung in Präzisionsdestillationskolonnen.* 2. Mitt. *Erläuterungen und Präzisierungen zu verschiedenen Punkten der 1. Mitteilung.* (1. vgl. C. **1955.** 4902.) Es werden die l. c. verwendeten Beziehungen für ein leeres laminar durchströmtes Rohr abgeleitet u. diskutiert, u. zwar die Trennstufenzahl bei Berücksichtigung der Diffusionswiderstände sowie von Grenzflächenwiderständen u. chem. Widerständen, die erforderliche Heizleistung, das minimale Rückflußverhältnis sowie der Einfl. des Rücklaufverhältnisses auf die Trenngüte, ferner die erforderliche Einstellzeit u. die Mengenleistung der Kolonne. (Chimia [Zürich] **8.** 145—56. 15/6. 1954. Basel, Univ., Phys.-chem. Inst.) W. Blauhut. 5038

**Wolfram Block,** *Eine Mikrodestillationsapparatur zum Fraktionieren kleinster radioaktiver Flüssigkeitsmengen.* Vf. beschreibt eine Mikrodestillationsapp., mit der 100 mg Fl. im Vakuum fraktioniert werden können. Das Destillat wird adsorptiv an einem nach oben gewölbten halbkugelförmigen Teil der Kühlfalle festgehalten u. mit dem Gasstrom durch eine gekühlte Capillare in die Falle geführt. (Z. analyt. Chem. **145.** 424—26. 1955. Hamburg, Chem. Fabrik Promonta GmbH.) Max Schmidt. 5038

**B. W. Derjagin, N. N. Sachawajewa** und **M. W. Talajew,** *Neue Methode zur Bestimmung der Korngröße und der spezifischen Oberfläche von Pulvern, die in der Metallkeramik angewandt werden.* Ausführliche Beschreibung des von Derjagin vorgeschlagenen Verf. (C. **1951.** II. 1250) u. des „Derjagin-Gerätes" zur Best. der spezif. Oberfläche von Metallpulvern. Das Verf. beruht auf der Filtration von verd. Luft durch das Pulver. Man mißt den Widerstand, den das Metallpulver dem Durchgang der verd. Luft entgegensetzt. Hierbei muß die freie Weglänge der Luftmoll. zwischen zwei Zusammenstößen im Vgl. zum Höchstdurchmesser der Poren groß sein, so daß ein Knudsenscher Strom vorhanden ist. Die Genauigkeit des Verf. beträgt 2—5%. Die nach diesem Verf. für Pulver von *Cu, Fe, Al, Sn* u. *Graphit* ermittelten Werte für die spezif. Oberfläche u. die hieraus ermittelten mittleren Korngrößen werden den im Mikroskop bestimmten Korngrößen gegenübergestellt. (Журнал Технической Физики [J. techn. Physik] **25.** 881—86. Mai 1955.) O. Lebtag. 5048

**G. Molinder,** *Ein Apparat für die lineare mikroskopische Analyse.* Vf. beschreibt einen App., bei dem 3 Klappen zur Einschaltung der Schraube am Kreuztisch mit 3 Rechenwerken gekoppelt sind, so daß in einer Probe 3 Gefügebestandteile mengenmäßig gemessen werden können; die Geschwindigkeit wird mit einem Pedal zwischen 0,05 u. 0,4 mm/Min. geregelt. Als Anwendungsbeispiele werden beschrieben: Verfolgung der Martensitbldg., Unters. des Umwandlungsverlaufs u. Auswertung der Ergebnisse in Kurven. (Jernkontorets Ann. **139.** 174—81. 1955.) R. K. Müller. 5056

**H. Germain** und **J. Jessenne,** *Die Verwendung der lichtelektrischen Zelle zur Bestimmung der Belichtungszeit in der Mikrophotographie.* Beschreibung einer Anordnung zur objektiven Best. der Belichtungszeit, bes. für farbige Mikrophotographie. (Microscopie [Paris] [2] **1.** 119—22. Mai 1951.) F. Lenz. 5056

**Philip W. West,** *Chemische Identifizierung mit Hilfe des Polarisationsmikroskops.* 3. Mitt. (1. u. 2. vgl. C. **1955.** 9629.) Vf. berichtet über Verff. zur Identifizierung von kristallinen Stoffen mit Hilfe des Polarisationsmikroskops. Besprochen werden Methoden zur Best. von Interferenzfiguren auch bei nicht orientierten kleinen Kristallen. Das opt. Verh. ein- u. zweiachsiger Kristalle sowie die Messung der Doppelbrechung anisotroper Stoffe wird erläutert. (Chemist-Analyst **43.** 109—12. Dez. 1954. Baton Rouge, La., Louisana State Univ., A. and M. Coll.) K.-G. HACKSTEIN. 5056

**E. Hayek** und **F. Lorenz,** *Zum Chemismus der anorganischen Chromatographie aus wässeriger Lösung.* (Kurze Mitt.) Zur Unters. der Vorgänge bei der Chromatographie von Kationen aus wss. Lsgg., bes. der Frage der $p_H$-bedingten Fällung an $Al_2O_3$, sowie der Beeinflussung der Kationenreihenfolge in Chromatogrammen werden Verss. an Phosphat-, Sulfid- u. Ferrocyanidsäulen durchgeführt. Es wurden deutliche Verschiebungen der chromatograph. Folgen auf den verschied. Säulen festgestellt. (Mh. Chem. **84.** 647—51. 15/6. 1953. Innsbruck, Univ., Chem. Inst.) H. WINGCHEN. 5062

**Stanley R. Ames,** *Anwendung der Papierchromatographie in der organischen Chemie.* Kurze Einführung unter Angabe der wichtigsten angelsächs. Monographien. (Org. chem. Bull. **27.** Nr. 3. 1—5. 1955. Rochester, N. Y., Distill. Prod. Ind., Res. Labor.) K. PRCHAL. 5062

**Fritz Micheel** und **Paul Albers,** *Chromatographische Analyse mit Papier aus Butyryl-, Benzoyl- und Phthaloylcellulose.* Für die Chromatographie hydrophober Substanzen eignet sich zuweilen Papier, dessen Cellulose unter Erhaltung der Faserstruktur z. T. mit Carbonsäuren verestert ist, besser, da die Differenzen in den $R_F$-Werten häufig größer sind. Es werden einige Beispiele angeführt, in denen *Butyryl-* mit 16% Säurerest u. *Benzoyl*-Papier mit 40% Säurerest benutzt wurde, u. mit Chromatogrammen auf Celluloseacetatpapier verglichen. Die Herst. solcher Papiere gelingt leicht nach 2std. Vorbehandlung von Papier bei Raumtemp. mit Benzolsulfonsäure in Eisessig (20 : 400) durch Umsetzen mit *Buttersäureanhydrid* + konz. $H_2SO_4$ in Bzn. (250 : 1,09 : 1475), bzw. durch Zugabe von 350 ml *Benzoylchlorid* unter Kühlung zu Papier in einem Pyridin–Bzn.-Gemisch (320 : 420). *Phthaloylcellulose*-Papier mit 14,5% *Phthalsäure*-Resten wurde nach der Vorbehandlung wie oben durch 8std. Erhitzen auf dem Wasserbad mit 12 g *Phthalsäureanhydrid* in 50 ml Bzl. + 40 ml Pyridin dargestellt. Es eignet sich, da nur eine Carboxylgruppe der Phthalsäure an Cellulose gebunden ist u das Papier freie Carboxylgruppen enthält, bes. zur Trennung bas. Aminosäuren u. ist im Gegensatz zu Carboxylpapier mit 5% Carboxyl in 2n KOH noch unlöslich. (Mikrochim. Acta [Wien] **1954.** 489—93. Münster/Westf., Univ., Organ.-Chem. Inst.) H. ENDRASS. 5062

**N. Grubhofer,** *Über eine einfache Methode zur direkten Aufzeichnung von Extinktionskurven für die Auswertung von Papierchromatogrammen.* Es wird eine Meth. beschrieben, welche die direkte Aufzeichnung der Extinktionen ohne mechan. oder elektron. Vermittlung erlaubt u. deshalb einfach u. bestriebssicher ist. Die Lichtmarke eines den Photostrom anzeigenden Spiegelgalvanometers wird auf einen bes. geformten Kurvenspiegel geworfen, der den Lichtstrahl so umlenkt, daß auf dem Bildschirm bzw. Film die Lichtmarke jeweils an der der Extinktion entsprechenden Stelle erscheint. Der Strahlengang ist durch den Weg: Galvanometerlampe — Spiegelgalvanometer — Linse ($f$ = 30 mm) — Spalt (3 mm) — Kurvenspiegel — Hohlzylinderspiegel — Planspiegel — Bildschirm festgelegt. Das Gerät ist mit einem Wagen versehen, der Papierstreifen u. Mattscheibe trägt. Wird der Wagen zwischen Lichtquelle u. Photozelle vorbeigeschoben, wandert die Lichtmarke längs einem Lineal aus Plexiglas u. kann auf Transparentpapier durchgezeichnet werden. Die Berechnung des Kurvenspiegels wird beschrieben. (Z. Naturforsch. **11 b.** 44—46. Jan. 1956. Heidelberg, Inst. für Virusforschung.) H. ENDRASS. 5062

**J. van Calker** und **R. Wienecke,** *Untersuchungen über den Einfluß dritter Analysenpartner auf die spektrochemische Analyse.* Zusammenfassende Darst. von Unterss. des „dritten Partner-Effektes" bei der Anregung mit dem kondensierten Hochspannungsfunken unter den Gesichtspunkten: Chem. Umsetzungen an den Elektroden u. Beeinflussung der Anregungsvorgänge an Hand typ. Beispiele. Die Unters. der Anregungsvorgänge erfolgt durch stroboskop. Auflösung des spektralen Leuchtens gesteuerter Funkenentladungen. (Forschungsber. Wirtschafts- u. Verkehrsministeriums Nordrhein-Westfalen **1955.** Nr. 141. 1—25. Münster, Univ., Physikal. Inst.) H.-J. EICHHOFF. 5063

**Adam Hulanicki,** *Vorbehandlung und Konzentrierung der Bestandteile in der Emissionsspektralanalyse.* Übersicht. — 41 Literaturangaben. (Wiadomości chem. **9.** 249—64. Mai 1955.) O. POLLAK V. EMHOFEN. 5063

**Gunji Shinoda, Tatsuro Suzuki** und **Susumu Kato,** *Elektronische Spektroskopie in dem Gebiet weicher Röntgenstrahlen.* (Vgl. Shinoda u. Mitarbeiter, J. physic. Soc. Japan **7.** [1952.] 644.) Die beschriebene Meth. zur unmittelbaren Beobachtung weicher Röntgenspektren fester Körper auf photoelektr. Wege mittels eines Oscillographen wurde experimentell weiter ausgebaut. Es wurde eine neue Röntgenröhre konstruiert, bei der abdampfendes Elektrodenmaterial weniger stört. Das mit dieser Meth. erhaltene Röntgenspektr. von Al im Bereich von 0—80 eV stimmt im wesentlichen mit dem stat. gemessenen überein, zeigt aber offenbar etwas bessere Auflösung. (Technol. Rep. Osaka Univ. **4.** 1—5. März 1954. Osaka, Univ., Dep. of Appl. Phys. and Precision Machinery. [Orig.: engl.]) H. C. Wolf. 5063

**Heribert Herglotz,** *Röntgenspektroskopie im ultraweichen Gebiet. Verwendung eines Seeman-Hochvakuumspektrographen für die Plangittermethode.* Ein Seeman-Spektrograph (Type 8 mit Vakuumtrommel) wird mit einem Plangitter mit 288 Strichen je mm versehen. Durch Best. der Wellenlänge der CK-Strahlung wird gezeigt, daß sich die App. trotz einiger Mängel zur Spektroskopie ultraweicher Röntgenstrahlen eignet. (Abh. Dokumentationszentr. Techn. Wirtsch. Heft **18.** 1—31. 1953. Sep.) A. Faessler. 5063

**R. Rath,** *Dispersionsbestimmung mit Zeißschen Abbé-Refraktometern. (Ohne Benutzung des Kompensators).* Es werden für 2 Zeisssche Abbé-Refraktometer Eichtabellen u. -kurven zur Messung der Brechungsindices in anderem als Na-Licht angegeben. Diese Messungen liefern gleichzeitig die Grundlage zu verfeinerten Dispersionsbestimmungen sowie Arbeiten nach den $\lambda$-Variationsmethoden. (Neues Jb. Mineralog., Abh. **87.** 163—84. Dez. 1954. Hannover.) J.-E. Hiller. 5063

**I. W. Krassowski** und **R. N. Dikaja,** *Refraktometrische Analyse flüssiger binärer Gemische, die auf der linearen Abhängigkeit des Brechungsindex von der Konzentration in Anteilen des Komplexes beruht.* Bei der Unters. bin. Gemische von nicht in Rk. tretenden assoziierten Fll. fand Alexandrow (Доклады Академии Наук СССР [Ber. Akad. Wiss. UdSSR] [N. S.] **27.** [1940.] 778), daß in bin. Mischungen assoziierter Fll. sich sogenannte prim. Komplexe der einen u. der anderen Komponente befinden, die aus einer bestimmten Anzahl Moll. bestehen, wobei die Zus. dieser Komplexe mit Änderung der Temp. u. der Konz. sich nicht ändert. Er fand auch, daß in bin. Mischungen assoziierter, nicht untereinander in Wechselwrkg. tretender Fll. der Brechungsindex nur von der Zus. des prim. Komplexes abhängt u. auf den Bildungsprozeß der sek. Komplexe nicht einwirkt. Vff. kontrollieren diese Resultate u. zeigen die Möglichkeit einer refraktometr. Analyse für fl. bin. Gemische assoziierter, nicht miteinander in Wechselwrkg. tretender Komponenten. Es wird die Vermutung ausgesprochen, daß bei der Bldg. solvatisierter Komplexe zweier miteinander in Wechselwrkg. tretender Komponenten eine vorherige Zerstörung der prim. Komplexe jeder der verwendeten Komponenten nicht stattfindet. Vff. zeigen auch die Möglichkeit einer Analyse für bin. Mischungen von miteinander in Wechselwrkg. tretenden Komponenten. Die Anwendung der vorgeschlagenen Meth. für Mischungen von Fll., die geringe Beimischungen enthalten, gibt befriedigende Resultate, wenn die Konz. der betreffenden Komponenten nicht weniger als 15—10% beträgt. (Украинский Химический Журнал [Ukrain. chem. J.] **21.** 104—08. 1955. Charkow, Pharmazeut. Inst.) E. Steinberg. 5063

**István Gyenes,** *Praxis der Säure–Lauge-Titration organischer Verbindungen in wasserfreien Medien.* Überblick über die Neutralisationsanalyse organ. Verbb. in wasserfreien Lösungsmitteln, wobei die Titrationen mit folgenden Maß-Fll. bes. ausführlich behandelt werden: Perchlorsäure in Eisessig, Na-Methylat in Bzl. u. p-Toluolsulfonsäure in Chloroform. — 117 Literaturangaben. (Magyar Kémikusok Lapja [Z. Ver. ung. Chemiker] **10.** 12—18. 25/1. 1955. Köbánya b. Budapest, Pharmazeut. Werke.) R. Birthler. 5066

**Tunetaka Sasaki** und **Ayako Inaba,** *Konduktometrische Titration von Kationaustauschharzen.* Zur Kennzeichnung des unterschiedlich sauren Charakters u. der Kapazität werden verschied. Kationaustauscher in der $H^+$-Form [Dowex 50, Amberlite IR-C50, Phenoxyessigsäure–Formaldehyd (I), Hydrochinon-I, Phenolsulfonsäure-I u. sulfurierte Kohle] mit NaOH titriert. Aus der graph. Darst. der Ergebnisse wird die Gesamtkapazität u. die Gleichgewichtskonstante K der Austausch-Rk. $RH + Na^+ + OH^- \rightarrow RNa + H_2O$ ermittelt. K hat je nach der austauschfähigen Gruppe ($SO_3H$, OH, COOH) verschied. Werte. Bei der Titration einer Mischung von Dowex 50 u. Phenoxyessigsäure-I sind die K-Werte der einzelnen Harze größenordnungsmäßig reproduzierbar. Dementsprechend kann bei Harzen, die verschied. akt. Gruppen enthalten, aus der Größe der berechneten K-Werte auf die Natur dieser Gruppen geschlossen werden. (Bull. chem. Soc. Japan **24.** 20—24. April 1951. Fukuoka, Kyushu Univ., Fac. of Sci., Dep. of Chem.) Günter Lange. 5066

**O. Nesvadba**, *Beitrag zur Gleichung des Diffusionsstroms der Tropfelektrode.* Auf Grund von mit einer künstlichen Elektrode erzielten Versuchsergebnissen u. auf Grund einer Unters. der zeitlichen Abhängigkeit der Radien des künstlichen u. des n. Tropfens wurde eine Gleichung des Diffusionsstroms der Normalelektrode abgeleitet. Die aus dieser Gleichung errechneten Werte wurden mit den Versuchsergebnissen anderer Forscher verglichen. Bei einer Tropfzeitdauer von 1,5—4,5 Sek. wurde innerhalb der Grenzen von 1,5—0,5% Übereinstimmung festgestellt. (Časopis českého Lékárnictva, vědecká Příloha **63.** 261—63. 1950. Brno [Brünn], Úst. prac. lék.) K. STEINER. 5066

**P. R. Pomeroy, R. A. White** und **G. H. R. Gwatkins**, *Eine Abänderung des Cambridge-Polarographen für derivative Polarographie.* Legierungen auf *Cu*-Basis können nicht direkt polarographiert werden, weil das große Halbstufenpotential von Cu die Stufen der niedrigprozentigen Komponenten unterdrückt. Vff. entwickeln ein Zusatzgerät, das durch ein schaltungstechn. Differentialelement die abgeleitete Kurve der üblichen Polarographenkurve aufzeichnet. Dadurch erscheint die Halbstufe jeweils als leicht erkennbare Spitze. Es empfiehlt sich die Benutzung der hierfür entwickelten „Spatenelektrode", mit der man eine merklich geglättete Kurve erhält. An synthet. *Cu–Zn*-Legierungen (2—8% Zn) wird die Brauchbarkeit der neuen Meth. nachgewiesen. Vorteilhaft ist es, daß man das Zusatzgerät jedem n. Polarographen vorschalten kann. Metallurgia [Manchester] **46.** 157—65. Sept. 1952. Brit. Non-Ferrous Met. Res. Assoc.) H. U. v. VOGEL. 5066

**C. F. Hiskey** und **T. A. Downey**, *Der Kolloidfehler von Indicatoren.* Im $p_H$-Bereich von 0—12 haben Vff. die Absorptionsspektren von Mischungen von *Octadecyltrimethylammoniumchlorid* (I; $10^{-2}$ bis $10^{-5}$mol.) u. *Methylorange* (II) untersucht. Es ergibt sich ein deutlicher Einfl. der Konz. von **I** auf das Absorptionsspektr. der Lsgg. von **II** bei gleichem $p_H$-Wert. Das Absorptionsmaximum der reinen Lsg. von **II** liegt bei $p_H$ 1,1 u. 507 m$\mu$. Zugabe von **I** bewirkt ein langsames Verschwinden des Maximums, ein neues tritt bei 426 m$\mu$ auf. Konzz. von **I** über $1{,}6 \cdot 10^{-3}$mol. bewirken keine weiteren Änderungen mehr. Ähnliche Verschiebungen ergeben sich bei anderen $p_H$-Werten. Vff. deuten diese Ergebnisse durch die Annahme eines Gleichgewichtes $(^+A^-) + (Q) = (B\ Q) + (H^+)$, wobei $(^+A^-)$, (Q) u. (B Q) die Konzz. der Säureform des Indicators, des quartären Salzes u. des Reaktionsprod. zwischen beiden darstellen. Durch die Wechselwrkg. (auf Grund von COULOMB- u. VAN DER WAALS-LONDON-Kräften) ergibt sich eine Erhöhung der Säureionisationskonstanten um 6,2 pK-Einheiten. Für das Verhältnis $(B^-)/(B\ Q)$ erhalten Vff. 0,489 in guter Übereinstimmung mit dem theoret. Wert von 0,493. Oberhalb einer Konz. von $3 \cdot 10^{-4}$mol. **I** (krit. Micellkonz.) beginnt die Löslichkeit von **B Q** linear mit der Konz. an **I** zu steigen. Aus der Neigung dieser Kurve ergibt sich, daß $\sim$3 quartäre Ionen 1 Methylorangeanion umgeben. (J. physic. Chem. **58.** 835—40. Okt. 1954. Brooklyn, N. Y., Polytechn. Inst. of Brooklyn, Dep. of Chem.) H.-U. WOELK. 5068

**János Bognár** und Frau **Viktor Nádler**, *Die Anwendung der Indicatoren Metanilgelb, Astralblau, Xylenblau und Setoglaucin bei Titrationen mit Cer(IV)-sulfat.* Der Triarylmethanfarbstoff *Astralblau G* kann in der Cerimetrie als Redoxindicator verwendet werden. Das Umschlagspotential gegenüber gesätt. Kalomelelektrode (+0,72 V) entspricht dem Äquivalenzpotential der $Fe^{2+}$—$Ce^{4+}$-Reaktion. In schwach saurer Lsg. ist die Farbe des Indicators grünlichgelb, in der oxyierten Form carminrot. Mit $FeSO_4$ ist die Farbe umkehrbar. Der Indicator ist bei der Best. von $Fe^{2+}$ (auch in Ggw. von $Hg_2Cl_2$ u. $HgCl_2$), $[Fe(CN)_6]^{4-}$, $As^{3+}$, $Ti^{3+}$ u. Hydrochinon anwendbar. *Metanilgelb* färbt saure Lsgg. carminrot, die Farbe geht infolge Oxydation in Grünlichblau über. Dieser Umschlag ist irreversibel, doch geht die Farbe durch $FeSO_4$ in Violett über, u. dieser Farbenwechsel Violett–Grünlichblau ist reversibel u. kann wiederholt hervorgerufen werden. Metanilgelb ist wie Astralblau G verwendbar, außerdem bei der Best. von $Sb^{3+}$, $Mo^{5+}$, $U^{4+}$ u. Ascorbinsäure. Die beiden Farbstoffe können zur Best. von $J^-$, $H_2O_2$, $Tl^+$, $NO_2^-$, $VO_2^+$ u. Oxalat nicht verwendet werden. *Xylenblau VS* u. *Setoglaucin O* verhalten sich in der Cerimetrie wie Astralblau. (Magyar Kémiai Folyóirat [Ung. Z. Chem.] **61.** 372—76. Nov. 1955. Miskolc, TU.) J. PLANK. 5068

**G. T. Walker** und **S. A. Allen**, *Einstellung von Natriumthiosulfatlösungen mit Kaliumjodat.* (Vgl. Chem. and Ind. **1953.** 411.) Bei der Einstellung von $Na_2S_2O_3$ mit $KJO_3$ wird $NaHCO_3$ zugegeben, um frei werdende HJ abzufangen u. nicht um eine $CO_2$-Atmosphäre über der Lsg. zu erhalten. (Chem. and Ind. **1953.** 568—69. 6/6. London.) H.-G. MOSLÉ. 5070

**B. D. Brummet** und **R. M. Hollweg**, *Chelatbildner in der nichtwässerigen Titrimetrie.* Die Möglichkeit der Verwendung von Chelatbildnern zu titrometr. Best. in nichtwss. Medien wird kurz diskutiert u. an Hand der Anwendung von *Dimethylglyoxim* (**I**),

*Dithizon* (**II**), *8-Oxychinolin* (**III**) u. *α-Nitroso-β-naphthol* (**IV**) bei der Best. von *Ni, Co* u. *Cu* demonstriert. Als Lösungsm. dient ein Gemisch aus 4 Vol. Bzl. u. 1 Vol. Methanol. Die bei der Komplexbldg. der Metalle mit vorst. Reagentien frei werdende Mineralsäure (HCl) wird potentiometr. mit 0,1n NaOH in Bzl.–Methanol (4:1) titriert. Potentiometr. Titrationskurven sind für nachst. Systeme angegeben: Ni-**I**, Ni-**II**, Ni-**III**, Ni-**IV**, Co-**II**, Co-**IV**, Cu-**I**, Cu-**III**. Die Genauigkeit der Meth. ist mit der von Titrationen starker Säuren mit starken Basen vergleichbar. (Analytic. Chem. **28**. 448—50. April 1956. West Orange, N. J., Edison Labor., Thomas A. Edison, Inc.) H. HOFMANN. 5072

**François Bertein, Claude Cherrier, Léon Verot** und **Richard Wagner**, *Photoelektrische Analysatoren für die Bestimmung gefärbter Gase.* Allg. Behandlung von Apparaturen zur kontinuierlichen Messung der Konzz. gefärbter Gase u. von Nebel, der sich beim Überleiten feuchter Gase über Oleum bildet. Die Gase strömen durch ein Absorptionsrohr geeigneter Abmessung, das von einer Glühlampe durchstrahlt wird. Die durchgelassene Lichtenergie wird mit einer Photozelle gemessen. $Cl_2$ wird im Bereich von 0—1,5% gemessen, wobei 0,02% $Cl_2$ leicht zu erfassen sind. 0,01% $NO_2$ läßt sich bei einem Meßbereich von 0—0,2% messen, durch entsprechende Absorptionsrohre läßt sich der Meßbereich auf 0,2—12% oder 0,5—18% ausdehnen. Feuchtigkeit in Gasen läßt sich im Bereich von 20—200 mg/m³ auf $\sim \pm 2\%$ genau bestimmen. (C. R. hebd. Séances Acad. Sci. **230**. 1866—67. 22/5. 1950.) H.-J. EICHHOFF. 5086

**C. L. Johnson,** *Analyse von Gasgemischen, die Stickstoffoxyde enthalten.* In zwei Proberohren (Rohr I u. II) kommt das Gasgemisch, das sich in beiden Rohren unter gleichem Druck befinden muß, zur Analyse. In I werden nach Abkühlung 10 ml eines Gemisches von 20 g wasserfreiem $Na_2SO_4$, gelöst in 100 ml 99,5—100% ig. $H_2SO_4$ + 5 ml 97—100%ig. $HNO_3$, eingesaugt. Innerhalb 15—30 Min. wird NO + $NO_2$ von der Säure absorbiert, das Restgas wird in ein 3. evakuiertes Rohr anteilweise übertragen, das Säuregemisch mit 50 ml 100%ig. $H_2SO_4$ aus I quantitativ herausgespült, ein aliquoter Teil davon (25 ml) gewogen, mit 350 ml W. überschichtet u. vorsichtig ($NO_2$-Verlust vermeiden) mit 0,1n $KMnO_4$-Lsg. titriert. Im Rohr II werden nach Abkühlung 25 ml 3%ig. $H_2O_2$ eingesaugt, das Rohr während 1 Std. öfters kräftig geschüttelt, dann die Reaktionslsg. mit W. quantitativ ausgespült u. mit 0,1n NaOH gegen Methylrot als Indicator titriert. Aus den beiden Titrationen läßt sich der Geh. des Gasgemisches an NO u. $NO_2$ berechnen. Der Restgasgeh. der Rohre I + III wird aus dem Geh. von III ermittelt. In 90—100 ml des Restgases aus III werden in einer Standard-FISHER-App. $CO_2$, $O_2$, $N_2O$, CO u. $H_2$ bestimmt. $CO_2$: Absorption in der Absorpsionsbürette mit 1 ml 50%ig. KOH; $O_2$: Absorption in 1 ml Pyrogallollsg., bestehend aus 90 g KOH + 60 ml W. + 10 g Pyrogallol (1 ml absorbieren 20 ml $O_2$); $NO_2$: Verbrennung mit einem abgemessenen Vol. $H_2$ in der Verbrennungsbürette zu $N_2 + H_2O$, der Gasverlust ist gleich dem Vol. $N_2O$; CO: Bei Ggw. von CO läuft neben der Verbrennung von $N_2O$ z. T. auch die Rk. $CO + N_2O = CO_2 + N_2$ ab; es muß also nach der $N_2O$-Best. $CO_2$ mit KOH bestimmt werden, dann wird CO mit Überschuß von $O_2$ (auch $H_2$-Rest muß quantitativ verbrannt werden) verbrannt u. wieder $CO_2$ bestimmt; $H_2$: Volumenabnahme bei der $N_2O$- u. CO-Best. minus zugegebenes Vol. $H_2$ = Vol. $H_2$ in der Gasprobe; $N_2$: Ergibt sich aus der Differenz aller bestimmten Gase zur Originalprobe des Restgases. Fehlergrenze bei der Best. aller Gase außer $N_2 \pm 1\%$. Gasförmige organ. Substanzen stören die Bestimmung. (Analytic. Chem. **24**. 1572—75. Okt. 1952. Gibbstown, E. I. du Pont de Nemours & Co., Eastern Labor.) H.-M. BARCHET. 5086

**Gordon D. Patterson jr.** und **M. G. Mellon,** *Bestimmung von Schwefeldioxyd durch farbändernde Gele.* Eine bestimmte Menge $SO_2$-haltiger Luft wird durch ein Röhrchen (Durchmesser 2—4 mm, Länge 10 mm) gesaugt, das ein bei Zuführung von $SO_2$ seine Farbe änderndes Gel enthält. Es wird gefunden, daß Silicagel (**II**) mit gesätt. $NH_4 \cdot VO_3$ (**I**)-Lsg. (2 ml **II** + 10 bis 25 ml **I**-Lsg.), $p_H$ 5,5—8,5, getränkt, bei 50—70° verdunstet u. getrocknet, die größte Empfindlichkeit gegenüber $SO_2$ hat. Ein Zusatz von 5—10 Tropfen gesätt. $NH_4Cl$-Lsg. bei der Herst. verringert die Eigenfarbe des Reagenses. Der Farbumschlag erfolgt von Hellgelb bzw. Weiß nach Grün. Die Farbänderung beginnt bereits beim Geh. von 7 mg $SO_2$/Liter Luft. Während 9 Monaten blieb die Empfindlichkeit des Gels unverändert. Bei Erhitzung des Gels auf 80—90° läßt die Empfindlichkeit nach. — Außer $NH_4VO_3$ wurden untersucht u. als brauchbar befunden: $KJO_3$ u. $KJO_4$ auf Silicagel (Farbumschlag Weiß nach Rötlich; $KJO_4$ ist empfindlicher als $KJO_3$; Herst. wie oben unter Verwendung von 10—15 ml gesätt. $KJO_4$-Lsg.; Empfindlichkeitsgrenze für $KJO_4$: 5 mg $SO_2$/Liter Luft), Na-Nitroprussiat auf Silicagel (Empfindlichkeit bis 20 mg $SO_4$/Liter Luft; die farbändernden Eigg. lassen nach 5—10 Tagen nach). 8-Nitrochinolin u. p.p'-Tetramethyldiaminodiphenylmethan auf Silicagel. (Analytic. Chem. **24**. 1586—90. Okt. 1952. Lafayette, Purdue Univ.) H.-M. BARCHET. 5088

**M. Picon,** *Über die extreme Empfindlichkeit der Bestimmung von Kohlenmonoxyd, Äthylen und Acetylen durch Jodpentoxyd.* (Vgl. C. **1956.** 8589.) Vf. beschreibt eine App. u. ein Verf., mittels derer die schnelle Best. von *CO, Äthylen* (**I**) u. *Acetylen* (**II**) durch $J_2O_5$ (auf Bimssteinpulver niedergeschlagen u. auf 170° erhitzt) erfolgt. Aus $J_2O_5$ wird durch die vorst. Gase $J_2$ in Freiheit gesetzt, das seinerseits durch n/100 $Na_2S_2O_3$ titrimetr. bestimmt wird. $H_2$ u. Methan reagieren bei der Versuchstemp. nicht, alle in der Luft brennbaren Gase werden jedoch in CO übergeführt u. sind gegenüber $J_2O_5$ aktiv. Bei der Best. von **I** darf der Gasdurchsatz durch die App. nicht über 10 Liter/Std. betragen. Die Empfindlichkeitsgrenze der Meth. liegt bei einer CO-Konz. von 1/1300000. Die Reinigung des Katalysators erfolgt durch Überleiten von Luft, die vorher einen Mangandioxydkontakt passiert hat. (Bull. Soc. chim. France [5] **1956.** 370—71. Febr.) K. FRENKLER. 5088

## a) Elemente und anorganische Verbindungen.

**G. Myron Arcand** und **Ernest H. Swift,** *Coulometrische Titration von Ammoniak mit Hypobromit.* Es wird eine Meth. zur Best. von $\gamma$-Mengen $NH_3$ durch coulometr. Titration mit elektrolyt. erzeugtem $Br_2$ in $Na_2B_4O_7$–$NaOH$-gepufferter Lsg. vom $p_H$ 8,5 beschrieben u. der Einfl. des $p_H$ sowie von *Se*, $CuSO_4$ u. $Hg(NO_3)_2$ auf die Best. untersucht u. diskutiert. Se stört. $NH_3$-Mengen von 14—230 $\gamma$ wurden mit einem durchschnittlichen Fehler von $\pm 0{,}2\ \gamma$ bestimmt. Einige Belegversuche. (Analytic. Chem. **28.** 440—43. April 1956. Pasadena, Calif., California Inst. of Technol.) H. HOFMANN. G 243

**Ss. Ja. Schnaiderman,** *Phenole als Reagens auf Nitrite.* Nach Beobachtungen des Vf. reagieren stark verd. Phenol (**I**)- u. Naphthol (**II**)-Lsgg. mit sehr stark verd. salpetriger Säure unter Bldg. von gefärbten Lösungen. Um die Annahme zu überprüfen, ob die Farbe der Lsgg. durch Oxydations–Reduktions-Rkk. hervorgerufen wird, führte Vf. eine Oxydation von **I**-Lsgg. mit stark oxydierenden Stoffen, wie $K_2S_2O_8$, $H_2O_2$ u. $KClO_3$, im sauren Medium durch. Es wurden 0,001 mol. u. 0,01 mol. Lsgg. von *Resorcin, Brenzcatechin* u. *Pyrogallol* verwendet. Vf. erhielt keine gefärbten Lösungen. Somit kann die Bldg. der gefärbten Lsgg. bei der Rk. zwischen **I** u. $HNO_2$ durch einen Nitrierprozeß erklärt werden. Diese Rk. kann zur qualitativen u. quantitativen Best. der Nitrite verwendet werden. Vf. verwendete für seine Unterss. folgende Stoffe: Phenol, Brenzcatechin, Resorcin, *Hydrochinon,* Pyrogallol, *Phloroglucin* u. *Naphthole, Oxynaphthoesäure* u. *Oxybenzoesäure.* Fügt man zu 1 ml einer 0,001 mol. $HNO_2$-Lsg. 1 ml einer äquimol. Lsg. einen der genannten Stoffe hinzu, so bilden sich die gefärbten Lösungen. Die Farbe der Lsg. u. die Intensität ihrer Färbung hängt von der Acidität u. der Konz. der Nitrite ab. Nitrate stören bei der qualitativen Best. der Nitrite nicht. Um den optimalen Wert des Verhältnisses Oxyverb./Nitrit zu bestimmen, mischt Vf. 1 ml 0,01- oder 0,001 mol. $NaNO_2$-Lsg. mit verschied. Voll. 0,01- oder 0,1 mol. Lsgg. des entsprechenden Phenols oder Naphthols bei einer bestimmten Acidität der Lsg., u. zwar so, daß das Gesamtvol. der Lsg. konstant bleibt. Die Intensität der Färbung wird mit dem Photocolorimeter gemessen. Verss. zeigten, daß die Intensität der Färbung in Abhängigkeit von dem Verhältnis der mol. Konzz. für verschied. Phenole verschieden ansteigt. Die Lsgg. folgen nicht dem BEERschen Gesetz. Daher muß bei der Best. der Nitrite mit den genannten Oxyverbb. für jedes Reagens vorher eine Eichkurve aufgestellt werden. Die Best. der Nitrite gestaltet sich folgendermaßen: Zu 10 ml Lsg. mit $\sim$0,05 bis 0,2 mg Nitrit in einem 25 ml-Meßkolben wird 0,5—1 ml 0,01 mol. Lsg. von $\beta$-Naphthol oder einem anderen Phenol gegeben, bis zur Marke mit 5n HCl aufgefüllt. Man mischt gut durch u. bestimmt nach einer halben Std. im Photocolorimeter die opt. D. unter Verwendung eines Blaufilters. (Украинский Химический Журнал [Ukrain. chem. J.] **21.** 99—103. 1955. Kiew, Polytechn. Inst.) E. STEINBERG. G 243

**Tage Langvad,** *Die chromatographische Trennung von Chlorisotopen an Ionenaustauschharzen.* Vf. versucht, das Verf. zur chromatograph. Trennung von Halogenionen unter Verwendung eines Ionenaustauschharzes — vgl. ATTEBERRY u. BOYD (C. **1951.** II. 425) sowie RIEMAN III. u. LINDENBAUM (C. **1953.** 4742) — auf die Trennung der Chlorisotope nach geeigneter Abänderung anzuwenden. Die unter Benutzung zweier 1,5 m langer Trennsäulen (effektive Länge 43 m) erhaltenen Fraktionen werden massenspektrometr. untersucht. Die Auswertung erfolgt unter Zuhilfenahme der Ergebnisse gleicher Verss. an einer Reihe von Standardlsgg. u. ergibt einen, wenn auch kleinen, so doch deutlichen Trenneffekt. (Acta chem. scand. **8.** 526—27. 1954. Aarhus, Univ. of Aarhus, Chem. Inst.) H. GEDSCHOLD. G 247

**R. Belcher, D. Gibbons** und **T. S. West,** *Die indirekte titrimetrische Bestimmung des Sulfations durch Verwendung von Äthylendiamintetraessigsäure.* Das $SO_4$-*Ion* läßt sich unter Verwendung von Äthylendiamintetraessigsäure (**I**) indirekt titrimetr. bestimmen wobei die Auflsg. des $BaSO_4$-Nd. vermieden u. das Stehenlassen dieses Nd. abgekürzt wird, wenn die übliche Acidität (0,05 n) aufrechterhalten wird. — Ausführung: Die auf $p_H$ 1 durch Zugabe von 2n HCl eingestellte Sulfatlsg. (0,006—0,16mol.) wird auf 95° erhitzt. Man gibt einen 10—20%ig. Überschuß von 95° warmer, 0,02mol. $BaCl_2$-Lsg. zu u. rührt anschließend 2—3 Min.; dabei soll das Endvol. 150—200 ml betragen. Nach 10—15 Min. Stehen wird der $BaCl_2$-Überschuß auf 40% gebracht. Man filtriert durch einen feinporigen Porzellanfiltertiegel u. wäscht mit kaltem W. nach. Das Filtrat wird mit einem ca. 2fachen Überschuß 0,02mol. I-Lsg. u. anschließend mit 20 ml Pufferlsg. (16,5 g $NH_4Cl$ + 226 ml konz. $NH_4OH$ werden mit W. zu 1 Liter ergänzt) versetzt. Die überschüssige I wird mit 0,02mol. $MgCl_2$-Lsg. unter Verwendung einer 0,5%ig. alkoh. Lsg. von Solochromschwarz als Indicator nach BELCHER u. Mitarbeiter, C. **1956**. 7321) titriert. (Chem. and Ind. **1954**. 850—51. 10/7. Birmingham, Univ., Chem. Dep.) K. F. MÜLLER. G 253

**A. R. Vasudeva Murthy,** *Bestimmung von Dithionat.* Vf. berichtet über eine Meth. zur Best. von *Dithionat* (I) in Ggw. von anderen Schwefelverbindungen. Die Lsg., die neben I noch Sulfide, Sulfite, Thiosulfat u. Polythionate enthalten kann, wird mit alkal. $KMnO_4$-Lsg. versetzt, wobei alle Schwefelverbb. außer I oxydiert werden. Anschließend wird der Überschuß von $KMnO_4$ durch Zugabe 2%ig. $MnSO_4$-Lsg. entfernt, $MnO_2$ abfiltriert, Filtrat mit 10n $H_2SO_4$ angesäuert u. 1 Std. mit eingestellter $K_2Cr_2O_7$-Lsg. gekocht. Der Überschuß von $K_2Cr_2O_7$ wird jodometr. zurücktitriert u. der Geh. an I berechnet. (Current Sci. **22**. 371. Dez. 1953. Bangalore, Indian Inst. of Sci., Dep. of Gen. Chem.) K.-G. HACKSTEIN. G 253

**William J. Schuele, J. Fred Hazel** und **Wallace M. McNabb,** *Analyse von Bortribromid und seiner Additionsverbindungen.* Es werden mehrere Methoden zur Best. des *B*- u. *Br*-Geh. in $BBr_3$ u. seinen Additionsverbb. beschrieben u. hinsichtlich Schnelligkeit u. Genauigkeit miteinander verglichen. Die Probe wird hydrolysiert u. organ. Basen (*Acridin, 5-Nitrochinolin, Morpholin, Pyrrol, Piperidin, 2-, 3-* u. *4-Picolin, Isochinolin, Nitrobenzol*) werden gegebenenfalls an *Amberlite IR-100* (H-Form) ausgetauscht. In der von der Austauschsäule abfließenden Lsg. werden HBr u. $H_3BO_3$ nach folgenden Methoden bestimmt: 1. Potentiometr. Titration (Glas-Kalomelelektrode) mit NaOH unter Zugabe von Mannit (I) nach Neutralisation von HBr. 2. Visuelle Titration mit NaOH a) gegen Methylrot (II) (HBr) u. nach Zugabe von I gegen Phenolphthalein (III) ($H_3BO_3$), b) gegen II-Methylenblau (IV)-Mischindicator bis zum Farbumschlag nach Graugrün (HBr), Zugabe von I u. III u. Titration bis zum Farbumschlag nach Rotviolett ($H_3BO_3$). 3. Spektralphotometr. Titration mit NaOH: a) gegen II (HBr) u. nach Zugabe von I gegen III ($H_3BO_3$) bei 550,0 m$\mu$, b) gegen II–IV (HBr) u. nach Zugabe von I gegen III ($H_3BO_3$) bei 532,5 m$\mu$. 4. Konduktometr. Titration mit NaOH. — Die spektralphotometr. Methoden sind bei gleicher Genauigkeit wie die potentiometr. Titration den letzten an Schnelligkeit überlegen. (Analytic. Chem. **28**. 505—07. April 1956. Philadelphia, Pa., Univ. of Pennsylvania, Dep. of Chem.) H. HOFMANN. G 258

**K. G. Stoffer** und **J. H. Phillips,** *Bestimmung von Kohlenstoff in Natrium–Kalium-Legierungen.* Na–K-Legierungen (Verwendung als Wärmeaustauschmedium in Kernreaktoren) können durch C-Geh. Stahl ungünstig beeinflussen (Aufkohlung des Stahls bis in merkliche Tiefe). Zur Best. dieses C-Geh. wurde die Mikroverbrennungsmeth. (100 mg Probe, Sauerstoffstrom) herangezogen u. entsprechend modifiziert. Das gebildete $CO_2$ wird absorbiert u. gewogen. Die Probenahme bei heißen Na–K-Legierungen dynam. Systeme u. die Überführung der Probe in die Verbrennungsapp. wird beschrieben. Genaue Ausführungsvorschrift der Probenahme u. Verbrennung, Abb. der Probenahmevorr. u. Verbrennungsapparaturen. (Analytic. Chem. **27**. 773—76. Mai 1955. Alliance, O., Babcock & Wilcox Co., Res. Center.) E. MIESSGANG. G 260

**Béla Varga,** *Einfache Berechnungsmethode für die Bestimmung von Na und K nebeneinander.* Die Summe von KCl u. NaCl wird wie üblich gravimetr. bestimmt. Danach wird der Chloridgeh. nach VOLHARD mit $AgNO_3$ bestimmt u. auf NaCl umgerechnet. Es wird dann die Differenz des Mol.-Gew. KCl weniger NaCl berechnet u. ergibt 16,099. Das Mol.-Gew. von KCl, durch diese Zahl dividiert, gibt 4,6309. Mit diesem ständigen Faktor wird die Differenz zwischen gravimetr. bestimmter Summe KCl + NaCl u. NaCl, berechnet aus Cl-Best., multipliziert u. ergibt die KCl-Menge. Z. B. KCl + NaCl gravimetr. = 147,7 mg. NaCl aus Cl-Best. = 142,5 mg. Differenz 5,2 mg. 5,2·4,631 = 24,0 mg KCl. 147,7 mg weniger 24,0 mg KCl = 123,7 mg NaCl. (Magyar Kémikusok Lapja [Z. Ver. ung. Chemiker] **10**. 122—23. 25/4. 1955.) R. BIRTHLER. G 275

**Pierre Bevillard,** *Ein neues Reagens auf Kalium: 3.4-Dioxyazobenzol-4'-sulfonsäure.* In der *3.4-Dioxyazobenzol-4'-sulfonsäure* (I) steht ein qualitatives Fällungsreagens für *K* zur Verfügung, das in reiner Form haltbare wss. Lsgg. zuläßt, u. stufenweise

u. selektiv auch *Rb, Cs* u. *Tl* erkennbar macht. Es werden in einer Tabelle eine Reihe von Farb-Rkk. mit den verschied. Kationen genannt. Das Reagens ist sehr empfindlich, es zeigt in 1 ml Lsg. *$NH_4$* ($0{,}5 \cdot 10^{-2}$g), K ($10^{-4}$g), Rb ($1{,}25 \cdot 10^{-5}$g) u. Cs ($2{,}5 \cdot 10^{-5}$g) an. Die Zus. des gewaschenen K-Nd. ist die theoret., also $C_{12}H_9O_5N_2SK$. Der Geh. der I-Salze, sowie der Kobaltnitritverbb. des *K, Cs* u. *Rb* wird angegeben. – Darst. des Reagenses aus dem Gemisch von *Sulfanilsäure* u. *Brenzcatechin* durch Diazotieren (Vorschrift von WITT-MAYER). (Bull. Soc. chim. France, Mém. [5] **19.** 1053–55. Nov./Dez. 1952. Paris, Fac. Sci., Labor. de Chim.) J. MILLER. G 275

**H. Seiler, K. Artz** und **H. Erlenmeyer,** *Elektrochromatographische Trennung von Alkali- und Erdalkalisalzen.* Es wird eine elektrochromatograph. Meth. zur Trennung u. Identifizierung der Alkali- u. Erdalkalimetalle zusammen mit den Anionen $Cl^-$, $Br^-$, $J^-$, $CNS^-$ u. $PO_4^{3-}$ beschrieben u. diskutiert. Die zu analysierende Lsg. wird zunächst aufsteigend 13 Std. mit absol. A.–8n Essigsäure–1n $NH_4$-Acetatlsg. (8 : 1 : 1), danach 2 Std. unter Einw. eines zur Laufrichtung senkrechten elektr. Feldes (600 V, 7 mA) u. schließlich nochmals 2 Std. ohne Stromeinw. chromatographiert. Das Chromatogramm wird 2 Std. bei 60° getrocknet u. in Laufrichtung halbiert. Die kathodenseitige Hälfte wird nochmals ca. 15 Std. bei 100–120° getrocknet, mit 0,1 mol. wss. Violursäurelsg. besprüht u. 30 Min. bei 60° getrocknet. Die Farbflecke werden im UV-Licht lokalisiert. Der anodenseitige Teil des Chromatogramms wird bei $R_f$ 0,3 u. 0,6 zerschnitten. Im unteren Teil wird $PO_4^{3-}$ durch Besprühen mit einer Lsg. aus 5 cm³ 60%ig. $HClO_4$, 10 cm³ 1n HCl, 25 cm³ 4%ig. $(NH_4)_2MoO_4$-Lsg. u. 60 cm³ dest. W. nach dem Trocknen als Molybdatophosphat lokalisiert. Im mittleren Teil werden $Cl^-$ u. $Br^-$ durch Besprühen mit 0,1n $AgNO_3$-Lsg. unter Zusatz von etwas Fluorescin nach dem Trocknen im UV-Licht nachgewiesen. Im oberen Teil wird $J^-$ mit 3%ig. $H_2O_2$ u. $CNS^-$ mit angesäuerter $FeCl_3$-Lsg. nachgewiesen. Folgende $R_f$-Werte wurden gefunden: $Li^+$ $0{,}59 \pm 0{,}005$, $Na^+$ $0{,}33 \pm 0{,}009$, $K^+$ $0{,}18 \pm 0{,}012$, $Be^{2+}$ $0{,}79 \pm 0{,}006$, $Mg^{2+}$ $0{,}58 \pm 0\ 016$, $Ca^{2+}$ $0{,}42 \pm 0{,}012$, $Sr^{2+}$ $0{,}27 \pm 0{,}018$, $Ba^{2+}$ $0{,}16 \pm 0{,}020$, $Cl^-$ $0{,}40 \pm 0{,}009$, $Br^-$ $0{,}51 \pm 0{,}011$, $J^-$ $0{,}69 \pm 0{,}001$, $CNS^-$ $0{,}71 \pm 0{,}010$, $PO_4^{3-}$ $0{,}18 \pm 0{,}015$. Von den untersuchten Kationen konnten noch folgende Mengen nachgewiesen werden: $Li^+$ 10$\gamma$, $Na^+$ 50$\gamma$, $K^+$ 50$\gamma$, $Be^{2+}$ 15$\gamma$, $Mg^{2+}$ 15$\gamma$, $Ca^{2+}$ 25$\gamma$, $Sr^{2+}$ 50$\gamma$ u. $Ba^{2+}$ 50$\gamma$. (Helv. chim. Acta **39.** 783–86. 2/5. 1956. Basel, Univ., Anstalt für anorgan. Chem.) H. HOFMANN. G 280

**Jorma Kinnunen** und **Bertil Wennerstrand,** *Schnelle EDTA-Titration von Cadmium nach erfolgter Rhodanidextraktion. Cd* kann ebenso, wie Vff. das für *Zn* beschrieben haben (C. **1956.** 6480), als Rhodanidkomplex durch eine Mischung von Methyläthylketon u. n-Butylphosphat (1 : 1) extrahiert u. mit Äthylendiamintetraessigsäurelsg. (EDTA) titriert werden. Zur Trennung von Cd u. Zn wird Cd aus der sd. Lsg. durch Thioharnstoff gefällt, CdS in $HNO_3$ gelöst, neutralisiert u. nach Zugabe von 5 ml konz. HCl u. 20 ml 50%ig. $NH_4SCN$-Lsg. (je 5 g Zn-Späne) das restliche mitgerissene Zn durch eine Mischung aus Amylalkohol u. Ae. (1 : 4) extrahiert. Cd wird dann durch eine Mischung von n-Amylmethylketon u. Butylphosphat (1 : 1) extrahiert. (Chemist-Analyst **43.** 34–35. Juni 1954. Pori, Finnland, Outokumpu Oy, Metalworks.) H. PLUSKAL. G 289

**Walter Nielsch** und **Gerhard Böltz,** *Neue photometrische Bestimmung des Cadmiums in Kupfer–Cadmium-Legierungen.* Vff. beschreiben eine neue photometr. *Cd*-Best. in Cu–Cd-Legierungen. Das Cd wird mit $Na_2S$ aus ammoniakal., cyanidhaltiger Lsg. als CdS vom Cu abgetrennt, in $HNO_3$ gelöst, mit NaOH + $CH_3COOH$ auf $p_H$ 3–6 gebracht u. mit *4-Oxy-3-nitrophenylarsonsäure* (I) gefällt. Der Nd. wird in einer ammoniakal., Di-Na-Äthylendiamintetraacetat-haltigen Lsg. gelöst u. die gelbgefärbte Lsg. bei 405 m$\mu$ photometriert. Der Einfl. von $p_H$ u. Fremdsalzkonz. auf die Fällung des Cd mit I wurde untersucht. Zur vollständigen Fällung des Cd ist eine Cd-Konz. von 20 $\mu$g Cd/ml u. ein Überschuß an I erforderlich. Die Konz. an Fremdsalzen soll 15% nicht übersteigen. Während für die quantitative Abscheidung des Cd eine Grenzkonz. von 20 $\mu$g Cd/ml erforderlich ist, können durch die photometr. Messung noch Mengen bis zu 1 $\mu$g Cd/ml erfaßt werden. Das BEERsche Gesetz ist erfüllt. (Chemiker-Ztg. **79.** 364–70. 5/6. 1955. Lauchertal, Hohenzollern.) K.-G. HACKSTEIN. G 289

**László Erdey** und **Lajos Buzás,** *Ascorbinometrische Bestimmung von Quecksilber(II)-ionen.* Ascorbinsäure red. in schwach salpetersaurer Lsg. Hg(II) zu Hg. Titriert wird bei 60° in Ggw. von Viriaminblau, dessen Entfärbung den Endpunkt anzeigt. Gegen Ende der Titration wird die frei gewordene Säure mit Na-Acetat abgestumpft. Es stören $Ag^+$, $Bi^{3+}$, $Cr^{3+}$, $Fe^{3+}$, $Ni^{2+}$, $Cu^{2+}$, $VO_2^+$, Halogene, Tartrat, Citrat, Oxalat, Formiat. Die Meth. gestattet die Best. von Hg(I) u. Hg(II) nebeneinander. Der relative Fehler beträgt $\pm 0{,}02$%. (Magyar tudományos Akad., kém. Tudományok Osztályának Közleményei [Ung. Akad. Wiss., Ber. Abt. chem. Wiss.] **6.** 395–401. 1955. Budapest, Techn. Univ., Inst. für allg. Chem.) J. PLANK. G 290

**J. Orsag,** *Einige Bemerkungen über die Bestimmungen des Sauerstoffs in Titan.* Die Best. von O in Ti kann durch Red. der Oxyde oder nach dem Chlorierungsverf. durchgeführt werden. Bei der O-Best. nach dem letztgenannten Verf. kann bei der Probenahme, die fast zwangsläufig durch Sägen erfolgt, eine Fehlerquelle entstehen, weil hierbei eine starke u. tiefdringende Oxydation der Probe auftritt. Diese Fehlerquelle wird dadurch ausgeschaltet, daß die Probe unter Vermeidung jeglichen Kontaktes mit $O_2$ durch Vorchlorieren vorbereitet wird. Mit dem Verf. werden reproduzierbare Ergebnisse erhalten. Bei den Unterss. wird festgestellt, daß O im handelsüblich reinen Ti in Form von $SiO_2$ oder MgO auftritt. Bei $O_2$-Gehh. zwischen 0,05—0,5% liegt die Fehlergrenze bei 0,002 u. 0,05%. (Rev. Métallurgie **52.** 237—39. März 1955.)
H. HOCHSTEIN. G 321

**Maurice Codell** und **Allen Cherney,** *Die Bestimmung von Magnesium in Titan.* Inhaltlich ident. mit der C. **1956.** 2267 referierten Arbeit. (South African Mining Engng. J. **65.** I. 129—31. 27/3. 1954. Philadelphia, Pa., Pitman-Dunn Laborr., Frankford Arsenal.)
W. WESLY. G 321

**K. V. S. Krishnamurty** und **Bh. S. V. Raghava Rao,** *Analytische Chemie des Thorium. 7. Mitt. Trennung von Ceriterden. Verwendung von Anissäure.* (6. vgl. MURTY u. RAGHAVA RAO, J. Indian chem. Soc. **28.** [1951.] 218.) Meth.: Die Th-haltige Lsg. wird neutralisiert, 10—15 g $NH_4Cl$ werden zugefügt, die Lsg. auf 200 ml aufgefüllt u. gekocht. In die sd. Lsg. wird eine sd. 0,75% ig. Anissäure (I)-Lsg. (100 ml für je 0,1 g $ThO_2$) gegeben. 2 Min. Kochen, Nd. Abfiltrieren, Waschen, Trocknen u. zu $ThO_2$ Verglühen. — Der I-Th-Nd. besteht aus $Th(CH_3OC_6H_4COO)_4$; er ist lösl. in allen Säuren, A. u. Ae.; Th kann nach dieser Meth. von Ceriterden getrennt u. im $PO_4^{3-}$-freien Monazitsandextrakt bestimmt werden. — *Mg, Mn, Co, Ni, Ca, Sr, Ba, Cd, Be, Cu, Pb, Al, Cr, U* stören nicht. *Fe(III)* fällt in geringen Mengen mit. *Zr, Ce(III), V* u. *Ti* stören. (J. Indian chem. Soc. **28.** 261—64. Mai 1951. Waltair, Andhra Univ., Chem. Labor.)
H.-G. MOSLÉ. G 324

**Gilbert H. Ayres** und **Bartholomew L. Tuffly,** *Spektrophotometrische Bestimmung von Molybdän mit Phenylhydrazinhydrochlorid.* Vff. haben eine neue Meth. der spektrometr. Best. von Mo entwickelt. Die in 50% ig. Essigsäure durch Erhitzen mit überschüssigem Phenylhydrazin·HCl entwickelte rote Farbe ist im Gegensatz zu der durch Thiocyanat hervorgerufenen beständig u. reproduzierbar. Außerdem ist Extraktion mit organ. Lösungsmitteln nicht erforderlich. Die n. Begleitelemente der Stahllegierungen stören nicht, während das Verhältnis Fe(III)/Mo(IV) höchstens 20 : 1 betragen soll; darüber hinaus ist selektive Red. des Fe(III) vorzunehmen. Die größte Genauigkeit wird bei einem Mo(VI)-Geh. von 2—5 p.p.m. erreicht. (Analytic. Chem. **23.** 304—08. Febr. 1951. Austin, Tex., Univ. of Texas.)
F. BRUCK. G 336

**Robert Bastian, Richard Weberling** und **Frank Palilla,** *Bestimmung von Eisen mittels UV-Spektrophotometrie.* Vff. verwenden die UV-Absorption des $Fe^{3+}$-Ions in $HClO_4$-Lsg. zur quantitativen Bestimmung. Das Verf. ist auf viele Legierungen u. Glassorten mit Fe-Gehh. von 0,03—0,9% anwendbar u. ist infolge seiner Einfachheit, Schnelligkeit u. Genauigkeit für laufende Betriebsanalysen gut geeignet. — Arbeitsvorschrift: Die Lsgg. sollen ca. 0,9 mg (0,3—1,5 mg) Fe in 100 ml enthalten. Nach zweimaligem Abrauchen mit $HClO_4$ sind alle flüchtigen Säuren entfernt. Zugabe von ca. 40 ml W. u. 10 ml ca. 70% ig. $HClO_4$, 1 Min. zur $Cl_2$-Entfernung kochen, ausgeschiedene $SiO_2$ gegebenenfalls abfiltrieren u. nach Abkühlung auf 100 ml auffüllen. Die Absorptionsmessungen erfolgen bei 260 m$\mu$ (1 cm-Quarzküvette). Störende Elemente: V, Mo, Cu (nur in größeren Mengen), Ti (nur bei großem Verhältnis Ti : Fe), Chromat (Umgehung durch Red. mit $H_2O_2$ bzw. Methanol nach besonderer Vorschrift), Mn (Umgehung durch Red. zu $Mn^{2+}$ mit $H_2O_2$ nach besonderer Vorschrift). (Analytic. Chem. **28.** 459—62. April 1956. Kew Gardens, N. Y., Sylvania Electric Products Co., Inc.)
D. ERTEL. G 354

**A. Musil** und **M. Theis,** *Die komplexometrische Bestimmung des Eisens mit Chromazurol S als Indicator.* $Fe^{3+}$ bildet mit dem Farbstoff Chromazurol S bei $p_H$ 1—4 einen in der Kälte blauen, in der Hitze grünblauen Farblack. Da der Farbstoff bei $p_H$ 1—4 orangefarben in Lsg. geht u. der Komplexonkomplex des Fe gelb gefärbt ist, eignet sich Chromazurol S als Indicator für die Fe-Bestimmung. Die Lsg. wird auf $p_H$ 2 gebracht, mit Monochloressigsäure u. Na-Acetatlsg. versetzt u. auf 60° erhitzt. Nach Zugabe von 5 Tropfen einer 0,4% ig. Chromazurol S-Lsg. wird mit 0,05 mol. Komplexon III-Lsg. auf leuchtendes Goldorange titriert. Fe läßt sich auch neben Al, Ti, Mn gut titrieren. Cu, Ni, Co, Cd, Pb u. die Erdalkalien werden erst bei höheren $p_H$-Werten komplexometr. gebunden. Zr stört, da es in dem $p_H$-Bereich von Komplexon gebunden wird u. mit Chromazurol S einen violetten Farblack gibt. Bei Best. von Fe u. Al nebeneinander muß jedes

Metall für sich in einem aliquoten Teil bestimmt werden. (Z. analyt. Chem. **144**. 351–53. 1955. Graz, Univ., Inst. für anorgan. u. analyt. Chem.) E. SAJAK. G 354

**Kuang Lu Cheng** und **Peter F. Lott**, *Reaktion von Wasserstoffperoxyd mit Komplexen der (Äthylendinitrilo)-Tetraessigsäure und Nitrilotriessigsäure.* Vff. berichten über neue Farb-Rkk. von *Fe* u. *Co* mit Äthylendiamintetraessigsäure (EDTA) u. Nitrilotriessigsäure (NTA) in Ggw. von $H_2O_2$ bei $p_H$-Werten >10. Fe-EDTA gibt mit $H_2O_2$ eine Purpurfärbung, während Fe-NTA mit $H_2O_2$ eine unbeständige braune Farbe bildet. Unter ähnlichen Bedingungen ergibt Co-EDTA eine stabile Blau-, Co-NTA eine Purpurfarbe. Anwendungsmöglichkeiten dieser Farbperoxykomplexe zur quantitativen Best. von Fe u. Co werden besprochen. Darüber hinaus gestatten diese Farb-Rkk. eine einfache qualitative Unterscheidung zwischen NTA u. EDTA bzw. dem ähnlich aufgebauten Versen-ol (N-Oxyäthylendinitrilo)-triessigsäure. Vff. entwickeln eine einfache, selektive Schnellmeth. zur spektrophotometr. Best. von U unter Verwendung einer Mischung von NTA, $H_2O_2$ u. $NH_4OH$; NTA hält die meisten Metalle komplex in Lsg. u. verhindert störende Farb- bzw. Niederschlagsbildungen, auch bei Ggw. von Fe, Mo u. V. — Arbeitsvorschrift zur U-Best.: Zur Aufnahme einer Eichkurve werden je 5 ml 0,25mol. NTA-Lsg. mit 0, 2, 4, 6, 8 u. 10 ml 0,05%ig. U-Lsg. versetzt, 2 ml 7mol. $NH_4OH$ u. 2 ml 15%ig. $H_2O_2$ zugegeben u. mit $H_2O_2$ auf 25 ml aufgefüllt. Absorptionsmessung erfolgt bei 445 mμ; als Vergleichslsg. dient die U-freie Lösung. Das BEERsche Gesetz ist unter diesen Bedingungen erfüllt. Die U-Best. in Ggw. fremder Kationen erfolgt in gleicher Weise. Cr, Co u. Fe stören nur dann, wenn auf 3 mg U/25 ml >0,5 mg Fe (als $FeCl_3$) bzw. 4,5 mg Fe (als $FeSO_4$), 0,5 mg Cr oder 3,5 mg Co entfallen. Eichkurven zur spektrophotometr. Best. von Fe u. Co werden in analoger Weise zur U-Best. erhalten. Die Absorptionsmessungen erfolgen für die Komplexe Fe-EDTA bei 520 mμ, Co-EDTA bei 580 mμ u. Co-NTA bei 550 mμ. Die Rkk. anderer Metalle mit NTA u. $H_2O_2$ wurden untersucht, indem 1 mg des betreffenden Kations mit 5 ml NTA-Tartrat-Lsg. (19,1 g NTA u. 23,0 g $Na_2C_4H_4O_6 \cdot 2\,H_2O$ in 500 ml 0,25mol. NaOH gelöst), 1 ml konz. $NH_4OH$ u. 1 ml 30%ig. $H_2O_2$-Lsg. versetzt wurde. Der Tartratzusatz verhindert die Ausfällung der Metalle Be(II), Ti(IV), Zr(IV), Sb(III) u. Sn(II). Ce(III) gab einen gelben Nd., Uranyl-, Molybdat-, Vanadat- u. Chromat-Ionen gaben gelbe Lösungen. Bi wurde zu Bismutat oxydiert, ergab jedoch in Abwesenheit von Cd u. Hg keinen Niederschlag. Cd- u. Hg-Bismutat sind stabiler als die entsprechenden Cd- bzw. Hg-NTA-Komplexe. (Analytic. Chem. **28**. 462–65. April 1956. Storrs, Conn., Univ. of Connecticut, Dep. of Chem.) D. ERTEL. G 354

**H. Flaschka**, *Mikrotitrationen mit Äthylendiamintetraessigsäure.* 11. Mitt. *Die Bestimmung des Eisens mit visueller Redoxindikation.* (10. vgl. C. **1956**. 8714.) Die komplexometr. Best. des Fe mit Metallindicatoren mit visueller Endpunktsbest. liefert oft nur unbefriedigende Ergebnisse. Aus diesem Grunde wurde eine komplexometr. Titration des $Fe^{3+}$ mit potentiometr. Endpunktsanzeige ausgearbeitet. Der Potentialsprung, der am Ende der komplexometr. Titration des $Fe^{3+}$, das stets minimale Spuren $Fe^{2+}$ enthält, auftritt, läßt sich sehr genau mit einem geeigneten Redoxindicator bestimmen. In diesem Falle wird *Variaminblau B* (4-Amino-4′-methoxydiphenylamin) verwendet. Der Umschlag des Indicators nach rein Gelb ist sehr scharf. 1 ml der 0,01 mol. Maßlsg. entspricht 0,5585 mg Fe. (Mikrochim. Acta [Wien] **1954**. 361–65. Graz, Univ., Medizin.-chem. Inst. u. Pregl-Labor.) A.-M. FRETZDORFF. G 354

**F. Buscaróns** und **J. L. Marín Malumbres**, *Colorimetrische Bestimmungen ohne vorhergehende Extraktion.* 3. Mitt. *Bestimmung des Eisens mit Cupferron.* (1. u. 2. vgl. An. Física Quím. **42**. [1946.] 1132 u. Ser. B **44**. [1948.] 437.) Es wird ein colorimetr. Verf. der Fe-Best. mit Cupferron entwickelt. Nach Unters. der die Best. beeinflussenden Faktoren (Reihenfolge der Reagenszugabe, Säureart u. -stärke, Lösungsm.) wird folgendes Verf. vorgeschlagen: Zu 1 Vol. neutraler oder schwach saurer Probelsg. gibt man 0,08–0,10 Vol. konz. HCl u. 1 Vol. Butylenglykol oder 2 Voll. Methanol, vermischt unter starkem Rühren u. setzt dann 6%ig. wss. Cupferronlsg. zu, bis sich beim Rühren die Farbe nicht weiter verstärkt. Die erforderliche Menge Reagenslsg. läßt sich noch genauer feststellen, wenn man in einem Vorvers. zu der wie zuvor angesäuerten Probelsg. kein Lösungsm. zusetzt u. dazu die Reagenslsg. gibt, bis weiße Nadeln der freien Säure (Phenylnitrosohydroxylamin) ausfallen. Die 1,2fache Menge Reagens wird beim Hauptvers. zu der wie zuvor angegeben mit dem Alkohol vermischten Probelsg. (gleiche Mengen wie im Vorvers.) zugegeben. Die sogleich auftretende Farbe bleibt mehrere Tage lang beständig u. läßt sich colorimetr. auswerten. Empfindlichkeit: 5γ Fe/ml, Genauigkeit: ± 1 mg Fe/Liter im Bereich 5–500 mg Fe/Liter. (An. Real Soc. españ. Física Quím., Ser. B **51**. 117–20. Febr. 1955. Barcelona, Univ., Inst. „Alonso Barba“, Secc. Quím. analít.) W. METZENER. G 354

**K. Wacykiewicz**, *Photometrische Bestimmung von Al in Stahl.* Verss. zur photometr. Best. von Al-Mengen unter 0,1% in Stahl mit dem PULFRICH-Photometer (Wolframbandlampe) mit Aluminon zeigten, daß reproduzierbare Werte nur nach sorgfältiger Entfernung des Fe u. bei Einhaltung eines bestimmten $p_H$-Wertes erhalten werden. Die Extinktion der Reagenslsg. wird erst nach 3 Std. konstant. Die Eriochromcyanin-Meth. erfordert etwas weniger Aufwand u. Zeit: Fe wird durch Elektrolyse an einer Hg-Tropfelektrode u. anschließende Fällung der letzten Spuren mit NaOH entfernt. Die Extinktion der Reagenslsg. ist nach kurzer Zeit konstant. Die Genauigkeit der Best. wird mit $\pm$ 0,002% angegeben. (Prace Inst. Ministerstwa Hutnictwa **7.** 35—42. 1955.)
F. URBAN. G 354

**L. E. Harper sen.**, *Analytische Verfahren zur Bestimmung von kleinen Mengen Vanadin in schwach legierten Stählen.* Man löst 10 g Stahl durch Erhitzen in 60 cm³ $H_2SO_4$ (1:3) u. 50 cm³ W., neutralisiert mit $NH_4OH$, verascht den Nd. mit 20 cm³ konz. $H_2SO_4$ u. 30 cm³ $HNO_3$, versetzt mit 300 cm³ W., kocht, bis alle Salze gelöst sind, kühlt auf 15° ab, versetzt mit 2—3 cm³ 0,1 n$Fe(NH_4)_2(SO_4)_2$ (**I**)-Lsg. (Red. von Cr), dann mit 0,1n $KMnO_4$-Lsg. bis zur Rosafärbung, entfärbt mit 0,05 mol. $NaNO_2$-Lsg., versetzt mit 1 cm³ im Überschuß u. sofort mit 2 g Harnstoff, rührt, versetzt mit 0,02n **I**-Lsg. im Überschuß u. titriert den Überschuß potentiometr. mit 0,02n $K_2Cr_2O_7$ (**II**)-Lsg. zurück. (1 cm³ **II**-Lsg. entspricht 1,02 mg V.) Die Gehh. an Cr, Ni, Cu u. Co müssen je unter 0,5% liegen. (Vancoram Rev. **7.** Nr. 1. 7. 1952. Vanadium Corp. of America.)
W. WESLY. G 354

**J. G. Fraser, F. E. Beamish** und **W. A. E. McBryde**, *Trennung des Palladiums von Blei und die colorimetrische Bestimmung von Palladium mit Kaliumjodid.* Pd kann bei 408 mμ als Pd–J-Komplex in Mengen von 0,2—2,0 p.p.m. colorimetr. nach Trennung vom Pb bestimmt werden. Meth.: Eine schlackenfreie Pb-Probe wird in 90 ml 1:2 $HNO_3$ gelöst, eingedampft, der Rückstand in 100 ml W. 3—4 Tropfen $HNO_3$ aufgenommen. In Ggw. von Fe wird 0,5 g Versenat zugegeben. Im Schütteltrichter werden 3 ml 1% ig. wss. Lsg. von Na-Dimethylglyoxim hinzugefügt, geschüttelt u. nach 1 Std. die Lsg. mit 50, 25, 15 u. 10 ml $CHCl_3$ ausgeschüttelt. Die $CHCl_3$-Schicht wird zur Trockne eingedampft u. 3 mal mit 12 ml 1:1 Mischung konz. $HNO_3$:$H_2SO_4$ abgeraucht. 25 ml W. werden zugefügt u. in einen 100 ml-Kolben filtriert. Dann werden so viel ml einer Lsg. von 500 g KJ + 5 ml $NH_4OH$/Liter zugegeben, daß auf 1 Mol Pd ca. 3200 Mol KJ entfallen (etwa 1 ml für je 100γ Pd), anschließend 5 ml Lsg. von 1,5 g $Na_2SO_3$ in 250 ml Wasser. Die Lsg. kann dann innerhalb von 18 Std. colorimetriert werden. — Für Mengen über 1 mg Pd wird die Fällung mit *Salicylaldoxim* (**I**) vorgeschlagen: Die Probe wird wie oben gelöst, die Lsg. filtriert, mit heißem W. gewaschen, zur Trockne eingedampft, der Rückstand in 100 ml W. + 4 Tropfen $HNO_3$ gelöst u. heiß filtriert. 10 ml in der Hitze gesätt. wss. **I**-Lsg. werden dann in der Wärme zugegeben u. 1 Std. auf dem Wasserbad belassen. Nach dem Abkühlen wird durch Papierfilter filtriert u. im Prozellantiegel geglüht. Der Tiegelinhalt wird mit $N_2$ gespült u. gekühlt. Im Becherglas wird der Tiegelinhalt in 50 ml Königswasser (**II**) gelöst, 3mal mit **II** u. 3mal mit HCl abgeraucht u. dann in 8 ml heißer 1:32 HCl aufgenommen, verd., filtriert, auf 100 ml aufgefüllt u. nochmals wie oben mit **I**-Lsg. gefällt, durch einen Filtertiegel filtriert, 3 Std. bei 115° getrocknet u. gewogen. (Analytic. Chem. **26.** 495—98. März 1954. Toronto, Ont., Univ.)
H.-G. MOSLÉ. G 365

**Dietrich Marsal**, *Die Darstellung und graphische Auswertung der Siebanalysen natürlicher Sande und Kiese nach dem RRS-Verfahren.* Das in der Technik entwickelte RRS-Verf. wird auf seine Anwendbarkeit für die Sedimentpetrographie untersucht u. durch die Aufstellung von Kurven zur raschen graph. Ermittlung von Maxima, Stufen, Mittelwert u. Streuung natürlicher Kornverteilungen erweitert. Das Verf. hat mit der Quartilmeth. die Schnelligkeit gemeinsam, besitzt aber den Vorteil, durch wenige Zahlen die gesamte Verteilungskurve im Rahmen der Genauigkeit der Siebung eindeutig festzulegen. (Neues Jb. Mineralog., Abh. **87.** 218—39. Dez. 1954. München.)
J.-E. HILLER. 5290

**Gerhard Ludwig**, *Untersuchungs- und Darstellungsmethoden von Schwermineralanalysen.* Allgemeiner Überblick über die Methoden der Schwermineralanalyse. — 18 Literaturzitate. (Geologie **2.** 208—19. 1953. Berlin.) W. BAUR. 5290

**David Williams** und **F. M. Nakhla**, *Chromographisches Kontaktabzugsverfahren zur Prüfung metallhaltiger Mineralien und seine Anwendung.* Das Verf. dient vorwiegend zur Best. von Elementen in opaken metallhaltigen Mineralien in Anschliffen u. einzelnen Mineralkörnern. Hierdurch können die einzelnen Elemente auf der polierten Oberfläche örtlich festgelegt werden, was zur raschen quantitativen Analyse von metallhaltigen Mineralien, Metallen u. Legierungen führen kann. Auch Texturzusammenhänge werden so ermittelt. Im einfachen Abzugsverf. wird ein mit Gelatine bezogenes Papier, das mit einem selektiv angreifenden Reagens imprägniert ist, gegen die polierte Anschlifffläche gedrückt. Ein Spezialentwickler, der für das gesuchte Element empfindiich ist, gibt dann einen Farbabdruck, der die Verteilung des betreffenden Elementes über die Anschliffoberfläche angibt. Das elektrograph. Verf. bei leitenden Mineralien ist ähnlich u. liefert Abzüge größerer Klarheit u. Schärfe als das einfache Verf. in viel kürzerer Zeit. Abzüge sind unbegrenzt haltbar; Kontaktabdrucke auf Spezial-Ortho-Abzugspapier sind durchsichtig. Anwendungsgebiete: Mineralaufbereitung- u. Gewinnung, Best. des mineralog. Charakters u. der Textur bei komplexen Erzen, Prüfung von Flotationskonzentraten u. Abgängen. (Bull. Instn. Min. Metallurgy Nr. **533.** Trans. **60.** 257—95. April 1951.) A. OLBRICH. 5290

### b) Organische Verbindungen

**P. R. W. Baker,** *Die Mikro-Kejldahl-Bestimmung von Nitrostickstoff.* Die Mikro-KJELDAHL-Best. nach WHITE u. LONG (Analytic. Chem. **23.** [1951.] 363) ist auf *Nitro-N* anwendbar, wenn als Reduktionsmittel 50 mg Thiosalicylsäure oder Glucose zugesetzt werden. 25 mg sind zu wenig. Die Zerstörung mit $H_2SO_4$ + HgO erfolgt statt bei 470° nur bei 420—440° während 45 Minuten. Verbb. mit p-Nitrophenylgruppen bedürfen keiner Red., im allg. auch nicht Oxime u. N-Oxyde. (Analyst **80.** 481—82. Juni 1955. Beckenham, Kent, Wellcome Res. Labor.) PH. FRESENIUS 5352

**Wolfgang Kirsten** und **Sara Ehrlich-Rogozinsky,** *Über die Bestimmung von Alkoxygruppen.* Es wird eine verbesserte Meth. zur Best. von Alkoxygruppen beschrieben, die auch auf sehr flüchtige u. sehr schwer lösl. Substanzen, sowie auf große Mengen Oxydationsmittel enthaltende u. S-haltige Substanzen anwendbar ist. Die Probe wird mit einem Reaktionsgemisch, das durch 30 Min. Erhitzen am Rückfluß unter $N_2$ von 2 g rotem P, 60 g Phenol, 100 g HJ (D 1,70) u. 5 ml Propionsäure erhalten wird, in einem mit Schliffstopfen verschlossenen Rohr zur Rk. gebracht. Nach deren Beendigung wird das Rohr samt Inhalt in den Destillationsapp. (Abb.) gebracht, u. das Alkyljodid wird abdestilliert, das nach VIEBÖCK u. BRECHER (Ber. dtsch. chem. Ges. **63.** [1930.] 3207) absorbiert u. titrimetr. bestimmt wird. (Mikrochim. Acta [Wien] **1955.** 786—98. Uppsala, Univ., Inst. of Med. Chem.) K. F. MÜLLER. 5364

**Kōichiro Shinra, Kōji Ishikawa** und **Hiroshi Shimura,** *Untersuchungen über organische analytische Reagentien.* 2. Mitt. *Drei Isomere von Furildioxim.* 3. Mitt. *Oxalsäurediamiddioxim und Oxalsäurediureiddioxim und deren innere Nickel-Komplexsalze.* Die direkt synthet. erhaltenen *Furildioxime* bestehen aus je 50% Anti(=α)- u. Amphi(=γ)-Isomeren vom F. 184—185°. Nach MACNAIR läßt sich das synthet. Gemisch in die Syn-(=β)-Form umwandeln. Nur die α-Form gibt mit Ni einen unlösl. Nd.; aus dem Filtrat davon wird mit Ae. die γ-Form isoliert. Die 3 Isomeren haben ident. Absorptionsspektrum. — Die Herst. von $(H_2N\cdot\overset{|}{C}:NOH)_2$ (I) u. $(H_2NCONH\overset{|}{C}:NOH)_2\cdot 2H_2O$ (II) wurde verbessert. Beide bilden mit Ni innere Komplexsalze nach Ni–$I_2$ u. Ni–$II_2$ im Gegensatz zu der Annahme von FEIGL als Ni–I·$NH_3$. (J. chem. Soc. Japan, pure Chem. Sect. [Nippon Kagaku Zassi] **74.** 353—57. Mai 1953. Osaka Univ. [Orig.: japan.]) L. SCHULER. 5368

**Jerzy Gańczarczyk,** *Die Anwendung der Folin-Denis-Reagentien in der organischen chemischen Analyse.* Übersicht. 24 Literaturangaben. (Wiadomości chem. **9.** 288—93. Mai 1955.) O. POLLAK VON EMHOFEN. 5368

**Olavi Perilä,** *Trennung gesättigter unverzweigter Fettsäuren. Qualitative Papierchromatographie.* Überblick über papierchromatograph. Trennungsmeth. von gesätt. unverzweigten Fettsäuren bis einschließlich $C_{26}$. (Acta chem. scand. **9.** 864—65. 1955. Helsinki, Finland Inst. of Technol., Labor. for Wood Chem.). E. MOISAR. G 800

**Julio Bergerman** und **James S. Elliot,** *Methode zur direkten colorimetrischen Bestimmung der Oxalsäure.* 2 ml Oxalsäurelsg. (0,05—1 mg Oxalsäure/ml, gelöst in n $H_2SO_4$) geben auf Zusatz von 2 ml einer täglich frisch bereiteten Lsg. von 100 mg Indol in 100 ml konz. $H_2SO_4$ nach 45 Min. Erwärmen auf 80—90° eine Rosa- bis Rotfärbung, deren Absorption bei 525 mμ gemessen wird. Messung bei 540 mμ ergibt eine geringere Genauigkeit. Die entwickelte Farbe bleibt 24 Std. stabil. Das Verf. ist auf Ca-Oxalat anwendbar. Essig-, Propion-, Wein-, Citronen-, Benzoe- u. Harnsäure stören nicht. Ameisensäure gibt ebenfalls eine Färbung, $PO_4^{3-}$ stört nicht, $Cl^-$ nur in relativ hoher Konzentration. (Analytic. Chem. **27.** 1014—15. Juni 1955. Berkeley, Calif., Solano Labor., u. San Francisco, Calif., Univ. of California, Med. School.) PH. FRESENIUS. G 820

**Jolanda Bertetti,** *Systematische Methode zur Identifizierung von Aminen durch Farbreaktionen.* 1. Mitt. *Aliphatische Amine.* Mit 4 Reagentien gelingt es, 42 Amine in 1%ig. alkoh. Lsg. nachzuweisen u. auch die Isomeren zu unterscheiden. Reagentien: 1. Zu 0,5 g Na-Nitroprussiat in 50 ml W. gibt man 5 ml A. von 95° u. 2 ml Propionaldehyd. Nach 48 Std. bildet sich eine homogene, blaßgelbe Lsg., die, bis sich eine grüne Farbe zeigt, 2 Monate haltbar ist. 2. Zus. wie bei 1. mit Acetaldehyd an Stelle des Propionaldehyds. 3. Gesätt. wss. $HgCl_2$-Lösung. 4. 0,5%ig. Chinonlsg. in A. von 95⁰. Alle Rkk. werden derartig ausgeführt, daß man ca. 0,5 ml 1% ig. alkoh. Aminlsg. zu 1 ml Reagenslsg. fließen läßt. In den Tabellen 1—4 sind die mit *Methyl-*, *Äthyl-*, *n-Propyl-*, *Isopropyl-*, *Allyl-*, *n-Butyl-*, *Isobutyl-*, *n-Amyl-*, *Isoamyl-*, *n-Hexyl-*, *n-Octyl-*, *n-Decyl-*, *Dimethylaminopropyl-*, *Äthylendi-*, *Diäthylentri-*, *Tetraäthylenpent-*, *Dimethyl-*, *Diäthyl-*, *Diisopropyl-*, *Diallyl-*, *Di-n-butyl-*, *Diisobutyl-*, *Di-sek.-butyl-*, *Diamyl-*, *Di-n-hexyl-*, *Di-n-octyl-*, *Trimethyl-*, *Triäthyl-*, *Tri-n-propyl-*, *Tri-n-amyl-*, *Triisoamyl-*, *Tri-n-hexyl-*, *Methyldioctyl-* u. *Dimethylstearylamin*, sowie mit *1.3-* u. *1.2-Diaminopropan*, *1.6-Diaminohexan*, *1.10-Diaminodecan* u. *Hexamethylentetramin* bei Zugabe zu den 4 Reagenslsgg. auftretenden Färbungen u. Ndd. beschrieben. Mit dem Reagens 1 unterscheidet man die prim. u. diprim. Amine von den äthylengruppenhaltigen Polyaminen u. weiter von den sek. u. tert. Aminen, deren höhere Glieder jedoch ungefärbt bleiben. Reagens 2 gibt ähnliche, in den einzelnen Gruppen auch differenzierte Unterscheidungen, Reagens 3 nach Form u. Farbe unterscheidbare Fällungen. Eine weitere Differenzierung erlaubt Reagens 4 durch Beobachtung nach n. Ausführung der Rk., sodann indem man 1 Min. später mit 5 ml dest. W. verd., wobei verschied. Farben u. Ndd. entstehen. In den Tabellen 5 u. 6 sind die Rkk. einmal nach den Reagentien, andererseits nach den Erscheinungen (Farben u. Ndd.) geordnet. Man sieht, daß beim Übergang von 1—4 die Auswahl der Amine immer mehr eingeschränkt wird u. durch Reagens 4 das einzelne erkannt wird. (Ann. Chimica **43.** 351—60. Mai/Juni 1953. Genova, Univ., Ist. Chim. applic., u. Fac. Ingegn.) W. METZENER. G 910

**Jolanda Bertetti,** *Papierchromatographie der aliphatischen Amine.* (Vgl. vorst. Ref.) 37 Amine wurden durch auf- oder absteigende Papierchromatographie getrennt, wobei n-Butylalkohol, mit 25% ig. Essigsäure gesätt., als bewegliche Phase diente. Alle Aminflecken lassen sich mit 0,2%ig. Lsg. von Bromphenolblau in absol. A. entwickeln: blau auf gelbem Grund, wenn auch das Papier sorgfältig getrocknet ist. Doch kann man auch, wie BREMNER u. KENTEN (C. **1952.** 4196), 0,2% ig. Ninhydrinlsg. in absol. A. nehmen u. erhält bei Anwendung von 20 $\gamma$ Amin, als 0,5% ig. Lsg. in A. aufgetragen, nach Trocknung bei 105⁰ stärkere oder schwächere veilchenfarbene (ähnlich den durch Aminosäuren verursachten!) oder keine Flecken. Ihre Art u. die $R_F$-Werte von *n-Propyl-*, *n-Butyl-*, *n-Amyl-*, *Isoamyl-*, *n-Hexyl-*, *Isohexyl-*, *Cyclohexyl-*, *n-Heptyl-*, *n-Octyl-* (I), *n-Decyl-*, *Allyl-*, *Diäthylentri-*, *Tetraäthylenpent-*, *Hexamethylentetra-*, *Diisopropyl-*, *Di-n-butyl-*, *Diisobutyl-*, *Di-sek.-butyl-*, *Di-n-amyl-*, *Di-n-hexyl-*, *Di-n-octyl-*, *Diallyl-*, *Diäthanol-*, *N-Methyl-d-glucos-*, *Tri-n-propyl-*, *Tri-n-amyl-*, *Triisoamyl-*, *Tri-n-hexyl-*, *Methyldioctyl-*, *Dimethylstearyl-*, *Triäthanol-* u. *Dimethylaminopropylamin*, sowie von *1.2-* u. *1.3-Diaminopropan*, *1.6-Diaminohexan*, *1.10-Diaminodecan* u. *Glucosaminhydrochlorid* nach absteigender Chromatographie sind tabellar. angegeben. Die Nachweisgrenze beträgt 8 $\gamma$. Die $R_F$ der n. prim. Amine steigen bis zum **I**, um dann anscheinend wieder zu fallen; die der isomeren sind etwas, die der ungesätt. wesentlich kleiner. Die prim. Diamine wandern sehr langsam, aber n. mit der Kettenlänge ansteigend, die Polyamine noch viel langsamer. Die $R_F$ der sek. u. noch viel mehr die der tert. Amine wandern schneller, um bei den letzten schon nahe an die Lösungsmittelfront zu kommen, so daß die gegenseitige Trennbarkeit schlechter wird. Für diese ist eine $R_F$-Differenz von $\geqq 0,1$ nötig, sonst fließen sie zu kokonartigen Flecken zusammen. (Ann. Chimica **43.** 361—64. Mai/Juni 1953. Genova, Univ., Ist. Chim. applic., u. Fac. Ingegn.)
W. METZENER. G 910

**Jolanda Bertetti,** *Systematische Methode zur Identifizierung von Aminen durch Farbreaktionen.* 2. Mitt. *Aromatische Amine.* (1. vgl. vorvorst. Ref.). Nach Vorprüfung auf die Aminnatur der zu prüfenden Substanz u. die Abwesenheit anderer gleiche Farb-Rkk. gebender Substanzen gelingt es, mit 5 verschied. Rkk. 45 Amine, z. T. isomere, nachzuweisen u. voneinander zu unterscheiden. Alle Amine werden, zu 1% in A. gelöst, oder, wenn schwerlösl., in gesätt. alkoh. Lsg. verwendet. Alle Rkk. werden im Reagensrohr mit 1 ml Probelsg. ausgeführt. — R e a k t i o n e n: 1. Man läßt 0,5 ml Reagenslsg. (2 [Volumteile] 5% ig. wss. $K_2Cr_2O_7$-Lsg. + 1 konz. $H_2SO_4$) am Rand herabfließen, wonach bei senkrechter Haltung 1 oder 2 Farbschichten entstehen. 2. Zugabe von 0,5 ml 10% ig. $FeCl_3$-Lsg. u. Umschütteln bis zur Stabilisierung der Farbe. 3. Man gibt 0,5 ml 10% ig. $KNO_3$-Lsg. zu, schüttelt u. läßt dann 0,5 ml konz. $H_2SO_4$ am Rande zulaufen, ohne zu schütteln, um die bei den meisten Aminen auftretende Farbringbldg. nicht zu stören. 4. Man säuert mit einigen Tropfen 20% ig. Essigsäure an u. gibt 0,5 ml 8% ig. wss. Furfurollsg. zu. Bei der Mehrzahl der Monoamine u. einigen Diaminen tritt Farbbldg. auf. 5. Man läßt 0,5 ml verd. $Br_2$-Lsg. (gleiche Volumina W. u. frisch bereitetes gesätt. $Br_2$–W.) am Rande, ohne zu rühren, zufließen, um sich bildende Ndd. nicht wieder aufzulösen. In Tabelle 1–5 sind die mit *Anilin* u. seinen *Methyl-*, *Äthyl-*, *Benzyl-*, *Dimethyl-*, *Diäthyl-*, *Äthylbenzyl-* u. *Di-n-butylderivv.*, mit *Benzyl-*, *Benzyldimethyl-*, *Diphenyl-*, *β-Phenyläthyl-*, *Methyl-β-phenylisopropyl-*, *α-Naphthyl-*, *N-Dimethyl-α-naphthyl-*, *β-Naphthyl-* u. *1.2-Dinaphthylamin*, mit *Benzidin* u. seinen *Diphenyl-* u. *Tetramethylderivv.*, mit *o-*, *p-*, *m-*, *Dimethyl-o-* u. *Dimethyl-p-toluidin*, mit *1.2.3-*, *1.3.4-*, *1.2.6-*, *1.2.4-* u. *1.2.5-Xylidin*, mit *o-*, *m-*, *p-*, *Phenyl-p-*, *N.N-Diphenyl-p-*, *Dimethyl-p-*, *Tetramethyl-p-* u. *Di-β-naphthyl-p-phenylendiamin*, mit *p.p-Diaminodiphenylmethan*, *Toluylen-2.4-diamin*, mit *2.3-*, *1.2-*, *1.5-*, *1.7-* u. *1.8-Diaminonaphthalin* auftretenden Farb-Rkk. u. Ndd. zusammengestellt, u. in Tabelle 6 u. 7 sind diese Rkk. in ihrer Reihenfolge, dann nach der gleichen Art der Erscheinungen, den Probesubstanzen zugeordnet. (Ann. Chimica. **44.** 313–20. Mai/Juni 1954.) W. METZENER. G 910

**Joannès Cotte** und **Ernest Kahane**, *Bestimmung des Cholins durch Oxydation mit Perschwefelsäure. Cholin* (I) wird durch Persulfat in stark alkal. Medium quantitativ zu destillierbaren u. titrierbaren Basen oxydiert; der Anteil des *Trimethylamins* (II) an diesen Basen ist 80–90%. Die anderen durch $CH_2O$ absorbierbaren Basen entstammen nicht einer Einw. des Oxydationsmittels auf bereits gebildetes **II**, da Persulfat in alkal. Medium keine Spur entmethylierter Basen aus **II** bildet. Der Mechanismus der Persulfatoxydation ist demnach ein anderer als der der von Vff. bereits untersuchten Permanganatoxydation (C. **1951.** I. 2781). Miteinander konkurrierende Rkk., deren Verhältnis von der Menge des Oxydationsmittels abhängt, sind die Abspaltung der Oxäthylkette unter Bldg. von **II** u. die einer $CH_3$-Gruppe unter Bldg. des leicht oxydierbaren Dimethylaminoäthanols. Wie bei der Permanganatoxydation schützt die Ggw. oxydierbarer Fremdsubstanzen das tert. Amin gegen den Abbau. **I**-*Ester* (Schwefelsäure-, Essigsäureester) verhalten sich wie **I** selbst. Der *Phosphorsäureester* (**III**) ergibt quantitativ destillierbare u. titrierbare Basen, die nur 30–50% **II** enthalten. *Neurin* ergibt 70–80% **II** enthaltende Basen. *Betain* (**IV**), *Tetramethylammoniumion* u. *Trimethylaminoxyd* bilden 90% der Theorie an destillierbaren Basen, die 40–45 bzw. 35–45 bzw. 5–10% **II** enthalten. Permanganat -u. Persulfatoxydation ergeben bei gewissen tier. u. pflanzlichen Extrakten die gleichen **II**-Ausbeuten. Diese Ausbeuten sind bei den gleichen Extrakten, wenn ihnen **III** oder **IV** zugesetzt wird, verschieden; sie sind ebenso bei Zuckerrüben- u. Bockshornklee-Extrakten, die **IV** enthalten, verschieden. Die vergleichende Anwendung beider Oxydationsmethoden ermöglicht somit, in biol. Extrakten die Anwesenheit gewisser, die $N(CH_3)_3$-Gruppe enthaltender Substanzen neben **I** zu erkennen. (Bull. Soc. chim. France, Mém. [5] **20.** 151–57. Febr. 1953. Rennes, École nat. d'Agriculture, u. Paris, Fac. de Méd.) K. F. MÜLLER. G 920

**Maurice Pesez**, *Perjodatargentometrie.* Mehrwertige *Alkohole, Zucker* u. *α.β-Dicarbonylverbb.* können quantitativ mit $JO_4^-$ bestimmt werden nach z. B. R–CHOH–(CHOH)n–CHOH–R + (n + 1)$HJO_4$ → 2R–CHO + nHCOOH + (n + 1)$HJO_3$ + $H_2O$. Meth.: Die Substanz wird in W. gelöst, mit einer $HNO_3$-sauren Lsg. von $KJO_4$ + bekannter Menge $AgNO_3$ versetzt ($AgNO_3$ im Überschuß gegenüber $HJO_4$). Nach 10 Min. bis 24 Std. – je nach Substanz (die Zeiten sind tabellar. mitgeteilt) – wird vom ausgefallenen $AgJO_3$ abfiltriert u. im Filtrat überschüssiges $Ag^+$ wie üblich mit $SCN^-$ + $Fe^{3+}$ als Indicator titriert. (Bull. Soc. chim. France [5] **1956.** 148–49. Jan. Serv. de Rech. Roussel-Uclaf.) H.-G. MOSLÉ. G 3400

**Leonore Hollander Koehler**, *Unterscheidung von Kohlenhydraten durch Anthron-Reaktionsgeschwindigkeit und Farbintensität.* Zu 2,5 ml benzoesäurehaltiger Probelsg. mit 50 μg Hexose oder 120 μg Pentose werden in einem Reagensglas unter Kühlung u. starkem Schütteln 5 ml 0,2% ig. Anthronlsg. in 95% ig. $H_2SO_4$ gegeben. Das Reaktionsgemisch wird eine bestimmte Zeit auf dem Wasserbad erhitzt, auf Zimmertemp. abgekühlt u. im KLETT-SUMMERSON photoelektr. Colorimeter hinter Rotfilter Nr. 62 gemessen. Jeweils Blindprobe mit 2,5 ml W. + 5 ml Reagens. Charakterist. für die einzelnen Zucker ist die Reaktionsgeschwindigkeit bei der Farbbldg., die durch Aufnahme einer Zeitkurve demonstriert wird; gleiche Reaktionsmischungen werden verschieden lange Zeiten erhitzt. Für je 100 γ Substanz zeigen bei 98° Aldohexosen ein Intensitätsmaximum von 110–165 KLETT-Einheiten nach 5–10 Min.; Ketohexosen 220–270 Einheiten nach 1–2 Min.; Pentosen 40–70 Einheiten nach 1–2 Min. Polymere zeigen Zeit–Farbdichte-Kurven, die gut mit den sie bildenden Monomeren, z. B. Glucose, Glykogen, Dextrin oder Xylose u. Xylan, übereinstimmen. Bei Zuckerderivv. oder Kohlenhydrate enthaltenden Naturprodd. vermindert sich die Farbdichte entsprechend dem Geh. der zu prüfenden Substanz an indifferenter Komponente. Die Farbdichtewerte von Kohlenhydratgemischen lassen sich aus den Farbdichtewerten der reinen Kohlenhydrate berechnen. Mit Hilfe des „Anthron Faktors" = KLETT-Skala Ablesung/γ Kohlenhydrat je 5 ml Lsg. u. der Zeit, nach der das Farbdichtemaximum erreicht ist, lassen sich bes. Aldosen, Ketosen u. Pentosen gut voneinander unterscheiden. Die Meth. wird z. B. mit Erfolg zur Kontrolle bei der Reinigung eines bakteriellen Polysaccharid-Lipoid-Komplexes eingesetzt. (Analytic. Chem. **24.** 1576—79. Okt. 1952. Philadelphia, Pa., Inst. for Cancer Res. u. Lankenau Hosp. Res. Inst.) H.-M. BARCHET. G 3400

**István Gyenes** und **Kálmán Szász,** *Quantitative Bestimmung von Mutterkornalkaloidsalzen in nichtwässerigen Lösungsmitteln.* Die maßanalyt. Best. des Basen- u. Säuregeh. von *Ergotamintartrat, Ergotaminbiphthalat* (I) u. *Ergometrinmaleinat* (I) in wasserfreiem Lösungsm. führen Vff. wie folgt durch: 60—250 mg der Salze werden in einem 200 ml JZ-Kolben in 20 ml wasser- u. anhydridfreier Essigsäure, vor Licht geschützt, gelöst. Zur Best. des Basengeh. wird die Lsg. mit 1 Tropfen 1%ig. Kristallviolettlsg. in Eisessig versetzt u. mit 0,05n $HClO_4$ in Eisessig bis zum Umschlag von Violett in Blau titriert. Zur Best. der Säurekomponente wird das Salz in 20 ml Pyridin, welches vorher mit Kaliummethylat gegen methanol. Thymolblau neutralisiert wurde, vor Licht geschützt gelöst u. mit 0,1 n Kaliummethylat auf Blau titriert. Beim Titrieren von I u. II mit Kaliummethylat fallen die K-Salze der Säurekomponente aus. Die $HClO_4$-Maßlsg. wird gegen symm. Diphenylguanidin, Kaliummethylat gegen Benzoesäure unter gleichen Umständen eingestellt. Die Abweichung des Säure- u. Basengeh. beträgt $\pm$ 0,4% auf das Salz bezogen. (Magyar Kémiai Folyóirat [Ung. Z. Chem.] **61.** 356—59. Nov. 1955. Budapest, Kőbányai Gyógyszerárugyár.) J. PLANK. G 3500

**Maija Laakso** und **Ilma Lepikkö,** *Über die Papierchromatographie des Hämoglobins.* Für die Papierchromatographie des Hämoglobins (I) nach dem aufsteigenden Verf. ist 1%ig. NaCl-Lsg. als Lösungsm. besser geeignet als W.–Aceton. Die Länge der I-Flecke, die nach dem Trocknen bei Zimmertemp. u. Entwickeln mit Benzidin erhalten werden, nimmt mit steigender Konz. der I-Lsgg. u. steigendem $p_H$ der Pufferlsg. bis $p_H$ 4 zu u. bleibt von $p_H$ 5 bis 12 konstant. Nach 2std. Trocknen bei 37° wird bei $p_H$ 4 ein außergewöhnlich kurzer Fleck erhalten, während bei $p_H$ 5 bis 12 die Länge der Flecke konstant ist. — Die Proteolyse von I wurde chromatograph. in Abhängigkeit von der Konz. von I u. der verwendeten Trypsinlsg. verfolgt. (Farmaseuttinen Aikakauslehti **64.** 179—87. Sept. 1955.) S. BECKMANN. G 3550

## d) Medizinische und toxikologische Analyse.

**Alexander D. Kenny** und **Svein U. Toverud,** *Keine Störung durch Phosphate bei der Äthylendiamintetraacetat-Methode zur Bestimmung von Serumcalcium.* Für die Ca-Titration mit dem Na-Salz der Äthylendiamintetraessigsäure (I) im photoelektr. Colorimeter wird ein modifiziertes Verf. von FALES (C. **1956.** 818) angewandt. Verschied. Mengen von $KH_2PO_4$-Eichlsgg. wurden zugefügt zu Lsgg. von Ca-Acetat, $CaCl_2$, Menschen- u. Ratten-Blutserum. Das Verhältnis P/Ca variierte von 0—8. Es wurde keinerlei Störung durch P festgestellt. Vff. erklären das Ausbleiben einer Störung durch Phosphat bei stark verd. Lsgg. (0,42—0,72 mg/100 ml) mit der Tatsache, daß das Ionenprod. bei dieser Verdünnung weit unter dem Löslichkeitsprod. von $CaHPO_4$ bleibt. Schwierigkeiten ergaben sich bei der Anwendung dieser Meth. auf die Urinanalyse, bes. von patholog. Urin, wo P/Ca-Verhältnisse von 250 nicht unbekannt sind. Hier empfiehlt es sich, Phosphat durch Anionenaustauscher zu entfernen. (Analytic. Chem. **26.** 1059. Juni 1954. Boston, Mass., Harvard School of Dent. Med., Biolog. Res. Labor.) S. LANZ. 5728

**M. Jarrier** und **J. Polonovski,** *Methode zur Bestimmung der veresterten Fettsäuren und ihre Anwendung auf die Analyse des Blutserums.* Die veresterten Fettsäuren werden durch Hydroxylamin in Hydroxamsäuren übergeführt u. anschließend nach Umsetzung mit Fe(III)-Perchlorat colorimetr. (UNICAM-Spektrophotometer, 250 m$\mu$) bestimmt. Die Meth. wird ausführlich beschrieben u. ihre Brauchbarkeit an Beleganalysen gezeigt. Im menschlichen Serum, welches 8 g Lipide/Liter enthält, können mit dieser Meth. 9,92 mVal veresterte Fettsäuren nachgewiesen werden. (Bull. Soc. Chim. biol. **37.** 495—99. 1955. Paris, Fac. de Méd. de Paris, Labor. de Chim. Biol.) H. P. FIEDLER. 5728

**Daniel J. Cavanaugh** und **David Glick,** *Die Bestimmung von Gewebecholesterin in γ-Mengen.* Es wird eine quantitative Meth. zur Best. von freien u. Gesamt-*Cholesterin* (I) in γ-Mengen von Gewebe, z. B. in Mikrotomschnitten, angegeben. Rasch hergestellte, auf Al-Folien im Vakuumexsiccator getrocknete u. gewogene Gefriergewebeschnitte (ca. 30$\mu$) mit 40 $mm^3$ A.–Ae. (wasserfrei, 3:2) extrahieren (30 Sek. schütteln, 30 Min. stehenlassen), aliquote Mengen klare Lsg. entnehmen, Verdampfungsrückstand in 20 $mm^3$ Aceton–A. (wasserfrei, 1:1) aufnehmen; a) zur Best. von freiem I 4 $mm^3$ Digitoninlsg. (0,5%ig. Lsg. in 50%ig. A.) zugeben, schütteln, über Nacht bei Raumtemp. stehenlassen, zentrifugieren, Nd. mit 20 $mm^3$ Ae. waschen, Rückstand trocknen, in 7,5 $mm^3$ Eisessig aufnehmen, schütteln, 15 mm 3 frisches Reagens (konz. $H_2SO_4$ zu eiskaltem Acetanhydrid, 1:9, geben), 30 Min. bei 30° stehenlassen, Färbung photometrieren u.

mit Standardkurve vergleichen; b) zur Best. von Gesamtcholesterinester mit 0,5 $mm^3$ 50% ig. KOH bei 60° 30 Min. hydrolysieren, kalt 1 $mm^3$ 0,2% ig. Phenolphthaleinlsg. (Aceton–A., 1:1) zusetzen, mit 30% ig. Essigsäure (ca. 1 $mm^3$) ansäuern u. Digitonidfällung durchführen. Standardabweichung (13 Analysen von Nebennieren- u. Gehirnhomogenaten) $\pm$ 0,0036 $\gamma$ I/$mm^3$ gefärbte Endlsg.; 4,5—1,5% Fehler bei 0,08—0,25 $\gamma$ I/$mm^3$. (Analytic. Chem. **24.** 1839—41. Nov. 1952. Minneapolis, Univ. of Minnesota, Med. School, Dep. of Physiol. Chem.) K. MAIER. 5750

**A. H. Ennor** und **H. Rosenberg,** *Beobachtungen zur Bestimmung der spezifischen Aktivität der anorganischen Phosphatfraktion von Trichloressigsäure-Leberextrakten.* Die bislang übliche Meth. der Ausfällung des anorgan. *P* als $MgNH_4PO_4$ zur Best. der spezif. Aktivität ergibt falsche Werte, da an den Nd. gewisse Mengen organ. P-Verbb., bes. Adenosinphosphate, adsorbiert werden. Vff. empfehlen deshalb in Abänderung der Meth. auf Grund ihrer Verss., den Nd. mit Isobutylalkohol zu extrahieren u. an diesem Extrakt die Aktivitätsmessungen vorzunehmen. (Biochem. J. **50.** 524—30. Febr. 1952. Canberra, Australien, Nat. Univ., John Curtin School of Med. Res., Dep. of Biochem.) F. KRUSEN. 5756

**Wolfgang Schwerd,** *Kohlenoxydbestimmung im Leichenblut.* Vf. diskutiert die verschied. Verff. zur CO-Best. im Blut hinsichtlich ihrer Anwendbarkeit bei der Unters. von Leichenblut u. weist darauf hin, daß die meisten Verff. für diesen Zweck ungeeignet sind, da sie Fehlergebnisse liefern. Als sicherste Meth., die auch bei mehrere Monate alten exhumierten Leichen noch anwendbar ist, wird das Verf. nach WOLFF (Sv. Läkartidn. **1941.** 492; Ann. Méd. légale Criminol., Police sci., Méd. soc., Toxicol. **27.** [1947.] 221 u. Acta méd. lég. et soc. **1.** Nr. 2 [1948] empfohlen. — 50 Literaturangaben. (Dtsch. Z. ges. gerichtl. Med. **44.** 249—58. 1955. Erlangen, Univ., Inst. für gerichtl. Med. u. Kriminalistik.) F. KRUSEN. 5762

---

**Rudolph Grave Aktiebolag,** Stockholm, Schweden, *Anreicherung suspendierter Stoffe.* Für Untersuchungszwecke dient zur Anreicherung (durch Zentrifugieren, Sedimentieren oder Elektrophorese) von in einer Fl. suspendierten, spezif. schweren oder leichteren Zellen, Bakterien oder emulgierten Teilchen (z. B. von roten Blutkörpern oder Tuberkelbacillen) ein durchsichtiges, an beiden Enden kegelig verjüngtes, in Zylinder auslaufendes Rohr, das beiden Endes durch oberflächlich glatte, gegebenenfalls mit Elektroden versehene Stopfen abschließbar ist. Zeichnungen. — Vgl. auch N. P. 77200; C. **1951.** II. 1794. (**Schwz. P. 282 440** vom 21/1. 1947, ausg. 1/8. 1952. Schwed. Priorr. 28/10. 1946 u. 9/1. 1947.) B. SCHMIDT. 5725

---

**Wilhelm Fresenius** u. **Gerhart Jander,** Hrsg., Handbuch der analytischen Chemie. T. 2. Qualitative Nachweisverfahren. Bd. 9. Vorproben u. Trennungen d. Kationen u. Anionen. Analyse durch Vorproben, Lösen u. Aufschließen. Trennungsgänge. Bearb. v. **A. Jevins, K. Stegemann, M. E. Straumanis,** Berlin, Göttingen, Heidelberg: Springer-Verl. 1956. (XIV + 311 S. m. 20 Abb.) 4°. DM 67,—.

**Rudolf Walti,** Qualitative Analyse. Ein Hilfsbuch für das analytisch-chemische Praktikum. Winterthur: Vogel. 1956. (125 S. m. Abb.) 8°. Fr. 11.65.

**Franz Wever, Walter Koch** u. **Hanns Malissa,** Über die Anwendung disubstituierter Dithiocarbamate in der analytischen Chemie. Als Ms. gedr. Köln, Opladen: Westdeutscher Verl. 1955. (30 S. m. Abb.) 4° = Forschungsberichte d. Wirtschafts- u. Verkehrsministeriums Nordrhein-Westfalen. Nr. 229. DM 10,50.

# H. Angewandte Chemie.

## I. Allgemeine chemische Technologie.

**J. Kawa,** *Veredelte Kohle als Baumaterial für chemische Apparaturen.* Übersicht über die Herstellungsmethoden sowie die physikal.-chem. Eigg. der veredelten Kohlen. (Przemysł chem. **10** (**33**). 39—41. Jan. 1954.) F. URBAN. 5804

**A. Götte** und **E. Ziegler,** *Versuche zur Herabsetzung des Zerkleinerungswiderstands fester Stoffe durch gasförmige und dampfförmige Zusatzmittel.* Verss. zur Zerkleinerung von Zementklinker, Glas, Quarz u. Marmor zeigen, daß die Mahlbarkeit verbessert wird, wenn man in einer Atmosphäre von gesätt. Dämpfen von polaren u. unpolaren Fll. mahlt. Glas läßt sich in Dampf meist schlechter als in trockener Luft zerkleinern. Feuchter Klinker ist besser mahlbar als trockener; ein angelegter Unterdruck ist dabei ohne Einfluß. Alle Verss. bestätigen die theoret. Erwartung, daß der Zerkleinerungswiderstand fester Körper durch Adsorption verdampfter Stoffe vermindert wird. (VDI-Z. **98.** 373—76. 21/3. 1956. Aachen, Rhein.-Westf. TH, Inst. für Aufbereitung, Kokerei u. Brikettierung.) W. WESLY. 5820

**Antoni Basiński,** *Charakteristik und Bedeutung der Ionenaustauscher. Allgemeine Charakteristik.* Skizzenhafte Darst. des Standes des Wissens bis einschließlich 1950. — 47 Literaturzitate. (Wiadomości chem. **5.** 133—52. April 1951. Toruń, M. Kopernikus Univ.) H. FREYTAG. 5826

**G. C. Egleson, H. P. Simons, L. J. Kane** und **A. E. Sands,** *Ein schwingendes Koksbettfilter: Eine prakt. Methode zur Entfernung von Gasstaub.* Die Verss. wurden an einem granulierten Koksbettfilter (SACHSSE) als koksgefüllte Schaftfilter durchgeführt. Dabei wurde folgendes festgestellt: Der geringere Wirkungsgrad des Filters gegenüber anderen ist zurückzuführen auf die bedeutend kleinere Partikelgröße des Staubes; das Filter arbeitet mit unwesentlichen Koksreibungsverlusten, das Gas muß dem Koksfilter in der richtigen Verteilung von unten zugeführt werden; eine Wirkungsgraderhöhung kann durch höhere Druckdifferenz u. durch Anbringung eines Wassersprühers erreicht werden; ein schwingender Gitterrost ist besser als ein rotierender. Prinzipskizze der Anlage u. detaillierte Versuchsergebnisse. (U.S. Dep. Interior, Bur. Mines, econ. Pap. **5033.** 1–8. Febr. 1954.) H.-J. KOCH/Berlin. 5850

**F. Rasori,** *„Abkühlungspotential" gegen „spezifische Enthalpie".* Bei Systemen mit feuchter Luft u. W. wurden Wärmeübergangsprobleme bisher mit Hilfe des Begriffes der spezif. Enthalpie berechnet. Vf. führt Rechnungen mit dem Begriff „Abkühlungspotential" durch, das eine Funktion von Temp. u. Druck darstellt. Nach Klärung der theoret. Grundlagen wird bewiesen, daß die Rechnungen mit dem Abkühlungspotential in einem großen Temperaturbereich mit größerer Genauigkeit durchgeführt werden können. Es werden 10 Beispiele an einem Turm mit Gegenstromabkühlung durchgerechnet. Tabellen für Werte des Abkühlungspotentials sollen weitere Rechnungen erleichtern. (Refrigerating Engng. **61.** 1207–19 u. 1272. Nov. 1953. Montreal, Can.) H. MIETHING. 5858

**F. R. Dell** und **H. R. C. Pratt,** *Mitteilung über die Korrelation von Flüssigkeitsdurchsätzen bei gepackten Gas–Flüssigkeits-Säulen.* An Hand der von Vff. für Fl.-Fl.-Extraktionssäulen entwickelten Gleichung wird eine Gleichung für die Korrelation von Flüssigkeitsdurchsätzen bei gepackten Absorptions- u. Destillationskolonnen vorgeschlagen. Ein Vgl. mit verfügbaren experimentellen Daten ergab gute Übereinstimmung dieser Werte mit den errechneten Kurven bis zu einem oberen krit. Wert. (J. appl. Chem. **2.** 429–35. Aug. 1952. Harwell, Berks., Min. of Supply, Chem. Engng. Div., Atomic Energy Res. Establ.) T. OPPERMANN. 5862

**H. A. C. Thijssen,** *Der Einfluß der Zusammensetzung von binären Gemischen auf das Bödenleistungsvermögen von Rektifizierungskolonnen.* Die Einfll. der Zus. der bin. Gemische n. Heptan-Methylcyclohexan (I), I–Toluol, A.–W. auf das Bödenleistungsvermögen von Rektifizierungskolonnen werden theoret. abgeleitet u. prakt. (Diagramme u. Zahlentafeln) nachgewiesen. (Versl. landbouwkund. Onderz. **1955.** Nr. 61. 12. Wageningen, Landbouwhogeschool.) W. WESLY. 5864

**C. S. Grove jr., Herbert M. Schoen** und **Joseph A. Palermo,** *Kristallisation.* Literaturübersicht 1953 im Anschluß an die C. **1954.** 2243 referierte Arbeit. Behandelt wurden bes. Theorien der Kristalle, Keimbildung, Wachstum, Beeinflussung der Kristalle durch Zusätze, orientierte Aufwachsungen, Kristallgleichgewichte, techn. Anwendungen u. Apparaturen. Auf dem Gebiet der Einkristalle begegneten *Quarz, Germanium* u. kristalline keram. Stoffe besonderem Interesse. — 82 Zitate. (Ind. Engng. Chem. **46.** 75 bis 78. Jan. 1954. Syracuse, N. Y., Univ., Bayamon, Puerto Rico u. Jersey City, N. J.) GERHARD GÜNTHER. 5868

**G. Adolphi,** *Die Anwendung des Fließstaubverfahrens.* Das erstmalig beim WINKLER-Generator eingeführte *Fließstaub-* oder *Wirbelstromverf.* wird in seinen Anwendungsmöglichkeiten beschrieben, je nachdem die Fließstaubschicht Reaktionspartner (z. B. Wassergas-Rk., Schwefelkiesröstung), Katalysator (Crackprozesse) oder Wärmeüberträger (FISCHER-TROPSCH-Verf.) ist. In vielen Fällen übt sie mehrere Funktionen aus. Die Vorzüge des Verf. gegenüber dem Schüttschichtverf. liegen in den günstigen Wärmetransportverhältnissen, die z. B. bei der temperaturempfindlichen FISCHER-TROPSCH-Synth. eine gegenüber dem Schüttschichtverf. 150fach vergrößerte Kühlflächenbelastung erlaubt. Die bisher bekannten, allerdings noch unzureichenden, math.-physikal. Ergebnisse über Temperaturverteilung u. Wärmetransport in der Fließstaubschicht werden mit Diagrammen u. Formeln erläutert u. mit ähnlichen Größen im Schüttschichtverf. verglichen. Des weiteren werden die hydrodynam. Verhältnisse zur Aufrechterhaltung einer gleichmäßigen Fließstaubschicht, d. h. Auflockerungsgeschwindigkeit u. Konz. des Staubes, kurz skizziert. Das Verf. ist noch in der Entw. begriffen. (Chem. Techn. **6.** 6–14. Jan. 1954. Leuna.) H. LEHWALD. 5906

---

**B. B. Chemical Co. Ltd., Graham Richnor Lee** und **Walter Harper Daniel McCarthy,** Leicester, England, *Kitt in Bandform.* Ein z. B. aus 18,3 (Teilen) Kreide, 18,3 Lithopone, 26 Asbestfasern, 28,9 geblasenem Ricinusöl, 3,51 mit Kalk gehärtetem Harz u. 4,95 modifiziertem Harz („Vinsol") bestehender Kitt wird zu Bändern geformt, auf eine mit Markierungen versehene dünne Polyäthylenfolie (I) aufgebracht, mit einer zweiten I vollkommen umkleidet u. gegebenenfalls zu Rollen aufgewickelt. — Zeichnung. (**E. P. 738 974** vom 12/3. 1952, ausg. 26/10. 1955.) C. LÜTTGEN. 5811

**Aero Supply Mfg. Co., Inc.**, übert. von: **Edward E. Saloum**, Corry, Pa., V. St. A., *Flüssigkeitsfilter*, bestehend aus einer Säule von ringförmigen, derart übereinander gestapelten Filterelementen, daß zwischen je 2 Filterscheiben abwechselnd waagerecht sich erstreckende Zuflußräume für die zu filtrierende Fl., mit Kügelchen aus korrosionsfestem Material (Glas) angefüllte Filterkammern u. waagerecht sich erstreckende Abflußräume für das Filtrat entstehen u. die Fl. die Zu- u. Abflußräume in waagerechter, die Filterkammern jedoch in senkrechter Richtung durchströmt. — Abbildungen. (**A. P. 2 708 521** vom 14/6. 1954, ausg. 17/5. 1955.) K. DEMMLER. 5831

**Robert Maurice Mercier**, Paris, Frankreich, *Inkontaktbringen von Gasen und Dämpfen mit Flüssigkeiten.* Man läßt dieselben eine Schaumschicht, die aus diesen Gasen gebildet wird, ein oder mehrmals passieren. Zwischen oder nach den einzelnen Schichten sind rotierende Schaumzerstörer angeordnet. Zusatz von Schaumstoffen oder auch von in den zu behandelnden Fll. nichtlösl. schaumbildenden Flüssigkeiten. — Zeichnung. (**E. P. 741 068** vom 21/9. 1953, ausg. 23/11. 1955.) W. MATTHAES. 5853

**Ruhrchemie Akt.-Ges.**, Oberhausen-Holten, *Behandlung granulierter Stoffe mit Gasen.* Der granulierte Stoff wird in dicker zusammenhängender Schicht über eine geneigte gelochte Fläche geführt, durch die von unten das Gas durchgeblasen wird, wobei der Gasfluß so bemessen wird, daß er den Abwärtsdruck des granulierten Stoffes um wenigstens 20, z. B. $>$ 50%, verringert, jedoch keine Suspension entsteht. — Beispiele: Erhitzen, Trocknen, Oxydieren, Kühlen, Entstauben oder Belüften von Erzen, Kohle, Düngemitteln, Salzen, Farbstoffen, Saatgut, Kartoffelscheiben usw. — Zeichnung. (**E. P. 739 372** vom 14/2. 1951, ausg. 26/10. 1955. D. Priorr. 17/2., 22/2., 16/3., 16/3. 23/3., 31/3. u. 8/4. 1950.) W. MATTHAES. 5897

**État Français (Direction des Poudres), Soc. d'Électrochimie, d'Électrométallurgie et des Aciéries Électriques d'Ugine** und **Soc. des Produits Peroxydis**, Frankreich, *Hydrierungskatalysatoren* mit selektiver Wirksamkeit werden hergestellt aus 2 g RANEY-Legierung (50% Al, 50% Ni) in 30 cm$^3$ einer 25%ig. NaOH. Man erwärmt im Wasserbad, bis kein $H_2$ mehr entweicht, dekantiert, wiederholt die Behandlung, wäscht den Rückstand mit W. u. 1%ig. wss. Essigsäure u. setzt ihn zu einer Lsg. von Triäthylammoniumformiat (aus HCOOH + Triäthylamin), in der man ihn 15 Std. beläßt. Man kann auch das Dimethylammoniumformiat verwenden. Der so imprägnierte Katalysator ist bes. geeignet zur Hydrierung substituierter Chinone. (**F. P. 1 055 051** vom 22/4. 1952, ausg. 16/2. 1954.) S. MEIER. 5905

**—**, Ionenaustauscher im Laboratorium und in der Industrie. Vorträge gehalten von **H. Deuel** u. a. an der Ionenaustauscher-Tagung in Lausanne am 30. Oktober 1954, veranstaltet vom Schweizer. Chemiker-Verband; Aarau; Frankfurt a. M.: Sauerländer. 1955. (60 S. m. Abb.) 4°. Fr. 7.20.

## III. Elektrotechnik.

**W. G. Schmidt**, Stockholm, Schweden, *Bipolare Akkumulatorplatten*, bestehend aus einer Bleiplatte, die auf beiden Seiten mit einer akt. M. belegt ist, u. die mit einem Isolierrahmen versehen ist, dad. gek., daß die Bleiplatte, deren mittlerer Teil zu gitterartigen Verstärkungen ausgebildet ist, an den Kantenseiten durch Preßguß in den umgebenden Rahmen eingegossen ist. — Abbildungen. (**Schwed. P. 142 948** vom 30/11. 1950, ausg. 17/11. 1953.) K. H. KÄHLER. 5971

**National Research Development Corp.**, London, England (Erfinder: **Leslie Ronald Prout**), *Herstellung von Elektroden für Bleiakkumulatoren.* Der Träger für die akt. M., z. B. ein Cu-Netz, wird zunächst mit einem Pb-Überzug versehen. Darauf wird in einem Na-Plumbit-Bad elektrolyt. eine Schicht von dichtem, nicht porösem $PbO_2$ aufgebracht, die den Träger in der fertigen Elektrode vor der Einw. der $H_2SO_4$ schützt. — Wird ein Träger aus Kunststoffen verwendet, so muß dieser vor dem Aufbringen von Pb mit einer dünnen Schicht aus Ag oder Cu überzogen werden. (**E. P. 708 816** vom 8/2. 1951, ausg. 12/5. 1954.) F. LAASS. 5971

**Bjorksten Research Laboratories, Inc.**, Madison, übert. von: **John B. Eisen**, Waterloo, Wis., V. St. A., *Herstellung von Elektroden für alkalische Akkumulatoren.* Um den Widerstand zwischen dem Träger u. den als akt. M. aufgebrachten Oxyden (I), wie ZnO, $Ag_2O$, HgO, MgO, $TiO_2$, $PbO_2$, zu verringern, werden **I** mit 40%ig. $Na_2SiO_3$-Lsg. u. $CaF_2$ zu einer Paste gemischt, auf den Träger, z. B. Ag-Drahtnetz, aufgestrichen u. ca. 30 Min. auf 95° erhitzt. — Zum Aufbringen von **I** oder sehr feinen zerkleinerten Metallen (**II**), wie Zn, Cd, Mg, Pb oder Al, auf biegsame Träger, z. B. versilberte Nylon- oder Glasgewebe, werden z. B. **I** oder **II** mit Na-Carboxymethylcellulose, $Al_2(SO_4)_3$ u. W. zu der aufzutragenden Paste gemischt. — Weitere Beispiele in 4 Tabellen. (**A. PP. 2 679 546** vom 25/1. 1952, ausg. 25/5. 1954 u. **2 708 683** vom 3/7. 1953, ausg. 17/5. 1955.) F. LAASS. 5971

**United States Rubber Co.**, New York, N. Y., übert. von: **Edwin C. Uhlig**, Greenwood, und **Armando De Fusco**, Providence, R. I., V. St. A., *Separator für Akkumulatoren.* Eine semipermeable Folie aus Cellulosefasern wird mit einem Gemisch einer wss. Lsg. eines im A-Zustand befindlichen Phenol–Formaldehyd-Harzes u. einer wss. Dispersion von „Vinsol"-Harz (ein Harz aus Kiefernholz) imprägniert, getrocknet, in Separatorform gepreßt u. in der Hitze das Harz gehärtet. Durch den Zusatz von „Vinsol" kann die Gesamtharzmenge im Separator herabgesetzt u. damit die Durchlässigkeit für den Elektrolyten verbessert werden. (**A. P. 2 678 961** vom 23/12. 1952, ausg. 18/5. 1954.) F. LAASS. 5971

**Pacific Lumber Co.**, San Francisco, Calif., übert. von: **Harry F. Lewis** und **Marion A. Buchanan**, Appleton, Wis., V. St. A., *Herstellung von Spreizmitteln für die aktive Masse von Bleiakkumulatoren.* Späne oder Schnitzel von der Rinde des californ. Redwood-Baumes werden in einer $Na_2SO_3$-Lsg. so lange gekocht, bis alle komplexen Säuren der Rinde sich gelöst haben. Die Fl. wird dann von den unlösl. Fasern getrennt u. eingedampft. Das ausgefallene, getrocknete Pulver wird den Pb-Oxyden in den üblichen Mengen beigemischt u. soll die Kaltstart-Werte bei der Prüfung der Akkumulatoren verbessern. (**A. P. 2 674 594** vom 11/4. 1951, ausg. 6/4. 1954.) F. LAASS. 5971

**Sylvania Electric Products, Inc.**, V. St. A. (Erfinder: **Keith Huestis Butler** und **Horace Horalan Homer**), *Anbringen von fluorescierenden Schichten auf der Innenwandung von Fluorescenzlampen,* z. B. von Leuchtröhren. Man suspendiert das fluorescierende Pulver (ein Ca-Halophosphat) in einer Lsg. eines Polymerisats (z. B. von Polyisobutylmethacrylat) in einem geeigneten Lösungsm. (Xylol), trägt die Suspension auf die Innenwandung der Röhre auf u. erhitzt diese auf ca. 500° in Ggw. von Luft. — 1 Zeichnung. (**F. P. 1 073 316** vom 20/12. 1951, ausg. 23/9. 1954. A. Prior. 22/12. 1950.) T. OPPERMANN. 5973

**Sylvania Electric Products, Inc.** (Erfinder: **Keith H. Butler** und **Horace H. Homer**), V. St. A., *Blaue Elektroluminescenzfarben.* Man mischt Zinksulfid, welches 0,02 bis 0,2 Gew.-% Chlor enthält, mit Pb- u. Cu-Salzen u. erhitzt auf 760—1038°. Die Menge an Blei entspricht 0,000003—0,0001 g-Atom pro Mol u. an Cu ca. 0,0002—0,0008 g-Atom. — Nach dem Beispiel werden verwendet: 25 (g) Schwefelzink mit 2,5% Chlorgeh., 450 ZnS mit weniger als 0,01% Chlorgeh., 20 Zinkoxyd, 0,67 Kupferoxyd u. 0,24 Bleicarbonat. (**F. P. 1 090 526** vom 2/9. 1953, ausg. 31/3. 1955. A. Prior. 27/8. 1952.) M. F. MÜLLER. 5975

**N. V. Philips' Gloeilampenfabrieken**, Eindhoven, Holland (Erfinder: **G. Hepp**), *Schaltanordnung zur Verstärkung elektrischer Signale.* Das Signal wird zusammen mit einer Hilfsschwingung in einen elektr. Kreis gegeben, der einen Kondensator mit einem Dielektrikum (I) enthält, dessen Eigg. von den Spannungen im Kondensator u./oder von den durch den Kondensator fließenden Strömen abhängen. Das I soll im wesentlichen aus Erdalkalititanaten, bes. aus einem tern. Syst. aus $BaTiO_3$–$SrTiO_3$ u. $PbTiO_3$, bestehen. Falls nur $BaTiO_3$ u. $SrTiO_3$ verwendet werden, sollen höchstens 35, bes. 15—30 Mol.% $SrTiO_3$ vorhanden sein. (**Schwed. P. 138 279** vom 27/3. 1947, ausg. 2/12. 1952. Holl. Prior. 30/3. 1946.) K. H. KÄHLER. 5983

**Karl Steiner** (Erfinder: **Reinhard Tandler**), München, *Elektrolytkondensator.* Der Elektrolyt hat einen Kp. von 200—400° u. enthält bes. α- oder β-Naphthol. Zur Einstellung von Leitfähigkeit, E. u. Kp. dienen Zusätze von NaOH oder KOH u. Glycerin oder Glykol. (**D. B. P. 936 467** Kl. 21g vom 6/7. 1951, ausg. 15/12. 1955. Anmeldung bekanntgemacht 8/10. 1953.) H. KESSEL. 5983

**Krebs & Co. A/S**, Oslo, Norwegen, und **Mo och Domsjö Aktiebolag**, Örnsköldsvik, Schweden (Erfinder: **J. M. Lund**), *Elektrolysezelle mit ebenem Boden.* Die Zellen enthalten am Boden eine Hg-Schicht als Elektrode, wobei die Ränder des Bodens kleine rillenförmige Vertiefungen aufweisen, um eine gleichmäßige Erstreckung der Hg-Elektrode über die ganze Bodenfläche sicherzustellen. (**Schwed. P. 136 394** vom 6/2. 1945, ausg. 8/7. 1952. N. Prior. 20/1. 1945.) K. H. KÄHLER. 5993

## IV. Wasser. Abwasser.

**P. Urech**, *„Destilliertes" Wasser ohne Destillation.* Bericht über die Verwendung von Ionenaustauscherharzen bei der Herst. von reinstem Wasser. (Aluminium Suisse **3.** 134—35. Juli 1953. Neuhausen/Rhein, Aluminium-Industrie Akt.-Ges.) F. VIER. 6020

**F. W. Saikowski**, *Gewinnung von entmineralisiertem Wasser nach der Ionenaustauschmethode.* Es wird empfohlen, Leitungswasser dadurch zu entmineralisieren, daß man

es durch eine Kationitsäule (mit HCl u. W. gewaschen) u. anschließend durch eine Anionitsäule (mit HCl u. NaOH oder Sodalsg. gewaschen) tropfen läßt. Bei guten Ionenaustauschpräpp. entfärben 100 ml so entmineralisiertes W. ca. 0,25—0,35 ml 0,01n $KMnO_4$-Lsg. gegenüber 0,15 ml für dest. W. nach den Vorschriften der Pharmakopoe u. des GOST (Allunions-Standard). (Вопросы Питания [Fragen d. Ernähr.] **13.** Nr. 5. 42—43. Sept./Okt. 1954. Moskau, Allunions Inst. für Mineralrohstoffe.)
A. v. WILPERT. 6020

**Ss. N. Tscherkinski, L. I. Matz, W. Ss. Rossowskaja, M. G. Gelberger** und **L. W. Dmitrijewa,** *Die Wirksamkeit der Wasserentkeimung durch Ultraviolettbestrahlung bei der Betriebs- und Versuchsanlage der Akademie für Kommunalwirtschaft.* Verss. mit W., enthaltend 1000—8000 Bact. Coli bzw. 1600—159000 Bact. anthracoides je 1 Liter, erwiesen die Brauchbarkeit einer Versuchsanlage zur Wasserentkeimung mittels UV-Bestrahlung. (Гигиена и Санитария [Hyg. u. Sanitätswes.] **1953.** Nr. 10. 8—14. Okt. Wiss. San. Erisman-Forschungs-Inst.) E. RENTZ. 6024

**T. Ss. Bedulewitsch, M. N. Swetlakowa** und **N. N. Trachtman,** *Neue Angaben über die Verwendung von Chlordioxyd zur Entkeimung von Wasser.* Verss. mit Bact. coli, Bact. typhi u. Bact. paratyphi B ergaben, daß $ClO_2$ (**I**; 0,2—1 mg/Liter) hinsichtlich der baktericiden Eigg. dem $Cl_2$ entspricht oder dieses sogar übertrifft. Unter gleichen Versuchsbedingungen ist die Stabilität der Restkonz. von **I** im behandelten W. größer als jene von $Cl_2$ oder Chloramin. In Dosen von 0,5—1,5 mg/Liter beseitigt **I** auch spezif. Gerüche. Als Entfärbungsmittel für W. ist **I** nicht besser als $Cl_2$. (Гигиена и Санитария [Hyg. u. Sanitätswes.] **1953.** Nr. 10. 14—17. Okt. Moskau, 1. Med. Inst. des Gesundheitsmin. der UdSSR, Lehrstuhl für kommunale Hygiene.) E. RENTZ. 6024

**A. R. Mitchell,** *Eisenbakterien in Gasbehälterwasser.* Eine Aussprache über den C. **1955.** 7751 u. 10599 referierten Vortrag ergibt, daß das durch NaOH-Zusatz bewirkte $p_H$ 7,5 sowohl die Fe-Korrosion auf einem Minimum hält als auch die Umwandlung lösl. Fe-Salze durch die Bakterien in gelatinöses $Fe(OH)_3$ verhindert. (Gas J. **282** (**107**). 172. 20/4. 1955.) H. MÜHLMEISTER. 6034

**A. Holroyd** und **H. B. Parker,** *Untersuchungen über die Dynamik der Belüftung.* Beschreibung des Lufteintritts in verschieden bewegte Wasseroberflächen mit Angaben über die diffundierten Luftmengen u. über die Beeinflussung durch oberflächenakt. Substanzen. (J. Proc. Inst. Sewage Purificat. **1952.** 280—305. Riverside Sewage Works Dagenham.) H.-E. KLOTTER. 6036

**H. H. Goldthorpe** und **G. Taylor,** *Die experimentelle Behandlung von Gaswasser auf Sickerbeeten.* Ein Hilfsmittel, 1945 vom Gas-Dep. vorgeschlagen, ist die Bedampfung des Gaswassers in zentralen Anlagen, um freies $NH_3$ in Lsg. verkäuflicher Konzz. zu gewinnen, ohne Zugabe von Kalk oder $H_2SO_4$. Dieses bedampfte Gaswasser kann in weitaus größerer Menge dem häuslichen Abwasser zur Reinigung über Filterkörper beigegeben werden, als dies mit Rohgaswasser möglich ist. (J. Proc. Inst. Sewage Purificat. **1952.** 353—60.) H.-E. KLOTTER. 6040

**John Hurley,** *Untersuchungen über den Einfluß synthetischer Waschmittel auf die Abwasserbehandlung.* Vf. führte über einen längeren Zeitraum an einer mechan.-biol. Kläranlage u. an einer Belebtschlammanlage Verss. mit *Teepol* (sek. Alkylsulfat) durch, indem er einem Teil des Abwassers in steigender Menge Teepol (bis 170 mg/Liter) zusetzte u. den anderen Teil unbehandelt ließ. Vf. kommt zu dem Ergebnis, daß ein Einfl. von Teepol mit den von ihm angewandten Mengen nicht zu beobachten war. Aus den zahlreichen Analysentafeln geht jedoch hervor, daß der $BSB_5$ in dem mit Teepol behandelten Abwasser meist höher lag als im unbehandelten Abwasser. (J. Proc. Inst. Sewage Purificat. **1952.** 306—32. Wolverhampton, Sewage Disposal Department.)
H.-E. KLOTTER. 6042

**T. Stones,** *Der Einfluß des Sonnenlichtes auf die jodometrische Titration.* Vf. stellte verschiedentlich unterschiedliche Untersuchungsergebnisse bei der Best. des $O_2$-Bindungsvermögens durch saure $KMnO_4$-Lsg. in Abwasserproben fest. Das Restpermanganat wurde nach Zugabe von KJ u. Rücktitration des in Freiheit gesetzten $J_2$ mittels n/40 $Na_2S_2O_3$ bestimmt. Die ermittelten Unterschiede konnten auf den Einfl. des Sonnenlichtes zurückgeführt werden, durch das mehr $J_2$ in Freiheit gesetzt wurde, als dem tatsächlichen Wert entsprach. Wird die angesäuerte Probe im Dunkeln gehalten, treten keine Veränderungen auf. Wird dagegen die angesäuerte Probe im Sonnenlicht stehengelassen, so entsprechen nach den Unterss. des Vf. die in Freiheit gesetzten $J_2$-Mengen bis zu 5,83 ml n/40 $Na_2S_2O_3$ für 50 ml W., das mit KJ-Lsg. u. 10 ml 25%ig. $H_2SO_4$ versetzt wurde nach 1 Std. Sonneneinstrahlung. Nach 2 Min. bereits beträgt der Mittelwert 1,49 mg $J_2$. Bei der $O_2$-Best. nach WINKLER wurden nach Ansäuern der mit den erforderlichen Chemikalien versetzten Wasserprobe auch nach einer Std. Sonnenbestrahlung keine Veränderungen ermittelt. (J. Proc. Inst. Sewage Purificat. **1952**. 415–16.) H. E. Klotter. 6068

—, Vom Wasser. Ein Jahrbuch f. Wasserchemie u. Wasserreinigungstechnik. Hrsg. v. d. Fachgruppe Wasserchemie in d. Ges. Dt. Chemiker. Bd. 22. 1955. Weinheim: Verl. Chemie. 1956. (438 + 76 S. m. Abb. u. 75 Tab.) 8°. DM 31,80.

## V. Anorganische Industrie.

**Ernst A. Hauser** und **J. W. Jordan**, *„Organophile" Tone.* (Vgl. C. **1953**. 8694.) Tone mit großem Austauschvermögen, namentlich Bentonite, lassen sich durch Behandlung mit quaternären Ammoniumsalzen oder anderen Oniumverbb. in organophile Tone umwandeln. Diese vermögen in organ. Fll. zu quellen u. mit denselben Gele zu bilden. Auf einige prakt. Anwendungen derartiger Prodd. wird hingewiesen. (Silicates ind. **17**. 9–10. Jan. 1952. Cambridge, Mass., Inst. Technol., Pittsburgh, Pa., Mellon Inst.) W. Hentschel. 6156

**A. v. Pichler**, *Moderne Wasserelektrolyseure.* Es wird die Entw. von den alten Unipolaranlagen zum neuzeitlichen Wasserelektrolyseur geschildert u. dessen Vorzüge werden mitgeteilt. Der Wasserelektrolyseur eignet sich auch bei kleinerem Bedarf an $H_2$ u. $O_2$, z. B. zur Herst. von Schutzgasen in metallurg. Betrieben u. beider Gase für Schweißzwecke. Bes. für das autogene Schneiden ist der durch Elektrolyse erzeugte $O_2$ geeignet, weil hierdurch hohe Schnittgeschwindigkeiten erzielt werden. Auch in der Fetthydrierung hat sich der Elektrolyseur bewährt. (Demag-Nachr. **1951**. Nr. 125. 1–11. April. Karlsruhe.) H. Hochstein. H 231

**Ł. Matuszewska**, *Die Darstellung von Ammoniumchlorid und Natriumnitrat aus Natriumchlorid und Ammoniumnitrat durch Konversion.* Für die Tempp. −15, −10, 0, +20° wurden die Isothermen des Syst. $NaCl + NH_4NO_3 + NaNO_3 + NH_4Cl$ experimentell geprüft. Auf Grund von Berechnungen ergibt sich ein Optimum der Konversion bei Führung eines cycl. Prozesses zwischen 20 u. 100° mit 10,9%. (Przemysł chem. **10 (33)**. 29–34. Jan. 1954. Chorzów, Inst. Synt. Chem.) F. Urban. H 243

**J. Kapczyński**, *Halbtechnische „Wirbelschicht"-Röstung von Markasit.* In halbtechn. Verss. wurde Markasit verschied. Korngröße (S-Geh. 33–46%) in Wirbelschicht kontinuierlich abgeröstet. Der erzielte Durchsatz ist um ein Vielfaches größer als bei anderen Methoden, die hohe Temp. des Prozesses erfordert aber intensive Kühlung des Ofens. Bei maximaler Belastung (32,2 Tato/m²) ist die Abröstung immer noch 98%ig. (Przemysł chem. **10 (33)**. 479–81. Sept. 1954.) F. Urban. H 253

**St. Żurakowski**, *Die Schwefeldioxydkonzentration im Drehofengas beim Zerfall von Anhydrit.* Eine Steigerung des $SO_2$-Geh. im Drehofengas kann erreicht werden, wenn weder wesentlicher Luft- noch Koksüberschuß angewendet wird. Eine Erhöhung des Durchsatzes an $CaSO_4$ führt blei gleichzeitiger Erhöhung der Drehzahl der Trommel ebenfalls zu einem größeren $SO_2$-Gehalt. (Przemysł chem. **10 (33)**. 481–90. Sept. 1954. Wrocław [Breslau], Politechn.) F. Urban. H 253

---

**Heinrich Schmidt**, Göttingen, *Gewinnung von Wasserstoffperoxyd* aus Persulfatlsgg., dad. gek., daß für die elektrochem. Oxydation Ammonsulfatlsgg. verwendet werden, die neben $(NH_4)_2SO_4$ eines oder mehrere andere Sulfate enthalten, die leichter als Ammonpersulfat lösl. Persulfate bilden, u. daß diese Sulfate zusammen mit einem angepaßten Anteil von $H_2SO_4$ elektrochem. zu Persulfaten oxydiert u. auf Peroxyd aufgearbeitet werden. Die Sulfatlsgg. enthalten z. B. auf 1 (Mol) Sulfat oder Persulfat $< 1$ $H_2SO_4$. (**D. B. P. 941 543** Kl. 12i vom 26/7. 1942, ausg. 12/4. 1956. Anmeldung bekanntgemacht 16/7. 1953.) K. Demmler. H 241

**Horizons Titanium Corp.**, Princeton, N. J., V. St. A., *Gewinnung von Alkali-Titan-Fluoriden aus $Fe_2O_3$-haltigen Ti-Erzen.* Man red. zuerst den $Fe_2O_3$-Geh. des Erzes durch Erhitzen mit Koks auf 1000–1200° zur Ferrostufe u. setzt anschließend dem Reaktionsprod., z. B. $FeTiO_3$, Alkalifluorid u. W. zu. In diese Aufschlämmung tropft man unter Rühren allmählich verd. $H_2SO_4$, wobei die Temp. auf 90–100° ansteigt. Nach dem Verdünnen mit heißem W. filtriert man vom Nd. ab u. gewinnt aus dem Filtrat das Doppelfluorid, z. B. $K_2TiF_6$. (**E. P. 729 845** vom 2/2. 1953, ausg. 11/5. 1955. A. Prior. 31/1. 1952.) H. Nebelsiek. H 246

**Pintsch Bamag Akt.-Ges.**, Berlin (Erfinder: **Rolf Uffelmann**, Gießen), *Verschließen und Öffnen von Schwefeldampf führenden Gasleitungen*, dad. gek., daß die Gasleitung durch Ausfrierenlassen von S aus dem Gas auf einem gekühlten Einbau geschlossen u. durch Abschmelzen des S durch Beheizen des Einbaus geöffnet wird. — Vorr., Abbildungen. (**D. B. P. 940 114** Kl. 12i vom 7/7. 1954, ausg. 8/3. 1956. Anmeldung bekanntgemacht 15/9. 1955.) A. Zürn. H 253

**Heinrich Koppers G. m. b. H.** (Erfinder: **Alfred Karl**), Essen, *Gewinnung von elementarem Schwefel aus schwefelwasserstoffhaltigen Gasen,* z. B. Kohlendestillationsgasen, durch Waschen des Gases mittels einer im Kreislauf durch eine Wascheinrichtung u. Regenerierungseinrichtung geführten, einen organ. Sauerstoffüberträger enthaltenden alkal., bes. ammoniakal. Waschlsg. u. anschließender Oxydation des von der Waschlsg. aufgenommenen $H_2S$ zu elementarem S, dad. gek., daß als Sauerstoffüberträger chlorierte, bes. mehrfach chlorierte aromat. Oxy- oder Polyoxyverbb. verwendet werden. Bes. werden in 2,5-Stellung oder in 2, 3, 5-Stellung chlorierte Oxybenzole verwendet. (**D. B. P. 940 113** Kl. 12i vom 19/5. 1953, ausg. 8/3. 1956. Anmeldung bekanntgemacht 15/9. 1955.) A. Zürn. H 253

**Alfons Zieren,** Niedermarsberg, *Waschen und Kühlen von Röst- oder Verbrennungsgasen, die Schwefeldioxyd enthalten,* in hintereinandergeschalteten Türmen durch eingesprühte verd. $H_2SO_4$, die getrennt für jeden Turm im Kreislauf geführt wird. Die Säure wird dem 1. Turm etwa mit der Temp. zugeführt, auf welche die Gase in dem Turm gekühlt werden sollen, u. die Konz. der Säure wird so gewählt, daß die Kühlung der Gase in diesem Turm nur durch Verdampfung von W. ohne Erhöhung der Temp. der Säure erfolgt. Im 2. Turm wird das im 1. Turm verdampfte W. kondensiert, wobei Wärme frei wird, die aus der im Kreislauf geführten Säure durch Kühlen abgeführt wird. — Diagramme. (**E. P. 742 052** vom 2/4. 1952, ausg. 21/12. 1955. D. Prior. 5/4. 1951.) A. Zürn. H 253

**Farbenfabriken Bayer Akt.-Ges.** (Erfinder: **Heinz Jonas,** Leverkusen, und **Hans Guth,** Düsseldorf), *Herstellung von hochprozentigem Schwefeldioxyd,* dad. gek., daß man ein Fe-Sulfid, bes. Pyrit, mit $SO_3$ im Wirbelschichtofen umsetzt, wobei auf 2 Äquivalente Sulfidschwefel zwischen ca. 2 u. 5,5 Mol $SO_3$ eingesetzt werden. Das neben $SO_2$ erhaltene Gemisch von Fe-Sulfiden u. Fe-Oxyden kann in einem zweiten Wirbelschichtofen ausgeröstet werden. — Diagramm. (**D. B. P. 940 115** Kl. 12i vom 11/1. 1953, ausg. 8/3. 1956. Anmeldung bekanntgemacht 30/9. 1954.) A. Zürn. H 253

**Soc. An. Potasse et Engrais Chimiques,** Frankreich (Erfinder: **Rene Paris**), *Herstellung von $SO_2$ aus Schwefelerzen* im zweistufigen Verfahren. In der 1. Stufe wird ein inerter Gasstrom über das erhitzte Erz geleitet, wobei die Temp. nur so hoch gehalten wird, daß der S lediglich in Dampfform übergeführt wird, der in der 2. Stufe verbrannt wird. Diese Verbrennungsgase werden gekühlt u. in den Erzofen zurückgeführt. Diese Gase können auch in einem Wärmeaustauscher zum Vorwärmen der Luft oder des inerten Gases dienen. (**F. P. 57 838** vom 28/11. 1947, ausg. 17/9. 1953. **Zusatz zu F. P. 1 002 491; C. 1953. 4263.**) W. WitthoLZ. H 253

**Lynn Carbon Black Co.,** V. St. A. (Erfinder: **Rice P. Lynn**), *Herstellung von Gasruß.* Man erniedrigt den Druck des zur Herst. des Rußes verwendeten KW-stoffes (Naturgas) auf n. Druck oder noch etwas darunter u. verbrennt bei n. Druck in Ggw. bestimmter u. begrenzter Luftmengen. — Vorr., 5 Abbildungen. (**F. P. 1 079 908** vom 30/3. 1953, ausg. 3/12. 1954. A. Prior. 1/4. 1952.) T. Oppermann. H 260

**Soc. An. des Manufactures des Glaces et Produits Chimiques de Saint-Gobain, Chauny & Cirey,** Frankreich, *Herstellung von festen Alkalisilicaten.* Das Verf. nach dem Hauptpatent wird dahingehend abgeändert, daß an Stelle von Na-Silicat K-Silicat in entsprechenden mol. Mengen verwendet wird. (**F. P. 55 817** vom 17/10. 1944, ausg. 8/9. 1952. **Zusatz zu F. P. 992 215; C. 1954. 9601.**) W. Wittholz. H 261

**Farbenfabriken Bayer Akt.-Ges.,** Leverkusen, *Herstellung von Phosphorsulfochlorid* aus $PCl_3$ u. S in Ggw. von $S_2Cl_2$ als Katalysator, wodurch die Reaktionszeit wesentlich verkürzt wird u. die Rk. selbst bei Siedetemp. der Mischung unter gewöhnlichem Druck erfolgt. Zweckmäßig verwendet man als Lösungs- oder Verdünnungsmittel für die Reaktionsteilnehmer eine genügend große Menge $PSCl_3$. (**F. P. 1 031 133** vom 18/1. 1951, ausg. 19/6. 1953.) W. Wittholz. H 264

**National Steel Corp.,** übert. von: **Delbert P. Robertson,** Weirton, W. Va., V. St. A., *Bestimmung des Zinngehaltes einer Weißblechprobe durch Elektrolyse.* Dabei dient die Probe als Anode, Katholyt u. Anolyt sind durch eine permeable Wand getrennt, die Bad-Fl. ist wss. HCl. Nun leitet man elektr. Strom durch die Probe unter gleichzeitigem Einleiten von $CO_2$ in den Anolyten, um die Oxydation der gebildeten Stannoionen zu verhindern, ebenso hält man gleichzeitig die Höhe des Katholyten $>$ der des Anolyten, um eine Sn-Ablagerung an der Kathode zu verhindern, so daß ständig Katholyt durch die permeable Wand hindurchfließt. Das entstandene $SnCl_2$ wird in üblicher Weise durch Titration mit Jod–KJ-Lsg. bestimmt. (**A. P. 2 716 596** vom 18/1. 1952, ausg. 30/8. 1955.) H. NEBELSIEK. H 327

**Zahn & Co. G. m. b. H.** (Erfinder: **Hermann Wolters** und **Günther Jungmann**), Hameln/Weser, *Gewinnung von Kupfersulfat oder Kupfersulfatlösung* u. Rückgewinnung der Edelmetalle aus einer Kupferlegierung mit $>$ 10% Geh. an Edelmetallen durch Lösen in $H_2SO_4$ unter Zusatz von Oxydationsmitteln. Man setzt der Legierung entsprechend ihrem Edelmetallgeh. 8—15% $HNO_3$ zu. Auf diese Weise wird die Bldg. von $Cu(NO_3)_2$ ausgeschlossen. (**D. B. P. 940 764** Kl. 12n vom 9/10. 1954, ausg. 29/3. 1956. Anmeldung bekanntgemacht 29/9. 1955.) H. NEBELSIEK. H 358

## VI. Silicatchemie. Baustoffe.

**F. Trombe** und **M. Foex,** *Darstellung geschmolzener Kieselsäure im Sonnenofen.* Vff. beschäftigen sich mit der Darst. von Kieselglas im Sonnenofen. Der Parabolspiegel hat einen Durchmesser von ca. 2 m. Die Probe ist wegen der Wärmeabsorption gut gepulvert u. befindet sich in einem festen oder auch gleitfähigen Probehalter aus feuerfestem Material. Es ist auch möglich, in Analogie zum VERNEUIL-Verf., gepulverten Quarz auf das geschmolzene Ende eines Quarzglasstabes zu schütten u. diesen so weiterwachsen zu lassen. Durch einen Strahlungsschutz läßt sich der Wirkungsgrad erhöhen. Sehr leistungsfähig sind rotierende Öfen, wobei der Quarzsand an die Gefäßwand gedrückt wird u. die Strahlung in Achsenrichtung eintritt u. ein gleichmäßiges Schmelzen bewirkt. Unter günstigsten Bedingungen lassen sich 10 g Sand je Min. schmelzen. Der Einfl. der Rotationsgeschwindigkeit u. Stopfdichte des Rohmaterials auf das Schmelzverh. werden diskutiert. (Silicates ind. **19.** 406—11. Dez. 1954. Soke-on-Trent, England, Brit. Ceram. Res. Assoc.) H. SAALFELD. 6172

**L. Hütter,** *Magnesitsteine für Glasschmelzöfen.* Die chem. Zus. von Magnesitsteinen (I) schließt Rkk. zwischen sauren Schmelzen, Schlacken u. den Steinen nicht aus, jedoch ergeben sich durch die Entw. von Spezialerzeugnissen eine große Anzahl von Anwendungsgebieten, die bisher nicht in allen Fällen ausgenutzt wurden. Vf. gibt eine Aufstellung der wichtigsten davon mit Bezeichnung, Zus., Eigg., Anwendungsgebieten u. üblichen Formaten. Die Unterss. im einzelnen ergeben: In Wannen ist für den Boden infolge baldiger Bldg. einer Schutzschicht die Verwendung von I ohne weiteres gegeben, so daß unter bestimmten Bedingungen sogar mit mehrjähriger Laufzeit gerechnet werden kann. Ihr Geh. an Fe ist nicht größer als der der üblichen Schamottesteine. Für Brenner u. Wände ergibt sich bei Verwendung von Spezial-I große Widerstandskraft gegen Gemengestaub u. Alkalidämpfe. Bei den Gittern der Regenerativkammern werden die erhöhten Kosten der Ausmauerung mit I durch die Verringerung des Temperaturabfalls des Heißwindes u. durch die Erhöhung der Wärmedurchgangszahlen ausgeglichen. Bei hohen Tempp. glasieren sie nicht wie Schamottesteine. Es ergeben sich also für die Verwendung von I wesentliche Vorteile. (Radex-Rdsch. **1955.** 592—603. Nov.) L. KÜHNERT. 6172

**L. I. Demkina,** *Über den inneren Aufbau der Silicatgläser.* (Vgl. C. **1955. 3461.**) Durch lineare Umwandlung des Koordinatensyst. Zus.-Eigg. von Silicaten, in welchem ein gerader Abschnitt der Kurve als Abszisse gewonnen wird, erhält man Kurven mit Knickpunkten, die nicht einer bestimmten chem. Zus. sondern eutekt. Gemischen entsprechen. (Silikattechnik **6.** 51—54. Febr. 1955.) J. v. SCHROEDER. 6200

**W. F. Rudakow** und **A. F. Kutz,** *Die Herstellung von hitzebeständigen Rohren aus alkalifreiem Glas.* Das hergestellte alkalifreie Glas hat folgende Zus.: 61,9% $SiO_2$, 18,5% $R_2O_3$, 15,4% CaO, 4,2% MgO unter Zusatz von 4% F. Die aus diesem Material hergestellten Rohre zeigen eine um 15—20% höhere Festigkeit als solche aus Alkaliglas. Das Schmelzen erfolgt bei 1500°. Die Ziehgeschwindigkeit ist um 10—15% höher als bei Alkaliglas. (Стекло и Керамика [Glas u. Keram.] **12.** Nr. 10. 27—29. Okt. 1955.) A. v. KOTZEBUE. 6200

**D. R. Wilder** und **E. S. Fitzmmons,** *Weitere Untersuchungen über Sintervorgänge.* Der Sintervorgang an $Al_2O_3$ wird unter besonderer Beachtung des Einfl. der Sinterzeit, Temp. u. Teilchengröße untersucht. Abnehmende Teilchengröße verbessert das Sintervermögen. Loses Pulver sintert in gleicher Art wie gepreßte Pulverkörper. Das Korngrößenwachstum steigt mit abnehmender Teilchengröße. (J. Amer. ceram. Soc. **38.** 66—71. Febr. 1955. Ames, Io., Iowa State College, Inst. of Atomic Res. and Dep. of Ceram. Engng.) W. SCHÜTZ. 6206

**R. Spencer** und **C. Copeland,** *Entwicklungen beim Drucken in der Verzierung von Töpferwaren.* Es wird ein histor. Überblick über die verschied. Druckmethoden gegeben

u. die Art u. Weise beschrieben, wie sie in der Töpferindustrie angewandt wurden. Bes. werden die modernen Entwicklungen, vor allem der Gebrauch von kalten Farben für einen Direktdruckprozeß, besprochen. (Trans. Brit. ceram. Soc. **54.** 583—609. Okt. 1955.) R. WALCKER. 6212

**Ikutaro Sawai, Megumi Tashiro** und **Shunji Ago,** *Beeinflussung der Diffusionsgeschwindigkeit von Sauerstoff durch hitzebeständige Emailschichten.* Für 10 Emailgemenge wird die Zus., die Schmelzbarkeit u. die Diffusionsgeschwindigkeit von O (in $cm^3/min \cdot cm^2$) gegeben. Es zeigt sich, daß diese durch die Schmelzbarkeit bedingt u. prakt. unabhängig von der Zus. ist. (Bull. Inst. chem. Res., Kyoto Univ. [Kagaku Kenkyusho Hokoku] **28.** Nr. 3. 61—62. März 1952. [Orig.: engl.]) L. KÜHNERT. 6212

**R. F. Patrick, E. G. Porst** und **G. H. Spencer-Strong,** *Untersuchung einiger Erscheinungen im Zusammenhang mit der Haftung von Walzblechgrundemails.* Die Unterss. sind in 4 Abschnitte unterteilt: 1. Der Einfl. der Einbrenntemp. u. der Emailzus. auf die Co- u. Ni-Abscheidungen auf dem Fe-Blech. 2. Die Natur der Co- u. Ni-Abscheidungen. 3. Der Zusammenhang zwischen den Co- u. Ni-Abscheidungen u. der Auflsg. des Fe im Email. 4. Der Zusammenhang zwischen den Co- u. Ni-Abscheidungen u. dem Haftvermögen der Emails. Die Ergebnisse sind: 1. Temperatursteigerung (bei konstanter Einbrennzeit) gibt erhöhte Co- u. Ni-Abscheidungen, ebenso ein größerer Co- u. Ni-Geh. des Emails. Co hat bei höheren Temperaturen die stärkere Tendenz zur Abscheidung. 2. Die Röntgenbeugungsanalyse an entemaillierten Blechen ergibt neben $\alpha$-Fe auch Fe–Ni-Legierungen. 3. Co u. Ni haben bei tieferen Einbrenntempp. keinen wesentlichen Einfl. auf die Oxydation des Fe; bei höheren Tempp. wird sie anscheinend gehemmt. 4. Eine 80%ig. Haftung wird erreicht, wenn ca. 0,027—0,045 g/sq.ft Co u. Ni auf dem Blech abgeschieden sind; bei über 0,05 g/sq.ft geht die Haftung meist zurück. Die verringerte Haftung wird durch eine glättende Wrkg. erklärt. Die Ergebnisse entsprechen der elektrolyt. Theorie der Emailhaftung. — Tabellen, Diagramme u. Abbildungen. (J. Amer. ceram. Soc. **36.** 305—13. 1/9. 1953. Baltimore, Md., Pemco Corp.) L. MERKER. 6212

**Joseph C. Richmond, Henry G. Lefort, Charles N. Williams** und **William N. Harrison,** *Keramische Überzüge für Kernreaktoren, ein Fortschrittsbericht.* Für hochhitzebeständige Legierungen sind keram. Überzüge mit geringer Absorption für therm. Neutronen entwickelt worden. Borfreie Überzüge mit hohem Geh. an Ba-Fritten u. geringen Gehh. an Phosphaten von Be u. Ca sowie ZnO, $TiO_2$ u. Zusatz von $Cr_2O_3$ u. $CeO_2$ sind am besten. — Ausführlicher Literaturnachweis. (J. Amer. ceram. Soc. **38.** 72—80. Febr. 1955. Washington, D. C., Nat. Bur. of Standards.) W. SCHÜTZ. 6216

**H. M. Richardson** und **G. R. Rigby,** *Materialauswahl für feuerbeheizte Ofengewölbe.* Um die Lebensdauer von Ofengewölben zu erhöhen, versucht man in England eine Verbesserung, des üblichen Silicamaterials. Auch verwendet man schon bas. Steine, die allerdings eine höhere Beheizung erfordern. Bei den Silicasteinen erhofft man neben der Verminderung des $Al_2O_3$-Geh. eine Verringerung des Porenvolumens. Bei den bas. Steinen kennt man bis heute noch nicht alle Rkk., die während des Betriebes ablaufen können. Auch die notwendige gleichmäßige Beheizung über größere Zeiträume hinweg läßt sich nicht überall durchführen. Eigg., wie D., Hitzeverh., mechan. Beanspruchung, Schlackenangriff u. a. von Silicasteinen, bas. Material u. Chrommagnesit-Ziegeln werden miteinander verglichen. (Silicates ind. **19.** 401—05. Dez. 1954. Stoke-on-Trent, England, Brit. Ceram. Res. Assoc.) H. SAALFELD. 6218

**A. I. Kulik** und **T. Ss. Karmanowa,** *Pfannen- und Hochofenstein.* Die Prüfung der untersuchten Rohstoffe auf ihre Eignung zur Herst. von Futtersteinen ergibt ihre Verwendbarkeit für Tempp. bis über 1700°. Es werden Schamottebriketts untersucht, die z. B. aus 80 (35)% Kaolin u. 20 (65)% Ton bestehen. (Огнеупоры [Feuerfeste Mater.] **20.** 178—79. 1955. Ordshonikidse-Fabrik.) R. K. MÜLLER. 6218

**P. Murray, I. Denton** und **D. Wilkinson,** *Schlickerguß, Sintern und Heißpressen von Berylliumoxyd.* BeO-Material besitzt wegen seines hohen F. u. seiner großen Wärmeleitfähigkeit erhebliche Bedeutung im metallurg. Bereich. Es ist auch im Vakuum u. in red. Atmosphäre beständig. Vff. bemühen sich, Tiegel von wenigen $cm^3$ bis zu 5 Litern aus BeO herzustellen. Kenntnis der Verunreinigungen ist notwendig, z. B. 10% $Al_2O_3$ erniedrigen schon den F. um 40°. Völlige Homogenisierung u. große Packungsdichte erzielt man durch gründliches Mahlen des bei 1700° vorgebrannten Materials. Die Zusammenhänge zwischen Mahldauer u. Teilchengröße werden ermittelt. Die für den Gießprozeß günstigen Schlicker haben einen $p_H$ zwischen 1—2, was allerdings die Gipsformen stark angreift. Sehr reines Material ist wenig thixotrop. Der Sinterprozeß führt erst bei 1800° zu porenfreien, durchscheinenden Produkten. Offene u. geschlossene Poren sowie die Wrkg. von äußerem Druck werden untersucht. (Silicates ind. **19.** 412—17. Dez. 1954.) H. SAALFELD. 6220

**T. M. Berkowitsch** (unter Mitarbeit von **A. I. Wassiljewa**), *Über die Abbindeprozesse beim Asbestzement.* Es wurden Asbestzementproben (130×30×5 mm) aus 85% Portlandzement (hoch-, mittel- u. niedrigakt.) u. 15% Asbest hergestellt (unter Aktivität wird das Verhältnis der Festigkeiten nach 1 u. 28 Tagen verstanden). Dann wurden die Kurven Temperaturanstieg–Zeit sowie jene für Festigkeit u. chem. Bindung des W. aufgenommen. – Die Temperaturzeitkurve weist 3 Maxima auf, die die Zeitabschnitte der „Vorbereitung" des Abbindens u. der Verfestigung voneinander trennen. Im 2. „Abbindeabschnitt" besteht zwischen der Biegefestigkeit $R_b$ u. dem chem. gebundenen W. $W_x$ (in %) die lineare Beziehung: $R_b = aW_x - c$. Die Werte für die 3 Zementproben (hoch-, mittel-, niedrigakt.) betragen a: 31,6; 20,6; 19,2; c: 35,7; 38; 12,6. Der 3. Zeitabschnitt (Verfestigung) ist fortdauernde Hydratation. (Журнал Прикладной Химии [J. angew. Chem.] **26.** 136–42. Febr. 1953.) A. v. WILPERT. 6222

**E. Stange,** *Aschen-, Schlacken- und Staubverwertung.* Besprochen wird die Verwertung von Flugasche der Staubfeuerungen mit trockener Entaschung. Nach der chem. Zus. soll der $SiO_2$-Geh. der Asche 35% nicht unterschreiten, besser über 40% liegen. $SiO_2$ ist der wichtigste Aschenbestandteil für die Rk. mit dem CaO des Bindemittels Kalk oder Zement. Von großem Einfl. sind die Verbrennungsverhältnisse, unter denen die Asche entsteht. Der Geh. an Brennbarem sollte 10%, der Geh. an Gesamt-S (als $SO_3$) 1,5% nicht überschreiten. Nach zwei entwickelten Verff. werden Porenbeton u. Mauersteine u. neuerdings Isoliersteine hergestellt. Verss. zur Herst. gebrannter Flugaschensteine unter Zusatz von Lehm u. Ton haben gezeigt, daß auch ein vollwertiger Ziegelstein hergestellt werden kann. Das hervorstechendste Merkmal der Baustoffe aus Asche ist ihre ausgezeichnete Wärmedämmung. Diese vorteilhafte Eig. ist begründet in der stark ausgebildeten Glasphase u. der davon abhängigen niedrigen Wärmeleitzahl der Asche. Sie verhält sich zu der von Quarz wie 1 : 6. Schwieriger als bei den Steinkohlenaschen liegen die Verhältnisse bei den Aschen aus Braunkohlen, aber auch hier sind Fortschritte in der Verwertung zu Bindemitteln erzielt worden. (Brennstoff. Wärme. Kraft **7.** 161–62. April **1955.** Alt-Garge, Krs. Lüneburg, VDI.) K. PISTOR. 6228

**Riccardo Sersale,** *Über die Toleranz der Magnesiumoxydnormengehalte in Hochofenzementen.* In einer Sitzung der ASTM. wird die Erhöhung der amerikan. Normengrenzwerte für den MgO-Geh. bei Hochofenzementen auf 15% (Schlacke 10%) befürwortet. (Ind. ital. Cemento **25.** 280. Nov. 1955. Napoli, Ist. di Chim. Ind., Univ.) W. ANIKA. 6252

---

**Richard W. Stenzel, Palos Verdes Estates, Hermann Plaut** und **George G. Buchanan,** Los Angeles, Calif., V. St. A., *Färben von Glasfabrikaten.* Man behandelt mit einer wss. Metallsalzlsg., erwärmt auf 900–1200° F, wobei sich eine Oxydschicht auf der Glasoberfläche bildet, kühlt ab u. behandelt das so überzogene Fabrikat mit einer zweiten Lsg., die ein Anion hält, das mit dem Metalloxyd unter Bldg. einer farbigen Verb. reagiert u. erhitzt nochmal auf 900–1200° F. Die Lsgg. haben ein $p_H$ von 3–10 u. enthalten ein Netzmittel. (**A. P. 2 716 618** vom 5/9. 1951, ausg. 30/8. 1955.) H. v. SCHILLER. 6177

**Carborundum Co.** (Erfinder: **John Paul Swentzel),** Niagara Falls, N. Y., V. St. A., *Feuerfeste Gegenstände aus Siliciumcarbid.* Ihr Kern besteht aus körnigem SiC, das durch Fe- u. Mn-Verbb. enthaltendes Siliciumnitrid (**I**) gebunden ist, ihre Oberfläche aus SiC, das ebenfalls durch **I** gebunden ist, jedoch so wenig Fe- u. Mn-Verbb. enthält, daß sich keine Glasur auf der Oberfläche bildet. Die Oberflächenschicht enthält ca. 4–40 (%) **I**, die Kernmasse 4–40 Ferro- oder Ferromangansiliciumnitrid. Die Herst. der Körper geschieht etwa derart, daß SiC mit Si gemischt u. die daraus erzeugten Körper in einer $N_2$-Atmosphäre gesintert werden. Die Prodd. sind beständig bei Belastung u. hohen Temperaturen. (**D. B. P. 938 536** Kl. 80b vom 17/7. 1952, ausg. 2/2. 1956. Anmeldung bekanntgemacht 4/8. 1955.) F. REINHART. 6219

**Carborundum Co.,** Niagara Falls, N. Y., V. St. A., *Bornitridkörper.* BN wird mit feinverteiltem Si u./oder Al, gegebenenfalls mit Zusatz von SiC, gemischt u. unter Beigabe eines organ. Bindemittels bei ca. 1600–2480 at zu Körpern gepreßt. Diese werden bei ca. 1400° in einer nichtoxydierenden Atmosphäre, z. B. $N_2$ oder $CO_2$, gebrannt, wobei das Si oder Al in $Si_3N_4$ oder AlN bzw. SiC umgewandelt u. das BN durch diese Stoffe gebunden wird. Die Körper dienen für *feuerfeste* Zwecke, als Halter in elektr. Birnen, Radio- u. Röntgenröhren u. als elektr. Widerstände. (**E. PP. 742 324** u. **742 325** vom 18/5. 1953, ausg. 21/12. 1955. A. Prior. 17/5. 1952.) F. REINHART. 6219

**Alois Sommer,** Deutschland, *Herstellung von Zellenbeton.* Man vermischt Zement mit einem schaumbildenden Mittel (z. B. einem $NH_4$-Salz einer Alkylarylsulfonsäure), W., einem synthet. Harz (z. B. Polyvinylacetat) u./oder Bitumen in Form einer Dispersion oder Emulsion u. Füllstoff (z. B. „Lavalit", „Thermosit", Bimsstein). Das schaumbildende Mittel enthält als Stabilisator einen Polyacrylsäureester. Man verwendet den Zellenbeton zur Herst. von Fußböden. (**F. P. 1 054 701** vom 19/4. 1952, ausg. 12/2. 1954. D. Prior. 20/4. 1951.) T. OPPERMANN. 6225

**VEB Farbenfabrik Wolfen** (Erfinder: **Alfred Rieche** und **Alfred Gnüchlel,** Wolfen, Krs. Bitterfeld), *Herstellung von Baumaterial durch Vermischen stückiger, pulveriger oder faseriger Stoffe mit einer härtbaren Harzmasse,* die man durch Weiterkondensation eines Kondensats aus durch alkal. Aufschluß von Ligninsulfonsäure gewonnenen Ligninabbauprodd. u. Phenolen oder Aminen mit $CH_2O$ erhält. — Man mischt eine knetbare wasserhaltige Holzfasermasse (1000 Teile Holzfaser) mit einer alkal. Lsg., die 60 Teile eines Harzes enthält, das aus Phenol, abgebauter Ligninsulfonsäure u. 30%ig. $CH_2O$ im Verhältnis 1 : 1 : 1 hergestellt wurde, säuert mit $H_2SO_4$ schwach an, preßt das W. ab u. härtet die Platte in der Presse bei 170—180° u. 50 kg/cm². (**D. P. [DDR] 3 346** Kl. 39b vom 5/9. 1941, ausg. 13/4. 1953 [Wirtschaftspatent].) M. PANKOW. 6229

**Lockheed Aircraft Corp.,** Burbank, Calif., übert. von: **George Curry Sullivan,** V. St. A., *Hohlbaukörper.* Die zwischen den beiden Außenflächen des Hohlbaukörpers — z. B. bienenwabenartig — angeordneten Abstandshalter sind durch an der unteren u. oberen Außenfläche angeordneten Schaum, z. B. dem Reaktionsprod. aus einem Alkydharz u. einem Polyisocyanat, in ihrer Lage fixiert, wobei aber zwischen den eingebrachten Schaumschichten noch eine Luftschicht verbleiben soll. — 5 Abb. von Baukörpern. (**E. P. 723 621** vom 25/5. 1951, ausg. 9/2. 1955. A. Prior. 15/7. 1950.) H. MÖLLERING. 6229

**Robert Gautschi,** Bern, Schweiz, *Bauelement.* Dieses besteht aus mindestens zwei in Abstand voneinander befindlichen Platten, z. B. Holzfaserplatten, u. einer Zwischenfüllung aus Seife, die vorteilhaft 0,5% freies NaOH enthält, u. darin verteiltem Korkschrot. (**Schwz. P. 309 195** vom 22/12. 1954, ausg. 1/11. 1955.) H. HOFFMANN. 6229

**Hivag Handels- & Industrie-Verwaltungs-Akt.-Ges.,** Vaduz, Liechtenstein, *Herstellung von faserhaltigen Zementformkörpern.* Chrysotilasbest wird auf 0,001 mm Feinheit gemahlen u. mit Schlacken-, Gesteins- oder Glaswollfasern sowie mit einem hydraul. Bindemittel vermischt. Das Ganze wird mit W. zu einer gießfähigen M. angemacht, die dann verformt wird. Z. B. besteht die Grundmischung aus 5 (Teilen) Asbest, 7 Mineralfasern u. 88 Portlandzement. (**Schwz. P. 305 997** vom 26/5. 1952, ausg. 1/6. 1955.) HANS HOFFMANN. 6229

**Soc. An. des Pneumatiques Dunlop,** Seine, Frankreich, übert. von: **Semtex Ltd., Walter Saul** und **Thomas Joseph Wiggins,** *Platten und Fliesen für Wände und Fußböden* aus nicht blättrigem Vermiculit (I), Füllstoff u. einem Bindemittel mit einem Erweichungspunkt $< 145^0$ (Bitumen, Teer, geblasener Schieferölextrakt, Kolophonium, dessen Derivv., Inden-, Cumaronharze, Polyvinylchlorid), auch Asbest. — Man mischt 28,5 (Gewichtsteile) einer durch Schmelzen von 80 Gilsonit, 8 Stearinpech u. 12 Mineralöl erhaltenen M. mit 35,5 Kalkstein, 5 Fe-Oxyd u. 30 I 5 Min. bei 110—120° u. walzt zu einer Platte aus. (**F. P. 1 078 913** vom 21/9. 1950, ausg. 24/11. 1954. E. Priorr. 23/9. 1949 u. 6/7. 1950.) M. PANKOW. 6229

## VII. Agrikulturchemie. Schädlingsbekämpfung.

**T. Wasowicz,** *Mitteilungen über die Fruchtbarkeit von Kakaoböden.* Die künstliche Trocknung schwerer Tropenböden steigert deren Fruchtbarkeit durch Verbesserung ihrer physikal., chem. u. mikrobiol. Eigenschaften. Es werden aerobe Bedingungen geschaffen. Die organ. Substanz, pflanzenaufnehmbarer N u. P werden bis zu 500% erhöht. Vf. konnte in einem Gefäßdüngungsvers. an zwei Kakaoböden mit Sudangras u. Kakaopflanzen zeigen, daß in dem relativ unfruchtbaren Tonboden von Las Hermanas, dessen Nährstoffgeh. mit zunehmender Tiefe schnell absinkt, Habitus u. nährstoffmäßige Zus. der Pflanzen günstiger sind als in einem fruchtbareren Lehmboden, was auf die günstige Wrkg. der Trocknung auf den verkrusteten Tonboden vor dem Füllen der Gefäße zurückgeführt wurde. Es wird empfohlen, die günstige Wrkg. von Trockenperioden zur Erzielung einer größeren Bodenfruchtbarkeit von Tropenböden in Gegenden mit längeren Regenzeiten durch Errichtung geeigneter Drainageanlagen längere Zeit zu erhalten. (Trop. Agric. **29.** 156—62. Juli/Dez. 1952. Trinidad, Imp. Coll. of Trop. Agric.) G. LENHARD. 6302

**S. S. Pollack, E. P. Whiteside** und **D. E. van Varowe,** *X-Strahlenbrechung gewöhnlicher Silicate und mögliche Anwendungen auf die Untersuchung der Bodengenesis.* Die qualitative Röntgenographie zeigte, daß Quarz in sämtlichen 16 untersuchten Silicatmineralien enthalten war. Die Bedeutung dieses Befundes für die Unters. der Bodenbldg. wird erörtert. (Proc. Soil Sci. Soc. America **18.** 268—72. Juli 1954.) A. JACOB. 6304

**G. E. Wilkinson** und **Fenton Gray**, *Eine Untersuchung der Tonmineralien gewisser rötlicher Prärieböden von Oklahoma mit einer Schätzung ihres Gehaltes an Montmorillonit und Illit.* Der Geh. an Tonmineralien lag zwischen 35 u. 50% Montmorillonit u. 20u.25% Illit im B-Horizont, bzw. 40u.50% Montmorillonit u. 20u.35% Illit im C-Horizont. Montmorillonit überwog in der Fraktion $< 0,1\ \mu$ u. war dem Illit gleich in den Fraktionen von 0,6—0,1 $\mu$. In den Fraktionen 2,6—0,6 $\mu$ fanden sich neben Montmorillonit u. Illit erhebliche Mengen anderer Mineralien. (Proc. Soil Sci. Soc. America **18.** 264—68. Juli 1954.) A. Jacob. 6304

**S. V. Desai** und **Abhiswar Sen**, *Untersuchungen über die charakteristischen Eigenschaften von Salz- und Alkalistellen in den Böden von Pusa.* Böden, bei denen während des Winters Alkalischäden auftreten, die während des Monsuns wieder verschwanden, hatten einen höheren Geh. an Salz u. Alkali als benachbarte Böden mit n. Wachstum. Die Böden mit Alkalischäden unterschieden sich untereinander durch den Grad der Na-Sättigung des Austauschkomplexes, die Art der Na-Salze u. durch ihre mechan. Zusammensetzung. Auslaugen mit W. erniedrigte den Salzgeh., an manchen Stellen auch die $p_H$-Zahl der Alkaliböden u. bewirkte eine Verminderung der Na-Sättigung des Austauschkomplexes. Es wird angenommen, daß die Alkalität durch die Einw. lösl. Salze auf den Boden hervorgerufen wird, wobei das Ca des Bodenkomplexes durch das Na der Salze ersetzt wird. (Indian J. agric. Sci. **23.** 187—202. Sept. 1953. New Delhi, Indian Agric. Exp. Station.) A. Jacob. 6304

**Abhiswar Sen**, *Untersuchungen über die charakteristischen Eigenschaften von Salz- und Alkalistellen in Böden der Karnal-Farm.* Böden mit n. Profil hatten den geringsten Salzgeh., das niedrigste $p_H$ u. den geringsten Geh. an austauschbarem Na. $p_H$-Werte u. Na-Gehh. waren am höchsten in den Salz- u. Alkaliböden. Die höchste Salzkonz. tritt an der Oberfläche der n., Salz- u. Alkaliflächen auf, im unkultivierten Profil dagegen in der Tiefe. Zwischen den Profilen der Salz- u. Alkaliböden bestehen nur geringe Unterschiede, die $p_H$-Werte ändern sich nur wenig mit der Tiefe. Salz- u. Alkaliböden sind reicher an $CaCO_3$ als Böden der n. u. unkultivierten Flächen. (Indian J. agric. Sci. **23.** 203—12. Sept. 1953. New Delhi, Indian Agric. Res. Inst.) A. Jacob. 6304

**G. Donald Sherman** und **Yoshinori Kanehiro**, *Ursprung und Entwicklung von Eisenoxydkonkretionen in Latosolen von Hawaii.* Sphär. $Fe_2O_3$-Konkretionen bilden sich in der Lateritkruste, sie sind meist magnetisch. Ihr $Fe_2O_3$-Geh. lag zwischen 71,2 u. 81,0%. Eckige Fragmente sind keine eigentlichen Konkretionen; sie bilden sich durch Dehydratation der stärker krümelnden Schichten unterhalb der Lateritkruste; ihr $Fe_2O_3$-Geh. liegt zwischen 52,8 u. 60,2%. Konkretionsartige Aggregate wurden in einer alten, schwach geneigten Ebene durch Ablagerung von $Fe_2O_3$ auf den Oberflächen von Bodenaggregaten gebildet. Das aufsteigende Capillarwasser brachte aufgelöstes Fe an die Oberfläche, wo es auf den Aggregaten ausgefällt wurde. Der $Fe_2O_3$-Geh. der äußeren Schicht war 56,5 bzw. 57,0%, im Inneren lag er bei 43,8 u. 44,1%. In bestimmten Profilen der humosen Eisenlatosol-Gruppe treten konkretionäre Ablagerungen von $Fe_2O_3$ in einem kaolinartigen Ton auf; ihr $Fe_2O_3$-Geh. lag zwischen 21,1 u. 38,5%. Alle diese Konkretionen oder konkretionsartigen Materialien wurden als Prodd. des bodenbildenden Prozesses gebildet. (Soil Sci. **77.** 1—8. Jan. 1954. Univ. of Hawaii.) A. Jacob. 6304

**Robert A. Gardner** und **Kenneth E. Bradshaw**, *Charakteristische Eigenschaften und Vegetationsverhältnisse auf einigen podsoligen Böden nahe der Küste von Nord-Californien.* Die morphol., chem. u. physikal. Eigg. von 3 Bodenserien (Blacklock, Noyo u. Caspar), ihre geograph. Verteilung längs der Küste u. ihre Pflanzenassoziationen werden untersucht. (Proc. Soil Sci. Soc. America **18.** 320—25. Juli 1954. Soil Survey SCS u. California Forest and Range Exp. Stat.) A. Jacob. 6304

**C. F. Cernuda, R. M. Smith** und **Jose Vicente-Chandler**, *Einfluß des anfänglichen Feuchtigkeitszustandes des Bodens auf die Widerstandsfähigkeit der Makroaggregate gegen Verschlämmung und gegen die Tropfwirkung von Wasser.* Unterss. der Stabilität von Aggregaten im Labor. können nur dann als zuverlässig betrachtet werden, wenn der anfängliche Feuchtigkeitszustand klar definiert wird. Unter Feldbedingungen sollte mehr Aufmerksamkeit auf die Wrkg. gerichtet werden, welche Bodenbedeckung, Schutz vor vollständiger Austrocknung durch die Sonne u. Verhinderung schnellen Eindringens des W. auf die Erhaltung stabiler Aggregate ausübt. Manche Ergebnisse, die man auf andere Ursachen zurückführte, können durch einen direkten Schutz der Bodenaggregate gegen zerstörende Kräfte extremer Trockenheit, schnelles Eintauchen in W. u. die Einw. fallender Wassertropfen verursacht sein. (Soil Sci. **77.** 19—27. Jan. 1954.) A. Jacob. 6304

**D. G. Aldrich** und **J. P. Martin**, *Eine chemisch-mikrobiologische Untersuchung der Wirkungen austauschbarer Kationen auf die Bodenkrümelung.* Im Vgl. mit einem Ca-Syst.

hatte ein hoher Geh. an Mg keine Wrkg. auf die Krümelung. Ein hoher Geh. an austauschfähigem K verminderte die Krümelung auf manchen Böden, auf anderen dagegen nicht. Na verminderte die Krümelung, auch ein Überschuß an freiem Ca verminderte die Krümelung. Art u. Zahl der Mikroorganismen werden stärker durch Zusatz von organ. Substanz beeinflußt als durch die Kationenzus. des Bodens. Zusatz von organ. Substanz erhöht die Krümelung ohne Rücksicht auf die Kationenzusammensetzung. (Proc. Soil Sci. Soc. America **18.** 276—81. Juli 1954. Riverside, Calif., Citrus Exp. Station.)
A. JACOB. 6304

**C. H. Diebold,** *Durchlässigkeit und Wasseraufnahmegeschwindigkeit von Böden mittlerer Textur in Beziehung zum Schluffgehalt und dem Verdichtungsgrade.* Böden mit weniger als 2,5% organ. Substanz u. mehr als 40% Schluff hatten die Neigung zu geringer Durchlässigkeit u. Aufnahmegeschwindigkeit; beide änderten sich mit zunehmender Verdichtung des Bodens. (Proc. Soil Sci. Soc. America **18.** 339—43. Juli 1954. Albuquerque, N. Mex., Soil Conserv. Serv.) A. JACOB. 6304

**A. P. Mazurak, V. T. Valassis,** und **L. C. Harris,** *Wasserbeständigkeit der Aggregate von Kartoffelparzellen in Abhängigkeit von verschiedenen Fruchtfolgesystemen unter Irrigation in West-Nebraska.* Luzerne begünstigte die Krümelbildung. (Proc. Soil Sci. Soc. America **18.** 243—47. Juli 1954. Lincoln, Nebr., Scotts Bluff Exp. Station.)
A. JACOB. 6304

**Louis J. Metz,** *Die Waldstreudecke in der Piedmont-Region von Süd-Carolina.* Der jährliche Laubfall, das Gewicht der Streudecke u. die Einverleibung organ. Substanz in die Oberfläche des Mineralbodens bis zu 1 Fuß Tiefe wurden für verschied. Standorte untersucht. Der Laubfall betrug im Durchschnitt 4400 lbs./acre, wovon 3500 lbs. Blattmaterial waren. Das Gewicht der Streudecke lag zwischen 6160 u. 16430 lbs. Der Geh. an organ. Substanz im Mineralboden lag zwischen 83550 u. 25780 lbs. Das Gewicht von Waldstreu u. organ. Substanz im Mineralboden weist darauf hin, daß die Zers. unter Hartholzbeständen rascher erfolgt. (Proc. Soil Sci. Soc. America **18.** 335—38. Juli 1954.) A. JACOB. 6304

**D. R. Bouldin** und **C. A. Black,** *Phosphordiffusion in Böden.* Bei Anwendung von mit $^{32}$P markierten Phosphaten ergab sich, daß die durch Aktivitätsmessung bestimmte Phosphordiffusion nicht wesentlich von der auf Grund der Best. des gesamten P ermittelten verschieden war. (Proc. Soil Sci. Soc. America **18.** 255—59. Juli 1954. Ames, Io., Iowa Agric. Exp. Station.) A. JACOB. 6304

**L. V. Withee** und **T. M. McCalla,** *Die Wirkung des Stoppelmulchens auf den säurelöslichen und adsorbierten Phosphor im Boden.* Parzellen, die 13—15 Jahre lang entweder ständig umgepflügt oder bei denen durch Stoppelmulchen möglichst viele Ernterückstände in der Nähe der Oberfläche belassen worden waren, wurden verglichen. Der Geh. an säurelösl. u. adsorbiertem P war an der Oberfläche bei den Mulch-Parzellen wesentlich höher als in einer Tiefe von 3—6 Zoll. Bei den gepflügten Parzellen waren diese Unterschiede wesentlich geringer. Stets hatten die Mulch-Parzellen mehr P im obersten Zoll als die gepflügten Parzellen. In der Schicht von 0—6 Zoll waren nur geringe Unterschiede im P-Geh. festzustellen. (Proc. Soil Sci. Soc. America **18.** 285—86. Juli 1954. Soil and Water Conservation Res. Branch, Agric. Res. Serv., U. S. Dep. of Agric., u. Lincoln, Nebr., Nebraska Agric. Exp. Station.) A. JACOB. 6304

**Richard Volk** und **Clayton McAuliffe,** *Faktoren, welche die Aufnahme von mit $^{15}$N gekennzeichnetem Harnstoff durch die Blätter von Tabak beeinflussen.* Die Aufnahme von Harnstoff durch die obere u. untere Blattoberfläche war ungefähr identisch. Die Reife des Blattes hatte bei gleicher Stellung des Blattes relativ wenig Einfl., wenn auch die jüngeren Pflanzen mehr N aufnahmen als die reiferen Pflanzen. Die Aufnahme von Harnstoff war während der Nacht 3—10mal größer als während entsprechender Perioden am Tage; am Morgen war sie 3mal größer als am Nachmittag. Die Aufnahme aus gepufferten Lsgg. war eine Funktion sowohl des $p_H$ wie des Puffersystems. Die Aufnahme wurde mit zunehmender Konz. von Saccharose in der Spritzlsg. vermindert. Die Saccharose kann dabei mit dem Harnstoff entweder bei der Aufnahme in Konkurrenz treten, sie kann auch die Diffusion von Harnstoff nach der Adsorptionsoberfläche vermindern, oder sie kann die Ureaseaktivität beeinträchtigen, (Proc. Soil Sci. Soc. America **18.** 308—12. Juli 1954. Raleigh, N. C., North Carolina Agric. Exp. Stat.) A. JACOB. 6304

**J. S. Russell, C. W. Bourg** und **H. F. Rhoades,** *Wirkung von Stickstoffdünger auf den Stickstoff-, Phosphor- und Kationengehalt der Trespe.* Der %-Geh. an N, P, Ca, Mg, K u. Na von Bromus inermis wurde während der Wachstumsperiode bestimmt. Der %-Geh. an N war auf den gedüngten Parzellen stes höher als im Gras der nicht gedüngten Parzellen. Der %-Geh. an P war im 1. Wachstumsstadium bei dem gedüngten Gras höher als beim nicht gedüngten; bei der letzten Ernte war eher das Gegenteil der Fall. Der %-Geh. an K nahm durch die Düngung deutlich zu, der Geh. an Ca u. Mg dagegen ab. Die Zunahme von K war höher als die Abnahme von Ca u. Mg. (Proc. Soil Sci. Soc. America **18.** 292—96. Juli 1954. Nebraska Agric. Exp. Station u. Soil and Water Conservation Res. Branch, U. S. Dep. of Agricult.) A. JACOB. 6304

**Frank T. Bingham, H. D. Chapman** und **A. L. Pugh,** *Wasserkulturversuche zur Toxizität von Nitrit für die Pflanzen.* In Wasserkultur mit verschied. Mengen von $HNO_2$, die durch Variation der Nitrit- u. $p_H$-Spiegel eingestellt wurden, ergab sich, daß die Wachstumsverhinderung in Lsgg. mit $p_H$ 4,0, 5,0 u. 6,0 mit dem undissoziierten Teil der $HNO_2$ in Zusammenhang stand. Verss. mit Tomaten ergaben, daß eine bestimmte Konz. von $HNO_2$ für die Pflanze weniger schädlich ist, wenn N als Nitrat u. nicht als Ammonium verabfolgt wird. (Proc. Soil Sci. Soc. America **18.** 305—08. Juli 1954. Riverside, Calif., Univ. of California, Citrus Exp. Station.) A. JACOB. 6304

**E. T. York jr., Richard Bradfield** und **Michael Peech,** *Einwirkung von Kalk und Kali auf Ertrag und Kationenzusammensetzung von Pflanzen.* Luzerne, Mais, Sudangras u. Sericea wurden bei verschied. Versorgung mit Ca u. K untersucht. Gaben von 2 t Kalk pro acre erhöhten, mit Ausnahme der Sericea, die Erträge. Obgleich der Ca-Geh. der Ernten allg. erhöht wurde, waren Anzeichen vorhanden, daß die geringeren Erträge auf dem sauren Boden nicht auf Ca-Mangel zurückzuführen waren. Bei allen Früchten, mit Ausnahme von Mais, war die Anwendung von K auf ungekalkten Böden wirkungslos u. verringerte sogar in manchen Fällen die Erträge. Zusatz von KCl oder NaCl zu ungekalkten Böden erhöhte stark den Mn-Geh. der Pflanzen, so daß das Versagen der Düngung wahrscheinlich auf Mn-Vergiftung zurückzuführen ist. Na konnte bei Luzerne teilweise das K ersetzen. Zu hohe Kalkgaben verminderten die Erträge, ausgenommen bei Luzerne; wahrscheinlich beruht dies auf einem Mangel an Fe oder Mn. Die Summe der Kationen in der Luzerne hat die Tendenz, konstant zu bleiben. Die verschied. Kationen beeinflußten sich in ihrer Aufnehmbarkeit nicht gleichmäßig.Die Aufnahme von K wurde nicht merklich durch andere Kationen beeinflußt, andererseits verminderte K sehr stark die Aufnahme von Ca, Mg u. Na. In Mais, Sudangras u. Sericea war die Summe der Kationen stärker veränderlich als in Luzerne, vor allem zeigten diese Pflanzen eine starke Luxusaufnahme von K, so daß bei starker K-Zufuhr die Kationensumme in den Pflanzen erhöht wurde. (Soil Sci. **77.** 53—63. Jan. 1954. Ithaca, N. Y., Cornell Univ.) A. JACOB. 6304

**E. O. McLean** und **D. Adams,** *Weitere Untersuchungen über die Kationenaktivitäten in Systemen von Pflanzenwurzeln.* (Vgl. auch C. **1955.** 4189.) Auf Mole bezogen, ist Ca gewöhnlich mit den Pflanzenwurzeln fester verbunden als K. Buchweizen band Ca 3,3mal so stark wie K, die Wurzeln von Kanariengras banden dagegen K ebenso stark wie Ca. Die übrigen Pflanzenwurzeln lagen zwischen diesen beiden Extremen. Die bekannte Fähigkeit des Buchweizens, wenig lösl. Phosphate auszunutzen, wird mit seiner relativ hohen Bindungsenergie für Ca in Verb. gesetzt, welche die Phosphate aus sonst unlösl. Formen frei macht. (Proc. Soil Sci. Soc. America **18.** 273—75. Juli 1954. Fayetteville, Ark., Univ. of Arkansas.) A. JACOB. 6304

**F. G. Viets jr., C. E. Nelson** und **C. L. Crawford,** *Die Beziehungen zwischen Maisertrag, Blattzusammensetzung und Düngung.* Um die Beziehungen zwischen Zus. des Blattes u. Ertrag festzustellen, wurden Blätter zu verschied. Wachstumsstadien untersucht. Vor allem erfaßten die Unterss. das 2. Blatt unterhalb der Ähre im Stadium der Bldg. der weiblichen Blüte (**a**). Nur N ergab eine deutliche Erhöhung des Ertrags, dagegen nicht K u. P. $Ca(NO_3)_2$ hatte von den 5 untersuchten N-Düngern die geringste Wirkung. In den z. Z. der **a** entnommenen Proben von Blättern bestand eine starke positive Korrelation zwischen Ertrag u. Geh. an N u. P. $(NH_4)_2SO_4$ bewirkte höhere Gehh. an P u. K u. niedrigere an Ca u. Mg als $Ca(NO_3)_2$ u. $NH_4NO_3$. Die Summe der Kationen Ca, Mg u. K in den Blättern im Stadium von **a** war allg. konstant u. lag bei 100 Milliäquivalenten je 100 g. (Proc. Soil Sci. Soc. America **18.** 297—301. Juli 1954. Soil and Water Conservation Res. Branch, U. S. Dep. of Agric.) A. JACOB. 6304

**L. E. Ensminger,** *Einige Faktoren, welche die Adsorption von Sulfat durch Alabama-Böden beeinflussen.* Sulfat wird bis zu einem gewissen Grade von den meisten Böden zurückgehalten. Die Oberflächenschichten der meisten leichten Böden enthielten keine wesentlichen Mengen an Sulfaten. Die Fähigkeit, Sulfate zu adsorbieren, wird durch die Bodenbehandlung beeinflußt. Superphosphat vermindert dieFähigkeit des Bodens, Sulfat aus einer $CaSO_4$-Lsg. aufzunehmen; in der gleichen Richtung wirkt Kalkung. Für die Sulfatabsorption ist $Al_2O_3$ wesentlicher als andere Bodenbestandteile, vor allem die Eisenmineralien. (Proc. Soil Soc. Sci. Ameria **18.** 259—64. Juli 1954. Auburn, Ala., Agric. Exp. Stat.) A. JACOB. 6304

**S. C. Agarwala,** *Der Einfluß des Molybdän- und des Nitratzustandes auf den Ertrag und Ascorbinsäuregehalt von Blumenkohlpflanzen in Sandkulturen.* Die gestaffelten Mo-Gaben (0,000005—19,2 mg Mo/Liter) zeigten bei niedriger u. höherer $NO_3$-Konz. unterschiedliche Wirkungen auf das Wachstum des Blumenkohls. Wachstumssteigerung bis zur Konz. von 0,0005 mg Mo/Liter bei niedrigen $NO_3$-Gaben (6 Milliäquivalent/Liter [I]), während hohe $NO_3$-Gaben (24 I) wesentlich höhere Mo-Mengen vertragen konnten u. noch Ertragssteigerungen zeigten. Der Geh. an Ascorbinsäure sank bei Gaben von 0,0005 mg Mo/Liter beträchtlich ab. Diese Abnahme wurde nicht durch gleichzeitige Zunahme an Dehydroascorbinsäure ausgeglichen. (Annu. Rep. agric. horticult. Res. Stat., Long Ashton, Bristol **1950.** 83—90.) W. SCHULTZE. 6304

**N. Gammon jr., G. M. Volk, E. N. McCubbin** und **A. H. Eddins,** *Bodenfaktoren, welche die Aufnahme von Molybdän durch Blumenkohl beeinflussen.* Blumenkohlpflanzen, die in sauren, stark gedüngten Böden herangezogen werden, nehmen Mo nur schwer auf. Werden diese Pflanzen in ein noch stärker saures Feld umgepflanzt, so tritt ein vorübergehender Mo-Mangel auf. Nachdem die Wurzeln sich stärker entwickelt haben, erfolgt die Mo-Aufnahme durch die Pflanzen leichter. Der Grad der Aufnehmbarkeit des Mo für die Pflanze gehört zu den Hauptfaktoren, welche die Prodd. marktfähiger Köpfe bestimmen. Da Mo nicht ausgewaschen wird, kann eine Gefährdung des Viehs auftreten, wenn nach wiederholten Anwendungen von Mo das Land für Weidezwecke benutzt wird. Zur Verhütung von Mo-Mangel ist der sicherste Weg die Anwendung weniger empfindlicher Sorten, Aufkalken des Bodens bis $p_H$ 5,5 u. der Saatbeete bis 6,0—6,5, sowie die Vermeidung von Düngemitteln, die vorübergehende Acidität verursachen, vor allem in den Saatbeeten. (Proc. Soil Sci. Soc. America **18.** 302—05. Juli 1954. Florida, Calif., Agric. Exp. Stat.) A. JACOB. 6304

**Abhiswar Sen** und **G. L. Asija,** *Eine Untersuchung über die Wirkung von Klärbeckenschlamm auf Böden.* Klärbeckenschlamm aus verschied. Dörfern von West-Bengalen wurde mit einem sandigen alkal. Boden aus Delhi gemischt, so daß diesem damit 30 mg N je 100 g Boden zugeführt wurden. Der Feuchtigkeitsgeh. der Boden–Schlamm-Mischung wurde bei $^1/_3$ ihrer Sättigung gehalten. Der Geh. an organ. N, Ammoniak-N, Nitrat-N u. Nitrit-N wurde zugleiche mit den $p_H$-Werten, dem Geh. an lösl. Salzen u. an organ. C alle 2 Wochen bestimmt. Der Schlamm enthielt leicht nitrifizierbaren N. Schlämme mit $p_H$-Werten unter 7,0 zeigten bei Beginn der Nitrifikation geringe N-Verluste, in Schlämmen mit höherem $p_H$ trat ein solcher Verlust nicht auf. Eine merkliche Festlegung von N wurde nach 10 Wochen in allen Mischungen beobachtet. Als Ergebnis der Nitrifikation zeigte sich eine Zunahme an lösl. Salzen. Der Salzgeh. nahm später wieder ab, da er auf die entstandenen Nitrate zurückzuführen war. (Indian J. agric. Sci. **23.** 223—31. Sept. 1953. New Dehli, Indian Agricult. Res. Inst.) A. JACOB. 6304

**M. A. Roulet,** *Die Vitamine des Bodens und ihre Wirkung auf die Gemüse.* Vitamin $B_1$ u. Bios waren nicht in allen Böden in gleicher Menge enthalten, der Geh. schwankte auch mit der Jahreszeit. Der Laubfall im Herbst verursachte eine Erhöhung des Geh. an Vitaminen im Boden. Im Dez. vermindert sich der Geh. an der Oberfläche, er nimmt aber in der Rhizosphäre in ca. 20 cm Tiefe zu. Zufuhr von Stallmist erhöht den Geh. von Vitaminen in der Rhizosphäre, Behandlung eines Bodens mit Sulfonamiden in schwachen Gaben übt eine stimulierende Wrkg. aus, die sich in einer Erhöhung des Vitamingeh. äußert, bei längerer Dauer der Behandlung wird aber der Vitamingeh. wieder vermindert. Bei Verss. mit Spinat ergab eine gleichzeitige Düngung mit Mineraldünger u. organ. Dünger das beste Ergebnis, was auf die damit zugeführten Vitamine zurückgeführt wird. (Mitt. Gebiete Lebensmittelunters. Hyg. [Bern] **45.** 12—16. 1954. A. JACOB. 6304

**Lloyd F. Seatz,** *Messung der Phosphataktivität in Böden.* Kinet. Austauschstudien mit $^{32}P$ zeigten, daß bei allen untersuchten Böden 3 Rkk. auftraten. Die Fraktion von $^{32}P$, die nach einer bestimmten Zeit reagierte, war bei den einzelnen Böden verschieden. Desorptionsstudien verglichen die relative Wirksamkeit verschied. Reagentien in bezug auf die Entfernung von $^{32}P$ aus im Gleichgewicht befindlichen Böden. Schwefelsäure u. Arsensäure desorbierten am stärksten, was auf die Fähigkeit der Sulfat- u. Arsenatanionen, Phosphorsäure zu verdrängen, zurückgeführt werden konnte. Auch $NH_4F$ war ein wirksames Desorptionsmittel. (Soil Sci. **77.** 43—51. Jan. 1954. Tennessee Agricult. Exp. Station.) A. JACOB. 6304

**R. H. Wallace** und **H. de L. King,** *Ernährungsgruppen von Bodenbakterien an den Wurzeln von Gerste und Hafer.* Die Bakterien in der den Wurzeln anhaftenden Erde sowie die Bakterien aus der zwischen den Pflanzreihen entnommenen Erde wurden isoliert u. auf Grund ihres Wachstums auf verschied. Nährmedien in Gruppen unterteilt. Durch Unters. zu verschied. Wachstumszeiten wurde festgestellt, daß die spezif. Rhizosphäreneffekte hauptsächlich mit dem Alter der Pflanze in Verbindung standen, u. daß sie bei Gerste häufiger auftraten als bei Hafer. Es wird der Schluß gezogen, daß Wurzelausscheidungen in die Rhizosphäre von Gerste u. Hafer nur wenig oder gar keinen Einfl. auf das Gleichgewicht der Ernährungsgruppen haben. (Proc. Soil Sci. Soc. America **18.** 282—85. Juli 1954. Quebec, Can., McGill Univ., Fac. of Agricult.) A. JACOB. 6306

**L. Gisiger,** *Untersuchungen über die Bedeutung der Impfung von Leguminosensaatgut.* In der Schweiz kann von der Impfung des Kleesaatgutes nur in Ausnahmefällen ein Vorteil erwartet werden, dagegen hatte Impfung des Luzernesaatgutes recht gute Ergebnisse, es traten Mehrerträge von 10—30% gegenüber ungeimpfter Saat ein. Bakterienstämme verschied. Herkunft wurden vergleichend geprüft. (Mitt. Gebiete Lebensmittelunters. Hyg. [Bern] **45.** 16—25. 1954. Bern-Liebefeld, Landw. Versuchsstat.) A. JACOB. 6312

**Philip Garman,** *Einfluß von Spritzmitteln auf die Qualität von Äpfeln.* Der Einfl. von Spritzmitteln (z. B. Pb-Arsenatkombinationen) auf Geschmack, Nährstoffgeh. u. Farbe von Äpfeln in Abhängigkeit von der Witterung wird diskutiert. (Amer. Fruit Grower **75.** Nr. 2. 41—42. Febr. 1955. Connecticut Agric. Exp. Stat.) F. RANG. 6312

**K. Stoll,** *Über die Wirkung von Wofatox auf den Pollen und die Narbe der Rapsblüte.* Stark verkürzte Fassung der C. **1954.** 10566 referierten Arbeit. (Mitt. biol. Zentralanst. Land- u. Forstwirtsch. Berlin-Dahlem **1953.** Nr. 75. 247—50. März. Aschersleben, Inst. für Phytopathologie.) C. GRIMME. 6312

**H. F. Winter,** *Rostbekämpfung.* Die Erreger des Rostes von Äpfeln u. Birnen wurden durch mehrmaliges Spritzen mit 100 p.p.m. *Streptomycin* erfolgreich bekämpft. *Terramycin* war weniger, *Zineb* nur schwach wirksam. (Amer. Fruit Grower **75.** Nr. 2. 38—39. Febr. 1955. Ohio Agric. Exp. Stat.) F. RANG. 6312

**F. H. Lewis,** *Neue Vorschläge und Spritzmittel zur Bekämpfung der Blattfleckenkrankheit.* Verschied. Verff. zur Bekämpfung der Blattfleckenkrankheit bei Sauerkirschen werden diskutiert. Vorgeschlagen werden als Bodenbekämpfungsmittel das *Na-Salz* von *Dinitro-o-kresol* (*Elgetol* bzw. *Krenite*) u. als Spritzmittel: *Ferbam, Glyodin, Captan* u. *Actidione* (antibiot. wirksames Fungicid). (Amer. Fruit Grower **75.** Nr. 2. 49—51. Febr. 1955. Arendsville, Pa., Fruit Res. Labor.) F. RANG. 6312

**C. R. Cutright,** *Allzweck-Spray.* Durch Spritzen mit einem Gemisch von 50%ig. *Methoxychlor*, 25%ig. *Malathion* u. *Captan* bzw. *Ferbam* können alle Obstsorten von Schädlingen weitgehend freigehalten werden. (Amer. Fruit Grower **75.** Nr. 2. 46—47. Febr. 1955. Ohio Agric. Exp. Stat.) F. RANG. 6312

**C. Potter, M. J. R. Healy** und **F. Raw,** *Untersuchungen über die chemische Bekämpfung von Drahtwürmern* (*Agriotes spp.*). 1. Mitt. *Die direkten und bleibenden Wirkungen von BHC, DDT, D–D und Äthylendibromid.* Zur Vermeidung der Drahtwurmschäden an Weizen wurde die Wrkg. von *BHC, DDT, Äthylendibromid* (**I**) u. *D–D*, einem Gemisch aus chlorierten KW-stoffen mit dem Hauptbestandteil *1.3-Dichlorpropen,* bei verschied. Anwendungsweise untersucht. Alle Behandlungen griffen den Schädling an u. steigerten den Ertrag. Beste Ergebnisse mit **I** u. *BHC* (Breitwurf), schlechteste mit *DDT*. Die am längsten anhaltende Wrkg. ergaben *BHC* (Breitwurf) u. *DDT*, kein bleibender Effekt mit *BHC*-Samenbehandlung. Geschmacksverss. an verschied. Früchten ergaben, daß *BHC* die Rübenernte verderben kann. (Bull. entomol. Res. **46.** 913—23. Jan. 1956 Harpenden, Herts., Rothamsted Exp. Stat.) H. DOSSMANN. 6312

**A. Grunberg, K. Polaček** und **J. Peleg,** *Begasungsversuche mit Äthylendibromid zur Bekämpfung von Eiern und Larven von Ceratitis capitata* (*Wied.*) *in Citrusfrüchten.* Begasungsverss. mit *Äthylendibromid* (**I**) zur Bekämpfung von Ceratitis capitata (Wied.) bei Citrusfrüchten ergaben bei Anwendung von 6 g **I**/cm$^3$ Abtötung der Larven bis zu 98,5%. Die n. fungistat. Behandlung von Exportfrüchten erfolgt 6 Std. lang mit *Decco* ($NCl_3$) (**II**); eine kombinierte **I**- u. **II**-Behandlung über 6 Std. ergab Vernichtung der Larven bis zu 96,4% ohne Beschädigung der Früchte. (Bull. entomol. Res. **46.** 803—11. Jan. 1956. Jaffa, Ministry of Agricult., Div. of Plant Protect.) H. DOSSMANN. 6312

**R. P. Agarwala, D. R. Dhingra** und **S. N. Kapoor,** *Über die Darstellung von „Gammexan".* Vff. beschreiben die Darst. des Insekticides *Gammexan* (*666*) (**I**) durch Einleiten von $Cl_2$ in eine Mischung von Bzl. u. NaOH in Ggw. u. Abwesenheit von Katalysatoren bei Tempp. zwischen 20 u. 25°. Die Chlorierung wird 18—20 Std. fortgesetzt, wobei die Reaktionsmischung stets alkal. gehalten wird. Bei Anwesenheit eines Katalysators wird aus dem festen Reaktionsprod. durch Extraktion mit $CH_3OH$ das $\gamma$-Isomere (**II**), F. 125°, isoliert. In Abwesenheit eine Katalysators werden $\alpha$- u. $\beta$-Isomere mit höherem F. gefunden. — Als Katalysatoren wurden Ni, Fe, Sb, Hg u. Sb + Hg untersucht. Ni u. Fe-

hemmen die Bldg. von **I**, Sb u. Hg geben bessere Ausbeuten, aber der Geh. an **II** ist wesentlich geringer als bei der Rk. in Ggw. von Sb + Hg, am günstigsten im Verhältnis 4 : 1. Die Reinheit von **I** liegt zwischen 70 u. 85%, maximale Ausbeute an **II** beträgt ca. 17%. (J. Indian chem. Soc., ind. News Edit. **13.** 247—54. 1950. Kanpur, Harcourt Butler Technol. Inst.) R. BORCHARDT. 6312

**György Matolcsy** und **Elek Oswald,** *Eine neue Methode zur Herstellung von Phosphatinsekticiden.* (Vorl. Mitt.) Bei der Rk. von $P_4S_{10}$ mit Methanol u. Maleinsäurediäthylester entsteht ein Prod., von dem 70% bei 171°/3 mm dest., u. das gegen Blattläuse wirksamer ist als Parathion oder DDT, dabei aber Warmblüter weniger schädigt als diese. Das Prod. ist mit dem Malathon nicht identisch. Ähnliche Verbb. entstehen bei der Rk. von $P_4S_{10}$ mit anderen Maleinsäurederivv. u. anderen Alkoholen. Vff. nehmen folgenden Verlauf an: $P_4S_{10} + 8\,ROH \rightarrow 4\,(RO)_2PSSH$; $(RO)_2PSSH + {>}C{=}C{<} \rightarrow (RO)_2PSS\overset{|}{\underset{|}{C}}{-}\overset{|}{\underset{|}{C}}H$. (Magyar Kémiai Folyóirat [Ung. Z. Chem.] **60.** 347—48. Nov. 1954. Budapest, Forschungsinst. für Pflanzenschutz.) J. PLANK. 6312

**Donald P. White,** *Veränderung in den Stickstoff-, Phosphor- und Kaliumgehalten von Kiefernnadeln mit Jahreszeit, Stellung der Krone und Behandlung der Probe.* Die in den Nadeln auftretenden Schwankungen der Gehh. an K, N u. P wurden untersucht, um die Entnahme von Nadelproben für die Analyse zu standardisieren. (Proc. Soil Sci. Soc. America **18.** 326—30. Juli 1954.) A. JACOB. 6322

**K. Lasiewicz,** *Photocolorimetrische Bestimmung von Fluor in Düngemitteln.* Zur Best. von F in Düngemitteln u. Rohstoffen nach Abdestillieren als $H_2SiF_6$ wird die Entfärbung von Peroxytitanylschwefelsäure durch $F^-$ ausgenutzt. Colorimetriert wird mit einem UV-Filter ($\lambda_{max}$ 4200 Å). Es wurde der Einfl. von Zeit, Temp. u. Konz. an $H_2SO_4$ u. $H_2O_2$ auf die Farbintensität festgestellt u. die Abhängigkeit der Extinktion von der Konz. an F graph. ermittelt. Die Meth. ist ca. 10mal schneller als eine gravimetr. Bestimmung. Der relative Fehler beträgt ±1,5%. (Przemysł chem. **10** (**33**). 36—38. Jan. 1954. Inst. Kw. Siark., Nawoz. Fosf.) F. URBAN. 6322

**James M. Blume** und **Donald Smith,** *Bestimmung des austauschbaren Calciums und der Kationenaustauschkapazität durch Einstellung eines Gleichgewichts mit* $^{45}Ca$. Um das austauschfähige Ca in Böden zu bestimmen, wurde ein Gleichgewicht mit einer verd. Lsg. von $Ca(NO_3)_2$ eingestellt, welche radioakt. markiertes Ca enthielt. Für Böden mit weniger als 10 Milliäquivalenten Ca je 100 g wurden mit der Ammoniumacetat-Extraktion übereinstimmende Resultate erzielt. Bei Böden mit einem höherem Geh. an austauschbarem Gas waren die nach der Gleichgewichtsmeth. erhaltenen Werte größer als die durch Auslaugen bestimmten; diese Böden zeigten nach dieser Meth. auch höhere Austauschkapazitäten. (Soil Sci. **77.** 9—17. Jan. 1954.) A. JACOB. 6324

---

**Shell Development Co.,** Emeryville, übert. von: **Rupert C. Morris,** Berkeley, **John L. Van Winkle,** San Lorenzo, und **Harry H. Wyrick,** Modesto, Calif., V. St. A., *Dialkanphosphinsäuremonoamide* erhält man durch Rk. eines N-substituierten Amidophosphorsäuredihalogenids mit einem Alkyl-MgBr oder durch Rk. eines prim. oder sek. Amins mit einem Dialkanphosphinsäurehalogenid. — N.N-Diisopropylamidophosphorsäuredichlorid (aus Phosphoroxychlorid u. Diisopropylamin), $Kp._{4,5}$ 97°, wird mit Butyl-MgBr in Ae. 5 Std. bei 35—37° umgesetzt. Der Mg-Komplex wird mit 20%ig. $NH_4Cl$-Lsg. zersetzt. Die Ae.-Schicht wird abgetrennt u. dest., wobei man *N.N-Diisopropyldibutanphosphinsäureamid* mit $Kp._{0,3}$ 124° erhält, das sich beim Stehen zu einem festen Wachs mit F. 61,5—71,5° verfestigt. Diäthylamin gibt mit Dibutanphosphinsäurechlorid das *N.N-Diäthyldibutanphosphinsäureamid* mit $Kp._1$ 121—128°, $n_D^{20}$ 1,4597, $D._{20}$ 0,9259. — Analog erhält man *N-Methyl-N-phenyldibutanphosphinsäureamid,* $Kp._1$ 150—175°, $n_D^{20}$ 1,5147, $D._{20}$ 1,0242. — *Herbicide.* (**A. P. 2 714 064** vom 7/7. 1952, ausg. 26/7. 1955.) J. MÜHLEISEN. 6313

**E. I. du Pont de Nemours & Co.,** Wilmington, Del., übert. von: **Charles W. Todd,** Westtown, Pa., V. St. A., *Substituierte Harnstoffe.* Durch Rk. von 3.4-Dichlorphenylisocyanat mit N-Methylallylamin erhält man *3-(3.4-Dichlorphenyl)-1-allyl-1-methylharnstoff,* F. 103,5—105°. Analog oder nach sonst üblichen Methoden zur Herst. von Harnstoffen (z. B. Rk. von Aminen mit Carbamylchloriden) werden dargestellt: *3-(p-Chlorphenyl)-1-allylharnstoff,* F. 185—186°; *1-(3.4-Dichlorphenyl)-1-allyl-3.3-dimethylharnstoff*; *3-Phenyl-1-allyl-1-methylharnstoff*; *1-(p-Chlorphenyl)-3-allyl-1.3-dimethylharnstoff*; *3-(2-Naphthyl)-1.1-dimethylharnstoff,* F. 210,5—210,8°; *3-(1-Naphthyl)-1.1-diäthylharnstoff,* F. 125—126°; *1-(2-Naphthyl)-1.3.3-trimethylharnstoff*; *3-(4-Chlor-1-naphthyl)-1.1-dimethylharnstoff*; *3-(4-Biphenylyl)-1.1-dimethylharnstoff*; *1-(4-Biphenylyl)-1-all-*

*yl-3.3-dimethylharnstoff*; *1-(4-Biphenylyl)-1-allyl-3-methylharnstoff*. — *Herbicide*. (**A. PP. 2 723 192** u. **2 723 193** vom 23/2. 1954, ausg. 8/11. 1955.) A. BRÖSAMLE. 6313

**Pierre Ernest Bigourdan**, Seine, Frankreich, *Schädlingsbekämpfungsmittel*. Damit die Cu-haltigen Schädlingsbekämpfungsmittel für Pflanzen, bes. Wein, nicht vor dem Verbrauch ihres Cu-Geh. unwirksam werden, werden zugleich mit ihnen oder später zusätzliche aktivierende Mittel verwendet. Diese sind entweder solche, die unmittelbar chem. wirken, z. B. $NH_4$-Salze von mineral. oder tier. Herkunft oder organ. Verbb., die mit dem Cu komplexe Verbb. bilden, oder ein Absud von pflanzlichen oder tier. Abfällen oder schwache Säuren oder saure Salze. Oder es sind mittelbar durch ihren Wassergeh. wirkende, wasseraufnehmende Stoffe, z. B. $CaCl_2$, Glycerin, Ton, pflanzliche Schleimprodukte. (**F. P. 977 806** vom 17/11. 1942, ausg. 5/4. 1951.) B. SCHMIDT. 6313

**J. R. Geigy Akt.-Ges.**, Basel, Schweiz, *Herstellung von insekticid wirkenden, gut haftenden Belägen* auf Pflanzen u. Waren, welche dem Befall durch Schädlinge ausgesetzt sind. Ein oder mehrere insekticide Wirkstoffe werden zusammen mit solchen nicht oder schwerflüchtigen organ. Trägerstoffen, die mit dem Wirkstoff bei gewöhnlicher Temp. feste, halbfeste oder viscose Mischungen bilden, in heiß-fl. Zustand durch Verspritzen, Versprühen oder Vernebeln auf die Oberfläche der zu schützenden Objekte aufgebracht. Genannt sind *1.1-Bis-[p-chlorphenyl]-*, *1.1-Bis-[p-fluorphenyl]-*, *1.1-Bis-[p-methoxyphenyl]-2.2.2-trichloräthan*, *1.1-Bis-[p-chlorphenyl]-2.2-dichloräthan*, *HCH*, *Chlordan*, *chloriertes Camphen*, *Phosphor-* u. *Thiophosphorsäureester*, *4.4'-Dichlorbenzilsäureäthylester*, *Cu-Oleat*, *Cu-Naphthenat*. Als Trägerstoffe kommen Paraffin, Stearin, Kolophonium, Cumaronharz, Wollfett, Vaselin, Harzöl oder ihre Mischungen in Betracht. Diese Beläge können auf Holz, Papier, Faserstoffen, Fellen, Pelzen, rohen Tierhäuten u. Leder, Oberflächen ganzer Warenstapel u. Verpackungsmaterialien aufgebracht sowie zur Behandlung von Lagerräumen, Wohnräumen u. Stallungen verwendet werden. (**Oe. P. 182 902** vom 17/1. 1953, ausg. 25/8. 1955. Schwz. Prior. 18/1. 1952.) W. WITTHOLZ. 6313

**Hooker Electrochemical Co.**, V. St. A. (Erfinder: **Richard Hazen Komball**), *Trennung der Isomeren des Hexachlorcyclohexans*. Das Gemisch der Stereoisomeren des Hexachlorcyclohexans wird als *Insekticid* verwendet. Die höchste Aktivität besitzen das $\gamma$- u. $\alpha$-Isomere. Eine Anreicherung der beiden Isomeren gelingt auf Grund der unterschiedlichen Löslichkeiten der Isomeren in verschied. Lösungsmitteln. Das Gemisch wird einem Kreislauf von abwechselndem Extrahieren bzw. Suspendieren, Konzentrieren, Kristallisieren, Zentrifugieren, Dekantieren u. Filtrieren unterworfen, wobei die Tempp. u. die Mengen des zugesetzten Lösungsm. variieren. Lösungsmittel sind Methanol, A., Bzl., Toluol, Äthylacetal, Propylendichlorid, Monochlorbenzol, Ae., Aceton u. Eisessig. — 2 Zeichnungen. (**F. P. 1 054 809** vom 16/1. 1952, ausg. 15/2. 1954. A. Prior. 23/1. 1951.) S. MEIER. 6313

**Olin Mathieson Chemical Corp.**, übert. von: **Joseph Farrell Weiler**, Lewiston, N. Y., V. St. A., *Polychlorierte tert.-Butylbenzole* mit 4—9 Cl-Atomen (davon wenigstens 2 im Kern u. wenigstens 2 in der tert.-Butylgruppe) erhält man durch Seitenketten–Licht-Chlorierung bei 50—150°, bes. in Ggw. von Katalysatoren, wie $PCl_3$, der entsprechenden, lediglich kernchlorierten Verbb., wie sie durch FRIEDEL-CRAFTS-Alkylierung von o-Dichlorbenzol oder durch Kernchlorierung von tert.-Butylbenzol in bekannter Weise dargestellt werden. — Man kann auch tert.-Butylbenzol zuerst im Ring u. dann in der Seitenkette chlorieren, wobei für die 1. Stufe die Verwendung von $FeCl_3$ oder $SbCl_3$ vorteilhaft ist. — *Insekticide*. (**A. P. 2 697 123** vom 9/2. 1950, ausg. 14/12. 1954.) J. MÜHLEISEN. 6313

## VIII. Metallurgie. Metallographie. Metallverarbeitung.

**I. N. Plakssin, S. W. Bessonow** und **L. R. Solowjowa**, *Änderungen der Flotationseigenschaften von Sulfidoberflächen unter dem Einfluß von Gasen und Reagentien*. Verss. über den Einfl. von $O_2$ auf das Haften von Sulfiden an der Luftblase ohne Sammlerzusatz, über den Zusammenhang zwischen der Einw. des $O_2$ auf Sulfide u. der Fixierung von Xanthat auf deren Oberfläche, über die Art der $O_2$-Adsorption aus Lsgg. durch Sulfide, über die Einw. von Gasen u. Reagentien auf Sulfide nach der Meth. der Änderung von Ungleichgewichtspotentialen. (Freiberger Forschungsh., Reihe A Heft **33**. 60—77. 1955.) E. BOYE. 6362

**Maurice Cook, C. L. M. Cowley** und **E. R. Broadfield**, *Die Verwendung von feuerfesten Materialien in Niederfrequenz-Induktionsöfen zum Schmelzen von Kupferlegierungen*. Überblick über die Entw. eines geeigneten feuerfesten Materials für Niederfrequenz-Schmelzöfen zum Schmelzen von Cu-Legierungen in den letzten 30 Jahren. Die Sorten des feuerfesten Materials u. die Verff. zu seiner Anbringung im Ofen werden beschrieben, u. es werden Angaben über die mittlere Lebensdauer von solchen Auskleidungen gemacht, die beim Schmelzen von desoxydiertem Cu u. den wichtigsten Cu-Legierungen verwendet worden sind. Die bei den Auskleidungen auftretenden Fehler werden unterteilt in solche, die durch ihre Anbringung u. den Ofenbetrieb bedingt sind, sowie in solche, die durch Rkk. zwischen Futter u. Schmelze auftreten u. Beispiele angegeben. (J. Inst. Metals **83.** 295—305. Febr. 1955. Birmingham, Imp. Chem. Ind. Ltd.) H. HOCHSTEIN. 6370

**E. J. Thackwell,** *Die Auswahl und der Aufbau von monolithischen Auskleidungen für Zweikammer-Induktionsöfen zum Schmelzen von Aluminiumlegierungen.* Erörtert werden die Schwierigkeiten, die sich bei Herst. einer Ofenauskleidung mit den notwendigen metallurg., mechan. u. therm. Eigg. infolge der schweren Betriebsanforderungen in einem großen Zweikammer-Niederfrequenz-Induktionsofen zum Schmelzen von Al-Legierungen ergeben. Mehrere Arbeitsweisen zur Anbringung der Auskleidung u. verschied. Arten von ausprobierten Werkstoffen werden beschrieben, u. es werden die Gründe für die endgültige Auswahl einer dicht gestampften, voll monolith. Auskleidung erörtert, die an Ort u. Stelle geformt u. gebrannt wird. Die hierfür erforderlichen Werkzeuge werden beschrieben, u. es werden Angaben über die feuerfeste Mischung, den Stampfvorgang, das Brennen der Auskleidung u. ihre Haltbarkeit gemacht. (J. Inst. Metals **83.** 283—94. Febr. 1955. Monmouthshire, Northern Aluminium Co., Ltd.) H. HOCHSTEIN. 6370

**A. Bouillot, P. Desfossez, Ch. G. Thibaut, A. Serruaun** und **B. Menuet-Guilbaud,** *Industrielle Erprobung von Koks aus saarländischer Kohle und von Schwelkoks.* Die Verkokungsverff., die in letzter Zeit in Carling (Stampfen, Zusatz von Koksgrus) im Marienau (Tockenbeschickung mit Zugabe von Schwelkoks) u. in Thionville gesteinskundliche Zurichtung) angewendet wurden, zielten auf eine Verminderung u. sogar auf den vollständigen Verzicht auf einen Zusatz von Fremdkohle hin. Eine Verhüttung des so behandelten Kokses, der aus 13% von Schwelkoks aus Marienau u. aus üblicherweise in Dillingen verwendete saarländ. Kohle ohne Zugabe von eingeführter Kohle bestand, im Hochofen wurde ausprobiert u. ergab insoweit gute Ergebnisse, als der Hochofen einen sehr regelmäßigen Gang hatte u. eine Betriebsstörung nicht eintrat. (Rev. Métallurgie **52.** 63—79. Jan. 1955.) H. HOCHSTEIN. 6372

**R. L. Robinson,** *Brennstoff für Nichteisenmetallschmelzen.* Auswahl des Brennstoffs, geeignete Feuerungen u. Betrieb der Ofenanlage zur Aufrechterhaltung hoher Temperaturen. (Foundry Trade J. **97.** 721—22. 16/12. 1954.) F. ROSENDAHL. 6372

**M. G. Johannès,** *Die Anwendung von überhitztem Dampf zum Trocknen von Gußformen und -kernen.* Übersicht über Grundlagen der Trocknung mit überhitztem Dampf, dessen Anwendung in Trockenvorr. von Gießereien u. Berechnung des Wärmebedarfs. (Fonderie belge **1953.** 52—57. März. 72—79. April. 102—05. Mai. Paris, Etabl. Colin et Cie, W. WESLY. 6382

**Harold J. Gonya** und **David C. Ekey,** *Bestimmung des Eindringens von Metall in Sandgießformen.* Unterss. nach statist. Verf. zeigen an Hand von Analysen von Messinggußstücken, daß der stat. Metalldruck u. die Sandkornverteilung eine größere Rolle bzgl. des Eindringens von Metall in die Gießform spielen als Feuchtigkeitsgeh., Kernabbindezeit u. Feststampfung der Gießform. Diese Faktoren sind ohne Bedeutung für die Durchdringung der Gießform mit Al. — Diskussion. (Trans. Amer. Foundrymen's Soc. **59.** 253—60. 1951. Dayton, O., Harris-Seybold Co., u. Ohio State Univ.) W. WESLY. 6382

**Børge Lunn,** *Einige Versuche mit Hülsenlagermetallen.* Übersicht über Zus. u. Eigg. der Lagermetalle u. die Schmiertheorien. Verss., die sich auf überwachte Grenzschmierungszustände gründen (Zahlentafeln, Diagramme, Abb.) führen zu den Hypothesen: Die Funktion eines Gleitlagers ist durch die Bldg. festhaftender Schichten bedingt, die eine metall. Berührung zwischen den gleitenden Flächen verhindern. Diese Schichten entstehen durch chem. Rkk., zwischen den gleitenden Metallen, dem Schmiermittel u. der umgebenden Atmosphäre. Die Lagereigg. (Schmiereigg.) eines Metalles (Schmiermittels) werden von der Fähigkeit der Oberfläche (Komponenten) bestimmt, durch chem. Rkk. mit dem Schmiermittel (den gleitenden Metalloberflächen) u. der umgebenden Atmosphäre festhaftende Schichten zu bilden, die eine metall. Berührung zwischen den Gleitflächen verhindern. Die schichtbildende Rk. besteht wahrscheinlich in einer Oxydation des Öls. — 123 Schrifttumsangaben. (Trans. Dan. Acad. techn. Sci. **1952.** Nr. 2. 3—135. Kopenhagen, Akad. for Tekn. Vidensk.) W. WESLY. 6388

**J. Savage** und **W. H. Pritchard,** *Das Problem des Reißens des Stranges beim kontinuierlichen Strangguß von Stahl.* Das Reißen der Gußhaut eines Stranges in der Form beim Stranggießverf. wird verursacht durch eine Vereinigung der hohen Reibungskräfte zwischen dem Strang u. der Formoberfläche u. der verhältnismäßig geringen Festigkeit der Stranggußhaut. Messungen der Reibung zwischen dem Strang u. der Form u. des Wärmedurchgangs durch die Formwand führten zu einem Verf., bei dem das Reißen durch eine Festigkeitserhöhung der Gußhaut infolge einer Erhöhung der Dicke der erstarrten Randschicht vermieden wird. — 15 Schrifttumsangaben. (J. Iron Steel Inst. **178.** 269—77. Nov.; Iron and Steel **27.** 649—52. Dez. 1954.) H. HOCHSTEIN. 6408

**M. G. Losinski,** *Einige Besonderheiten der Austenitumwandlung in Martensit- und Zwischenstufe.* Beschreibung einer Vakuumapp., die es gestattet, an polierten Schliffen die Gefügeveränderungen von Metallen bei hohen Tempp. laufend mkr. zu verfolgen u. kinematograph. festzuhalten. Der Beobachtung unterlagen Proben aus C-Stahl (0,05; 0,20 u. 0,45% C) u. den legierten Baustählen 30 ChGSA; Ch 4 N; 18 ChNWA, nach vorhergehendem Glühen bei 1150—1200° auf grobes Austenitkorn, im Abkühlungsintervall 900—20° bei einer Abkühlungsgeschwindigkeit 600—400°/Minute. An einer Reihe von Schliffbildern werden die in Abhängigkeit von Temp. u. Zeit sich abspielenden Umwandlungsvorgänge u. die damit zusammenhängenden Gefügeveränderungen näher besprochen. (Известия Академии Наук СССР, Отделение Технических Наук [Nachr. Akad. Wiss. UdSSR, Abt. techn. Wiss.] **1954.** Nr. 11. 36—43. Nov. Moskau.) V. EHMCKE. 6408

**Kurt Fink, Werner Lueg** und **Günter Bürger,** *Formänderungsfestigkeit von unlegierten und niedriglegierten Stählen beim Warmstauchen unter einem Fallhammer.* Beschrieben wird das Verf. zur Aufnahme der Formänderungsfestigkeit (I)–Formänderungs-Kurve, also der wahren Fließkurve von Stählen bei schlagartigem Warmstauchen im Fallhammer bis zu logarithm. Formänderungen von 35% bei bekanntem Formänderungsgeschwindigkeits-(II)-Verlauf. Der zeitliche Kraftverlauf während des Stauchvorganges wird dabei mit Dehnungsmeßstreifen, der der Formänderungen durch opt. Aufnahme der Durchmesserzunahme frei gestauchter Zylinderproben gemessen. Die **II** bis zu ca. 30% Formänderung kann in erster Näherung als unter der **II** bei Beginn des Stauchvorganges aufgenommen gelten. Untersucht werden normal geglühte Proben aus vier unlegierten u. drei niedriglegierten, in der Gesenkschmiede hauptsächlich verarbeiteten Baustählen bei Tempp. zwischen 700 u. 1200° u. bei **II,** die bei 5 m/sec. Auftreffgeschwindigkeit zu Beginn der Stauchung im Mittel 90 m/sec. betrugen. Während sich die **I** der untersuchten Stähle bei 700° noch erheblich unterscheiden, bewegen sich die Höchstwerte der **I** aller Stähle bei 1200° mit Abweichungen von $\pm 5\%$ um den Mittelwert von 12,2 kg/mm². In allen Fällen jedoch wird noch bei 1200° unmittelbar eine Verfestigung während der Verformung beobachtet. Die während der Warmverformung einsetzende Entfestigung (Erholung) läuft im $\alpha$-Zustand schneller als im $\gamma$-Zustand ab. Bei den unlegierten Stählen wird eine Zunahme der Entfestigungsgeschwindigkeit mit steigendem C-Geh. sowohl unterhalb als auch oberhalb der Umwandlungstemp. $Ac_3$ gefunden. Durch das Verf. kann der Einfl. des Legierungsgeh. auf das Verfestigungs- u. Entfestigungsverh. von Stählen während der Warmformgebung untersucht werden. Es wird bei der Warmverformung eines unlegierten Stahles mit ca. 0,5% C bei 800° eine Abhängigkeit der Größe des Austenitkornes nach der Verformung von der Größe des Ausgangskorns u. eine Abnahme der **I** mit zunehmender Austenitkorngröße festgestellt. — 31 Schrifttumsstellen. (Arch. Eisenhüttenwes. **26.** 655—68. Nov. 1955. Düsseldorf, Max-Planck-Inst. für Eisenforschung.) H. HOCHSTEIN. 6408

**Neil J. Culp,** *Die Härtbarkeit von unlegiertem Werkzeugstahl.* Eine Reihe von Härte-Eindring-Kurven für einen übereutektoiden unlegierten Werkzeugstahl, der auf körnigen Zementit geglüht worden war, wurde aufgestellt. Die Kurven ermöglichen in erster Annäherung eine Aussage über die Tiefe, bis zu der ein gegebener Stahl in Zylinderform von besonderem Durchmesser härten wird. Eine Anwendung dieser Kurven auf Stähle mit über 0,9% C erfordert eine Vorbehandlung von 40 Min. Dauer bei 870° mit nachfolgender Ölabschreckung vor einer Behandlung bei 790° u. Abschreckung in einem bewegten Salzbad von Raumtemperatur. Die Vorbehandlung kann für Stähle mit einem C-Geh. von 0,9% u. weniger entfallen. Ein Vgl. der Voraussagen auf Grund dieser Kurven mit rein prakt. Ergebnissen ergibt für prakt. Anwendungsmöglichkeiten eine ausreichende Genauigkeit. — 14 Schrifttumsangaben. Diskussion. (Trans. Amer. Soc. Metals **47.** 769—84. 1955.) H. HOCHSTEIN. 6408

**J. E. Rehder,** *Die relativen Wirkungen der Chrom- und Siliciumgehalte auf den Anlaßgrad von schwarzkernigem schmiedbarem Eisen.* Die Best. der quantitativen Wrkg. des Cr-Geh. auf den Anlaßgrad von schwarzkernigem schmiedbarem Eisen in der 1. Stufe, der prim. Carbidzers. u. von weißem Eisen in der sek. Stufe zeigt, daß Cr die graphitbildende Wrkg. des 4—5fachen bzw. 7—8fachen Si-Gewichtes aufhebt. Die verzögernde Wrkg. der Cr auf den Anlaßgrad wird aufgehoben durch Erhöhung der Anlaßzeit u. -temp. u. des Si-Geh. bzw. langsameres Abkühlen oder längeres Halten auf unterkrit. Temperatur. — Diskussion. (Trans. Amer. Foundrymen's Soc. **59.** 244—52. 1951. Ottawa, Canada, Mines Branch, Dep. of Mines and Techn. Surv.) W. WESLY. 6410

**C. L. Clark, M. Fleischmann** und **J .W. Freeman,** *Kriechverhalten einer Eisenlegierung 16–25–6.* Ausgeführt werden Zeitstandverss. bis zu 12000 Std. bei 650, 705 u. 760° bei Beanspruchungen von 7—75 kg/mm² an einer Legierung mit 16 (%) Cr, 6 Mo, 25 Ni, Rest Fe, nach einer Wasserabschreckung von 1175° oder nach Warmwalzen mit 25% Verformung bei 815° mit nachfolgendem 5std. Glühen bei 690°. Mit dem Übermikroskop werden Gefügeunterss. durchgeführt u. die Ausscheidungsvorgänge während des Kriechens verfolgt. Hierdurch wird nachgewiesen, daß die Kriechfestigkeit der Legierung wenigstens teilweise auf Ausscheidungsvorgänge zurückzuführen ist, welche ebenfalls für die Veränderung der physikal. Eigg. der Legierung bei Raumtemp. nach den Zeitstandunterss. verantwortlich ist. — Diskussion. (Trans. Amer. Soc. Metals **44.** 89—112. 1952. Canton, O., Timken Roller Bearing Co.; Ann Arbor, Mich., Univ. of Michigan.) H. HOCHSTEIN. 6410

**N. A. Ziegler, W. L. Meinhart** und **J. R. Goldsmith,** *Einwirkung von Vanadium auf die Eigenschaften von Chrom–Molybdän-Stahlguß.* Unterss. an Cr–Mo-Gußstählen mit 0—0,30 (%) V u. 1,25 Cr, 0,5 Mo bzw. 2,5 Cr, 0,5 Mo bzw. 5,0 Cr, 0,5 Mo u. 0,1—0,30 C zeigen, daß die Ggw. von V die Umwandlungstempp. beim Erhitzen, die Strengflüssigkeit u. die Härtbarkeit an der Luft erhöht. Mit steigendem V-Geh. vermindert sich die Größe des Ferrit- u. Perlitkornes u. entstehen außergewöhnlich feine kugelförmige Carbide; das dendrit. Gefüge wird gröber u. beständiger. Die Einw. des V auf die physikal. Eigg. der Stähle ist bei gewöhnlicher Temp. verhältnismäßig gering. V erhöht in geringem Maße Zugfestigkeit u. Streckgrenze u. vermindert Dehnung u. Stoßfestigkeit. Die Lichtbogenschweißung dieser Stähle bietet keine Schwierigkeiten. Höhere V-Gehh. verringern die Dehnbarkeit der Schweißen. — Diskussion. (Trans. Amer. Foundrymen's Soc. **59.** 261—75. 1951. Chicago, Ill., Crane Co.) W. WESLY. 6410

**E. M. Mahla** und **N. A. Nielsen,** *Die Carbidausscheidung in rostfreiem Stahl vom Typus 304. — Eine elektronenmikroskopische Untersuchung.* Die durch Elektronenbeugungsaufnahmen als $Cr_{23}C_6$ gek. Carbide werden hinsichtlich Größe, Form u. Verteilung in Abhängigkeit von Zeit u. Temp. der Wärmebehandlung u. des Einfl. einer 80%ig. Kaltverformung untersucht. Die nach 1std. Glühen entstandenen Carbide haben eine dendrit. Form, die typ. ist für ein durch Diffusion entstandenes Teilchenwachstum. Sie haben eine Dicke von nur wenigen Molekeldurchmessern. Ihre Auflsg. u. Wiederabscheidung ist innerhalb von Sek. möglich. Nach längeren Glühzeiten gehen die kleinen Carbidflocken u. Dendriten über größere Dendriten u. Dendritbruchstücke in kleinere geometr. Formen über. Die Unters. der nach 80%ig. Kaltverformung erhaltenen Carbidformen bestätigen, daß hierbei die Carbide sich in fein unterteilter Form über die Legierung verteilen u. dadurch ihre schädliche Ausscheidung an den Korngrenzen aufgeben. Die Unters. bestätigt ferner, daß Form u. Verteilung der Carbide von entscheidendem Einfl. auf die Empfindlichkeit der Legierung gegenüber interkristalliner Korrosion ist. (Trans. Amer. Soc. Metals **43.** 290—322. 1951.) O. WERNER. 6410

**Willi Lindenlaub,** *Die Verhüttung von Eisen und Kieselsäure enthaltenden Zinkblenden auf Elektrolytzink.* Übersicht über die Richtlinien zur Röstung von Zinkblende u. das in seinen Grundlagen bekannte MAKOWESKI-Verf. zur Verarbeitung von nichtgerösteten, sulfid., $SiO_2$-haltigen Zn-Konzentraten (bes. Cu–Zn- u. Pb–Zn-Konzentraten) mit konz. $H_2SO_4$ unter Erwärmung u. Entstehung von Metallsulfaten, $H_2S$, $SO_2$ u. Wasser. (Metallurgie u. Giessereitechn. **4.** 225—27. Mai 1954.) W. WESLY. 6426

**P. Brock,** *Eine Bemerkung über den Einfluß des Korngrenzenfließens beim Kriechen einer Bleilegierung mit 0,5% Zinn.* Der Einfl. der Korngröße auf die Kriechgeschwindigkeit sowie der Einfl. der Spannung u. der Korngröße auf das Korngrenzengleiten wird an zwei ähnlichen Proben aus einer Pb-Legierung mit 0,5% Sn nachgewiesen. Eine Probe, die bei einer Spannung von 300 lbs./in² geprüft wurde, zeigte ein Kriechen von 51% in 32000 Std., während die andere Probe, die bei 500 lbs./in² geprüft wurde, in derselben Zeit nur ein Kriechen von 28% zeigte, was auf die während der Prüfung erfolgende Rekristallisation zurückgeführt wurde. — Schrifttumsangaben. (J. Inst. Metals **83.** 191. Jan. 1955. London.) H. HOCHSTEIN. 6430

**Fritz Glander** und **Wilhelm Glander,** *Zur Verpreßbarkeit von Blei–Antimon-Legierungen für Kabelmäntel.* In einer Labor-Presse wurde der Einfl. von geringen *Cu*-Zusätzen auf die Verpreßbarkeit von Pb–Sb-Kabelmantellegierungen untersucht. Wenn dafür gesorgt wurde, daß die Reibungsverhältnisse in der Laborpresse konstant waren, ließen sich die Preßdrucke ausreichend genau reproduzieren. Es ergab sich, daß ein Cu-Zusatz von 0,06% zu Pb–Sb-Legierungen sowohl mit 0,5 als auch 1,0% Sb eine Preßdruckerniedrigung von ca. 7,0% hervorruft. — Schrifttumsangaben. (Z. Metallkunde **46.** 552—54. Aug. 1955. Hannover.) H. HOCHSTEIN. 6430

**V. B. Hysel** und **T. W. Collier,** *Qualitätsprüfung bei der Wärmebehandlung und Fertigbearbeitung von Kupfer und Kupferlegierungen.* Eine Anzahl von Sonderanwendungen der Wärmebehandlungen, bes. von *Cr–Cu*-Legierungen u. der Niedertemperaturbehandlung zur Spannungsentfernung, wird erörtert. Eine Beschreibung der Endbehandlungsvorgänge beim Beschneiden, Richten u. Entfernen von Graten wird gegeben u. die Prüfverff. werden behandelt, die zur Sicherstellung einer für den Verwendungszweck erforderlichen Werkstoffgüte zur Anwendung kommen. — Schrifttumsangaben. (J. Inst. Metals **83.** 233—46. Febr. 1955. Troghall, Stoke-on-Trent, Thomas Bolton and Sons Ltd.)
H. HOCHSTEIN. 6432

**Wolfgang Gruhl** und **Rudolf Fischer,** *Aushärtung und Verformung bei Kupfer-Chrom.* In grundsätzlicher Übereinstimmung mit dem Verh. der Al-Legierungen wird auch bei Cu–Cr die Aushärtung durch eine vorangegangene Kaltverformung in ihrem Ausmaß herabgesetzt. Umgekehrt bewirkt auch eine vor der Verformung vorgenommene Aushärtung eine Verringerung der Verformungshärte. Dabei ist die durch Vorlagerung, Verformung u. Nachlagerung insgesamt erzielbare Steigerung der Härte jeweils gleich, wobei es keine Rolle spielt, in welchem Stadium der Aushärtung die Verformung durchgeführt wird. Die Geschwindigkeit der Aushärtung wird bei Cu–Cr durch eine nach dem Abschrecken vorgenommene Kaltverformung nicht beeinflußt. Röntgenograph. konnte der Nachw. erbracht werden, daß eine Ausscheidung von ungefähr reinem Cr stattfindet. Elektronenmkr. Aufnahmen zeigten, daß die Ausscheidung von Cr kontinuierlich im Innern der Kristalle erfolgt u. daß die Ausscheidungen zum Mutterkristall orientiert sind. — 10 Schrifttumsangaben. (Z. Metallkunde **46.** 742—48. Okt. 1955. Aachen, TH.)
H. HOCHSTEIN. 6432

**W. Betteridge** und **T. E. Cound,** *Die Wärmebehandlung, Überwachung und Prüfung von warmverformtem Nickel und Nickellegierungen.* Die Herst. von Ni u. Ni-Legierungen durch Warmverformung wird mit bes. Berücksichtigung der Wärmebehandlung, der Überwachungs- u. Prüfverff., die nach allen Warm- u. Kaltverformungsgängen vorgenommen werden, beschrieben, u. ein kurzer Überblick über die verschied. Herstellungsverff. wird gegeben. — 14 Schrifttumsangaben. (J. Inst. Metals **83.** 262—70. Febr. 1955. Birmingham, Mond Nickel Co. Ltd. bzw. Henry Wiggin & Co. Ltd.)
H. HOCHSTEIN. 6434

**W. T. Edmunds** und **R. C. Lloyd,** *Die Herstellung von Leichtmetallgesenkschmiedestücken, ihre Wärmebehandlung, Beaufsichtigung und Prüfung.* Die für die Herst. von Al- u. Mg-Legierungen durch Gesenkschmieden gültigen Richtlinien sowie die für die Wärmebehandlung der Schmiedeerzeugnisse geltenden Gesichtspunkte sind zusammengestellt. Es wird ein Überblick über die hierbei auftretenden Fehlermöglichkeiten u. die entsprechenden Prüfverff. gegeben. — Schrifttumsangaben. (J. Inst. Metals **83.** 247—61. Febr. 1955. Oldburg, Light-Metal Forgings Ltd.) H. HOCHSTEIN. 6442

**G. A. Baudart,** *Bauxit in Französisch-Guayana.* Unterss. haben ergeben, daß Französ.-Guyana reich an abbauwürdigen Bauxitvorkk. ist, z. B. ist in der Nähe von Cayenne eine Lagerstätte mit 42 Millionen t gefunden worden. Das Erz hat zwar keinen hohen Al-Geh., enthält aber nur sehr wenig $SiO_2$. (Rev. de l'Aluminium **32.** 791—93. Sept. 1955.)
F. VIER. 6446

**A. J. Field** und **J. Salter,** *Qualitätsprüfung bei der Wärmebehandlung und der Endverarbeitung bei der Herstellung von gewalztem, stranggepreßtem und gezogenem Aluminium und Aluminiumlegierungen.* Überblick. — 10 Schrifttumsangaben. (J. Inst. Metals **83.** 199—220. Febr. 1955. Falkirk bzw. London, British Aluminium Co., Ltd.)
H. HOCHSTEIN. 6446

**Adrien Saulnier,** *Durch Altern von Aluminiumlegierungen mit 7% Magnesium entwickeltes Gefüge und die Bedeutung von $Mg_2Si$ für die Anfälligkeit gegen interkristalline Korrosion.* Während der Alterung einer sehr reinen Al-Legierung mit 7% Mg bei 200° erscheinen sowohl an den Korngrenzen als auch innerhalb der Körner sehr kleine Teilchen der $Al_3Mg_2$-Phase, welche während der ersten 4 Std. der Alterung nur mit dem Elektronenmikroskop beobachtet werden können. Diese Teilchen werden von der Grundmasse ringförmig umgeben, welche einen geringen Mg-Geh. besitzt. Diese umgebende Grundmasse kann durch eine Sonderätzung nach BÜCKLE, CHANGARNIER u. CALVET mkr. sichtbar gemacht werden. Wenn die Teilchen an den Korngrenzen in genügender Zahl vorhanden sind, können die Grundmassenringe als kontinuierliche Streifen auftreten. In handelsüblichen Legierungen ist der Ausscheidungsvorgang von $Al_3Mg_2$ der gleiche. Jedoch spielt hierbei Si als Verunreinigung von Al eine wesentliche Rolle. Wenn nämlich die Homogenisierungstemp. erreicht wird, geht Si in Lsg. u. scheidet sich später als $Mg_2Si$ durch Alterung wieder aus, wodurch eine Aushärtung erzielt wird. Außerdem wird die Anfälligkeit der handelsüblichen Legierungen für interkristalline Korrosion durch die Ggw. eines $Mg_2Si$-Häutchens an der Korngrenze hervorgerufen. (Rev. de l'Aluminium **32.** 1011—14. Nov. 1955.) H. HOCHSTEIN. 6446

**W. Rosenkranz,** *Untersuchungen über das Rekristallisationsverhalten niedrig legierter Aluminiumwerkstoffe bei Warm- und Kaltverformung.* Geringe Zusätze von *Mn* oder *Cr* zu Al-Legierungen wirken rekristallisationshemmend. Unterss. an stranggepreßtem u. zusätzlich kaltgezogenem Halbzeug aus Al–Mn-Legierungen ergaben, daß durch 24 std. Homogenisieren bei 600° die Rekristallisationsfreudigkeit erhöht u. das Auftreten von Fehlern als Folge von Grobrekristallisation vermieden werden kann. (Aluminium **31.** 328—34. Juli/Aug. 1955. Meinerzhagen/Westf.) F. VIER. 6446

**Yasumasa Hayakawa,** *Untersuchungen über die Bildung einer Aluminiumlegierung mit niedrigem Siliciumgehalt aus einer Legierung mit hohem Siliciumgehalt durch strömenden Dampf.* Das von TAKAHASHI u. ONO entwickelte Wasserdampfverf. bewirkt eine Ausscheidung von Silumin aus Al-Legierungen mit hohem Si-Geh. bei Tempp., die zwischen dem E. u. dem prim. Kristallisationspunkt liegen. Das Silumin ist frei von Carbiden u. O u. enthält wenig Fe. Zus. u. Menge der extrahierten Substanz sind von Temp., Zeitdauer des Prozesses, Korngröße u. Al-Geh. der Muttersubstanz abhängig. Die Oberflächenspannung von Al u. Silumin sind in Dampf 20% niedriger als in der Luft. Die Meth. ist bisher nur bei hoch Si-haltigen Al-Legierungen mit Erfolg durchgeführt worden. (Sci. Rep. Saitama Univ., Ser. A **1.** 27—35. 1952. Urawa, Univ. Saitama, Dep. of Chem. [Orig.: engl.]) M. BLUTH. 6446

**H. K. Hardy,** *Aluminium–Kupfer–Cadmium-Legierungen für Bleche.* Al–Cu–Cd-Legierungen lassen sich schlecht zu Blechen warm auswalzen. Bei Raumtemp. tritt eine nur unwesentliche Aushärtung auf, jedoch gibt eine künstlich ausgehärtete Legierung mit 5(%) Cu u. 0,14 Cd Werte von 25 (tons/in$^2$) für die 0,1% Streckgrenze u. von 30 für die maximale Beanspruchung in Längs- u. Querrichtung. Eine Kaltverformung vor der künstlichen Alterung erhöht die Zugfestigkeit von Al–Cu-Legierungen, verringert sie jedoch bei Al–Cu–Cd-Legierungen. Der Wert für die Streckgrenze kann bis auf 3 fallen; jedoch wird dieser Einfl. in starkem Maße durch eine kurze Voralterung bei 165 oder 170° vor dem Kaltwalzen gemildert. Der Festigkeitsabfall kann auch verringert werden, wenn das der Lösungsbehandlung unterworfene u. kaltverformte Blech eine Behandlung zum Spannungsabbau von 2 Min. Dauer in Öl bei 200—210° erhalten hat. Ein voll ausgealtertes Blech aus Al–Cu–Cd-Legierungen unterliegt keiner Spannungskorrosion, zeigt jedoch einen intrakristallinen Korrosionsangriff, wenn es mit einer 3%ig. NaCl-Lsg. bespritzt wird. Eine Spannungskorrosion tritt in diesen Legierungen auf, wenn sie nur 3 Std. bei 170° gealtert werden. Eine Al–Cu-Legierung, die kein Cd enthält, zeigt eine schlechtere Beständigkeit gegen Spannungskorrosion, selbst wenn sie 40 Std. bei 165° gealtert wurde. Sowohl die Cd-freie als auch Cd-haltige Legierung in Blechform hatte eine hohe Beständigkeit, wenn sie kaltgewalzt u. zur Erzielung höchster Festigkeit voll ausgehärtet waren. — 29 Schrifttumsstellen. (J. Inst. Metals **83.** 337—46. März 1955. Stokes Poges, Fulmer Res. Inst., Ltd.) H. HOCHSTEIN. 6446

**Takeshi Kojima** und **Masao Sato,** *Metallurgische Forschung über Ceriummetall.* 10. Mitt. *Anwendung: Über Salzschmelzelektrolyse der eutektischen Mischung* $CeCl_3 \cdot 2KCl\text{–}KCl$. (9. vgl. J. electrochem. Soc. Japan **22.** [1955.] 303.) Mischmetall läßt sich durch Salzschmelzelektrolyse erhalten, wenn 1. das Ausgangsmaterial $CeCl_3$ frei von O-haltigen Verunreinigungen ist, z. B. durch $p_H$-Kontrolle bei der Fällung mit verd. $NH_4OH$, 2. die Oberfläche des geschmolzenen Salzes vor Berührung, bes. mit feuchter Luft, bei der Elektrolyse geschützt wird. 77% Stromausbeute bei Gewinnung von *Ce-Metall* aus geschmolzenem Eutektikum von $CeCl_3 2KCl\text{–}KCl$. — 12 Literaturangaben. (J. electrochem. Soc. Japan **22.** 303—06. Juni 1954. Toyko, TH. [Orig.: japan., Auszug: engl.]) L. SCHULER. 6448

**J. R. Lambert,** *Der Mechanismus der Cyanidierung.* Vf. unter sucht die Chemie der Goldcyanidierung vom Standpunkt der Polymerisierung u. Elektronenchemie. (Canad. Mining J. **74.** Nr. 4. 57—64. April 1953. Ottawa, Sherrit Gordon Mines.) W. HAUG. 6462

**John Olof Edström** und **Stig-Erik Erikson,** *Die Temperaturabhängigkeit der Entkohlungsgeschwindigkeit.* Aus der FICKschen Gleichung wird für die Beziehung zwischen der maximalen Löslichkeit $C_\alpha$ des C in α-Fe (Gew.-%), dem Diffusionskoeff. des C in der C-transportierenden Phase $D_C$ (in α-Fe $D_\alpha^C$) u. der Temp. T die folgende Gleichung abgeleitet: oberhalb $A_1: C_\alpha \cdot D_\alpha^C = (9{,}80 \cdot 10^{-4} - 8{,}28 \cdot 10^{-7}\,T) \cdot e^{-18100/RT}$; unterhalb $A_1: C_\alpha \cdot D_\alpha^C = 2 \cdot 02 \cdot 10^{-2} \cdot e^{-27800/RT}$. Laboratoriumsverss. mit *Fe-Pulver* bestätigen, daß mit Hilfe dieser Gleichungen das optimale Temperaturgebiet für die Entkohlung von zementithaltigem Fe-Pulver berechnet werden kann. (Jernkontorets Ann. **138.** 414—22. 1954.) R. K. MÜLLER. 6474

**Erich Fetz,** *Über die feuerflüssige und sintermetallurgische Verarbeitung feinkörniger Messingabfälle.* Die wichtigsten Einfll. auf die Schmelzbarkeit von Messingabfallpulvern sind Art, Menge, Form, Größe u. Verteilung nichtmetall. Fremdbestandteile sowie Ggw., Bildungsmöglichkeit, Oxydationsgrad u. physikal. bzw. chem. Eigg. von Oberflächenoxyden. Die Korngröße hat nichts mit der Einschmelzbarkeit zu tun. Anoxydierte 37-$\mu$-Pulver (Cu $\geq$ 78%) mit instabilen Oberflächenoxydfilmen wurden ohne Flußmittel unter Holzkohle eingeschmolzen. Die Wrkg. wachsender Mengen von 8 Fremdpulvern auf die Metallausbeuten eines vollkommen einschmelzbaren $\alpha$- u. eines $\beta$-Messingpulvers mit schmelzhemmendem Oberflächenoxyd wurde untersucht u. dabei nachgewiesen, daß nicht nur das Fremdpulver, sondern auch das Oberflächenoxyd von Einfl. sind. Durch genügende Flußmittel u. ihre sachgemäße Bemessung läßt sich bei mit parasitären Beimengungen verunreinigten u. bei anoxydierten Messingabfallpulvern mit stabilen Oxydfilmen von Al u. Si die Metallausbeute von 0 auf über 96% erhöhen. Bei Abwesenheit von Oxydschutzfilmen ist eine reduzierende oder neutrale Ofenatmosphäre erforderlich. Im Schleifstaub u. in Bronzeblattpulverabfällen können bei guten Schmelzausbeuten die nichtmetall. Fremdanteile durch dünnfl. Flußmittel wie Borax, Borsäure mechan. entfernt werden. Ein Mangel u. ein Flußmittelüberschuß senken das Ausbringen. Ein Klassieren, Gattieren, Ausglühen u. Pressen ist für die Verarbeitung des Messingabfallpulvers zweckdienlich. Der Einfl. geringer Gehh. an Al, Si, P u. Mn auf die Ausbldg. der Oberflächenoxydfilme von verdünnten Messingschmelzen wurde im Vgl. zur reinen *Mg-85*-Basislegierung mittels charakterist. Eigg. der Pulver (Farbe, Korngestalt, Oberflächenrauhigkeit, Fließvermögen, Fülldichte) u. der Preß- u. Sinterkörper (Farbe, D. Schwindung, Härte, Druckfestigkeit, plast. Verformungsfähigkeit) bestimmt. Der Einfl. des Oxydationsgrades auf diese Materialeigg. wurde bei den gleichen verdüsten *Ms-85*-Pulvern an Hand der oxydbeladenen gröbsten u. anoxydierten feinsten Kornklasse getrennt untersucht u. dabei der Einfl. wachsender Pulverpreßdrucke festgelegt. Die Möglichkeit einer sintermetallurg. Verwertung der Pulver in verschied. Weise wurde untersucht, u. zwar der an nichtmetall. Fremdanteilen reiche Schleifstaub durch Aussieben u. Gattieren mit ähnlich zusammengesetzten Abfallpulvern, die mit $H_2$ reduzierbare Oberflächenoxyde enthaltende Ausschußgröbe ($>$149 $\mu$) des Verdüsungsprozesses durch erhöhten Preßdruck u. Gattieren u. die sinterungshemmende stabile Oberflächenoxyde (Al, Si) enthaltende Ausschußgröbe durch Zusatz von Chloriden/Fluoriden, durch reine Diffusion, Vakuumsinterung u. Anwendung höherer Sintertemperaturen. — 48 Schrifttumsangaben. (Z. Metallkunde **46.** 415—29. Juni 1955. Westwood, N. J., V. St. A.) H. HOCHSTEIN. 6474

**Masawo Kuroda, Goroh Itoh** und **Yosihiko Simizu,** *Herstellung von Nickelpulver durch Elektrolyse in einem Chloridbad.* Eine Lsg. von 0,6n $NiCl_2$ + n $NH_4Cl$ wird mit Ni-Elektroden bei 50°, $p_H$ 1 (Einstellung mit HCl) u. kathod. Stromdichte von 10—20 A/dm² elektrolysiert u. ergibt Ni-Pulver (100 Maschensieb), frei von S (Prüfung mit $CdCl_2$). Zur Konstanthaltung der Ni-Konz. wird zur Ni-Anode eine Pt-Anode in Nebenschluß gelegt. (Rep. sci. Res. Inst. [Kagaku-Kenkyujo-Hokoku] **29.** 429—32. Nov. 1953. [Orig.: japan.]) L. SCHULER. 6474

**H. M. Webber,** *Wie können die besten Ergebnisse mit Öfen für die Herstellung von Sinterkörpern erhalten werden?* Kontrolle der Temp., der Beheizungszeit u. der Schutzgasatmosphäre sowie Verhindern von Kohle- oder Ascheansammlungen sind Voraussetzungen für gutes Arbeiten der Öfen. Zur Überwachung geeignete Einrichtungen werden beschrieben. (Iron Age **174.** Nr. 14. 83—87. 30/9. 1954. Schenectady, General Electric Co.) F. VIER. 6474

**E. Pelzel,** *Ein neues Tauchtränkverfahren und die Eigenschaften von Sintereisen—Messing-Verbundlegierungen.* Der Skelettkörper wird in eine gegen Metalle benetzend wirkende Salzschmelze getaucht. Als bes. geeignet haben sich Gemische von KCl–NaCl, bin. u. tern. Mischungen von $ZnCl_2$ u. $ZnCl_2$ mit Zusatz von $NH_4Cl$ erwiesen. Danach wurden die Körper in einem Messingschmelzbad getränkt. Der Einfl. der Zus. des Messings auf die mechan. Eigg. der Sinterkörper wurde untersucht u. in Zahlentafeln dargestellt. Als bes. günstig haben sich Al-haltige Messinge mit $\alpha$- bis $\gamma$-Gefüge erwiesen. Ein im Sintereisen vorgegebener Cu-Geh. wirkt sich in stark erhöhter Festigkeit auf Kosten der Dehnung aus. — 14 Schrifttumsstellen. (Metall **9.** 783—90. Sept. 1955. Aachen-Linz/Donau.) F. VIER. 6478

**H.-D. Schulz-Methke,** *Die Anwendung der Photoelektrizität in der metallverarbeitenden Industrie.* 1. u. 2. Mitt. Nach einer Erörterung der Eigg. u. Wirkungsweise der Photozellen wird ihre Verwendung bei der Kontrolle von Metalloberflächen, bes. zur Messung des Glanzes u. der Oberflächenfarbe, u. auf dem Gebiete der colorimetr. u. spektrochem Analyse erläutert — Schrifttumsangaben. (Metall **9.** 97—99. Febr. 288—91. April 1955. Berlin, Fa. Dr. B. Lange.) F. VIER. 6480

**Jörg Diehl** und **Reinhold Braun,** *Ein isotherm arbeitendes Calorimeter für metallkundliche Untersuchungen.* Durchgeführt wird ein Vgl. der calorimetr. Verff. u. es werden Aufbau der Meßanordnung u. Eichung eines isotherm arbeitenden Calorimeters, das sich bes. für metallkundliche Unterss. eignet, beschrieben. Eine Warmaushärtungsisotherme an einer *Al–Ag*-Legierung wird wiedergegeben, bei der sowohl die gesamte frei gewordene Wärmemenge als auch deren zeitlicher Verlauf erfaßt wird. — Schrifttumsangaben. (Z. Metallkunde **46.** 457—61. Juni 1955. Stuttgart, TH u. Max-Planck-Inst. für Metallforschung.) H. HOCHSTEIN. 6480

**Géza Szy,** *Die Möglichkeit der vorherigen Erkennung von Nadelloch- und anderen Fehlern in Stahlgußstücken.* Ursache der Nadellochigkeit ist das im fl. Metall gelöste Gas, hauptsächlich H, u. die physikal.-chem. Beschaffenheit der Gießform. H gelangt vom Rost u. öligem Alteisen, Feuchtigkeit der Schlackenbildner u. der Luft in das Eisen, welchen im fl. Zustand H leicht löst. Ausgetrieben wird H durch tiefgreifendes Kochen, was im bas. SIEMENS-MARTIN-Ofen leicht durchführbar ist. CO reißt H mit, man kann aber auch mit indifferentem Gas durchlüften. Der Nadellochfehler kann aber auch beim Gießen mit gut entgastem Eisen auftreten, wenn z. B. der Abstichschnabel, die Stichpfanne oder die Gießform feucht u. letztere nicht genügend gasdurchlässig ist. Dieser Fehler ist vorher nicht zu erkennen vermeiden kann man ihn durch strengstes Einhalten sämtlicher Bedingungen. (Kohászati Lapok **8 (86).** Nr. 1. Öntöde 4. 14—18. Jan. 1953.) J. PLANK. 6480

**Milton C. Shaw,** *Thermodynamische Untersuchung des Zerspanungsvorganges.* Die Verteilung der bei der Zerspanung auftretenden Wärmeenergie auf Werkstück, Späne u. Werkzeug wird an Hand der gegebenen thermodynam. Beziehungen ermittelt. (Industrie-Anz. **76.** Nr. 37. 573—81. 7/5. 1954. Cambridge, Mass., Massachusetts Inst. of Technol.) W. WESLY. 6480

**Howard J. Godfrey,** *Die Bedeutung der Dehnprüfung für Draht.* (Wire and Wire Products **27.** 1015—22. 1131—33. Okt. 1952. Trenton, N. J., John A. Roebling's Sons Co.) H. HOCHSTEIN. 6480

**Kurt Mellentin** und **Heinrich Lange,** *Über ein neues astatisches Magnetometer zur Messung ferromagnetischer Blechproben in Gleich- und Wechselfeldern.* Behandelt werden Aufbau u. Anwendbarkeit eines astat. Magnetometers, das störungslos arbeitet u. leicht zu bedienen ist. Es wird eine Probenform angegeben, in welcher dünne ferromagnet. Bleche durch ein homogenes Außenfeld für alle prakt Meßarbeiten hinreichend homogen magnetisiert werden. Hierdurch wird der Anwendungsbereich magnetometr, Messungen erweitert. — Schrifttumsangaben. (Z. Metallkunde **46.** 450—56. Juni 1955. Köln.) H. HOCHSTEIN. 6480

**Hans Beuse** und **Herbert Koelzer,** *Industrielle Erfahrungen mit dem Magnatest–Q-Gerät.* Magnatest-Q ist ein Meßgerät, das auf der Messung der magnet. Eigg. beruht, zur zerstörungsfreien Prüfung von ferromagnet. Werkstoffen auf Zus. u. deren Wärmebehandlungs- u. Verformungszustand. Der Magnetfluß wird von Rissen u. Schlacken beeinflußt, während die magnet. Leitfähigkeit abhängig ist vom C-Geh., den Legierungsbestandteilen, der Festigkeitslage, dem Gefügezustand, der Temp. des Prüflings u. a. Auf Grund der Meßergebnisse lassen sich daher Aussagen über den physikal. u. chem. Zustand des Probekörpers machen. Mit dem Gerät wurden folgende größere Serienprüfungen im Betrieb vorgenommen: Sortentrennung verschied. Werkstoffe von Kleinteilen, Schmiedestücken u. Stahlstangen, bei gleichen Werkstoffen die Chargentrennung von bearbeiteten Teilen im normalgeglühten Zustand, Best. der Festigkeitsstreubänder von Serienteilen, Feststellung des Härteverlaufs induktiv gehärteter Teile u. Ermittlung von Materialfehlern an Stabstahl u. Schrauben. Es wurde festgestellt, daß das Gerät zur Prüfung auf Materialfehler nicht geeignet ist, da es beim Auftreten schwächerer Risse nicht befriedigend genau anspricht. (Z. Metallkunde **45.** 677—86. Dez. 1954. Wolfsburg.) F. VIER. 6480

**R. S. Marriner,** *Ausführung von Prüfkörpern für Rockwell-Härteprüfung.* Auch geringfügigste geometr. oder strukturelle Unterschiede der Prüfkörper machen sich deutlich bemerkbar. Vergleichende Unterss. von 7 Prüfkörpern verschied. Herkunft erstreckten sich auf Abweichungen von Kegelwinkel, Rundheit der Kugelförmigen Spitze, Oberflächengüte, Rundheit des Kegels, Orientierung der Kegelachse nach den kristallograph. Achsen. Keinem dieser Faktoren kommt überwiegender Einfl. zu. Die Differenzen der gemessenen Härtewerte wachsen im allgemeinen mit der Härtezahl. (Machinery Lloyd (europ. Edit.) **27.** 37. 39. 41—43. 17/9. 1955. Teddington, Mid., England, Nat. Phys. Labor.) F. MODERSOHN. 6480

**Helmut Bückle,** *Untersuchungen über die Lastabhängigkeit der Vickers-Mikrohärte.* 1. Mitt. Nach Erörterung der experimentellen Grundlagen werden die den verschied.

Hypothesen entsprechenden Formen der Kurven log P = f (log d) der Lastabhängigkeit besprochen. Alle Meßwerte, die im Lastbereich von 10—200 g liegen, zeigen für alle Hypothesen befriedigende Ergebnisse, so daß diese Messungen keine Beweiskraft für die eine oder andere Hypothese haben. Im Gebiet der kleineren Lasten divergieren die Kurven log P/log d, so daß diese Messungen nach Ausschaltung der Fehlerquellen der App., des Polierverf. u. des Feingefüges der Proben Aussagen über die Hypothesen gestatten. Die Frage der elast. Rückfederung wird erörtert. Elektronenmkr. Unterss. zeigen, daß die Rückfederung in der Diagonalenrichtung unmeßbar klein ist. Wie weiter an einem hochelast. Kunststoff (*Hesacryl*) demonstriert wird, kann die Rückfederung nicht die Ursache der gemessenen Lastabhängigkeit sein. (Z. Metallkunde **45.** 623—32. Nov. 1954. Paris, ONERA Labor. für Werkstoffprüfung.) F. VIER. 6480

**Helmut Bückle,** *Untersuchungen über die Lastabhängigkeit der Vickers-Mikrohärte.* 2. Mitt. (1. vgl. vorst. Ref.) Schrägbeleuchtung u. interferometr. Auswertungen ergeben, daß die von der Quadratform abweichenden Eindrucksformen der Vickerseindrücke nicht durch Rückfederung entstanden sind, sondern durch Anschneiden des Randwulstes durch den Diamanten. Messungen ergaben, daß für kleine Lasten die Randwulst nicht proportional, sondern zuerst langsamer, dann rascher ansteigt. Die durch Übertragung der Randwulstkurven h = f(d) auf die Kurven log P = f (log d) gebildeten Kurvenformen stimmen mit den Meßergebnissen überein. Die neue Kurvenform ist für die Berechnung der Makrohärte in der Praxis zu kompliziert. Für Vergleichsverss. wird die Verwendung fester Bezugslasten, für Serienmessungen die Aufstellung von Eichkurven empfohlen. (Z. Metallkunde **45.** 694—701. Dez. 1954.) F. VIER. 6480

**E. C. Hartmann,** *Die Fallgewichtschlagprüfung von geschweißten Blechen aus Aluminiumlegierungen.* Beschreibung eines turmartigen Gerätes zur Best. der Festigkeit geschweißter Bleche gegen Stoßbelastungen bei verschied. Temperaturen. — Abbildungen. (Welding J. **30.** Nr. 6. Welding Res. Council Engng. Foundat. 303s—306s. Juni 1951. Aluminium Res. Laborr., Engng. Design Div.) W. WESLY. 6480

**J. Taylor,** *Die Messung der Einsatztiefe nach der Aufkohlung.* Die Schwierigkeit der genauen Definition u. Messung der Einsatztiefe wird erörtert. Durch Verwendung von Normkurven können kennzeichnende C-Eindringungstiefe-Kurven aus nur zwei C-Analysen an Stelle der bisher üblichen 6—7 C-Bestimmungen aufgestellt werden. Infolge der Änderung des Koeff. des Diffusionsvermögens (I) mit der C-Konz. sind die empir. abgeleiteten Normkurven zuverlässiger als diejenigen, die vom Mittelwert des Koeff. des **I** errechnet wurden. — 13 Schrifttumsangaben. (J. Iron Steel Inst. **178.** 291—96. Nov. 1954. Glasgow, Royal Techn. Coll.) H. HOCHSTEIN. 6480

**W. G. Shilling,** *Bewertung der Güte von warmverformten Erzeugnissen.* Überblick über das von der Aeronautical Inspection Directorate angewendete Überprüfungssyst. für wasserverformte Nichteisenerzeugnisse, bes. über die in den verschied. Erzeugungsstufen zur Anwendung kommenden Probenahmen u. zerstörungsfreie Prüfverfahren. (J. Inst. Metals **83.** 193—98. Febr. 1955. Harefield.) H. HOCHSTEIN. 6480

**Lew Gilbert** und **Wm. B. Bunn,** *Prüfungsverfahren für die Güte von Schweißungen.* Erörterung einiger neuzeitlicher zerstörungsfreier Prüfverff. von Schweißungen unter besonderer Berücksichtigung der Röntgenunters., des *Magnaflux*-Verf. u. der Ultraschallprüfung. — Diskussion. (Welding J. **32.** 614—19. Juli 1953. **33.** 124—27. Febr. 323. 355. April 1954.) H. HOCHSTEIN. 6480

**A. Premessa,** *Farbmetallographie der Eisenlegierungen.* Zusammenfassender Vortrag über die Grundlagen des Verf., die Polier- u. Ätzmeth. u. a. experimentelle Vorarbeiten u. die wichtigsten Arbeitsvorgänge; Erläuterung der Farbaufnahmen. (Gazz. chim. ital. **84.** 1254—63. 8 Farbtafeln. Dez. 1954. Genua, Ist. Siderurg. Finsider.) R. K. MÜLLER. 6482

**Takeshi Akutagawa** und **Kazuo Horikawa,** *Feststellung der Schlackenzusammensetzung beim basischen Martinstahlofen durch mikroskopische Strukturbeobachtung im reflektierten Licht.* Durch Herst. von Vergleichsmustern mit Schlacken verschied. Basizität u. daher verschied. Mineralzus. (4 Gruppen, je nach Basizität: Olivin, Merwinit, 2 $CaO \cdot SiO_2$ u. 3 $CaO \cdot SiO_2$) läßt sich die Basizität von Schlacken an „Pfannkuchenmustern" vor u. während des Gusses nach der Struktur am Mikroskop mit einem Fehler von 0,1—0,2 über oder unter 2,5 $V_p$ (= $CaO/SiO_2 + P_2O_5$) abschätzen. Dauer: 10 Minuten. (Tetsu to Hagane [J. Iron Steel Inst. Japan] **39.** 89—96. Febr. 1953. [Orig.: japan., Auszug: engl.]) L. SCHULER. 6482

**L. E. Samuels,** *Der metallographische Nachweis einer Verformung in Kupfer und α-Messing.* Gegeben wird ein systemat. Überblick über den Wirkungsbereich der Ätzarbeitsweisen beim Nachw. einer Verformung in einem Raffinierofenkupfer u. in einer Reihe von α-Messingsorten. Es wird nachgewiesen, daß vier deutliche Anzeichen entwickelt werden können, wobei die wichtigsten als Gleitlinien- u. Gleitstreifenanzeichen bezeichnet werden. Die Gleitlinienanzeichen werden nur durch eine beschränkte Anzahl von Ätzverff. entwickelt, können jedoch schon bei sehr geringen Verformungen (unter 0,1% Verformung in einem 70/30-Messing) gefunden werden. Die Gleitstreifenanzeichen werden in α-Messing durch alle Ätzverff. leicht entwickelt. Sie sind die klass. Verformungskennzeichen u. treten unter Bldg. der groblamellaren Zeilenstruktur auf. — 40 Schrifttumsangaben. (J. Inst. Metals **83.** 359—68. Tafeln L—LIII. März 1955. Sydney, Australien, Defence Standards Labor.) H. HOCHSTEIN. 6482

**Gerhard Lang,** *Röntgenspektralanalyse mit Zählrohreinrichtungen.* Emissions- u. Absorptionsanalysen mit photograph. Verff. werden beschrieben. Verbesserungen an Röntgengeräten, Röhren u. Zählrohrvorr. führten zu einer Verbreitung der Röntgenspektralanalyse mit Kaltanregung. Auch Absorptionsanalysen werden mit Zählrohren als Strahlendetektoren in Industrielabb. durchgeführt. Die hierfür verwendeten Geräte werden beschrieben. — 19 Schrifttumsangaben. (Z. Metallkunde **46.** 616—20. Sept. 1955. Hamburg, C. H. F. Müller Akt.-Ges.) H. HOCHSTEIN. 6484

**Jean-Jacques Desherault,** *Feinstbearbeitung mit Schneidwerkzeugen.* Überblick. (Rev. de l'Aluminium **32.** 701—12. Juli/Aug. 1955.) H. HOCHSTEIN. 6490

**W. I. Pumphrey,** *Metallurgische Betrachtung der Bearbeitbarkeit von Stahl.* Zusammenstellung der Faktoren, wie Zus., Einschlüsse, Wärmebehandlung, die die spanabhebende Bearbeitbarkeit von Stahl beeinflussen. (Welder [N. S.] **21.** 63—68. Juli/Sept. 85—90. Okt./Dez. 1952.) K. KREITZ. 6490

**T. Ikeno,** *Herstellungsprobleme von S 2-Stahl für das Tiefziehen von Aluminiumblechen.* Überblick über die auftretenden Schwierigkeiten u. die Verss. zu ihrer Lösung. (Kinzoku [Metals] **23.** 261—63. April. 391—94. Mai 1953. [Orig.: japan.]) L. SCHULER. 6490

**John Obrebski,** *Vereinfachung der Induktions- und Flammenhärtung.* Unterss. über die Einw. verschied. Tempp. auf den F. des Metalls zeigen: Je größer die Entfernung der Wärmequelle von der Metalloberfläche u. je geringer die Bewegungsgeschwindigkeit der Wärmequelle entlang der zu härtenden Oberfläche ist, desto tiefer geht die Härtung. (Amer. Machinist **95.** Nr. 19. 136—37. 17/9. 1951. Monarch Machine Tool Co.) W. WESLY. 6492

**H. J. Miller,** *Wärmebehandlung und Endverarbeitung bei der Herstellung von Kupfer- und Aluminiumstangen und -draht.* Im Hinblick auf die der Oberflächengüte von Drahterzeugnissen zukommende Bedeutung wird zunächst ein Überblick über die die Oberflächengüte beeinflussenden Faktoren gegeben. Darauf werden auf Grund der besonderen Eigenheiten von Cu Richtlinien für die Wärmebehandlungen dieses Metalles vom Standpunkt der Qualitätsprüfung aus aufgestellt. Ein Überblick über die Prüfmethoden von Cu-Draht, bes. in bezug auf sein Federungsvermögen, wird gegeben. Für die Wärmebehandlung von Al u. Al-Legierungen in Drahtform sowie für deren Verpackung werden die Überwachungsvorschriften mitgeteilt. — 17 Schrifttumsangaben. (J. Inst. Metals **83.** 221—32. Febr. 1955. Prescot, British Insulated Callender's Cables, Ltd.) H. HOCHSTEIN. 6492

**H. Rohn,** *Die Netzfrequenzinduktionserwärmung von Leichtmetallbarren.* (Aluminium **30.** 298—300. Juli 1954. Lammersdorf.) F. VIER. 6492

**Glenn F. Hyde,** *Kontinuierliche Salzbadbehandlung der Rohrrücklaufeinrichtung eines 90 mm-Geschützes.* (Metal Progress **65.** Nr. 5. 104—08. Mai 1954. Baltimore, Md., Koppers Co., Inc.) H. HOCHSTEIN. 6492

**George H. Sistare, John J. Halbig** und **L. H. Grenell,** *Silberlotlegierungen für korrosionsbeständige Verbindungen in nichtrostenden Stählen.* Geeignete *Ag*-Lötlegierungen für das Löten nichtrostender Cr-Stähle, bes. von Stahl mit unter 0,12 (%) C u. ca 17 Cr, werden untersucht. Als die günstigsten erwiesen sich hierbei die beiden Lötlegierungen mit 63 Ag, 28,5 Cu, 6 Sn u. 2,5 Ni sowie 60 Ag, 28 Cu, 18 Sn u. 2 Ni. An den Lötverbindungen werden die Korrosionserscheinungen untersucht u. gedeutet. (Welding J. **33.** 137—43. Febr. 1954. Bridgeport, Conn., Handy & Harman, Middletown, O., Armco Steel Corp., Dayton, O., General Motors Corp.) H. HOCHSTEIN. 6504

**A. W. Swift** und **R. J. Metzler,** *Silber und Gold zum Löten von Teilen für Elektronengeräte.* Angegeben werden die Zus. sowie die Solidus- u. Liquidustempp. von *Ag*- u. *Au*-Lotlegierungen, die mit Erfolg zum Löten von Elektronengeräten verwendet werden. Die wichtigsten Zuss. dieser Lotlegierungen sind: 72 (%) Ag, 28 Cu; 60 Ag, 30 Cu, 10 Sn; 71,5 Ag, 28 Cu, 0,5 Ni; 90 Ag, 10 Cu, 50 Ag, 50 Cu; 75 Au, 5 Ag, 20 Cu; 80 Au,

20 Cu; 37,5 Au, 62,5 Cu; 82,5 Au, 17,5 Ni u. 41,7 Au, 2,8 Ag, 55,5 Cu. — Schrifttumsangaben. (Welding J. **33.** 119—23. Febr. 1954. New York, N. Y., Handy & Harman.) H. HOCHSTEIN. 6504

**Agostino Bargone** und **Vittorio Gottardi,** *Schweißen von ferritischen Kugelgraphitgußeisen mit Kupfer- und Aluminiumbronze.* (Vgl. C. **1956.** 2018.) Bericht über Schweißverss. mit Elektroden aus Cu u. Al-Bronzen, (%) Cu 90/Al 10, an ferrit. Kugelgraphitgußeisen (I). Die bas. u. graphit. Überzüge der 4 mm starken Elektroden zeigten keinen Einfl. auf die metallograph. Struktur der Schweißzone, die in Tabellen u. Mikrobildern wiedergegeben wird. Eine nahe der Schweißnaht beobachtete Auflsg. der Graphitkugeln u. stärkere Inkohlung des umgebenden Austenits bewirkt bei raschem Abkühlen eine typ. martensit. u. ledeburit. Struktur, die aber ausschließlich von der Schweißtemp. abhängig ist. Zwischen Grundmetall u. Schweißzone trat eine heterogene Zone aus Grund- u. Schweißmetall auf. Vergleichsverss. wurden mit Ni–Fe-Elektroden von je 52 (%) bzw. 55 Ni ausgeführt. Letztere eignen sich nach Vff. am besten zum Schweißen von I, da sie die geringste Änderung der Struktur u. die besten CHARPY-Werte ergaben. (Nickel [Milano] **1955.** Nr. 58. 1—10. Okt. Padua, Univ., Ist. di Chim. Ind.) A. SANDER. 6506

**Willis G. Groth** und **Robert E. Maersch,** *Feste Verbindungen bei Stahl mit Füllmetall aus Aluminiumbronze.* Es wird nachgewiesen, daß Füllmetall aus Al-Bronze für hochfeste Schweißverbindungen zwischen *Stahl* u. hochfesten *Cu*-Legierungen verwendet werden kann. (Welding J. **31.** 1042—48. Nov. 1952. Milwaukee, Wis., Ampco Metal, Inc.) H. HOCHSTEIN. 6506

**Georges Welter** und **André Choquet,** *Dauerschwingprüfungen an punktgeschweißtem Cor-Ten und Flußeisen.* An einem punktgeschweißten unlegierten Stahl sowie an einem Stahl mit 0,10 (%) C, 0,5 Si, 0,39 Mn, 0,086 P, 0,026 S, 0,96 Cr, 0,33 Cu u. 0,33 Ni werden Dauerschwingprüfungen ausgeführt. Hierbei zeigt sich, daß die Dauerfestigkeit bis zu 200% durch Druckbehandlung nach dem Schweißen gesteigert werden kann. (Welding J. **33.** Nr. 3. Welding Res. Council Engng. Foundat. 134—140s. März 1954. Montreal, Can., École Polytechnique.) H. HOCHSTEIN. 6506

**J. F. Mercer,** *Versuche mit Elektroden zur Lichtbogenschweißung normaler und hochwertiger Stähle.* Für das Schweißen hochwertiger Stähle ist es notwendig, den Wasserstoffgeh. im Schweißmetall so niedrig als möglich zu halten. An Stelle der bisher üblichen Elektroden, deren Umkleidungen wasserhaltige Mineralien oder Cellulose enthalten, muß man sogenannte „wasserstoffarme Elektroden" wählen, deren Ummantelung aus Kalkstein oder Flußspat besteht. (Welding Metal Fabricat. **21.** 324. Sept. 1953.) H.-J. HEINRICHS. 6506

**E. F. Nippes, J. M. Gerken, B. W. Schaaf** und **E. C. Nelson,** *Wärmeperioden bei der Lichtbogenschweißung einer ½ Zoll starken Titanplatte.* Festgestellt wird der Einfl. der Abkühlungsgeschwindigkeit auf die Senkung des $\beta$-$\alpha$-Umwandlungsgebietes von handelsüblich reinem *Ti* u. einer *Cr–Fe–O–Ti*-Legierung. Hierbei zeigt sich, daß für Abkühlungsgeschwindigkeiten in der Größenordnung, wie sie üblicherweise in der Nachbarschaft der Schweißstellen auftreten, das Umwandlungsgebiet für Ti nicht wesentlich herabgesetzt wird, während es für die Cr–Fe–O–Ti-Legierung um ca. 400° F gesenkt wird. Durch an Ti-Proben ausgeführte *Charpy*-Kerbschlagzähigkeitsprüfungen wird nachgewiesen, daß die durch Wärme beeinflußten Schweißzonen im Vgl. zum unbeeinflußten Grundwerkstoff eine niedrigere Kerbzähigkeit aufweisen. Jedoch konnte diese durch eine 24std. Wärmebehandlung bei 1200° F stark verbessert werden. (Welding J. **32.** 461s—474s. Sept. 1953. Troy, N. Y., Rensselaer Polytechnic Inst.) H. HOCHSTEIN. 6506

**Walter Burkart** und **L. Gerl,** *Die Alterung von Edelmetallpolierpasten.* Die Erscheinung des Alterns von Polierpasten wird erörtert. Methoden zum schnellen „Altern" wurden untersucht u. aufgezeigt. Als brauchbarer Test für diese Erscheinung hat sich die Ermittlung der Eindringtiefe einer Nadel mit 100 g Belastung (25—27°, 5 Sek.) erwiesen (Penetrometer nach RICHARDSON). (Dtsch. Goldschmiede-Ztg. **53.** 518. 520—22. Nov. 1955. Karlsruhe, Menzerna-Labor.) R. SCHÄFF. 6510

**Clemens Eisenhuth,** *Die mechanische Biege-Entzunderung von Walzdrähten.* Nach Unters. der physikal. Vorbedingungen für die Entfernung des Zunders werden die Gewichtsverluste bei der mechan. Biege-Entzunderung von Walzdrähten aus *Stahl* denjenigen bei der chem. Entzunderung gegenübergestellt. Weiterhin werden die Oberflächen mechan. entzunderter u. chem. gebeizter Drähte wegen der beim Ziehvorgang an sie zu stellenden Forderungen miteinander verglichen u. die Zusammenhänge zwischen Oberflächenausbldg. u. Ziehmittel geklärt. Es wird auf den durch die mechan. Biege-Entzunderung ausgelösten Rückzug eingegangen, die Ziehergebnisse u. Ziehsteinverschleiß werden besprochen u. die technolog. Eigg. der mechan. entzunderten gegenüber denen der chem. entzunderten Drähte behandelt. (Stahl u. Eisen **75.** 1092—99. 25/8. 1955. Köln-Holweide.) H. HOCHSTEIN. 6510

**F. Baumann,** *Über einige Probleme zum Glänzvorgang bei Aluminium und Aluminiumlegierungen.* Die beim chem. u. anod. Glänzen von Al-Oberflächen auftretenden Vorgänge, die zu einem „anomalen" Metallabbau führen, werden besprochen. Die Verhinderung des Ätzangriffs u. die Steuerung des Metallabbaus durch Teilpassivierung der Oberfläche u. Diffusion werden erörtert. Auf den Einfl. der Ionenkonz. des Glänzbades u. die Bedeutung der Zus. des zu glänzenden Werkstoffes wird hingewiesen. (Z. Erzbergbau Metallhüttenwes. **8.** 14—18. Jan. 1955. Bonn, Vereinigte Aluminium-Werke Akt.-Ges. u. Vereinigte Leichtmetall-Werke.) F. VIER. 6512

**D. E. Bradley,** *Fortschreitendes Ätzen eines perlitischen Stahles und Untersuchung derselben Stelle mit dem Elektronenmikroskop.* Der Stahl wird in 0,25%ig. $HNO_3$ 20, 40, 60 u. 80 Sek. lang geätzt. Anfertigung der Masken für das Elektronenmikroskop. Zu Beginn des Ätzens wird eine Lage von verschmiertem Ferrit u. zerbrochenen Zementitlamellen, vom Polieren herrührend, entfernt. Bei weiterem Ätzen kann man einen Angriff auf die Karbidlamellen feststellen. Mit fortschreitendem Ätzen wird das Ferritkorn glatter, da es anfangs durch die Überreste der Zementitlamellen überdeckt ungleichmäßig angeätzt wurde. — Gefügebilder, 6 Literaturstellen. (Metallurgia [Manchester] **52.** 203—04. Okt. 1955. Aldermaston, Associated Electrical Industries Ltd.) KARL STEIN. 6512

**W. A. Marshall,** *Eine nichtelektrolytische Glättung von Stahl.* Eine wss. Lsg. von *Oxalsäure* 2,5 (g/100 ml), $H_2O_2$ 1,3, $H_2SO_4$ 0,01 hat auf Stahl eine Glättungswrkg. Die Abtragung an Flußeisen beträgt bei Raumtemp. $0{,}4 \cdot 10^{-3}$ an V 11-Stahl ca. $0{,}28 \cdot 10^{-5}$ in./Std. u. wird durch Temperatur- u. Konzentrationserhöhung verstärkt. Bei Flußeisen u. weißem Temperguß ist ein beträchtlicher Poliereffekt vorhanden. Die durch die Beize vorbehandelte Oberfläche ist ein bes. guter Haftgrund für eine folgende Vernicklung. Bei Stahllegierungen oder Grauguß muß erst der beim Beizen entstandene Rückstand beseitigt werden. Auf allen Stählen entsteht beim Beizen ein mehr oder weniger sichtbarer Film, der die Oberfläche des Stahles einigermaßen gegen Korrosion schützen kann. (Metal Finishing **50.** Nr. 11. 78—83. 85. Nov. Nr. 12. 67—69. Dez. 1952.) J. FISCHER. 6512

**C. P. Stewart,** *Vorbearbeitete Metalle.* In vielen Fällen, bes. für Gegenstände des täglichen Gebrauchs, ist es techn. u. wirtschaftlich günstig, gewalztes oder gegossenes Material mit fertig polierten Metallüberzügen zu plattieren. Für 16 derartige Schichten sind die hierbei wichtigen Eigg. wie: Hitzebeständigkeit, Korrosionsfestigkeit, Schweiß-, Löt-, Präge- u. Ätzfähigkeit angegeben. — Einige Anwendungsbeispiele. (Machine Design **26.** 174—76. Mai 1954. Peru, Ill., Am. Nickeloid Co.) H. ECKHARD. 6516

**George M. Cabble jr.,** *Der Einfluß der Verchromung auf die Ermüdungsgrenze von 4340 Stahl.* Inhaltsgleich mit C. **1954.** 8892. (Bull. Virginia Polytechn. Inst. **46.** Nr. 1. 1—20. Nov. 1952.) J. FISCHER. 6518

**H. A. van Oosterhout** und **E. J. C. van de Velde,** *Die Analyse von Chromierungsbädern, die Fluoride und Silicofluoride enthalten.* Krit. Gegenüberstellung der Chromierungsbäder u. der Analysenmethoden zur Best. von $CrO_3$, $Cr_2O_3$, $H_2SO_4$, $HF$ u./oder $Na_2SiF_6$ u. $Fe$. Der Destillationsmeth. wird der Vorzug gegeben. — 18 Literaturzitate. (Metal Finishing **50.** Nr. 4. 60—63. 69. April 1952. Nieuw Loosdrecht, Holland.) J. FISCHER. 6518

**G. L. J. Bailey,** *Galvanische Niederschläge auf Aluminium. Eine Untersuchung des Zinkatprozesses.* Verss. über den Einfl. der Legierungszus. u. der Wärmebehandlung auf die Haftfestigkeit von Überzügen auf Al u. Al-Legierungen mit Mg, Mn u. Si. Die Tauchlsg. enthält 5 g/Liter ZnO u. 45 g/Liter NaOH. Der Zn-Nd. besteht aus Einzelkristall-„Bäumen" u. ist sehr schwammig. Um gute Haftfestigkeit zu erreichen, müssen bes. günstige Arbeitsbedingungen u. eine geeignete Zus. der Zinkatlsg. vorliegen. In konz. Lsgg. wird das Wachstum der Keime gehindert. Bei Auftreten einer H-Entw. kann keine große Keimbldg. auf der Al-Oberfläche erwartet werden. (Metal Finishing **49** Nr. 12. 66—67. Dez. 1951.) J. FISCHER. 6522

**G. L. J. Bailey,** *Galvanische Niederschläge auf Aluminium. Eine Untersuchung des Zinkatprozesses.* (Vgl. vorst. Ref.). Es werden verschied. Zinkat-Lsgg. in ihrer Wirksamkeit auf Al u. Legierungen, Ndd. von großer Haftfestigkeit zu bilden, untersucht. Geprüft wurde nach dem Test von OLLARD u. KNAPP. Tauchzeiten von ½ Min. geben keine guten Haftfestigkeiten, während im Bereich von 1—5 Min. keine allzugroßen Unterschiede vorhanden sind, wenn die Konz. bei 20—80 (g/l) ZnO u. 550—350 NaOH iegt. Aus diesen Beobachtungen u. den chem. u. physikal. Unterss. ergibt sich der

Mechanismus der Haftfestigkeit für den Zinkatprozeß. Mit Hilfe der Elektronenbeugung ist festgestellt worden, daß das Zn in Form von Einkristall-„Bäumen" von $10^{-8}$ cm Durchmesser u. $10^{-4}$ cm Höhe auf der Al-Oberfläche haftet. Die Höhe der Zn-Kristalle aus den konz. Lsgg. ist nur 1/10 der Höhe der Kristalle aus verd. Lösungen. Diesselbe Beziehung gilt auch für die Gewichtszunahme der Zn-Ausscheidung. Weiter ist die Haftfestigkeit der Überzüge weitgehend abhängig von der Anzahl der Kristallkeime. Dichte Abscheidungen von z. B. Ni oder Cu können nur auf sehr dünnen, aber möglichst zusammenhängenden Zn-Abscheidungen erwartet werden. — Diskussion. (J. Electrodepositors' techn. Soc. **27.** 233—60. 1950/51. British Non-Ferrous Metals Res. Assoc.) J. FISCHER. 6522

**Frederick A. Lowenheim,** *Verzinnen mit Kaliumsalzen.* Bei Verwendung von K-Salzen anStelle von Na-Stannaten in Verzinnungsbädern wird eine Verbesserung durch Vergrößerung der Kathodenleistung, Leitfähigkeit der Lsg., Badstabilität, Löslichkeit bei erhöhter Temp. u. Möglichkeit hoher Stromdichten erzielt, was eine erhöhte Abscheidungsgeschwindigkeit zuläßt. Eine weitere Verdopplung der Stromdichte kann durch Verwendung von Sn-Anoden mit 1% Al erreicht werden. — 9 Literaturstellen. (Tin and its Uses **1955.** Nr. 31. 7—10. April.) G. FRIKELL. 6524

**L. Bosdorf** und **A. Beyer,** *Die Harteloxierung.* Überblick über die chem. u. physikal. Vorgänge beim Eloxieren, Beschreibung des Verf. u. Erörterung seiner Anwendung. — 15 Schrifttumsstellen. (Aluminium **31.** 321—27. Juli/Aug. 1955. Düsseldorf.) F. VIER. 6530

**H. Ginsberg** und **F. Baumann,** *Chemischer Angriff auf ungeschütztes Aluminium und Ablauf des Glänzvorganges.* Al verschied. Reinheitsgrade wurde nach der Glänzbehandlung auf das Verh. in essigsaurer $H_2O_2$-haltiger NaCl-Lsg. untersucht. Es ergab sich, daß die nur geglänzten u. nicht nachträglich mit einer Schutzschicht versehenen Oberflächen stärker angegriffen werden als walzblanke oder mechan. polierte. Mit zunehmender Aufrauhung nimmt die Angreifbarkeit zu. Die chem. Beständigkeit der frisch geglänzten Oberflächen ist bei anod. Glänzverff. größer als bei chem. Verff., was auf die bei der anod. Glänzung gebildeten dichten Passivierungsschichten zurückgeführt wird, während bei den chem. Verff. die Einebnung durch das Auftreten lokalisierter Passivierungen bedingt ist. — Schrifttumsangaben. (Metall **9.** 160—63. März 1955. Bonn, Vereinigte Aluminium-Werke Akt.-Ges. u. Vereinigte Leichtmetall-Werke G. m. b. H.) F. VIER. 6538

**—,** *Die nichtrostenden austenitischen Chromnickelstähle gegenüber Schwefelsäure.* Ausführliche Übersicht über das Korrosionsverh. nichtrostender austenit. Cr–Ni-Stähle gegenüber $H_2SO_4$ bei verschied. Konzz. u. Temperaturen. (Nickel [Milano] **1955.** Nr. 59. 1—10. Dez.) A. SANDER. 6538

**Kurt F. Trägårdh,** *Versuche mit ungestrichenem Stahl.* Mit verschied. Stählen werden Korrosionsverss. ohne Oberflächenbehandlung u. mit Verzinkung unter verschied. klimat. Bedingungen angestellt (zum Vgl. Tabellen über Korrosionsverluste mit u. ohne Verzinkung in verschied., auch trop., Klima). Es wird empfohlen, den Korrosionsverlust schon bei der Wahl der Plattenstärke zu berücksichtigen. Die Frage, ob Verzinkung zweckmäßig ist, muß nach wirtschaftlichen Gesichtspunkten entschieden werden. (Tekn. Tidskr. **84.** 1053—56. 30/11. 1954. Stockholm.) R. K. MÜLLER. 6538

**Axel Härlin,** *Der Verlauf des Rostens.* Die in 15 Jahren in Schweden gesammelten Erfahrungen an Stahlplatten zeigen in Übereinstimmung mit brit. Ergebnissen, daß der festsitzende Rost, der nur auf chem. Wege entfernt werden kann, zuerst zunimmt, jedoch nur bis zu einer bestimmten Grenze (∼450 g/m²), wonach dann ein Gleichgewichtszustand einzutreten scheint. (Tekn. Tidskr. **84.** 1057—58. 30/11. 1954. Stockholm.) R. K. MÜLLER. 6538

**W. A. Bonner, H. D. Burnham, J. J. Conradi** und **T. Skei,** *Verhinderung des Angriffes von Wasserstoff auf Stahl.* Es werden die Methoden zur Feststellung der H-Versprödung u. zur Verhinderung des H-Prozesses auf Stahl erörtert. An Laborverss. wurde beobachtet, daß ein Angriff auf Stahl nur dann vorhanden war, wenn in alkal. Medien unter Ausschluß von Luft gearbeitet wird. Wenn durch Spuren $O_2$ in $NH_4HS$-Lsg. Polysulfide gebildet werden oder wenn Polysulfide zur $NH_4HS$-Lsg. gegeben werden, konnte prakt. kein Angriff durch $H_2$ festgestellt werden. Die Ggw. von Cyaniden, die mit $NH_4HS$ Thiocyanate bilden, begünstigen den Angriff. Alkal. Systeme, die zu H-Korrosion Anlaß geben, können durch Zugabe von Polysulfiden oder Zusätzen, die Polysulfide bilden können, z. B. $O_2$, Ferrisalze, Sulfite, desaktiviert werden. Dagegen sind Cyanide u. Ferrosalze Aktivatoren. In sauren Systemen wird die H-Korrosion durch Neutralisieren mit $NH_3$ oder durch Einblasen von $O_2$ verhindert. Es wird angenommen, daß die Polysulfide von der Fe-Oberfläche adsorbiert werden oder daß die Polysulfide mit dem prim. entstandenen FeS reagieren, dessen Reaktionsprod. die Korrosion u. das Eindringen des H in das Fe verhindert. Das Verf. hat sich im Großvers. bewährt. (Petroleum Processing 8. 686—90. Mai; 878—83. Juni 1953. Emeryville, Calif. Shell Development Co.) J. FISCHER. 6538

**R. S. Thornhill,** *Korrosionsverhütung mittels Inhibitoren.* Es wird ein Überblick über die Wirkungsweise der Inhibitoren u. deren Einteilung angegeben. Ausführlich wird die prakt. Anwendung zum Schutz von *Stahl, Eisen, Al-* u. *Mg-Legierungen, Zn* u. *Pb* durch Zusätze zum angreifenden Mittel ($O_2$, *NaOH*, $Na_2CO_3$, $NaHCO_3$, *Chromate, Phosphate* u. *Polyphosphate, Silicate, Nitrite* u. *Benzoate* bzw. Öl-Emulsionen) u. über die Dampfphase wirkenden Inhibitoren auf Grund der bisherigen Forschungen u. Erfahrungen beschrieben. (Research **5.** 324—32. Juli 1952. Imperial Chem. Ind., Ltd.) W. KATZ. 6538

**R. Weiner,** *Verzögerte und gehemmte Elektrodenvorgänge.* Es wird unterschieden zwischen Reaktionsverzögerungen u. Reaktionshemmungen. Im ersten Fall handelt es sich um graduelle Unterschiede im Reaktionsverlauf, im zweiten Fall um qualitative Änderungen u. eine völlige Störung des ursprünglichen Verlaufes. Die Vorgänge werden an Hand von Beispielen erörtert. Bei der elektrolyt. Red. von Chromsäure wirken Reaktionsverzögerungen u. -hemmungen Hand in Hand mit katalyt. Beschleunigungsvorgängen, wozu noch Passivitätserscheinungen treten können. Diagramme. (Werkstoffe u. Korrosion **2.** 2—9. Jan. 1951. Innsbruck, Österreich.) F. MARKHOFF. 6538

**B. Raclot,** *Isolierende Überzüge auf Eisenmetallen in Kombination mit Kathodenschutz durch Mg-Anoden.* Kathodenschutzspannung in Kombination mit isolierenden Überzügen ist nur wirksam bei genauer Beachtung der Natur dieser Überzüge u. der Anwendungsbedingungen. Die Überzüge dürfen keine verseifbaren oder reduzierbaren Substanzen, keinen Graphit oder Ruß enthalten. Sie sollen gegen KW-Stoffe beständig sein. Bei Metallüberzügen darf das Schutzpotential nicht unter den krit. $p_H$-Wert für die Lsg. des Grundmetalls im Überzugsmetall sinken, bei Zn nicht unter 0,95 V, bei Pb nicht unter 1,3 V. Pb-Überzüge sollen möglichst frei von Sn sein. An Hand laboratoriumsmäßiger Best. kann man aus dem Kurvenverlauf die Potentialänderung feststellen, ob ein Schutzüberzug mit Kathodenschutzspannung in einer bestimmten Umgebung möglich ist. Mg-Kathoden erwiesen sich als bes. geeignet. Bei *Stahl* im Erdboden schwankt die Stärke der Schutzspannung von 3—0,0003 mA, wenn der Isolierwiderstand der Überzüge zwischen $10^2$—$10^6$ $\Omega$ m wechselt. (Métaux. **30.** 258—61. Juni 1955.) G. FRIKELL. 6538

**Starr Thayer,** *Die Wirkung von Entenmuscheln und die Korrosion von Metallen und Legierungen in Seewasser.* Legierungen mit Cu, verkupfertes u. verzinktes Fe werden von anhaftenden Entenmuscheln nicht angegriffen, da diese bald absterben. (Corrosion [Houston] **6.** Nr. 9. Topic of the Month. 1. Sept. 1950. Houston, Texas.) J. FISCHER. 6538

**Russell H. Wolff,** *Korrosion von Cadmium in Salzsprühatmosphären.* Vercadmete Messing- u. Stahlbleche wurden einer 20%ig. Salzsprühatmosphäre ausgesetzt. Die Cd-Oberflächen waren z. T. unbehandelt, z. T. nach der Galvanisierung chromatisiert. Es zeigte sich, daß die chromatisierten Cd-Oberflächen den unbehandelten bzgl. des gleichmäßigen Oberflächenaussehens, der Unterdrückung weißer Korrosionsprodd. u. des Abblätterns vom Grundmetall in allen Versuchsphasen überlegen waren. Die Adhäsion des Cd-Überzugs, an dem Abblättern der Schichten unter den vorgegebenen Versuchsbedingungen beobachtet, war auf Messing wesentlich schlechter als auf Stahl. Die chromatisierten Cd-Oberflächen sowohl auf Messing als auch auf Stahl, zeigten auch bei längeren Expositionszeiten kein Abblättern der Überzüge. Die chromatisierten Proben wurden bei der Korrosionsbeanspruchung zwar stumpf grün, ließen aber auch nach 8000 Std. Expositionszeit nicht die bekannten weißen Korrosionsherde erkennen, die bei den unbehandelten Proben bereits deutlich nach 40—45 Tagen auftraten. Dagegen wurden auf den chromatisierten Oberflächen kleine schwarze Korrosionsflecke beobachtet, die in den letzten Wochen der angegebenen Versuchsdauer plötzlich an Zahl u. Intensität zunahmen. Gleichzeitig damit trat eine stärkere Gewichtsverminderung auf. (Metal Finishing **53.** Nr. 48—55. April 1955. Rock Island, Ill.) R. ABEND. 6538

---

**Walther Dawihl,** Illingen/Saar (Erfinder: **Walther Dawihl** und **Ludwig Wesch,** Eppelborn/Saar), *Abspaltung des Sauerstoffs, Schwefels oder der Halogene aus oxydischen, sulfidischen oder Halogen-Verbindungen schwer reduzierbarer Metalle,* wie des *Al, Ge, Ti, Zr, V, Ta, Cr, B,* u. *Si*, dad. gek., daß die Red. mit $H_2$ unter einem Druck von mindestens 100 at u. einer Temp. oberhalb 400° vorgenommen wird. Den Ausgangsstoffen können noch weitere Stoffe, wie *C, Si* oder *B* oder andere Zusatzmittel zugefügt werden, die mit den aus der Red. der Ausgangsstoffe entstehenden Stoffen in feste Lsgg. oder chem.

Verbb. eintreten. Die Druck- u. Temperatureinw. wird solange fortgesetzt, bis die entstehenden Reaktionsprodd. zu einem festen zusammenhängenden Körper sintern oder schmelzen, wobei dieser Vorgang durch Zusatz niedriger schmelzender Metalle wie Metalle der *Fe-*, *Cu-* u. *Be*-Gruppe, begünstigt u. wobei dieser Verfahrensschritt auch in einer zweiten Operation vorgenommen werden kann. Ferner können dem zur Red. benutzten $H_2$ bis zu 75 Vol.-% $N_2$ u./oder *Edelgase* zugesetzt werden. Abbildungen. (**D. B. P. 917 034** Kl. 40a vom 30/6. 1951, ausg. 12/9. 1955. Anmeldung bekanntgemacht 7/1. 1954.) G. APEL. 6381

**Siemens-Schuckertwerke Akt.-Ges.**, Berlin und Erlangen (Erfinder: **Wilhelm R. Büssem,** Dayton, Oh., V. St. A., und **Hubert Wagner,** Ludwigsburg), *Gießform für Metallguß, Eisenguß oder dergleichen* besteht aus einem Schalkörper aus gekörnten, anorgan. Stoffen u. einem Bindemittel, bes. einem anorgan. Bindemittel, z. B. feingemahlenem *Zement* oder *Ton*, gegebenenfalls mit einem Zusatz von *klebenden Kunststoffen.* Als Bindemittel kann auch *Wasserglas*-Lsg. oder *Klebstoff* Verwendung finden. (**D. B. P. 940 781** 31c vom 14/11. 1943, ausg. 29/3. 1956. Anmeldung bekanntgemacht 24/1. 1952.) F. VIER. 6383

**Bolidens Gruvaktiebolag**, Stockholm (Erfinder: **Bo Michael Sture Kalling,** Borlänge, **Gustaf Tanner,** Sala, und **Sven Johan Walldén,** Skelleftehamn, Schweden), *Gewinnung von Blei* aus Bleisulfiderzen oder -konzentraten, dad. gek., daß das Material zusammen mit *Pb*, *PbO*, $PbSO_4$ oder *PbO* u. *C* geschmolzen wird zwecks Erzielung einer Lsg., die PbS u. Pb enthält, worauf die Lsg. oxydiert wird, um das eingehende PbS in Pb zu überführen. Das Schmelzen des Materials kann im elektr. Ofen u. die Oxydation des in Lsg. gegangenen PbS derart durchgeführt werden, daß die zur Herst. der Lsg. erforderlichen Mengen von PbO u./oder $PbSO_4$ in Form von bei den Verf. entstehendem Flugstaub durch teilweises Rösten von Erz oder Schliech bei tiefer Temp. ohne Sintern erhalten werden. (**D. B. P. 932 521** Kl. 40a vom 10/6. 1942, ausg. 1/9. 1955. Anmeldung bekanntgemacht 3/4. 1952.) G. APEL. 6431

**Franz Pawlek** (Erfinder: **Franz Pawlek,** Berlin-Lichterfelde), *Entfernung von Blei bei der Raffination des Kupfers* auf trockenem Wege, dad. gek., daß mindestens die 1,5fache Menge, bes. jedoch die 3,5fache Menge des Pb an Fe oder die ihm äquivalente Menge an $Fe_2O_3$ dem Bade zugesetzt wird. Durch die Bindung von PbO an $Fe_2O_3$ wird der Pb-Geh. leicht auf weniger als 0,02% herabgedrückt. (**D. B. P. 936 770** Kl. 40a vom 22/10. 1953, ausg. 22/12. 1955. Anmeldung bekanntgemacht 8/6. 1955.) G. APEL. 6433

**Chemical Construction Corp.**, New York, übert. von: **Patrick J. McGauley,** Glen Cove, N. Y., V. St. A., *Gewinnung von Kupfer aus zink- und bleihaltigen ammoniakalischen Laugen,* dad. gek., daß $CO_2$ unter Druck in die Lsg., die ca. 140—165 g/Liter Cu u. einen geringeren Geh. an Zn, enthält, eingeleitet wird bis zunächst $(NH_4)_2CO_3$, dann die anderen Carbonate außer $CuCO_3$ ausfallen. Der Pb u. Zn enthaltende Nd. wird dann von der Cu-haltigen Lsg. getrennt, die Lsg. zur Austreibung des $CO_2$ erwärmt u. bei ca. 250—500° F (121—260° C) mit einem reduzierenden S-freien Gas behandelt, wobei das Cu ausfällt. Verfahrensstammbaum. (**A. P. 2 695 842** vom 4/9. 1951, ausg. 30/11. 1954.) G. APEL. 6433

**Mond Nickel Co. Ltd.**, London (Erfinder: **Kenneth Gerald Hinton** und **Henry Joseph Round**), England, *Magnetostriktives Element* besteht aus 2—6% *Co*, Rest *Ni*. Durch den Co-Geh. wird die Permeabilität u. Magnetostriktion in niedrigen u. mittleren Feldstärken erhöht. Der Werkstoff ist korrosionsfest u. dient z. B. als Vibrator beim Echolot. (**E. P. 733 255** vom 2/4. 1953, ausg. 6/7. 1955.) C. GÖTZE. 6435

**Mond Nickel Co. Ltd.**, London (Erfinder: **Walter Betteridge, Arthur William Franklin** und **Ronald Alfred Smith**), England, *Nickel–Chrom–Kobalt-Legierungen* bestehen aus 4—12 (%) *Cr*, 10—55 *Co*, 0,5—8 *Ti*, 0,3—8 *Al*, 0—15 *Mo*, 0—0,5 *C*, 0,001—0,01 *B* u. 0,01—0,2 *Zr*, Rest *Ni*. Das Verhältnis von Ti, Al, C u. Mo muß ein solches sein, daß die Legierungen, wenn sie einer Belastung von 9 t/p.s.i. bei 870° ausgesetzt werden, eine Bruchzeit von 100 Std. u. mehr besitzen, nachdem sie einer dreistündigen Wärmebehandlung ausgesetzt, schnell bis 850° abgekühlt, 24 Std. auf dieser Temp. gehalten u. 16 Std. lang bei 700° gealtert worden sind. (**E. P. 733 489** vom 9/7. 1952, ausg. 13/7. 1955.) C. GÖTZE. 6435

**Busch-Jaeger Dürener Metallwerke Akt.-Ges.**, Lüdenscheid (Erfinder: **Siegfried Egger,** Mettmann), *Verringerung des Magnesiumgehaltes beim Einschmelzen von Leichtmetallschrott* bes. von kleinstückigem Material in Form von Blechabfällen u. Spänen, unter Verwendung von Schmelzsalzen, dad. gek., daß zunächst der überwiegende Mg-haltige Teil des Schrottes mit dem Schmelzsalz in den Ofen eingebracht, dann vor dem Fertigmachen des eingebrachten Gutes im Ofen der weitere Teil des Schrottes in Form von feuchtem kleinstückigem Material, bes. Spänen, zugesetzt u. mit dem bereits im

Ofen befindlichen Gut so durchgearbeitet wird, daß der Einsatz mindestens zum größten Teil eine krümelige bis breiige M. bildet, die alsdann niedergeschmolzen wird. Hierbei trennt sich die Metall- von der Salzschmelze in Schichten. Die Metallschmelze weist einen um einige % niedrigeren Mg-Geh. auf als der getrocknete, in üblicher Weise mit Schmelzsalz ohne Mg-Entferner eingeschmolzene Posten. (**D. B. P. 933 658** Kl. 40a vom 31/12. 1943, ausg. 29/9. 1955. Anmeldung bekanntgemacht 5/6. 1952.) G. APEL. 6445

**Rohm & Haas Co.**, Philadelphia, Pa., V. St. A., *Elektrolytische Gewinnung von Magnesium aus Seewasser.* Das Seewasser wird einer elektrolyt. Zelle zugeleitet, die durch eine für Anionen teilweise durchlässige Membran in einen Anoden- u. Kathodenraum unterteilt ist. Bei der Elektrolyse mittels Gleichstrom wandern $SO_4$- u. Cl-Ionen in den Anodenraum, dessen Anolyt sauer wird, während der Katholyt alkal. wird, u. hierdurch das Mg als $Mg(OH_2)$ ausfällt. Die Membran besteht aus einem Polyäthylenfilm, in welchem ein Anionenaustauschharz eingebettet ist. — Abbildung. (**E. P. 738 520** vom 9/4. 1953, ausg. 12/10. 1955. A. Prior. 25/4. 1952.) F. MARKHOFF. 6445

**Magnesium Elektron Ltd.**, Clifton Junction, England (Erfinder: **Alfred Claude Jessup**), *Magnesiumlegierungen* bestehen aus mindestens 80 (%) *Mg*, 4—8 *Zn*, mindestens 0,5 *Th*, 0,5—0,9 *Zr*, wobei das Verhältnis Th zu Zr nicht größer als 3,5:10 u. nicht weniger als 1:10 ist. Außerdem kann die Legierung bis zu 50 des Th.-Geh. an *Seltenen Erden*, bis 0,01 *Be*, bis 0,2 *Ca*, bis 1 *Ag*, bis 1 *Cu*, bis 1 *Hg*, bis 1 *Pb*, bis 1 *Tl* u. bis 1 *Li* enthalten. Die Legierungen haben eine bes. hohe Zugfestigkeit, sie sind schweißbar ohne Rißbildungen, sie sind kriechfest bei hohen Tempp., korrosionsfest u. eignen sich für komplizierte Gußstücke. (**E. P. 734 011** vom 22/4. 1952, ausg. 20/7. 1955.) C. GÖTZE. 6445

**Eugen Maier** und **Erwin Maier**, Laufenberg (Erfinder: **Rudolf Maier**, Stuttgart, **Erwin Maier** und **Eugen Maier**, Laufenberg), *Thermische Metallgewinnung durch Reduktion ihrer Sauerstoffverbindungen.* Um mit CO reoxydierende, bes. carbidbildende, Metalle durch Red. ihrer Sauerstoffverbb. mittels C zu gewinnen, wird oberhalb des Zersetzungspunktes ($T_2$) der am schwersten zersetzlichen Verb. der zu gewinnenden Metalle mit den Komponenten der Ausgangs- oder Zwischenprodd. gearbeitet u. das entstehende CO von den reinen Metallen u. diese voneinander oberhalb der höchsten unter den Betriebsbedingungen möglichen Reaktionstemp. ($T_3$) getrennt. Beispiel: Gewinnung von Al aus $Al_2O_3$: Bei $T_2$ = ca. 1900° beginnt durch Einw. von C auf $Al_2O_3$ die Bldg. von $Al_4C_3$ u. CO. Bei $T_2$ = ca. 2350° wird, ohne daß das CO sich an der Rk. beteiligt, das $Al_4C_3$ zersetzt, wobei gleichzeitig Flockengraphit entsteht u. im Zersetzungsraum zurückbleibt, während der entstehende Al-Dampf u. das CO abgeleitet werden. Bereits oberhalb $T_3$ = ca. 2100° wird das Al durch Kondensation aus Al-CO-Gasgemisch ausgeschieden. Diagramm. (**D. B. P. 933 787** Kl. 40a vom 8/8. 1941, ausg. 6/10. 1955. Anmeldung bekanntgemacht 7/4. 1955.) G. APEL. 6447

**Rolls Royce Ltd.**, Derby, England (Erfinder: **Harold Ernest Gresham, Alec George Farnsworth, Douglas Wilson Hall** und **William Michael Doyle**), *Aluminiumlegierungen* bestehen aus 4,5—7 (%) *Cu*, 0,1—2 *Ni*, 0,01—0,6 *Mn*, 0,1—0,3 *Ti*, 0,1—0,5 *Co*, 0,01 bis 1 *Fe*, 0—0,45 *Si*, 0—2 *Zn*, 0—0,3 *Bi*, 0—0,5 *Sb*, wobei Sb + Co 0,6 nicht überschreitet, 0—0,2 *Mg*, bis 0,2 *Cd*, bis 0,4 *Zr*, wobei Zr + Ti 0,5 nicht überschreitet, Rest *Al*. Die Legierungen werden eine halbe bis 25 Std. bei 515—565° einem Lösungsglühen unterworfen, abgeschreckt u. 2—16 Std. bei 170—230° gealtert. Durch den Cd-Geh. wird der Kriechwiderstand erhöht, wenn die Legierung einer Behandlung wie Schmieden, Walzen, Ziehen oder dgl. ausgesetzt worden ist. (**E. P. 733 190** vom 25/10. 1952, ausg. 6/7. 1955.) C. GÖTZE. 6447

**International General Electric Co., Inc.**, Schenectady, N. Y., V. St. A., *Permanente Magnete* bestehen aus 17—23,5% *Co*, Rest *Pt*, die auf dem Schmelz- oder Sinterwege hergestellt werden können. Die Werkstücke werden auf 850°, vorzugsweise 1000°, erhitzt u. um 0,5—50° pro Sek. bis auf unter 300° abgekühlt u. 2—50 Std. zwischen 550 u. 650° erneut erhitzt. Die Magnete besitzen hohe Koerzitivkraft u. einen hohen Energiewert. (**Belg. P. 510 115** vom 21/3. 1952, ausg. 25/9. 1953.) C. GÖTZE. 6465

**Eugen Dürrwächter**, Pforzheim, *Herstellung von Bimetallkontakten*, dad. gek., daß in ein mit einem Loch u. einem Bund versehenem Kontaktplättchen aus einem Bimetall, z. B. aus *Cu* u. *Au*, ein als Kontaktschaft wirkender Stift mit einem kon. ausgebildeten Fuß eingenietet wird. Das Nieten wird in inertem Gas oder in Vakuum vorgenommen. Nach dem Nieten wird die Kontaktschicht durch Pressen in einer Matrize verdichtet u. gehärtet. (**D. B. P. 851 530** Kl. 21g vom 20/6. 1942 ausg. 6/10. 1952. Anmeldung bekanntgemacht 13/12. 1951.) F. VIER. 6479

**Akt.-Ges. für Unternehmungen der Eisen- und Stahlindustie** (Erfinder: **Hermann Fahlenbrach** und **Heinz Schlechtweg**), Essen, *Eisen–Silicium-Legierungen als Werkstoff für magnetisch beanspruchte Gegenstände.* Verwendet werden Eisen–Silicium-Legierungen, bei denen während der nach ihrer Verarbeitung folgenden Glühbehandlung als Glühatmosphäre zum mindesten im letzten Teil der Glühung eine $O_2$-haltige Atmosphäre angewendet wird, als Werkstoff für Gegenstände, von denen hohe Anfangspermeabilitäten u. gegebenenfalls geringe magnet. Nachwrkg. verlangt werden. Zweckmäßig erfolgt die Glühung bei 500 bis 800°. (**D. B. P. 932 618** Kl. 18c vom 23/7. 1941, ausg. 5/9. 1955. Anmeldung bekanntgemacht 3/7. 1952. **Zusatz zu D. B. P. 927 692; C. 1956. 5130.**) H. HOCHSTEIN. 6493

**Office National d'Études et de Recherches Aéronautiques (O. N. E. R. A.)** (Erfinder: **Philippe Galmiche**), Frankreich, *Herstellung von Chromdiffusionsschichten auf Gegenständen aus Eisen, Nickel oder Kobalt oder deren Legierungen.* Die nach dem Verf. des Hauptpatentes durch therm. Zers. von *Cr-Halogeniden* hergestellten Cr-Diffusionsschichten werden zur Entfernung der Fe-Verunreinigungen mit heißer $HNO_3$ oder kalter $H_2SO_4$ oder einer Mischung beider behandelt. Die Oberflächenschicht kann auch durch elektrolyt. Polieren, z. B. in einem Elektrolyten aus 5—30 (%) $HClO_4$ u. 70—90 Essigester, homogenisiert werden. Gleichmäßigere Oberflächenschichten können auch durch Einw. von Ultraschall auf den Halogenwasserstoff, z. B. $H_2F_2$, in dem Reaktionsraum erhalten werden. (**F. P. 62 335** vom 16/5. 1951, ausg. 13/6. 1955. **Zusatz zu F. P. 1012 401; C. 1954. 4254.**) F. VIER. 6493

**Siemens-Reiniger-Werke Akt.-Ges.** (Erfinder: **Paul Cwienk** und **Hans Berger**), Erlangen, *Löt-, Kleb- oder dgl. Verbindung von einander umfassenden Teilen mit unterschiedlichen Wärmeausdehnungskoeffizienten* (Metall- u. Keramikteilen), dad. gek., daß der außenliegende Teil mit dem größeren Ausdehnungskoeff. von einer Bandage aus mechan. festerem (dickerem) Werkstoff mit kleinerem Ausdehnungskoeff. umgeben ist, bzw. dem innenliegenden Teil ein gleichfalls mechan. festeres (dickeres), längs seines Umfanges nicht unterbrochenes Teil aber mit größerem Wärmeausdehnungskoeff. anliegt. Z. B. besteht die Bandage bei einem Keramikteil mit einem Wärmeausdehnungskoeff. von (30 bis 50)$\cdot 10^{-7}$, z. B. Porzellan, aus W. bei Steatit aus Mo. (**D. B. P. 938 227** Kl. 49h vom 6/6. 1953, ausg. 26/1. 1956. Anmeldung bekanntgemacht 14/7. 1955.) F. VIER. 6505

**Soc. des Soudures Castolin Soc. An.**, Schweiz (Erfinder: **René D. Wassermann**), *Lot* besteht aus 15—50 (%) *Cu*, 10,2—18 *Ni*, 0,1—1 mindestens eines Desoxydationsmittels, Rest *Zn*. Als Desoxydationsmittel dient *Si* oder *P*. Die Legierung kann außerdem 0,1—1 *Sn*, 0,1—15 *Cd* u. 0,1—15 *Mn* einzeln oder zu mehreren enthalten. Der Geh. an Cu beträgt ebenso wie der des Zn vorzugsweise das 4—5fache des Ni, wobei der Cu-Geh. etwas überwiegt. (**F. P. 1 076 884** vom 13/5. 1953, ausg. 2/11. 1954.) G. APEL. 6505

**Eutectic Welding Alloys Co. Ltd.**, London, *Schweißdrahtumhüllung für das Maschinenschweißen* besteht aus 10—15 (%) *Kaolin*, 1—10 *Kryolith*, 10—15 *Asbest*, 8—12 *Cellulose*, 0,2—10 $SiO_2$, 3—5 *Talkum*, 0,1—10 *Mn*, 5—10 *Zirkon*, 2,5—7,5 *Graphit* u. 30—50 *Fe-Carbonat*. Der Schweißdraht kann aus Flußeisen mit 0,10—0,15 C sein. (**E. P. 739 289** vom 6/5. 1953, ausg. 26/10. 1955. A. Prior. 16/6. 1952.) F. VIER. 6507

**Erich Dietz** (Miterfinder: **Heinz Schmidt**), Tübingen, *Flußmittel zum Schweißen von Nichteisenmetallen sowie Edelstählen* mit dem elektr. Lichtbogen, wobei das Schweißen mit der Kohleelektrode oder mit der Metallelektrode in Verbindung mit einem der hohen Temp. entgegenwirkenden Flußmittel vorgenommen wird, besteht aus $Na_2SiO_3$ oder $K_2SiO_3$, $TiO_2$ oder *TiO*, $Na_2F_2$ oder $K_2F_2$ u. $CaCO_3$ oder *CaO* oder $SrCO_3$ oder *SrO* oder $BaCO_3$ oder *BaO*, z. B. 25 (%) $Na_2SiO_3$, 30 $TiO_2$, 35 $Na_2F_2$ u. 10 $CaCO_3$. (**D. B. P. 939 300** Kl. 49h vom 21/10. 1950, ausg. 16/2. 1956. Anmeldung bekanntgemacht 14/6. 1951.) F. VIER. 6507

**Ateliers Partiot-Cémentation**, Frankreich, *Verbesserung der Reibungseigenschaften von Kupferlegierungen.* Die Legierungen werden in eine Schmelze von Cyaniden u. S, z. B. in eine Schmelze aus 5—25 (%) *NaCN*, 3—25 *Alkalicyanat*, 10—40 *KCl*, 10—40 $Na_2CO_3$, 0,10—2 *Sulfocyanat* u. 0,2—1 *S* von 450—630°, getaucht. Die so behandelten Oberflächen werden schnell glatt u. neigen nicht zum Festfressen. (**F. P. 1 069 334** vom 31/12. 1952, ausg. 6/7. 1954.) F. MARKHOFF. 6513

**Armco International Corp.**, V. St. A., *Schutz von verzinkten oder veraluminierten Eisenoberflächen gegen die Bildung von Weißrost.* Die Gegenstände werden in eine 0,5 bis 5%ig. $CrO_3$-Lsg. von 65—94° etwa 5—15 Sek. getaucht, die man dann auf der Oberfläche der Gegenstände auftrocknen läßt. Die sich hierbei bildende dünne farblose Schicht schützt gegen Korrosionsangriffe. Vor der Tauchbehandlung werden die Gegenstände in milden Alkalilsgg., z. B. Alkalicyanidlsgg., entfettet. Bei der Herst. der $CrO_3$-Lsg. muß sehr reines W. verwendet werden. (**F. P. 1 079 881** vom 23/3. 1953, ausg. 3/12. 1954.) F. MARKHOFF. 6513

**Electrical & Musical Industries Ltd.**, Hayes, Middlesex, England, *Galvanoplastisches Verfahren zur Herstellung eines Metallgitters, besonders für Elektronenröhren oder Kathodenstrahlröhren mit Mosaikschirm.* Es wird eine elektr. leitende Matrize verwendet, die Nuten aufweist, die dem herzustellenden Gitter entsprechen. Auf der mit Nuten versehenen Seite wird die Matrize vollständig elektrolyt. mit einer Metallschicht überzogen, die dann von den Teilen der Matrize zwischen den Nuten abgetragen wird. Die in den Nuten erhalten gebliebene Metallschicht wird von der Matrize abgehoben u. bildet das gewünschte Metallgitter. Abbildungen. (**D. B. P. 880 678** Kl. 48a vom 24/5. 1936, ausg. 22/6. 1953. Anmeldung bekanntgemacht 23/10. 1952. E. Priorr. 23/5., 11/11. 1935 u. 24/1. 1936.) F. Markhoff. 6515

## IX. Organische Industrie.

**—**, *Semicarbazidhydrochlorid.* Einige physikal. u. chem. Eigg. des Semicarbazidhydrochlorids (I) werden mitgeteilt. Als Anwendungsgebiete des I, des *Semicarbazids* u. seiner Derivv. werden behandelt: Insekticide, Flammschutzmittel für Textilien, Korrosionsinhibitoren, Grundstoffe für die Kunststoffindustrie, photograph. Entwickler, Katalysatoren für die organ. Chemie u. Grundstoffe für die pharmazeut. Industrie. — 33 Zitate. (Lab. Pract. **3.** 337—38. Aug. 1954. Poole, Dorset, Brit. Drug Houses Ltd.). Gerhard Günther. H 880

**G. Carrière,** *Kaliumdicyanguanidin.* Übersicht über Darst., physikal. u. chem. Eigg. von K-Dicyanguanidin. (Chem. pharmac. Techniek **10.** 81—82. 1/11. 1954.). W. Wesly. H 890

**William E. Cady, Philip J. Launer** und **A. W. Weitkamp,** *Produkte der Kohlenoxydhydrierung. Aromatische Kohlenwasserstoffe.* Von den bei der KW-stoff-Synth. anfallenden Prodd. sind etwa 6 Gew.-% Aromaten, die durch Silicagel-Adsorption u. Dest. abgetrennt werden. Diese Aromaten werden durch UV- u. IR-Spektroskopie analysiert. Bzl. ist in Spuren anwesend, Fraktionen mit steigender C-Zahl enthalten steigende Konzz. an Aromaten. Monocycl., bicycl. u. tricycl. Aromaten kommen in Anteilen vor, die mit der Anzahl der aromat. Ringe abnehmen. Einige der Aromaten enthalten am Kern nicht aromat. Ringe gebunden in der Art der Indene u. Dihydronaphthaline u. ungesätt. Seitenketten. Aromat. Ringe kommen zu einem kleinen Teil auch in den O-haltigen Verbb. vor. In der Bzl.-Reihe herrschen Monoalkyl- u. o-Dialkylisomere vor. Die regelmäßige Verteilung der Alkylbenzole läßt Vff. eine Vermutung aussprechen über die Art u. Weise, wie die Ringe sich gebildet haben. (Ind. Engng. Chem. **45.** 350—53. Febr. 1953. Whiting, Ind., Res. Dep., Standard Oil Co.) K. O. Müller. H 1010

**Germain Watkin,** *Herstellung von kristallisiertem Dinitrotoluol durch Kristallisation in den Mutterlaugen der Nitrierung.* Zunächst wurden im Labor. die Bedingungen der Nitrierung von Toluol zu *Dinitrotoluol* (I; die verschied. Nitrierungsphasen), die Löslichkeit von I in $H_2SO_4$ u. die Bedingungen der Abtrennung des 1.2.4-Isomeren von I durch Kristallisation aus den Mutterlaugen der Nitrierung untersucht. Dieses Verf., das dann in den Betrieb übernommen wurde, wird eingehend beschrieben u. ausgewertet. (Mém. Poudres **33.** 21—44. 1951. Saint-Chamas, Poudrerie.) R. Schäff. H 1010

---

**Fabriques de Produits de Chimie Organique de Laire,** Frankreich, *Reduktion organischer Verbindungen mit Metallen.* Die Halogenabspaltung aus aromat., im Kern halogenierten Säuren u. die Red. im Kern halogenierter Säurenitrile zu nichthalogenierten prim. Aminen mit der gleichen C-Atom-Zahl gelingt durch Anwendung von Zn—Ni in wss. KOH. — Beispiel: Man löst 50 (Teile) 2-Brom-4.5-diäthoxyphenylessigsäure in 200 50%ig. KOH, verd. mit 400 W. u. setzt ein Gemisch aus 7 $NiSO_4$, in 70 W. gelöst u. mit 70 Zn-Pulver versetzt, zu. Man rührt bei 50—60° 48 Std., filtriert, säuert an, läßt 2 Tage stehen u. fällt aus $NaHCO_3$-Lsg. um. Es krist. 28—30 *3.4-Diäthoxyphenylessigsäure*, F. 81—82°. Beschrieben wird ferner die Herst. von *3.4-Dimethoxyphenyläthylamin*, Öl, $Kp._{15}$ 160°, aus 2-Brom-4.5-dimethoxyphenylacetonitril; Ausbeute 70 bis 72%. (**F. P. 56 321** vom 20/12. 1944, ausg. 22/9. 1952. **Zusatz zu F. P. 971 429; C. 1954. 6832.**) S. Meier. 6585

**Standard Oil Development Co.,** übert. von: **Albert B. Welty,** Mountainside, N. J., V. St. A., *Konvertierung gasförmiger Kohlenwasserstoffe*, z. B. $CH_4$, $C_2H_6$, in ein Gemisch aus $H_2$ u. CO. Man leitet die KW-stoffe durch ein aufgewirbeltes Gemisch aus einem feinteiligen Metalloxyd u. einem Ni-haltigen $Al_2O_3$-Katalysator. Ein Teil des Gasgemisches zieht man mit ziemlicher Geschwindigkeit senkrecht nach unten durch eine Verengung der Vorr. ab u. nutzt die durch eine plötzliche Änderung des Abwärtsstromes in der Waagerechten auftretende merkliche Zentrifugalkraft zur Trennung in eine

Fraktion des red. Metalloxyds u. eine des Katalysators aus. Man trennt sie u. oxydiert ersteres wieder auf. Dann führt man beide wieder in die Konvertierungszone zurück. (**A. PP. 2 550 741** u. **2 550 742** vom 28/6. 1946, ausg. 1/5. 1951.) H. NEBELSIEK. H 500

**Minnesota Mining & Mfg. Co.**, übert. von: **James D. La Zerte**, St. Paul, **Wilbur H. Pearlson**, Bald Eagle, u. **Edward A. Kauck**, St. Paul, Minn., V. St. A., *Fluorkohlenstoffbromide* erhält man durch Rk. von $Br_2$ mit Fluorkohlenstoffsäuren (I) bzw. -anhydriden (II) oder aus Perfluorsäurebromiden (III), wie sie bei der Rk. von II mit $Br_2$ als Nebenprodd. entstehen, durch Erhitzen auf 250—800°. Die Rkk. von II u. die Zers. von III können zusammen erfolgen. — 0,24 (Mol) Perfluoressigsäureanhydrid werden mit 0,40 $Br_2$ in einem mit Aktivkohle gefüllten Rohr bei 300° umgesetzt. Man erhält $CF_3Br$ u. $CF_3COBr$. Nach Trennen der beiden Stoffe wird das Säurebromid in einem mit C ausgekleideten Rohr bei 650° zu $CF_3Br$ pyrolysiert. (**A. P. 2 704 776** vom 24/2. 1953, ausg. 22/3. 1955.) J. MÜHLEISEN. H 510

**Charles L. Thomas**, Winnetka, Ill., V. St. A., *Fluorolefine* erhält man durch Einleiten von $Cl_2$ u. Olefin in eine wss., F-Ionen enthaltende Lsg. u. anschließende Dehydrochlorierung der gebildeten Chlorfluorverb., z. B. nach dem Reaktionsschema: $C_2H_4 + Cl_2 + NaF \rightarrow ClH_2C-CH_2F + NaCl$. — Man leitet Äthylen u. $Cl_2$ in eine wss. gesätt. NaF-Lsg.; aus dem entstandenen 1-Chlor-2-fluoräthan erhält man beim Überleiten über Natronkalk bei 400° *Vinylfluorid*, Ausbeute 58%. An Stelle von Äthylen sind verwendbar: Propylen, Butylene, Amylene; 1.3-Butadien, Styrol, Cyclohexen, Terpentinöl, Allylalkohol u. Maleinsäure. (**A. P. 2 673 884** vom 6/12. 1951, ausg. 30/3. 1954.) G. KRAUSS. H 520

**Air Reduction Co., Inc.**, New York, N. Y., übert. von: **Gordon E. Cole jr.**, Cos Cob, Conn., V. St. A., *Stabilisierung von chlorierten Kohlenwasserstoffen*, bes. von *Tri-* u. *Perchloräthylen*, erfolgt durch Zusatz von 0,01—1,0% 2-Oxy-2-methyl-3-butanon (I), gegebenenfalls zusammen mit anderen, bes. alkal. reagierenden Stabilisatoren. I erhält man durch Hydratation von 3-Methyl-1-butinol-(3) in Ggw. einer katalyt. Menge von HgO u. $H_2SO_4$ oder durch Hydrolyse von 3.3-Dimethoxy-2-methylbutanol-(2) mit verd. $H_2SO_4$. (**A. P. 2 719 181** vom 16/8. 1954, ausg. 27/9. 1955.) J. MÜHLEISEN. H 520

**Standard Oil Development Co.**, V. St. A., *Herstellung von höheren Alkoholen und Olefinen* gelingt durch Umsatz von Alkoholen mit niederem Mol.-Gew. (Methanol, A., Isopropanol, sek.-Butanol, Cyclohexanol) bei 100—300° (bes. 125—200°) u. 37,5 bis 105 kg/cm² mit einem Olefin oder Dien (Äthylen, Propylen, Butylen, Butadien, Isopren) im Verhältnis 1—5:1. Während der Rk. setzt man in kleinen Anteilen ein Peroxyd oder Hydroperoxyd (Benzoyl-, Cumol-, Di-tert.-butyl-, Acetylperoxyd, $H_2O_2$, tert.-Butylperbenzoat, Di-tert.-butylperphthalat, Harnstoffperoxyd) als Aktivator zu. Man erhält einwertige *Alkohole* $C_{10}-C_{18}$, die durch Fraktionierung getrennt werden. Die Alkohole können durch Wasserabspaltung in die entsprechenden *Olefine* übergeführt werden. Diese Rk. gelingt durch Dest. in Ggw. von $H_2SO_4$ als Katalysator u. Cyclohexan als wasserentziehendes Mittel oder durch Dest. über $Al_2O_3$ zwischen 275 u. 325°. Rk. eines Monoalkylmethylcarbinols mit Äthylen führt z. B. zu einem *2-Alkylalkanol-(2)* u. die Wasserabspaltung zu einem *2-Alkylalkylen-(1)*. Andererseits kann man die entstandenen Alkohole durch Sulfonierung mit Chlorsulfonsäure in *Waschmittel* überführen. — 3 Zeichnungen. (**F. P. 1 065 347** vom 7/7. 1952, ausg. 24/5. 1954.) S. MEIER. H 560

**N. V. de Bataafsche Petroleum Mij.**, Den Haag, Holland (Erfinder: **Francis Tjeerd Tymstra**, Emeryville, Calif., V. St. A.), *Herstellung von Glycerin* durch Hydrolyse einer wss. Lsg. von Dichlorhydrinisomeren, wie sie durch Rk. von Allylchlorid mit $Cl_2$ in wss. Reaktionsmedium erhalten werden, dad. gek., daß ein Teil der genannten Lsg. zu einer Anlage abgezweigt wird, in welcher die in diesem Anteil enthaltenen Dichlorhydrinisomeren zu Epichlorhydrin mit dem nichtabgezweigten Anteil der genannten Dichlorhydrinlsg. vereinigt wird u. die in der so erhaltenen Lsg. vorhandenen Chlorhydrine zu Glycerin hydrolysiert werden. Vorzugsweise werden ca. 20—75% der wss. Lsg. zu der Epichlorhydrin bildenden Anlage abgezweigt. Die Rk. wird in alkal. Medium unter Erhitzen durchgeführt, wobei vorteilhaft ein Überschuß der alkal. Verbb. von 2—20% über die theoret. erforderliche Menge angewendet wird. (**D. B. P. 937 889** Kl. 12o vom 25/4. 1952, ausg. 19/1. 1956. Anmeldung bekanntgemacht 28/7. 1955, und **E. P. 711 657** vom 24/4. 1952, ausg. 7/7. 1954. Beide A. Prior. 26/4. 1951.) G. KÖNIG. H. 580

**Farbenfabriken Bayer Akt.-Ges.** (Erfinder: **Heinz Jonas** und **Werner Thraum**), Leverkusen, *Herstellung tertiärer Ester der phosphorigen Säure* aus Phosphortrihalogenid u. Alkohol, dad. gek., daß Phosphortrihalogenid u. Alkohol bei Tempp. unter —20°, vorzugsweise bei —25 bis —30°, gemischt werden u. die Neutralisation bei dieser Temp. mit $NH_3$ erfolgt. — $PCl_3$ u. A. werden bei —25° vermischt u. $NH_3$ eingesetzt → $(C_2H_5O)_3 \cdot P$, Kp.$_{10}$ 45°. (**D. B. P. 937 946** Kl. 12o vom 5/12. 1952, ausg. 19/1. 1956. Anmeldung bekanntgemacht 28/7. 1955.) G. KÖNIG. H 590

**Mathieson Chemical Corp.**, übert. von: **William P. ter Horst**, Lewiston, und **Warren K. Cline**, Niagara Falls, N. Y., V. St. A., *Trichlormethylsulfonylchlorid*, $CCl_3SO_2Cl$, F. 132,5—134,1°, erhält man durch Oxydation von Perchlormethylmercaptan, $CCl_3SCl$, in Chlf. mit Alkali- oder Erdalkalimetallhypochloriten [Na-, K-, LiOCl, bes. $Ca(OCl)_2$] z. B. bei 63°. Ausbeute 77,3%. (**A. P. 2 664 443** vom 8/1. 1952, ausg. 29/12. 1953.) G. KRAUSS. H 600

**Hercules Powder Co.**, übert. von: **Arthur L. Glasebrook**, Wilmington, Del., und **John E. Snyder**, Darling, Pa., V. St. A., *Carbonylierungen* von Alkoholen, Olefinen, Äthern, Estern u. dgl., gegebenenfalls in Ggw. von W., erfolgen in Ggw. eines Katalysators, bestehend aus einem Metall der Fe-Untergruppe der Period. Syst., wie Ni, der Cl, Br oder J enthält, u. in Reaktionsgefäßen, deren Innenwandungen aus einem Metall bestehen, das mindestens 90% Ti oder Zr enthält. (**A. PP. 2 710 878** u. **2 710 879** vom 29/3. 1952, ausg. 14/6. 1955.) O. MÜLLER-MEININGEN. H 650

**Phillips Petroleum Co.**, übert. von: **E. O. Box jr.**, Bartlesville, Okla., V. St. A., *Behandlung von Acetylen enthaltenden Gasgemischen*, welche noch $H_2$ u. Äthylen enthalten. Das Gasgemisch wird bei erhöhter Temp. (335—351%) unter Atmosphärendruck mit Dampf in Ggw. von Zinkzirkonat unter Bldg. von *Acetaldehyd* umgesetzt. (**A. P. 2 712 559** vom 3/7. 1952, ausg. 5/7. 1955.) E. KAHLES. H 670

**Usines Chimiques des Laboratories Français (U. C. L. A. F.)**, Frankreich (Erfinder: **Charles Mentzer**), *Herstellung von β-Diketonen*, dad. gek., daß man einen Keton in Ggw. eines Alkali- oder Erdalkalialkoholats in Gelform, das das gleiche Metall fein verteilt enthält, u. in einem aliphat. oder aromat. Lösungsm. mit einem aliphat., aromat. oder heterocycl. Ester umsetzt. — Beispiel: 23 (g) Na werden in 100 Xylol geschmolzen u. zerrührt. Nach dem Abkühlen gibt man allmählich 43 absol. A. zu u. erwärmt unter Rühren $^3/_4$ Std. im Ölbad auf 90—100°. Dann erhöht man die Temp. auf 125—135° u. rührt energ. 1 Std.; nach Abkühlen läßt man langsam 233 Äthylacetat (I) zufließen, dann ein Gemisch aus 96 I u. 64 Aceton. Man rührt 3½ Std. bei 60°. Das Reaktionsgemisch gibt man unter energ. Rühren in eine Eis-W.-Mischung. Die ölige Schicht, die aus Xylol u. I besteht, wird dekantiert. Aus der wss. Schicht wird nach Ansäuern mit Essigsäure *Acetylaceton* mehrmals mit Chlf. extrahiert.; Ausbeute 56,3%. (**F. P. 995 499** vom 14/3. 1945, ausg. 3/12. 1951.) S. MEIER. H 720

**Steirische Chemie Akt.-Ges.**, Österreich, *Kontinuierliche Gewinnung von Essigsäure bei der Holzdestillation.* Man behandelt die bei der Dest. sich bildenden essigsäurehaltigen Gase u. Dämpfe mit ca. 175° heißem Holzteeröl u. unterwirft den Extrakt einer fraktionierten Vakuumdestillation. Das Verf. wird unter Luftausschluß durchgeführt. (**F. P. 1 082 213** vom 8/8. 1953, ausg. 28/12. 1954. Oe. Prior. 9/8. 1952.) T. OPPERMANN. H 810

**Montecatini (Soc. Gen. per l'Industria Mineraria e Chimica)**, Italien, *Reinigen von Acrylnitril* zwecks Entfernung von Divinylacetylen u. Äthynylbutadien durch selektive Hydrierung in Ggw. eines Hydrierungskatalysators bei 0—50° u. 1—20 at Stickstoffdruck. — Als Katalysator dienen RANEY-Ni oder -Co oder Edelmetallkatalysatoren (Pt oder Pd). (**F. P. 1 102 710** vom 18/6. 1954, ausg. 25/10. 1955. It. Prior. 8/7. 1953.) M. F. MÜLLER. H 810

**Stone & Webster Engineering Corp.**, Boston, übert. von: **William C. Rousseau**, Reading, Mass., V. St. A., *Maleinsäureanhydrid* erhält man durch Dest. von wss. Maleinsäurelsgg. in Ggw. eines Schleppmittels für W. mit Kp. 120—145° (Xylol). Anhydrid wird am Boden des Destillationsgefäßes abgezogen. — Vorr., Zeichnung. (**A. P. 2 683 110** vom 1/4. 1947, ausg. 6/7. 1954.) G. KRAUSS. H 820

**Dow Chemical Co.**, Midland, Mich., übert. von: **Bryant Charles Fischback**, Walnut Creek, und **Guy H. Harris**, Richmond, Calif., V. St. A., *Gewinnung von Thioglykolsäure* (**I**), $HSCH_2COOH$, aus ihren sauren oder Salzlsgg., die z. B. durch Kondensation von NaHS mit Monochloressigsäure u. anschließendem Ansäuern mit HCl auf $p_H$ 1 erhalten werden, erfolgt durch Extraktion mit tert. Alkanolen, die mit der sauren oder Salzlsg. nicht mischbar sind, wie tert. Butyl-, tert. Amylalkohol; 1.1-Dimethylbutanol-(1); 1.1.2-Trimethylpropanol-(1). Die alkoh. Lsg. wird dann im Vakuum eingedampft. Trotz der vorhandenen Säure erfolgt keine Veresterung der I mit dem alkoh. Extraktionsmittel. (**A. P. 2 658 074** vom 13/2. 1952, ausg. 3/11. 1953.) G. KRAUSS. H 850

**Esso Research & Engineering Co.**, Delaware, übert. von: **Henry C. Paulsen**, Elizabeth, N. J., V. St. A., *Gewinnung von Mono- und Diäthanolamin* aus Lsgg., die außerdem W. u. organ. Säuren enthalten, durch Versetzen mit Erdalkalihydroxyden, Erwärmen, Versetzen mit Isopropanol, Abfiltrieren der organ. Erdalkalisalze u. Dest. des Filtrats. — Zeichnung. (**A. P. 2 716 136** vom 10/9. 1952, ausg. 23/8. 1955.) G. LANGER. H 920

**E. I. du Pont de Nemours & Co.**, Wilmington, Del., übert. von: **James Adolph Robertson**, Lewiston, N. Y., V. St. A., *Azoverbindungen mit Carboxyl- und Cyan-*

*gruppen.* Die Verbb. haben die allg. Formel R(H)·C·(COOY)·$CH_2$·C($R_1$)(CN)·N=N·C(CN)($R_1$)·$CH_2$·C(COOY)(H)R oder YOOC·$CH_2$·$CH_2$·C($CH_3$)(CN)·N=N·C(CN)($CH)_3$·$CH_2$·$CH_2$·COOY, worin Y ein einwertiges Kation, $R_1$ ein KW-stoffrest mit 1—6 C-Atomen u. R das gleiche wie $R_1$ oder H bedeuten. (**Can. P. 489 991** vom 11/6. 1948, ausg. 27/1. 1953.) T. OPPERMANN. H 950

**Karl Ziegler** (Erfinder: **Karl Ziegler, Hans-Georg Gellert** und **Eckhard Bonitz**, Mülheim/Ruhr), *Herstellung von Dialkylaluminiumhydriden*, dad. gek., daß Al-Trialkyle (I) bei 50—200, bes. 100—180°, zweckmäßig in Ggw. von Katalysatoren, bes. von feinverteilten Metallen mit stark ausgebildeter Oberfläche, wie Ti-Schwamm, Ag, Ni auf Al, Pt auf Al oder Co auf Al, gespalten werden. Bes. werden I verwendet, bei denen wenigstens ein prim. verzweigter Alkylrest an Al gebunden ist. Vorteilhaft ist auch Arbeiten bei Unterdruck. (**D. B. P. 942 026** Kl. 12o vom 23/6. 1954, ausg. 26/4. 1956. Anmeldung bekanntgemacht 3/11. 1955.) I. MÜHLEISEN. H 980

**Montrose Chemical Co.,** übert. von: **Jacob Rosin,** Maplewood, N. J., V. St. A., *Isolierung von 1.2.4.5-Tetrachlorbenzol* (I) aus einem Gemisch von Tetra-, Tri- u. Pentachlorbenzolen. Man kühlt das Gemisch auf ca. 25° ab, wobei I ausfällt, filtriert u. behandelt den I enthaltenden Filterkuchen, der noch Mutterlauge enthält, mit einer wss. Lsg. eines Netzmittels, wie Alkylarylsulfonate, sulfurierte Alkohole u. Ester von Polyäthylenglykol mit Fettsäuren, filtriert u. wäscht den Kuchen mit W. aus, der dann aus fast reinem I besteht. Die Filtrate der Waschprozesse werden auf 90° erhitzt u. mit soviel NaCl vernetzt, daß eine 5%ig. Lsg. entsteht. Dabei fallen die restlichen Chlorbenzole als Öl aus, aus dem sie durch Dest. bei 20 mm Druck bis 220° gewonnen werden können. (**A. P. 2 721 224** vom 30/8. 1952, ausg. 18/10. 1955.) J. MÜHLEISEN. H 1010

**Stamicarbon N. V.,** Heerlen, Holland, *2.4.6-Trinitrochlorbenzol* erhält man durch Nitrieren von Dinitrochlorbenzol bei 140—170° mit einem Nitriermittel, das hauptsächlich aus Nitroniumhydropyrosulfat (I) der Formel 2 $SO_3$·$HNO_3$ bzw. 4 $SO_3$·$N_2O_5$·$H_2O$ (F. 105°) besteht. I wird zweckmäßig in einem Überschuß bis 130%, berechnet auf den $HNO_3$-Geh., verwendet. — Zwischenprodukt. (**E. P. 743 085** vom 9/6. 1953, ausg. 11/1. 1956. Holl. Prior. 13/6. 1952.) J. MÜHLEISEN. H 1010

**Bergwerksverband zur Verwertung von Schutzrechten der Kohlentechnik G. m. b. H.** (Erfinder: **Werner Emte, Otto Großkinsky** und **Walter Klempt**), Dortmund, *Herstellung von Phenol* durch Rk. von Bzl. mit $O_2$, z. B. Luft, bei erhöhter Temp. in Ggw. erheblicher Mengen $H_2$. — Z. B. enthält das Reaktionsgemisch 30—80 (Volumenteile), bes. 50 bis 60 $H_2$, 5—15, bes. 10 $O_2$ u. 10—50, bes. 20—30 Bzl. in Dampfform. Man arbeitet in Reaktionsgefäßen, die aus Glas, Quarz, Keramik bestehen oder z. B. Füllkörper aus solchen Stoffen enthalten. Stickoxyde, $NH_3$, CO, $CO_2$, $N_2$ u. organ. $HNO_3$-Ester können zugegen sein. (**D. B. P. 938 788** Kl. 12q vom 28/12. 1952, ausg. 9/2. 1956. Anmeldung bekanntgemacht 18/8. 1955.) K. FABEL. H 1060

**American Cyanamid Co.,** New York, N. Y., übert. von: **William B. Wright jr., James M. Smith jr.,** und **Kenneth H. Collins,** Plainfield, N. J., V. St. A., *Reinigung des Mononatriumsalzes der Gentisinsäure.* Man stellt den $p_H$-Wert von wss. Lsgg. des Salzes auf 6—7 ein, kühlt ab auf $<10°$, filtriert das ausgefallene Salz u. wäscht es mit einer kalten gesätt. Salzlösung. (**A. P. 2 715 644** vom 12/7. 1951, ausg. 16/8. 1955.) K. FABEL. H 1250

**American Cyanamid Co.,** New York, N. Y., V. St. A. (Erfinder: **D. E. Nagy** und **B. C. Reamon**), *Herstellung von 1-substituierten 3-Cyanguanidinen.* Man läßt Dicyanimid oder dessen Salze mit prim. oder sek. Aminen oder dessen Salzen im Mol-Verhältnis ca. 1:1 bei 50—125° reagieren. — Z. B. setzt man K-Dicyanimid u. Anilin bei 90° in Ggw. von HCl zu *1-Phenyl-3-cyanguanidin* um, F. 194—195°. In ähnlicher Weise sind erhältlich: *p-[3-Cyanguanid]-benzolsulfonsäure, 1-Methyl-1-phenyl-3-cyanguanidin,* F. 129 bis 134°, *1-Naphthyl-3-cyanguanidin,* F. 238°, *1.1'-p-Phenylendi-[3.3'-cyanguanidin],* F. 314, *1-m-Oxyphenyl-3-cyanguanidin,* F. 199—200°, *1-o-Oxyphenyl-3-cyanguanidin,* F. 173°, *1-Cyclohexyl-3-cyanguanidin,* F. 158—160°, *1-Butyl-3-cyanguanidin,* F. 72—74°, *1-Octyl-3-cyanguanidin,* F. 65—66°, *1-Dodecyl-3-cyanguanidin,* F. 86—89°, *1-Octadecyl-3-cyanguanidin,* F. 95—96°, *1.1-Pentamethylen-3-cyanguanidin,* F. 166—168°, *1.1-Dibutyl-3-cyanguanidin,* F. 72—75°, *1.1'-Dedcamethylendi-[3.3'-cyanguanidin],* F. 180 bis 185°, *p.p'-Di-[3-cyanguanid]-diphenylmethan,* Zers. bei 272—274°, *1-Benzyl-3-cyanguanidin,* F. 108—109°, *β-[3-Cyanguanid]-äthansulfonsäure,* F. 105—120°, *1-Isopropyl-3-cyanguanidin,* F. 102—104°, *1-p-Chlorphenyl-3-cyanguanidin,* F. 205°. (**Schwed. P. 137 369** vom 19/8. 1946, ausg. 23/9. 1952. A. Priorr. 11/9. 1945 u. 8/8. 1946.) K. H. KÄHLER. H 1280

**Ciba Akt.-Ges.,** Basel, Schweiz, *Verfahren zur Herstellung von aromatischen Monomethylaminen* durch Kondensation von 1 (Mol) eines prim. aromat. Amins mit 1 $CH_2O$ u. katalyt. Hydrierung des Reaktionsprod., dad. gek., daß man beide Rkk. unter alkal. Bedingungen durchführt. — *Monomethylanilin.* Man setzt Anilin mit 29,8% ig. $CH_2O$ in Ggw. von Triäthylamin bei 20—25° um u. hydriert mit $H_2$ u. Ni. Nebenprod. geringe Mengen *Dimethylanilin.* — Analog entsteht *Monomethyl-p-toluidin* neben wenig *Dimethyl-p-toluidin.* (**Schwz. P. 310 827** vom 19/12. 1952, ausg. 14/1. 1956.) G. LANGER. H 1310

**J. R. Geigy Akt.-Ges.,** Basel, Schweiz, *2-Aminophenylätherglykolsäure.* Man schm. *2-(Chloracetylamino)-1-methoxybenzol* mit $AlCl_3$ u. NaCl bei 120—130°, gießt auf Eis + konz. HCl u. verseift durch Erhitzen mit 20% ig. NaOH. — Zwischenprod. für Azofarbstoffe. — Gibt beim Erwärmen mit verd. HCl *2-Aminophenylätherglykolsäurelactam,* F. 173°. (**Schwz. P. 305 118** vom 9/1. 1952, ausg. 16/4. 1955.) G. LANGER. H 1350

**Dow Corning Corp.** (Erfinder: **John Woodbury Gilkey**), Midland, Mich., V. St. A., *Herstellung von monomeren Phenylhalogensilanen,* dad. gek., daß Silane, in denen die Si-Atome durch Phenylenreste verbunden sind, wobei die restlichen Si-Valenzen durch Halogenatome u./oder einwertige KW-stoffreste, bes. Cl-Atome u. Phenylreste, abgesätt. sind, mit Bzl. in Ggw. eines B-Halogenid- u./oder Al-Halogenidkatalysators auf ca. 150 bis 450°, bes. ca. 175—300°, erhitzt werden. Durch 16std. Erhitzen von $Cl_3SiC_6H_4 \cdot SiCl_3$ (**I**) u. Bzl. mit $BCl_3$ in einem Druckrohr auf 296—303° erhält man neben hauptsächlich **I** $C_6H_5SiCl_3$. (**D. B. P. 941 284** Kl. 12o vom 26/5. 1954, ausg. 5/4. 1956. Anmeldung bekanntgemacht 13/10. 1955.) J. MÜHLEISEN. H. 1380

**United States of America,** übert. von: **Arthur C. Cope,** Belmont, und **Mark R. Kinter,** Cambridge, Mass., V. St. A., *Arylcyclooctatetraene* erhält man durch Erhitzen von Cyclooctatetraen (I) mit einer Organometallverb. der Formel RM (R = Phenyl; M = Li, Na) in inerter Atmosphäre in Ggw. eines Lösungsm. u. Hydrolyse der gebildeten Li- oder Na-Komplexverbindung. — Aus Brombenzol in Ae. + Li unter Erhitzen + **I** bei 90° u. Zers. der Li-Komplexverb. mit W. → *Phenyl*-**I**, gelbe Fl., Kp.$_{0,3}$ 94—95°; $n_D^{25}$ 1,6181; $D.^{25}_4$ 1,0335; neben *Phenylcyclooctatrien* (**II**), Kp.$_{0,3}$ 90—92°; $n_D^{25}$ 1,6100—1,6174, die beide über die $AgNO_3$-Komplexverb. in A. getrennt werden. — Phenyl-**I** + $H_2$ in Methanol in Ggw. von Pd → Phenylcyclooctan; mit Maleinsäureanhydrid in Bzl. → Addukt; mit p-Benzochinon → gelbes Addukt; mit $AgNO_3$ → gelbgrüne Komplexverbindung. **II** besteht aus der 1.3.6- u. 1.3.5-Trienverb, wobei das 1. mit K-tert.-Butylat in das 2. übergeführt werden kann; Maleinsäureanhydridaddukt. — p-Dimethylaminophenyl-Li + **I** → *p-Dimethylaminophenyl*-**I**, aus heißem Methanol kleine orangefarbene Blättchen, F. 89,5—90,7°. — Zwischenprodd. u. *UV-Lichtschutzmittel.* (**A. P. 2 715 147** vom 19/1. 1951, ausg. 9/8. 1955.) G. KRAUSS. H 1810

**Dow Chemical Co.,** übert. von: **Gerald M. Corbett, Glenn C. Wiggins** und **William S. Thurber,** Midland, Mich., V. St. A., *Aralkylcyclohexylester* der Formel I (R = H, $CH_3$; R' = Alkyl mit höchstens 17 C-Atomen; Ar = Aryl; n = 1—3) erhält man durch Veresterung der entsprechenden gesätt. aliphat. Monocarbonsäuren mit Aralkylcyclohexanolen, die z. B. durch selektive Kernhydrierung der entsprechenden Aralkylphenole mit $H_2$ in Ggw. von Ni, Pt, Pt-Oxyd bei ca. 150—250° u. 200—500 lbs./sq.in. hergestellt wurden, in Ggw. eines Veresterungskatalysators ($H_2SO_4$, HCl, Arylsulfonsäuren, Toluolsulfonsäure, Naphthalinsulfonsäure) bei ca. 70° oder höher, n., erhöhtem oder erniedrigtem Druck in An- oder Abwesenheit eines Lösungsm. (Bzl., Toluol, Xylol, Äthylenchlorid, Propylenchlorid, Petroleum-KW-stoffen). — Mischung aus 81,5 (g) 2-α-Methylbenzylcyclohexanol, 81,5 4-α-Methylbenzylcyclohexanol u. 60 Eisessig in Ggw. von 2-p-Toluolsulfonsäure u. 200 cm³ Bzl. nach 8 Std. unter Rückfluß → Mischung aus *2-* bzw. *4-α-Methylbenzylcyclohexylacetat,* Kp.$_{2,5}$ 140°; $D.^{25}$ 0,990; $n_D^{25}$ 1,4940, milder Geruch. — *2.4-Di-(α-methylbenzyl)-cyclohexylacetat,* Kp.$_2$ 150—160°; $D.^{25}$ 1,022; $n_D^{25}$ 1,5203. — *2.4.6-Tri-(α-methylbenzyl)-cyclohexylacetat,* schwachgelbe viscose Fl., Kp.$_2$ 220°, fast geruchlos. — *4-(α.α-Dimethylbenzyl)-cyclohexylacetat,* Kp.$_8$ 172—174°; $D.^{26}$ 1,013; $n_D^{25}$ 1,5012. — *2-* bzw. *4-(α-Methylbenzyl)-cyclohexylpropionat,* Kp.$_1$ 124—130°; $D.^{25}$ 0,999; $n_D^{25}$ 1,4992; Ausbeute 74,5%. — *2-* bzw. *4-(α-Methylbenzyl)-cyclohexylbutyrat,* $D.^{25}$ 0,989; $n_D^{25}$ 1,4965. — Mischung aus *2-* bzw. *4-(α-Methylbenzyl)-cyclohexylcaproat,* Kp.$_2$ 165—168°; $D.^{25}$ 0,976; $n_D^{25}$ 1,4968. — Mischung aus *2-* bzw. *4-(α-Methylbenzyl)-cyclohexyllaurat,* Kp.$_1$ 170—175°; $D.^{25}$ 0,941; $n_D^{25}$ 1,4898. — Mischung aus *2-* bzw. *4-(α-Methylbenzyl)-cyclohexylstearat,* Kp.$_{1,5}$ 180—187°; wachsartig. — Die Ester sind mit *Celluloseestern* u. *-äthern,* wie *Celluloseacetat, Äthylcellulose* u. *Vinylacetat, Vinylchloridpolymeren, Mischpolymeren* aus *Vinyl-*

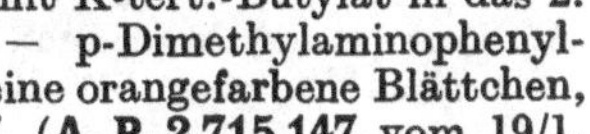

*chlorid* u. *Vinylidenchlorid* verträglich u. dienen als *Weichmacher* (Tabelle). — Ferner können verestert werden: *2*-Methyl-6-bzw. 2-Methyl-4-(α-methylbenzyl)-cyclohexanol; 4-Methyl-2-bzw. 2-Methyl-4-(α.α-dimethylbenzyl)-cyclohexanol. (**A. P. 2 668 177** vom 23/9. 1950, ausg. 2/2. 1954.) G. KRAUSS. H 1870

**Soc. Rhodiatoce S. p. A.**, Mailand, Italien, *Cycloaliphatische Ketoxime* mit wenigstens 4 Ring-C-Atomen erhält man durch Rk. der entsprechenden Ketone mit Hydroxylaminderivv. in Ggw. einer organ. Säure mit einer Dissoziationskonstanten zwischen $10^{-3}$ u. $10^{-5}$ oder dem entsprechenden Alkalisalz (Essigsäure) als Puffer, Neutralisation der Mischung u. Erhitzen über den F. des Oxims, wodurch dieses fast wasserfrei abgezogen werden kann. — Aus Cyclohexanon u. Na-Hydroxylaminmonosulfonat in Ggw. von 0,5% Eisessig, Neutralisation mit $NH_3$ bis $p_H$ 4 u. Erhitzen auf 85—90° → *Cyclohexanonoxim*; Ausbeute 96%. — Vorr., Zeichnung. (**Schwz. P. 310 823** vom 6/6. 1953, ausg. 14/1. 1956. It. Prior. 7/6. 1952.) G. KRAUSS. H 1960

**Universal Oil Products Co.**, Des Plaines, übert. von: **Joseph A. Chenicek**, Bensenville, und **William K. T. Gleim**, Orland Park, Ill., V. St. A., *p-Alkylaminoazobenzole* entstehen durch Diazotieren eines prim. Arylamins mit $NaNO_2$ oder salpetriger Säure in Ggw. von Milchsäure u. Kuppeln mit einem N-Alkylanilin. — *p-sek.-Butylaminoazobenzol*; man diazotiert Anilin in W. + Milchsäure u. kuppelt mit sek.-Butylanilin, F. 54°. Gibt bei reduktiver Alkylierung mit Methyläthylketon *N.N'-Di-sek.-butyl-p-phenylendiamin*. — Analog: *4-sek.-Butylamino-4'-nitroazobenzol* → *N.N'-Di-sek.-butyl-p-phenylendiamin*. (**A. P. 2 714 104** vom 31/7. 1953, ausg. 26/7. 1955.) G. LANGER. H 2510

**Standard Oil Development Co.**, V. St. A., *Herstellung von Naphthalin* (**I**), dad. gek., daß man ein Erdöl, das in genügender Menge hydrierte I-Derivv. enthält, bei ca. 496° u. 14 kg/cm² in Ggw. von $H_2$ mit Katalysatoren, wie $MoO_3$ oder $Cr_2O_3$ (auf $ZnAl_2O_4$ stabilisiert), dehydriert. — Vorrichtung. (**F. P. 1 055 217** vom 26/4. 1952, ausg. 17/2. 1954.) S. MEIER. H 2700

**Farbwerke Hoechst Akt.-Ges., vormals Meister Lucius & Brüning** (Erfinder: **Robert Sedlmayr**), Frankfurt/M., *Herstellung von 1.5-Dibenzoylnaphthalin* (**I**). Man erhitzt 12,8 (Gewichtsteile) Naphthalin (**II**) u. 14 $C_6H_5COCl$ (**III**) mit 0,3 Fe-Pulver auf > 150° bis zur Beendigung der HCl-Entw., tropft weitere 14 **III** zu u. hält weiter auf der obigen Temp. bis zum Aufhören der HCl-Entw., dest. aus dem Reaktionsgemisch bei n. Druck **II** ab u. erhält bei 280—300/4 mm **I**, F. 188—190° (aus $C_6H_5Cl$). — Durch Erhitzen der Verb. in Na-Al-Chlorid-Schmelze erhält man den Küpenfarbstoff Dibenzpyrenchinon. — An Stelle von Fe kann auch Zn, Cu oder Al verwendet werden. (**D. B. P. 941 123** Kl. 12o vom 8/2. 1952, ausg. 5/4. 1956. Anmeldung bekanntgemacht 4/3. 1954.) O. MÜLLER-MEININGEN. H 2700

**Farbwerke Hoechst Akt.-Ges., vormals Meister Lucius & Brüning**, Frankfurt/M. (Erfinder: **O. F. Schulz**, Falkenstein, und **Heinrich Martens**, Offenbach/M.), *Herstellung von Dialkalisalzen der 2-Oxynaphthalin-3-carbonsäure* durch Erhitzen von Dialkalisalzen der 2-Oxynaphthalin-1-carbonsäure in Ggw. von β-Naphthol auf > 180°, gegebenenfalls unter Druck. Man verwendet bes. das Na-Salz. (**D. B. P. 941 429** Kl. 12q vom 8/8. 1954, ausg. 12/4. 1956. Anmeldung bekanntgemacht 13/10. 1955.) K. FABEL. H 2700

**Wingfoot Corp.**, Akron, O., V. St. A., *5-Nitro- und 8-Nitronaphthylamin-(1)*. Aus Naphthylamin-(1) u. $HNO_3$–$H_2SO_4$ bei —10 bis —25°. (**E. P. 725 790** vom 25/11. 1953, ausg. 9/3. 1955. A. Prior. 24/6. 1953.) G. LANGER. H 2700

**Gaz de France (Service National)**, Frankreich, *Reinigung von Carbazol* (**I**) gelingt durch selektive Extraktion u. Dest. mit Glykol (**II**). Mit den **II**-Dämpfen gehen die Verunreinigungen (hauptsächlich Phenanthren) über u. werden von **II** getrennt, das wieder verwendet wird. **I** bleibt zurück u. kann weiter durch Umkristallisation aus Bzl. oder Toluol unter Zusatz von Aktivkohle gereinigt werden. (**F. P. 1 030 290** vom 29/12. 1950, ausg. 11/6. 1953.) S. MEIER. H 3081

**Spojené Farmaceutické Závody, Národní Podnik**, Prag, C. S. R., *Herstellung von Derivaten von Benzotetronsäure* (**I**). In weiterer Ausbldg. des Verf. des Dän. P. 73 760; C. **1953.** 4911, verwendet man an Stelle von Glykolsäureestern ein Glyoxylsäureäthylesteralkoholat. Außer der in dem Dän. P. 73 760 erwähnten Verb. sind noch erwähnt Bis-(4-oxycumarinyl)-essigsäure-n-propylester, F. 139—141°, u. der entsprechende Methylester, F. 202—203°, sowie der n-Butylester, F. 155°. — Vgl. auch Schwz. P. 263 422; C. **1954.** 4265. (**Dän. P. 74 454** vom 24/10. 1946, ausg. 21/7. 1952. Schwz. Prior. 6/11. 1945.) K. H. KÄHLER. H 3211

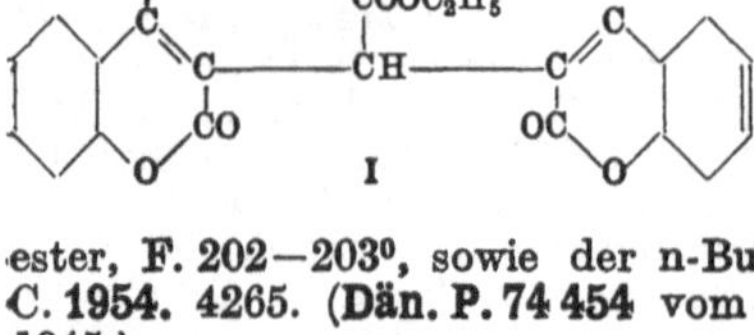


I

**American Cyanamid Co.**, New York, übert. von: **Brian L. Hutchings**, Pearl River, N. Y., V. St. A., *Reinigungsverfahren.* Man versetzt eine Lsg. eines Reaktionsprod., welches ein *Pteridin* der allg. Formel **A** enthält, mit einem lösl. sauren Zn-Salz ($ZnCl_2$) bei $p_H$ 10,5 bis 11,2 u. trennt die gebildete Zn-Salzlsg. des Pteridins von den unlösl. gebliebenen Bestandteilen des Reaktionsprod. ab. Dann stellt man den $p_H$-Wert der 50—95° warmen Pteridin–Zn-Salzlsg. auf 6,5—7 ein, wobei das *Zn-Salz des Pteridins* ausfällt. (**Can. P. 487 927** vom 31/3. 1949, ausg. 11/11. 1952. A. Prior. 22/4. 1948.) T. Oppermann. H 3272

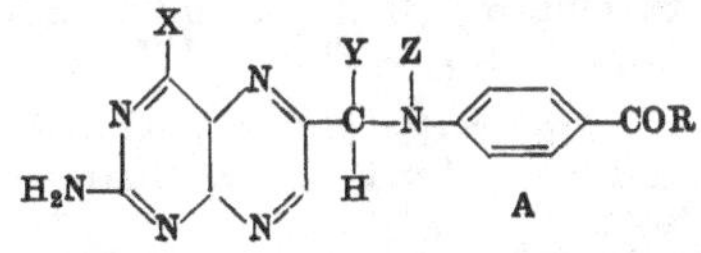

A

## X. Färberei. Organische Farbstoffe.

**Charles P. Riley**, *Der Selektivitätsfaktor, seine Beeinflussung beim Klotzen.* Es wird eine Meth. für die Best. der Aufnahme von Ausrüstungschemikalien durch Gewebe beim Klotzen derselben beschrieben. Der hierbei ermittelte „Selektivitätsfaktor" stellt das Verhältnis zwischen der beim Klotzen durch die Ware aufgenommenen Menge an Chemikalien u. der theoret. Menge dar. Wie die ausgeführten Verss. gezeigt haben, ist der „Selektivitätsfaktor" abhängig von dem Typ des angewandten Ausrüstungsprod. sowie der Arbeitsweise beim Klotzen (Druck, Anzahl der Walzen, Art der Gewebeführung). Die Ergebnisse im einzelnen werden ausführlich beschrieben u. diskutiert. — 7 Abbildungen. (Amer. Dyestuff Reporter **44**. P733—36. 10/10. 1955.) H. G. Fröhlich. 7020

**Jackson Bauer**, *Das Färben in der Flocke.* Vorteile des Färbens der unversponnenen Faser gegenüber dem Garn- u. Stückfärben (u. a. besseres Durchfärben, geringere Faserschädigung u. Färbekosten, Fortfall des Schrumpfausrüstens, Erleichterung des Hochtemperaturfärbens) u. Schwierigkeiten (Probeentnahme, Mischen). Hinweise zum Hochtemperaturfärben für die verschied. Faserarten. (Amer. Dyestuff Reporter **44**. P497—500. 18/7. 1955. Philadelphia, Pa., Fred Whitaker Co.) I. Schoenmarn. 7020

**Rudolf Klatt**, *Das Färben von Textilfasern im Stück.* Übersicht über die Methoden des substantiven Färbens: Fasern aus Regeneratcellulose heterogene Färbung; tschechoslowak. Farbstoffe u. Pigmente; Bedeutung des substantiven Färbens; Ausrüstung gefärbter Kunstfasern; Celluloseacetat- u. synthet. Fasern. (Chem. Průmysl **3** (**28**). 12—17. Jan. 1953. Výsk. úst. umel. vlåken.) R. K. Müller. 7020

**A. J. Hall**, *Echtere Färbungen auf Cellulosefasern. Neue Nachbehandlungsmethoden für Baumwolle.* Zur Verbesserung der Naßechtheit von Färbungen mit Direktfarbstoffen auf Baumwolle, Leinen u. Viscosereyon haben sich Kondensationsprodd. mit $CH_2O$, mit einer biguanidartigen Verb. (aus Dicyandiamid u. einem aliphat. oder cycloaliphat. Aminsalz mit prim. oder sek. Aminogruppen) bewährt, indem sie zur Nachbehandlung allein oder in Ggw. von Cu-Salzen (Verbesserung der Lichtechtheit) oder gleichzeitig mit dem Knitterfestausrüsten eingesetzt werden. Färbungen mit metallisierbaren Farbstoffen werden durch wasserlösl. Kondensationsprodd. aus Cyanamid, Dicyandiamid oder Guanidin u. einer komplexen Polyamin–Metall-Verb. (Triäthylentetramin–Cu, Co, Ni, Mn) nachbehandelt. Eine andere Art der Nachbehandlung für Färbungen mit wasserlösl. Direktfarbstoffen besteht in der Verwendung von polymeren Vinylverbb. mit bas. N-Gruppen (u. a. Poly-N-Vinylimidazol), welche vermutlich wasserunlösl. oder großmol. Farbstoffkombinationen bilden. Eine weitere Verbesserung in dieser Richtung sind Prodd. zusammengesetzt aus einer Cu-Verb., einer Aminocarbonsäure u. einem Kondensationsprod. aus $CH_2O$, Dicyanmid u. einem ionisierbaren $NH_4$-Salz. (Textile Mercury Argus **134**. 320—25. 24/2. 1956.) I. Schoenmann. 7020

**A. J. Hall**, *Neue Entwicklungen zum Färben synthetischen Fasermaterials.* Das durch Einbau von Vinylpyridinverbb. in die Polyacrylnitrilfaser verbesserte Farbstoffaufnahmevermögen kann weiterhin gesteigert werden durch Vorbehandlung der Faser mit kochender $H_2SO_4$ vor dem Färben. Polyamid- oder -urethanfasern erhalten durch Vorbehandlung mitquaternären Phosphoniumsalzen oder in Ggw. dieser im Farbbad eine stärkere Affinität für saure u. saure beizenziehende Wollfarbstoffe bei gleichzeitiger Verminderung der Tendenz zur stat. Aufladung u. Verbesserung des Griffes der Gewebe. Ersatz der $H_2SO_4$ im Farbbad durch Sulfaminsäure oder aromat. Sulfinsäureverbb. verbessert die Klarheit der Färbungen (Beispiel einer Blaufärbung). Zum Färben von Nylon für alle Grünschattierungen eignen sich wss. Lsgg. oder Dispersionen einiger bes. aufgeführter metallkomplexbildender (Fe, Mn, Co, Ni) Oxynitrosoverbb. ohne Sulfonsäuregruppen in Ggw. von Dispersionsmitteln, wie Kondensationsprodd. aus $CH_2O$ mit

Naphthalinsulfonsäuren oder Polyoxyalkylverbindungen. Bei Anwendung zu einer Nachbehandlung verbessern diese gleichen Dispersionsmittel die Waschechtheit der üblichen Färbungen auf Nylon mit sauren Azo- oder Anthrachinonfarbstoffen. (Textile Mercury Argus **134.** 18—22 6/1. 1956.) I. SCHOENMANN. 7020

**Farbwerke Hoechst Akt.-Ges., vormals Meister Lucius & Brüning,** Frankfurt/M. (Erfinder: **Kurt Gehre,** Offenbach/M.), *Färben von regenerierter Cellulose* in Form von losem Material, Kammzügen oder Wickelkörpern mit unlösl. Azofarbstoffen durch Entw. auf der Faser, dad. gek., daß man die Behandlung der Faser mit der Azokomponente (I) in einem Bade vornimmt, das an Stelle des üblichen Ätzalkaliüberschusses alkal. reagierende Alkalisalze enthält. Zweckmäßig löst man I unter Vermeidung eines größeren Überschusses in Ätzalkali auf u. ersetzt das zur Stabilisierung der mit einem Schutzkoll. beschickten Bäder erforderliche Alkali durch $Na_3PO_3$, $Na_2CO_3$ oder $K_2CO_3$. (**D. B. P. 940 342** Kl. 8m vom 27/2. 1953, ausg. 15/3. 1956. Anmeldung bekanntgemacht 28/7. 1955.) H. v. SCHILLER. 7021

**General Aniline & Film Corp.,** New York, übert. von: **William H. von Glahn,** Loudonville, und **Lester N. Stanley,** Delmar, N. Y., V. St. A., *Erhöhung der Farbbeständigkeit von Cellulosederivaten,* bes. solchen, die mit Aminogruppen enthaltenden Anthrachinonfarbstoffen gefärbt worden sind, gegen die Einw. von Licht, Waschlauge, Gas u. Rauch. Der Farbflotte werden 2—4% einer Verb. der Formel $CH_3C(CH_3)_2CH_2C(CH_3)_2$— 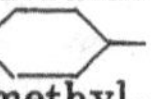 —$OC_2H_4OC_2H_4N(CH_3)_2$, z. B. *p-(α.α.γ.γ*-Tetramethylbutyl)-phenoxyäthoxyäthyldimethylamin, zugegeben, dispergiert in einem Gemisch von 1 (Teil) eines Kondensationsprod. aus Polyäthylenoxyd u. Alkylphenol u. 1 eines Kondensationsprod. aus Polyäthylenoxyd u. Fettalkohol. (**A. P. 2 706 142** vom 13/6. 1951, ausg. 12/4. 1955.) G. SALZMANN. 7021

**General Aniline & Film Corp.,** New York, N. Y., übert. von: **Nicholas I. Kartinos,** Nazareth, Pa., und **James B. Normington,** Belvidere, N. J., V. St. A., *Färben von Textilfasern mit Nitroketoarylamiden.* Celluloseester oder äther u. Nylon werden mit einer Verb. der allg. Formel I gefärbt, in welcher R eine Alkylgruppe mit 1—5 C-Atomen, X einen mono-, bi- oder heterocycl. Rest mit bis zu 4 acycl. C-Atomen im Kern bedeutet, der ein bas. N-Atom besitzt, welches mit einer Valenz an den Benzolring gebunden ist, wobei die Verb. keine wasserlösl. salzbildenden Substituenten enthält, z. B. den Farbstoffen aus 3-Nitro-4-chloracetophenon + Anilin, p-Anisidin, N.N-Diäthyl-p-phenylendiamin u dergleichen. Es werden sehr lichtechte u. farbtiefe Färbungen erhalten. (**A. P. 2 708 149** vom 13/11. 1950, ausg. 10/5. 1955.) H. v. SCHILLER. 7021

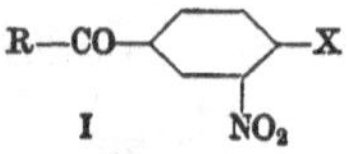


I

**Badische Anilin- & Soda-Fabrik Akt.-Ges.,** Ludwigshafen/Rh. (Erfinder: **Willibald Ender,** Heidelberg), *Färben von Gebilden aus Polyamiden oder Polyurethanen* mit sulfonsäuregruppenfreien komplexen Metallverbb. von Azo- oder Azomethinfarbstoffen nach Patent 734 990. Man färbt in Ggw. von Polyoxalkyläthern u. läßt den p-Wert des Färbebades während des Färbevorganges kleiner werden. (**D. B. P. 896 938** Kl. 8m vom 9/2. 1951, ausg. 16/11. 1953. **Zusatz zu D. R. P. 734 990; C. 1943. II. 2331.**) H. v. SCHILLER. 7021

**American Cyanamid Co.,** New York, N. Y., übert. von: **Roy H. Kienle** und **Chester A. Amick,** Bound Brook, N. J., V. St. A., *Küpenfarbstoffdruckpaste.* Sie besteht aus einer Mischung eines thioindigoiden Küpenfarbstoffes (I), z. B. 5.5'-Dichlor-7.7'-dimethylbis-thionaphthenindigo oder Bis-2.1-naphthioindigo u. eines metallisierten unlösl. Chelates eines Azofarbstoffes (II), dessen Metall Fe ist. Die Paste enthält außerdem ein alkal. Verdickungs- u. Reduktionsmittel, um I in die Leukoform überzuführen. Der Geh. an II beträgt 50—100% von I. (**A. P. 2 708 150** vom 31/5. 1952, ausg. 10/5. 1955.) H. v. SCHILLER. 7023

**Hardman & Holden Ltd.** (Erfinder: **Pavel Krug**), Manchester, Lancaster, England, *Herstellung von Reservedrucken* auf nicht cellulosehaltigem Fasermaterial, z. B. Wolle, Seide oder synthet. Fasern. Man bedruckt das Material vor oder nach dem Imprägnieren mit einem Küpenfarbstoff u. Thioharnstoffdioxyd mit einer Paste, die einen wasserlösl. Aldehyd (I), z. B. $CH_2O$, enthält. Beim nachfolgenden Trocknen, Dämpfen bei 100° u. Oxydieren bleiben die mit I bedruckten Stellen farblos. Man kann auch Buntreserven dadurch erhalten, daß man der den I enthaltenden Druckpaste einen Farbstoff, der Affinität zu der Faser besitzt, zusetzt. (**E. P. 715 393** vom 16/10. 1951, ausg. 15/9. 1954.) H. v. SCHILLER. 7023

**Eastman Kodak Co.,** Rochester, N. Y., übert. von: **Joseph Benjamin Dickey** und **Edmund Barber Towne,** Kingsport, Tennessee, V. St. A., *1,5-Dioxy-8-nitro-4-aminoanthrachinonverbindungen* der Formel I entstehen durch Rk. von *1.5-Dioxy-4.8-dinitro-*

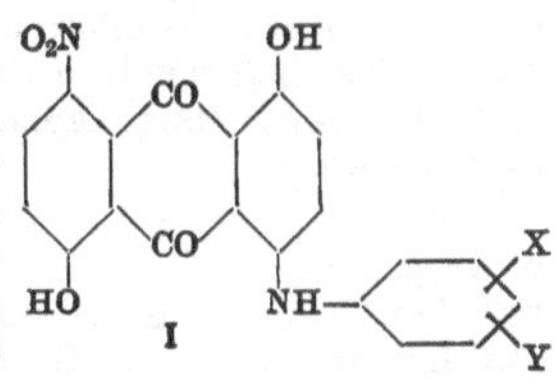

I

*anthrachinon* (II) mit prim. Arylaminen der Formel $H_2N \cdot C_6H_3(X)(Y)$, worin X eine Monooxyalkylgruppe mit 1—3 C-Atomen oder eine $-(OCH_2CH_2)_n-O-R$-Gruppe (n = 1—4, R = H oder eine Alkylgruppe) u. Y = H, Cl, OH, $OCH_3$ oder $CH_3$ bedeuten. — Blaue *Farbstoffe* für Textilien aus *Cellulosealkylcarbonsäureestern* mit 2—4 C-Atomen in der Säuregruppe. — *1.5-Dioxy-8-nitro-4-(2'-oxyäthylanilino)-anthrachinon.* Beim Kochen von **II** mit o-Aminophenyläthylalkohol in n-Amylalkohol. — Analoge Verbb. aus **II** u. *p-Aminophenyläthylalkohol; o-* u. *p-(Oxyäthoxyäthoxyäthoxy)-anilin; m-Aminophenylmethylalkohol; m-Aminophenylmethylcarbinol; p-(1.2-Dioxyäthyl)-anilin; 2-Methyl-3-(2'-oxyäthyl)-anilin; 2-Oxy-5-(2'-oxyäthyl)-anilin; 4-Chloraminophenyläthylalkohol; 3-Amino-2-methylphenylmethylcarbinol; 3-Amino-4-methoxyphenylmethylcarbinol; o-* u. *p-(2-Oxyäthoxyäthoxyäthoxyäthoxy)-anilin; p-(2-Äthoxyäthoxyäthoxyäthoxy)-anilin; o-(2-Methoxyäthoxyäthoxy)-anilin; p-(2-Oxyäthoxyäthoxy)-anilin; p-(Oxyäthoxyäthoxy)-anilin; o-, m-* u. *p-(3-Oxypropyl)-anilin; o-* u. *p-(2-Oxypropyl)-anilin; o-* u. *p-(1.3-Dioxypropyl)-anilin, 2-Methoxy-5-(3'-oxypropyl)-anilin; o-* u. *p-(2.3-Dioxypropyl)-anilin; m-(1-Oxypropyl)-anilin; o-(2-Oxyisopropyl)-anilin; m-(1-Oxypropyl)-anilin; 3-(2'-* u./oder *4-Amino-3-chlorphenyl)-propanol-(1); o-* u. *p-(1.3-Dioxypropyl)-anilin; o-, m-* u. *p-Aminobenzylalkohol; o-* u. *p-Aminophenyläthylalkohol; m-(2-Oxyäthoxyäthoxyäthoxy)-anilin.* (**E. P. 722 367** vom 13/8. 1952, ausg. 26/1. 1955. A. Prior. 17/8. 1951.) G. LANGER. 7059

## XIa. Farben. Anstriche. Lacke. Naturharze.

**G. N. Bruxelles** und **B. H. Mahlman,** *Faktoren, die den Glanz von ungeschliffenen Metallackierungen beeinflussen.* Vff. haben mit 324 Versuchsanstrichen folgende Effekte, die den Glanz einer Lackierung beeinflussen können, untersucht: Verdunstungsgrad, Zus. des Lösungsmittelgemisches, Anstrichtechnik, Rauhigkeit des Untergrundes bzw. des Grundanstrichs u. Quellungsneigung des Lacklösungsm. auf den Grundanstrich. Die Glanzmessung erfolgte mit einem „GARDNER 60° glossmeter". Vff. glauben, daß ohne Schleifen ein annehmbarer Glanz erzielt werden kann durch Kontrolle der Untergrundrauhigkeit sowie durch entsprechende Rezeptur der Grundfarbe u. des Decklackes. (Paint Varnish Product. **45.** Nr. 10. 23—32. Sept. 1955.) E. PREU. 7090

**C. V. Hotson,** *Die Chemie befaßt sich mit Titan.* In einer Versuchsschmelzanlage in Sorel, Que., werden täglich aus 300 t Erz, dessen Fe-Geh. zu 60% als *Ilmenit* u. 40% als *Hämatit* vorliegt, durch Red. mit Anthrazit im Elektroofen 96 t Reineisen u. 132 t Schlacke gewonnen, die 71% $TiO_2$ u. 9—10% $Fe_2O_3$ enthält. Sie ist ein vorteilhaftes Rohmaterial zur Gewinnung von reinem $TiO_2$ für die Pigmentfabrikation. (Canad. chem. Processing **36.** Nr. 6. 30—31. 1/6. 1952.) W. METZENER. 7092

**J. Berger,** *Thermische Polymerisation trocknender Öle. Beiträge zur Erforschung dieser Reaktionen.* Auf Grund einiger einfacher hypothet. Voraussetzungen gelingt es, die Viscositätsänderung bei der therm. Behandlung trocknender Öle mit der Reaktionskinetik zu verknüpfen. Die Reaktionsgeschwindigkeit läßt sich durch die allg. Beziehung $-dn/dt = K \cdot n^m$ darstellen, wobei n die Molekelzahl je Volumeneinheit ist. Für Öle mit nichtkonjugierten Doppelbindungen wird m = 1. Die zeitliche Viscositätsänderung erfolgt nach $\log \eta_1/\eta_0 = K(T_1-T_0)$. Bei Ölen mit 3 konjugierten Doppelbindungen ist $m < 1$ u. nähert sich mit abnehmender Reaktionstemp. dem Wert 1. Die zeitliche Viscositätsänderung kann hier ausgedrückt werden durch die Gleichung $\eta_1^p - \eta_0^p = K(T_1 - T_0)$. Experimentelle Viscositätsunterss. bei verschied. Polymerisationstempp. an chines. Holzöl u. Oiticicaöl ergaben gute Übereinstimmung der theoret. u. experimentellen Werte. (Bull. Soc. chim. France, Mém. [5] **20.** 511—16. Mai 1953. Dijon, Labor. de la S$^{té}$. C. E. P.) WALTER SCHULZE. 7096

**Fred D. Johnson,** *Ein neuer Zusatz zur Beeinflussung des Anstrichflusses.* Um das Abtropfen, Ausrecken, Durchbiegen u. Reißen von Anstrichen zu verhindern u. die Festigkeit des getrockneten Anstrichfilmes gegen W. u. andere chem. Verbb. zu erhöhen, versetzt man die fl. Farbe mit einer wss. Aufschlämmung von Bentonit (**I**) (Montmorillonit) mit einem Amin. Die Wrkg. beruht darauf, daß der Aminzusatz die Fähigkeit von I, in W. zu quellen, auf die in der Anstrichtechnik verwendeten Lösungsmittel erweitert. (Canad. Paint Varnish Mag. **27.** Nr. 9. 15—16. 71—73. Sept. 1953. Pittsburgh, Pa., Mellon Inst.) W. WESLY. 7096

**R. Hilpert,** *Latexfarben auf der Basis modifizierter Bunatexe.* Nach Behandlung der Eigg. von Butadien–Styrol-Latices der CHEM. WERKE HÜLS AKT.-GES. [*Bunatex*-Sorten (überwiegender Butadiengeh.) u. *Litex*-Sorten (überwiegender Styrolgeh.)] beschreibt Vf. die Verarbeitung von *Litex SB 40* u. *Litex SB 36* (Styrolgeh. 60 bzw. 64% zu Latexfarben sowie die mit denselben gemachten Erfahrungen. (Farbe u. Lack **61**. 412–16. Sept. 1955. Marl, Kreis Recklinghausen, Chem. Werke Hüls A.-G., Lackrohstoff-Labor.) M. WINIKER. 7106

**A. G. North,** *Epoxyharzester in Einbrennlacken.* Im Vgl. zu dem gasempfindlichen u. vergilbenden ölarmen Ricinensäureepoxyharzester wurde das Verh. der Epoxyester mit den Säuren von Ricinusöl, hydriertem Ricinusöl, Sonnenblumenöl, Sojaöl, Leinöl u. mit Laurinsäure geprüft. Resultate: Die gesätt. Epoxyester mit Laurin- u. hydrierter Ricinolsäure sind zwar nichtgilbend u. gasfest, aber in Härte u. Chemikalienresistenz nicht besser als n. Alkydharze. Ungesätt. Soja- u. Sonnenblumenölsäureepoxyester kommen den Ricinenestern sehr nahe u. sind gasfester. Nichtgilbende Filme erzielt man am besten mit reinem Epoxyharz + nichttrocknendem Alkydharz + Melaminharz. (Paint, Oil Colour J. **126**. 576–78. 10/9. 1954.) B. SCHEIFELE. 7106

**Rudolf Kaden,** *Der Objektträgerfilmtest zur Prüfung fungicider Anstrichmittel.* (Vortrag.) An einigen Beispielen wird die Leistungsfähigkeit der Testmeth. von LANGER u. KADEN (C. **1956**. 5359) demonstriert. — 4 Abbildungen. (Dtsch. Farben-Z. **8**. 468–70. Dez. 1954. Berlin, Rud.-Virchow-Krankenhaus, Hautklinik der Freien Univ.)
M. WINIKER. 7158

---

**Farbenfabriken Bayer Akt.-Ges.,** Deutschland, *Rote Eisenoxydpigmente* aus metall. Eisen durch Behandlung mit $O_2$ oder einem $O_2$ enthaltenden Gas in Ggw. einer schwach sauren wss. Lsg. eines Eisensalzes, welche Eisenoxyd oder -oxydhydrate suspendiert enthält. Diese Suspension wird hergestellt durch Zusatz eines Alkali- oder Erdalkalihydroxyds zu einer Lsg. eines Ferrosalzes, z. B. $FeCl_2$, bis zu $p_H$ 7–10. Die Oxydation von z. B. Eisenspänen mit Luft wird dabei bei ca. 80° ausgeführt. Das ausgeschiedene Eisenoxydpigment wird von der wss. Lsg. abfiltriert, gewaschen, getrocknet u. bei mäßigen Tempp. calciniert. (**F. P. 1 085 635** vom 26/10. 1953, ausg. 4/2. 1955. D. Prior. 29/10. 1952.) M. F. MÜLLER. 7093

**Georges N. M. Giraud,** Frankreich, *Herstellung von reinem $TiO_2$, besonders von Rutil.* Fe-Titanat, z. B. Ilmenit, wird mit Alkali bei 700–900° 1–2 Std. erhitzt, das gebildete Titanat mit $H_2SO_4$ $^1/_2$ Std. hydrolysiert, wobei Kristallisationskeime von $TiO_2$ aus einer vorhergehenden Charge zugesetzt werden. Nach Filtration wird der Nd. bei 700–900° calciniert u. vermahlen. Das Prod. eignet sich gut als *Farbpigment.* (**F. P. 1 030 734** vom 20/12. 1950, ausg. 16/6. 1953.) W. WITTHOLZ. 7093

**Ciba (Soc. An.),** Schweiz, *Herstellung von Pigmenten.* Man vermahlt einen Farbstoff in einer organ. Fl. mit einer Viscosität von mindestens 10 cSt bei 20° in Ggw. einer mahlend wirkenden Substanz (z. B. NaCl, KCl, $BaCl_2$, $Na_2SO_4$), welche man nach dem Mahlen mittels W. leicht aus dem Mahlgut entfernen kann. — Z. B. vermischt man in einem Mischer nach WERNER u. PFLEIDERER 60 (Teile) Cu-Phthalocyanin, 120 „Staybelitester No. 10" (Ester von hydriertem Kolophonium u. Glycerin) u. 120 NaCl in Ggw. von 30 Toluol u. wäscht danach mit Wasser. Dann trocknet man bei 85° im Vakuum u. vermahlt in einer Walzenmühle. (**F. P. 1 079 477** vom 20/6. 1953, ausg. 30/11. 1954. Schwz. Priorr. 4/7. 1952 u. 29/5. 1953.) T. OPPERMANN. 7093

**Ciba Akt.-Ges.,** Basel, Schweiz, *Herstellung von Pigmentpräparaten* durch Vermahlen u. Dispergieren des Pigments in einem organ. Medium, das bei 20° fest ist oder eine Fl. mit einer Viscosität von mindestens 10 cP darstellt, in Ggw. eines Mahlkörpers, der aus der erhaltenen Dispersion wieder ausgewaschen werden kann, ohne daß die anderen Bestandteile herausgelöst werden. Als Mahlkörper verwendbar: NaCl, $NH_4Cl$, $Na_2$·$CO_3$, Harnstoff. (**Schwz. P. 308 532** vom 4/7. 1952, ausg. 1/10. 1955.)
W. GRÄGER. 7093

**Jehan Laley,** Seine-Inférieure, Frankreich, *Schutz für Eisendraht.* Man umspritzt ihn mit einer Schicht aus plast. M. (Celluloseacetat, Polyvinylchlorid). (**F. P. 1 085 489** vom 6/7. 1953, ausg. 2/2. 1955.) M. PANKOW. 7107

**Glacier Metal Co. Ltd.** (Erfinder: **Phil Prince Love**), Alperton, England, *Überziehen von Metallelementen mit Polytetrafluoräthylen.* Eine Stahlwelle rotiert mit 3 m/Min. zwischen Backen, deren Aussparungen mit pulvrigem Tetrafluoräthylenpolymerisat gefüllt werden u. die mittels Schrauben gegen die zuvor mit HCl oder HF angeätzte Welle gedrückt werden (70 kg/cm²). Durch die Reibung oder auch Wärmezufuhr wird die Arbeitstemp. auf 300° gebracht. — Zeichnung. (**E. P. 714 498** vom 16/5. 1951, ausg. 1/9. 1955.)
G. SALZMANN. 7107

**Callaghan Hession Corp.,** Boston, Mass., übert. von: **Annis G. Asaff,** Auburndale, Mass., V. St. A., *Äthylcelluloselacke* enthalten als Lösungsmittel aromat. KW-stoffe zu höchstens 80% u. Alkohole, wie Methanol, A., Propanol, sowie W. in einer solchen Menge, daß sich 2 Phasen abtrennen. Die abgetrennte Äthylcelluloseschicht wird mittels einer Kelle auf eine Holzoberfläche aufgetragen u. trocknet innerhalb 12 Std. zu einem klaren u. harten Film auf. (**A. P. 2 698 807** vom 10/1. 1951, ausg. 4/1. 1955.) M. BÖTTCHER. 7107

**Alkydol Laboratories, Inc.**, Cicero, übert. von: **William P. Cody**, Lombard, Ill., V. St. A., *Polyester aus mehrbasischen Säuren oder deren Anhydriden, mehrwertigen Alkoholen und Epoxydverbindungen* erhält man durch mehrstündiges Kondensieren bei 150 bis 250°. In den Mengenbeispielen sind folgende Dicarbonsäuren genannt: Phthalsäure, Isophthalsäure, Terephthalsäure, Di-, Tetra- u. Hexahydrophthalsäure, Maleinsäure, Fumarsäure, Itaconsäure u. deren Anhydride. Weitere Komponenten sind Glycerin, Sorbit, Pentaerythrit einerseits u. Epoxydäther des Glycids mit Monoalkylaryl- oder -aralkylphenol. — Z. B. ergeben Phthalsäureanhydrid, Adipinsäure, Glycerin u. Glycidyl-p-tert.-butylphenyläther Kondensationsprodd. für ölfreie *Lacke*, die mit Tetraäthylenpentamin u. Co-Naphthenat durch Erhitzen härtbar sind. (**A. P. 2 720 500** vom 17/10. 1952, ausg. 11/10. 1955.) H. SCHINDLER. 7107

**Marquise (S. à r. l.)**, Frankreich, *Feuerfeste Anstriche und Überzüge.* Sie bestehen aus einem pulverisierten natürlichen Glimmer, einem Bindemittel [z. B. in W. emulgiertem Polyvinylacetat (I), in einem Lösungsm. gelöstem Polystyrol] u. einem Plastifizierungsmittel, dessen Kp. bei 350—450° liegt (für I z. B. Trikresylphosphat). (**F. P. 1 079478** vom 20/6. 1953, ausg. 30/11. 1954.) T. OPPERMANN. 7107

---

**Otto Schmitz-DuMont**, Untersuchungen über neue Pigmentfarbstoffe. Als Ms. gedr. Köln u. Opladen: Westdt. Verl. 1955. (37 S. m. 16 Abb.) 4° = Forschungsberichte d. Wirtschafts- u. Verkehrsministeriums Nordrh.-Westf. Nr. 193. DM 11,20.

## XIb. Plaste (Kunstharze. Plastische Massen).

**Erich Mertes**, *Das Bedrucken von Kunststoffen im Siebdruckverfahren.* Allg. Ausführungen. (Plastverarbeiter **6.** 476—79. Dez. 1955. Bad Kreuznach.) M. WINIKER. 7170

**E. C. Hansen, C. A. Bergman** und **D. B. Witwer**, *Polyvinylpyrrolidon. Eine vielseitige Verbindung mit möglichen textilen Anwendungen.* Behandelt werden Herst., Konst. u. Eigg. von Polyvinylpyrrolidon, nichttextile Anwendungen in der Pharmazie u. Kosmetik u. textile Anwendungen zum Abziehen von Küpen-, Schwefel- u. Direktfärbungen auf Cellulose (Peregal ST oder Albigen A), wofür detaillierte Rezepte angegeben werden. Als mögliche Anwendung wird die Ausrüstung von Glasfasern zufolge der hohen Adhäsion an Glas genannt. (Amer. Dyestuff Reporter **43.** P 72—75. 1/2. 1954.) H. ZAHN. 7172

**H.-L. Bender**, *Regelung der Härtung von Phenolharzen durch die Molekülstrukturen.* Inhaltlich ident. mit der C. **1954.** 2718 referierten Arbeit. (Ind. Plast. mod. **5.** Nr. 8. 40—42. Sept./Okt. 1953.) R. SCHÄFF. 7176

**Werner Kunzer** und **Karl Vogel**, *Bascodur, ein hochkorrosionsfester Werkstoff für den chemischen Apparatebau.* Überblick über Eigg. (bes. chem. Resistenz) u. Anwendungsmöglichkeiten von *Bascodur* (härtbarer Kunststoff auf Basis Phenolformaldehydharz der BADISCHEN ANILIN- & SODAFABRIK AKT.-GES., Ludwigshafen). (Plastverarbeiter **6.** 458—65. Dez. 1955. Ludwigshafen/Rh.) M. WINIKER. 7176

**Josef Čepelák**, *Titration von Phenolpolykondensationsprodukten mit Hilfe von Trübungsmessungen.* Die Anwendbarkeit der Fällungstitration auf Phenol–$CH_2O$-Kondensationsprodd. (Resole u. Novolake), die Bedingungen (Konz. c, Einfl. des Lösungsmittels–Fällungsmittels) sowie die Gültigkeit der BRÖNSTED-SCHULZ-Gleichung wurden untersucht. An durch Adsorptionschromatographie erhaltenen Fraktionen verschied. Kondensationsprodd. u. Proben aus der fortschreitenden Kondensation wurden Trübungsmessungen durchgeführt u. die Werte der Konstanten berechnet. c zeigt einen erheblichen Einfl. auf die Trennwirkung. Diese steigt mit zunehmender Verdünnung. Kurven, die z. B. bei $c = 0{,}1$ g/100 cm³ „homogen" waren, zeigten bei $c = 0{,}025$ g/100 cm³ Knickpunkte als Zeichen der Heterogenität. Die Trennwrkg. hängt auch von der Auswahl des Lösungsm. u. Fällmittels ab. Aceton/n-$H_2SO_4$ waren am geeignetsten. Die Anwendbarkeit dieser Meth. zur Unters. des Mol.-Gew., der Mol.-Gew.-Verteilung, der Thermodynamik des Syst., für analyt. Bestimmungen sowie zur Erforschung der Kinetik u. des Mechanismus der Polykondensations-Rk. wird erörtert. (Plaste u. Kautschuk **2.** 34—38. Febr. 1955. Pardubice, ČSR, Inst. für synthet. Harze.) R. SCHÄFF. 7210

**R. Hayes**, *Zwei Extrusionsplastometer für Polyvinylchlorid.* Zwei Plastometer werden beschrieben, die nach dem Extrusionsprinzip arbeiten, das einfachere Gerät mit Gewichtsbelastung, das andere selbstanzeigend. Beide dienen zur Unters. der Fließeigg. von Hart- u. Weich-PVC. (Chem. and Ind. **1952.** 1069—72. 1/11. Kurzfassung: 421. 10/5. Sully, Penarth, Glam., Brit. Resin Products Ltd.) H.-J. HEINRICHS. 7210

---

**Vereinigte Glanzstoff-Fabriken Akt.-Ges.**, Wuppertal-Elberfeld, *Alkylen-, Alkyliden- oder Aralkyliden-bis-carbonsäureamide* erhält man durch Rk. von gesätt. aliphat. oder aromat. halogen- oder carboxylsubstituierten Mononitrilen mit Aldehyden in Ggw. von HCl, HBr, HCOOH oder $CH_3COOH$ u. W. in fl. Phase. Man leitet z. B. HCl-Gas unter Kühlen 5 Std. in ein Gemisch aus 30 (g) β-Chlorpropionitril, 92 cm³ einer 32,6%ig. wss. $CH_2O$-Lsg. u. 10 cm³ konz. HCl ein, konz. die Reaktionslsg. im Vakuum u. fällt durch Zugabe von A. u. wenig $NH_3$ die Verb. $Cl-(CH_2)_2-CO-NH-CH_2-NH-CO-(CH_2)_2-Cl$, F. 198°. Cyanvaleriansäure + $CH_3CHO$ + HCl → $HOOC-(CH_2)_4-CO-NH-CH\cdot(CH_3)-NH-CO-(CH_2)_4-COOH$, F. 183—184° (A.). $CH_3CN + CH_2O + HCl \rightarrow CH_3\cdot CO-NH-CH_2-NH-CO-CH_3$, F. 196° (A.). o-Chlorbenzonitril (I) + $CH_2O$ + HBr → $Cl-C_6H_4-CO-NH-CH_2-NH-CO-C_6H_4-Cl$, F. 139°. I + $CH_3CHO$ → $Cl-C_6H_4-CONH-CH(CH_3)-NH-CO-C_6H_4-Cl$, F. 258°. — *Hilfsstoffe zur Herst. plast. Massen.* (**E. P. 726 937** vom 7/7. 1952, ausg. 23/3. 1955. D. Prior. 9/7. 1951.) O. MÜLLER-MEININGEN. 7171

**Ferro Corp.**, Cleveland, übert. von: **Robert E. Lally**, Bedford, O., V. St. A., *Stabilisieren von halogenhaltigen Vinylharzen.* Verwendung von 0,5—8% eines Gemisches aus etwa gleichen Teilen eines aliphat. mehrwertigen Alkohols (2—9 C-Atome), Esters oder Äthers vom Kp. 121° u. höher (Glykol, Glycerin, Sorbit, Pentaerythrit, Glycerinmonostearat bzw. -oleat, Glykoldiäthyläther oder Glycerinmonophenyläther) u. dem Mg-, Ca-, Sr-, Ba-, Zn-, Cd-, Hg-, Sn- oder Pb-Salz einer aliphat. oder cycloaliphat. Carbonsäure einschließlich Tallöl, Harzöl oder Naturharz. (**A. P. 2 711 401** vom 23/11. 1951, ausg. 21/6. 1955.) G. SALZMANN. 7173

**British Cellophane Ltd.** (Erfinder: **William Berry, Charles Robert Oswin, Richard Arthur Rose** und **Charles Richard Bruce**), Bridgwater, England, *Feuchtigkeitsbeständige Verpackungsfolien* erhält man durch Vergießen einer wss. Emulsion eines *Vinylidenchloridpolymeren oder -mischpolymeren* auf eine zuvor bis auf einen Wassergeh. von 0,5% getrocknete plastifizierte Celluloseacetat-, -triacetat-, Äthylcellulose- oder Polyamidbahn, die bei 25° eine Wasseraufnahme von 9,5% besitzt. Das W. der 60%ig., z. B. Vinylidenchlorid (88%)-Acrylnitril (12%)-Mischpolymerisat-Emulsion wird von der Unterlage schnell aufgesaugt, der Überzug 2 Min. bei 120°, 30 Sek. durch elektr. Wärmestrahlung getrocknet u. abgezogen. (**E. P. 721 305** vom 4/4. 1952, ausg. 5/1. 1955. **Zusatz zu E. P. 669 907; C. 1953. 6388.**) G. SALZMANN. 7173

**Distillers Co. Ltd.**, Edinburgh, England (Erfinder: **Henry Malcolm Hutchinson** und **Kenneth Stevens**), *Perlpolymerisation* von Styrolverbb. in wss. Suspension unter Zusatz von ZnS oder $CaF_2$ oder $SrF_2$ als Stabilisatoren. Der $p_H$-Wert der Suspension soll 5—9 betragen, als Katalysator dienen Peroxyde, die Stabilisatormenge beträgt 0,01 bis 2%. In den Mengenbeispielen sind als Monomere Styrol u./oder dessen Derivv. genannt. Verbesserung der physikal. Eigg. der Polymerisate. (**E. PP. 734 946** vom 31/10. 1952 u. **734 952** vom 20/11. 1952, beide ausg. 10/8. 1955.) H. SCHINDLER. 7173

**Imperial Chemical Industries Ltd.**, England, *Verbesserung ölmodifizierter Alkydharze.* Man erhitzt eine Lsg. des mit trocknendem Öl modifizierten Alkydharzes mit Styrol u. gibt nach Abklingen der Anfangspolymerisation Methyl- oder Äthylmethacrylat zu, etwa portionsweise, um die Konz. an Monomerem möglichst konstant zu halten. — 1400 (Gewichtsteile) Ricinusöl, 680 Phthalsäureanhydrid u. 309 Glycerin werden $1^1/_2$ Std. unter $N_2$ bei 265° u. $^5/_4$ Std. bei 265—270° gehalten. 100 des Alkydharzes, 100 Xylol, 50 Styrol u. 1,25 Benzoylperoxyd werden 2 Std. unter $N_2$ bei 140—145° gerührt, in 7 Anteilen in 15 Min. Abstand wird eine Mischung von 40 Methylmethacrylat, 27 Xylol u. 1 Benzoylperoxyd zugegeben u. noch 30 Min. am leichten Kochen gehalten. Das Endprod. wird bis zum Kp. des Xylols destilliert. Zusatz von Co-Naphthenat u. Verwendung als Lack. (**F. P. 1 085 185** vom 15/10. 1953, ausg. 28/1. 1955. E. Prior. 15/10. 1952.) M. PANKOW. 7177

**E. I. du Pont de Nemours & Co.**, übert. von: **Marcus A. Naylor**, Wilmington, Del., V. St. A., *Mischpolymerisate von Schwefeldioxyd, Propylen und Acrylsäurealkylestern*, z. B. Methyl- bzw. Äthylester, erhält man in Ggw. von Tetramethylensulfon u. Azoisobutyronitril. Die Rk. wird bei 60—90° kontinuierlich geführt, wobei auf 1 (Mol) Propylen 1—n $SO_2$ u. n Acrylsäurealkylester kommen. Wenn n zwischen 0,25 u. 0,36 liegt, ist die Wärmebeständigkeit nicht geringer als die von Polystyrol. Die Polysulfonharze können ohne Zersetzungserscheinungen therm. verformt werden. — Beispiele, Tabellen. (**A. P. 2 703 793** vom 10/7. 1951, ausgeb. 8/3. 1955.) H. SCHINDLER. 7185

**Dow Corning Corp.**, übert. von: **Lawrence A. Rauner**, Midland, Mich., V. St. A., *Modifizierte Organosiloxanharze.* Man setzt 5—90 Gew.-% einer Organosiliciumverb. (I) der Formel $R_nSiX_mO_4-m-n/2$, worin R ein einwertiger, gegebenenfalls halogenierter KW-stoffrest, bes. Phenyl u. Methyl-Phenyl ist, X Halogen- u. Alkoxyreste bzw. OH bedeutet, n 1—2, m 0,05—3 u. die Summe von n u. m nicht >4 ist, mit 5—90 Gew.-% einer Mischung eines 3—4 OH-Gruppen aufweisenden mehrwertigen Alkohols u. einer trocknenden Ölsäure, wobei das Verhältnis der COOH- zu den OH-Resten 0,2:1 bis 1:1 beträgt, sowie mit 5—60 Gew.-% eines öllösl. Phenol–Formaldehyd-Harzes um. Als I können monomere Silane oder deren partielle bzw. vollständige Hydrolysate verwendet werden. — Glycerin wird mit einem 17 Gew.-% Methoxyreste enthaltenden Diphenylsiloxan auf 200° erhitzt unter Entfernen von flüchtigen Stoffen. Das Gemisch wird mit Leinölsäure weiter auf 208° $2^1/_2$ Std. erhitzt. Nach Zugabe von p-Butylphenol–Formaldehyd-Harz u. Leinölsäure wird 1 Std. auf 300° erhitzt, wobei man nach Lösen in Lösungsm. einen Lack erhält, der wetterfeste, dauerhafte Überzüge ergibt. (**A. P. 2 718 507** vom 19/4. 1954, ausg. 20/9. 1955.) J. MÜHLEISEN. 7189

**United States Plywood Corp.**, New York, übert. von: **William H. Sheffield**, West Englewood, **Karl W. Koeniger**, South Orange, und **Charles B. Hemming**, New Rochelle, N. Y., V. St. A., *Schichtkörper* zur Herst. von Koffern, Behältern u. zur Verwendung als Wand- oder Deckenverkleidung, bestehend aus einer transparenten Grundschicht (I), z. B. aus einem *Vinylchloridacetat-Mischpolymerisat*, die mit einem ein- oder mehrfarbigen Überzug versehen ist u. gegebenenfalls beflockt wird. I kann auch gehämmert oder gemustert, der erste Überzug unregelmäßig, z. B. gewellt oder dgl. sein, während die Fasern zugleich mit einer Al-Pulver enthaltenden Kunstharzschicht aufgebracht werden; mit der Faserseite wird die Bahn beispielsweise an die Wand geklebt. Der gewünschtenfalls verschied. bunte Klebschichten aufweisende Körper wird in der Wärme verschweißt. — Abbildungen. (**A. P. 2 714 559** vom 27/3. 1950, ausg. 2/8. 1955.) G. SALZMANN. 7205

**British Nylon Spinners Ltd.** (Erfinder: **Milton Vaughan Forward** und **Stanley Shaw**), Pontypool, England, *Schichtstoffe*. Eine aus zumindest 75% Polyamidfäden (I) bestehende Zwischenschicht wird 30 Sek. in eine 5%ig. Phenollsg. in Cyclohexan (PAe,, $CCl_4$, $C_2HCl_5$) getaucht, abgequetscht u. zwischen zwei mindestens 25% I enthaltende Gewebe gelegt. Dann preßt man 1 Min. bei 160° mit 1,6 at. Verwendung des Materials für Förderbänder, Schlauchboote oder Reisetaschen. (**E. P. 730 042** vom 20/9. 1952. ausg. 18/5. 1955.) G. SALZMANN. 7205

## XII. Kautschuk. Guttapercha. Balata.

**R. H. Smith**, *Bestimmte Eigenschaften von Latexphospholipin und deren Änderung mit dem Latexalter und den Zubereitungsbedingungen.* Eine Unters. der Änderung des *Phospholipins* (I) in frischem Latex wurde durchgeführt. Nach 8std. Lagerung des Latex konnte noch kein bemerkenswerter hydrolyt. Abbau des I beobachtet werden. Es wird angenommen, daß I in freier Form oder als Proteinkomplex zur koll. Stabilität des frischen Latex beiträgt. Vf. stellte fest, daß sich die chem. Konst. u. die oberflächenakt. Eigg. des I während der Lagerung von frischem Latex oder bei Erhöhung der Temp. zur Koagulation mit A. ändern. Das Verf. zur Koagulation u. Extraktion des I wird beschrieben. — Diskussionsbemerkungen. (Arch. Rubbercultuur 41—46. Okt. 1953. Rubber Res. Inst. of Malaya.) R. SCHÄFF. 7222

**G. E. van Gils** und **W. L. Resing**, *Beschleunigte Latexkoagulation.* Die Säure- u. Seifekoagulation von Latex wurde eingehend untersucht. Die Zugabe von Seife wirkt im gleichen Sinne wie der Mechanismus der spontanen Koagulation (Bldg. von Fettsäureseifen durch Zers. von Lipoiden, Rk. dieser Seifen mit Mg-Ionen; vgl. VAN GILS, Arch. Rubbercultuur **25**. [1941.] 383). Ansäuern allein genügt nicht für eine augenblickliche Koagulierung des Latex. Die nach einiger Zeit eintretende Koagulation muß auf die gleichen Vorgänge zurückgehen, die für die spontane Koagulation verantwortlich sind. Die Theorie des Mechanismus der spontanen Koagulation wurde etwas modifiziert, um auch neueren Befunden gerecht zu werden. — Diskussionsbemerkungen. (Arch. Rubbercultuur 135—48. 1953. Okt. Indones. Rubber Res. Inst.) R. SCHÄFF. 7222

**M. Rachner**, *Beitrag zur Kenntnis der Kautschukvulkanisation.* Gestützt auf eigene Befunde sowie auf Angaben in der Literatur (7 Hinweise) vertritt Vf. folgende Ansichten: Die herrschende Auffassung, der zufolge die als Reversion bezeichnete Erscheinung der Übervulkanisation auf einen destruktiven Einfl. der Wärme auf die Kautschukmoll. zurückzuführen ist, trifft nicht zu. Ebenso ist die Auffassung, daß in einer Naturkautschukmischung die Anwesenheit von ZnO neben der eines organ. Beschleunigers die „Aktivierung“ desselben herbeiführe, unrichtig. Addition u. Vernetzung verlaufen voneinander unabhängig. Die Vernetzungs-Rk. hat ein relativ fortgeschrittenes Stadium der Schwefeladditions-Rk. zur Vorausetzung. Das Verhältnis zwischen Vernetzung u. Addition ist variabel u. regelbar. Die Spontanität des Sol-Gel-Übergangs ist charakterist. für die Wrkg. des ZnO in mit organ. Beschleunigern versehenen Mischungen.

Der ebenfalls spontan verlaufende Rückgang einer vulkanisierten Kautschuklsg. vom Gel- zum Sol-Zustand ist auf eine der Vernetzung entsprechende, aber im entgegengesetzten Sinne verlaufende Rk. zurückzuführen. Für die stärkere Vernetzung bei der Hartgummibldg. ist eine bestimmte Entfernung der Kautschukfadenmoll. voneinander eine notwendige Voraussetzung. (Chem. Techn. **3.** 206—09. Juli 1951. Gotha.) M. WINIKER. 7228

**I. W. Chodshajewa, W. Je. Gul** und **B. A. Dogadkin,** *Über die Methoden der Bewertung der Qualität von Butadienstyrolkautschuken.* Bei *Butadienstyrolkautschuk* (I) wird eine lineare Beziehung zwischen dem Dehnungsmodul $M_{100}$ (bei Dehnung auf 100% mit konstanter Geschwindigkeit) u. der Defohärte (DH) festgestellt: $M_{100} = A + B \cdot DH$ (bei den untersuchten Proben u. Bedingungen $A = 0{,}2$ kg/cm², $B = 6 \cdot 10^{-4}$). Die Beziehung zwischen $M_{100}$ u. Gelfraktion in % (G%) ist gegeben durch $M_{100} = KG - M_0$ ($M_0 = M_{100}$ bei 0% G, K hier = 0,6 kg/cm²). Der Kriechindex k ist definiert als die Größe der gesamten relativen Deformation, die bei Einw. einer Anfangsbelastung $P_a = (l_{gesamt} - l_0)/l_0$ während einer bestimmten Zeit t eintritt; bei hartem I wird $P_a = 1$ (kg/cm²), t = 2 (Std.) gewählt, bei weichem I $P_a = 0{,}25$—$0{,}75$, t = 0,5—1. Zunahme von $M_{100}$ u. Abnahme von k des Roh-I entsprechen einer Erhöhung des Geh. an unlösl. Fraktion, Zunahme der Thermoplastikationsdauer u. des Moduls der Vulkanisate u. Abnahme von Zerreißfestigkeit, relativer Dehnung, Ermüdungsfestigkeit u. Alterungskoeff. der Vulkanisate. Es wird angeregt, die Qualität von I nach $M_{100}$ u. nach k zu beurteilen. (Химическая Промышленность [Chem. Ind.] **1955.** Nr. 5. 16—21. Juli/Aug. Moskau, Lomonossow-Inst. für feinchem. Technol.) R. K. MÜLLER. 7248

**J. Glazer,** *Vulkanisation von Kautschukkrepp durch Schwefelmonochlorid.* 2. Mitt. *Dilatometrische Methode.* (1. vgl. C. **1955.** 7102.) Die Kinetik der Rk. zwischen dem Kautschuk-KW-stoff u. $S_2Cl_2$ wurde an 0,2%ig. Lsgg. von Naturkautschuk in PAe., Cyclohexan, Bzl. u. Chlf./$CCl_4$-Mischungen bei 25° nach der dilatometr. Meth. (vgl. GLAZER, C. **1955.** 11106) untersucht. Kontrollverss., die mit Glycerintrilaurat bzw. -trioleat durchgeführt wurden, zeigen, daß ungesätt. Bindungen für die Kaltvulkanisation erforderlich sind. Das Ausmaß u. die Geschwindigkeit der nichtbeschleunigten Rk. hängen sehr stark von der Art des Lösungsm. ab: Am besten ist Bzl., am schlechtesten PAe. geeignet. Außerdem ist diese Rk. autokatalyt. Art u. im ganzen gesehen kinet. eine Rk. 1. Ordnung bzgl. $S_2Cl_2$. Die Beschleunigerwrkg. von *Butyl 8* [I, Mischung aus 34% Dibutylammoniumthiocarbamat, 21% *2-Mercaptobenzothiazol* (II) u. 45% Cellosolve], II, *Dibutylammoniumdibutyldithiocarbamat* (III) u. *Methanol* wurde untersucht. Bei Ggw. einer genügenden I-Menge (über 0,04%) wird die autokatalyt. Rk. im ganzen untersuchten Bereich eine Rk. rein 1. Ordnung. Die mit I beschleunigte Rk. ist eine Rk. 1. Ordnung bzgl. $S_2Cl_2$. Ferner ist die beschleunigte Rk. bzgl. III eine Rk. 1. u. bzgl. $CH_3OH$ eine Rk. 2. Ordnung. Für die nichtbeschleunigte Rk. wird ein Radikalmechanismus vorgeschlagen, wobei intermediär S*—S—Cl an den Doppelbindungen des Kautschukmol. angreift. Beschleuniger wirken vermutlich durch Rk. mit $S_2Cl_2$ unter Bldg. der akt. Zwischenverb. S*—S—Cl. (J. Polymer. Sci. **14.** 225—40. Sept. 1954.) R. SCHÄFF. 7228

**James J. Sinclair** und **C. B. Griffis,** *Methode zur Messung der Gehman-Steifigkeit von Kautschuk bei Verwendung eines Methanolbades.* Vff. beschreiben eine modifizierte GEHMAN-Torsionsapp., womit bei Verwendung eines fl. Mediums (Methanol) die relative Versteifung (stiffening) von Kautschuk u. kautschukelast. Prodd. bei tiefen Tempp. schnell u. genau ermittelt werden kann. (ASTM Bull. **1954.** Nr. 200. 56—57. Sept. Philadelphia, Pa., U. S. Army Quartermaster Res. & Developm. Labor.; Natick, Mass., Headquarters Quartermaster Res. & Developm. Command, Chem. & Plastics Div., Rubber Branch.) R. SCHÄFF. 7248

---

**British Rubber Producers Research Association,** London, England (Erfinder: **Maurice Woodall Philpott** und **Arthur Walker,** Kuala Lumpur, Malaienstaaten), *Trocknen von Kautschukkoagulat* wird beschleunigt, wenn man der Kautschukmilch vor der Fällung ein Fäll- oder Gerbmittel für Eiweiß zusetzt, z. B. $CH_2O$, Harnstoff oder Schwermetallsalze, z. B. von Pb, Cr oder Zn. Die Trocknung erfolgt in Luft oder Rauch bei 50 bis 65°. (**E. P. 726 181** vom 1/4. 1949, ausg. 16/3. 1955.) W. OVERBECK. 7223

**United States Rubber Co.,** V. St. A., übert. von: **Charles F. Fisk,** *Herstellung von Polyvinylacetal–Polyäthylacrylat-Mischungen.* Zur Herst. schlagfester Mischungen mischt man 5—20 (Gew.-%) Polyäthylacrylat (I) oder Mischpolymere von Äthylacrylat mit Isobutylen oder Vinyl-2-chloräthyläther u. 95—80 Polyvinylacetalharz mit mindestens 75% acetalisierten Gruppen; andere polymere Acrylate geben diesen Effekt nicht. Verwendung der Mischungen zur Herst. von Maschinenteilen, Bobinen, Schiffchen für die Textilindustrie, Platten für Filterpressen, Möbelteile u. a. — Statt I kann man auch

5—15% Butylkautschuk oder kautschukartiges Polyisobutylen nehmen. —Vgl. auch A. P. 2 693 450; C. **1956.** 4291. (**F. PP. 1 084 404** vom 23/7. 1953, ausg. 19/1. 1955, u. **1 086 918** vom 21/8. 1953, ausg. 17/2. 1955. Beide A. Prior. 28/8. 1952.) M. PANKOW. 7225

**Polyplast Gesellschaft für Kautschukchemie m. b. H.**, Deutschland, *Herstellung von Dispersions-, Gelatinierungs-, Plastifizierungsmitteln, Weichmachern* für natürlichen u. synthet. Kautschuk sowie für Kunstharze aller Art. Man behandelt beim Raffinieren von Mineralölen mit selektiven Lösungsmitteln gewonnene Extrakte bei Drucken bis zu 5 at u. Tempp. unter 100° mit einem 1,5—5% $O_3$ enthaltenden Gas. — Z. B. leitet man in einen Autoklaven bei 80° u. n. Druck 10—14 Std. einen 1,5% $O_3$ enthaltenden $O_2$-Strom durch einen Furfurolextrakt. Man erhält ein hartes, brüchiges, nur leicht dunkelgefärbtes Harz. (**F. P. 1 079 497** vom 22/6. 1953, ausg. 30/11. 1954. D. Prior. 4/7. 1952.) T. OPPERMANN. 7227

**Esso Research & Engineering Co.**, Del., übert. von: **David W. Young**, Westfield, **Delmer L. Cottle**, Highland Park, und **Wilbur F. Fischer**, Cranford, N. J., V. St. A., *Stabilisierungsmittel für sauerstoffempfindliche Stoffe*, wie Mineralöl, Insekticide, Seifen, Schmieröle, substituierte Alkohole, Ester, Wachs (Chlorparaffin), *Kautschuk* sowie Vinylharze, bestehend aus dem Kondensationsprod. von Aceton mit einem Bisphenol, z. B. 2.2-(4'-Methoxy-4''-oxy)-diphenylpropan (Mol-Verhältnis 1:2). (**A. P. 2 716 096** vom 27/3. 1951, ausg. 23/8. 1955.) G. SALZMANN 7227

**Augustana Research Foundation**, übert. von: **Edward L. Hill, Robert A. Berntsen**, Rock Island, und **Edwin R. Erickson**, Moline, Ill., V. St. A., *Alterungsschutzmittel für Kautschuk*, bestehend aus a) einer Verb. der Formel R—NH—A—NH—[—X—NH—A—NH—]$_x$—R. x = 1—30, A = Arylen mit 1—2 unsubstituierten Benzolkernen, R = Alkyl mit 3—6 C-Atomen u. X = Alkylen mit 2—10 C-Atomen, Es kann ferner enthalten b) ein Paraffinwachs u. c) ein von a) verschied. Alterungsssschutzmittei, z. B. N-Phenyl-β-naphthylamin oder Ditolylamin. (**A. P. 2 705 224** vom 19/6. 1953, ausg. 29/3. 1955.) W. OVERBECK. 7227

**United States Rubber Co.**, V. St. A., übert. von: **Ernest Gerard Henry Bargmeyer**, *Herstellung von Tauchwaren aus Kautschukmilch oder Kunstkautschuklatex.* Man überzieht die Form mit einer Schicht aus einem harzartigen Mischpolymerisat von Styrol mit Isobutylen, Butadien oder Acrylnitril, einem hiermit mischbaren unvulkanisierten Kautschuk u. einem nichtharzartigen Silicon mit einer Konsistenz zwischen Öl u. Fett, taucht die Form in Kautschukmilch, koaguliert, vulkanisiert u. zieht den Kautschuk, auf dem sich nun die obengenannte Mischung als dünne gleichmäßige Schicht befindet, von der Form ab. Das Verhältnis von harzartigem Mischpolymerisat zu Kautschuk soll 1:3—9:1 betragen, Silicon soll 5—50% in der Mischung sein, diese M. wird mit Vulkanisiermitteln gemischt u. in einem Lösungsm. gelöst. — Man mischt 20 eines Styrol-Isobutylen (30:50)-Mischpolymerisates, 10 einer Mischung von 40 Smoked Sheets u. 1,5 einer Mischung von 60 Smoked Sheets, 12,5 Benzothiazolyldisulfid u. 2,5 Di-o-tolylguanidin, 1 $CaCO_3$ (Kalite), 5 $ZnCO_3$, 0,25 Agerite-Gel sowie 2,25 einer Mischung von 264 Smoked Sheets u. 66 Ruß u. mischt 11,3 dieser Gesamtmischung mit 4,5 „Dow Corning Anti-Foam A“ (Silicon), 11,5 Talkum, 3 Na-Dioctylsulfosuccinat, 10 n-Butanol u. 214 Erdöl-KW-stoff, überzieht hiermit die Tauchform u. bringt die Kautschukmilch auf. (**F. P. 1 085 067** vom 30/4. 1953, ausg. 27/1. 1955. A. Prior. 30/4. 1952.) M. PANKOW. 7231

**Dunlop Rubber Co. Ltd.**, London, England, *Verkleben von Kautschuk mit Glas, Metall usw.* Man versieht die Oberfläche des zu verklebenden Materials mit einem Überzug aus einem heißhärtbaren Harz, z. B. Phenol–$CH_2O$-Harz, u. $SeO_2$, verklebt mit Kautschukzement u. vulkanisiert. (**E. P. 738 313** vom 6/2. 1953, ausg. 12/10. 1955. Aust. Prior. 8/2. 1952.) C. LÜTTGEN. 7231

**Firestone Tire & Rubber Co.**, Akron, O., V. St. A., *Dichtungsmittel für schlauchlose Reifen*, das auf deren Innenseiten aufgebracht wird, bestehend aus einem kautschukartigen Butadien–Styrol-Mischpolymerisat, das in einem Redoxsyst. bei $< 58°$ F mischpolymerisiert u. mit 0,2—1 (%) S u. 15—45 $Fe_2O_3$ oder $CaCO_3$ vulkanisiert wird. — Zeichnung. (**E. P. 741 169** vom 24/6. 1953, ausg. 30/11. 1955. A. Prior. 21/10. 1952.) C. LÜTTGEN. 7231

## XIII. Ätherische Öle. Parfümerie. Kosmetik.

**E.-C. Cottell**, *Ultraschall in der Parfümerie- und Schönheitsmittelindustrie.* Wesen des Ultraschalls, die Möglichkeiten seiner Herst. u. Beispiele für seine Anwendung zum Dispergieren, Emulgieren, künstlichem Altern u. Reinigen werden erläutert. — 10 Abbildungen. (Ind. Parfumerie **10.** 346—50. Sept. 1955. Ortley, England, Soc. Ultrasonic Ltd.) H. MÜHLMEISTER. 7260

**G. Hartmann,** *Die Citrusöle.* Überblick über die Eigg. der Citrusöle nebst Hinweise für eine zweckmäßige Lagerung u. Beseitigung von Trübungen. (Alkohol-Ind. **68.** 411—13. 1/9. 1955. Berlin, Destillateur-Fachschule.) M. WINIKER. 7262

**J. Tucakov** (und Mitarbeiter), *Über die Farbe des ätherischen Öls jugoslawischer Kamillenblüten* (*Matricaria chamomilla L.*). Da sich Azulen erst bei der Wasserdampf-dest. der Kamillenblüten bildet, muß lange genug dest. werden; bei 10 g der mit 1200 g W. überdeckten Droge mindestens 1 Liter Destillat. Je tiefer die blaue Farbe der Öle, desto höher der Geh. an Azulen. Für abweichende blaugrüne, grüne u. gelbgrüne Öle in einigen Gegenden konnten als Ursache weder andere Varietäten noch verschied. Böden oder klimat. Bedingungen festgestellt werden. Die Kamille liebt einen NaCl u. $Na_2CO_3$ enthaltenden Boden von $p_H$ 8; bei $p_H$ 9 ist sie gegen Trockenheit sehr empfindlich. (Perfum. essent. Oil Rec. **46.** 406—09. Dez. 1955. Belgrad, Univ., Fac. of Pharm., Res. Inst. for med. Plants.) H. MÜHLMEISTER. 7262

**Émile André** und **Pierre Delaveau,** *Chemische Untersuchungen über die Zusammensetzung der schwefelhaltigen Öle der Samen von Colza.* (Vgl. C. **1955.** 8993.) Überblick über frühere Arbeiten über die Öle der Samen von Colza (Brassica napus L. METZGER; I) u. über botan. Zusammenhänge innerhalb der Gattung Brassica. Bericht über Herst. des **I**-Rohöles aus Preßkuchen durch fermentative Spaltung des Senfölglykosids u. anschließende Dest., Angaben über D. u. Brechungsindex der Rohöle aus Ölkuchen verschied. Herkunft. $D._4^0$ 0,986—1,002; $n_D^{20}$ 1,5036—1,5204. Nach fraktionierter Dest. des Rohöles wurde aus den niedrigsd. Fraktionen das Crotonylsenföl (**II**) identifiziert: Kp. 176—176,5°, $Kp._{12}$ 60,5—61°, $D_0^0$ 1,0068, Brechungsindex $n_D^{20}$ 1,5232. Aus den höhersd. Anteilen wurde ein „*Angelylsenföl*" (**III**) noch ungeklärter Konst. isoliert: Kp. 193,5° (Zers.), $Kp._{12}$ 76—77°, $D_4^0$ 0,9905, $n_D^{20}$ 1,5172. Im Rückstand wurde Phenyläthylsenföl (**IV**) festgestellt. $Kp._{17}$ 141—144°, $D_0^0$ 1,083, $n_D^{20}$ 1,5692. Der Geh. an **II** wurde auf ca. 65—75%, an **III** auf 10—12% u. an **IV** auf 4—5% geschätzt. — 24 Literaturzitate. (Oléagineux **9.** 591—600. Aug./Sept. 1954. Bellevue, Inst. de la Rech. Agronom., Labor. des Oléagineux.) J. BÖSS. 7262

**Otto Gerhardt,** *Hormone in Kosmeticis.* Verss. an 40 Frauen mit 1. erprobten Hautcremes ohne Zusatz von Hormon, Vitaminen oder anderen Wirkstoffen der Richtung Hautverjüngung; 2. gleiche Cremes wie 1. mit Östrogenen (**I**; 28000—60000 I.E./100 g); 3. gleiche Cremes wie 1. mit als wirksam erprobten Stoffen versetzt, die das Hautgewebe straffen u. glätten, zeigten, daß 1. u. 2. zwar vorteilhaft, aber ohne Falten entfernende u. verjüngende Wrkg. waren, wobei 2. keinesfalls überlegen war; 3. zeigten bei 90% der Frauen unverkennbar, daß Falten u. Schlaffheit der Haut beträchtlich zurückgingen. Zusatz von **I** ist also wirkungslos. (Parfümerie u. Kosmet. **35.** 462. Nov. 1954.) H. MÜHLMEISTER. 7284

**Jean Morelle,** *Die Frage der Hautreinigung.* Hautreinigungsmittel sollten in Lsg. ein $p_H$ um 7 haben, Schmutz u. von den Drüsen ausgeschiedene Stoffe entfernen u. die Proteinverbb. unversehrt lassen. Unter diesem Gesichtspunkte werden die üblichen Reinigungsmittel u. die durch sie verursachten Schädigungen krit. betrachtet. *Laurylsulfat* mit wenig *Diphenylglyoxalon* u. ein bakterielles Mittel nach PERDIGAN werden empfohlen. (Parfumerie mod. **47.** Nr. 43. 23—29. Jan./Febr. 1955.) H. MÜHLMEISTER. 7284

**Emil G. Klarmann,** *Parfüm und die Haut.* Wenn auch die Verwendung reinster Rohstoffe, ihre sorgfältige Prüfung auf hautschädigende Wrkg. u. Ausmerzung von Zutaten aus der Rezeptur, von denen solche bekannt wird, den Erfolg hatte, daß Kosmetika im allg. keine allergene u. empfindlichmachende Wrkg. haben, kann individuelle Empfindlichkeit doch zu Schäden führen. An Hand von 52 Literaturangaben wird über solche Fälle berichtet u. die Aufgaben besprochen, die zur Klärung hier noch offener Fragen zu lösen sind. (Amer. Perfumer essent. Oil Rev. **64.** 425—30. Dez. 1954; Perfum. essent. Oil Rec. **46.** 48—54. Febr. 1955. New York, N. Y., Lehn & Fink, Inc., Techn. Serv.) H. MÜHLMEISTER. 7284

**J.-Detlev Freiherr von Uexküll,** *Der Säuremantel der Haut bei der Rasur.* Verss. mit Rasiercremes u. -seifen von $p_H$ 10,3—11,3 zeigten, daß das natürliche $p_H$ von 4,5—7 des Säuremantels der Haut in den alkal. Bereich verschoben wird u. erst nach 1—2 Std. den Neutralpunkt, nach weiteren 4 Std. den ursprünglichen Wert erreicht. Benutzung eines Rasierwassers vom $p_H$ 6,8 beschleunigt diesen Vorgang auf insgesamt 1—2 Std., ebenso die Verwendung von Rasiercreme von niedrigem $p_H$. Bei der nichtalkal. auf gebauten pinsellosen Rasiercreme vom $p_H$ 7,8 wird der $p_H$-Wert kaum verschoben u. erreicht nach 20 Min. den Ausgangswert. Beim elektr. Rasieren wird bei Vorbehandlung mit Pre-Shave-Lotions vom $p_H$ 5—7 der Säuremantel nicht oder wenig beeinträchtigt. (Seifen-Öle-Fette-Wachse **81.** 611—12. 12/10. 1955. Hamburg-Altona, Hans Schwarzkopf.) H. MÜHLMEISTER. 7284

**H. Hasselbach,** *Die polarographische Bestimmung von Citral neben Citronellal in ätherischen Ölen.* Bei der polarograph. Best. von Citral (I) u. Citronellal (II) in 1 n-$NH_4Cl$ wird der von OGRIN u. BRAUN verwendete 75%ig. A. durch 50%ig. A. ersetzt. Für I erhält man gegen die Normalkalomelelektrode eine konzentrationsproportionale Stufe mit dem Halbstufenpotential −1,3 V. Es ist etwas konzentrationsabhängig. Für II erhält man schlecht auswertbare Stufen, die Stufenhöhe ist nicht immer der Konz. proportional. In frischen I–II-Gemischen ließen sich beide Teile gut bestimmen. II ist aber in äther. Ölen schlecht bestimmbar. Bei Verwendung von Tetraäthylammoniumsalzen als Leitelektrolytsalz fällt die II-Stufe mit der 2. I-Stufe zusammen. (Chem. Techn. **5.** 317–18. Juni 1953. Dresden.) PH. FRESENIUS. 7286

**R. C. Schlotterer,** *Bestimmung von Amylzimtaldehyd.* (Vgl. HERZKA, C. **1955.** 236.) Nach der Standardmeth. 45 der ESSENTIAL OIL ASSOCIATION (EOA) bleibt bei der Best. von Amylzimtaldehyd nach STILLMANN u. REED die Probe nicht 24 Std., sondern nur ½ Std. bei Zimmertemp. stehen. EOA hat für die Hydroxylaminmeth. ein $p_H$ von genau 3,4 offiziell festgesetzt. (Chem. and Ind. **1952.** 1200. 6/12. New York, N. Y., Essential Oil Assoc. of USA.) PH. FRESENIUS. 7286

**Eduard Gildemeister** u. **Friedrich Hoffmann.** Die ätherischen Öle. Hrsg. v. **W. Treibs.** 4. völlig neu bearb. Aufl. Bd. 4 = Spezieller Teil B. Beschreibung d. einzelnen ätherischen Öle. Die Öle d. Kryptogamen, Gymnospermen, Monokotyledonen u. e. Teils d. Dikotyledonen (Familien d. Saururaceen bis einschließlich d. Monimiaceen). Hrsg. v. **W. Treibs** u. **K. Bournot.** Berlin: Akademie-Verl. 1956. (XXXII + 720 S., 1 gef. Bl. u. 2 Bl. m. eingekl. Abb.) 8°. DM 55,—.

## XIV. Zucker. Kohlenhydrate. Stärke.

**Kazimierz Skalski,** *Anwendung von Grundbodenfilter (Sandfilter) zur Reinigung von Industrieabwässern der Zuckerfabriken.* Es werden wesentliche Punkte für die Projektierung von Sandfilteranlagen angeführt. Die Vorteile dieser Reinigung der Abwässer der Zuckerfabriken sind: Geringe Anlagekosten, kleiner Platzbedarf, keine Geruchsbelästigung im Gegensatz zur biol. Reinigung, Verminderung des Wasserverbrauchs durch Rückführung des gereinigten W. in den Betrieb. (Gaz. Cukrownicza **57.** 190–91. 1955.) F. URBAN. 7400

**Mario Borghi,** *Über den technologischen Wert der Zuckerrüben.* Vf. erläutert die Ermittlung des Zuckerertrags aus der Best. des gesamten Nichtzuckers u. seiner Einzelbestandteile (mineral., N-freie u N-haltige organ. Nichtzucker). (Ind. saccarif. ital. **46.** 194–201. Mai/Juni 1953.) R. K. MÜLLER. 7406

**Adelmo Panella,** *Zwei Jahre Versuche über Beregnung und Düngung der Zuckerrübe in Umbrien.* Bericht über Geländeverss. 1951/1952, in denen günstige Ergebnisse mit Beregnung, im ersten Jahr auch mit $(NH_4)_2HPO_4$, im zweiten Jahr mit N-Düngung, keine Wirkungen mit K-Düngung beobachtet werden. (Ind. saccarif. ital. **46.** 171–80. Mai/Juni 1953.) R. K. MÜLLER. 7406

**Raffaele Ciferri,** *Erste Versuche über die Anwendung von Maleinsäurehydrazid bei der Konservierung der Zuckerrüben.* Nach Besprühen von Zuckerrübenpflanzen mit 0,2% Maleinsäurehydrazid (+0,3% Triton als Netzmittel) ca. 20 Tage vor der Ernte wird eine Verminderung der Gewichts- u. Zuckerverluste bei ca. 40tägiger Lagerung festgestellt. (Ind. saccarif. ital. **46.** 186–87. Mai/Juni 1953. Pavia, Univ., Ist. Botan. u. Labor. Crittogam.) R. K. MÜLLER. 7406

**Aldo Volpino,** *Über eine Variante des Verfahrens der Reinigung der Zuckerrübensäfte.* Der mit 0,3% CaO vorgereinigte u. filtrierte Zuckersaft erreicht in der Hauptreinigung seinen höchsten Reinheitsgrad bei einem Zusatz von 1,4% CaO. Bei höherem Zusatz nimmt der Geh. an Ca-Salzen weiter ab u. erreicht bei 2% Zusatz ca. 25% der ursprünglichen Menge. Wird nach der Vorreinigung nicht filtriert, dann ist der erreichte Reinheitsgrad niedriger, der Geh. an Ca-Salzen ca. 30% höher. (Ind. saccarif. ital. **46.** 202–05. Mai/Juni 1953.) R. K. MÜLLER. 7412

**Alessandro Pasetti,** *Über den wahrscheinlichen Chemismus der Soda in der Entkalkung der Zuckersäfte.* $Na_2CO_3$ reagiert mit $Ca(OH)_2$ u. organ. Ca-Salzen unter Bldg. von $CaCO_3$ u. entsprechenden Na-Salzen; soweit die Ca-Salze weniger lösl. sind als $CaCO_3$, nehmen sie am Austausch nur wenig teil. Für 1 Mol zers. Ca-Salz sind 1,5 bis 2,0 Mol Soda erforderlich oder mehr. Die Filtration ist um so wirksamer, je mehr zur Zers. etwa gebildeter Bicarbonate gekocht wurde. Sodazusatz ist auch in der 3. Sättigung mit $SO_2$ nötig, um Bldg. von $CaSO_3$ beim Konzentrieren zu vermeiden. Soda- oder NaOH-Zusatz ist vor der Verdampfung allg. dann zweckmäßig, wenn bei geringer natürlicher Alkalität viel Ca-Salze vorhanden sind, bei der Verdampfung, wenn die Alkalität deutlich abnimmt. (Ind. saccarif. ital. **47.** 34–36. Jan./Febr. 1954. Migliarino, Zuccherif. del Volano, Labor. chim.) R. K. MÜLLER. 7412

**Leo Cavallaro** und **Giorgio Mantovani**, *Der Nachweis des Melassebildungsvermögens der verschiedenen Bestandteile des Nichtzuckers und die Möglichkeit der direkten Durchführung des Prozesses der Kristallisation des Rohrzuckers aus seinen Lösungen.* Durch refraktometr. Messungen im Vgl. mit Lsgg. von Saccharose (I) ohne Zusatz wird festgestellt, daß 0,5–1% Leucin die Kristallsation des I nicht beeinflussen, steigende Zusätze an Glykokoll (bis 5%) vermindern zunehmend die Kristallausbeute, Asparagin (II) setzt bis 2% die Kristallausbeute (um 15%) herab, bei 5% II wird wieder die ursprüngliche Ausbeute erreicht; Asparaginsäure von 0,02% an, Glutaminsäure von 0,05% an, Galakturonsäure in jeder Menge hemmen die Kristallisation völlig. Bei der Messung des Wachstums der Kristallkeime wird eine App. (Abb.) benutzt, die für die Darst. von Einkristallen anorgan. Salze bekannt war u. die Gewichtszunahme der Kristalle zu verfolgen gestattet. (Ind. saccarif. ital. **46.** 188–93. Mai/Juni 1953. Ferrara, Univ., Ist. chim.) R. K. MÜLLER. 7418

**Heinz Kirschninck**, *Über Florideenstärken. Vorbericht über eine experimentelle Mitteilungsreihe.* Kurze einleitende Übersicht im Hinblick auf noch zu veröffentlichende experimentelle Arbeiten über agarfähige Rotalgen der Ostsee u. ihre Ausnutzungsfähigkeit. (Stärke **6.** 267–68. Nov. 1954. Hamburg.) M. ULMANN. 7448

**Heinz Kirschninck**, *Über Florideenstärken.* 1. Mitt. *Beitrag zur Substanz und zum Begriff.* (Vgl. vorst. Ref.) Allg. Betrachtungen über Florideenkolloide, die als *Agar, Carragheen, Funorin* u. *Iridophycin* wirtschaftliche Bedeutung erlangt haben, mit kurzen Angaben über deren chem. u. kolloidchem. Eigenheiten. — 28 Literaturangaben. (Stärke **7.** 1–5. Jan. 1955. Hamburg.) M. ULMANN. 7448

**A. Grunewald**, *Die Behandlung des Kartoffelfruchtwassers und die industrielle Gewinnung der Albumine.* Allg. Überblick über die Schwierigkeiten der Entfernung des Eiweißes aus dem Kartoffelfruchtwasser (I), wobei darauf hingewiesen wird, daß chem. Niederschlagsverff. die zweckdienlichsten sein dürften. Abschließend wird kurz über Erfahrungen mit einer Kläranlage zur Unschädlichmachung des I berichtet. (Stärke **6.** 182–86. Aug. 1954. Lestrem, Frankreich.) M. ULMANN. 7448

---

**Monsanto Chemical Co.** (Erfinder: **Ross M. Hedrick**, und **David T. Mowry**), St. Louis. Mo., V. St. A., *Reinigung von Rohzuckersäften* durch Vermischen mit wasserlösl. synthet. Polyelektrolyten (I), dad. gek., daß die Verunreinigungen mit einem I von einem Mol.-Gew. $<10000$ ausgefällt werden; der I weist eine aus der olefin. Polymerisation einer Verb. mit einer einzigen ungesätt. C–C-Gruppe abgeleitete Struktur auf. Dem Saft werden 1–5000, bes. 2–100 Teile I pro 1 Million Teile Saft zugesetzt. — Beispiele für I sind die Mischpolymerisate von: Vinylacetat u. Mononatriummaleat, Vinylacetat u. Diammoniummaleat (II), Vinylacetat u. Ammoniummaleat, Vinylalkohol u. Natriummaleat, Vinylmethyläther u. II, Vinyläthyläther u. II, Isobutylen u. II, Styrol u. II, Äthylacrylat u. II, Vinylacetat u. Halb-Ca-Salz der Maleinsäure, Vinylacetat u. Halb-$NH_4$-Salz des Maleinsäurehalbamids, Isopropenylacetat u. II, Vinylisoprolyläther u. II, Vinyl-n-butyläther u. II, Vinylchlorid u. II, Vinylchloracetat u. II, Vinylacetat u. $NH_4$-Salz des partiellen Maleinsäuremethylesters, Vinylmethyläther u. Halb-Ca-Salz der Maleinsäure, Vinylalkohol u. Natriumpolyacrylat, Vinyl-2-chloräthyläther u. Maleinsäureanhydrid, Vinylacetat u. Methacrylsäure, Acrylsäurenitril u. Methacrylsäure, Styrol u. Methacrylsäure, Styrol u. Itaconsäureanhydrid, Vinylacetat u. Ca-Salz eines partiellen Maleinsäuremethylesters, Acrylamid u. Acrylsäurenitril, Methacrylsäure (35%) u. Dimethylaminoäthylmethacrylat (65%), Styrol u. $\beta$-Dimethylaminoäthylhalbester der Maleinsäure, ferner: Natriumpolymethacrylat, Ammoniumpolymethacrylat, Ammoniumpolyacrylat, Natriumpolyacrylat, Polyvinyl-2-chloräthyläther, Polyvinylhydrogenphthalat, Ca-Salz des hydrolysierten Polyacrylsäurenitrils, Polyacrylamid, Dimethylaminoäthylpolymethacrylat, Polyvinylpyridinhydrochlorid, quaternäres Salz des Polyvinylpyridins mit Methyl-p-toluolsulfonat, Polyvinylpyridinhydrosulfat, quaternäres Polyvinylpyridinbutylbromid, Polyvinylpyridinacrylsäurenitrilhydrosulfat, quaternäres Salz des Polyvinylpyridin–Acrylsäurenitril–Methyl-p-toluolsulfonats, Polyvinylchloracetat–Pyridiniumsalz, Polyvinylchloracetat–Trimethylaminsalz, quaternäres methyltoluolsulfonsaures Salz des Dimethylaminoäthylmethacrylats, Na-Salz des sulfonierten Polystyrols. (**D. B. P. 939 139** Kl. 89c vom 14/2. 1954, ausg. 16/2. 1956. Anmeldung bekanntgemacht 18/8. 1955. A. Prior. 18/3. 1953.) A. GRADL. 7413

## XVI. Nahrungs-, Genuß- und Futtermittel.

**D. A. A. Mossel** und **M. Ingram**, *Die Physiologie des mikrobiellen Verderbs von Lebensmitteln.* Umfassende Darst. mit 315 Literaturangaben. (J. appl. Bacteriol. **18.** 232–68. Juli 1955. Sept. Utrecht, Centr. Board for Applied Sci. Res. in the Netherlands, Centr. Inst. for Nutr. Res.; Cambridge, Univ., Low Temp. Res. Stat.) F. KRUSEN. 7658

**J. C. Moyer, W. B. Robinson, E. H. Stotz** und **Z. I. Kertesz,** *Die Wirkung des Blanchierens und anschließenden Stehenlassens auf einige chemische Konstituenten und Enzymaktivitäten in Erbsen und Bohnen.* Blanchieren bei hohen Tempp. u. für kurze Zeit erwies sich im Hinblick auf den Verlust an *Ascorbinsäure* (I) u. anderen wasserlösl. Bestandteilen bei Erbsen u. Bohnen als geeigneter als Blanchieren bei niedrigeren Tempp. u. für längere Zeit. Während I durch das Blanchieren in großer Menge zerstört wurde, fanden bei 4 std. Stehenlassen des blanchierten Materials keine weiteren I-Verluste statt. Die Wrkg. des Blanchierens auf das Enzymsyst. ist abhängig von Art, Zerkleinerungsgrad u. Reife des Gemüses u. von der Art des Blanchierens selbst. Katalase wurde am ehesten zerstört, bei Peroxydase waren höhere Tempp. erforderlich, I-Oxydase lag zwischen beiden. (New York State agric. Exp. Stat., Bull. **1952.** Nr. 754. 3—33. Okt. Geneva, N. Y., Cornell Univ., New York State Agric. Exp. Stat.) F. KRUSEN. 7684

**R. Heiss,** *Untersuchungen über die Haltbarkeit von Hartcaramellen.* 2. Mitt. *Die Berechnung der Sorptionsisothermen für Hartcaramellen.* (1. vgl. C. **1954.** 673.) Vom Vf. werden die Isothermen der Adsorption u. Desorption von *Saccharose, Dextrose, Fructose, Maltose* u. *Dextrin* bei 20° bestimmt, es sind dieses die Zuckerarten, die bei der Herst. von Hartcaramellen Verwendung finden. Aus den Sorptionsisothermen der Einzelbestandteile lassen sich diejenigen der daraus hergestellten Kochansätze berechnen. Errechnete u. experimentell bestimmte Werte zeigen gute Übereinstimmung. Vergleichsweise wurden entsprechende Sorptionsisothermen auch für Kochansätze unter Verwendung von 90 bzw 45 Teilen *Stärkesirup* auf 100 Teile Zucker nach der Angleichmeth. bestimmt u. der Kristallisationszustand nach längerer Versuchsdauer charakterisiert. Dabei ergab sich, daß das „Kristallgerüst" bei Verwendung von 45 Teilen Sirup bei gleicher relativer Feuchtigkeit wasserärmer ist, als bei Verwendung von 17 Teilen Invertzucker auf 100 Teile Saccharose; bei Verwendung von 90 Teilen Stärkesirup aber wasserreicher. (Stärke **7.** 45—51. 1955. München, Inst. für Lebensmitteltechnol. u. Verpackung.) M. ULMANN. 7704

**R. Heiss,** *Untersuchungen über die Haltbarkeit von Hartcaramellen.* 3. Mitt. *Zeitabhängigkeit des Dampfdruckes über der Bonbonoberfläche.* (2. vgl. vorst. Ref.) Wie Vf. findet, setzt bei Lagerung der Hartkaramellen in einer Atmosphäre mit höherem Dampfdruck bei einem bestimmten Übersättigungsgrad Kristallisation zunächst des am schwersten lösl. Bestandteiles ein; dabei verringert sich die Konz. der Restlösung. Da im Verlauf der Zeit auch andere Zuckerkomponenten auskristallisieren, ändert sich laufend das Lösungsgleichgewicht. Im ganzen steigt mit zunehmender relativer Feuchtigkeit der Umgebung der Dampfdruck über dem Gut u. der Geh. an W. bei abnehmendem krist. Anteil. Nach Einsetzen einer Kristallisation war der Verlauf der über den Bonbons herrschenden relativen Feuchtigkeit bei 3 zugrunde gelegten Bonbonmassen, die mit Invertzucker bzw. Stärkesirup gekocht wurden, nicht wesentlich verschieden, obwohl die Gewichtsaufnahme bei Verwendung von 20 Teilen Invertzucker im Ansatz nach längerer Lagerung am höchsten, bei den mit 45 Teilen Stärkesirup gekochten am niedrigsten war. Method. wird festgestellt, daß die Bewertung von Kristallisationshemmern für Hartkaramellen lediglich auf Grund der Messung der Gewichtszunahme kein eindeutiges Bild ergibt. (Stärke **7.** 51—55. 1955.) M. ULMANN. 7704

**R. J. McIlory,** *Die chemische Zusammensetzung von Tee.* Übersicht mit 52 Literaturangaben. (Food **24.** 192—96. Juni 1955. Assam, Indien, Tocklai Exp. Stat.) F. KRUSEN. 7724

**George Burnet jr.** und **Lionel K. Arnold,** *Die Wirkung von Hitze auf mit Lösungsmittel extrahiertes Sojabohnenölmehl.* Unter Verwendung eines für diese Verss. gebauten App. (Zeichnung) wurde die Einw. trockener u. feuchter Hitze auf die Höhe des Nährwertes von Sojabohnenmehl untersucht u. mit den Ergebnissen aus einer techn. Extraktionsapp. mit Mehlröster üblicher Ausmaße verglichen. Zur analyt. Kennzeichnung trennten Vff. das Protein nach EVANS u. JOHN in 5 Fraktionen. Die Glutelinfraktion (lösl. in 0,2%ig. KOH) ist ein Maß für den Nährwert des Mehls (Verfütterung an Küken). Um maximalen Nährwert zu erhalten, wurden die optimalen Erwärmungsbedingungen bestimmt. Ein weiteres Maß für den Nährwert ist der Abfall unerwünschter Enzymaktivität mit dem Erhitzen (Tabelle). Ureaseaktivität nach CASKEY u. KNAPP, Anwachsen der Alkalität durch Freisetzen von $NH_3$ aus standardgepufferter Harnstofflsg.; Lipoxydase nach SUMNER, colorimetr. Kontrolle der Peroxydierung einer Standardlsg. von Linolensäure. — Zur Best. des Lösungsmitteleinfl. ließen Vff. Methylenchlorid, Trichloräthylen u. Hexan verschied. Zeiten bei Zimmertemp. u. beim Kp. auf das Mehl einwirken. Wrkg. der Lipoxydase wird stark red., während die Aktivität der Urease erst ansteigt u. dann — außer beim Methylenchlorid — abfällt. Einzelheiten s. Original. (J. Amer. Oil Chemists' Soc. **29.** 619—24. Dez. 1952. Ames, Io., Iowa State Coll., Chem. Engng. Dep.) H. J. HAASE. 7742

**W. Partmann,** *Neuere Ergebnisse zur Wirksamkeit von baktericiden Zusätzen für die Fischbeeisung.* (Vgl. auch C. **1955.** 712.) Zur Best. des Frischezustandes von Fischen wurden Geruchsbewertung, flüchtiger bas. N, freier Tyrosin-N u. Keimzahlen verwendet. Als wirksamste bactericide Substanz bei Zusatz zum Eis erwies sich *Formaldehyd* in Konzz. bis hinunter zu 0,01%. Bei 0,05% traten Eiweißhärtungserscheinungen an der Fischmuskulatur auf. *$NaNO_2$* in einer Konz. von 0,02% erwies sich ebenfalls als gut wirksam. Oberflächenakt. Stoffe, wie *Zephirol, Tego 51* u. *E 10,* zeigten in geringen Konzz. keine, in höheren (über 0,5—1,0%) nur geringen baktericiden Effekt. *Sulfonamide* u. *Acridinkörper* waren gut wirksam, sind jedoch pharmakolog. bedenklich. Das Cl-abspaltende *Halazone* war nur wenig, *Anti-Autolysin* unter den gewählten Versuchsbedingungen nicht baktericid. Zum gegenwärtigen Zeitpunkt kann nur die Verwendung von 0,02%ig. *$NaNO_2$* als Zusatz zum Eis empfohlen werden. — 36 Literaturangaben. (Fette, Seifen, Anstrichmittel **56.** 505—12. Juli 1954. Karlsruhe, Bundesforschungsanst. für Lebensmittelfrischhaltung.) F. KRUSEN. 7752

**Hildegard Raeithel,** *Über Gewinnung, Wirkstoffgehalt und Verwendung von Fischpreßwasser.* Darst. an Hand der vorliegenden Literatur mit 35 Zitaten. (Fette, Seifen, Anstrichmittel **56.** 518—23. Juli 1954. München, Inst. für Lebensmitteltechnol. u. Verpackung.) F. KRUSEN. 7752

**J. Brooks,** *Feuchtigkeitsregelung bei der Lagerhaltung von Eiern.* (Proc. Inst. Refrigerat. **48.** 94—97. 1951/52. Cambridge, Univ., Low Temp. Stat. f. Res. in Biochem. and Biophys. — C **1953.** 5428.) F. KRUSEN. 7754

**E. Chamorro,** *Die Homogenisierungstechnik bei der Fabrikation von Kondens- und Trockenmilch.* Allg. Ausführungen nach der Literatur. (Ind. lechera **34.** 315—24. Juni 1952.) B. KRAFT. 7756

**Santiago Matallana Ventura,** *Die moderne Milchpasteurisierung.* Vf. beschreibt einen modernen kontinuierlichen Platten-Pasteurisator. (Agricultura [Madrid] **21.** 312 bis 316. Juni 1952.) B. KRAFT. 7756

**James T. Smith** und **H. L. Mitten,** *Der Vac-Heat-Prozess.* Beschreibung eines neuen Milchbehandlungsverf., das in Kombination mit Hochtemperatur–Kurzzeit-Erhitzung verwendet wird u. die Milch durch Einw. von Dampf im Vakuum bes. von unerwünschten Geruchs- u. Geschmacksnoten befreit. (Milk Dealer **45.** Nr. 2. 45. 92—96. Nov. 1955. Fort Atkinson, Wis., Creamery Package Man. Comp.) F. KRUSEN. 7756

**Bessie B. Cook, Agnes Fay Morgan, Elsie O. Weast** und **Janice Parker,** *Die Wirkung der Hitzebehandlung auf den Nährwert der Milchproteine.* 1. Mitt. *Kondensierte und Trockenmilch.* In Verss. an Ratten zeigte sich der Nährwert von zwei Proben kondensierter Milch aus dem Handel nur in geringem Maße, aber immerhin statist. gesichert, niedriger als derjenige frischer, pasteurisierter Milch. Durch Erhitzen der kondensierten Milch auf 120° während 30 Min. wurde der Nährwert gegenüber der unerhitzten Probe erniedrigt. Es war jedoch kein Einfl. festzustellen, ob das Sterilisieren bei 115° in Ggw. oder in Abwesenheit von $O_2$ vorgenommen wurde. Einjährige Lagerung änderte den Nährwert der sterilisierten Milch nicht. Auch die Wirksamkeit von erhitztem Buttermilchpulver war gemäß Art u. Zeit des Erhitzens vermindert. (J. Nutrit. **44.** 51—61. 10/5. 1951. Berkeley, Calif., Univ. of California, Dep. of Home Economics.) K. NEHRING. 7756

**Bessie B. Cook, Agnes Fay Morgan, Beatrice Singer** und **Janice Parker,** *Die Wirkung der Hitzebehandlung auf den Nährwert der Milchproteine.* 2. Mitt. *Untersuchungen über das Rattenwachstum mit Casein, Lactalbumin und ihren Lactosederivaten.* (1. vgl. vorst. Ref.) In Ergänzung der vorhergehenden Arbeiten wurde untersucht, ob durch Zufuhr von verschied. essentiellen Aminosäuren der Rückgang des Nährwertes von *Casein* (**I**) u. *Lactalbumin* (**II**) beim Erhitzen im Zusammenhang mit der Gegenwart von *Lactose* (**III**) ausgeglichen werden kann. Die Proteinwrkg. eines **II**-Präp., das **III** enthielt, wurde durch Erhitzen auf 100° während 30 Min. nicht geändert. Beim Erhitzen auf 120° ging er um 12%, auf 130° um 19% zurück. Die Zufuhr verschied. Aminosäuren (AS) erhöhte den Nährwert des erhitzten u. unerhitzten **II**, der Zusatz von *Lysin* (**IV**) nur den des unerhitzten Proteins. Nur *Ornithin* verminderte die Differenzen zwischen verschied. erhitztem **II**. Das Proteinwirkungsverhältnis des **I** wurde durch Erhitzen am Rückfluß oder durch Rk. mit **III** unter milden Bedingungen vermindert; der Rückgang verstärkte sich erheblich durch Erhitzen zusammen mit **III**. Im ersteren Falle kann der Rückgang durch Zufuhr von **IV** ausgeglichen werden, im letzteren nicht. Durch Erhitzen mit **III** werden somit andere AS weniger zugänglich als **IV**. Beim **II** hatte die Rk. mit **III** unter milden Bedingungen keinen Einfl. auf den Nährwert; beim Erhitzen zusammen mit **III** ging auch hier der Wert zurück. (J. Nutrit. **44.** 63—81. 10/5. 1951.) K. NEHRING. 7756

**W. Hähnel,** *Ein Beitrag zur Frage der Keimverminderung in der Trinkmilch.* Es wurde festgestellt, daß nach der Pasteurisierung der Milch in den Rohrleitungen, Pumpenaggregaten u. Kühlern stets eine Reinfektion erfolgt, die am besten bei Glas als Werkstoff, weniger bei Vinidur, Aluminium u. verzinntem Kupfer vermieden werden kann. Reinfektionen dieser Art können jedoch nur wirksam zurückgedrängt werden, wenn die Rohmilch keimarm ist. (Dtsch. Landwirtsch. **5.** 533—40. Okt. 1854. Leipzig, Univ., Inst. für Bodenkunde u. Mikrobiol.) F. GÜNTHER. 7756

**Santos Ovejero, Miguel Diez** und **R. Pascual,** *Eine bakteriologische Veränderung der Kondensmilch.* Vff. stellten als Ursache von Gerinnung u. Gärung unter Gasbldg. bei kondensierter Milch das Vorhandensein von Bacillus cereus u. B. coagulans einerseits u. B. butyricus andererseits fest. Wegen der Hitzestabilität der genannten Organismen muß auf peinliche Sauberkeit bei der Herst. der Milch geachtet werden. Bestrahlung der verwendeten Zuckerlsgg. mit UV-Licht erwies sich als wirksam, u. Verwendung von chem. Desinfektionsmitteln für die Geräte wird ebenfalls empfohlen. Die Unters. der zur Kondensierung bestimmten Milchgemische u. der Zuckerlsgg. auf Sporenbildner ist ein wertvoller biol. Test zur Vermeidung von Qualitätsabfall. (Lait **35.** 481—90. Sept./Okt. 1955. Leon, Espagne, Fac. Vétérin.) F. KRUSEN. 7756

**W. C. van der Zant** und **A. V. Moore,** *Untersuchung von weicher Eismilch.* Von 50 auf Geschmack, Konsistenz, Fettgeh. u. Geh. an festen Bestandteilen, titrierbare Acidität, Sedimente, Pasteurisierungseffekt, Farbe u. hygien. Beschaffenheit untersuchten Proben von weicher Eismilch zeigten nur 16% befriedigenden Geschmack u. 58% gute Konsistenz; beanstandet wurden unnatürlicher u. Kochgeschmack u. grobe u. schwache Konsistenz. Der Geh. an gesamten festen Bestandteilen schwankte zwischen 27,2 u. 36,9%, die Acidität war, vermutlich infolge Verwendung von Neutralisationsmitteln, zu niedrig. Sämtliche Proben waren einwandfrei pasteurisiert. (Ice Cream Rev. **38.** Nr. 4. 48—50. 60—62. Nov. 1954. College Station, Tex., Tex. Agric. Exp. Stat., Dairy Husbandry Dep.) F. KRUSEN. 7756

**Jean Jaquet** und **Odette Saingt,** *Untersuchung über unbeabsichtigte Herstellung von rotem Camembert.* In rötlich u. bräunlich verfärbten Camembertkäsen stellten Vff. einen 3—4mal so hohen *Nitrat* (**I**)-Anteil wie in n. Käsen fest. Nach ihren Unterss. reagieren die durch mikrobielle Red. der **I** gebildeten *Nitrite* mit dem Casein, u. zwar bes. mit *Tyrosin,* u. bewirken so die rötliche Verfärbung. Die Herkunft der **I** konnte nicht geklärt werden. — 38 Literaturangaben. (Lait **32.** 129—44. März/April 1952. Caen, Fac. des Sci., Centre d'Étude des Laitières, Labor. de Microbiol.; Labor. départemental et régional de Biol. et d'Hyg.) F. KRUSEN. 7760

**W. Minder,** *Nachweis von radioaktiven Lebensmitteln.* Diskussion der durch ionisierende Strahlungen hervorgerufenen Gefahren, der Möglichkeiten radioakt. Verseuchungen u. der prakt. Möglichkeiten einer Kontrolle der Radioaktivität von Lebensmitteln. Letztere läßt sich nur durch Feststellung der ausgesandten Strahlungen durchführen. Eine Gesamtkontrolle der von einem Staat importierten Lebensmittel ist unmöglich, doch müssen wenigstens die aus radioakt. verseuchten Gebieten stammenden Lebensmittel unbedingt kontrolliert werden. Hierfür sind zwei Wege möglich: a) Messungen mittels GEIGER-Zählers (Konzz. von 1 $\mu$C einer $\gamma$-strahlenden Substanz noch auf 1 m Entfernung feststellbar), b) Verwendung kleiner Röntgenfilme, welche eine Integration der Strahlung während der Exponierungszeiten bewirken (Konzz. von 1 $\mu$C auf 100 kg Lebensmittel in einigen Tagen auf 1 m Entfernung nachweisbar). Vf. regt an, daß in die Lebensmitteltransportkisten, welche verdächtig sind, ein solcher Film mit eingeschlossen wird; nach Ankunft im Verbrauchsland würde sich gegebenenfalls bei einer Schwärzung des Filmes die Notwendigkeit eingehender Kontrolle ergeben. — Hinweise über die durch die Behörden zu ergreifenden Maßnahmen. (Schweiz. Arch. Tierheilkunde **97.** 349—57. Aug. 1955. Bern, Radiuminst.) R. WOLLER. 7788

**W. Deckert,** *Exakte Arsenbestimmung in Lebens- und Futtermitteln.* Vf. beschreibt ein modifiziertes Verf. zur *As*-Best. nach MARSH. Hierbei wird der in bekannter Weise erhaltene *As*-Spiegel mit JCl-Lsg. gelöst u. das gebildete freie $J_2$ mit je nach Menge 0,025—0,00025 mol. $KJO_3$-Lsg. titriert. Es ist eine Empfindlichkeit bis 0,15 $\gamma$ *As* erreichbar, die Streuung ist wesentlich geringer als bei dem alten GUTZEIT-Verfahren. (Chem. Techn. **7.** 480—83. Aug. 1955. Berlin.) F. KRUSEN. 7788

**Iwao Kawashiro, Fumi Fukuzawa** und **Hidenaga Takeuchi,** *Nachweis von Dehydracetsäure und ihren Salzen in Nahrungsmitteln.* 1. Mitt. Die Verff. zum Nachw. von *Dehydracetsäure* (**I**) in Sojasauce u. Saké wurden im einzelnen geprüft. **I** wird aus der mit 10%ig. Essigsäure schwach angesäuerten Probe mit Ae. + PAe. (1 : 1) ausgezogen u. der Auszug mit W. säurefrei gewaschen. Nach Abdampfen des Lösungsm. wird der Rückstand in 4 $cm^3$ n/10 NaOH gelöst u. in Anteile von 1 u. 3 $cm^3$ geteilt. 1 $cm^3$ wird mit Salicylaldehyd geprüft: rotorange in Ggw. von **I.** 3 $cm^3$ werden mit 10%ig. Cu-Acetat + NaK-Tartrat geprüft: Nd. feinster Nadeln des Cu-Salzes von **I.** (Bull. nat. hyg. Lab. Tokyo **70.** 41—47. Juni 1952. [Orig.: japan.]) L. SCHULER. 7788

**H. Kraut, E. Kofrányi, H. Telschow** und **M. Weber,** *Aminosäurebestimmung in Nahrungsmitteln durch Chromatographie an Stärkesäulen.* Vff. untersuchen die Anwendbarkeit der Säulenchromatographie an Stärke nach MOORE u. STEIN auf die Aminosäureanalyse von Nahrungsmitteln. Die HCl-Hydrolyse erfolgt bei eiweißreichen Prodd. in Ggw. von $SnCl_2$, während bei kohlenhydratreichen Stoffen zunächst mit Ameisensäure vorhydrolysiert wird, dann die Eiweißspaltprodd. als Hg-Carbamate gefällt u. mit HCl totalhydrolysiert werden. Gesondert werden Tryptophan (nach ROTH) u. Cystin (durch Gesamt-S-Best. nach GROTE-KREKELER unter Berücksichtigung des Methionin-S) bestimmt. Es wurde ein synthet. Aminsäuregemisch, Casein, pasteurisierte Flaschenmilch, zwei Weizenmehle u. Futtergerste untersucht; die Ergebnisse werden angeführt. Methionin, Tyrosin, Arginin u. Glykokoll wurden außerdem colorimetr. bestimmt. Die mittlere Streuung der Aminosäurewerte beträgt bei den Nahrungsmitteln im Durchschnitt $\pm 4,5\%$ des Wertes. Das Defizit in der Summe des Aminosäure-N gegenüber dem Gesamt-N wird diskutiert. (Hoppe-Seyler's Z. physiol. Chem. **301.** 165—84. 1955. Dortmund. Max-Planck-Inst. für Arbeitsphysiol., Abt. für Ernährungsphysiol.) E. SCHWERDTFEGER. 7788

**V. N. Kamat, H. G. Pandya** und **N. Narayana,** *Vitamin-C-Gehalt von Gemüsen und Früchten des Marktes von Poona.* Zur Best. des Vitamin-C (**I**)-Geh. wurden die Gemüse bzw. Früchte mit 50 cm³ eines Gemisches von 5% ig. Essig- u. 2% ig. Oxalsäure versetzt u. im Mischapp. behandelt. Die erhaltene Lsg. wurde durch Musselin filtriert, das Filtrat aufgefüllt u. ein aliquoter Teil davon gegen frische, eingestellte Indophenollsg. titriert. Es wurde gefunden, daß in der Regel Blattgemüse gegenüber Kohl, Hülsenfrüchten u. Wurzelgemüsen das meiste **I** enthalten. Der **I**-Geh. ist abhängig von Klima, Bodenbeschaffenheit, Jahreszeit, Düngung u. Reifestadium. (Poona agric. Coll. Mag. **42.** 266—70. Febr. 1952. Poona, Coll. of Agric.) W. GRÜTZ. 7810

**E. Molinari** und **J. Marek,** *Ein neuer Apparat zur Bestimmung der Zügigkeit von Tabakfabrikaten.* Nach einleitenden Ausführungen über die Vorgänge beim Verrauchen von Zigaretten u. Zigarren wird eine einfache App. beschrieben, die die Best. der Zügigkeit dieser Tabakfabrikate erlaubt. Sie besteht aus einem Manometer, einem Glaszylinder zur Erzeugung eines Unterdruckes durch eine fallende Wassersäule u. einer elektr. Einrichtung, welche den Zeitpunkt der Ablesung anzeigt. Die hiermit an Zigaretten u. Zigarren erzielten Meßergebnisse sind aufgeführt. (Tabac [Rome] **8.** 155—58. Sept. 1951. Wien, Österreich. Tabakregie.) C. PYRIKI. 7836

**Melvin L. Karon, Mabelle E. Adams** und **Seymour Newman,** *Die Wirkung der Temperatur auf die elektrophoretische Analyse von Baumwollsamenmehl-Extrakten.* Baumwollsamenmehl-Extrakte in Äthylamin–Barbital-Puffer ($p_H$ 10,4 bei 25°) wurden bei einem Temperaturintervall von 0—20° der Elektrophorese unterworfen. Bei den Verss. gelangte eine KLETT-Elektrophoreseausrüstung zur Anwendung. Die Ergebnisse ließen keine Veränderung der relativen Konzz. der Komponenten des Proteins als Funktion der Temp. erkennen. Die Anwendung einer Viscosekorrektur zum Lösungsm. kann die Veränderung der Beweglichkeit der einzelnen Komponenten mit der Temp. nicht ausgleichen. Das Prod. aus Viscosität–Beweglichkeit wird mit steigender Temp. kleiner. (J. Colloid Sci. **7.** 407—13. Aug. 1952. New Orleans, La., Southern Reg. Res. Labor.) W. KNÖPKE. 7842

**W. G. Jennings** und **N. P. Tarassuk,** *Bestimmung der Gesamttrockensubstanz durch Modifikation des Mojonnier-Tests.* Inhaltlich ident. mit den C. **1956.** 6829 u. 7958 referierten Arbeiten. (Milk Products J. **46.** Nr. 7. 18—19. Juli 1955.) F. KRUSEN. 7856

**G. Schwarz, B. Krauss** und **G. Schell,** *Vorschlag für die Standardisierung und Prüfung von Alizarollösungen.* Unters. einer Reihe handelsüblicher *Alizarol* (**I**)-Lsgg. ergab, daß diese meist nicht mehr den früheren Anforderungen an „*Standard-Alizarol*" genügen. Bes. wird die Verwendung ungeeigneter Farbvergleichstafeln bemängelt, weshalb Vff. die einheitliche Anwendung der Farbtafel der Fa. DR. N. GERBER GMBH., München, empfehlen. Verff. zur Best. von *A., Pyridinbasen, Methanol, Abdampfrückstand, $p_H$-Wert* von **I**-Lsgg. werden mitgeteilt. (Dtsch. Molkerei-Ztg. **75.** 1489—90. 11/11.; 1523—24. 18/11. 1954. Hohenheim, Landwirtsch. Hochsch., Inst. für landwirtsch. Technol.) F. KRUSEN. 7856

**W. J. Harper** und **T. V. Armstrong,** *Die α-Naphtholphthalein (ANP)-Methode zur Messung der Fetthydrolyse.* 2. Mitt. *Anwendung auf Rahm.* (1. vgl. ARMSTRONG, C. **1953.** 4462.) Zu 10 g Rahm werden 5 ml 95% ig. A. gegeben, nach 30 Sek. Schütteln 30 ml PAe. (30—60°) zugesetzt u. nach 1 Min. Schütteln Schichtentrennung abgewartet. Der α-Naphtholphthalein (**I**)-Test kann sowohl mit der Fettlsg. als auch mit durch Abdampfen des Lösungsm. gewonnenem Fett durchgeführt werden. Im ersten Fall werden 5 ml Extrakt zu 5 ml der l. c. beschriebenen Farbstoff-Pufferlsg. gegeben, heftig geschüttelt u. die untere Schicht zur Messung herangezogen. Im zweiten Fall werden 0,5 ml des Fettrückstandes verwendet. Es wird empfohlen, Süßrahm durch Zugabe von Milchsäure vor der Fettextraktion anzusäuern. (J. Dairy Sci. **35.** 342—49. April 1952. Columbus, O., Ohio State Univ., Dep. of Dairy Techn.) F. KRUSEN. 7856

**Lucie Randoin** und **Colette Jourdan,** *Bestimmung von Wasser, Trockensubstanz, Calcium und Phosphor in 2 halbweichen und innerlich verschimmelten Käsearten.* (Vgl. C. **1952.** 2939; **1953.** 1736. 6381.) In 7 Proben von halbweichem Käse (Bleu d'Auvergne) u. von Roquefort wurden durchschnittlich gefunden: Wassergeh. 39,2 (in Roquefort 40,0), Ca 0,803 (1,171), P 0,468 (0,596) u. Ca/P 1,72 (1,98). (Lait **32.** 481—85. Sept./Okt. 1952. Inst. Nat. de la Rech. agronom.; Centre Nat. de la Rech. scientif., Labor. de Physiol. de la Nutr.) F. KRUSEN. 7860

---

**Aktieselskabet Grindstedvaerket,** Dänemark, *Ester aus mehrwertigen Alkoholen mit ungesättigten, polymerisierten und OH-haltigen Fettsäuren.* Man verestert Äthylenglykol, Glycerin oder Polyglycerin durch Erwärmen auf 245—250° in Ggw. von NaOH zu 10% mit einer Oxysäure (Milchsäure, Glykolsäure, Oxybuttersäure), dann estert man das entstehende Prod. mit einem polymerisierten Fettsäuretriglycerid (Sojaöl, Ricinusöl, Sesamöl u. a.) um. Man erhält „*W.-in-Öl-Emulsionen*", die in der *Lebensmittelindustrie* verwendet werden. (**F. P. 1 055 338** vom 30/4. 1952, ausg. 17/2. 1954. Dän. Prior. 1/5. 1951.) S. MEIER. 7631

**Imperial Chemical Industries Ltd.** (Erfinder: **James Donald Burnett**), London, England, *UV-Strahlen absorbierende hochmolekulare Stoffe,* Cellulosederivv., Pheno- u. Aminoplaste, Polyamide, Polyäthylen, Acryl-(Polymethyl-α-chloracrylat) u. Vinylharze, letztere gegebenenfalls auch vor der Polymerisation, werden mit 0,01—10% 4-Methoxy-(bzw. Äthoxy)-2-oxybenzophenon versetzt. — *Schutz von Lebensmitteln.* (**E. P. 726 792** vom 11/7. 1952, ausg. 23/3. 1955.) G. SALZMANN. 7635

**Buckeye Cotton Oil Co.,** Memphis, Tenn., übert. von: **Charles T. Nugent, Jerome W. Kancher** und **Nathan R. Gotthoffer,** Cincinnati, O., V. St. A., *Gewinnung von Sojabohnenprotein,* in Trockenform, das unhydrolysiert u. in schwachen Alkalilsgg. lösl. ist. Entölte Sojaflocken werden in einer Alkalilsg. bei $p_H$ 7—10,5 u. 90—120° F suspendiert u. ca. 1 Std. durchgerührt. Nach dem Abtrennen werden die Rückstände erneut behandelt. Aus den vereinigten Extrakten wird das Protein durch Zugabe von Säure bei $p_H$ 4,1—4,8 ausgefällt. Das Protein wird zentrifugiert, gewaschen, bei $p_H$ 4,6 filtriert u. bei maximal 170° F getrocknet u. vermahlen. Zur Erhöhung der Löslichkeit des Proteins werden der Extraktion 0,25—5,0% einer Fettsäure mit 10—18 C-Atomen oder eines Naturharzes oder einer entsprechenden Seife, ferner einer chlorierten ungesätt. Fettsäure zugesetzt. (**A. PP. 2 712 539** vom 28/4. 1953 u. **2 712 540** vom 16/9. 1953, beide ausg. 5/7. 1955.) W. KRANZ. 7647

**Percival Sydney Jewell, James Gordon Travis King,** Cambridge, und **Nutrex Ltd.,** London, England, *Herstellung von Glutenemulsionen für Ernährungszwecke.* In Weiterausbldg. der Verff. nach N. PP. 82 335; C. **1955.** 7807, u. 82 369; C. **1955.** 9218, wird Weizen- oder Roggenmehl mit einer Glutenemulsion bei 28—36° u. in Ggw. von Dextrin „beimpft", wobei das Gluten des Mehles nach einer Einw. von ca. 10 Std. ebenfalls abgebaut wird. Das Gemisch besteht alsdann aus 2 getrennten Phasen, der oberen Glutenemulsionsphase u. einer unteren Stärke- u. Kleiephase, die leicht abgetrennt werden kann. — Vgl. auch F. P. 1 070 793; C. **1956.** 1472. (**N. P. 82 429** vom 10/2. 1953, ausg. 14/9. 1953. E. Prior. 11/2. 1952.) K. H. KÄHLER. 7671

**Commonwealth Engineering Co. of Ohio,** Dayton, O., V. St. A., *Konzentrieren hitzeempfindlicher Flüssigkeiten durch Gefrieren. Fruchtsäfte* werden zunächst bis nahe an ihren E. vorgekühlt u. in Tanks unter dauernder Bewegung gefroren. Die breiartige, feine Eiskristalle enthaltende M. wird durch Siebe von der Hauptmenge an Eiskristallen getrennt, zentrifugiert u. erneut unter Bewegung bei fortschreitend tieferer Temp. gefroren. Der Prozeß wird bis zur Erreichung der gewünschten Konz. wiederholt. — Zeichnungen. (**E. P. 739 825** vom 25/1. 1954, ausg. 2/11. 1955. **A. P. 2 676 469** vom 20/11. 1950, ausg. 27/4. 1954.) W. KRANZ. 7707

**Jacques Barboni, Jean Pierre Peytel** und **Michel Gustave Mayer,** Seine, Frankreich, *ervierung der Geruchseigenschaften und des Nährwertes von organischen tierischen und pflanzlichen Stoffen.* Beim Zerkleinern dieser Stoffe vermeidet man Hydrolyse durch Trocknen etwa mit Silicagel, die Adsorption der Aroma- u. ähnlicher Stoffe durch Zusatz von hydrophoben Si- oder B-Derivv., wie Organomono- oder -polysilane, Organosiloxane, Boroxane, die Oxydation durch Zusatz von Antioxydantien wie Ascorbinsäure, Reduktionskatalysatoren, Polyphenolverbb., u. arbeitet im übrigen bei tiefen Tempp. etwa bei der Zerkleinerung von Kaffeebohnen bei 173° K in Ggw. von Ascorbinsäure u. 1‰ polym risiertem Siloxan. (**F. P. 1 092 578** vom 31/10. 1953, ausg. 22/4. 1955.) G. WELTZIEN. 7721

## XVII. Fette. Seifen. Wasch- u. Reinigungsmittel. Wachse. Bohnermassen usw.

**M. Narayana Rao** und **K. Krishnamurthy,** *Verwendung von Antioxydantien zur Stabilisierung von Fetten und fetthaltigen Nahrungsmitteln.* Antioxydantien (I) sollen Ranzidität in Fetten u. fetthaltigen Nahrungsmitteln verhindern. Man unterscheidet natürliche u. synthet. I. Zu den natürlichen **I** gehören Tocopherol, Sesamol u. Lecithin, sowie Gossypol in Baumwollsaatöl u. Dihydroquercetin aus Douglasfichtenrinde. Heute haben synthet. **I**, wie Alkylgallate, Butyloxyanisol (*BHA*) u. Nordihydroguajaretsäure, die natürlichen Prodd. weitgehend verdrängt. *BHA* ist ein bes. wirksames **I** für tier. Fette. **I** in gebackenen u. gebratenen Prodd., in Milch u. Milchprodd. sowie bei der Verpackung als Schutz des paraffinösen Tränkmittels werden besprochen. Hinweise auf Aktivierungsmittel der **I** sowie Metalldeaktivatoren. (Bull. centr. Food technol. Res. Inst., Mysore **4.** 262—65. 1955. Sep. Mysore, Central Food Technol. Res. Inst.) W. Meine. 7878

**Bradford Henderson,** *Chemikalien aus Ricinusöl.* Übersicht über die Herst. von trocknenden Ölen, Weichmachern, Netzmitteln, synthet. Wachsen, Farben, Fungiciden u. einzelnen Chemikalien aus Ricinusöl auf den Wegen der Sulfonierung, Hydrierung u. Dehydratation. Bes. wird auf ein Verf. zur gleichzeitigen Herst. von *Sebacinsäure, Octanol-(2)* u. *Methylhexylketon* über alkal. Verseifung u. therm. Zers. der Seife eingegangen. (Canad. chem. Processing **38.** Nr. 11. 94—98. Okt. 1954.) Gerhard Günther. 7894

**F. B. Shorland,** *Tierische Fette. Neue Untersuchungen in dem Fettforschungslaboratorium in Neu Seeland.* (Vgl. C. **1953.** 5757.) Untersucht wurden: Der Einfl. des Nahrungsfettes auf die Depotfette von Tieren, die Beziehung zwischen Art u. Zus. des Depotfettes, die Einw. des Nahrungsfettes auf die Fettsäurezus. der Phosphorlipoide u. die jahreszeitlich bedingten Unterschiede in der Fettsäurezus. des Butterfettes von Neuseeland. Einige spurenweise vorkommende Verbb. in den tier. Fetten werden besprochen. (J. Sci. Food Agric. **4.** 497—503. Nov. 1953. New Zeeland, Wellington, Res. Labor., Dep. of Scientif. and Ind. Res.) E. Boye. 7896

**H. P. Kaufmann** und **E. Gottschalk,** *Über die Körperöle des Fisches Hoplostethus islandicus.* Die einzelnen Organe des Fisches *Hoplostethus islandicus* wurden im Soxhlet-App. mittels peroxydfreien Ae., das Fleisch (**I**) zuerst mit Aceton, dann mit Ae. extrahiert. Ölausbeute 6,46%. Die Öle (**II**) aus der Kopfhöhle, der Schwimmblase (**III**) u. dem **I** besaßen ca. 45% Unverseifbares, die **II** aus der Leber (**IV**) u. dem Rogen (**V**) bestehen in der Hauptsache aus Fettsäuren (**VI**) mit nur kleinen Anteilen an Unverseifbarem. Die **II**, **VI** u. das Unverseifbare zeigen laut Tabellen je nach Herkunft stark abweichende Werte. Zur Identifizierung der Fette wurde die Tieftemperaturkristallisation u. Papierchromatographie herangezogen. Es lagen höchstens Spuren von Fettalkoholen mit 2 oder mehr Doppelbindungen vor. Es wurden gefunden: Stearinsäure in % in der **III** 19, im **I** 19, in der **IV** 16 u. im **V** 23; Palmitinsäure in % in **III** 40, in **I** 30, in **IV** 64 u. in **V** 61; Myristinsäure 23, 32, 13 u. 12%; Laurinsäure 15, 16, 5 u. 2% u. Caprinsäure in **III** 1 u. in **I** 1%. Cholesterin in **III** 0,26, in **I** 0,55%. Phosphatidgeh. in Fischfleischöl 0,14 u. im Bodensatz vom Acetonextrakt des **II** von **I** 33,50%. Ausführliche Angaben über die papierchromatograph. Untersuchungen. (Fette, Seifen, Anstrichmittel **56.** 512—18. Juli 1954. Münster, Dtsch. Inst. für Fettforschung.) J. Böss. 7898

**K. L. Weber,** *Die moderne Cocosseife.* Im Gegensatz zum früheren Verf. der Herst. von Cocosseifen, welches ein sehr hartes u. wenig hautverträgliches Prod. lieferte, wird heute eine vollverseifte Cocosseife erzeugt, die 20—30% Ricinusöl sowie Zusätze von Tylose u. Permulgin enthält. Die Vorteile der Zusätze werden geschildert u. die Einzelheiten der Produktion von hautpflegenden Cocosseifen, ihre Eigg. u. Prüfungsmethoden beschrieben. Als Beispiel wird ein Ansatz mit Laugenberechnung gebracht. (Parfümerie u. Kosmet. **35.** 402—03. Okt. 1954.) K. Seifert. 7910

**A. Lanteri,** *Das Mazzoni-Verfahren zur kontinuierlichen Seifenherstellung unter Vakuum.* Der Mazzoni-Prozeß zum kontinuierlichen Trocknen u. Kühlen von Seifen unter Vakuum hat folgende Vorteile: Einsparen von Dampf, Strom u. Personal; seine Vielseitigkeit erlaubt prakt. alle Arten von reinen u. gefüllten Haushaltsseifen herzustellen; die Prodd. besitzen ausgezeichnete Eigenschaften. Die physikal. Grundlagen des Verf. werden besprochen u. die Formel zur Vorausbest. des Fettsäuregeh. der fertigen Seife erläutert. Vf. schildert an Hand eines Phasendiagramms die sich beim Abkühlen u. Trocknen von Seifen ergebenden Vorgänge u. weist noch bes. auf die Vorzüge des Mazzoni-Verf. zur Erzielung gut schäumender, transparenter u. stabiler Seifen sowie auf die desodorierende Wrkg. der Vakuumbehandlung hin. (Soap, Perfum. Cosmet. **27.** 1273—76. Dez. 1954.) K. Seifert. 7910

**K. L. Weber,** *Toilettegrundseifentrocknung.* Vf. schildert die Fehler unrichtigen Trocknens von Seifen u. gibt ausführliche Ratschläge zur Vermeidung von Fehlproduktionen. Weiterhin werden die verschied. Trocknungsarten u. Trockenapparate beschrieben sowie Fragen des Transports u. der Lagerung der Schnitzel berührt. Die Sprühtrocknung u. die MAZZONI-Anlage scheinen für die Zukunft die größten Aussichten zu haben. (Parfümerie u. Kosmet. **36.** 16. 19—21. Jan. 1955.) K. SEIFERT. 7910

**W. Presting,** *Neuere synthetische Wachse.* 1. Amid- u. Imidwachse („Armide"-Wachse der ARMOUR CORP. = Gemische von Fettsäureamiden; „*Armowax*", F. 132°, vermutlich ein Kondensationsprod. von Formaldehyd mit $C_{16}$—$C_{18}$-Fettsäureamiden; substituierte Phthalimide; „*Acrawax C*", anscheinend ein Kondensationsprod. aus cycl. Imid u. höheren Fettsäuren). Bei den Amiden liegt der F. erheblich höher als bei den entsprechenden Säuren (z. B. E. der techn. Montansäure 81—82°, des techn. Montanamids 105—108°). Bei hoher Herstellungstemp. (Abspaltung von W. aus $NH_4$-Salzen der Fettsäuren) sind sie durch Nitrile verunreinigt. 2. Wachsartige Bernsteinsäurederivv. („*Acrosol OT*" = Alkalisalz einer alkylierten Sulfobernsteinsäure, unlösl. in Paraffin). 3. Phenoxyderivv. (z. B. durch Umsetzen von m-Pentadecylphenol mit 1.4-Dichlorbutan). 4. Terphenylwachse („*Santo*"-Wachse = phenylsubstituierte Diphenyle). Verwendung: Imprägniermaterial, Vergußmassen, Schmiermittel zur Herst. plast. Massen. (Chem. Techn. **5.** 265—68. Mai 1953. Leipzig, Inst. für organ.-chem. Ind., Abt. Wachse u. Schmierstoffe.) H. OTTERBACH. 7924

**N. Emanuel, D. Knorre, Ju. Ljasskowskaja** und **W. Piulskaja,** *Über eine kinetische Schnellmethode zur Untersuchung der Lagerfähigkeit von Speisefetten.* Zur Best. der Oxydationsgeschwindigkeit wird das Fett bei 90—95° geschmolzen; beim Durchblasen von Luft ergibt die Zeitspanne, innerhalb welcher die Peroxydzahl 0,1 erreicht wird, den reziproken Wert der Oxydationgeschwindigkeit. Zur Katalyse der Oxydation bei niederen Tempp. werden 0,02% Co-Stearat zugesetzt. Die Oxydation des geschmolzenen Fettes erfolgt nach dem gleichen kinet. Gesetz wie die des festen, so daß die für geschmolzenes Fett erhaltenen Resultate auch auf festes übertragen werden können. Eine Vakuumschmelze des Fettes erhöht seine Beständigkeit. Verschied. Fettproben haben prakt. die gleiche Energie der Aktivierung des Oxydationsprozesses: —20 bis 25 kcal/Mol. (Мясная Индустрия СССР [Fleisch-Ind. UdSSR] **26.** Nr. 5. 44—48. 1955. Allunions-Forschungsinst. der Fleischind.) J. BÖSS. 7934

**A. Vazquez de la Torre,** *Eine Schnellmethode der Seifenanalyse.* Vf. empfiehlt eine für die Praxis meist ausreichende einfache Meth. der Seifenanalyse, bei der mit einer Einwaage freies Alkali durch Titration in alkoh.-wss. Lsg., Fett- u. Harzsäuren durch Ausfällen mit n-$H_2SO_4$, Filtration u. folgender Extraktion mit Ae. im SOXHLET, gebundenes Alkali durch Zurücktitrieren der sauren Lsg. mit NaOH u. Füllstoffe u. Verunreinigungen durch Wägen des Rückstandes im SOXHLET-Filter bestimmt u. der Wassergeh. aus der Differenz berechnet wird. (Farmac. nueva **18.** 549—51. Nov. 1953.) • B. KRAFT. 7938

**J. V. Karabinos** und **G. E. Kapella,** *Bestimmung der Carboxymethylcellulose in Waschmitteln vermittels des „Launderometers".* Statt der chem.-analyt. Methoden zur Best. der Carboxymethylcellulose (CMC) wird der Nachw. von CMC auf Grund ihres Schmutztragevermögens durch Messen der Lichtreflexion von Waschproben empfohlen: Baumwollstücke festgelegter Größe werden mit einer gewogenen Menge von CMC oder zu untersuchender Substanz in wss. Lsg. unter Zugabe eines anionakt. Waschmittels u. einer Rußsuspension bei $p_H$ 10,0 in der Waschmaschine unter bestimmten Bedingungen behandelt. Nach dem Spülen u. Trocknen der Stoffproben wird ihre Lichtreflexion gemessen. So liefert eine mit handelsüblicher Na-CMC behandelte eine Reflexion von 48%, gegenüber 23% einer unbehandelten. Die Reflexion hängt von dem $p_H$ u. der CMC-Konz. ab. (Soap chem. Specialties **30.** Nr. 12. 48—49. 113. Dez. 1954. Blockson Chemical Co.) K. SEIFERT. 7942

**D. G. Stevenson,** *Die absorptiometrische Bestimmung eines nicht ionogenen Reinigungsmittels.* Zur Best. des Reinigungsmittels (I) Lissapol N (I. C. I.) bzw. NXA führt Vf. in der mit HCl angesäuerten Lsg. des I in Ggw. von $BaCl_2$ die charakterist. Fällung mit Phosphormolybdänsäure nach der Meth. von OLIVER u. PRESTON (Nature [London] **164.** [1949.] 242) aus. Nach dem Zentrifugieren der Fällung wird dekantiert u. der Nd. in $H_2SO_4$ gelöst. Hierbei entsteht eine der Konz. des I entsprechende Violett- bis Rosafärbung, deren Lichtabsorption spektrophotometr. gemessen wird. — Noch genauere Werte erhält man durch Behandlung der schwefelsauren Komplexlsg. mit $NH_4CNS$ u. $SnCl_2$. Die hierdurch entstandene gelbe Lsg. von Mo-Thiocyanat wird spektrophotometr. gemessen. Bei beiden Methoden werden in entsprechender Weise Eichkurven mit bekannten Mengen des I aufgenommen. Die untere Grenze der Best. liegt für beide Methoden bei 10 $\mu$g/10 ml Lsg. des I. (Analyst **79.** 504—07. Aug. 1954. Aldermaston, Berks., Dep. of Atomic Energy.) H. FEIT. 7942

**Unilever N. V.,** Holland, *Herstellung von Seifenpulvern*, welche eine Seife mit hohem Geh. an sauren ungesätt. Verbb., $Na_2CO_3$ oder $K_2CO_3$, $Na_2HPO_4$ oder $K_2HPO_4$, enthalten. — Man zerstäubt z. B. 80 (Teile) einer Erdnußölseife mit 63% Fettsubstanz zusammen mit 20 $Na_2CO_3$. Das erhaltene Pulver siebt man u. vermischt das nicht durch ein Sieb von 60 Maschen/2,5 cm hindurchgehende Pulver mit einem $Na_2HPO_4$-Pulver, welches durch ein Sieb von 100 Maschen/2,5 cm hindurchgeht. (**F. P. 1 077 641** vom 24/3. 1953, ausg. 10/11. 1954. E. Prior. 23/10. 1952.) T. OPPERMANN. 7911

**Koppers Co., Inc.,** übert. von: **Bernard R. Sarchet,** Beaver, Pa., V. St. A., *Herstellung von Reinigungsmitteln.* Man löst 70—30 (%) Di-tert.-butyl-m-kresol in 30—70 Nonylphenol u. kondensiert nach beliebigem Verf., z. B. durch Erhitzen. (**A. P. 2 709 683** vom 8/3. 1951, ausg. 31/3. 1955.) C. LÜTTGEN. 7913

**Colgate-Palmolive-Peet Co.,** übert. von: **John David Malkemus,** Allendale, N. J., V. St. A., *Reinigungsmittel.* Waschakt. organ. Sulfate u. Sulfonate werden durch Zusatz von 50% eines Imids der Formel I oder II, worin R u. R′ einen aliphat. Rest mit 8—24 bzw. wenigen C-Atomen bedeuten, in ihren waschakt. Eigg. verbessert. (**A. P. 2 717 878** vom 26/5. 1949, ausg. 13/9. 1955.) C. LÜTTGEN. 7913

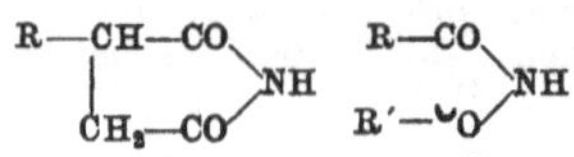

I II

**Commercial Solvents Corp.,** Terre Haute, Ind., übert. von: **Anthony M. Schwartz,** Washington, D. C., V. St. A., *Schwefelsäureester acylierter Glucamine* der allg. Formel $RCO \cdot N(R')-CH_2-(CHOH)_4-CH_2O \cdot SO_3H$ (R = hydrophober Rest einer Carbonsäure mit 8—30 C-Atomen, R′ = H oder Alkyl mit 1—6 C-Atomen). Man verestert Verbb. wie Laurin-, Öl-, Stearin- oder Palmitinsäure-N-methylglucamid mit Hilfe von z. B. $ClSO_3H$ u. erhält Ester mit hoher Kalkbeständigkeit u. verbessertem Schaumvermögen, die in Alkali-, Erdalkali- oder $NH_4$-Salze umgewandelt werden können. — *Reinigungsmittel.* (**A. P. 2 717 894** vom 19/5. 1951, ausg. 13/9. 1955.) K. FABEL. 7913

**Scottish Oils Ltd.,** Glasgow, und **Daniel Stewart,** Broxburn, England, *Reinigungsmittel,* bestehend aus Alkylsulfaten (I), die durch Sulfatieren von Schieferöldestillaten erhalten wurden, W., Mineralöl (II) u. Cyclohexanol oder deren Mono- oder Dimethylderivv., z. B. 52 (%) I als 20%ig. wss. Lsg., 38 II, Kp. 165—275°, 8 $(NH_4)_2SO_4$ u. 2 Dimethylcyclohexanol. (**E. P. 741 478** vom 12/8. 1952, ausg. 7/12. 1955.) C. LÜTTGEN. 7913

**United States of America,** übert. von: **Charles L. Mehltretter, Russell L. Mellies** und **John C. Rankin,** Peoria, Ill., V. St. A., *Substituierte Gluconamide* der Formel $RNHCO(CHOH)_4CH_2OH$ (R = gesätt. oder ungesätt. KW-stoffrest mit 8—18 C-Atomen, Dehydro-, Dihydro-, Tetrahydroabietyl, Dextropimaryl), in welcher mindestens eine OH-Gruppe durch den $SO_4M$-Rest (M = H, Alkali) ersetzt ist. — D-Gluconolacton wird mit dem entsprechenden Amin umgesetzt u. dann das gebildete Gluconamid mit $ClSO_3H$ in den $H_2SO_4$-Ester übergeführt. — Aus 2-Äthylhexylamin u. D-Gluconolacton in Methanol nach 15 Min. Erhitzen → N-2-Äthylhexyl-D-gluconamid, $C_{14}H_{29}O_6N$, F. 117 bis 118°, daraus mit $ClSO_3H$ in Methylenchlorid → *N-2-Äthylhexyl-D-gluconamidschwefelsäureester*; *Na-Salz*, $C_{14}H_{28}O_9SNNa$. — *N-Dodecyl-D-gluconamidsulfat.* Folgende Gluconamide, in denen R = Octyl, F. 156—157°; Decyl, F. 153—154°; Tetradecyl, F. 153 bis 154°; Octadekadienyl, F. 145—146°; Abietylrest, F. 141—142°, bedeutet, werden noch in die $H_2SO_4$-Ester in 92—98%ig. Ausbeute übergeführt. Ferner können noch die Salze von: Ca, Mg, Fe, Cr, Al, Ni, $NH_4$, Pyridin, Chinolin, Cyclopentylamin, Cyclohexylamin hergestellt werden. — *Oberflächenakt. Mittel,* bes. *Netz- u. Textilhilfsmittel.* (**A. P. 2 670 345** vom 5/4. 1949, ausg. 23/2. 1954.) G. KRAUSS. 7913

**Jean Louis Antoine Berthier,** Frankreich, *Herstellung von Wachsen, Bohnerwachsen und ähnlichen Produkten.* Um die nach dem Verf. des F. P. 1 010 664 hergestellten Wachse, Bohnerwachse usw. gegen W. u. Witterungseinfll. widerstandsfähig zu machen, versetzt man sie mit einem Schutzkoll. (z. B. einer albuminoiden Substanz, Polyvinylalkohol) u. bei Verwendung einer albuminoiden Substanz (z. B. Gelatine) mit $K_2Cr_2O_7$, Tannin, Formalin u. dgl., bei Verwendung von Polyvinylalkohol mit einem Aldehyd oder einer einen Aldehyd bildenden Substanz, welcher mit dem Polyvinylalkohol ein in W. unlösl. Acetal bildet. (**F. P. 60 111** vom 7/3. 1950, ausg. 23/9. 1954. **Zusatz zu F. P. 1 010 664; C. 1954. 6354.**) T. OPPERMANN. 7927

## XVIII a. Holz. Cellulose. Zellstoff. Papier. Papierdruck. Celluloid. Linoleum.

**Petko Neikow** und **Spass Matschew,** *Mischkochung von Nadel- und Buchenholz nach dem Sulfatverfahren.* Bei der Mischkochung von 80—85% Nadel- u. 15—20% Buchenholz unter den n. Bedingungen des Sulfatverf. erhält man einen Natronzellstoff mit n. mechan. Eigg. u. einer Permagnatzahl von 130—140. Infolge höheren Pentosangeh. läßt sich die gemischte Cellulose leichter mahlen als reine Nadelcellulose. Unter Bedingungen, bei denen ein Prod. mit einer Permanganatzahl von 100—110 erhalten, wird, wird die Buchenholzfaser zerstört. (Тежка Промишленост [София] [Schwer-Ind. (Sofia)] **5.** Nr. 1. 30—39. 1956.) O. POLLAK V. EMHOFEN. 7960

**Ward D. Harrison** und **C. R. Calkins,** *Eine Untersuchung über verschiedene Faktoren, die die Chlordioxydbleiche von halbgebleichtem Sulfatzellstoff beeinflussen.* Der Einfl. von Bleichdauer, Temp., Stoffdichte, angewandter NaOH-Menge u. Weißgeh. des halbgebleichten Ausgangsstoffes auf die Eigg. des fertigen Zellstoffs wird untersucht. Vff. kommen zu folgenden Schlüssen: 1. Der Weißgeh. wird durch eine längere Bleichdauer nicht nennenswert erhöht. 2. Bei einer Stoffdichte zwischen 8 u. 20% bleiben die Festigkeitseigg. unverändert. 3. Der Druck übt keinen Einfl. aus. 4. Mit steigender Temp. nimmt auch der Weißgeh. zu, das Optimum liegt bei 82°. Während die Reißfestigkeit unverändert bleibt, sinkt die Berstfestigkeit rasch ab. 5. Höhere NaOH-Konzz. zeigen einen ungünstigen Einfl. auf den Weißgehalt. 6. Der Weißgeh. des Ausgangsstoffes besitzt keinen Einfl. auf den Weißgeh. des Endzellstoffes. (Tappi **38.** 641—48. Nov. 1955.) V. JACOPIAN. 7960

**Richard H. Boehm,** *Eine Untersuchung über den Einfluß einer Chlorierung und alkalischen Extraktion auf die Kohlenhydratfraktion eines Espenhalbzellstoffes.* Zur Unters. gelangen 4 Halbzellstoffe aus Espenholz. Die Herst. erfolgt unter nachst. Bedingungen: 12% (bezogen auf Holz) $Na_2SO_3$ + 5,75% $Na_2CO_3$, Ankochzeit 2 Std. bei 170° u. Fertigkochung $1^1/_2$ Std. bei 170°. Die so hergestellten Zellstoffe werden unter verschied. Bedingungen chloriert, mit NaOH extrahiert u. anschließend mit Hypochlorit gebleicht. Der Zellstoffrückstand wird auf Ausbeute, alkohollösl. Anteile, KLASON-Lignin, lösl. Lignin, Holocellulose, Hemicellulose, Pentosan, Polyuronide u. die einfachen Zuckerbestandteile nach Totalhydrolyse untersucht. Vf. findet, daß der Verlust an Kohlenhydraten während der angeführten Behandlungen weniger als 1% beträgt. Der bei der Chlorierung in Lsg. gegangene Kohlenhydratanteil ergibt nach Hydrolyse hauptsächlich Galaktose, Arabinose u. Xylose sowie Uronsäure. Es ist anzunehmen, daß diese Kohlenhydrate eine leichtlösl. Gruppe darstellen, die mechan. durch das W. herausgelöst wird. Der alkal. Extrakt ergibt nach Hydrolyse hauptsächlich Xylose, neben geringen Mengen von Galaktose, Arabinose u. Uronsäure. (Tappi **39.** 12—21. Jan. 1956.) V. JACOPIAN. 7962

**W. B. Dixon,** *Einige Ausblicke auf die Herstellung von Zeitungspapier.* Diskussionsbericht über die in C. **1956.** 1476 referierte Arbeit. (Proc. techn. Sect., Brit. Paper Board Maker's Assoc. [Inc.] **33.** 551—56. Dez. 1952.) H.-J. HEINRICHS. 7974

**S. Rabkin** und **F. W. Schmitz,** *Die Reinigung von Abdämpfen beim Kraftprozeß durch Cottrell-Reiniger.* Der bei der Papierherst. (Kraftprozeß) anfallende Sulfatstaub wird durch einen COTTRELL-Staubabscheider aus den Abdämpfen entfernt. Er besteht aus einer Sammelelektrode u. mehreren Entladungselektronen, die von einem Transformator von 75 kV über einen Gleichrichter gespeist werden. Beide Elektronensysteme sind ausgerüstet mit Vibratoren um den Staub von den Elektronen zu entfernen. Der ausgefallene Sulfatstaub wird durch Fl. weggespült. (Paper Mill News **77.** Nr. 38. 21—54. 18/9. 1954.) H.-J. KOCH/Essen. 7974

---

**Process Evaluation and Development Corp.,** New York, übert. von: **Clarence Birdseye,** Gloucester, Mass., V. St. A., *Expansive Zerfaserung von Holzschnitzeln, Rinde, Stengeln und Asbeststücken.* Das gegebenenfalls vorgekochte Gut fällt in einen waagerechten Zylinder mit Heizmantel durch den ein Gliederband mit in Abständen angebrachten Kolbenplatten läuft. In den dadurch entstehenden Kammern wird in Ggw. von NaOH ein steigender Dampfdruck von 3,5, 7, 14 u. 21 at erzeugt, der anschließend beim Passieren von offenen Trichtern um den gleichen Betrag stufenweise fällt. — Zeichnung. (**A. P. 2 711 369** vom 17/3. 1951, ausg. 21/6. 1955.) G. SALZMANN. 7957

**Kaiser Aluminum & Chemical Corp.,** Oakland, übert. von: **Alva C. Byrns,** Concord, Calif., V. St. A., *Regenerieren von Calciumbisulfitlauge beim Zellstoffkochen* durch Neutralisieren der Ablauge mit MgO u. Umsetzung von aufgeschlämmtem wiedergewonnenem MgO mit $SO_2$-haltigen Gasen, dad. gek., daß zur Deckung der MgO-Verluste dem MgO-Schlamm $Mg(OH)_2$ beliebiger Herkunft zugesetzt wird, dessen Asche mindestens 95%

MgO u. höchstens 1,5% CaO enthält. — Diagramm. (**A. P. 2 716 589** vom 20/4. 1951, ausg. 30/8. 1955.) G. VOGEL. 7963

**Johann Rudolf Schnell, Alice Schnell** geb. **Hauri** und **Pierre Rieben,** Schweiz, *Umwandlung von Sulfitablauge in einen festen Körper, welcher die Industrieabwässer nicht verunreinigt.* Die in einem mehrstufigen Vakuumverdampfer auf einen Wassergeh. von 20—40% konz. Ablauge wird anschließend in einem Dünnschichtverdampfer bis auf einen Wassergeh. von 10—20% bei $p_H$ 5—6 eingedickt u. dann mit Calciumhydroxyd, zweckmäßig mit Kohleschlamm so weit vermischt, bis der $p_H$-Wert 7,2—8 beträgt. Die ungefähr noch 12% W. enthaltende M. besitzt einen Heizwert von 2600—2700 cal. (**F. P. 1 101 634** vom 14/12. 1953, ausg. 10/10. 1955. Schwz. Prior. 15/12. 1952.) R. GLAFEY. 7963

**Hercules Powder Co.,** Wilmington, übert. von: **George H. Pyle,** Hopewell, Va., V. St. A., *Entfärben und Stabilisieren von Äthylcellulose* (**I**) durch Extrahieren mit einem niedrigen aliphat. Alkohol (bzw. Aceton, Dioxan, Tetrahydrofuran, Methylacetal u. dgl.) u. Auswaschen bis zu einem $p_H$ von 4,2—4,8. — Zu 5000 $cm^3$ mit HCl angesäuertem 35%ig. Isopropylalkohol (**II**) ($p_H$ 2,2) werden 681 **I** gegeben u. $1^1/_2$ Std. auf 75° erwärmt. Die Extraktion mit frischem **II** wird mehrmals wiederholt; dem letzten Waschbad wird Di-tert.-amylphenol, tert.-Butyl-p-kresol u. a. gelöst in **II** als Stabilisierungsmittel zugefügt. Herst. von Formkörpern. (**A. P. 2 711 965** vom 20/9. 1951, ausg. 28/6. 1955.) G. SALZMANN. 7971

**Atlas Powder Co.,** übert. von: **John D. Brandner,** Wilmington, Del., V. St. A., *Aromatische Ätherester der Glykolsäure* der allg. Zus. $O(CH_2COO)_2RR^1$(R=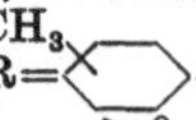—(OC$_2$H$_4$)$_x$—H, u. $R^1$ = R bzw. $C_6H_5-(OC_2H_4)_m-(OC_3H_6)_n-H$, wobei x = >0 u. <3, m = 0—4, n = 0—2, m + n = 1—4, 2m + 3 n = mindestens 3), wie Di-(phenoxyäthoxyäthyl)-, Di-(phenoxypropyl)-, (Phenoxydiäthoxyäthyl)-phenoxyäthoxyäthyl- u. Di-(kresoxyäthyl)-diglykolat. *Weichmacher für Cellulosederivate.* (**A. P. 2 715 139** vom 25/4. 1950, ausg. 9/8. 1955.) O. MÜLLER-MEININGEN. 7971

**Celanese Corp of America,** New York, übert. von: **Leopold Eckler,** Summit, und **William P. Moeller,** Orange, N. J., V. St. A., *Finish für Filme und Folien aus Celluloseestern, Vinyl- und Acrylharzen.* Ein unebener, gekühlter Celluloseacetatfilm, enthaltend 40 (Teile) Acetyltriäthylcitrat, 15 Gemisch aus p- u. o-N-Äthyltoluolsulfonamid, 2 CdSe u. 0,20 Ruß wird durch ein Paar ungeheizter Walzen entgegengesetzter Drehrichtung (Druck 900—2250 kg/6,45 $cm^2$) gezogen u. um 20% dünner. — Vgl. auch E. P. 710 574; C. **1955.** 6424. (**A. P. 2 706 310** vom 14/12. 1950, ausg. 19/4. 1955.) G. SALZMANN. 7971

**Eastman Kodak Co.,** übert. von: **William F. Fowler jr., Donald R. Spear** und **Lee K. Tong,** Rochester, N. Y., V. St. A., *Herstellung von hochnaßfestem Papier.* Das Prod. enthält, auf Zellstoff bezogen, 0,15—1,5 (%) eines Leimungshilfsmittels (Gelatine, wasserlösl. Salze eines Adduktes aus Pimarsäure u. Maleinsäureanhydrid, von Abietinsäure oder hydrierter Abietinsäure), 0,75—15 Polyalkylacrylat (Alkyl bis 2 C-Atome), 0,75—7,5 Wachs, z. B. Paraffinwachs, u. 1—10 Al-Sulfat oder $AlCl_3$. Die Zusätze erfolgen in vorst. Reihenfolge zum Papierstoff. (**A. P. 2 713 539** vom 14/2. 1951, ausg. 19/7. 1955.) G. VOGEL. 7975

**Hurlbut Paper Co.,** übert. von: **Hanns F. Arledter,** South Lee, Mass., V. St. A., *Papierprodukt,* dad. gek., daß es aus 5000 (Teilen) W., 100 Glasfasern, durchschnittlich 9 $\mu$ dick, 2,5 Glasfasern, durchschnittlich 0,5 $\mu$ dick, 20 Latexemulsion u. 2 koll. Kieselsäure hergestellt ist. (**A. P. 2 721 139** vom 27/8. 1952, ausg. 18/10. 1955.) G. VOGEL. 7975

**Corn Products Refining Co.,** V. St. A., übert. von: **Clifford J. McDowell,** *Herstellung einer Zeïnemulsion.* Zu einer Emulsion eines wasserunlösl. Plastiziermittels (Kolophonium, Harze, Fettsäuren, Mono- u. Diester, Sulfonamide) in wss. $NH_4$-Seifenlsg. von 60—70° gibt man Zeïn. Das bei $p_H$ ca. 7,5 hydratisierte Zeïn bildet eine viscose M., zu der man W. bis 40° u. bis zur Phasenumkehr u. gegebenenfalls organ. Zeïn nichtlösendes Lösungsm. zusetzt. — Zum Überziehen oder Imprägnieren von Einwickelpapier für Nahrungsmittel dient z. B. eine Mischung aus 200 (Gewichtsteilen) W., 100 Zeïn, 20 Harz „Staybelite", 20 Ölsäure, 10 Propylenglykol, 20 Xylol u. 2 28%ig. $NH_4OH$. (**F. P. 1 092 078** vom 28/1. 1954, ausg. 18/4. 1955. A. Prior. 21/9. 1953.) G. WELTZIEN. 7987

**N. V. de Bataafsche Petroleum Mij.,** Den Haag, Holland (Erfinder: **Hendrikus Jacobus Loois**), *Verkleben von paraffiniertem Papier.* Man verklebt mit makrokristallinem Paraffin (**I**) getränktes Papier, indem man zwischen die zu vereinigenden Schichten mikrokristallines **I** bringt u. sie heiß zusammenpreßt. (**E. P. 739 677** vom 12/4. 1954, ausg. 2/11. 1955.) C. LÜTTGEN. 7987

## XVIIIb. Textilfasern.

**W. A. Blinow,** *Hilfsstoffe bei den Prozessen des Einweichens, Waschens, Kochens und Bleichens von Textilmaterialien.* Übersicht über die Grundlagen der Benetzung hydrophober Oberflächen mit u. ohne Beteiligung der Luft, die Fettsäureseifen als Waschmittel, die synthet. Waschmittel sowjet. Herst.: *Hilfsstoffe OP-7* u. *OP-10* (Oxyäthylierungsprodd. von Alkylphenolen) u. ihre Eigg. u. Anwendungen (Herst. von Emulsionen, Einweichen, alkal. Kochen, Walken), *Präp. OS-20* (aus Octadecylalkohol + Äthylenoxyd), *Egalisiermittel A* (kationenakt. Verb. aus hochmol. Kation auf OP-Basis, zur Wollfärbung), *Sulfonol* (Na-Salz von Alkylbenzolsulfonsäure mit Alkylkette von 12—15 C-Atomen), *Schwefelsäureester vom OP-Typ* (Eigg. ähnlich vorst. Verb)., *Mersolate, Feinwaschmittel TMS* (Na-Salze von $H_2SO_4$-Estern hochmol. Fettalkohole), Na-Salze von Fettsäuretauriden (bes. N-Methyltaurid der Ölsäure); Netzmittel (*Kontakt T* = Gemisch von Sulfonsäuren hochmol. KW-stoffe, *Netzmittel NB* = Na-Salz von Alkylnaphthalinsulfonsäure, *DB* nichtionogenes Netzmittel, *Sulfirol-8* = 35%ig. Lsg. des $H_2SO_4$-Esters eines Fettalkohols von mittlerem Mol.-Gew.), Emulgatoren (*OP-4, OS-20*), Bleichmittel (*Chloramin B* u. *T*, 3-nitrobenzolsulfonsaures Na), *Direktweiß* (Deriv. von Diaminostilbendisulfonsäure). — 16 Literaturhinweise. (Химическая Промышленность [Chem. Ind.] **1955.** Nr. 6. 15—24. Sept. Wiss. Woroschilow-Inst. für organ. Halbprodd. u. Farbstoffe.) R. K. MÜLLER. 8028

**M. P. Koslow,** *Ein Verfahren zur kontinuierlichen Vorbereitung und Bleiche von Zellwollgeweben.* Auf Grund von Verss. wird für das gleichzeitige entschlichten u. Bleichen von Zellwollgeweben folgendes Verf. empfohlen: das Gewebe wird auf dem Foulard bei 40—45° mit einer Lsg. von 3—4 (g/Liter) $H_2O_2$ (100%ig), 6—7 Na-Silicat (D. 1,4), 1—1,5 NaOH (100%ig) u. 0,5 Netzmittel OP-10 behandelt u. auf 110—120% abgequetscht. Es folgt Dämpfen bei 96—98° während 15 Min., Auswaschen mit einer Lsg. von 3 (g/Liter) 100%ig. NaOH, 3 Soda u. 3 Seife, dann mit heißem u. kaltem W. bis zur Entfernung des Alkalis. Der Weißgeh. der Gewebe beträgt 78—80%. (Текстильная Промышленность [Textil-Ind.] **16.** Nr. 1. 40—42. Jan. 1956.) N. STSCHERBINA. 8032

**W. E. Roseveare** und **Louise Poore,** *Die Anwendung der Thermodynamik auf die Vorgänge beim Strecken von Cellulosefasern.* (Vgl. C. **1955.** 6651.) Die thermodynam. Behandlung der Vorgänge beim Strecken von Reyonfasern im trockenen, lufttrockenen u. nassem Zustand haben ergeben, daß der Feuchtigkeitsgeh. sowie die Temp. die Kräfte zwischen den Molekülketten im amorphen Faserbereich kontrollieren. Diese Kräfte zwischen den Molekülketten sind wiederum ausschlaggebend verantwortlich für die mechan. Eigg. der Faser, die im völlig trockenen Zustand einem elast. Glas u. im nassen Zustand bei hohen Tempp. einem gummiartigen Material entsprechen. Die erhaltenen Ergebnisse sind ausführlich beschrieben u. werden diskutiert. (Textile Res. J. **25.** 709—14. Aug. 1955.) H. G. FRÖHLICH. 8040

**Ior. Milkowski,** *Über die technologischen Eigenschaften der Faser aus einheimischer Baumwolle.* Es werden die technolog. Eigg. der 4 in Bulgarien am weitest verbreiteten Baumwollsorten gegeben. Außer dem Nachteil des kurzen Stapels (23—28 mm) entsprechen sie in ihren anderen Eigg. denen der amerikan., sowjet. u. pakistan. Baumwolle (z. B. Festigkeit ~5 g, Reißlänge 25—28 km). Der Weißgeh. beträgt 78,2—89,3°. (Лека Промишленост [София] [Leicht-Ind. (Sofia)] **4.** Nr. 7. 10—12. 1955.) O. POLLAK V. EMHOFEN. 8044

**R. Hünlich,** *Die Vermeidung von Carbonisierungsfehlern.* Angesäuerte Stücke sollen so gestapelt werden, daß sie nicht austrocknen können, bevor sie in die Carbonisierungsmaschine gelangen. Während der Carbonisierung müssen unmittelbares Sonnenlicht u. Zugluft vermieden werden. Wassertropfen können, vor allem in der kalten Jahreszeit, Flecken auf dem Stoff hervorrufen. Die Tempp. sollen betragen in der 1. (2., 3.) Kammer der Carbonisiermaschine: 45—50° (80—85, 90—95°). Zum Carbonisieren von gewalkten Streichgarnstoffen werden genaue Vorschriften angegeben. (De Tex **14.** 1700—02. 15/12. 1955.) W. WESLY. 8060

**A. Kemp** und **J. D. Owen,** *Festigkeit und Verhalten von Nylon/Baumwollmischgarn bei Dehnung.* Zur Unters. der Festigkeitseigg. von Baumwolle in Garnen u. Mischgespinsten mit Nylon, wurden Festigkeit u. Dehnung in Abhängigkeit vom %-Geh. an Nylon gemessen. Die Auswertung der Kraft-Dehnungs-Kurven ergibt, daß das Verh. der Mischgarne unterhalb der Bruchdehnung für reine Baumwolle dem aus Garnen der reinen Komponenten entspricht. Um die relativ hohe Widerstandsfähigkeit der Mischgarne oberhalb der Bruchdehnung von Baumwolle zu deuten, wurde das besondere Verh. der Baumwollfaser in einem Garn mit 60% Nylongeh. untersucht, u. zwar wurde die Verteilung der Faserlängung mit zunehmender Dehnung bestimmt. Aus den erhaltenen Kurven kann gefolgert werden, daß die Baumwollfaser schon bei geringer Dehnung zu reißen beginnt. Grundlage für theoret. Erklärungen ist die Garnstruktur. (J. Textile Inst., Trans. **46.** T 684—T 698. Nov. 1955.) I. SCHOENMANN. 8080

**Bhupati Kumar Banerjee,** *Röntgenuntersuchung an Glasfäden.* Es wurden Röntgenbeugungsaufnahmen von Glasfäden (0,25—0,5 mm Durchmesser) aus glasigem $SiO_2$, $B_2O_3$, Borax sowie einem Silicatglas untersucht. Den Gläsern waren kleine Mengen Au, Pt oder Ag-Halogenid zugesetzt worden. Nur bei glasigem $B_2O_3$ waren orientierte Ausscheidungen zu beobachten, bei deutlichem Einfl. der Lagerungszeit. Die Ausscheidungen wurden als krist. $B_2O_3$ erkannt, die Kristallisation beginnt an der Fadenoberfläche. — Tabellen u. Abbildungen. (J. Amer. ceram. Soc. **36.** 294—98. 1/9. 1953. Calcutta, India, Indian Assoc. for Cultivation of Science.) L. MERKER. 8082

---

**Deutsche Gold- & Silberscheideanstalt vormals Roessler,** Frankfurt/M., *Bleichen von Baumwolle-, Kunstseide- oder Zellwollgeweben.* Das Gewebe läuft durch ein $NaClO_2$-Bad (0,5 g/Liter $NaClO_2$ u. 0,3 g/Liter $Na_4P_2O_7$) von 80° ($p_H$ 3,8—4,0 mit einer Geschwindigkeit von 70 m/Min. (Einweichdauer 8 Min.) u. nach dem Abpressen mit derselben Geschwindigkeit 40 Min. ohne Wärmeverlust durch eine Trockenkammer. (**Belg. P. 519 993** vom 15/5. 1953, ausg. 27/5. 1955. D. Prior. 7/6. 1952.) G. SALZMANN. 8027

**British Celanese Ltd.,** London, England (Erfinder: **Henry Ewing**), *Herstellen von Kunstvelours.* Ein Gewirke wird mit einer vulkanisierbaren Klebschicht aus natürlichem oder künstlichem Kautschuk überzogen u. mit Textilfasern beflockt. (**E. P. 727 143** vom 25/1. 1952, ausg. 30/3. 1955.) W. OVERBECK. 8039

**Distillers Co. Ltd.,** Edinburgh, Schottland, und **W. & I. Whitehead Ltd.,** Laisberdyke, Bradford, Yorkshire (Erfinder: **Ronald James Hardy** und **Cyril Oswald Main Steward**), England, *Reinigen von roher Wolle,* Man wäscht die Wolle mit *Butylalkohol,* bes. bei 50—60°, wodurch das Fett u. die lösl. Salze entfernt werden. (**E. P. 739 166** vom 14/11. 1952, ausg. 26/10. 1955.) H. v. SCHILLER. 8061

**Deutsche Gold- & Silberscheideanstalt vormals Roessler,** Deutschland, *Mattieren von Kunstfasern.* Als Mattierungsmittel dienen durch hydrolyt. Zers. von flüchtigen Metallhalogeniden in gasförmiger Phase erhaltene hochdisperse Metalloxyde, wie $Al_2O_3$, $TiO_2$, $ZrO_2$ oder deren Mischungen. — Hochdisperses $TiO_2$, durch hydrolyt. Zers. von $TiCl_4$ in Gasform gewonnen, wird als Aerogel zu einer 20%ig. stabilen wss. Suspension, auch unter Verwendung von Methylcellulose, mit W. verd., zum Mattieren von Viscosegewebe verwendet, das eine wasch- u. temperaturfeste (60°) seidige Mattierung erhält. (**F. P. 1 091 954** vom 25/1. 1954, ausg. 18/4. 1955. D. Prior. 24/1. 1953.) G. WELTZIEN. 8071

**Canadian International Paper Co.,** Montreal, Quebec, übert. von: **Frank R. Charles** und **Julian A. Dixon,** Hawkesbury, Ontario, Canada, *Vorbehandlung von Cellulose vor der Überführung in Viscose.* Man setzt dem Zellstoff im Anschluß an die Bldg. der Bogen 0,01—0,2% einer Verb. der allg. Formel I zu (R = Alkyl- u. Alkenylreste der im Talg befindlichen Fettsäuren; m + n = 10 bis 100). Die Verbb. können mit geringerer Wrkg. auch in späteren Stufen des Viscoseprozesses zugesetzt werden. Die Alkalicellulose läßt sich leichter zerfasern, die Sulfidierung erfolgt gleichmäßiger u. die Viscose läßt sich leichter filtrieren u. verspinnen. (**A. P. 2 710 861** vom 20/8. 1951, ausg. 14/6. 1955.) K. FABEL. 8075

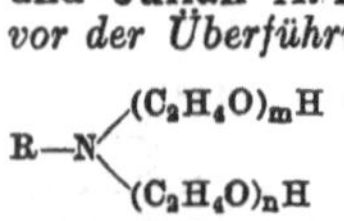

I

**Courtaulds Ltd.** (Erfinder: **William Reginald Weigham**), London, England, *Herstellung von Viscose.* Nach dem Lösen des Cellulosexanthogenats mit NaOH, wobei die Temp. auf 23° steigt, drückt man die Viscose in dünner Schicht durch einen Entlüfter (mit Vakuum) u. kühlt auf 18°; es folgen abwechselnd 2 Filter u. 2 Lagerkessel, währenddem die Viscose ohne Schaumbldg. reift, u. schließlich noch ein Vakuumkessel. (**E. P. 730 096** vom 25/2. 1952, ausg. 18/5. 1955.) G. SALZMANN. 8075

**Courtaulds Ltd.** (Erfinder: **John Harold Edwards**), London, England, *Herstellung von Kunstseide.* Die Viscose (I) oder das aus $H_2SO_4$ u. $ZnSO_4$ bestehende Fällbad erhält einen Zusatz von 0,25—12 mMol Fluorescinnatrium (bezogen auf I). Die Fäden besitzen keine Haut oder Kern. (**E. P. 730 541** vom 2/1. 1952, ausg. 25/5. 1955.) G. SALZMANN. 8075

**Courtaulds Ltd.,** England, *Herstellung von gefärbten Viscosefäden und -fasern.* Man dispergiert einen Farbstoff in einer viscosen, nichtalternden Lsg., z. B. in einer alkal. Caseinlsg. oder einer wss. Lsg. von Na-Carboxymethylcellulose (**I**), gibt die Dispersion zu einer Viscoselsg. u. verspinnt dann. — 63,75 (kg) einer wss. Lsg. mit 10% **I** u. 4% NaOH werden mit 34,65 Monolitrot-4-RHVS-Paste mit 12,5% Trockenpigment u.

1,6 eines stark geschwefelten Ricinusöls gemischt, es wird filtriert u. im Verhältnis 1 : 60 in Viscose verspritzt u. versponnen. (**F. P. 1 078 429** vom 29/12. 1952, ausg. 18/11. 1954. E. Prior. 28/12. 1951.) M. PANKOW. 8075

**Thüringisches Kunstfaserwerk „Wilhelm Pieck" Schwarza VEB,** Rudolstadt (Erfinder: **Werner Münch,** Bad Blankenburg, **Gustav Geist,** Rudolstadt, und **Paul Vögele,** Klein-Machnow), *Herstellung von Polyamiden aus amidbildenden bifunktionellen Verbindungen.* Man verwendet hierfür Amidgruppen enthaltende bifunktionelle Verbb., die aus Ausgangsstoffen zusammengesetzt sind, deren Einheitslänge $<7$ ist, allein oder zusammen mit anderen amidbildenden Stoffen. — Ketopimelinsäure (aus Furylacrylsäure durch Aufspaltung mit Salzsäure) wird in der alkal. Lsg. in das *Oxim* übergeführt, das bei vorsichtigem Ansäuern ausfällt. Es wird durch Eintragen in 80%ig. $H_2SO_4$ umgelagert u. mit $Ca(OH)_2$ ausgefällt. Man erhält ein Kondensationsprod. aus *β-Aminopropionsäure* (**I**) u. *Bernsteinsäure* (**II**), das mit Hexamethylendiamin zu *Polyamiden* kondensiert wird. — Aus γ-Ketoazelainsäure erhält man ähnlich das Kondensationsprod. aus **I** u. *Adipinsäure* bzw. aus *δ-Aminovaleriansäure* u. **II.** — 2 Mol δ-Aminovaleriansäureäthylester werden mit 1 Mol Adipinsäurechlorid oder **I** mit Sebacinsäurechlorid kondensiert. (**D. P. [DDR] 3 299** Kl. 39c vom 28/8. 1941, ausg. 26/1. 1953 [Wirtschaftspatent].) M. PANKOW. 8081

**Comp. Française des Matières Colorantes,** Seine, Frankreich (Erfinder: **Jean Robin**), *Plastiziermittel für Polyamide,* auch solche aus Diaminen oder Dialkoholen mit Diisocyanaten, bestehend aus Verbb. der Formel (p)-R·CO·NH—$C_6H_4$·$C_6H_4$—NH·CO·R(p) (R = Alkyl, Aryl, Aralkyl, Cycloalkyl; die Benzolkerne können substituiert sein), wie die Reaktionsprodd. von einbas. organ. Säuren, deren Chloriden oder Anhydriden mit Benzidin, m-, o-Tolidin, 2.5.2'.5'-Tetramethylbenzidin, o-Dianisidin m- oder o-Dichlorbenzidin. Diese Stoffe setzen den F. der Polyamide nicht herab, wirken schon in Mengen von 0,01—1% auf die Verarbeitung der Polyamide erleichternd u. dienen als Dispergiermittel beim Einmischen von Füllstoffen. — So mischt man Nylon mit 1% N.N'-Diacetylbenzidinpulver. (**F. P. 1 086 336** vom 8/7. 1953, ausg. 11/2. 1955.) M. PANKOW. 8081

**Perfogit Soc. per Azioni,** Mailand, Italien, *Schmelzvorrichtung für Polyamide* (**I**) zur Herst. von Fäden, Rohren, Filmen u. dergleichen. Das **I** läuft aus dem kon. zulaufenden Vorratsbehälter in die Schmelzkammer mit dem trichterförmigen u. an den Wänden unmittelbar beheizten Schmelzaggregat, das am Boden in einen Korb ausmündet, von dem das fl. **I** in den Sumpf fließt. Aus diesem kann ein Teil der Schmelze durch ein beheiztes Rohr kontinuierlich in den Korb gepumpt werden, damit keine **I**-Schnitzel übrig bleiben. — Der Sumpf kann auch noch von einer Heizschlange umgeben sein; außerdem ist die Circulation eines inerten Gases vorgesehen. — Zeichnung. (**E. PP. 728 232** u. **728 233** vom 23/7. 1952, ausg. 13/4. 1955. A. Priorr. 4/8. u. 14/8. 1951.) G. SALZMANN. 8081

**Chemstrand Corp.,** übert. von: **George E. Ham,** Decatur, Ala., V. St. A., *Lösen von Polyacrylnitril für Spinnzwecke.* Als Lösungsm. wird Dimethylmethanphosphonat verwendet. Es können auch Mischungen verschied. Acrylnitrilmischpolymerisate (**I**) oder von **I** mit einem Mischpolymerisat aus Vinylpyridin, Alkylvinylpyridin u. Acrylnitril gelöst werden. (**A. P. 2 710 847** vom 7/10. 1953, ausg. 14/6. 1955.) G. SALZMANN. 8081

**Chemstrand Corp.,** Decatur, Ala., V. St. A., *Formkörper aus Polyacrylnitril* oder dessen Mischpolymerisaten mit bis zu drei Monomeren. Eine 15—17%ig. Lsg. in N.N-Dimethylacetamid (**I**) u. 1—4% $CH_3COOH$ wird in ein 50%ig. wss. **I**-Bad gesponnen, das gegebenenfalls noch Isopropanol, Glycerin, Glykol, $ZnCl_2$, LiCl oder Nitromethan enthält. Das angereicherte u. mit den Waschwässern vermischte Bad wird mit NaCl neutralisiert u. einer azeotropen Dest. unterworfen, während der das **I** zu $CH_3COOH$ hydrolysiert wird. — Die abdest. $CH_3COOH$ kann auch wieder mit frischem **I** versetzt werden, bis sich wieder das ursprüngliche Lösungsgemisch eingestellt hat. — Zeichnung. (**E. PP. 726 685** u. **726 686** vom 26/1. 1953, ausg. 23/3. 1955. A. Prior. 6/2. 1952.) G. SALZMANN. 8081

**Paul Halbig,** Freiburg, Schweiz, *Geformte Gebilde aus Polyacrylnitril* (**I**). Man löst **I** (mit mittlerem Mol.-Gew. 10000—90000) bei $<80^0$ in 46—68%ig. wss. $HNO_3$-Lsg., wobei man zweckmäßig Nitromethan als Lösungsvermittler verwenden kann. — 100 (g) **I** mit Mol.-Gew. 39000 werden bei $20^0$ mit 350 53%ig. $HNO_3$ vermischt. Die Lsg. wird 10 Min. bei 20 mm Hg entgast u. dann mit 350 65%ig. $HNO_3$ vermischt, wodurch die ursprüngliche Dispersion in eine echte Lsg. übergeführt wird, die beim *Verspinnen* in W. *Fäden* liefert. Das erhaltene Fadengut wird bei $150^0$ getrocknet u. bei $170^0$ auf das 7fache verstreckt. — Zweckmäßig geht man von **I** aus, das in Ggw. organ. Peroxyde, bes. Peroxyden organ. Säuren, polymerisiert ist. — Vgl. auch F. P. 1 060 074; C. **1955.** 7798. (**Schwz. P. 304 353** vom 29/9. 1951, ausg. 16/3. 1955.) H. MÖLLERING. 8081

**British Celanese Ltd.** (Erfinder: **Ernest Jan Kowolik** und **James Wotherspoon Fisher**), London, England, *Fäden, Filme und Formkörper aus Acrylnitrilpolymeren* oder -mischpolymeren. Als Lösungsm. wird ein aliphat. Acyloxynitril mit > 5 C-Atomen, z. B. Formyloxy-, Acetoxy-, β-Formyloxypropio- oder β-Acetoxypropionitril verwendet. Als Fällbad eignet sich Dibutylphthalat von 100°. Das Zusammenkleben der Fäden wird durch Imprägnierung mit einer wss. Ölemulsion verhindert. (**E. P. 728 674** vom 14/8. 1952, ausg. 27/4. 1955.) G. Salzmann. 8081

## XIX. Brennstoffe. Erdöl. Mineralöle.

**Ss. N. Osstanin,** *Über biologische Prozesse bei der Selbsterwärmung von Torf.* Die Selbsterwärmung u. Selbstentzündung von Torf in der Natur u. auf Lagerplätzen rührt von chem. u. biol. Prozessen her. Bei letzteren bestimmt die Katalase maßgeblich die Selbsterwärmung. Zur Selbsterwärmung neigender Torf entwickelt 6,8—10,8 ml, anderer durchschnittlich 3 ml $O_2$ je 1 g Trockensubstanz bei 5 Min. langer Einw. von $H_2O_2$. Die größte fermentative Aktivität wird bei 40° u. geringen Tiefen (0,30—0,60 m) erreicht. Dort nimmt der Geh. an Hemicellulose am meisten ab, da der biol. Prozeß mit einem Abbau von Kohlenhydraten verbunden ist. Lebende torfbildende Pflanzenteile entwickeln 49—238 ml $O_2$. (Торфяная Промышленность [Torf-Ind.] **32.** Nr. 8. 15—17. 1955. Allunions Wiss. Forschungsinst. der Torfind.) H. Huber-Emden. 8122

**Koichi Suzuki, Umeka Kitazaki, Hideharu Yagishita** und **Harumi Araki,** *Änderungen von Kohleneigenschaften auf Grund ihrer Ultrafeinstruktur.* Kohle besteht aus einem zweidimensionalen hexagonalen Kohlenstoffgitter mit verschied. Seitenketten. Die Gitterdimensionen sind bei hochwertigen Kohlen größer als bei minderwertigen. Ein Unterschied besteht auch in den Ketten, sowie den COOH-, OH- u. CO-Gruppen des Humus. Durch die wahllose Anordnung von Seitenketten entstehen freie Räume, in denen Gase u. W. absorbiert werden können. Mit ansteigender Unordnung sinkt der Wert der Kohle. Der Anteil an solcher nichtkristalliner Kohle wird durch die flüchtigen Bestandteile in der chem. Analyse gek., da andererseits der krist. Teil auf Grund seiner Gitterstruktur hitzebeständig ist. Polymere Anteile verändern das therm. Verh. nicht wesentlich. Während der therm. Zers. wird die Brownsche Bewegung stark. Das Erweichen der Kohle tritt bei der Zers. der Mikromoll. ein, die Hohlräume hinterlassen, um die die Kohle dann zu fließen beginnt (mkr. feststellbar). Bei der minderwertigen Kohle mit stark polarisierten Mikromoll. werden die Bindungen bis zur Zers. nicht geschwächt u. das Erweichen u. Schmelzen bleibt aus. Das Verh. von Anthrazit zeigt, daß keine unter 500° instabilen Mikromoll. vorhanden sind. Die therm. Eigg. sind andere als bei bituminöser Kohle. Der Anteil an kristalliner u. nichtkristalliner Kohle kennzeichnet die Zus. der Kohle. (J. Fuel Soc. Japan **34.** 95—111. Febr. 1955. [Orig.: japan., Auszug: engl.]) J. Miller. 8126

**Gerhard Bergmann, Georg Huck, Joachim Karweil** und **Horst Luther,** *Ultrarotspektren von Kohlen.* Bei der KBr-Preßmeth. werden die Kohlen in KBr-Lsg. abgeschwommen, nachgewaschen u. getrocknet. Dadurch sinkt der Aschegeh. auf unter 2%. Nach Zerkleinerung auf unter 6 μ wird die Kohle mit KBr gemischt u. zu Platten von 0,7 mm gepreßt. *Durit* u. *Vitrit* einer Kohlenart zeigen im qualitativen Aufbau keinen Unterschied. Beim Vitrit sind Unterschiede im Geh. der Substanzgruppen festzustellen. Bei therm. oder chem. nachbehandelten Kohlen ist ein Rückgang der OH-Bande zu verzeichnen. Die Hydrierung greift das Aromatensyst. u. die Oxydation das Methylensyst. besonders an. (Brennstoff-Chem. **35.** 175—76. 16/6. 1954.) H.-J. Koch/Essen. 8126

**W. Wanie,** *Einiges über die Gaserzeugung im Drehrostgenerator.* Neben Meßgeräten ist für das einwandfreie Fahren eines Generators der Einsatzstoff von großer Bedeutung. Brennstoffe, die zum Backen neigen, sind ungeeignet. Beim Vergasen von Braunkohlenschwelkoks ist die Körnung zwischen 20—300 mm die geeignetste. Für die Güte eines Generators ist maßgebend der Vergasungswirkungsgrad, der sich aus dem Quotienten von Generatorgaswärme zur eingebrachten Brennstoffwärme ergibt. Verschiedentlich auftretende Störungen u. ihre Beseitigungen werden beschrieben. (Ziegelindustrie **8.** 663—66. 2. Sept.-H. 1955.) H.-J. Koch/Essen. 8148

**J. G. King,** *Die Erzeugung von Stadtgas aus Heizöl.* Bei der Vergasung von schwerem Heizöl sind folgende Bedingungen erforderlich: 1. Geringe Anlagekosten, 2. gute Mischbarkeit mit dem vorhandenen Stadtgas u. 3. Erzielung derselben Brenneigg. wie bei Stadtgas. Es wird das Arbeitsprinzip der bisher in England angewandten Prozesse mit den erstellten Anlagen beschrieben. (Coke and Gas **16.** 485—90. Dez. 1954.) H.-J. Koch/Essen. 8156

**Wataru Hunasaka, Tetsuo Inaba** und **Kazuo Kawano,** *Entfernung organischer Schwefelverbindungen aus Gasen.* Übersicht aus Veröffentlichungen u. Patenten von 1942 bis 1954 nach Reff. von Chemical Abstracts. (J. Fuel Soc. Japan **34.** 68—72. Febr. 1955. [Orig.: japan. Auszug: engl.]) J. MILLER. 8172

**Je. A. Rawikowitsch,** *Gesetzmäßigkeiten bei der Veränderung des Salzgehaltes der Wässer und Gase in den Erdölvorkommen von Fergana.* In Zonen mit unverändertem Wasserhaushalt herrschen die günstigsten Bedingungen für die Bewahrung von Erdöl. Das Gleichgewicht Wasser, Gas, Öl, Gestein ergibt für W. D.-Werte von 1,10—1,18 mit 140—220 g/kg Salz, wobei $Cl^-$, $Na^+$, $Ca^{2+}$, $Mg^{2+}$ die Haupt- u. $NH_4^+$, $J^-$, $Br^-$ die Nebenkomponenten sind. Zwischen dem W. der oberen u. unteren Kreide des Ferga-Tals besteht ein starker Unterschied des Salzgeh., wobei die obere Kreide wenig mineralisiertist (D. 1,01) u. viel Sulfat enthält, die untere dem $CaCl_2$-Typ (D. 1,03—1,06) mit einem großen Anteil an $NH_4^+$, $J^-$, $Br^-$-Ionen angehört. (Нефтяное Хозяйство [Petroleum-Wirtsch.] **33.** Nr. 4. 54—56. April 1955.) A. HELMS. 8188

**Velimir Sarida, Dalibor Klanjšček** und **Stjepan Kontrec,** *Bekämpfung des Paraffinansatzes während der Erdölförderung.* Die Verff. zur Bekämpfung des Paraffinansatzes bei Erdölförderbohrungen u. Erdölleitungen auf therm. u. mechan. Wege u. mit Hilfe von Lösungsm. werden beschrieben u. im Hinblick auf deren in Aussicht genommene Anwendung in Jugoslawien diskutiert. (Nafta [Zagreb] **5.** 203—15. Aug. 1954. Mramor Brdo, Naftaplin.) S. BECKMANN. 8190

**D. W. Ssokolski, L. A. Buwalkina** und **N. F. Nosskowa,** *Lepsin-Bentonitton als Katalysator von Crackreaktionen.* Bei der Unters. der katalyt. Eigg. von Lepsin-Bentonitton bei Crack-Rkk. von Erdölfraktionen wurde festgestellt,daß der durch Behandlung mit 20%ig. HCl aktivierte Ton, unabhängig davon, ob der Katalysator ohne Anwendung von Druck, unter Anwendung eines Druckes von 300 at oder unter Zusatz von 1% $V_2O_5$ gewonnen wird, das Gasöl unter Bldg. leichter Fraktionen (Bzn.) mit einem Anfangs-Kp. von 30° vercrackt. Es werden die günstigsten Bedingungen des Vercrackens hinsichtlich Temp., volumetr. Geschwindigkeit u. Regenerationszeit des Katalysators angegeben. Es wird festgestellt, daß eine Druckänderung während der Katalysatorbldg. u. ein Zusatz von 1% $V_2O_5$ die Ausbrennzeit des Kokses von der Oberfläche um 2 Std. beschleunigt. (Известия Академии Наук Казахской ССР, Серия Химическая [Nachr. Akad. Wiss. KasachSSR, Ser. Chem.] **1953.** Nr. 7. 39—48.) H. HOCHSTEIN. 8196

**Anton Lübke,** *Über Uhrenöle.* Mit der Verfeinerung des Uhrenmechanismus steigen die Anforderungen, die an Uhrenöle gestellt werden. Die Entw. führte vom Graphit-Talg-Gemisch über das Delphin- u. Rinderklauenöl zu differenzierten dem jeweiligen Uhrentyp angepaßten Spezialschmierölen. Diese müssen auf ihre Alterungsbeständigkeit, Viscosität u. Schmierfähigkeit sowie auf ihr Kälteverh. u. ihren Säure- u. Verdampfungsgrad geprüft werden. (Seifen-Öle-Fette-Wachse **81.** 15—16. 5/1. 43. 19/1. 67—68. 2/2. 1955.) K. SEIFERT. 8220

**Ulrich Rost,** *Das Viscosität–Temperatur-Verhalten von Schmierölen.* 1. Mitt. *Prüfung der Brauchbarkeit der Vogel-Cameronschen Formel für die Darstellung des V.T.-Verhaltens von Ölen.* Nach einer krit. Betrachtung der bisher von WALTHER aufgestellten Formeln für die Darst. des Viscosität–Temp.-Verh. geht Vf. auf die VOGEL-CAMERONsche Formel (V. C.-Formel) ein, bei der die nach ihr berechneten Viscositäten ebenfalls auf Geraden liegen, wenn man die Werte in einem Diagramm aufträgt, dessen Ordinatenachse eine log. Teilung besitzt u. auf dessen Abzissenachse die Werte von $1/(\vartheta + 95)$ aufgetragen sind. Da durch die Festlegung der einen Konstanten der Gültigkeitsbereich der V. C.-Formel eingeschränkt ist, prüft Vf., ob die Formel in ihrer vereinfachten Form noch die Viscositätswerte in einer für die Praxis ausreichenden Genauigkeit wiederzugeben vermag. Die mit 35 verschied. Ölen durchgeführte Prüfung ist tabellar. gebracht. Vf. zeigt, daß Werte bei 0° nicht durch die V. C.-Formel dargestellt werden können, auch brachte sie nicht die Viscosität–Temp.-Abhängigkeit von Siliconölen. Aus den anderen Werten schließt aber Vf., daß die V. C.-Formel das Viscositätsverh. der Öle ab 20° bis über 100° auf weniger als 2% genau wiedergibt. (Erdöl u. Kohle **8.** 468—73. Juli 1955. Göttingen, Max-Planck-Inst. für Strömungsforschung., Abtlg. Reibungsforschung.) K. O. MÜLLER. 8220

**S. v. Schießl,** *Zur Dicke der Grenzschichten von Ölen an metallischen Oberflächen.* Mit einem Interferenzverf. wird der Abreißvorgang zwischen zwei Metallplatten mit Öl als Zwischenschicht in n. Richtung zeitlich verfolgt. Die Änderung der Dicke der Schmierschicht mit der Zeit wird hydrodynam. behandelt. Außer der Zähigkeit geht der durch Anpressen hergestellte Anfangszustand ein. Der durch die Grenzen bedingte Ordnungszustand im Öl erstreckt sich über eine Strecke von der Größenordnung von 1 $\mu$. (Kolloid-Z. **129.** 84—91. Dez. 1952. Dresden, TH, Inst. für El. chem. u. phys. Chem.) K. L. WOLF. 8220

**C. F. McCue** und **S. Curds,** *„Wachs", das am vielseitigsten verwendbare Produkt der Erdölindustrie.* Bei aus Erdöl gewonnenen „Wachsen" unterscheidet Vf. 1. Paraffinwachse aus Paraffindestillat (entnommen zwischen Gasöl- u. Schmierölfraktion), bestehend aus einer Mischung von n. Paraffinen mit 20—30 C-Atomen im Molekül. 2. Mikrokristalline Wachse (MW), gewonnen aus den Destillationsrückständen oder aus Tankabsätzen, bestehend aus größeren u. komplexen Moll., die 30—50 C-Atome in oft verzweigten Ketten enthalten. Diese *MW*, auch „Petroleum"-Wachse genannt, zeichnen sich durch weiche, biegsame u. klebrige Beschaffenheit aus. Eine weitere Gruppe von *MW*, das sogenannte „Petroleum-Ceresin", ist hart, brüchig u. glänzend. Die Herst. u. Marktusancen der Paraffine werden beschrieben u. ihr ausgedehnter Einsatz in der Wirtschaft erläutert. Neben den bekannten Verbrauchern (Kerzen- u. Streichholzindustrie, Herst. von Wachspapieren, Wachskartonagen u. kaschierten Folien, Dental- u. Modellierwachs, Isoliermaterial, Glanzmittel usw.) erscheint neu das Entfedern von Geflügel mit Paraffin. (Inst. Petroleum Rev. **9.** 97—101. Mai 1955. Esso Petroleum Co. Ltd.) K. Seifert. 8226

**Herbert R. Kaiser** und **Hiromu Tsuji,** *Podbielnak–Mehrstufen-Gegenstrom-Lösungsmittel-Zentrifugalextraktor, seine Anwendung in der Petroleumraffinierungsindustrie und Podbielnak Analyseapparatur für fraktionierte Destillation.* Beschreibung des Mehrstufen-Gegenstrom-Zentrifugalextraktors u. seiner Anwendung in der Petroleumraffinerie oder Furfuralextraktion. Seine Vorteile sind: Zeitersparnis bei der Auswechslung des Gutes, Vernachlässigung der konstanten Öl- oder Lösungsmittelzufuhr, äußerst vereinfachtes Verf. u. Überwachung, klarer Extrakt u. Raffinat, ständige Selbstreinigung von Schlamm u. festen Bestandteilen, geringe Haltungskosten. Der Extraktor eignet sich bes. zur Abtrennung von Maschinenölen von geringen Viscositätsunterschieden. Es wird noch eine Fraktionierapp. für Analysenzwecke beschrieben, die als halbautomat. Hochtemp.- u. selbstanzeigende automat. Niedertemperaturapp. gebaut wird. Arbeitsweise ist zuverlässig u. weiter Anwendung zugänglich. (J. Fuel Soc. Japan **34.** 81—94. Febr. 1955 [Orig.: japan., Auszug: engl.]. Asahi, Podbielnak Inc. Bussan Co.) J. Miller. 8242

**Duro Tarjan,** *Über die Entsalzung und Entwässerung des Rohöls von Mramor Brdo.* Die Chloride im Rohöl von Mramor Brdo werden nach 2 Methoden bestimmt. Schnellmeth.: 50 $cm^3$ Rohöl werden 2mal mit Bzl. auf 100 $cm^3$ aufgefüllt, mit 2—3 Tropfen eines Entemulgators versetzt, zentrifugiert u. die Benzolschicht abpippetiert; die wss. Schicht wird mit W. verd. u. darin Cl nach Mohr titriert u. als NaCl berechnet. 2. Meth.: 100 $cm^3$ Rohöl werden 3mal mit je 50 $cm^3$ W. extrahiert, die wss. Schicht abgetrennt u. darin Cl nach Mohr titriert. — Maßnahmen an sich bekannter Art zur Ausschaltung der schädlichen Wrkg. von W. u. Salzen im Rohöl werden beschrieben, desgleichen eine Laboratoriumsapp. zur Abscheidung von W. aus Rohöl mit Hilfe eines Entemulgators. Die besten Erfolge wurden mit *Separol 17* (*BASF*) erzielt; das damit entemulgierte Rohöl enthielt $<1\%$ W. u. 0,014% Salz. (Nafta [Zagreb] **5.** 255—60. Sept. 1954. Sisak, Rafinerija nafte.) S. Beckmann. 8252

**Geo. E. Mapstone,** *Ein qualitativer Nachweis von TEL in Benzin.* Der Nachw. erfolgt in der Weise, daß 10 ml des zu prüfenden Kraftstoffs mit 5—10 Tropfen einer 2%ig. J-Lsg. in A. versetzt werden. Die Mischung wird für 5 Min. dem Sonnenlicht oder UV-Bestrahlung ausgesetzt u. mit 1 ml einer Lsg. versetzt, die 200 g NaOH u. 50 g $Na_2S$/Liter enthält. Man schüttelt die Probe, bis die J-Färbung verschwunden ist; sofern TEL anwesend ist, erscheint an der Phasengrenze ein schwarzer Film von PbS. Die Empfindlichkeit der Meth. beträgt 0,02 ml TEL/Imp. Gall. (0,0004 Vol.-%), wobei die Zus. des Bzn. keinen Einfl. auf das Ergebnis haben soll. (J. Inst. Petroleum **42.** 67. Febr. 1956.) A. Hoyningen-Huene. 8254

---

**Standard Oil Development Co.,** Del., V. St. A. (Erfinder: **Francis Robinett Russell),** *Gasherstellung aus festen Brennstoffen.* Der Brennstoff wird in einer Umwandlungszone in ein dichtes, fluidisiertes Bett von heißen, feinverteilten Feststoffteilchen geleitet. Die entstehenden Dämpfe u. Gase werden oberhalb des fluidisierten Bettes abgeführt. Die aus der Reaktionszone abgezogenen Feststoffteilchen werden, z. T. oder alle, in einer Erhitzungszone mit inerten Teilchen so gemischt, daß die Mischung 0,1—20%, bes. 0,1—5 Gew.-% freien oder gebundenen C enthält. Nach dem Abbrennen der inerten Teilchen werden die Feststoffteilchen in die Reaktionszone zurückgeleitet, wo sie die aufgenommene Wärme bei der Entgasung mittels endothermer Umwandlung an den Brennstoff weitergeben. — Zeichnung. (**E. P. 727 382** vom 31/8. 1953, ausg. 30/3. 1955.) E. Kahles. 8149

**Texaco Development Corp.,** New York, N. Y., V. St. A. (Erfinder- **Frederic Hollway Moore),** *Herstellung eines Wasserstoff und Kohlenoxyd enthaltenden Gases aus festen*

*Brennstoffen.* Der Brennstoff wird fein zerteilt in Dampf suspendiert u. an einer in der Nähe des Endes eines langen zylindr. Reaktionsgefäßes gelegenen Stelle mit tangentialer Richtung in die Reaktionszone eingeleitet. Der $O_2$-haltige Gasstrom wird in der Nähe der Eintrittsstelle des Brennstoff-Dampf-Gemisches in die Reaktionszone gleichfalls in tangentialer Richtung eingeführt. — Zeichnung. (**E. P. 734 914** vom 21/9. 1953, ausg. 10/8. 1955.) E. KAHLES. 8153

**Fa. Carl Still** (Erfinder: **Fritz Breitbach, Josef Schmidt** und **Theodor Schneider**), Recklinghausen, *Entfernen von Naphthalin aus Gasen unter erhöhtem Druck,* bes. Ferngasleitungsdruck, dad. gek., daß das mit Naphthalin beladene Waschöl (Anthracenöl) in einer Abtreibkolonne in bekannter Weise wiederbelebt wird u. die aus Naphthalin- u. Waschölanteilen bestehenden Abtreiberdämpfe in einen Rohgaskühler mit einem Gasdurchgang von oben nach unten u. mit einer Querrohrkühlung eingeleitet werden. — Zeichnung. (**D. B. P. 937 845** Kl. 26d vom 18/8. 1953, ausg. 19/1. 1956. Anmeldung bekanntgemacht 28/7. 1955.) E. KAHLES. 8167

**United States Steel Corp.**, N. J., übert. von: **Philip I. Wilson jr.**, Sewickley, Pa., V. St. A., *Gewinnung von Naphthalin aus Koksofengas.* Das Koksofengas wird durch einen Naphthalinabscheider geführt, nachdem das Gas zuvor durch einen 1. Kühler geleitet worden war. Das vom Naphthalin (I) befreite Gas wird durch einen 2. Kühler u. Leichtölabscheider geführt. Aus dem I-Abscheider gelangen das **I** u. das Waschöl dieses Abscheiders an dem oberen Ende einer Trennkolonne in diese, während das Leichtöl u. das Waschöl des Leichtölabscheiders in mittlerer Höhe in die Trennkolonne eingebracht werden. Am Boden der Trennkolonne wird Dampf eingeblasen u. dadurch das **I** u. das Leichtöl ausgetrieben u. im Kondensator abgeschieden. Das Waschöl wird den beiden Abscheidern zugeführt. — Zeichnung. (**A. P. 2 710 663** vom 17/4. 1952, ausg. 14/6. 1955.) E. KAHLES. 8167

**Pierre Gustave Pigache,** London, England, *Trockenreinigung von schwefelhaltigen Gasen.* Das Gas wird bei 100—300° mit auf einem Tonerdeträger, der frei von Silicaten ist, feinverteilten Cu oder CuP in Berührung gebracht. Das Reinigungsmittel wird durch Erhitzen auf 350—850° regeneriert, wobei nach dem Einleiten des Luftstromes $H_2$ oder ein CO-haltiger Gasstrom eingeführt werden. (**E. P. 743 172** vom 24/4. 1952, ausg. 11/1. 1956.) E. KAHLES. 8173

**Bergwerksverband zur Verwertung von Schutzrechten der Kohlentechnik G. m. b. H.** (Erfinder: **Otto Grosskinsky, Georg Huck** und **Walter Klempt**, Dortmund), *Entschwefelung technischer Gase.* Die Gasgemische, die neben $H_2S$ noch saure Bestandteile, wie $CO_2$ enthalten, werden in einem mit Einbauten versehenen Teil des Waschers in der Weise gewaschen, daß die Waschlauge in einer oder mehreren Stufen zur weiteren $H_2S$-Anreicherung im Kreislauf geführt wird. (**D. B. P. 938 803** Kl. 26d vom 27/5. 1953, ausg. 9/2. 1956. Anmeldung bekanntgemacht 15/7. 1954. **Zusatz zu D. B. P. 928 486; C. 1955. 10 663.**) E. KAHLES. 8173

**Phillips Petroleum Co.,** Del., übert. von: **Bertrand I. Mayland,** Bartlesville, Okla., V. St. A., *Entschwefelung der Gase bei der Vergasung von Kohle.* In einer Vergasungszone wird der feste, gepulverte, S-haltige Brennstoff mit einem Metallcarbonyl bei 1400 bis 3000° F u. einem Druck von 1,5—30 at auf die Dauer von 0,1—10 Sek. entgast. Durch die Rk. des S mit dem Metallcarbonyl wird das Gas S-frei u. der S als Metallsulfid gebunden. — Zeichnung. (**A. P. 2 691 573** vom 15/12. 1950, ausg. 12/10. 1954.) E. KAHLES. 8173

**Peute-Chemie G. m. b. H.** (Erfinder: **Horst Barthel**), Hamburg, *Bohrspülung,* bes. für das Durchbohren von porösen Trägergestein. Zum Abdichten des Trägergesteins verwendet man Kollagenabbauprodd., wie Gelatine oder Leim, die vorzugsweise durch Härtung, z. B. mit Chemikalien, in heißem W. unlösl. gemacht, aber in verd. HCl lösl. geblieben sind, in Form von Blättchen, Spänen oder dgl. Die Spülung soll 0,1—5%, bes. 0,1—1%, Abbauprodd. enthalten u. einen $p_H$-Wert von 6—12 besitzen. Die Härtung kann mit Formaldehyd erfolgen. (**D. B. P. 940 642** Kl. 5a vom 29/8. 1954, ausg. 22/3. 1956. Anmeldung bekanntgemacht 29/9. 1955.) W. HAUSWALD. 8191

**Gulf Research & Development Co.,** V. St. A. (Erfinder: **Joseph B. McKinley** und **William A. Horne**), *Hydroisomerisation von Kohlenwasserstoffen.* Man behandelt Schwerbenzin mit $H_2$ in Ggw. eines Katalysators, welcher ein Oxyd eines Metalls der Gruppen Va, VIa oder VIII des Period. Syst. enthält, bei einem Druck von mehr als 3,4 at u. einer Temp. von mindestens 455°. — Z. B. glüht man an der Luft bei 593° einen mit 5% $SiO_2$ aktivierten Mo-Oxyd-Tonerdekatalysator (Geh. an $MoO_3$ 10,8 Gew.-%) mehrere Std. u. red. ihn dann 4 Std. in $H_2$ bei 565°. In Ggw. dieses Katalysators behandelt man ein aus West-Texas-Erdöl gewonnenes Schwerbenzin mit einer oberen Siedegrenze von 191° bei ca. 520° u. ca. 20,5 at mit $H_2$. Man erhält ein Bzn. mit einer oberen Siedegrenze von 214°, einer D. 0,8012, einem S-Geh. von 0,012 Gew.-%, einem Olefingeh. von 0,9 (Vol.-%), einem Geh. an Aromaten von 63,1, einem Dampfdruck nach REID von 0,41 at, einer Octanzahl 97 u. einer Octanzahl nach Zusatz von 3 cm³ $Pb(C_2H_5)_4$ = 106,1. — 3 graph. Abbildungen. (**F. P. 1 076 327** vom 13/3. 1953, ausg. 26/10. 1954. A. Prior. 18/3. 1952.) T. OPPERMANN. 8201

**Standard Oil Development Co.,** V. St. A. (Erfinder: **John Weikart**), *Reformieren von Schwerbenzinen.* Man reformiert das Bzn. nach dem Wirbelschichtverf. in Ggw. eines Pt- oder Pd–$Al_2O_3$-Katalysators u. eines $H_2$ enthaltenden Gases bei 454—510° u. 10,5 bis 21 at. Den mit Kohleablagerungen verunreinigten Katalysator regeneriert man mit einem $O_2$-haltigen Gas (Luft) u. leitet ihn noch heiß wieder der Reaktionszone zu. Ein Bzn. mit einem Kp. von 125—150°, einem S-Geh. von 0,053, einem Dampfdruck nach REID von 0,035 at u. einer Octanzahl (Research-Meth.) 51,3 hat nach dem Reformieren einen Kp. von 100—150°, einen S-Geh. 0, einen Dampfdruck nach REID von 0,17 at u. eine Octanzahl (Research-Meth.) 90. — Vorrichtung. (**F. P. 1 079 373** vom 20/5. 1953, ausg. 29/11. 1954. A. Prior. 19/7. 1952.) T. OPPERMANN. 8201

**Universal Oil Products Co.,** V. St. A., *Reformieren von Benzinen.* Man zerlegt eine im Bereich des Bzn. sd., Naphthene enthaltende KW-stofffraktion in eine hochsd. (z. B. von 93—204° sd.) u. eine niedrigsd. (z. B. von 38—93° sd.) Fraktion. Die hochsd. Fraktion reformiert man bei 493° u. 34 at in Ggw. eines halogenhaltigen (F u./oder Cl) Pt-Tonerdekatalysators. Der H-Partialdruck beträgt 24,7 at. Die niedrigsd. Fraktion reformiert man in Ggw. eines gleichartigen Katalysators bei 499° u. 20,4 at (H-Partialdruck 14,7 at). (**F. P. 1 090 846** vom 16/11. 1953, ausg. 4/4. 1955.) T. OPPERMANN. 8201

**Standard Oil Development Co.,** Del., übert. von: **Charles E. Hemminger,** Westfield, N. J., V. St. A., *Herstellung von Gasolin aus schwerer Naphtha.* Die Naphtha wird in Fraktionen von 175—350° F u. 350—450° F zerlegt. Die niedriger sd. Fraktion wird verdampft u. auf 1000° F erhitzt u. einer Reaktionszone, in der ein fluidisiertes Bett eines „Hydroforming"-Katalysators u. ein im Kreislauf geführtes $H_2$-haltiges Gas enthalten sind, unter Hydroformingbedingungen zugeführt. Die höher sd. Fraktion wird therm. gecrackt, wobei Prodd. erhalten werden, welche $<$10 Gew.-% $C_2$-KW-stoffe enthalten. Nach Abtrennung der $C_3$–$C_4$ olefin. Prodd. von der gecrackten Naphtha, werden diese in ein Polymergasolin übergeführt. Ferner werden aus der gecrackten Naphtha eine leichte $C_5$—200° F Naphthafraktion mit einer hohen Octanzahl u. eine schwere olefin. Naphtha-Rk. vom Kp. 200—400° F abgetrennt. Die letztere wird in einem Strom gecrackter Naphtha rasch auf 600—900° F erhitzt u. partiell hydriert, wobei der $H_2$ aus der Hydroformierung u. ein fluidisierter Katalysator verwendet werden. Der letztere wird direkt aus dem Katalysatorbett der Hydroformierung bei einer Temp. unterhalb der Einlaßtemp. der leichten Naphthafraktion u. des Katalysators in die Hydroformingzone abgezogen. Diese teilweise hydrierte Fraktion wird dem Gemisch aus leichter Naphtha u. Hydroformierungskatalysator beigemischt, wodurch die Hydroformierung der leichten Naphtha u. die Hydrierung der olefin. Naphtha in einer gemeinsamen Reaktionszone vollendet werden. Durch Vereinigung des Polymergasolins, der leichten gecrackten Naphtha u. des Prod. der Hydroformierung u. der Hydrierung wird eine Naphtha erzeugt, die eine hohe Octanzahl aufweist. — Zeichnung. (**A. P. 2 696 460** vom 21/12. 1951, ausg. 7/12. 1954.) E. KAHLES. 8201

**Standard Oil Development Co.,** V. St. A. (Erfinder: **Charles E. Hemminger** und **Robert L. Hardy**), *Hydroformieren von Kohlenwasserstoffen* (Benzinfraktionen). Man bringt die KW-stoffe in Ggw. von $H_2$ bei 423—524° u. 3,5—17,5 at, vorzugsweise 14 at, ca. 12 Std., vorzugsweise 3 Std., in Kontakt mit einem Pt–$Al_2O_3$-Katalysator mit geringem $SiO_2$-Gehalt. Der $Al_2O_3$-Träger wird vor oder während der Imprägnierung mit einer wss. Pt-Lsg. mit HF behandelt. Die Reaktivierung des Katalysators erfolgt bei gleichem Druck wie oben u. einer Temp., welche 28—110° über der Hydroformierungstemp. liegt. — Vorrichtung. (**F. P. 1 048 930** vom 20/11. 1951, ausg. 24/12. 1953. A. Priorr. 21/12. 1950 u. 17/3. 1951.) T. OPPERMANN. 8201

**Standard Oil Development Co.,** V. St. A. (Erfinder: **Charles E. Hemminger**), *Hydroformieren von Schwerbenzinen* (Kp. ca. 93—163°). Man hydroformiert die Benzine nach dem Wirbelschichtverf., wobei man gleichzeitig mit dem Bzn. u. dem $H_2$ eine geringe Menge $O_2$ u. Wasserdampf in die Reaktionszone einleitet. Der Katalysator besteht aus Mo-Oxyd u. akt. $Al_2O_3$ oder Zn-Spinell (als Träger) u. enthält eine geringe Menge $SiO_2$ u. gegebenenfalls HF. Der Druck in der Reaktionszone beträgt 3,5—21 at, die Temp. 593—650°. — Vorrichtung. (**F. P. 1 079 946** vom 10/4. 1953, ausg. 3/12. 1954. A. Prior. 29/5. 1952.) T. OPPERMANN. 8201

**Standard Oil Development Co.**, V. St. A., *Hydroformierungskatalysatoren.* Man stellt ein Mo-Oxydhydrosol her, indem man eine wss. Molybdatlsg. mit einem ionenaustauschenden synthet. Harz in Berührung bringt, u. vermischt das gewonnene Mo-Oxydhydrosol mit einem $SiO_2$- u./oder $Al_2O_3$-Hydrosol. — Z. B. versetzt man 605 $cm^3$ Molybdänsäurehydrosol ($p_H$ 1,1, $D.^{24}$ 1,082, $MoO_3$-Geh. 99,2 g/Liter) mit 16,4 kg $Al_2O_3$-Hydrosol ($Al_2O_3$-Geh. 3,29%) u. mischt das Ganze 30 Minuten. Den Katalysator trocknet man bei 110° u. erhitzt ihn dann 6 Std. auf 649°. Er enthält 9,8% $MoO_3$. — Vorrichtung. (**F. P. 1 084 026** vom 25/9. 1953, ausg. 14/1. 1955.) T. OPPERMANN. 8201

**Concordia Bergbau Akt.-Ges.**, Deutschland, *Kontinuierliche Reinigung von Rohbenzol.* Man wäscht das Bzl. mit $H_2SO_4$, Lauge u. W., indem man es in kontinuierlichem Strom von unten nach oben durch eine Reihe von Wäschern hindurchführt, welche die einzelnen Wasch-Fll. enthalten. Vor der Behandlung mit konz. $H_2SO_4$ entfernt man $H_2S$ mittels Na-Phenolatlsg., das Phenol mit $Na_2CO_3$-Lsg. u. das Pyridin mit verd. (40%ig.) $H_2SO_4$. Nach dem Waschen mit konz. $H_2SO_4$ u. mit NaOH- oder $Na_2CO_3$-Lsg. wäscht man das Bzl. zur Entfernung von $CS_2$ mit einer Na-Polysulfid-Lsg., welche vorzugsweise 20 (%) Na-Sulfid u. 1 S enthält. (**F. P. 1 056 751** vom 18/6. 1948, ausg. 2/3. 1954.) T. OPPERMANN. 8203

**United States of America**, übert. von: **Karl F. Hager**, Huntsville, Ala., und **Morris Rosenthal**, Alexandria, Va., V. St. A., *Wasserhaltiger Treib- und Brennstoff.* Zur Verhinderung der Korrosionswrkg. von Brenn- u. Treibstoffen, bestehend aus bis zu 50 (Gew.-%) W. u. Äthanol–Aceton werden ca. 0,1 eines neutralen Alkali- oder Ammonsalzes von Camphersäure zugegeben. (**A. P. 2 715 572** vom 13/9. 1951, ausg. 16/8. 1955.) E. DREWS. 8211

**Socony Mobil Oil Co., Inc.**, übert. von: **John W. Brooks**, Wenonah, N. J., V. St. A., *Thiophenderivate.* Man setzt ein Thiophenthiol mit einem ungesätt. oder chlorierten Aldehyd oder Keton mit 2—36 C-Atomen um. — Z. B. ergibt Thiophen-3-thiol mit Benzalaceton *β-Phenyl-β-[thienyl-(3)-thio]-äthylmethylketon* (I). Analog erhält man *Thienyl-(3)-thioaceton* u. *β-[Thienyl-(3)-thio]-butyraldehyd.* — *Oxydations-* u. *Korrosionsverzögerer* für *Mineralschmieröle.* (**A. P. 2 721 179** vom 31/8. 1950, ausg. 18/10. 1955.) K. FABEL. 221

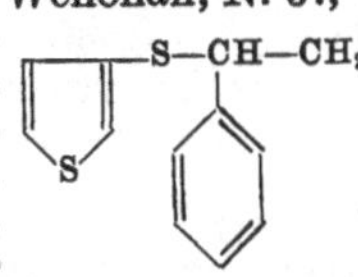

I

**Standard Oil Development Co.**, Elizabeth, N. J. (Erfinder: **Robert Hartley Jones**), V. St. A., *Schmieröl*, gek. durch einen Geh. von 0,01—20, bes. 0,01—10, u. 0,1—6 Gew.-% eines bei nicht unter 250° F, jedoch unterhalb der Zersetzungstemp. des erhaltenen Reaktionsprod. von PbO oder $Pb_3O_4$ mit dem substituierten Guanidinsalz eines phosphorsulfurierten KW-stoffes. — Beispiel: Man setzt 665 gallons eines phenolextrahierten Mineralöles in Ggw. eines Antischaummittels auf Siliconbasis mit 485 (pounds) $P_2S_5$ bei 430 bis 460° F um. 3,8 des Prod. werden mit 387 Guanidincarbonat in wss. Lsg. umgesetzt u. 200 (g) des erhaltenen Guanidinsalzes mit 40 PbO umgesetzt. (**E. P. 733 663** vom 6/2. 1953, ausg. 13/7. 1955.) E. DREWS. 8221

**Standard Oil Development Co.**, Del., übert. von: **Robert L. Greene**, Westfield, N. J., V. St. A., *Wiedergewinnung von Lösungsmitteln bei der Extraktion von Schmiermitteln* mit 2 nicht mischbaren Lösungsmitteln A) u. B), wobei A) (Lösungsm. für Paraffine) durch Dest. aus dem Extrakt u. Raffinat (**I**) entfernt, u. danach B) (Lösungsm. für Naphthene) durch Dest. mit Wasserdampf aus **I** abgezogen u. hierauf das Gemisch aus B) u. **I** durch azeotrope Dest. getrennt wird. Als Verbesserung wird vorgeschlagen, das zuerst übergehende azeotrope Destillat (**II**) zu kondensieren u. dem Lösungsm. A) zuzugeben, wodurch ein Teil von B) extrahiert wird. Das erhaltene Raffinat wird erneut unter Zugabe von Wasserdampf azeotrop dest., wobei als Bodenfraktion reines W. erhalten wird. Das hierbei erhaltene azeotrope Destillat wird mit dem Destillat **II** zusammen gegeben. — Beispiel für A): Propan, für B): Phenol–Kresol-Gemisch. — Zeichnung. (**A. P. 2 655 468** vom 10/3. 1951, ausg. 13/10. 1953.) E. DREWS. 8221

**Shell Development Co.**, Emeryville, übert. von: **Harold A. Woods** und **Loren C. Bollinger**, Martinez, Calif., V. A. St., *Schmierfette*, die beständig gegen W. u. Treibstoffe sind, bestehend aus ca. 10 (Gew.-%) Silicaaerogel, 43 Glycerinmonoricinoleat, 8 Teilamiden aus Tallölsäuren u. Diäthylentriamin, 1 Ester von Polyäthylenglykolen (Mol.-Gew. ca. 250) mit höheren Fettsäuren, u. 35 „Ucon-Fl." (wasserlösl. Monoalkyläthergemische von Oxyäthylen-oxy-1.2-propylen-Mischpolymeren). Das Fett kann auch das Oleat, Stearat oder Palmitat, eines substituierten Oxazolins, z. B. von 2-Äthyl-4-oxymethyl-4-methyloxazolin, enthalten sowie aromat. Amine, z. B. Phenyl-α-naphthylamin. (**A. P. 2 652 361** vom 29/12. 1951, ausg. 15/9. 1953.) E. DREWS. 8223

**Shell Development Co.**, Emeryville, übert. von: **Harold A. Woods** und **Loren C. Bollinger**, Martinez, Calif., V. St. A., *Schmierfette*, bestehend aus ca. 20 (Gew.-%) Trialkanolaminricinoleat, -palmitat oder -stearat, 30—60 Glycerinmonoester der gleichen

Säuren, 20—50 einer Mischung aus Monooxy-oxyäthylen-oxy-1.2-propylenbutylmonoäthern (Mol.-Gew. mindestens 900), in welchen Äthylenoxyd (I) u. 1.2-Propylenoxyd (II) als Oxyäthylen (III) u. Oxy-1.2-propylengruppen (IV) im Verhältnis von 1—9 (Gewichtsteilen) II:1 I vorliegen, u. wobei die Monoäther im gleichen Mol. die III- u. die IV-Gruppe enthalten. Das Fett enthält außerdem Phenyl-α-naphthylamin (V) u. das 2-Heptyl-4-oxymethyl-4-äthyloxazolinoleat (VI). — Beispiel: 18 (Gew.-%) Triäthanolaminricinoleat, 32 Polyoxyalkylengemisch („50 HB-100-Ucon-Fl."), 47 Glycerinmonoricinoleat, 0,5 **V**, 2,5 **VI**. Das Schmierfett ist beständig gegen W. u. Treibstoffe. (**A. P. 2 652 363** vom 29/12. 1951, ausg. 15/9. 1953.) E. DREWS. 8223

**Standard Oil Development Co.**, Del., übert. von: **Fred B. Fischl**, Rayway, und **Max W. Hill**, Somerville, N. J., V. St. A., *Zusätze zu Schmiermittel.* Die durch Umsetzung von schweren Mineralölfraktionen mit $P_2S_5$ erhaltenen Hochdruckzusätze werden zur Stabilisierung gegen $H_2S$-Entw. noch 1—15 Std. mit einem sulfurierten Spermöl behandelt. Die erhaltenen Prodd. werden dem Schmieröl in Mengen von 5—20 Gew.-% zugegeben. (**A. P. 2 640 030** vom 1/3. 1951, ausg. 26/5. 1953.) E. DREWS. 8223

**Esso Research & Engineering Co.**, Elizabeth, N. J., V. St. A. (Erfinder: **William Tyndall Knox jr.**), *Gewinnung von Paraffinwachs.* Erdöl, Kp. 650—1100° F., wird katalyt. gecrackt, die zwischen 700 u. 1100° F sd. Fraktion abdest. u. nach Entfernen der aromat. Anteile durch selektive Extraktion oder Adsorbentien das feste Paraffin, z. B. durch Ausfällen mit sek. Butylacetat abgetrennt. — Zeichnung. (**E. P. 736 904** vom 1/5. 1953, ausg. 14/9. 1955.) C. LÜTTGEN. 8227

## XXI. Leder. Gerbstoffe.

**I. Mann**, *Verbesserte Methoden der Aufhängetrocknung.* An Hand von 6 Abb. wird eine verbesserte Trocknungsart der in Kenya anfallenden Häute durch Aufhängen in entsprechenden Holzrahmen dargestellt. (Leather Trades' Rev. **117.** 61—64. 13/7. 1955.) H. G. FRÖHLICH. 8332

**A. W. Goetz** und **H. A. Alps**, *Einige Auswirkungen des Entfleischens im grünen Zustand.* Ident. mit der C. **1956.** 3739 referierten Arbeit. (Shoe Leather Reporter **273.** Nr. 12. 16—17. 26—27. 20/3. 1954.) P. STADLER. 8334

**P. S. Venkatachalam, Y. Nayudamma** und **B. M. Das**, *Kombinationsgerbungen.* 3. Mitt. *Untersuchungen bei der Semichromgerbung.* (2. vgl. NAYUDAMMA u. RANGANATHAN, C. **1956.** 615.) Die durch Semichromnachgerbung von Kälberhäuten erhaltenen Ergebnisse haben gezeigt, daß sowohl die kation., als auch die nicht kation. Chromkomplexe von der Haut aufgenommen werden, wobei sie sich außerdem mit denselben Gruppen des Kollagens mittels Komplexbldg., abgesehen von der Ladung des Chromkomplexes, verknüpfen. Die Untersuchungsergebnisse im einzelnen werden mitgeteilt u. diskutiert. (J. sci. ind. Res. [New Delhi] **13 A.** 372—79. Aug. 1954. Madras, Central Leather Res. Inst.) H.-G. FRÖHLICH. 8336

**Robert C. Putnam, Norman M. Wiederhorn, John C. Rockett, Agnes V. Bowles** und **Maria Dim. Salerno**, *Die Chemie pflanzlicher Gerbstoffe.* 10. Mitt. *Infrarotspektren.* (9. vgl. C. **1955.** 5225.) Es werden 23 Infrarotspektren, die an reinen, fraktionierten oder acetylierten u. methylierten Extrakten von Quebracho, Mimosa, Gambir u. Mangrove sowie von Catechingerbstoffen erhalten wurden, mitgeteilt. Wie aus den Infrarotspektren zu ersehen ist, zeigen sich zwar gewisse Gemeinsamkeiten, jedoch keine Identität. Im übrigen konnten die meisten Ergebnisse der chem. Konstitutionsaufklärungen mittels der Infrarotspektren bestätigt werden. (J. Amer. Leather Chemists Assoc. **49.** 422—37. Juni 1954. Beverly, Mass., United Shoe Machinery Corp., Res. Div.) H.-G. FRÖHLICH. 8336

**E. Belavsky** und **T. Termignoni**, *Die neuen Theorien in der Lederindustrie.* 2. Mitt. (1. vgl. C. **1956.** 1204.) Überblick über die bei der Trocknung des frischgegerbten Leders zu beachtenden Gesichtspunkte. (Rev. Qíum. ind. **23.** Nr. 262. 14—15. Febr. 1954. Rio Grande do Sul.) R. K. MÜLLER. 8340

**Robert A. Vickers** und **Fred O'Flaherty**, *Luftdurchlässigkeit und andere spezifische Eigenschaften von Leder.* Für den Komfort beim Tragen ist eine gute Durchlässigkeit für Luft u. Feuchtigkeit bei Sohlen wichtig. Diese erwünschte Eig. zeigen vor allem die Ledersohlen. Sie beruht auf der heterogenen Struktur der tier. Häute. (Leather Manufacturer **72.** Nr. 1. 16—21. Jan. 1955. Univ. of Cincinnati, Dep. of Basic Science in Tanning Res.) H.-G. FRÖHLICH. 8340

—, *Rasches Trocknen von schwerem Leder.* Beschreibung eines Trockenkanals der Fa. BARROW, HEPBURN and GALE, Ltd., in welchem schweres Leder, wie z. B. Kernstückhälften, unter kontrollierten Bedingungen innerhalb 18—24 Std. getrocknet werden können. Zum Verdampfen von 500 $cm^3$ W. wird 1 kg Dampf benötigt. Die Trocknung selbst wird mit feuchter Luft im Gegenstromprinzip durchgeführt. (Leather Trades' Rev. **117.** 139—40. 20/7. 1955.) H.-G. FRÖHLICH. 8340

—, *Die Entwicklung von waschbaren Handschuhen.* Allg. Darst. der verschied. Überlegungen über die Entw. von waschbaren Handschuhen. Bes. wird auf das Echtfärben von Handschuhleder hingewiesen, das durch eine verbesserte Gerbung erreicht werden konnte. (Leather Trades' Rev. **117.** 128—31. 20/7. 1955.) H.-G. FRÖHLICH. 8340

**Martin Baum, R. C. Camp** und **J. Richter Salvesen,** *Gerbstoffanalysenmethoden. Probleme und Änderungen.* Ident. mit der C. **1955.** 4258 referierten Arbeit. (J. Amer. Leather Chemists Assoc. **49.** 281—85. April 1954. Rothschild, Wis., Marathon Corp., Central Res.) H.-G. FRÖHLICH. 8364

**Y. Nayudamma** und **R. Theis,** *Untersuchungen über die Chromgerbung. Neutralisation von chromgegerbtem Leder.* Ausgehend von der Vorstellung, daß man bei einer vorsichtigen Neutralisation auf $p_H$ 4 lediglich die an das Kollagen gebundene $H_2SO_4$ neutralisiert, den Cr-Komplex jedoch unverändert läßt, befürworten die Vff. eine Meth. zur Best. der an die Hautsubstanz gebundenen Säure in Chromleder, wonach man 2 g in 200 $cm^3$ 0,1 n KCl gut einweicht u. unter stufenweisem Zufügen von 0,05 n NaOH auf den konstantbleibenden $p_H$-Wert von 4 einstellt. Die hierfür benötigte NaOH-Menge in mÄqu/g Protein ist als Maß für die proteingebundene Säure anzusehen. (J. Soc. Leather Trades' Chemists **39.** 239—51. Aug. 1955. Bethlehem, Pa., Lehigh Univ., Div. of Leather Techn., Inst. of Res.) H.-G. FRÖHLICH. 8368

## XXIV. Photographie.

**Kodak Ltd.,** London, übert. von: **Rudolf Everett Damschroder,** Rochester, N. Y., V. St. A., und **Marie Evelyn Kauffmann,** New Haven, Conn., V. St. A., *Herstellung von inerter Photogelatine.* Zur Entfernung des labilen S wird die Gelatine in wss. oder in Formamidinlsg. bei 30—70° u. $p_H$ 6—9 mit Stoffen behandelt, die schwerlösl., photograph. inakt. Sulfide ergeben, z. B. feinverteiltem Ni, Co u. Pt. Die dabei entstehenden Sulfide werden durch Filtrieren entfernt. (**E. P. 638 214** vom 12/9. 1947, ausg. 7/6. 1950. A. Prior. 14/9. 1946.) A. KALIX. 8603

**Cassio Photographic Paper Co., Ltd.,** Cassio Bridge bei Watford, England (Erfinder: **Eric Charles , Edward Hunter** und **Arthur John Turner**), *Hochglanzbarytage für Photopapier.* Photograph. Rohpapier mit einem Gewicht von 100—400 g/$m^2$ wird mit einer $BaSO_4$-Suspension in Gelatine oder Polyvinylalkohol so beschichtet, daß 35—60 g $BaSO_4$ (Trockengew.) auf 1 $m^2$ Papier kommen u. das gestrichene Papier unter Anpressen an eine hochpolierte Metallplatte getrocknet. Die so erzeugte Barytage verliert in den photograph. Bädern nichts von ihrem Glanz. (**E. P. 684 040** vom 25/4. 1950, ausg. 10/12. 1952.) A. KALIX. 8603

**Ilford Ltd.,** übert. von: **Harry Derek Edwards,** Ilford, England, *Herstellung von Methinfarbstoffen.* Verbb. der allg. Formel I werden mit quaternären Alkyl- oder Aralkylsalzen von 5- oder 6gliedrigen Heterocyclen kondensiert, die in α- oder γ-Stellung zum N-Atom eine Thioäthergruppe enthalten. Hierbei ist $R_1$ eine Alkylgruppe, $R_3 = R_1$ oder eine Aralkylgruppe, $R_4 = R_1$ oder ein H-Atom. — Beispiel: 2-Cyan-3-äthylthio-2-butenoat wird mit p-Toluolsulfonat u. 2-Methylthiobenzthiazol zusammengeschmolzen u. die Schmelze 20 Min. in A. + Triäthylamin unter Rückflußkühlung gekocht. → *Äthyl-4-(3-methyl-2.3-dihydrobenzthiazolyliden-2)-3-äthylthio-2-cyan-2-butenoat,* F. 126°. In ähnlicher Weise werden gewonnen: *Äthyl-4-(3-methyl-2.3-dihydrobenzthiazolyliden-2)-3-methylthio-2-cyan-2-butenoat,* F. 166°; *Äthyl-4-(3-äthyl-2.3-dihydrobenzthiazolyliden-2)-3-methylthio-2-cyan-2-butenoat,* F. 146°; *Äthyl-4-(3-methyl-2.3-dihydro-4.5-benzbenzthiazolyliden-2)-3-methylthio-2-cyan-2-butenoat,* F. 213°; *Äthyl-4-(3-methyl-2.3-dihydro-5.6-dioxymethylenbenzthiazolyliden-2.3-äthylthio-2-cyan-2-butenoat,* F. 260°; *Äthyl-4-(3-methyl-2.3-dihydro-4.5-benzbenzthiazolyliden-2)-3-äthylthio-2-cyan-2-butenoat,* F. 222°; *Äthyl-4-(3-methyl-2.3-dihydro-5.6-dioxymethylenbenzthiazolyliden-2)-3-methylthio-2-cyan-2-butenoat,* F. 253°; *Äthyl-4-(3-methyl-2.3-dihydrobenzthiazolyliden-2)-3-isopropylthio-2-cyan-2-butenoat,* F. 179°; *Äthyl-4-(3-methyl-2.3-dihydrobenzthiazolyliden-2)-3-n-butylthio-2-cyan-2-butenoat,* F. 153°; *Äthyl-4-(3-methyl-2.3-dihydrobenzthiazolyliden-2)-3-benzylthio-2-cyan-2-butenoat,* F. 155°; *Methyl-4-(3-methyl-2.3-dihydrobenzthiazolyliden-2-)-3-äthylthio-2-cyan-2-butenoat,* F. 167°; *Methyl-4-(3-methyl-2.3-dihydrobenzthiazolyliden-2)-methylthio-2-cyan-2-butenoat,* F. 213°. — Vgl. auch D. B. P. 893 289; C. **1954.** 3382. (**A. P. 2 573 555** vom 22/9. 1949, ausg. 30/10. 1951. E. Prior. 2/10. 1948.) A. KALIX. 8605

I

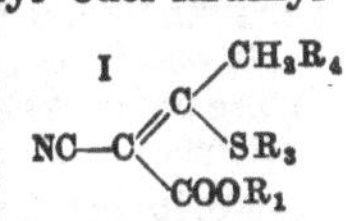

**Imperial Chemical Industries Ltd.,** London, England (Erfinder: **Dennis John Thomas Howe** und **Hugh Patrick Dryhurst Paget**), *Stabilisatoren für Halogensilberemulsionen.*

Der Emulsion werden während der Herst. 5,5 disubstituierte 4-Thiohydantoine (I) in Mengen von 1—200 $cm^3$ 0,1% ig. Lsg. auf 1 Liter zugesetzt. Geeignet sind z. B.: 5-Methyl-5-phenyl-I, 5,5-Pentamethylen-I, 5,5-Diphenyl-I, 3-Methyl-5,5-diphenyl-I u. 5,5-Diphenyl-4-methyl-I. Dem Entwickler zugesetzt [1 (Teil) auf 3000—30000 Lsg.] wirken diese Verbb. schleierhindernd. (**E. P. 701 053** vom 26/4. 1951, ausg. 16/12. 1953.) A. KALIX. 8611

**Imperial Chemical Industries Ltd.**, London, England (Erfinder: **Dennis John Thomas Howe** und **Hugh Patrick Dryhurst Paget**), *Stabilisatoren für Halogensilberemulsionen.* Der Emulsion werden während ihrer Herst. Verbb. der allg. Formel I zugesetzt.

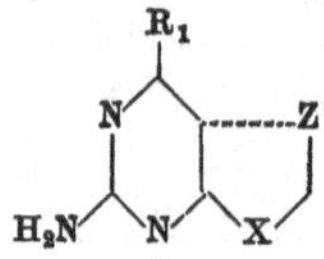

I

Hierbei bedeuten X u. Z die zur Bldg. eines Pyrazin-, Pyrazol-, Triazol- oder Thiazolringes nötigen Atome, $R_1$ ist ein Halogenatom, eine $NH_2$-, OH-, SH-, S-Alkyl- oder KW-stoffgruppe, u. der heterocycl. Ring kann durch weitere $R_1$ substituiert sein. Geeignet sind z. B. folgende Pyrimidine (II): 5-Amino-7-methyltriazolo-II, 2.5-Diamino-7-methylthiazolo-II, 5,7-Diaminotriazolo-II, 5-Amino-7-oxytriazolo-II, ferner 2.4-Diamino- u. 2-Amino-4-oxypteridin, sowie 5-Amino-7-methylmercaptoisopurin, u. zwar in Mengen von 1—200 $cm^3$ 0,1% ig. Lsg. auf 1 Liter Emulsion. Im Entwickler (1 Teil auf 3000—30000 Lsg.) wirken diese Verbb. schleierhindernd. (**E. P. 701 054** vom 26/4. 1951, ausg. 16/12. 1953.) A. KALIX. 8611

**Imperial Chemical Industries Ltd.**, London, England (Erfinder: **Hugh Patrick Dryhurst Paget**), *Stabilisatoren für Halogensilberemulsionen.* Der Emulsion wird während der Herst. *2-Mercaptopteridin* (I) oder 4-Oxy-I in Mengen von 1—200 $cm^3$ 1% ig. Lsg. auf 1 Liter zugesetzt. Im Entwickler [1 (Teil) auf 3000—30000 Lsg.] wirken diese Verbb. schleierhindernd. (**E. P. 701 055** vom 26/4. 1951, ausg. 16/12. 1953.) A. KALIX. 8611

**Imperial Chemical Industries Ltd.**, London, England (Erfinder: **Dennis John Thomas Howe** und **Hugh Patrick Dryhurst Paget**), *Stabilisatoren für Halogensilberemulsionen.* Der Emulsion werden während der Herst. 5.5-diarylsubstituierte 2-Thiohydantoine (I) in Mengen von 1—200 $cm^3$ 1% ig. Lsg. auf 1 Liter zugesetzt. Geeignet sind z. B. 5.5-Diphenyl-I, 5.5-Diphenyl-2-methyl-I, 1- (oder 3-) Methyl-5.5-diphenyl-I u. 1.3-Dimethyl-5.5-diphenyl-I. Dem Entwickler zugesetzt [1 (Teil) auf 3000—30000 Liter Lsg.] wirken diese Verbb. schleierhindernd. (**E. P. 701 301** vom 26/4. 1951, ausg. 23/12. 1953.) A. KALIX. 8611

**N. V. Philips' Gloeilampenfabrieken**, Eindhoven, Holland, *Filmentwicklung.* Filme aus regenerierter Cellulose von einigen $\mu$/10 Dicke werden vor dem Aufrollen auf die Transportbänder, die sie durch die Entwicklungstanks führen, so lange in ein Wasserbad gebracht, bis sich ihre Dimensionen nicht mehr ändern. (**E. P. 715 208** vom 12/10. 1951, ausg. 8/9. 1954. Holl. Prior. 16/10. 1950.) A. KALIX. 8619

**Terence Gerald Clarke**, Trevor Arms, England, *Gerasterte Mehrfarbenaufnahmen.* Auf eine entsprechend sensibilisierte lichtempfindliche Schicht (I) wird durch einen Raster ein Teilfarbenbild aufgenommen, farbig entwickelt, fixiert u. getrocknet. Darauf wird eine neue I aufgetragen, die für einen anderen Spektralbereich sensibilisiert ist, nach einer Drehung des Aufnahmerasters in der gleichen Weise wie vorher ein weiteres farbig entwickeltes Teilfarbenbild erzeugt u. der Vorgang (gegebenenfalls noch mehrmals) wiederholt. (**E. P. 709 559** vom 21/10. 1950, ausg. 26/5. 1954.) A. KALIX. 8635

**Printing Developments, Inc.**, New York, N. Y., übert. von: **Robert M. Leekley**, Westport, Conn., V. St. A., *Entwickler für Bimetalldruckplatten.* Zur Entfernung der unbelichteten Teile der Bichromat-Eiweiß-Kopierschicht von Bimetallplatten, deren Oberschicht aus Cr besteht, erhält die hierfür übliche $ZnCl_2$-$CdCl_2$-Lsg. einen Zusatz von 5—15% *Harnstoff*, womit nicht nur verhindert wird, daß das freigelegte Cr angegriffen wird, sondern auch eine zusätzliche Entwicklungsbeschleunigung erreicht wird. (**A. P. 2 678 275** vom 22/11. 1950, ausg. 11/5. 1954.) A. KALIX. 8645

Herausgeber u. verantwortlich für den Inhalt: Prof. Dr. Maximilian Pflücke, Berlin N 4, Schiffbauerdamm 19, Fernsprecher: 425571. Redaktion: Chefredakteure Dr. Eugen Klever und Prof. Dr. Maximilian Pflücke. Verlag: Akademie-Verlag GmbH, Berlin W 8, Mohrenstraße 39 (Fernsprecher 200386, Postscheckkonto Berlin 35021), u. Verlag Chemie, GmbH, Weinheim/Bergstraße (Fernsprecher 2017 u. 2965, Postscheckkonto Frankfurt/M. 145314 u. Berlin-West 7430). Bestell- u. Verlags-Nr.: 1007/127. Das Chemische Zentralblatt erscheint wöchentlich. Preis des Jahrganges einschl. Autoren-, Patent-, Sach- und Formelregister: DM 680,—; einseitig bedruckte Ausgabe: DM 750,—. Abgabe der Zeitschrift nur mit sämtlichen Registern.
Satz u. Druck: VEB Leipziger Druckhaus, Leipzig, III/18/203. VIII. 56.
Veröffentlicht unter der Lizenznummer 1212 des Amtes für Literatur und Verlagswesen der Deutschen Demokratischen Republik.
Printed in Germany.

FSC
www.fsc.org
MIX
Papier | Fördert gute Waldnutzung
FSC® C083411

Zeitfracht Medien GmbH
Ferdinand-Jühlke-Straße 7
99095 Erfurt, Deutschland
produktsicherheit@kolibri360.de